AF382849

Grundlehren der
mathematischen Wissenschaften 44

A Series of Comprehensive Studies in Mathematics

Jakob Nielsen

Vorlesungen über elementare Mechanik

Reprint

Springer-Verlag
Berlin Heidelberg New York 1983

ISBN-13:978-3-642-68778-5   e-ISBN-13:978-3-642-68777-8
DOI: 10.1007/978-3-642-68777-8

AMS Subject Classifications (1970): 70-01, 70-A05

CIP-Kurztitelaufnahme der Deutschen Bilbliothek:

Nielsen Jakob: Vorlesungen über elementare Mechanik/Jakob Nielsen.
Übers. u. bearb. von Werner Fenchel. – Reprint d. Ausg. Berlin, Springer, 1935. –
Berlin; Heidelberg; New York: Springer, 1983.
    (Grundlehren der mathematischen Wissenschaften; 44)
    Einheitsacht.: Forelæsninger over rationel mekanik <dt.>

NE: Fenchel, Werner [Bearb.]; GT

Reprographischer Nachdruck: Proff GmbH & Co. KG, Bad Honnef

2141/3014 – 5 4 3 2 1

DIE GRUNDLEHREN DER
MATHEMATISCHEN WISSENSCHAFTEN

IN EINZELDARSTELLUNGEN MIT BESONDERER BERÜCKSICHTIGUNG DER ANWENDUNGSGEBIETE

GEMEINSAM MIT

W. BLASCHKE · F. K. SCHMIDT · B. L. VAN DER WAERDEN

HERAUSGEGEBEN VON

R. COURANT

BAND XLIV

VORLESUNGEN ÜBER ELEMENTARE MECHANIK

VON

JAKOB NIELSEN

BERLIN

VERLAG VON JULIUS SPRINGER

1935

VORLESUNGEN ÜBER ELEMENTARE MECHANIK

VON

JAKOB NIELSEN
PROFESSOR DER THEORETISCHEN MECHANIK
AN DER TECHNISCHEN HOCHSCHULE KOPENHAGEN

ÜBERSETZT UND BEARBEITET
VON
WERNER FENCHEL
KOPENHAGEN

MIT 164 ABBILDUNGEN

BERLIN
VERLAG VON JULIUS SPRINGER
1935

Vorwort.

In den Jahren 1933/34 gab ich unter dem Titel „Forelæsninger over Rationel Mekanik" I, II meine Vorlesungen über theoretische Mechanik an der Dänischen Technischen Hochschule im Verlag von J. Gjellerup, Kopenhagen, in Lehrbuchform heraus; bis dahin hatte das Lehrbuch meines Vorgängers C. JUEL dem Unterricht als Grundlage gedient. Der Anregung, in der Sammlung „Grundlehren der mathematischen Wissenschaften" eine deutsche Ausgabe erscheinen zu lassen, konnte ich um so eher entsprechen, als ich in Herrn Dr. WERNER FENCHEL einen Mitarbeiter fand, der nicht nur die sprachliche Übertragung vornehmen, sondern auch durch Streichungen und Ergänzungen das Werk den Anforderungen einer deutschen Ausgabe anpassen und die Darstellung in vielen Einzelheiten verbessern konnte. Insbesondere hat Herr FENCHEL im 1. Kapitel die Hauptsätze der linearen Algebra hinzugefügt, soweit sie für das Verständnis der Statik und Kinematik der Fachwerke und der Beziehungen zwischen diesen und damit weiter für das Verständnis des Prinzips der virtuellen Geschwindigkeiten unerläßlich sind. Wenn somit in diesem 1. wie auch weiterhin im 3., 7., 11., 13., 14. und 18. Kapitel ausgedehntere Abschnitte rein mathematischen Charakters vorkommen, so ist das aus dem Bestreben zu erklären, den einfachen mathematischen Gehalt der elementaren Mechanik und damit die Tragweite der eingeführten physikalischen Grundannahmen und der idealisierenden Voraussetzungen deutlich zu machen, sowie Analogien zwischen den verschiedenen Teilen der Mechanik ins Licht zu setzen. Um zu vermeiden, daß der Umfang des Buches zu sehr anschwoll, ist dann andererseits die Zahl der durchgerechneten Aufgaben beschränkt worden. Wir sind uns dessen bewußt, daß man darin nicht zu Unrecht einen Mangel des Buches erblicken kann, weil die Anwendung der allgemeinen Theorie auf konkrete Aufgaben beim Erlernen der Mechanik oft gerade als eine der Hauptschwierigkeiten empfunden wird. Aber in dieser Hinsicht ist zweifellos der mündliche Unterricht der schriftlichen Darstellung überlegen, und für ein eventuelles Selbststudium ist es immer empfehlenswert, sich mit Hilfe der vorhandenen guten Aufgabensammlungen die nötige Übung zu verschaffen.

Für wertvolle Hilfe bei der Korrektur sind wir meinem Assistenten, Herrn cand. mag. SVEND BUNDGAARD, zu großem Dank verpflichtet.

Kopenhagen, im Oktober 1935.

JAKOB NIELSEN.

Inhaltsverzeichnis.

Erster Teil.

Statik und Kinematik.

Seite

1. Kapitel: Vektoren und Matrizen 1

1. Skalare und Vektoren. Vektoraddition 1
2. Lineare Abhängigkeit und Unabhängigkeit. Komponenten und Koordinaten 2
3. Das skalare Produkt 4
4. Plangrößen und Vektorprodukt. 6
5. Produkte von mehreren Vektoren 10
6. Matrizen 12
7. Systeme linearer Gleichungen 15
8. Quadratische Matrizen und Determinanten 16
9. Determinantenkriterien für die Lösbarkeit von linearen Gleichungssystemen 19
10. Koordinatentransformationen 21
    Aufgaben zum 1. Kapitel 24

2. Kapitel: Gleichgewicht von Massenpunkten 25

11. Gleichgewicht eines freien Massenpunktes 25
12. Gleichgewicht eines gebundenen Massenpunktes. Reibung. 28
13. Analytische Bestimmung des Gleichgewichts eines gebundenen Massenpunktes 32
14. Beispiele von Zwangsbindungen 35
15. Das Hookesche Gesetz 37
    Aufgaben zum 2. Kapitel 38

3. Kapitel: Vektorsysteme 39

16. Kraftwirkung auf einen starren Körper 39
17. Äquivalente Vektorsysteme 41
18. Moment eines Vektors. 42
19. Gegenseitiges Moment von zwei gebundenen Vektoren 45
20. Vektorpaare 47
21. Reduktion eines Vektorsystems. 49
22. Plückervektoren einer Geraden 52
23. Reduktion in Koordinaten 53
24. Bestimmung des Momentfeldes durch drei Momentvektoren 54
25. Reduktion auf zwei Vektoren 57
26. Nullebene, Nullpunkt, charakteristische Gerade 58
27. Nullsysteme 60
28. Vektoren in einer Ebene 63
29. Parallele Vektoren 65
30. Mittelpunkt eines Skalarsystems 68
31. Vektor- und Skalarfelder 69

Inhaltsverzeichnis.

VII

Seite

32. Schwerpunkt 73
33. Anwendungen. Guldinsche Regel. 75
   Aufgaben zum 3. Kapitel 77

4. Kapitel: Gleichgewicht der Körper. 79
34. Gleichgewicht starrer Körper. 79
35. Körper mit festgehaltenem Punkt 81
36. Körper mit festgehaltener Geraden 82
37. Körper mit festgehaltener Ebene 85
38. Körper mit festgehaltener Schraubenlinie 87
39. Gleichgewicht nicht starrer Körper 91
40. Schnittkräfte 93
41. Das allgemeine Reaktionsprinzip 94
42. Zug und Druck, Schubkraft, Biegungsmoment und Torsionsmoment
   für einen Balken 94
43. Eingespannter Balken 96
44. Fachwerke 96
45. Stabpolygone 98
46. Spezialfälle 100
   Aufgaben zum 4. Kapitel 101

5. Kapitel: Graphische Statik. 103
47. Seilpolygonkonstruktion 103
48. Die Polarachse 104
49. Die Polarachse für parallele Kräfte. 107
50. Graphische Bestimmung des Momentes einer Kraft 108
51. Moment paralleler Kräfte in der Ebene. 109
52. Graphische Bestimmung der Schubkraft und des Biegungsmomentes
   für einen querbelasteten Balken 110
53. Berechnung bei kontinuierlicher Belastung 112
   Aufgaben zum 5. Kapitel 114

6. Kapitel: Statik der Fachwerke 115
54. Berechnung der Spannungen in einem Fachwerk. 115
55. Ebene Fachwerke. 122
56. Sukzessive Berechnung 122
57. Die Schnittmethode 125
58. Die Diagrammethode 127
59. Stabvertauschung 129
   Aufgaben zum 6. Kapitel 130

7. Kapitel: Geschwindigkeit und Beschleunigung 131
60. Vektoren als Funktionen eines Parameters 131
61. Raumkurven 133
62. Raumkurven in rechtwinkligen Koordinaten. 138
63. Geschwindigkeit und Beschleunigung 139
64. Ebene Bewegung 141
65. Geradlinige Bewegung 143
   Aufgaben zum 7. Kapitel 143

8. Kapitel: Bewegung der Körper. 144
66. Bewegung eines starren Körpers 144
67. Berührende Bewegungen zu Geschwindigkeitsfeldern verschiedenen
   Ranges 146
68. Drehvektoren 147
69. Spezielle Bewegungen 149

Seite

70. Verlagerungen 151
71. Rollbewegungen 152
72. Bewegung nichtstarrer Körper 153
    Aufgaben zum 8. Kapitel 154

9. Kapitel: Kinematik der Fachwerke 155
73. Knotenpunktsgeschwindigkeiten 155
74. Freiheitsgrad 158
75. Statisches und kinematisches Verhalten von Fachwerken 159
    Aufgaben zum 9. Kapitel 160

10. Kapitel: Die Arbeitsgleichung 162
76. Virtueller Effekt 162
77. Effekt der Stabspannungen 163
78. Streckungsgeschwindigkeiten 165
79. Kinematische Spannungsbestimmung 166
80. Elastische Formänderungen 168
81. Virtueller Effekt bei einem beliebigen Körper 170
82. Effekt der Kräfte bei Bewegungen eines starren Körpers 173
83. Virtueller Effekt bei einem starren Körper im Gleichgewicht . . . 174
    Aufgaben zum 10. Kapitel 175

11. Kapitel: Relative Bewegung 178
84. Relative Bewegung 178
85. Beschleunigung bei relativer Bewegung 183
86. Berechnung in Koordinaten 184
87. Die Frenetschen Formeln 185
88. Kurve auf einer Fläche 186
    Aufgaben zum 11. Kapitel 190

Zweiter Teil.

Dynamik.

12. Kapitel: Grundbegriffe und Voraussetzungen der Dynamik . . 192
89. Dynamik 192
90. Kinematische Voraussetzungen 193
91. Dynamische Voraussetzungen 194
92. Dimensionen und Einheiten 200
93. Der Projektionssatz 202
94. Der Momentsatz 204
95. Der Energiesatz 206
96. Relative Bewegung 209
97. Der Projektionssatz für eine bewegte Gerade 211
98. Die Momentsätze für einen bewegten Punkt und eine bewegte
    Gerade 211
99. Vektorielles Produkt und Produktfeld von Vektorsystemen . . . 212
100. Der Energiesatz bei relativer Bewegung 214
     Aufgaben zum 12. Kapitel 215

13. Kapitel: Geradlinige Bewegung 216
101. Geradlinige Bewegung. Differentialgleichung und Kraftgesetz . . 216
102. Spezielle Typen von Kraftgesetzen 223
103. Beispiele von Bewegungen mit konstanter Beschleunigung. Reak-
     tionskräfte. Reibung 232

Seite

104. Bewegung im widerstehenden Mittel 235
105. Abstoßung, die einer Potenz des Abstandes proportional ist. Regularitätsbedingung 236
106. Harmonische Schwingungen 238
107. Gedämpfte Schwingungen 239
108. Erzwungene Schwingungen 243
Aufgaben zum 13. Kapitel 248

14. Kapitel: Das Potential 249
109. Skalarfeld. Gradient 249
110. Vektorfelder. Differentialmatrix. Divergenz 252
111. Vektorintegrale 254
112. Der Gausssche Integralsatz 257
113. Laplacesche Vektorfelder 259
114. Kräftefunktion und potentielle Energie 260
115. Gravitationsfeld und Potential 262
116. Das Potential innerhalb der felderzeugenden Massen 266
117. Kugelsymmetrische Felder 271
118. Zylinderfelder und Parallelfelder 273
119. Die Ableitungen zweiter Ordnung des Potentials 275
Aufgaben zum 14. Kapitel 280

15. Kapitel: Bewegung eines Massenpunktes in speziellen Kraftfeldern 281
120. Ebene Kraftfelder 281
121. Parallelfelder 282
122. Axialfelder 284
123. Zentralfelder 284
124. Die Keplerbewegung 289
125. Elastische Kraft 295
126. Bewegungen auf der Erdoberfläche 296
Aufgaben zum 15. Kapitel 301

16. Kapitel: Gebundene Bewegung eines Massenpunktes 303
127. An eine Kurve gebundener Massenpunkt 303
128. Bewegung eines schweren Massenpunktes auf einer glatten Kurve 305
129. Das mathematische Pendel 307
130. Das Zykloidenpendel 311
131. An eine Fläche gebundener Massenpunkt 313
132. Bewegung eines schweren Massenpunktes auf einer glatten Fläche 316
133. Das sphärische Pendel 321
134. Stabilität 323
135. Veränderliche Zwangsbedingungen 326
Aufgaben zum 16. Kapitel 330

17. Kapitel: Allgemeine Prinzipien für die Bewegung der Körper . 334
136. Der Projektionssatz 334
137. Der Momentsatz 337
138. Der Energiesatz 338
139. Koordinaten mit dem Ursprung im Schwerpunkt 340
140. Bewegung eines Körpers um seinen Schwerpunkt 343
141. Die Lagrangeschen Gleichungen 345
142. Regel zur Aufstellung der Bewegungsgleichungen 352
143. Beispiele 354
Aufgaben zum 17. Kapitel 362

                                                                    Seite
18. Kapitel: Tensoren. 364
   144. Lineare Vektorfunktionen 364
   145. Affine Abbildung 366
   146. Das unbestimmte oder dyadische Produkt 367
   147. Darstellung von Tensoren in Koordinatensystemen 370
   148. Das Verzerrungsellipsoid eines Tensors 374
   149. Bilinearformen und quadratische Formen 377
   150. Eigenwerte und Eigenvektoren 382
   151. Die Tensorflächen 387
   152. Massenmomente zweiter Ordnung 389
   153. Der Trägheitstensor 394
   154. Das Trägheitstensorfeld 398
   155. Ebene Massenverteilungen 400
        Aufgaben zum 18. Kapitel 405

19. Kapitel: Bewegung starrer Körper 406
   156. Bewegung mit festgehaltenem Punkt 406
   157. Poinsot-Bewegungen 411
   158. Die Eulerschen Gleichungen 414
   159. Der Kreisel 420
   160. Bewegung mit festgehaltener Geraden 430
   161. Zentrifugalkräfte bei Drehung um eine Achse 433
   162. Das physische Pendel 435
   163. Allgemeine Bewegung eines starren Körpers 436
   164. Bewegung mit festgehaltener Ebene 438
   165. Rollen und Gleiten 441
   166. Zusammengesetzte Körper 451
   167. Innere Spannungen 456
        Aufgaben zum 19. Kapitel 458

20. Kapitel: Stoß 462
   168. Impuls und Impulsmoment beim Stoß 462
   169. Gerader und zentraler Stoß 465
   170. Änderung der Bewegung eines starren Körpers beim Stoß . . . 469
   171. Zusammenstoß zwischen starren Körpern 473
   172. Energieverlust beim Stoß 477
        Aufgaben zum 20. Kapitel 479

21. Kapitel: Gleichgewicht und Bewegung biegsamer Fäden und
        Seile 481
   173. Gleichgewicht eines Fadens 481
   174. Bewegung eines Fadens 487
        Aufgaben zum 21. Kapitel 490

Namen- und Sachverzeichnis 493

Erster Teil.

Statik und Kinematik.

1. Kapitel.

Vektoren und Matrizen.

1. Skalare und Vektoren. Vektoraddition. Bei der mathematischen Formulierung der Mechanik werden Grundbegriffe verwendet, die zu drei verschiedenen Typen gezählt werden können, nämlich Skalare, Vektoren und Tensoren[1].

Unter einem *Skalar* versteht man zunächst eine unbenannte Zahl, dann aber auch jede physikalische Größe, die nach Festsetzung einer Maßeinheit vollständig durch eine reelle Maßzahl angegeben werden kann. Das Rechnen mit reellen Zahlen geschieht nach den folgenden fundamentalen Regeln:

I. $a + b = b + a$ (Kommutatives Gesetz der Addition).

II. $(a + b) + c = a + (b + c)$ (Assoziatives Gesetz der Addition).

III. $ab = ba$ (Kommutatives Gesetz der Multiplikation).

IV. $(ab)c = a(bc)$ (Assoziatives Gesetz der Multiplikation).

V. $a(b + c) = ab + ac$ (Distributives Gesetz).

VI. Aus $ab = 0$ und $a \neq 0$ folgt $b = 0$.

Unter einem *Vektor* versteht man zunächst eine mit einem Durchlaufungssinn versehene, kurz orientierte, Strecke $\overrightarrow{AB}$ im Raume, dann aber auch jede physikalische Größe, die nach Festsetzung einer Maßeinheit vollständig durch eine orientierte Strecke angegeben werden kann. Dabei kann es eintreten, daß nur Länge und Richtung der Strecke von Bedeutung sind, oder daß außerdem der „Anfangspunkt" A der Strecke für die Beschreibung der physikalischen Größe wesentlich ist. Man unterscheidet demnach *freie* und *gebundene Vektoren*. Wenn im folgenden nichts anderes bemerkt ist, wird das Wort Vektor in der Bedeutung „freier Vektor" gebraucht, d. h. zwei Strecken mit gleichen Richtungen, Orientierungen und Längen werden als derselbe Vektor angesehen. Beispielsweise ist eine Parallelverschiebung im Raume vollständig durch die Angabe der Verschiebungsrichtung und der Verschiebungslänge, also durch einen freien Vektor charakterisiert.

Ist O ein Punkt des Raumes, so kann jeder andere Punkt P durch seinen „*Ortsvektor*" $\overrightarrow{OP}$ von O aus angegeben werden. Es ist naturgemäß, den Ortsvektor als einen in O gebundenen Vektor aufzufassen.

Vektoren bezeichnen wir mit gotischen Buchstaben oder, wie bisher, durch die Endpunkte einer den Vektor darstellenden Strecke, wobei der Anfangspunkt

---

[1] Tensoren kommen in dem ihrer Behandlung gewidmeten Kap. 18 zur Sprache.

zuerst geschrieben wird, und einen darübergesetzten Pfeil. Die *Länge* eines Vektors $\mathfrak{a}$ bezeichnen wir mit $|\mathfrak{a}|$. Ist λ eine positive Zahl, so soll $\lambda\mathfrak{a}$ oder auch $\mathfrak{a}\lambda$ den Vektor mit der Länge $\lambda|\mathfrak{a}|$ und derselben Richtung wie $\mathfrak{a}$ bedeuten. Ist λ negativ, so soll $\lambda\mathfrak{a} = \mathfrak{a}\lambda$ der Vektor mit der Länge $|\lambda|\,|\mathfrak{a}|$ und der entgegengesetzten Richtung wie $\mathfrak{a}$ sein. Damit ist insbesondere $-\mathfrak{a} = (-1)\,\mathfrak{a}$ definiert. Schließlich legt man auch dem Fall $\lambda = 0$ durch Einführung des Begriffes *Nullvektor* als Vektor der Länge 0 und unbestimmter Richtung eine Bedeutung bei. Es führt zu keinen Mißverständnissen, den Nullvektor einfach mit 0 zu bezeichnen. Für die so festgesetzte Multiplikation von Vektoren mit Skalaren gelten, wie leicht zu sehen, die obigen Regeln III, IV und VI, wenn eine der dort vorkommenden Größen durch einen Vektor ersetzt wird.

Einen Vektor der Länge 1 bezeichnet man als *Einheitsvektor*. Ist $\mathfrak{a} \neq 0$, so ist $\dfrac{\mathfrak{a}}{|\mathfrak{a}|}$ ein Einheitsvektor.

Die *Addition von Vektoren* definiert man als geometrische Addition der die Vektoren darstellenden Strecken, d. h. genauer folgendes: $\mathfrak{a}$ und $\mathfrak{b}$ seien zwei Vektoren. $\mathfrak{a}$ werde durch die Strecke $\overrightarrow{AB}$ und $\mathfrak{b}$ durch die Strecke $\overrightarrow{BC}$ mit dem Anfangspunkt B dargestellt (Abb. 1). Dann versteht man unter der Summe $\mathfrak{a} + \mathfrak{b}$ den durch die Strecke $\overrightarrow{AC}$ dargestellten Vektor

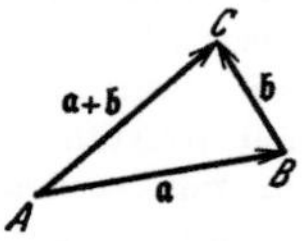

$$\mathfrak{a} + \mathfrak{b} = \overrightarrow{AB} + \overrightarrow{BC} = \overrightarrow{AC}.$$

Abb. 1. Vektoraddition.

Für diese Addition gelten die Regeln I und II, sowie Regel V, wenn darin b und c Vektoren, a einen Skalar und auch, wenn b und c Skalare, a einen Vektor bedeuten. Allgemein kann man sagen, daß die Regeln I bis VI erfüllt sind, wenn die darin vorkommenden Zeichen a, b, c beliebige Skalare und Vektoren bedeuten, jedoch so, daß die in den Regeln angegebenen Rechnungen durch die bisherigen Festsetzungen definiert sind. Dagegen ist es unmöglich, eine Multiplikation von Vektoren so zu definieren, daß alle Regeln gültig bleiben. Jedoch werden wir später mehrere Produkte von zwei Vektoren definieren, so daß wenigstens ein Teil der Regeln Gültigkeit behält.

Unter der Differenz $\mathfrak{a} - \mathfrak{b}$ zweier Vektoren versteht man $\mathfrak{a} + (-\mathfrak{b})$.

2. Lineare Abhängigkeit und Unabhängigkeit. Komponenten und Koordinaten. Die eingeführten Definitionen gestatten uns, „*Linearkombinationen*"

$$(2, 1) \qquad \lambda_1 \mathfrak{a}_1 + \lambda_2 \mathfrak{a}_2 + \cdots + \lambda_n \mathfrak{a}_n$$

von Vektoren zu bilden; hierbei sind $\lambda_1, \lambda_2, \ldots, \lambda_n$ beliebige Skalare. Es kann vorkommen, daß eine solche Linearkombination der Nullvektor ist, ohne daß alle Koeffizienten λ_ν verschwinden. Dann werden die Vektoren $\mathfrak{a}_1, \mathfrak{a}_2, \ldots, \mathfrak{a}_n$ als *linear abhängig*, sonst, d. h. wenn aus der Gleichung

$$(2, 2) \qquad \lambda_1 \mathfrak{a}_1 + \lambda_2 \mathfrak{a}_2 + \cdots + \lambda_n \mathfrak{a}_n = 0$$

$\lambda_1 = \lambda_2 = \cdots = \lambda_n = 0$ folgt, als *linear unabhängig* bezeichnet. Wir bemerken noch, daß man nach dieser Definition einen Vektor $\mathfrak{a}$ als linear abhängig zu bezeichnen hat, wenn er der Nullvektor ist, sonst als linear unabhängig; denn aus $\lambda\mathfrak{a} = 0$ folgt ja dann und nur dann $\lambda = 0$, wenn $\mathfrak{a} \neq 0$ ist.

Ist schon ein Teil der Vektoren $\mathfrak{a}_1, \mathfrak{a}_2, \ldots, \mathfrak{a}_n$ linear abhängig, so sind auch $\mathfrak{a}_1, \mathfrak{a}_2, \ldots, \mathfrak{a}_n$ linear abhängig. Denn besteht eine Beziehung der Gestalt (2, 2) mit nicht sämtlich verschwindenden λ_ν, in der nur ein Teil der Vektoren $\mathfrak{a}_1, \mathfrak{a}_2, \ldots, \mathfrak{a}_n$ auftritt, so kann man die übrigen mit dem Koeffizienten 0 hinzufügen und erhält eine Relation (2, 2) mit nicht sämtlich verschwindenden λ_ν. Dies trifft nach der eben gemachten Bemerkung über die lineare Abhängigkeit eines Vektors stets dann zu, wenn einer der Vektoren $\mathfrak{a}_1, \mathfrak{a}_2, \ldots, \mathfrak{a}_n$ der Nullvektor ist. Also: **Vektoren sind stets linear abhängig, wenn unter ihnen der Nullvektor vorkommt.**

Die geometrische Bedeutung der linearen Abhängigkeit geht aus den folgenden Sätzen hervor:

Zwei Vektoren sind dann und nur dann linear abhängig, wenn sie parallel sind, d. h. wenn sie gleich oder entgegengesetzt gerichtet sind.

Drei Vektoren sind dann und nur dann linear abhängig, wenn sie einer Ebene parallel sind.

Vier Vektoren sind stets linear abhängig.

Wenn wir verabreden, den Nullvektor als einem beliebigen Vektor parallel anzusehen, behalten diese Sätze auch ihre Gültigkeit, wenn einer oder mehrere der Vektoren Null sind. Sie sind dann allerdings nach den obigen Bemerkungen trivial, so daß wir beim Beweis sämtliche Vektoren als von Null verschieden annehmen können.

Die erste Behauptung folgt unmittelbar aus der Definition des Produktes eines Vektors mit einem skalaren Faktor; denn zwei Vektoren sind offenbar dann und nur dann linear abhängig, wenn der eine aus dem anderen durch Multiplikation mit einem Skalar hervorgeht.

Es seien nun $\mathfrak{a}_1$, $\mathfrak{a}_2$, $\mathfrak{a}_3$ drei linear abhängige Vektoren, also

$$\lambda_1 \mathfrak{a}_1 + \lambda_2 \mathfrak{a}_2 + \lambda_3 \mathfrak{a}_3 = 0,$$

wo nicht alle λ_ν verschwinden. Diese Gleichung besagt nach Definition der Vektoraddition folgendes: Trägt man den Vektor $\lambda_2 \mathfrak{a}_2$ vom Endpunkt des Vektors $\lambda_1 \mathfrak{a}_1$ auf und dann vom Endpunkt von $\lambda_2 \mathfrak{a}_2$ den Vektor $\lambda_3 \mathfrak{a}_3$, so fällt der Endpunkt des letzten Vektors mit dem Anfangspunkt von $\lambda_1 \mathfrak{a}_1$ zusammen. Die drei Vektoren bilden also die Seiten eines Dreiecks, das eventuell in eine Strecke entarten kann. Jedenfalls sind aber die drei Vektoren einer Ebene parallel. Es mögen nun umgekehrt drei Vektoren $\mathfrak{a}_1$, $\mathfrak{a}_2$, $\mathfrak{a}_3$ gegeben sein, die einer Ebene ε parallel sind. Von einem Punkt O von ε aufgetragen, liegen sie also alle in ε. Wir können von vornherein annehmen, daß $\mathfrak{a}_1$ und $\mathfrak{a}_2$ linear unabhängig sind, d. h. nicht in derselben Geraden liegen. Legt man durch den Endpunkt P von $\mathfrak{a}_3$ die Parallele zu $\mathfrak{a}_2$, die die Gerade $\mathfrak{a}_1$ in Q schneiden möge, so hat man unmittelbar $\mathfrak{a}_3$ dargestellt als Summe eines zu $\mathfrak{a}_1$ parallelen Vektors $\overrightarrow{OQ} = \mu_1 \mathfrak{a}_1$ und eines zu $\mathfrak{a}_2$ parallelen Vektors $\overrightarrow{QP} = \mu_2 \mathfrak{a}_2$, also

$$(2, 3) \qquad\qquad \mathfrak{a}_3 = \mu_1 \mathfrak{a}_1 + \mu_2 \mathfrak{a}_2,$$

was besagt, daß die drei Vektoren linear abhängig sind (Abb. 2). Wir können das Resultat auch so aussprechen: Sind $\mathfrak{a}_1$ und $\mathfrak{a}_2$ zwei linear unabhängige Vektoren, so läßt sich jeder Vektor $\mathfrak{a}_3$, der der von $\mathfrak{a}_1$ und $\mathfrak{a}_2$ aufgespannten Ebene parallel ist, in der Gestalt (2, 3) darstellen.

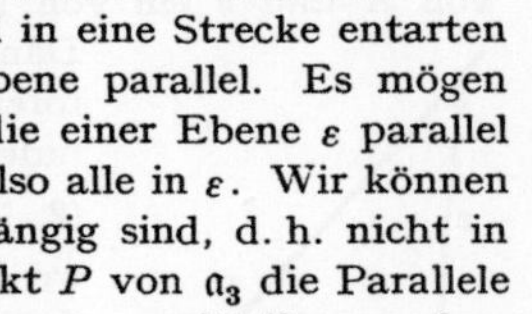

Beim Beweis, daß vier beliebige Vektoren $\mathfrak{a}_1$, $\mathfrak{a}_2$, $\mathfrak{a}_3$, $\mathfrak{a}_4$ linear abhängig sind, können wir annehmen, daß $\mathfrak{a}_1$, $\mathfrak{a}_2$, $\mathfrak{a}_3$ linear unabhängig sind. Wir tragen die vier Vektoren von einem Punkt O auf. Dann liegen also $\mathfrak{a}_1$, $\mathfrak{a}_2$, $\mathfrak{a}_3$ nicht in derselben Ebene. Durch den Endpunkt P von $\mathfrak{a}_4$ legen wir die Parallele zu $\mathfrak{a}_3$ bis

Abb. 2. Lineare Abhängigkeit von drei Vektoren.

zum Schnittpunkt Q mit der von $\mathfrak{a}_1$ und $\mathfrak{a}_2$ aufgespannten Ebene. Dann erscheint $\mathfrak{a}_4$ als Summe der Vektoren $\overrightarrow{OQ}$ und $\overrightarrow{QP}$ (Abb. 3). Nun liegt $\overrightarrow{OQ}$ in der von $\mathfrak{a}_1$ und $\mathfrak{a}_2$ aufgespannten Ebene, läßt sich also nach dem eben Bewiesenen in der Form $\mu_1 \mathfrak{a}_1 + \mu_2 \mathfrak{a}_2$ darstellen; ferner ist $\overrightarrow{QP}$ parallel $\mathfrak{a}_3$, also von der

Form $\mu_3 \mathfrak{a}_3$. Damit haben wir

$$\mathfrak{a}_4 = \mu_1 \mathfrak{a}_1 + \mu_2 \mathfrak{a}_2 + \mu_3 \mathfrak{a}_3,$$

womit die lineare Abhängigkeit der vier Vektoren bewiesen ist.

Das Ergebnis dieser Überlegung läßt sich auch folgendermaßen aussprechen: *Sind* $\mathfrak{x}$, $\mathfrak{y}$, $\mathfrak{z}$ *drei linear unabhängige Vektoren, so läßt sich jeder beliebige Vektor* $\mathfrak{v}$ *in der Form*

$$(2, 4) \qquad \mathfrak{v} = v_x \mathfrak{x} + v_y \mathfrak{y} + v_z \mathfrak{z}$$

darstellen, wo v_x, v_y, v_z *Skalare sind, und diese Darstellung ist eindeutig bestimmt;* denn gäbe es zwei verschiedene Darstellungen (2, 4) von $\mathfrak{v}$, so erhielte man durch Subtraktion eine lineare Abhängigkeit zwischen $\mathfrak{x}$, $\mathfrak{y}$, $\mathfrak{z}$. Die drei „*Grundvektoren*" $\mathfrak{x}$, $\mathfrak{y}$, $\mathfrak{z}$, von einem Punkt O aufgetragen, bezeichnen wir als ein *allgemeines* oder *affines Koordinatensystem*, den Punkt O als den *Koordinatenursprung*. Die Skalare v_x, v_y, v_z in der Darstellung (2, 4) eines Vektors $\mathfrak{v}$ nennen wir die *Koordinaten* von $\mathfrak{v}$ und schließlich die drei den *Koordinatenachsen*, d. h. den Trägergeraden der Vektoren $\mathfrak{x}$, $\mathfrak{y}$, $\mathfrak{z}$ parallelen Vektoren $v_x \mathfrak{x}$, $v_y \mathfrak{y}$ und $v_z \mathfrak{z}$ die *Komponenten* von $\mathfrak{v}$ in dem vorgelegten Koordinatensystem.

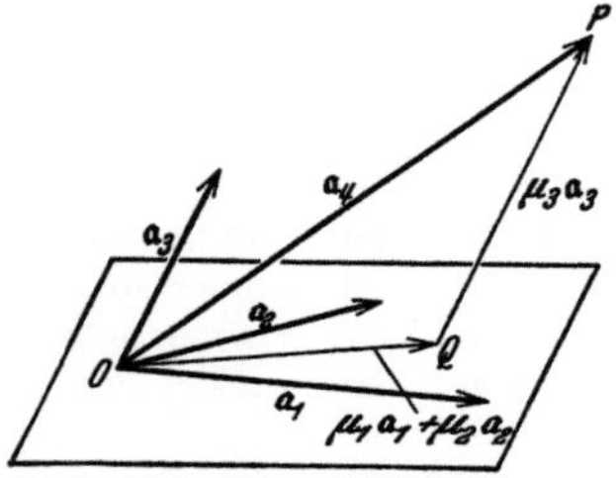

Abb. 3. Lineare Abhängigkeit von vier Vektoren.

Die Koordinaten des Ortsvektors $\overrightarrow{OP} = \mathfrak{r}$ sind die Parallelkoordinaten des Punktes P im Koordinatensystem $(O; \mathfrak{x}, \mathfrak{y}, \mathfrak{z})$.

Auf einer Geraden im Raume sei ein Punkt A gewählt. $\mathfrak{a}$ sei der Ortsvektor von A und $\mathfrak{b}$ ein von Null verschiedener Vektor, der der Geraden parallel ist. Dann erhält man die Ortsvektoren sämtlicher Punkte der Geraden in der Gestalt

$$(2, 5) \qquad \mathfrak{r} = \mathfrak{a} + \lambda \mathfrak{b},$$

wo der „Parameter" λ alle reellen Zahlen durchläuft (Abb. 4). Entsprechend erhält man die Ortsvektoren sämtlicher Punkte einer Ebene in der Gestalt

$$(2, 6) \qquad \mathfrak{r} = \mathfrak{a} + \lambda \mathfrak{b} + \mu \mathfrak{c},$$

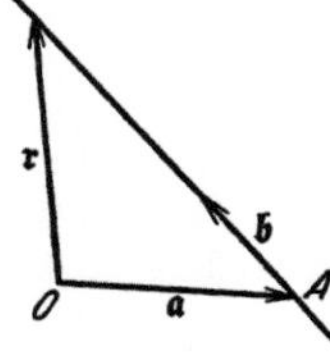

Abb. 4. Parameterdarstellung einer Geraden.

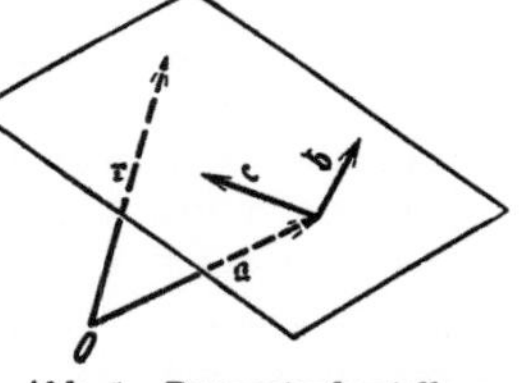

Abb. 5. Parameterdarstellung einer Ebene.

wo $\mathfrak{a}$ der Ortsvektor eines Punktes der Ebene ist und $\mathfrak{b}$ und $\mathfrak{c}$ linear unabhängige, der Ebene parallele Vektoren sind (Abb. 5). Die „Parameter" λ und μ durchlaufen unabhängig voneinander alle reellen Zahlen. (2, 5) und (2, 6) werden als Parameterdarstellungen von Gerade bzw. Ebene bezeichnet.

3. Das skalare Produkt. Unter dem *skalaren Produkt* zweier Vektoren $\mathfrak{a}$ und $\mathfrak{b}$, bezeichnet mit $\mathfrak{a} \cdot \mathfrak{b}$, versteht man das Produkt der Längen $|\mathfrak{a}|$ und $|\mathfrak{b}|$ der Vektoren multipliziert mit dem Kosinus des von ihnen eingeschlossenen Winkels, also den Skalar

$$(3, 1) \qquad \mathfrak{a} \cdot \mathfrak{b} = |\mathfrak{a}|\,|\mathfrak{b}| \cos(\mathfrak{a}, \mathfrak{b}).$$

Offenbar ist es gleichgültig, welchen der durch $\mathfrak{a}$ und $\mathfrak{b}$ bestimmten Winkel man wählt.

Aus der Definition ergibt sich unmittelbar: Das Skalarprodukt verschwindet, wenn wenigstens einer der Vektoren verschwindet oder wenn die Vektoren aufeinander senkrecht stehen, und nur in diesen Fällen. Es ist positiv oder negativ, je nachdem die Vektoren einen spitzen oder stumpfen Winkel einschließen.

Wir können der Definition des Skalarproduktes noch eine andere Form geben. Wir projizieren den Vektor $\mathfrak{b}$ senkrecht auf die Gerade von $\mathfrak{a}$, die wir uns durch die Richtung von $\mathfrak{a}$ orientiert denken. Ist $\mathfrak{b} = \overrightarrow{PQ}$ und sind P' und Q' die Projektionen von P bzw. Q, so ist $\overrightarrow{P'Q'} = \dfrac{\mathfrak{a}}{|\mathfrak{a}|}\,|\mathfrak{b}|\cos(\mathfrak{a},\mathfrak{b}) = \mathfrak{b}_\mathfrak{a}$ ein zu $\mathfrak{a}$ paralleler Vektor, den wir die *Komponente* von $\mathfrak{b}$ in der Richtung $\mathfrak{a}$ nennen. Den Skalar

$$(3, 2) \qquad\qquad b_\mathfrak{a} = |\mathfrak{b}|\cos(\mathfrak{a},\mathfrak{b})$$

bezeichnen wir als die *Projektion* von $\mathfrak{b}$ auf $\mathfrak{a}$. Sein absoluter Betrag gibt die Länge der Komponente $\mathfrak{b}_\mathfrak{a}$ an, und sein Vorzeichen ist positiv oder negativ, je nachdem $\mathfrak{b}_\mathfrak{a}$ und $\mathfrak{a}$ gleich oder entgegengesetzt gerichtet sind, m. a. W. je nachdem $\mathfrak{a}$ und $\mathfrak{b}$ einen spitzen oder einen stumpfen Winkel einschließen. Mit diesen Bezeichnungen können wir schreiben:

$$(3, 3) \qquad\qquad \mathfrak{a}\cdot\mathfrak{b} = |\mathfrak{a}|b_\mathfrak{a} = a_\mathfrak{b}|\mathfrak{b}|.$$

Um die Benennung skalares Produkt zu rechtfertigen, prüfen wir die zu Beginn angegebenen Rechenregeln III bis VI. Aus $(3, 1)$ entnimmt man unmittelbar
$$\mathfrak{a}\cdot\mathfrak{b} = \mathfrak{b}\cdot\mathfrak{a},$$

also Regel III. Da das skalare Produkt auf zwei Faktoren beschränkt ist, kommt Regel IV nur in Verbindung mit einem skalaren Faktor in Betracht. Sie ist dann gültig wegen
$$(\lambda\mathfrak{a})\cdot\mathfrak{b} = \lambda(\mathfrak{a}\cdot\mathfrak{b}) = \mathfrak{a}\cdot(\lambda\mathfrak{b}).$$

Wie leicht einzusehen, ist die Projektion (im obigen Sinne mit Vorzeichen) einer Summe von Vektoren gleich der Summe der Projektionen der Summanden, d. h.: Ist $\mathfrak{b} = \mathfrak{b} + \mathfrak{c}$, so gilt
$$d_\mathfrak{a} = b_\mathfrak{a} + c_\mathfrak{a},$$
also nach $(3, 3)$
$$\mathfrak{a}\cdot(\mathfrak{b}+\mathfrak{c}) = \mathfrak{a}\cdot\mathfrak{d} = |\mathfrak{a}|\,d_\mathfrak{a} = |\mathfrak{a}|(b_\mathfrak{a}+c_\mathfrak{a}) = |\mathfrak{a}|b_\mathfrak{a} + |\mathfrak{a}|c_\mathfrak{a} = \mathfrak{a}\cdot\mathfrak{b} + \mathfrak{a}\cdot\mathfrak{c},$$

also Regel V. Sie kann ohne weiteres auf mehr Summanden und auf den Fall ausgedehnt werden, wo auch der erste Faktor eine Summe ist. Man kann daher Klammern wie beim gewöhnlichen Zahlenrechnen ausmultiplizieren und in einer Summe gemeinsame Faktoren ausklammern. Dagegen gilt Regel VI nicht, da, wie schon oben bemerkt, das Skalarprodukt verschwinden kann, ohne daß ein Faktor verschwindet.

Für $\mathfrak{a}\cdot\mathfrak{a}$, das ist das Quadrat der Länge von $\mathfrak{a}$, verwendet man im allgemeinen die Schreibweise $\mathfrak{a}^2$, die also stets skalare Multiplikation eines Vektors mit sich andeutet. Der Exponent ist hier auf 2 beschränkt. Das Quadrat von $\mathfrak{a}^2$ schreiben wir $(\mathfrak{a}^2)^2$, nicht $\mathfrak{a}^4$.

Wir wollen noch das Skalarprodukt zweier Vektoren $\mathfrak{a}$ und $\mathfrak{b}$ durch ihre Koordinaten $a_x, a_y, a_z, b_x, b_y, b_z$ in einem allgemeinen Koordinatensystem $(O; \mathfrak{x}, \mathfrak{y}, \mathfrak{z})$ ausdrücken. Nach $(2, 4)$ haben wir
$$\mathfrak{a}\cdot\mathfrak{b} = (a_x\mathfrak{x} + a_y\mathfrak{y} + a_z\mathfrak{z})\cdot(b_x\mathfrak{x} + b_y\mathfrak{y} + b_z\mathfrak{z}),$$

also, da die Klammern in gewöhnlicher Weise ausmultipliziert werden dürfen,
$$\mathfrak{a}\cdot\mathfrak{b} = a_x b_x \mathfrak{x}^2 + a_y b_y \mathfrak{y}^2 + a_z b_z \mathfrak{z}^2$$
$$+ (a_x b_y + a_y b_x)\mathfrak{x}\cdot\mathfrak{y} + (a_x b_z + a_z b_x)\mathfrak{x}\cdot\mathfrak{z} + (a_y b_z + a_z b_y)\mathfrak{y}\cdot\mathfrak{z}.$$

Dieser Ausdruck wird besonders einfach, wenn wir die drei Grundvektoren $\mathfrak{x}, \mathfrak{y}, \mathfrak{z}$ paarweise senkrecht und von der Länge 1 wählen. Wir sprechen dann von einem *orthogonalen Einheitssystem* oder *gewöhnlichen rechtwinkligen Koordinatensystem* und bezeichnen dann die Grundvektoren $\mathfrak{x}, \mathfrak{y}, \mathfrak{z}$ bzw. mit $\mathfrak{i}, \mathfrak{j}, \mathfrak{k}$. In diesem Falle haben wir

$$(3, 4) \qquad\qquad \begin{cases} \mathfrak{i}^2 = \mathfrak{j}^2 = \mathfrak{k}^2 = 1 \\ \mathfrak{i}\cdot\mathfrak{j} = \mathfrak{i}\cdot\mathfrak{k} = \mathfrak{j}\cdot\mathfrak{k} = 0, \end{cases}$$

und der Ausdruck für das skalare Produkt wird

(3, 5) $\mathfrak{a} \cdot \mathfrak{b} = a_x b_x + a_y b_y + a_z b_z.$

Insbesondere ergibt sich für das Quadrat der Länge eines Vektors

(3, 6) $\mathfrak{a}^2 = |\mathfrak{a}|^2 = a_x^2 + a_y^2 + a_z^2.$

Als Anwendung des skalaren Produktes erwähnen wir folgendes: Von einer Ebene ε sei eine Seite als die positive ausgezeichnet; $\mathfrak{E}$ bezeichne denjenigen auf ε senkrechten Einheitsvektor, der auf die positive Seite von ε weist. Ferner sei p der Abstand der Ebene von dem beliebig gewählten Ursprung O, und zwar positiv oder negativ gerechnet, je nachdem O auf der positiven oder negativen Seite von ε liegt. Ist dann $\mathfrak{r}$ der Ortsvektor eines beliebigen Raumpunktes P, so stellt $\mathfrak{r} \cdot \mathfrak{E} + p$ den entsprechend mit Vorzeichen versehenen Abstand von P und ε dar; denn $\mathfrak{r} \cdot \mathfrak{E}$ ist die Projektion von $\mathfrak{r}$ auf die durch $\mathfrak{E}$ orientierte Normale von ε, also gleich dem Abstand des Punktes P von der Parallelebene zu ε durch O. Insbesondere liegen alle und nur die Punkte P in ε, deren Ortsvektoren der Gleichung

(3, 7) $\mathfrak{r} \cdot \mathfrak{E} + p = 0$

genügen. (3, 7) ist also die Gleichung von ε (HESSEsche *Normalform*).

4. Plangrößen und Vektorprodukt. In einer Ebene sei ein Flächenstück gegeben, z. B. ein Parallelogramm; ferner sei diesem Flächenstück ein Umlaufsinn zugeschrieben. Wir sagen dann, es liege eine *Plangröße* vor. Zwei Plangrößen werden als gleich betrachtet, wenn die Ebenen, in denen sie liegen, parallel sind, wenn ferner die Flächeninhalte und die Umlaufsrichtungen übereinstimmen. Die Gestalt der Flächenstücke ist hierbei also gleichgültig.

Jede Plangröße läßt sich nun durch einen Vektor darstellen, wodurch das Operieren mit Plangrößen auf das mit Vektoren zurückgeführt wird, und zwar durch einen zur Ebene der Größe senkrechten Vektor, dessen Länge gleich dem Flächeninhalt der Plangröße ist. Offenbar gibt es zwei solche Vektoren, nämlich entgegengesetzt gleiche, von denen jeder die Plangröße bis auf den Umlaufssinn eindeutig festlegt. Es liegt nun nahe, jedem der beiden möglichen Umlaufssinne einen dieser beiden Vektoren zuzuordnen. Das soll in folgender Weise geschehen: Eine Drehung im gegebenen Umlaufssinn zusammen mit einer Vorwärtsbewegung in Richtung des betreffenden Vektors soll eine Rechtsschraubung, d. h. die Bewegung einer gewöhnlichen Schraube in ihrer Mutter ergeben (Abb. 6). Diese Festsetzung ist an sich willkürlich. Wir hätten ebensogut die entgegengesetzte wählen können, wollen aber im folgenden an der genannten Wahl festhalten. Wir können also sagen: Nach Wahl eines Schraubungssinnes im

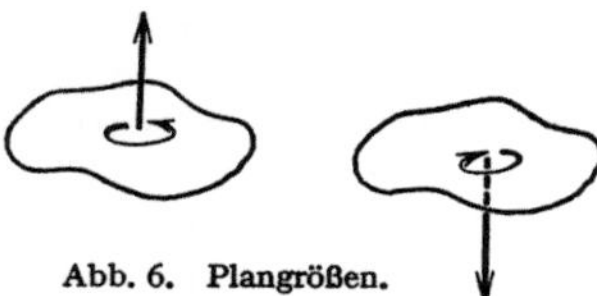

Abb. 6. Plangrößen.

Raume läßt sich jede Plangröße eindeutig durch einen Vektor darstellen. Insbesondere ist dann einer mit Umlaufssinn versehenen Ebene eine bestimmte positive Normalenrichtung und einer orientierten Geraden ein bestimmter Umlaufssinn in ihrer Normalebene zugeordnet (Abb. 6).

Die Projektion einer Plangröße auf eine beliebige mit Umlaufssinn versehene Ebene läßt sich durch einen Skalar angeben, der positiv oder negativ ist, je nachdem der Umlaufssinn der Projektion mit demjenigen der Ebene übereinstimmt oder nicht; sie ist einschließlich des Vorzeichens gleich der Projektion des darstellenden Vektors auf die orientierte Normale der Ebene.

Der einer Plangröße zugeordnete Vektor ist bei Zugrundelegung des anderen Schraubungssinnes durch den entgegengesetzten zu ersetzen. Solche Vektoren heißen *axiale Vektoren* im Gegensatz zu den von der Wahl eines Schraubungssinnes unabhängigen *polaren Vektoren*.

Da es, wie gesagt, bei einer Plangröße auf die Gestalt des Flächenstückes nicht ankommt, können wir sie stets durch ein Parallelogramm mit einem Umlaufssinn gegeben denken. Zwei benachbarte Seiten dieses Parallelogrammes seien durch die Vektoren $\mathfrak{a}$ und $\mathfrak{b}$ gegeben, und zwar so, daß die Drehung von $\mathfrak{a}$ durch das Innere des Parallelogrammes in die Richtung von $\mathfrak{b}$ um den gemeinsamen Anfangspunkt im Umlaufssinn der Plangröße vor sich geht. Wir können dann sagen: **Durch zwei linear unabhängige Vektoren $\mathfrak{a}$, $\mathfrak{b}$ in dieser Reihenfolge ist eine Plangröße** und damit nach der obigen Festsetzung ein weiterer Vektor gegeben, den man das *Vektorprodukt* von $\mathfrak{a}$ und $\mathfrak{b}$ nennt und mit $\mathfrak{a} \times \mathfrak{b}$ bezeichnet (Abb. 7).

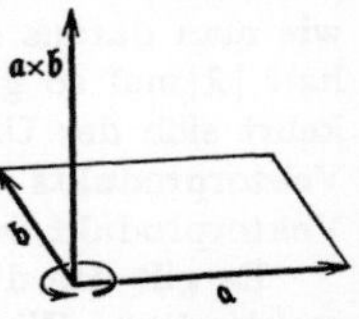

Abb. 7. Vektorprodukt.

Man erhält $\mathfrak{a} \times \mathfrak{b}$ aus $\mathfrak{a}$ und $\mathfrak{b}$ in folgender Weise: Man trage $\mathfrak{a}$ und $\mathfrak{b}$ vom selben Punkt auf. Dann steht der Vektor $\mathfrak{a} \times \mathfrak{b}$ senkrecht auf der durch $\mathfrak{a}$ und $\mathfrak{b}$ bestimmten Ebene; seine Länge ist gleich dem Flächeninhalt des von $\mathfrak{a}$ und $\mathfrak{b}$ aufgespannten Parallelogramms, und seine Orientierung ist dadurch bestimmt, daß die Drehung von $\mathfrak{a}$ auf dem kürzeren Wege in die Richtung von $\mathfrak{b}$ zusammen mit einer Vorwärtsbewegung in der Richtung von $\mathfrak{a} \times \mathfrak{b}$ eine Rechtsschraubung ergibt. Diese nur für linear unabhängige $\mathfrak{a}$ und $\mathfrak{b}$ sinnvolle Definition wird durch die Festsetzung ergänzt, daß $\mathfrak{a} \times \mathfrak{b} = 0$ sein soll, falls $\mathfrak{a}$ und $\mathfrak{b}$ linear abhängig sind, in Übereinstimmung damit, daß dann das von ihnen aufgespannte (in eine Strecke entartete) Parallelogramm den Inhalt 0 hat. Insbesondere ist also

$$(4, 1) \qquad\qquad \mathfrak{a} \times \mathfrak{a} = 0.$$

Das Vektorprodukt ist eine „axiale Funktion" der beiden beteiligten Vektoren: Wenn die Faktoren $\mathfrak{a}$ und $\mathfrak{b}$ beide polaren oder beide axialen Charakter tragen, so hat der Vektor $\mathfrak{a} \times \mathfrak{b}$ axialen Charakter. Dagegen ist er polar, wenn einer der beiden Vektoren polar, der andere axial ist.

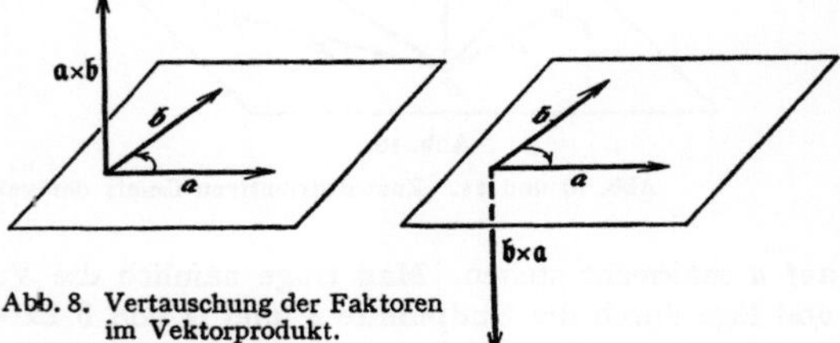

Abb. 8. Vertauschung der Faktoren im Vektorprodukt.

Bevor wir zur Aufstellung von Formeln für das Vektorprodukt und zur Rechtfertigung der Bezeichnung „Produkt" übergehen, wollen wir einige seiner Eigenschaften angeben, die sich unmittelbar aus der Definition ergeben.

Bei Vertauschung der Faktoren ändert das Vektorprodukt das Vorzeichen:

$$(4, 2) \qquad\qquad \mathfrak{a} \times \mathfrak{b} = -\mathfrak{b} \times \mathfrak{a};$$

denn die durch $\mathfrak{a} \times \mathfrak{b}$ dargestellte Plangröße hat den umgekehrten Umlaufssinn wie die durch $\mathfrak{b} \times \mathfrak{a}$ dargestellte, stimmt aber im übrigen mit ihr überein (Abb. 8).

Addiert man zu einem Faktor ein skalares Multiplum des anderen, so bleibt das Vektorprodukt ungeändert:

$$(4, 3) \qquad \mathfrak{a} \times (\mathfrak{b} + \lambda\mathfrak{a}) = (\mathfrak{a} + \mu\mathfrak{b}) \times \mathfrak{b} = \mathfrak{a} \times \mathfrak{b};$$

denn die durch $\mathfrak{a}$, $\mathfrak{b}$ bzw. $\mathfrak{a}$, $\mathfrak{b} + \lambda\mathfrak{a}$ aufgespannten Parallelogramme haben denselben Flächeninhalt und denselben Umlaufssinn (Abb. 9).

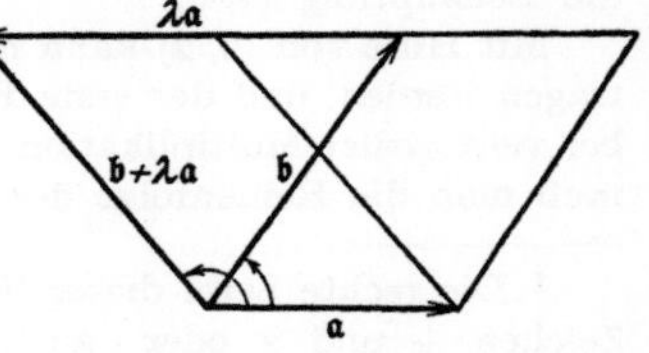

Abb. 9. $\mathfrak{a} \times (\mathfrak{b} + \lambda\mathfrak{a}) = \mathfrak{a} \times \mathfrak{b}$.

Für die Länge von $\mathfrak{a} \times \mathfrak{b}$ findet man

$$(4, 4) \qquad |\mathfrak{a} \times \mathfrak{b}| = |\mathfrak{a}|\,|\mathfrak{b}|\sin(\mathfrak{a}, \mathfrak{b}),$$

wo $(\mathfrak{a}, \mathfrak{b})$ den zwischen 0 und π gelegenen, durch $\mathfrak{a}$ und $\mathfrak{b}$ bestimmten Winkel bedeutet.

Was die Gültigkeit der Rechenregeln für diese Produktbildung anbetrifft, können wir sofort feststellen, daß wegen (4, 2) das kommutative Gesetz III nicht gilt. Ebensowenig gilt das assoziative Gesetz IV für Vektorprodukte von drei Vektoren, wie wir im nächsten Paragraphen beweisen werden. Wohl aber gilt folgende Regel:

$$(4, 5) \qquad \lambda(\mathfrak{a} \times \mathfrak{b}) = (\lambda \mathfrak{a}) \times \mathfrak{b} = \mathfrak{a} \times (\lambda \mathfrak{b}),$$

wie man daraus entnimmt, daß $\lambda \mathfrak{a}$, $\mathfrak{b}$ ein Parallelogramm aufspannen, dessen Inhalt $|\lambda|$ mal so groß ist, wie der des Parallelogramms $\mathfrak{a}$, $\mathfrak{b}$. Falls λ negativ ist, kehrt sich der Umlaufssinn des Parallelogramms und damit die Orientierung des Vektorprodukts um. Regel VI kann nicht gelten, da ja definitionsgemäß das Vektorprodukt von zwei linear abhängigen Vektoren verschwindet.

Es gilt das distributive Gesetz V, was den Namen „Produkt" in erster Linie rechtfertigt. Wir haben zu zeigen[1]

$$(4, 6) \qquad \mathfrak{a} \times (\mathfrak{b} + \mathfrak{c}) = \mathfrak{a} \times \mathfrak{b} + \mathfrak{a} \times \mathfrak{c}.$$

Von dem Fall, daß einer der Vektoren verschwindet, können wir absehen, da er unmittelbar zu erledigen ist. Es lassen sich zwei Zahlen λ und μ derart bestimmen, daß die beiden Vektoren

$$\mathfrak{b}' = \mathfrak{b} + \lambda \mathfrak{a}, \qquad \mathfrak{c}' = \mathfrak{c} + \mu \mathfrak{a}$$

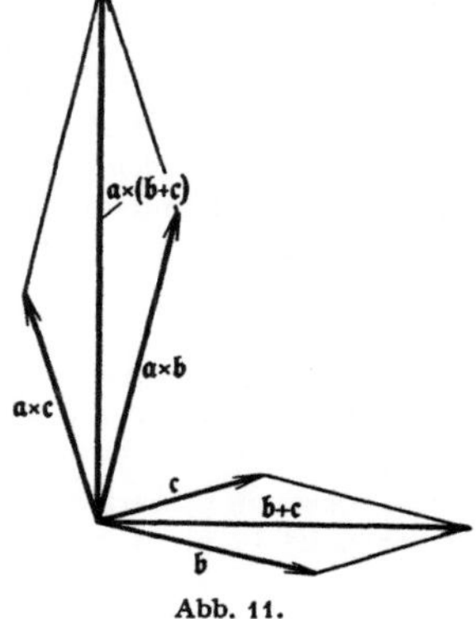

Abb. 10.   Abb. 11.

Abb. 10 und 11.   Zum distributiven Gesetz der vektoriellen Multiplikation.

auf $\mathfrak{a}$ senkrecht stehen. Man trage nämlich die Vektoren in einem Punkt O ab und lege durch die Endpunkte P und Q von $\mathfrak{b}$ bzw. $\mathfrak{c}$ die Parallelen zu $\mathfrak{a}$ bis zu den Schnittpunkten P' bzw. Q' mit der zu $\mathfrak{a}$ senkrechten Ebene durch O. Dann ist $\overrightarrow{PP'} = \lambda \mathfrak{a}$ und $\overrightarrow{QQ'} = \mu \mathfrak{a}$ (Abb. 10). Ersetzt man nun in (4, 6) $\mathfrak{b}$ und $\mathfrak{c}$ bzw. durch $\mathfrak{b}'$ und $\mathfrak{c}'$, so bleiben nach (4, 3) die drei Vektorprodukte ungeändert. Es genügt also, den Fall zu betrachten, wo sowohl $\mathfrak{b}$ als auch $\mathfrak{c}$ auf $\mathfrak{a}$ senkrecht stehen. Dann liegen die Vektorprodukte $\mathfrak{a} \times (\mathfrak{b} + \mathfrak{c})$, $\mathfrak{a} \times \mathfrak{b}$, $\mathfrak{a} \times \mathfrak{c}$ ebenfalls in der zu $\mathfrak{a}$ senkrechten Ebene, und zwar gehen sie aus $\mathfrak{b} + \mathfrak{c}$, $\mathfrak{b}$ bzw. $\mathfrak{c}$ durch Drehung um 90° und Multiplikation mit der Länge $|\mathfrak{a}|$ von $\mathfrak{a}$ hervor (Abb. 11, in der $\mathfrak{a}$ senkrecht zur Zeichenebene nach vorn zu denken ist). Hieraus ergibt sich unmittelbar die Behauptung (4, 6).

Mit Hilfe von (4, 2) kann nun das distributive Gesetz auch auf den Fall übertragen werden, daß der erste Faktor eine Summe ist. Allgemein kann man auch bei vektorieller Multiplikation Klammern wie gewöhnlich ausmultiplizieren. Nur muß man die Reihenfolge der Faktoren beibehalten.

---

[1] Die rechte Seite dieser Formel, sowie alle folgenden Formeln, in denen die Zeichen $+$ und $\times$ oder $\cdot$ auftreten, sind so zu verstehen, daß wie beim gewöhnlichen Rechnen zunächst die Multiplikationen auszuführen und dann die Produkte zu addieren sind, falls nicht durch Klammern [wie auf der linken Seite von (4, 6)] ausdrücklich etwas anderes angedeutet ist.

Wir verwenden dies, um eine Koordinatendarstellung des Vektorprodukts herzuleiten. Wir legen ein gewöhnliches rechtwinkliges Koordinatensystem $(O; i, j, \mathfrak{k})$ zugrunde. Es sei

$$\mathfrak{a} = a_x i + a_y j + a_z \mathfrak{k},$$
$$\mathfrak{b} = b_x i + b_y j + b_z \mathfrak{k}.$$

Dann ist

$$\mathfrak{a} \times \mathfrak{b} = (a_x i + a_y j + a_z \mathfrak{k}) \times (b_x i + b_y j + b_z \mathfrak{k})$$
$$= a_x b_x \, i \times i + a_x b_y \, i \times j + a_x b_z \, i \times \mathfrak{k}$$
$$+ a_y b_x \, j \times i + a_y b_y \, j \times j + a_y b_z \, j \times \mathfrak{k}$$
$$+ a_z b_x \, \mathfrak{k} \times i + a_z b_y \, \mathfrak{k} \times j + a_z b_z \, \mathfrak{k} \times \mathfrak{k}.$$

Nach **(4, 2)** und **(4, 1)** ist dies

(4, 7) $\quad \mathfrak{a} \times \mathfrak{b} = (a_x b_y - a_y b_x) i \times j + (a_z b_x - a_x b_z) \mathfrak{k} \times i + (a_y b_z - a_z b_y) j \times \mathfrak{k}.$

Es bleiben also die Vektorprodukte der Grundvektoren i, j, $\mathfrak{k}$ zu berechnen. Da wir es mit einem rechtwinkligen Einheitssystem zu tun haben, ist offenbar $i \times j$ entweder $\mathfrak{k}$ oder $-\mathfrak{k}$, und zwar $\mathfrak{k}$, falls die kürzeste Drehung von i in die Richtung von j zusammen mit einer Verschiebung in der Richtung von $\mathfrak{k}$ eine Rechtsschraubung bildet, und $-\mathfrak{k}$, falls diese Bewegung eine Linksschraubung ist. Wir haben also zweierlei Koordinatensysteme, die man als *Rechts-* bzw. als *Linkssysteme* bezeichnet (Abb. 12).

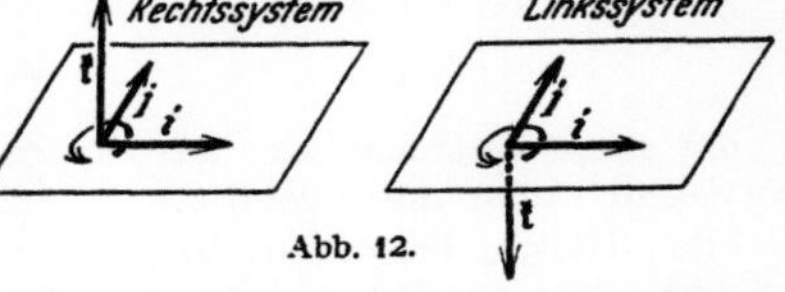

Abb. 12.

Für ein Rechtssystem gilt

(4, 8) $\qquad i \times j = \mathfrak{k}, \quad \mathfrak{k} \times i = j, \quad j \times \mathfrak{k} = i;$

denn mit i, j, $\mathfrak{k}$ bilden auch die „zyklisch vertauschten" $\mathfrak{k}$, i, j und j, $\mathfrak{k}$, i Rechtssysteme. Für ein Linkssystem gilt **(4, 8)** mit negativen Vorzeichen auf den rechten Seiten. **Im folgenden werden wir stets Rechtssysteme verwenden.** In diesen geht **(4, 7)** nach **(4, 8)** in

(4, 9) $\qquad \mathfrak{a} \times \mathfrak{b} = (a_y b_z - a_z b_y) i + (a_z b_x - a_x b_z) j + (a_x b_y - a_y b_x) \mathfrak{k}$

über. Hierbei ist zu beachten, daß **(4, 9)** nur für Rechtssysteme, **(4, 7)** dagegen allgemein gilt. In Linkssystemen ist auf der rechten Seite von **(4, 9)** das Vorzeichen umzukehren.

(4, 9) kann auch folgendermaßen geschrieben werden:

(4, 10) $\qquad \mathfrak{a} \times \mathfrak{b} = \begin{vmatrix} a_y & a_z \\ b_y & b_z \end{vmatrix} i + \begin{vmatrix} a_z & a_x \\ b_z & b_x \end{vmatrix} j + \begin{vmatrix} a_x & a_y \\ b_x & b_y \end{vmatrix} \mathfrak{k}$

oder in Form einer Determinante

(4, 11) $\qquad \mathfrak{a} \times \mathfrak{b} = \begin{vmatrix} i & j & \mathfrak{k} \\ a_x & a_y & a_z \\ b_x & b_y & b_z \end{vmatrix},$

aus der **(4, 10)** durch Entwicklung nach der ersten Zeile hervorgeht.

Die obige Unterscheidung von Rechts- und Linkssystemen läßt sich unmittelbar auf beliebige Tripel von linear unabhängigen Vektoren verallgemeinern. Die linear unabhängigen Vektoren $\mathfrak{x}$, $\mathfrak{y}$, $\mathfrak{z}$ bilden in dieser Reihenfolge ein Rechts- oder Linkssystem, je nachdem der Vektor $\mathfrak{z}$ auf dieselbe oder die entgegengesetzte Seite der von $\mathfrak{x}$ und $\mathfrak{y}$ aufgespannten Ebene weist wie der Vektor $\mathfrak{x} \times \mathfrak{y}$. Ist $(\mathfrak{x}, \mathfrak{y}, \mathfrak{z})$ ein Rechtssystem, so sind auch $(\mathfrak{y}, \mathfrak{z}, \mathfrak{x})$ und $(\mathfrak{z}, \mathfrak{x}, \mathfrak{y})$ Rechtssysteme, dagegen $(\mathfrak{z}, \mathfrak{y}, \mathfrak{x})$, $(\mathfrak{y}, \mathfrak{x}, \mathfrak{z})$ und $(\mathfrak{x}, \mathfrak{z}, \mathfrak{y})$ Linkssysteme.

In einer Ebene sei ein Umlaufssinn gewählt. Ist $\mathfrak{a}$ ein Vektor in dieser Ebene, so nennen wir *Quervektor* von $\mathfrak{a}$ denjenigen Vektor $\hat{\mathfrak{a}}$, der aus $\mathfrak{a}$ durch eine Drehung um 90° im festgesetzten Umlaufssinn hervorgeht. Bezeichnet $\mathfrak{n}$ den Einheitsvektor der positiven Normalenrichtung der Ebene (vgl. S. 6), so ist

$$(4, 12) \qquad\qquad \hat{\mathfrak{a}} = \mathfrak{n} \times \mathfrak{a}.$$

Legt man ein rechtwinkliges Koordinatensystem $\mathfrak{i}, \mathfrak{j}, \mathfrak{k}$ so, daß $\mathfrak{i}$ und $\mathfrak{j}$ in die betrachtete Ebene fallen und daß die kürzeste Drehung von $\mathfrak{i}$ nach $\mathfrak{j}$ in dem gewählten Umlaufssinn erfolgt, so ist $\mathfrak{n} = \mathfrak{k}$, also nach (4, 9) und (4, 12)

$$\hat{\mathfrak{a}} = -a_y \mathfrak{i} + a_x \mathfrak{j},$$

wenn

$$\mathfrak{a} = a_x \mathfrak{i} + a_y \mathfrak{j}$$

ist.

5. Produkte von mehreren Vektoren. Die in **3** und **4** eingeführten Produktbildungen können in verschiedener Weise zusammengesetzt werden. Es sollen hier einige wichtige Relationen zwischen solchen mehrfachen Produkten abgeleitet werden.

Zunächst betrachten wir den Ausdruck

$$\sigma = \mathfrak{a} \times \mathfrak{b} \cdot \mathfrak{c},$$

der so zu verstehen ist, daß zunächst $\mathfrak{a} \times \mathfrak{b}$ gebildet und dann der entstehende Vektor skalar mit $\mathfrak{c}$ multipliziert wird[1]. Um die geometrische Bedeutung von σ klarzustellen, bemerken wir, daß σ verschwindet, wenn $\mathfrak{a}$, $\mathfrak{b}$, $\mathfrak{c}$ linear abhängig sind. Sind nämlich $\mathfrak{a}$, $\mathfrak{b}$ linear abhängig, so ist schon $\mathfrak{a} \times \mathfrak{b} = 0$, sind $\mathfrak{a}$, $\mathfrak{b}$ linear unabhängig, aber $\mathfrak{a}$, $\mathfrak{b}$, $\mathfrak{c}$ linear abhängig, so liegt $\mathfrak{c}$ in der von $\mathfrak{a}$ und $\mathfrak{b}$ aufgespannten Ebene und steht daher senkrecht auf $\mathfrak{a} \times \mathfrak{b}$, so daß σ nach **3** auch in diesem Fall verschwindet. Sind $\mathfrak{a}$, $\mathfrak{b}$, $\mathfrak{c}$ linear unabhängig, so spannen sie, von einem Punkt aufgetragen, ein Parallelepiped auf, und dessen Volumen ist $|\sigma|$; denn nach (3, 3) ist ja

$$\sigma = |\mathfrak{a} \times \mathfrak{b}| \, c_{\mathfrak{a} \times \mathfrak{b}},$$

und die Länge $|c_{\mathfrak{a} \times \mathfrak{b}}|$ der Projektion von $\mathfrak{c}$ auf die Gerade von $\mathfrak{a} \times \mathfrak{b}$ ist die Höhe des Parallelepipeds, dessen Grundfläche den Inhalt $|\mathfrak{a} \times \mathfrak{b}|$ besitzt. Das Vorzeichen von σ ist positiv oder negativ, je nachdem $\mathfrak{c}$ und $\mathfrak{a} \times \mathfrak{b}$ einen spitzen (Abb. 13) oder einen stumpfen Winkel einschließen, mit anderen Worten, je nachdem die drei Vektoren $\mathfrak{a}$, $\mathfrak{b}$, $\mathfrak{c}$ in dieser Reihenfolge ein Rechts- oder ein Linkssystem bilden. Man könnte dieses gemischte Produkt σ als das *Raumprodukt* der drei Vektoren bezeichnen. Zusammenfassend können wir sagen:

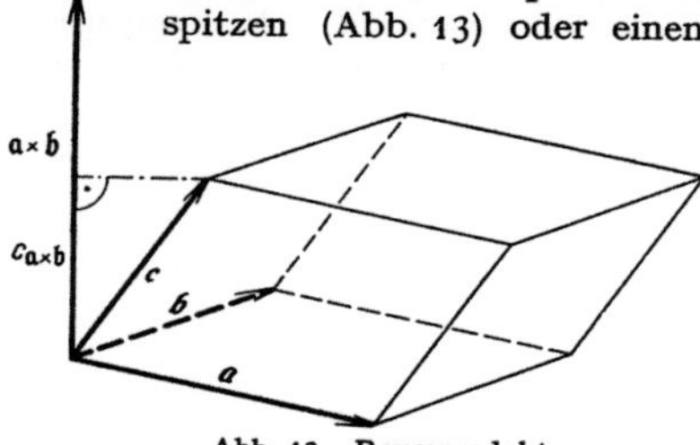

Abb. 13. Raumprodukt.

Das Raumprodukt $\mathfrak{a} \times \mathfrak{b} \cdot \mathfrak{c}$ ist gleich dem Volumen des von $\mathfrak{a}$, $\mathfrak{b}$, $\mathfrak{c}$ aufgespannten Parallelepipeds, und zwar positiv oder negativ gerechnet, je nachdem $\mathfrak{a}$, $\mathfrak{b}$, $\mathfrak{c}$ ein Rechts- oder Linkssystem bilden. Es verschwindet dann und nur dann, wenn die drei Vektoren linear abhängig sind.

Aus dieser geometrischen Deutung und aus der Tatsache, daß die aus $\mathfrak{a}$, $\mathfrak{b}$, $\mathfrak{c}$ durch „zyklische Vertauschung" hervorgehenden Tripel $\mathfrak{b}$, $\mathfrak{c}$, $\mathfrak{a}$ und $\mathfrak{c}$, $\mathfrak{a}$, $\mathfrak{b}$ Rechts-

---

[1] Ein Mißverständnis ist hierbei übrigens ausgeschlossen; denn wollte man zuerst die skalare Multiplikation $\mathfrak{b} \cdot \mathfrak{c}$ ausführen, so würde das Zeichen $\times$, das nur zwischen zwei Vektoren stehen kann, sinnlos. Daher ist es überflüssig, die Reihenfolge der Multiplikationen durch Klammern anzudeuten.

oder Linkssysteme bilden, je nachdem $\mathfrak{a}$, $\mathfrak{b}$, $\mathfrak{c}$ ein Rechts- oder Linkssystem ist, folgt

$$(5, 1) \qquad \sigma = \mathfrak{a} \times \mathfrak{b} \cdot \mathfrak{c} = \mathfrak{b} \times \mathfrak{c} \cdot \mathfrak{a} = \mathfrak{c} \times \mathfrak{a} \cdot \mathfrak{b}$$

und hieraus, da das Skalarprodukt kommutativ ist,

$$(5, 2) \qquad \sigma = \mathfrak{c} \cdot \mathfrak{a} \times \mathfrak{b} = \mathfrak{a} \cdot \mathfrak{b} \times \mathfrak{c} = \mathfrak{b} \cdot \mathfrak{c} \times \mathfrak{a}.$$

In einem Raumprodukt darf man also, ohne seinen Wert zu ändern, die Zeichen $\times$ und $\cdot$ vertauschen und die Faktoren zyklisch permutieren. Bei einer nicht-zyklischen Permutation der Faktoren ändert sich das Vorzeichen.

Aus (3, 5) und (4, 10) ergibt sich für das Raumprodukt als Ausdruck in einem Rechtskoordinatensystem mit senkrechten Einheitsvektoren $\mathfrak{i}$, $\mathfrak{j}$, $\mathfrak{k}$ als Grundvektoren

$$(5, 3) \qquad \mathfrak{a} \times \mathfrak{b} \cdot \mathfrak{c} = \begin{vmatrix} a_x & a_y & a_z \\ b_x & b_y & b_z \\ c_x & c_y & c_z \end{vmatrix} = \begin{vmatrix} a_x & b_x & c_x \\ a_y & b_y & c_y \\ a_z & b_z & c_z \end{vmatrix} = |\mathfrak{a}\,\mathfrak{b}\,\mathfrak{c}|,$$

wobei wir $|\mathfrak{a}\,\mathfrak{b}\,\mathfrak{c}|$ als mehr symmetrische Bezeichnung für das Raumprodukt verwenden.

Das Produkt $\mathfrak{a} \times (\mathfrak{b} \times \mathfrak{c})$ berechnen wir unter Zugrundelegung eines rechtshändigen, rechtwinkligen Koordinatensystems nach Formel (4, 9):

$$\begin{aligned} \mathfrak{a} \times (\mathfrak{b} \times \mathfrak{c}) &= [a_y(b_x c_y - b_y c_x) - a_z(b_z c_x - b_x c_z)]\,\mathfrak{i} \\ &\quad + [a_z(b_y c_z - b_z c_y) - a_x(b_x c_y - b_y c_x)]\,\mathfrak{j} \\ &\quad + [a_x(b_z c_x - b_x c_z) - a_y(b_y c_z - b_z c_y)]\,\mathfrak{k} \\ &= [b_x(\mathfrak{a} \cdot \mathfrak{c}) - c_x(\mathfrak{a} \cdot \mathfrak{b})]\,\mathfrak{i} + [b_y(\mathfrak{a} \cdot \mathfrak{c}) - c_y(\mathfrak{a} \cdot \mathfrak{b})]\,\mathfrak{j} + [b_z(\mathfrak{a} \cdot \mathfrak{c}) - c_z(\mathfrak{a} \cdot \mathfrak{b})]\,\mathfrak{k} \\ &= (\mathfrak{a} \cdot \mathfrak{c})\,(b_x\mathfrak{i} + b_y\mathfrak{j} + b_z\mathfrak{k}) - (\mathfrak{a} \cdot \mathfrak{b})\,(c_x\mathfrak{i} + c_y\mathfrak{j} + c_z\mathfrak{k}), \end{aligned}$$

also

$$(5, 4) \qquad \mathfrak{a} \times (\mathfrak{b} \times \mathfrak{c}) = (\mathfrak{a} \cdot \mathfrak{c})\,\mathfrak{b} - (\mathfrak{a} \cdot \mathfrak{b})\,\mathfrak{c}.$$

Falls $\mathfrak{b}$ und $\mathfrak{c}$ linear unabhängig sind, sieht man der linken Seite von (5, 4) sofort an, daß der dargestellte Vektor sich als Linearkombination von $\mathfrak{b}$ und $\mathfrak{c}$ schreiben lassen muß; denn er ist auf $\mathfrak{b} \times \mathfrak{c}$ senkrecht, also der durch $\mathfrak{b}$ und $\mathfrak{c}$ aufgespannten Ebene parallel. Aus (5, 4) ergibt sich nach (4, 2)

$$(\mathfrak{a} \times \mathfrak{b}) \times \mathfrak{c} = (\mathfrak{a} \cdot \mathfrak{c})\,\mathfrak{b} - (\mathfrak{b} \cdot \mathfrak{c})\,\mathfrak{a},$$

und dies ist im allgemeinen von (5, 4) verschieden, so daß das assoziative Gesetz für die vektorielle Multiplikation, wie bereits in 4, S. 8, erwähnt, nicht gilt.

Durch mehrmalige Anwendung von (5, 4) erhält man die Formel

$$(5, 5) \qquad \mathfrak{a} \times (\mathfrak{b} \times \mathfrak{c}) + \mathfrak{b} \times (\mathfrak{c} \times \mathfrak{a}) + \mathfrak{c} \times (\mathfrak{a} \times \mathfrak{b}) = 0.$$

(5, 4) gibt uns die Möglichkeit, eine Reihe weiterer Beziehungen unmittelbar abzulesen. Nach (5, 1, 2) ist

$$(\mathfrak{a} \times \mathfrak{b}) \cdot (\mathfrak{c} \times \mathfrak{b}) = \mathfrak{a} \cdot [\mathfrak{b} \times (\mathfrak{c} \times \mathfrak{b})],$$

also nach (5, 4) angewandt auf $\mathfrak{b} \times (\mathfrak{c} \times \mathfrak{b})$

$$(5, 6) \qquad (\mathfrak{a} \times \mathfrak{b}) \cdot (\mathfrak{c} \times \mathfrak{b}) = (\mathfrak{a} \cdot \mathfrak{c})\,(\mathfrak{b} \cdot \mathfrak{b}) - (\mathfrak{a} \cdot \mathfrak{b})\,(\mathfrak{b} \cdot \mathfrak{c}) = \begin{vmatrix} \mathfrak{a} \cdot \mathfrak{c} & \mathfrak{b} \cdot \mathfrak{c} \\ \mathfrak{a} \cdot \mathfrak{b} & \mathfrak{b} \cdot \mathfrak{b} \end{vmatrix}.$$

Für $\mathfrak{a} = \mathfrak{c}$, $\mathfrak{b} = \mathfrak{b}$ geht dies in die Formel

$$(5, 7) \qquad (\mathfrak{a} \times \mathfrak{b})^2 = \mathfrak{a}^2\mathfrak{b}^2 - (\mathfrak{a} \cdot \mathfrak{b})^2 = \begin{vmatrix} \mathfrak{a}^2 & \mathfrak{a} \cdot \mathfrak{b} \\ \mathfrak{a} \cdot \mathfrak{b} & \mathfrak{b}^2 \end{vmatrix}$$

über. Ferner folgt aus (5, 4)

$$\begin{aligned} (\mathfrak{a} \times \mathfrak{b}) \times (\mathfrak{c} \times \mathfrak{b}) &= (\mathfrak{a} \times \mathfrak{b} \cdot \mathfrak{b})\,\mathfrak{c} - (\mathfrak{a} \times \mathfrak{b} \cdot \mathfrak{c})\,\mathfrak{b} \\ (5, 8) &= |\mathfrak{a}\,\mathfrak{b}\,\mathfrak{b}|\,\mathfrak{c} - |\mathfrak{a}\,\mathfrak{b}\,\mathfrak{c}|\,\mathfrak{b} \\ &= |\mathfrak{a}\,\mathfrak{c}\,\mathfrak{b}|\,\mathfrak{b} - |\mathfrak{b}\,\mathfrak{c}\,\mathfrak{b}|\,\mathfrak{a}. \end{aligned}$$

Sind die Vektoren $\mathfrak{a}$, $\mathfrak{b}$, $\mathfrak{c}$ linear unabhängig, so nennt man

$$(5,9) \qquad \mathfrak{a}^{-1} = \frac{\mathfrak{b} \times \mathfrak{c}}{|\mathfrak{a}\mathfrak{b}\mathfrak{c}|}, \qquad \mathfrak{b}^{-1} = \frac{\mathfrak{c} \times \mathfrak{a}}{|\mathfrak{a}\mathfrak{b}\mathfrak{c}|}, \qquad \mathfrak{c}^{-1} = \frac{\mathfrak{a} \times \mathfrak{b}}{|\mathfrak{a}\mathfrak{b}\mathfrak{c}|}$$

die zu $\mathfrak{a}$, $\mathfrak{b}$, $\mathfrak{c}$ *reziproken Vektoren*. Sie genügen den Relationen

$$(5,10) \qquad \begin{cases} \mathfrak{a} \cdot \mathfrak{a}^{-1} = \mathfrak{b} \cdot \mathfrak{b}^{-1} = \mathfrak{c} \cdot \mathfrak{c}^{-1} = 1, \\ \mathfrak{a} \cdot \mathfrak{b}^{-1} = \mathfrak{a}^{-1} \cdot \mathfrak{b} = \mathfrak{c} \cdot \mathfrak{a}^{-1} = \mathfrak{c}^{-1} \cdot \mathfrak{a} = \mathfrak{b} \cdot \mathfrak{c}^{-1} = \mathfrak{b}^{-1} \cdot \mathfrak{c} = 0. \end{cases}$$

6. Matrizen. Unter einer Matrix $\mathsf{A} = \{\alpha_{ik}\}$ versteht man ein rechteckiges Schema von Zahlen

$$\mathsf{A} = \{\alpha_{ik}\} = \begin{Bmatrix} \alpha_{11} & \alpha_{12} & \cdots & \alpha_{1n} \\ \alpha_{21} & \alpha_{22} & \cdots & \alpha_{2n} \\ \vdots & \vdots & & \vdots \\ \alpha_{m1} & \alpha_{m2} & \cdots & \alpha_{mn} \end{Bmatrix}.$$

Die Elemente α_{i1}, α_{i2}, ..., α_{in} nennt man die i-te Zeile, α_{1k}, α_{2k}, ..., α_{mk} die k-te Spalte der Matrix $\{\alpha_{ik}\}$. Die Anzahl m der Zeilen und die Anzahl n der Spalten sind willkürlich.

Es erweist sich als sehr nützlich, Rechenoperationen für solche Schemata zu definieren. Man gelangt dazu in folgender Weise: Es seien u_1, u_2, ..., u_m, sowie v_1, v_2, ..., v_n irgendwelche Variable. Wir betrachten die „*lineare Transformation*"

$$(6,1) \qquad \begin{aligned} u_1 &= \alpha_{11}v_1 + \alpha_{12}v_2 + \cdots + \alpha_{1n}v_n \\ u_2 &= \alpha_{21}v_1 + \alpha_{22}v_2 + \cdots + \alpha_{2n}v_n \\ &\vdots \\ u_m &= \alpha_{m1}v_1 + \alpha_{m2}v_2 + \cdots + \alpha_{mn}v_n \end{aligned}$$

und daneben die weitere

$$(6,2) \qquad \begin{aligned} v_1 &= \beta_{11}w_1 + \beta_{12}w_2 + \cdots + \beta_{1p}w_p \\ v_2 &= \beta_{21}w_1 + \beta_{22}w_2 + \cdots + \beta_{2p}w_p \\ &\vdots \\ v_n &= \beta_{n1}w_1 + \beta_{n2}w_2 + \cdots + \beta_{np}w_p, \end{aligned}$$

in der die Variablen v_1, v_2, ..., v_n durch neue Variable w_1, w_2, ..., w_p ausgedrückt werden. Setzen wir nun die Werte der v aus (6,2) in (6,1) ein, so erhalten wir offenbar die u als lineare Funktionen der w:

$$(6,3) \qquad \begin{aligned} u_1 &= \eta_{11}w_1 + \eta_{12}w_2 + \cdots + \eta_{1p}w_p \\ u_2 &= \eta_{21}w_1 + \eta_{22}w_2 + \cdots + \eta_{2p}w_p \\ &\vdots \\ u_m &= \eta_{m1}w_1 + \eta_{m2}w_2 + \cdots + \eta_{mp}w_p. \end{aligned}$$

Rechnet man die η aus, so findet man

$$(6,4) \qquad \eta_{ik} = \alpha_{i1}\beta_{1k} + \alpha_{i2}\beta_{2k} + \cdots + \alpha_{in}\beta_{nk} = \sum_{j=1}^{n} \alpha_{ij}\beta_{jk}.$$

Das Element η_{ik} der Matrix $\mathsf{H} = \{\eta_{ik}\}$ entsteht also dadurch, daß man jedes Glied der i-ten Zeile von $\mathsf{A} = \{\alpha_{ik}\}$ mit dem entsprechenden Glied der k-ten Spalte von $\mathsf{B} = \{\beta_{ik}\}$ multipliziert und dann diese Produkte addiert. Man bezeichnet nun die Matrix H als das *Produkt* der Matrizen A und B und schreibt einfach

$$\mathsf{H} = \mathsf{A}\mathsf{B}.$$

Diese Produktbildung ist nur definiert, wenn der erste Faktor ebensoviel Spalten wie der zweite Zeilen besitzt. Die Produktmatrix hat ebenso viele Zeilen wie der erste Faktor und ebenso viele Spalten wie der zweite Faktor. Hieraus geht schon hervor, daß das kommutative Gesetz für diese Multiplikation nicht gilt. Die wichtigste Eigenschaft des Matrizenproduktes ist, daß es das assoziative Gesetz erfüllt, d. h. daß für drei Matrizen A, B, Γ

$$(6,5) \qquad (\mathsf{AB})\Gamma = \mathsf{A}(\mathsf{B}\Gamma)$$

gilt. Bei Produkten von mehreren Faktoren sind demnach Klammern überflüssig. Es seien also $\mathsf{A} = \{\alpha_{ij}\}$, $\mathsf{B} = \{\beta_{jk}\}$, $\Gamma = \{\gamma_{kl}\}$ drei Matrizen, so daß $i = 1, 2, \ldots, m$, $j = 1, 2, \ldots, n$, $k = 1, 2, \ldots, p$ und $l = 1, 2, \ldots, q$. Dann können die Produkte in (6, 5) gebildet werden. Die Behauptung besagt nach (6, 4)

$$\sum_{k=1}^{p} \left(\sum_{j=1}^{n} \alpha_{ij} \beta_{jk} \right) \gamma_{kl} = \sum_{j=1}^{n} \alpha_{ij} \sum_{k=1}^{p} \beta_{jk} \gamma_{kl}.$$

Dies ist aber richtig, denn beide Seiten sind gleich der Doppelsumme

$$\sum_{j=1}^{n} \sum_{k=1}^{p} \alpha_{ij} \beta_{jk} \gamma_{kl}.$$

Wenn wir die Variablen u, v und w zu drei einspaltigen Matrizen zusammenfassen, können wir die Transformationen (6, 1), (6, 2) folgendermaßen schreiben:

$$(6,6) \qquad \begin{Bmatrix} u_1 \\ u_2 \\ \vdots \\ u_m \end{Bmatrix} = \mathsf{A} \begin{Bmatrix} v_1 \\ v_2 \\ \vdots \\ v_n \end{Bmatrix}, \qquad \begin{Bmatrix} v_1 \\ v_2 \\ \vdots \\ v_n \end{Bmatrix} = \mathsf{B} \begin{Bmatrix} w_1 \\ w_2 \\ \vdots \\ w_p \end{Bmatrix},$$

und durch Einsetzen ergibt sich dann

$$(6,7) \qquad \begin{Bmatrix} u_1 \\ u_2 \\ \vdots \\ u_m \end{Bmatrix} = \mathsf{AB} \begin{Bmatrix} w_1 \\ w_2 \\ \vdots \\ w_p \end{Bmatrix} = \mathsf{H} \begin{Bmatrix} w_1 \\ w_2 \\ \vdots \\ w_p \end{Bmatrix}.$$

In der Matrizenrechnung führt man nun noch drei weitere, sehr einfache Prozesse ein, nämlich erstens die *Addition von zwei Matrizen*, die dieselbe Zeilenzahl und dieselbe Spaltenzahl haben, durch

$$(6,8) \qquad \{\alpha_{ik}\} + \{\beta_{ik}\} = \{\alpha_{ik} + \beta_{ik}\},$$

d. h. durch Addition entsprechender Elemente. Zweitens die *Multiplikation einer Matrix mit einer Zahl* λ durch

$$(6,9) \qquad \lambda\{\alpha_{ik}\} = \{\lambda \alpha_{ik}\};$$

jedes Element der Matrix wird also mit λ multipliziert. Die dritte Operation besteht einfach darin, daß Zeilen und Spalten einer Matrix vertauscht werden:

$$\begin{Bmatrix} \alpha_{11} & \alpha_{12} & \cdots & \alpha_{1n} \\ \alpha_{21} & \alpha_{22} & \cdots & \alpha_{2n} \\ \vdots & \vdots & & \vdots \\ \alpha_{m1} & \alpha_{m2} & \cdots & \alpha_{mn} \end{Bmatrix}' = \begin{Bmatrix} \alpha_{11} & \alpha_{21} & \cdots & \alpha_{m1} \\ \alpha_{12} & \alpha_{22} & \cdots & \alpha_{m2} \\ \vdots & \vdots & & \vdots \\ \alpha_{1n} & \alpha_{2n} & \cdots & \alpha_{mn} \end{Bmatrix}.$$

Die entstehende Matrix nennt man die *transponierte* der Ausgangsmatrix A und bezeichnet sie mit A'. Die transponierte einer einspaltigen Matrix ist eine einzeilige:

$$\begin{Bmatrix} u_1 \\ u_2 \\ \vdots \\ u_m \end{Bmatrix}' = \{u_1\ u_2\ \ldots\ u_m\}.$$

Für diese Operationen gelten, wie unmittelbar zu sehen, die folgenden Regeln:

$$\mathsf{A}(\mathsf{B} + \Gamma) = \mathsf{AB} + \mathsf{A}\Gamma,$$
$$\lambda(\mathsf{B} + \Gamma) = \lambda\mathsf{B} + \lambda\Gamma,$$
$$(\mathsf{B} + \Gamma)' = \mathsf{B}' + \Gamma'.$$

Hierbei sind B und Γ Matrizen, die in Zeilen- und Spaltenzahl übereinstimmen, A ist eine Matrix, deren Spaltenzahl gleich der Zeilenzahl von B und Γ ist, und λ eine beliebige Zahl.

Wir bemerken noch: Ein Produkt von zwei Matrizen wird transponiert, indem die Faktoren einzeln transponiert und dann vertauscht werden:

$$(\textbf{6, }10) \qquad\qquad (\mathsf{AB})' = \mathsf{B}'\mathsf{A}'.$$

Dies folgt sehr einfach aus der Definition des Produktes.

Wir betrachten nun einspaltige Matrizen, kurz Spalten, die dieselbe Zeilenzahl m besitzen, also Matrizen der Form $\left\{\begin{array}{c}\alpha_1\\\alpha_2\\\vdots\\\alpha_m\end{array}\right\}$.

Es seien n solche Matrizen

$$(\textbf{6, }11) \qquad \mathsf{A}_1 = \left\{\begin{array}{c}\alpha_{11}\\\alpha_{21}\\\vdots\\\alpha_{m1}\end{array}\right\}, \qquad \mathsf{A}_2 = \left\{\begin{array}{c}\alpha_{12}\\\alpha_{22}\\\vdots\\\alpha_{m2}\end{array}\right\}, \qquad \ldots, \qquad \mathsf{A}_n = \left\{\begin{array}{c}\alpha_{1n}\\\alpha_{2n}\\\vdots\\\alpha_{mn}\end{array}\right\}$$

gegeben. Wir sagen, $\mathsf{A}_1, \mathsf{A}_2, \ldots, \mathsf{A}_n$ seien *linear abhängig*, wenn es Zahlen $\lambda_1, \lambda_2, \ldots, \lambda_n$, die nicht sämtlich verschwinden, derart gibt, daß

$$(\textbf{6, }12) \qquad\qquad \lambda_1\mathsf{A}_1 + \lambda_2\mathsf{A}_2 + \cdots + \lambda_n\mathsf{A}_n = 0$$

ist, wobei wir für eine Matrix, die nur aus Nullen besteht, einfach 0 schreiben. Ausführlich lautet also (**6, **12)

$$(\textbf{6, }13) \qquad \begin{array}{l}\lambda_1\alpha_{11} + \lambda_2\alpha_{12} + \cdots + \lambda_n\alpha_{1n} = 0\\\lambda_1\alpha_{21} + \lambda_2\alpha_{22} + \cdots + \lambda_n\alpha_{2n} = 0\\\vdots\\\lambda_1\alpha_{m1} + \lambda_2\alpha_{m2} + \cdots + \lambda_n\alpha_{mn} = 0.\end{array}$$

Folgt dagegen aus (**6, **12) [oder (**6, **13)], daß alle λ gleich Null sind, so heißen $\mathsf{A}_1, \mathsf{A}_2, \ldots, \mathsf{A}_n$ *linear unabhängig*.

Genau wie in **2** für Vektoren erkennt man: Ist schon ein Teil der Spalten linear abhängig, so sind alle linear abhängig. Dies ist insbesondere stets dann der Fall, wenn eine der Spalten nur aus Nullen besteht.

Wir definieren nun den *Rang einer beliebigen rechteckigen Matrix* als *die Maximalzahl von linear unabhängigen ihrer Spalten*.

Der Rang der Transponierten einer Matrix ist demnach die Maximalzahl der linear unabhängigen Zeilen der ursprünglichen Matrix. Wir werden später zeigen, daß diese beiden Zahlen übereinstimmen.

Die Matrix A habe den Rang ϱ, und $\mathsf{A}_1, \mathsf{A}_2, \ldots, \mathsf{A}_\varrho$ seien linear unabhängige Spalten von A. Ist dann $\mathsf{A}_{\varrho+1}$ eine beliebige weitere Spalte von A, so läßt sich $\mathsf{A}_{\varrho+1}$ aus $\mathsf{A}_1, \mathsf{A}_2, \ldots, \mathsf{A}_\varrho$ linear kombinieren:

$$(\textbf{6, }14) \qquad\qquad \mathsf{A}_{\varrho+1} = \mu_1\mathsf{A}_1 + \mu_2\mathsf{A}_2 + \cdots + \mu_\varrho\mathsf{A}_\varrho.$$

Da nämlich ϱ die Maximalzahl linear unabhängiger Spalten ist, müssen $\mathsf{A}_1, \mathsf{A}_2, \ldots, \mathsf{A}_\varrho, \mathsf{A}_{\varrho+1}$ linear abhängig sein:

$$(\textbf{6, }15) \qquad\qquad \lambda_1\mathsf{A}_1 + \lambda_2\mathsf{A}_2 + \cdots + \lambda_\varrho\mathsf{A}_\varrho + \lambda_{\varrho+1}\mathsf{A}_{\varrho+1} = 0,$$

und hierin muß $\lambda_{\varrho+1} \neq 0$ sein, weil sonst $\mathsf{A}_1, \mathsf{A}_2, \ldots, \mathsf{A}_\varrho$ linear abhängig wären. Folglich kann man durch $\lambda_{\varrho+1}$ dividieren und (**6, **15) auf die Form (**6, **14) bringen.

Ferner ist unmittelbar zu sehen, daß der Rang einer Matrix ungeändert bleibt, wenn man zu ihr beliebig viele nur aus Nullen bestehende Spalten oder Zeilen hinzufügt.

7. Systeme linearer Gleichungen. Wir betrachten ein System von m linearen Gleichungen mit n Unbekannten $\xi_1, \xi_2, \ldots, \xi_n$. Nach (**6**, 1, 6) können wir dieses System in Form einer Matrixgleichung

$$(7, 1) \qquad A \begin{Bmatrix} \xi_1 \\ \xi_2 \\ \vdots \\ \xi_n \end{Bmatrix} = \begin{Bmatrix} \beta_1 \\ \beta_2 \\ \vdots \\ \beta_m \end{Bmatrix}$$

schreiben, wo A die Koeffizientenmatrix mit m Zeilen und n Spalten und β_1, $\beta_2, \ldots, \beta_m$ die als bekannt anzusehenden rechten Seiten der Gleichungen bedeuten. Ist $\xi_1, \xi_2, \ldots, \xi_n$ eine Lösung des Systems, so besagt (**7**, 1), daß die einspaltige β-Matrix sich aus den Spalten der Matrix A linear kombinieren läßt. Ist nun ϱ der Rang, also die Maximalzahl linear unabhängiger Spalten von A, so läßt sich nach **6** jede Spalte von A, also auch die Matrix der β aus ϱ linear unabhängigen Spalten von A linear kombinieren. Daraus folgt, daß auch der Rang derjenigen Matrix $\{A\beta\}$, die aus A durch Hinzufügung der β-Spalte entsteht, gleich ϱ ist. Für die Lösbarkeit des Gleichungssystems (**7**, 1) ist also notwendig, daß die Matrizen A und $\{A\beta\}$ denselben Rang haben. Dies ist aber auch hinreichend, denn wenn ϱ der Rang von A und $\{A\beta\}$ ist, so muß sich die β-Spalte aus ϱ linear unabhängigen Spalten von A linear kombinieren lassen. Damit ist gezeigt:

Notwendig und hinreichend für die Lösbarkeit des Gleichungssystems (**7**, 1) *ist, daß die Matrizen* A *und* $\{A\beta\}$ *denselben Rang haben.*

Um einen Überblick über die Gesamtheit der Lösungen von (**7**, 1) zu erhalten, nehmen wir an, wir hätten zwei Lösungen $\xi_1, \xi_2, \ldots, \xi_n$ und $\xi_1', \xi_2', \ldots, \xi_n'$. Indem wir (**7**, 1) für diese beiden Lösungen subtrahieren, erhalten wir, daß die Differenz $\eta_1 = \xi_1' - \xi_1, \eta_2 = \xi_2' - \xi_2, \ldots, \eta_n = \xi_n' - \xi_n$ dem „homogenen Gleichungssystem"

$$(7, 2) \qquad A \begin{Bmatrix} \eta_1 \\ \eta_2 \\ \vdots \\ \eta_n \end{Bmatrix} = 0$$

genügt. Addiert man umgekehrt zu einer Lösung von (**7**, 1) eine beliebige Lösung von (**7**, 2), so erhält man wieder eine Lösung von (**7**, 1). Also: **Man erhält sämtliche Lösungen des inhomogenen Systems (7**, 1), **indem man zu einer Lösung sämtliche Lösungen des homogenen Systems (7**, 2) **addiert.**

Im folgenden betrachten wir daher nur das homogene System (**7**, 2). Es ist unmittelbar zu sehen, daß mit irgendwelchen Lösungen von (**7**, 2) auch jede Linearkombination von diesen eine Lösung ist.

Unter den Lösungen des homogenen Gleichungssystems (**7**, 2) *gibt es* $n - \varrho$ *linear unabhängige, wo* ϱ *der Rang von* A *ist, und jede weitere Lösung läßt sich aus diesen* $n - \varrho$ *linear kombinieren. Die allgemeine Lösung des Systems hängt von* $n - \varrho$ *freien Parametern, nämlich den Koeffizienten ab, mit denen diese* $n - \varrho$ *linear unabhängigen Lösungen linear kombiniert werden: die Gesamtheit der Lösungen bildet eine* $(n - \varrho)$-*parametrige Schar.*

Zum Beweis verfahren wir folgendermaßen: Es mögen $A_1, A_2, \ldots, A_\varrho$ linear unabhängige Spalten von A bezeichnen. Die übrigen Spalten seien $A_{\varrho+1}, \ldots, A_n$. Wie am Schluß von **6** bemerkt, läßt sich jede der Spalten $A_{\varrho+j} (j = 1, 2, \ldots, n - \varrho)$ aus $A_1, A_2, \ldots, A_\varrho$ linear kombinieren:

$$\eta_{1j} A_1 + \eta_{2j} A_2 + \cdots + \eta_{\varrho j} A_\varrho - A_{\varrho+j} = 0.$$

Dies können wir so aussprechen: Die Spalte

$$(7, 3) \qquad \begin{pmatrix} \eta_{1j} \\ \eta_{2j} \\ \vdots \\ \eta_{\varrho j} \\ 0 \\ \vdots \\ 0 \\ -1 \\ 0 \\ \vdots \\ 0 \end{pmatrix}, \qquad\qquad j = 1, 2, \ldots, n - \varrho$$

wo -1 an der Stelle $\varrho + j$ steht, ist eine Lösung von (7, 2). Damit haben wir $n - \varrho$ Lösungen. Diese sind aber auch linear unabhängig; denn multipliziert man (7, 3) mit einer beliebigen Zahl λ_j, summiert über j von 1 bis $n - \varrho$ und setzt die entstehende Spalte gleich der aus lauter Nullen zusammengesetzten Spalte, so ergibt sich für das $(\varrho + j)$-te Glied der Linearkombination einfach $-\lambda_j = 0$. Das besagt gerade die lineare Unabhängigkeit der $n - \varrho$ Spalten.

Es bleibt noch zu zeigen, daß sich jede Lösung aus den $n - \varrho$ Lösungen (7, 3) linear kombinieren läßt. Sei $\eta_1, \eta_2, \ldots, \eta_n$ eine beliebige Lösung. Wir multiplizieren die Spalten (7, 3) bzw. mit $\eta_{\varrho+j}$ $(j = 1, 2, \ldots, n - \varrho)$ und addieren die $n - \varrho$ so entstehenden Spalten zu der Spalte $\eta_1, \eta_2, \ldots, \eta_n$. Es ergibt sich dann eine Spalte, die wieder Lösung von (7, 2) ist und deren $n - \varrho$ letzte Elemente verschwinden. Dann müssen aber auch die ϱ ersten Elemente verschwinden; denn sonst bestünde eine lineare Abhängigkeit zwischen den Spalten A_1, $A_2, \ldots, A_\varrho$ der Matrix A, was ja nicht der Fall ist. Damit haben wir gezeigt, daß die Lösung $\eta_1, \eta_2, \ldots, \eta_n$ eine Linearkombination der Lösungen (7, 3) ist.

Es erheben sich hier die Fragen: Gibt es mehr als $n - \varrho$ linear unabhängige Lösungen? Lassen sich alle Lösungen aus weniger als $n - \varrho$ linear kombinieren? Beide Fragen sind zu verneinen, wie sich leicht mit Hilfe der in **9** entwickelten Sätze beweisen ließe. Danach ergibt sich auch leicht: Hat man irgendwelche linear unabhängige Lösungen in einer Anzahl kleiner als $n - \varrho$, so lassen sich diese durch Zufügung weiterer Lösungen zu einem System von $n - \varrho$ linear unabhängigen ergänzen. Wir gehen aber auf diese Fragen nicht näher ein.

In **9** werden wir ein Verfahren angeben, den Rang einer Matrix zu bestimmen. Dadurch erhalten dann die Sätze dieses Paragraphen ihre eigentliche Bedeutung.

8. Quadratische Matrizen und Determinanten. Einer quadratischen Matrix, d. h. einer Matrix mit gleich vielen Zeilen und Spalten ordnet man eine Zahl, die *Determinante*, zu:

$$|A| = \begin{vmatrix} \alpha_{11} & \alpha_{12} & \cdots & \alpha_{1n} \\ \alpha_{21} & \alpha_{22} & \cdots & \alpha_{2n} \\ \vdots & \vdots & & \vdots \\ \alpha_{n1} & \alpha_{n2} & \cdots & \alpha_{nn} \end{vmatrix}.$$

Die einfachsten, im folgenden genannten Sätze über Determinanten setzen wir als bekannt voraus.

1) *Eine Matrix und ihre Transponierte haben dieselbe Determinante:*

$$(8, 1) \qquad\qquad |A'| = |A|.$$

2) *Bei Vertauschung zweier Zeilen oder zweier Spalten ändert die Determinante das Vorzeichen. Sie verschwindet also insbesondere, wenn zwei Zeilen übereinstimmen.*

3) *Multipliziert man alle Elemente einer Zeile oder einer Spalte mit derselben Zahl, so multipliziert sich die Determinante mit dieser Zahl.* Daraus folgt insbesondere: *Besteht eine Zeile (Spalte) aus lauter Nullen, so verschwindet die Determinante.* Ferner ergibt sich

$$(8, 2) \qquad |\lambda A| = \lambda^n |A|,$$

wo n die Zeilen- und Spaltenzahl ist.

4) *Addiert man zu einer Zeile (Spalte) eine andere mit einer beliebigen Zahl multiplizierte Zeile (Spalte), so bleibt die Determinante ungeändert.* Hieraus folgt, daß man zu einer Zeile (Spalte) eine beliebige Linearkombination der anderen Zeilen (Spalten) hinzufügen kann, ohne die Determinante zu ändern. Insbesondere: *Sind die Zeilen (Spalten) einer Determinante linear abhängig, so verschwindet sie,* denn dann ist eine Zeile (Spalte) eine Linearkombination der übrigen, kann also durch Subtraktion dieser Linearkombination der übrigen Zeilen (Spalten) in die Zeile (Spalte) $0, 0, \ldots, 0$ übergeführt werden.

5) Den *Determinantenmultiplikationssatz* können wir mit Hilfe des eingeführten Matrizenkalküls einfach so schreiben:

$$(8, 3) \qquad |AB| = |A| \, |B|.$$

Mit Rücksicht auf (8, 1) ist auch

$$(8, 4) \qquad |AB'| = |A'B| = |A'B'| = |A| \, |B|.$$

6) Es gelten die *Entwicklungen nach einer Zeile oder Spalte*

$$(8, 5) \qquad |A| = \alpha_{i1} A_{i1} + \alpha_{i2} A_{i2} + \cdots + \alpha_{in} A_{in} = \sum_{j=1}^{n} \alpha_{ij} A_{ij},$$

$$(8, 6) \qquad |A| = \alpha_{1k} A_{1k} + \alpha_{2k} A_{2k} + \cdots + \alpha_{nk} A_{nk} = \sum_{j=1}^{n} \alpha_{jk} A_{jk}.$$

Hierbei ist A_{ik} das $(-1)^{i+k}$-fache derjenigen $(n-1)$-reihigen Determinante, die entsteht, indem man in $|A|$ die i-te Zeile und die k-te Spalte fortläßt.

Wir nennen noch die Relationen

$$(8, 7) \qquad \sum_{j=1}^{n} \alpha_{ij} A_{kj} = \begin{cases} |A| & \text{für} \quad i = k \\ 0 & \text{für} \quad i \neq k, \end{cases}$$

$$(8, 8) \qquad \sum_{j=1}^{n} \alpha_{ji} A_{jk} = \begin{cases} |A| & \text{für} \quad i = k \\ 0 & \text{für} \quad i \neq k, \end{cases}$$

deren erste Teile mit (8, 5) und (8, 6) identisch sind, und deren zweite Teile folgen, indem man (8, 5) bzw. (8, 6) auf eine Determinante anwendet, die aus $|A|$ entsteht, indem man darin die k-te Zeile (k-te Spalte) durch die i-te Zeile (i-te Spalte) ersetzt, eine Determinante also, in der zwei Zeilen (Spalten) übereinstimmen.

In dem in **6** entwickelten Matrizenkalkül lassen sich diese Relationen so schreiben:

$$(8, 9) \quad \begin{Bmatrix} \alpha_{11} & \alpha_{12} & \cdots & \alpha_{1n} \\ \alpha_{21} & \alpha_{22} & \cdots & \alpha_{2n} \\ \vdots & \vdots & & \vdots \\ \alpha_{n1} & \alpha_{n2} & \cdots & \alpha_{nn} \end{Bmatrix} \begin{Bmatrix} A_{11} & A_{21} & \cdots & A_{n1} \\ A_{12} & A_{22} & \cdots & A_{n2} \\ \vdots & \vdots & & \vdots \\ A_{1n} & A_{2n} & \cdots & A_{nn} \end{Bmatrix} = \begin{Bmatrix} |A| & 0 & \cdots & 0 \\ 0 & |A| & \cdots & 0 \\ \vdots & \vdots & & \vdots \\ 0 & 0 & \cdots & |A| \end{Bmatrix},$$

$$(8, 10) \quad \begin{Bmatrix} A_{11} & A_{21} & \cdots & A_{n1} \\ A_{12} & A_{22} & \cdots & A_{n2} \\ \vdots & \vdots & & \vdots \\ A_{1n} & A_{2n} & \cdots & A_{nn} \end{Bmatrix} \begin{Bmatrix} \alpha_{11} & \alpha_{12} & \cdots & \alpha_{1n} \\ \alpha_{21} & \alpha_{22} & \cdots & \alpha_{2n} \\ \vdots & \vdots & & \vdots \\ \alpha_{n1} & \alpha_{n2} & \cdots & \alpha_{nn} \end{Bmatrix} = \begin{Bmatrix} |A| & 0 & \cdots & 0 \\ 0 & |A| & \cdots & 0 \\ \vdots & \vdots & & \vdots \\ 0 & 0 & \cdots & |A| \end{Bmatrix}.$$

Man bezeichnet nun die Matrizen der Gestalt

$$(8, 11) \qquad E = \begin{Bmatrix} 1 & 0 & 0 & \ldots & 0 \\ 0 & 1 & 0 & \ldots & 0 \\ 0 & 0 & 1 & \ldots & 0 \\ \vdots & \vdots & \vdots & & \vdots \\ 0 & 0 & 0 & \ldots & 1 \end{Bmatrix}$$

als *Einheitsmatrizen* und, falls $|A| \neq 0$ ist, die Matrix

$$(8, 12) \qquad A^{-1} = \begin{Bmatrix} \dfrac{A_{11}}{|A|} & \dfrac{A_{21}}{|A|} & \ldots & \dfrac{A_{n1}}{|A|} \\[2mm] \dfrac{A_{12}}{|A|} & \dfrac{A_{22}}{|A|} & \ldots & \dfrac{A_{n2}}{|A|} \\[2mm] \vdots & \vdots & & \vdots \\[2mm] \dfrac{A_{1n}}{|A|} & \dfrac{A_{2n}}{|A|} & \ldots & \dfrac{A_{nn}}{|A|} \end{Bmatrix}$$

als die *reziproke* oder *inverse Matrix* der Matrix $A = \{\alpha_{ik}\}$. $(8, 9)$ und $(8, 10)$ schreiben sich mit diesen Bezeichnungen einfach

$$(8, 13) \qquad AA^{-1} = A^{-1}A = E.$$

Es sei noch ausdrücklich hervorgehoben, daß die reziproke Matrix nur für quadratische Matrizen mit von Null verschiedener Determinante definiert worden ist.

Die Matrix E hat die fundamentale Eigenschaft, daß eine beliebige Matrix ungeändert bleibt, wenn man sie (von rechts oder links) mit E multipliziert:

$$(8, 14) \qquad AE = EA = A.$$

Wir zeigen noch, daß es keine von A^{-1} verschiedene Matrix gibt, für die $(8, 13)$ gilt. Sei etwa Ξ eine Matrix mit

$$\Xi A = E.$$

Multipliziert man dies von rechts mit A^{-1}, so folgt wegen $(8, 14)$, $(8, 13)$ und des assoziativen Gesetzes

$$A^{-1} = (\Xi A)A^{-1} = \Xi(AA^{-1}) = \Xi.$$

Analog sieht man, daß aus $A\Xi = E$ ebenfalls $\Xi = A^{-1}$ folgt.

Für die Reziproke eines Produkts von Matrizen gilt

$$(8, 15) \qquad (AB)^{-1} = B^{-1}A^{-1},$$

falls A und B quadratisch sind und $|A|$ und $|B|$ nicht verschwinden. Denn es ist offenbar nach dem assoziativen Gesetz

$$(AB)(B^{-1}A^{-1}) = A(BB^{-1})A^{-1} = AA^{-1} = E,$$

also $B^{-1}A^{-1}$ tatsächlich die Reziproke von AB.

Ist

$$(8, 16) \qquad A\begin{Bmatrix} \xi_1 \\ \xi_2 \\ \vdots \\ \xi_n \end{Bmatrix} = \begin{Bmatrix} \beta_1 \\ \beta_2 \\ \vdots \\ \beta_n \end{Bmatrix}$$

ein lineares Gleichungssystem mit gleichviel Unbekannten und Gleichungen, dessen (quadratische) Matrix von Null verschiedene Determinante hat, so können wir

A^{-1} bilden und (**8**, 16) von links mit A^{-1} multiplizieren. Wir erhalten dann nach (**8**, 13)

$$(8, 17) \qquad \begin{Bmatrix} \xi_1 \\ \xi_2 \\ \vdots \\ \xi_n \end{Bmatrix} = A^{-1} \begin{Bmatrix} \beta_1 \\ \beta_2 \\ \vdots \\ \beta_n \end{Bmatrix}$$

als einzige Lösung von (**8**, 16). (**8**, 17) ist nichts anderes als die CRAMERsche *Auflösungsformel* in Matrizenschreibweise.

9. Determinantenkriterien für die Lösbarkeit von linearen Gleichungssystemen. Unter einer *Unterdeterminante* p-ter Ordnung einer beliebigen Matrix A von m Zeilen und n Spalten versteht man die Determinante einer quadratischen Matrix, die aus A entsteht, indem man $m - p$ beliebige Zeilen und $n - p$ beliebige Spalten wegläßt.

Es sei δ die größte ganze Zahl derart, daß wenigstens eine Unterdeterminante δ-ter Ordnung der Matrix A von Null verschieden ist, so daß also jede Unterdeterminante $(\delta + 1)$-ter Ordnung, falls überhaupt eine solche vorhanden ist, verschwindet. Es soll gezeigt werden: *δ ist gleich dem Rang, also gleich der Maximalzahl der linear unabhängigen Spalten von* A.

Bevor wir zum Beweis übergehen, wollen wir hieraus einige Folgerungen ziehen.

Es ist klar, daß die oben eingeführte Zahl δ beim Übergang zur transponierten Matrix A' von A ungeändert bleibt; denn aus jeder Unterdeterminante von A erhält man durch Umklappen um die Hauptdiagonale eine ihr gleiche Unterdeterminante von A' und umgekehrt. Nun ist aber der Rang von A' gleich der Maximalzahl linear unabhängiger Z e i l e n von A. Daraus folgt:

Die Maximalzahl linear unabhängiger Zeilen einer Matrix ist gleich der Maximalzahl linear unabhängiger Spalten. Insbesondere ist der Rang kleiner oder gleich der Zeilenzahl und (selbstverständlich) auch kleiner oder gleich der Spaltenzahl der Matrix.

Der Beweis der obigen Behauptung kann folgendermaßen geführt werden. Zunächst folgt leicht, daß $\delta \leqq \varrho$ ist, wenn ϱ den Rang der Matrix A bezeichnet. Wäre nämlich $\delta > \varrho$, so würden δ beliebige Spalten von A, also auch die Spalten einer beliebigen Unterdeterminante δ-ter Ordnung linear abhängig sein; dann würden aber im Widerspruch zur Definition von δ alle diese Determinanten verschwinden [**8**, Satz 4].

Es bleibt also zu zeigen, daß $\delta \geqq \varrho$ ist, daß mit anderen Worten je $\delta + 1$ Spalten von A linear abhängig sind. Wir betrachten von nun an nur noch eine aus $\delta + 1$ beliebigen Spalten von A bestehende Matrix $\bar{A}$. Es sei p die größte ganze Zahl, für die es wenigstens eine von Null verschiedene Unterdeterminante p-ter Ordnung in $\bar{A}$ gibt. Offenbar ist $p \leqq \delta$. Wir können $p > 0$ annehmen, da für $p = 0$ alle Elemente von $\bar{A}$ verschwinden. Wir wählen nun p Spalten von $\bar{A}$, in denen eine von Null verschiedene Unterdeterminante p-ter Ordnung vorkommt, etwa $A_1, A_2, \ldots, A_p$, und fügen zu ihnen noch eine beliebige andere Spalte A_{p+1} von $\bar{A}$. Es genügt offenbar zu zeigen, daß bereits diese $p + 1$ Spalten, die wir zur Matrix

$$\begin{Bmatrix} \alpha_{11} & \alpha_{12} & \cdots & \alpha_{1p} & \alpha_{1\,p+1} \\ \alpha_{21} & \alpha_{22} & \cdots & \alpha_{2p} & \alpha_{2\,p+1} \\ \vdots & \vdots & & \vdots & \vdots \\ \alpha_{m1} & \alpha_{m2} & \cdots & \alpha_{mp} & \alpha_{m\,p+1} \end{Bmatrix}$$

zusammenfassen, linear abhängig sind. Wir dürfen annehmen, daß die in der linken oberen Ecke befindliche Unterdeterminante p-ter Ordnung von Null verschieden ist, da sich dies durch Umordnen der Zeilen erreichen läßt. Wir betrachten nun die Determinanten $(p + 1)$-ter Ordnung

$$\begin{vmatrix} \alpha_{11} & \alpha_{12} & \cdots & \alpha_{1p} & \alpha_{1\,p+1} \\ \alpha_{21} & \alpha_{22} & \cdots & \alpha_{2p} & \alpha_{2\,p+1} \\ \vdots & \vdots & & \vdots & \vdots \\ \alpha_{p1} & \alpha_{p2} & \cdots & \alpha_{pp} & \alpha_{p\,p+1} \\ \alpha_{j1} & \alpha_{j2} & \cdots & \alpha_{jp} & \alpha_{j\,p+1} \end{vmatrix}, \qquad (j = 1, 2, \ldots, m)$$

die für $j = 1, 2, \ldots, p$ verschwinden, da sie zwei gleiche Zeilen haben, und die, falls $m > p$ ist, für $j = p + 1, p + 2, \ldots, m$ Unterdeterminanten $(p + 1)$-ter Ordnung von $\bar{A}$ sind, also nach Definition von p ebenfalls verschwinden. Entwickeln wir diese Determinanten nach der letzten Zeile, so erhalten wir

$$(9, 1) \qquad \alpha_{j1}\Lambda_1 + \alpha_{j2}\Lambda_2 + \cdots + \alpha_{jp}\Lambda_p + \alpha_{j\,p+1}\Lambda_{p+1} = 0. \qquad (j = 1, 2, \ldots, m)$$

Hierin sind die Λ nach (8, 5) die mit passendem Vorzeichen versehenen Unterdeterminanten der ersten p Zeilen, also von j unabhängig. Insbesondere ist

$$\Lambda_{p+1} = \begin{vmatrix} \alpha_{11} & \alpha_{12} & \cdots & \alpha_{1p} \\ \alpha_{21} & \alpha_{22} & \cdots & \alpha_{2p} \\ \vdots & \vdots & & \vdots \\ \alpha_{p1} & \alpha_{p2} & \cdots & \alpha_{pp} \end{vmatrix},$$

also von Null verschieden. Die m Gleichungen (9, 1) bringen daher die lineare Abhängigkeit der $p + 1$ betrachteten Spalten zum Ausdruck.

Wir besprechen noch kurz einige Anwendungen unserer Ergebnisse auf Systeme linearer Gleichungen.

Sei ein homogenes System

$$(9, 2) \qquad A\begin{Bmatrix} \eta_1 \\ \eta_2 \\ \vdots \\ \eta_n \end{Bmatrix} = 0$$

vorgelegt, bei dem die Anzahl m der Gleichungen kleiner als die Anzahl n der Unbekannten ist. Nach 7 besitzt das System $n - \varrho$ linear unabhängige Lösungen. Nun ist aber, wie oben bemerkt, $m \geqq \varrho$, also $n - \varrho \geqq n - m > 0$. Dies besagt, daß jedes solche Gleichungssystem mindestens $n - m$ linear unabhängige Lösungen hat.

Ist $n = m$, also die Matrix A quadratisch, so hat das Gleichungssystem (9, 2) dann und nur dann eine von der trivialen $0, 0, \ldots, 0$ verschiedene Lösung, wenn die Determinante $|A| = 0$ ist; denn dann und nur dann ist nach dem oben Bewiesenen der Rang von A kleiner als n.

Es sei A eine beliebige Matrix mit m Zeilen und n Spalten. Wir betrachten das homogene Gleichungssystem

$$(9, 3) \qquad A'\begin{Bmatrix} \lambda_1 \\ \lambda_2 \\ \vdots \\ \lambda_m \end{Bmatrix} = 0,$$

dessen Matrix die Transponierte A' von A ist. Nach 7 ist die Maximalzahl linear unabhängiger Lösungen von (9, 3) gleich $m - \varrho$, da m die Spaltenzahl und ϱ der Rang von A' sind. Gehen wir nun von (9, 3) zur transponierten Gleichung über, so erhalten wir

$$(9, 4) \qquad \{\lambda_1\,\lambda_2 \ldots \lambda_m\}A = 0.$$

Diese Gleichung stellt eine lineare Abhängigkeit zwischen den Zeilen von A dar, wenn $\lambda_1, \lambda_2, \ldots, \lambda_m$ eine von $0, 0, \ldots, 0$ verschiedene Lösung von (9, 3) ist.

Das eben genannte Resultat läßt sich demnach auch so aussprechen: Die Maximalzahl linear unabhängiger linearer Relationen zwischen den Zeilen einer Matrix A ist gleich $m - \varrho$, wo m die Zeilenzahl und ϱ der Rang von A ist. Hierbei heißen lineare Relationen zwischen den Zeilen von A linear abhängig oder unabhängig, je nachdem die entsprechenden Koeffizientensysteme $\{\lambda_1 \lambda_2 \ldots \lambda_m\}$ linear abhängig oder unabhängig sind.

Schließlich noch eine Bemerkung über beliebige inhomogene Systeme

$$(9,5) \qquad A \begin{Bmatrix} \xi_1 \\ \xi_2 \\ \vdots \\ \xi_n \end{Bmatrix} = \begin{Bmatrix} \beta_1 \\ \beta_2 \\ \vdots \\ \beta_m \end{Bmatrix}.$$

Als notwendige und hinreichende Bedingung für die Lösbarkeit von $(9,5)$ hatten wir gefunden, daß der Rang von A gleich dem Rang der um die Spalte der β erweiterten Matrix $\{A\beta\}$ ist. Andererseits läßt sich unmittelbar die folgende notwendige Bedingung herleiten: Jede etwaige lineare Relation zwischen den Zeilen von A muß auch zwischen den β bestehen. Eine lineare Relation zwischen den Zeilen von A können wir durch eine Matrizengleichung $(9,4)$ zum Ausdruck bringen. Multiplizieren wir nun $(9,5)$ von links mit der einzeiligen Matrix $\{\lambda_1 \lambda_2 \ldots \lambda_m\}$, so erhalten wir

$$\{\lambda_1 \lambda_2 \ldots \lambda_m\} A \begin{Bmatrix} \xi_1 \\ \xi_2 \\ \vdots \\ \xi_n \end{Bmatrix} = 0 \begin{Bmatrix} \xi_1 \\ \xi_2 \\ \vdots \\ \xi_n \end{Bmatrix} = 0 = \{\lambda_1 \lambda_2 \ldots \lambda_m\} \begin{Bmatrix} \beta_1 \\ \beta_2 \\ \vdots \\ \beta_m \end{Bmatrix},$$

d. h.

$$(9,6) \qquad \lambda_1 \beta_1 + \lambda_2 \beta_2 + \cdots + \lambda_m \beta_m = 0.$$

Ist nun umgekehrt diese Bedingung erfüllt, d. h. gilt $(9,6)$ für jede Matrix $\{\lambda_1 \lambda_2 \ldots \lambda_m\}$, für die $(9,4)$ gilt, so bleibt die Anzahl der linear unabhängigen Zeilen, also der Rang von A ungeändert, wenn man die Spalte der β hinzufügt, d. h. zur Matrix $\{A\beta\}$ übergeht. Die Bedingung ist also auch hinreichend für die Lösbarkeit von $(9,5)$:

Das System $(9,5)$ von inhomogenen linearen Gleichungen ist dann und nur dann lösbar, wenn jede zwischen den Zeilen der Matrix A bestehende lineare Relation auch zwischen den rechten Seiten $\beta_1, \beta_2, \ldots, \beta_m$ besteht. Insbesondere ist das System dann und nur dann bei beliebigen $\beta_1, \beta_2, \ldots, \beta_m$ lösbar, wenn die Zeilen von A linear unabhängig sind.

Beachten wir noch, daß $(9,4)$ mit $(9,3)$ gleichbedeutend ist, daß also jeder linearen Relation zwischen den Zeilen von A eine nicht-triviale Lösung des transponierten homogenen Systems $(9,3)$ entspricht, und umgekehrt, so können wir diesen Satz auch so aussprechen:

Es ist notwendig und hinreichend für die Lösbarkeit des inhomogenen Gleichungssystems $(9,5)$, daß die rechten Seiten $\beta_1, \beta_2, \ldots, \beta_n$ für jede Lösung $\lambda_1, \lambda_2, \ldots, \lambda_m$ des transponierten homogenen Systems $(9,3)$ die Gleichung $(9,6)$ erfüllen. Insbesondere ist $(9,5)$ dann und nur dann bei beliebigen $\beta_1, \beta_2, \ldots, \beta_n$ lösbar, wenn $(9,3)$ keine von $0, 0, \ldots, 0$ verschiedene Lösung besitzt.

10. Koordinatentransformationen. Wir kehren nun wieder zur Betrachtung von Vektoren zurück.

In 2 hatten wir gezeigt, daß nach Wahl eines beliebigen Koordinatensystems $(O; \mathfrak{x}, \mathfrak{y}, \mathfrak{z})$ ein Vektor $\mathfrak{v}$ durch drei Zahlen v_x, v_y, v_z, seine Koordinaten, festgelegt ist und umgekehrt. Wir verabreden, einen Vektor $\mathfrak{v}$ durch die einspaltige Matrix $\begin{Bmatrix} v_x \\ v_y \\ v_z \end{Bmatrix}$ darzustellen. Diese Darstellung hängt natürlich von der Wahl des Koordinaten-

systems ab, und es soll sich jetzt um die Untersuchung dieser Abhängigkeit
handeln.

Zunächst bemerken wir, daß bei Zugrundelegung eines festen Koordinatensystems lineare Abhängigkeit und Unabhängigkeit von Vektoren mit linearer Abhängigkeit und Unabhängigkeit der sie darstellenden Spalten gleichbedeutend ist. Sind nämlich die Spalten linear
abhängig, so ist klar, daß dies auch bei den zugehörigen Vektoren der Fall ist.
Sind umgekehrt die Vektoren linear abhängig, so folgt aus der linearen Unab-
hängigkeit der Koordinatenvektoren $\mathfrak{x}$, $\mathfrak{y}$, $\mathfrak{z}$, daß auch die zugehörigen Spalten
linear abhängig sind. Daraus in Verbindung mit dem Hauptresultat von **9** folgt,
daß drei Vektoren $\mathfrak{u}$, $\mathfrak{v}$, $\mathfrak{w}$ dann und nur dann linear unabhängig sind, wenn die
Determinante

$$(10,1) \qquad \begin{vmatrix} u_x & v_x & w_x \\ u_y & v_y & w_y \\ u_z & v_z & w_z \end{vmatrix} \neq 0$$

ist.

Wir betrachten nun neben dem $\mathfrak{x}$, $\mathfrak{y}$, $\mathfrak{z}$-System ein zweites Koordinatensystem
$\overline{\mathfrak{x}}$, $\overline{\mathfrak{y}}$, $\overline{\mathfrak{z}}$ mit beliebigem Anfangspunkt. Die Vektoren $\overline{\mathfrak{x}}$, $\overline{\mathfrak{y}}$, $\overline{\mathfrak{z}}$ müssen sich als
Linearkombinationen von $\mathfrak{x}$, $\mathfrak{y}$, $\mathfrak{z}$ darstellen lassen:

$$(10,2) \qquad \begin{cases} \overline{\mathfrak{x}} = \alpha_{11}\mathfrak{x} + \alpha_{12}\mathfrak{y} + \alpha_{13}\mathfrak{z}, \\ \overline{\mathfrak{y}} = \alpha_{21}\mathfrak{x} + \alpha_{22}\mathfrak{y} + \alpha_{23}\mathfrak{z}, \\ \overline{\mathfrak{z}} = \alpha_{31}\mathfrak{x} + \alpha_{32}\mathfrak{y} + \alpha_{33}\mathfrak{z}. \end{cases}$$

Abgesehen von der Parallelverschiebung, die den Ursprung des alten in den
des neuen Systems überführt, wird also die Koordinatentransformation durch
eine quadratische Matrix $\mathsf{A} = \{\alpha_{ik}\}$ gegeben, deren Determinante $|\mathsf{A}|$ nach
(10,1) von Null verschieden ist, da $\overline{\mathfrak{x}}$, $\overline{\mathfrak{y}}$, $\overline{\mathfrak{z}}$ linear unabhängig sind. Wenn wir
uns gestatten, auch Matrizen zu verwenden, deren Elemente Vektoren sind, und
mit denen formal ebenso zu rechnen ist wie mit Zahlenmatrizen, können wir
(10,2) auch in jeder der beiden Formen

$$(10,3) \qquad \begin{Bmatrix} \overline{\mathfrak{x}} \\ \overline{\mathfrak{y}} \\ \overline{\mathfrak{z}} \end{Bmatrix} = \mathsf{A} \begin{Bmatrix} \mathfrak{x} \\ \mathfrak{y} \\ \mathfrak{z} \end{Bmatrix}, \qquad \{\overline{\mathfrak{x}}\ \overline{\mathfrak{y}}\ \overline{\mathfrak{z}}\} = \{\mathfrak{x}\ \mathfrak{y}\ \mathfrak{z}\}\,\mathsf{A}'$$

schreiben. Wegen $|\mathsf{A}| \neq 0$ können wir nach **(8,17)** die Gleichungen **(10,3)** nach
$\mathfrak{x}$, $\mathfrak{y}$, $\mathfrak{z}$ auflösen und erhalten

$$(10,4) \qquad \begin{Bmatrix} \mathfrak{x} \\ \mathfrak{y} \\ \mathfrak{z} \end{Bmatrix} = \mathsf{A}^{-1} \begin{Bmatrix} \overline{\mathfrak{x}} \\ \overline{\mathfrak{y}} \\ \overline{\mathfrak{z}} \end{Bmatrix}.$$

Ist nun $\mathfrak{v} = v_x\mathfrak{x} + v_y\mathfrak{y} + v_z\mathfrak{z}$ ein beliebiger Vektor, so gilt nach **(10,4)**

$$\mathfrak{v} = \{v_x\ v_y\ v_z\} \begin{Bmatrix} \mathfrak{x} \\ \mathfrak{y} \\ \mathfrak{z} \end{Bmatrix} = \{v_x\ v_y\ v_z\}\,\mathsf{A}^{-1} \begin{Bmatrix} \overline{\mathfrak{x}} \\ \overline{\mathfrak{y}} \\ \overline{\mathfrak{z}} \end{Bmatrix}.$$

Das heißt, daß die Koordinaten $v_{\overline{x}}$, $v_{\overline{y}}$, $v_{\overline{z}}$ von $\mathfrak{v}$ im neuen Koordinatensystem
durch

$$\{v_{\overline{x}}\ v_{\overline{y}}\ v_{\overline{z}}\} = \{v_x\ v_y\ v_z\}\,\mathsf{A}^{-1}$$

gegeben sind. Gehen wir hier zu den transponierten Matrizen über und berücksichtigen **(6,10)**, so erhalten wir

$$(10,5) \qquad \begin{Bmatrix} v_{\overline{x}} \\ v_{\overline{y}} \\ v_{\overline{z}} \end{Bmatrix} = \mathsf{A}^{-1\prime} \begin{Bmatrix} v_x \\ v_y \\ v_z \end{Bmatrix}.$$

Man nennt nun die Matrix $A^{-1\prime}$, also die transponierte der reziproken Matrix von A die zu A *kontragrediente* oder *kontravariante Matrix*. Sie ist gleichzeitig die reziproke der transponierten Matrix. Denn aus $AA^{-1} = E$ folgt, wegen (**6**, 10) $A^{-1\prime}A' = E' = E$, also

$$(\mathbf{10}, 6) \qquad\qquad A^{-1\prime} = A'^{-1}.$$

Vergleichen wir nun (**10**, 3) und (**10**, 5), so können wir sagen: Die Koordinaten eines Vektors transformieren sich kontragredient zu den Koordinatengrundvektoren. Hiernach kann man die Vektoren auf folgende Weise charakterisieren:

Eine physikalische Größe hat Vektorcharakter, wenn sie in bezug auf ein Koordinatensystem durch drei Zahlen, ihre Koordinaten, angegeben werden kann, die sich bei Übergang zu einem neuen Koordinatensystem kontragredient zu den Koordinatengrundvektoren transformieren.

Wir betrachten noch den Fall, wo sowohl das ursprüngliche als auch das neue Koordinatensystem rechtwinklige Einheitssysteme sind, deren Grundvektoren wir dann mit i, j, $\mathfrak{k}$ bzw. $\bar{i}$, $\bar{j}$, $\bar{\mathfrak{k}}$ bezeichnen. Wir haben dann

$$\bar{i}^2 = \bar{j}^2 = \bar{\mathfrak{k}}^2 = i^2 = j^2 = \mathfrak{k}^2 = 1,$$

$$\bar{i} \cdot \bar{j} = \bar{i} \cdot \bar{\mathfrak{k}} = \bar{j} \cdot \bar{\mathfrak{k}} = i \cdot j = i \cdot \mathfrak{k} = j \cdot \mathfrak{k} = 0$$

oder in Matrizenform

$$(\mathbf{10}, 7) \qquad \begin{Bmatrix} \bar{i} \\ \bar{j} \\ \bar{\mathfrak{k}} \end{Bmatrix} \cdot \{\bar{i}\ \bar{j}\ \bar{\mathfrak{k}}\} = E, \qquad \begin{Bmatrix} i \\ j \\ \mathfrak{k} \end{Bmatrix} \cdot \{i\ j\ \mathfrak{k}\} = E,$$

wo die bei der Ausführung der Matrizenmultiplikation auftretenden Produkte zweier Vektoren als skalare Produkte aufzufassen sind. Ist nun

$$\begin{Bmatrix} \bar{i} \\ \bar{j} \\ \bar{\mathfrak{k}} \end{Bmatrix} = A \begin{Bmatrix} i \\ j \\ \mathfrak{k} \end{Bmatrix},$$

also transponiert

$$\{\bar{i}\ \bar{j}\ \bar{\mathfrak{k}}\} = \{i\ j\ \mathfrak{k}\}\, A',$$

so erhält man durch Einsetzen in die erste Gleichung von (**10**, 7)

$$E = A \begin{Bmatrix} i \\ j \\ \mathfrak{k} \end{Bmatrix} \cdot \{i\ j\ \mathfrak{k}\}\, A',$$

also nach der zweiten Gleichung (**10**, 7)

$$(\mathbf{10}, 8) \qquad\qquad AA' = E,$$

$$(\mathbf{10}, 9) \qquad\qquad A' = A^{-1}.$$

Das heißt, die reziproke und die transponierte Matrix von A stimmen überein (**10**, 9) läßt sich auch $A = A^{-1\prime}$ schreiben, was besagt, daß die Matrix A gleich ihrer kontragredienten ist. Matrizen mit dieser Eigenschaft heißen *orthogonale Matrizen.*

Bei einer orthogonalen Koordinatentransformation werden also die Koordinaten und die Grundvektoren derselben linearen homogenen Transformation unterworfen.

Die Determinante einer orthogonalen Matrix ist, wie wegen $|E| = 1$ aus (**10**, 8) folgt, ± 1. Sie ist nach **5** positiv, wenn i, j, $\mathfrak{k}$ und $\bar{i}$, $\bar{j}$, $\bar{\mathfrak{k}}$ beide Rechtssysteme oder beide Linkssysteme sind, sonst negativ.

Übungsaufgaben zum 1. Kapitel.

1. Vier Vektoren $\mathfrak{a}$, $\mathfrak{b}$, $\mathfrak{c}$ und $\mathfrak{d}$ seien vom gleichen Punkt aus abgetragen. Man zeige, daß die Endpunkte von $\mathfrak{a}$, $\mathfrak{b}$ und $\mathfrak{c}$ dann und nur dann in einer Geraden liegen, wenn eine Relation $\alpha\mathfrak{a} + \beta\mathfrak{b} + \gamma\mathfrak{c} = 0$ mit der Nebenbedingung $\alpha + \beta + \gamma = 0$ besteht, und daß die Endpunkte von $\mathfrak{a}$, $\mathfrak{b}$, $\mathfrak{c}$ und $\mathfrak{d}$ dann und nur dann in einer Ebene liegen, wenn eine Relation $\alpha\mathfrak{a} + \beta\mathfrak{b} + \gamma\mathfrak{c} + \delta\mathfrak{d} = 0$ mit der Nebenbedingung $\alpha + \beta + \gamma + \delta = 0$ besteht. Die mit griechischen Buchstaben bezeichneten Skalare sind in beiden Fällen nicht sämtlich Null.

2. Die linear unabhängigen Vektoren $\mathfrak{a}$, $\mathfrak{b}$ und $\mathfrak{c}$ seien vom gleichen Punkt abgetragen. Man zeige, daß man den Ortsvektor (vom gleichen Punkt) für die Punkte der Ebene durch die Endpunkte von $\mathfrak{a}$, $\mathfrak{b}$ und $\mathfrak{c}$ in der Form $\mathfrak{r} = x\mathfrak{a} + y\mathfrak{b} + z\mathfrak{c}$ mit der Nebenbedingung $x + y + z = 1$ darstellen kann. Die Nebenbedingung ist also die Gleichung der Ebene in dem durch die gegebenen Vektoren aufgespannten allgemeinen Koordinatensystem. Der Ortsvektor befriedigt die Gleichung

$$|\mathfrak{r}\,\mathfrak{b}\,\mathfrak{c}| + |\mathfrak{r}\,\mathfrak{c}\,\mathfrak{a}| + |\mathfrak{r}\,\mathfrak{a}\,\mathfrak{b}| = |\mathfrak{a}\,\mathfrak{b}\,\mathfrak{c}|.$$

3. Die linear unabhängigen Vektoren $\mathfrak{a}$, $\mathfrak{b}$ und $\mathfrak{c}$ seien vom gleichen Punkt abgetragen. Man bilde Vektorausdrücke für die anderen drei Kanten des aufgespannten Tetraeders. Die Seitenflächen des Tetraeders seien so orientiert, daß ihre positiven Normalen nach außen zeigen. Man soll ihre Flächeninhalte durch Vektorprodukte darstellen und nachweisen, daß diese Vektorprodukte die Summe Null haben.

4. Es seien $\mathfrak{a}$, $\mathfrak{b}$ und $\mathfrak{c}$ drei linear unabhängige Vektoren und

$$\mathfrak{a}^{-1} = \frac{\mathfrak{b} \times \mathfrak{c}}{|\mathfrak{a}\,\mathfrak{b}\,\mathfrak{c}|}, \qquad \mathfrak{b}^{-1} = \frac{\mathfrak{c} \times \mathfrak{a}}{|\mathfrak{a}\,\mathfrak{b}\,\mathfrak{c}|}, \qquad \mathfrak{c}^{-1} = \frac{\mathfrak{a} \times \mathfrak{b}}{|\mathfrak{a}\,\mathfrak{b}\,\mathfrak{c}|}$$

das zu diesem Tripel reziproke Tripel. Man weise folgende Eigenschaften nach:

a) $\{\mathfrak{a}\,\mathfrak{b}\,\mathfrak{c}\}' \cdot \{\mathfrak{a}^{-1}\mathfrak{b}^{-1}\mathfrak{c}^{-1}\} = \mathsf{E}$.

b) Das reziproke Tripel bildet die Polarecke zu der von dem ursprünglichen Tripel gebildeten räumlichen Ecke.

c) Das reziproke des reziproken Tripels ist das ursprüngliche.

d) Ein Tripel ist dann und nur dann identisch mit seinem reziproken, wenn es aus drei orthogonalen Einheitsvektoren besteht.

e) Ein beliebiger Vektor $\mathfrak{v}$ ist in der Form

$$\mathfrak{v} = (\mathfrak{v} \cdot \mathfrak{a}^{-1})\,\mathfrak{a} + (\mathfrak{v} \cdot \mathfrak{b}^{-1})\,\mathfrak{b} + (\mathfrak{v} \cdot \mathfrak{c}^{-1})\,\mathfrak{c}$$

darstellbar.

f) Es sei $\mathfrak{v} = \alpha\mathfrak{a} + \beta\mathfrak{b} + \gamma\mathfrak{c}$ und $\mathfrak{v}_1 = \alpha_1\mathfrak{a}^{-1} + \beta_1\mathfrak{b}^{-1} + \gamma_1\mathfrak{c}^{-1}$. Dann ist

$$\mathfrak{v} \cdot \mathfrak{v}_1 = \alpha\alpha_1 + \beta\beta_1 + \gamma\gamma_1.$$

5. Es ist nachzuweisen

$$|\mathfrak{a}\,\mathfrak{b}\,\mathfrak{c}|\,|\mathfrak{a}'\,\mathfrak{b}'\,\mathfrak{c}'| = \begin{vmatrix} \mathfrak{a} \cdot \mathfrak{a}' & \mathfrak{a} \cdot \mathfrak{b}' & \mathfrak{a} \cdot \mathfrak{c}' \\ \mathfrak{b} \cdot \mathfrak{a}' & \mathfrak{b} \cdot \mathfrak{b}' & \mathfrak{b} \cdot \mathfrak{c}' \\ \mathfrak{c} \cdot \mathfrak{a}' & \mathfrak{c} \cdot \mathfrak{b}' & \mathfrak{c} \cdot \mathfrak{c}' \end{vmatrix}.$$

Für zwei gleiche Vektortripel erhält man eine symmetrische Determinante (GRAMsche Determinante). Unter der Voraussetzung $|\mathfrak{a}\,\mathfrak{b}\,\mathfrak{c}| \neq 0$ soll man nachweisen, daß die Gleichungen

$$\mathfrak{x} \cdot \mathfrak{a} = \lambda, \qquad \mathfrak{x} \cdot \mathfrak{b} = \mu, \qquad \mathfrak{x} \cdot \mathfrak{c} = \nu$$

durch

$$\mathfrak{x} = \frac{1}{|\mathfrak{a}\,\mathfrak{b}\,\mathfrak{c}|} \begin{vmatrix} \mathfrak{a} & \mathfrak{b} & \mathfrak{c} & 0 \\ \mathfrak{a}^2 & \mathfrak{a} \cdot \mathfrak{b} & \mathfrak{a} \cdot \mathfrak{c} & \lambda \\ \mathfrak{b} \cdot \mathfrak{a} & \mathfrak{b}^2 & \mathfrak{b} \cdot \mathfrak{c} & \mu \\ \mathfrak{c} \cdot \mathfrak{a} & \mathfrak{c} \cdot \mathfrak{b} & \mathfrak{c}^2 & \nu \end{vmatrix}$$

gelöst werden. Man stelle das reziproke System a^{-1}, b^{-1}, c^{-1} im System a, b, c dar, indem man der Reihe nach $(\lambda, \mu, \nu) = (1, 0, 0)$, $(0, 1, 0)$, $(0, 0, 1)$ setzt.

6. Ein Vektor $\mathfrak{x}$ ist aus den beiden Gleichungen

$$\mathfrak{x} \times a = b \tag{1}$$

$$\mathfrak{x} \cdot c = \alpha \tag{2}$$

zu bestimmen, wobei $a \neq 0$, $c \neq 0$, $a \cdot b = 0$, im übrigen aber a, b, c und α willkürlich gegeben sind. Man zeige: Falls $a \cdot c \neq 0$, ist

$$\mathfrak{x} = \frac{\alpha a + c \times b}{a \cdot c},$$

die eindeutig bestimmte Lösung. Falls $a \cdot c = 0$ und $\alpha a + c \times b \neq 0$, haben (1) und (2) keine gemeinsame Lösung. Falls $a \cdot c = 0$ und $\alpha a + c \times b = 0$, ist jede Lösung von (1) auch eine Lösung von (2), aber nicht umgekehrt.

Man deute dieses Ergebnis geometrisch, indem man (1) als die Gleichung einer Geraden und (2) als die Gleichung einer Ebene interpretiert.

7. In einem Dreieck seien S, H und M die Schnittpunkte der Mittellinien, Höhen und Mittelsenkrechten der Dreiecksseiten. Man zeige

$$\overrightarrow{SH} = -2\,\overrightarrow{SM}.$$

2. Kapitel.

Gleichgewicht von Massenpunkten.

11. Gleichgewicht eines freien Massenpunktes. Die mathematische Behandlung der mechanischen Vorgänge wird durch eine Reihe von Abstraktionen ermöglicht, deren Berechtigung allein aus der Anwendbarkeit der daraus hergeleiteten Resultate entnommen werden kann. Unter einem *Massenpunkt* versteht man einen Körper, von dessen Ausdehnung man bei einer vorgelegten mechanischen Aufgabe absehen kann und den man deshalb in einem mathematischen Punkt lokalisiert. Wirkt auf den Massenpunkt eine *Kraft*, so sagt man, daß sie diesen Punkt angreift, und man schreibt ihr eine bestimmte *Angriffslinie* zu; das ist diejenige Gerade durch den Massenpunkt, in deren Richtung die Kraft wirkt. Kräfte können sehr verschiedenartigen Ursprungs sein. Die Physik beschäftigt sich mit den Annahmen, die man in dieser Hinsicht macht, und entwickelt Methoden, um Kräfte durch Vergleich mit einer willkürlich gewählten Krafteinheit zu messen. Als Einheit wählen wir im folgenden bis auf weiteres die *Schwere* oder das *Gewicht* eines Kilogramms, indem wir von der Tatsache absehen, daß dieses nur näherungsweise auf der Erdoberfläche konstant ist. (An ein und dieselbe Spiralfeder gehängt bewirkt derselbe Körper Verlängerungen der Feder, die sich etwas mit dem Ort auf der Erde ändern, so daß diese Einheit für genaue Kraftmessungen nur lokale Bedeutung hat.)

Diese Festsetzungen führen dazu, eine Kraft als gebundenen Vektor aufzufassen, dessen Angriffspunkt der Massenpunkt ist, dessen Richtung durch die Angriffslinie gegeben wird

und dessen Länge gleich der Maßzahl der Kraft in bezug
auf die gewählte Krafteinheit ist. Dies erhält jedoch erst seine
volle Berechtigung durch die physikalische Erfahrung, daß zwei Kräfte,
die einen Massenpunkt angreifen, dieselbe Wirkung wie ihre Vektorsumme haben (*Satz vom Kräfteparallelogramm*). Die fundamentale Voraussetzung der Gleichgewichtslehre ist daher:

*Ein frei beweglicher Massenpunkt, der ursprünglich in Ruhe ist,
bleibt dann und nur dann in Ruhe, wenn die auf ihn wirkenden Kräfte
die Vektorsumme 0 haben.*

Wirken auf einen Massenpunkt die Kräfte $\Re_1$, $\Re_2$, ..., $\Re_n$, so kann
man die *Resultante*

(11, 1) $$\Re = \Re_1 + \Re_2 + \cdots + \Re_n$$

durch Konstruktion eines orientierten Streckenzuges, des *Kräftepolygons*,
bilden, dessen einzelne Seiten in willkürlicher Reihenfolge die einzelnen

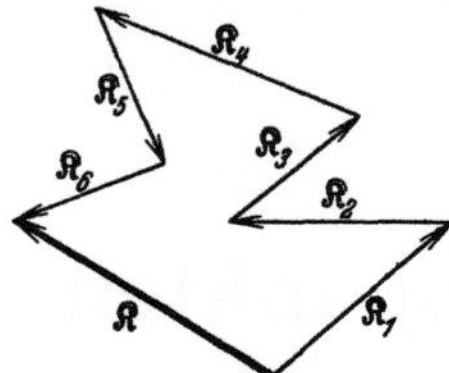

Abb. 14.   Kräftepolygon.

Kraftvektoren darstellen. Die Resultante ist der
Vektor vom Anfangspunkt des Kräftepolygons zu
seinem Endpunkt (Abb. 14). Die Gleichgewichtsbedingung lautet dann $\Re = 0$ und besagt also,
daß sich das Kräftepolygon schließt.

Sei l eine Gerade und $\mathfrak{L}$ ein Vektor der
Länge 1 auf l, der durch seine Richtung die
Gerade l orientiert. Dann ist $\Re \cdot \mathfrak{L}$ ein mit Vor-
zeichen versehener Skalar, der die Projektion von $\Re$ auf die orientierte
Gerade l angibt. Aus (11, 1) erhält man

(11, 2) $$\Re \cdot \mathfrak{L} = \Re_1 \cdot \mathfrak{L} + \Re_2 \cdot \mathfrak{L} + \cdots + \Re_n \cdot \mathfrak{L},$$

also: Die Projektion der Resultante auf eine orientierte Gerade ist gleich der Summe der Projektionen der Kräfte auf
diese Gerade. Verschwindet die Projektion von $\Re$, so steht $\Re$ senkrecht auf l oder ist selbst Null. Die Gleichgewichtsbedingung ist also
erfüllt, wenn die Projektionssummen der Kräfte auf drei Geraden, die
nicht derselben Ebene parallel sind, verschwinden. Für ein System
von Kräften, die sämtlich in einer Ebene liegen, ist es ausreichend,
diese Projektionssummen für zwei nicht parallele Geraden dieser Ebene
zu bilden.

Durch Einführung des wichtigen Begriffs der *Arbeit* kann man
diesen Betrachtungen noch eine andere Form geben. Unter der Arbeit,
die eine Kraft $\Re$ bei Verschiebung ihres Angriffspunktes leistet, versteht man den Skalar

(11, 3) $$A = \Re \cdot \mathfrak{s},$$

wo der Vektor $\mathfrak{s}$ die Verschiebung nach Größe und Richtung angibt.
Die Einheit der Arbeit ist das Kilogrammeter (kgm), wenn man die
Kraft in kg und die Länge in m mißt. (Man erhält eine Vorstellung

der Arbeitseinheit beim senkrechten Heben eines Kilogrammgewichts um einen Meter.) Die Arbeit ist positiv oder negativ, je nachdem Kraft und Verschiebung einen spitzen oder stumpfen Winkel einschließen; sie verschwindet, wenn Kraft und Verschiebung aufeinander senkrecht stehen. Hierbei wird angenommen, daß die Kraft während der Verschiebung ihre Größe und Richtung beibehält. Wird (**11**, 1) skalar mit $\mathfrak{s}$ multipliziert, so folgt, daß die Arbeit der Resultante gleich der Summe der von den einzelnen Kräften geleisteten Arbeit ist. Man kann daher der Gleichgewichtsbedingung folgende Form geben:

Notwendige und hinreichende Gleichgewichtsbedingung ist, daß bei willkürlicher Verschiebung des Massenpunktes die Summe der von den Kräften geleisteten Arbeit verschwindet.

Zur rechnerischen Behandlung benutzt man oft ein Koordinatensystem. Wenn nichts anderes gesagt wird, wählen wir aufeinander senkrechte Grundvektoren $\mathfrak{i}$, $\mathfrak{j}$, $\mathfrak{f}$ der Länge 1, die ein rechtshändiges System bilden. Die Koordinaten der Kräfte $\mathfrak{K}_\nu$, $\mathfrak{K}$ bezeichnen wir mit X_ν, Y_ν, Z_ν bzw. X, Y, Z. Dann besagt (**11**, 1)

$$(11, 4) \qquad \begin{cases} X = X_1 + X_2 + \cdots + X_n = \sum X_\nu, \\ Y = Y_1 + Y_2 + \cdots + Y_n = \sum Y_\nu, \\ Z = Z_1 + Z_2 + \cdots + Z_n = \sum Z_\nu. \end{cases}$$

Die Koordinaten L_x, L_y und L_z des Einheitsvektors $\mathfrak{L}$ sind die Richtungskosinus der orientierten Geraden l. Bezeichnen wir sie mit $\cos\alpha$, $\cos\beta$ und $\cos\gamma$, so ist

$$\mathfrak{L}^2 = \cos^2\alpha + \cos^2\beta + \cos^2\gamma = 1$$

und die Projektion von $\mathfrak{K}$ auf l

$$(11, 5) \qquad \mathfrak{K} \cdot \mathfrak{L} = X\cos\alpha + Y\cos\beta + Z\cos\gamma.$$

Für die Arbeit (**11**, 3) erhält man die Definitionsgleichung

$$(11, 6) \qquad A = X s_x + Y s_y + Z s_z,$$

wenn s_x, s_y, s_z die Koordinaten der Verschiebung $\mathfrak{s}$ bezeichnen. Die Gleichgewichtsbedingung $\mathfrak{K} = 0$ wird

$$(11, 7) \qquad \sum X_\nu = \sum Y_\nu = \sum Z_\nu = 0$$

oder mit Hilfe der Arbeitssumme ausgedrückt

$$(11, 8) \qquad \begin{cases} A = \sum A_\nu = \sum \mathfrak{K}_\nu \cdot \mathfrak{s} = \sum (X_\nu s_x + Y_\nu s_y + Z_\nu s_z) \\ \qquad = s_x \sum X_\nu + s_y \sum Y_\nu + s_z \sum Z_\nu = 0. \end{cases}$$

Dies ist mit (**11**, 7) gleichbedeutend, da $\mathfrak{s}$, also s_x, s_y und s_z willkürlich waren.

Diese Formulierung der Gleichgewichtsbedingung, die ihren Ausdruck im obigen Satz und in (**11**, 8) findet, wird als das *Prinzip der virtuellen Arbeit* bezeichnet, wobei das Wort „virtuell" darauf hinweist, daß es sich nur um gedachte Verschiebungen handelt. Die Bedeutung und volle Reichweite des Prinzips wird später deutlich werden.

Wenn ein System von Kräften die Gleichgewichtsbedingung erfüllt, sagt man, daß die Kräfte sich das Gleichgewicht halten oder daß sie ein *System im Gleichgewicht* bilden.

Wir wollen noch besonders den Fall von drei Kräften im Gleichgewicht betrachten. Sind die Kräfte parallel, so muß die eine den beiden anderen entgegengesetzt gerichtet und gleich deren Summe sein. Sind die Kräfte nicht parallel, so ist das Kräftepolygon ein Dreieck, und die Kräfte

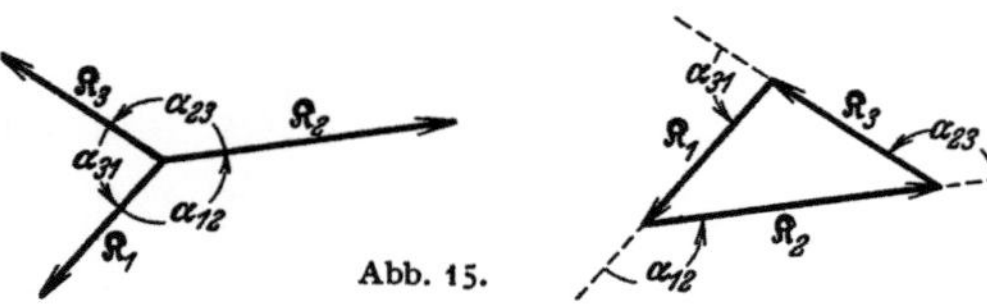
Abb. 15.

sind daher einer Ebene parallel. Aus dem Kräftedreieck entnimmt man nach dem Sinussatz

$$\frac{\sin\alpha_{23}}{|\Re_1|} = \frac{\sin\alpha_{31}}{|\Re_2|} = \frac{\sin\alpha_{12}}{|\Re_3|},$$

wenn $\alpha_{\mu\nu}$ den Winkel zwischen den positiven Richtungen der Kräfte $\Re_\mu$ und $\Re_\nu$ bedeutet (Abb. 15).

12. Gleichgewicht eines gebundenen Massenpunktes. Reibung. Die möglichen Lagen eines Massenpunktes können dadurch eingeschränkt sein, daß er gezwungen ist, in einem gewissen Teil des Raumes zu bleiben, daß er also gewisse Grenzflächen nicht überschreiten kann, oder dadurch, daß er gezwungen ist, auf einer Fläche, einem Flächenstück, auf einer Kurve oder einen Kurvenstück zu bleiben, oder schließlich dadurch, daß er an einem festen Punkt im Raume gebunden, also unbeweglich ist. Beschreibt man die Lage eines Massenpunktes im Raume durch seine Koordinaten, so werden diese im ersten Fall gewisse Ungleichungen erfüllen müssen. Ist der Massenpunkt an eine Fläche gebunden, so wird eine Gleichung zwischen seinen Koordinaten bestehen und außerdem Ungleichungen, wenn das Flächenstück begrenzt ist. Ist er an eine Kurve gebunden, so werden zwei voneinander unabhängige Gleichungen und möglicherweise außerdem Ungleichungen zwischen seinen Koordinaten bestehen. Ist schließlich seine Lage unveränderlich, so sind seine Koordinaten eindeutig bestimmt. Man kann in diesen Fällen die Koordinaten der Raumpunkte, in denen sich der Massenpunkt befinden kann, als Funktionen von 3, 2, 1 bzw. 0 Parametern darstellen. Die betreffende Parameterzahl bezeichnet man als den *Freiheitsgrad* (oder auch als die Anzahl der Freiheitsgrade) des Massenpunktes.

Als Beispiel dafür, wie man Gleichgewichtsaufgaben für derartige gebundene Massenpunkte behandelt, betrachten wir einen Massenpunkt vom Gewicht *G*, der auf einem waagerechten Tisch ruht. Man geht von der Vorstellung aus, daß der Massenpunkt einen Druck auf den Tisch ausübt, der durch den senkrecht nach unten gerichteten Vektor $\mathfrak{G}$ von der Länge G gegeben sei. Es ist nun eine der fundamentalen Annahmen der Mechanik: *Wenn zwei Körper $\boldsymbol{K}_1$ und $\boldsymbol{K}_2$ Kraftwirkungen aufeinander ausüben, im besonderen sich unter Druck berühren, so ist die Kraftwirkung von $\boldsymbol{K}_1$ auf $\boldsymbol{K}_2$ entgegengesetzt gleich der Kraftwirkung von $\boldsymbol{K}_2$ auf $\boldsymbol{K}_1$.* In dem betrachteten Fall übt also der Tisch eine *Gegenkraft* oder *Reaktion* $-\mathfrak{G}$ auf den Massenpunkt aus. Demnach steht der Massenpunkt unter der Einwirkung von zwei Kräften $\mathfrak{G}$ und $-\mathfrak{G}$, deren Vektorsumme Null ist, und die obige Gleichgewichtsbedingung ist nun erfüllt. Dieses Beispiel legt das folgende allgemeine Prinzip zur Lösung von Gleichgewichtsaufgaben nahe: Wenn die Bewegungsmöglichkeiten eines Massenpunktes geometrischen Einschränkungen unterworfen sind, so werden diese Zwangsbindungen oder „Führungen" durch Kräfte ersetzt, die man als *Zwangskräfte* oder *Reaktionen* der Bindungen bezeichnet. Nach Einführung dieser Kräfte wird der Massenpunkt als frei behandelt. Die Reaktionen sind nicht von vornherein bekannt, können vielmehr erst mit Hilfe der Gleichgewichtsbedingungen bestimmt werden.

Wir betrachten als erstes Beispiel einen Massenpunkt vom Gewicht G, der auf einer schiefen Ebene vom Neigungswinkel α ruht. Sein Gleichgewicht muß nach dem genannten Prinzip dadurch zustande kommen, daß der Gewichtsvektor $\mathfrak{G}$ durch eine von der schiefen Ebene herrührende Reaktion $-\mathfrak{G}$ aufgehoben wird. Diese Reaktion $-\mathfrak{G}$ kann in die zur Ebene senkrechte „*Normalreaktion*" $\mathfrak{N}$ vom Betrage $G\cos\alpha$ und die der Ebene parallele, schrägaufwärts gerichtete „*Tangentialreaktion*" $\mathfrak{F}$ vom Betrage $G\sin\alpha$ aufgespalten werden (Abb. 16). Die Tangentialreaktion wirkt der Tendenz des Massenpunktes entgegen, längs der Ebene herabzugleiten, und hat ihren Ursprung in der *Reibung* zwischen Massenpunkt und Ebene. Vergrößert man den Neigungswinkel α der Ebene, so erreicht

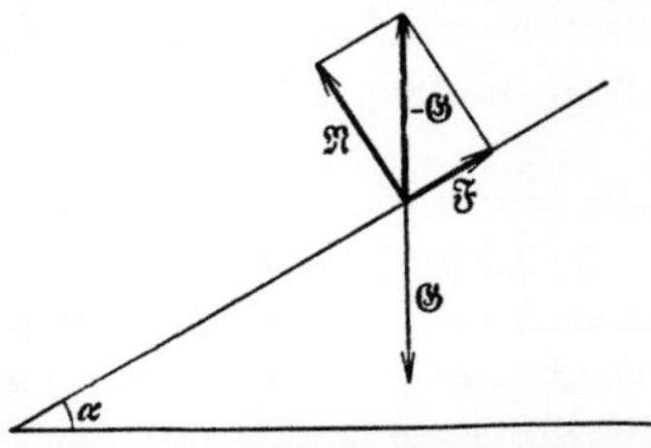

Abb. 16. Gleichgewicht eines Massenpunktes auf einer rauhen schiefen Ebene.

man einmal eine Neigung, bei der die Reibung nicht mehr die notwendige Tangentialreaktion liefert; der Massenpunkt beginnt dann also längs der Ebene herabzugleiten. Es möge dies beim Wert ε von α, dem *Reibungswinkel*, eintreten. Das Verhältnis μ zwischen Tangentialreaktion und Normalreaktion in dieser Stellung der Ebene, also $\mu = \mathrm{tg}\,\varepsilon$, wird der *Reibungskoeffizient* genannt. Der Massenpunkt befindet sich demnach dann und nur dann im Gleichgewicht, wenn der Neigungswinkel α oder, was dasselbe besagt, der Winkel zwischen der Reaktion $-\mathfrak{G}$ und der nach oben gerichteten Normalen der schiefen Ebene den

Reibungswinkel ε nicht übertrifft, wenn also

$$\operatorname{tg}\alpha = \frac{|\mathfrak{F}|}{|\mathfrak{N}|} \leqq \operatorname{tg}\varepsilon = \mu$$

ist.

Dies verallgemeinern wir nun auf den Fall, wo ein Massenpunkt an eine Fläche (oder Kurve) gebunden ist. Die von der Fläche (Kurve) auf den Massenpunkt ausgeübte Reaktion $\mathfrak{R}$ kann man sich aus einer *Normalreaktion* oder *Normaldruck* $\mathfrak{N}$ und einer *Tangentialreaktion, Friktionskraft* oder *Reibungskraft* $\mathfrak{F}$ zusammengesetzt denken:

$$(12,\,1) \qquad\qquad \mathfrak{R} = \mathfrak{N} + \mathfrak{F}.$$

Zwischen den Längen der Vektoren $\mathfrak{N}$ und $\mathfrak{F}$ muß, falls Gleichgewicht bestehen soll, die Ungleichung

$$(12,\,2) \qquad\qquad 0 \leqq |\mathfrak{F}| \leqq \mu\,|\mathfrak{N}|$$

gelten, wo μ der *Reibungskoeffizient* zwischen Fläche (Kurve) und Massenpunkt ist. Es wird angenommen, daß μ nur von der Beschaffenheit der Fläche und nicht vom Normaldruck abhängt. Oft spricht man auch von μ als dem Reibungskoeffizient der Fläche (Kurve), indem man der Einfachheit der Formulierung halber davon absieht, daß auch die Oberfläche des Massenpunktes auf die Reibung von Einfluß ist. Man sagt, daß die Fläche (Kurve) *glatt* sei, wenn sie keine Tangentialreaktionen ausüben kann, wenn also $\mu = 0$ ist. Anderenfalls wird sie *rauh* genannt. Die von einer glatten Fläche ausgeübte Reaktion hat demnach stets die Richtung der Flächennormalen, und die Reaktion einer glatten Kurve liegt in der Normalebene der Kurve. Führt man den *Reibungswinkel ε* einer rauhen Fläche durch

$$\mu = \operatorname{tg}\varepsilon$$

ein, so folgt aus $(12,\,2)$, daß die Reaktion der Fläche innerhalb oder auf demjenigen Kreiskegel liegt, dessen Achse die Flächennormale ist und dessen Erzeugende mit der Normalen den Winkel ε bilden. Die Reaktionen einer Kurve liegen außerhalb oder auf dem Kreiskegel, dessen Erzeugende mit der Normalebene den Winkel ε einschließen. Diese Kegel werden als die *Reibungskegel* bezeichnet.

Wenn Reibungskräfte auftreten, gibt es im allgemeinen einen ganzen Bereich von Gleichgewichtslagen. In solchen Fällen kommt es darauf an, die Grenzlagen des Gleichgewichts zu bestimmen, in denen die Bewegung gerade einzutreten beginnt. Dann liegt die Reaktion $\mathfrak{R}$ auf dem Reibungskegel; $|\mathfrak{F}|$ hat seinen maximalen Wert $\mu\,|\mathfrak{N}|$, und die Reibungskraft $\mathfrak{F}$ ist stets so gerichtet, daß sie dem Eintreten der Bewegung entgegenwirkt. Bei der Diskussion von Gleichgewichtslagen, die keine derartigen Grenzlagen sind, ist es häufig zweckmäßig, die Reaktionskomponenten $\mathfrak{N}$ und $\mathfrak{F}$ gesondert zu bestimmen. Sie sind dann bis auf die Ungleichung $(12,\,2)$ voneinander unabhängig.

Ist ein Massenpunkt an einen Raumpunkt gebunden, so legt man diesem festen Punkt ebenfalls eine Reaktionskraft gegen den Massenpunkt bei, der dann als freier Massenpunkt zu behandeln ist.

Wir fassen diese Überlegungen in den folgenden Sätzen zusammen:

a) *Ist ein Massenpunkt an einen festen Punkt gebunden, so ist er bei beliebig gegebenen Kräften im Gleichgewicht, und die Reaktion des Punktes ist der Resultante der gegebenen Kräfte entgegengesetzt gleich.*

b) *Ist ein Massenpunkt an eine Kurve gebunden, so befindet er sich dann und nur dann im Gleichgewicht, wenn die Resultante $\Re$ der gegebenen Kräfte nicht innerhalb des Reibungskegels liegt. Die Reaktion der Kurve ist* $-\Re$; *sie setzt sich aus dem Normaldruck $\Re$ und der Reibungskraft $\Im$ zusammen. Ist die Kurve glatt, so besagt die Gleichgewichtsbedingung, daß $\Re$ normal zur Kurve ist.*

c) *Ist ein Massenpunkt an eine Fläche gebunden, so befindet er sich dann und nur dann im Gleichgewicht, wenn die Resultante $\Re$ der gegebenen Kräfte innerhalb oder auf dem Reibungskegel liegt. Die Reaktion der Fläche ist dann* $-\Re$, *sie kann in den Normaldruck $\Re$ und die Reibung $\Im$ zerlegt werden. Ist die Fläche glatt, so besagt die Gleichgewichtsbedingung, daß $\Re$ die Richtung der Flächennormalen hat.* Schränkt die Fläche die Beweglichkeit des Massenpunktes nur einseitig ein, stellt sie m. a. W. die Begrenzung eines dreidimensionalen Bereiches dar, in dem sich der Punkt bewegen kann, so muß $\Re$ überdies in das Äußere dieses Bereiches gerichtet sein, damit Gleichgewicht herrschen kann.

Die möglichen Gleichgewichtslagen eines nur der Schwerkraft unterworfenen Massenpunktes, der an eine rauhe Kugelfläche gebunden ist, erfüllen zwei gleich große Kalotten um den höchsten bzw. den tiefsten Kugelpunkt als Mittelpunkt. Wenn der Massenpunkt lose auf der Kugelfläche liegt, so kommt nur die obere, wenn er innerhalb der Kugel liegt, nur die untere Kalotte in Betracht. Die Größe dieser Kalotten bestimmt sich daraus, daß in einem Randpunkt einer Kalotte die Vertikalrichtung auf dem Rande des zugehörigen Reibungskegels liegen muß. Die zum Rand der Kalotte führenden Kugelradien schließen also mit der Vertikalen den Reibungswinkel ε ein.

Da ein gebundener Massenpunkt durch die Einführung der Reaktionskräfte derselben Behandlungsweise zugänglich gemacht ist wie ein freier, kann man bei der Lösung von Gleichgewichtsaufgaben dieselben Methoden wie beim freien Massenpunkt, insbesondere auch das Prinzip der virtuellen Arbeit verwenden. Da aber die Reaktionskräfte nicht im voraus bekannt sind, gilt dasselbe für die von ihnen bei den zu betrachtenden Verschiebungen geleistete Arbeit. Wenn der Massenpunkt an eine glatte Fläche oder Kurve gebunden ist, verschwindet indessen die Arbeit der Reaktion bei Verschiebungen in der Tangentialebene bzw. Tangente. Von infinitesimalen derartigen Verschiebungen kann man sagen, daß sie nicht aus der Fläche oder Kurve herausführen; sie lassen sich also auch unter den dem Massenpunkt auferlegten Zwangsbedingungen ausführen. Ferner kann man von der oben genannten Bedingung absehen, daß die Kräfte bei der Verschiebung konstant zu halten sind. Es genügt statt dessen anzunehmen, daß die Kräfte stetig von der Lage der Angriffspunkte abhängen. Das Prinzip der virtuellen Arbeit läßt sich dann so aussprechen:

Gleichgewichtsbedingung für einen an eine glatte Fläche oder Kurve gebundenen Massenpunkt ist, daß die Kräfte bei jeder infinitesimalen Verschiebung in der Fläche oder Kurve von der Gleichgewichtslage aus die Arbeit Null leisten.

Die analytische Formulierung dieser Bedingung ist der Gegenstand des folgenden Paragraphen.

13. Analytische Bestimmung des Gleichgewichts eines gebundenen Massenpunktes. Wir betrachten eine Fläche, die wir uns durch eine Gleichung der Gestalt

$$(13, 1) \qquad\qquad f(x, y, z) = 0$$

gegeben denken, wo f stetige partielle Ableitungen besitzt. Wir betrachten einen Flächenpunkt $P = (x, y, z)$, in dem die drei Ableitungen $\dfrac{\partial f}{\partial x}, \dfrac{\partial f}{\partial y}, \dfrac{\partial f}{\partial z}$ nicht sämtlich verschwinden. Die Fläche hat dann in P eine Tangentialebene. Den Vektor mit den Koordinaten $\dfrac{\partial f}{\partial x}, \dfrac{\partial f}{\partial y}, \dfrac{\partial f}{\partial z}$ nennt man den *Gradienten*[1] der Funktion f und bezeichnet ihn mit $\operatorname{grad} f$. Er hat die Richtung der Flächennormalen. Es sei

$$\mathfrak{r} = x\mathfrak{i} + y\mathfrak{j} + z\mathfrak{k}$$

der Ortsvektor von P und

$$\mathfrak{q} = \xi\mathfrak{i} + \eta\mathfrak{j} + \zeta\mathfrak{k}$$

der Ortsvektor eines laufenden Raumpunktes Q. Der Punkt Q liegt dann und nur dann in der Tangentialebene durch P, wenn der Vektor $\overrightarrow{PQ} = \mathfrak{q} - \mathfrak{r}$ senkrecht auf der Flächennormalen, also auf $\operatorname{grad} f$ steht, wenn also

$$(13, 2) \qquad\qquad (\mathfrak{q} - \mathfrak{r}) \cdot \operatorname{grad} f = 0$$

oder in Koordinaten

$$(13, 3) \qquad (\xi - x)\,\frac{\partial f}{\partial x} + (\eta - y)\,\frac{\partial f}{\partial y} + (\zeta - z)\,\frac{\partial f}{\partial z} = 0$$

ist. (**13**, 2) oder (**13**, 3) ist also die Gleichung der Tangentialebene der Fläche in P.

Der Punkt Q liegt dann und nur dann auf der Flächennormalen durch P, wenn $\mathfrak{q} - \mathfrak{r}$ und $\operatorname{grad} f$ parallel, also linear abhängig sind. Dies können wir durch die Vektorgleichung

$$(13, 4) \qquad\qquad (\mathfrak{q} - \mathfrak{r}) \times \operatorname{grad} f = 0$$

zum Ausdruck bringen. (**13**, 4) ist also die Gleichung der Normalen durch P. Sind alle drei Ableitungen $\dfrac{\partial f}{\partial x}, \dfrac{\partial f}{\partial y}, \dfrac{\partial f}{\partial z}$ von Null verschieden, so können wir (**13**, 4) in Koordinaten

$$(13, 5) \qquad\qquad \frac{\xi - x}{\dfrac{\partial f}{\partial x}} = \frac{\eta - y}{\dfrac{\partial f}{\partial y}} = \frac{\zeta - z}{\dfrac{\partial f}{\partial z}}$$

schreiben.

---

[1] Vgl. **109** S. 250.

Ist eine Kurve als Schnitt zweier Flächen, also durch zwei Gleichungen

$$(13, 6) \qquad \begin{cases} f(x, y, z) = 0, \\ g(x, y, z) = 0 \end{cases}$$

gegeben, so ist in einem ihrer Punkte, in dem die Normalen der beiden Flächen nicht zusammenfallen, also die Gradienten $\mathrm{grad}\,f$ und $\mathrm{grad}\,g$ linear unabhängig sind, die Tangente durch die zwei Gleichungen

$$(13, 7) \qquad \begin{cases} (\mathfrak{q} - \mathfrak{r}) \cdot \mathrm{grad}\,f = 0, \\ (\mathfrak{q} - \mathfrak{r}) \cdot \mathrm{grad}\,g = 0 \end{cases}$$

gegeben, die nach (5, 4) wegen der linearen Unabhängigkeit von $\mathrm{grad}\,f$ und $\mathrm{grad}\,g$ durch die eine Gleichung

$$(\mathfrak{q} - \mathfrak{r}) \times (\mathrm{grad}\,f \times \mathrm{grad}\,g) = 0$$

ersetzt werden können. In Koordinaten lauten (**13**, 7)

$$(13, 8) \qquad \begin{cases} (\xi - x)\,\dfrac{\partial f}{\partial x} + (\eta - y)\,\dfrac{\partial f}{\partial y} + (\zeta - z)\,\dfrac{\partial f}{\partial z} = 0, \\[2mm] (\xi - x)\,\dfrac{\partial g}{\partial x} + (\eta - y)\,\dfrac{\partial g}{\partial y} + (\zeta - z)\,\dfrac{\partial g}{\partial z} = 0. \end{cases}$$

Die Normalebene wird durch die Vektoren $\mathrm{grad}\,f$ und $\mathrm{grad}\,g$ aufgespannt und hat daher die Gleichung

$$(13, 9) \qquad |\mathfrak{q} - \mathfrak{r} \quad \mathrm{grad}\,f \quad \mathrm{grad}\,g| = 0,$$

die ja besagt, daß $\mathfrak{q} - \mathfrak{r}$ von $\mathrm{grad}\,f$ und $\mathrm{grad}\,g$ linear abhängig ist (vgl. **5**, S. 10). In Koordinaten lautet (**13**, 9)

$$(13, 10) \qquad \begin{vmatrix} \xi - x & \dfrac{\partial f}{\partial x} & \dfrac{\partial g}{\partial x} \\[2mm] \eta - y & \dfrac{\partial f}{\partial y} & \dfrac{\partial g}{\partial y} \\[2mm] \zeta - z & \dfrac{\partial f}{\partial z} & \dfrac{\partial g}{\partial z} \end{vmatrix} = 0.$$

Wir betrachten nun einen Massenpunkt P, auf den Kräfte wirken, deren Resultante ohne die eventuellen Reaktionen der Bindungen $\mathfrak{K} = (X, Y, Z)$ sei. $\mathfrak{K}$ wird im allgemeinen von der Lage des Massenpunktes P, also von seinen Koordinaten x, y, z abhängen. Ist P an eine glatte Fläche mit der Gleichung (**13**, 1) gebunden, so muß in einer Gleichgewichtslage der Vektor $\mathfrak{K}$ die Richtung der Flächennormalen haben. Es muß also nach (**13**, 4)

$$(13, 11) \qquad \mathfrak{K} \times \mathrm{grad}\,f = 0$$

oder in Koordinaten nach (**13**, 5)

$$(13, 12) \qquad \frac{X}{\dfrac{\partial f}{\partial x}} = \frac{Y}{\dfrac{\partial f}{\partial y}} = \frac{Z}{\dfrac{\partial f}{\partial z}}$$

sein. (**13**, 12) zusammen mit (**13**, 1) ergibt dann drei Gleichungen zur Bestimmung der Koordinaten x, y, z der Gleichgewichtslage. Gibt es mehrere Lösungstripel, so bedeutet dies das Vorhandensein mehrerer Gleichgewichtslagen.

Ist der Massenpunkt P an eine glatte Kurve mit den Gleichungen (**13**, 6) gebunden, so muß $\mathfrak{K}$ in der Gleichgewichtslage in der Normalebene der Kurve liegen.

Dies besagt nach **(13,** 9) bzw. **(13,** 10), daß

(13, 13) $|\Re \quad \mathrm{grad}f \quad \mathrm{grad}g| = 0$

oder

(13, 14)
$$\left|\begin{array}{ccc} X & \dfrac{\partial f}{\partial x} & \dfrac{\partial g}{\partial x} \\[2ex] Y & \dfrac{\partial f}{\partial y} & \dfrac{\partial g}{\partial y} \\[2ex] Z & \dfrac{\partial f}{\partial z} & \dfrac{\partial g}{\partial z} \end{array}\right| = 0$$

ist. **(13,** 14) liefert zusammen mit **(13,** 6) drei Gleichungen zur Bestimmung von x, y, z.

Man gelangt auch zu diesen Bedingungsgleichungen mit Hilfe des Prinzips der virtuellen Arbeit: **Die von $\Re$ geleistete Arbeit soll bei allen mit den geometrischen Bedingungen verträglichen virtuellen Verschiebungen verschwinden.** Wir bezeichnen mit

$$d\mathfrak{r} = \mathfrak{i}\,dx + \mathfrak{j}\,dy + \mathfrak{k}\,dz$$

eine infinitesimale Verschiebung von P.

Ist P an die Fläche **(13,** 1) gebunden, so muß eine zulässige infinitesimale Verschiebung in der Tangentialebene vor sich gehen, also der Bedingung

(13, 15) $\mathrm{grad}f \cdot d\mathfrak{r} = 0$

genügen. Für jede solche Verschiebung $d\mathfrak{r}$ muß nach dem Prinzip der virtuellen Arbeit die Arbeit

(13, 16) $\Re \cdot d\mathfrak{r} = 0$

sein. Dies besagt: Jeder auf $\mathrm{grad}f$ senkrechte Vektor $d\mathfrak{r}$ muß auch auf $\Re$ senkrecht stehen, woraus folgt, daß $\Re$ und $\mathrm{grad}f$ parallel sind. Also haben wir wieder die Gleichgewichtsbedingung **(13,** 11).

Ist P an die Kurve **(13,** 6) gebunden, so muß **(13,** 16) für alle Verschiebungen $d\mathfrak{r}$ in der Kurventangente, also nach **(13,** 7) für alle $d\mathfrak{r}$ mit

(13, 17) $\mathrm{grad}f \cdot d\mathfrak{r} = 0, \quad \mathrm{grad}g \cdot d\mathfrak{r} = 0$

gelten. Das bedeutet, daß $\Re$ auf den zu $\mathrm{grad}f$ und $\mathrm{grad}g$ senkrechten Vektoren $d\mathfrak{r}$ senkrecht stehen, also in der von $\mathrm{grad}f$ und $\mathrm{grad}g$ aufgespannten Ebene liegen muß. Damit haben wir wieder die Gleichgewichtsbedingung **(13,** 13).

Bei dieser Verwendung des Prinzips der virtuellen Arbeit tritt die Reaktion der Fläche oder Kurve überhaupt nicht in Erscheinung. Man gelangt aber dazu in natürlicher Weise auf dem folgenden von LAGRANGE angegebenen Wege.

Ist P an die Fläche **(13,** 1) gebunden, so muß **(13,** 16) für alle $d\mathfrak{r}$ gelten, für die **(13,** 15) gilt. Folglich besteht für diese $d\mathfrak{r}$ auch die Gleichung

(13, 18) $(\Re - \lambda\,\mathrm{grad}f) \cdot d\mathfrak{r} = 0$

bei beliebigem Skalar λ. Wir wollen zeigen, daß sich λ so wählen läßt, daß **(13,** 18) für eine **ganz beliebige** Verschiebung $d\mathfrak{r}$ besteht. **(13,** 18) wird dann der Ausdruck des Prinzips der virtuellen Arbeit für einen freien Massenpunkt, auf den die Kraft $\Re - \lambda\,\mathrm{grad}f$ wirkt. $\lambda\,\mathrm{grad}f$ mit diesem λ ist dann die Reaktion, von der wir übrigens von vornherein wissen, daß sie der Normalen, also $\mathrm{grad}f$ parallel ist. Um die Existenz eines solchen λ zu beweisen, zerlegen wir eine beliebige Verschiebung $d\mathfrak{r}$ in eine „Tangentialkomponente" $d\mathfrak{r}'$ und eine „Normalkomponente $d\mathfrak{r}''$:

$$d\mathfrak{r} = d\mathfrak{r}' + d\mathfrak{r}'',$$

so daß $d\mathfrak{r}'$ der Gleichung $\operatorname{grad}f \cdot d\mathfrak{r}' = 0$ genügt und $d\mathfrak{r}''$ proportional $\operatorname{grad}f$, also $d\mathfrak{r}'' = d r'' \operatorname{grad}f$ mit skalarem $d r''$ ist. (13, 18) ist für $d\mathfrak{r}'$ statt $d\mathfrak{r}$ bei beliebigem λ erfüllt, also ist

$$(13, 19) \quad (\mathfrak{K} - \lambda \operatorname{grad}f) \cdot d\mathfrak{r} = (\mathfrak{K} - \lambda \operatorname{grad}f) \cdot d\mathfrak{r}'' = [\mathfrak{K} \cdot \operatorname{grad}f - \lambda (\operatorname{grad}f)^2] d r''.$$

Setzen wir nun

$$\lambda = \frac{\mathfrak{K} \cdot \operatorname{grad}f}{(\operatorname{grad}f)^2},$$

so verschwindet (13, 19) für jedes $d r''$; d. h. (13, 18) ist in der Tat für beliebiges $d\mathfrak{r}$ erfüllt. Daraus folgt

$$\mathfrak{K} - \lambda \operatorname{grad}f = 0.$$

Diese Gleichung zusammen mit (13, 1) dient dann zur Bestimmung von x, y, z und λ.

Bei einem an eine Kurve gebundenen Massenpunkt ist für alle $d\mathfrak{r}$, die (13, 17) genügen, und beliebige Skalare λ und μ

$$(13, 20) \qquad\qquad (\mathfrak{K} - \lambda \operatorname{grad}f - \mu \operatorname{grad}g) \cdot d\mathfrak{r} = 0.$$

Wir wollen wieder zeigen, daß sich λ und μ so bestimmen lassen, daß (13, 20) für beliebige $d\mathfrak{r}$ gilt, daß also bei diesen λ und μ

$$(13, 21) \qquad\qquad \mathfrak{K} - \lambda \operatorname{grad}f - \mu \operatorname{grad}g = 0$$

die Gleichgewichtsbedingung ist. Die Reaktion der Kurve ist demnach $\lambda \operatorname{grad}f + \mu \operatorname{grad}g$. Zum Beweis zerlegen wir die beliebige Verschiebung $d\mathfrak{r}$ in eine Komponente $d\mathfrak{r}'$ der Tangentialrichtung und eine Komponente $d\mathfrak{r}''$ in der Normalebene. $d\mathfrak{r}'$ genügt dann (13, 17). Da $\operatorname{grad}f$ und $\operatorname{grad}g$ die Normalebene aufspannen, ist

$$d\mathfrak{r}'' = d r_1 \operatorname{grad}f + d r_2 \operatorname{grad}g$$

mit passenden Skalaren $d r_1$ und $d r_2$. Wir haben also, da (13, 20) für $d\mathfrak{r}'$ statt $d\mathfrak{r}$ bei willkürlichen λ und μ gilt,

$$(13, 22) \quad \left\{ \begin{aligned} &(\mathfrak{K} - \lambda \operatorname{grad}f - \mu \operatorname{grad}g) \cdot d\mathfrak{r} = (\mathfrak{K} - \lambda \operatorname{grad}f - \mu \operatorname{grad}g) \cdot d\mathfrak{r}'' \\ &= [\mathfrak{K} \cdot \operatorname{grad}f - \lambda (\operatorname{grad}f)^2 - \mu \operatorname{grad}f \cdot \operatorname{grad}g] d r_1 \\ &+ [\mathfrak{K} \cdot \operatorname{grad}g - \lambda \operatorname{grad}f \cdot \operatorname{grad}g - \mu (\operatorname{grad}g)^2] d r_2. \end{aligned} \right.$$

Bestimmt man nun λ und μ so, daß die beiden eckigen Klammern verschwinden — und das ist möglich, da wegen der linearen Unabhängigkeit von $\operatorname{grad}f$ und $\operatorname{grad}g$ nach (5, 7) die Determinante

$$\begin{vmatrix} (\operatorname{grad}f)^2 & \operatorname{grad}f \cdot \operatorname{grad}g \\ \operatorname{grad}f \cdot \operatorname{grad}g & (\operatorname{grad}g)^2 \end{vmatrix} = (\operatorname{grad}f \times \operatorname{grad}g)^2$$

nicht verschwindet —, so gilt (13, 20) für beliebiges $d\mathfrak{r}$.

Natürlich vermitteln die letzten Betrachtungen keine wesentlich neuen Erkenntnisse; denn man kann die Reaktion, wenn man die Gleichgewichtslage schon bestimmt hat, sofort als den der Resultante der gegebenen Kräfte entgegengesetzten Vektor finden. Sie können aber dazu dienen, die Bedeutung der Arbeitsgleichung in der Gleichgewichtslehre zu beleuchten und zu zeigen, wie man in der mathematischen Behandlung dazu geführt wird, Größen in die Rechnungen einzuführen, die als Reaktionen der Zwangsbindungen gedeutet werden können.

14. Beispiele von Zwangsbindungen. Die Flächen oder Kurven, an die ein Massenpunkt gebunden ist, brauchen nicht materiell vorhanden zu sein. Wenn der Massenpunkt z. B. mit einem festen Punkt A durch einen undehnbaren Faden der Länge a verbunden ist, so ist er gezwungen, in einer Kugel vom Radius a um A zu bleiben. Hierbei sieht man oft vom Gewicht des Fadens, seiner Steifheit und anderen bewegungshemmenden Eigenschaften ab, so daß man den Faden nur als Mittel auffaßt, die Bindung des Massenpunktes an eine glatte Kugelfläche und ihr Inneres zu realisieren. Befindet sich der Massenpunkt im Kugelinnern, so ist er frei beweglich und der Faden schlaff. Befindet er sich auf der Kugelfläche, so erscheint deren Reaktion als Spannung des Fadens. Diese kann auf den Massenpunkt nur in der Richtung nach A wirken. Ersetzt man den Faden durch einen („gewichtslosen" und „undehnbaren") Stab, der frei um A drehbar ist, so ist der Massenpunkt an die Kugelfläche gebunden, und die Flächenreaktion kann nun auch von A fortgerichtet sein. Man bringt dies dadurch zum Ausdruck, daß man zwischen *Zugspannung* und *Druckspannung* im Stabe unterscheidet.

Ist der Massenpunkt außerdem mit einem festen Punkt B durch einen Faden oder einen Stab der Länge b verbunden, und ist $AB < a + b$, so ist er an den Bereich des Raumes, der den beiden Kugeln gemeinsam ist, oder (wenn die Verbindung mit Hilfe von Stäben geschieht) an den Schnittkreis der beiden Kugeln gebunden. Die Reaktion dieser Zwangskurve erscheint dann als Resultante der beiden Stabspannungen.

Liegen A und B beispielsweise in derselben Horizontalen und wirkt auf den Massenpunkt P nur sein Gewicht $\mathfrak{G}$, so erhält man für die Fadenspannungen $\mathfrak{S}_a$ und $\mathfrak{S}_b$

$$\frac{|\mathfrak{S}_a|}{\sin\alpha} = \frac{|\mathfrak{S}_b|}{\sin\beta} = \frac{|\mathfrak{G}|}{\sin(\alpha + \beta)}.$$

Hierbei bestimmen sich die Winkel α und β aus den Fadenlängen a und b und dem Abstand AB. Graphisch ergeben sich die Spannungen aus dem in Abb. 17 angegebenen Kräftedreieck, bei dem $\mathfrak{G}$ in einer beliebig gewählten Krafteinheit aufgetragen ist.

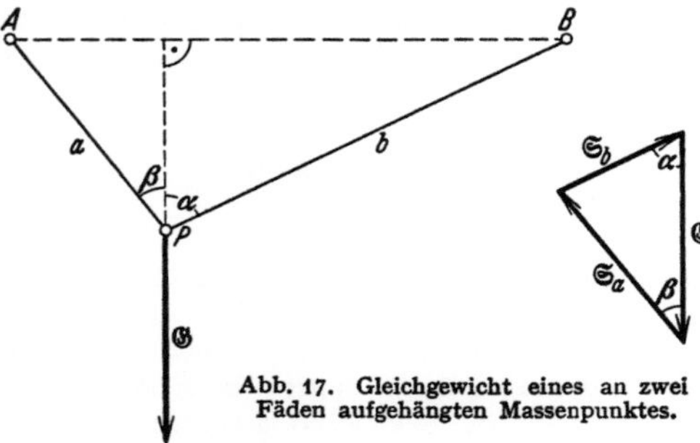

Abb. 17. **Gleichgewicht eines an zwei Fäden aufgehängten Massenpunktes.**

Durch (undehnbare, gewichtslose) Fäden oder Stäbe kann man in einer Gleichgewichtsfigur Kräfte von einem Punkt an einen anderen übertragen oder die Richtungen von Kräften ändern, indem man einen Faden durch einen Führungsring oder über eine Rolle laufen läßt; hierbei wird die Spannung längs des ganzen Fadens als konstant angenommen. Sieht man den Führungsring oder die Rolle als einen Massenpunkt an, der an einen festen Punkt des Raumes gebunden ist, so muß dessen Reaktion den Winkel zwischen den Fadenstücken halbieren, da das zugehörige Kräftedreieck gleichschenklig wird.

Denkt man sich einen ringförmigen Massenpunkt P über einen Faden gezogen, der mit seinen Enden an zwei festen Raumpunkten A und B (wobei AB kleiner als die Länge des Fadens ist) befestigt ist, so wird P an ein Rotationsellipsoid mit den Brennpunkten A und B und dessen Inneres gebunden. Liegt P auf dem Ellipsoid, ist also der Faden gespannt, so ist die Fadenspannung längs des ganzen Fadens konstant, im Gegensatz zum oben betrachteten Fall, wo der Massenpunkt auf dem Faden nicht verschiebbar war. Die Resultante $\mathfrak{R}$ der gegebenen wirkenden Kräfte halbiert dann in einer Gleichgewichtslage den Winkel zwischen den Fadenstücken, also zwischen den Brennstrahlen; und dies steht in Übereinstimmung damit, daß $\mathfrak{R}$ auf der Zwangsfläche senkrecht stehen muß. Diese Betrachtung ist abzuändern, wenn man einen Reibungswiderstand gegen die Verschiebung des Massenpunktes auf dem Faden annimmt; dies entspricht dem Fall einer rauhen Zwangsfläche.

Auch wenn die Punkte A und B nicht im Raume festgehalten und auch nicht Endpunkte des Fadens sind, sondern der Faden beispielsweise über Rollen in A und B weitergeführt ist, gilt, daß in einer Gleichgewichtslage die Resultante den Winkel zwischen den im Massenpunkt zusammentreffenden Fadenstücken halbiert. Denn wenn sich das gesamte betrachtete System im Gleichgewicht befindet, so wird dieses Gleichgewicht nicht gestört, wenn man den Faden überdies in A und B festhält. Allgemeiner kann man folgendes „Erstarrungsprinzip" aussprechen: Wenn sich ein mechanisches System unter der Einwirkung gegebener Kräfte und Zwangsbindungen im Gleichgewicht befindet und man weitere Zwangsbindungen hinzufügt, die mit der betrachteten Gleichgewichtslage vereinbar sind, so ist diese auch eine Gleichgewichtslage für das so abgeänderte System. Insbesondere kann man sich einen nicht starren Teil des mechanischen Systems (in späteren Anwendungen z. B. Gelenke oder ein biegsames Seil) in einer Gleichgewichtslage erstarrt denken, ohne daß das Gleichgewicht aufgehoben wird.

15. Das Hookesche Gesetz. Die Undehnbarkeit eines Fadens ist — ebenso wie der Begriff des Massenpunktes, der glatten Zwangsfläche und ähnliche Begriffe — eine Idealisierung, mit deren Hilfe man eine bestimmte mathematische Formulierung erreicht. Im vorliegenden Fall bedeutet dies, daß man die Spannung eines solchen Fadens ohne die Gleichgewichtsbedingungen, in denen sie auftritt, nicht bestimmen kann. Dies ist typisch für eine Reaktionskraft im Gegensatz zu einer gegebenen Kraft.

Wenn ein Massenpunkt P mit einem festen Punkt A durch einen elastischen Faden verbunden ist, so bedeutet dies keine Zwangsbindung; denn es ergeben sich keine Relationen zwischen den Koordinaten von P. An die Stelle solcher Relationen tritt hier die Annahme, daß die Spannung des Fadens, also die Kraft, mit der er auf P und A wirkt, durch seine Länge bestimmt ist. Hierbei hat sich die einfachste Annahme, nämlich daß die Spannung der Verlängerung des Fadens

über seine natürliche Länge (d. h. seine Länge im spannungslosen Zustand) hinaus
direkt proportional ist, innerhalb recht weiter Grenzen als brauchbar erwiesen.
Diese Annahme findet ihren Ausdruck in dem für die Elastizitätstheorie fundamentalen HOOKEschen Gesetz, das wir hier nur für einen elastischen Faden (oder, was
auf dasselbe hinausläuft, einen elastischen Stab) formulieren. Es sei l die natürliche Länge des Fadens, F sein Querschnitt und E ein Proportionalitätsfaktor.
Wenn man den Faden der Spannung S unterwirft (z. B. dadurch, daß man ein
Gewicht vom Betrage S an ihm aufhängt), so wird seine Länge um den Betrag

$$(15, 1) \qquad \Delta l = \frac{S l}{E F}$$

vergrößert. Da S eine Kraft und F ein Flächeninhalt ist, wird E, der „*Elastizitätsmodul*", durch eine Kraft pro Flächeneinheit, z. B. durch kg/cm² gemessen.
Es wird angenommen, daß E nur von dem Material abhängt, aus dem der Faden
besteht. Der Nenner EF ist also eine für den Faden charakteristische Kraft; sie
gibt die Spannung an, bei der sich die Länge des Fadens verdoppeln würde,
wenn die Annahmen, auf denen (15, 1) beruht, unbegrenzte Gültigkeit hätten.

Der Elastizitätsmodul kann als Verhältnis zwischen Spannungskraft pro
Flächeneinheit und Verlängerung pro Längeneinheit aufgefaßt werden. Man
kann nämlich (15, 1) auch

$$(15, 2) \qquad E = \frac{S}{F} : \frac{\Delta l}{l}$$

schreiben.

Übungsaufgaben zum 2. Kapitel.

1. Ein schwerer Massenpunkt auf einer rauhen schiefen Ebene wird durch
eine Kraft von bestimmter Größe gerade am Herabgleiten gehindert, und zwar
sowohl wenn diese parallel zur schiefen Ebene aufwärts, als auch wenn sie (in
derselben senkrechten Ebene) waagerecht wirkt. Man zeige, daß der Reibungswinkel halb so groß ist wie der Neigungswinkel.

2. Ein schwerer Massenpunkt sei an eine glatte Parabel mit lotrecht aufwärts
gerichteter Achse gebunden und werde von der Parabelachse mit einer dem Abstand proportionalen Kraft abgestoßen. Man zeige, daß sich der Massenpunkt
entweder nur im Scheitel oder überall auf der Parabel im Gleichgewicht befindet.

3. AB und AC seien Sehnen eines Kreises. In A wirken Kräfte in Richtung
von AB und AC im umgekehrten Verhältnis der Sehnenlängen. Man zeige, daß
die Resultierende durch den Schnittpunkt der in B und C an den Kreis gelegten
Tangenten geht.

4. Ein schwerer Massenpunkt P vom Gewichte V wird von zwei in einer
horizontalen Ebene liegenden festen Punkten A und B, deren Abstand a ist, mit
der Stärke $\dfrac{k}{PA}$ bzw. $\dfrac{k}{PB}$ angezogen. Man bestimme die Gleichgewichtsfigur
und zeige, daß das Dreieck APB im Falle $aV \leqq 2\,k$ gleichschenklig und im Falle
$aV \geqq 2\,k$ rechtwinklig ist.

5. Ein schwerer Massenpunkt B vom Gewichte V hängt an einem in A befestigten (undehnbaren, gewichtslosen) Faden der Länge l und wird von der
Senkrechten durch A mit einer Kraft abgestoßen, die umgekehrt proportional
zum Abstand und im Abstand l gleich V ist. Man zeige, daß in der Gleichgewichtslage der Höhenunterschied von A und B gleich der Länge der Zehnecksseite im
Kreise vom Radius l ist.

6. Ein Magnetpol P wird von den Polen N und S eines Stabmagneten im umgekehrten Verhältnis der Abstandquadrate abgestoßen bzw. angezogen. Man
zeige, daß die resultierende Kraft die Gerade NS in einem solchen Punkte Q
schneidet, daß

$$\frac{NQ}{SQ} = \left(\frac{NP}{SP}\right)^3 .$$

7. Der eine Endpunkt eines elastischen Fadens vom Querschnitt 1 und Elastizitätsmodul E ist im höchsten Punkt eines glatten senkrechten Kreises vom Radius r befestigt. Die natürliche Länge des Fadens sei $l < 2r$. Am anderen Ende ist ein Massenpunkt vom Gewichte V befestigt, der auf dem Kreise gleitet. Man bestimme den Winkel des Fadens in der Gleichgewichtslage mit der Lotrichtung, die Fadenspannung und die Reaktion des Kreises und bestätige, daß man für $E \to \infty$ die Lösung der Aufgabe für einen unelastischen Faden erhält, falls der Faden sich nicht lotrecht einstellt. Man zeige, daß lotrechte Einstellung für

$$E \leqq \frac{2\,l\,V}{2r - l}$$

eintritt, bestimme auch in diesem Falle die Reaktion des Kreises und lasse E gegen Null gehen.

8. In einem Koordinatensystem mit senkrecht nach oben gerichteter z-Achse sei

$$\frac{x^2}{a^2} + \frac{y^2}{b^2} = \frac{2z}{c}$$

die Gleichung eines rauhen Paraboloids mit dem Reibungskoeffizienten μ. Auf welchem Teil der Fläche kann ein schweres Massenteilchen im Gleichgewicht sein?

9. Ein gewichtsloser, undehnbarer Faden verläuft von einem raumfesten Punkte A durch einen kleinen Führungsring M und trägt an seinem freien Ende ein Gewicht. M ist in einer glatten Fläche verschiebbar. Wie ist diese zu wählen, damit in jeder Lage Gleichgewicht herrscht?

10. In einer senkrechten Ebene liegt eine glatte Parabel mit dem Parameter $2\,p$ und waagerechter Achse. Zwei Massenteilchen mit den Gewichten P und Q sind an die Parabel gebunden und durch einen gewichtslosen, undehnbaren Faden der Länge l verbunden, der über eine kleine Rolle im Brennpunkt geführt wird. Man ermittle die Gleichgewichtslage, die Fadenspannung und die Reaktionen der Kurve.

3. Kapitel.

Vektorsysteme.

16. Kraftwirkung auf einen starren Körper. Ein Körper dessen Ausdehnung bei einer mechanischen Aufgabe in Betracht gezogen werden muß, wird als *starr* bezeichnet, wenn der Abstand von je zwei seiner Punkte unveränderlich ist, wenn der Körper also nur Bewegungen als unveränderliches Ganzes ausführen kann. Da alle Körper in der Natur mehr oder weniger elastisch sind, ist auch dieser Begriff eine Idealisierung, die bedeutet, daß man für Körper mit großem Elastizitätsmodul gewisse mechanische Aufgaben hinreichend genau behandeln kann, wenn man von den unbedeutenden Formänderungen ganz absieht.

Ist ein starrer Körper der Wirkung zweier Kräfte $\mathfrak{K}_1$ und $\mathfrak{K}_2$ unterworfen, die parallel,

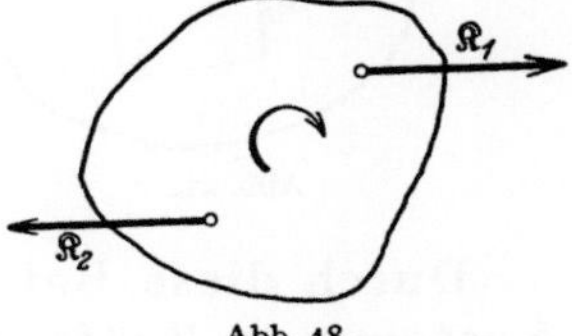

Abb. 18.

entgegengesetzt gerichtet und gleich groß sind, die aber verschiedene Angriffslinien haben, so ist klar, daß diese zwei Kräfte den Körper zu drehen versuchen (Abb. 18). Er wird also nicht im Gleichgewicht sein, obwohl die Kräfte die Vektorsumme Null haben. Die Gleichgewichtsbedingung, die wir für einen Massenpunkt benutzt haben, ist somit nicht mehr ausreichend, wenn wir die Ausdehnung des Körpers in Betracht ziehen. Liegen jedoch die Kräfte auf derselben Geraden, so wird sich der Körper im Gleichgewicht befinden können.

Ein starrer Körper sei der Wirkung einer Kraft $\Re$ mit dem Angriffspunkt A unterworfen. B sei ein Punkt des Körpers auf der Angriffslinie von $\Re$ (Abb. 19). Entfernt man die Kraft $\Re$ in A und bringt dieselbe Kraft in B an, so wird diese Änderung für die Gleichgewichts- oder Bewegungsverhältnisse des starren Körpers ohne Bedeutung sein[1]. Wir sehen also, daß man den Angriffspunkt einer Kraft beliebig auf ihrer Angriffslinie verschieben darf, ohne die Bedeutung der Kraft für das Gleichgewicht des Körpers zu ändern. Nach der obigen Bemerkung ist dies aber nicht mehr der Fall, wenn man die Angriffslinie parallel zu sich verschiebt.

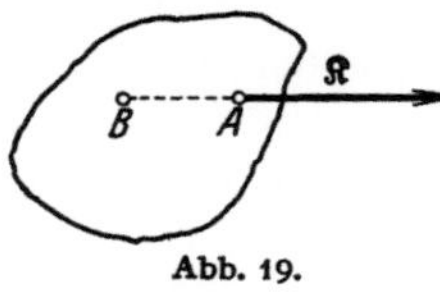
Abb. 19.

Wirken auf einen Körper zwei Kräfte $\Re_1$ und $\Re_2$, die im selben Punkt A angreifen, so geht man ebenso wie bei einem Massenpunkt davon aus, daß man diese Kräfte durch ihre Vektorsumme ersetzen darf (Abb. 20). Zusammen mit dem Vorigen besagt dies, daß man Kräfte zusammensetzen kann, deren Angriffslinien einen Punkt gemeinsam haben. Als Angriffspunkt der Summe dieser Kräfte ist dann der Schnittpunkt der Angriffslinien zu nehmen. Insbesondere können zwei entgegengesetzt gleiche Kräfte mit derselben Angriffslinie hinzugefügt oder weggelassen werden. Bei diesen Betrachtungen wird zunächst angenommen, daß die Angriffspunkte innerhalb des starren Körpers bleiben, diese Schwierigkeit kann man aber oft durch Zufügung von Kräften umgehen, die einander aufheben (Abb. 21):

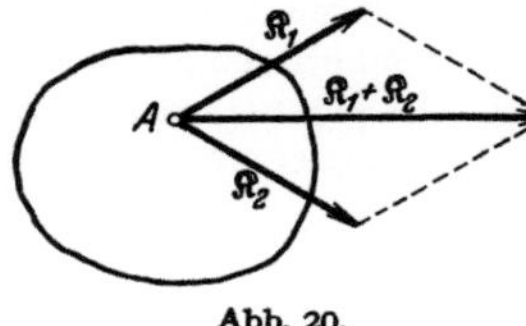
Abb. 20.

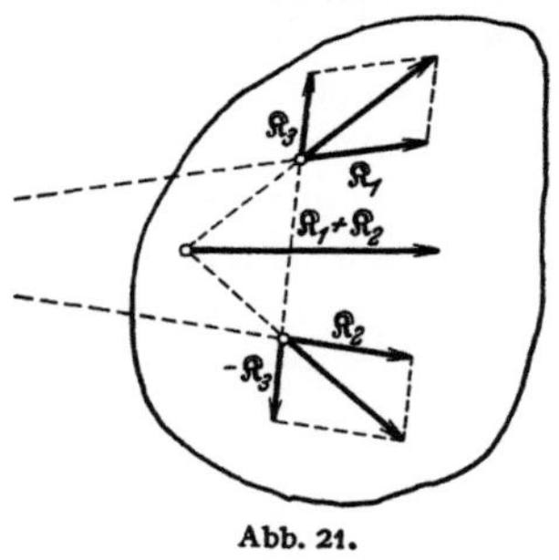
Abb. 21.

$$\Re_1 + \Re_2 = (\Re_1 + \Re_3) + (\Re_2 - \Re_3).$$

Dieses Verfahren kann auch angewendet werden, wenn $\Re_1$ und $\Re_2$ parallele Angriffslinien besitzen, aber nicht entgegengesetzt gleich sind.

Durch diese Betrachtungen wird man dazu geführt, ein System von Kräften, die auf einen starren Körper wirken, als ein System von gebundenen Vektoren aufzufassen, bei dem folgende Abänderungen zugelassen sind: a) eine Kraft

---

[1] Sie ist jedoch wesentlich, wenn man nach den inneren Spannungen des Körpers fragt und seine elastischen Eigenschaften mit berücksichtigt.

in ihrer Angriffslinie zu verschieben, b) die Vektorsumme von Kräften zu bilden, die denselben Punkt angreifen, oder umgekehrt eine Kraft in Komponenten mit demselben Angriffspunkt aufzulösen. Es entsteht dann die Frage, welche Eigenschaften des Kraftsystems bei diesen Änderungen erhalten bleiben und somit als Ausdruck für die Wirkung des Kraftsystems auf den Körper genommen werden können. Wir fragen also nach einem vollständigen System von Invarianten des Kraftsystems bei den zugelassenen Änderungen. Da die entsprechende Fragestellung auch bei anderen Systemen von gebundenen Vektoren auftritt, befreien wir uns wieder von der Beschränkung auf Kräfte und führen die Betrachtungen für Systeme von gebundenen Vektoren durch, deren physikalische Bedeutung offen gelassen wird.

17. Äquivalente Vektorsysteme. S bedeute ein willkürliches endliches System von gebundenen Vektoren im Raume. Wir wollen die Vektoren von S *statischen Umformungen* unterwerfen, worunter wir die Änderungen verstehen, die sich für Kraftvektoren in ihrer Wirkung auf einen starren Körper als zulässig erwiesen haben, nämlich:

1) *Verschiebung eines Vektors in seiner Angriffslinie.*

2) *Zusammensetzung von Vektoren mit gemeinsamem Angriffspunkt zu ihrer Vektorsumme mit demselben Angriffspunkt.*

3) *Die Umkehrung der Operation 2), also Auflösung eines Vektors in Komponenten mit demselben Angriffspunkt.*

4) *Zufügung oder Fortlassung von entgegengesetzt gleichen Vektoren mit gemeinsamem Angriffspunkt.*

Zusammen mit 2) und 3) bedeutet 4) nur willkürliches Zufügen oder Fortlassen eines gebundenen Nullvektors.

Ein System S' von gebundenen Vektoren, das aus S durch eine willkürliche Reihe von statischen Umformungen hervorgeht, wird als *äquivalent mit S* oder als *statisch gleich S* bezeichnet. Wir schreiben dann

$$(17, 1) \qquad S = S'.$$

Dieses statische Gleichheitszeichen kommt seiner Definition nach nur bei gebundenen Vektoren oder Systemen von solchen zur Anwendung. Während die Gleichung $\mathfrak{a} = \mathfrak{b}$ wie bisher nur zum Ausdruck bringt, daß die Vektoren $\mathfrak{a}$ und $\mathfrak{b}$ als freie Vektoren gleich sind, also

a b b a=b a a=b

Abb. 22.

dieselbe Größe und Richtung haben, bringt die Formel $\mathfrak{a} = \mathfrak{b}$ ihre Äquivalenz bei statischen Umformungen zum Ausdruck; sie gilt, wenn die beiden Vektoren überdies dieselbe Angriffslinie haben (Abb. 22), und es wird aus den folgenden Untersuchungen hervorgehen, daß sie nur in diesem Falle gilt.

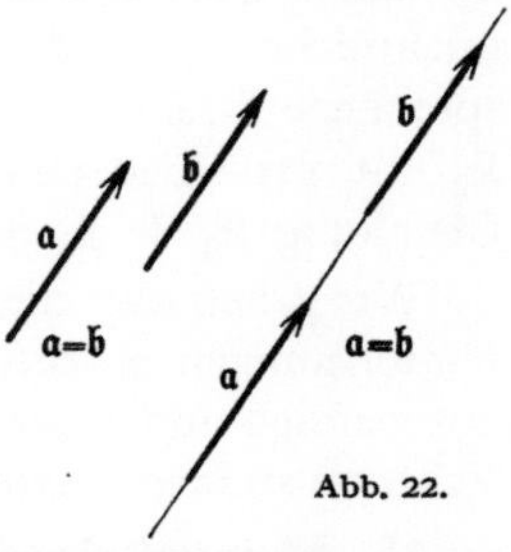

Für gebundene Vektoren werden wir gelegentlich in statischen Gleichungen das fette Additionszeichen $+$ als Ausdruck dafür gebrauchen, daß die Vektoren zu einem System zusammengefaßt werden sollen; z. B. wollen wir unter $S + S'$ das System von gebundenen Vektoren verstehen, das durch Zusammenfassung der Systeme S und S' zu einem System entsteht (statische Summe). Unter λS soll das System verstanden werden, das aus S entsteht, wenn man jeden Vektor von S mit dem skalaren Faktor λ multipliziert und seinen Angriffspunkt beibehält. Damit ist auch das System $-S = (-1)S$ erklärt. Aus (**17**, 1) kann man

$$(\textbf{17}, 2) \qquad\qquad \lambda S' = \lambda S$$

schließen, da die Richtigkeit hiervon für jede einzelne statische Umformung unmittelbar einzusehen ist; und umgekehrt kann man aus (**17**, 2) auf (**17**, 1) schließen, falls $\lambda \neq 0$. (**17**, 1) kann auch

$$(\textbf{17}, 3) \qquad\qquad S' - S = 0$$

geschrieben werden.

Nach diesen Festsetzungen können wir auch von Linearkombinationen endlich vieler Vektorsysteme sprechen. Wir nennen die Vektorsysteme $S_1, S_2, \ldots, S_n$ *linear abhängig*, wenn es Zahlen $\lambda_1, \lambda_2, \ldots, \lambda_n$, die nicht alle verschwinden, derart gibt, daß

$$(\textbf{17}, 4) \qquad\qquad \lambda_1 S_1 + \lambda_2 S_2 + \cdots + \lambda_n S_n = 0$$

ist, sonst *linear unabhängig*.

Unsere Hauptaufgabe besteht darin, Systeme von gebundenen Vektoren durch Eigenschaften zu charakterisieren, die gegenüber statischen Umformungen invariant sind. Eine solche Invariante hat man offenbar in der geometrischen Summe der als frei aufgefaßten Vektoren des Systems. Übereinstimmung in dieser Invariante erweist sich jedoch als unzureichend für die Äquivalenz von zwei Systemen. Das oben besprochene Beispiel von zwei entgegengesetzt gleichen Vektoren $\mathfrak{K}_1$ und $\mathfrak{K}_2$ mit verschiedenen Angriffslinien läßt vermuten, daß die statische Gleichung $\mathfrak{K}_1 + \mathfrak{K}_2 = 0$ nicht gilt, obwohl $\mathfrak{K}_1 + \mathfrak{K}_2 = 0$ ist.

Wir gehen nun dazu über, eine neue Invariante gegenüber statischen Umformungen einzuführen: das Moment, das uns instand setzen wird, notwendige und hinreichende Bedingungen für die Äquivalenz von zwei Vektorsystemen anzugeben.

18. Moment eines Vektors. Ist $\mathfrak{B}$ ein Vektor mit der Angriffslinie l, P sein Angriffspunkt auf l und O ein willkürlicher Punkt des Raumes (Abb. 23), so versteht man unter dem *Moment von $\mathfrak{B}$ in O*, bezeichnet mit $\mathfrak{M}_O(\mathfrak{B})$, den in O gebundenen Vektor

$$(\textbf{18}, 1) \qquad\qquad \mathfrak{M}_O(\mathfrak{B}) = \overrightarrow{OP} \times \mathfrak{B} = \mathfrak{B} \times \overrightarrow{PO}.$$

Verschiebt man $\mathfrak{B}$ längs l, und ist Q auf l der neue Angriffspunkt von $\mathfrak{B}$, so gilt

$$(18, 2) \qquad \overrightarrow{OQ} \times \mathfrak{B} = \left(\overrightarrow{OP} + \overrightarrow{PQ}\right) \times \mathfrak{B} = \overrightarrow{OP} \times \mathfrak{B} + \overrightarrow{PQ} \times \mathfrak{B},$$

und das letzte Produkt verschwindet, da die Vektoren parallel sind. Das Moment in O bleibt also bei der ersten statischen Umformung ungeändert, m. a. W. der Momentbegriff hängt außer von O und $\mathfrak{B}$ nur von der Lage der Angriffslinie ab.

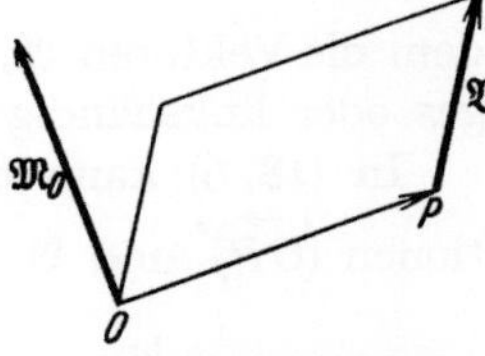

Abb. 23. Moment eines Vektors in einem Punkt.

Haben die Vektoren $\mathfrak{B}_1$ und $\mathfrak{B}_2$ den gemeinsamen Angriffspunkt P, so hat man für die Resultante $\mathfrak{B} = \mathfrak{B}_1 + \mathfrak{B}_2$, d. h. für den Summenvektor von $\mathfrak{B}_1$ und $\mathfrak{B}_2$ am Punkte P

$$(18, 3) \qquad \begin{cases} \mathfrak{M}_O(\mathfrak{B}_1) + \mathfrak{M}_O(\mathfrak{B}_2) = \overrightarrow{OP} \times \mathfrak{B}_1 + \overrightarrow{OP} \times \mathfrak{B}_2 \\ \qquad = \overrightarrow{OP} \times (\mathfrak{B}_1 + \mathfrak{B}_2) = \overrightarrow{OP} \times \mathfrak{B} = \mathfrak{M}_O(\mathfrak{B}). \end{cases}$$

Das Moment bleibt somit auch bei der zweiten und dann auch bei der dritten und vierten statischen Umformung ungeändert. Wir haben also: Bei einem System S von gebundenen Vektoren $\mathfrak{B}_1, \mathfrak{B}_2, \ldots$ ist

$$(18, 4) \qquad \mathfrak{M}_O(S) = \mathfrak{M}_O(\mathfrak{B}_1) + \mathfrak{M}_O(\mathfrak{B}_2) + \cdots$$

gegenüber statischen Umformungen von S invariant. Da der Punkt O willkürlich war, hat man in jedem Punkt des Raumes einen solchen Momentvektor, der im allgemeinen von Punkt zu Punkt variiert. Wir sprechen vom *Momentfeld* des Systems S. Es gilt demnach:

Äquivalente Vektorsysteme bestimmen dasselbe Momentfeld.

Die hierdurch gefundene Invariante ist vollständig. In den folgenden Paragraphen wird nämlich gezeigt werden, daß ein Vektorsystem durch sein Momentfeld bis auf willkürliche statische Umformungen bestimmt ist.

Um nun zu untersuchen, wie der Momentvektor $\mathfrak{M}$ im Raume variiert, betrachten wir einen gebundenen Vektor $\mathfrak{B}$ und zwei willkürliche Punkte O_1 und O_2. Dann ist

$$(18, 5) \qquad \begin{cases} \mathfrak{M}_{O_1}(\mathfrak{B}) - \mathfrak{M}_{O_2}(\mathfrak{B}) = \overrightarrow{O_1P} \times \mathfrak{B} - \overrightarrow{O_2P} \times \mathfrak{B} \\ \qquad = \left(\overrightarrow{O_1P} - \overrightarrow{O_2P}\right) \times \mathfrak{B} = \overrightarrow{O_1O_2} \times \mathfrak{B}. \end{cases}$$

Wird die Gerade durch O_1 und O_2 mit a bezeichnet, so lehrt (18, 5), daß $\mathfrak{M}$ längs a konstant ist, wenn $\mathfrak{B}$ parallel a ist, und daß in jedem anderen Falle $\mathfrak{M}_{O_1} - \mathfrak{M}_{O_2}$ senkrecht auf a steht. Also ist stets die Projektion von $\mathfrak{M}$ auf a konstant längs a. Diese konstante Projektion wird das *Moment von $\mathfrak{B}$ um die Gerade a* genannt und mit $M_a(\mathfrak{B})$ bezeichnet. Wir wollen dieses Moment als mit Vorzeichen versehenen

Skalar auffassen, wenn die Gerade a orientiert ist. Ist $\mathfrak{A}$ ein Einheitsvektor, der a bestimmt und orientiert, so setzen wir also

$$(18, 6) \qquad M_a(\mathfrak{B}) = \mathfrak{A} \cdot \mathfrak{M}_O(\mathfrak{B}) = \mathfrak{A} \cdot \overrightarrow{OP} \times \mathfrak{B} = \left| \mathfrak{A} \; \overrightarrow{OP} \; \mathfrak{B} \right|,$$

wo O ein willkürlicher Punkt von a und P der Angriffspunkt von $\mathfrak{B}$
ist, der aber durch einen beliebigen anderen Punkt der Angriffslinie
von $\mathfrak{B}$ ersetzt werden darf. $M_a(\mathfrak{B})$ ist positiv oder negativ, je nachdem die Vektoren $\mathfrak{A}$, $\overrightarrow{OP}$ und $\mathfrak{B}$ in dieser Reihenfolge ein rechtshändiges oder linkshändiges System bilden.

In $(18, 6)$ kann man die Vektoren $\overrightarrow{OP}$ und $\mathfrak{B}$ durch ihre Projektionen $(\overrightarrow{OP})'$ und $\mathfrak{B}'$ auf eine zu $\mathfrak{A}$ senkrechte Ebene ersetzen, da sich

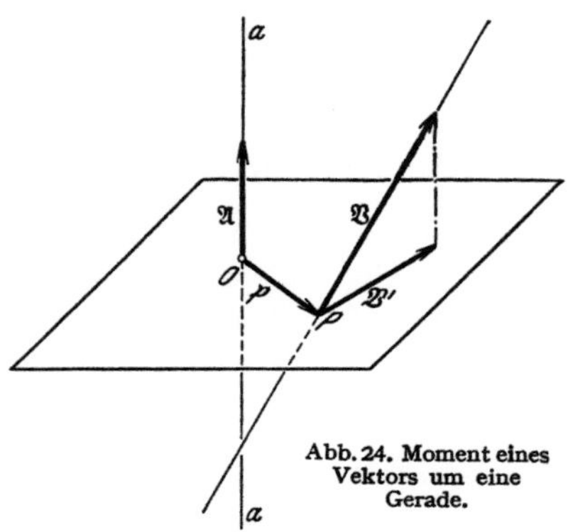

Abb. 24. Moment eines Vektors um eine Gerade.

dabei das Vektorprodukt $\overrightarrow{OP} \times \mathfrak{B}$
nur um einen Vektor ändert, der
senkrecht auf $\mathfrak{A}$ steht. Wählt man
insbesondere O und P als Endpunkte
der kürzesten Verbindung $\mathfrak{p}$ von
a mit der Angriffslinie von $\mathfrak{B}$ und
projiziert auf die Normalebene zu a
durch O (also auch durch P), so
wird der Betrag von $M_a(\mathfrak{B})$ gleich
$|\mathfrak{p}| \, |\mathfrak{B}'|$, da $\mathfrak{p}$ auf $\mathfrak{B}'$ senkrecht
steht (Abb. 24). $M_a(\mathfrak{B})$ ist positiv
oder negativ, je nachdem $\mathfrak{A}$, $\mathfrak{p}$, $\mathfrak{B}'$
in dieser Reihenfolge ein Rechts-
oder Linkssystem bilden. $M_a(\mathfrak{B})$ verschwindet dann und nur dann,
wenn a die Angriffslinie von $\mathfrak{B}$ schneidet oder ihr parallel ist.

Der Momentvektor $\mathfrak{M}_O(\mathfrak{B})$ ist, falls $\mathfrak{B}$ polaren Charakter hat, als
Vektorprodukt von zwei polaren Vektoren ein axialer Vektor, d. h.
er würde nach **4** bei Zugrundelegung der Linksschraubung statt der
Rechtsschraubung die entgegengesetzte Richtung erhalten.

Für ein System $\boldsymbol{S}$ von gebundenen Vektoren wird analog $(18, 4)$

$$(18, 7) \qquad M_a(\boldsymbol{S}) = M_a(\mathfrak{B}_1) + M_a(\mathfrak{B}_2) + \cdots$$

gesetzt. $M_a(\boldsymbol{S})$ ist gleich der mit Vorzeichen versehenen Projektion
von $\mathfrak{M}_O(\boldsymbol{S})$ auf a, wo O ein willkürlicher Punkt von a ist, d. h. $(18, 6)$
entsprechend

$$(18, 8) \qquad M_a(\boldsymbol{S}) = \mathfrak{A} \cdot \mathfrak{M}_O(\boldsymbol{S}).$$

$M_a(\boldsymbol{S})$ bleibt mit $\mathfrak{M}_O(\boldsymbol{S})$ bei statischen Umformungen von $\boldsymbol{S}$ ungeändert. Ist $M_a(\boldsymbol{S}) = 0$, so wird a als *Nullinie* oder *Nullgerade* von $\boldsymbol{S}$
bezeichnet. Durch den willkürlichen Punkt O des Raumes gehen un-
endlich viele Nullgeraden, die in der durch O gehenden, auf $\mathfrak{M}_O(\boldsymbol{S})$

senkrechten Ebene liegen. Nur im Falle $\mathfrak{M}_O(\boldsymbol{S}) = 0$ sind alle Geraden durch O Nullgeraden.

Verwendet man ein rechtwinkliges Koordinatensystem $(O; \mathfrak{i}, \mathfrak{j}, \mathfrak{k})$, und sind x, y, z die Koordinaten des Angriffspunktes P von $\mathfrak{V}$ oder, wie wir auch sagen können, des Ortsvektors $\overrightarrow{OP}$, so erhält man für den Momentvektor im Ursprung O nach $(\mathbf{4}, 11)$

$$(\mathbf{18}, 9) \qquad \mathfrak{M}_O(\mathfrak{V}) = \begin{vmatrix} \mathfrak{i} & \mathfrak{j} & \mathfrak{k} \\ x & y & z \\ V_x & V_y & V_z \end{vmatrix}$$

und nach $(\mathbf{4}, 9)$ für die Momente um die Koordinatenachsen die Skalare

$$(\mathbf{18}, 10) \qquad \begin{cases} M_x(\mathfrak{V}) = y V_z - z V_y, \\ M_y(\mathfrak{V}) = z V_x - x V_z, \\ M_z(\mathfrak{V}) = x V_y - y V_x. \end{cases}$$

Hat man es mit einem Vektorsystem $\boldsymbol{S}$ zu tun, so werden die entsprechenden Momente durch Summation über alle Vektoren von $\boldsymbol{S}$ gebildet.

Liegen alle Vektoren eines Vektorsystems $\boldsymbol{S}$ in derselben Ebene ε, so wird das Moment $M_a(\boldsymbol{S})$ um eine Gerade a, die senkrecht auf ε steht und ε in P schneidet, auch als *Moment von $\boldsymbol{S}$ um den Punkt P* bezeichnet; es ist die mit Vorzeichen versehene Länge von $\mathfrak{M}_P(\boldsymbol{S})$. Hat man z. B. einen Vektor $\mathfrak{V}$ in der (x, y)-Ebene mit dem Angriffspunkt x, y, so wird nach $(\mathbf{18}, 10)$ sein Moment um den Ursprung $x V_y - y V_x$.

19. Gegenseitiges Moment von zwei gebundenen Vektoren. Wir wollen den Momentbegriff, insbesondere die Darstellung $(\mathbf{18}, 6)$ des Moments eines Vektors um eine Gerade zum Anlaß nehmen, den allgemeinen Begriff des gegenseitigen Moments von zwei gebundenen Vektoren einzuführen. Seien $\mathfrak{V}$ und $\mathfrak{W}$ zwei gebundene Vektoren mit den durch sie orientierten Angriffslinien a und b, sowie P und Q ihre Angriffspunkte auf a bzw. b. Dann verstehen wir unter dem *gegenseitigen Moment* von $\mathfrak{V}$ und $\mathfrak{W}$ den Skalar

$$(\mathbf{19}, 1) \quad \begin{cases} \sigma = |\mathfrak{V}| M_a(\mathfrak{W}) = \mathfrak{V} \cdot \overrightarrow{PQ} \times \mathfrak{W} = \left| \mathfrak{V} \; \overrightarrow{PQ} \; \mathfrak{W} \right| = \left| \mathfrak{W} \; \overrightarrow{QP} \; \mathfrak{V} \right| \\ \qquad = \mathfrak{W} \cdot \overrightarrow{QP} \times \mathfrak{V} = |\mathfrak{W}| M_b(\mathfrak{V}). \end{cases}$$

σ ändert sich nicht, wenn $\mathfrak{V}$ und $\mathfrak{W}$ auf ihren Angriffslinien verschoben werden. Die Lage der Punkte P und Q auf a und b ist ohne Einfluß. Wir geben dem dadurch Ausdruck, daß wir im Raumprodukt $\sigma = \mathfrak{V} \cdot \overrightarrow{PQ} \times \mathfrak{W}$, bei dem es ja nach **5** S. 11 auf die Reihenfolge der beiden Multiplikationen nicht ankommt, den mittleren Faktor fortlassen und die beiden Produktzeichen durch $\bullet$ ersetzen. Wir schreiben also

$$(\mathbf{19}, 2) \qquad \sigma = \mathfrak{V} \bullet \mathfrak{W}.$$

σ ist das sechsfache Volumen des Tetraeders, in dem $\mathfrak{B}$ und $\mathfrak{W}$ gegenüberliegende Kanten sind (Abb. 25).

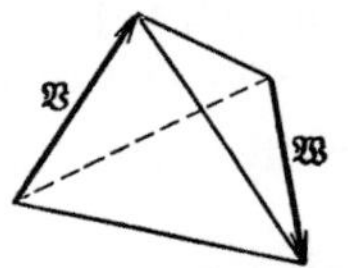

Abb. 25. Gegenseitiges Moment von zwei gebundenen Vektoren.

Für das gegenseitige Moment gelten folgende Rechenregeln: Man hat sofort III S. 1

$$(\mathbf{19}, 3) \qquad \mathfrak{B} \bullet \mathfrak{W} = \mathfrak{W} \bullet \mathfrak{B}.$$

Der Regel VI S. 1 entspricht: Aus $\mathfrak{B} \bullet \mathfrak{W} = 0$ folgt entweder $\mathfrak{B} = 0$ oder $\mathfrak{W} = 0$ oder daß die Angriffslinien von $\mathfrak{B}$ und $\mathfrak{W}$ in derselben Ebene liegen.

Ist S ein System von gebundenen Vektoren $\mathfrak{B}_1, \mathfrak{B}_2, \ldots$, so setzen wir, wenn $\mathfrak{U}$ ein beliebiger weiterer gebundener Vektor mit der Angriffslinie a ist,

$$(\mathbf{19}, 4) \qquad \mathfrak{U} \bullet S = \mathfrak{U} \bullet \mathfrak{B}_1 + \mathfrak{U} \bullet \mathfrak{B}_2 + \cdots = |\mathfrak{U}| M_a(S).$$

Dann gilt Regel V S. 1 im Sinne der statischen Summe der gebundenen Vektoren:

$$(\mathbf{19}, 5) \qquad \mathfrak{U} \bullet \mathfrak{B} + \mathfrak{U} \bullet \mathfrak{W} = \mathfrak{U} \bullet (\mathfrak{B} + \mathfrak{W}).$$

Der Ausdruck (**19**, 4) ändert sich nicht, wenn S durch ein äquivalentes System ersetzt wird, da hierbei $M_a(S)$ ungeändert bleibt: Aus

$$S' = S$$

folgt

$$(\mathbf{19}, 6) \qquad \mathfrak{U} \bullet S' = \mathfrak{U} \bullet S.$$

Ist $\overline{S}$ ein zweites System gebundener Vektoren, so setzen wir

$$(\mathbf{19}, 7) \qquad \overline{S} \bullet S = \overline{S} \bullet \mathfrak{B}_1 + \overline{S} \bullet \mathfrak{B}_2 + \cdots = S \bullet \overline{S}.$$

Damit sind wir zur allgemeinen Form des Begriffes „*Gegenseitiges Moment zweier Systeme gebundener Vektoren*" gelangt. Es kann auch definiert werden als Summe aller gegenseitigen Momente der einzelnen Vektoren des einen Systems mit den einzelnen Vektoren des anderen, oder auch als Summe der skalaren Produkte jedes Vektors des einen Systems mit dem Momentvektor des anderen Systems in einem Punkt der Angriffslinie des ersten Vektors. Das gegenseitige Moment ist ein Skalar, der bei statischer Umformung der Systeme ungeändert bleibt: Aus

$$(\mathbf{19}, 8) \qquad S = S', \quad \overline{S} = \overline{S}'$$

folgt

$$(\mathbf{19}, 9) \qquad S \bullet \overline{S} = S' \bullet \overline{S}'.$$

Insbesondere kann man das gegenseitige Moment eines Vektorsystems mit sich selbst bilden. Besteht S aus n Vektoren, so besteht das gegenseitige Moment aus $n(n-1)$ Gliedern, die paarweise gleich groß sind, und n verschwindenden Gliedern, nämlich den gegenseitigen Momenten der Vektoren mit sich selbst.

(**18**, 6) kann nun auch so ausgedrückt werden: Das Moment eines Vektors um eine Gerade ist gleich seinem gegenseitigen Moment mit einem Einheitsvektor auf der Geraden.

20. Vektorpaare. Unter einem *Vektorpaar* **P** versteht man ein Vektorsystem, das aus zwei gleich großen und entgegengesetzten Vektoren mit parallelen Angriffslinien besteht. Fallen die Angriffslinien zusammen, so ist das Vektorpaar äquivalent mit Null. Im allgemeinen nehmen wir die Angriffslinien als verschieden an. Ist $\mathfrak{V}$ der eine Vektor, P ein Punkt seiner Angriffslinie, Q ein Punkt auf der Angriffslinie des anderen Vektors und O ein willkürlicher Punkt, so ist

$$(\mathbf{20},\,1) \quad \begin{cases} \mathfrak{M}_O(\boldsymbol{P}) = \overrightarrow{OP} \times \mathfrak{V} + \overrightarrow{OQ} \times (-\mathfrak{V}) = (\overrightarrow{OP} - \overrightarrow{OQ}) \times \mathfrak{V} \\ \quad = \overrightarrow{QP} \times \mathfrak{V} = \mathfrak{M}(\boldsymbol{P}) \end{cases}$$

unabhängig von O; also:

Ein Vektorpaar bestimmt ein konstantes Momentfeld.

Dieser konstante Momentvektor $\mathfrak{M}(\boldsymbol{P})$, der **Momentvektor** (oder die **Momentachse**) des Vektorpaares, ist dem Betrage nach gleich dem Produkt von $|\mathfrak{V}|$ mit dem Abstand der beiden Angriffslinien, dem „*Arm*" des Vektorpaares, und steht in der durch (**20**, 1) bestimmten Richtung senkrecht auf der Ebene des Vektorpaares. **Das Moment des Vektorpaares um eine Gerade** bestimmt sich nach **18** als Projektion des Momentvektors auf die Gerade. Kennt man den Momentvektor und die Angriffslinien, so findet man den Betrag der Vektoren durch Division des Betrages des Momentvektors durch den Arm; die Vektoren sind dann der durch das Moment gegebenen „Drehungsrichtung" entsprechend auf den Angriffslinien anzubringen, können aber beliebig auf ihnen verschoben werden.

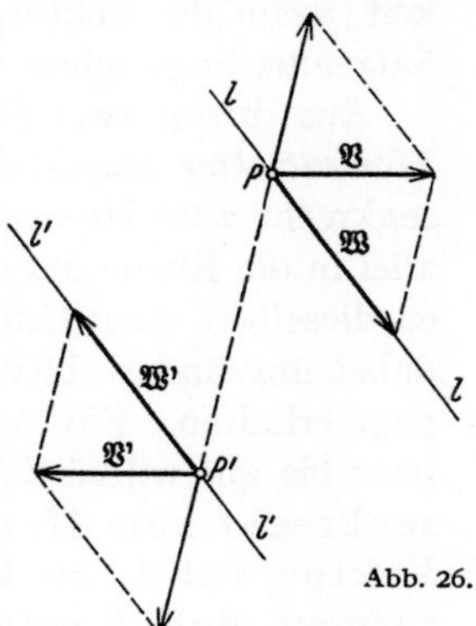

Abb. 26.

Zu jedem Vektorpaar gibt es ein äquivalentes, dessen Vektoren auf zwei willkürlich gegebenen parallelen Geraden in seiner Ebene liegen. Beweis: Es seien l und l' die gegebenen Parallelen und $\mathfrak{V}$, $\mathfrak{V}'$ das gegebene Vektorpaar. Zunächst nehmen wir an, daß l und $\mathfrak{V}$ nicht parallel sind. Durch Verschieben der Vektoren $\mathfrak{V}$ und $\mathfrak{V}'$ in ihren Angriffslinien können wir dann erreichen, daß ihre Angriffspunkte P und P' auf l bzw. l' liegen (Abb. 26). Wir zerlegen nun $\mathfrak{V}$ und $\mathfrak{V}'$ in Komponenten der Richtungen l bzw. l' und PP'. Die der Richtung PP' sind zusammen äquivalent Null, da sie entgegengesetzt gleich sind und gemeinsame Angriffslinie haben. Es bleibt also ein Vektorpaar $\mathfrak{V}$, $\mathfrak{V}'$ mit den Angriffslinien l und l'.

Sind die gegebenen Parallelen den Vektoren des gegebenen Vektorpaares parallel, so braucht man nur als Zwischenglied zwei Parallele von anderer Richtung einzuschalten, um die Richtigkeit der Behauptung auch in diesem Fall einzusehen.

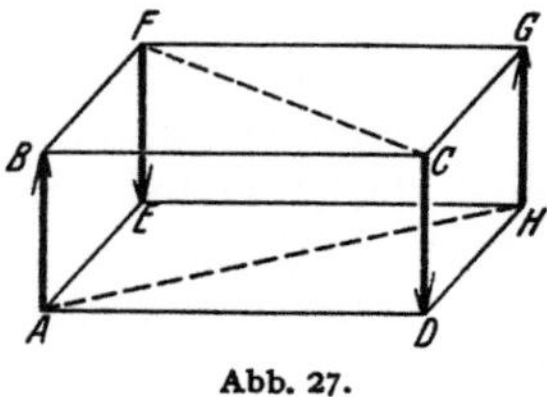

Abb. 27.

Zwei Vektorpaare, die auseinander durch Parallelverschiebung hervorgehen, sind äquivalent.

Geht das Vektorpaar $\overrightarrow{AB}$, $\overrightarrow{CD}$ aus $\overrightarrow{EF}$, $\overrightarrow{GH}$ durch Parallelverschiebung hervor, so bilden die acht Anfangs- und Endpunkte die Ecken eines Parallelepipeds (Abb. 27). Wir wissen, daß

$$\overrightarrow{AB} + \overrightarrow{CD} + \overrightarrow{FE} + \overrightarrow{HG} = 0$$

ist, und haben zu zeigen, daß die entsprechende statische Summe äquivalent Null ist. Die Vektoren

$$\overrightarrow{AB} + \overrightarrow{AH} = \overrightarrow{AG},$$
$$\overrightarrow{HG} + \overrightarrow{HA} = \overrightarrow{HB},$$
$$\overrightarrow{FE} + \overrightarrow{FC} = \overrightarrow{FD},$$
$$\overrightarrow{CD} + \overrightarrow{CF} = \overrightarrow{CE}$$

gehen alle durch den Mittelpunkt des Parallelepipeds und haben die Vektorsumme Null; ihre statische Summe ist daher äquivalent Null. Ferner ist offenbar

$$\overrightarrow{AH} + \overrightarrow{HA} = 0, \qquad \overrightarrow{FC} + \overrightarrow{CF} = 0.$$

Daraus folgt die Behauptung. — Der Beweis behält auch seine Gültigkeit, wenn die Vektorpaare in derselben Ebene liegen, dann folgt der Satz allerdings schon aus dem vorhergehenden.

Aus diesen zwei Sätzen folgt, *daß zwei Vektorpaare mit demselben Momentvektor äquivalent sind.* Sie müssen nämlich in parallelen Ebenen senkrecht zum Momentvektor liegen. Man kann dann das zweite parallel in die Ebene des ersten verschieben und danach so umformen, daß es dieselben Angriffslinien wie das erste bekommt. Da das Moment dabei ungeändert bleibt, muß man auf diese Weise das erste Vektorpaar erhalten. Ein konstantes Momentfeld bestimmt also ein Vektorpaar bis auf willkürliche statische Umformungen. Ist l eine Gerade senkrecht zum Momentvektor und $\mathfrak{B}$ ($\neq 0$) ein willkürlicher Vektor auf l, so kann man das Vektorpaar stets so umformen, daß $\mathfrak{B}$ sein einer Vektor wird.

Zwei Vektorpaare können zu einem Vektorpaar zusammengesetzt werden. Sei nämlich l eine Gerade senkrecht zu den beiden Momentvektoren (die parallel oder auch nicht parallel sein können). Sei ferner $\mathfrak{B}$ ein Vektor auf l. Wählt man nun $\mathfrak{B}$ als den einen Vektor des ersten und $-\mathfrak{B}$ als den einen Vektor des zweiten Paares, so heben sich diese beiden auf, und die beiden übrigbleibenden Vektoren bilden das resultierende Vektorpaar (das übrigens unter Umständen äquivalent Null sein kann). Der Momentvektor des resultierenden Vektorpaares ist die Vektorsumme der beiden ursprünglichen Momentvektoren; denn er stellt das gesamte Moment der beiden Vektorpaare in einem willkürlichen Punkt dar.

21. Reduktion eines Vektorsystems. Sei S ein System von n gebundenen Vektoren $\mathfrak{B}_1, \mathfrak{B}_2, \ldots, \mathfrak{B}_n$. Wir wählen einen Punkt O, das „*Reduktionszentrum*", und bringen in ihm die Vektoren

$$\mathfrak{B}_1, \; -\mathfrak{B}_1, \; \mathfrak{B}_2, \; -\mathfrak{B}_2, \; \ldots, \; \mathfrak{B}_n, \; -\mathfrak{B}_n$$

an, deren statische Summe Null ist. S kann dann aufgefaßt werden als bestehend aus den von O ausgehenden Vektoren $\mathfrak{B}_1, \mathfrak{B}_2, \ldots, \mathfrak{B}_n$, die zum Vektor

$$(21,1) \qquad\qquad \mathfrak{B} = \mathfrak{B}_1 + \mathfrak{B}_2 + \cdots + \mathfrak{B}_n$$

der gleichfalls von O ausgeht, zusammengesetzt werden können, und n Vektorpaaren, die einem einzigen Vektorpaar mit dem Momentvektor

$$(21,2) \qquad\qquad \mathfrak{m} = \mathfrak{M}_O(S)$$

äquivalent sind. Der Vektor $\mathfrak{B}$, der als Summe der Vektoren des Systems von O unabhängig ist, werde die *Vektorinvariante* des Systems genannt. Das Momentfeld $\mathfrak{M}_P$ von S ist die Summe des konstanten Momentfeldes $\mathfrak{m}$ und des Momentfeldes für den in O angebrachten Vektor $\mathfrak{B}$; die Vektoren des letzteren Feldes stehen senkrecht auf $\mathfrak{B}$. Die Projektion des Feldvektors $\mathfrak{M}_P$ auf die Richtung von $\mathfrak{B}$ ist daher für alle Punkte P die gleiche. Dasselbe gilt folglich für $\mathfrak{B} \cdot \mathfrak{M}_P(S)$. Man findet auch durch direkte Rechnung, wenn P ein willkürlicher Punkt ist,

$$(21,3) \qquad \mathfrak{B} \cdot \mathfrak{M}_P(S) = \mathfrak{B} \cdot (\mathfrak{m} + \overrightarrow{PO} \times \mathfrak{B}) = \mathfrak{B} \cdot \mathfrak{m}.$$

Wir unterscheiden nun mehrere Fälle:

I. Ist $\mathfrak{B} \neq 0$, so kann man

$$(21,4) \qquad\qquad \mathfrak{m} = \sigma\,\mathfrak{B} + \mathfrak{m}'$$

setzen, wo $\mathfrak{m}'$ senkrecht auf $\mathfrak{B}$ steht. Hierbei ist dann $\sigma = \dfrac{\mathfrak{B} \cdot \mathfrak{m}}{\mathfrak{B}^2}$ wegen $(21,3)$ von O unabhängig und heiße die *Skalarinvariante* des Systems. Der Dimension nach ist σ eine Länge, was auch die Vektoren des Systems bedeuten mögen.

Man kann in diesem Fall ein Vektorpaar mit dem Momentvektor $\mathfrak{m}'$ (senkrecht auf $\mathfrak{B}$) derart bilden, daß der eine Vektor des Paares $-\mathfrak{B}$ von O aus wird. Dieser Vektor hebt dann $\mathfrak{B}$ in O auf. Das System S ist somit auf den zweiten Vektor $\mathfrak{B}$ des Paares mit einer gewissen Angriffslinie, der *Zentralachse* des Systems, und ein Vektorpaar mit dem Momentvektor $\sigma\,\mathfrak{B}$ reduziert. Für $\sigma \neq 0$ kann man dieses System als *Schraube* bezeichnen. Die Zentralachse ist durch S eindeutig bestimmt als der geometrische Ort derjenigen Punkte, in denen der Momentvektor die Richtung der Vektorinvarianten hat oder (im Fall $\sigma = 0$) gleich Null ist, m. a. W. als der Ort der Punkte, wo die Länge des Feldvektors ihren kleinsten Wert hat.

Man hat nun ein übersichtliches Bild des Momentfeldes von S, also des allgemeinsten durch endlich viele Vektoren bestimmten Moment-

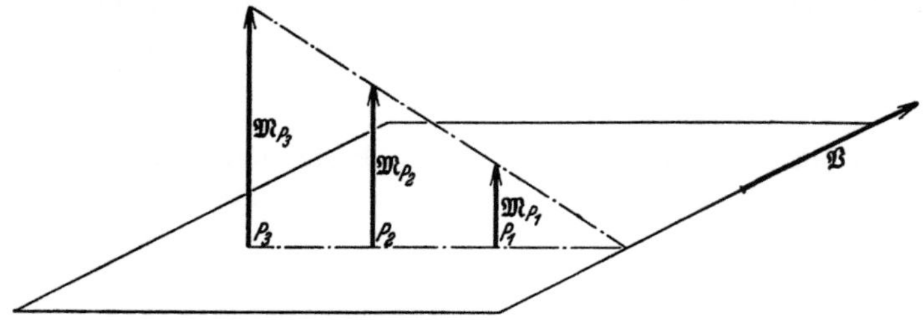

Abb. 28. Momentfeld eines Einzelvektors.

feldes: **Der Momentvektor des an die Zentralachse gebundenen Vektors $\mathfrak{B}$ in einem willkürlichen Punkt steht senkrecht auf der Ebene durch den Punkt und die Zentralachse, und seine Länge ist proportional dem Abstand des Punktes von der Zentralachse** (Abb. 28). Jeder auf $\mathfrak{B}$ senkrechte Vektor kommt im Momentfeld von $\mathfrak{B}$ vor. Hierzu ist für $\sigma \neq 0$ noch ein konstantes Momentfeld $\sigma\mathfrak{B}$ in Richtung der Zentralachse hinzuzufügen (Abb. 29 u. 76, S. 148). Das ganze

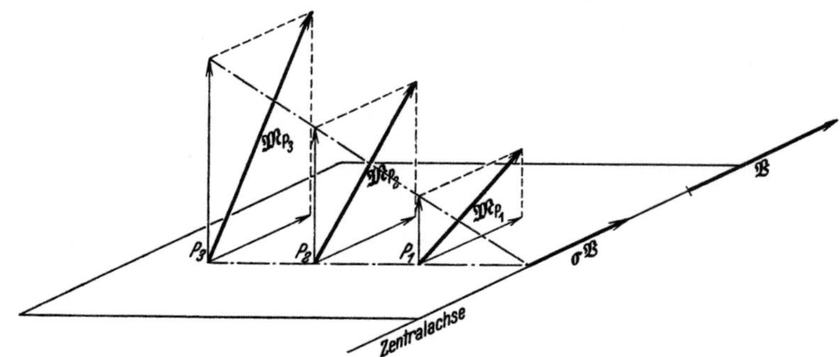

Abb. 29. Momentfeld einer Schraube.

Momentfeld geht bei Drehung um die Zentralachse und bei Parallelverschiebung in deren Richtung in sich über.

Für $\sigma = 0$ kommt jeder auf $\mathfrak{B}$ senkrechte Vektor als Momentvektor vor. Für $\sigma \neq 0$ ist jede Richtung, die nicht senkrecht auf $\mathfrak{B}$ ist, die Richtung eines Momentvektors. Trägt man nämlich alle Momentvektoren von einem Punkt auf, so erfüllen ihre Endpunkte die durch den Endpunkt von $\sigma\mathfrak{B}$ gehende und senkrecht auf diesem Vektor stehende Ebene. Unter den Momentvektoren, deren *A*ngriffspunkte einer beliebigen, der Zentralachse nicht parallelen Ebene angehören, kommt jeder Vektor, der überhaupt im Feld auftritt, ein und nur einmal vor; auch seine Richtung kommt nur einmal vor. Jede Richtung ist nämlich nur durch einen Momentvektor repräsentiert, und dieser wird in allen Punkten einer zur Zentralachse parallelen Geraden angenommen.

II. Ist $\mathfrak{B} = 0$, jedoch $\mathfrak{m} \neq 0$, so ist S auf ein Vektorpaar reduziert, das Momentfeld also konstant und $\neq 0$.

III. Ist $\mathfrak{B} = 0$ und $\mathfrak{m} = 0$, so ist S auf Null reduziert, und das Momentfeld verschwindet.

Bezeichnet man die Maximalzahl von linear unabhängigen Vektoren im Momentfeld als *Rang des Feldes*, so kann man das Ergebnis folgendermaßen zusammenfassen:

Ein Vektorsystem, dessen Momentfeld den Rang ϱ hat, ist bei $\varrho = 3$ äquivalent einer Schraube, bei $\varrho = 2$ einem Einzelvektor, bei $\varrho = 1$ einem Vektorpaar und bei $\varrho = 0$ mit Null. Diesen Fällen entsprechend ist das Vektorsystem bis auf willkürliche statische Umformungen vollständig charakterisiert: für $\varrho = 3$ durch Vektor- und Skalarinvariante und einen Punkt der Zentralachse, für $\varrho = 2$ durch die Vektorinvariante und einen Punkt der Zentralachse und für $\varrho = 1$ durch den Momentvektor als freien Vektor.

Für $\mathfrak{B} \neq 0$ kann man bei Benutzung eines willkürlichen Reduktionszentrums O entscheiden, ob das System S mit einem Einzelvektor oder einer Schraube äquivalent ist, indem man feststellt, ob $\mathfrak{m}$ senkrecht auf $\mathfrak{B}$ steht oder nicht.

Zwei Vektorsysteme mit verschiedenem Momentfeld können nicht äquivalent sein, da statische Umformungen das Momentfeld ungeändert lassen. Umgekehrt geht aus dem Obigen hervor, daß zwei Vektorsysteme S_1 und S_2 mit demselben Momentfeld äquivalent sind; denn $S_1 - S_2$ hat das Momentfeld Null und erweist sich daher nach dem beschriebenen Reduktionsprozeß als äquivalent Null. Wir wären daher zum selben Äquivalenzbegriff gekommen, wenn wir, was oft geschieht, die Übereinstimmung der Momentfelder als Definition der Äquivalenz gewählt hätten. *Die drei Ausdrücke: Vektorsysteme mit demselben Momentfeld, Vektorsysteme, die durch statische Umformungen ineinander übergeführt werden können, und äquivalente Vektorsysteme bedeuten demnach dasselbe.*

Der schon in **17** angeführte Satz, daß für zwei Vektoren $\mathfrak{a}$ und $\mathfrak{b}$ die statische Gleichung $\mathfrak{a} = \mathfrak{b}$ nur gilt, wenn sie dieselbe Angriffslinie haben, ist hiermit bewiesen. Die Vektoren müssen nämlich dasselbe Momentfeld, also dieselbe Zentralachse bestimmen, und die Zentralachse eines aus einem Vektor bestehenden Systems ist die Angriffslinie dieses Vektors.

Die Vektorinvariante ist durch das Momentfeld bestimmt, da dieses das System bis auf statische Umformungen festlegt.

Im Fall $\varrho = 2$ nennt man den resultierenden Einzelvektor, also die Vektorinvariante $\mathfrak{V}$ auf der Zentralachse, die *Resultante des Systems*.

Wir bemerken noch: Sind die Vektorsysteme $\boldsymbol{S}_1$, $\boldsymbol{S}_2$, ..., $\boldsymbol{S}_n$ linear abhängig, besteht also eine Relation (**17**, 4), wo nicht alle λ verschwinden, so besteht offensichtlich dieselbe Relation zwischen den Vektorinvarianten sowie zwischen den Momentvektoren in jedem einzelnen Raumpunkt. Umgekehrt: Besteht zwischen den Momentvektoren in jedem Raumpunkt oder zwischen den Vektorinvarianten und den Momentvektoren in einem Raumpunkt dieselbe lineare Relation mit nicht sämtlich verschwindenden Koeffizienten, so sind die Systeme linear abhängig. Dies folgt unmittelbar daraus, daß ein Vektorsystem durch das Momentfeld oder durch die Vektorinvariante und das Moment in einem Punkt bis auf statische Umformungen bestimmt ist.

22. Plückervektoren einer Geraden. Ein gebundener Vektor ist, bis auf Verschiebungen in seiner Angriffslinie, bestimmt, wenn man ihn als freien Vektor und seinen Momentvektor $\mathfrak{m} = \mathfrak{M}_0(\mathfrak{V})$ in einem bestimmten Punkt O vorgibt. Dadurch ist ja sein Momentfeld, also dessen Zentralachse, bestimmt. Die Angriffslinie liegt in der zu $\mathfrak{m}$ senkrechten Ebene durch O, die Richtung ist durch $\mathfrak{V}$ bestimmt, der Abstand von O durch $\dfrac{|\mathfrak{m}|}{|\mathfrak{V}|}$ und die Orientierung von $\mathfrak{m}$ legt den Drehsinn von $\mathfrak{V}$ um O fest. Die Vorgabe eines gebundenen Vektors enthält sechs willkürliche skalare Parameter, nämlich den Vektor selbst und den Ortsvektor des Angriffspunktes. Die Vorgabe eines „linienflüchtigen" Vektors enthält dagegen nur fünf: die Vektoren $\mathfrak{V}$ und $\mathfrak{m}$ mit der Nebenbedingung $\mathfrak{V} \cdot \mathfrak{m} = 0$. Die Vorgabe einer Geraden im Raum enthält vier Parameter. Sie ist nämlich gleichbedeutend mit der Vorgabe eines linienflüchtigen Vektors, auf dessen Länge es nicht ankommt. $\mathfrak{V}$ und damit auch $\mathfrak{m}$ können durch Zufügung eines willkürlichen skalaren Faktors abgeändert werden. Wir nennen $\mathfrak{V}$ und $\mathfrak{m}$ *die homogenen Plückervektoren der Geraden.*

Man kann den unbestimmten skalaren Faktor vermeiden, indem man zu *normierten Plückervektoren* übergeht: Nach Wahl eines Ursprungs O ist eine Gerade im Raume durch einen auf ihr liegenden Einheitsvektor $\mathfrak{e}$ und dessen Momentvektor $\mathfrak{f}$ in O bestimmt. Diese Vektoren erfüllen die Bedingungen

$$(\textbf{22},\ 1) \qquad\qquad \mathfrak{e}^2 = 1 \, ,$$

$$(\textbf{22},\ 2) \qquad\qquad \mathfrak{e} \cdot \mathfrak{f} = 0 \, .$$

Nach Wahl eines Ursprungs O ist ein Vektorsystem $\boldsymbol{S}$ nach (**21**, 1, 2) bis auf willkürliche statische Umformungen durch die Vektorinvariante $\mathfrak{V}$ und den Momentvektor $\mathfrak{m}$ in O ohne Nebenbedingungen bestimmt. Ist P ein Punkt einer Geraden $(\mathfrak{e};\ \mathfrak{f})$, so ist der Momentvektor des Systems in P

$$\mathfrak{m} + \overrightarrow{PO} \times \mathfrak{V} \, ,$$

also das Moment des Systems um $(e; \mathfrak{f})$

$$e \cdot \left(\mathfrak{m} + \overrightarrow{PO} \times \mathfrak{B}\right) = e \cdot \mathfrak{m} + e \times \overrightarrow{PO} \cdot \mathfrak{B}.$$

Da aber $e \times \overrightarrow{PO} = \mathfrak{f}$ ist, erhält man:

Das Vektorsystem $S = (\mathfrak{B}; \mathfrak{m})$ *hat um die Gerade* $(e; \mathfrak{f})$ *das Moment*

$$(22, 3) \qquad e \bullet S = e \cdot \mathfrak{m} + \mathfrak{f} \cdot \mathfrak{B}.$$

Ein willkürlicher Vektor λe auf der Geraden $(e; \mathfrak{f})$ ergibt mit S das gegenseitige Moment

$$(22, 4) \qquad \lambda e \bullet S = \lambda e \cdot \mathfrak{m} + \lambda \mathfrak{f} \cdot \mathfrak{B}.$$

Hat man mehrere solche gebundenen Vektoren, die das System $\overline{S} = (\overline{\mathfrak{B}}; \overline{\mathfrak{m}})$ bilden, so erhält man

$$(22, 5) \qquad S \bullet \overline{S} = \overline{S} \bullet S = \overline{\mathfrak{B}} \cdot \mathfrak{m} + \mathfrak{B} \cdot \overline{\mathfrak{m}}.$$

Insbesondere ergibt sich für das gegenseitige Moment eines Vektorsystems mit sich selbst

$$(22, 6) \qquad S \bullet S = 2\,\mathfrak{B} \cdot \mathfrak{m} = 2\sigma\,\mathfrak{B}^2,$$

wo σ die Bedeutung $(21, 4)$ hat. Nur für eine Schraube ist dieser Ausdruck von Null verschieden.

23. Reduktion in Koordinaten. In einem rechtwinkligen Koordinatensystem $(O; \mathfrak{i}, \mathfrak{j}, \mathfrak{f})$ sei ein Vektorsystem durch die Koordinaten X_ν, Y_ν, Z_ν der Vektoren $\mathfrak{B}_\nu$ des Systems und die Koordinaten x_ν, y_ν, z_ν ihrer Angriffspunkte gegeben. Dann ist nach $(21, 1)$, wenn X, Y, Z die Koordinaten der Vektorinvariante $\mathfrak{B}$ sind,

$$(23, 1) \qquad X = \sum X_\nu, \quad Y = \sum Y_\nu, \quad Z = \sum Z_\nu$$

und mit dem Ursprung O als Reduktionszentrum nach $(21, 2)$ und $(18, 10)$

$$(23, 2) \qquad \begin{cases} m_x = \sum (y_\nu Z_\nu - z_\nu Y_\nu), \quad m_y = \sum (z_\nu X_\nu - x_\nu Z_\nu), \\ m_z = \sum (x_\nu Y_\nu - y_\nu X_\nu). \end{cases}$$

Diese Größen sind die Momente von S um die Koordinatenachsen.

S äquivalent Null erfordert, daß diese sechs Größen verschwinden.

S äquivalent einem Vektorpaar erfordert, daß die drei Größen $(23, 1)$ verschwinden, aber nicht alle drei in $(23, 2)$. Das Vektorpaar ist dann durch $(23, 2)$ als Koordinaten des Momentvektors gegeben.

S äquivalent einem Einzelvektor erfordert, daß nicht alle drei Größen in $(23, 1)$ verschwinden, und

$$(23, 3) \qquad X m_x + Y m_y + Z m_z = 0.$$

S äquivalent einer Schraube erfordert

$$(23, 4) \qquad X m_x + Y m_y + Z m_z \neq 0.$$

Das Momentfeld $\mathfrak{M}_{(\xi,\eta,\zeta)}(\boldsymbol{S})$, wo $P = (\xi,\eta,\zeta)$ ein laufender Punkt im Raume ist, wird durch

$$\mathfrak{M} = \mathfrak{m} + \mathfrak{V} \times \overrightarrow{PO},$$

also

$$(23,5) \qquad \begin{cases} M_x = m_x + Y\zeta - Z\eta, \\ M_y = m_y + Z\xi - X\zeta, \\ M_z = m_z + X\eta - Y\xi \end{cases}$$

gegeben.

Ist $\boldsymbol{S}$ einem Einzelvektor äquivalent, so erhält man dessen Angriffslinie als geometrischen Ort der Punkte (ξ,η,ζ), in denen

$$M_x = M_y = M_z = 0$$

ist. Dies gibt die Gleichungen von drei Ebenen desselben Ebenenbüschels, da (23, 3)

$$(23,6) \qquad X M_x + Y M_y + Z M_z = 0$$

unabhängig von ξ,η,ζ zur Folge hat.

Ist $\boldsymbol{S}$ einer Schraube äquivalent, so erhält man die Zentralachse als geometrischen Ort der Punkte (ξ,η,ζ), in denen

$$(23,7) \qquad \frac{M_x}{X} = \frac{M_y}{Y} = \frac{M_z}{Z}.$$

Dies sind die Gleichungen zweier Ebenen, die sich in der Zentralachse schneiden. Falls in (23, 7) ein oder zwei Nenner verschwinden, soll (23, 7) besagen, daß auch die entsprechenden Zähler verschwinden.

Die Skalarinvariante σ ist der gemeinsame Wert der Verhältnisse (23, 7). Der Skalar (23, 3, 4) ist nach (22, 6) gleich $\frac{1}{2}\boldsymbol{S} \bullet \boldsymbol{S}$.

Die „*Plückerkoordinaten*" einer Geraden $(\mathfrak{e};\mathfrak{f})$ erhält man aus

$$(23,8) \qquad \mathfrak{e} = e_x \mathfrak{i} + e_y \mathfrak{j} + e_z \mathfrak{k},$$

$$(23,9) \qquad \mathfrak{f} = f_x \mathfrak{i} + f_y \mathfrak{j} + f_z \mathfrak{k}.$$

Sie erfüllen nach (22, 1, 2) die quadratischen Relationen

$$(23,10) \qquad e_x^2 + e_y^2 + e_z^2 = 1,$$

$$(23,11) \qquad e_x f_x + e_y f_y + e_z f_z = 0,$$

können also durch vier unabhängige Parameter ausgedrückt werden. e_x, e_y, e_z sind die Richtungskosinus der Geraden $(\mathfrak{e};\mathfrak{f})$. Ist (x,y,z) ein willkürlicher Punkt von $(\mathfrak{e};\mathfrak{f})$, so ist

$$(23,12) \qquad f_x = e_z y - e_y z, \qquad f_y = e_x z - e_z x, \qquad f_z = e_y x - e_x y.$$

Das Moment des Vektorsystems um die Gerade wird nach (22, 3)

$$(23,13) \qquad M_{(\mathfrak{e};\mathfrak{f})}(\boldsymbol{S}) = e_x m_x + e_y m_y + e_z m_z + f_x X + f_y Y + f_z Z.$$

24. Bestimmung des Momentfeldes durch drei Momentvektoren. $\mathfrak{M}_A, \mathfrak{M}_B, \mathfrak{M}_C$ seien die Momentvektoren eines Vektorsystems $\boldsymbol{S}$ in drei

Punkten A, B, C, die nicht auf einer Geraden liegen. Die Ebene durch A, B und C werde mit ε bezeichnet. Der Momentvektor $\mathfrak{M}_P$ in einem willkürlichen Punkt P hat dieselben Projektionen auf die Geraden PA, PB und PC wie $\mathfrak{M}_A$, $\mathfrak{M}_B$ bzw. $\mathfrak{M}_C$ (vgl. **18**, S. 43). Hierdurch ist $\mathfrak{M}_P$ bestimmt, wenn P nicht der Ebene ε angehört. Für Punkte in ε erhält man auf diese Weise nur die Projektion des entsprechenden Momentvektors auf ε. Man bestimmt ihn aber dadurch vollständig, daß man einen Punkt D außerhalb ε zu Hilfe nimmt, in dem man den Momentvektor $\mathfrak{M}_D$ auf die angegebene Weise erhalten kann. **Das Momentfeld ist also durch die Feldvektoren in drei Punkten, die nicht auf einer Geraden liegen, eindeutig bestimmt. Man kann dies auch so ausdrücken: Das Momentfeld ist eindeutig durch die Momente um sechs Geraden bestimmt, von denen drei die Seiten eines Dreiecks bilden und die drei anderen die Ebene des Dreiecks in seinen drei Ecken schneiden.** (Insbesondere können dafür die sechs Geraden gewählt werden, auf denen die Kanten eines Tetraeders liegen.) Die Momente um diese sechs Geraden erhält man nämlich durch Projektion der Momentvektoren in den Ecken des Dreiecks auf die Geraden, und umgekehrt sind diese Momentvektoren durch ihre Projektionen auf die Geraden bestimmt.

Als ein zum Feld gehöriges System S kann man ein Kräftepaar P mit dem Momentvektor $\mathfrak{M}_A$ und einen in A angreifenden, der Vektorinvariante gleichen Vektor $\mathfrak{B}$ wählen. Dann ist

$$\mathfrak{M}_B = \mathfrak{M}_A + \mathfrak{B} \times \overrightarrow{AB}$$

und, wenn P ein willkürlicher Punkt der Geraden AB ist,

$$(24, 1) \quad \mathfrak{M}_P = \mathfrak{M}_A + \mathfrak{B} \times \lambda \overrightarrow{AB} = \mathfrak{M}_A + \lambda(\mathfrak{M}_B - \mathfrak{M}_A) = \alpha\,\mathfrak{M}_A + \beta\,\mathfrak{M}_B,$$

wo $\alpha + \beta = 1$. Folglich ist der Momentvektor auf einer Geraden durch seinen Wert in zwei ihrer Punkte bestimmt. Er ist konstant längs der Geraden, wenn sie parallel $\mathfrak{B}$, also parallel der Zentralachse ist, und sonst nur, wenn die Vektorinvariante verschwindet. Für einen willkürlichen Punkt P der Ebene ε hat man

$$(24, 2) \quad \left\{ \begin{aligned} \mathfrak{M}_P &= \mathfrak{M}_A + \mathfrak{B} \times \left(\lambda \overrightarrow{AB} + \mu \overrightarrow{AC}\right) = \mathfrak{M}_A + \lambda(\mathfrak{M}_B - \mathfrak{M}_A) + \mu(\mathfrak{M}_C - \mathfrak{M}_A) \\ &= \alpha\,\mathfrak{M}_A + \beta\,\mathfrak{M}_B + \gamma\,\mathfrak{M}_C, \end{aligned} \right.$$

wo $\alpha + \beta + \gamma = 1$ ist. Man erhält den Feldvektor überall in ε, wenn man α, β und γ alle möglichen Werte mit dieser Nebenbedingung erteilt.

Oben ist gezeigt, daß die Momentvektoren $\mathfrak{M}_A$, $\mathfrak{M}_B$ und $\mathfrak{M}_C$ in drei nicht auf einer Geraden liegenden Punkten A, B, C das Momentfeld eindeutig bestimmen, m. a. W., daß es zu drei Vektoren in A, B bzw. C höchstens ein Momentfeld gibt, dem sie angehören. **Im allgemeinen gibt es aber bei beliebiger Wahl der drei Vektoren** kein solches Feld. Denn hat man $\mathfrak{M}_A$ willkürlich gegeben, so ist dadurch schon die Komponente von $\mathfrak{M}_B$ in der Richtung AB bestimmt, da sie gleich der entsprechenden Komponente von $\mathfrak{M}_A$ sein muß (vgl. **18**, S. 43). Man kann also nur noch über die Komponente von $\mathfrak{M}_B$ in der zu AB senkrechten Ebene verfügen. Danach sind aus demselben Grunde die Komponenten von $\mathfrak{M}_C$ in den Richtungen AC und BC bestimmt, und es ist nur noch die zur Ebene ABC senkrechte Komponente von $\mathfrak{M}_C$ frei wählbar. Dies entspricht insgesamt der freien Wahl von sechs Parametern.

Wir fragen nun, ob es zu drei den eben genannten notwendigen Bedingungen genügenden Vektoren $\mathfrak{M}_A$, $\mathfrak{M}_B$, $\mathfrak{M}_C$ in drei nicht auf einer Geraden gelegenen Punkten A, B, C ein Vektorsystem S gibt, dessen Momentvektoren in A, B, C eben diese gegebenen Vektoren sind. Dies ist in der Tat der Fall. Zum Beweis wählen wir zunächst ein Vektorpaar P mit dem Momentvektor $\mathfrak{M}_A$ und haben dann noch zu zeigen, daß es einen in A gebundenen Einzelvektor $\mathfrak{B}$ gibt, dessen Moment in B und C bzw.

$$\mathfrak{B} = \mathfrak{M}_B - \mathfrak{M}_A, \qquad \mathfrak{C} = \mathfrak{M}_C - \mathfrak{M}_A$$

ist. Das System S besteht dann aus P und $\mathfrak{B}$.

Mit ε bezeichnen wir wieder die Ebene durch A, B und C. Die über $\mathfrak{M}_A$, $\mathfrak{M}_B$, $\mathfrak{M}_C$ gemachten Voraussetzungen besagen für $\mathfrak{B}$ und $\mathfrak{C}$, daß $\mathfrak{B}$ auf AB und $\mathfrak{C}$ auf AC senkrecht stehen; denn z. B. muß $\mathfrak{B} = \mathfrak{M}_B - \mathfrak{M}_A$ dieselbe Komponente der Richtung AB haben wie $0 = \mathfrak{M}_A - \mathfrak{M}_A$, und entsprechend $\mathfrak{C}$. Hieraus folgt, daß auch die zu ε parallelen Komponenten $\mathfrak{B}'$ und $\mathfrak{C}'$ von $\mathfrak{B}$ und $\mathfrak{C}$ auf AB bzw. AC senkrecht stehen. Ferner müssen $\mathfrak{B}$ und $\mathfrak{C}$ und damit auch $\mathfrak{B}'$ und $\mathfrak{C}'$ gleiche Komponenten in der Richtung BC haben.

Wir bemerken nun: Ist ein gebundener Vektor $\mathfrak{m}$ mit dem Angriffspunkt P sowie in der Normalebene von $\mathfrak{m}$ durch P eine beliebige, nicht durch P gehende Gerade l gegeben, so gibt es auf l einen und nur einen Vektor $\mathfrak{v}$, dessen Moment in P gleich $\mathfrak{m}$ ist. Die Länge von $\mathfrak{v}$ ist nämlich, wie unmittelbar aus der Definition des Moments folgt, gleich der Länge von $\mathfrak{m}$, dividiert durch den Abstand von P und l, und die Orientierung von $\mathfrak{v}$ ergibt sich daraus, daß $\mathfrak{v}, \overrightarrow{OP}$ und $\mathfrak{m}$, wo O ein Punkt von l ist, in dieser Reihenfolge ein Rechtssystem bilden.

Auf Grund dieser Bemerkung bestimmen wir denjenigen Vektor $\mathfrak{B}_B$ auf AC, dessen Moment in B gleich der zu ε senkrechten Komponente von $\mathfrak{B}$ ist, denjenigen Vektor $\mathfrak{B}_C$ auf AB, dessen Moment in C gleich der zu ε senkrechten Komponente von $\mathfrak{C}$ ist, und schließlich denjenigen Vektor $\mathfrak{B}'$ auf der Normalen von ε durch A, dessen Moment in $\mathfrak{B}$ gleich der zu ε parallelen Komponente $\mathfrak{B}'$ von $\mathfrak{B}$ ist. Alle drei Vektoren $\mathfrak{B}_B$, $\mathfrak{B}_C$, $\mathfrak{B}'$ haben das Moment 0 in A, ferner verschwindet das Moment von $\mathfrak{B}_B$ in C und das von $\mathfrak{B}_C$ in B. Wenn wir nun noch zeigen, daß das Moment von $\mathfrak{B}'$ in C gleich der zu ε parallelen Komponente $\mathfrak{C}'$ von $\mathfrak{C}$ ist, sind wir fertig; denn dann hat die Resultante $\mathfrak{B}$ von $\mathfrak{B}_B$, $\mathfrak{B}_C$ und $\mathfrak{B}'$, deren Angriffslinie durch A geht, die verlangte Eigenschaft. Daß $\mathfrak{B}'$ das Moment $\mathfrak{C}'$ in C hat, folgt aber einfach so: Durch die Eigenschaften, in C anzugreifen, in ε zu liegen, auf AC senkrecht zu stehen und dieselbe Komponente der Richtung BC wie $\mathfrak{B}'$ zu haben ist ein Vektor eindeutig bestimmt, und da sowohl das Moment von $\mathfrak{B}'$ als auch, wie oben erwähnt, $\mathfrak{C}'$ diese Eigenschaften haben, müssen beide übereinstimmen.

Aus diesen Ergebnissen wollen wir noch einen wichtigen Schluß ziehen: *Ist jedem Punkt des Raumes ein Vektor derart zugeordnet, daß je zwei Vektoren gleiche Komponenten in Richtung der Verbindungslinie ihrer Angriffspunkte haben, so ist diese Vektorverteilung das Momentfeld eines Vektorsystems.* Wählen wir nämlich irgend drei nicht auf einer Geraden gelegene Punkte A, B und C, so gibt es nach dem eben Bewiesenen ein Vektorsystem, dessen Momentvektoren in A, B, C mit den in diesen Punkten vorliegenden Vektoren der Verteilung übereinstimmen. Das Momentfeld dieses Systems muß dann aber nach der am Anfang dieses Paragraphen angestellten Überlegung überhaupt mit der gegebenen Vektorverteilung identisch sein.

25. Reduktion auf zwei Vektoren. *Eine beliebige Schraube kann auf zwei Vektoren reduziert werden, die auf windschiefen Geraden liegen.* Sei O ein willkürlicher Punkt, $\mathfrak{m}$ der Momentvektor in O und $\mathfrak{B}$ die Vektorinvariante. Da es sich um eine Schraube handelt, ist $\mathfrak{B} \cdot \mathfrak{m} = \sigma \mathfrak{B}^2 \neq 0$. Die Normalebene ε von $\mathfrak{m}$ durch O ist also nicht parallel $\mathfrak{B}$. Wir nehmen an, daß das System bereits auf den Vektor $\mathfrak{B}$ in O und ein Vektorpaar reduziert ist, dessen einer Vektor ein willkürlicher Vektor $\mathfrak{v}$ in ε durch

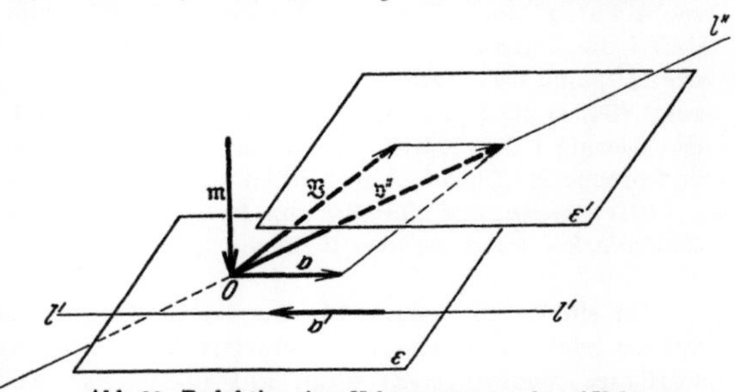

Abb. 30. Reduktion eines Vektorsystems auf zwei Vektoren.

O ist (Abb. 30). Der zweite Vektor des Paares ist dann ein gebundener Vektor $\mathfrak{v}'$ in ε, der als freier Vektor gleich $-\mathfrak{v}$ ist und dessen Angriffslinie nicht durch O geht. Setzt man

$$\mathfrak{v}'' = \mathfrak{v} + \mathfrak{B},$$

so ist das System reduziert auf die beiden Vektoren $\mathfrak{v}'$ und $\mathfrak{v}''$ mit windschiefen Angriffslinien l' und l'', von denen die zweite durch O geht. *Zwei derartige Geraden werden als konjugiert in bezug auf das gegebene Momentfeld bezeichnet.* Die Eindeutigkeit dieser Zusammenfassung der Geraden zu Paaren wird in **26** gezeigt werden. Da $\mathfrak{v}$ willkürlich in ε (jedoch $\neq 0$) ist, ist der Endpunkt von $\mathfrak{v}''$ ein willkürlicher Punkt einer Ebene ε', die durch den Endpunkt von $\mathfrak{B}$ geht und ε parallel ist. (Der Endpunkt von $\mathfrak{B}$ selbst ist jedoch auszunehmen.) Die Richtung von $\mathfrak{v}''$ kann also mit einer beliebigen Geraden durch O zusammenfallen, die weder $\mathfrak{B}$ enthält noch in ε liegt. Man kann daher zum obigen Satz hinzufügen:

Der eine der beiden Vektoren kann dabei so gewählt werden, daß er auf einer will-kürlich gegebenen Geraden liegt, die weder Nullinie noch zur Zentralachse parallel ist. Jeder solchen Geraden entspricht bei dieser Konstruktion eindeutig eine konjugierte.

Wählt man den Vektor $\mathfrak{v}$ kleiner und kleiner, so nähert sich die Richtung von l'' der der Zentralachse, und der Abstand zur konjugierten Geraden l' wächst über alle Grenzen; gleichzeitig strebt der Vektor $\mathfrak{v}'$ auf l' gegen Null. Man kann sich diesen Grenzübergang plausibel machen, wenn man bemerkt, daß in einem beschränkten Teil des Raumes ein sehr weit entfernter, sehr kleiner Vektor ein nahezu konstantes Momentfeld hervorruft, also beinahe wie ein Vektorpaar wirkt. Wählt man umgekehrt den Vektor $\mathfrak{v}$ größer und größer, so nähert sich l'' einer Geraden in ε durch O, also einer Nullinie; die konjugierte l' strebt gegen dieselbe Nullinie und gleichzeitig der Vektor $\mathfrak{v}'$ auf ihr gegen unendlich. Man kann deshalb die Einteilung der Geraden des Raumes in Paare konjugierter dadurch vervollständigen, daß man die Nullinien sich selbst und den Geraden, die der Zentralachse parallel sind, „unendlich ferne Geraden" zuordnet.

Hat man ein Vektorsystem $\boldsymbol{S}$ auf zwei gebundene Vektoren $\mathfrak{v}'$ und $\mathfrak{v}''$ reduziert, so gilt nach (**22**, 6)

$$(\mathbf{25},\,1) \qquad\qquad \mathfrak{v}' \bullet \mathfrak{v}'' = \tfrac{1}{2}\, \boldsymbol{S} \bullet \boldsymbol{S} = \sigma\,\mathfrak{B}^2,$$

also: Das Volumen des Tetraeders, in dem $\mathfrak{v}'$ und $\mathfrak{v}''$ gegenüberliegende Kanten sind, hängt nur von der gegebenen Schraube $\boldsymbol{S}$ ab; es ist ja $\tfrac{1}{6}$ des Skalars (**25**, 1) (Satz von CHASLES).

Umgekehrt bestimmen zwei von Null verschiedene Vektoren $\mathfrak{v}'$ und $\mathfrak{v}''$ mit windschiefen Angriffslinien l' und l'' eine Schraube; denn sie besitzen ein von Null verschiedenes gegenseitiges Moment (25, 1). Es sei l die gemeinsame Normale der Angriffslinien und A' und A'' ihre Schnittpunkte mit l' und l''. Die Gerade l steht senkrecht auf der Zentralachse, da sie senkrecht auf $\mathfrak{v}'$ und $\mathfrak{v}''$, also auf deren Vektorsumme $\mathfrak{B}$ steht. Wir wollen zeigen, daß l die Zentralachse schneidet. Der Momentvektor $\mathfrak{M}_{A'}$ steht senkrecht auf l und $\mathfrak{v}''$, und $\mathfrak{M}_{A''}$ steht senkrecht auf l und $\mathfrak{v}'$, also ist $\mathfrak{M}_{A''} - \mathfrak{M}_{A'} \neq 0$. Dann zeigt (**24**, 1), daß $\mathfrak{M}_P$ alle Richtungen in der Normalebene von l durchläuft, wenn P die Gerade l durchläuft. $\mathfrak{M}_P$ nimmt also auch die Richtung von $\mathfrak{B}$ an, und der entsprechende Punkt P muß dann auf der Zentralachse liegen. Damit haben wir:

Die gemeinsame Normale von zwei beliebigen konjugierten Geraden schneidet die Zentralachse unter rechtem Winkel.

Da ein Vektorsystem, für das der Skalar $\sigma\,\mathfrak{B}^2$ verschwindet, auf einen Einzelvektor oder ein Vektorpaar reduziert werden kann, hat man den Satz: Ein willkürliches Vektorsystem kann auf höchstens zwei Vektoren reduziert werden. Man kann für jedes Vektorsystem $\boldsymbol{S}$

$$\boldsymbol{S} = \mathfrak{v}' + \mathfrak{v}''$$

setzen.

26. Nullebene, Nullpunkt, charakteristische Gerade. Im Momentfeld $\mathfrak{M}$ einer Schraube sind die Feldvektoren nirgends Null und nirgends senkrecht auf $\mathfrak{B}$. Durch jeden Punkt O des Raumes gibt es also eine eindeutig bestimmte Ebene ε_0, die *Nullebene* von O, deren Normale $\mathfrak{M}_O$ ist. Alle Geraden in ε_0 durch O sind Nullgeraden (vgl. **18**). ε_0 ist niemals parallel der Zentralachse. Umgekehrt ist jede Ebene, die nicht der Zentralachse parallel ist, Nullebene für einen und nur einen ihrer Punkte, den *Nullpunkt der Ebene*; denn jede Richtung im Raum, die nicht senkrecht auf $\mathfrak{B}$ steht, also auch die Normalenrichtung der Ebene, ist ja nach **21** S. 50 genau einmal unter den Momentvektoren in den Punkten der Ebene vertreten. **Die Nullgeraden in der Ebene bilden ein Geradenbüschel, dessen Scheitel der Nullpunkt ist.** Eine zur Zentralachse parallele Ebene besitzt keinen Nullpunkt, und die Nullgeraden in einer solchen Ebene bilden ein Parallelbüschel. Für eine Ebene durch die Zentralachse ist dieses Parallelbüschel senkrecht auf der Zentralachse. Seine Richtung strebt gegen die der Zentralachse, wenn der Abstand der Ebene von der Zentralachse über alle Grenzen wächst.

Die Schraube sei auf zwei auf windschiefen Geraden l' und l'' liegende Vektoren reduziert. Jede Gerade, die l' und l'' schneidet, ist Nullgerade, da jeder der beiden Vektoren das Moment Null um diese Gerade ergibt. Es sei ε eine Ebene durch l'', die l' in O schneiden möge (Abb. 32). Jede durch O gehende Gerade in ε ist dann Nullgerade, also O der Nullpunkt von ε. Dreht sich also eine Ebene um l'', so durchläuft ihr Nullpunkt l' und umgekehrt. Dies zeigt die Eindeutigkeit und Symmetrie der Einteilung der Geraden des Raumes in Paare konjugierter, die schon in **25** vorweggenommen wurde. Man kann diese Eigenschaft der Paare konjugierter Geraden auch zu ihrer Definition verwenden. Hat man eine Schraube auf zwei Vektoren $\mathfrak{v}'$ und $\mathfrak{v}''$ zu reduzieren, von denen $\mathfrak{v}'$ auf einer gegebenen Geraden l' liegen soll, so muß der zweite auf der dazu konjugierten l'' liegen; der Vektor $\mathfrak{v}'$ auf l' bestimmt sich daraus, daß sein Moment um l'' gleich dem Moment der gegebenen Schraube um l'' sein muß, und entsprechend $\mathfrak{v}''$.

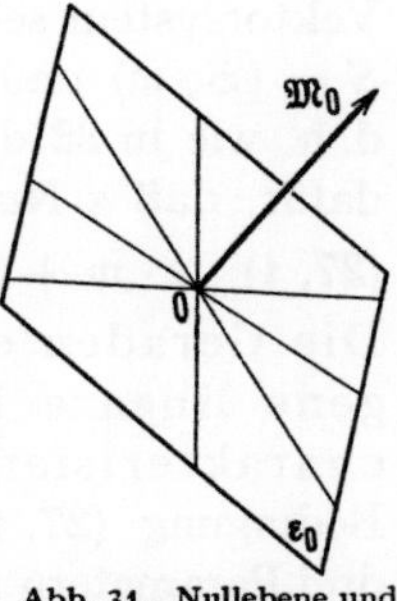

Abb. 31. Nullebene und Nullinien.

Es sei ε eine Ebene, die weder parallel noch senkrecht zur Zentralachse ist, O ihr Nullpunkt und l' ihre Normale in O. l' enthält also den Vektor $\mathfrak{M}_0$ und ist weder Nullinie noch parallel zur Zentralachse; wir können also ihre konjugierte l'' aufsuchen. Die Gerade l'' muß in ε liegen, da sie den Nullebenen der Punkte von l' gemeinsam ist, und l'' wird die *charakteristische Gerade* der Ebene ε genannt. Der Feldvektor in einem beliebigen ihrer Punkte, das ist der Momentvektor des auf l' liegenden Vektors $\mathfrak{v}'$, liegt in ε, und das ist in keinem anderen Punkt von ε der Fall. Im Fußpunkt des Lotes von O auf l'' liegt der Feldvektor in l'' selbst. Wir können dies so zusammenfassen: Wenn zwei konjugierte Geraden aufeinander senkrecht stehen, liegen die Feldvektoren in den Fußpunkten ihres gemeinsamen Lotes auf den Geraden, und jede der Geraden ist

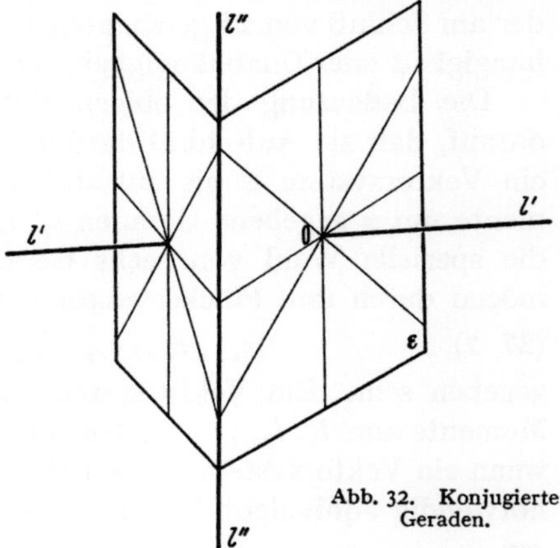

Abb. 32. Konjugierte Geraden.

charakteristisch für die Ebene, die sie zusammen mit der gemeinsamen Normalen bestimmt. Jede Gerade, die den Feldvektor in einem ihrer Punkte enthält, steht senkrecht auf ihrer konjugierten.

Die Konjugierte der Zentralachse, die ja die Feldvektoren in ihren sämtlichen Punkten enthält, liegt jedoch im Unendlichen. Für eine zur Zentralachse parallele Ebene, als deren Nullpunkt der durch das Parallelbüschel der Nullinien bestimmte unendlich ferne Punkt angesprochen werden kann, ist die charakteristische Gerade die senkrechte Projektion der Zentralachse auf die Ebene; die Feldvektoren in ihren Punkten liegen nämlich in der Ebene. Die charakteristische Gerade einer zur Zentralachse senkrechten Ebene ist unendlich fern.

27. Nullsysteme. Die Gesamtheit aller Nullgeraden eines Vektorsystems S (also eines Momentfeldes) wird ein *Nullsystem*, und wenn der Rang des Momentfeldes < 3 ist, ein *spezielles Nullsystem* genannt. Das Vektorsystem sei nach Wahl eines Ursprungs O wie in **21** und **23** durch $S = (\mathfrak{B}; \mathfrak{m})$ und eine beliebige Gerade a des Raumes durch $a = (\mathfrak{e}; \mathfrak{f})$, d. h. wie in **22** durch ihre Plückerkoordinaten gegeben. Die Bedingung dafür, daß a Nullgerade von S ist, lautet nach (**22**, 3) und (**23**, 13)

(**27**, 1) $\mathfrak{e} \cdot \mathfrak{m} + \mathfrak{f} \cdot \mathfrak{B} = e_x m_x + e_y m_y + e_z m_z + f_x X + f_y Y + f_z Z = 0.$

Die Geraden eines Nullsystems sind also durch eine homogene lineare Relation zwischen ihren Plückerkoordinaten charakterisiert. Von den ∞^4 Geraden des Raumes erfüllen ∞^3 die Bedingung (**27**, 1), d. h. die Geraden eines Nullsystems hängen von drei Parametern ab. Man nennt eine solche Gesamtheit von ∞^3 Geraden einen *linearen Komplex*. Jeder lineare Komplex kann als Nullsystem eines Momentfeldes aufgefaßt werden; denn die Koeffizienten in (**27**, 1) können stets als Koordinaten der beiden Vektoren $\mathfrak{B}$ und $\mathfrak{m}$ gedeutet werden. Diese, also auch das Momentfeld, sind jedoch durch den gegebenen linearen Komplex nur bis auf einen willkürlichen Proportionalitätsfaktor bestimmt.

Nullsysteme wollen wir als linear abhängig oder unabhängig bezeichnen, je nachdem es die zugehörigen Vektorsysteme sind. Nach der am Schluß von **21** gemachten Bemerkung läuft dies auf lineare Abhängigkeit oder Unabhängigkeit der Koeffizientenreihe in (**27**, 1) hinaus.

Die Bedeutung der obigen Betrachtungen für die Statik beruht darauf, daß sie Aufschluß darüber geben, unter welchen Bedingungen ein Vektorsystem S bis auf statische Umformungen durch seine Momente um n gegebene Geraden $l_1, l_2, \ldots, l_n$ bestimmt ist. (Vergleiche die spezielle Wahl von sechs Geraden in **24** S. 55.) Die Geraden l_ν mögen durch ihre Plückervektoren $\mathfrak{e}_\nu$, $\mathfrak{f}_\nu$ oder ihre Plückerkoordinaten

(**27**, 2) $\{e_{\nu x}, e_{\nu y}, e_{\nu z}, f_{\nu x}, f_{\nu y}, f_{\nu z}\} = \{l_\nu\}$ $\nu = 1, 2, \ldots, n$

gegeben sein. Ein Vektorsystem ist dann und nur dann durch seine Momente um $l_1, l_2, \ldots, l_n$ bis auf statische Umformungen bestimmt, wenn ein Vektorsystem, dessen Momente um $l_1, l_2, \ldots, l_n$ verschwinden, notwendig äquivalent Null ist. Aus den Gleichungen

(**27**, 3) $e_{\nu x} m_x + e_{\nu y} m_y + e_{\nu z} m_z + f_{\nu x} X + f_{\nu y} Y + f_{\nu z} Z = 0$

für $\nu = 1, 2, \ldots, n$ muß man also $\mathfrak{m} = \mathfrak{B} = 0$ oder

$$m_x = m_y = m_z = X = Y = Z = 0$$

schließen können; und dazu ist erforderlich, daß man aus der Matrix

(**27**, 4) $$\Lambda = \begin{Bmatrix} l_1 \\ l_2 \\ \vdots \\ l_n \end{Bmatrix} = \begin{Bmatrix} e_{1x} & e_{1y} & e_{1z} & f_{1x} & f_{1y} & f_{1z} \\ e_{2x} & e_{2y} & e_{2z} & f_{2x} & f_{2y} & f_{2z} \\ \cdots\cdots\cdots\cdots\cdots\cdots\cdots\cdots\cdots \\ e_{nx} & e_{ny} & e_{nz} & f_{nx} & f_{ny} & f_{nz} \end{Bmatrix}$$

eine von Null verschiedene Unterdeterminante sechster Ordnung bilden kann. Der Rang δ dieser Matrix muß also 6 sein. Ist dagegen $\delta < 6$, so besitzen die Gleichungen (27, 3) eine von der Nullösung verschiedene Lösung ($\mathfrak{V}$; $\mathfrak{m}$) und alle Geraden $l_1, l_2, \ldots, l_n$ sind Nullgeraden des entsprechenden Momentfeldes. Man hat daher:

Ein Vektorsystem ist bis auf statische Umformungen bestimmt durch seine willkürlich gegebenen Momente um sechs Geraden, die nicht demselben Nullsystem angehören, für die also die Determinante ihrer Plückerkoordinaten von Null verschieden ist. *Ein Vektorsystem ist dann und nur dann durch seine Momente um n Geraden bestimmt, wenn $n \geqq 6$ ist und unter den n Geraden sechs vorkommen, die nicht demselben Nullsystem angehören.*

Wir wollen diese Verhältnisse etwas eingehender diskutieren. Für den Rang δ von Λ gelten ja die Ungleichungen

$$(27, 5) \qquad\qquad \delta \leqq 6$$

und

$$(27, 6) \qquad\qquad \delta \leqq n .$$

I. Ist $\delta < 6$, so haben die Gleichungen (27, 3) $6 - \delta$ linear unabhängige Lösungen ($\mathfrak{V}$; $\mathfrak{m}$). Man kann also $6 - \delta$ linear unabhängige Vektorsysteme $S_1, S_2, \ldots, S_{6-\delta}$ derart finden, daß die Geraden $l_1, l_2, \ldots, l_n$ allen $6 - \delta$ entsprechenden Nullsystemen angehören. Ein Vektorsystem ist dann durch seine Momente um $l_1, l_2, \ldots, l_n$ nur bis auf Hinzufügung von

$$(27, 7) \qquad\qquad \lambda_1 S_1 + \lambda_2 S_2 + \cdots + \lambda_{6-\delta} S_{6-\delta}$$

bestimmt, wo $\lambda_1, \lambda_2, \ldots, \lambda_{6-\delta}$ willkürliche Parameter sind. Dieser Fall tritt wegen (27, 6) jedenfalls für $n < 6$ ein.

II. Ist $\delta < n$, so bestehen $n - \delta$ unabhängige lineare Relationen zwischen den Zeilen von Λ. Sind also die Momente eines Vektorsystems um die n Geraden durch die n inhomogenen Gleichungen

$$(27, 8) \quad e_{\nu x} m_x + e_{\nu y} m_y + e_{\nu z} m_z + f_{\nu x} X + f_{\nu y} Y + f_{\nu z} Z = M_{l_\nu} \quad (\nu = 1, 2, \ldots, n)$$

gegeben, die zur Matrizengleichung

$$(27, 9) \qquad \Lambda \begin{Bmatrix} m_x \\ m_y \\ m_z \\ X \\ Y \\ Z \end{Bmatrix} = \begin{Bmatrix} M_{l_1} \\ M_{l_2} \\ \vdots \\ M_{l_n} \end{Bmatrix}$$

zusammengefaßt werden können, so müssen dieselben $n - \delta$ linearen Relationen für die Momente M_{l_ν} erfüllt sein. Die Momente um die n Geraden können dann nicht willkürlich vorgegeben werden, sie sind vielmehr an diese $n - \delta$ linearen Relationen gebunden. Dieser Fall tritt wegen (**27**, 5) jedenfalls für $n > 6$ ein.

Die Bedeutung der Nullsysteme für die Statik tritt erst vollständig hervor, wenn man zu dieser Betrachtung noch die folgende hinzufügt: Wir betrachten die n Geraden (**27**, 2). Auf l_ν bringen wir einen Vektor $V_\nu e_\nu$ ($\nu = 1, 2, \ldots, n$) an, wo $V_1, V_2, \ldots, V_n$ willkürliche Skalare sind. Die Vektorinvariante dieses Vektorsystems ist

$$(\mathbf{27}, 10) \qquad \mathfrak{B} = \sum_{\nu=1}^{n} V_\nu \mathfrak{e}_\nu = \mathfrak{i} \sum_{\nu=1}^{n} V_\nu e_{\nu x} + \mathfrak{j} \sum_{\nu=1}^{n} V_\nu e_{\nu y} + \mathfrak{k} \sum_{\nu=1}^{n} V_\nu e_{\nu z}$$

und sein Moment im Ursprung

$$(\mathbf{27}, 11) \qquad \mathfrak{m} = \sum_{\nu=1}^{n} V_\nu \mathfrak{f}_\nu = \mathfrak{i} \sum_{\nu=1}^{n} V_\nu f_{\nu x} + \mathfrak{j} \sum_{\nu=1}^{n} V_\nu f_{\nu y} + \mathfrak{k} \sum_{\nu=1}^{n} V_\nu f_{\nu z}.$$

Also ist

$$(\mathbf{27}, 12) \qquad
\begin{cases}
e_{1x} V_1 + e_{2x} V_2 + \cdots + e_{nx} V_n = X, \\
e_{1y} V_1 + e_{2y} V_2 + \cdots + e_{ny} V_n = Y, \\
e_{1z} V_1 + e_{2z} V_2 + \cdots + e_{nz} V_n = Z, \\
f_{1x} V_1 + f_{2x} V_2 + \cdots + f_{nx} V_n = m_x, \\
f_{1y} V_1 + f_{2y} V_2 + \cdots + f_{ny} V_n = m_y, \\
f_{1z} V_1 + f_{2z} V_2 + \cdots + f_{nz} V_n = m_z.
\end{cases}$$

Diese Gleichungen können zu

$$(\mathbf{27}, 13) \qquad
\Lambda' \begin{Bmatrix} V_1 \\ V_2 \\ \vdots \\ V_n \end{Bmatrix} =
\begin{Bmatrix} X \\ Y \\ Z \\ m_x \\ m_y \\ m_z \end{Bmatrix}$$

zusammengefaßt werden. Man kann nun analog I und II folgende Überlegungen anstellen:

III. Ist $\delta < 6$ (so daß also nach I alle n Geraden $6 - \delta$ linear unabhängigen Nullsystemen angehören), so müssen $6 - \delta$ lineare Beziehungen zwischen X, Y, Z, m_x, m_y, m_z bestehen. Man kann daher durch Vektoren auf den gegebenen Geraden nur solche Vektorsysteme (also Momentfelder) herstellen, deren sechs Bestimmungsstücke $6 - \delta$ linear unabhängige Bedingungen erfüllen. Dies tritt stets für $n < 6$ ein.

IV. Ist $\delta < n$, so besitzen die (**27**, 12, 13) entsprechenden homogenen Gleichungen

$$(\mathbf{27}, 14) \qquad
\Lambda' \begin{Bmatrix} V_1 \\ V_2 \\ \vdots \\ V_n \end{Bmatrix} = 0$$

$n - \delta$ linear unabhängige Lösungssysteme $V_1, V_2, \ldots, V_n$. Man kann daher auf $n - \delta$ linear unabhängige Weisen ein mit Null äquivalentes Vektorsystem durch nicht sämtlich verschwindende Vektoren auf den gegebenen Geraden darstellen. Dies tritt jedenfalls für $n > 6$ ein. Als besonders wichtigen Spezialfall heben wir $n = 6$, $\delta < 6$ hervor: *Auf sechs Geraden, die demselben Nullsystem angehören, kann man Vektoren anbringen, deren System äquivalent Null ist, ohne daß alle Vektoren verschwinden.*

Im inhomogenen Fall (**27**, 12) erhält man: Die Darstellung eines gegebenen Momentfeldes durch Vektoren auf n gegebenen Geraden hängt für $\delta < n$ von $n - \delta$ willkürlichen Parametern ab, wenn sie überhaupt möglich ist.

Schließlich formulieren wir als spezielles Resultat der vorstehenden Betrachtungen den wichtigen Satz über sechs Geraden:

Für sechs Geraden, die nicht demselben Nullsystem angehören, für die also die Determinante ihrer Plückerkoordinaten von Null verschieden ist, gilt:

a) *Ein willkürliches Momentfeld (also ein Vektorsystem bis auf statische Umformungen) ist eindeutig bestimmt durch die Momente um die sechs Geraden.*

b) *Ein willkürliches Momentfeld kann durch sechs eindeutig bestimmte Vektoren auf den sechs Geraden erzeugt werden.*

Der Teilsatz b) kann auch so ausgedrückt werden: Ein willkürlich gegebenes Vektorsystem kann statisch in sechs Vektoren auf sechs gegebenen Geraden umgeformt werden, die nicht dem gleichen Nullsystem angehören, und die sechs Vektoren sind eindeutig bestimmt.

28. Vektoren in einer Ebene. Als ersten Spezialfall betrachten wir ein System S von Vektoren, die in derselben Ebene ε liegen. Die Vektorsumme $\mathfrak{V}$ muß, wenn sie nicht Null ist, eine der Richtungen in ε haben. Der Momentvektor in einem willkürlichen Punkt von ε steht senkrecht auf ε. Folglich ist $\varrho < 3$, das System S also äquivalent mit einem Einzelvektor in ε, einem Vektorpaar mit zu ε senkrechtem Momentvektor oder Null. Trägt man die Momentvektoren in allen Punkten von ε auf, so erfüllen ihre Endpunkte eine Ebene, die *Momentebene*. Für $S = 0$ fällt sie mit ε zusammen, für $S =$ Vektorpaar ist sie parallel zu ε und für $S =$ Einzelvektor schneidet sie ε in dessen Angriffslinie, also in der Zentralachse (Abb. 33). Man sieht, daß man das System bis auf statische Umformungen vollständig bestimmen kann

1) durch Ermittlung der Momente um drei Punkte von ε, die nicht auf einer Geraden liegen,

2) durch Ermittlung der Momente um zwei Punkte von ε und der Projektionensumme der Vektoren des Systems auf eine Richtung in ε, die nicht auf der Verbindungsgeraden der beiden Punkte senkrecht steht,

3) durch Ermittlung des Moments um einen Punkt von ε und der Projektionensummen auf zwei verschiedene Richtungen in ε.

Im Falle 2) bestimmen nämlich die Momente in zwei Punkten A und B diejenige Gerade der Momentebene, deren Projektion auf ε die

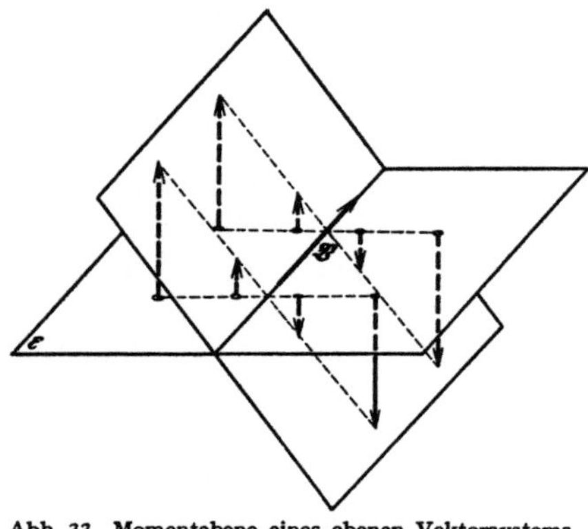
Abb. 33. Momentebene eines ebenen Vektorsystems.

Gerade AB ist. Wird ε von dieser Geraden geschnitten, so hat man im Schnittpunkt einen Punkt der Zentralachse. In diesem kann man die Vektorsumme $\mathfrak{V}$ in eine Komponente senkrecht zu AB, die sich durch das Moment um A oder B bestimmt, und eine Komponente in der Richtung AB auflösen, die danach aus der ermittelten Projektionensumme bestimmt werden kann. Sind die Momente in A und B gleich groß, so daß die Gerade in der Momentebene die Ebene ε nicht schneidet, so kann die Zentralachse nur parallel AB sein; $\mathfrak{V}$ bestimmt sich aus der ermittelten Projektionensumme und dann die Zentralachse aus dem Moment um A oder B. Ist die Projektionensumme Null, so hat man ein Vektorpaar, dessen Momentvektor mit dem in A übereinstimmt. Ist auch dieser Null, so ist $S = 0$. Im Falle 3) bestimmt sich $\mathfrak{V}$ aus den Projektionensummen und danach die Zentralachse aus dem Moment um den einen Punkt. Ist $\mathfrak{V} = 0$, so erhält man ein Vektorpaar, dessen Momentvektor mit dem in A übereinstimmt. Ist auch dieser Null, so ist $S = 0$.

Der besonders wichtige Fall $S = 0$ erfordert, daß sämtliche Momente und Projektionensummen verschwinden.

Verwendet man ein rechtwinkliges (x, y)-Koordinatensystem in ε, so erhält man mit den Bezeichnungen von **23**

(28, 1) $$X = \sum X_\nu, \qquad Y = \sum Y_\nu$$

und

(28, 2) $$M_O = \sum (x_\nu Y_\nu - y_\nu X_\nu).$$

$S = 0$ erfordert, daß diese drei Größen verschwinden.

$S = $ Vektorpaar erfordert, daß $X = Y = 0$ ist; M_O gibt dann das Moment des Vektorpaares.

$S = $ Einzelvektor erfordert, daß X und Y nicht beide verschwinden. Das Moment um einen willkürlichen Punkt (x, y) wird

(28, 3) $$M_{(x, y)} = M_O + yX - xY$$

[vgl. (**23**, 5)], und die Gleichung der Zentralachse lautet

(28, 4) $$M_O + yX - xY = 0$$

mit x und y als laufenden Koordinaten.

29. Parallele Vektoren. Als weiteren Spezialfall betrachten wir ein System S von parallelen Vektoren $\mathfrak{V}_\nu$. Es sei $\mathfrak{e}$ ein Einheitsvektor ihrer Richtung. Dann sind die Vektoren des Systems

$$V_1\mathfrak{e}, V_2\mathfrak{e}, \ldots, V_n\mathfrak{e},$$

wo $V_1, V_2, \ldots, V_n$ positive oder negative Skalare sind, deren absolute Beträge die Längen der Vektoren angeben.

Die Vektorinvariante ist

$$(29, 1) \qquad \mathfrak{V} = (V_1 + V_2 + \cdots + V_n)\mathfrak{e} = V\mathfrak{e}.$$

Für den Momentvektor $\mathfrak{M}_0$ in einem willkürlichen Punkt O ergibt sich, wenn P_ν den Angriffspunkt des Vektors $V_\nu\mathfrak{e}$ bedeutet,

$$(29, 2) \qquad \mathfrak{M}_0(S) = \sum_{\nu=1}^{n}(\overrightarrow{OP_\nu} \times V_\nu\mathfrak{e}) = \sum_{\nu=1}^{n}(V_\nu\overrightarrow{OP_\nu} \times \mathfrak{e}) = \left(\sum_{\nu=1}^{n}V_\nu\overrightarrow{OP_\nu}\right) \times \mathfrak{e}.$$

Ist Q ein beliebiger weiterer Punkt, so hat man

$$(29, 3) \qquad \sum_{\nu=1}^{n}V_\nu\overrightarrow{QP_\nu} = \sum_{\nu=1}^{n}V_\nu(\overrightarrow{QO} + \overrightarrow{OP_\nu}) = \overrightarrow{QO}\sum_{\nu=1}^{n}V_\nu + \sum_{\nu=1}^{n}V_\nu\overrightarrow{OP_\nu}.$$

Wegen

$$\mathfrak{V} \cdot \mathfrak{M}_0 = V\mathfrak{e} \cdot \left(\sum_{\nu=1}^{n}V_\nu\overrightarrow{OP_\nu}\right) \times \mathfrak{e} = 0$$

ist $\varrho \leqq 2$, also S äquivalent einem Einzelvektor, einem Vektorpaar oder Null.

Wir nehmen zunächst an, daß die Vektorsumme $\mathfrak{V}$, also V, nicht verschwindet. Dann existiert eine Zentralachse und hat die durch $\mathfrak{e}$ gegebene Richtung. Liegt O nicht auf der Zentralachse, so ist $\mathfrak{M}_0 \neq 0$ und daher nach **(29,** 2) sicher $\sum_{\nu=1}^{n}V_\nu\overrightarrow{OP_\nu} \neq 0$. Liegt O auf der Zentralachse, so ist $\mathfrak{M}_0 = 0$ und nach **(29,** 2)

$$\sum_{\nu=1}^{n}V_\nu\overrightarrow{OP_\nu} = \lambda\mathfrak{e}.$$

Ist auch Q auf der Zentralachse gelegen, also $\overrightarrow{QO}$ von der Form $\mu\mathfrak{e}$, so erhält man wegen **(29,3)**

$$\sum_{\nu=1}^{n}V_\nu\overrightarrow{QP_\nu} = (\lambda + V\mu)\mathfrak{e}.$$

Wählt man daher Q so, daß $\mu = -\dfrac{\lambda}{V}$ wird, so wird $\sum_{\nu=1}^{n}V_\nu\overrightarrow{QP_\nu} = 0$. Es gibt also einen und nur einen Punkt im Raume — er heiße G — für den

$$(29, 4) \qquad \sum_{\nu=1}^{n}V_\nu\overrightarrow{GP_\nu} = 0$$

ist. G wird der *Mittelpunkt der parallelen Vektoren* genannt. Das gegebene System ist äquivalent dem Einzelvektor $V\mathfrak{e}$ an G. Da **(29, 4)** den Richtungsvektor $\mathfrak{e}$ nicht enthält, gilt: *Dreht man die gegebenen*

Vektoren um ihre Angriffspunkte P_ν unter Erhaltung ihrer Größe und der Parallelität, so dreht sich der resultierende Einzelvektor um G. Die Zentralachsen der gedrehten Systeme bilden also ein Geradenbündel durch G. — Verschiebt man die Vektoren des ursprünglich gegebenen Systems längs ihrer Angriffslinien, so daß die Punkte P_ν auf diesen Geraden variieren, so variiert G auf der Zentralachse.

Legt man die Punkte des Raumes durch ihre Ortsvektoren von einem willkürlichen Ursprung O aus fest, so erhält man

$$\sum_{\nu=1}^{n} V_\nu \overrightarrow{OP_\nu} = \sum_{\nu=1}^{n} V_\nu(\overrightarrow{OG} + \overrightarrow{GP_\nu}) = \overrightarrow{OG}\sum_{\nu=1}^{n} V_\nu + \sum_{\nu=1}^{n} V_\nu\overrightarrow{GP_\nu}$$

und daraus nach (**29**, 4) die Gleichung

$$(\mathbf{29}, 5) \qquad \sum_{\nu=1}^{n} V_\nu \overrightarrow{OP_\nu} = \overrightarrow{OG}\left(\sum_{\nu=1}^{n} V_\nu\right),$$

die an Stelle von (**29**, 4) als Definitionsgleichung von G treten kann. Hat P_ν die Koordinaten x_ν, y_ν, z_ν und G die Koordinaten x_G, y_G, z_G in einem willkürlichen affinen Koordinatensystem (das also von drei beliebigen linear unabhängigen Vektoren aufgespannt wird), so ergibt (**29**, 5), wenn man für O den Ursprung des Koordinatensystems wählt, die Gleichungen

$$(\mathbf{29}, 6) \qquad \begin{cases} \displaystyle\sum_{\nu=1}^{n} V_\nu x_\nu = x_G\sum_{\nu=1}^{n} V_\nu, \\[2ex] \displaystyle\sum_{\nu=1}^{n} V_\nu y_\nu = y_G\sum_{\nu=1}^{n} V_\nu, \\[2ex] \displaystyle\sum_{\nu=1}^{n} V_\nu z_\nu = z_G\sum_{\nu=1}^{n} V_\nu \end{cases}$$

zur Bestimmung des Mittelpunktes der Vektoren. In gewöhnlichen rechtwinkligen Koordinaten wird die Größe $\sum_{\nu=1}^{n} V_\nu x_\nu$ das *statische Moment* der parallelen Vektoren in bezug auf die (y, z)-Ebene genannt, und (**29**, 6) kann dann so ausgesprochen werden: **Das statische Moment eines Systems gebundener paralleler Vektoren in bezug auf eine willkürliche Ebene ist gleich dem statischen Moment ihrer im Mittelpunkt gebundenen Resultante.**

Der Mittelpunkt von zwei gleichen Vektoren ist der geometrische Mittelpunkt der ihre Angriffspunkte verbindenden Strecke. Der Mittelpunkt von drei gleichen Vektoren ist der Schnittpunkt der Mittellinien des von den Angriffspunkten gebildeten Dreiecks.

Wir nehmen nun an, daß die algebraische Summe V gleich Null ist. Die Formel (**29**, 3) zeigt, daß in diesem Falle wegen $\sum_{\nu=1}^{n} V_\nu = 0$

der Vektor $\sum\limits_{\nu=1}^{n} V_\nu \overrightarrow{OP_\nu}$ unabhängig von O ist. Nach (**29**, 2) ist daher das Momentfeld konstant in Übereinstimmung mit unserem früheren Resultat.

Ist nun $\sum\limits_{\nu=1}^{n} V_\nu \overrightarrow{OP_\nu}$ nicht parallel e, so ist $\boldsymbol{S}$ äquivalent einem Vektorpaar mit dem Momentvektor (**29**, 2). Wir wissen, daß diese Äquivalenz bestehen bleibt, wenn man die gegebenen Vektoren auf ihren Angriffslinien verschiebt. In den Formeln kommt dies dadurch zum Ausdruck, daß $\sum\limits_{\nu=1}^{n} V_\nu \overrightarrow{OP_\nu}$ sich dabei nur um einen zu e parallelen Summanden ändert.

Ist aber $\sum\limits_{\nu=1}^{n} V_\nu \overrightarrow{OP_\nu}$ parallel e, so ist $\boldsymbol{S}$ äquivalent Null. In Koordinaten hat man dafür die Bedingungsgleichung

$$(\textbf{29}, 7) \qquad \frac{\sum\limits_{\nu=1}^{n} V_\nu x_\nu}{e_x} = \frac{\sum\limits_{\nu=1}^{n} V_\nu y_\nu}{e_y} = \frac{\sum\limits_{\nu=1}^{n} V_\nu z_\nu}{e_z},$$

und diese gilt unabhängig von der Lage des Koordinatensystems, da $\sum\limits_{\nu=1}^{n} V_\nu \overrightarrow{OP_\nu}$ von O unabhängig ist. Die Bedingungsgleichung (**29**, 7) hängt im allgemeinen von e ab, wird aber in einem speziellen Falle von e unabhängig, nämlich wenn die drei Zähler verschwinden, wenn also

$$(\textbf{29}, 8) \qquad \sum\limits_{\nu=1}^{n} V_\nu \overrightarrow{OP_\nu} = 0$$

ist. Die Äquivalenz von $\boldsymbol{S}$ mit Null bleibt in diesem Fall erhalten, wenn man die Vektoren unter Erhaltung ihrer Größe und der Parallelität um die Angriffspunkte P_ν dreht. Man sagt in diesem Fall, das System $\boldsymbol{S}$ sei *astatisch äquivalent Null*.

Während man im Falle $\sum\limits_{\nu=1}^{n} V_\nu = 0$, $\sum\limits_{\nu=1}^{n} V_\nu \overrightarrow{OP_\nu} \neq 0$ nicht von einem Mittelpunkt von $\boldsymbol{S}$ reden kann, da die für einen solchen charakteristische Gleichung (**29**, 4) für keinen Punkt des Raumes erfüllt ist, kann man für ein astatisch mit Null äquivalentes System jeden Punkt des Raumes als Mittelpunkt ansprechen, da (**29**, 8) für jede Lage von O gilt.

Ein mit Null äquivalentes System von parallelen Vektoren läßt sich durch Verschiebung der Vektoren in ihren Angriffslinien stets in ein astatisch mit Null äquivalentes System überführen. Denn es besteht eine Gleichung $\sum\limits_{\nu=1}^{n} V_\nu \overrightarrow{OP_\nu} = \lambda e$, und man kann offenbar durch geeignete Verschiebungen erreichen, daß sich diese Größe um $-\lambda e$ ändert, so daß (**29**, 8) gültig wird. Es genügt sogar, einen einzigen Vektor zu verschieben, etwa den Vektor $V_1 e$ um das Stück $-\dfrac{\lambda}{V_1} e$.

30. Mittelpunkt eines Skalarsystems. Es seien n Punkte P_1, $P_2, \ldots, P_n$ im Raume und n Skalare $V_1, V_2, \ldots, V_n$ gegeben. Wir nehmen an, daß der Skalar V_ν in dem einen oder anderen Sinne dem Punkt P_ν zugeordnet ist. Ist nun e ein willkürlicher Einheitsvektor, so kann man das System der in P_ν gebundenen parallelen Vektoren $V_\nu e$ betrachten. Ist

$$(30, 1) \qquad\qquad V = \sum_{\nu=1}^{n} V_\nu \neq 0,$$

so haben diese einen eindeutig bestimmten Mittelpunkt G. Da dieser nach dem früheren von dem Hilfsvektor e unabhängig ist, kann man G auch als den Mittelpunkt des gegebenen Systems $\boldsymbol{S}$ von gebundenen Skalaren bezeichnen. G berechnet sich nach (**29**, 5, 6).

Es ist klar, daß man bei der Bestimmung von G nach Belieben zuerst ein Teilsystem $\boldsymbol{S}'$ von $\boldsymbol{S}$, dessen Skalarsumme $V' \neq 0$ ist, zu einem Skalar V' im Mittelpunkt G' von $\boldsymbol{S}'$, und danach diesen mit den übrigen zusammenfassen darf. Denn wendet man (**29**, 5) auf das Teilsystem $\boldsymbol{S}'$ an, so sieht man, daß die linke Seite von (**29**, 5) für das ganze System $\boldsymbol{S}$ durch die Zusammenfassung der Skalare von $\boldsymbol{S}'$ zum Skalar V' in G' nicht geändert wird.

Multipliziert man alle Skalare V_ν mit demselben, von Null verschiedenen Faktor λ, so bleibt der Mittelpunkt des Skalarsystems ungeändert; denn λ hebt sich in (**29**, 6) heraus. Haben insbesondere alle V_ν denselben Wert, so ist der Mittelpunkt von diesem Wert unabhängig und ist allein durch die Lage der Punkte P_ν bestimmt.

Falls alle V_ν dasselbe Vorzeichen haben, z. B. alle positiv sind, so ist (**30**, 1) auch für alle Teilsysteme erfüllt. Der Mittelpunkt von V_1 und V_2 ist dann ein Punkt P_{12} der Strecke $P_1 P_2$. Knüpft man den Skalar $V_1 + V_2$ an P_{12} und setzt ihn mit V_3 in P_3 zusammen, so liegt der neue Mittelpunkt auf der Strecke $P_{12} P_3$ usw. Man bleibt daher stets innerhalb eines beliebigen konvexen Teils des Raumes, der alle P_ν enthält. Folglich liegt G innerhalb des kleinsten konvexen Teils des Raumes, der alle P_ν enthält oder, wie man sagt, innerhalb der *konvexen Hülle* des Punktsystems[1].

---

[1] Unter einem **konvexen Bereich** versteht man eine abgeschlossene Punktmenge, die mit zwei Punkten stets deren ganze Verbindungsstrecke enthält. Hiernach ist klar, daß der „Durchschnitt" von beliebig (auch unendlich) vielen konvexen Bereichen (d. h. die Menge der Punkte, die allen diesen Bereichen gemeinsam sind) wieder ein konvexer Bereich ist. Ist M eine beliebige beschränkte Punktmenge im Raume, so versteht man unter der konvexen Hülle von M den Durchschnitt aller konvexen Bereiche, in denen M enthalten ist.

Diese Definition ist mit einer anderen, vielfach nützlichen gleichwertig. Wir sagen, ein Punkt P sei von der Menge M durch die Ebene ε getrennt, wenn P und M auf verschiedenen Seiten von ε liegen. In dieser Ausdrucksweise läßt sich die konvexe Hülle von M auch als die Gesamtheit der Punkte definieren,

Wenn die Punkte P_ν so zu Paaren zusammengefaßt werden können, daß die Skalare V_ν in den beiden Punkten eines Paares gleich sind, so kann man ein solches Paar durch den Skalar $2V_\nu$, gebunden an den geometrischen Mittelpunkt des Paares, ersetzen. Liegen die Mittelpunkte der Paare in derselben Ebene oder auf derselben Geraden oder im selben Punkt, so liegt auch G in dieser Ebene, auf dieser Geraden oder in diesem Punkt. Symmetrien dieser Art erleichtern oft die Mittelpunktsbestimmung.

Für einen willkürlichen Punkt O des Raumes wollen wir den Skalar

$$\sum_{\nu=1}^{n} V_\nu \overrightarrow{OP_\nu^2}$$

bilden und untersuchen, wie er mit O variiert. Durch Einführung des Mittelpunktes G erhält man

$$(30,2) \quad \begin{cases} \displaystyle\sum_{\nu=1}^{n} V_\nu \overrightarrow{OP_\nu^2} = \sum_{\nu=1}^{n} V_\nu (\overrightarrow{OG} + \overrightarrow{GP_\nu})^2 \\[2mm] \qquad = \overrightarrow{OG}^2 \sum_{\nu=1}^{n} V_\nu + 2\overrightarrow{OG} \cdot \sum_{\nu=1}^{n} V_\nu \overrightarrow{GP_\nu} + \sum_{\nu=1}^{n} V_\nu \overrightarrow{GP_\nu^2} \\[2mm] \qquad = \overrightarrow{OG}^2 \sum_{\nu=1}^{n} V_\nu + \sum_{\nu=1}^{n} V_\nu \overrightarrow{GP_\nu^2}, \end{cases}$$

da das mittlere Glied nach (**29**, 4) verschwindet. Ist nun $V = \sum_{\nu=1}^{n} V_\nu > 0$, so erkennt man, daß der betrachtete Skalar seinen kleinsten Wert annimmt, wenn O mit G zusammenfällt, daß er auf den Kugelflächen um G konstant ist und daß sein Wert in G um V mal dem Quadrat des Abstandes von O und G kleiner ist als in O. Entsprechendes gilt für $V < 0$, wo der Skalar in G sein Maximum erreicht. G kann also durch diese Extremumeigenschaft charakterisiert werden.

31. Vektor- und Skalarfelder. Bisher haben wir ausschließlich endliche Systeme von Vektoren und Skalaren betrachtet, was der Auf-

---

die sich durch keine Ebene von M trennen lassen. Erstens ist klar: Läßt sich ein Punkt P durch eine Ebene ε von M trennen, so gehört er nicht zu allen konvexen Bereichen, die M enthalten; denn derjenige von ε begrenzte Halbraum, in dem M liegt, enthält P nicht und ist ein konvexer Bereich. Zweitens haben wir zu zeigen: Wenn es einen konvexen Bereich B gibt, der M enthält, P aber nicht, so läßt sich P von M durch eine Ebene trennen. Betrachten wir nämlich den oder einen der Punkte Q des Bereichs B, deren Entfernung von P möglichst klein ist! (Aus der Konvexität von B läßt sich leicht schließen, daß es nur einen gibt, wovon wir hier aber keinen Gebrauch machen.) Wir behaupten, daß die durch den Mittelpunkt der Strecke PQ gehende, auf PQ senkrechte Ebene ε den Punkt P von B, also auch von M trennt. Angenommen, dies wäre nicht der Fall, so gäbe es einen Punkt R von B, der auf derselben Seite von ε liegt wie P. Da B konvex ist, müßte die Strecke RQ ganz zu B gehören. Auf dieser Strecke gäbe es aber Punkte, die näher an P liegen als Q, und dies widerspräche der Definition von Q. Damit haben wir die behauptete Gleichwertigkeit der beiden Definitionen bewiesen.

fassung eines Körpers als System von endlich vielen Massenpunkten entspricht. Vielfach ist es jedoch zweckmäßig, von der Vorstellung auszugehen, daß die Materie, und damit auch die auf sie wirkenden Kräfte, kontinuierlich in Raumstücken, auf Flächen oder Kurven verteilt ist. Auch eine solche Annahme stellt natürlich eine Idealisierung dar, die der Vereinfachung der mathematischen Behandlung dient.

Es sei Ω ein beschränkter Bereich im Raume. Wir nehmen an, daß in jedem Punkt P von Ω ein Vektor $\mathfrak{v}(P)$ angebracht ist, der stetig mit dem Angriffspunkt P variiert. Wir sagen dann, es liege ein *Vektorfeld* in Ω vor[1].

Wir definieren für ein solches Feld die Vektorinvariante $\mathfrak{B}$ bzw. das Moment $\mathfrak{M}_O$ in einem Punkt O durch die über Ω zu erstreckenden Volumenintegrale

$$(31,1) \qquad \mathfrak{B} = \int_\Omega \mathfrak{v}(P)\, d\omega,$$

$$(31,2) \qquad \mathfrak{M}_O = \int_\Omega \mathfrak{r}_P \times \mathfrak{v}(P)\, d\omega,$$

wobei $d\omega$ das Volumenelement von Ω und $\mathfrak{r}_P$ den Ortsvektor des variablen Punktes P von O aus bedeutet. Diese Integrale sind naturgemäß folgendermaßen zu verstehen: Der Bereich Ω werde in Teilbereiche $\Omega_1, \Omega_2, \ldots, \Omega_n$ zerlegt und in jedem Teilbereich Ω_ν ein Punkt P_ν gewählt. Ist dann ω_ν das Volumen von Ω_ν, so betrachte man die Summen

$$(31,3) \qquad \sum_{\nu=1}^{n} \mathfrak{v}(P_\nu)\, \omega_\nu,$$

$$(31,4) \qquad \sum_{\nu=1}^{n} \mathfrak{r}_{P_\nu} \times \mathfrak{v}(P_\nu)\, \omega_\nu.$$

Deren Grenzwerte bei unbegrenzter Verfeinerung der Einteilung sind die Integrale $(31,1)$ und $(31,2)$. Hierbei ist natürlich vorauszusetzen, daß Ω so beschaffen ist, daß diese Grenzwerte existieren.

Die Summen $(31,3)$ bzw. $(31,4)$ sind offenbar Vektorinvariante bzw. Momentvektor in O für das Vektorsystem, das entsteht, wenn man in den Punkten P_ν die Vektoren $\omega_\nu\, \mathfrak{v}(P_\nu)$ für $\nu = 1, 2, \ldots, n$ anbringt.

Legen wir ein gewöhnliches rechtwinkliges Koordinatensystem $(\mathfrak{i}, \mathfrak{j}, \mathfrak{k})$ mit dem Ursprung O zugrunde, so schreiben sich die Summen $(31,3)$ und $(31,4)$, wenn x_P, y_P, z_P die Koordinaten von P und $v_x(P), v_y(P),$ $v_z(P)$ die von $\mathfrak{v}(P)$ bezeichnen,

$$\mathfrak{i} \sum_{\nu=1}^{n} v_x(P_\nu)\, \omega_\nu + \mathfrak{j} \sum_{\nu=1}^{n} v_y(P_\nu)\, \omega_\nu + \mathfrak{k} \sum_{\nu=1}^{n} v_z(P_\nu)\, \omega_\nu$$

---

[1] Als Beispiel sei das Momentfeld eines Vektorsystems genannt; für Ω kann hier ein beliebiger Bereich gewählt werden.

bzw.

$$\mathfrak{i}\sum_{\nu=1}^{n}[y_{P_\nu}v_z(P_\nu) - z_{P_\nu}v_y(P_\nu)]\omega_\nu + \mathfrak{j}\sum_{\nu=1}^{n}[z_{P_\nu}v_x(P_\nu) - x_{P_\nu}v_z(P_\nu)]\omega_\nu$$
$$+ \mathfrak{k}\sum_{\nu=1}^{n}[x_{P_\nu}v_y(P_\nu) - y_{P_\nu}v_x(P_\nu)]\omega_\nu.$$

Führt man hier den erwähnten Grenzübergang aus, so erhält man (**31**, 1, 2) ausgedrückt durch gewöhnliche Integrale

$$(\mathbf{31},5) \qquad \mathfrak{B} = \mathfrak{i}\int_\Omega v_x(P)\,d\omega + \mathfrak{j}\int_\Omega v_y(P)\,d\omega + \mathfrak{k}\int_\Omega v_z(P)\,d\omega,$$

$$(\mathbf{31},6) \qquad \begin{cases} \mathfrak{M}_O = \mathfrak{i}\int_\Omega [y_P v_z(P) - z_P v_y(P)]\,d\omega + \mathfrak{j}\int_\Omega [z_P v_x(P) - x_P v_z(P)]\,d\omega \\[2mm] \qquad\qquad + \mathfrak{k}\int_\Omega [x_P v_y(P) - y_P v_x(P)]\,d\omega. \end{cases}$$

Wir wollen uns noch überzeugen, daß das durch (**31**, 2) definierte Momentfeld eines Vektorfeldes mit dem Momentfeld eines geeigneten endlichen Vektorsystems übereinstimmt. Dies ergibt sich sehr einfach so. Es sei Q ein variabler Punkt mit dem Ortsvektor $\mathfrak{r}_Q$ und O der als fest anzusehene Ursprung, also $\mathfrak{r}_Q = \overrightarrow{OQ}$. Dann ist wegen $\overrightarrow{QP} = \mathfrak{r}_P - \mathfrak{r}_Q$ das Moment des Feldes $\mathfrak{v}(P)$ in Q

$$\mathfrak{M}_Q = \int_\Omega (\mathfrak{r}_P - \mathfrak{r}_Q) \times \mathfrak{v}(P)\,d\omega = \int_\Omega \mathfrak{r}_P \times \mathfrak{v}(P)\,d\omega - \int_\Omega \mathfrak{r}_Q \times \mathfrak{v}(P)\,d\omega.$$

Da $\mathfrak{r}_Q$ von dem bei der Integration variablen Punkt P unabhängig ist, kann der Faktor $\mathfrak{r}_Q$ im letzten Summanden, wie man sofort an den Näherungssummen (**31**, 4) sieht, vor das Integralzeichen gezogen werden. Wir haben daher nach (**31**, 2)

$$(\mathbf{31},7) \qquad \mathfrak{M}_Q = \mathfrak{M}_O - \mathfrak{r}_Q \times \mathfrak{B} = \mathfrak{M}_O + \overrightarrow{QO} \times \mathfrak{B}.$$

Hierin ist das erste Glied $\mathfrak{M}_O$ konstant, also das Momentfeld eines Vektorpaares, und das zweite Glied stellt offenbar das Momentfeld des in O angebrachten Vektors $\mathfrak{B}$ dar. $\mathfrak{M}_Q$ ist also das Momentfeld eines aus einem Einzelvektor und einem Vektorpaar bestehenden Vektorsystems. (Hierbei kann natürlich sowohl der Vektor als auch das Vektorpaar verschwinden.)

Entsprechendes gilt, wenn es sich um stetige Vektorverteilungen auf einer Fläche Φ oder längs einer Kurve C handelt. Man hat dann nur die Volumintegrale (**31**, 1, 2) durch die Flächenintegrale

$$\mathfrak{B} = \int_\Phi \mathfrak{v}(P)\,df, \qquad \mathfrak{M}_O = \int_\Phi \mathfrak{r}_P \times \mathfrak{v}(P)\,df$$

bzw. die Kurvenintegrale

$$\mathfrak{B} = \int_C \mathfrak{v}(P)\,ds, \qquad \mathfrak{M}_O = \int_C \mathfrak{r}_P \times \mathfrak{v}(P)\,ds$$

zu ersetzen, wobei df ein Flächenelement von Φ und ds ein Bogenelement von C bedeutet. Auch diese Integrale lassen sich durch Einführung von Koordinaten auf gewöhnliche Flächen- und Kurvenintegrale zurückführen.

Nennt man beliebige Vektorfelder und -systeme äquivalent, wenn sie dasselbe Momentfeld bestimmen[1], so kann man allgemein behaupten: **Jedes Vektorfeld oder -system ist entweder der Null, einem Vektorpaar, einem Einzelvektor oder einer Schraube äquivalent.**

Wir können demnach sämtliche für Momentfelder eingeführte Begriffe wie Zentralachse, Nullinie, Nullsystem usw. unmittelbar auf die Momentfelder von kontinuierlichen Vektorverteilungen übertragen. Insbesondere gilt dies auch für den Begriff des Mittelpunktes eines Feldes paralleler Vektoren bzw. eines Skalarfeldes, wie wir etwas näher ausführen wollen.

Im Bereich Ω des Raumes sei ein stetiges Feld von Vektoren gegeben, die dem festen Einheitsvektor e parallel seien. Dieses Feld kann in der Form $\varphi(P)\,e$ geschrieben werden, wo $\varphi(P)$ eine stetige Funktion der Punkte P von Ω, kurz ein *Skalarfeld* in Ω ist. Für die Vektorinvariante $\mathfrak{B}$ dieses Feldes erhalten wir nach (**31**, 1)

$$(\mathbf{31},\,8) \qquad \mathfrak{B} = e \int_\Omega \varphi(P)\,d\omega = eV, \qquad V = \int_\Omega \varphi(P)\,d\omega$$

und für das Moment in Q nach (**31**, 7) und (**31**, 8)

$$\mathfrak{M}_Q = \mathfrak{M}_0 - \mathfrak{r}_Q \times eV = \int_\Omega \mathfrak{r}_P \times \varphi(P)\,e\,d\omega - \mathfrak{r}_Q \times eV$$

$$= \left[\int_\Omega \varphi(P)\,\mathfrak{r}_P\,d\omega - \mathfrak{r}_Q V\right] \times e.$$

Ist nun $V \neq 0$, so gibt es einen und nur einen Punkt G, für den $\mathfrak{M}_G$ bei beliebiger Wahl des Einheitsvektors e verschwindet. Es ist dies der Punkt mit dem Ortsvektor

$$(\mathbf{31},\,9) \qquad \mathfrak{r}_G = \frac{1}{V} \int_\Omega \varphi(P)\,\mathfrak{r}_P\,d\omega,$$

der die eckige Klammer im Ausdruck für $\mathfrak{M}_Q$ zum Verschwinden bringt. Diesen Punkt G haben wir als den **Mittelpunkt** des Feldes paralleler Vektoren bzw. des Skalarfeldes $\varphi(P)$ anzusprechen. Das Vektorfeld ist dem in G anzubringenden Einzelvektor (**31**, 8) äquivalent.

Ersetzt man in (**31**, 9) die Integrale wie oben durch Näherungssummen und behält die Bezeichnungen von (**31**, 3, 4) bei, so erhält man den Ortsvektor des Mittelpunktes des endlichen Skalarsystems $\varphi(P_1)\,\omega_1,\ \varphi(P_2)\,\omega_2,\ \ldots,\ \varphi(P_n)\,\omega_n$ in den Punkten $P_1, P_2, \ldots, P_n$:

$$(\mathbf{31},\,10) \qquad \frac{1}{\displaystyle\sum_{\nu=1}^{n} \varphi(P_\nu)\,\omega_\nu} \sum_{\nu=1}^{n} \varphi(P_\nu)\,\mathfrak{r}_{P_\nu}\,\omega_\nu.$$

---

[1] Unsere ursprüngliche Äquivalenzdefinition für Vektorsysteme läßt sich nicht ohne weiteres auf Felder übertragen.

In Koordinaten hat man

$$(\mathbf{31},11)\quad x_G = \frac{1}{V}\int_\Omega x\varphi(P)\,d\omega,\qquad y_G = \frac{1}{V}\int_\Omega y\varphi(P)\,d\omega,\qquad z_G = \frac{1}{V}\int_\Omega z\varphi(P)\,d\omega.$$

Entsprechendes gilt, wenn statt einer räumlichen eine flächen- oder linienhafte stetige Verteilung von parallelen Vektoren bzw. Skalaren vorliegt. An die Stelle der Volumenintegrale in (**31**, 8, 9, 11) treten dann nur Flächen- bzw. Kurvenintegrale.

Ersetzt man das Skalarfeld $\varphi(P)$ durch $\lambda\varphi(P)$, wo λ ein fester Skalar ist, so geht V in λV über, und der Mittelpunkt bleibt ungeändert, da λ in (**31**, 9) fortgekürzt werden kann.

Wir wollen jetzt annehmen, daß φ überall in Ω positiv ist, und betrachten eine beliebige Ebene ε, die den Bereich Ω nicht trifft. Als positive Seite von ε bezeichnen wir diejenige, auf der sich Ω befindet. Dann ist nach **3** S. 6 für alle Punkte P von Ω

$$\mathfrak{r}_P\cdot\mathfrak{E}+p>0,$$

wo $\mathfrak{E}$ der auf die positive Seite weisende Normaleneinheitsvektor von ε und p der mit Vorzeichen versehene Abstand des Ursprungs von ε ist. Multiplizieren wir nun (**31**, 9) skalar mit $\mathfrak{E}$ und addieren dann p, so erhalten wir mit Rücksicht auf (**31**, 8)

$$\mathfrak{r}_G\cdot\mathfrak{E}+p = \frac{1}{V}\int_\Omega \varphi(P)\,\mathfrak{r}_P\cdot\mathfrak{E}\,d\omega + p = \frac{1}{V}\int_\Omega \varphi(P)\,[\mathfrak{r}_P\cdot\mathfrak{E}+p]\,d\omega > 0,$$

und dies besagt nach **3** S. 6, daß auch der Mittelpunkt G des Skalarfeldes φ auf der positiven Seite von ε liegt. M. a. W. der Mittelpunkt eines positiven Skalarfeldes in einem Bereich Ω kann durch keine Ebene von Ω getrennt werden, er gehört also der konvexen Hülle von Ω an[1]. Entsprechend sieht man, daß der Mittelpunkt eines positiven Skalarfeldes auf einem Flächen- oder Kurvenstück der (räumlichen) konvexen Hülle des Flächen- oder Kurvenstückes angehört.

32. Schwerpunkt. Ein besonders wichtiges Beispiel von parallelen Vektoren hat man in den Schwerkräften, die die Körper angreifen. Wir betrachten ein System von Massenpunkten $P_1, P_2, \ldots, P_n$, die der Schwere unterworfen sind. Es bezeichne V_ν das Gewicht des Massenpunktes P_ν, d. i. die Größe der Kraft, mit der die Erde auf den Punkt wirkt. $\sum_{\nu=1}^{n} V_\nu = V$ ist das Gesamtgewicht des Systems. Der Mittelpunkt G der Schwerkraftvektoren wird als *Schwerpunkt* des Systems bezeichnet; er ist durch die Formeln (**29**, 4, 5) oder in Koordinaten (**29**, 6) gegeben. Er hängt daher nur von der Konfiguration des Systems und nicht von dessen Lage zur Vertikalen ab. Die Schwerevektoren können zu einer in G angreifenden Resultante $\mathfrak{W}$ zusammen-

---

[1] Vgl. die Fußnote auf S. 68.

gesetzt werden. Man erkennt, daß man die Gewichte der Massenpunkte nur als positive Skalare anzusehen braucht, die an die Punkte P_ν gebunden sind, und daß dann G der Mittelpunkt dieses Skalarsystems ist. G liegt mithin innerhalb der konvexen Hülle der Punkte $P_1, P_2, \ldots, P_n$.

Der Begriff des Massenpunktes ist, wie schon früher erwähnt, eine Abstraktion. Liegt irgendeine Verteilung von schwerer Materie, ein schwerer „Körper" vor, so kann eine Aufteilung in Massenpunkte je nach der beabsichtigten Anwendung im allgemeinen auf viele verschiedene Weisen vorgenommen werden. Oft sieht man, wie schon in **31** erwähnt, die Materie in dem vom Körper eingenommenen Raumteil als kontinuierlich verteilt an. Ist ω das Volumen eines abgegrenzten Teils des Raumes und V das Gesamtgewicht der darin enthaltenen Materie, so kann man $\dfrac{V}{\omega}$ das mittlere Gewicht in diesem Raumteil nennen. Läßt man den Bereich auf einen Punkt P zusammenschrumpfen und nimmt an, daß hierbei $\dfrac{V}{\omega}$ gegen eine Zahl φ konvergiert, so nennt man den Skalar φ das *spezifische Gewicht* des Körpers in P. Kann dies für alle Punkte P des betrachteten Körpers durchgeführt werden, so stellt das spezifische Gewicht φ ein Skalarfeld innerhalb des Körpers dar. Ist φ konstant, so nennt man den Körper *homogen*. Nimmt man die Gestalt und das spezifische Gewicht des Körpers als bekannt an, so erhält man umgekehrt durch Integration sein Gesamtgewicht V:

$$V = \int \varphi \, d\omega = \int\!\!\int\!\!\int \varphi(x, y, z) \, dx \, dy \, dz,$$

wobei $d\omega$ das Volumenelement bezeichnet.

Bei dieser Auffassung des Körpers ist der Schwerpunkt G als Mittelpunkt des Skalarfeldes φ durch (**31**, 9) gegeben.

Beachtet man die Bedeutung der Integrale in (**31**, 9) als Grenzwerte der Summen in (**31**, 10), so hat man wieder die Massenpunktauffassung, wenn man den Teil Ω_ν des Körpers durch einen Massenpunkt des Gewichtes $\varphi(P_\nu) \omega_\nu$ ersetzt denkt.

Besteht ein Körper aus einer dünnen (ebenen oder krummen) Platte, so kann man oft von der Dicke absehen und die Materie als flächenhaft verteilt ansehen. φ bedeutet dann „Gewicht pro Flächeneinheit". Besteht der Körper aus einem dünnen Draht, so betrachtet man oft die Materie als verteilt auf einem Kurvenbogen; φ bedeutet dann „Gewicht pro Längeneinheit".

Für einen homogenen Körper, wo also φ konstant ist, kann φ auf beiden Seiten der den Schwerpunkt bestimmenden Gleichungen fortgelassen werden. Der Schwerpunkt ist also in diesem Fall der Mittelpunkt des konstanten Skalarfeldes $\varphi = 1$ und hängt nur von der Gestalt der Massenverteilung ab; er heißt daher auch der *geometrische Schwerpunkt* des betreffenden Körpers, Flächen- oder Kurvenstückes.

Bei der Definition des Schwerpunktes war vorausgesetzt, daß die Schwerkräfte, die auf die verschiedenen Teile des Körpers einwirken, einander parallel sind. Dies ist jedoch nur der Fall, wenn die Ausdehnung des Körpers im Schwerefeld nicht zu groß ist. Wir werden später (vgl. **126**, S. 298) sehen, wie man dazu geführt wird, den Schwerevektor eines Massenpunktes als Produkt eines Vektors $\mathfrak{g}$, der nur vom Orte im Schwerefeld abhängt, mit einem positiven Skalar m, der Masse, aufzufassen, wobei dieser Skalar m allein vom Massenpunkt abhängt und sich nicht ändert, wenn der Massenpunkt im Schwerefeld verschoben wird. Den Mittelpunkt des Skalarsystems m kann man als den *Massenmittelpunkt* des Körpers bezeichnen. Ist der Körper so klein, daß man in ihm $\mathfrak{g}$ nach Größe und Richtung als konstant ansehen kann, so sind die Skalare V und m proportional, also Massenmittelpunkt und Schwerpunkt identisch. Für Körper mit größerer Ausdehnung ist der Begriff des Massenmittelpunktes immer noch sinnvoll, man kann aber im allgemeinen nicht mehr behaupten, daß die Schwerkräfte zu einer Resultante in diesem Punkt zusammengesetzt werden können. Der hier behandelte Begriff ist eigentlich der Massenmittelpunkt in der angegebenen Bedeutung. Wir wollen ihn jedoch, dem allgemeinen Sprachgebrauch folgend, stets als Schwerpunkt bezeichnen[1].

Das Verhältnis zwischen der Masse, die in einem Teil eines Körpers enthalten ist, und dem Volumen dieses Teils wird die mittlere Massendichte in diesem Teil des Körpers genannt. Durch Grenzübergang leitet man hieraus die Massendichte in einem Punkt ab und erhält so dem früheren analog im betrachteten Körper ein Skalarfeld μ, die *Massendichte*.

33. Anwendungen. GULDINsche Regel. *Wenn ein ebenes Flächenstück parallel (senkrecht oder schief) auf eine andere Ebene projiziert wird, so geht sein geometrischer Schwerpunkt in den geometrischen Schwerpunkt der Projektion über.* Das Verhältnis zwischen dem Inhalt eines Teils der Fläche und dem Inhalt seiner Projektion hängt nämlich nur von der Stellung der Ebenen zur Projektionsrichtung ab; läßt man diese mit der Richtung der Schwerkraft zusammenfallen, so sind die zwei Systeme von Gewichtsvektoren für die beiden Flächenstücke proportional, und ihre Resultanten liegen daher auf derselben Geraden.

Betrachtet man (Abb. 34) in einem zylindrischen Rohr einen Normalschnitt und einen schiefen Schnitt, deren Ebenen sich in der Geraden l unter dem Winkel α schneiden, und bezeichnet man mit df ein Flächenelement des Normalschnittes, mit y seinen Abstand von l, mit z das Stück, das die Ebenen auf einer durch das Element gehenden zu den Zylindererzeugenden parallelen Geraden abschneiden, und mit N den Flächeninhalt des Normalschnittes, so erhält man für das Volumen ω des schräg abgeschnittenen Zylinders wegen $z = y \operatorname{tg}\alpha$

$$\omega = \int z\, df = \operatorname{tg}\alpha \int y\, df = \operatorname{tg}\alpha \cdot y_G N = z_G N,$$

---

[1] Eine Zusammenstellung von oft benutzten geometrischen Schwerpunkten von Linien, Flächen und Körpern findet man z. B. im ersten Bande des Taschenbuches „Hütte". Der Anfänger versäume nicht, zur Übung die wichtigsten der dort genannten Resultate abzuleiten.

wenn y_G und z_G den y- bzw. z-Wert für den Schwerpunkt des Normalschnittes bedeuten. z_G ist nach dem obigen Satz der Abstand des Schwerpunktes des Normalschnittes von dem des schiefen Schnittes. Man hat daher den folgenden Satz: *Schneidet man aus einem zylindrischen Rohr durch zwei Ebenen ein Stück heraus, so ist dessen Volumen gleich dem Produkt des Flächeninhalts des Normalschnittes und des Abstandes der Schwerpunkte der Schnittflächen.* Das Wort „Rohr“ ist hier im weitesten Sinne zu verstehen: Der Normalschnitt kann ein ganz beliebiges (zusammenhängendes oder nicht zusammenhängendes) Gebiet sein.

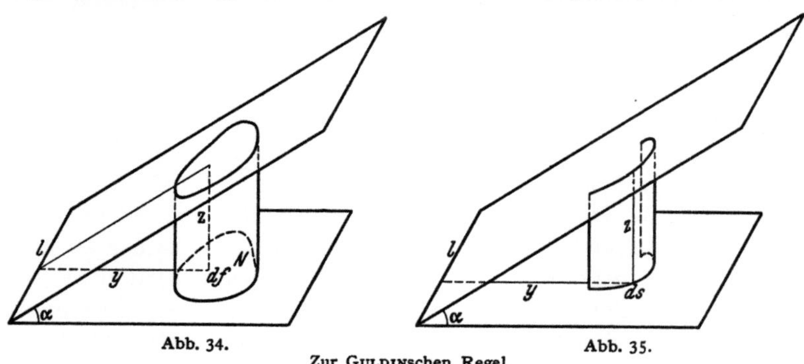

Abb. 34.   Abb. 35.

Zur GULDINschen Regel.

Ein ebener Kurvenbogen sei Leitlinie einer Zylinderfläche, deren Erzeugendenrichtung auf der Ebene des Bogens senkrecht steht (Abb. 35). Schneidet man die Fläche mit einer zu den Erzeugenden senkrechten und einer beliebigen Ebene, so erhält man für den Flächeninhalt F des von ihnen ausgeschnittenen Flächenstücks, wenn ds ein Linienelement und L die Länge des Bogens ist, und wenn man im übrigen die den obigen analogen Bezeichnungen verwendet,

$$F = \int z\, ds = \operatorname{tg}\alpha \cdot \int y\, ds = \operatorname{tg}\alpha \cdot y_G L = z_G L,$$

wo z_G nun das Stück bedeutet, das von den Ebenen aus einer durch den Schwerpunkt des Bogens gehenden, den Erzeugenden parallelen Geraden ausgeschnitten wird. Man beachte aber, daß diese Gerade die schräge Ebene im allgemeinen nicht im Schwerpunkt ihrer Schnittkurve mit der Fläche schneidet; denn beim Projizieren eines Kurvenbogens wird der Schwerpunkt im allgemeinen nicht in den Schwerpunkt der Projektion projiziert.

Ist α sehr klein, so kann man $\operatorname{tg}\alpha$ durch α ersetzen. Man kann also $y_G N\, d\alpha$ als Volumenelement desjenigen Rotationskörpers auffassen, der entsteht, wenn sich der Normalschnitt um l dreht. Der ganze Rotationskörper besitzt demnach das Volumen $2\pi y_G N$. Entsprechendes gilt für die Fläche, die entsteht, wenn der Kurvenbogen L um l rotiert. Auf diese Weise erhält man die GULDINsche (PAPPUSsche) Regel:

Wenn eine Halbebene um ihre Begrenzungsgerade rotiert, so beschreibt ein Gebiet in der Halbebene einen Rotationskörper, dessen Volumen gleich dem Produkt aus dem Flächeninhalt des Gebietes und der Länge des von seinem Schwerpunkt zurückgelegten Weges ist. Ein Kurvenbogen in der Halbebene erzeugt eine Rotationsfläche, deren Flächeninhalt gleich dem Produkt aus der Länge des Bogens und der Länge des von seinem Schwerpunkt zurückgelegten Weges ist.

Das wesentliche in allen diesen Fällen ist, daß die betrachteten Größen den statischen Momenten (vgl. **29**) des Flächenstückes oder Bogens in bezug auf l proportional sind. Überall, wo statische Momente bei geometrischen oder mechanischen Betrachtungen auftreten, ist es zweckmäßig, den Schwerpunkt einzuführen.

Kennt man das Volumen eines Rotationskörpers, so kann man die GULDINsche Regel dazu verwenden, den Abstand des Schwerpunktes des erzeugenden Flächenstücks von der Achse zu berechnen. Entsprechendes gilt für Rotationsflächen.

Übungsaufgaben zum 3. Kapitel.

1. Eine Schraube sei durch die Vektorinvariante $\mathfrak{B}$ und das Moment $\mathfrak{m}$ im Ursprung gegeben. Eine Gerade a, die weder Nullgerade noch der Zentralachse parallel ist, sei durch ihre normierten Plückervektoren $\mathfrak{e}$ und $\mathfrak{f}$ gegeben. Man stelle die Schraube durch je einen Einzelvektor auf a und der dazu konjugierten Geraden b dar, indem man die Länge der beiden Vektoren und die normierten Plückervektoren von b bestimmt.

2. Gegeben eine Schraube S und eine Ebene ε. Man zeige, daß man S in einen Einzelvektor an einem beliebigen, außerhalb ε gegebenen Punkt zusammen mit einem Einzelvektor in ε oder einem Vektorpaar in ε umformen kann. Ferner, daß man S in ein Vektorpaar in ε und einen mit der Zentralachse parallelen Einzelvektor umformen kann, falls ε nicht parallel zur Zentralachse ist.

3. Ein Vektorsystem habe die Vektorinvariante $\mathfrak{B}$ und das Moment $\mathfrak{m}$ im Ursprung. Man stelle es durch Vektoren auf den sechs Kanten desjenigen Tetraeders dar, das vom Ursprung und den Einheitspunkten auf den Koordinatenachsen gebildet wird.

4. Sechs Geraden, von denen die vier ersten einen Punkt gemeinsam haben, gehören immer einem speziellen Nullsystem an. Sie sind nämlich Nullgeraden für einen Einzelvektor, dessen Angriffslinie durch den Punkt geht und die beiden letzten Geraden schneidet. Ebenso zeige man, daß sechs Geraden, von denen die ersten vier in einer Ebene liegen, immer einem speziellen Nullsystem angehören. In beiden Fällen sind spezielle Lagenverhältnisse der beiden letzten Geraden besonders zu erörtern.

5. In drei Punkten A, B, C werden Momentvektoren $\mathfrak{M}_A$, $\mathfrak{M}_B$, $\mathfrak{M}_C$ eines Momentfeldes vorgegeben. Es soll gezeigt werden, daß man die Entscheidung über den Rang ϱ des Momentfeldes folgendermaßen treffen kann: Falls $\mathfrak{M}_A = \mathfrak{M}_B = \mathfrak{M}_C$ ist, bekommt man $\varrho = 0$ oder $\varrho = 1$, und zwar je nachdem der gemeinsame Wert Null ist oder nicht; diese Bedingung ist notwendig und hinreichend. Falls

$$\alpha = |\,\mathfrak{M}_A \quad \mathfrak{M}_B \quad \mathfrak{M}_C\,|$$

von Null verschieden ist, bekommt man $\varrho = 3$; diese Bedingung ist hinreichend, aber nur dann notwendig, wenn der Vektor

$$\mathfrak{D} = \mathfrak{M}_A \times \mathfrak{M}_B + \mathfrak{M}_B \times \mathfrak{M}_C + \mathfrak{M}_C \times \mathfrak{M}_A$$

von Null verschieden ist. Falls $\mathfrak{D} = 0$ ist, ist auch $\alpha = 0$, und in diesem Fall bekommt man $\varrho = 2$ oder $\varrho = 3$, je nachdem der Vektor

$$\mathfrak{E} = (\overrightarrow{BC} \cdot \mathfrak{M}_A)\,\mathfrak{M}_A + (\overrightarrow{CA} \cdot \mathfrak{M}_A)\,\mathfrak{M}_B + (\overrightarrow{AB} \cdot \mathfrak{M}_A)\,\mathfrak{M}_C$$

Null ist oder nicht. In $\mathfrak{E}$ ist die Koeffizientensumme Null, und die in den skalaren Produkten auftretenden Faktoren $\mathfrak{M}_A$ können überall durch $\mathfrak{M}_B$ oder $\mathfrak{M}_C$ ersetzt werden.

Im Falle $\alpha \neq 0$ zeige man, daß man die Vektorinvariante

$$\mathfrak{B} = \frac{\mathfrak{D}}{\mathfrak{M}_A \cdot \overrightarrow{AB} + \mathfrak{M}_B \cdot \overrightarrow{BC} + \mathfrak{M}_C \cdot \overrightarrow{CA}}$$

und die Skalarinvariante

$$\sigma = \frac{\alpha\,(\mathfrak{M}_A \cdot \overrightarrow{AB} + \mathfrak{M}_B \cdot \overrightarrow{BC} + \mathfrak{M}_C \cdot \overrightarrow{CA})}{\mathfrak{D}^2}$$

erhält.

Will man die Aufgabe konstruktiv behandeln, so trage man $\mathfrak{M}_A$, $\mathfrak{M}_B$, und $\mathfrak{M}_C$ vom gleichen Punkte O ab. Fallen die drei Endpunkte zusammen, so hat man $\varrho = 0$ oder $\varrho = 1$, je nachdem dies im Punkte O geschieht oder nicht. In allen anderen Fällen hat man $\varrho = 2$ oder 3, und es existiert eine Zentralachse. Falls die drei Endpunkte eine Ebene bestimmen, sei Q die Projektion von O auf diese. Dann ist $\overrightarrow{OQ} = \sigma\mathfrak{B}$. Also ist $\mathfrak{M}_A - \overrightarrow{OQ}$ das Moment des auf der Zentralachse liegenden Vektors $\mathfrak{B}$ im Punkte A. Man lege also durch A eine auf $\mathfrak{M}_A - \overrightarrow{OQ}$ senkrechte Ebene und verfahre analog in B und C. Die drei Ebenen treffen sich in der Zentralachse, und $\mathfrak{B}$ läßt sich danach leicht finden. Man diskutiere den noch übrigbleibenden Fall, daß die drei Endpunkte auf einer Geraden liegen und dabei höchstens zwei zusammenfallen.

6. Drei Vektoren bilden ein mit Null äquivalentes System. Man zeige, daß ihre Angriffslinien in einer Ebene liegen und durch einen (möglicherweise unendlich fernen) Punkt gehen.

7. Es ist nachzuweisen, daß ein ebenes Vektorsystem sich stets auf drei Vektoren reduzieren läßt, die auf drei nicht durch einen Punkt gehenden, im übrigen aber beliebig vorgeschriebenen Geraden der Ebene liegen.

8. Ein ebenes System von gebundenen Vektoren sei dadurch gegeben, daß man für jeden Vektor des Systems den Angriffspunkt (x, y), den Betrag V und den Winkel φ mit der positiven x-Achse kennt. Dreht man alle Vektoren des Systems den gleichen Winkel α um ihre Angriffspunkte, so entsteht ein neues System, dessen Vektorinvariante durch

$$X = \sum V \cos(\varphi + \alpha) = \cos\alpha \sum V \cos\varphi - \sin\alpha \sum V \sin\varphi, \qquad (1)$$

$$Y = \sum V \sin(\varphi + \alpha) = \cos\alpha \sum V \sin\varphi + \sin\alpha \sum V \cos\varphi \qquad (2)$$

und dessen Moment um den Punkt $x = a$, $y = b$ durch

$$M_{(a, b)} = \sum \begin{vmatrix} x - a & y - b \\ V \cos(\varphi + \alpha) & V \sin(\varphi + \alpha) \end{vmatrix} \qquad (3)$$

$$= \cos\alpha \left[\sum V x \sin\varphi - \sum V y \cos\varphi - a \sum V \sin\varphi + b \sum V \cos\varphi \right]$$

$$+ \sin\alpha \left[\sum V x \cos\varphi + \sum V y \sin\varphi - a \sum V \cos\varphi - b \sum V \sin\varphi \right]$$

dargestellt wird. Die Vektorsumme des neuen Systems hat den gleichen Betrag wie die des ursprünglichen, da sie aus dieser durch eine Drehung um α hervorgeht, wie auch die Gleichungen (1) und (2) zeigen. — Ist diese Vektorsumme von Null verschieden, so kann man durch Nullsetzen der beiden eckigen Klammern in (3) einen Punkt $x = a$, $y = b$ eindeutig so bestimmen, daß das Moment um diesen Punkt unabhängig von α verschwindet. Die Resultierende des Systems dreht sich also um einen festen Punkt durch den gleichen Winkel. — Ist aber die Vektorsumme Null, so hängt das Moment (3) von a und b nicht ab, und es variiert mit α wie

$$m \cos\alpha + n \sin\alpha = \sqrt{m^2 + n^2} \sin(\alpha - \alpha_1).$$

Das Moment des resultierenden Vektorpaares wird also Null für einen gewissen Drehwinkel α_1 und maximal für $\alpha_1 + \dfrac{\pi}{2}$. Dies sieht man auch, indem man das System in zwei Teilsysteme von entgegengesetzt gleicher Vektorsumme teilt, deren Resultierende sich unter Erhaltung ihrer Parallelität um feste Angriffspunkte drehen.

9. Man bestimme den Mittelpunkt zweier gebundener, paralleler, gleich oder entgegengesetzt orientierter Vektoren, deren Summe von Null verschieden ist.

10. Es ist zu zeigen, daß der Mittelpunkt von vier gebundenen gleichen Vektoren im Schnittpunkt der räumlichen Mittellinien des von den Angriffspunkten bestimmten Tetraeders liegt.

11. Ein Polyeder ist einer Kugel umschrieben. Der Flächeninhalt jeder Seitenfläche wird als Skalar dem Berührungspunkt mit der Kugel zugeordnet. Man zeige, daß der Mittelpunkt dieses Skalarsystems mit dem der Kugel zusammenfällt.

12. Man zeige, daß für ein Skalarsystem V_ν in den Punkten P_ν und seinen Mittelpunkt G die Beziehung gilt

$$[\sum_\nu V_\nu]\,[\sum_\nu V_\nu\,(\overline{G P_\nu})^2] = \sum_{\substack{\mu,\,\nu \\ \mu<\nu}} V_\mu\,V_\nu\,(\overline{P_\mu P_\nu})^2 .$$

13. Die Eckpunkte eines Tetraeders haben die Ortsvektoren $\mathfrak{r}_1$, $\mathfrak{r}_2$, $\mathfrak{r}_3$, $\mathfrak{r}_4$. Man soll die Ortsvektoren der Zentren der Inkugel und der vier Ankugeln finden.

Anleitung: Man bestimme die Flächeninhalte der Seitenflächen

$$A_1 = \tfrac{1}{2}\,|\,(\mathfrak{r}_3 - \mathfrak{r}_2) \times (\mathfrak{r}_4 - \mathfrak{r}_2)\,|$$

usw. und knüpfe den Skalar A_ν an den Punkt $\mathfrak{r}_\nu$. Durch Bildung der statischen Momente in bezug auf die Seitenebenen zeigt man, daß der Mittelpunkt dieses Skalarsystems mit dem Zentrum der Inkugel zusammenfällt. Um eine Ankugel zu finden, wechselt man das Vorzeichen des entsprechenden Skalars A_ν.

Die Zentren der In- und Ankreise eines Dreiecks findet man in entsprechender Weise.

4. Kapitel.

Gleichgewicht der Körper.

34. Gleichgewicht starrer Körper. Man sagt, daß sich ein Körper unter der Einwirkung von Kräften im *Gleichgewicht* befinde, wenn er in Ruhe ist und verbleibt. Zunächst betrachten wir starre Körper, das sind solche, deren mögliche elastische Formänderungen so klein sind, daß wir bei gewissen mechanischen Problemen von ihnen absehen können. Bei anderen Problemen können dagegen die elastischen Formänderungen von entscheidender Bedeutung sein, und das Folgende geht unter anderem darauf aus, diese Problemkreise gegen einander abzugrenzen. Die Bedeutung dieser Abstraktion erkennt man am besten am „Erstarrungsprinzip" (vgl. auch **14**), das wir allen Untersuchungen über nicht starre Körper zugrunde legen: Ein Körper, dessen Teile beliebige gegenseitige Beweglichkeit aufweisen können, sei in einer Gleichgewichtslage zur Ruhe gekommen; wenn man sich nun den Körper in dieser Gleichgewichtslage erstarrt, d. h. alle Beweglichkeit zwischen seinen Teilen und jede elastische Deformierbarkeit aufgehoben denkt, ohne daß etwas an der Kraftwirkung geändert wird, die der Körper von der Umgebung erleidet, so bleibt das Gleichgewicht erhalten. Man kann dann die Gleichgewichtsbedingungen studieren, als ob es sich um einen geometrisch unveränderlichen, einen starren Körper handelte.

Wir haben in **16** festgestellt, daß man eine Kraft, die einen starren Körper angreift, ohne ihre Wirkung zu ändern, in ihrer Angriffslinie verschieben kann, solange der Angriffspunkt innerhalb des Körpers bleibt, daß man zwei Kräfte zu einer zusammensetzen kann, wenn ihre Angriffslinien sich innerhalb des Körpers schneiden, und schließlich, daß man umgekehrt eine Kraft in Komponenten mit demselben Angriffspunkt zerlegen kann. Wir wollen uns nun von der die Lage der Angriffspunkte betreffenden Einschränkung befreien, indem wir diese statischen Umformungen vollkommen frei ausführen und uns die im Verlauf der Konstruktion auftretenden, außerhalb des Körpers liegenden Angriffspunkte in fester Verbindung mit dem Körper denken. Dann können wir nach **21** S. 51 das System der Kraftvektoren, die auf den Körper wirken, in eine Kraftschraube oder eine Einzelkraft oder ein Kräftepaar oder Null überführen. Die Lehre vom Gleichgewicht der Körper beruht nun auf den folgenden fundamentalen Annahmen:

I. *Ein starrer Körper, auf den keinerlei Kräfte einwirken und der ursprünglich in Ruhe ist, verbleibt in Ruhe.*

II. *Ein Körper, auf den nur eine Einzelkraft oder nur ein Kräftepaar oder nur eine Kraftschraube einwirkt, kann nicht in Ruhe verbleiben.*

Aus der Annahme II und dem Erstarrungsprinzip geht hervor: Eine notwendige Bedingung dafür, daß sich ein Körper in einer bestimmten Lage im Gleichgewicht befindet, ist, daß das Kraftsystem, das in dieser Lage des Körpers auf ihn wirkt, äquivalent Null ist. Und Annahme I besagt: Für einen starren Körper, der sich ursprünglich in Ruhe befindet, ist diese Bedingung auch hinreichend.

Die Kräfte, die auf einen Körper wirken, hängen im allgemeinen von seiner Lage im Raume ab. Man kann daher zwei wesentliche Typen von Gleichgewichtsaufgaben unterscheiden:

1. Eine Gleichgewichtslage eines Körpers ist gegeben. Man soll die Kräfte bestimmen, die in dieser Lage auf den Körper einwirken. Hier wird man im allgemeinen einen Teil der Kräfte mit der Gleichgewichtslage als gegeben ansehen können, nämlich beispielsweise diejenigen, die *nur* von der Lage des Körpers abhängen. Von den übrigen, darunter insbesondere den Reaktionskräften eventueller Zwangsbindungen, weiß man, daß sie zusammen mit den bekannten Kräften ein System im Gleichgewicht bilden müssen. In einigen Fällen können sie aus dieser Bedingung allein eindeutig bestimmt werden. Dann wird die Gleichgewichtslage als *äußerlich statisch bestimmt* bezeichnet.

2. Die Kräfte, die auf einen Körper einwirken, sind in Abhängigkeit von seiner Lage im Raume gegeben. Man soll diejenigen Lagen bestimmen, für die das Kraftsystem äquivalent Null ist, unter denen also die Gleichgewichtslagen zu suchen sind.

Wir wollen hier die Aufgabe 2 für einen starren Körper lösen, der frei im Raume beweglich ist. Die Lage des Körpers im Raum hängt von sechs Parametern ab. Sie kann z. B. durch die neun Koordinaten von drei nicht auf einer Geraden liegenden Punkten festgelegt werden. Zwischen diesen Koordinaten bestehen drei unabhängige Relationen, die zum Ausdruck bringen, daß die gegenseitigen Abstände der drei Punkte fest sind. Man kann dies auch so einsehen: Durch drei Parameter kann man einen Punkt des Körpers festlegen, durch weitere zwei Parameter eine Gerade durch diesen Punkt und durch einen weiteren eine Ebene durch diese Gerade. Es seien nun $\alpha_1, \alpha_2, \ldots, \alpha_6$ Parameter dieser Art. Wir legen ein rechtwinkliges Koordinatensystem zugrunde. Die Koordinaten X_ν, Y_ν, Z_ν der Kräfte und x_ν, y_ν, z_ν ihrer Angriffspunkte sind gegebene Funktionen von $\alpha_1, \alpha_2, \ldots, \alpha_6$. Die Bedingungen für das Gleichgewicht des Körpers lauten dann nach **23** S. 53:

$$(34, 1) \qquad \sum X_\nu = \sum Y_\nu = \sum Z_\nu = 0 ,$$

$$(34, 2) \quad \sum (y_\nu Z_\nu - z_\nu Y_\nu) = \sum (z_\nu X_\nu - x_\nu Z_\nu) = \sum (x_\nu Y_\nu - y_\nu X_\nu) = 0 ;$$

und durch diese Gleichungen sind $\alpha_1, \alpha_2, \ldots, \alpha_6$ im allgemeinen bestimmt. Doch können natürlich mehrere Lösungen vorhanden sein. Jedes Wertsystem $\alpha_1, \alpha_2, \ldots, \alpha_6$, das (**34**, 1, 2) erfüllt, entspricht einer Gleichgewichtslage des starren Körpers.

Nimmt man die Kräfte als kontinuierlich verteilt an, was insbesondere bei den Schwerkräften vielfach zweckmäßig ist, so treten an die Stelle der Summen in (**34**, 1, 2) Integrale von der in (**31**, 5, 6) angegebenen Art.

Im allgemeinen wird der Körper Bindungen unterworfen sein. Man fügt dann zu den gegebenen Kräften zunächst unbekannte Reaktionskräfte und behandelt danach den Körper wie einen frei beweglichen. Man hat dann die Gleichungen (**34**, 1, 2) zur Bestimmung der unbekannten Kräfte und der Lageparameter, deren Anzahl in solchen Fällen kleiner als 6 ist.

35. Körper mit festgehaltenem Punkt. Es möge ein Punkt O eines starren Körpers im Raume festgehalten werden. Wir wollen nicht näher auf die mechanischen Vorrichtungen (wie die CARDANIsche Aufhängung) eingehen, durch die dies erreicht werden kann. Man geht von der Annahme aus, daß die Fixierung von O durch eine in O angreifende Einzelkraft, die *Reaktion* $\mathfrak{R}$ in O, ersetzt werden kann, falls die betreffenden Vorrichtungen reibungsfrei sind, d. h. wenn sich der Körper ungehindert um O bewegen kann. Das Moment der Reaktion $\mathfrak{R}$ in O ist also Null. Ist $\mathfrak{K}$ die Vektorsumme der übrigen auf den Körper wirkenden Kräfte und $\mathfrak{M}$ ihr Momentvektor in O, so lauten die Gleichgewichtsbedingungen

$$(35, 1) \qquad\qquad \mathfrak{K} + \mathfrak{R} = 0 ,$$

$$(35, 2) \qquad\qquad \mathfrak{M} = 0 .$$

Diese Gleichungen besagen ja, daß das gesamte Kraftsystem einschließlich $\mathfrak{R}$ äquivalent Null ist. Sie stellen also die notwendige und hinreichende Bedingung dafür dar, daß sich der als frei beweglich aufgefaßte starre Körper im Gleichgewicht befindet. Die Lagen des Körpers hängen nun, wenn O festgehalten ist, von drei Parametern α_1, α_2, α_3 ab, und die Koordinaten der wirkenden Kräfte und ihrer Angriffspunkte können als Funktionen von diesen aufgefaßt werden. Führen wir also ein Koordinatensystem mit dem Ursprung O ein und benutzen dieselben Bezeichnungen wie in **34**, so lauten die (**35**, 1, 2) entsprechenden skalaren Gleichungen

$$(\mathbf{35},\,3) \qquad \sum X_\nu + R_x = \sum Y_\nu + R_y = \sum Z_\nu + R_z = 0\,,$$

$$(\mathbf{35},\,4) \qquad \sum (y_\nu Z_\nu - z_\nu Y_\nu) = \sum (z_\nu X_\nu - x_\nu Z_\nu) = \sum (x_\nu Y_\nu - y_\nu X_\nu) = 0\,.$$

Jedes Wertsystem α_1, α_2, α_3, welches die drei letzten Gleichungen befriedigt, bestimmt eine Gleichgewichtslage. Nachdem ein solches Wertsystem α_1, α_2, α_3 festgelegt ist, sind $\sum X_\nu$, $\sum Y_\nu$ und $\sum Z_\nu$ in (**35**, 3) bekannt, und (**35**, 3) gestattet die Bestimmung der Koordinaten R_x, R_y, R_z von $\mathfrak{R}$.

Sind die mechanischen Vorrichtungen, die zur Festhaltung von O dienen, nicht reibungsfrei, so wird der Körper einen gewissen Widerstand gegen eine Drehung um O leisten. Dieser wirkt wie ein Kräftepaar, dessen Moment jedoch einen gewissen von $\mathfrak{R}$ abhängigen Maximalwert nicht übersteigen kann. Gleichgewicht wird also bestehen, wenn das Moment $\mathfrak{M}$ der wirkenden Kräfte um O dem Betrage nach nicht größer als dieses maximale Reibungsmoment $\mathfrak{U}$ ist. M. a. W., Gleichgewichtslagen gehören zu allen und nur den Wertsystemen α_1, α_2, α_3, für die

$$(\mathbf{35},\,5) \quad [\sum (y_\nu Z_\nu - z_\nu Y_\nu)]^2 + [\sum (z_\nu X_\nu - x_\nu Z_\nu)]^2 + [\sum (x_\nu Y_\nu - y_\nu X_\nu)]^2 \leqq \mathfrak{U}^2$$

ist; diese Ungleichung und die Gleichungen (**35**, 3) sind dann die Gleichgewichtsbedingungen. Da die Wertsysteme der Parameter, welche Gleichgewichtslagen entsprechen, durch Ungleichungen bestimmt sind, erhält man ganze Bereiche von Gleichgewichtslagen. Dies ist typisch für Gleichgewichtsaufgaben mit Reibung; man sucht dann im allgemeinen die Grenzen dieser Bereiche zu bestimmen.

36. Körper mit festgehaltener Geraden. Es sei nun eine Gerade l eines starren Körpers im Raume festgehalten, so daß der Körper nur Drehungen um l und Verschiebungen längs l ausführen kann. Sind die mechanischen Vorrichtungen, durch die dies erzielt wird, reibungsfrei, so können sie nur Reaktionskräfte hervorrufen, deren Angriffslinien die Gerade l unter rechtem Winkel schneiden. Sie geben also weder ein Moment um l noch eine von Null verschiedene Projektion auf l. Ist nun $\mathfrak{K}$ die Vektorsumme der wirkenden Kräfte, und $\mathfrak{M}_O$ ihr Momentvektor in einem Punkt O von l, so besagt die Gleichgewichtsbedingung, daß sowohl $\mathfrak{K}$ als auch $\mathfrak{M}_O$ senkrecht auf l stehen müssen. Ist sie erfüllt, so weiß man von den Reaktionskräften, daß sie die Vektorsumme

— $\Re$ und den Momentvektor — $\mathfrak{M}_O$ in O haben. Und das ist auch die einzige Aufklärung, die man auf Grund der gemachten Annahmen über die Reaktionskräfte längs l erhalten kann. Jedes System von Reaktionskräften längs l und senkrecht auf l, dessen Vektorsumme — $\Re$ und dessen Moment in O gleich — $\mathfrak{M}_O$ ist, ist nämlich ausreichend, um das Gleichgewicht des starren Körpers zu sichern. Die wirkliche Verteilung der Reaktionskräfte längs l, die in einem konkreten Fall auftreten, kann also nicht bestimmt werden, solange man an der Abstraktion des starren Körpers festhält. Man sagt, die Verteilung sei *statisch unbestimmt*.

Man kann diesen Sachverhalt auch so beschreiben: Zwei mögliche Verteilungen der Reaktionen sind stets äquivalent; sie haben nämlich die gleiche Vektorsumme und das gleiche Moment in O. Das eine System und das dem anderen entgegengesetzte bilden also zusammen ein mit Null äquivalentes System. Die statische Unbestimmtheit beruht also auf der Existenz von mit Null äquivalenten Kraftsystemen längs l.

Gelegentlich kann die mechanische Vorrichtung, mit der man die Gerade l des Körpers festhält, selbst gewisse Aufklärungen über die Verteilung der Reaktionskräfte längs l geben. Hat man etwa eine Achse (Abb. 36), die in zwei Achsenlagern von so geringer Längenausdehnung ruht, daß man die Lager in zwei Punkten O und Q von l lokalisieren kann, so bestehen die Reaktionen von l aus zwei zu l senkrechten Kräften in O und Q (Gegendruck der Achsenlager). Diese sind eindeutig dadurch bestimmt, daß sie in Q bzw. O Momente hervorrufen, die den (auf l senkrechten) Momenten der wirkenden Kräfte entgegengesetzt gleich sind. Die Vektorsumme der beiden Reaktionen ist — $\Re$. Ruht dagegen die Achse in drei oder noch mehr Achsenlagern, so läßt sich die Verteilung der Reaktionen nicht bestimmen, wenn der Körper als starr behandelt wird.

Die Lage des Körpers ist bei festgehaltener Geraden l durch zwei Parameter α_1 und α_2 bestimmt, die etwa eine Verschiebung längs l bzw. eine Drehung um l festlegen. Verwendet man ein rechtwinkliges Koordinatensystem mit l als z-Achse, so schreiben sich die Gleichgewichtsbedingungen

$$(36,1) \qquad \sum Z_\nu = 0,$$

$$(36,2) \qquad \sum (x_\nu Y_\nu - y_\nu X_\nu) = 0.$$

Die hierin auftretenden Größen hängen allein von α_1, α_2 ab, und jedes Wertepaar α_1, α_2, das diese Gleichungen befriedigt, bestimmt eine Gleichgewichtslage. Für jedes solche Wertepaar ergeben dann die Gleichungen

$$(36,3) \qquad \sum X_\nu + R_x = 0,$$

$$(36,4) \qquad \sum Y_\nu + R_y = 0,$$

$$(36,5) \qquad U_x + \sum (y_\nu Z_\nu - z_\nu Y_\nu) = 0,$$

$$(36,6) \qquad U_y + \sum (z_\nu X_\nu - x_\nu Z_\nu) = 0$$

das Reaktionssystem von l, wobei R_x und R_y dessen Projektionssummen und U_x und U_y dessen Momentsummen in dem als Ursprung gewählten Punkt von l bedeuten. Wird die Achse in zwei Punkten O und Q vom Abstand a festgehalten, und wird O als Ursprung gewählt, so hat man

$$U_x = -aQ_y,$$
$$U_y = aQ_x,$$

woraus sich die Koordinaten Q_x und Q_y der Reaktion in Q bestimmen, und

$$R_x = Q_x + O_x,$$
$$R_y = Q_y + O_y,$$

woraus sich dann die Koordinaten O_x und O_y der Reaktion in O ergeben.

Sind die mechanischen Vorrichtungen, die l festhalten, nicht reibungsfrei, so muß man die Gleichgewichtsbedingungen (**36**, 1, 2) durch die Ungleichungen

(**36**, 7) $$\left| \sum Z_\nu \right| \leqq \left| \overline{R}_z \right|,$$

(**36**, 8) $$\left| \sum (x_\nu Y_\nu - y_\nu X_\nu) \right| \leqq \left| \overline{U}_z \right|$$

ersetzen, wo $\dot{R}_z$ die maximale Projektionssumme der Reibungskräfte auf l, also den größten Widerstand, mit dem der Körper sich einer Verschiebung längs l widersetzt, und $\overline{U}_z$ das maximale Moment um l, mit dem sich der Körper einer Drehung um l widersetzt, bedeuten. Diese Maximalwerte werden wie in den früher behandelten Fällen von den zu l senkrechten Reaktionskomponenten, hier sogar von deren Verteilung längs l abhängen. Ist die Verteilung statisch bestimmt, und kennt man die Abhängigkeit der Maximalwerte von den zu l senkrechten Reaktionskomponenten, so kann man aus (**36**, 3—8) den Bereich der zu Gleichgewichtslagen gehörigen Wertepaare α_1, α_2 bestimmen.

Wir ändern nun die Aufgabe dahin ab, daß wir die Verschiebbarkeit des Körpers längs l aufgehoben denken. Dann hängen seine möglichen Lagen nur von einem Parameter α, etwa dem Drehwinkel um l, ab. Wenn wir das System wieder als reibungsfrei voraussetzen, bestimmt sich α aus (**36**, 2) als einziger Gleichgewichtsbedingung. Gleichung (**36**, 1) ist nun, da die Reaktionskräfte längs l nicht mehr auf l senkrecht zu sein brauchen, durch

(**36**, 9) $$\sum Z_\nu + R_z = 0$$

zu ersetzen, woraus sich die Summe R_z der z-Koordinaten der Reaktionskräfte berechnet. (**36**, 9) zusammen mit (**36**, 3—6) bestimmt das System der Reaktionskräfte vollständig bis auf statische Umformungen. Ist die Zwangsbindung durch zwei Achsenlager von der in Abb. 37 angedeuteten Art realisiert, so wird R_z die Reaktionskoordinate O_z in O,

und O_x, O_y, Q_x, Q_z können dann wie oben bestimmt werden. Ist dagegen
das Achsenlager in Q von derselben Art wie das in O, so läßt sich die Verteilung von R_z auf O_z und Q_z statisch nicht bestimmen; denn dann existieren
wieder mit Null äquivalente Systeme
von Kräften längs l, nämlich diejenigen, die aus zwei entgegengesetzt

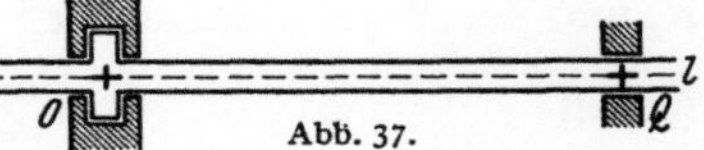

Abb. 37.

gleichen Kräften der Richtung l in O bzw. Q bestehen. Diese können
z. B. dadurch entstanden sein, daß die Einzwängung der Achse in die
Lagerung einen Druck oder Zug in der Längsrichtung erfordert hat.

37. Körper mit festgehaltener Ebene. Es möge in einem starren
Körper eine Ebene ε festgehalten werden, so daß er längs ε verschoben
und um die auf ε senkrechten Geraden gedreht werden kann. Ist diese
Bindung reibungsfrei, so stehen die Reaktionskräfte senkrecht auf ε,
sind also untereinander parallel und daher äquivalent mit einer auf ε
senkrechten Einzelkraft oder mit einem Kräftepaar, dessen Momentachse parallel ε ist, oder schließlich mit Null. Da sie das System der
wirkenden Kräfte im Gleichgewicht halten sollen, muß auch für dieses
System eine der genannten Äquivalenzen bestehen. Damit haben wir
die Gleichgewichtsbedingungen. Die Reaktionskräfte sind dadurch
wieder nur bis auf statische Umformungen bestimmt, und man kann
im allgemeinen durch statische Betrachtungen allein nichts Näheres
über ihre Verteilung schließen.

Wird die Bindung dadurch zustande gebracht, daß drei nicht auf
einer Geraden gelegene Punkte O, P, Q des Körpers gezwungen werden,
in ε zu bleiben, so ist das System statisch bestimmt. Beispielsweise ist
die Reaktion in Q eindeutig dadurch bestimmt, daß ihr Moment um
die Gerade OP dem Moment der wirkenden Kräfte um OP entgegengesetzt gleich sein muß. Man sieht, daß auch hier statische Bestimmtheit vorliegt, wenn die Zwangsbindung durch ein Mindestmaß von Bedingungen zustande gebracht ist. Die Eindeutigkeit ist wieder der Ausdruck dafür, daß auf drei parallelen Geraden, die nicht in derselben
Ebene liegen, kein mit Null äquivalentes System von nicht sämtlich
verschwindenden Vektoren angebracht werden kann. Sind dagegen vier
oder mehr Punkte des Körpers an ε gebunden, so ist das System statisch
unbestimmt; denn auf vier parallelen Geraden kann ein mit Null äquivalentes Vektorsystem angebracht werden, ohne daß jeder einzelne
Vektor des Systems verschwindet.

Verwendet man ein Koordinatensystem, dessen z-Achse auf ε senkrecht und dessen Ursprung in ε gewählt ist, so lauten die Gleichgewichtsbedingungen

$$(37,1) \qquad \sum X_\nu = 0,$$

$$(37,2) \qquad \sum Y_\nu = 0,$$

$$(37,3) \qquad \sum (x_\nu Y_\nu - y_\nu X_\nu) = 0.$$

Diese werden im allgemeinen zur Bestimmung der möglichen Gleichgewichtslagen ausreichen, da die Lagen des Körpers durch drei Parameter festgelegt werden können. Zur Bestimmung der Projektionssumme R_z und der Momentensummen U_x und U_y der Reaktionen hat man

$$\text{(37, 4)} \qquad \sum Z_\nu + R_z = 0,$$

$$\text{(37, 5)} \qquad \sum (y_\nu Z_\nu - z_\nu Y_\nu) + U_x = 0,$$

$$\text{(37, 6)} \qquad \sum (z_\nu X_\nu - x_\nu Z_\nu) + U_y = 0,$$

wodurch das System der Reaktionskräfte bis auf statische Umformungen festgelegt ist.

Ist der Körper nur einseitig an die Ebene gebunden, so daß er sich von der Ebene beispielsweise in Richtung der positiven z-Achse entfernen kann, so müssen bei Gleichgewicht alle Reaktionskräfte der Ebene in diese Richtung weisen und können folglich nicht mit einem Kräftepaar äquivalent sein. Wenn also die wirkenden Kräfte nicht gerade ein System im Gleichgewicht bilden, sind sie einer Einzelkraft in Richtung der negativen z-Achse äquivalent ($\sum Z_\nu < 0$) und der Schnittpunkt der Angriffslinie dieser Resultante mit ε muß innerhalb der kleinsten konvexen Hülle derjenigen Figur liegen, die der Körper mit ε gemein hat (vgl. **30** S. 68, **31** S. 73).

In dem am Schluß von **36** betrachteten Fall hat man einen Körper, von dem eine Gerade und eine dazu senkrechte Ebene festgehalten ist.

Ist Reibung vorhanden, so hat man die Gleichgewichtsbedingungen (**37**, 1, 2, 3) wie in den früheren Beispielen durch Ungleichungen zu ersetzen. Ist O einer der Stützpunkte des Körpers in ε, sind ferner $\mathfrak{N}_O$ und $\mathfrak{F}_O$ die Reaktionskomponenten, also Normalreaktion und Reibungskraft, in O, so gilt für diese

$$\text{(37, 7)} \qquad |\mathfrak{F}_O| \leqq \mu\,|\mathfrak{N}_O|.$$

Ist μ_0 eine obere Schranke für die Reibungskoeffizienten an den verschiedenen Stützstellen, und sind speziell alle Normaldrücke gleich gerichtet, so kann man aus (**37**, 7) schließen, daß die Vektorsumme der Reibungskräfte dem Betrage nach das μ_0-fache des gesamten Normaldrucks nicht übersteigen kann. Preßt man beispielsweise einen Körper vom Gewicht V gegen eine senkrechte rauhe Wand, und ist der Reibungskoeffizient μ, so muß der zur Wand senkrechte Druck mindestens den Betrag $\dfrac{V}{\mu}$ haben, wenn der Körper am Herabgleiten verhindert werden soll.

Über die Grenzfälle von Gleichgewicht machen wir die folgende allgemeine Annahme: Ein Körper befinde sich unter Mitwirkung von Reibungskräften im Gleichgewicht und seine Lage sei eine Grenzlage, d. h. es sei möglich, das Gleichgewicht durch

eine beliebig kleine, passend gewählte Abänderung der
wirkenden Kräfte zu stören. Dann haben die Reibungskräfte an allen Stellen, an denen die sich berührenden
Flächen bei der Störung des Gleichgewichts aufeinander
gleiten, den maximalen Wert Reibungskoeffizient mal Normaldruck und wirken an jeder dieser Stellen der Gleitbewegung entgegen, die dort einzutreten im Begriff ist.

38. Körper mit festgehaltener Schraubenlinie. Wenn bei dem in **36** be-
trachteten Körper mit festgehaltener Geraden nur solche Bewegungen zugelassen
werden, bei denen sich Verschiebungslänge längs der Geraden und Drehwinkel
um die Gerade proportional ändern, so beschreiben die Punkte des Körpers
Schraubenlinien mit der festgehaltenen Geraden als
Achse. Man kann dann eine dieser Schraubenlinien
als fest ansehen; das soll heißen, daß sie bei den
Bewegungen des Körpers, die dann nur von einem
Parameter abhängen, in sich verschoben wird. Dieser
Fall ist bei der Bewegung einer Schraube in ihrer
Mutter realisiert. Betrachten wir etwa eine flach-
gängige Schraube (Abb. 38). Die Einwirkung der
Mutter auf die Schraube besteht einerseits in einem
Seitendruck, der senkrecht zur Schraubenachse ge-
richtet ist, andererseits in einer Einwirkung auf die
Schraubengangfläche. In einer bestimmten Schrau-
benlinie der Fläche kann diese Einwirkung ihrerseits
in eine Komponente in Richtung der Schraubenlinien-
tangente, die Reibungskraft, und eine dazu senkrechte
Komponente, den Normaldruck, zerlegt werden.

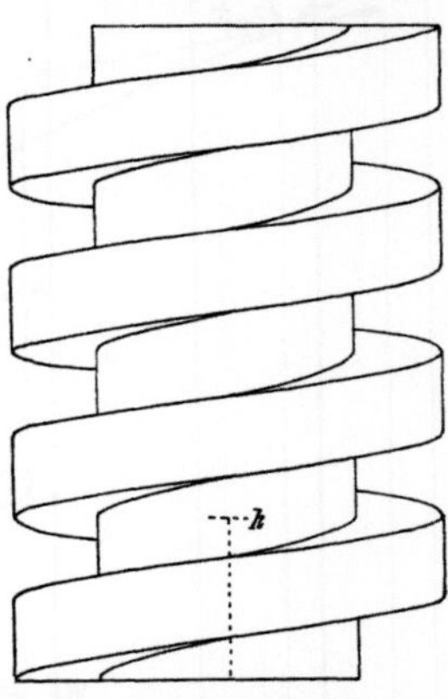

Abb. 38. Flachgängige Schraube.

Wir nehmen nun an, daß die sämtlichen Reaktionskräfte an einer Schraubenlinie angreifen, was
gewiß näherungsweise der Fall ist, wenn die Schrau-
bengangfläche schmal ist. Es sei $\mathfrak{A}$ ein Einheitsvektor auf der Achse a dieser
Schraubenlinie und r der Radius des Zylinders, auf dem sie verläuft. Ferner sei α
der Steigungswinkel, also der Winkel, den die Tangente mit einer zur Achse senkrechten Ebene einschließt, h die Ganghöhe und l die Bogenlänge der Schraubenlinie, von einem willkürlichen Anfangspunkt in Richtung des Vektors $\mathfrak{A}$ gemessen. Wir fassen nun einen Bogen der Länge L ins Auge. Ist l_0 die Länge
eines Umlaufs, so ist

$$(38, 1) \qquad l_0 = \frac{2\pi r}{\cos\alpha}$$

und

$$(38, 2) \qquad h = l_0 \sin\alpha = 2\pi r \, \mathrm{tg}\,\alpha .$$

In jedem Punkt l der Schraubenlinie zerlegen wir ihre Reaktion „pro Längeneinheit" in drei Komponenten: die Reibungskraft $\mathfrak{f}(l)$ in Richtung der Tangente,
den Normaldruck $\mathfrak{n}(l)$ senkrecht dazu in der Tangentialebene des Zylinders und
den Seitendruck $\mathfrak{z}(l)$ in der Richtung senkrecht zur Achse (Abb. 39). Da die Richtungen dieser Vektoren für jeden Punkt der Schraubenlinie bestimmt sind, genügen
zu ihrer Festlegung ihre mit Vorzeichen versehenen Beträge f, n, s; und zwar
soll f positiv oder negativ gerechnet werden, je nachdem $\mathfrak{f}$ einen spitzen oder
stumpfen Winkel, also den Winkel $\dfrac{\pi}{2} - \alpha$ oder $\dfrac{\pi}{2} + \alpha$ mit $\mathfrak{A}$ einschließt; n soll
positiv oder negativ sein, je nachdem $\mathfrak{n}$ und $\mathfrak{A}$ den Winkel α oder $\pi - \alpha$ bilden;

schließlich soll s positiv oder negativ sein, je nachdem $\mathfrak{z}$ auf die Achse zu oder von ihr fort weist[1].

Wir wollen nun die Gleichgewichtsbedingungen für den Fall untersuchen, daß auf den Körper eine Kraftschraube, deren Zentralachse mit der Achse a der Schraubenlinie zusammenfällt, also ein Kraftsystem einwirkt, das aus einer Einzelkraft $\mathfrak{K}$ mit der Angriffslinie a und einem Kräftepaar mit zu a parallelem Moment besteht.

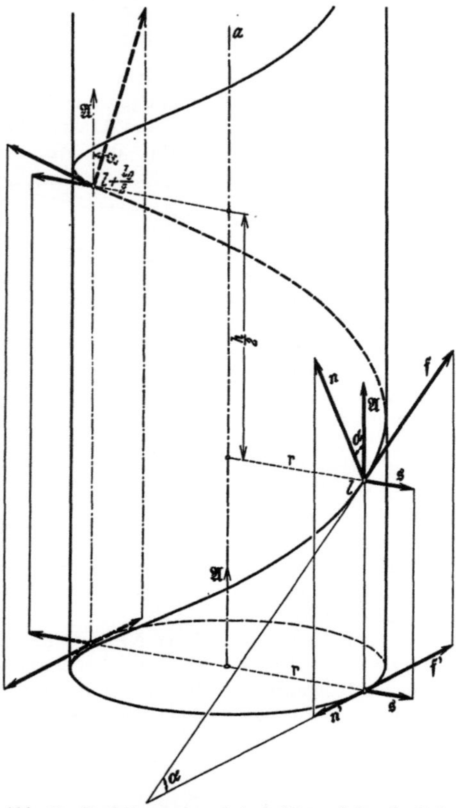

Abb. 39. Reaktionen einer festgehaltenen Schraubenlinie.

Zunächst berechnen wir die zur Achse a parallele Komponente (oder, wie wir kurz sagen wollen, die Vertikalkomponente) der Vektorinvariante des Reaktionssystems. Hierzu liefern die „horizontalen" Komponenten $\mathfrak{f}'$ und $\mathfrak{n}'$ von $\mathfrak{f}$ und $\mathfrak{n}$ sowie der Seitendruck $\mathfrak{z}$ keine Beiträge. Die Projektionen von $\mathfrak{f}$ und $\mathfrak{n}$ auf a haben die Werte $\mathfrak{A} \cdot \mathfrak{f} = f \sin\alpha$ und $\mathfrak{A} \cdot \mathfrak{n} = n \cos\alpha$. Wir finden also für die gesuchte Vertikalkomponente durch Integration über den ganzen betrachteten Bogen

$$(38,3)\quad \mathfrak{A}\int_0^L [f(l)\sin\alpha + n(l)\cos\alpha]\,dl$$
$$= \mathfrak{A}(F\sin\alpha + N\cos\alpha),$$

wo wir zur Abkürzung

$$(38,4)\quad F = \int_0^L f(l)\,dl, \quad N = \int_0^L n(l)\,dl$$

gesetzt haben.

Weiter berechnen wir die Vertikalkomponente des gesamten Moments in einem Punkt von a oder, was auf dasselbe hinausläuft, das gesamte Moment der Reaktionskräfte um die durch $\mathfrak{A}$ orientierte Achse a. Der Seitendruck liefert wieder keinen Beitrag, da seine Angriffslinie die Achse a schneidet, ebensowenig natürlich die Vertikalkomponenten von $\mathfrak{f}$ und $\mathfrak{n}$. Für den Beitrag der Horizontalkomponenten von $\mathfrak{f}$ und $\mathfrak{n}$ ergibt sich

$$(38,5)\qquad \pm r(f\cos\alpha - n\sin\alpha),$$

wo das obere Vorzeichen für eine rechtsgewundene (Abb. 39), das untere für eine linksgewundene Schraubenlinie gilt. Wenn wir uns an den Fall einer rechtsgewundenen halten, finden wir also für das Moment des Reaktionssystems um a mit Rücksicht auf (38, 4) durch Integration von (38, 5) über den betrachteten Bogen

$$(38,6)\qquad r\int_0^L [f(l)\cos\alpha - n(l)\sin\alpha]\,dl = r(F\cos\alpha - N\sin\alpha).$$

---

[1] In Abb. 39 sind f und n positiv, s negativ angenommen.

Wir sehen also: Notwendig für Gleichgewicht ist, daß die Vektorinvariante $\mathfrak{K}$ der wirkenden Kraftschraube dem Vektor (**38**, 3) entgegengesetzt ist:

$$(\mathbf{38},\,7) \qquad \mathfrak{K} = -(F\sin\alpha + N\cos\alpha)\,\mathfrak{A},$$

und daß ihr Moment um a gleich dem Negativen von (**38**, 6), also ihre Skalarinvariante

$$(\mathbf{38},\,8) \qquad \sigma = r\,\frac{F\cos\alpha - N\sin\alpha}{F\sin\alpha + N\cos\alpha}$$

ist.

Weiterhin haben wir als notwendige Bedingungen: Für das Reaktionssystem müssen die Horizontalkomponenten der Vektorinvariante und des Moments in einem Punkt von a verschwinden. Jede dieser beiden Bedingungen liefert zwei Relationen, in die nun außer den Funktionen $f(l)$ und $n(l)$ auch die Seitendrücke $s(l)$ eingehen.

Schließlich muß noch die aus unseren Annahmen über die Reibung folgende Ungleichung erfüllt sein. Senkrecht zur Schraubenlinie wirkt insgesamt der Druck $\mathfrak{n} + \mathfrak{s}$. Es muß also

$$(\mathbf{38},\,9) \qquad |\mathfrak{f}(l)| = |f(l)| \leqq \mu\,|\mathfrak{n}(l) + \mathfrak{s}(l)| = \mu\sqrt{n(l)^2 + s(l)^2}$$

sein, wo μ der Reibungskoeffizient ist, den wir längs der Schraube als konstant voraussetzen.

Damit haben wir die notwendigen und hinreichenden Gleichgewichtsbedingungen. Abgesehen von der Ungleichung (**38**, 9) stellen sie bei gegebener Kraftschraube sechs Relationen für die drei **Funktionen** $f(l)$, $n(l)$ und $s(l)$ dar. Es liegt nahe zu vermuten und ist auch leicht einzusehen, daß diese Funktionen stets — sogar auf unendlich viele Weisen — so gewählt werden können, daß die sechs Relationen und die Ungleichung (**38**, 9) erfüllt sind: die Verteilung der Reaktionskräfte längs der Schraubenlinie ist, wie auch von vornherein zu erwarten war, statisch unbestimmt. Zu genaueren Aussagen werden wir daher nur gelangen, wenn wir Annahmen über die Verteilung der Reaktionskräfte machen. Zunächst ist plausibel anzunehmen, daß Normaldruck $\mathfrak{n}$ und Reibung $\mathfrak{f}$ längs der ganzen Schraubenlinie im selben Sinne wirken, m. a. W. daß $n(l)$ und $f(l)$ feste Vorzeichen haben. Die zweite Annahme, die wir machen, ist die, daß der Seitendruck $\mathfrak{s}$ klein im Vergleich zum Normaldruck $\mathfrak{n}$ ist, so daß wir von seinem Einfluß auf die Reibung absehen können. Wir ersetzen also (**38**, 9) durch

$$(\mathbf{38},\,10) \qquad |f(l)| \leqq \mu\,|n(l)|.$$

In Verbindung mit der Voraussetzung fester Vorzeichen von f und n folgt dann

$$(\mathbf{38},\,11) \qquad \left|\int_0^L f(l)\,dl\right| = |F| \leqq \mu\left|\int_0^L n(l)\,dl\right| = \mu\,|N|,$$

und hierin gilt dann und nur dann das Gleichheitszeichen, wenn dies in (**38**, 10) für jedes l der Fall ist, und dies ist nach der Annahme am Schluß des vorigen Paragraphen dann und nur dann der Fall, wenn es sich um einen Grenzfall von Gleichgewicht handelt.

Unsere Voraussetzung der Kleinheit von $\mathfrak{s}$ läßt sich für Schrauben mit sehr vielen, sehr flachen Windungen etwa folgendermaßen rechtfertigen. Die vier Gleichgewichtsbedingungen, in denen $s(l)$ vorkommt, besagen, daß Vektorinvariante und Moment der Seitendrücke den Horizontalkomponenten von Vektorinvariante und Moment des aus den Reibungskräften $\mathfrak{f}$ und den Normaldrücken $\mathfrak{n}$ bestehenden Systems entgegengesetzt gleich sind. Wir wollen nun zeigen, daß diese Horizontalkomponenten, also auch Vektorinvariante und Moment der Seitendrücke in einem Punkt von a klein im Vergleich zu den bereits berechneten Vertikalkomponenten (**38**, 3, 6) sind, wobei wir noch die naheliegende Voraussetzung machen wollen, daß $\mathfrak{f}(l)$ und $\mathfrak{n}(l)$ längs der Schraubenlinie gleichmäßig verteilt sind, daß also $f(l)$ und $n(l)$ konstant sind. Insbesondere ist dann $F = Lf$ und $N = Ln$. Wir betrachten nun neben einem Punkt l der Schraubenlinie den von ihm um einen halben Schraubengang entfernten Punkt $l + \dfrac{l_0}{2}$ (vgl. Abb. 39). In diesen beiden Punkten sind die Horizontalkomponenten $\mathfrak{f}'$ und $\mathfrak{n}'$ wegen der vorausgesetzten gleichmäßigen Verteilung entgegengesetzt gleich. Je zwei solche Punkte zusammen geben also keinen Beitrag zur Horizontalkomponente der Vektorinvariante. Nun besteht die Schraubenlinie aus einer gewissen Zahl voller Umläufe und einem Rest $0 \leqq l \leqq l_0'$, dessen Länge l_0' kleiner als l_0 ist. Nach dem eben Gesagten liefert ein voller Umlauf keinen Beitrag. Für den Betrag der Horizontalkomponente der Vektorinvariante ergibt sich also die Abschätzung

$$(38,\,12) \quad \left| \int_0^L (\mathfrak{f}' + \mathfrak{n}')\, dl \right| = \left| \int_0^{l_0'} (\mathfrak{f}' + \mathfrak{n}')\, dl \right| \leqq \int_0^{l_0'} |\mathfrak{f}' + \mathfrak{n}'|\, dl$$

$$= \int_0^{l_0'} |f \cos\alpha - n \sin\alpha|\, dl \leqq |f \cos\alpha - n \sin\alpha|\, l_0 = \frac{l_0}{L} |F \cos\alpha - N \sin\alpha|.$$

Ähnlich schätzen wir den Betrag der horizontalen Momentkomponente ab. Wir betrachten wieder die Vektoren $\mathfrak{f} + \mathfrak{n}$ in zwei Punkten l und $l + \dfrac{l_0}{2}$. Ihre Vertikalkomponenten haben entgegengesetzt gleiche Momente in einem willkürlichen Punkt der Achse, und ihre Horizontalkomponenten $\mathfrak{f}' + \mathfrak{n}'$ bilden ein Vektorpaar, dessen Vektoren den vertikalen Abstand $\dfrac{h}{2}$ haben (vgl. Abb. 39). Wenn wir die Horizontalkomponente des Moments dieses Vektorpaares über die im betrachteten Bogen enthaltenen vollen Umläufe integrieren, erhalten wir für den Betrag des resultierenden Moments die obere Schranke

$$(38,\,13) \quad \frac{h}{2} \int_{l_0'}^L |\mathfrak{f}' + \mathfrak{n}'|\, dl \leqq \frac{h}{2} |f \cos\alpha - n \sin\alpha|\, L = \frac{h}{2} |F \cos\alpha - N \sin\alpha|.$$

Es bleibt noch der Beitrag des Restbogens der Länge $l_0' < l_0$. Wenn wir das bisher willkürliche Momentzentrum auf a in der Höhe des Anfangspunktes dieses Restbogens wählen, ist die Horizontalkomponente des Moments von $\mathfrak{f} + \mathfrak{n}$ dem Betrage nach höchstens $h\,|\mathfrak{f} + \mathfrak{n}|$. Durch Integration über den Restbogen ergibt sich also die Abschätzung

$$(38,\,14) \quad h \int_0^{l_0'} |\mathfrak{f} + \mathfrak{n}|\, dl \leqq h l_0 \sqrt{f^2 + n^2} = \frac{h l_0}{L} \sqrt{F^2 + N^2}.$$

Da wir die Windungen der Schraube als flach, also die Ganghöhe h als klein und die Anzahl der Windungen als groß und damit l_0 als klein gegen L vorausgesetzt haben, sind die Schranken (38, 12, 13, 14) für die Horizontalkomponenten, also für Vektorinvariante und Moment der Seitendrücke in der Tat klein.

Wir knüpfen also die weitere Diskussion an die Ungleichung (38, 11). Führen wir β durch

$$\operatorname{tg}\beta = \frac{F}{N}$$

und den Reibungswinkel ε durch

$$\operatorname{tg}\varepsilon = \mu$$

ein, so läßt sich diese Ungleichung

$$(38,\,15) \qquad\qquad -\varepsilon \leqq \beta \leqq \varepsilon$$

schreiben. Ferner nimmt (38, 8) die Gestalt

$$(38,\,16) \qquad\qquad \sigma = -r \operatorname{tg}(\alpha - \beta)$$

an. Wir erhalten also aus (38, 15) die Abschätzung

$$(38, 17) \qquad \sigma_1 = -r\,\mathrm{tg}\,(\alpha + \varepsilon) \leqq \sigma \leqq -r\,\mathrm{tg}\,(\alpha - \varepsilon) = \sigma_2.$$

Unter der gemachten Annahme, daß der Seitendruck keinen wesentlichen Einfluß auf die Reibung hat, ist demnach notwendig und hinreichend für Gleichgewicht, daß die Skalarinvariante der wirkenden Kraftschraube die Ungleichung (38, 17) befriedigt.

1. Ist nun $\alpha < \varepsilon$, so ist der Fall $\beta = \alpha$, also $\sigma = 0$ vereinbar mit (38, 17). Der Körper ist dann unter Einwirkung einer willkürlichen Einzelkraft mit der Angriffslinie a im Gleichgewicht; die Schraube ist „*selbstsperrend*", ebenso wie eine rauhe schiefe Ebene, deren Neigungswinkel α kleiner als der Reibungswinkel ε ist (vgl. **12** S. 29). Die Extremwerte σ_1 und σ_2 von σ in (38, 17) haben entgegengesetztes Vorzeichen. Das können wir so ausdrücken: Wenn eine Einzelkraft $\mathfrak{K}$ mit der Angriffslinie a gegeben ist, muß man, um eine Bewegung der Schraube in der einen oder anderen Richtung einzuleiten, Kräftepaare mit den entgegengesetzt gerichteten Momenten $\sigma_1\mathfrak{K}$ bzw. $\sigma_2\mathfrak{K}$ hinzufügen. Auch wenn man diejenige Bewegung einleiten will, bei der die Schraube der Kraft $\mathfrak{K}$ nachgibt, ist also ein Moment zur Lösung der Schraube erforderlich.

2. Ist $\alpha > \varepsilon$, so haben σ_1 und σ_2 beide negatives Vorzeichen. Wirkt auf die Schraube eine Kraft $\mathfrak{K}$ in der positiven (negativen) Richtung von a, so muß auf sie gleichzeitig ein Kräftepaar mit negativem (positivem) Moment um a einwirken, wenn Gleichgewicht herrschen soll. $\sigma_1\mathfrak{K}$ und $\sigma_2\mathfrak{K}$ sind diejenigen Momente, durch die die eine oder andere Bewegung gerade eingeleitet wird.

39. Gleichgewicht nicht starrer Körper. Ein nicht starrer Körper K möge aus n starren Teilkörpern $K_1, K_2, \ldots, K_n$ zusammengesetzt sein. Die Verbindungen, die zwischen den Teilkörpern K_ν bestehen, können von sehr verschiedener Art sein: Die Körper können gegenseitig vollständig frei sein; das andere Extrem, daß sie fest verbunden sind, daß also z. B. K_μ und K_ν zusammen einen starren Teilkörper von K ausmachen, werden wir im nächsten Paragraphen eingehender besprechen. Der allgemeine Fall ist der, daß gewisse Bindungen bestehen, ohne daß die Körper vollständig starr verbunden sind. Beispielsweise können sie sich gegenseitig in einem Punkt stützen oder gezwungen sein, sich längs eines Flächenstückes ohne oder mit Reibung zu berühren. Es kann eine Gelenkverbindung bestehen, d. h. es ist eine zu K_μ gehörige Gerade in K_ν festgehalten und umgekehrt. Ebenso entsprechen den früher behandelten Fällen Verbindungen von der Art, daß K_μ und K_ν einen gegenseitig festen Punkt, eine gegenseitig feste Ebene, Gerade und Ebene oder Schraubenlinie haben. In allen Fällen schreibt man den Verbindungen Reaktionskräfte zu, mit denen K_μ auf K_ν, und solche, mit denen K_ν auf K_μ wirkt. Über diese zwei Systeme von Reaktionskräften nimmt man an, daß sie entgegengesetzt gleich, also zusammen äquivalent Null sind:

Reaktionsprinzip: *Wenn K_μ und K_ν einen Punkt P gemeinsam haben und K_μ auf K_ν in P mit einer gewissen Kraft wirkt, so wirkt K_ν auf K_μ in P mit der entgegengesetzt gerichteten, gleich großen Kraft* („Aktion und Reaktion sind gleich").

In bezug auf den Körper K werden diese Reaktionskräfte zwischen seinen Teilen *innere Kräfte*, alle anderen auf K wirkenden Kräfte, darunter Reaktionskräfte der Umgebung von K, *äußere Kräfte* genannt. Wenn sich nun der Körper K im Gleichgewicht befindet, so befindet sich auch jeder Teilkörper K_ν im Gleichgewicht. Da K_ν ein starrer Körper ist, ist hierzu nach **34** S. 80 notwendig und hinreichend, daß die auf K_ν wirkenden für K_ν äußeren Kräfte ein mit Null äquivalentes System bilden. (Man beachte, daß die Worte „innere" und „äußere" stets in bezug auf den gerade betrachteten Körper zu verstehen sind; die Reaktionskraft, mit der K_ν auf K_μ wirkt, ist in bezug auf K_μ eine äußere, aber in bezug auf den ganzen Körper K eine innere Kraft.) Die n Teilsysteme von Kräften, die auf die n Teilkörper von K einwirken, müssen also einzeln äquivalent Null sein, und dies gilt dann auch für ihre statische Summe, d. h. für alle auf K wirkenden äußeren und inneren Kräfte. Wegen der Annahme über die inneren Reaktionskräfte bilden diese für sich ein mit Null äquivalentes System. Dasselbe muß daher auch für die äußeren Kräfte gelten. Wir kommen somit zu folgendem Satz, der auch, wie in **34** S. 80 erwähnt, eine Konsequenz der für einen starren Körper gemachten Annahmen und des Erstarrungsprinzips ist:

Wenn sich ein Körper in einer bestimmten Lage im Gleichgewicht befindet, so bilden die in dieser Lage auf den Körper wirkenden äußeren Kräfte ein mit Null äquivalentes System.

Die Bedingung ist nach dem Obigen notwendig, im allgemeinen aber nicht hinreichend. Ist sie bei einem nicht starren Körper erfüllt, so ist ja weiterhin erforderlich, daß man den Bindungen zwischen den starren Teilkörpern in Übereinstimmung mit dem Reaktionssatz solche Reaktionskräfte zuschreiben kann, daß die Gleichgewichtsbedingung danach auch für jeden Teilkörper erfüllt ist. In der mathematischen Behandlung zeigt sich dies so: In den in **34** bis **38** betrachteten Fällen von Gleichgewicht eines starren Körpers fanden wir, daß die Anzahl der unabhängigen, von den eventuellen äußeren Reaktionskräften freien Gleichungen, die aus der Gleichgewichtsbedingung hergeleitet werden konnten, stets gleich der Anzahl der Lageparameter des Körpers war. Wenn nun der Körper nicht mehr starr ist, ist natürlich die Anzahl dieser Parameter größer. Man muß daher die Gleichungen, die man erhält, wenn man den Körper als starr betrachtet, durch Gleichungen ergänzen, die das Gleichgewicht für die einzelnen starren Teilkörper zum Ausdruck bringen. Die Anzahl der so entstehenden unabhängigen Gleichungen, die weder innere noch äußere Reaktionskräfte enthalten, stimmt dann, wie sich zeigen wird, mit der Anzahl der betreffenden Parameter überein.

Das Erstarrungsprinzip ist eine Folge des obigen Satzes, kann also für die hier betrachteten, aus endlich vielen starren zusammengesetzten

Körper aus dem einfacheren Reaktionsprinzip in Verbindung mit den früheren Annahmen hergeleitet werden.

Hat man auf die angedeutete Weise eine Gleichgewichtslage eines nicht starren Körpers K unter der Einwirkung gegebener äußerer Kräfte und äußerer Reaktionskräfte gefunden, so bleibt noch die Aufgabe, die inneren Reaktionskräfte zu bestimmen. Hierzu hat man die Gleichgewichtsbedingungen für die einzelnen starren Teilkörper heranzuziehen. Für jeden von diesen treten gewisse der für K inneren Reaktionskräfte als äußere Reaktionskräfte auf. Hierbei gelten dann bezüglich äußerer statischer Bestimmtheit der Teilkörper ähnliche Betrachtungen wie in **34** S. 80. Ergeben sich bei diesem Verfahren alle für K inneren Reaktionskräfte, so wird K als *inwendig statisch bestimmt* bezeichnet.

40. Schnittkräfte. Die Betrachtung des vorigen Paragraphen kann, wie schon erwähnt, auf den Fall angewandt werden, wo zwei Teilkörper fest verbunden sind, also zusammen einen starren Körper ausmachen. Wird ein starrer Körper K durch eine Schnittfläche Φ in zwei Teile K_1 und K_2 geteilt gedacht, so spielen K_1 und K_2 die Rollen von zwei starren Teilkörpern, aus denen K zusammengesetzt ist. In einer Gleichgewichtslage möge auf K ein System S von äußeren Kräften einschließlich der äußeren Reaktionen wirken. S_1 und S_2 seien die zwei Teilsysteme von S, deren Angriffspunkte zu K_1 bzw. K_2 gehören. Da sich der Körper K_1 im Gleichgewicht befindet, muß auf ihn außer S_1 ein zu $-S_1$ äquivalentes Kraftsystem T_1 wirken, das von der festen Verbindung mit K_2 herrührt. T_1 ist also ein System von bezüglich K inneren Reaktionskräften, den *Schnittkräften* oder *Spannungen*, deren Angriffspunkte man in den Punkten der Schnittfläche Φ zu denken hat. Entsprechend muß auf K_2 außer S_2 ein System von Schnittkräften T_2 in Φ wirken, das S_2 im Gleichgewicht hält. Es gelten somit die statischen Gleichungen

$$
\begin{array}{lll}
\text{für } K_1\colon & \qquad S_1 + T_1 = 0,\\[4pt]
\text{für } K_2\colon & \qquad S_2 + T_2 = 0,\\[4pt]
\text{für } K\colon & \qquad S_1 + S_2 = 0,
\end{array}
$$

woraus $T_1 + T_2 = 0$ folgt.

Auch hier setzen wir die Gültigkeit des Reaktionsprinzips voraus: Die Kraft, mit der K_2 auf K_1 in einem Punkt von Φ einwirkt, ist der Kraft entgegengesetzt gleich, mit der K_1 auf K_2 in diesem Punkt wirkt. Es gilt also eine $T_1 + T_2 = 0$ entsprechende statische Gleichung für jeden Teil der Fläche Φ.

Die beiden Systeme T_1 und T_2 von Spannungen ergeben sich hierbei nur bis auf statische Umformungen. Die Verteilung der Spannungen über die Schnittfläche ist im allgemeinen statisch unbestimmt. Um Näheres darüber zu erfahren, muß man die elastischen Formänderungen des Körpers in Betracht ziehen.

41. Das allgemeine Reaktionsprinzip. Die oben betrachtete Unterteilung eines Körpers in Teilkörper kann man sich zu folgender Idealisierung fortgesetzt denken: Ein vollständig willkürlicher Körper K wird in kleine Teilkörper aufgelöst gedacht, die man als Massenpunkte behandeln und auf die man daher die im zweiten Kapitel aufgestellten Gleichgewichtsbedingungen anwenden kann. Zwischen je zwei dieser Massenpunkte P_1 und P_2 werden Kraftwirkungen angenommen, deren System äquivalent Null ist. Das bedeutet also, wenn die Massenpunkte in verschiedenen Punkten lokalisiert sind, daß diese Kräfte, wenn sie nicht selbst verschwinden, in der Verbindungsgeraden der Massenpunkte wirken und entgegengesetzt gleich sein müssen. Sie werden als die *inneren Kräfte* des Körpers K bezeichnet.

Befindet sich der Körper K im Gleichgewicht, so ist jeder einzelne Massenpunkt im Gleichgewicht, steht also unter der Einwirkung eines mit Null äquivalenten Systems. Die Kräfte dieses Systems können bezüglich K teils innere, teils äußere sein. Die Summe dieser Kraftsysteme für alle Massenpunkte ist demnach ebenfalls ein mit Null äquivalentes System. Das System der bezüglich K inneren Kräfte ist nun nach dem für diese angenommenen Reaktionsprinzip aus mit Null äquivalenten Teilsystemen zusammengesetzt, von denen jedes zu einem Paar von Massenpunkten gehört. Es ist also für sich betrachtet äquivalent Null. Deshalb muß auch das System der für K äußeren Kräfte für sich betrachtet äquivalent Null sein. Das ist die schon in **34** formulierte notwendige, aber im allgemeinen nicht hinreichende Bedingung für das Gleichgewicht eines willkürlichen Körpers.

Der Wert einer solchen Idealisierung kann nur nach ihren Schlußfolgerungen beurteilt werden. Für aus endlich vielen starren Teilkörpern zusammengesetzte Körper wird man wieder auf die Resultate zurückgeführt, die wir oben durch mehr intuitive Betrachtungen hergeleitet haben. Unsere jetzige Überlegung ist ja auch nur eine Weiterführung der früheren und wird angestellt, weil sie eine bequeme mathematische Einkleidung mechanischer Betrachtungen gestattet, die zu einer guten Übereinstimmung mit den beobachtbaren Tatsachen führen. Insbesondere gilt dies, wenn man das Reaktionsprinzip, demzufolge die inneren Kräfte eines Körpers ein mit Null äquivalentes System bilden, auch für Körper beibehält, die sich nicht im Gleichgewicht befinden (vgl. **136**).

42. Zug und Druck, Schubkraft, Biegungsmoment und Torsionsmoment für einen Balken. Als Beispiel für die in **40** betrachteten Schnittkräfte in einer Schnittfläche eines starren Körpers betrachten wir einen prismatischen Balken B, den wir als starren Körper ansehen. Die Länge des Balkens wird als groß im Verhältnis zum Querschnitt angenommen. Es werde eine gewisse „Mittellinie" l in der Längsrichtung des Balkens gewählt (Abb. 40).

Der Balken B sei unter der Einwirkung eines Systems S von für B äußeren Kräften und Reaktionen im Gleichgewicht. Senkrecht zu l durch einen Punkt P von l werde ein ebener Schnitt Φ gelegt. Dadurch wird ein Teil B_2 des Balkens abgeschnitten, und wir betrachten das System T_1 der Reaktionskräfte, mit denen B_2 auf den Rest B_1 in den Punkten

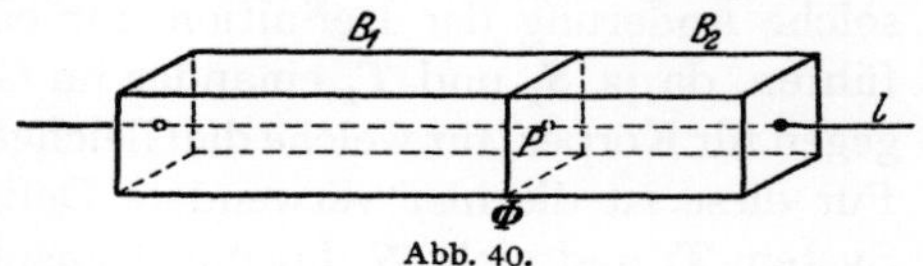

Abb. 40.

von Φ wirkt. T_1 hält demjenigen Teilsystem S_1 von S das Gleichgewicht, dessen Kräfte in Punkten von B_1 angreifen. Es sei $\Re$ die Vektorinvariante von T_1 und $\mathfrak{U}$ das Moment von T_1 in P. Wir setzen

$$(42, 1) \qquad \Re = \Re_l + \Re_\Phi,$$

wo $\Re_l$ parallel und $\Re_\Phi$ senkrecht zu l ist. $\Re_l$ (oder den mit Vorzeichen versehenen Betrag R_l von $\Re_l$) nennt man den *Zug* oder *Druck* in Φ, je nachdem $\Re_l$ die Richtung von B_1 nach B_2 oder die entgegengesetzte hat. $\Re_\Phi$ nennt man die *Scherkraft* oder *Schubkraft* für Φ. Entsprechend setzt man

$$\mathfrak{U} = \mathfrak{U}_l + \mathfrak{U}_\Phi.$$

$\mathfrak{U}_l$ (oder auch den mit Vorzeichen versehenen Betrag U_l von $\mathfrak{U}_l$) nennt man das *Torsionsmoment* für Φ und $\mathfrak{U}_\Phi$ das *Biegungsmoment* für Φ. Die Komponenten $\Re_l$ und $\Re_\Phi$ sind unabhängig von der Wahl der Mittellinie l. (Ihre Definition kann überhaupt für jeden ebenen Schnitt durch einen willkürlichen Körper beibehalten werden.) $\mathfrak{U}_l$ und $\mathfrak{U}_\Phi$ hängen dagegen davon ab, wo P in Φ liegt. Bei vielen Anwendungen spielt dies aber keine wesentliche Rolle. Alle vier Größen variieren im allgemeinen, wenn P längs l verschoben wird, wenn also der Schnitt an verschiedenen Stellen des Balkens angebracht wird.

Die Reaktionskraft, mit der B_2 auf B_1 in einem Element $d\Phi$ von Φ wirkt, kann in eine Komponente senkrecht zu Φ, die *Zugspannung* oder *Druckspannung* in $d\Phi$, je nachdem sie von B_1 fort oder auf B_1 zu gerichtet ist, und eine Komponente in Φ, die *Schubspannung* in $d\Phi$, zerlegt werden. Der ersten Komponente erteilen wir ein Vorzeichen, und zwar positiv, wenn sie von B_1 fortweist, und negativ im anderen Falle. Eine eigentliche Zugspannung wird also positiv und eine Druckspannung als negative Zugspannung gerechnet. Entsprechend rechnen wir den Druck auf Φ als einen negativen Zug an Φ. Mit diesen Festsetzungen gilt:

Der Zug an Φ ist gleich der Vektorsumme der Zugspannungen.

Die Schubkraft für Φ ist gleich der Vektorsumme der Schubspannungen.

Das Biegungsmoment in P ist gleich der Momentsumme der Zugspannungen in P.

Das Torsionsmoment in P ist gleich der Momentsumme der Schubspannungen in P.

Man hätte auch die vier obigen Begriffe als Vektorinvariante und Moment in P des Systems S_1 statt des Systems T_1 einführen können, was auch vielfach geschieht. Für Körper im Gleichgewicht würde eine solche Änderung der Definition nur eine Vorzeichenänderung mit sich führen, da ja S_1 und T_1 einander im Gleichgewicht halten. Anders dagegen für Körper, für welche die Gleichgewichtsbedingung nicht erfüllt ist. Für diese ist die hier verwendete Definition vorzuziehen, da dann das System T_1 und nicht S_1 für die Beanspruchung des Materials im Schnitt entscheidend ist.

43. Eingespannter Balken. Wenn das Stück B_2 des im vorigen Paragraphen betrachteten Balkens von einem umgebenden Körper festgehalten wird, etwa fest in einer Mauer sitzt, so daß Φ den durch die

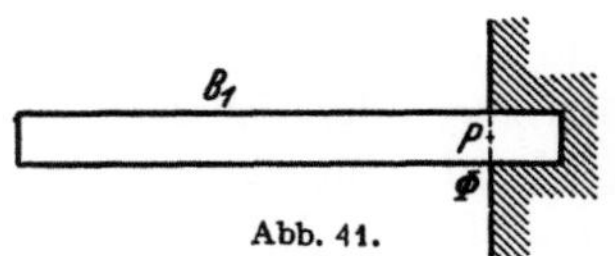

Abb. 41.

Mauerwandebene bestimmten Querschnitt bezeichnet (Abb. 41), so kann man B_1 als den eigentlichen Balken ansehen und das System T_1 der Schnittkräfte in Φ als Gesamtwirkung der Einspannung auffassen. Mit den Bezeichnungen von **42** hat man dann: Die Einspannung wirkt wie eine Einzelkraft $\Re$ in P, die *Einspannungskraft*, und ein Kräftepaar mit dem Momentvektor $\mathfrak{U}$, dem *Einspannungsmoment*. Diese Vektoren kann man dann wieder in Komponenten in Φ und senkrecht zu Φ zerlegen und erhält so Schubkraft, Zug, Biegungs- und Torsionsmoment.

44. Fachwerke. Wir betrachten ein „*Fachwerk*", d. h. einen Körper, der aus Balken zusammengesetzt ist, die in ihren Endpunkten, den *Knotenpunkten* des Fachwerks, miteinander verbunden sind. Hierbei machen wir noch die folgenden vereinfachenden Annahmen:

1. Jeder Balken sei ein starrer Körper, dessen Querschnitt so klein im Verhältnis zur Länge sei, daß er durch eine als starrer Körper aufzufassende Strecke, einen *Stab*, ersetzt werden kann.

2. In einem Knotenpunkt, in dem mehrere Stäbe zusammenstoßen, soll jedes Stabende frei beweglich sein, also als Körper mit einem reibungsfrei festgehaltenen Punkt aufgefaßt werden können. Der übrige Teil des Fachwerks kann dann auf das Stabende nur mit einer Einzelkraft im Knotenpunkt, aber keinem Einspannungsmoment wirken.

Ein Fachwerk F befinde sich unter der Einwirkung eines Systems S von äußeren Kräften (äußere Reaktionen eingeschlossen) im Gleichgewicht. B sei ein Stab von F und S_B dasjenige Teilsystem von S, dessen Angriffspunkte zu B gehören. Dann befindet sich B im Gleichgewicht unter der Einwirkung von S_B und zweier Einzelkräfte $\Re'$ und $\Re''$ in den Endpunkten P' und P'' von B, den Reaktionskräften des übrigen Teils von F. Sei nun $\mathfrak{k}$ eine äußere Kraft, die B im Punkt Q angreift (Abb. 42). Die Kräfte $\mathfrak{k}' = \dfrac{QP''}{P'P''}\,\mathfrak{k}$ in P' und $\mathfrak{k}'' = \dfrac{P'Q}{P'P''}\,\mathfrak{k}$ in P'' bilden dann ein zu $\mathfrak{k}$ äquivalentes System: $\mathfrak{k} = \mathfrak{k}' + \mathfrak{k}''$. Ersetzen wir $\mathfrak{k}$

durch diese zwei Kräfte, so bleibt daher die Gleichgewichtsbedingung
für **B** erfüllt. Dabei werden natürlich die Schnittkräfte in den Querschnitten von **B** (d. h. in den Querschnitten des wirklichen Balkens,
den wir durch den idealen Stab ersetzt haben)
verändert. (Es gilt übrigens allgemein, daß
die inneren Spannungen eines starren Körpers sich ändern, wenn man statische Umformungen der auf den Körper wirkenden
äußeren Kräfte vornimmt.) Aber solange
man sich nicht für die inneren Spannungen

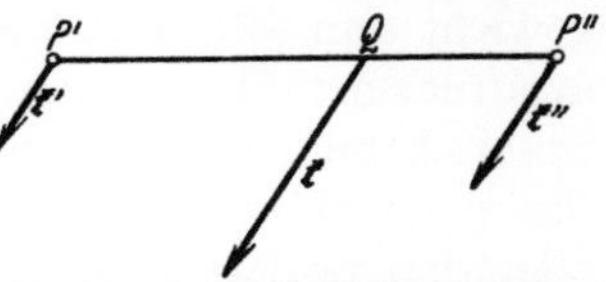
Abb. 42. Verlegung der Kräfte in die Knotenpunkte.

in **B**, sondern nur für das Gleichgewicht und die Reaktionskräfte
interessiert, die zwischen **B** und dem übrigen Teil von **F** in P' und P''
wirken, kann man jede Kraft $\mathfrak{k}$, die auf **B** wirkt, wie oben in Komponenten $\mathfrak{k}'$ in P' und $\mathfrak{k}''$ in P'' zerlegen. Es sei $\mathfrak{K}'$ bzw. $\mathfrak{K}''$ die Vektorsumme aller $\mathfrak{k}'$ bzw. $\mathfrak{k}''$. Die äußeren Kräfte, die auf **B** wirken, sind
hierdurch reduziert auf die Kraft $\mathfrak{K}' + \mathfrak{R}'$ in P' und die Kraft $\mathfrak{K}'' + \mathfrak{R}''$
in P''. Die Gleichgewichtsbedingung erfordert, daß diese entgegengesetzt
gleich sind und daß die Gerade
$P'P''$ ihre gemeinsame Angriffslinie ist. Es bestehen nun die
beiden in Abb. 43 angegebenen
Möglichkeiten. Für einen Stab
im Gleichgewicht, der ausschließ

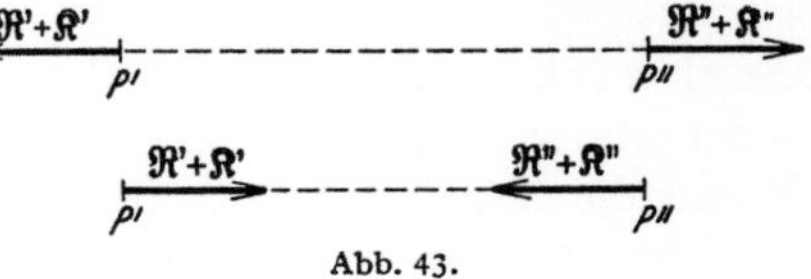
Abb. 43.

lich der Wirkung eines solchen Kraftsystems unterliegt, reduzieren
sich die Schnittkräfte in einem willkürlichen Querschnitt auf den
konstanten Zug oder Druck $T = |\mathfrak{K}' + \mathfrak{R}'| = |\mathfrak{K}'' + \mathfrak{R}''|$, während
Schubkraft, Biegungs- und Torsionsmoment verschwinden. Man muß
aber beachten, daß die so bestimmte Zugspannung $\pm T$ im Stabe zu
dem idealisierten Stabsystem **F** und dem „in die Knotenpunkte verlegten“ System der äußeren Kräfte gehört.

Wir denken uns nun diese Verlagerung der äußeren Kräfte in die
Knotenpunkte und die Bestimmung der Stabspannung T für jeden
Stab durchgeführt. Dabei wollen wir im folgenden das Vorzeichen mit
in die Bezeichnung T aufnehmen, und zwar so, daß ein positiver Wert
von T eine Zugspannung, ein negativer eine Druckspannung bedeutet.
Es sei nun P ein willkürlicher Knotenpunkt, $\boldsymbol{B}_1, \boldsymbol{B}_2, \ldots, \boldsymbol{B}_n$ die Stäbe
von **F**, die in P zusammenstoßen, und $\mathfrak{K}_1, \mathfrak{K}_2, \ldots, \mathfrak{K}_n$ die äußeren
Kräfte, die nach der Verlegung in die Knotenpunkte auf $\boldsymbol{B}_1, \boldsymbol{B}_2, \ldots$
bzw. $\boldsymbol{B}_n$ in P wirken, schließlich $T_1, T_2, \ldots, T_n$ die Stabspannungen
mit Vorzeichen. Wir legen um P eine kleine Kugel, die alle $\boldsymbol{B}_\nu$ schneidet, und betrachten den Teilkörper von **F**, der innerhalb der Kugel
liegt. Äußere Kräfte für diesen sind die Kraft

$$\mathfrak{K}_P = \mathfrak{K}_1 + \mathfrak{K}_2 + \cdots + \mathfrak{K}_n$$

in P und die Kräfte $\mathfrak{T}_1, \mathfrak{T}_2, \ldots, \mathfrak{T}_n$ in den Schnittflächen. Hierbei hat $\mathfrak{T}_\nu$ die Stabgerade $\boldsymbol{B}_\nu$ zur Angriffslinie, den Betrag $|T_\nu|$ und ist von P fort oder auf P zu gerichtet, je nachdem T_ν positiv oder negativ ist. Alle Kräfte gehen durch P, und da der betrachtete Teilkörper im Gleichgewicht sein soll, muß ihre Vektorsumme Null sein. Man kann dies so ausdrücken: Ersetzt man jeden Stab $\boldsymbol{B}_\nu$ durch die Kraft $\mathfrak{T}_\nu$ in der Stabrichtung, so muß der Knotenpunkt die Gleichgewichtsbedingung für einen Massenpunkt erfüllen. Man erhält so eine Vektorgleichung oder drei skalare Projektionsgleichungen als Ausdruck für das Gleichgewicht eines Knotenpunktes.

Will man das Vorzeichen der Stabspannung auf dem Stab selbst markieren, so kann man dies durch eine Pfeilspitze tun, die angibt, wie die Stabspannung als Kraft $\mathfrak{T}$ auf den Knotenpunkt wirkt. Der Abb. 43

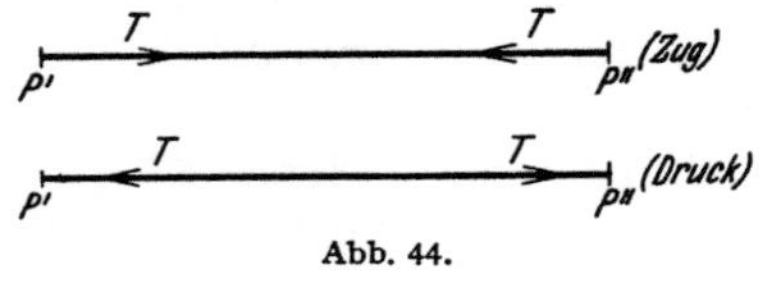

Abb. 44.

entsprechend hat man die beiden in Abb. 44 angegebenen Fälle.

Nun folgt auch umgekehrt: Ist die Gleichgewichtsbedingung für jeden Knotenpunkt erfüllt, so befindet sich das ganze Fachwerk im Gleichgewicht. Hierzu haben wir zu zeigen, daß sich jeder starre Teil von $\boldsymbol{F}$, d. h. jeder Stab, im Gleichgewicht befindet. Wenn die äußeren Kräfte in den Knotenpunkten gegeben sind, weiß man natürlich nichts über ihre Verteilung auf die angrenzenden Stäbe; dies ist aber auch nicht erforderlich. Auf einen Stab $\boldsymbol{B}$ mit den Endpunkten P' und P'' wirken nämlich in P' die äußere Kraft $\mathfrak{K}_P$ und die Stabspannungen $\mathfrak{T}$, die in den an P' angrenzenden Stäben herrschen; Entsprechendes gilt für P''. Da nun P' und P'' im Gleichgewicht sind, ist das System aller auf diese zwei Knotenpunkte wirkenden Kräfte äquivalent Null. Die zwei Kräfte, mit denen die Stabspannung in $\boldsymbol{B}$ selbst auf P' und P'' wirkt, bilden aber für sich ein mit Null äquivalentes System. Folglich ist auch das System aller für $\boldsymbol{B}$ äußeren Kräfte äquivalent Null.

Addiert man die Gleichgewichtsbedingungen für alle Knotenpunkte, so fallen die Stabspannungen heraus, und man erhält die für das Gleichgewicht von $\boldsymbol{F}$ notwendige, aber, falls $\boldsymbol{F}$ nicht starr ist, keineswegs hinreichende Bedingung, daß das System aller für $\boldsymbol{F}$ äußeren Kräfte äquivalent Null ist. Vgl. hierüber Kap. 6, wo wir auf diese Frage zurückkommen, nachdem wir zunächst die Untersuchung für Stabpolygone weitergeführt und daraus graphische Methoden für ebene Kraftsysteme hergeleitet haben.

45. Stabpolygone. Wir betrachten den Spezialfall, daß in jedem Knotenpunkt genau zwei Stäbe zusammenstoßen, also ein *Stabpolygon* oder eine *Stabkette*. Ist das Stabpolygon nicht geschlossen, so nehmen seine Endpunkte eine Sonderstellung ein, da von ihnen nur je ein Stab ausgeht. Die Stäbe an den Endpunkten sollen als die beiden freien

Stäbe des Stabpolygons bezeichnet werden. Wir betrachten ein Stabpolygon im Gleichgewicht und nehmen an, daß alle äußeren Kräfte in die Knotenpunkte P_ν verlegt und dort zu Resultanten $\mathfrak{K}_{P_\nu}$ zusammengefaßt sind.

In P_1 (Abb. 45) erfüllen $\mathfrak{K}_{P_1}$ und die zwei Stabspannungen $\mathfrak{T}_0$ und $\mathfrak{T}_1$ die Gleichgewichtsbedingung für einen Massenpunkt, haben also die Vektorsumme Null. $\mathfrak{K}_{P_1}$ liegt folglich in der Ebene durch die beiden in P_1 zusammenstoßenden Stäbe. Man veranschaulicht sich die Gleichgewichtsbedingung durch das den drei Kräften entsprechende Kräftedreieck 010. Bei der Bildung des analogen Kräfte

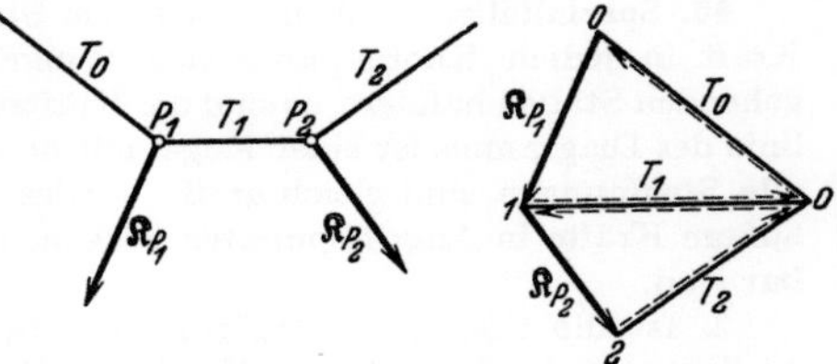

Abb. 45. Kräftediagramm eines Stabpolygons.

dreiecks im Nachbarknotenpunkt P_2 hat man zu beachten, daß die Stabspannungen $\mathfrak{T}_1$, die auf P_1 bzw. P_2 wirken, entgegengesetzt gleiche Vektoren sind. Man kann deshalb das zweite Kräftedreieck, wie die Abbildung zeigt, längs der gemeinsamen Seite $O1$ an das erste anfügen. Geht man zum zweiten Nachbarknotenpunkt P_3 von P_2 über, so kann man ein neues Kräftedreieck $O23$ längs $O2$ ansetzen und so fort für das ganze Stabpolygon. Die von allen Kräftedreiecken gebildete Figur wird das zur Gleichgewichtslage des Stabpolygons gehörige *Kräftediagramm* genannt.

Ist das Stabpolygon geschlossen, und besitzt es n Knotenpunkte, so fügt sich das n-te Kräftedreieck nicht nur an das $(n-1)$-te, sondern zugleich auch an das erste, und zwar längs OO. Die gebrochene Randlinie $0, 1, 2, \ldots, n-1, 0$ des Diagramms veranschaulicht, daß die auf das Stabpolygon wirkenden äußeren Kräfte die Vektorsumme Null haben. Zeichnet man zunächst diese Randlinie (nach Wahl einer Krafteinheit), so hat man, um die Stabspannungen zu finden, nur das Kräftedreieck für **einen** Punkt, z. B. 010 für P_1, zu konstruieren; dann ist der „Pol“ O gefunden, und die „Polstrahlen“ $O0, O1, \ldots, O(n-1)$ stellen dann die Stabspannungen im gewählten Kraftmaß dar. Die Vorzeichen der Stabspannungen ergeben sich daraus, daß in jedem Kräftedreieck die Kräfte übereinstimmende Umlaufsrichtung angeben müssen.

Ist das Stabpolygon offen, und sind P_0, P_n seine Endpunkte, $P_0 P_1$, $P_{n-1} P_n$ seine freien Stäbe, so muß der äußeren Kraft in P_0 die Stabspannung $\mathfrak{T}_0$ das Gleichgewicht halten, und entsprechend in P_n. (Ist die Stabkette z. B. in P_0 und P_n an festen Punkten aufgehängt, so sind die Reaktionen dieser Punkte die äußeren Kräfte, denen die Stabspannungen das Gleichgewicht halten.) Diese äußeren Kräfte werden im Diagramm durch $O0$ und nO dargestellt. In diesem Fall liegt also der

Pol auf dem Rand des Diagramms, das wieder veranschaulicht, daß die äußeren Kräfte die Vektorsumme Null haben.

Sind alle $T_\nu > 0$, herrscht also in allen Stäben Zugspannung, so kann das Stabpolygon durch ein (gewichtloses und undehnbares) Seil ersetzt werden, auf das in den Knotenpunkten, d. h. in gewissen auf dem Seil festen Punkten die äußeren Kräfte wirken.

46. Spezialfälle. 1. Wenn bei einem Stabpolygon im Gleichgewicht die äußere Kraft in jedem Knotenpunkt den Winkel zwischen den beiden von ihm ausgehenden Stäben halbiert, so sind die Kräftedreiecke gleichschenklig, und die Randlinie des Diagramms ist einer Kugel mit dem Pol O als Mittelpunkt einbeschrieben; alle Spannungen sind gleich groß. — Dies tritt z. B. bei einem Seil ein, auf das äußere Kräfte in Angriffspunkten wirken, die reibungslos auf dem Seil verschiebbar sind.

2. Ist die Gleichgewichtsfigur eines Stabpolygons in einer Ebene enthalten, so liegen auch alle äußeren Kräfte in dieser und das Diagramm in einer dazu parallelen Ebene.

3. Sind die Bedingungen 1 und 2 gleichzeitig erfüllt, so ist das Diagramm einem Kreis einbeschrieben.

4. Sind die äußeren Kräfte parallel, so liegt die Gleichgewichtsfigur des Stabpolygons in einer Ebene. Es ist nämlich

$$\text{Ebene } (P_0P_1, P_1P_2) = \text{Ebene } (\mathfrak{K}_{P_1}, P_1P_2) = \text{Ebene } (\mathfrak{K}_{P_2}, P_1P_2)$$
$$= \text{Ebene } (P_1P_2, P_2P_3) = \cdots.$$

Das Diagramm ist also eben, und das Kräftepolygon 012... liegt auf einer Geraden. Der Abstand des Poles O von dieser Geraden, der „*Polabstand*" h, gibt die zur Kraftrichtung senkrechte Komponente der Stabspannungen in dem gewählten Kraftmaß an. Die Stabspannungen haben also eine konstante Projektion auf eine Normale zur Kraftrichtung.

5. Wir wollen nun den besonderen Fall untersuchen, wo die in den Knotenpunkten angreifenden Kräfte gleiche Größe und Richtung sowie äquidistante Angriffslinien haben.

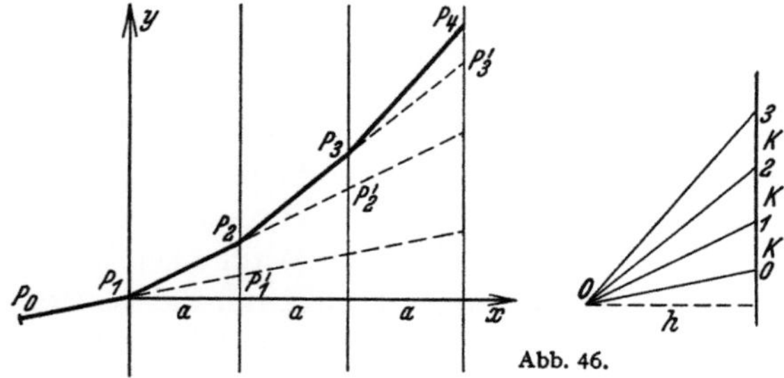

Abb. 46.

Die Seiten des Dreiecks $P_1P_1'P_2$ (vgl. Abb. 46) sind denen des Dreiecks $O\,0\,1$ parallel; also ist $P_1'P_2 = k = \dfrac{a}{h}K$, wo K den Betrag der Kräfte angibt. Aus der Ähnlichkeit der entsprechenden anderen Dreiecke folgt ebenso

$$(46, 1) \qquad k = P_1'P_2 = P_2'P_3 = \cdots = \frac{a}{h}K.$$

Wird also ein Koordinatensystem wie in Abb. 46 gewählt, und hat P_n in diesem die Koordinaten x_n, y_n, ist ferner α der Richtungstangens der Geraden P_0P_1, so ist

$$x_n = (n-1)\,a,$$
$$y_n = \alpha(n-1)\,a + k + 2k + \cdots + (n-1)\,k$$
$$= \alpha(n-1)\,a + \frac{n(n-1)}{2}k,$$

also

$$y_n = \alpha x_n + \frac{1}{2}\, k\, \frac{x_n}{a}\left(\frac{x_n}{a} + 1\right).$$

Dies zeigt, daß das Stabpolygon der Parabel

(46, 2)
$$y = \alpha x + \frac{1}{2}\, k\, \frac{x}{a}\left(\frac{x}{a} + 1\right)$$

eingeschrieben ist. Die Achse dieser Parabel ist der Kraftrichtung parallel und ihr Parameter

(46, 3)
$$2p = \frac{2\,a^2}{k} = \frac{2\,a\,h}{K}\,.$$

Nun sind bei einer beliebigen Parabel $2\,py = x^2$ die Ordinaten von drei Punkten, deren Abszissen eine arithmetische Reihe mit der Differenz ξ bilden,

$$y_0 = \frac{x_0^2}{2p}\,, \quad y_1 = \frac{(x_0 + \xi)^2}{2p}\,, \quad y_2 = \frac{(x_0 + 2\xi)^2}{2p}\,.$$

Also ist die „Pfeilhöhe"

$$\frac{y_0 + y_2}{2} - y_1 = \frac{\xi^2}{2p}$$

unabhängig von x_0 (Abb. 47 [1]). Die Pfeilhöhe, gemessen vom Stabmittelpunkt zur Parabel in Richtung der Kräfte, ist also für alle Stäbe die gleiche, und da die Tangente an die Parabel im Endpunkt dieser Strecke dem Stab parallel ist, ist das Stabpolygon einer zweiten Parabel umbeschrieben, die aus der ersten durch eine Verschiebung in der Achsenrichtung vom Betrage $\dfrac{a^2}{8p} = \dfrac{a\,K}{8\,h}$ hervorgeht.

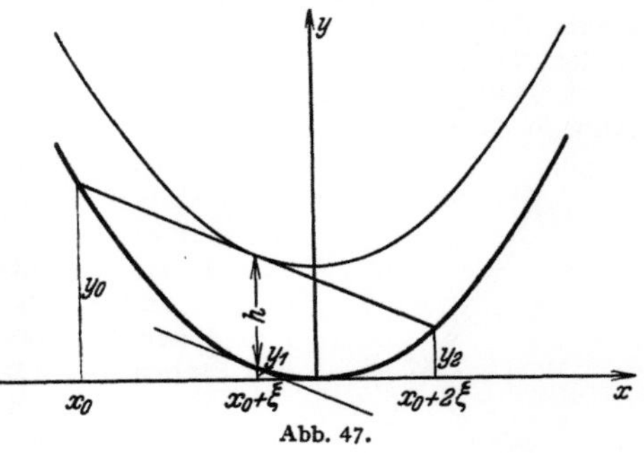

Abb. 47.

Die an die obige Abb. 46 geknüpften Betrachtungen sind unabhängig davon, ob die gleichen und gleichgerichteten Kräfte die Richtung der positiven oder negativen y-Achse haben.

Übungsaufgaben zum 4. Kapitel.

1. Zwei Umdrehungszylinder mit den Radien r_1 und r_2 berühren einander längs einer Erzeugenden und sind mittels eines Fadens zusammengeschnürt. Welcher Druck wird zwischen den Zylindern übertragen, wenn T die Spannung des Fadens ist?

2. Zwei Gewichte P und Q sind in den Endpunkten eines starren Kreisbogens vom Zentriwinkel $g°$ befestigt. Dieser stützt sich in einer senkrechten Ebene auf eine waagerechte Gerade, indem er seine Hohlseite nach oben kehrt. Welchen Winkel bildet der mittlere Radius mit der Vertikalen? Man achte besonders auf den Spezialfall $g = 180$.

3. Eine senkrechte Stange vom Gewicht G wird durch zwei glatte, eng anschließende Führungsringe vom Abstande h gehalten und stützt sich im Abstande a unter dem untersten Führungsringe auf eine glatte schiefe Ebene vom Neigungswinkel α. Man bestimme die Stützdrücke der schiefen Ebene und der Führungsringe.

---

[1] Die Pfeilhöhe ist in der Abbildung mit h bezeichnet; sie hat aber nichts mit dem oben eingeführten Polabstand h zu tun.

4. Eine schwere homogene Vollkugel stützt sich auf zwei glatte schiefe Ebenen vom gleichen Neigungswinkel α, die sich in der waagerechten Geraden l schneiden. Man soll den Mittelpunkt derjenigen inneren Kräfte finden, die zwischen den beiden Halbkugeln auftreten, in die die Kugel durch eine durch l gehende senkrechte Ebene zerlegt wird. Für welche Werte von α kann man die Kugel längs dieser Ebene durchschneiden, ohne daß das Gleichgewicht gestört wird? Was wird aus dem betrachteten System innerer Kräfte für $\alpha \to 0$?

5. Zwei homogene Halbkugeln gleichen spezifischen Gewichts mit den Radien R bzw. r sind so zusammengefügt, daß die begrenzenden Ebenen zusammenfallen und der kleinere begrenzende Kreis den größeren von innen berührt (Abb. 48). Der so

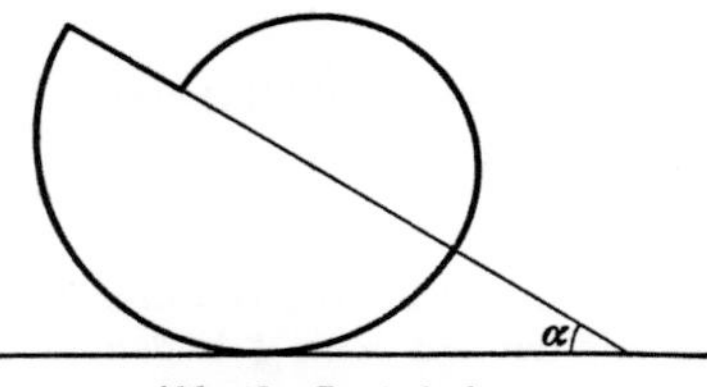

Abb. 48. Zu Aufgabe 5.

gebildete Körper ruht auf einer glatten waagerechten Ebene, indem er diese in einem Punkt der Oberfläche der größeren Kugel berührt. Welchen Winkel α bildet die gemeinsame Diametralebene mit der waagerechten Ebene?

6. Drei gleich lange, glatte, gewichtslose Stäbe AD, BE und CF sind, wie in Abb. 49 dargestellt, so angebracht, daß der eine Endpunkt jedes Stabes sich auf einen anderen Stab in dessen Mittelpunkt stützt. An dem einen Stab ist mitten zwischen den Punkten A und B ein Gewicht von 14 kg befestigt. Die so gebildete ebene Figur ruht in waagerechter Lage auf glatten Unterstützungen in D, E und F. Man bestimme die Stützdrücke d, e und f in diesen Punkten und die Drücke a, b und c zwischen den Stäben in A, B und C.

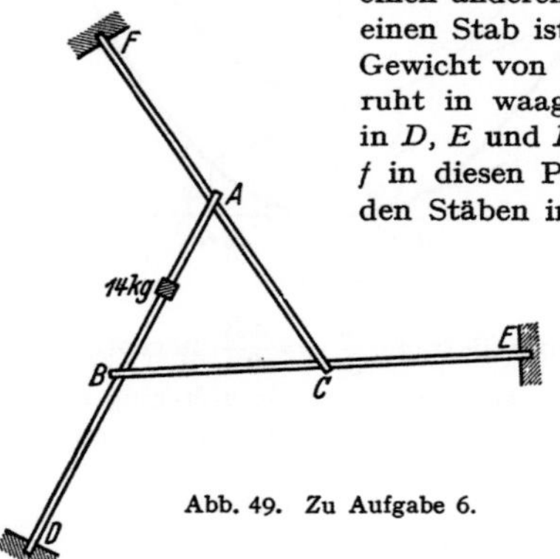

Abb. 49. Zu Aufgabe 6.

7. Das Dreieck ABC sei aus reibungsfrei drehbar verbundenen Stäben gebildet. In einem bekannten Punkt der Seite AC wirke eine bekannte Kraft in der Ebene des Dreiecks, ebenso in einem bekannten Punkt der Seite BC. Die Punkte A und B werden festgehalten. Man bestimme die Reaktionen in A und B und den in C übertragenen Druck.

8. In den Seitenmitten eines konvexen Polygons greifen Kräfte an, die senkrecht auf den Polygonseiten stehen und mit deren Längen proportional sind. Die Kräfte liegen in der Ebene des Polygons und sind nach außen gerichtet. Man zeige, daß das Kräftesystem äquivalent Null ist. Wenn nun das Polygon aus Stangen besteht, die in den Eckpunkten reibungsfrei drehbar verbunden sind, soll man zeigen, daß das Polygon in seiner Gleichgewichtslage einem Kreise einbeschrieben werden kann.

9. Eine homogene Stange von der Länge a und dem Gewicht G stützt sich mit einem Endpunkt gegen eine glatte, senkrechte Wand, während der andere Endpunkt mit einem festen Punkt dieser Wand durch einen gewichtslosen und undehnbaren Faden der Länge l verbunden ist. Dabei ist $a < l < 2a$. Man bestimme die Gleichgewichtslage, die Fadenspannung und den Stützdruck.

5. Kapitel.

Graphische Statik.

47. Seilpolygonkonstruktion. Wir betrachten wie in **45** ein Stabpolygon im Gleichgewicht. $P_1 P_2 \ldots P_r$ sei ein beliebiges (zusammenhängendes) Teilpolygon. Dieses Teilpolygon befindet sich dann unter der Einwirkung der für es äußeren Kräfte, d. h. der Kräfte $\Re_{P_1}, \Re_{P_2}, \ldots, \Re_{P_r}$ und der Stabspannungen $\mathfrak{T}_0$ und $\mathfrak{T}_r$, die von den angrenzenden, nicht zum Teilpolygon gehörigen Stäben auf P_1 und P_r wirken, ebenfalls im Gleichgewicht. Das System $(\Re_{P_1}, \Re_{P_2}, \ldots, \Re_{P_r})$ muß also zu $(-\mathfrak{T}_0, -\mathfrak{T}_r)$ äquivalent sein:

$$\Re_{P_1} + \Re_{P_2} + \cdots + \Re_{P_r} = -\mathfrak{T}_0 - \mathfrak{T}_r.$$

Aus einem Stabpolygon im Gleichgewicht kann man auf diese Weise eine Reduktion eines Kraftsystems auf zwei Kräfte ablesen. Ist das Stabpolygon eben, so kann man überdies die beiden Kräfte zu einer Einzelkraft oder einem Kräftepaar zusammensetzen, falls sie nicht gerade zusammen äquivalent Null sind.

Diese Betrachtung führt auf folgende *graphische Methode zur Reduktion eines willkürlichen ebenen Kraftsystems* durch Konstruktion eines „Seilpolygons", das sich wie in **45** unter der Einwirkung des Kraftsystems im Gleichgewicht befindet, hier jedoch nur als konstruktives Hilfsmittel zur Ausführung von statischen Umformungen dient: Mit Hilfe eines Kräftepolygons $012 \ldots n$ bestimmt man die Vektorsumme (Vektorinvariante) $\Re$ der gegebenen Kräfte $\Re_1$, $\Re_2, \ldots, \Re_n$ (Abb. 50), wählt einen willkürlichen „*Pol*" O zieht die „*Polstrahlen*" $O0$, $O1, \ldots, On$, wählt auf der Angriffslinie l_1 von $\Re_1$ einen willkürlichen Punkt P_1, zieht durch P_1 eine Parallele zu $O0$

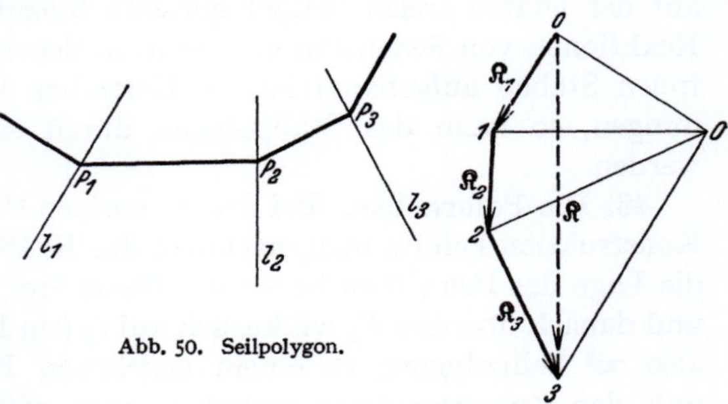

Abb. 50. Seilpolygon.

und eine Parallele zu $O1$ bis zum Schnitt P_2 mit der Angriffslinie l_2 von $\Re_2$, ferner durch P_2 eine Parallele zu $O2$ bis zum Schnitt P_3 mit der Angriffslinie l_3 von $\Re_3$ usw., schließlich durch P_n eine Parallele zu On. Die so entstehende Figur wird ein *Seilpolygon* des gegebenen Kraftsystems **S** genannt. Nun kann die Kraft $\Re_1$ durch eine auf der ersten („freien") Seilpolygonseite liegende Kraft $\overrightarrow{O0}$ und eine auf der zweiten Seilpolygonseite liegenden Kraft $\overrightarrow{O1}$ ersetzt werden, und entsprechend die anderen Kräfte. Die Kräfte auf den nicht freien Seilpolygonseiten heben einander auf, und das gegebene Kraftsystem S ist daher mit der Kraft $\overrightarrow{0O}$ auf der ersten und der Kraft $\overrightarrow{On}$ auf der letzten freien Seilpolygonseite äquivalent. Es können nun folgende Fälle eintreten:

1. Die Punkte 0 und n fallen nicht zusammen. Das Kräftepolygon ist also offen und $\Re \neq 0$. Die freien Seilpolygonseiten sind dann nicht parallel, wenn man es vermeidet, den Pol auf der Geraden $0n$ zu wählen, und S ist auf die Einzelkraft $\Re$ im Schnittpunkt der freien Seiten reduziert.

2. Die Punkte 0 und n fallen zusammen. Das Kräftepolygon ist geschlossen, also $\Re = 0$. Die freien Seilpolygonseiten haben die gleiche Richtung.

a) Die freien Seilpolygonseiten fallen nicht zusammen. Dann ist S auf ein Kräftepaar reduziert, nämlich auf die Kraft $\overrightarrow{0O}$ auf der ersten und die Kraft $\overrightarrow{O0}$ auf der letzten freien Seilpolygonseite. Der Abstand zwischen diesen ist der Arm des Kräftepaares, und sein Produkt mit dem Abstand $0O$ gibt den Betrag des Moments.

b) Die freien Seilpolygonseiten fallen zusammen. S ist äquivalent Null. In diesem Fall kann man sagen, daß auch das Seilpolygon geschlossen ist.

Im Falle 2b) befindet sich ein Stabpolygon, das mit dem gezeichneten Seilpolygon zusammenfällt, unter der Einwirkung der gegebenen Kräfte im Gleichgewicht. In den Fällen 1 und 2a) gilt das gleiche, wenn man zu S noch die Kraft $\overrightarrow{O0}$ auf der ersten und die Kraft $\overrightarrow{nO}$ auf der letzten freien Seilpolygonseite hinzufügt. Diese können z. B. Reaktionen von festen Punkten sein, in denen das Stabpolygon an den freien Stäben aufgehängt ist. — Herrschen in allen Stäben Zugspannungen, so kann das Stabpolygon durch ein wirkliches Seil ersetzt werden.

48. Die Polarachse. Bei der im vorigen Paragraphen beschriebenen Konstruktion konnte man, nachdem das Kräftepolygon gezeichnet war, die Lage des Poles O in bezug auf dieses frei wählen (zwei Parameter) und danach überdies P_1 willkürlich auf l_1 (ein Parameter). Es existieren also ∞^3 Seilpolygone zu einem gegebenen Kraftsystem. Wir wollen nun den Zusammenhang zwischen zwei willkürlichen, zum gleichen Kraftsystem gehörigen Seilpolygonen untersuchen.

Zunächst betrachten wir eine Kraft $\Re$ mit der Angriffslinie l. Dann besteht jedes Seilpolygon nur aus zwei Seiten, die beide frei sind. Wählt man einen beliebigen Pol O und den *„Auflösungspunkt“* P auf l, so ist $\Re$ äquivalent mit $\overrightarrow{0O}$ auf der Geraden PA und $\overrightarrow{O1}$ auf PB (Abb. 51). Wählt man einen anderen Pol O' und einen neuen Auflösungspunkt P' auf l, so ist $\Re$ äquivalent $\overrightarrow{0O'}$ auf $P'A$ und $\overrightarrow{O'1}$ auf $P'B$. Diese zwei Systeme sind daher äquivalent. Mit anderen Worten, das erste System und das dem zweiten entgegengesetzte halten sich das Gleichgewicht. Die Kräfte $\overrightarrow{0O}$ auf PA und $\overrightarrow{O'0}$ auf $P'A$ ergeben die Resultante $\overrightarrow{O'O}$ mit A als Angriffspunkt, die Kräfte $\overrightarrow{O1}$ auf PB und $\overrightarrow{1O'}$ auf $P'B$ die Resultante $\overrightarrow{OO'}$ an B. Da die beiden Resultanten sich das Gleichgewicht halten sollen, müssen sie auf derselben Geraden liegen, d. h. AB und OO' müssen parallel sein: **Die Verbindungsgerade der Schnittpunkte der beiden ersten und der beiden zweiten Seiten der Seilpolygone ist der Verbindungsgeraden der Pole parallel.**

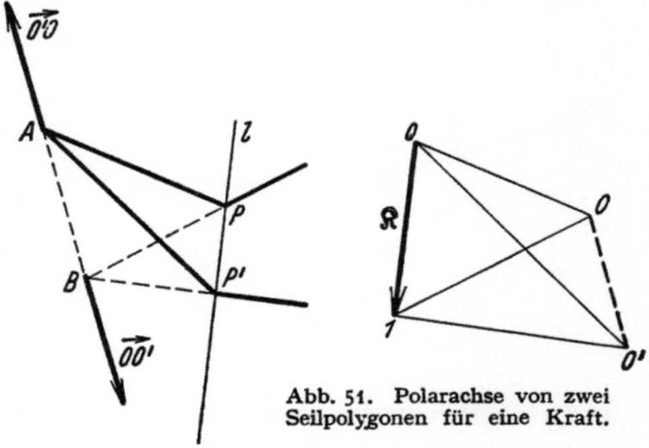

Abb. 51. Polarachse von zwei Seilpolygonen für eine Kraft.

Nimmt man umgekehrt eine Zerlegung der Kraft $\mathfrak{K}$ auf l vor, das eine Mal nach zwei willkürlichen Geraden durch P und das andere Mal nach zwei Geraden durch P', so erhält man die zwei Schnittpunkte A und B. Zeichnet man hierauf die entsprechenden Kräftedreiecke $01O$ und $01O'$, so erweisen sich OO' und AB auf Grund derselben Betrachtung als parallel. Dies folgt auch daraus, daß man die Rolle der Figuren vertauschen, also die Gerade 01 als Angriffslinie, PP' als Kräftepolygon und A und B als die gewählten Pole auffassen kann. Diese Bemerkung soll nur zeigen, daß AB eine vollständig willkürliche Gerade der Ebene ist.

Handelt es sich um zwei Kräfte, und konstruiert man die Seilpolygone für O und O' als Pole und P und P' als erste Auflösungspunkte, beidemal unter Zugrundelegung derselben Reihenfolge der Kräfte, so gilt die obige Überlegung für jede einzelne Kraft. Ist $\mathfrak{K}$ die erste und $\mathfrak{K}_1$ die auf $\mathfrak{K}$ folgende Kraft, so ist B für $\mathfrak{K}_1$ allein der Schnittpunkt der beiden ersten Seilpolygonseiten und ein gewisser Punkt C der Schnittpunkt der beiden letzten; dann ist BC parallel OO'. Daher liegen A, B und C auf einer Geraden. Diese Schlußweise kann fortgesetzt werden, wenn noch mehr Kräfte vorhanden sind: *Bei zwei zum selben Kraftsystem gehörigen Seilpolygonen liegen die Schnittpunkte entsprechender Seilpolygonseiten auf einer Geraden, der Polarachse, die der Verbindungslinie der Pole parallel ist.* Hierbei ist vorausgesetzt, daß man bei den beiden Konstruktionen die Kräfte in derselben Reihenfolge berücksichtigt; entsprechende Seilpolygonseiten sind solche, die den Polstrahlen zum gleichen Punkt des Kräftepolygons parallel sind.

Bei gegebenem Kraftsystem ist jede Gerade p in der Ebene Polarachse für eine einfach unendliche Schar von Seilpolygonen, die ein vorgelegtes Seilpolygon enthält. Hat man nämlich ein willkürliches Seilpolygon S des gegebenen Kraftsystems, so bestimmen dessen Seiten auf

p die Punkte $A, B, C, D, \ldots$ (Abb. 52). Diese Punkte sind die Scheitel der Geradenbüschel, die von entsprechenden Seiten der unendlich vielen Seilpolygone mit der Polarachse p gebildet werden. Die Pole dieser Seilpolygone durchlaufen eine zu p parallele Gerade. Man sieht, daß

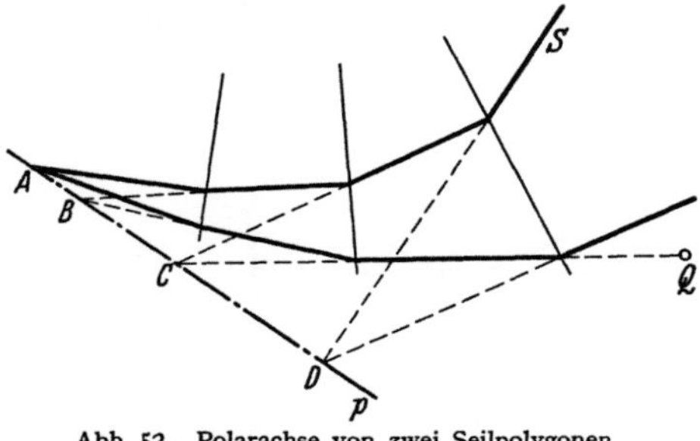

Abb. 52. Polarachse von zwei Seilpolygonen.

man ein einzelnes Seilpolygon mit der Polarachse p durch die Forderung festlegen kann, daß eine bestimmte Seilpolygonseite durch einen willkürlich gegebenen (endlichen oder unendlich fernen[1]) Punkt gehen soll. Aus Abb. 52 entnimmt man sofort, wie das Seilpolygon zu konstruieren ist, bei dem die zu C gehörige Seilpolygonseite durch einen willkürlich gegebenen Punkt Q geht. Hieraus folgt, daß man als die zu C gehörige Seilpolygonseite eine willkürliche Gerade durch C wählen kann und daß die zu den anderen Scheiteln gehörigen Geradenbüschel auf das Büschel mit dem Scheitel C projektiv bezogen sind.

Will man ein Seilpolygon derart abändern, daß ein bestimmter Punkt A einer bestimmten Seilpolygonseite fest bleibt, so muß man eine Polarachse durch A verwenden. Danach kann man erreichen, daß eine willkürliche andere Seilpolygonseite durch einen vorgeschriebenen, nicht auf der Polarachse liegenden Punkt B geht. Sollen zwei Punkte A, B fest bleiben, so kann man mit AB als Polarachse noch erreichen, daß eine willkürliche dritte Polygonseite durch einen vorgeschriebenen Punkt Q geht, der nicht auf der Geraden AB liegt. Da A, B und Q nicht auf einer Geraden liegen, kann man sie bei weiteren Änderungen des Seilpolygons nicht sämtlich festhalten. Ein zu einem gegebenen Kraftsystem gehöriges Seilpolygon ist also durch die Forderung eindeutig bestimmt, daß drei bestimmte Seilpolygonseiten durch je einen gegebenen Punkt gehen sollen, wenn diese drei Punkte nicht auf einer Geraden liegen (insbesondere also höchstens zwei davon unendlich fern sind).

Will man zu zwei Kräften mit den Angriffslinien l_1 und l_2 ein Seilpolygon bestimmen, dessen freie Seiten durch gegebene Punkte A und B gehen und dessen mittlere Seite durch einen nicht auf der Geraden AB gelegenen Punkt C geht, so kann man auch folgendermaßen schließen: l sei die (notwendig durch den Schnittpunkt D von l_1 und l_2 gehende) Angriffslinie der Resultante der beiden Kräfte und P ein laufender Punkt auf l (Abb. 53). Projiziert man P von A aus auf l_1 und von B aus auf l_2, so entstehen auf l_1 und l_2 projektive Punktreihen P_1 und P_2, die sich insbesondere in perspektiver Lage befinden, da D sich selbst entspricht. Das Zentrum E der Perspektivität ergibt sich als Schnittpunkt zweier Geraden $P_1 P_2$ und muß auch auf der Geraden AB liegen, da deren Schnittpunkte

---

[1] D. h. die Seite soll einer gegebenen Richtung parallel sein.

P_1' und P_2' mit l_1 bzw. l_2 einander zugeordnet sind. Die Schnittpunkte Q_1 und Q_2 der Geraden EC mit l_1 bzw. l_2 sind die gesuchten Auflösungspunkte. (Der Schnittpunkt Q von AQ_1 und BQ_2 ist der Auflösungspunkt auf l für die Resultante.)

Hierbei ist von der Kräften nur benutzt, daß ihre Resultante auf l liegt. Kennt man auch die Größe der Resultante, so kann man auch die Beträge der Kräfte auf l_1 und l_2 und auch die der Kräfte auf den drei Polygonseiten finden.

Die ∞^1 Seilpolygone, die zu diesem Kraftsystem gehören und deren freie Seiten durch A und B gehen, haben AB zur Polarachse und der Punkt E auf AB ist der Scheitelpunkt desjenigen Geradenbüschels, dessen Geraden die mittleren Polygonseiten enthalten.

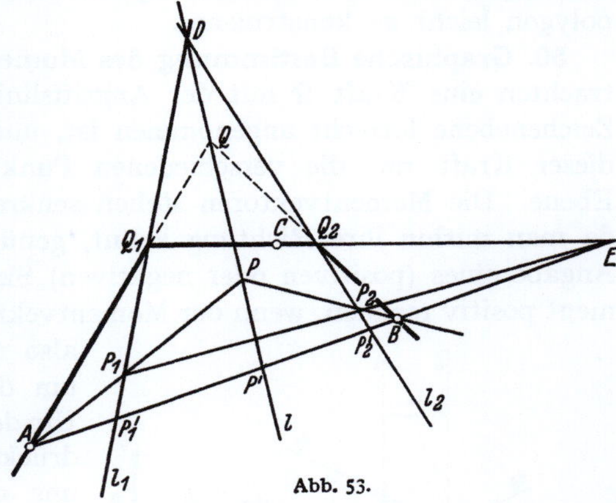
Abb. 53.

49. Die Polarachse für parallele Kräfte. Sind S_1 und S_2 zwei Seilpolygone für ein System von **parallelen** Kräften und p die zugehörige Polarachse, so besitzen die Strecken, die auf einer beliebigen, den Kräften parallelen Geraden l von S_1 und p einerseits und S_2 und p andererseits ausgeschnitten werden, ein Längenverhältnis μ, das ungeändert bleibt, wenn die Gerade l parallel zu sich verschoben wird (Abb. 54). S_1 geht also aus S_2 durch eine Affinität mit p als Affinitätsachse, der Kraftrichtung als Affinitätsrichtung und μ als Streckungsverhältnis her-

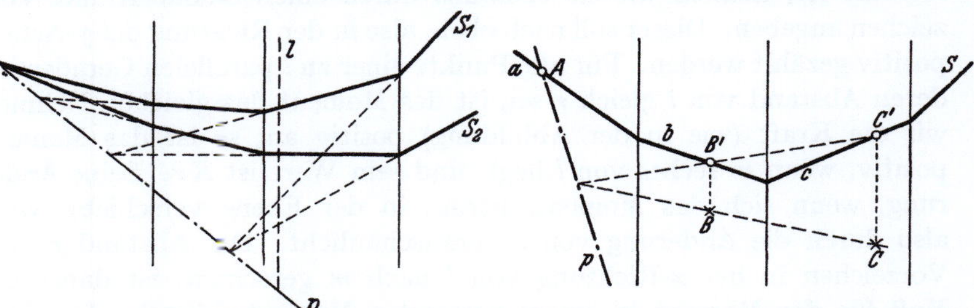

Abb. 54. Affinität zweier Seilpolygone für parallele Kräfte.

Abb. 55. Konstruktion eines Seilpolygons für parallele Kräfte, von dem drei Seiten durch vorgeschriebene Punkte gehen.

vor. Wünscht man zu einem solchen Kraftsystem ein Seilpolygon zu zeichnen, von dem drei bestimmte Seiten a, b und c durch drei gegebene Punkte A, B bzw. C gehen, so kann man damit beginnen, ein Seilpolygon S zu zeichnen, für das a durch A geht (Abb. 55). Dies muß durch eine Affinität der beschriebenen Art in das gesuchte übergehen. Daher kann man sofort die Punkte B' und C' auf S finden, die hierbei in B und C übergehen; und da sich entsprechende Geraden auf der

Affinitätsachse schneiden, ist diese, d. h. die Polarachse für S und das gesuchte Seilpolygon, dadurch bestimmt, daß sie durch A und den Schnittpunkt von BC und $B'C'$ geht. Hiernach ist das gesuchte Seilpolygon leicht zu konstruieren.

50. Graphische Bestimmung des Momentes einer Kraft. Wir betrachten eine Kraft $\Re$ mit der Angriffslinie l, die in Abb. 56 in der Zeichenebene lotrecht angenommen ist, und untersuchen das Moment dieser Kraft um die verschiedenen Punkte („Momentzentren") der Ebene. Die Momentvektoren stehen senkrecht auf der Zeichenebene; da man mithin ihre Richtung kennt, genügt zu ihrer Festlegung die Angabe eines (positiven oder negativen) Skalars. Wir wollen das Moment positiv rechnen, wenn der Momentvektor nach hinten weist, wenn also die Kraft „rechts herum" um das Momentzentrum dreht. Um den Sachverhalt bequem ausdrücken zu können, wollen wir uns auf ein x, y-Koordinatensystem in der Ebene beziehen, dessen x-Achse nach rechts und dessen y-Achse nach oben gerichtet ist. Das fragliche skalare Moment um ein Momentzentrum in der Ebene ist dann gleich dem

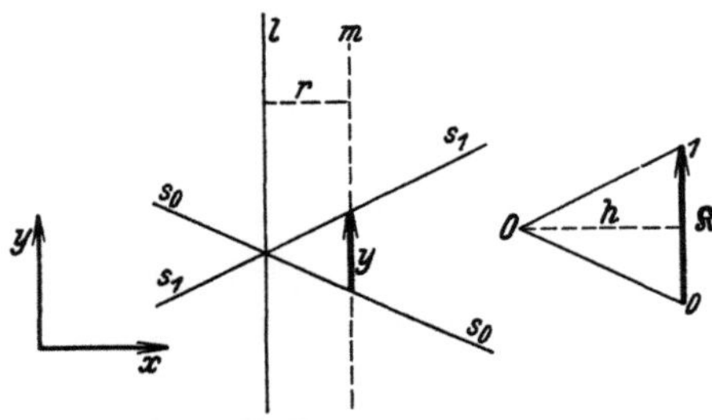

Abb. 56. Graphische Bestimmung des Moments einer Kraft.

Moment um eine zur Ebene senkrechte Gerade durch das Momentzentrum, die vom Leser auf die Ebene zu orientiert ist. Da die Kraft lotrecht ist, können wir sie ebenfalls durch einen Skalar K mit Vorzeichen angeben. Dieser soll nach oben, also in der Richtung der y-Achse, positiv gezählt werden. Für alle Punkte einer zu l parallelen Geraden m, deren Abstand von l gleich r sei, ist das Moment das gleiche. Nehmen wir die Kraft (wie in der Abbildung) positiv an, so ist das Moment positiv, wenn m rechts von l liegt, und sein Wert ist Kr. Seine Änderung, wenn sich das Momentzentrum in der Ebene verschiebt, wird also durch die Änderung von r veranschaulicht. Der Abstand r, mit Vorzeichen in der x-Richtung von l nach m gerechnet, ist daher ein Maß für das Moment in einem passenden Momentmaßstab. Das Moment ist das Produkt einer Kraft und einer Länge, wird also beispielsweise durch Kilogrammeter oder Tonnenmeter gemessen[1]. Man hat daher denjenigen Abstand von l zu bestimmen, in dem das Moment z. B. 1 kgm ist, und mit diesem Abstand als Einheit stellt dann r das Moment dar.

Neben diesem Maß für das Moment betrachten wir noch ein zweites. Wir zeichnen (Abb. 56) ein Seilpolygon für die Kraft $\Re$ und bestimmen

---

[1] Bei der Anwendung einer graphischen Methode wird man im allgemeinen die Längeneinheit gegenüber der in der eigentlichen Aufgabe vorliegenden abändern.

das Stück y, das auf m von der ersten Seilpolygonseite s_0 und der zweiten s_1 ausgeschnitten wird. Aus der Ähnlichkeit der beiden Dreiecke in Abb. 56 entnimmt man
$$\frac{K}{h} = \frac{y}{r}.$$

Auch h kann mit Vorzeichen gerechnet werden, etwa positiv, wenn O links von $\Re$ liegt. Dann ist hy ebenso wie Kr ein Maß für das Moment. Hier variiert y mit m, und man sieht, daß y für $h > 0$ das Moment mit richtigem Vorzeichen darstellt, wenn man y von s_0 nach s_1 in der y-Richtung positiv zählt. Dies gilt auch, wenn $\Re$ die entgegengesetzte Richtung hat. Dann muß nämlich das Moment das Vorzeichen wechseln, gleichzeitig werden aber s_0 und s_1 vertauscht, so daß auch y das Vorzeichen wechselt. (Die erste Seilpolygonseite ist diejenige, die dem Polstrahl zum Anfangspunkt der Kraft im Kräftepolygon parallel ist.) Mit den so festgesetzten Vorzeichenregeln für alle vier Größen gilt die Gleichung $Kr = hy$ einschließlich Vorzeichen. Mißt man das Moment durch y, so ist die Momentmaßeinheit abhängig von der Längeneinheit, der Krafteinheit, in der K aufgetragen ist, und der Wahl des Polabstandes h.

Solange nur von einer Kraft die Rede ist, hat die zweite Darstellung des Momentes kaum einen Vorzug vor der ersten. Ihr Wert zeigt sich, wenn man es mit mehreren parallelen Kräften zu tun hat. Dann ist der Faktor h in dem Momentausdruck hy eine Konstruktionsgröße, über die man ein für allemal verfügt.

51. Moment paralleler Kräfte in der Ebene. Wir betrachten nun ein System von parallelen Kräften in der Ebene und zeichnen ein dazugehöriges Seilpolygon. Wenn sich das Kräftepolygon nicht schließt, so ist das System einer Einzelkraft äquivalent, für die die freien Seiten s_0 und s_n dieselbe Rolle spielen wie s_0 und s_1 im vorigen Paragraphen. Das Moment des Kraftsystems in einem willkürlichen Punkt P erhält man daher dadurch, daß man durch P eine

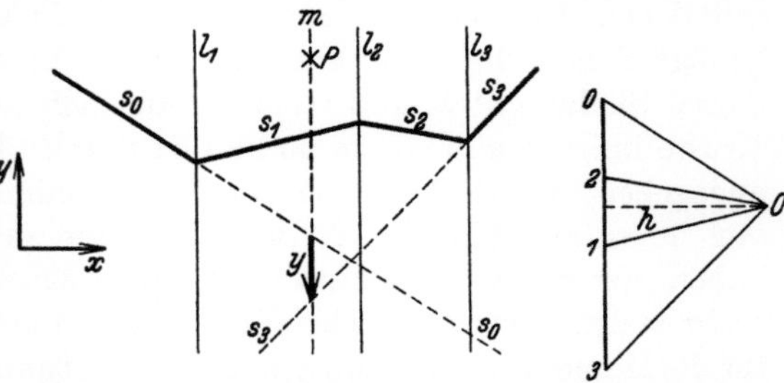

Abb. 57. Graphische Bestimmung des Moments eines ebenen Systems paralleler Kräfte.

Parallele m zu den Kräften legt, auf dieser das Stück y von s_0 bis s_n mißt und mit h multipliziert. Der Faktor h kann wieder in die Momentmaßeinheit mit Berücksichtigung seines Vorzeichens einbezogen werden. (In Abb. 57 ist $n = 3$, $h < 0$, $y < 0$ und das Moment in P daher positiv.) Sind s_0 und s_n parallel, so ist y konstant und hy das Moment des resultierenden Kräftepaares. Fallen s_0 und s_n zusammen, so ist das Moment Null.

Hierbei ist nicht vorausgesetzt, daß die Kräfte gerade (wie in der Abbildung) in der Reihenfolge im Kräftepolygon auftreten, in der ihre Angriffslinien in der Ebene aufeinanderfolgen. Für ein beliebiges Teilsystem der Kräfte, die eine Teilfolge im Kräftepolygon bilden, kann man das Moment dadurch bestimmen, daß man für dieses Teilsystem die erste und letzte Seilpolygonseite aufsucht.

Diese Anwendung der Betrachtungen von **50** kann auch für ein ebenes Kraftsystem gemacht werden, dessen Kräfte nicht parallel sind. Dann ist aber h nicht mehr für alle Teilsysteme gemeinsam, kann also nicht mehr in die Momentmaßeinheit einbezogen werden.

52. Graphische Bestimmung der Schubkraft und des Biegungsmomentes für einen querbelasteten Balken. Ein Balken befinde sich im Gleichgewicht unter der Einwirkung von äußeren Kräften, die alle in einer vertikalen Symmetrieebene durch die Mittellinie des Balkens liegen und zur Längsrichtung des Balkens senkrecht sind. Dann verschwindet der Zug in jedem Querschnitt und das Torsionsmoment längs der ganzen Mittellinie, da jede äußere Kraft die Projektion Null auf und das Moment Null um die Mittellinie hat. Zur Bestimmung der Schubkraft und des Biegungsmoments längs des Balkens ziehen wir die Betrachtungen von **50** und **51** heran. Die dort eingeführten Bezeichnungen behalten wir bei. Alle äußeren Kräfte nehmen wir als Einzelkräfte mit gegebenen Angriffspunkten an. Vom Eigengewicht des Balkens sehen wir vorläufig ab.

Wir betrachten einen Querschnitt Φ des Balkens. Da die links von Φ angreifenden Kräfte eine vertikale Vektorsumme haben, ist auch die Schubkraft in Φ, also die Vektorsumme der Schubspannungen in Φ, mit denen der rechte Balkenteil auf den linken einwirkt, vertikal. Es genügt daher, die Schubkraft als Skalar aufzufassen. Wir bezeichnen diesen Skalar mit R und rechnen ihn nach unten positiv. Werden die Kräfte links von Φ wie in **50** und **51** durch Skalare (positiv nach oben) angegeben, so ist R ihre algebraische Summe. — Da die Kräfte links von Φ im Schnittpunkt X der Mittellinie mit Φ einen Momentvektor haben, der horizontal ist und auf der Längsrichtung des Balkens senkrecht steht, gilt das gleiche für den Biegungsmomentvektor in X, also für die Momentvektorsumme in X der Zugspannungen in Φ. Der Biegungsmomentvektor kann daher ebenfalls durch einen Skalar angegeben werden. Wir bezeichnen ihn mit U und rechnen ihn positiv, wenn im oberen Teil des Balkens Druckspannung und im unteren Zugspannung herrscht, wenn also die Zugspannungen, mit denen der rechte Balkenteil auf den linken einwirkt, links herum zu drehen suchen. Rechnet man wie in **50** und **51** das Moment der links von Φ angreifenden Kräfte rechts herum positiv, so wird U deren Moment in X.

Wir konstruieren nun zu den gegebenen Kräften ein Seilpolygon. Da sich der Balken im Gleichgewicht befindet, müssen sich sowohl das

Kräftepolygon als auch das Seilpolygon schließen. Die Kraft K_ν, die im Kräftepolygon durch den Vektor vom Punkt $\nu - 1$ bis zum Punkt ν dargestellt wird, liege auf der Geraden l_ν. Die Kräfte sind hier in der Reihenfolge zusammengesetzt, in der die Angriffslinien von links nach rechts aufeinanderfolgen. Da sich das Kräftepolygon schließt, fallen die Punkte 0 und n (in Abb. 58 ist $n = 6$) zusammen. Da sich auch das Seilpolygon schließt, fallen die Geraden s_0 und s_n zusammen.

Um nun R und U in einem Punkt X des Balkens zu finden, lege man durch X eine Parallele m_X zu den Kräften. Diese schneide die Seilpolygonseiten s_0 und s_ν (in der Abbildung s_3). R kann man im Kräftepolygon als Vektor von 0 nach ν ablesen. Falls dieser nicht Null

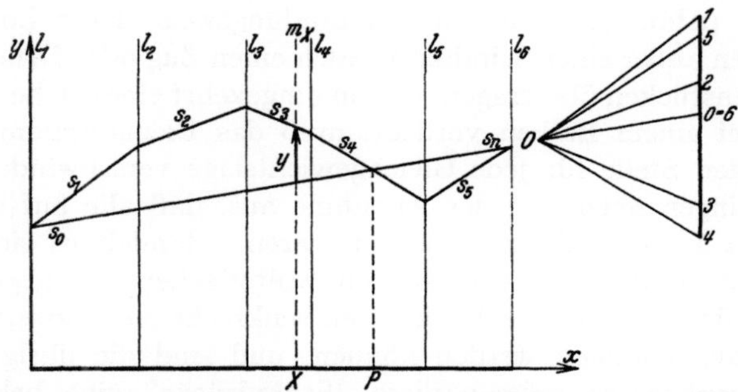

Abb. 58. Graphische Bestimmung von Schubkraft und Biegungsmoment eines querbelasteten Balkens.

ist, also s_0 und s_ν nicht parallel sind, geht die Resultante der links von X angreifenden Kräfte durch den Schnittpunkt von s_0 und s_ν. Das Biegungsmoment U in X wird, wenn der Polabstand h in die Momentmaßeinheit einbezogen wird, durch das Stück y dargestellt, das von s_0 und s_ν auf m_X ausgeschnitten wird, also durch die in Richtung der Kräfte gemessene „Momenthöhe" der „Momentfläche" (das ist die vom Seilpolygon begrenzte Figur) an der betreffenden Stelle.

Die Stelle mit maximalem Biegungsmoment bestimmt sich als Stelle mit maximalem $|y|$ dadurch, daß man diejenige der beiden zu s_0 parallelen Stützgeraden[1] an die Momentfläche legt, die von s_0 den größeren Abstand hat.

Die Momentfläche braucht nicht zusammenhängend zu sein, da sich das Seilpolygon selbst überkreuzen kann. Geschieht dies in einem Punkt P des Balkens (wie in Abb. 58), so verschwindet das Biegungsmoment in P. Die Resultante für die links von P angreifenden Kräfte

---

[1] Eine Gerade heißt **Stützgerade** einer ebenen Figur, wenn sie wenigstens einen Punkt mit der Figur gemein hat und die Figur im übrigen ganz auf einer ihrer Seiten liegt. Eine beschränkte Figur hat genau zwei Stützgeraden von vorgeschriebener Richtung. (Die beiden zu s_0 parallelen Stützgeraden des Seilpolygons in Abb. 58 gehen durch die Schnittpunkte von s_2 und s_3 bzw. von s_4 und s_5.)

geht durch P, und in einem durch P gehenden Querschnitt des Balkens herrschen nur Schubspannungen und keine Zugspannungen. Jedenfalls bilden eventuelle Zugspannungen ein System im Gleichgewicht. Das Gleichgewicht wird nicht gestört, wenn man sich an einer solchen Stelle den Balken aus zwei Stücken zusammengesetzt denkt, von denen das eine sich um eine im anderen festgehaltene Achse senkrecht zur Ebene drehen kann (Abb. 59), oder von denen das eine lose auf das andere

Abb. 59.   Abb. 60.

gelegt ist (Abb. 60). Die erste Verbindungsweise kann im Gegensatz zur zweiten außer einer Schubkraft auch einen Zug oder Druck zwischen den Balkenstücken übertragen. Wenn umgekehrt eine solche Zusammenfügung bei einem Balken vorliegt, muß das Biegungsmoment an der betreffenden Stelle für jede Gleichgewichtslage verschwinden.

Wir gingen oben von der Annahme aus, daß alle auf den Balken wirkenden äußeren Kräfte bekannt waren. Handelt es sich aber um einen Balken, der sich mit glatten Stützflächen auf gegebene feste Punkte stützt, so daß die Reaktionen senkrecht zur Längsrichtung des Balkens angenommen werden können, und sind die übrigen äußeren Kräfte gegeben, so müssen diese „Stützdrücke" eine bekannte, zur y-Achse parallele Einzelkraft oder ein Kräftepaar im Gleichgewicht halten. Die Drücke in den Stützpunkten sind dann und nur dann statisch bestimmt, wenn nur zwei Stützpunkte vorhanden sind; man kann sie dann durch die Seilpolygonkonstruktion finden. Sind z. B. die Kräfte auf $l_2, \ldots, l_5$ gegeben, l_1 und l_6 dagegen Angriffslinien für unbekannte Stützreaktionen, so beginnt man mit der Konstruktion des Kräftepolygons 12345 und des Seilpolygons $s_1 s_2 s_3 s_4 s_5$. Die Verbindungsgerade der Schnittpunkte von s_1 und s_5 mit l_1 bzw. l_6 ist die Seite $s_0 = s_6$, und eine Parallele zu s_0 durch O ergibt den Punkt $0 = 6$ und bestimmt dadurch die Reaktion $\overrightarrow{01}$ auf l_1 und $\overrightarrow{56}$ auf l_6.

53. Berechnung bei kontinuierlicher Belastung. Wir wählen ein Koordinatensystem wie in Abb. 61 und nehmen an, daß die äußeren Einzelkräfte K_ν in Punkten mit den Abszissen x_ν ($\nu = 1, 2, \ldots$) angreifen; hierbei sollen eventuelle Stützreaktionen mitgezählt werden. Die K_ν sollen mit Vorzeichen versehen sein, und zwar positiv in Richtung der y-Achse. Außerdem wird angenommen, daß der Balken kontinuierlich mit der „Belastungsdichte" $\varphi(x)$ belastet ist, d. h. daß auf ein Element dx des Balkens mit der Abszisse x eine zur y-Achse parallele Kraft der Größe

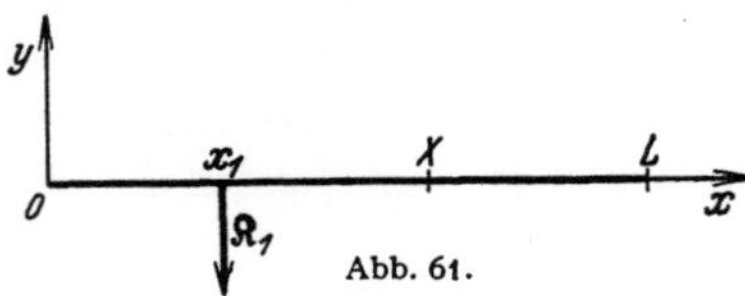

Abb. 61.

$\varphi(x)\, dx$ wirkt. Diese Kraft hat die Richtung der y-Achse, wenn φ an der Stelle x positiv ist. (Bei einem waagerecht liegenden Balken wirkt sein Eigengewicht wie eine solche Belastung; φ ist dann negativ und bedeutet das „Gewicht pro Längeneinheit".)

Die Schubkraft R und das Biegungsmoment U in einem Punkt mit der Abszisse X bestimmen sich durch

$$(53, 1) \qquad R(X) = \int_0^X \varphi(x)\, dx + K_1 + K_2 + \cdots .$$

$$(53, 2) \quad U(X) = \int_0^X (X - x)\, \varphi(x)\, dx + K_1(X - x_1) + K_2(X - x_2) + \cdots ,$$

wo diejenigen Kräfte K_ν mitzunehmen sind, die links von X angreifen. Man hat daher, wenn X nicht gerade Angriffspunkt einer Einzelkraft ist,

$$(53, 3) \qquad \frac{dR(X)}{dX} = \varphi(X)$$

und, da (53, 2)

$$U(X) = X R(X) - \int_0^X x\, \varphi(x)\, dx - K_1 x_1 - K_2 x_2 - \cdots$$

geschrieben werden kann, erhält man wegen (53, 3)

$$\frac{dU(X)}{dX} = R(X) + X \varphi(X) - X \varphi(X),$$

also

$$(53, 4) \qquad \frac{dU(X)}{dX} = R(X)$$

und

$$(53, 5) \qquad \frac{d^2 U(X)}{dX^2} = \varphi(X).$$

Man kann sich die Abhängigkeit dieser Größen von X dadurch veranschaulichen, daß man $Y = \varphi(X)$, $Y = R(X)$ und $Y = U(X)$ in einem Koordinatensystem aufträgt. Man erhält so eine „Belastungskurve" für die kontinuierliche Belastung, eine „Schubkraftkurve" und eine „Momentkurve". R ändert sich unstetig, wenn X den Angriffspunkt einer Einzelkraft überschreitet, ist aber im übrigen eine differenzierbare Funktion, die durch den Flächeninhalt der von der Belastungskurve begrenzten „Belastungsfläche" gemessen wird. U variiert immer stetig und ist zweimal differenzierbar auf den Stücken zwischen den Einzelkräften. Die Momentkurve besitzt Knicke in den Angriffspunkten der Einzelkräfte, wo die Schubkraft springt. Das größte Biegungsmoment bestimmt sich als Maximum der Momentkurve.

Bei gleichmäßiger Belastung, $\varphi = \text{const}$ (also beispielsweise für das Eigengewicht eines homogenen Balkens), ist die Momentkurve nach (53, 5) aus Parabelbögen zusammengesetzt, und die Schubkraftkurve besteht nach (53, 3) aus Geradenstücken mit konstanter Neigung.

Hat man die Reaktion von Stützpunkten zu bestimmen, was, wie erwähnt, nur möglich ist, wenn es genau zwei, etwa A und B, gibt, so kann dies durch die zu (**53**, 2) analoge Gleichung

$$0 = \int\limits_0^L (X - x)\, \varphi(x)\, dx + K_1 (X - x_1) + K_2 (X - x_2) + \cdots$$

geschehen, wo über alle äußeren Kräfte summiert und über die ganze Länge L des Balkens integriert wird. Läßt man X mit B zusammenfallen, so fällt die Reaktion in B heraus, und man kann die Reaktion in A berechnen, und umgekehrt.

Wenn man in dem in **52** behandelten Fall, wo nur Einzelkräfte wirken, dasjenige spezielle Seilpolygon zeichnet, für das die Schlußseite $s_0 = s_n$ im Balken liegt, so erhält man genau die Momentkurve.

Interessiert man sich nur für R und U in einem bestimmten Punkt X des Balkens, so können diese, wie in **52**, durch ein Seilpolygon bestimmt werden. Man muß nur die kontinuierlichen Belastungssummen $\int \varphi(x)\, dx$ für jeden der beiden Teile bestimmen, in die X den Balken teilt, und sie in den Mittelpunkten der beiden Skalarfelder φ (bei gleichförmiger Belastung in den geometrischen Mittelpunkten) anbringen und danach das Seilpolygon zu dem so erhaltenen System von zwei Einzelkräften zeichnen. (Ist $\int \varphi(x)\, dx = 0$ für einen solchen Teil, so hat man statt der Einzelkraft ein Kräftepaar mit dem richtigen Moment zu nehmen.) Bei dieser Zusammenfassung der Kräfte werden nämlich R und U für den Punkt X nicht geändert. Dieses System von Einzelkräften ändert sich jedoch mit X.

Teilt man den Balken in kleine Elemente, ersetzt $\int \varphi(x)\, dx$ für jedes Stück durch eine Einzelkraft und zeichnet ein Seilpolygon, dessen Schlußgerade im Balken liegt, so stellt dieses Seilpolygon eine Annäherung an die Momentkurve dar und konvergiert, wenn die Feinheit der Einteilung unbegrenzt wächst, gegen die Momentkurve.

Für einen eingespannten Balken kann man, falls nur eine Einspannungsstelle vorliegt, in ähnlicher Weise Einspannungskraft und -moment durch ein Seilpolygon bestimmen. Eine kontinuierliche Belastung kann man hierbei ebenfalls durch eine Einzelkraft, ihre Resultante, ersetzen.

Hat man R und U für zwei verschiedene Belastungen des Balkens, so stellen die Summen dieser Werte R bzw. U für den Fall dar, daß beide Belastungen gleichzeitig wirken (Superpositionsgesetz). Es kann daher vorteilhaft sein, R und U für Einzelbelastungen und für kontinuierliche Belastung gesondert zu bestimmen. Für die letztere ist dann die Momentkurve eine in ihrem ganzen Verlauf zweimal differenzierbare Kurve.

Übungsaufgaben zum 5. Kapitel.

1. In einer Ebene sind zwei Punkte A und B und die Größe und Angriffslinie einer Kraft gegeben. Man soll die Kraft in zwei Kräfte umformen, deren Angriffslinien durch A bzw. B gehen, und zwar so, daß die durch A gehende Kraft eine vorgeschriebene Größe bekommt.

2. Man soll ein in einer Ebene ε gegebenes Kraftsystem durch Konstruktion

umformen a) in zwei Kräfte, von denen die eine auf einer in ε gegebenen Geraden liegt und die andere durch einen in ε, aber außerhalb der Geraden gegebenen Punkt geht; b) in drei Kräfte auf gegebenen Geraden in ε, die sich nicht in einem Punkte schneiden.

3. Zu zwei gegebenen Kräften ein Seilpolygon zu finden, dessen freie Seiten durch gegebene Punkte gehen und dessen mittlere Seite eine gegebene Richtung hat.

4. Ein schwerer, homogener Balken AB vom Gewicht P ist mittels zweier Seile AC und BD an zwei festen Punkten C und D aufgehängt. Man konstruiere einen Punkt X des Balkens so, daß ein gegebenes Gewicht Q, in X aufgehängt, den Balken waagerecht hält. Als gegeben zu betrachten sind die Punkte C und D, die Längen des Balkens und der Seile und das Verhältnis der Gewichte P und Q.

5. Zwei schwere homogene waagerechte Balken AB und BD wiegen $p \dfrac{\text{kg}}{\text{m}}$ und sind in B durch ein reibungsfreies Gelenk mit waagerechter Achse verbunden. Der Balken AB ist bei A in eine Mauer eingespannt. Der Balken BD ist in einem seiner Punkte C unterstützt. Die Längen sind $AB = a$ m, $BC = b$ m, $CD = c$ m. Man soll die Stützkräfte in C und A und das Einspannungsmoment in A bestimmen. — Welche Beziehung muß zwischen den drei Längen bestehen, damit die Einspannung in A durch eine einfache Unterstützung ersetzt werden kann?

6. Zwei schwere, homogene Balken AB und BC mit den Längen a bzw. b sind in B durch ein reibungsfreies Gelenk verbunden; AB ist ferner in A an einem reibungsfreien Gelenk befestigt. In welcher Entfernung von B muß man BC unterstützen, damit ABC eine waagerechte Gerade bildet? Man bestimme in diesem Falle Schubkraft und Biegungsmoment längs AC, wenn die Balken $p \dfrac{\text{kg}}{\text{m}}$ wiegen.

7. Ein waagerechter Balken, von dessen Eigengewicht man absieht, sei in den Endpunkten unterstützt. M und N sind zwei beliebige Punkte des Balkens. Das Biegungsmoment in N, das durch eine in M angebrachte Einzellast hervorgerufen wird, und das Biegungsmoment in M, das durch die gleiche, in N angebrachte Einzellast hervorgerufen wird, sollen als gleich nachgewiesen werden.

8. Ein waagerechter Balken ist in zwei Punkten A und B festgehalten. Eine homogene Last MN wird über den Balken hin bewegt. Das Biegungsmoment in einem fest gewählten Punkte O des Balkens variiert mit der Lage der Last. Man zeige, daß es seinen größten Wert für die durch die Proportion

$$AO : OB = MO : ON$$

bestimmte Lage der Last erhält. (Die Richtung von M nach N stimmt mit der von A nach B überein.)

9. Man bestimme Schubkraft und Biegungsmoment an einem in den Endpunkten unterstützten Balken, wenn die Belastungsdichte mit der Entfernung von dem einen Endpunkt linear oder quadratisch ansteigt.

10. Man zeichne zu einem ebenen Kraftsystem dasjenige spezielle Seilpolygon, welches durch Wahl des Pols im Anfangspunkt des Kräftepolygons entsteht.

6. Kapitel.

Statik der Fachwerke.

54. Berechnung der Spannungen in einem Fachwerk. Wir nehmen die Untersuchung eines willkürlichen Fachwerks wieder auf und idealisieren es zu einem Stabsystem durch die in **44** gemachten Annahmen. Es sei s die Anzahl der Stäbe und k die der Knotenpunkte, die wir mit

$P_\varkappa$ ($\varkappa = 1, 2, \ldots, k$) bezeichnen. Wenn die Knotenpunkte $P_\varkappa$ und P_λ durch einen Stab verbunden sind, soll $l_{\varkappa\lambda}$ dessen Länge und $T_{\varkappa\lambda}$ ($= T_{\lambda\varkappa}$) die in ihm herrschende Spannung bedeuten. Hierbei wird wie früher Zugspannung positiv, Druckspannung negativ gerechnet. Von den äußeren Kräften wird angenommen, daß sie sämtlich in die Knotenpunkte verlegt sind; eventuelle äußere Stützreaktionen werden mit zu den äußeren Kräften gezählt. $\mathfrak{K}_\varkappa$ sei die Resultante der in $P_\varkappa$ angreifenden äußeren Kräfte, $X_\varkappa$, $Y_\varkappa$, $Z_\varkappa$ seien ihre Koordinaten in einem rechtwinkligen Koordinatensystem und $x_\varkappa$, $y_\varkappa$, $z_\varkappa$ die Koordinaten von $P_\varkappa$.

Daß sich jeder Knotenpunkt im Gleichgewicht befindet, läßt sich durch die k Vektorgleichungen

$$(54, 1) \qquad \mathfrak{K}_\varkappa + \sideset{}{'}\sum_\lambda \frac{T_{\varkappa\lambda}}{l_{\varkappa\lambda}} \overrightarrow{P_\varkappa P_\lambda} = 0 \qquad\qquad \varkappa = 1, 2, \ldots, k$$

zum Ausdruck bringen, da ja $\dfrac{\overrightarrow{P_\varkappa P_\lambda}}{l_{\varkappa\lambda}}$ ein Einheitsvektor in der Richtung von $P_\varkappa$ nach P_λ und $T_{\varkappa\lambda}$ positiv oder negativ ist, je nachdem Zug oder Druck im Stabe $P_\varkappa P_\lambda$ herrscht. Die Summation $\sideset{}{'}\sum_\lambda$ ist über alle diejenigen Knotenpunkte P_λ zu erstrecken, die mit $P_\varkappa$ durch einen Stab verbunden sind. Von (54, 1) wollen wir zu den skalaren Gleichungen

$$(54, 2) \qquad \sideset{}{'}\sum_\lambda \frac{T_{\varkappa\lambda}}{l_{\varkappa\lambda}} (x_\varkappa - x_\lambda) = X_\varkappa,$$

$$(54, 3) \qquad \sideset{}{'}\sum_\lambda \frac{T_{\varkappa\lambda}}{l_{\varkappa\lambda}} (y_\varkappa - y_\lambda) = Y_\varkappa, \qquad\qquad \varkappa = 1, 2, \ldots, k$$

$$(54, 4) \qquad \sideset{}{'}\sum_\lambda \frac{T_{\varkappa\lambda}}{l_{\varkappa\lambda}} (z_\varkappa - z_\lambda) = Z_\varkappa$$

übergehen, die wir als $3k$ lineare Gleichungen für die s Unbekannten $\dfrac{T_{\varkappa\lambda}}{l_{\varkappa\lambda}}$ auffassen. Diese Unbekannten denken wir uns in eine beliebige, aber ein für allemal feste Reihenfolge gebracht. Aus ihnen erhält man sofort die unbekannten Spannungen $T_{\varkappa\lambda}$ selbst, da mit den Koordinaten der Knotenpunkte auch die Stablängen

$$l_{\varkappa\lambda} = \sqrt{(x_\varkappa - x_\lambda)^2 + (y_\varkappa - y_\lambda)^2 + (z_\varkappa - z_\lambda)^2}$$

bekannt sind. Die Koeffizientenmatrix Γ des Gleichungssystems besteht aus den Koordinatendifferenzen $x_\varkappa - x_\lambda$, $x_\varkappa - y_\lambda$, $z_\varkappa - z_\lambda$, wobei genau die Indizespaare $\varkappa$, λ auftreten, für die $P_\varkappa$ und P_λ durch einen Stab verbunden sind, im übrigen aus Nullen. Und zwar stehen in einer Spalte, etwa der zur Unbekannten $\dfrac{T_{\varkappa\lambda}}{l_{\varkappa\lambda}}$ gehörigen, an $\varkappa$-ter Stelle $x_\varkappa - x_\lambda$, an λ-ter Stelle $x_\lambda - x_\varkappa$, an $(k+\varkappa)$-ter Stelle $y_\varkappa - y_\lambda$, an $(k+\lambda)$-ter Stelle $y_\lambda - y_\varkappa$, an $(2k+\varkappa)$-ter Stelle $z_\varkappa - z_\lambda$, an $(2k+\lambda)$-ter Stelle $z_\lambda - z_\varkappa$

und sonst 0[1]. Daraus können wir sofort entnehmen, daß zwischen den linken Seiten der $3k$ Gleichungen (**54**, 2, 3, 4) lineare Abhängigkeiten bestehen. Addiert man nämlich die k Gleichungen (**54**, 2), so entsteht links 0; dasselbe gilt für die k Gleichungen (**54**, 3) und die k Gleichungen (**54**, 4); denn es stehen ja jedesmal zwei entgegengesetzt gleiche Glieder in einer Spalte. Sollen nun die Gleichungen (**54**, 2, 3, 4) lösbar sein, so müssen die rechten Seiten dieselben linearen Relationen befriedigen (vgl. **9**). Damit haben wir die notwendigen Bedingungen

$$(\mathbf{54},\,5) \qquad \sum_{\varkappa=1}^{k} X_\varkappa = \sum_{\varkappa=1}^{k} Y_\varkappa = \sum_{\varkappa=1}^{k} Z_\varkappa = 0.$$

Multipliziert man ferner (**54**, 2) mit $-y_\varkappa$ und (**54**, 3) mit $x_\varkappa$, addiert und summiert außerdem über $\varkappa$ von 1 bis k, so verschwindet die linke Seite ebenfalls identisch in den $\dfrac{T_{\varkappa\lambda}}{l_{\varkappa\lambda}}$; denn der Koeffizient von $\dfrac{T_{\varkappa\lambda}}{l_{\varkappa\lambda}}$ wird ja

$$-y_\varkappa(x_\varkappa - x_\lambda) - y_\lambda(x_\lambda - x_\varkappa) + x_\varkappa(y_\varkappa - y_\lambda) + x_\lambda(y_\lambda - y_\varkappa) = 0.$$

Entsprechendes gilt für (**54**, 2) und (**54**, 4) bzw. (**54**, 3) und (**54**, 4). Wir haben also

$$(\mathbf{54},\,6) \quad \sum_{\varkappa=1}^{k}(y_\varkappa Z_\varkappa - z_\varkappa Y_\varkappa) = \sum_{\varkappa=1}^{k}(z_\varkappa X_\varkappa - x_\varkappa Z_\varkappa) = \sum_{\varkappa=1}^{k}(x_\varkappa Y_\varkappa - y_\varkappa X_\varkappa) = 0$$

als weitere notwendige Bedingungen für Lösbarkeit.

Die sechs Gleichungen (**54**, 5, 6) sind gerade der Ausdruck dafür, daß die äußeren Kräfte ein mit Null äquivalentes System bilden. Wir wissen ja auch aus **44**, daß dies aus Gleichgewicht in jedem Knotenpunkt folgt. Wir interessieren uns nun ausschließlich für den Fall, daß

---

[1] Beispielsweise hat man für das in Abb. 62 dargestellte einfache Fachwerk die folgende Matrix Γ:

	$\dfrac{T_{12}}{l_{12}}$	$\dfrac{T_{23}}{l_{23}}$	$\dfrac{T_{24}}{l_{24}}$	$\dfrac{T_{34}}{l_{34}}$	$\dfrac{T_{14}}{l_{14}}$
P_1	$x_1 - x_2$	0	0	0	$x_1 - x_4$
P_2	$x_2 - x_1$	$x_2 - x_3$	$x_2 - x_4$	0	0
P_3	0	$x_3 - x_2$	0	$x_3 - x_4$	0
P_4	0	0	$x_4 - x_2$	$x_4 - x_3$	$x_4 - x_1$
P_1	$y_1 - y_2$	0	0	0	$y_1 - y_4$
P_2	$y_2 - y_1$	$y_2 - y_3$	$y_2 - y_4$	0	0
P_3	0	$y_3 - y_2$	0	$y_3 - y_4$	0
P_4	0	0	$y_4 - y_2$	$y_4 - y_3$	$y_4 - y_1$
P_1	$z_1 - z_2$	0	0	0	$z_1 - z_4$
P_2	$z_2 - z_1$	$z_2 - z_3$	$z_2 - z_4$	0	0
P_3	0	$z_3 - z_2$	0	$z_3 - z_4$	0
P_4	0	0	$z_4 - z_2$	$z_4 - z_3$	$z_4 - z_1$

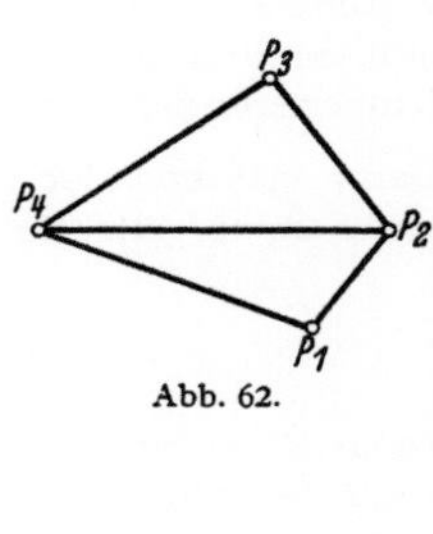

Abb. 62.

Hierbei ist über jede Spalte die zugehörige Unbekannte und neben jede Zeile der Knotenpunkt geschrieben, dem die betreffende Gleichung entspricht.

die rechten Seiten in $(54, 2, 3, 4)$ die selbstverständlichen Bedingungen $(54, 5, 6)$ erfüllen, wo also das Fachwerk unter der Einwirkung eines mit Null äquivalenten Kraftsystems steht.

Es bezeichne σ den Rang, also die Maximalzahl linear unabhängiger Zeilen (oder Spalten) der Koeffizientenmatrix Γ des Gleichungssystems $(54, 2, 3, 4)$. Offenbar ist

$$(54, 7) \qquad\qquad \sigma \leqq s,$$

da s die Spaltenzahl der Matrix ist. Ferner ist $\sigma \leqq 3k$; da aber zwischen den $3k$ Zeilen von Γ, wie eben festgestellt, wenigstens sechs lineare Relationen bestehen, wird man vermuten, daß sogar

$$(54, 8) \qquad\qquad \sigma \leqq 3k - 6$$

gilt (vgl. **9**, S. 21). Dies trifft in der Tat zu, wenn das Fachwerk — was wir im folgenden voraussetzen — wenigstens drei nicht auf einer Geraden gelegene Knotenpunkte besitzt[1]. Dann sind nämlich die oben gefundenen sechs Relationen zwischen den Zeilen linear unabhängig.

Um dies zu beweisen, fassen wir die sechs Systeme von $3k$ Koeffizienten der Relationen zu folgender Matrix zusammen:

$$(54, 9) \qquad \left\{ \begin{array}{cccccc}
1 & 0 & 0 & 0 & z_1 & -y_1 \\
1 & 0 & 0 & 0 & z_2 & -y_2 \\
\vdots & \vdots & \vdots & \vdots & \vdots & \vdots \\
1 & 0 & 0 & 0 & z_k & -y_k \\
0 & 1 & 0 & -z_1 & 0 & x_1 \\
0 & 1 & 0 & -z_2 & 0 & x_2 \\
\vdots & \vdots & \vdots & \vdots & \vdots & \vdots \\
0 & 1 & 0 & -z_k & 0 & x_k \\
0 & 0 & 1 & y_1 & -x_1 & 0 \\
0 & 0 & 1 & y_2 & -x_2 & 0 \\
\vdots & \vdots & \vdots & \vdots & \vdots & \vdots \\
0 & 0 & 1 & y_k & -x_k & 0
\end{array} \right\}.$$

Wir haben zu zeigen, daß diese Matrix den Rang 6 hat, also wenigstens eine nicht verschwindende sechsreihige Unterdeterminante enthält. Nach Voraussetzung gibt es drei nicht in gerader Linie liegende Knotenpunkte. Durch passende Numerierung können wir offenbar erreichen, daß dies für P_1, P_2, P_3 zutrifft. Dann verschwindet also das Vektorprodukt $\overrightarrow{P_1 P_2} \times \overrightarrow{P_1 P_3}$ nicht. Nehmen wir etwa an, es gelte für dessen x-Koordinate

$$\begin{vmatrix} y_2 - y_1 & z_2 - z_1 \\ y_3 - y_1 & z_3 - z_1 \end{vmatrix} \neq 0.$$

Dann ist entweder $z_2 - z_1$ oder $z_3 - z_1$ von Null verschieden. Ohne Beschränkung der Allgemeinheit können wir $z_2 - z_1 \neq 0$ annehmen und betrachten dann

---

[1] Auf den dadurch ausgeschlossenen einfachen Fall, daß alle Knotenpunkte auf einer Geraden liegen, brauchen wir nicht näher einzugehen. Alles Wesentliche darüber kann man aus den Ausführungen über Stabpolygone in **45** entnehmen.

diejenige Unterdeterminante, die aus der ersten, zweiten, dritten, $(k+1)$-ten, $(k+2)$-ten und $(2k+1)$-ten Zeile von $(54, 9)$ besteht, also

$$\begin{vmatrix} 1 & 0 & 0 & 0 & z_1 & -y_1 \\ 1 & 0 & 0 & 0 & z_2 & -y_2 \\ 1 & 0 & 0 & 0 & z_3 & -y_3 \\ 0 & 1 & 0 & -z_1 & 0 & x_1 \\ 0 & 1 & 0 & -z_2 & 0 & x_2 \\ 0 & 0 & 1 & y_1 & -x_1 & 0 \end{vmatrix}.$$

Durch geeignete Zeilensubtraktionen erhalten wir hierfür

$$\begin{vmatrix} 1 & 0 & 0 & 0 & z_1 & -y_1 \\ 0 & 0 & 0 & 0 & z_2-z_1 & y_1-y_2 \\ 0 & 0 & 0 & 0 & z_3-z_1 & y_1-y_3 \\ 0 & 1 & 0 & -z_1 & 0 & x_1 \\ 0 & 0 & 0 & z_1-z_2 & 0 & x_2-x_1 \\ 0 & 0 & 1 & y_1 & -x_1 & 0 \end{vmatrix} = - \begin{vmatrix} 0 & z_2-z_1 & y_1-y_2 \\ 0 & z_3-z_1 & y_1-y_3 \\ z_1-z_2 & 0 & x_2-x_1 \end{vmatrix}$$

$$= (z_2-z_1)\begin{vmatrix} y_2-y_1 & z_2-z_1 \\ y_3-y_1 & z_3-z_1 \end{vmatrix} \neq 0.$$

Damit haben wir $(54, 8)$ bewiesen und können nun die folgenden allgemeinen Sätze aussprechen:

I. *Ein Fachwerk, für das $\sigma < 3k - 6$ ist, kann nicht unter der Einwirkung eines beliebigen mit Null äquivalenten Kraftsystems im Gleichgewicht sein.* Denn es bestehen ja $3k - 6 - \sigma$ lineare Relationen zwischen den linken Seiten der Gleichungen $(54, 2, 3, 4)$, die untereinander und von den oben benutzten sechs unabhängig sind, und die Bedingung dafür, daß $(54, 2, 3, 4)$ bestehen, ist, daß dieselben [von den Gleichgewichtsbedingungen $(54, 5, 6)$ unabhängigen] Relationen zwischen den Kraftkoordinaten bestehen. — Insbesondere tritt dieser Fall wegen $(54, 7)$ stets für $s < 3k - 6$ ein.

II. *Wenn ein Fachwerk mit $\sigma < s$ unter der Einwirkung eines bekannten Systems von äußeren Kräften im Gleichgewicht ist, so sind die Stabspannungen statisch nicht bestimmt.* Man hat nämlich $s - \sigma$ Unbekannte mehr als linear unabhängige Gleichungen, und die $3k$ homogenen Gleichungen haben also von der Nullösung verschiedene Lösungen. Im Fachwerk können daher Spannungen im Gleichgewicht bestehen, auch wenn es nicht unter der Einwirkung äußerer Kräfte steht, und diese Systeme von Spannungen im Gleichgewicht hängen von $s - \sigma$ Parametern ab. Befindet sich das Fachwerk unter der Einwirkung eines äußeren Kraftsystems im Gleichgewicht, so erhält man für die Stabspannungen denselben Grad von Unbestimmtheit. — Insbesondere tritt dieser Fall wegen $(54, 8)$ stets für $s > 3k - 6$ ein. — Die Fälle I und II können zugleich vorliegen, da $\sigma < 3k - 6$ und $\sigma < s$ gleichzeitig erfüllt sein können, ohne daß irgendeine Annahme über s und $3k - 6$ erforderlich ist.

III. Durch Vergleich der beiden Sätze I und II erkennt man: *Ein Fachwerk befindet sich dann und nur dann unter der Einwirkung eines willkürlichen mit Null äquivalenten, in den Knotenpunkten angreifenden Kraftsystems· im Gleichgewicht, wenn $\sigma = 3k - 6$ ist. Die Spannungen in einem Fachwerk sind dann und nur dann statisch bestimmt, wenn $\sigma = s$ ist. Die notwendige und hinreichende Bedingung dafür, daß beides zugleich eintritt, ist*

$$(\mathbf{54},\ 10) \qquad\qquad s = \sigma = 3k - 6.$$

Wir wollen das Fachwerk *mechanisch bestimmt* nennen, wenn es die beiden genannten Eigenschaften besitzt.

Wir werden später (Kapitel 9) der Koeffizientenmatrix der linken Seiten von ($\mathbf{54}$, 2, 3, 4) in neuem Zusammenhang begegnen, wobei auch neues Licht auf die vorstehenden Betrachtungen fallen wird.

In den Fällen, wo $\sigma = s$, wo also die Spannungen eindeutig aus den äußeren Kräften bestimmbar sind, sind die Spannungen homogene lineare Verbindungen der Koordinaten der äußeren Kräfte. Wenn man also alle äußeren Kräfte im selben Verhältnis abändert, so ändern sich demnach auch die Spannungen im selben Verhältnis: Ein gemeinsamer skalarer Faktor μ auf den rechten Seiten von ($\mathbf{54}$, 2, 3, 4) zieht Multiplikation des eindeutigen Lösungssystems $T_{\varkappa\lambda}$ mit demselben Faktor μ nach sich. Ferner: Sind $T'_{\varkappa\lambda}$ und $T''_{\varkappa\lambda}$ die Spannungen für zwei verschiedene äußere Kraftsysteme $\boldsymbol{S'}$ und $\boldsymbol{S''}$, so sind $T_{\varkappa\lambda} = T'_{\varkappa\lambda} + T''_{\varkappa\lambda}$ die Spannungen für das Kraftsystem $\boldsymbol{S} = \boldsymbol{S'} + \boldsymbol{S''}$ (*Superpositionsprinzip*).

Bemerkung. Der Beweis für ($\mathbf{54}$, 8), also für die Unabhängigkeit der anfangs genannten Relationen kann auch folgendermaßen geführt werden. Zunächst bemerken wir, daß eine lineare Abhängigkeit zwischen den sechs Relationen bedeuten würde, daß eine der Relationen aus den fünf übrigen folgt. Dann müßte aber auch die entsprechende der Bedingungen ($\mathbf{54}$, 5, 6) eine Folge der übrigen sein.

a) Nehmen wir an, eine der Gleichungen ($\mathbf{54}$, 5), etwa $\sum X_\varkappa = 0$, folgte aus $\sum Y_\varkappa = 0$, $\sum Z_\varkappa = 0$ und ($\mathbf{54}$, 6), so hieße dies, daß bei jedem in den Knotenpunkten angreifenden Kraftsystem, für welches das Moment in O sowie die y- und z-Koordinate der Vektorinvariante verschwinden, notwendig auch deren x-Koordinate verschwindet.

b) Nehmen wir an, eine der Gleichungen ($\mathbf{54}$, 6), etwa die erste, folgte aus den beiden anderen und ($\mathbf{54}$, 5), so hieße dies, daß bei jedem in den Knotenpunkten angreifenden Kraftsystem mit verschwindender Vektorinvariante und verschwindenden y- und z-Koordinaten des Moments in O notwendig auch die x-Koordinate des Moments verschwindet.

Die Annahme a) ist offenbar widerlegt, wenn es gelingt, in den Knotenpunkten ein Kraftsystem mit verschwindendem Moment in O und willkürlich vorgeschriebener Vektorinvariante $\mathfrak{K}$ anzubringen. Dies kann folgendermaßen geschehen. Es seien P_1, P_2, P_3 drei nicht in gerader Linie liegende Knotenpunkte. Wir nehmen zunächst an, daß O nicht in der Ebene des Dreiecks $P_1P_2P_3$ liegt. Dann zerlegen wir $\mathfrak{K}$ in drei Komponenten $\mathfrak{K}_1$, $\mathfrak{K}_2$, $\mathfrak{K}_3$ nach den Richtungen OP_1, OP_2, OP_3 und bringen $\mathfrak{K}_1$, $\mathfrak{K}_2$, $\mathfrak{K}_3$ in P_1, P_2 bzw. P_3 an (Abb. 63). Das so entstehende System $\mathfrak{K}_1$, $\mathfrak{K}_2$, $\mathfrak{K}_3$ erfüllt offenbar die Forderungen, da die drei Angriffslinien durch O gehen. — Liegt O in der Ebene $P_1P_2P_3$, so bringen wir in P_1, P_2, P_3 solche zu $\mathfrak{K}$ parallele Kräfte $\lambda_1\mathfrak{K}$, $\lambda_2\mathfrak{K}$, $\lambda_3\mathfrak{K}$ an, daß ihr Mittelpunkt (vgl. **29**) in O fällt und ihre Summe gleich $\mathfrak{K}$, also

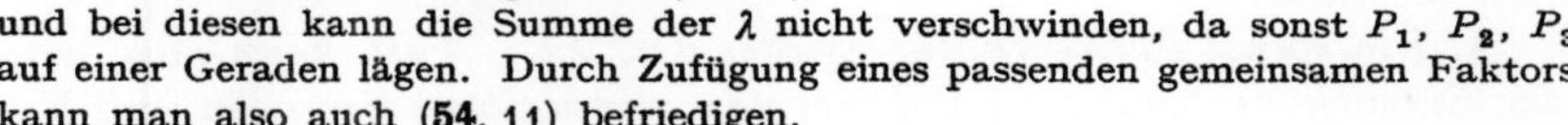

$$(\mathbf{54},\,11) \qquad \lambda_1 + \lambda_2 + \lambda_3 = 1$$

ist. Sind $\mathfrak{r}_1$, $\mathfrak{r}_2$, $\mathfrak{r}_3$ die Ortsvektoren von P_1, P_2 bzw. P_3, so hat man nach (**29**, 4) dazu die λ so zu bestimmen, daß

$$(\mathbf{54},\,12) \qquad \lambda_1\mathfrak{r}_1 + \lambda_2\mathfrak{r}_2 + \lambda_3\mathfrak{r}_3 = 0$$

wird. Dies ist aber möglich; denn die $\mathfrak{r}$ sind linear abhängig, da P_1, P_2, P_3 mit O in einer Ebene liegen; es gibt also von $0, 0, 0$ verschiedene Lösungen von (**54**, 12), und bei diesen kann die Summe der λ nicht verschwinden, da sonst P_1, P_2, P_3 auf einer Geraden lägen. Durch Zufügung eines passenden gemeinsamen Faktors kann man also auch (**54**, 11) befriedigen.

Die Annahme b) ist offenbar widerlegt, wenn es gelingt, in den Knotenpunkten P_1, P_2, P_3 ein Kraftsystem mit verschwindender Vektorinvariante und willkürlich vorgeschriebenem Moment $\mathfrak{M}$ anzubringen. Dies kann folgendermaßen geschehen. Wir nehmen zunächst an, daß $\mathfrak{M}$ nicht senkrecht auf der Ebene $P_1P_2P_3$ steht. Dann gibt es eine Seite, etwa P_2P_3, des Dreiecks $P_1P_2P_3$, die nicht auf $\mathfrak{M}$ senkrecht steht; die Gerade P_2P_3 wird dann von der zu $\mathfrak{M}$ senkrechten Ebene ε durch P_1 geschnitten. Sei P' der Schnittpunkt. Dann bringen wir in P_1 und P' ein (natürlich in ε liegendes) Kräftepaar $\mathfrak{K}_1$, $\mathfrak{K}'$ mit dem gegebenen Moment $\mathfrak{M}$ an. $\mathfrak{K}'$ können wir nun durch zwei parallele Kräfte $\mathfrak{K}_2$ und $\mathfrak{K}_3$ in P_2 bzw. P_3 ersetzen, die zusammen äquivalent $\mathfrak{K}'$ sind (Abb. 64). Das Kraftsystem $\mathfrak{K}_1$, $\mathfrak{K}_2$, $\mathfrak{K}_3$ ist dann von der gewünschten Art. — Steht $\mathfrak{M}$ senkrecht auf der

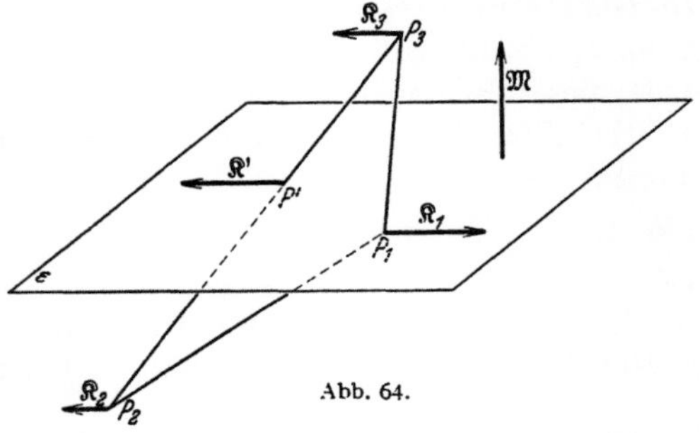

Ebene $P_1P_2P_3$, so kann man in zwei der Knotenpunkte ein Kräftepaar vom Moment $\mathfrak{M}$ anbringen, und dieses leistet dann das Gewünschte[1].

Die beiden Resultate lassen sich zu folgendem Satz zusammenfassen: **Jedes Vektorsystem läßt sich auf drei Vektoren mit nicht auf einer Geraden liegenden, im übrigen willkürlich vorgegebenen Angriffspunkten reduzieren.** Dies läßt sich auch aus Teil b) des Satzes in **27**, S. 63 folgern.

---

[1] Zur Erläuterung sei bemerkt, daß die Voraussetzung der Existenz von wenigstens drei Knotenpunkten notwendig ist. Liegen nämlich nur zwei vor, so ist ein Kraftsystem mit der Vektorinvariante Null notwendig ein Kräftepaar, dessen Momentvektor senkrecht zur Verbindungsgeraden der beiden Punkte ist. Er kann also (bei gegebenen Knotenpunkten) gewiß nicht willkürlich vorgeschrieben werden. In diesem Fall sind ja auch die obigen sechs Relationen linear abhängig.

55. Ebene Fachwerke. Liegen alle Stäbe und äußeren Kräfte in einer Ebene, so wählen wir diese zur x, y-Ebene. Dann verschwinden alle $z_\varkappa$ und $Z_\varkappa$. Man erhält in diesem Fall als Ausdruck für das Gleichgewicht der Knotenpunkte die $2k$ Gleichungen (**54**, 2, 3), wo die Koeffizientenmatrix s Spalten und $2k$ Zeilen hat; ihren Rang bezeichnen wir wieder mit σ. Von den Bedingungsgleichungen (**54**, 5, 6) bleiben nur

$$(\mathbf{55}, 1) \qquad \sum_{\varkappa=1}^{k} X_\varkappa = \sum_{\varkappa=1}^{k} Y_\varkappa = \sum_{\nu=1}^{k} (x_\varkappa Y_\varkappa - y_\varkappa X_\varkappa) = 0$$

in Übereinstimmung damit, daß drei lineare Abhängigkeiten zwischen den Zeilen zu berücksichtigen sind. Die Betrachtungen des vorigen Paragraphen führen daher in diesem Fall auf die Ungleichungen

$$(\mathbf{55}, 2) \qquad\qquad\qquad \sigma \leqq s,$$

$$(\mathbf{55}, 3) \qquad\qquad\qquad \sigma \leqq 2k - 3$$

und die Sätze:

I. *Ein ebenes Fachwerk, für welches $\sigma < 2k - 3$ ist, kann nicht unter der Einwirkung eines ganz beliebigen in seiner Ebene liegenden, mit Null äquivalenten Kraftsystems im Gleichgewicht sein.* Die Kraftkoordinaten müssen vielmehr $2k - 3 - \sigma$ lineare Bedingungen erfüllen. Dieser Fall tritt wegen (**55**, 2) insbesondere für $s < 2k - 3$ ein.

II. *Wenn sich ein ebenes Fachwerk mit $s > \sigma$ unter der Einwirkung eines bekannten Systems von in seiner Ebene liegenden äußeren Kräften im Gleichgewicht befindet, so sind die Stabspannungen statisch nicht bestimmt;* sie hängen von $s - \sigma$ freien Parametern ab. Wegen (**55**, 3) tritt dieser Fall insbesondere für $s > 2k - 3$ ein.

III. *Ein ebenes Fachwerk ist dann und nur dann mechanisch bestimmt, wenn*

$$(\mathbf{55}, 4) \qquad\qquad\qquad s = \sigma = 2k - 3$$

ist.

Auch der Koeffizientenmatrix für den ebenen Fall werden wir später in anderem Zusammenhang wieder begegnen.

Die numerische Auflösung des Gleichungssystems (**54**, 2, 3, 4) oder im ebenen Fall (**54**, 2, 3) mit Hilfe von Determinantenformeln für die Lösungen ist schon bei mäßig komplizierten Fachwerken praktisch undurchführbar[1]. Wir besprechen daher im folgenden einige andere in vielen Fällen brauchbare Methoden zur Bestimmung der Spannungen.

56. Sukzessive Berechnung. Die Berechnung der Spannungen in einem ebenen Fachwerk gelingt besonders leicht, wenn man die Knotenpunkte in einer solchen Reihenfolge in die Rechnung einführen kann, daß man bei jedem Schritt nur zwei unbekannte Spannungen hat. Dies ist z. B. bei einem Fachwerk der in Abb. 65 angegebenen Art,

---

[1] Vgl. das Beispiel in der Fußnote auf S. 117.

einer ebenen Dreieckskette, der Fall. Man erhält dann durch wiederholte Anwendung von (**54**, 2, 3), zunächst für $\varkappa = 1$, die Gleichungen

$$\frac{T_{12}}{l_{12}}(x_1 - x_2) + \frac{T_{13}}{l_{13}}(x_1 - x_3) = X_1,$$

$$\frac{T_{12}}{l_{12}}(y_1 - y_2) + \frac{T_{13}}{l_{13}}(y_1 - y_3) = Y_1,$$

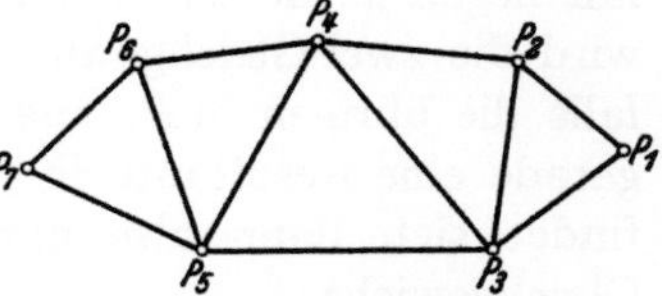

Abb. 65. Dreieckskette.

aus denen sich T_{12} und T_{13} bestimmen; denn die Determinante verschwindet nicht, da P_1, P_2 und P_3 nicht auf einer Geraden liegen. Weiter hat man für $\varkappa = 2$

$$\frac{T_{21}}{l_{21}}(x_2 - x_1) + \frac{T_{23}}{l_{23}}(x_2 - x_3) + \frac{T_{24}}{l_{24}}(x_2 - x_4) = X_2,$$

$$\frac{T_{21}}{l_{21}}(y_2 - y_1) + \frac{T_{23}}{l_{23}}(y_2 - y_3) + \frac{T_{24}}{l_{24}}(y_2 - y_4) = Y_2,$$

woraus T_{23} und T_{24} eindeutig bestimmt werden können, da ja $T_{12} = T_{21}$ bereits bekannt ist. Für $\varkappa = 3$ bestimmt man nun in derselben Weise T_{34} und T_{35}, da T_{32} und T_{31} schon bekannt sind, und so fährt man fort. Für $\varkappa = 5$ hat man noch die beiden Unbekannten T_{56} und T_{57}. Für $\varkappa = 6$ hat man nur noch die eine Unbekannte T_{67}, aber zwei Gleichungen; für $\varkappa = 7$ schließlich keine Unbekannte, jedoch zwei Gleichungen. Man erhält so drei überschüssige Gleichungen. Sie führen zu keinem Widerspruch, wenn das äußere System äquivalent Null ist, sie sind nämlich von selbst erfüllt, wenn die Gleichungen (**55**, 1) gelten. Dieses Fachwerk ist mechanisch bestimmt, es gilt also (**55**, 4).

Man kann die überschüssigen Gleichungen zur Bestimmung von zunächst unbekannten äußeren Stützreaktionen verwenden, falls diese selbst statisch bestimmt sind. Nehmen wir z. B. an, daß das obige Fachwerk (Abb. 65) in P_7 festgehalten ist, so daß die Reaktionskraft $\Re_7$ beliebige Größe und Richtung in der Ebene haben kann, und daß der Knotenpunkt P_6 an eine glatte Gerade in der Ebene gebunden ist, so daß die Reaktionskraft $\Re_6$ eine bekannte Richtung hat, der Größe nach aber unbekannt ist, und schließlich, daß in $P_1, \ldots, P_5$ willkürlich gegebene äußere Kräfte $\Re_1, \ldots, \Re_5$ wirken. Die Berechnung der Spannungen für $\varkappa = 1, \ldots, 5$ geht wie oben vor sich. In den beiden Gleichungen für $\varkappa = 6$ hat man T_{67}, R_{6x} und R_{6y} als Unbekannte, man kennt aber außerdem das Verhältnis $R_{6x} : R_{6y}$, da die Richtung von $\Re_6$ bekannt ist. In den beiden Gleichungen für $\varkappa = 7$ hat man danach nur die Unbekannten R_{7x} und R_{7y}. Es ergeben sich also gerade alle Spannungen und die äußeren Reaktionskräfte bei willkürlicher äußerer Krafteinwirkung. — Es erfordert keine wesentliche Änderung des Verfahrens, wenn in P_6 und P_7 außer den unbekannten Reaktionen noch gegebene Kräfte $\Re_6$ und $\Re_7$ wirken.

Bei diesem Beispiel muß jedoch vorausgesetzt werden, daß die glatte Stützgerade für P_6 nicht senkrecht auf P_6P_7 steht. In diesem Sonderfall liegen ja die unbekannten Kräfte auf derselben Geraden, und man wird die zwei Gleichgewichtsbedingungen für P_6 nicht erfüllen können, falls die übrigen in P_6 angreifenden Kräfte und Stabspannungen nicht gerade eine Resultante in dieser Richtung ergeben. Das Fachwerk befindet sich dann also nur bei speziellen äußeren Kraftsystemen im Gleichgewicht.

Allgemeiner kann man über die äußere statische Bestimmtheit eines inwendig mechanisch bestimmten ebenen Fachwerks folgendes feststellen: Ein solches Fachwerk liefert stets drei überschüssige Gleichgewichtsbedingungen, und diese ermöglichen die Bestimmung von drei unbekannten Reaktionskomponenten. Wenn nun (wie im obigen Beispiel in P_7) die Reaktion in einem Stützpunkt unbekannte Richtung hat, so kann man in die Rechnung statt dessen zwei Reaktionskräfte von unbekannter Größe mit im voraus gewählten, sich im Stützpunkt schneidenden Angriffslinien einführen. (Im obigen Beispiel sind dies R_{7x} und R_{7y}.) Damit ein inwendig mechanisch bestimmtes Fachwerk eindeutige Bestimmung der äußeren Reaktionen zuläßt, dürfen also nur drei unbekannte Reaktionen mit gegebenen Angriffslinien vorhanden sein, und diese Angriffslinien dürfen nicht durch denselben Punkt gehen. (Dies taten sie gerade in dem obenerwähnten Sonderfall.) Willkürlich gegebene äußere Kräfte, die auf das Fachwerk wirken, können nämlich gerade durch drei eindeutig bestimmte Reaktionskräfte mit den drei gegebenen Angriffslinien im Gleichgewicht gehalten werden, wenn diese nicht durch einen Punkt gehen.

Bei dieser Betrachtung ist vorausgesetzt, daß das Fachwerk inwendig mechanisch bestimmt ist, und deshalb gerade drei überschüssige Gleichungen ergibt. Es können aber auch mehr überschüssige Gleichungen auftreten. Entfernt man z. B. den Stab P_3P_5 in dem in Abb. 65 angegebenen Fachwerk, so erhält man $s = \sigma = 2k - 4$, also vier überschüssige Gleichungen. Bei Berechnung unter Zugrundelegung derselben Reihenfolge der Knotenpunkte wie oben erhält man in P_3 nur eine neue Unbekannte, die beide Gleichgewichtsbedingungen für P_3 erfüllen soll. Dies ergibt eine Bedingung für die Kräfte $\Re_1$, $\Re_2$, $\Re_3$, nämlich daß ihre Resultante durch P_4 geht. Ist indessen P_3 an eine glatte Gerade gebunden, die nicht senkrecht auf P_3P_4 steht, so kann das Kraftsystem wieder willkürlich sein, und man hat für das ganze Fachwerk vier überschüssige Gleichungen für vier unbekannte äußere Reaktionen mit bekannten Angriffslinien.

Dem obigen ebenen entspricht als räumliches Beispiel eine „Tetraederkette". Man wird hier versuchen, die Knotenpunkte in einer solchen Reihenfolge in die Rechnung einzuführen, daß man für jeden neuen Knotenpunkt drei neue unbekannte Spannungen in drei nicht in einer Ebene liegenden Stäben erhält. Dann hat man jedesmal nur drei lineare Gleichungen mit drei Unbekannten. Läßt sich das Fachwerk nicht in dieser Weise aufbauen, so muß man größere Gleichungsgruppen zusammenfassen. Für die durch (**54**, 10) gekennzeichneten inwendig mechanisch bestimmten Fachwerke, erhält man sechs überschüssige Gleichungen, die zur Berechnung von sechs unbekannten äußeren Reaktionskräften verfügbar sind. Für andere Fachwerke kann die Anzahl größer sein. Man kann hier wieder die Angriffslinien der Reaktionskräfte als im voraus bekannt annehmen. Dies ist von selbst der Fall bei Knotenpunkten, die an glatte Flächen gebunden sind. Für Knotenpunkte, die an glatte Kurven gebunden sind, führt man zwei Reaktionskräfte auf zwei einander schneidenden Kurvennormalen ein. Bei festgehaltenem Knotenpunkt führt man drei Reaktionskräfte mit Angriffslinien durch diesen Punkt ein, die nicht in derselben Ebene liegen. — Unter welchen Umständen die Reaktionskräfte mit n so festgelegten Angriffslinien ein willkürliches äußeres Kraftsystem im Gleichgewicht zu halten vermögen, bzw. durch diese Gleichgewichtsforderung eindeutig bestimmt sind, kann mit Hilfe der Sätze **27**, III, IV vollständig entschieden werden. Wir heben den folgenden besonders einfachen, aber besonders wichtigen Fall hervor: *Fachwerke mit sechs überschüssigen Gleichgewichtsbedingungen, insbesondere also inwendig mechanisch bestimmte Fachwerke, sind für sechs Reaktionskräfte mit gegebenen Angriffslinien äußerlich statisch bestimmt, falls diese sechs Geraden nicht dem gleichen Nullsystem angehören.*

Das Koordinatensystem haben wir nur verwendet, um das Resultat übersichtlich zu gestalten. Bei praktischer Berechnung bindet man sich nicht an feste Projektionsrichtungen. Man wählt vielmehr für jeden Knotenpunkt gesondert passende unabhängige Projektionsrichtungen, und zwar zwei bei ebenen, drei bei räumlichen Fachwerken.

57. Die Schnittmethode. In einem Fachwerk F denke man sich gewisse Stäbe durchschnitten, so daß F dadurch in zwei Teilsysteme F_1 und F_2 zerfällt. Ist dann S_1 das Teilsystem derjenigen äußeren Kräfte, die in zu F_1 gehörigen Punkten angreifen, so bildet S_1 zusammen mit den von F_2 auf F_1 wirkenden Spannungen in den durchschnittenen Stäben ein System im Gleichgewicht. Anders ausgedrückt: S_1 ist dem System dieser Stabspannungen, wie sie auf F_2 wirken, äquivalent. Dies kann zur Bestimmung der Spannungen in den durchschnittenen Stäben in den Fällen verwendet werden, wo diese Spannungen durch die Äquivalenz mit S_1 eindeutig bestimmt sind.

Wenn man etwa ein ebenes Fachwerk F durch Zerschneiden von drei Stäben, die auf den Geraden l_1, l_2 und l_3 liegen, in zwei Teile F_1 und F_2 zerlegen kann, so erhält man die Spannungen in den zerschnittenen Stäben auf eindeutige Weise, falls nur nicht l_1, l_2 und l_3 durch denselben Punkt gehen oder parallel sind. Schneiden sich l_1 und l_2 in einem Punkt O, der nicht auf l_3 liegt, so ist die auf F_2 wirkende Spannung mit der Angriffslinie l_3 dadurch bestimmt, daß ihr Moment um O gleich dem Moment von S_1 um O ist. Ist l_1, aber nicht l_3, zu l_2 parallel, so bestimmt sich die Spannung auf l_3 dadurch, daß sie dieselbe Projektion auf eine Normale zu l_1 und l_2 ergeben muß wie S_1. In entsprechender Weise findet man die Spannungen in den beiden anderen Stäben.

Ist S_1 äquivalent Null, so herrscht in den drei durchschnittenen Stäben keine Spannung. Sonst ist S_1 einer Einzelkraft oder einem Kräftepaar äquivalent. Dies kann man zu einer graphischen Spannungsbestimmung verwenden: Ist S_1 äquivalent der Kraft $\Re$ mit der Angriffslinie l, und schneiden sich beispielsweise l und l_3 in einem Punkt P, so zerlegt man $\Re$ mit Hilfe eines Kräftedreiecks in Komponenten auf l_3 und PO, wo O der (endliche oder unendlich ferne) Schnittpunkt von l_1 und l_2 ist. Die Kraft auf PO ersetzt man danach durch zwei zu ihr äquivalente Kräfte auf l_1 und l_2. Damit hat man die Spannungen $\mathfrak{T}_1$, $\mathfrak{T}_2$, $\mathfrak{T}_3$ in den durchschnitten ge-

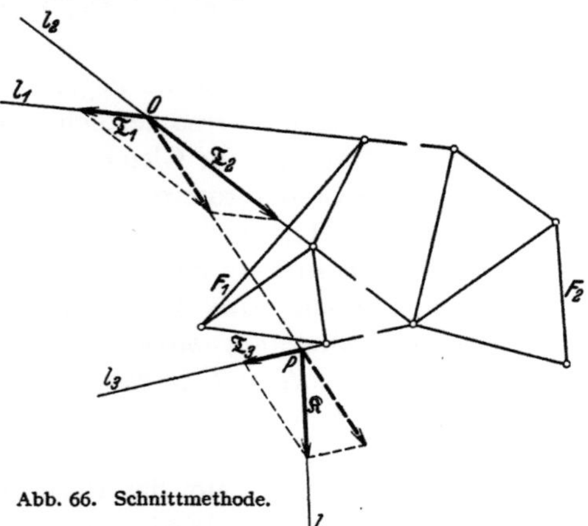

Abb. 66. Schnittmethode.

dachten Stäben (Abb. 66; dort stellen $\mathfrak{T}_1$ und $\mathfrak{T}_3$ Zugspannungen und $\mathfrak{T}_2$ eine Druckspannung dar). — Ist S_1 äquivalent einem Kräftepaar, und schneiden sich etwa l_1 und l_2 in O, so kann man das Kräftepaar durch eine Kraft auf l_3 und eine ihr entgegengesetzt gleiche Kraft in O darstellen und dann die letztere nach l_1 und l_2 zerlegen. — Ist S_1 äquivalent einem Kräftepaar, und sind zwei der Geraden l_1, l_2, l_3 parallel, so herrscht in der dritten keine Spannung. — Die Spannungen in den drei durchschnittenen Stäben sind in allen Fällen eindeutig bestimmt.

Der Einfachheit und der vielfachen Verwendbarkeit halber ist im vorstehenden die Schnittmethode für den ebenen Fall ausführlich behandelt worden. Wie sie im räumlichen Fall zu handhaben ist, kann man in erschöpfender Weise aus **27** entnehmen. Wir heben auch hier wieder den speziellen Satz hervor: *Läßt sich ein Fachwerk durch Zerschneiden von sechs Stäben, die nicht demselben Nullsystem angehören, in zwei Teile zerlegen, so sind die Spannungen in den sechs Stäben eindeutig bestimmt.* Dies folgt aus dem Satz über die sechs Geraden in **27**.

Die Berechnung der Spannungen in den durchschnittenen Stäben nach der Schnittmethode geschieht durch Gleichungen, die sich aus

(**54**, 2, 3, 4) durch passende Eliminationen ergeben. Beispielsweise hat man zur obigen Bestimmung der Spannung in l_3 mit Hilfe des Momentes um den Schnittpunkt O von l_1 und l_2 diejenigen Gleichungen (**54**, 2, 3) zu verwenden, die zu den Knotenpunkten von F_1 gehören: Das Moment der Kräfte auf der rechten Seite (d. h. von S_1) um O ist gleich dem Moment der Kräfte auf der linken Seite um O; und hierbei fallen alle Spannungen bis auf die zu l_3 gehörige heraus.

Gelegentlich wird man die Schnittmethode mit der sukzessiven Berechnung (**56**) kombinieren, z. B. wenn die Spannungen in den Teilsystemen F_1 und F_2 durch sukzessive Berechnung gefunden werden können, nachdem die Spannungen in den durchschnittenen Stäben bestimmt sind.

58. Die Diagrammethode. Die Vektorgleichung (**54**, 1) bringt das Gleichgewicht für den $\varkappa$-ten Knotenpunkt zum Ausdruck. Trägt man die darin auftretenden Kraftvektoren in irgendeiner Reihenfolge hintereinander auf, so erhält man ein geschlossenes Kräftepolygon. In den so gebildeten k geschlossenen Kräftepolygonen tritt jede äußere Kraft einmal und jede Stabspannung zweimal auf. Es liegt daher die Frage nahe, ob man durch Wahl einer passenden Reihenfolge der Kräfte in den einzelnen Kraftpolygonen erreichen kann, daß man die k Kräftepolygone wie im Spezialfall des Stabpolygons in **45** derart zu einem „Kräftediagramm" zusammenfügen kann, daß jede Stabspannung nur durch eine Strecke dargestellt wird. Dies ist nun allerdings nicht immer möglich, auch nicht bei ebenen Fachwerken. Wir wollen hier nicht untersuchen, in welchen Fällen sich dies durchführen läßt, sondern uns damit begnügen, die Methode an dem schon in **56** verwendeten Beispiel (Abb. 65) zu erläutern. Entsprechend wie wir dort die Berechnung sukzessive durchführen konnten, können wir hier das Kräftepolygon sukzessiv konstruieren, da wir für jeden neuen Knotenpunkt alle Seiten des Kräftepolygons bis auf zwei kennen, von denen nur die Richtungen bekannt sind. Nehmen wir wieder willkürliche Kräfte in $P_1, \ldots, P_5$ und die Richtung der Reaktion in P_6 als bekannt an, so bestimmen die Kräftepolygone zu P_6 und P_7 die Reaktionen in diesen Punkten vollständig. In Abb. 67 sind die Knotenpunkte durch ihre Nummern 1, 2, …, 7 angegeben. Zu jedem von ihnen zeichnen wir das Kräftepolygon, das in der Abb. 67 mit der gleichen Nummer bezeichnet ist, und zwar zunächst für 1, 2, 3, 4, 5 in dieser Reihenfolge. Hierbei benutzen wir die Kräfte in der Anordnung, in der wir sie beim Umlaufen des Knotenpunktes im Sinne des Uhrzeigers antreffen. Die Konstruktion eines jeden Polygons liefert uns zwei neue Spannungen. Wir geben ihre Richtungen durch Pfeile in der Abbildung an. In dem gezeichneten Beispiel erweisen sich alle Spannungen als Druckspannungen. Das Polygon 6 bestimmt T_{67} und die Größe der Reaktion in P_6; die punktierte Gerade durch P_6 soll die gegebene Führungsgerade für diesen

Punkt andeuten, auf der $\mathfrak{R}_6$ senkrecht stehen muß. Schließlich ergibt das Polygon 7 die Reaktion $\mathfrak{R}_7$. In den 7 Polygonen sind die Spannungen mit Pfeilspitzen versehen, und zwar so, wie sie auf den betreffenden Knotenpunkt wirken. Man sieht nun, daß man die 7 Polygone zusammenfügen kann (Abb. 67). In dem so entstehenden *Kräftediagramm* kommt jede Stabspannung nur einmal vor; deshalb sind keine Pfeilspitzen darangesetzt, da die betreffende Strecke beide Richtungen repräsentiert.

Zwischen dem gegebenen Fachwerk mit den Angriffslinien der darauf wirkenden Kräfte einerseits und dem gefundenen Kräftediagramm (Spannungsdiagramm) andererseits bemerken wir nun den folgenden für Diagrammkonstruktionen typischen Zusammenhang:

1. Jedem Knotenpunkt des Fachwerks entspricht ein geschlossenes Polygon im Kräftediagramm, dessen Seiten

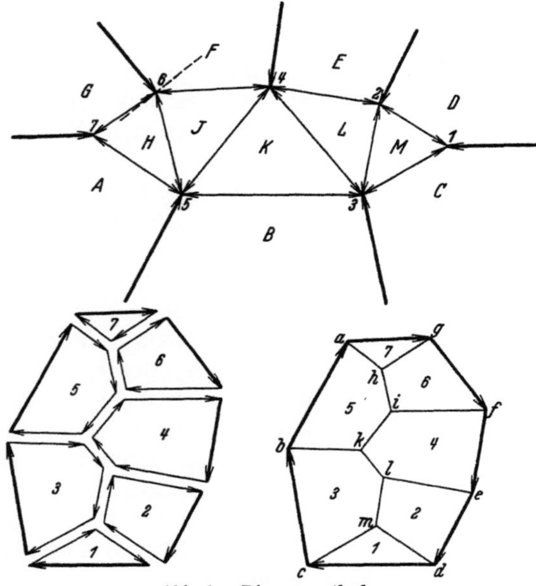

Abb. 67. Diagrammethode.

nach Größe und Richtung die auf den Knotenpunkt wirkenden Kräfte angeben.

2. Sind zwei Knotenpunkte durch einen Stab verbunden, so haben die beiden entsprechenden Polygone im Kräftediagramm eine zum Stabe parallele Seite gemeinsam; die Länge dieser Seite stellt die Spannung des Stabes in der gewählten Krafteinheit dar.

3. Einem Eckpunkt im Kräftediagramm, von dem nur solche Strecken ausgehen, die Stabspannungen darstellen, entspricht im Fachwerk ein geschlossenes Teilpolygon. (In der Abb. 67 sind die Eckpunkte des Diagramms mit kleinen und die dazugehörigen Teilpolygone im Fachwerk mit den entsprechenden großen Buchstaben bezeichnet.) Man kann dies wie folgt aus der Eigenschaft 2 schließen: Vom Punkt i geht z. B. die Strecke if aus, die eine Seite des Polygons 4 ist. Dessen andere von i ausgehende Seite ist ik, die auch dem Polygon 5 angehört. Dessen andere von i ausgehende Seite ist ih, die auch dem Polygon 6 angehört. Dessen andere von i ausgehende Seite ist die Seite if, mit der wir begonnen haben. Man sieht, wie man auf diese Weise einen

Zyklus von Polygonen um einen Eckpunkt des Kräftediagramms bilden kann, so daß aufeinanderfolgende Polygone des Zyklus eine vom Eckpunkt ausgehende Seite gemein haben. Die diesem Polygonzyklus entsprechenden Punkte im Fachwerk sind zyklisch durch Stäbe verbunden und bilden das dem Diagrammeckpunkt entsprechende geschlossene Teilpolygon des Fachwerks.

4. Für Eckpunkte des Diagramms, von denen auch Seiten ausgehen, die äußere Kräfte darstellen, läßt sich die Eigenschaft 3 aufrechterhalten, wenn man die den Punkten $a, \ldots, g$ entsprechenden uneigentlichen Polygone $A, \ldots, G$ hinzunimmt. Die Begründung ist ähnlich wie in 3., nur erhält man hier keine geschlossenen, sondern offene Polygonreihen, indem man mit je einer vom Eckpunkt ausgehenden, eine äußere Kraft darstellenden Seite beginnt und endet.

In dem hier zur Erklärung der Diagrammethode gewählten Beispiel konnten die den einzelnen Knotenpunkten entsprechenden Kräftepolygone ohne Überdeckung innerhalb des den äußeren Kräften entsprechenden Polygons aneinandergefügt werden. Im allgemeinen wird man damit rechnen müssen, daß sie sich gegenseitig überdecken, und daß das Diagramm Punkte außerhalb des Polygons der äußeren Kräfte besitzt. Es ist daher der Übersichtlichkeit halber zweckmäßig, die Polygone des Fachwerks und die Eckpunkte des Kräftediagramms mit entsprechenden Bezeichnungen zu versehen, so wie es hier durch große und kleine Buchstaben geschehen ist.

59. Stabvertauschung. Die Spannungsbestimmung in einem mechanisch bestimmten Fachwerk F, auf das ein mit Null äquivalentes Kraftsystem S wirkt, kann gelegentlich durch folgenden Kunstgriff erleichtert werden. Nehmen wir an, daß man durch Entfernung eines gewissen Stabes $P_\alpha P_\beta$ von F und Zufügung eines neuen Stabes $P_\gamma P_\delta$ ein gleichfalls mechanisch bestimmtes Fachwerk F' erhält, für das man die Spannungsberechnung durchführen kann. Es sei $T'_{\varkappa\lambda}$ das zugehörige Spannungssystem unter der Einwirkung von S. Weiter sei $T''_{\varkappa\lambda}$ das Spannungssystem in F' unter der Einwirkung des Kräftesystems S', das entsteht, wenn man in P_α und P_β zwei entgegengesetzt gleiche Kräfte der Größe K mit der Angriffslinie $P_\varkappa P_\beta$ anbringt, und zwar so, daß die in P_α wirkende Kraft auf P_β zu gerichtet ist, und umgekehrt. Dann ist $\mu T''_{\varkappa\lambda}$ das Spannungssystem, das der Einwirkung von $\mu S'$ statt S' entspricht, und $T'_{\varkappa\lambda} + \mu T''_{\varkappa\lambda}$ das Spannungssystem in F' unter der Einwirkung von $S + \mu S'$ (Superpositionsprinzip **54**). Nun wählen wir μ so, daß die Spannung im Stabe $P_\gamma P_\delta$ Null wird, also

$$\mu = -\frac{T'_{\gamma\delta}}{T''_{\gamma\delta}}.$$

Unter der Einwirkung von $S - \dfrac{T'_{\gamma\delta}}{T''_{\gamma\delta}} S'$ ist also F' im Gleichgewicht, selbst wenn man den Stab $P_\gamma P_\delta$ wieder entfernt. Und diese Einwirkung ist die gleiche wie die ursprüngliche S auf F, wenn im Stabe $P_\alpha P_\beta$ eine Zugspannung $-\dfrac{T'_{\gamma\delta}}{T''_{\gamma\delta}} K$ herrscht. Diese ist daher die wirkliche Spannung in diesem Stabe, und im Stabe $P_\varkappa P_\lambda$ von F herrscht unter der Einwirkung von S die Spannung $T'_{\varkappa\lambda} - \dfrac{T'_{\gamma\delta}}{T''_{\gamma\delta}} T''_{\varkappa\lambda}$.

Übungsaufgaben zum 6. Kapitel.

1. An dem in Abb. 68 gezeichneten ebenen Fachwerk ist in 0 die senkrechte Belastung P angebracht. 12 ist senkrecht, 23 waagerecht. In 2 und 3 wirken senkrechte Reaktionen, die in den angegebenen Richtungen mit R und S bezeichnet werden. Man soll R und S sowie die Stabspannungen berechnen und ein Diagramm zeichnen. — Anleitung: Das Kräftepolygon für 0 ist dem Dreieck 012 ähnlich. Daraus ergeben sich T_{01} und T_{02}. Der Flächeninhalt des Dreiecks 012 berechnet sich aus den in der Abbildung angegebenen Seitenlängen zu $12\sqrt{6}$. Daraus findet man für den Abstand des Knotens 1 von der Angriffslinie von P den Wert $\frac{12}{5}\sqrt{6}$. Legt man nun einen Schnitt, der die Seiten 13, 12 und 02 trifft, so findet man T_{13} durch Bildung des Moments um 2. Die noch fehlenden Größen ergeben sich nun leicht durch Projektionen oder Momente. — Man kann auch damit beginnen, R und S direkt zu bestimmen.

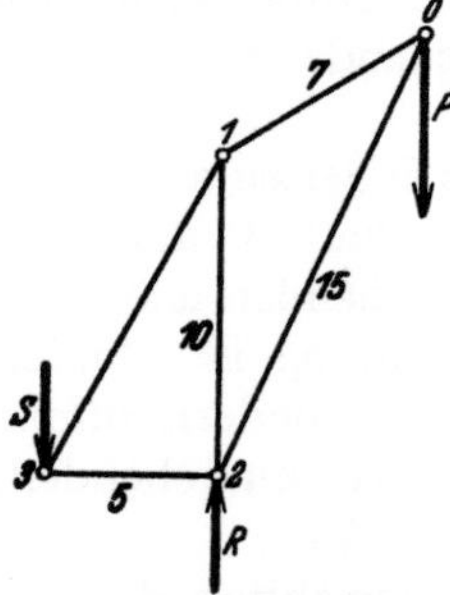

Abb. 68. Zu Aufgabe 1.

2. Das in Abb. 69 gezeichnete ebene Fachwerk wird in 0 und 4 gestützt. Man bestimme die Stabspannungen a) durch Berechnung, b) durch Konstruktion eines Diagramms.

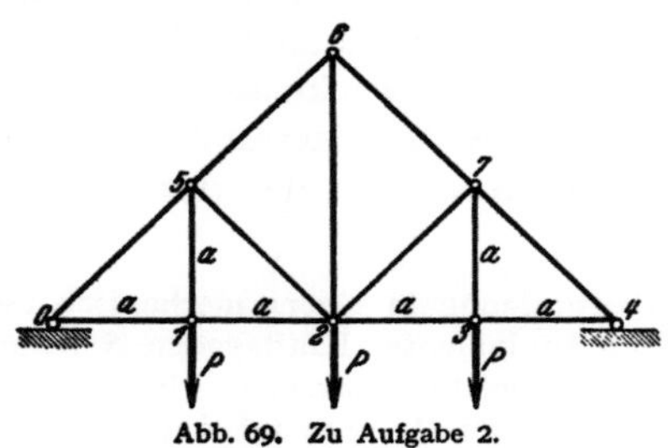

Abb. 69. Zu Aufgabe 2.

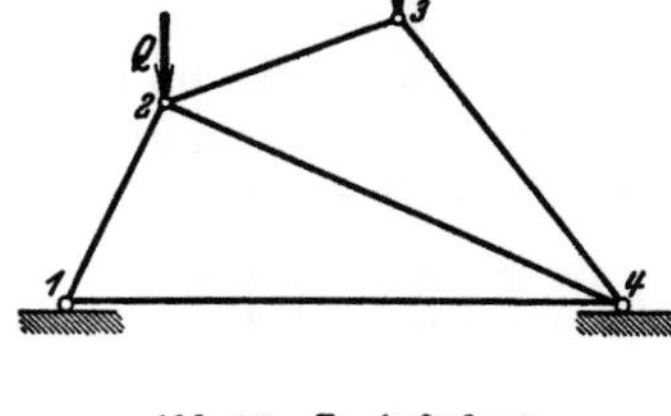

Abb. 70. Zu Aufgabe 3.

3. Das in Abb. 70 gezeichnete ebene Fachwerk wird in 1 und 4 gestützt. Man zeichne ein Diagramm und bestimme durch Konstruktion dasjenige Verhältnis $P:Q$ der Belastungen, für welches das Fachwerk auch nach Entfernung der Diagonalen 24 im Gleichgewicht bleibt.

4. Das in Abb. 71 gezeichnete ebene Fachwerk wird in 0 und 4 gestützt. Man zeichne ein Diagramm. Für welches Verhältnis der Stablängen a und b bleibt das Gleichgewicht auch nach Entfernung der

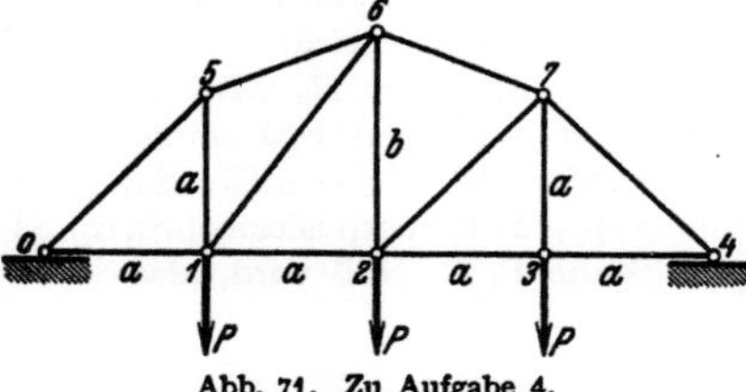

Abb. 71. Zu Aufgabe 4.

Diagonalen 16 und 27 bestehen? Man berechne die Stabspannungen für diesen speziellen Fall.

7. Kapitel.

Geschwindigkeit und Beschleunigung.

60. Vektoren als Funktionen eines Parameters. Ein Vektor $\mathfrak{a}$ sei in Abhängigkeit von einem skalaren Parameter (einer unabhängigen Variablen) τ gegeben, d. h. jedem Wert von τ eines gewissen Parameterintervalls entspreche ein Vektor $\mathfrak{a}(\tau)$. Stellt man $\mathfrak{a}$ in einem willkürlichen $(\mathfrak{i}, \mathfrak{j}, \mathfrak{k})$-Koordinatensystem durch die Koordinaten a_x, a_y, a_z, also in der Form

$$(60, 1) \qquad \mathfrak{a} = a_x \mathfrak{i} + a_y \mathfrak{j} + a_z \mathfrak{k}$$

dar, so sind auch a_x, a_y, a_z Funktionen $a_x(\tau), a_y(\tau), a_z(\tau)$.

Von einem Vektor $\mathfrak{a}(\tau)$ sagt man, er konvergiere für $\tau \to \tau_0$ gegen einen Grenzvektor $\mathfrak{a}$, wenn die Länge $|\mathfrak{a} - \mathfrak{a}(\tau)|$ des Vektors $\mathfrak{a} - \mathfrak{a}(\tau)$ für $\tau \to \tau_0$ gegen Null konvergiert. Dies ist gleichbedeutend damit, daß die Differenz der Längen $|\mathfrak{a}| - |\mathfrak{a}(\tau)|$ und, falls $|\mathfrak{a}| \neq 0$ ist, zugleich der Winkel zwischen den Vektoren $\mathfrak{a}(\tau)$ und $\mathfrak{a}$ gegen Null konvergiert. Trägt man die Vektoren $\mathfrak{a}(\tau)$ und $\mathfrak{a}$ vom selben Punkt auf, so bedeutet dies, daß der Endpunkt von $\mathfrak{a}(\tau)$ gegen den Endpunkt von $\mathfrak{a}$, also die Koordinaten von $\mathfrak{a}(\tau)$ gegen die Koordinaten von $\mathfrak{a}$ konvergieren. Die Formeln

$$(60, 2) \qquad \mathfrak{a}(\tau) \to \mathfrak{a} \qquad \text{für } \tau \to \tau_0$$

und

$$(60, 3) \qquad a_x(\tau) \to a_x, \quad a_y(\tau) \to a_y, \quad a_z(\tau) \to a_z \qquad \text{für } \tau \to \tau_0$$

sind also gleichbedeutend. Die Vektorfunktion $\mathfrak{a}(\tau)$ wird für $\tau = \tau_0$ stetig genannt, wenn $\mathfrak{a}(\tau) \to \mathfrak{a}(\tau_0)$ für $\tau \to \tau_0$. Notwendig und hinreichend dafür ist, daß die Koordinaten $a_x(\tau), a_y(\tau), a_z(\tau)$ stetige Funktionen von τ sind. Der Vektor

$$(60, 4) \qquad \frac{\mathfrak{a}(\tau) - \mathfrak{a}(\tau_0)}{\tau - \tau_0}$$

wird der Differenzenquotient von $\mathfrak{a}(\tau)$ für das Parameterintervall von τ_0 bis τ genannt. Seine Koordinaten sind

$$(60, 5) \qquad \frac{a_x(\tau) - a_x(\tau_0)}{\tau - \tau_0}, \quad \frac{a_y(\tau) - a_y(\tau_0)}{\tau - \tau_0}, \quad \frac{a_z(\tau) - a_z(\tau_0)}{\tau - \tau_0}.$$

Wenn der Vektor $(60, 4)$ für $\tau \to \tau_0$ gegen einen Grenzvektor konvergiert, sagt man, daß $\mathfrak{a}(\tau)$ für $\tau = \tau_0$ differenzierbar sei; den Grenzvektor bezeichnet man dann mit $\left(\dfrac{d\mathfrak{a}(\tau)}{d\tau}\right)_{\tau=\tau_0}$. Die Formeln $(60, 2, 3)$ und $(60, 4, 5)$ zeigen, daß dies damit gleichbedeutend ist, daß die Koordinaten von $\mathfrak{a}(\tau)$ für $\tau = \tau_0$ differenzierbare Funktionen von τ sind. Man erhält also aus $(60, 1)$

$$(60, 6) \qquad \frac{d\mathfrak{a}}{d\tau} = \frac{da_x}{d\tau}\mathfrak{i} + \frac{da_y}{d\tau}\mathfrak{j} + \frac{da_z}{d\tau}\mathfrak{k}.$$

Für das Produkt von zwei Funktionen $f(\tau)$ und $g(\tau)$ derselben unabhängigen Variablen gilt folgende Identität zwischen Differenzenquotienten

$$(60, 7) \qquad \frac{f(\tau)\, g(\tau) - f(\tau_0)\, g(\tau_0)}{\tau - \tau_0} = \frac{f(\tau) - f(\tau_0)}{\tau - \tau_0}\, g(\tau) + f(\tau_0)\, \frac{g(\tau) - g(\tau_0)}{\tau - \tau_0}.$$

Sind f und g skalare, für $\tau = \tau_0$ differenzierbare Funktionen von τ, so folgt hieraus für $\tau \to \tau_0$ die bekannte Regel für die Differentiation eines Produktes

$$(60, 8) \qquad \frac{d(fg)}{d\tau} = \frac{df}{d\tau}\, g + f\, \frac{dg}{d\tau}.$$

Diese Schlußweise bleibt gültig, wenn man den Grenzübergang in der Identität $(60, 7)$ auch in dem Falle ausführt, wo von den Größen f und g die eine ein Vektor und die andere ein Skalar oder wo beide Vektoren sind und die Multiplikation entweder skalare oder vektorielle bedeutet. Man erhält so, wenn $\lambda(\tau)$ eine skalare Funktion von τ ist,

$$(60, 9) \qquad \frac{d(\lambda\mathfrak{a})}{d\tau} = \frac{d\lambda}{d\tau}\, \mathfrak{a} + \lambda\, \frac{d\mathfrak{a}}{d\tau},$$

$$(60, 10) \qquad \frac{d(\mathfrak{a} \cdot \mathfrak{b})}{d\tau} = \frac{d\mathfrak{a}}{d\tau} \cdot \mathfrak{b} + \mathfrak{a} \cdot \frac{d\mathfrak{b}}{d\tau},$$

$$(60, 11) \qquad \frac{d(\mathfrak{a} \times \mathfrak{b})}{d\tau} = \frac{d\mathfrak{a}}{d\tau} \times \mathfrak{b} + \mathfrak{a} \times \frac{d\mathfrak{b}}{d\tau}.$$

In $(60, 11)$ muß man natürlich die ursprüngliche Reihenfolge der Faktoren beibehalten, während dies in $(60, 9, 10)$ nicht notwendig ist, da es sich um kommutative Produktbildungen handelt.

Man kann sich ein anschauliches Bild des Vektors $\mathfrak{a}(\tau)$ in Abhängigkeit von τ dadurch machen, daß man $\mathfrak{a}(\tau)$ für alle Werte von τ des Definitionsintervalles von einem fest gewählten Punkt O des Raumes abträgt. Die Endpunkte erfüllen dann eine Raumkurve, die wir das *Kurvenbild* von $\mathfrak{a}(\tau)$ nennen. $\mathfrak{a}(\tau)$ ist der von O aus genommene Ortsvektor des Kurvenpunktes. Wir wollen daher im folgenden die Untersuchung einer Vektorfunktion an die Untersuchung einer Raumkurve anknüpfen.

Beispiel. Als Beispiel einer Vektorfunktion $\mathfrak{a}(\tau)$ betrachten wir für alle Werte von τ

$$(60, 12) \qquad \mathfrak{a}(\tau) = \mathfrak{q}_1 \cos\tau + \mathfrak{q}_2 \sin\tau,$$

wo $\mathfrak{q}_1$ und $\mathfrak{q}_2$ konstante Vektoren bedeuten. Die Ableitung von $\mathfrak{a}(\tau)$ ist

$$(60, 13) \qquad \frac{d\mathfrak{a}(\tau)}{d\tau} = -\mathfrak{q}_1 \sin\tau + \mathfrak{q}_2 \cos\tau = \mathfrak{a}\left(\tau + \frac{\pi}{2}\right).$$

Das Kurvenbild von $\mathfrak{a}(\tau)$ ist in der von $\mathfrak{q}_1 = \mathfrak{a}(0)$ und $\mathfrak{q}_2 = \mathfrak{a}\left(\frac{\pi}{2}\right)$ aufgespannten Ebene durch den Ursprung O enthalten und bildet eine geschlossene Kurve, da $\mathfrak{a}(\tau)$ periodisch mit der Periode 2π ist. Liegen $\mathfrak{q}_1$ und $\mathfrak{q}_2$ auf derselben Geraden, so liegt das ganze Kurvenbild auf dieser. Ist dies nicht der Fall, so wählen wir die Einheitsvektoren $\mathfrak{X} = \dfrac{\mathfrak{q}_1}{q_1}$ und $\mathfrak{Y} = \dfrac{\mathfrak{q}_2}{q_2}$, wo q_1 und q_2 die Längen von $\mathfrak{q}_1$ bzw. $\mathfrak{q}_2$

sind, zu Grundvektoren eines (im allgemeinen schiefwinkligen) Koordinatensystems in der Ebene des Kurvenbildes und erhalten

$$(60, 14) \qquad \mathfrak{a}(\tau) = q_1 \cos\tau \; \mathfrak{X} + q_2 \sin\tau \; \mathfrak{Y}.$$

Der Endpunkt von $\mathfrak{a}(\tau)$ hat also die Koordinaten $x = q_1\cos\tau$, $y = q_2\sin\tau$, wodurch eine Ellipse dargestellt wird. Nach (60, 12, 13) ist

$$(60, 15) \qquad \frac{d\mathfrak{a}^2}{d\tau} = 2\mathfrak{a} \cdot \frac{d\mathfrak{a}}{d\tau} = 2q_1 \cdot q_2 \cos 2\tau + (q_2^2 - q_1^2)\sin 2\tau \,.$$

Dieser Ausdruck verschwindet für (vier) Werte von τ, von denen sich je zwei benachbarte um $\dfrac{\pi}{2}$ unterscheiden. Ihnen entsprechen die Hauptachsen der Ellipse. [Für $q_1 \cdot q_2 = 0$ und $q_1^2 = q_2^2$ verschwindet (60, 15) für alle τ, und man hat einen Kreis.] Führt man $\tau' = \tau - \tau_0$ bei festem τ_0 als Variable ein, so kann man (60, 12) in

$$\mathfrak{a}(\tau) = (q_1\cos\tau_0 + q_2\sin\tau_0)\cos\tau' + (-q_1\sin\tau_0 + q_2\cos\tau_0)\sin\tau'$$

umformen. Bezeichnet man noch die festen Vektoren in den Klammern mit q_1' bzw. q_2', so erhält man

$$(60, 16) \qquad \mathfrak{a}(\tau) = q_1'\cos\tau' + q_2'\sin\tau'.$$

Wenn man speziell für τ_0 eine Wurzel von (60, 15) wählt, so wird $q_1' \cdot q_2' = 0$, und (60, 16) ergibt dann eine Darstellung (60, 14) von $\mathfrak{a}(\tau)$ in rechtwinkligen Koordinaten.

61. Raumkurven. Die Punkte $P(\tau)$ einer Raumkurve C seien auf einen Parameter τ bezogen. $\mathfrak{r}(\tau)$ sei der Ortsvektor $\overrightarrow{OP}$ von $P(\tau)$. In einem rechtwinkligen Koordinatensystem mit dem Ursprung O haben wir

$$\mathfrak{r}(\tau) = x(\tau)\,\mathfrak{i} + y(\tau)\,\mathfrak{j} + z(\tau)\,\mathfrak{k},$$

wobei $x(\tau)$, $y(\tau)$, $z(\tau)$, die Koordinaten des Kurvenpunktes $P(\tau)$, Funktionen von τ sind. Es liegt also eine Parameterdarstellung von C vor.

Der Sehnenvektor zwischen zwei Kurvenpunkten ist die Differenz ihrer Ortsvektoren:

$$\overrightarrow{P(\tau_0)\,P(\tau)} = \mathfrak{r}(\tau) - \mathfrak{r}(\tau_0).$$

Folglich kann der Differenzenquotient $\dfrac{\mathfrak{r}(\tau) - \mathfrak{r}(\tau_0)}{\tau - \tau_0}$ als ein von $P(\tau_0)$ ausgehender Vektor auf der Kurvensekante l durch die zu τ_0 und τ gehörigen Kurvenpunkte aufgefaßt werden. Wenn bei festem τ_0 die Sekante l für $\tau \to \tau_0$ einer Grenzlage zustrebt, so wird diese Grenzgerade die *Tangente* der Kurve in $P(\tau_0)$ genannt. Wenn $\mathfrak{r}(\tau)$ für $\tau = \tau_0$ differenzierbar und $\left(\dfrac{d\mathfrak{r}}{d\tau}\right)_{\tau=\tau_0} \neq 0$ ist, so liegt $\dfrac{d\mathfrak{r}}{d\tau}$ als Grenzvektor von $\dfrac{\mathfrak{r}(\tau) - \mathfrak{r}(\tau_0)}{\tau - \tau_0}$ auf der Kurventangente in $P(\tau_0)$; dies trifft also zu, wenn $\dfrac{dx}{d\tau}, \dfrac{dy}{d\tau}, \dfrac{dz}{d\tau}$ für $\tau = \tau_0$ existieren und nicht sämtlich Null sind.

Wir nehmen nun diese Bedingung und überhaupt alle Differenzierbarkeitsvoraussetzungen, die im folgenden verwendet werden, für alle Werte des betrachteten Parameterintervalls als erfüllt an.

Unter der Bogenlänge des Kurvenbogens $P(\tau_0)\,P(\tau)$ versteht man das Integral

$$(61,1)\qquad s(\tau) = \int_{\tau_0}^{\tau}\left|\frac{d\mathfrak{r}}{d\tau}\right|\,d\tau.$$

Hierauf wird man folgendermaßen geführt. Die Länge der Sehne $P(\tau_0)$ $P(\tau_1)$ ist $|\mathfrak{r}(\tau_1) - \mathfrak{r}(\tau_0)| = \sqrt{[\mathfrak{r}(\tau_1) - \mathfrak{r}(\tau_0)]^2}$. Teilen wir also das Intervall $[\tau_0,\,\tau]$ (wo etwa $\tau > \tau_0$ sei) mit Hilfe von Teilpunkten $\tau_0 < \tau_1 < \cdots < \tau_n = \tau$ in Teilintervalle, so ist die Länge des dem Kurvenbogen eingeschriebenen Polygons mit den Ecken $P(\tau_0),\,P(\tau_1),\,\ldots,\,P(\tau_n)$

$$\sum_{\nu=1}^{n}|\mathfrak{r}(\tau_\nu) - \mathfrak{r}(\tau_{\nu-1})| = \sum_{\nu=1}^{n}\left|\frac{\mathfrak{r}(\tau_\nu) - \mathfrak{r}(\tau_{\nu-1})}{\tau_\nu - \tau_{\nu-1}}\right|(\tau_\nu - \tau_{\nu-1}).$$

Bei unbegrenzter Verfeinerung der Einteilung strebt diese Summe, wie leicht zu beweisen, gegen das Integral $(61,1)$. Aus $(61,1)$ entnehmen wir noch

$$(61,2)\qquad \frac{ds}{d\tau} = \left|\frac{d\mathfrak{r}}{d\tau}\right| = \sqrt{\left(\frac{d\mathfrak{r}}{d\tau}\right)^2}.$$

Wählt man, was vielfach zweckmäßig ist, die Bogenlänge s selbst als Parameter, so hat man

$$(61,3)\qquad \left|\frac{d\mathfrak{r}}{ds}\right| = 1.$$

Der Vektor

$$(61,4)\qquad \mathfrak{t}(\tau) = \frac{\dfrac{d\mathfrak{r}}{d\tau}}{\left|\dfrac{d\mathfrak{r}}{d\tau}\right|} = \frac{d\mathfrak{r}}{ds}$$

ist ein Einheitsvektor, der der Kurventangente in $P(\tau)$ parallel ist und in die Richtung wachsender Parameterwerte τ weist. Er heißt der *Tangentenvektor* der Kurve C im Punkt $P(\tau)$. Das Kurvenbild C' des Tangentenvektors $\mathfrak{t}(\tau)$ liegt auf der Kugelfläche vom Radius 1 um den Ursprung und heißt das *Tangentenbild* der Kurve C.

Der Vektor $\dfrac{d\mathfrak{t}}{d\tau}$, vom Punkt $\mathfrak{t}(\tau)$ von C' abgetragen, bestimmt, falls er, wie wir im folgenden voraussetzen wollen, nicht Null ist, die Tangente von C'. Er steht senkrecht auf $\mathfrak{t}(\tau)$, da C' auf einer Kugel liegt und $\mathfrak{t}(\tau)$ deren Radius ist. Die Gleichung $\mathfrak{t}^2 = 1$ ergibt ja auch durch Differentiation nach τ

$$(61,5)\qquad \mathfrak{t}\cdot\frac{d\mathfrak{t}}{d\tau} = 0.$$

Die Ortsvektoren $\mathfrak{t}$ von C' bilden einen Kegel mit dem Scheitel O und C' als „Leitkurve" (Abb. 72a). Legt man durch O und die Vektoren $\mathfrak{t}(\tau_0)$ und $\mathfrak{t}(\tau)$, also durch O, $\mathfrak{t}(\tau_0)$ und $\mathfrak{t}(\tau) - \mathfrak{t}(\tau_0)$ oder, was dasselbe ist, durch O, $\mathfrak{t}(\tau_0)$ und $\dfrac{\mathfrak{t}(\tau) - \mathfrak{t}(\tau_0)}{\tau - \tau_0}$ die Ebene und führt den Grenzübergang $\tau \to \tau_0$ aus, so erhält man als Grenzebene die Tangentialebene des Kegels längs der Erzeugenden $t(\tau_0)$. Sie wird von den Vektoren $t(\tau_0)$ und $\left(\frac{dt}{d\tau}\right)_{\tau=\tau_0}$ aufgespannt. Bei der ursprünglichen Kurve entspricht dem folgendes: Durch den Kurvenpunkt $P(\tau_0)$ und den Tangentenvektor $t(\tau_0)$ in ihm lege man diejenige Ebene, die dem Tangentenvektor $t(\tau)$ in einem anderen Kurvenpunkte $P(\tau)$ parallel ist. Für $\tau \to \tau_0$ strebt diese Ebene gegen diejenige Ebene durch $P(\tau_0)$ und $t(\tau_0)$, die der Tangentialebene des Kegels C' parallel ist. Sie wird als die *Schmiegebene* der Kurve C im Punkt $P(\tau_0)$ bezeichnet. Die in der

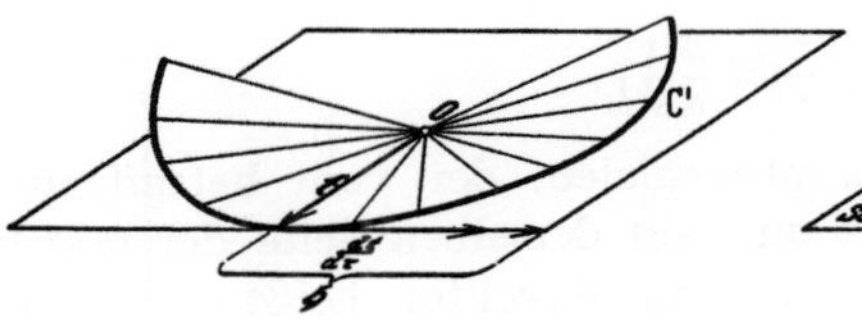

Abb. 72 a.

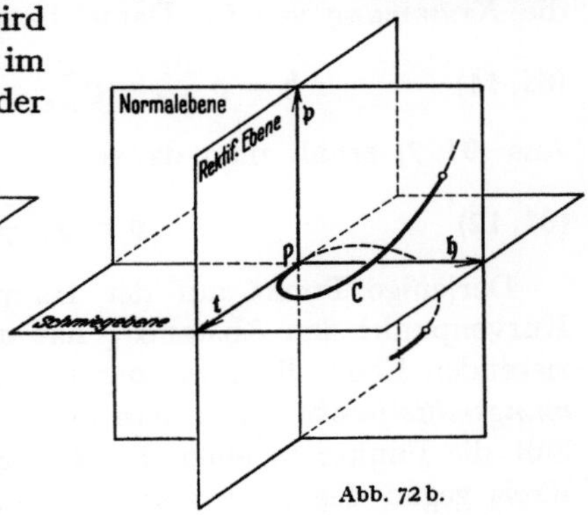

Abb. 72 a und b. Tangentenbild und begleitendes Dreibein einer Raumkurve.

Abb. 72 b.

Schmiegebene gelegene Kurvennormale heißt die *Hauptnormale* der Kurve im betrachteten Punkt; sie ist nach dem eben Gesagten parallel $\frac{dt}{d\tau}$. Den Einheitsvektor

$$(61,6) \qquad \mathfrak{h} = \frac{1}{\left|\dfrac{dt}{d\tau}\right|}\frac{dt}{d\tau}$$

nennt man den *Hauptnormalenvektor*. Schließlich bezeichnet man den zur Schmiegebene senkrechten Einheitsvektor

$$(61,7) \qquad \mathfrak{p} = t \times \mathfrak{h}$$

als den *Binormalenvektor* der Kurve C. Die Vektoren t, $\mathfrak{h}$ und $\mathfrak{p}$ bilden ein zu dem betreffenden Kurvenpunkt gehöriges Tripel von paarweise senkrechten Einheitsvektoren, das *begleitende Dreibein* der Kurve. t, $\mathfrak{h}$, $\mathfrak{p}$ stellen in dieser Reihenfolge ein Rechtssystem dar und erfüllen daher die $(3,4)$ und $(4,8)$ entsprechenden Gleichungen. t und $\mathfrak{h}$ spannen die Schmiegebene, $\mathfrak{h}$ und $\mathfrak{p}$ die *Normalebene*, $\mathfrak{p}$ und t die „*rektifizierende Ebene*" der Kurve C auf (Abb. 72b)[1].

Es sei σ die Bogenlänge von C', und zwar so, daß der Sinn wachsender σ mit dem wachsender τ identisch ist. Dann erhält man nach $(61,4)$, da $\mathfrak{h}$ der Tangentenvektor von C' ist,

$$(61,8) \qquad \mathfrak{h} = \frac{dt}{d\sigma} = \frac{dt}{ds}\frac{ds}{d\sigma} = \frac{d}{ds}\left(\frac{d\mathfrak{r}}{ds}\right)\frac{ds}{d\sigma} = \frac{d^2\mathfrak{r}}{ds^2}\frac{ds}{d\sigma}.$$

---

[1] Vgl. auch Abb. 39 S. 88, wo die Vektoren $\mathfrak{f}$, $-\mathfrak{z}$, $\mathfrak{n}$ die Richtungen der Tangente, Hauptnormalen bzw. Binormalen der Schraubenlinie angeben.

Den Quotienten zusammengehöriger Bogenelemente auf C und C'

$$(61, 9) \qquad \varrho = \frac{ds}{d\sigma} = \frac{1}{\left|\frac{d^2\mathfrak{r}}{ds^2}\right|}$$

nennt man den *Krümmungsradius*, seinen reziproken Wert

$$(61, 10) \qquad \varkappa = \frac{1}{\varrho} = \left|\frac{d^2\mathfrak{r}}{ds^2}\right|$$

die *Krümmung* von C. Damit hat man für $\mathfrak{h}$

$$(61, 11) \qquad \mathfrak{h} = \varrho\,\frac{d^2\mathfrak{r}}{ds^2} = \varrho\,\frac{d\mathfrak{t}}{ds}, \qquad \frac{d\mathfrak{t}}{ds} = \frac{d^2\mathfrak{r}}{ds^2} = \varkappa\mathfrak{h}.$$

Aus (61, 7) erhält man danach

$$(61, 12) \qquad \mathfrak{p} = \varrho\left(\frac{d\mathfrak{r}}{ds} \times \frac{d^2\mathfrak{r}}{ds^2}\right).$$

Derjenige Punkt auf der Hauptnormalen, der vom betreffenden Kurvenpunkt den Abstand ϱ hat und auf derselben Seite der rektifizierenden Ebene liegt wie der Hauptnormalenvektor, heißt der *Krümmungsmittelpunkt*. Legt man durch drei Kurvenpunkte den Kreis und läßt die Punkte in einen Punkt zusammenrücken, so konvergiert der Kreis gegen den *Krümmungskreis* im Grenzpunkt, das ist der in der Schmiegebene gelegene Kreis vom Radius ϱ um den Krümmungsmittelpunkt.

Die Darstellungen (61, 4, 11, 12) von $\mathfrak{t}$, $\mathfrak{h}$ und $\mathfrak{p}$, bei denen die Bogenlänge s von C als Parameter gewählt ist, sind besonders einfach. Wir wollen indessen auch die entsprechenden Formeln für den ursprünglichen willkürlichen Parameter τ herleiten, da wir sie im folgenden anzuwenden haben. Der Kürze halber deuten wir Differentiation nach τ durch einen zugefügten Strich an.

Aus (61, 4) erhält man mit Berücksichtigung von (61, 2)

$$(61, 13) \qquad \mathfrak{t} = \frac{\mathfrak{r}'}{s'} = \frac{\mathfrak{r}'}{\sqrt{\mathfrak{r}'^2}},$$

und aus (61, 11)

$$\mathfrak{h} = \varrho\,\frac{d\mathfrak{t}}{ds} = \varrho\,\frac{\mathfrak{t}'}{s'} = \frac{\varrho}{\sqrt{\mathfrak{r}'^2}}\,\mathfrak{t}' = \frac{\varrho}{(\sqrt{\mathfrak{r}'^2})^3}\left(\sqrt{\mathfrak{r}'^2}\,\mathfrak{r}'' - \frac{\mathfrak{r}' \cdot \mathfrak{r}''}{\sqrt{\mathfrak{r}'^2}}\,\mathfrak{r}'\right),$$

also

$$(61, 14) \qquad \mathfrak{h} = \frac{\varrho}{(\mathfrak{r}'^2)^2}\left[\mathfrak{r}'^2\mathfrak{r}'' - (\mathfrak{r}' \cdot \mathfrak{r}'')\mathfrak{r}'\right].$$

Hieraus und aus (61, 7, 13) folgt weiter

$$(61, 15) \qquad \mathfrak{p} = \varrho\,\frac{\mathfrak{r}' \times \mathfrak{r}''}{(\sqrt{\mathfrak{r}'^2})^3}.$$

Wegen der großen Bedeutung, die diese Formeln für die Mechanik haben, wollen wir noch zeigen, wie man ohne Benutzung der formalen Umrechnung vom Parameter s auf τ die Richtungen von $\mathfrak{t}$, $\mathfrak{h}$ und $\mathfrak{p}$

in Übereinstimmung mit (**61**, 13, 14, 15) bestimmen kann. $\mathfrak{r}'$ liegt auf der Tangente an C, bestimmt also die Richtung von $\mathfrak{t}$. Das Kurvenbild von $\mathfrak{r}'$ liegt auf demselben Kegel wie das von $\mathfrak{t}$ (Abb. 73). Die

Ableitung $\mathfrak{r}''$ liegt daher ebenfalls in der Tangentialebene dieses Kegels, also in der Schmiegebene von C, wenn sie vom Kurvenpunkt aufgetragen wird. Da überdies $\mathfrak{r}''$ auf dieselbe Seite der Kegelerzeugenden $\mathfrak{t}$ weist wie $\mathfrak{t}'$, kann man die Richtung der Binormalen

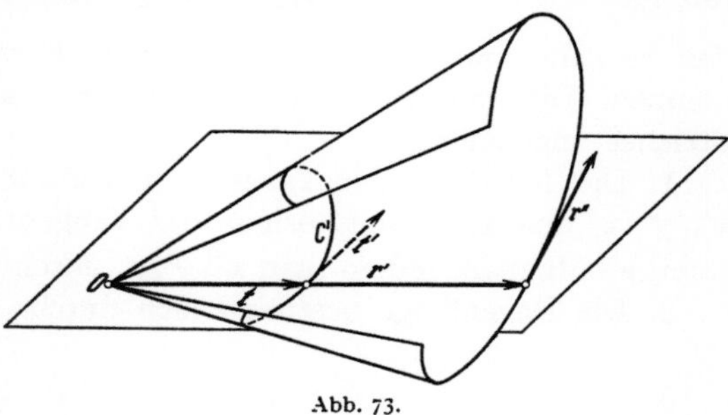

Abb. 73.

durch $\mathfrak{r}' \times \mathfrak{r}''$ in Übereinstimmung mit (**61**, 15) festlegen. Die Hauptnormale bestimmt sich nun durch $\mathfrak{h} = \mathfrak{p} \times \mathfrak{t}$, also ihre Richtung [wegen (**5**, 4)] durch

$$(\mathfrak{r}' \times \mathfrak{r}'') \times \mathfrak{r}' = (\mathfrak{r}'^2)\,\mathfrak{r}'' - (\mathfrak{r}' \cdot \mathfrak{r}'')\,\mathfrak{r}'$$

in Übereinstimmung mit (**61**, 14).

Wegen $\mathfrak{p}^2 = 1$ erhält man aus (**61**, 15) für die Krümmung

(**61**, 16)
$$\varkappa^2 = \frac{1}{\varrho^2} = \frac{(\mathfrak{r}' \times \mathfrak{r}'')^2}{(\mathfrak{r}'^2)^3}$$

oder nach (**5**, 7)

(**61**, 17)
$$\varkappa^2 = \frac{1}{\varrho^2} = \frac{\mathfrak{r}'^2\mathfrak{r}''^2 - (\mathfrak{r}' \cdot \mathfrak{r}'')^2}{(\mathfrak{r}'^2)^3}\,.$$

Der Vektor $\mathfrak{r}''$ liegt, wie eben schon bemerkt, in der Schmiegebene, muß sich also aus den Vektoren $\mathfrak{t}$ und $\mathfrak{h}$ linear zusammensetzen lassen. Diese Darstellung ergibt sich z. B. so: Nach (**61**, 13) ist $\mathfrak{r}' = s'\mathfrak{t}$; differenziert man dies nach τ, so erhält man

$$\mathfrak{r}'' = s''\mathfrak{t} + s'\mathfrak{t}' = s''\mathfrak{t} + s'\frac{d\mathfrak{t}}{ds}\frac{ds}{d\tau} = s''\mathfrak{t} + s'^2\frac{d\mathfrak{t}}{ds}\,,$$

also, wenn man (**61**, 11) berücksichtigt,

(**61**, 18)
$$\mathfrak{r}'' = s''\mathfrak{t} + \varkappa s'^2\mathfrak{h} = s''\mathfrak{t} + \frac{s'^2}{\varrho}\mathfrak{h}\,.$$

Bemerkung. Eine Kurve mit dem Ortsvektor $\mathfrak{r}(\tau)$ ist natürlich dann und nur dann eine Gerade, wenn $\mathfrak{t}$ konstant ist, wenn also $\mathfrak{r}'$ feste Richtung hat. Letzteres ist dann und nur dann der Fall, wenn $\mathfrak{r}''$ parallel $\mathfrak{r}'$, wenn also $\mathfrak{r}' \times \mathfrak{r}'' = 0$ ist.

Eine Kurve $\mathfrak{r}(\tau)$ ist dann und nur dann eine ebene Kurve, wenn $\mathfrak{p}$ konstant, also die Richtung von $\mathfrak{r}' \times \mathfrak{r}''$ fest ist. Wegen $(\mathfrak{r}' \times \mathfrak{r}'')' = \mathfrak{r}' \times \mathfrak{r}'''$ ist diese Bedingung gleichwertig mit [vgl. (**5**, 8)]

$$(\mathfrak{r}' \times \mathfrak{r}'') \times (\mathfrak{r}' \times \mathfrak{r}''') = \mathfrak{r}'\,|\,\mathfrak{r}'\mathfrak{r}''\mathfrak{r}'''\,| - \mathfrak{r}'''\,|\,\mathfrak{r}'\mathfrak{r}''\mathfrak{r}'\,| = \mathfrak{r}'\,|\,\mathfrak{r}'\mathfrak{r}''\mathfrak{r}'''\,| = 0,$$

also mit

$$|\,\mathfrak{r}'\,\mathfrak{r}''\,\mathfrak{r}'''\,| = 0.$$

62. Raumkurven in rechtwinkligen Koordinaten. Stellt man die Kurve C in einem gewöhnlichen rechtwinkligen Koordinatensystem durch

$$(62, 1) \qquad x = x(\tau), \quad y = y(\tau), \quad z = z(\tau)$$

dar, so kann man aus **61** entsprechende Formeln in Koordinaten entnehmen. Differentiation nach τ wird wie bisher durch Zufügung eines Striches angedeutet.

1. Die Richtung der Tangente bestimmt sich durch $\mathfrak{r}'$, also sind x', y', z' den Richtungskosinus der Tangente proportional. Die letzteren erhält man, indem man x', y', z' durch $\sqrt{x'^2 + y'^2 + z'^2}$ dividiert.

2. Die Bogenlänge bestimmt sich durch

$$s = \int_{\tau_0}^{\tau} \sqrt{\mathfrak{r}'^2}\, d\tau = \int_{\tau_0}^{\tau} \sqrt{x'^2 + y'^2 + z'^2}\, d\tau.$$

3. Bezeichnet man mit $\mathfrak{q} = (\xi, \eta, \zeta)$ einen laufenden Punkt, so ergeben sich die Gleichungen der Tangente daraus, daß $\mathfrak{q} - \mathfrak{r}$ parallel $\mathfrak{r}'$, also

$$(\mathfrak{q} - \mathfrak{r}) \times \mathfrak{r}' = 0$$

sein soll, zu

$$\frac{\xi - x}{x'} = \frac{\eta - y}{y'} = \frac{\zeta - z}{z'}.$$

4. Die Normalebene der Kurve hat die Gleichung

$$(\mathfrak{q} - \mathfrak{r}) \cdot \mathfrak{r}' = 0$$

oder in Koordinaten

$$(\xi - x)x' + (\eta - y)y' + (\zeta - z)z' = 0.$$

5. Nach **(61, 15)** sind

$$\begin{vmatrix} y' & z' \\ y'' & z'' \end{vmatrix} = y'z'' - z'y'', \quad \begin{vmatrix} z' & x' \\ z'' & x'' \end{vmatrix} = z'x'' - x'z'', \quad \begin{vmatrix} x' & y' \\ x'' & y'' \end{vmatrix} = x'y'' - y'x''$$

den Richtungskosinus der Binormalen proportional.

6. Die Gleichung der Schmiegebene lautet daher

$$\begin{vmatrix} \xi - x & \eta - y & \zeta - z \\ x' & y' & z' \\ x'' & y'' & z'' \end{vmatrix} = 0$$

oder in Vektorschreibweise

$$|\mathfrak{q} - \mathfrak{r}, \mathfrak{r}', \mathfrak{r}''| = 0.$$

7. Nach **(61, 14)** sind die Größen

$$s'^2 x'' - s's''x', \quad s'^2 y'' - s's''y', \quad s'^2 z'' - s's''z',$$

wo

$$s'^2 = x'^2 + y'^2 + z'^2, \quad s's'' = \tfrac{1}{2}(s'^2)' = x'x'' + y'y'' + z'z''$$

ist, den Richtungskosinus der Hauptnormalen proportional. Hiernach kann man auch sofort die Gleichung der rektifizierenden Ebene aufstellen.

8. Für die Krümmung $\varkappa$ findet man nach (**61**, 16, 17)

$$\varkappa^2 = \frac{1}{\varrho^2} = \frac{(y'z'' - z'y'')^2 + (z'x'' - x'z'')^2 + (x'y'' - y'x'')^2}{(x'^2 + y'^2 + z'^2)^3}$$
$$= \frac{(x'^2 + y'^2 + z'^2)(x''^2 + y''^2 + z''^2) - (x'x'' + y'y'' + z'z'')^2}{(x'^2 + y'^2 + z'^2)^3}.$$

Verwendet man insbesondere die Bogenlänge s als Parameter, so ergeben sich hierbei mit Rücksicht auf $s' = 1$, $s'' = 0$ folgende Vereinfachungen:

$$\frac{dx}{ds}, \; \frac{dy}{ds}, \; \frac{dz}{ds}$$

sind die Richtungskosinus der Tangente;

$$\frac{d^2x}{ds^2}, \; \frac{d^2y}{ds^2}, \; \frac{d^2z}{ds^2}$$

sind den Richtungskosinus der Hauptnormalen proportional, und es gilt nach (**61**, 10)

$$\varkappa^2 = \frac{1}{\varrho^2} = \left(\frac{d^2x}{ds^2}\right)^2 + \left(\frac{d^2y}{ds^2}\right)^2 + \left(\frac{d^2z}{ds^2}\right)^2.$$

Die Koordinatendarstellungen von $\mathfrak{t}$, $\mathfrak{h}$, $\mathfrak{p}$ sind dann nach (**61**, 4, 11, 12)

$$\mathfrak{t} = \frac{dx}{ds}\mathfrak{i} + \frac{dy}{ds}\mathfrak{j} + \frac{dz}{ds}\mathfrak{k},$$

$$\mathfrak{h} = \varrho\frac{d^2x}{ds^2}\mathfrak{i} + \varrho\frac{d^2y}{ds^2}\mathfrak{j} + \varrho\frac{d^2z}{ds^2}\mathfrak{k},$$

$$\mathfrak{p} = \varrho\begin{vmatrix} \mathfrak{i} & \mathfrak{j} & \mathfrak{k} \\ \dfrac{dx}{ds} & \dfrac{dy}{ds} & \dfrac{dz}{ds} \\ \dfrac{d^2x}{ds^2} & \dfrac{d^2y}{ds^2} & \dfrac{d^2z}{ds^2} \end{vmatrix}.$$

63. Geschwindigkeit und Beschleunigung. Wir gehen nun dazu über, die Bewegung eines Punktes im Raume zu betrachten. Dabei tritt eine neue Größe, die Zeit, auf. Sie spielt jedoch vorläufig nur die Rolle eines skalaren Parameters, dessen verschiedenen Werten die Lagen des bewegten Punktes im Raume zugeordnet sind. Erst später, wenn wir zu den Voraussetzungen der Dynamik kommen, wird es notwendig sein, näher auf die Natur des Zeitbegriffs einzugehen. Bis dahin wäre es hinreichend, bei der Verwendung eines beliebigen Parameters τ stehenzubleiben, dessen Werten die Punkte einer Raumkurve entsprechen. Wir wollen aber schon jetzt die gewöhnlichen Bezeichnungen der Kinematik einführen und von der anschaulichen Vorstellung einer Raumkurve als *„Bahnkurve"* eines bewegten Punktes Gebrauch machen.

Der Zeitparameter werde mit t bezeichnet. Die Lage des bewegten Punktes P zur Zeit t wird durch den Ortsvektor $\mathfrak{r}(t)$ von einem fest gewählten Ursprung O festgelegt. Werden Koordinaten verwendet, so sollen diese, wenn nichts anderes gesagt wird, gewöhnliche rechtwinklige (x, y, z)-Koordinaten mit dem Ursprung O sein. Differentiation nach t soll kurz durch einen Punkt über der differenzierten Größe bezeichnet werden. Dadurch wird die Sonderstellung hervorgehoben, die der Parameter t überall im folgenden einnimmt. Die in **61** eingeführten Begriffsbildungen erhalten nun die folgenden kinematischen Bezeichnungen und Namen:

$$(63, 1) \qquad \frac{d\mathfrak{r}}{dt} = \dot{\mathfrak{r}} = \mathfrak{v}(t)$$

heißt der *Geschwindigkeitsvektor* oder kurz die *Geschwindigkeit* von P. Von P aus aufgetragen liegt $\mathfrak{v}$ auf der Tangente der Bahnkurve. Den absoluten Betrag $|\mathfrak{v}|$ von $\mathfrak{v}$ nennen wir den *Geschwindigkeitsbetrag*; wir bezeichnen ihn im allgemeinen kurz mit v. Bei geradliniger Bewegung werden wir allerdings die Bezeichnung v gelegentlich für den in geeigneter Weise mit Vorzeichen versehenen Geschwindigkeitsbetrag verwenden. Der Geschwindigkeitsbetrag v ist der Quotient einer Länge und einer Zeit. Bezeichnet man die Bogenlänge der Bahnkurve, „den vom Punkt zurückgelegten Weg", wieder mit s, so hat man nach (**61**, 2)

$$(63, 2) \qquad \frac{ds}{dt} = \dot{s} = v.$$

Ist

$$(63, 3) \qquad \mathfrak{r} = x\mathfrak{i} + y\mathfrak{j} + z\mathfrak{k},$$

so wird

$$(63, 4) \qquad \mathfrak{v} = \dot{x}\mathfrak{i} + \dot{y}\mathfrak{j} + \dot{z}\mathfrak{k}.$$

Das Kurvenbild von $\mathfrak{v}$ nennt man den *Hodographen* der Bewegung. $\dot{x}, \dot{y}, \dot{z}$ sind die Koordinaten eines laufenden Hodographenpunktes. Die Tangentialebene des Hodographenkegels ist der Schmiegebene der Bahnkurve parallel.

$$(63, 5) \qquad \mathfrak{b} = \frac{d^2\mathfrak{r}}{dt^2} = \ddot{\mathfrak{r}} = \dot{\mathfrak{v}}$$

nennt man den *Beschleunigungsvektor* oder kurz die *Beschleunigung* von P. Ihre Koordinatendarstellung ist

$$(63, 6) \qquad \mathfrak{b} = \ddot{x}\mathfrak{i} + \ddot{y}\mathfrak{j} + \ddot{z}\mathfrak{k}.$$

Für den *Beschleunigungsbetrag* $|\mathfrak{b}|$ schreiben wir im allgemeinen b. Bei geradliniger Bewegung werden wir jedoch unter b den in geeigneter Weise mit Vorzeichen versehenen Beschleunigungsbetrag verstehen.

Aus (**61**, 18) ergibt sich mit Berücksichtigung von (**63**, 2)

$$(63, 7) \qquad \mathfrak{b} = \frac{dv}{dt}\mathfrak{t} + \frac{v^2}{\varrho}\mathfrak{h},$$

wobei t und $\mathfrak{h}$ Tangenten- und Hauptnormalenvektor der Bahnkurve bedeuten. Wir haben also folgenden Satz, der für die Mechanik von grundlegender Bedeutung ist:

Der Beschleunigungsvektor liegt in der Schmiegebene der Bahnkurve und setzt sich aus den folgenden beiden Komponenten zusammen: Erstens aus der Tangentialbeschleunigung $\frac{dv}{dt}t$, die die Richtung der Bahntangente oder die entgegengesetzte hat, je nachdem der Geschwindigkeitsbetrag zu- oder abnimmt, zweitens aus der Zentripetalbeschleunigung $\frac{v^2}{\varrho}\mathfrak{h}$, die in Richtung der Hauptnormalen der Bahnkurve auf den Krümmungsmittelpunkt zu weist (Abb. 74).

Deutet man $\mathfrak{v}(t)$ als Ortsvektor des Hodographen, so wird $\mathfrak{b}$ die Geschwindigkeit, mit der der Endpunkt von $\mathfrak{v}$ den Hodographen als Bahnkurve durchläuft. (Vgl. Abb. 73.)

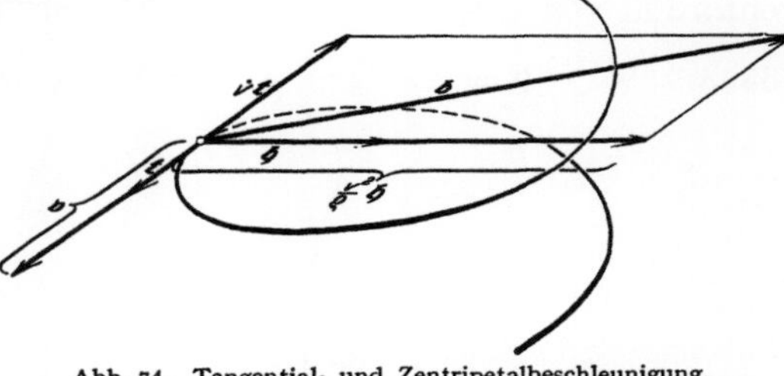

Abb. 74. Tangential- und Zentripetalbeschleunigung.

Mit den jetzt eingeführten Bezeichnungen erhält man aus (**61**, 13, 14, 15) für die Einheitsvektoren der Bahnkurve

$$(\textbf{63}, 8) \qquad t = \frac{\mathfrak{v}}{v},$$

$$(\textbf{63}, 9) \qquad \mathfrak{h} = \varrho\,\frac{v^2\mathfrak{b} - (\mathfrak{v}\cdot\mathfrak{b})\,\mathfrak{v}}{v^4},$$

$$(\textbf{63}, 10) \qquad \mathfrak{p} = \varrho\,\frac{\mathfrak{v}\times\mathfrak{b}}{v^3}$$

und aus (**61**, 16, 17) für ihre Krümmung

$$(\textbf{63}, 11) \qquad \varkappa^2 = \frac{1}{\varrho^2} = \frac{(\mathfrak{v}\times\mathfrak{b})^2}{v^6} = \frac{v^2 b^2 - (\mathfrak{v}\cdot\mathfrak{b})^2}{v^6}.$$

Durchläuft P seine Bahnkurve mit konstantem Geschwindigkeitsbetrag, so verschwindet die Tangentialbeschleunigung. $\mathfrak{b}$ ist dann also auf den Krümmungsmittelpunkt zu gerichtet und proportional der Krümmung $\varkappa$ der Bahnkurve.

64. Ebene Bewegung. Ist die Bahnkurve von P eben, so wählen wir ihre Ebene zur (x, y)-Ebene des Koordinatensystems; diese Ebene ist zugleich die Schmiegebene der Bahnkurve und enthält demnach die Vektoren t, $\mathfrak{h}$, $\mathfrak{v}$ und $\mathfrak{b}$.

Wir führen in der (x, y)-Ebene Polarkoordinaten r, φ mit dem Pol O ein, wobei der radius vector r stets positiv gerechnet wird. Dann ist $r = |\mathfrak{r}|$. Es sei ferner $\mathfrak{R}$ ein Einheitsvektor in der Richtung von $\mathfrak{r}$; man hat dann $\mathfrak{r} = r\,\mathfrak{R}$. Es bedeute nun wie früher $\mathfrak{r}(t)$ den Ortsvektor des bewegten Punktes. Für dessen Geschwindigkeit ergibt sich hier (Abb. 75a und b)

$$(64, 1) \qquad \mathfrak{v} = \dot{\mathfrak{r}} = \dot{r}\,\mathfrak{R} + r\dot{\varphi}\,\hat{\mathfrak{R}},$$

wo $\hat{\mathfrak{R}}$ den in **4** S. 10 eingeführten Quervektor von $\mathfrak{R}$ bezeichnet. Für einen Einheitsvektor $\mathfrak{r} = \mathfrak{R}$, also $r = 1$, ist insbesondere

$$(64, 2) \qquad \dot{\mathfrak{R}} = \dot{\varphi}\,\hat{\mathfrak{R}},$$

$$(64, 3) \qquad \dot{\hat{\mathfrak{R}}} = -\dot{\varphi}\,\mathfrak{R}.$$

Unter Berücksichtigung von (**64**, 2, 3) erhält man dann durch Differentiation von (**64**, 1) den Beschleunigungsvektor

$$(64, 4) \qquad \mathfrak{b} = \dot{\mathfrak{v}} = \ddot{\mathfrak{r}} = (\ddot{r} - r\dot{\varphi}^2)\,\mathfrak{R} + (r\ddot{\varphi} + 2\dot{r}\dot{\varphi})\,\hat{\mathfrak{R}}.$$

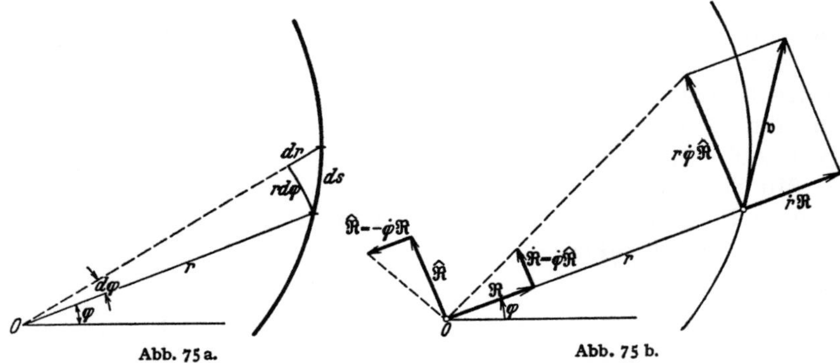

Abb. 75a und b. Komponenten der Geschwindigkeit in Polarkoordinaten bei ebener Bewegung.

Also: Bei ebener Bewegung eines Punktes ist in Polarkoordinaten die Projektion der Beschleunigung auf den radius vector gleich $\ddot{r} - r\dot{\varphi}^2$ und auf dessen positive Normale gleich $r\ddot{\varphi} + 2\dot{r}\dot{\varphi}$, wenn r die Länge des radius vector und φ den Polarwinkel bezeichnet. Die zweite Komponente kann in

$$(64, 5) \qquad r\ddot{\varphi} + 2\dot{r}\dot{\varphi} = \frac{1}{r}\,\frac{d}{dt}\,(r^2\dot{\varphi})$$

umgeformt werden.

Für eine Bewegung auf einem Kreis wählt man zweckmäßig den Pol im Mittelpunkt. Dann ist r konstant, und man erhält aus (**64**, 4): Die Beschleunigung hat die Komponente $r\dot{\varphi}^2$ in radialer und die Komponente $r\ddot{\varphi}$ in tangentialer Richtung. Bei konstantem Geschwindigkeitsbetrag ist $\dot{\varphi}$ konstant und die zweite Komponente verschwindet. Dies folgt auch unmittelbar aus dem Hauptsatz in **63**.

$\dot{\varphi}$ und $\ddot{\varphi}$ bezeichnet man als die *Winkelgeschwindigkeit* bzw. *Winkelbeschleunigung* des Punktes um O.

65. Geradlinige Bewegung. Ist die Bahn eines Punktes eine Gerade und wählt man O auf dieser, so erhält man aus (**64**, 1, 4), da φ konstant ist,

$$(65, 1) \qquad \mathfrak{v} = \dot{r}\,\mathfrak{R},$$

$$(65, 2) \qquad \mathfrak{b} = \ddot{r}\,\mathfrak{R},$$

wo $\mathfrak{R}$ wie früher ein Einheitsvektor in der Richtung von $\mathfrak{r}$ ist. Die Zentripetalbeschleunigung verschwindet. Hier ist es, da die Trägergerade aller Vektoren bekannt ist, bequem, unter v und b skalare Größen mit Vorzeichen zu verstehen. Man faßt also die Gerade als eine x-Achse auf, deren Punkte durch die Abszisse x festgelegt sind, und setzt

$$(65, 3) \qquad v = \frac{dx}{dt},$$

$$(65, 4) \qquad b = \frac{dv}{dt} = \frac{d^2 x}{dt^2},$$

wo v und b positiv sind, wenn sie — als Vektoren betrachtet — die Richtung der positiven x-Achse haben, sonst negativ.

Eine häufig zu verwendende Darstellung der Beschleunigung bei geradliniger Bewegung ist

$$(65, 5) \qquad b = \frac{dv}{dt} = \frac{dv}{dx}\frac{dx}{dt} = v\frac{dv}{dx} = \frac{d}{dx}\left(\frac{1}{2}\,v^2\right).$$

Übungsaufgaben zum 7. Kapitel.

1. Für die Bewegung eines Punktes auf der x-Achse gelte die Gleichung
$$x^2 = at^2 + bt + c.$$
Wie hängt die Beschleunigung von x ab?

2. Für die Bewegung eines Punktes auf der x-Achse gelte die Gleichung
$$t = ax^2 + bx + c.$$
Man zeige, daß die Beschleunigung der dritten Potenz des Abstandes von einem festen Punkt umgekehrt proportional ist.

3. Ein Punkt bewegt sich so auf einem Kreise, daß die Beschleunigung einen konstanten Winkel mit dem zum Punkte führenden Radius bildet. Wie hängt die Winkelgeschwindigkeit von der Zeit ab? Welche Kurve erhält man als Hodographen?

4. Die Bewegung eines Punktes sei durch die Darstellung
$$\mathfrak{r} = \mathfrak{q}_1 \cos\alpha t + \mathfrak{q}_2 \sin\alpha t$$
seines Ortsvektors gegeben, wobei $\mathfrak{q}_1$ und $\mathfrak{q}_2$ zwei konstante, nicht parallele Vektoren sind und α ein konstanter Skalar ist. Man zeige, daß die Beschleunigung gegen den Ursprung gerichtet und proportional der Länge des Ortsvektors ist, und daß die Bahnkurve eine Ellipse ist.

5. Die Bewegung eines Punktes sei durch die Darstellung
$$\mathfrak{r} = \mathfrak{q}_1 \cos t + \mathfrak{q}_2 \sin t + \mathfrak{q}_3 t$$
seines Ortsvektors gegeben. Dabei sind $\mathfrak{q}_1$, $\mathfrak{q}_2$ und $\mathfrak{q}_3$ konstante, von Null verschiedene Vektoren, die den Bedingungen
$$\mathfrak{q}_1^2 = \mathfrak{q}_2^2, \qquad \mathfrak{q}_1 \cdot \mathfrak{q}_2 = \mathfrak{q}_2 \cdot \mathfrak{q}_3 = \mathfrak{q}_3 \cdot \mathfrak{q}_1 = 0$$

genügen. Welche Kurve beschreibt der Punkt? Welche Kurve erhält man für
den Hodographen? Man bestimme Geschwindigkeit und Beschleunigung nach
Größe und Richtung, finde den Krümmungsradius und stelle die Einheitsvektoren
der Kurve in einem beliebigen Kurvenpunkt dar.

6. Die ebene Bewegung eines Punktes sei in Polarkoordinaten r, φ durch die
Gleichungen

$$r = a e^{\alpha t}, \qquad \varphi = \beta t$$

gegeben. a, α und β sind gegebene Konstanten. Ist $\mathfrak{r}$ der Ortsvektor des Punktes
vom Pol des Koordinatensystems, so leite man für Geschwindigkeit und Be-
schleunigung die Darstellung

$$\alpha \mathfrak{r} + \beta \hat{\mathfrak{r}} \qquad \text{bzw.} \qquad (\alpha^2 - \beta^2)\mathfrak{r} + 2\alpha\beta\,\hat{\mathfrak{r}}$$

ab und bestimme den Winkel zwischen ihnen.

7. Ein Punkt durchläuft eine Parabel mit dem Parameter $2p$ so, daß die Projektion der Geschwindigkeit auf die Scheiteltangente den konstanten Wert c hat.
Richtung und Betrag der Beschleunigung sind zu ermitteln.

8. Kapitel.

Bewegung der Körper.

66. Bewegung eines starren Körpers. Wenn ein Körper eine Bewegung im Raume ausführt, so beschreibt jeder seiner Punkte eine gewisse Bahnkurve. Ein bestimmter Wert von t fixiert die Lage jedes
Punktes auf seiner Bahnkurve und damit die Lage des Körpers im
Zeitpunkt t. Zu jedem Punkt des Körpers gehört ein Geschwindigkeitsvektor $\mathfrak{v}(t)$, den wir als gebundenen Vektor mit diesem Punkt als Angriffspunkt auffassen. Es liegt also ein mit t variierendes Vektorfeld,
das *Geschwindigkeitsfeld*, vor, das in dem vom Körper eingenommenen
Raumteil definiert ist. Dieses Feld charakterisiert den Bewegungszustand des Körpers im Zeitpunkt t.

Nehmen wir an, es sei möglich, die Lagen des Körpers durch un-
abhängige, in gewissen Intervallen variierende Parameter $\alpha_1, \alpha_2, \ldots, \alpha_h$
festzulegen, so daß jedem Wertesystem dieser Parameter eine Lage des
Körpers und umgekehrt jeder möglichen Lage ein Wertesystem der α_ν
entspricht. (Beispielsweise lassen sich in diesem Sinne die Lagen eines
freien Massenpunktes durch 3 Parameter, etwa seine Koordinaten, und
die eines freien starren Körpers, wie schon früher erwähnt, durch
6 Parameter festlegen.) Die Ortsvektoren $\mathfrak{r}_P$ der Punkte P des Körpers
sind dann wohlbestimmte Funktionen der α_ν. Eine Bewegung des
Körpers ist gegeben, wenn die Parameter α_ν als Funktionen der Zeit
gegeben sind. Alsdann werden die Ortsvektoren $\mathfrak{r}_P$ durch Vermittlung
der Parameter α_ν ebenfalls Funktionen von t:

$$\mathfrak{r}_P(t) = \mathfrak{r}_P(\alpha_1(t),\, \alpha_2(t),\, \ldots,\, \alpha_h(t)).$$

Durch Differentiation nach t ergibt sich hieraus für die Geschwindigkeit des Punktes P

$$\mathfrak{v}_P = \frac{\partial \mathfrak{r}_P}{\partial \alpha_1}\dot{\alpha}_1 + \frac{\partial \mathfrak{r}_P}{\partial \alpha_2}\dot{\alpha}_2 + \cdots + \frac{\partial \mathfrak{r}_P}{\partial \alpha_h}\dot{\alpha}_h.$$

Hierin sind die $\dfrac{\partial \mathfrak{r}_P}{\partial \alpha_\nu}$ Funktionen der α_ν, also bekannt, wenn die Lage des Körpers gegeben ist. Das Geschwindigkeitsfeld des Körpers bestimmt sich somit aus den Größen $\dot{\alpha}_\nu$.

Wir beginnen mit der Untersuchung des Geschwindigkeitsfeldes für einen starren Körper. Es seien P_1 und P_2 zwei Punkte des Körpers, $\mathfrak{r}_1(t)$ und $\mathfrak{r}_2(t)$ ihre (von t abhängigen) Ortsvektoren von einem festgewählten Ursprung und $\mathfrak{v}_1(t)$ und $\mathfrak{v}_2(t)$ die entsprechenden Geschwindigkeitsvektoren. Da der Körper als starr vorausgesetzt ist, haben P_1 und P_2 unveränderlichen Abstand; also ist

$$(\mathfrak{r}_2 - \mathfrak{r}_1)^2 = l^2$$

von t unabhängig. Hieraus ergibt sich durch Differentiation nach t

$$(\mathfrak{r}_2 - \mathfrak{r}_1) \cdot (\dot{\mathfrak{r}}_2 - \dot{\mathfrak{r}}_1) = 0$$

oder

$$(66,1) \qquad \overrightarrow{P_1 P_2} \cdot \mathfrak{v}_1 = \overrightarrow{P_1 P_2} \cdot \mathfrak{v}_2.$$

Bei der Bewegung eines starren Körpers haben die Geschwindigkeitsvektoren von je zwei seiner Punkte in jedem Zeitpunkt gleiche Projektionen auf die Verbindungsgerade der Punkte.

Wir wollen nun von dem besonderen Fall absehen, daß der Körper nur aus einer Strecke besteht; wir setzen also voraus, daß zum Körper drei nicht auf einer Geraden gelegene Punkte A, B und C gehören. Ein Punkt D, der nicht zum Körper gehört, kann in einem gegebenen Zeitpunkt durch seine Abstände von A, B und C festgelegt werden, und man kann von der Geschwindigkeit sprechen, die der Punkt D besitzen würde, wenn er fest mit dem Körper, etwa mit A, B und C durch starre Stäbe verbunden wäre. Mit anderen Worten: **Man kann für jeden Zeitpunkt t das Geschwindigkeitsfeld des Körpers als Vektorfeld im ganzen Raum auffassen.**

Nach dem am Schluß von **24** bewiesenen Satz ist die durch **(66, 1)** ausgedrückte Eigenschaft des Geschwindigkeitsfeldes charakteristisch für Momentfelder, also: *Das Geschwindigkeitsfeld eines starren Körpers ist identisch mit dem Momentfeld eines Vektorsystems.* Um alle früheren Ergebnisse über Momentfelder von Vektorsystemen übertragen zu können, muß man zunächst wissen, welche kinematische Bedeutung die Vektoren haben, deren Momentfeld ein vorgelegtes Geschwindigkeitsfeld ist. Diese Frage wird in den folgenden Paragraphen beantwortet werden. Vorerst wollen wir noch die folgende Definition aufstellen:

Wir betrachten zwei Bewegungen desselben starren Körpers. $\mathfrak{r}_P^{(1)}(t)$ und $\mathfrak{r}_P^{(2)}(t)$ seien die Ortsvektoren desselben Punktes P des Körpers bei den beiden Bewegungen und $\dot{\mathfrak{r}}_P^{(1)}(t) = \mathfrak{v}_P^{(1)}(t)$ und $\dot{\mathfrak{r}}_P^{(2)}(t) = \mathfrak{v}_P^{(2)}(t)$ die entsprechenden Geschwindigkeitsvektoren. Wenn nun für einen bestimmten Wert t_0 von t sowohl $\mathfrak{r}_P^{(1)} = \mathfrak{r}_P^{(2)}$ als auch $\mathfrak{v}_P^{(1)} = \mathfrak{v}_P^{(2)}$ für alle Punkte P des Körpers ist, wollen wir sagen, *daß sich die zwei Bewegungen für* $t = t_0$ *berühren.* Im folgenden gehen wir nun darauf aus, den Bewegungszustand eines Körpers durch die Angabe einer besonders einfachen berührenden Bewegung zu charakterisieren. Es sei ausdrücklich hervorgehoben, daß hierbei keinerlei Annahmen über die Beschleunigungen der beiden Bewegungen gemacht werden.

67. Berührende Bewegungen zu Geschwindigkeitsfeldern verschiedenen Ranges. Wir unterscheiden vier Fälle, je nachdem der Rang ϱ des Geschwindigkeitsfeldes einer Bewegung B im Zeitpunkt $t = t_0$ gleich 0, 1, 2 oder 3 ist, und geben für jeden dieser Fälle eine einfache berührende Bewegung $\bar{B}$ an:

1. Wenn $\varrho = 0$, wenn also der Geschwindigkeitsvektor $\mathfrak{v}_P$ für alle Punkte P des Körpers im Zeitpunkt t_0 verschwindet, hat man als besonders einfache berührende Bewegung die „Bewegung", die darin besteht, daß der Körper für alle Werte von t in der bei der Bewegung B dem Wert t_0 entsprechenden Lage in Ruhe bleibt. — Der Körper befindet sich für $t = t_0$ in *„momentaner Ruhe"*.

2. Ist $\varrho = 1$, so ist $\mathfrak{v}_P(t_0) = \bar{\mathfrak{v}}$ für alle P, wo $\mathfrak{v}$ ein konstanter Vektor ist. Als berührende Bewegung $\bar{B}$ für $t = t_0$ kann man dann diejenige Bewegung nehmen, für die $\mathfrak{v}_P(t) = \mathfrak{v}$ für alle t und P. Eine solche Bewegung $\bar{B}$ nennt man eine *geradlinig gleichförmige Translation.*

Die gegebene Bewegung B kann insbesondere die Eigenschaft haben, daß für alle Werte von t der Rang $\varrho = 1$ ist. In diesem Fall ist $\mathfrak{v}_P(t) = \bar{\mathfrak{v}}(t)$ für alle t von P unabhängig. Man hat also für jedes t eine berührende gleichförmige Translation, die aber im allgemeinen mit t variiert, da $\bar{\mathfrak{v}}(t)$ sich mit t nach Größe und Richtung ändern kann. Die Bewegung B wird in diesem Fall eine *Translation* oder *translatorische Bewegung* genannt.

3. Für $\varrho = 2$ hat man eine Zentralachse l, in deren Punkten $\mathfrak{v}_P$ für $t = t_0$ verschwindet. Der Vektor $\mathfrak{v}_P(t_0)$ steht senkrecht auf der Ebene durch P und l und ist dem Abstand r_P von l und P proportional, d. h. es ist $|\mathfrak{v}_P| = w r_P$, wo w für alle Punkte denselben Wert hat. Das Geschwindigkeitsfeld ist also dasselbe wie bei einer *Rotation* mit l als fester Drehachse und konstanter Winkelgeschwindigkeit $\dot{\varphi} = w$ (vgl. **64**). Diese Bewegung $\bar{B}$ wählen wir als berührende Bewegung. Die Zentralachse l nennt man die *momentane Drehachse* und w die *momentane Winkelgeschwindigkeit* der Bewegung B.

4. Für $\varrho = 3$ hat man eine Zentralachse l, deren Punkte für $t = t_0$ alle die gleiche Geschwindigkeit $\mathfrak{v}_0$ in der Richtung von l haben (Abb. 76). Ein Punkt P im Abstand r_P von l hat eine Geschwindigkeit $\mathfrak{v}_P$ in Rich-

tung der Tangente an eine durch P gehende Schraubenlinie mit l als Achse; in jedem Punkt dieser Schraubenlinie hat $\mathfrak{v}$ die Richtung der Tangente in diesem Punkt und den gleichen Betrag wie $\mathfrak{v}_P$, da r_P längs der Schraubenlinie konstant ist. Eine „*Schraubbewegung*" B, bei der diese Schraubenlinie in sich selbst mit der durch $\mathfrak{v}_P$ bestimmten Geschwindigkeit gleitet, berührt die Bewegung B, da B und $\bar{B}$ längs der Schraubenlinie, also jedenfalls in drei nicht auf einer Geraden gelegenen Punkten übereinstimmende Geschwindigkeitsvektoren haben. l heißt die *momentane Schraubachse* der Bewegung B.

In den Fällen 2., 3. und 4. sagen wir kurz, die Bewegung des Körpers sei im Zeitpunkt t_0 eine Translation, eine Rotation oder Drehung bzw. eine Schraubbewegung.

68. Drehvektoren. Im Fall $\varrho = 2$ ist das Geschwindigkeitsfeld das Momentfeld eines Einzelvektors, dessen kinematische Bedeutung nun klar ist: Man charakterisiert die Drehung um eine Achse l durch einen *Drehvektor* oder *Winkelgeschwindigkeitsvektor* $\mathfrak{w}$, der durch seine Angriffslinie die Drehachse, durch seine Länge $|\mathfrak{w}|$ die Winkelgeschwindigkeit w und durch seine Orientierung den Drehungssinn um l angibt. Die Geschwindigkeit in einem willkürlichen Punkt P ist dann durch

$$(68, 1) \qquad \mathfrak{v}_P = \mathfrak{w} \times \overrightarrow{OP}$$

bestimmt, wo O ein willkürlicher Punkt auf l ist. Es ist klar, daß man den Vektor $\mathfrak{w}$ längs seiner Angriffslinie beliebig verschieben kann, ohne seine Bedeutung zu ändern. Um den Zusammenhang mit den Momentfeldern von Vektorsystemen vollständig herzustellen, führen wir die „Zusammensetzung von Bewegungen" in folgender Weise ein:

Eine Bewegung heißt aus zwei Bewegungen zusammengesetzt, wenn ihr Geschwindigkeitsvektor in jedem Punkt die Vektorsumme der Geschwindigkeitsvektoren der zusammensetzenden Bewegungen in diesem Punkt ist.

Dieser Begriff der „Zusammensetzung von Bewegungen", der hier rein formal definiert ist, erhält später in Kapitel 11 einen kinematischen Inhalt (vgl. **84**, S. 182).

Zwei Drehungen mit den Drehvektoren $\mathfrak{w}_1$ und $\mathfrak{w}_2$, deren Trägergeraden sich in einem Punkt Q schneiden, können zu einer Drehung mit dem durch Q gehenden Drehvektor $\mathfrak{w} = \mathfrak{w}_1 + \mathfrak{w}_2$ zusammengesetzt werden; denn

$$(68, 2) \qquad \mathfrak{w}_1 \times \overrightarrow{QP} + \mathfrak{w}_2 \times \overrightarrow{QP} = (\mathfrak{w}_1 + \mathfrak{w}_2) \times \overrightarrow{QP} = \mathfrak{w} \times \overrightarrow{QP}.$$

Das Geschwindigkeitsfeld einer willkürlichen Bewegung eines starren Körpers ist in jedem Zeitpunkt das Momentfeld eines (nur bis auf statische Umformung bestimmten) Systems von Drehvektoren.

Wir wollen einige Folgerungen hieraus hervorheben, die sich unmittelbar mit Hilfe der früheren Untersuchungen über Vektorsysteme ergeben:

1. Ein Drehvektorpaar entspricht einer Translation und ist bis auf statische Umformungen durch die als freier Vektor aufgefaßte Translationsgeschwindigkeit bestimmt.

2. Eine Schraubbewegung setzt sich aus einer Rotation $\mathfrak{w}$ und einer Translation $\mathfrak{v}_0 = \sigma \mathfrak{w}$ zusammen (Abb. 76, wo $\sigma < 0$ angenommen ist).

3. Um den willkürlichen Bewegungszustand eines starren Körpers zu beschreiben, kann man einen beliebigen Punkt A (als „Reduktionszentrum") wählen und die Bewegung aus einer Translation $\mathfrak{v}_A$ und einer Rotation $\mathfrak{w}$ um eine Achse durch A zusammensetzen. Hierbei sind $\mathfrak{w}$ und $\mathfrak{w} \cdot \mathfrak{v}_A$ von A unabhängig. Man kann also in eindeutiger Weise von der Rotation $\mathfrak{w}$ (das ist die Vektorinvariante als freier Vektor) sprechen, die in der Bewegung des Körpers enthalten ist. Wählt man A auf der momentanen Schraubachse ($\varrho = 3$) oder Drehachse ($\varrho = 2$), so wird

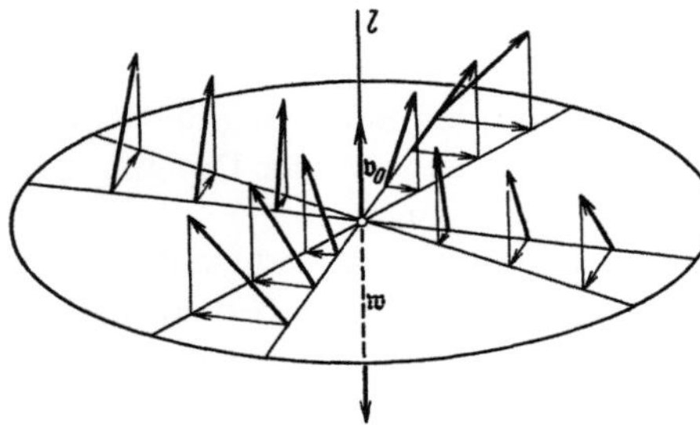
Abb. 76. Geschwindigkeitsfeld einer Schraubbewegung.

$$(68, 3) \qquad\qquad \mathfrak{v}_A = \sigma \mathfrak{w},$$

wo die Skalarinvariante σ der Bewegung für $\varrho = 2$ verschwindet. Hieraus folgt durch skalare Multiplikation mit $\mathfrak{w}$

$$(68, 4) \qquad\qquad \sigma = \frac{\mathfrak{w} \cdot \mathfrak{v}_A}{w^2},$$

wo A wieder beliebig ist, da $\mathfrak{w} \cdot \mathfrak{v}_A$ nicht von A abhängt. σ bringt gewissermaßen das Verhältnis zwischen Translation und Drehung zum Ausdruck.

4. In einem festen rechtwinkligen Koordinatensystem mit dem Ursprung O sei

$$(68, 5) \qquad\qquad \mathfrak{w} = w_x \mathfrak{i} + w_y \mathfrak{j} + w_z \mathfrak{k},$$

$$(68, 6) \qquad\qquad \overrightarrow{OA} = x_A \mathfrak{i} + y_A \mathfrak{j} + z_A \mathfrak{k},$$

$$(68, 7) \qquad\qquad \overrightarrow{OP} = x \mathfrak{i} + y \mathfrak{j} + z \mathfrak{k}.$$

Nach $(68, 1)$ hat man, da sich die Bewegung aus der Drehung $\mathfrak{w}$ um eine durch A gehende Achse und der Translation $\mathfrak{v}_A$ zusammensetzt,

$$(68, 8) \qquad\qquad \mathfrak{v}_P = \mathfrak{v}_A + \mathfrak{w} \times \overrightarrow{AP},$$

also in Koordinaten

$$(68, 9) \qquad \begin{cases} \dot{x} = \dot{x}_A + w_y(z - z_A) - w_z(y - y_A), \\ \dot{y} = \dot{y}_A + w_z(x - x_A) - w_x(z - z_A), \\ \dot{z} = \dot{z}_A + w_x(y - y_A) - w_y(x - x_A). \end{cases}$$

5. Eine Nullgerade ist eine Gerade, deren Punkte zu ihr senkrechte Geschwindigkeiten besitzen. Eine Bewegung mit $\varrho = 3$ kann aus zwei Rotationen zusammengesetzt werden, von denen die eine eine vorgeschriebene Gerade, die weder Nullgerade noch parallel $\mathfrak{w}$ ist, zur Drehachse hat. Eine Ebene, die nicht parallel $\mathfrak{w}$ ist, enthält genau einen Punkt (den Nullpunkt der Ebene), dessen Geschwindigkeit senkrecht zur Ebene ist, und falls sie auch nicht senkrecht auf $\mathfrak{w}$ steht, eine Gerade (die charakteristische Gerade der Ebene), längs der die Geschwindigkeiten in der Ebene liegen. (Vgl. **25**, **26**.)

69. Spezielle Bewegungen. In **35** bis **38** haben wir Körper betrachtet, deren Bewegungsfreiheit eingeschränkt ist; die Bewegungen eines solchen Körpers wollen wir nun eingehender untersuchen. Wir sehen dabei von dem Falle ab, daß sich der Körper in dem betrachteten Zeitpunkt in momentaner Ruhe befindet, wo also $\varrho = 0$ ist.

1. Ist eine Schraubenlinie im Körper festgehalten, so kann seine Bewegung in jedem Zeitpunkt nur eine Schraubung sein, bei der die Schraubenlinie in sich bewegt wird.

2. Ist eine Gerade l im Körper festgehalten, so ist die Bewegung in jedem Zeitpunkt eine Schraubung oder speziell eine Drehung um l oder schließlich eine Translation in der Richtung von l.

3. Ist eine Gerade l und eine dazu senkrechte Ebene im Körper festgehalten, so kann die Bewegung nur eine Drehung um l sein.

In diesen drei Fällen ist die Bewegung durch den Geschwindigkeitsvektor eines beliebigen Punktes, der nicht auf der Achse der Schraubenlinie bzw. nicht auf l liegt, vollständig bestimmt.

4. Ist eine Ebene im Körper festgehalten, so müssen die Geschwindigkeitsvektoren der Punkte der Ebene in dieser Ebene liegen. Folglich muß $\varrho = 2$ oder 1 sein. Die Bewegung des Körpers kann dann in jedem Zeitpunkt nur eine Rotation um eine zur Ebene senkrechte Achse oder eine Translation mit einem zur Ebene parallelen Geschwindigkeitsvektor sein. Die Bewegung des Körpers ist vollständig durch die Bewegung einer in der Ebene liegenden Figur bestimmt. Bei einer solchen „ebenen" Bewegung kann man also die ganze Untersuchung auf die Ebene selbst beschränken. Ist die Bewegung keine Translation, so nennt man den Schnittpunkt der momentanen Drehachse mit der Ebene das *momentane Drehzentrum D*. Die Geschwindigkeit eines willkürlichen Punktes der Ebene ist senkrecht auf seiner Verbindungsgeraden mit D und proportional seinem Abstand von D. Der Punkt D ist der Schnittpunkt der Normalen der Bahnkurven von zwei Punkten und w der Quotient des Geschwindigkeitsbetrages eines Punktes und seines Abstandes von D. Dreht man den Geschwindigkeitsvektor $\mathfrak{v}_P$ eines Punktes P um P um einen rechten Winkel im festzusetzenden positiven Umlaufssinn, so liegt der gedrehte Vektor $\hat{\mathfrak{v}}_P$ auf der Bahnnormalen von P. Tut man dies für alle Punkte einer ebenen Figur, so bilden die Endpunkte der gedrehten Geschwindigkeiten eine Figur, die zu der ursprünglichen ähnlich und ähnlich gelegen ist, wobei D das

Ähnlichkeitszentrum ist (*Geschwindigkeitsdiagramm*). Die gedrehten Geschwindigkeitsvektoren aller Punkte einer Geraden l haben gleiche Projektionen auf eine Normale von l, da die ungedrehten gleiche Projektionen auf l selbst haben. Der geometrische Ort der Endpunkte der gedrehten Vektoren ist also eine zu l parallele Gerade. Von dieser Eigenschaft macht man bei Konstruktionen von Geschwindigkeitsdiagrammen oft Gebrauch.

Bestimmt man für eine ebene Bewegung das momentane Drehzentrum $D(t)$ für ein Zeitintervall, so kann man den geometrischen Ort der Punkte D einerseits in der festen Ebene, in der die Bewegung vor sich geht, andererseits in der bewegten ebenen Figur betrachten. Für hinreichend regelmäßige Bewegungen sind diese geometrischen Örter einfache Kurven, die *Polkurven* F und R der Bewegung. Die „feste Polkurve" F liegt in der festen Ebene, die „rollende Polkurve" R ist eine Teilfigur der bewegten Figur. Für einen gegebenen Zeitpunkt t haben sie den Punkt $D(t)$ gemeinsam.

Um die gegenseitige Lage von R und F zu bestimmen, wählen wir in der bewegten starren, ebenen Figur einen Punkt A als Reduktionszentrum und kennzeichnen ihre Lage durch einen von A ausgehenden und zu der bewegten Figur gehörigen Einheitsvektor $\mathfrak{E}(t)$. Setzen wir noch die Richtung von $\mathfrak{w}$ als positive Normalenrichtung der Ebene fest, so haben wir nach (4, 12)

$$\mathfrak{w} \times \mathfrak{E} = w\hat{\mathfrak{E}}, \quad \mathfrak{w} \times \hat{\mathfrak{E}} = -w\mathfrak{E}.$$

Ist nun ein Punkt P der Figur durch

$$\overrightarrow{AP} = a\mathfrak{E} + b\hat{\mathfrak{E}}$$

bestimmt, so ist seine Geschwindigkeit nach (68, 8)

$$\mathfrak{v}_P = \mathfrak{v}_A + \mathfrak{w} \times (a\mathfrak{E} + b\hat{\mathfrak{E}}) = \mathfrak{v}_A + aw\hat{\mathfrak{E}} - bw\mathfrak{E}.$$

Da andererseits

$$\mathfrak{v}_P = \frac{d}{dt}\left(\overrightarrow{OA} + a\mathfrak{E} + b\hat{\mathfrak{E}}\right) = \mathfrak{v}_A + a\dot{\mathfrak{E}} + b\dot{\hat{\mathfrak{E}}}$$

ist, hat man für die Änderungsgeschwindigkeiten von $\mathfrak{E}$ und $\hat{\mathfrak{E}}$ in bezug auf die feste Ebene

$$\dot{\mathfrak{E}} = w\hat{\mathfrak{E}}, \quad \dot{\hat{\mathfrak{E}}} = -w\mathfrak{E}.$$

P fällt mit D zusammen, wenn $\mathfrak{v}_P = 0$ wird, wenn man also für a und b die Größen

$$\alpha = -\frac{\mathfrak{v}_A \cdot \hat{\mathfrak{E}}}{w}, \quad \beta = \frac{\mathfrak{v}_A \cdot \mathfrak{E}}{w}$$

wählt. Mit diesen von t abhängigen Skalaren kann man den Ortsvektor $\mathfrak{r}_D$ des momentanen Drehzentrums D vom Ursprung O der festen Ebene in der Form

$$\overrightarrow{OD} = \mathfrak{r}_D = \overrightarrow{OA} + \alpha\mathfrak{E} + \beta\hat{\mathfrak{E}}$$

darstellen; er verschiebt sich also in der festen Ebene mit der Geschwindigkeit

$$\dot{\mathfrak{r}}_D = \mathfrak{v}_A + \alpha w \hat{\mathfrak{E}} - \beta w \mathfrak{E} + \dot\alpha \mathfrak{E} + \dot\beta \hat{\mathfrak{E}} = \dot\alpha \mathfrak{E} + \dot\beta \hat{\mathfrak{E}}.$$

Dies ist aber zugleich die Geschwindigkeit, mit der sich D in bezug auf die bewegte Figur verschiebt, denn in bezug auf diese sind A und $\mathfrak{E}$ unveränderlich und nur α und β von t abhängig. Es ergibt sich also, daß R und F in dem zu dem betreffenden Werte von t gehörigen gemeinsamen Punkte D eine gemeinsame Tangente haben und daß sich D in einem Zeitintervall auf beiden Kurven um gleiche Bögen verschiebt. Also *rollt* die zu der bewegten Figur gehörige Kurve R auf der in der festen Ebene liegenden Kurve F ab. (Diese Überlegung wird am Schluß von **84** in einen allgemeineren Zusammenhang eingeordnet werden.)

5. Ist ein Punkt O des Körpers festgehalten, so ist die Geschwindigkeit von O gleich Null, also muß $\varrho = 2$ sein. Die Bewegung ist daher eine Drehung um eine momentane Drehachse l durch O. Die geometrischen Örter der momentanen Drehachse $l(t)$ im Raume bzw. im Körper sind zwei Kegel F und R mit dem Scheitel O, die *Polkegel*. Ähnlich wie für ebene Bewegungen läßt sich zeigen, daß die Bewegung als Abrollen des „rollenden Polkegels" R auf dem „festen Polkegel" F aufgefaßt werden kann (vgl. auch **84**, S. 183).

In diesem Fall kann man die Bewegung auch folgendermaßen beschreiben: Man lege eine Kugel um O und betrachte deren Schnittfigur mit dem bewegten starren Körper. Dann ergibt sich, daß die Bewegung einer sphärischen Figur in jedem Augenblick eine Drehung um ein momentanes Drehzentrum (besser: zwei diametral entgegengesetzte) ist und dadurch erzeugt werden kann, daß eine sphärische Kurve R auf einer festen sphärischen Kurve F rollt. Man hat also in der Ebene und auf der Kugel ganz analoge Verhältnisse, nur daß die Translationen der Ebene kein Gegenstück auf der Kugel haben.

Für die freie Bewegung eines Körpers kann man in derselben Weise die geometrischen Örter F und R der momentanen Schraubachsen $s(t)$ im Raume bzw. im Körper einführen. Sie sind im allgemeinen windschiefe Regelflächen, die sich für jeden Wert von t längs der Geraden $s(t)$ berühren. Die Bewegung besteht darin, daß R auf F abrollt, sich aber gleichzeitig längs $s(t)$ verschiebt.

70. Verlagerungen. Es seien zwei Lagen eines starren Körpers, also zwei willkürliche kongruente Figuren vorgegeben; wir fragen, durch welche einfache Bewegung die erste Figur in die zweite übergeführt werden kann.

Im Fall der Ebene kann die Frage folgendermaßen beantwortet werden: Ist A ein Punkt der ersten Figur, A' der entsprechende Punkt der zweiten, B derjenige Punkt der ersten Figur, der mit A' zusammenfällt, und B' dessen entsprechender, so ist $AB = A'B'$. Fällt B' mit A zusammen, so geschieht die Verlagerung am einfachsten durch eine

Halbdrehung um den Mittelpunkt von AB. Fällt $A'B'$ in die Verlängerung von AB, so lassen sich die Figuren durch eine Parallelverschiebung, in allen anderen Fällen durch eine Drehung um den Mittelpunkt des Kreises ABB' ineinander überführen[1].

Dies gilt ebenso für die Verlagerung einer sphärischen Figur auf der Kugel, nur daß die Parallelverschiebung fortfällt. Hieraus entnimmt man zugleich: Die Überführung einer räumlichen Figur mit einem festgehaltenen Punkt von einer Lage in eine andere kann stets durch Drehung um eine durch den festen Punkt gehende Achse geschehen.

Es soll nun eine willkürliche räumliche Figur F in eine gegebene andere Lage F' übergeführt werden. Es sei A ein Punkt von F und A' der entsprechende in F'. Wir beginnen dann mit der Parallelverschiebung $\overrightarrow{AA'}$, wodurch F in eine Lage F'' übergeht. Wenn nun F'' noch nicht mit F' zusammenfällt, kann man F'' in F' durch eine Drehung um eine Achse durch A' überführen. Alle Geraden in F, die dieser Achse parallel sind, behalten ihre Richtung bei der Überführung in F' bei; jede andere Gerade ändert die Richtung. Alle auf der unveränderlichen Geradenrichtung senkrechten Ebenen, und nur diese, behalten daher ihre Ebenenstellung bei. Man kann demnach die Verlagerung auch folgendermaßen bewerkstelligen: Es sei ε eine solche Ebene in F und ε' die entsprechende in F'. Man verschiebe ε in Richtung der Normalen bis in die Lage ε' und drehe darauf um eine zu ε' senkrechte Achse, bis alle Punkte von ε mit den entsprechenden von ε' zusammenfallen. Dadurch ist F in die Lage F' gekommen. Man sieht also, daß die Verlagerung stets durch eine Schraubbewegung erzielt werden kann, da ja bei der letzten Überführung die Parallelverschiebung und die Drehachse die gleiche Richtung haben. — Für spezielle Lagen F und F' kann die Schraubung in eine reine Translation oder eine reine Drehung entarten. — Man sieht ferner, daß bei der zuerst betrachteten Überführung die Richtung der Drehachse, die Größe des Drehwinkels und die Komponente der Parallelverschiebung in Richtung der Drehachse von dem gewählten Punkt A unabhängig sind.

Geht man von den hier betrachteten endlichen Verlagerungen zu „infinitesimalen“ über, wie sie bei einer kontinuierlich bewegten Figur in jedem Zeitpunkt vorliegen, so gehen Drehzentrum, Drehachse und Schraubachse in der Grenze in das momentane Drehzentrum bzw. die momentane Dreh- oder Schraubachse über.

71. Rollbewegungen. In **69** wurde gezeigt, daß eine beliebige ebene Bewegung als Rollbewegung der rollenden Polkurve R auf der festen Polkurve F aufgefaßt werden kann. Oft realisiert man eine ebene Be-

---

[1] Hierbei werden nur Verlagerungen mit Erhaltung des Umlaufssinnes, also keine Umklappungen in Betracht gezogen.

wegung mechanisch durch materielle Polkurven; R kann etwa eine Radperipherie sein.

Rückt das momentane Drehzentrum um das Stück ds auf den beiden Polkurven vorwärts, und sind ϱ_1 und ϱ_2 die Krümmungsradien der Polkurven, $d\varphi_1$ und $d\varphi_2$ die Winkel zwischen den Kurvennormalen in den Endpunkten der beiden Bogenelemente der Länge ds, so gilt

$$(71,1) \quad ds = \varrho_1\, d\varphi_1 = \varrho_2\, d\varphi_2.$$

Die Abb. 77 und 78 zeigen: Wenn die Endpunkte der Bogenelemente ds zur Deckung gekommen sind, so hat sich die Normale von R um den Winkel $d\varphi_2 + d\varphi_1$ oder $d\varphi_2 - d\varphi_1$ gedreht, je nachdem R die

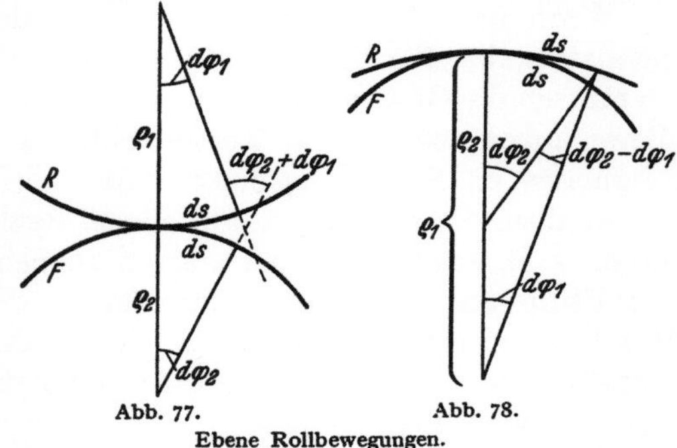

Abb. 77.   Abb. 78.

Ebene Rollbewegungen.

Höhlung nach derselben oder entgegengesetzten Seite wendet wie F. Man kann dies dadurch berücksichtigen, daß man ϱ_1 und $d\varphi_1$ mit Vorzeichen rechnet, und zwar positiv, für den in Abb. 77 dargestellten Fall. Man erhält so für die Winkelgeschwindigkeit einer mit R fest verbundenen Figur

$$(71,2) \qquad w = \frac{d\varphi_2 + d\varphi_1}{dt} = \frac{ds}{dt}\left(\frac{1}{\varrho_2} + \frac{1}{\varrho_1}\right) = \frac{\varrho_1 + \varrho_2}{\varrho_1}\frac{d\varphi_2}{dt}.$$

Hierbei sind w und $\dfrac{d\varphi_2}{dt}$ im gleichen Sinne positiv gerechnet; dann gilt diese Gleichung mit beiden Vorzeichen von ϱ_1.

72. Bewegung nichtstarrer Körper. Für einen nichtstarren Körper, der aus mehreren starren Teilkörpern mit willkürlicher gegenseitiger Bindung zusammengesetzt ist, gelten die in den vorigen Paragraphen gefundenen Resultate für jeden einzelnen starren Teilkörper. Bezüglich der Einschränkungen, denen die Bewegungen der Teilkörper durch ihre gegenseitigen Verbindungen unterworfen sind, möge folgendes angeführt werden:

Ist ein Punkt eines Teilkörpers in einem anderen festgehalten, so muß die Geschwindigkeit dieses Punktes bei den Bewegungen der beiden Körper die gleiche sein.

Ist eine Gerade eines Teilkörpers in einem anderen festgehalten, so können sich die Geschwindigkeiten eines Punktes der Geraden bei den beiden Bewegungen höchstens in ihren Komponenten in Richtung der Geraden unterscheiden, da der eine Körper relativ zum anderen nur längs der Geraden gleiten kann. Ist außerdem eine zur Geraden senkrechte Ebene des einen Körpers im anderen festgehalten, so fällt auch dieser Unterschied fort.

Ist eine Ebene eines Teilkörpers im anderen festgehalten, so können sich die Geschwindigkeiten eines Punktes der Ebene bei den beiden Bewegungen nur in ihren zur Ebene parallelen Komponenten unterscheiden; ihre zur Ebene senkrechten Komponenten müssen übereinstimmen.

Wenn eine Fläche (oder eine Kurve oder ein Punkt) des einen Körpers stets eine Fläche (oder Kurve) des anderen Körpers berühren soll, so müssen die Geschwindigkeiten des Berührungspunktes bei den beiden Bewegungen die gleiche Komponente in Richtung der gemeinsamen Normalen im Berührungspunkt haben.

Analoge Sätze können für ebene Bewegungen formuliert werden. Wenn z. B. ein Punkt einer starren ebenen Figur an eine gegebene, in der Ebene feste Kurve gebunden ist, so muß seine Geschwindigkeit in der Kurventangente liegen. Die Kurvennormale in dem betreffenden Punkt ist dann ein geometrischer Ort für das momentane Drehzentrum der bewegten Figur.

Für ebene Bewegungen kann man ein Geschwindigkeitsdiagramm für jede einzelne starre Teilfigur zeichnen, und erhält so ein Geschwindigkeitsdiagramm für die ganze Figur. Die vorstehenden Sätze geben dann Aufklärungen über den Zusammenhang der Teildiagramme, der von den gegenseitigen Bindungen herrührt.

Übungsaufgaben zum 8. Kapitel.

1. In Abb. 79 sind C und C' zwei Kreise mit gleichem Radius, L und L' zwei Geraden durch ihre Mittelpunkte. Die Teilfigur (L, C) liegt fest. Die Teilfigur (L', C') bewegt sich so, daß L' dauernd C und C' dauernd L berührt. Man bestimme die Polkurven der zugehörigen Rollbewegung.

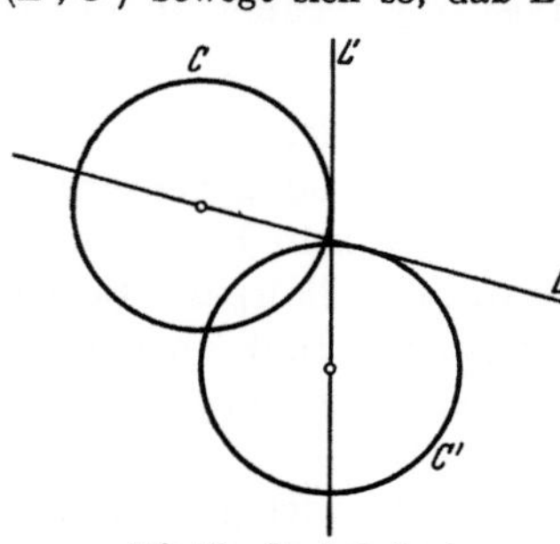

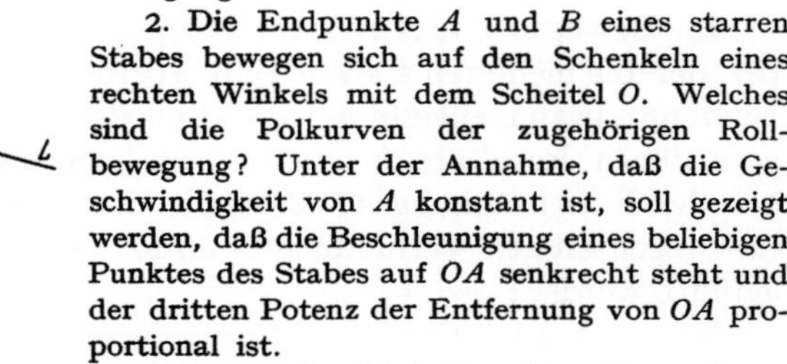
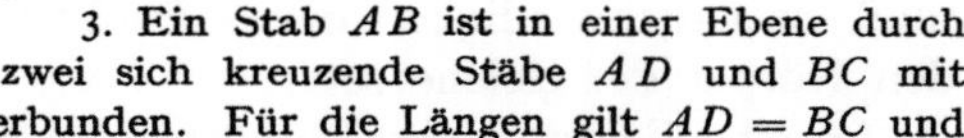

Abb. 79. Zu Aufgabe 1.

2. Die Endpunkte A und B eines starren Stabes bewegen sich auf den Schenkeln eines rechten Winkels mit dem Scheitel O. Welches sind die Polkurven der zugehörigen Rollbewegung? Unter der Annahme, daß die Geschwindigkeit von A konstant ist, soll gezeigt werden, daß die Beschleunigung eines beliebigen Punktes des Stabes auf OA senkrecht steht und der dritten Potenz der Entfernung von OA proportional ist.

3. Ein Stab AB ist in einer Ebene durch zwei sich kreuzende Stäbe AD und BC mit zwei festen Punkten C und D verbunden. Für die Längen gilt $AD = BC$ und $AB = CD$. Man bestimme die Polkurven für die ebene Bewegung von AB.

4. A, B und C seien drei nicht auf einer Geraden liegende Punkte. Eine in der Ebene ABC liegende Figur wird der Reihe nach folgenden drei Verlagerungen in dieser Ebene unterworfen: Zuerst einer Drehung um A das Doppelte des Winkels CAB (in der Drehrichtung von AC nach AB), dann um B das Doppelte des Winkels ABC, dann um C das Doppelte des Winkels BCA. Man zeige, daß die Figur in ihre Ausgangslage zurückgekehrt ist. (Man betrachte zunächst die Punkte der Figur, die in der Ausgangslage mit A bzw. C zusammenfallen.) Ein

entsprechender Satz gilt auf der Kugel. Wie kann man mittels dieses Satzes zwei endliche Drehungen um parallele oder sich schneidende Achsen zusammensetzen?

5. Ein ebenes, konvexes Stabviereck $ABDC$ bewegt sich in seiner Ebene in willkürlicher Weise. Man wähle beliebig 1) die Geschwindigkeit von A, 2) die zu AB senkrechte Geschwindigkeitskomponente von B, 3) die zu AC senkrechte Geschwindigkeitskomponente von C und zeige, daß die zu den vier Seiten gehörigen momentanen Drehzentren ein dem gegebenen umschriebenes Viereck bilden, und ferner, daß der Schnittpunkt zweier Gegenseiten des gegebenen Vierecks und die momentanen Drehzentren der beiden anderen Seiten auf einer Geraden liegen.

6. Man zeichne ein Geschwindigkeitsdiagramm für einen Pantographen (Storchschnabel), etwa von der in Abb. 80 dargestellten Art, und den in Abb. 80 wiedergegebenen Inversor, wenn die Punkte O festgehalten und die Geschwindigkeiten der Punkte P gegeben sind.

7. Ein Stab bewegt sich in einer Ebene so, daß er ständig durch einen festen Punkt O geht und der eine Endpunkt A eine feste, nicht durch O gehende Gerade durchläuft. Wenn die Geschwindigkeit von A bekannt ist, soll man die Geschwindigkeit eines beliebigen Stabpunktes B ermitteln (Tangentenkonstruktion der Konchoide). Man stelle Gleichungen für die Polkurven der zugehörigen Rollbewegung auf.

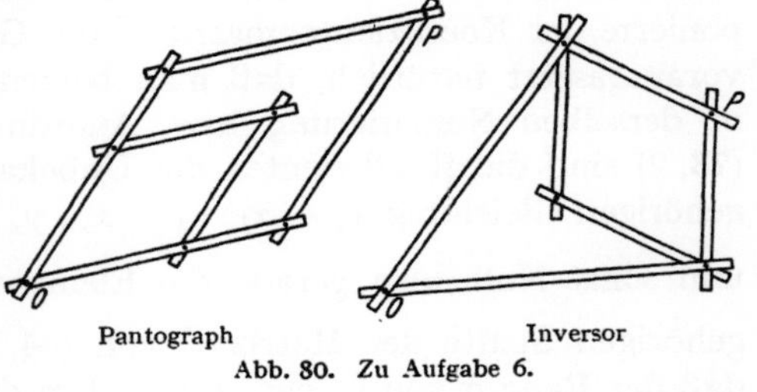

Abb. 80. Zu Aufgabe 6.

8. Für die Bewegung einer ebenen Figur in ihrer Ebene kennt man die Winkelgeschwindigkeit w und die Geschwindigkeit $\mathfrak{u}$ eines zur Figur gehörigen Punktes A als Funktionen der Zeit. Wie drücken sich Geschwindigkeit und Beschleunigung eines beliebigen zur Figur gehörigen Punktes P aus? Man zeige, daß es im allgemeinen zu jedem Zeitpunkt genau einen Punkt gibt, dessen Beschleunigung verschwindet.

9. Kapitel.

Kinematik der Fachwerke.

73. Knotenpunktsgeschwindigkeiten. Wir betrachten wie in **54** ein Fachwerk mit s Stäben und k Knotenpunkten, dessen einzelne Stäbe als starr angesehen werden können. Der Geschwindigkeitsvektor $\mathfrak{v}_\varkappa$ im Knotenpunkt $P_\varkappa$ ist derselbe für die Bewegungen aller Stäbe, die in $P_\varkappa$ zusammenstoßen. Die Geschwindigkeitsvektoren $\mathfrak{v}_\varkappa$ und $\mathfrak{v}_\lambda$ der Endpunkte eines Stabes $P_\varkappa P_\lambda$ haben die gleiche Projektion auf den Stab (vgl. **66**). Wir untersuchen nun, welche Schlußfolgerungen für die Geschwindigkeiten der Knotenpunkte hieraus und aus dem Aufbau des Fachwerks gezogen werden können. Die Untersuchung verläuft der in **54** parallel, weshalb wir die dort eingeführten Bezeichnungen beibehalten.

Da die s Stablängen $l_{\varkappa\lambda}$ bekannt sind, erhält man für die $3\,k$ Knotenpunktskoordinaten die s Gleichungen

$$(\textbf{73}, 1) \qquad l_{\varkappa\lambda}^2 = (x_\varkappa - x_\lambda)^2 + (y_\varkappa - y_\lambda)^2 + (z_\varkappa - z_\lambda)^2.$$

Hieraus ergibt sich durch Differentiation nach t

$$(\textbf{73}, 2) \quad (x_\varkappa - x_\lambda)(\dot{x}_\varkappa - \dot{x}_\lambda) + (y_\varkappa - y_\lambda)(\dot{y}_\varkappa - \dot{y}_\lambda) + (z_\varkappa - z_\lambda)(\dot{z}_\varkappa - \dot{z}_\lambda) = 0,$$

was den obengenannten Satz, daß $\mathfrak{v}_\varkappa$ und $\mathfrak{v}_\lambda$ die gleiche Projektion auf $P_\varkappa P_\lambda$ haben, zum Ausdruck bringt. (**73**, 2) stellt s homogene lineare Gleichungen für die $3\,k$ Geschwindigkeitskoordinaten $\dot{x}_\varkappa$, $\dot{y}_\varkappa$, $\dot{z}_\varkappa$ ($\varkappa = 1$, $2, \ldots, k$) dar, wenn die Koordinaten $x_\varkappa$, $y_\varkappa$, $z_\varkappa$ der Knotenpunkte bekannt sind. Die Matrix dieses Gleichungssystems ist genau die Transponierte der Koeffizientenmatrix Γ des Gleichungssystems (**54**, 2, 3, 4), vorausgesetzt natürlich, daß man beidemal Knotenpunkte und Stäbe in derselben Numerierung bzw. Anordnung berücksichtigt; denn in (**73**, 2) sind die Koeffizienten der Unbekannten in der zum Stab $P_\varkappa P_\lambda$ gehörigen Gleichung $x_\varkappa - x_\lambda$, $x_\lambda - x_\varkappa$, $y_\varkappa - y_\lambda$, $y_\lambda - y_\varkappa$, $z_\varkappa - z_\lambda$, $z_\lambda - z_\varkappa$ und sonst Null, also gerade die Elemente der zur Unbekannten $\dfrac{T_{\varkappa\lambda}}{l_{\varkappa\lambda}}$ gehörigen Spalte der Matrix Γ von (**54**, 2, 3, 4). Wir hatten gezeigt, daß der Rang σ von Γ, der ja mit dem der Transponierten Γ' übereinstimmt, den Ungleichungen

$$(\textbf{73}, 3) \qquad\qquad \sigma \leqq s$$

$$(\textbf{73}, 4) \qquad\qquad \sigma \leqq 3\,k - 6$$

genügt. (**73**, 4) ergab sich daraus, daß zwischen den Zeilen von Γ sechs lineare Relationen bestehen, die linear unabhängig sind, wenn nicht alle Knotenpunkte auf einer Geraden liegen, was wir auch hier voraussetzen wollen. Diesen Relationen, deren Koeffizienten wir zur Matrix (**54**, 9) zusammengefaßt hatten, entsprechen nun sechs linear unabhängige Lösungen des Gleichungssystems (**73**, 2), und zwar die folgenden:

$$(\textbf{73}, 5) \qquad \dot{x}_\varkappa = 1, \qquad \dot{y}_\varkappa = 0, \qquad \dot{z}_\varkappa = 0$$

$$(\textbf{73}, 6) \qquad \dot{x}_\varkappa = 0, \qquad \dot{y}_\varkappa = 1, \qquad \dot{z}_\varkappa = 0$$

$$(\textbf{73}, 7) \qquad \dot{x}_\varkappa = 0, \qquad \dot{y}_\varkappa = 0, \qquad \dot{z}_\varkappa = 1$$

$$(\textbf{73}, 8) \qquad \dot{x}_\varkappa = 0, \qquad \dot{y}_\varkappa = -z_\varkappa, \qquad \dot{z}_\varkappa = y_\varkappa$$

$$(\textbf{73}, 9) \qquad \dot{x}_\varkappa = z_\varkappa, \qquad \dot{y}_\varkappa = 0, \qquad \dot{z}_\varkappa = -x_\varkappa$$

$$(\textbf{73}, 10) \qquad \dot{x}_\varkappa = -y_\varkappa, \qquad \dot{y}_\varkappa = x_\varkappa, \qquad \dot{z}_\varkappa = 0.$$

Diese Lösungen haben eine einfache kinematische Bedeutung; sie entsprechen den Bewegungen des Fachwerks als starrer Körper, und zwar (**73**, 5) einer Translation in der Richtung der x-Achse mit der Geschwindigkeit 1, (**73**, 8) einer Rotation um die x-Achse mit der Winkelgeschwindigkeit 1 und analog die übrigen. Durch lineare Kombination dieser

Lösungen läßt sich auch die der allgemeinsten Bewegung des Fachwerks als starrer Körper entsprechende Lösung herstellen. Ist nämlich $\mathfrak{u} = \{u_x\, u_y\, u_z\}$ die Geschwindigkeit des Ursprungs und $\mathfrak{w} = \{w_x\, w_y\, w_z\}$ der Drehvektor der Bewegung, so multiplizieren wir (**73**, 5, 6, 7, 8, 9, 10) bzw. mit u_x, u_y, u_z, w_x, w_y, w_z und addieren. Dann erhalten wir die Lösung

$$\dot{x}_\varkappa = u_x + w_y z_\varkappa - w_z y_\varkappa, \qquad \dot{y}_\varkappa = u_y + w_z x_\varkappa - w_x z_\varkappa, \qquad \dot{z}_\varkappa = u_z + w_x y_\varkappa - w_y x_\varkappa,$$

und diese stellt nach (**68**, 9) in der Tat das Geschwindigkeitsfeld der Bewegung dar.

I. *Ist $\sigma < 3k - 6$, so kann das Fachwerk nicht starr sein, und umgekehrt.* In diesem Fall existieren nämlich außer den eben genannten noch weitere Lösungen von (**73**, 2), und diese überschüssigen Bewegungsmöglichkeiten hängen von $3k - 6 - \sigma$ Parametern ab; d. h. diese Zahl gibt die Anzahl der Parameter für die Bewegungszustände an, die noch möglich sind, nachdem man drei Knotenpunkte, die ein starres Dreieck bilden, im Raum festgehalten hat. — Dieser Fall tritt wegen (**73**, 3) insbesondere für $s < 3k - 6$ ein.

II. *Ist $\sigma < s$, so kann man gewisse Stäbe aus dem Fachwerk entfernen, ohne daß dadurch neue Knotenpunktsgeschwindigkeiten möglich werden.* In diesem Fall müssen nämlich $s - \sigma$ Gleichungen von (**73**, 2) aus den übrigen folgen. Entfernt man die diesen Gleichungen entsprechenden Stäbe, so bleibt die Menge der Lösungen von (**73**, 2) ungeändert. Die Anzahl der Parameter, von denen die Knotenpunktsgeschwindigkeiten abhängen, ist also dieselbe geblieben. Man beachte aber, daß diese Zahl nicht notwendig gleich der Anzahl der Parameter sein muß, von denen die Lagen des Fachwerks abhängen. Diese sind nämlich durch die Gleichungen (**73**, 1) bestimmt; und wenn eine Gleichung (**73**, 2) eine Folge der übrigen ist, braucht die entsprechende Gleichung (**73**, 1) nicht aus den übrigen zu folgen. Dieser Umstand wird im nächsten Paragraphen eingehender besprochen. — Wegen (**73**, 4) tritt der Fall $\sigma < s$ stets für $s > 3k - 6$ ein.

Die Fälle I und II können gleichzeitig eintreten, da $\sigma < s$ und $\sigma < 3k - 6$ mit $s \gtreqless 3k - 6$ verträglich sind.

III. *Notwendige und hinreichende Bedingung dafür, daß das Fachwerk nur solche Knotenpunktsgeschwindigkeiten zuläßt, die einer Bewegung des ganzen Fachwerks als starrer Körper entsprechen und daß das Fachwerk diese Eigenschaft bei Entfernung eines willkürlichen Stabes verliert, ist*

$$(\textbf{73}, 11) \qquad\qquad\qquad s = \sigma = 3k - 6.$$

Wir wollen das Fachwerk als *kinematisch bestimmt*, aber nicht überbestimmt bezeichnen, wenn es von dieser Beschaffenheit ist.

Alle Betrachtungen lassen sich leicht auf Bewegungen von ebenen

Fachwerken in ihrer Ebene übertragen. Man hat dann nur überall $3k - 6$ durch $2k - 3$ zu ersetzen.

74. Freiheitsgrad. Wir bezeichnen die Anzahl der unabhängigen Parameter, von denen die möglichen Lagen eines mechanischen Systems abhängen (vgl. **66**), als den *geometrischen Freiheitsgrad* des Systems und die Anzahl der unabhängigen Parameter, von denen die möglichen Geschwindigkeiten seiner Punkte abhängen, als seinen *kinematischen Freiheits-grad*[1]. Wie wir schon unter II im vorigen Paragraphen bemerkt haben, brauchen diese beiden Zahlen nicht übereinzustimmen. Für ein Fachwerk mit k Knotenpunkten und s Stäben, das keinen äußeren Zwangsbedingungen unterworfen ist, ist der geometrische Freiheitsgrad im allgemeinen gleich der Anzahl $3k$ der Knotenpunktskoordinaten, vermindert um die Anzahl der unabhängigen unter den s Gleichungen (**73**, 1) zwischen diesen Koordinaten, und der kinematische Freiheitsgrad gleich der Anzahl $3k$ der Knotenpunktsgeschwindigkeitskoordinaten vermindert um die Anzahl der unabhängigen unter den s Gleichungen (**73**, 2) zwischen den Geschwindigkeitskoordinaten. Bei der Bestimmung der ersten Zahl muß man jedoch beachten, daß Ausnahmefälle eintreten können, da die Bedingungsgleichungen (**73**, 1) nicht linear sind.

Wir wollen diesen Tatbestand durch ein Beispiel eines Fachwerks beleuchten, bei dem solche ungewöhnlichen Verhältnisse vorliegen. Es seien P_1 und P_2 zwei Knotenpunkte des Fachwerks und a ihr Abstand. Wir nehmen an, daß a unveränderlich ist. Dies kann dadurch zustande kommen, daß P_1 und P_2 durch einen Stab verbunden sind, es kann aber auch eine Folge des Aufbaus des Systems, also die Gleichung

$$(74, 1) \qquad (x_1 - x_2)^2 + (y_1 - y_2)^2 + (z_1 - z_2)^2 = a^2$$

eine Folge der Bedingungsgleichungen (**73**, 1) sein. Das letztere wollen wir annehmen. Dann ist auch die differenzierte Gleichung

$$(74, 2) \qquad (x_1 - x_2)(\dot{x}_1 - \dot{x}_2) + (y_1 - y_2)(\dot{y}_1 - \dot{y}_2) + (z_1 - z_2)(\dot{z}_1 - \dot{z}_2) = 0$$

ein Folge der Gleichungen (**73**, 2). Wir fügen nun zu dem Fachwerk einen Knotenpunkt P_0 und zwei Stäbe P_0P_1 und P_0P_2 der Längen l_{01} und l_{02} hinzu. Dann hat man

$$(74, 3) \qquad (x_0 - x_1)^2 + (y_0 - y_1)^2 + (z_0 - z_1)^2 = l_{01}^2,$$

$$(74, 4) \qquad (x_0 - x_2)^2 + (y_0 - y_2)^2 + (z_0 - z_2)^2 = l_{02}^2,$$

und hieraus erhält man durch Differentiation

$$(74, 5) \qquad (x_0 - x_1)(\dot{x}_0 - \dot{x}_1) + (y_0 - y_1)(\dot{y}_0 - \dot{y}_1) + (z_0 - z_1)(\dot{z}_0 - \dot{z}_1) = 0,$$

$$(74, 6) \qquad (x_0 - x_2)(\dot{x}_0 - \dot{x}_2) + (y_0 - y_2)(\dot{y}_0 - \dot{y}_2) + (z_0 - z_2)(\dot{z}_0 - \dot{z}_2) = 0.$$

---

[1] Die hier mit dem Wort „Freiheitsgrad" bezeichnete Anzahl heißt in der Literatur im allgemeinen die „Anzahl der Freiheitsgrade", wobei sich dann das Wort „Freiheitsgrad" auf den einzelnen Parameter bezieht. Ein „System mit n Freiheitsgraden" bedeutet dann, je nachdem dies geometrisch oder kinematisch gemeint ist, ein System, dessen Lagen oder Geschwindigkeiten von n unabhängigen Parametern abhängen.

Die Bedingung dafür, daß (**74**, 3, 4) den ursprünglichen Gleichungen (**73**, 1) nicht widersprechen, lautet

(**74**, 7)
$$l_{01} + l_{02} \geqq a \geqq |\, l_{01} - l_{02}\,|.$$

Die Gleichungen (**74**, 3, 4) sind stets zwei neue unabhängige Gleichungen; denn P_0 kommt nur in diesen beiden vor, und aus dem Abstand des Punktes P_0 von P_1 kann man über seinen Abstand von P_2 nicht mehr als die Ungleichung (**74**, 7) folgern. Die Anzahl der Knotenpunktskoordinaten hat sich um drei erhöht, die Anzahl der unabhängigen Gleichungen (**73**, 1) um zwei; das Normale würde also sein, daß sich der geometrische Freiheitsgrad um 1 erhöht. Das tritt auch ein, wenn in (**74**, 7) kein Gleichheitszeichen gilt, da dann bei festgehaltenen P_1 und P_2 der Punkt P_0 an einen Kreis gebunden ist (vgl. Abb. 81). Zugleich erhöht sich auch der kinematische Freiheitsgrad um 1, da P_0 relativ zu $P_1 P_2$ eine beliebige Geschwindigkeit in Richtung der Kreistangente haben kann, aber keine weitere; denn der Kreis ist bei der Bewegung des Fachwerks fest mit ihm verbunden. Die Gleichungen (**73**, 2) wer-

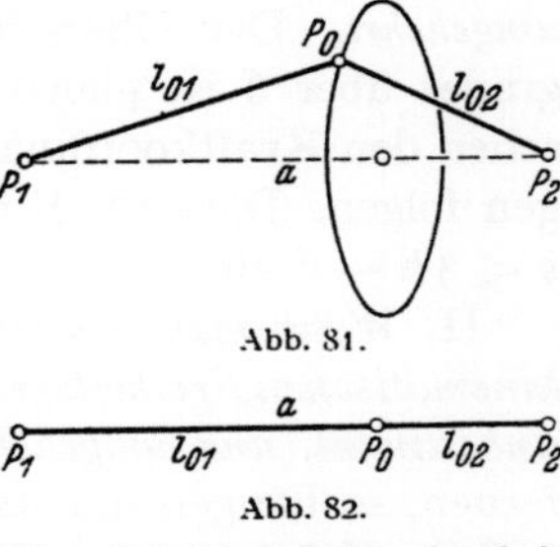

Abb. 81.

Abb. 82.

Zum Beispiel eines Ausnahmefachwerks.

den um die beiden unabhängigen Gleichungen (**74**, 5, 6) vermehrt, und die Anzahl der Koordinaten der Knotenpunktsgeschwindigkeiten um 3.

Dies gilt dagegen nicht mehr, wenn in (**74**, 7) ein Gleichheitszeichen steht. Dann schrumpft der Kreis auf einen Punkt zusammen (Abb. 82), und der geometrische Freiheitsgrad wird nicht erhöht, obwohl $3\,k$ um 3 und die Anzahl der unabhängigen Bedingungsgleichungen nur um 2 zunimmt. Der kinematische Freiheitsgrad wächst jedoch um 2. Denn da die Vektoren $\overrightarrow{P_0 P_1}$, $\overrightarrow{P_0 P_2}$ und $\overrightarrow{P_1 P_2}$ gleichgerichtet sind, kann man durch Hinzufügung eines passenden Faktors die homogenen Gleichungen (**74**, 5, 6) auf die Form

(**74**, 8)　$(x_1 - x_2)(\dot{x}_0 - \dot{x}_1) + (y_1 - y_2)(\dot{y}_0 - \dot{y}_1) + (z_1 - z_2)(\dot{z}_0 - \dot{z}_1) = 0,$

(**74**, 9)　$(x_1 - x_2)(\dot{x}_0 - \dot{x}_2) + (y_1 - y_2)(\dot{y}_0 - \dot{y}_2) + (z_1 - z_2)(\dot{z}_0 - \dot{z}_2) = 0$

bringen. Nun ist klar, daß die drei Gleichungen (**74**, 2, 8, 9), also auch (**74**, 2, 5, 6) linear abhängig sind. Zu den unabhängigen unter den Gleichungen (**73**, 2) kommt daher nur eine neue. P_0 kann relativ zu $P_1 P_2$ eine beliebige Geschwindigkeit senkrecht zu $P_1 P_2$ haben. Dieser entspricht natürlich keine endliche Bewegung von P_0, aber das entscheidende ist, daß die Gleichungen für die Geschwindigkeiten diese nicht so stark einschränken wie die Gleichungen für die Knotenpunktskoordinaten die letzteren. Wir können den Tatbestand etwa so beschreiben: Obwohl die Linie $P_1 P_0 P_2$ bei den Bewegungen des Fachwerks nur als Gerade beweglich ist, ist der Punkt P_0 doch nicht unverrückbar an die Strecke gebunden, er ist „wackelig", er hat eine unendlich kleine Beweglichkeit senkrecht zu ihr.

Ein Fachwerk, dessen kinematischer Freiheitsgrad vom geometrischen verschieden ist, wird als *Ausnahmefachwerk* bezeichnet.

75. Statisches und kinematisches Verhalten von Fachwerken.

Da, wie wir in **73** festgestellt haben, die Matrizen Γ und Γ' der Gleichungssysteme (**54**, 2, 3, 4) bzw. (**73**, 2) Transponierte voneinander sind und folglich den gleichen Rang σ haben, und da ferner sowohl für das statische als auch für das kinematische Verhalten eines Fachwerks neben Knotenpunkts- und Stäbezahl dieser Rang σ ausschlaggebend ist, können wir aus den Sätzen I, II, III von **54** und **73** unmittelbar die folgenden entnehmen, die Beziehungen zwischen den statischen und kinematischen Eigenschaften eines Fachwerks herstellen.

I. *Hat ein Fachwerk größeren kinematischen Freiheitsgrad als ein starrer Körper, so kann es nicht unter der Einwirkung eines beliebigen mit Null äquivalenten äußeren Kraftsystems im Gleichgewicht sein, und umgekehrt.* Der Überschuß $3k - 6 - \sigma$ des kinematischen Freiheitsgrades über 6 ist gleich der Anzahl der unabhängigen Relationen zwischen den Kraftkoordinaten, die nicht aus den Gleichgewichtsbedingungen folgen. Dieser Fall tritt für $\sigma < 3k - 6$ und insbesondere stets für $s < 3k - 6$ ein.

II. *Wenn man von einem Fachwerk Stäbe entfernen kann, ohne seinen kinematischen Freiheitsgrad zu erhöhen, so sind die Stabspannungen statisch unbestimmt, und umgekehrt.* Kann man n Stäbe, aber nicht mehr, entfernen, so hängen die statisch möglichen Stabspannungen für gegebene äußere Kräfte von n Parametern ab. Das Fachwerk ist „inwendig n-fach statisch unbestimmt“. Hierbei ist $n = s - \sigma$. Dieser Fall tritt für $\sigma < s$ und insbesondere stets für $s > 3k - 6$ ein.

III. *Ein Fachwerk ist dann und nur dann mechanisch bestimmt, wenn es kinematisch bestimmt, aber nicht überbestimmt ist.* Die Bedingung hierfür lautet $s = \sigma = 3k - 6$. Der kinematische Freiheitsgrad des Fachwerks ist dann gleich 6, erhöht sich aber bei Entfernung eines willkürlichen Stabes. Das Fachwerk befindet sich unter der Einwirkung eines willkürlichen äußeren mit Null äquivalenten Kraftsystems im Gleichgewicht, und die Stabspannungen sind eindeutig bestimmt.

Jedem Polyeder im Raume entspricht ein Fachwerk, wenn man seine k Ecken als Knotenpunkte und seine s Kanten als Stäbe auffaßt. Ist das Polyeder einfach zusammenhängend, etwa konvex, so ist nach der Eulerschen Polyederformel $k - s + f = 2$, wenn f die Zahl der Seitenflächen bezeichnet. Daraus folgt

$$3k - 6 = 3s - 3f.$$

Die Bedingung $s = 3k - 6$ ist also dann und nur dann erfüllt, wenn $3f = 2s$ ist, und dies tritt für Polyeder, deren Seitenflächen sämtlich Dreiecke sind, und nur für diese ein. Nun hat M. DEHN [Math. Ann. **77** (1916)] gezeigt, daß die Rangzahl σ bei konvexen Dreieckspolyedern stets den maximalen Wert $\sigma = s = 3k - 6$ besitzt, so daß hier der Fall III der mechanischen Bestimmtheit vorliegt.

Übungsaufgaben zum 9. Kapitel.

1. In dem in Abb. 83 gezeichneten ebenen Stabsechseck mit zwei Hauptdiagonalen seien die Knotenpunkte *1* und *2* festgelegt, wodurch Bewegungen der Figur als starres Ganzes ausgeschlossen werden. Nachdem man den Winkel *123* beliebig gewählt hat, ergibt sich *6* aus den Stablängen l_{16} und l_{36}, danach *5* aus l_{25} und l_{65}, schließlich *4* aus l_{34} und l_{54}. Der geometrische Freiheitsgrad ist somit 1. Für *3* kann man eine beliebige Geschwindigkeit senkrecht zum Stabe *23* vorschreiben. Die entsprechende gedrehte Geschwindigkeit sei *3 3'*. Durch die aus der Figur ersichtliche Konstruktion eines Geschwindigkeitsdiagramms ergibt sich nun die gedrehte Geschwindigkeit *6 6'* für *6*, weiter *5 5'* für *5* und *4 4'* für *4*. Somit hat auch der kinematische Freiheitsgrad den Wert 1.

Nachdem die Punkte *1* und *2* festgelegt sind, hat man für die 8 Koordinaten der Punkte *3*, *4*, *5*, *6* den Stablängen entsprechend 7 Bedingungsgleichungen; ebenso hat man 7 lineare Bedingungsgleichungen für die 8 Geschwindigkeitskoordinaten der vier Punkte. In beiden Fällen sind die 7 Gleichungen unabhängig, da beide Freiheitsgrade 1 sind. Die Entfernung der Punkte *1* und *4* hängt von dem gewählten Winkel *123* ab, folgt also nicht aus den Stablängen allein. Wenn man nun das Fachwerk durch Hinzufügung eines neuen Stabes *14* weiter versteift, so ist die neue Gleichung, die die Länge dieses Stabes ausdrückt, von den bisherigen 7 Gleichungen unabhängig; der geometrische Freiheitsgrad sinkt also auf Null herab. Wie steht es mit dem kinematischen Freiheitsgrad? Bisher hatte sich ergeben, daß die Geschwindigkeit von *4* auf *44'* senkrecht sein mußte. Die Starrheit des neuen Stabes *14* verlangt, daß sie auf *14* senkrecht sein muß. Wenn also *14* nicht durch *4'* geht, so ist auch die neue lineare Gleichung von den bisherigen sieben unabhängig, und das System hat nur die Nullösung: auch der kinematische Freiheitsgrad sinkt auf Null herab. Wenn aber *14* durch *4'* geht, so folgt die neue lineare Gleichung aus den bisherigen sieben, und der kinematische Freiheitsgrad behält den Wert 1.

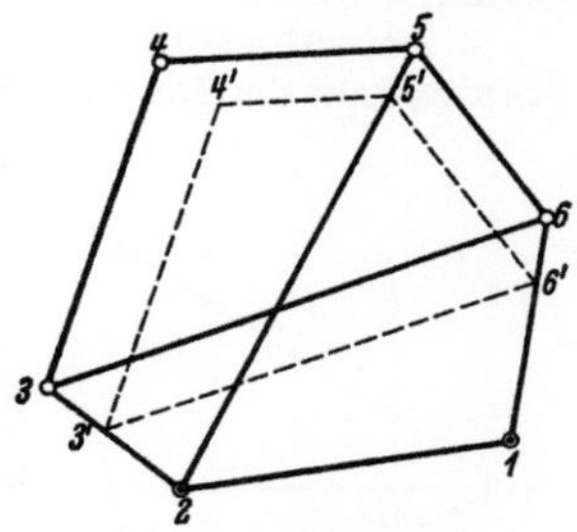

Abb. 83. Zu Aufgabe 1.

Die Bedingung für das Eintreten des letzteren Falles ergibt sich geometrisch aus Abb. 84. Da in den Dreiecken $\alpha\,45$ und $\delta\,4'5'$ die Seiten paarweise parallel sind, gehen die Verbindungslinien entsprechender Ecken durch einen Punkt (Satz von DESARGUE). Also liegen α, γ, δ auf einer Geraden. Ebenso folgt aus den Dreiecken $\alpha\,36$ und $\delta\,3'6'$, daß α, β, δ auf einer Geraden liegen. Also liegen α, β, γ auf einer Geraden. In dem (in der Abbildung überschlagenen) Sechseck *132561* liegen also die Schnittpunkte der drei Gegenseitenpaare auf einer Geraden; das Sechseck ist also einem Kegelschnitt einbeschrieben (Satz von PASCAL). Die Abbildung ist so gewählt, daß dieser Kegelschnitt speziell ein Kreis ist. Ein Stabsechseck mit allen drei Hauptdiagonalen ist also infinitesimal beweglich („wackelig") oder starr, je nachdem es einem Kegelschnitt einbeschrieben ist oder nicht.

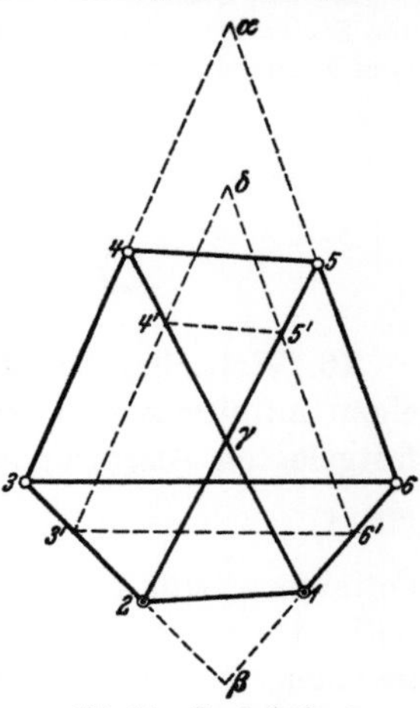

Abb. 84. Zu Aufgabe 1.

2. Als einfaches Beispiel eines kinematisch unterbestimmten Fachwerks werde ein ebenes, konvexes Stabviereck $P_1P_2P_3P_4$ betrachtet. Der kinematische Freiheitsgrad für Bewegungen des Vierecks in seiner Ebene ist 4: Man hat drei Geschwindigkeitsparameter für die beliebige Bewegung eines Stabes und dazu noch eine beliebige Änderungsgeschwindigkeit für einen dem Stab anliegenden Viereckswinkel. Es ist $\sigma = s = 2k - 4$. Wenn nun das Stabviereck unter der Einwirkung eines aus vier Kräften in den Knotenpunkten bestehenden ebenen Kraftsystems im Gleichgewicht ist, muß außer (55, 1) noch eine davon unabhängige lineare Relation zwischen den acht Kraftkoordinaten bestehen. Diese läßt sich unter Anwendung von (55, 1) in mannigfacher Weise umformen, und so läßt sich erreichen, daß nur zwei der vier Kräfte in sie eingehen, z. B. indem man ausdrückt, daß das Moment aller in P_1 und P_2 angreifenden Kräfte und Stabspannungen um den Schnittpunkt von P_1P_4 und P_2P_3 verschwindet. Man zeige, daß dies einer

Nielsen, Mechanik.   11

Linearkombination der acht Gleichungen (**54**, 2, 3) mit den acht Koeffizienten $(y_4 - y_1)\,\delta_{123}$, $-(y_2 - y_3)\,\delta_{412}$, 0, 0, $-(x_4 - x_1)\,\delta_{123}$, $(x_2 - x_3)\,\delta_{412}$, 0, 0 entspricht; dabei ist zur Abkürzung

$$\delta_{\lambda\mu\nu} = (x_\lambda - x_\mu)(y_\mu - y_\nu) - (x_\mu - x_\nu)(y_\lambda - y_\mu)$$

gesetzt.

3. Abb. 85 stellt ein ebenes Stabviereck mit beiden Diagonalen dar. (Der Schnittpunkt der Diagonalen ist kein Knotenpunkt.) Es ist $\sigma = 2k - 3 = s - 1$,

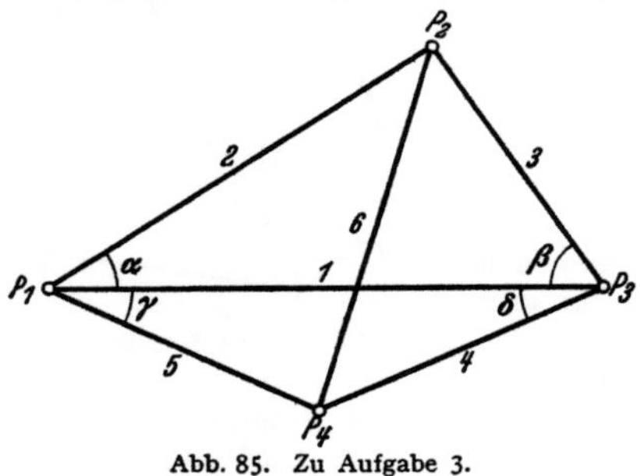

Abb. 85. Zu Aufgabe 3.

da das Stabwerk durch Entfernung einer Diagonalen mechanisch bestimmt werden würde. Bei Abwesenheit äußerer Kräfte kann also ein System von Spannungen in den sechs Stäben vorliegen, das bis auf einen gemeinschaftlichen Faktor bestimmt ist. Man führe die Abkürzungen

$$a = \operatorname{ctg}\alpha + \operatorname{ctg}\gamma \qquad c = \begin{vmatrix} \operatorname{ctg}\alpha & \operatorname{ctg}\gamma \\ \operatorname{ctg}\beta & \operatorname{ctg}\delta \end{vmatrix}$$
$$b = \operatorname{ctg}\beta + \operatorname{ctg}\delta$$

ein und beweise mit den Bezeichnungen der Abbildung die Proportion

$$T_1 : T_2 : T_3 : T_4 : T_5 : T_6 = -ab : \frac{b}{\sin\alpha} : \frac{a}{\sin\beta} : \frac{a}{\sin\delta} : \frac{b}{\sin\gamma} : -\sqrt{(a+b)^2 + c^2}.$$

Ist das Stabviereck speziell ein Parallelogramm, so sind die Stabspannungen den Stablängen proportional. Man entnimmt dies am einfachsten daraus, daß die vom Fachwerk gebildete Figur in diesem Falle zugleich Spannungsdiagramm wird.

10. Kapitel.

Die Arbeitsgleichung.

76. Virtueller Effekt. In **11** wurde die Arbeit einer Kraft $\Re$ bei einer infinitesimalen Verschiebung $d\mathfrak{r}$ ihres durch den Ortsvektor $\mathfrak{r}$ festgelegten Angriffspunktes als

$$(\textbf{76, 1}) \qquad\qquad dA = \Re \cdot d\mathfrak{r}$$

definiert. Geht die Verschiebung $d\mathfrak{r}$ im Zeitintervall dt vor sich, so definiert man den *Effekt* oder die *Leistung* der Kraft bei der Bewegung in einem Zeitpunkt durch

$$(\textbf{76, 2}) \qquad\qquad \frac{dA}{dt} = \Re \cdot \frac{d\mathfrak{r}}{dt} = \Re \cdot \mathfrak{v},$$

wo $\mathfrak{v}$ die Geschwindigkeit des Angriffspunktes der Kraft in diesem Zeitpunkt ist. Der Effekt ist also die „pro Zeiteinheit geleistete Arbeit". Die Dimension des Effektes ist Kraft mal Länge dividiert durch Zeit.

Wir wollen nun für ein beliebiges Fachwerk den gesamten Effekt E der äußeren Kräfte bei einem willkürlichen kinematisch möglichen Bewegungszustand berechnen. Da man hierbei nicht an eine wirkliche Bewegung des Fachwerks, sondern im Grunde nur an ein Lösungssystem $\dot{x}_1, \dot{y}_1, \ldots, \dot{z}_k$ von (**73**, 2) denkt, nennt man E den *virtuellen Effekt* der Kräfte bei diesem Bewegungszustand. Wie in **63** erwähnt, braucht man sich die Zeit t nur als einen Parameter vorzustellen, durch den man eine kontinuierliche Folge von Lagen des Systems festlegt.

Mit den Bezeichnungen von **54** findet man

$$
(\textbf{76, 3}) \quad
\begin{cases}
E = \sum_{\varkappa=1}^{k} \mathfrak{R}_{\varkappa} \cdot \mathfrak{v}_{\varkappa} = \sum_{\varkappa=1}^{k} (X_{\varkappa}\dot{x}_{\varkappa} + Y_{\varkappa}\dot{y}_{\varkappa} + Z_{\varkappa}\dot{z}_{\varkappa}) \\
\qquad = \sum_{\varkappa=1}^{k} X_{\varkappa}\dot{x}_{\varkappa} + \sum_{\varkappa=1}^{k} Y_{\varkappa}\dot{y}_{\varkappa} + \sum_{\varkappa=1}^{k} Z_{\varkappa}\dot{z}_{\varkappa}.
\end{cases}
$$

Aus **54** wissen wir, daß sich das Fachwerk dann und nur dann in einer bestimmten Lage, d. h. bei gegebenen Koordinaten $x_{\varkappa}, y_{\varkappa}, z_{\varkappa}$ der Knotenpunkte, unter der Einwirkung der Kräfte $X_{\varkappa}, Y_{\varkappa}, Z_{\varkappa}$ im Gleichgewicht befindet, wenn das Gleichungssystem (**54**, 2, 3, 4) mit den Unbekannten $\dfrac{T_{\varkappa\lambda}}{l_{\varkappa\lambda}}$ lösbar ist. Nach dem letzten Satz von **9** S. 21 ist nun aber für die Lösbarkeit dieses Systems notwendig und hinreichend, daß gerade der Ausdruck (**76**, 3) für jede Lösung $\dot{x}_{\varkappa}, \dot{y}_{\varkappa}, \dot{z}_{\varkappa}$ des transponierten homogenen Systems (**73**, 2) verschwindet. Wir haben daher die folgenden Sätze:

Befindet sich ein Fachwerk unter der Einwirkung eines äußeren Kraftsystems im Gleichgewicht, so verschwindet der gesamte virtuelle Effekt der Kräfte für jedes zur Gleichgewichtslage gehörige, kinematisch mögliche Geschwindigkeitssystem.

Wenn sich ein Fachwerk in einer gewissen Lage unter der Einwirkung eines Kraftsystems befindet, dessen virtueller Effekt für jedes zu dieser Lage gehörige, kinematisch mögliche Geschwindigkeitssystem verschwindet, so ist diese Lage eine Gleichgewichtslage des Fachwerks.

Dieses „*Prinzip der virtuellen Arbeit*" oder „*Prinzip der virtuellen Geschwindigkeiten*" oder auch, wie wir kurz sagen wollen, die *Arbeitsgleichung* $E = 0$ stellt also eine notwendige und hinreichende Gleichgewichtsbedingung für ein Fachwerk mit den in **44** eingeführten Idealisierungen dar.

77. Effekt der Stabspannungen. In **73** bis **76** war nur von solchen Knotenpunktsgeschwindigkeiten die Rede, bei denen die Stablängen konstant blieben. Wir wollen nun auch allgemeinere Systeme von Knotenpunktsgeschwindigkeiten betrachten, die „*Streckungsgeschwindigkeiten*" $\dot{l}_{\varkappa\lambda} \gtreqless 0$ der einzelnen Stäbe zur Folge haben.

Zur Vereinfachung der Bezeichnungen denken wir uns die Stäbe des Fachwerks in der in **54** gewählten (beliebigen) Anordnung von 1 bis s numeriert und setzen dementsprechend die Spannungen und Längen der Stäbe $T_1, T_2, \ldots, T_s$ bzw. $l_1, l_2, \ldots, l_s$ und zur Abkürzung noch $\dfrac{T_{\varrho}}{l_{\varrho}} = \tau_{\varrho}$ $(\varrho = 1, 2, \ldots, s)$. Dann lassen sich die Gleichungssysteme (**54**, 2, 3, 4) und (**73**, 2) in Matrizenform kurz

$$\Gamma \left\{ \begin{array}{c} \tau_1 \\ \tau_2 \\ \vdots \\ \tau_s \end{array} \right\} = \left\{ \begin{array}{c} X_1 \\ \vdots \\ X_k \\ Y_1 \\ \vdots \\ Y_k \\ Z_1 \\ \vdots \\ Z_k \end{array} \right\}$$

oder transponiert

(**77**, 1)　　　$\{\tau_1 \tau_2 \ldots \tau_s\} \Gamma' = \{X_1 \ldots X_k Y_1 \ldots Y_k Z_1 \ldots Z_k\}$

bzw.

(**77**, 2)　　　$\Gamma' \left\{ \begin{array}{c} \dot{x}_1 \\ \vdots \\ \dot{x}_k \\ \dot{y}_1 \\ \vdots \\ \dot{y}_k \\ \dot{z}_1 \\ \vdots \\ \dot{z}_k \end{array} \right\} = 0$

schreiben, wo Γ die Koeffizientenmatrix von (**54**, 2, 3, 4) ist.

Hat nun der ϱ-te Stab die Endpunkte $P_\varkappa$ und P_λ, so ergeben sich aus

$$(x_\varkappa - x_\lambda)^2 + (y_\varkappa - y_\lambda)^2 + (z_\varkappa - z_\lambda)^2 = l_\varrho^2 \qquad (\varrho = 1, 2, \ldots, s)$$

durch Differentiation nach t statt (**73**, 2) die Gleichungen

(**77**, 3)　$(x_\varkappa - x_\lambda)(\dot{x}_\varkappa - \dot{x}_\lambda) + (y_\varkappa - y_\lambda)(\dot{y}_\varkappa - \dot{y}_\lambda) + (z_\varkappa - z_\lambda)(\dot{z}_\varkappa - \dot{z}_\lambda) = l_\varrho \dot{l}_\varrho$

oder in Matrizenform statt (**77**, 2)

(**77**, 4)　　　$\Gamma' \left\{ \begin{array}{c} \dot{x}_1 \\ \vdots \\ \dot{x}_k \\ \dot{y}_1 \\ \vdots \\ \dot{y}_k \\ \dot{z}_1 \\ \vdots \\ \dot{z}_k \end{array} \right\} = \left\{ \begin{array}{c} l_1 \dot{l}_1 \\ l_2 \dot{l}_2 \\ \vdots \\ l_s \dot{l}_s \end{array} \right\}.$

Die Formel (**76**, 3) für den Effekt der äußeren Kräfte lautet in Matrizenschreibweise

$$E = \sum_{\varkappa=1}^{k} \Re_\varkappa \cdot \mathfrak{v}_\varkappa = \{X_1 \ldots X_k \, Y_1 \ldots Y_k Z_1 \ldots Z_k\} \begin{Bmatrix} \dot{x}_1 \\ \vdots \\ \dot{x}_k \\ \dot{y}_1 \\ \vdots \\ \dot{y}_k \\ \dot{z}_1 \\ \vdots \\ \dot{z}_k \end{Bmatrix}.$$

Daraus ergibt sich mit Hilfe von (**77**, 1) und (**77**, 4)

$$E = \{\tau_1 \tau_2 \ldots \tau_s\} \begin{Bmatrix} \dot{l}_1 l_1 \\ \dot{l}_2 l_2 \\ \vdots \\ \dot{l}_s l_s \end{Bmatrix} = \tau_1 \dot{l}_1 l_1 + \tau_2 \dot{l}_2 l_2 + \cdots + \tau_s \dot{l}_s l_s,$$

also wegen $\tau_\varrho = \dfrac{T_\varrho}{l_\varrho}$

$$(\mathbf{77}, 5) \qquad \sum_{\varkappa=1}^{k} \Re_\varkappa \cdot \mathfrak{v}_\varkappa = \sum_{\varrho=1}^{s} T_\varrho \dot{l}_\varrho.$$

Die Größe auf der rechten Seite mit negativem Vorzeichen stellt aber den gesamten Effekt der Stabspannungen dar. Haben nämlich die Endpunkte $P_\varkappa$ und P_λ des ϱ-ten Stabes die Geschwindigkeiten $\mathfrak{v}_\varkappa$ und $\mathfrak{v}_\lambda$, so ergibt sich für den Effekt der Spannung in diesem Stab mit Rücksicht auf (**77**, 3)

$$(\mathbf{77}, 6) \quad \frac{T_\varrho}{l_\varrho} \overrightarrow{P_\varkappa P_\lambda} \cdot \mathfrak{v}_\varkappa + \frac{T_\varrho}{l_\varrho} \overrightarrow{P_\lambda P_\varkappa} \cdot \mathfrak{v}_\lambda = - \frac{T_\varrho}{l_\varrho} \overrightarrow{P_\lambda P_\varkappa} \cdot (\mathfrak{v}_\varkappa - \mathfrak{v}_\lambda) = - T_\varrho \dot{l}_\varrho;$$

denn die Vektoren $\dfrac{T_\varrho}{l_\varrho} \overrightarrow{P_\varkappa P_\lambda}$ und $\dfrac{T_\varrho}{l_\varrho} \overrightarrow{P_\lambda P_\varkappa}$ stellen ja nach Größe und Richtung die in den Endpunkten $P_\varkappa$ und P_λ wirkenden, von der Stabspannung herrührenden Kräfte dar. Die Gleichung (**77**, 5) besagt daher folgendes:

Für ein Fachwerk im Gleichgewicht verschwindet die Summe der virtuellen Effekte der äußeren Kräfte und der Stabspannungen bei willkürlichen Knotenpunktsgeschwindigkeiten.

78. Streckungsgeschwindigkeiten. Für die s Streckungsgeschwindigkeiten $\dot{l}_\varrho$ gelten die s Gleichungen (**77**, 3) [oder (**77**, 4)]. Ist der Rang σ von Γ (oder Γ') gleich s, so kann man willkürliche Werte von $\dot{l}_1, \dot{l}_2, \ldots, \dot{l}_s$ vorschreiben und aus (**77**, 3) entsprechende Knotenpunktsgeschwindigkeiten $\mathfrak{v}_1, \mathfrak{v}_2, \ldots, \mathfrak{v}_k$ bestimmen, wobei diese noch von $3k - s$ Parametern abhängig werden. Ist dagegen $\sigma < s$, so bestehen $s - \sigma$ unabhängige lineare Relationen zwischen den Koeffizientenzeilen auf der linken Seite, und man erhält daher auch $s - \sigma$ lineare homo gene Bedingungen für $l_1, l_2, \ldots, l_s$. Um dies mit dem statischen Verhalten des Fachwerks in Verbindung zu bringen, beachte man, daß nach **54**, II S. 119 das Fachwerk $(s-\sigma)$-fach statisch unbestimmt ist, d. h. daß ein von $s-\sigma$ freien Parametern abhängiges Spannungssystem im Fachwerk bestehen kann, ohne daß das Fachwerk unter der Einwirkung äußerer Kräfte steht. Jedes solche Spannungssystem ergibt nach (**77**, 5), da alle $\mathfrak{K}_\varkappa = 0$ sind, eine homogene lineare Relation

$$(78, 1) \qquad T_1 l_1 + T_2 l_2 + \cdots + T_s l_s = 0$$

zwischen den Streckungsgeschwindigkeiten oder

$$(78, 2) \qquad T_1 \delta l_1 + T_2 \delta l_2 + \cdots + T_s \delta l_s = 0$$

zwischen den miteinander verträglichen (positiven oder negativen) „unendlich kleinen" Verlängerungen δl_ϱ der Stäbe. Man erhält genau $s-\sigma$ unabhängige solche Relationen, wenn man die $s-\sigma$ unabhängigen Spannungssysteme verwendet, die nach dem eben Gesagten vorhanden sind. Es gilt demnach der folgende Satz:

Bei einem n-fach statisch unbestimmten Fachwerk bestehen n linear unabhängige lineare homogene Relationen zwischen zusammengehörigen Stabverlängerungen und umgekehrt.

Um $n = s - \sigma$ Spannungssysteme dieser Art zu bestimmen, bemerke man, daß man nach **73** II gewisse n Stäbe entfernen kann, ohne den kinematischen Freiheitsgrad des Systems zu erhöhen. Man nehme in einem solchen überzähligen Stab eine willkürliche von Null verschiedene Spannung an und berechne ein zugehöriges Spannungssystem, das ohne Einwirkung äußerer Kräfte im Fachwerk bestehen kann. Hierauf entferne man den Stab und bringe in einem der noch vorhandenen überzähligen Stäbe eine willkürliche von Null verschiedene Spannung an, berechne das zugehörige für sich bestehende Spannungssystem, entferne den Stab und so fort. Die n Spannungssysteme, die man auf diese Weise erhält, sind, wie sich leicht einsehen läßt, linear unabhängig, und jedes für sich bestehende Spannungssystem ist eine Linearkombination von diesen.

Ist beispielsweise $n = 1$, so gibt es einen überzähligen Stab, nach dessen Entfernung das Fachwerk mechanisch bestimmt ist. Die Annahme einer willkürlichen Spannung in diesem Stab läuft darauf hinaus, daß man zwei entgegengesetzt gleiche, dem Stab parallele Kräfte in den beiden ihn begrenzenden Knotenpunkten anbringt. Man erhält dann in eindeutiger Weise Spannungen in den übrigen Stäben und damit eine lineare homogene Relation zwischen zusammengehörigen Stabverlängerungen. Beispiel: Ein Stabviereck mit beiden Diagonalen.

79. Kinematische Spannungsbestimmung. Die Gleichung (**77**, 5) ist linear in den s unbekannten Spannungen T_ϱ. Kann man sich durch verschiedene Wahl von Knotenpunktsgeschwindigkeiten $\mathfrak{v}_\varkappa$ genau s unabhängige Gleichungen verschaffen, so kann man daraus $T_1, T_2, \ldots, T_s$ bestimmen. Die Rechnung verläuft am einfachsten, wenn man die Knotenpunktsgeschwindigkeiten so wählt, daß man bei jedem Schritt nur eine Unbekannte zu bestimmen hat. Versuchen wir z. B. die Spannung T_1 im ersten Stab zu berechnen; seine Endpunkte mögen P_α und P_β sein. Wenn es möglich ist, die Knotenpunktsgeschwindigkeiten so zu wählen, daß die Gleichungen

$$(79, 1) \qquad l_2 = l_3 = \cdots = l_s = 0, \quad l_1 \neq 0$$

erfüllt sind, so findet man aus $(77, 5)$

$$(79, 2) \qquad T_1 = \frac{1}{l_1} \sum_{\varkappa=1}^{k} \Re_\varkappa \cdot \mathfrak{v}_\varkappa .$$

Die Bedingung $(79, 1)$ bringt zum Ausdruck, daß es ein System von Knotenpunktsgeschwindigkeiten $\dot x_1, \ldots, \dot x_k, \dot y_1, \ldots, \dot y_k, \dot z_1, \ldots, \dot z_k$ gibt, die die $s - 1$ letzten Gleichungen $(73, 2)$, aber nicht die erste erfüllen, daß sich also der kinematische Freiheitsgrad des Fachwerks bei Entfernung des ersten Stabes erhöht. Dies ist demnach eine hinreichende Bedingung dafür, daß die Spannung im ersten Stab statisch bestimmt ist. Wir wollen zeigen, daß diese Bedingung auch notwendig ist: Daß sich die Spannung T_1 eindeutig aus den Gleichungen $(54, 2, 3, 4)$ bestimmt, besagt, daß man eine Linearkombination dieser Gleichungen mit gewissen Koeffizienten, die wir $\dot x_1, \ldots, \dot x_k, \dot y_1, \ldots, \dot y_k, \dot z_1, \ldots, \dot z_k$ nennen wollen, derart bilden kann, daß $T_2, T_3, \ldots, T_s$ herausfallen und T_1 mit einem von Null verschiedenen Koeffizienten stehenbleibt. Man erhält dann eine Gleichung $(77, 5)$ mit s Größen l, für die $(79, 1)$ gilt.

Die Bedeutung der Kinematik für die Spannungsbestimmung kann man so beschreiben: Die kinematische Betrachtung gibt Aufklärung darüber, mit welchen Koeffizienten $\dot x_\varkappa$, $\dot y_\varkappa$, $\dot z_\varkappa$ man die Gleichungen $(54, 2, 3, 4)$ linear kombinieren muß (oder mit welchen Vektoren $\mathfrak{v}_\varkappa$ man die k Gleichungen $(54, 1)$ skalar multiplizieren und addieren muß), um ein gewünschtes Eliminationsresultat zu erzielen.

Diese Methode der kinematischen Spannungsbestimmung läßt sich auch folgendermaßen formulieren: Man denke sich den Stab $P_\alpha P_\beta$ entfernt und durch zwei entgegengesetzt gleiche Kräfte T_1 mit $P_\alpha P_\beta$ als Angriffslinie und P_α bzw. P_β als Angriffspunkten ersetzt. Man hat also in P_α die Kraft $\frac{T_1}{l_1}\overrightarrow{P_\alpha P_\beta}$ und in P_β die Kraft $\frac{T_1}{l_1}\overrightarrow{P_\beta P_\alpha}$. Dadurch wird das Gleichgewicht nicht gestört. Auf das so abgeänderte System, bei dem nun die zugefügten Kräfte als äußere anzusehen sind, werde das Ergebnis von **76** angewendet. Hierbei kann man zur Erleichterung der Rechnung das Geschwindigkeitssystem so wählen, daß $\mathfrak{v}_\alpha = 0$ ist. Wenn die Beseitigung des Stabes $P_\alpha P_\beta$ den kinematischen Freiheitsgrad erhöht hat, kann man dafür sorgen, daß $\mathfrak{v}_\beta$ nicht senkrecht auf

$P_\alpha P_\beta$ steht. Dann bestimmt sich T_1 unmittelbar aus der Arbeitsgleichung, da diese die Gestalt (**79**, 2) annimmt.

Für ein ebenes Fachwerk kann die Bestimmung der Effekte $\mathfrak{K} \cdot \mathfrak{v}$ graphisch, z. B. unter Verwendung des Geschwindigkeitsdiagramms, erfolgen. Dreht man die Geschwindigkeitsvektoren im festzusetzenden

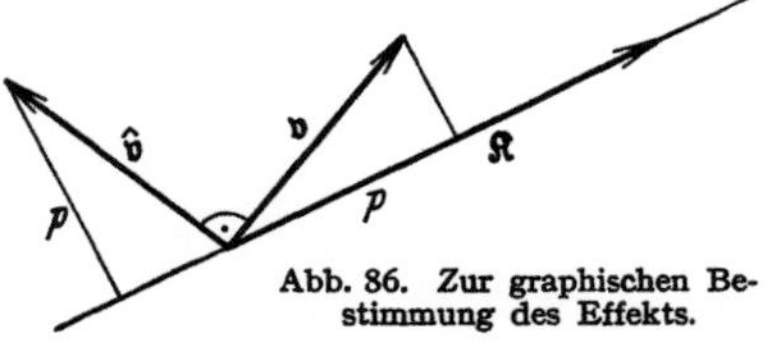

Abb. 86. Zur graphischen Bestimmung des Effekts.

positiven Umlaufssinn um einen rechten Winkel, so ist die Projektion von $\mathfrak{v}$ auf $\mathfrak{K}$ gleich dem Abstand p des Endpunktes der gedrehten Geschwindigkeit $\hat{\mathfrak{v}}$ von der Angriffslinie von $\mathfrak{K}$ (Abb. 86). Zählt man p positiv oder negativ, je nachdem die kürzere Drehung von $\mathfrak{K}$ nach $\hat{\mathfrak{v}}$ im positiven oder negativen Sinne erfolgt, so gilt

$$(\textbf{79}, 3) \qquad\qquad \mathfrak{K} \cdot \mathfrak{v} = |\mathfrak{K}| \, p \, .$$

80. Elastische Formänderungen. Wenn man wie in **78** und **79** Knotenpunktsgeschwindigkeiten betrachtet, bei denen die Stablängen geändert werden können, muß man beachten, daß die Streckungsgeschwindigkeiten $\dot{l}_\varrho$ der Stäbe nicht unabhängig voneinander gewählt werden können, sondern der Bedingung unterworfen sind, daß sich die inhomogenen Gleichungen (**77**, 3) nicht widersprechen. Im folgenden wollen wir statt der Geschwindigkeiten dazu proportionale infinitesimale Änderungen betrachten. Wir schreiben also, indem wir mit dt multipliziert denken, $\delta \mathfrak{r}_\varkappa$ für $\mathfrak{v}_\varkappa$, $\delta x_\varkappa$ für $\dot{x}_\varkappa$ usw., schließlich δl_ϱ für $\dot{l}_\varrho$. Die s Gleichungen (**77**, 3) lauten dann

$$(\textbf{80}, 1) \quad (x_\varkappa - x_\lambda)(\delta x_\varkappa - \delta x_\lambda) + (y_\varkappa - y_\lambda)(\delta y_\varkappa - \delta y_\lambda) + (z_\varkappa - z_\lambda)(\delta z_\varkappa - \delta z_\lambda) = l_\varrho \delta l_\varrho$$

und (**77**, 5) bringt nun zum Ausdruck, daß die gesamte virtuelle Arbeit verschwindet:

$$(\textbf{80}, 2) \qquad\qquad \sum_{\varkappa=1}^{k} \mathfrak{K}_\varkappa \cdot \delta \mathfrak{r}_\varkappa - \sum_{\varrho=1}^{s} T_\varrho \, \delta l_\varrho = 0 \, .$$

Eine solche Gesamtheit von miteinander verträglichen Änderungen δl_ϱ der Stablängen hat man nun in den im allgemeinen kleinen Verlängerungen oder Verkürzungen, die die Stäbe wegen ihrer Elastizität unter dem Einfluß der Stabspannungen erleiden. Wir nehmen das HOOKEsche Gesetz **15** S. 38 als gültig und die Längenänderungen als so klein an, daß wir sie in den vorstehenden Gleichungen als Differentiale auffassen können. Nach (**15**, 1) hat man dann für den ϱ-ten Stab

$$(\textbf{80}, 3) \qquad\qquad \delta l_\varrho = \frac{T_\varrho \, l_\varrho}{E_\varrho \, F_\varrho}$$

wo E_ϱ und F_ϱ Elastizitätsmodul und Querschnitt des ϱ-ten Stabes bedeuten.

Wir denken uns nun ein Fachwerk gegeben, auf das zunächst keine äußeren Kräfte wirken und das sich in einer gewissen Ausgangslage in Ruhe befindet. Es wirke nun ein solches Kraftsystem auf das Fachwerk, daß die Ausgangslage **unter Voraussetzung starrer Stäbe** eine Gleichgewichtslage ist. Da aber die Stäbe in Wahrheit stets mehr oder weniger elastisch sind, ist die wirkliche Gleichgewichtslage von· der Ausgangslage etwas verschieden; die Stablängen ändern sich nach (**80**, 3), und die Knotenpunkte erfahren kleine Verschiebungen gemäß **(80, 1)**. Durch **(80, 1)** sind zwar die Verschiebungen der Knotenpunkte noch nicht eindeutig bestimmt. Insbesondere kann eine willkürliche Verlagerung des ganzen Fachwerks als starrer Körper hinzugefügt werden, ohne daß dies die Gleichungen **(80, 1)** beeinflußt. (Man pflegt dies dadurch auszuschließen, daß man drei Knotenpunkte derart festlegt, daß eine Bewegung des ganzen Fachwerks als starrer Körper unmöglich ist.) Im folgenden sprechen wir von irgendeinem System $\delta x_\varkappa$, $\delta y_\varkappa$, $\delta z_\varkappa$ von Knotenpunktsverschiebungen, für das **(80, 1)** gilt, wenn man für δl_ϱ den Wert **(80, 3)** einsetzt.

Neben dem bisher betrachteten System von Kräften $\mathfrak{K}_\varkappa$ mit zugehörigen Stabspannungen T_ϱ wollen wir noch ein zweites mit Null äquivalentes System von Kräften $\mathfrak{K}'_\varkappa$ ins Auge fassen, das im Fachwerk die Spannungen T'_ϱ hervorrufen möge. Bringen wir nun zum Ausdruck, daß die gesamte virtuelle Arbeit des zweiten Kraftsystems bei dem zum ersten gehörigen System von Verschiebungen und Stablängenänderungen verschwindet, so erhalten wir nach **(80, 2, 3)**

$$\textbf{(80, 4)} \qquad \sum_{\varkappa=1}^{k} \mathfrak{K}'_\varkappa \cdot \delta \mathfrak{r}_\varkappa = \sum_{\varrho=1}^{s} T'_\varrho \frac{T_\varrho \, l_\varrho}{E_\varrho \, F_\varrho} \, .$$

Indem man auf die gleiche Weise zu dem zweiten Kraftsystem ein System von Knotenpunktsverschiebungen $\delta \mathfrak{r}'_\varkappa$ und Stablängenänderungen $\delta l'_\varrho$ bestimmt und die entsprechende virtuelle Arbeit des ersten Kraftsystems berechnet, erhält man

$$\textbf{(80, 5)} \qquad \sum_{\varkappa=1}^{k} \mathfrak{K}_\varkappa \cdot \delta \mathfrak{r}'_\varkappa = \sum_{\varrho=1}^{s} T_\varrho \frac{T'_\varrho \, l_\varrho}{E_\varrho \, F_\varrho} \, .$$

Aus **(80, 4, 5)** folgt nun

$$\textbf{(80, 6)} \qquad \sum_{\varkappa=1}^{k} \mathfrak{K}'_\varkappa \cdot \delta \mathfrak{r}_\varkappa = \sum_{\varkappa=1}^{k} \mathfrak{K}_\varkappa \cdot \delta \mathfrak{r}'_\varkappa \, .$$

Man hat damit den folgenden Satz von MAXWELL:

Ein Fachwerk befinde sich unter der Einwirkung eines jeden von zwei Kraftsystemen im Gleichgewicht. Jedem Kraftsystem entsprechen gewisse von der Elastizität der Stäbe herrührende Knotenpunktsverschiebungen. Dann leistet das erste Kraftsystem bei den von dem zweiten hervorgerufenen Verschiebungen die gleiche Arbeit wie das zweite Kraftsystem bei den durch das erste hervorgerufenen Verschiebungen.

Man kann **(80, 4)** dazu verwenden, die Knotenpunktsverschiebungen zu bestimmen, die durch das ursprüngliche Kraftsystem $\mathfrak{K}_\varkappa$ verursacht werden. Wir wollen annehmen, daß drei nicht auf einer Geraden liegende Knotenpunkte festgehalten sind, so daß eine Verlagerung des ganzen Fachwerkes als starrer Körper ausgeschlossen ist. Die Reaktionen der festgehaltenen Punkte werden mit zu den äußeren Kräften gezählt, ihre virtuelle Arbeit verschwindet aber, wenn die Stützpunkte vollkommen unbeweglich sind. Um nun die Verschiebung eines der nicht festgehaltenen Knotenpunkte zu finden, etwa die Verschiebung $\delta \mathfrak{r}_1$ von P_1, bringt man eine solche Kraft $\mathfrak{K}'_1$ in P_1 und solche zugehörige Reaktionen in den Stützpunkten an, daß dieses Kraftsystem das Fachwerk im Gleichgewicht hält, und bestimmt die zugehörigen Spannungen T'_ϱ. Dann ergibt **(80, 4)**

$$\textbf{(80, 7)} \qquad \mathfrak{K}'_1 \cdot \delta \mathfrak{r}_1 = \sum_{\varrho=1}^{s} \frac{T'_\varrho T_\varrho l_\varrho}{E_\varrho F_\varrho} \, ,$$

wodurch die Projektion von $\delta \mathfrak{r}_1$ auf die Richtung von $\mathfrak{K}'_1$ bestimmt ist. Falls $\sigma = 3k - 6$ ist, kann man $\mathfrak{K}'_1$ vollkommen willkürlich wählen, und man erhält dann $\delta \mathfrak{r}_1$ vollständig; man hat dazu nur die Projektionen von $\delta \mathfrak{r}_1$ auf drei Richtungen, die nicht derselben Ebene parallel sind, zu bestimmen.

81. Virtueller Effekt bei einem beliebigen Körper. Wir wollen
nun den Gleichgewichtszustand eines beliebigen Körpers K unter der
Einwirkung äußerer Kräfte betrachten. Wir legen die in **41** besprochene
Auffassung zugrunde, nach der K aus einer sehr großen Zahl von
Massenpunkten zusammengesetzt ist. Wir bezeichnen mit $P_\varkappa$ ($\varkappa = 1$,
$2, \ldots, k$) die Massenpunkte des Körpers, mit $\mathfrak{R}_\varkappa$ die Vektorsumme
der auf $P_\varkappa$ wirkenden, für K äußeren Kräfte, mit $l_{\varkappa\lambda} = l_{\lambda\varkappa}$ den Abstand zwischen $P_\varkappa$ und P_λ und schließlich mit $T_{\varkappa\lambda} = T_{\lambda\varkappa}$ die Größe
der für K inneren Kräfte zwischen $P_\varkappa$ und P_λ, positiv gezählt, wenn
sie die Massenpunkte einander zu nähern suchen. $\dfrac{T_{\varkappa\lambda}}{l_{\varkappa\lambda}}\overrightarrow{P_\varkappa P_\lambda}$ gibt dann
nach Größe und Richtung die Kraft an, mit der P_λ auf $P_\varkappa$ wirkt. Be-
steht zwischen $P_\varkappa$ und P_λ keine Kraftwirkung, so werde $T_{\varkappa\lambda} = 0$ gesetzt. Der Ortsvektor bzw. die rechtwinkligen Koordinaten von $P_\varkappa$
seien wieder $\mathfrak{r}_\varkappa$ bzw. $x_\varkappa, y_\varkappa, z_\varkappa$; der Vektor $\overrightarrow{P_\varkappa P_\lambda}$ hat dann die Koordinaten $x_\lambda - x_\varkappa, y_\lambda - y_\varkappa, z_\lambda - z_\varkappa$. Die Kraft $\mathfrak{R}_\varkappa$ habe die Koordinaten
$X_\varkappa, Y_\varkappa, Z_\varkappa$.

Daß sich K im Gleichgewicht befindet, ist damit gleichbedeutend,
daß dies für jeden Massenpunkt von K zutrifft. Folglich gilt (**54**, 1)
oder in Koordinaten (**54**, 2, 3, 4). Hieraus folgen (**54**, 5, 6), also die
Bedingungen dafür, daß die äußeren Kräfte für sich ein mit Null äquivalentes System bilden. Zwischen unseren Untersuchungen über Fachwerke einerseits und dem folgenden andererseits besteht kein weiterer
Unterschied, als daß wir hier nicht an Stäbe denken, die gewisse Knotenpunkte verbinden, sondern an Massenpunkte, zwischen denen gemäß
dem früher besprochenen allgemeinen Reaktionsprinzip innere Kräfte
wirken.

Wenn man nun wie in **77** den Massenpunkten $P_\varkappa$ willkürliche Ge-
schwindigkeiten $\mathfrak{v}_\varkappa = \dot{\mathfrak{r}}_\varkappa$ erteilt, so ändern sich die Abstände $l_{\varkappa\lambda}$ mit
gewissen Änderungsgeschwindigkeiten $\dot{l}_{\varkappa\lambda}$. Für den Effekt der Kräfte
bei diesen Geschwindigkeiten gilt die (**77**, 5) entsprechende Formel

$$(81,\ 1) \qquad \sum_{\varkappa=1}^{k} \mathfrak{R}_\varkappa \cdot \mathfrak{v}_\varkappa - \sum_{\varkappa,\ \lambda}^{1,\ \ldots,\ k} T_{\varkappa\lambda}\, \dot{l}_{\varkappa\lambda} = 0.$$

Hierbei ist die erste Summation über alle für K äußeren Kräfte und
die zweite über alle Paare von Massenpunkten zu erstrecken, zwischen
denen für K innere Kräfte wirken. Damit haben wir:

Im Gleichgewichtszustand eines willkürlichen Körpers verschwindet die
Summe der virtuellen Effekte der äußeren und inneren Kräfte bei willkür-
lichen virtuellen Geschwindigkeiten der Massenpunkte des Körpers.

Durch Multiplikation mit dt kann man (**81**, 1) auf die Form

$$(81,\ 2) \qquad \sum_{\varkappa=1}^{k} \mathfrak{R}_\varkappa \cdot \delta\mathfrak{r}_\varkappa - \sum_{\varkappa,\ \lambda}^{1,\ \ldots,\ k} T_{\varkappa\lambda}\, \delta l_{\varkappa\lambda} = 0$$

bringen, die aussagt, daß die gesamte virtuelle Arbeit bei willkürlichen infinitesimalen Verschiebungen $\delta \mathfrak{r}_\varkappa$ der einzelnen Massenpunkte verschwindet. Wir nennen sowohl (**81**, 1) als auch (**81**, 2) die *Arbeitsgleichung*.

Dieses Gleichgewichtsprinzip, das *Prinzip der virtuellen Geschwindigkeiten* oder *Prinzip der virtuellen Arbeit*, in der hier besprochenen Form stellt eine Zusammenfassung der nach **11** für jeden einzelnen Massenpunkt geltenden Gleichungen dar. Bei seiner Anwendung sucht man im allgemeinen durch besondere Wahl der virtuellen Geschwindigkeiten Vorteile zu ziehen. Bei Gleichgewichtsaufgaben kennt man häufig einen Teil der äußeren Kräfte, jedoch weder die Reaktionen eventueller äußerer Bindungen noch die inneren Kräfte. Man wird dann zunächst versuchen, Gleichungen zur Bestimmung der Gleichgewichtslage aufzustellen, in die die unbekannten Kräfte nicht eingehen. Man wird also die virtuellen Geschwindigkeiten so wählen, daß a) zwei Punkte, zwischen denen innere Kräfte wirken, unveränderlichen Abstand behalten, so daß das zugehörige l verschwindet, b) die unbekannten Reaktionskräfte dadurch den virtuellen Effekt Null erhalten, daß sie senkrecht auf den Geschwindigkeiten ihrer Angriffspunkte stehen oder daß diese Geschwindigkeiten Null sind. Insbesondere sieht man:

1. Bei der Bewegung eines Körpers als starrer Körper verschwindet der Effekt der inneren Kräfte.

2. Ist ein Punkt, eine Gerade, Ebene oder Schraubenlinie des Körpers reibungsfrei im Raume festgehalten, so verschwindet der Effekt der Reaktionskräfte bei den zulässigen Bewegungen.

3. Das gleiche gilt für die inneren Kräfte zwischen zwei starren Teilkörpern, deren gegenseitige Bewegungen in entsprechender Weise eingeschränkt sind.

4. Wenn einer der Punkte des Körpers an eine glatte Kurve oder Fläche gebunden ist, verschwindet der Effekt der Reaktionskräfte bei den zulässigen Bewegungen. Ist dagegen die Kurve oder Fläche rauh, so hat die Tangentialreaktion im allgemeinen einen von Null verschiedenen Effekt. Entsprechendes gilt, wenn eine mit dem Körper verbundene Kurve oder Fläche sich auf eine feste Kurve oder Fläche stützt.

5. Wenn eine mit dem Körper fest verbundene Kurve oder Fläche auf einer im Raum festen Kurve oder Fläche rollt (vgl. **71**), so verschwindet der Effekt auch für die Tangentialreaktion, da diese im Berührungspunkt angreift, der sich ja stets in momentaner Ruhe befindet. Findet dagegen gleichzeitig Rollen und Gleiten statt, so ruft die Tangentialreaktion einen Effekt hervor. Entsprechendes gilt für die inneren Kräfte zwischen zwei starren Teilkörpern, deren gegenseitige Bewegung eine Rollbewegung ist.

Wenn man auf diese Weise die virtuellen Geschwindigkeiten in Übereinstimmung mit den geometrischen Bedingungen wählt, denen die möglichen Lagen des Körpers unterworfen sind, kann man vermeiden, daß von reibungsfreien Bindungen herrührende Reaktionen in die Arbeitsgleichung (**81**, 1) eingehen. Vermeidet man zugleich das Auftreten von inneren Kräften, so hat man in (**81**, 1) nur diejenigen Parameter, von denen die Lagen und Geschwindigkeiten des Körpers abhängen. Durch verschiedene Wahl von unabhängigen virtuellen Geschwindigkeiten kann man dann versuchen, sich so viele Gleichungen zu verschaffen, wie unabhängige Parameter vorhanden sind. Die Gleichungen, auf die man so geführt wird, entstehen aus den Gleichgewichtsbedingungen (**54**, 1) oder (**54**, 2, 3, 4) für die einzelnen Massenpunkte durch Elimination der unbekannten inneren Kräfte und äußeren Reaktionen. In **79** haben wir bereits bemerkt, daß die Koeffizienten bei einer solchen Elimination als virtuelle Geschwindigkeiten aufgefaßt werden können.

Wenn sich die möglichen Lagen des Körpers im Sinne von **66** durch h unabhängige Parameter $\alpha_1, \alpha_2, \ldots, \alpha_h$ bestimmen lassen, so sind auch die äußeren Kräfte im allgemeinen Funktionen von diesen. Da dies auch für die Koordinaten der Angriffspunkte zutrifft:

$$(\textbf{81}, 3) \quad x_\varkappa = x_\varkappa(\alpha_1, \ldots, \alpha_h), \, y_\varkappa = y_\varkappa(\alpha_1, \ldots, \alpha_h), \, z_\varkappa = z_\varkappa(\alpha_1, \ldots, \alpha_h)$$

erhält man durch Differentiation nach t

$$(\textbf{81}, 4) \quad \begin{cases} \dot{x}_\varkappa = \dfrac{\partial x_\varkappa}{\partial \alpha_1} \dot{\alpha}_1 + \cdots + \dfrac{\partial x_\varkappa}{\partial \alpha_h} \dot{\alpha}_h, \\[2ex] \dot{y}_\varkappa = \dfrac{\partial y_\varkappa}{\partial \alpha_1} \dot{\alpha}_1 + \cdots + \dfrac{\partial y_\varkappa}{\partial \alpha_h} \dot{\alpha}_h, \\[2ex] \dot{z}_\varkappa = \dfrac{\partial z_\varkappa}{\partial \alpha_1} \dot{\alpha}_1 + \cdots + \dfrac{\partial z_\varkappa}{\partial \alpha_h} \dot{\alpha}_h. \end{cases}$$

Die Gleichung

$$(\textbf{81}, 5) \quad \sum_{\varkappa=1}^{k} \Re_\varkappa \cdot \mathfrak{v}_\varkappa = \sum_{\varkappa=1}^{k} (X_\varkappa \dot{x}_\varkappa + Y_\varkappa \dot{y}_\varkappa + Z_\varkappa \dot{z}_\varkappa) = 0,$$

die die unbekannten Reaktionen und inneren Kräfte nicht enthält, läßt sich dann mit Hilfe von (**81**, 4) nach $\dot{\alpha}_1, \dot{\alpha}_2, \ldots, \dot{\alpha}_h$ ordnen, also auf die Form

$$(\textbf{81}, 6) \quad f_1 \dot{\alpha}_1 + f_2 \dot{\alpha}_2 + \cdots + f_h \dot{\alpha}_h = 0$$

bringen, wo $f_1, f_2, \ldots, f_h$ bekannte Funktionen von $\alpha_1, \alpha_2, \ldots, \alpha_h$ sind. Da dies für jedes mit den geometrischen Bedingungen verträgliche Geschwindigkeitssystem, also für jede Wahl von $\dot{\alpha}_1, \dot{\alpha}_2, \ldots, \dot{\alpha}_h$ gelten soll, erhält man aus (**81**, 6) die h Gleichungen

$$(\textbf{81}, 7) \quad f_1 = f_2 = \cdots = f_h = 0$$

zur Bestimmung der zur Gleichgewichtslage gehörigen Werte von $\alpha_1, \alpha_2, \ldots, \alpha_h$.

Diese Überlegung setzt voraus, daß Lage und Geschwindigkeitszustand unter Berücksichtigung der geometrischen Bedingungen von den gleichen h Parametern abhängen, daß also geometrischer und kinematischer Freiheitsgrad übereinstimmen. h nennt man in diesem Fall kurz den *Freiheitsgrad* des Systems. Dieser Fall liegt bei den meisten einfacheren Aufgaben vor. In **74** haben wir diese Frage für Fachwerke eingehender besprochen. Bei beliebigen Körpern kann es auch vorkommen, daß der kinematische Freiheitsgrad kleiner ist als der geometrische (vgl. **135**, S. 330).

Wenn man auf die obige Weise die Gleichgewichtslage (oder -lagen) gefunden hat, kann man danach die Arbeitsgleichung auch zur Bestimmung der unbekannten Reaktionen und inneren Kräfte verwenden. Man muß dann aber virtuelle Geschwindigkeiten heranziehen, bei denen diese Kräfte von Null verschiedene Effekte hervorrufen.

82. Effekt der Kräfte bei Bewegungen eines starren Körpers. Ein willkürliches System S von Kräften $\mathfrak{K}_\varkappa$ greife in Punkten $P_\varkappa$ eines starren Körpers K an, und der Körper befinde sich in einem willkürlichen Bewegungszustand. Es soll sich um die Berechnung des Effektes der Kräfte handeln. Wir wählen einen beliebigen Punkt O als Ursprung der Ortsvektoren $\overrightarrow{OP}_\varkappa = \mathfrak{r}_\varkappa$. Das Geschwindigkeitsfeld des Körpers (das ja nach **66** im ganzen Raume definiert ist) bestimmt sich aus dem Geschwindigkeitsvektor $\mathfrak{u}$ in O und dem Drehvektor $\mathfrak{w}$ der Bewegung. Die Geschwindigkeit des Punktes $P_\varkappa$ ist dann nach (**68**, 8)

$$(82, 1) \qquad\qquad \mathfrak{v}_\varkappa = \mathfrak{u} + \mathfrak{w} \times \mathfrak{r}_\varkappa,$$

und die Kraft $\mathfrak{K}_\varkappa$ in $P_\varkappa$ ergibt den Effekt

$$(82, 2) \qquad \mathfrak{K}_\varkappa \cdot \mathfrak{v}_\varkappa = \mathfrak{K}_\varkappa \cdot \mathfrak{u} + \mathfrak{K}_\varkappa \cdot \mathfrak{w} \times \mathfrak{r}_\varkappa = \mathfrak{u} \cdot \mathfrak{K}_\varkappa + \mathfrak{w} \cdot \mathfrak{r}_\varkappa \times \mathfrak{K}_\varkappa.$$

Der gesamte Effekt wird daher

$$(82, 3) \quad \sum_{\varkappa=1}^{k} \mathfrak{K}_\varkappa \cdot \mathfrak{v}_\varkappa = \mathfrak{u} \cdot \sum_{\varkappa=1}^{k} \mathfrak{K}_\varkappa + \mathfrak{w} \cdot \sum_{\varkappa=1}^{k} \mathfrak{r}_\varkappa \times \mathfrak{K}_\varkappa = \mathfrak{u} \cdot \mathfrak{K} + \mathfrak{w} \cdot \mathfrak{M},$$

wo $\mathfrak{K}$ die Vektorinvariante und $\mathfrak{M}$ der Momentvektor des Kraftsystems in O ist.

Den Ausdruck (**82**, 3) für den Effekt hätten wir auch ohne Rechnung durch folgende Betrachtung erhalten können: Das Geschwindigkeitsfeld des Körpers ist ja das Momentfeld eines Systems $\overline{S}$ von gebundenen Drehvektoren; $\mathfrak{w}$ ist die Vektorinvariante dieses Systems und $\mathfrak{u}$ sein Momentvektor in O. Der Effekt $\sum \mathfrak{K}_\varkappa \cdot \mathfrak{v}_\varkappa$ ist die Summe der skalaren Produkte eines Vektors $\mathfrak{K}_\varkappa$ von S mit dem Momentvektor $\mathfrak{v}_\varkappa$ von $\overline{S}$ in einem Punkt der Angriffslinie von $\mathfrak{K}_\varkappa$; d. h. nach **19**: **Der Effekt ist das gegenseitige Moment des Kraftsystems und des Systems der Drehvektoren.** Die Formel (**22**, 5) geht dann in (**82**, 3) über.

Wir wollen einige Spezialfälle dieses allgemeinen Resultates formulieren, bei denen eines der beiden Vektorsysteme einen Rang < 3 besitzt. Man kann hierbei Vereinfachungen erzielen, indem man O auf der Zentralachse des einen oder anderen Systems wählt. Aus (**82, 3**) entnimmt man:

a) Für $\mathfrak{w} = 0$: Ist die momentane Bewegung des Körpers eine Translation, so darf man, ohne den Effekt zu ändern, die Kräfte so parallel verschieben, daß sie alle im selben Punkt angreifen. Der Effekt ist das Produkt der Translationsgeschwindigkeit und der Projektionssumme der Kräfte auf die Translationsrichtung.

b) Für $\mathfrak{u} \cdot \mathfrak{w} = 0$, $\mathfrak{w} \neq 0$: Ist die momentane Bewegung des Körpers eine Rotation, so ist der Effekt gleich dem Produkt der Winkelgeschwindigkeit mit dem Moment der Kräfte um die Drehachse.

c) Für $\mathfrak{K} = 0$: Der Effekt eines Kraftsystems, das einem Kräftepaar äquivalent ist, ist gleich dem skalaren Produkt von Momentvektor und Drehvektor, also gleich dem Produkt der Winkelgeschwindigkeit und dem Moment des Kräftepaares um eine zur Schraub- oder Drehachse parallele Gerade.

d) Für $\mathfrak{M} \cdot \mathfrak{K} = 0$, $\mathfrak{K} \neq 0$: Der Effekt eines Kraftsystems, das einer Einzelkraft äquivalent ist, ist gleich dem Produkt der Resultante und der Projektion der Geschwindigkeit eines Punktes ihrer Angriffslinie auf diese.

Die Regel d) wird häufig in der folgenden speziellen Form verwendet: Bei einer willkürlichen Bewegung eines der Schwerkraft unterworfenen Körpers ist der Effekt der Schwerkraft gleich dem Produkt des Gewichtes des Körpers und der senkrechten Komponente der Schwerpunktsgeschwindigkeit.

83. Virtueller Effekt bei einem starren Körper im Gleichgewicht. Der starre Körper K befindet sich unter der Einwirkung der Kräfte $\mathfrak{K}_\varkappa$ dann und nur dann im Gleichgewicht, wenn die Kräfte ein mit Null äquivalentes System bilden, wenn also $\mathfrak{K} = \mathfrak{M} = 0$ ist. Eine mit den geometrischen Bedingungen verträgliche virtuelle Bewegung ist eine solche, bei der der Körper seine Gestalt beibehält. Also erhält man aus (**82, 3**), daß der Effekt der Kräfte bei jeder solchen Bewegung verschwindet:

$$(\textbf{83, 1}) \qquad \sum_{\varkappa=1}^{k} \mathfrak{K}_\varkappa \cdot \mathfrak{v}_\varkappa = \mathfrak{u} \cdot \mathfrak{K} + \mathfrak{w} \cdot \mathfrak{M} = 0.$$

Umgekehrt ist diese Bedingung auch hinreichend. Wenn nämlich (**83, 1**) für jede virtuelle Bewegung, die die Gestalt des Körpers ungeändert läßt, also für jede Wahl von $\mathfrak{u}$ und $\mathfrak{w}$ gilt, so folgt $\mathfrak{K} = \mathfrak{M} = 0$.

Notwendige und hinreichende Bedingung für das Gleichgewicht eines starren Körpers ist, daß der Effekt der Kräfte bei jeder virtuellen Bewegung des Körpers (bei der seine Gestalt ungeändert bleibt) verschwindet.

Ist der Körper Bindungen unterworfen, so erhält man eine weitere Einschränkung der mit den geometrischen Bedingungen verträglichen virtuellen Bewegungen. Ist etwa ein Punkt O des Körpers festgehalten, so hat man, wenn man O als Ursprung wählt, $\mathfrak{u} = 0$ bei den zulässigen virtuellen Bewegungen. Notwendige und hinreichende Gleichgewichtsbedingung wird dann $\mathfrak{w} \cdot \mathfrak{M} = 0$, also $\mathfrak{M} = 0$, da $\mathfrak{w}$ beliebig gewählt werden kann. Will man danach mit Hilfe des Prinzips die Reaktion in O bestimmen, so muß man virtuelle Bewegungen wählen, bei denen O eine von Null verschiedene Geschwindigkeit hat.

Ist eine Gerade im Körper festgehalten, so wählt man virtuelle Bewegungen, bei denen die Gerade Schraubachse ist; und analog in anderen Fällen.

Hat man es mit einem Körper zu tun, der aus mehreren starren Teilkörpern zusammengesetzt ist, so können deren Bewegungsmöglichkeiten teils durch äußere Bindungen, teils durch Verbindungen zwischen ihnen eingeschränkt sein. Man wählt dann solche virtuelle Bewegungen, bei denen sich jeder einzelne Teilkörper als starrer Körper bewegt und alle inneren und äußeren Bindungen berücksichtigt werden. Sind alle Verbindungen reibungsfrei, so erhält man Gleichungen, die keine inneren Kräfte oder Reaktionskräfte von äußeren Bindungen enthalten. Und durch Variieren von solchen virtuellen Bewegungen kann man sich so viele voneinander unabhängige Gleichungen verschaffen, wie der Freiheitsgrad h des Körpers, also die Anzahl der unabhängigen Parameter für die Lagen des Körpers angibt. Betrachtet man eine so allgemeine virtuelle Bewegung, daß alle h Parameter auf einmal variieren, so erhält man eine Gleichung, die auf die bei Gleichung (**81**, 6) angegebene Weise in h unabhängige Gleichungen aufgelöst werden kann.

Übungsaufgaben zum 10. Kapitel.

1. Ein Massenteilchen vom Gewichte P sei auf einer glatten Ellipse mit senkrechter großer Achse verschiebbar und durch einen Faden mit dem oberen Brennpunkt verbunden. Wie groß ist die Spannung des Fadens in der Gleichgewichtslage?

Sei l die Länge des Fadens in der Gleichgewichtslage und e die Exzentrizität der Ellipse. Dann ist $\dfrac{l}{e}$ die Entfernung des Massenteilchens von der über der Ellipse liegenden Leitlinie (Direktrix). Die Fadenspannung T ergibt sich daher aus der Arbeitsgleichung

$$P\delta\left(\frac{l}{e}\right) - T\delta l = 0,$$

und ihr Wert $T = \dfrac{P}{e}$ hängt nur von dem Gewicht und der Exzentrizität, nicht aber von der Größe der Ellipse und der Gleichgewichtslage ab.

Wenn zwei gleich schwere Massenteilchen durch einen über den oberen Brennpunkt führenden Faden verbunden sind, so sind sie auf der glatten Ellipse in indifferentem Gleichgewicht; denn eine virtuelle Verschiebung ergibt

$$P\delta\left(\frac{l}{e}\right) + P\delta\left(\frac{l_1}{e}\right) = \frac{P}{e}\,\delta(l + l_1) = 0.$$

2. Ein Massenpunkt M vom Gewichte P ist auf einem in einer senkrechten Ebene gelegenen glatten Kreise vom Radius R verschiebbar. A und B sind zwei

Punkte auf dem waagerechten Durchmesser in gleichem Abstande a vom Zentrum O; siehe Abb. 87. M wird von A mit der dem Abstand proportionalen Kraft $\lambda\overline{MA}$ und von B mit der Kraft $\mu\overline{MB}$ angezogen. Mit dem in der Abb. 87 bezeichneten Winkel α hat man alsdann:

$$\overline{MA}^2 = a^2 + R^2 - 2aR\cos\alpha, \quad \overline{MB}^2 = a^2 + R^2 + 2aR\cos\alpha.$$

Die Gleichgewichtslage ergibt sich aus der Arbeitsgleichung:

$$0 = P\delta(R\sin\alpha) - \lambda\overline{MA}\,\delta(\overline{MA}) - \mu\overline{MB}\,\delta(\overline{MB})$$
$$= P\delta(R\sin\alpha) - \tfrac{1}{2}\lambda\delta(\overline{MA}^2) - \tfrac{1}{2}\mu\delta(\overline{MB}^2).$$
$$\mathrm{tg}\,\alpha = \frac{P}{a(\lambda - \mu)}.$$

Für $\lambda > \mu$ ergeben sich also zwei diametral entgegengesetzte Gleichgewichtslagen im linken unteren bzw. rechten oberen Quadranten; für $\lambda < \mu$ in den beiden anderen. Für die Reaktion des Kreises findet man durch waagerechte Projektion

$$S = (\lambda + \mu)R - \sqrt{(\lambda - \mu)^2\,a^2 + P^2}.$$

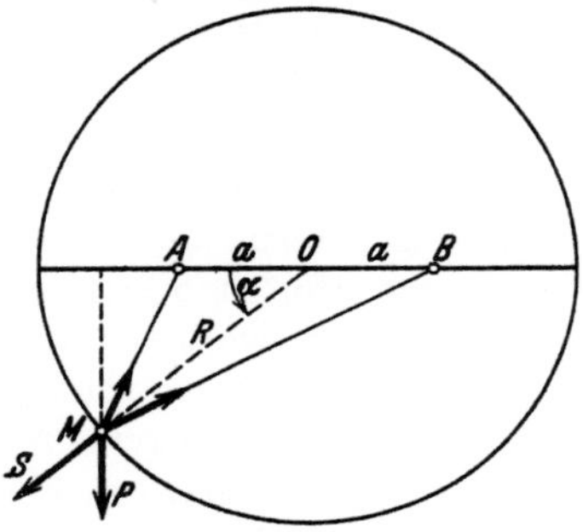

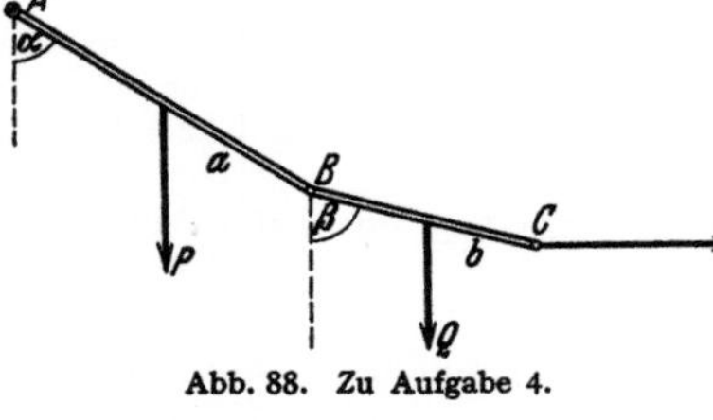

Abb. 87. Zu Aufgabe 2.

3. Ein schwerer, homogener Stab ist in einer senkrechten Ebene beweglich; er stützt sich auf eine in dieser Ebene gelegene glatte Kurve, und sein unterer Endpunkt ist an eine in der Ebene gelegene, glatte, senkrechte Gerade gebunden. Wie muß die Kurve beschaffen sein, damit in jeder Lage Gleichgewicht herrscht? — Da die Stützdrücke bei einer virtuellen Verschiebung keine Arbeit leisten, muß dasselbe von der Schwere gelten. Also verschiebt sich der Mittelpunkt des Stabes auf einer waagerechten Geraden. Die untere Stabhälfte gleitet also mit ihren Endpunkten auf zwei zueinander senkrechten Geraden und hüllt daher eine Asteroide ein. Das ist somit die gesuchte Kurve. — Man bestimme die Stützdrücke.

4. Zwei homogene schwere Stäbe AB und BC sind in B durch ein reibungsfreies Gelenk verbunden und in einer senkrechten Ebene am Punkte A aufgehängt. AB hat die Länge $2a$ und das Gewicht P, BC die Länge $2b$ und das Gewicht Q. In C greift eine bekannte waagerechte Kraft U an. Man soll die in der Gleichgewichtslage von den Stäben mit der Vertikalen gebildeten Winkel α und β (siehe Abb. 88) bestimmen.

Abb. 88. Zu Aufgabe 4.

Die Arbeitsgleichung lautet:

$$P\delta(a\cos\alpha) + Q\delta(2a\cos\alpha + b\cos\beta) + U\delta(2a\sin\alpha + 2b\sin\beta) = 0.$$

Entsprechend dem Freiheitsgrade 2 des Systems sind α und β unabhängig; also müssen die Koeffizienten von $\delta\alpha$ und $\delta\beta$ einzeln verschwinden. Das ergibt

$$\mathrm{tg}\,\alpha = \frac{2U}{P + 2Q}, \quad \mathrm{tg}\,\beta = \frac{2U}{Q}.$$

Zur Kontrolle löse man die Aufgabe durch Projektions- und Momentengleichungen und zeichne nach Verlegung der Kräfte in die Knotenpunkte ein Diagramm.

5. Vier homogene Stäbe haben je das Gewicht P und sind durch reibungsfreie Gelenke zu einem Quadrat $ABCD$ zusammengefügt. Der Stab AB ist an einer Mauer befestigt, A senkrecht über B. Das Stabwerk wird dadurch in der quadratischen Form gehalten, daß die Mittelpunkte der Seiten AD und DC durch einen Faden verbunden sind. Man zeige, daß in diesem die Spannung $4P\sqrt{2}$ herrscht, und ermittle die Gelenkdrücke.

6. Ein homogener Stab AB (Länge a, Gewicht P) ist in einer senkrechten Ebene um A drehbar. Im Abstande b senkrecht über A befindet sich eine Rolle. Eine von B ausgehende und über die Rolle gelegte Schnur trägt ein Gewicht Q. Welchen Winkel bildet die Gleichgewichtslage des Stabes mit der Waagerechten?

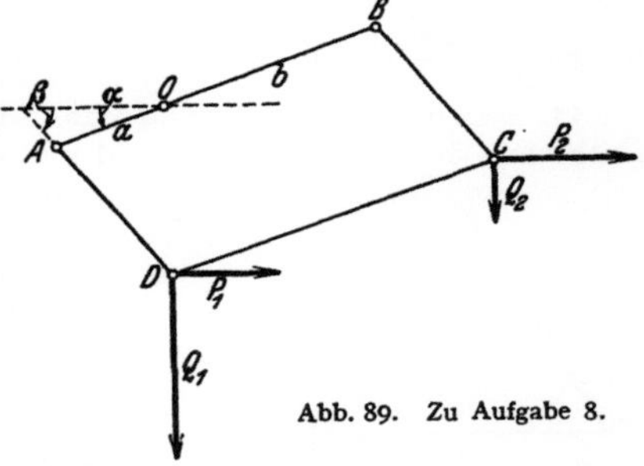

Abb. 89.   Zu Aufgabe 8.

7. Ein starrer Körper L vom Gewicht P ist ohne Reibung um eine waagerechte Achse l drehbar. Sein Schwerpunkt G hat den Abstand a von l. Von einem Punkt B des Körpers, der in der durch G und l bestimmten Ebene liegt und von l den Abstand b hat, führt eine Schnur in einer zu l senkrechten Ebene über eine Rolle C im Abstande c senkrecht über l zu einem Massenpunkt M vom Gewichte Q, der auf einer glatten Kurve k in der Ebene der Schnur verschiebbar ist. k soll durch C gehen und M mit C zusammenfallen, wenn G mit l in gleicher Höhe ist. Wie ist k zu wählen, damit in jeder Lage Gleichgewicht herrscht? Man zeige zunächst, daß der gemeinsame Schwerpunkt von L und M seine Höhe nicht ändern darf.

8. Das in Abb. 89 dargestellte ebene Stabparallelogramm $ABCD$ wird von vier gewichtslosen und durch Gelenke verbundenen Stäben gebildet. AB ist um O drehbar, und die Längen $OA = a$ und $OB = b$ sind bekannt. Man bestimme die Winkel α und β in der Gleichgewichtslage, Größe und Richtung der Reaktion in O und die Stabspannungen in BC, CD und DA, wenn die vier in der Abbildung angegebenen Kräfte auf das Stabviereck wirken.

9. Vier gewichtslose und gelenkig verbundene Stäbe der Länge a bilden ein Stabviereck $ABCD$ in einer senkrechten Ebene. Das Stabviereck ist um B als festen Punkt drehbar und stützt sich mit dem Knotenpunkt A auf eine glatte waagerechte Ebene, die um das Stück b ($< a$) tiefer liegt als B. In C ist ein bekanntes Gewicht P aufgehängt.

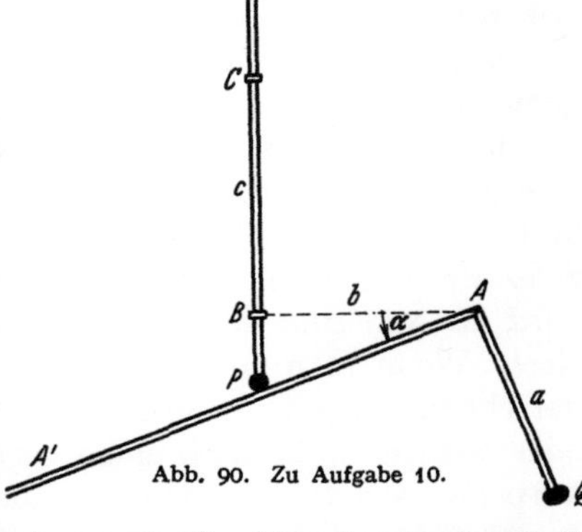

Abb. 90.   Zu Aufgabe 10.

Eine wie große waagerechte Kraft Q muß man in D wirken lassen, damit die Gleichgewichtslage des Stabvierecks ein Quadrat wird, und wie groß sind in diesem Falle die Stabspannungen und die Stützkräfte in A und B?

10. Eine lange Stange AA' ist mit einer Querstange von der Länge a zu einem starren rechten Winkel verbunden, der in einer senkrechten Ebene um den Scheitel A drehbar ist; siehe Abb. 90. Am Ende der Querstange ist ein Massenteilchen vom Gewicht Q befestigt. Eine andere Stange, an deren unterem Ende ein Massenteilchen vom Gewicht P angebracht ist, wird durch zwei glatte Führungsringe B

und C in senkrechter Lage gehalten und von der Stange $A\,A'$ gestützt. Der Führungsring B liegt in der gleichen Höhe wie A und im Abstande b von A, der Führungsring C liegt um das Stück c höher. Die Stangen werden als gewichtslos und alle Führungen als glatt vorausgesetzt. Es soll eine trigonometrische Gleichung für den Neigungswinkel α der Stange $A\,A'$ in der Gleichgewichtslage aufgestellt und nachgewiesen werden, daß eine Gleichgewichtslage sich nur dann einstellt, wenn $\dfrac{P}{Q} \leqq \dfrac{2\sqrt{3}\,a}{9\,b}$ ist. Ferner sind alle Reaktionen zu bestimmen.

11. Man berechne die senkrechte Durchbiegung für den Knotenpunkt 2 des Fachwerks der Übungsaufgabe 2 des 6. Kapitels (Abb. 69, S. 130) für die dort an-

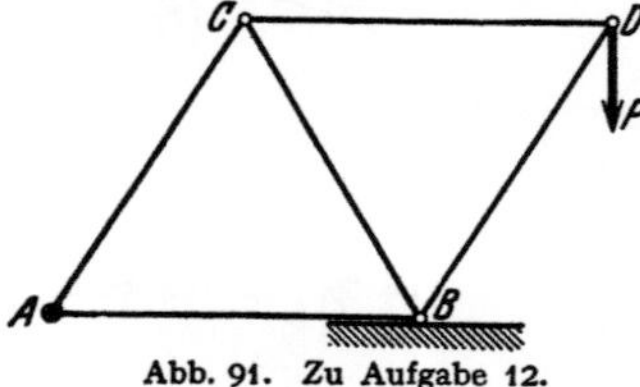

Abb. 91. Zu Aufgabe 12.

gegebene Belastung. Elastizitätsmodul E und Querschnitt F seien für alle Stäbe die gleichen. — Man bringe in dem Knotenpunkt eine Kraft der Größe 1 in der gleichen Richtung wie P an, berechne die zugehörigen Stabspannungen T' und wende die Formel (80, 7) an.

12. In dem in Abb. 91 skizzierten Fachwerk haben alle Stäbe die gleiche Länge l cm. AB ist waagerecht, A fest, B auf eine glatte waagerechte Ebene aufgestützt. In D greift eine senkrechte Kraft von P kg an. Der Elastizitätsmodul ist für alle Stäbe E kg/cm² und der Querschnitt F cm². Wie groß ist die senkrechte Verschiebung von D?

<h2 style="text-align:center">11. Kapitel.</h2>

<h1 style="text-align:center">Relative Bewegung.</h1>

84. Relative Bewegung. Wenn wir bisher von der Lage von Punkten, Körpern oder Vektoren gesprochen haben, so war damit deren Lage in bezug auf einen von vornherein gegebenen dreidimensionalen Raum gemeint; und wenn von Bewegung die Rede war, war diese zu verstehen als eine Lagenänderung in diesem Raum im Laufe der Zeit. Das einzige, was wir beobachten, ist jedoch die Lage von Körpern in bezug aufeinander, also Konfigurationen, die wir durch Messen von Abständen zwischen hinreichend vielen Punkten ausmessen können; und Bewegung wird als Änderung solcher Konfigurationen im Laufe der Zeit konstatiert. Wenn man an einen Raum zu denken pflegt, in dem man die verschiedenen Körper lokalisiert, beruht dies darauf, daß man mehr oder weniger willkürlich einen bestimmten starren Körper als Bezugskörper verwendet, auf den man die Lage aller anderen Körper bezieht. Im täglichen Leben pflegt man dafür die Erde zu wählen, befindet man sich aber z. B. in einem Eisenbahnabteil oder einer Schiffskajüte, so geht man unwillkürlich dazu über, Ortsbestimmungen und Bewegungen auf die umgebenden Wände zurückzuführen, selbst wenn der Zug oder das Schiff sich in Fahrt befindet.

Wenn man nun einen starren dreidimensionalen Körper K als solchen „*Bezugskörper*" gewählt hat, kann man die Lage eines willkürlichen

Punktes durch seine Abstände von drei oder mehr zu K gehörigen
Punkten festlegen. Als mathematisches Hilfsmittel für diese Ortsbestimmung führen wir ein mit K fest verbundenes Koordinatensystem
mit einem Punkt O von K als Ursprung und $\mathfrak{i}$, $\mathfrak{j}$, $\mathfrak{k}$ als Grundvektoren
ein. Die Koordinatenachsen sind mit K fest verbundene Geraden
durch O. Dieses Koordinatensystem ersetzt nun vollständig den Körper K als Bezugsobjekt. Hierdurch ist ein Koordinatenraum fest-
gelegt, dessen Punkte P durch ihre Ortsvektoren $\mathfrak{r} = \overrightarrow{OP}$ bestimmt
werden können.

Bei der Festlegung des durch den Bezugskörper K bestimmten
Raumes als Koordinatenraum kann natürlich statt $(O; \mathfrak{i}, \mathfrak{j}, \mathfrak{k})$ auch
jedes andere mit K fest verbundene Koordinatensystem zugrunde ge-
legt werden. In 10 wurde untersucht, wie sich die Koordinaten eines
Vektors beim Übergang zwischen zwei solchen Koordinatensystemen
transformieren. Dabei sind die Transformationskoeffizienten $\alpha_{\mu\nu}$ feste
Zahlen. Im folgenden wird das einmal gewählte Koordinatensystem
$(O; \mathfrak{i}, \mathfrak{j}, \mathfrak{k})$ beibehalten.

Ist $\overline{K}$ ein zweiter starrer Körper, so kann man ein mit $\overline{K}$ fest ver-
bundenes Koordinatensystem $(\overline{O}; \overline{\mathfrak{i}}, \overline{\mathfrak{j}}, \overline{\mathfrak{k}})$ wählen, und erhält dadurch
einen zum Bezugskörper $\overline{K}$ gehörigen Koordinatenraum.

Es sei nun P ein willkürlicher Massenpunkt. Seine Lage im Koordinatenraum $(O; \mathfrak{i}, \mathfrak{j}, \mathfrak{k})$ sei durch den Ortsvektor

$$(84, 1) \qquad \mathfrak{r} = x\mathfrak{i} + y\mathfrak{j} + z\mathfrak{k},$$

seine Lage in bezug auf $(\overline{O}; \overline{\mathfrak{i}}, \overline{\mathfrak{j}}, \overline{\mathfrak{k}})$ durch

$$(84, 2) \qquad \overline{\mathfrak{r}} = \overline{x}\overline{\mathfrak{i}} + \overline{y}\overline{\mathfrak{j}} + \overline{z}\overline{\mathfrak{k}}$$

gegeben (Abb. 92). Bewegt sich P sowohl in bezug auf K als auch
auf $\overline{K}$, so sind $\mathfrak{r}$ und $\overline{\mathfrak{r}}$ Funktionen der Zeit t. Für die Bewegung in
bezug auf jeden der beiden Koordinaten-
räume gilt das in 63ff. Ausgeführte, und
zwar unabhängig von der eventuellen
gegenseitigen Bewegung von K und $\overline{K}$.

Während eine vektoralgebraische Beziehung zwischen Vektoren, so wie sie in
einem bestimmten Zeitpunkt vorliegen,
unabhängig vom Bezugskörper, also unabhängig von dem Koordinatensystem

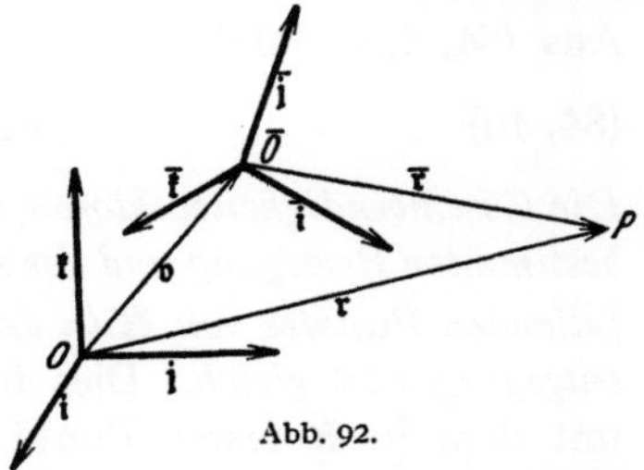
Abb. 92.

ist, in dem man diese Beziehung zum Ausdruck bringt, muß man bei der
Variation eines Vektors im Laufe der Zeit, insbesondere also bei seiner
Differentiation nach t, den gegenseitigen Bewegungszustand der verwen-
deten Koordinatensysteme berücksichtigen. Ist nämlich ein Vektor als
Verbindungsvektor von zwei Massenpunkten gegeben, so wird seine zeit-

liche Variation von den Bewegungen der Massenpunkte in den betrachteten Koordinatensystemen abhängen. Im folgenden wird deshalb bei Differentiation nach t stets der Bezugskörper angegeben. Aus (**84**, 1, 2) folgt

$$(84, 3) \qquad \left(\frac{d\mathfrak{r}}{dt}\right)_{K} = \dot{x}\mathfrak{i} + \dot{y}\mathfrak{j} + \dot{z}\mathfrak{k},$$

$$(84, 4) \qquad \left(\frac{d\bar{\mathfrak{r}}}{dt}\right)_{\bar{K}} = \dot{\bar{x}}\bar{\mathfrak{i}} + \dot{\bar{y}}\bar{\mathfrak{j}} + \dot{\bar{z}}\bar{\mathfrak{k}},$$

aber

$$(84, 5) \qquad \left(\frac{d\bar{\mathfrak{r}}}{dt}\right)_{K} = \dot{\bar{x}}\bar{\mathfrak{i}} + \dot{\bar{y}}\bar{\mathfrak{j}} + \dot{\bar{z}}\bar{\mathfrak{k}} + \bar{x}\left(\frac{d\bar{\mathfrak{i}}}{dt}\right)_{K} + \bar{y}\left(\frac{d\bar{\mathfrak{j}}}{dt}\right)_{K} + \bar{z}\left(\frac{d\bar{\mathfrak{k}}}{dt}\right)_{K},$$

da $\bar{\mathfrak{i}}, \bar{\mathfrak{j}}, \bar{\mathfrak{k}}$ bezogen auf K im allgemeinen mit der Zeit variieren. Setzt man nun $\overrightarrow{O\bar{O}} = \mathfrak{o}$, so erhält man für den Vektor $\overrightarrow{OP}$ (Abb. 92)

$$(84, 6) \qquad\qquad \mathfrak{r} = \mathfrak{o} + \bar{\mathfrak{r}},$$

also aus (**84**, 4, 5, 6)

$$(84, 7) \qquad \left(\frac{d\mathfrak{r}}{dt}\right)_{K} = \left(\frac{d\bar{\mathfrak{r}}}{dt}\right)_{\bar{K}} + \left(\frac{d\mathfrak{o}}{dt}\right)_{K} + \bar{x}\left(\frac{d\bar{\mathfrak{i}}}{dt}\right)_{K} + \bar{y}\left(\frac{d\bar{\mathfrak{j}}}{dt}\right)_{K} + \bar{z}\left(\frac{d\bar{\mathfrak{k}}}{dt}\right)_{K}.$$

Wenn P mit $\bar{K}$ fest verbunden ist, so verschwindet $\left(\frac{d\bar{\mathfrak{r}}}{dt}\right)_{\bar{K}}$, und die vier letzten Summanden von (**84**, 7) können daher als Geschwindigkeit im Zeitpunkt t_0 desjenigen Punktes $\bar{Q}$ von $\bar{K}$ in bezug auf K gedeutet werden, der in dem betrachteten Zeitpunkt t_0 mit P zusammenfällt. Führt man die Bezeichnung $\mathfrak{v}$ für die Geschwindigkeitsvektoren ein, so hat man

$$(84, 8) \qquad\qquad \mathfrak{v}_{K}(P) = \mathfrak{v}_{\bar{K}}(P) + \mathfrak{v}_{K}(\bar{Q}).$$

Da K und $\bar{K}$ gleichberechtigt sind, gilt entsprechend, wenn Q den in K festen Punkt bezeichnet, der im betrachteten Zeitpunkt t_0 mit P zusammenfällt,

$$(84, 9) \qquad\qquad \mathfrak{v}_{\bar{K}}(P) = \mathfrak{v}_{K}(P) + \mathfrak{v}_{\bar{K}}(Q).$$

Aus (**84**, 8, 9) folgt

$$(84, 10) \qquad\qquad \mathfrak{v}_{K}(\bar{Q}) = -\mathfrak{v}_{\bar{K}}(Q).$$

Die Geschwindigkeitsvektoren eines Punktes von $\bar{K}$ in der in bezug auf K bestimmten Bewegung und des mit ihm im betrachteten Zeitpunkt zusammenfallenden Punktes von K in der in bezug auf $\bar{K}$ bestimmten Bewegung sind entgegengesetzt gleich. Dies folgt auch aus (**84**, 8) allein, wenn man P mit dem in K festen Punkt Q identifiziert, für den ja $\mathfrak{v}_{K}(Q) = 0$ ist.

Der Bewegungszustand von $\bar{K}$ im Koordinatenraum von K kann nach **68** dadurch beschrieben werden, daß man die Geschwindigkeit

$$\mathfrak{u} = \left(\frac{d\mathfrak{o}}{dt}\right)_{K}$$

von O als Translationsgeschwindigkeit von $\bar{K}$ verwendet und dazu die

Geschwindigkeiten bei einer Drehung mit einem Drehvektor $\mathfrak{w}$ durch $\bar{O}$ addiert. Dann ist [(**68**, 8) entsprechend]

$$(84, 11) \qquad \mathfrak{v}_{\boldsymbol{K}}(\bar{Q}) = \mathfrak{u} + \mathfrak{w} \times \overrightarrow{\bar{O}Q}$$

und für $t = t_0$ kann man

$$(84, 12) \qquad \mathfrak{v}_{\boldsymbol{K}}(\bar{Q}) = \mathfrak{u} + \mathfrak{w} \times \overrightarrow{\bar{O}P}$$

schreiben, da ja P und $\bar{Q}$ für den betrachteten Wert t_0 von t zusammenfallen. Hierbei hängt $\mathfrak{w}$ bekanntlich nicht von $\bar{O}$ ab und wird als die in der Bewegung von $\bar{K}$ in bezug auf K enthaltene Drehung bezeichnet (vgl. **68** S. 148). Wenn man nun (**84**, 12) in (**84**, 8) einsetzt, erhält man die für einen beliebigen Zeitpunkt gültige Formel

$$(84, 13) \qquad \mathfrak{v}_{\boldsymbol{K}}(P) = \mathfrak{v}_{\bar{\boldsymbol{K}}}(P) + \mathfrak{u} + \mathfrak{w} \times \overrightarrow{\bar{O}P} \ .$$

Um nun die Änderungsgeschwindigkeit eines von t abhängigen Vektors $\overrightarrow{P_1 P_2}$ zu finden, verwendet man:

$$\left(\frac{d \overrightarrow{P_1 P_2}}{dt}\right)_{\boldsymbol{K}} = \left(\frac{d}{dt}\left[\overrightarrow{OP_2} - \overrightarrow{OP_1}\right]\right)_{\boldsymbol{K}} = \mathfrak{v}_{\boldsymbol{K}}(P_2) - \mathfrak{v}_{\boldsymbol{K}}(P_1) \ ,$$

was nach (**84**, 13) gleich

$$\mathfrak{v}_{\bar{\boldsymbol{K}}}(P_2) - \mathfrak{v}_{\bar{\boldsymbol{K}}}(P_1) + \mathfrak{w} \times \left(\overrightarrow{\bar{O}P_2} - \overrightarrow{\bar{O}P_1}\right)$$

ist. Daraus findet man für einen willkürlichen Vektor $\mathfrak{B} = \overrightarrow{P_1 P_2}$

$$(84, 14) \qquad \left(\frac{d \mathfrak{B}}{dt}\right)_{\boldsymbol{K}} = \left(\frac{d \mathfrak{B}}{dt}\right)_{\bar{\boldsymbol{K}}} + \mathfrak{w} \times \mathfrak{B} \ .$$

Vertauscht man die Rollen der Systeme, so hat man nach (**84**, 14) $\mathfrak{w}$ durch $-\mathfrak{w}$ zu ersetzen: *Die gegenseitigen Bewegungen zweier Körper enthalten entgegengesetzt gleiche Drehvektoren.*

Aus der wichtigen Formel (**84**, 14) ziehen wir folgenden Schluß: Die Änderungsgeschwindigkeiten eines Vektors $\mathfrak{B}$ in bezug auf zwei Koordinatensysteme stimmen überein, wenn im betrachteten Zeitpunkt der Vektor $\mathfrak{B}$ verschwindet oder sich die Koordinatensysteme translatorisch gegeneinander bewegen oder schließlich der Vektor der momentanen Schraub- bzw. Drehachse parallel ist. In allen anderen Fällen ist ihr Unterschied $\mathfrak{w} \times \mathfrak{B}$, wo $\mathfrak{w}$ der Drehvektor der gegenseitigen Bewegung der Koordinatensysteme mit passender Orientierung ist.

Im vorstehenden treten die beiden Bezugskörper $\boldsymbol{K}$ und $\bar{\boldsymbol{K}}$ und damit die beiden Koordinatensysteme als in jeder Hinsicht gleichberechtigt auf. Man gibt jedoch oft diese Symmetrie der Bezeichnung auf und betrachtet aus Gründen, auf die wir später eingehen, z. B. den Körper $\boldsymbol{K}$ als in „Ruhe" befindlich und bezeichnet dann das Koordinatensystem $(O; \mathfrak{i}, \mathfrak{j}, \mathfrak{k})$ als das *feste* oder *absolute*. $\bar{\boldsymbol{K}}$ ist dann der *bewegte* Bezugskörper, $(\bar{O}; \bar{\mathfrak{i}}, \bar{\mathfrak{j}}, \bar{\mathfrak{k}})$ das *bewegte* Koordinatensystem. Eine

Bewegung eines Punktes P in bezug auf $\overline{K}$ nennt man dann seine *relative Bewegung* und die in bezug auf K seine *absolute Bewegung*. Dementsprechend unterscheidet man zwischen *relativer* und *absoluter Geschwindigkeit* $\mathfrak{v}_r$ bzw. $\mathfrak{v}_a$. Die Bewegung desjenigen in $\overline{K}$ festen Punktes in bezug auf K, der im betrachteten Zeitpunkt mit P zusammenfällt, nennt man die zu diesem Zeitpunkt gehörige *Führungsbewegung* für P und ihre Geschwindigkeit (**84**, 12) in dem Zeitpunkt die *Führungsgeschwindigkeit* $\mathfrak{v}_f$ von P. (**84**, 13) lautet dann

$$(\textbf{84, 15}) \qquad\qquad \mathfrak{v}_a = \mathfrak{v}_r + \mathfrak{v}_f.$$

Die absolute Geschwindigkeit ist die Vektorsumme der relativen und der Führungsgeschwindigkeit.

Die Formel (**84**, 14) stellt den Zusammenhang zwischen der absoluten und der relativen Änderungsgeschwindigkeit eines Vektors dar. Sie lautet in den neuen Bezeichnungen

$$(\textbf{84, 16}) \qquad\qquad \left(\frac{d\mathfrak{B}}{dt}\right)_a = \left(\frac{d\mathfrak{B}}{dt}\right)_r + \mathfrak{w} \times \mathfrak{B},$$

wo $\mathfrak{w}$ die in der Bewegung des bewegten Koordinatensystems enthaltene Drehung bedeutet.

Hiernach kann man der in **68** besprochenen „Zusammensetzung" einer Bewegung aus mehreren anderen einen anschaulichen Inhalt zuschreiben. Bei der Bewegung eines starren Körpers C in einem absoluten Koordinatensystem Σ haben seine Punkte P gewisse Geschwindigkeiten $\mathfrak{v}_a(P)$. Dieses Geschwindigkeitsfeld ist das Momentfeld eines Systems von Drehvektoren, das bis auf statische Umformung bestimmt ist. Wir begnügen uns mit der Betrachtung von zwei gebundenen Drehvektoren $\mathfrak{w}_1$ und $\mathfrak{w}_2$. (Jedes System kann ja im übrigen auf höchstens zwei reduziert werden.) Sind O_1 und O_2 willkürliche Punkte der Angriffslinien von $\mathfrak{w}_1$ bzw. $\mathfrak{w}_2$, so hat man nach der in **68** eingeführten Addition von Geschwindigkeitsfeldern

$$(\textbf{84, 17}) \qquad\qquad \mathfrak{v}_a(P) = \mathfrak{w}_1 \times \overrightarrow{O_1P} + \mathfrak{w}_2 \times \overrightarrow{O_2P}.$$

Man kann nun ein Koordinatensystem Σ' einführen, dessen Bewegung in bezug auf Σ durch $\mathfrak{w}_1$ als gebundenen Vektor gegeben ist, und $\mathfrak{w}_2$ als einen in Σ' gebundenen Vektor ansehen, der die relative Bewegung von C in bezug auf Σ' bestimmt. Die relative Geschwindigkeit von P ist dann

$$\mathfrak{v}_r = \mathfrak{w}_2 \times \overrightarrow{O_2P}$$

und seine Führungsgeschwindigkeit nach (**84**, 12)

$$\mathfrak{v}_f = \mathfrak{w}_1 \times \overrightarrow{O_1P}.$$

Setzt man diese Werte in (**84**, 15) ein, so erhält man (**84**, 17). Die Bewegung des Körpers kann also wirklich aus einer relativen und einer Führungsbewegung zusammengesetzt werden. Dies kann übrigens auf unendlich viele Weisen geschehen, da bei gegebener Bewegung von C $\mathfrak{w}_1$ und $\mathfrak{w}_2$ auf unendlich viele Weisen gewählt werden können. Man kann eine Bewegung natürlich auch aus einer Translation und einer Rotation oder auch, wie man durch Verallgemeinerung dieser Betrachtung einsieht, aus mehr als zwei Bewegungen zusammensetzen.

Aus der obigen Formel (**84**, 15) können wir sofort die schon in **69** S. 150 bewiesene Tatsache entnehmen, daß jede ebene Bewegung als Abrollen der rollenden Polkurve R auf der festen F aufgefaßt werden kann. Wir betrachten also in einer festen Ebene die Bewegung einer ebenen Figur. Das momentane Drehzentrum $D(t)$ kann nun als derjenige Punkt charakterisiert werden, dessen Führungsgeschwindigkeit Null ist. Nach (**84**, 15) stimmen also die relative und die absolute Geschwindigkeit von $D(t)$ überein. Das besagt, daß F und R in jedem Zeitpunkt gemeinsame Tangenten haben und daß $D(t)$ in jedem Zeitintervall auf F und R Stücke gleicher Länge durchläuft. Das bedeutet aber gerade, daß R auf F abrollt. — Ähnlich beweist man den entsprechenden Satz über die Polkegel einer Bewegung mit festem Punkt (**69**, S. 151).

85. Beschleunigung bei relativer Bewegung. Um den Zusammenhang zwischen den Beschleunigungsvektoren $\mathfrak{b}_K$ und $\mathfrak{b}_{\overline{K}}$ von P in bezug auf die beiden Koordinatensysteme K und $\overline{K}$ für den Zeitpunkt $t = t_0$ zu finden, differenzieren wir (**84**, 13) nach t in bezug auf K und setzen für t den Wert t_0 ein. Dann ergibt sich für die einzelnen Glieder

$$(85, 1) \qquad \left(\frac{d\mathfrak{v}_K(P)}{dt}\right)_K = \mathfrak{b}_K(P)$$

und wegen (**84**, 14)

$$(85, 2) \qquad \left(\frac{d\mathfrak{v}_{\overline{K}}(P)}{dt}\right)_K = \left(\frac{d\mathfrak{v}_{\overline{K}}(P)}{dt}\right)_{\overline{K}} + \mathfrak{w} \times \mathfrak{v}_{\overline{K}}(P) = \mathfrak{b}_{\overline{K}}(P) + \mathfrak{w} \times \mathfrak{v}_{\overline{K}}(P).$$

Die beiden letzten Glieder von (**84**, 13) formen wir um, indem wir wieder den in $\overline{K}$ festen Punkt $\overline{Q}$ einführen, der für $t = t_0$ mit P zusammenfällt, und (**84**, 11) berücksichtigen:

$$(85, 3) \qquad \mathfrak{u} + \mathfrak{w} \times \overrightarrow{OP} = \mathfrak{u} + \mathfrak{w} \times \overrightarrow{O\overline{Q}} + \mathfrak{w} \times \overrightarrow{\overline{Q}P} = \mathfrak{v}_K(\overline{Q}) + \mathfrak{w} \times \overrightarrow{\overline{Q}P}.$$

Differenziert man dies nach t in bezug auf K und beachtet (**84**, 14), so erhält man

$$(85, 4) \quad \left\{ \begin{aligned} & \left(\frac{d\mathfrak{v}_K(\overline{Q})}{dt}\right)_K + \left(\frac{d\mathfrak{w}}{dt}\right)_K \times \overrightarrow{\overline{Q}P} + \mathfrak{w} \times \left(\frac{d\overrightarrow{\overline{Q}P}}{dt}\right)_K \\ & = \left(\frac{d\mathfrak{v}_K(\overline{Q})}{dt}\right)_K + \left(\frac{d\mathfrak{w}}{dt}\right)_K \times \overrightarrow{\overline{Q}P} + \mathfrak{w} \times \left(\frac{d\overrightarrow{\overline{Q}P}}{dt}\right)_{\overline{K}} + \mathfrak{w} \times \left(\mathfrak{w} \times \overrightarrow{\overline{Q}P}\right). \end{aligned} \right.$$

Setzt man nun den Wert t_0 für t ein, so verschwinden hierin der zweite und vierte Summand auf der rechten Seite, da $\overrightarrow{\overline{Q}P} = 0$ für $t = t_0$. Im dritten Summanden wird

$$(85, 5) \qquad \left(\frac{d\overrightarrow{\overline{Q}P}}{dt}\right)_{\overline{K}} = \mathfrak{v}_{\overline{K}}(P) - \mathfrak{v}_{\overline{K}}(\overline{Q}) = \mathfrak{v}_{\overline{K}}(P),$$

da $\overline{Q}$ in $\overline{K}$ fest ist. Aus (85, 4) entsteht daher

$$(85, 6) \qquad \frac{d}{dt}\left(\mathfrak{u} + \mathfrak{w} \times \overrightarrow{QP}\right)_K = \mathfrak{b}_K(\overline{Q}) + \mathfrak{w} \times \mathfrak{v}_{\overline{K}}(P),$$

wo $\mathfrak{b}_K(\overline{Q}) = \left(\dfrac{d\mathfrak{v}_K(\overline{Q})}{dt}\right)_K$ die Beschleunigung von $\overline{Q}$, also die Beschleunigung der zu $t = t_0$ gehörigen Führungsbewegung für P ist. Aus (84, 13) und (85, 1, 2, 6) erhält man nun den gesuchten Zusammenhang

$$(85, 7) \qquad \mathfrak{b}_K(P) = \mathfrak{b}_{\overline{K}}(P) + \mathfrak{b}_K(\overline{Q}) + 2\,\mathfrak{w} \times \mathfrak{v}_{\overline{K}}(P)$$

zwischen den Beschleunigungen.

Vertauscht man die Rollen der Systeme, so hat man $\overline{Q}$ durch Q und $\mathfrak{w}$ durch $\overline{\mathfrak{w}} = -\mathfrak{w}$ zu ersetzen.

Sieht man nun K als das absolute, $\overline{K}$ als das bewegte System an, und bezeichnet man dementsprechend „*absolute*", „*relative*" und „*Führungsbeschleunigung*" mit $\mathfrak{b}_a$, $\mathfrak{b}_r$ bzw. $\mathfrak{b}_f$, so schreibt sich (85, 7)

$$(85, 8) \qquad \mathfrak{b}_a = \mathfrak{b}_r + \mathfrak{b}_f + \mathfrak{C},$$

wo

$$(85, 9) \qquad \mathfrak{C} = 2\,\mathfrak{w} \times \mathfrak{v}_r$$

die *zusammengesetzte* oder CORIOLIS*beschleunigung* genannt wird. Diese fällt in folgenden drei Fällen fort:

1. wenn $\mathfrak{w} = 0$, wenn also das bewegte System eine translatorische Bewegung ausführt;

2. wenn $\mathfrak{v}_r = 0$, wenn sich also der betrachtete Punkt in momentaner Ruhe relativ zum bewegten System befindet;

3. wenn $\mathfrak{w} \times \mathfrak{v}_r = 0$, $\mathfrak{w} \neq 0$, $\mathfrak{v}_r \neq 0$, wenn also die relative Geschwindigkeit des Punktes der momentanen Schraub- oder Drehachse parallel ist.

Wenn die gegenseitige Bewegung zweier Bezugskörper K und $\overline{K}$ eine geradlinig gleichförmige Translation ist, so hat ein bewegter Punkt in bezug auf beide die gleiche Beschleunigung. Denn der Vektor $\mathfrak{w}$, und damit die CORIOLISbeschleunigung $\mathfrak{C}$, verschwindet, und die Führungsbewegung ist eine geradlinig gleichförmige; also ist auch $\mathfrak{b}_f = 0$.

86. Berechnung in Koordinaten. Wir wollen die Betrachtungen von **84** und **85** unter alleiniger Verwendung der Koordinatenrechnung wiederholen. Man muß dazu den Zusammenhang zwischen dem beweglichen und dem festen Koordinatensystem aufschreiben:

$$(86, 1) \qquad \mathfrak{o} = \overrightarrow{O\overline{O}} = o_x\mathfrak{i} + o_y\mathfrak{j} + o_z\mathfrak{k},$$

$$(86, 2) \qquad \begin{cases} \overline{\mathfrak{i}} = \lambda_{11}\mathfrak{i} + \lambda_{12}\mathfrak{j} + \lambda_{13}\mathfrak{k}, \\ \overline{\mathfrak{j}} = \lambda_{21}\mathfrak{i} + \lambda_{22}\mathfrak{j} + \lambda_{23}\mathfrak{k}, \\ \overline{\mathfrak{k}} = \lambda_{31}\mathfrak{i} + \lambda_{32}\mathfrak{j} + \lambda_{33}\mathfrak{k}, \end{cases}$$

wo die Koeffizienten o_x, o_y, o_z, λ_{11}, λ_{12}, ..., λ_{33} im allgemeinen von t abhängen. Die Koeffizientenmatrix von (**86**, 2) bezeichnen wir mit

$$(\textbf{86}, 3) \qquad\qquad \Lambda = \{\lambda_{\mu\nu}\}.$$

Der Ortsvektor $\bar{\mathfrak{r}} = \bar{x}\mathfrak{i} + \bar{y}\bar{\mathfrak{j}} + \bar{z}\bar{\mathfrak{l}}$ des bewegten Punktes in bezug auf das bewegte System hat dann im festen Koordinatensystem die Koordinaten

$$(\textbf{86}, 4) \qquad\qquad \{\bar{x}\,\bar{y}\,\bar{z}\}\Lambda.$$

Man erhält also nach (**84**, 1, 2, 6)

$$(\textbf{86}, 5) \qquad\qquad \{x\,y\,z\} = \{o_x\,o_y\,o_z\} + \{\bar{x}\,\bar{y}\,\bar{z}\}\Lambda$$

und hieraus durch Differentiation nach t

$$(\textbf{86}, 6) \qquad \{\dot{x}\,\dot{y}\,\dot{z}\} = \{\dot{\bar{x}}\,\dot{\bar{y}}\,\dot{\bar{z}}\}\Lambda + \{\dot{o}_x\,\dot{o}_y\,\dot{o}_z\} + \{\bar{x}\,\bar{y}\,\bar{z}\}\dot{\Lambda},$$

wo

$$(\textbf{86}, 7) \qquad\qquad \dot{\Lambda} = \{\dot{\lambda}_{\mu\nu}\}.$$

Analog (**86**, 4) sind

$$(\textbf{86}, 8) \qquad\qquad \{\dot{\bar{x}}\,\dot{\bar{y}}\,\dot{\bar{z}}\}\Lambda$$

die Koordinaten von $\mathfrak{v}_r$ (**84**, 4) im festen System. Die beiden anderen Glieder der rechten Seite von (**86**, 6) ergeben die Koordinaten von $\mathfrak{v}_f$, so daß die Koordinatengleichung (**86**, 6) mit der Vektorgleichung (**84**, 15) gleichbedeutend ist.

Differenziert man (**86**, 6) nochmals, so erhält man

$$(\textbf{86}, 9) \quad \{\ddot{x}\,\ddot{y}\,\ddot{z}\} = \{\ddot{\bar{x}}\,\ddot{\bar{y}}\,\ddot{\bar{z}}\}\Lambda + [\{\ddot{o}_x\,\ddot{o}_y\,\ddot{o}_z\} + \{\bar{x}\,\bar{y}\,\bar{z}\}\ddot{\Lambda}] + 2\{\dot{\bar{x}}\,\dot{\bar{y}}\,\dot{\bar{z}}\}\dot{\Lambda},$$

was mit (**85**, 8) gleichbedeutend ist, da auf der rechten Seite die Koordinaten von $\mathfrak{b}_r$, $\mathfrak{b}_f$ und $\mathfrak{C}$ in bezug auf das feste System stehen. Für $\mathfrak{b}_r$ folgt dies aus (**86**, 4, 8), für $\mathfrak{b}_f$ daraus, daß die übrigen Glieder verschwinden, wenn $\bar{x}$, $\bar{y}$, $\bar{z}$ nicht von t abhängen, und für $\mathfrak{C}$ daraus, daß

$$\{\dot{\bar{x}}\,\dot{\bar{y}}\,\dot{\bar{z}}\}\dot{\Lambda}$$

nach (**86**, 6) die Führungsgeschwindigkeit eines Punktes mit den relativen Koordinaten $\dot{\bar{x}}$, $\dot{\bar{y}}$, $\dot{\bar{z}}$ ist, wenn die Translationsgeschwindigkeit von $\overline{O}$ nicht mitgerechnet wird; und diese ist gerade $\mathfrak{w} \times \mathfrak{v}_r$.

87. Die Frenetschen Formeln. Eine Raumkurve C sei durch ihren Ortsvektor $\mathfrak{r}(t) = x(t)\mathfrak{i} + y(t)\mathfrak{j} + z(t)\mathfrak{l}$ in einem gewöhnlichen rechtwinkligen Koordinatensystem $\mathfrak{S} = (O; \mathfrak{i}, \mathfrak{j}, \mathfrak{l})$ gegeben. Die nach **61** zur Kurve gehörigen Einheitsvektoren $\mathfrak{t}$, $\mathfrak{h}$, $\mathfrak{p}$ bilden ein bewegliches Koordinatensystem $\overline{\mathfrak{S}}$ mit dem Ursprung im laufenden Kurvenpunkt P. Wir nehmen an, daß P die Kurve C mit dem Geschwindigkeitsbetrag 1, also mit dem Geschwindigkeitsvektor $\mathfrak{t}$ durchläuft. Dann wächst die Bogenlänge s auf C proportional der Zeit, und es ist $\dot{s} = 1$. Differentiation nach der Zeit und nach der Bogenlänge läuft also auf dasselbe hinaus.

Der in der Bewegung von $\overline{\mathfrak{S}}$ in bezug auf $\mathfrak{S}$ enthaltene Drehvektor soll hier mit $\mathfrak{d}$ bezeichnet werden (Darbouxscher Vektor). Seine Darstellung in $\overline{\mathfrak{S}}$ sei

$$(\textbf{87}, 1) \qquad\qquad \mathfrak{d} = \alpha\mathfrak{t} + \beta\mathfrak{h} + \gamma\mathfrak{p}.$$

Für die Änderungsgeschwindigkeiten eines und desselben Vektors in bezug auf Σ und $\overline{\Sigma}$ gilt (84, 14). Für einen mit $\overline{\Sigma}$ fest verbundenen Vektor $\mathfrak{B}$ hat man insbesondere

$$(87, 2) \qquad \left(\frac{d\mathfrak{B}}{ds}\right)_{\!\Sigma} = \mathfrak{d} \times \mathfrak{B}.$$

Als solchen Vektor $\mathfrak{B}$ betrachten wir zuerst $\mathfrak{t}$. Dann gilt nach (87, 1, 2) wegen $\mathfrak{h} \times \mathfrak{t} = -\mathfrak{p}$, $\mathfrak{p} \times \mathfrak{t} = \mathfrak{h}$

$$(87, 3) \qquad \frac{d\mathfrak{t}}{ds} = \mathfrak{d} \times \mathfrak{t} = \beta\mathfrak{h} \times \mathfrak{t} + \gamma\mathfrak{p} \times \mathfrak{t} = -\beta\mathfrak{p} + \gamma\mathfrak{h}.$$

Andererseits ist nach (61, 11)

$$(87, 4) \qquad \frac{d\mathfrak{t}}{ds} = \varkappa\mathfrak{h},$$

wo $\varkappa$ die Krümmung ist. Dies zusammen mit (87, 3) ergibt

$$\beta = 0, \qquad \gamma = \varkappa,$$

d. h. $\mathfrak{d}$ liegt in der rektifizierenden Ebene von C.

Setzt man weiter $\mathfrak{p}$ für $\mathfrak{B}$, so erhält man aus (87, 1, 2) wegen $\mathfrak{t} \times \mathfrak{p} = -\mathfrak{h}$

$$(87, 5) \qquad \frac{d\mathfrak{p}}{ds} = \mathfrak{d} \times \mathfrak{p} = \alpha\mathfrak{t} \times \mathfrak{p} = -\alpha\mathfrak{h}.$$

α nennt man die *Windung* oder *Torsion* der Kurve und bezeichnet sie mit ω; sie gibt den Grenzwert des Verhältnisses zwischen dem Drehungswinkel der Binormalen und der entsprechenden Änderung der Bogenlänge an. $\tau = \dfrac{1}{\omega}$ nennt man den *Torsionsradius* von C.

Wenden wir nun noch (87, 1, 2) auf $\mathfrak{h}$ an, so erhalten wir insgesamt folgendes Resultat:

Bezeichnet man die Bogenlänge einer Raumkurve mit s, ihren Tangenten-, Hauptnormalen- und Binormalenvektor mit $\mathfrak{t}$, $\mathfrak{h}$ bzw. $\mathfrak{p}$, ihren Darbouxvektor mit $\mathfrak{d}$, ihre Krümmung und Torsion mit $\varkappa$ bzw. ω, so gelten die Formeln

$$(87, 6) \qquad \mathfrak{d} = \omega\mathfrak{t} + \varkappa\mathfrak{p},$$

$$(87, 7) \qquad \frac{d\mathfrak{t}}{ds} = \mathfrak{d} \times \mathfrak{t} = \varkappa\mathfrak{h},$$

$$(87, 8) \qquad \frac{d\mathfrak{h}}{ds} = \mathfrak{d} \times \mathfrak{h} = \omega\mathfrak{p} - \varkappa\mathfrak{t},$$

$$(87, 9) \qquad \frac{d\mathfrak{p}}{ds} = \mathfrak{d} \times \mathfrak{p} = -\omega\mathfrak{h}.$$

(87, 7, 8, 9) heißen die FRENETschen Formeln. Hierin ist $\varkappa$ ein positiver, ω ein positiver oder negativer Skalar. Aus (87, 6) folgt noch

$$(87, 10) \qquad \varkappa = \mathfrak{p} \cdot \mathfrak{d},$$

$$(87, 11) \qquad \omega = \mathfrak{t} \cdot \mathfrak{d}.$$

(87, 10) zeigt, daß $\mathfrak{d}$ und $\mathfrak{p}$ auf dieselbe Seite der Schmiegebene weisen, und (87, 11), daß ω positiv ist, wenn $\mathfrak{d}$ einen spitzen Winkel mit dem Tangentenvektor bildet. Bei unserer Orientierungsfestsetzung bedeutet dies, daß die Torsion positiv gerechnet wird, wenn die Schmiegebene, also auch ihre Normale, die Binormale, eine Rechtsschraubung um die Tangente ausführt.

88. Kurve auf einer Fläche. Es möge die Kurve C, für die wir die Bezeichnung des vorigen Paragraphen beibehalten, auf einer Fläche liegen, von der angenommen wird, daß sie überall eine eindeutig bestimmte Tangentialebene besitzt. Die Normale der Tangentialebene im Berührungspunkt wird die *Flächennormale* genannt. Auf dieser wird ein Einheitsvektor $\mathfrak{n}$, der *Normalenvektor*, gewählt, der längs C überall nach derselben Seite der Fläche gerichtet sein und differenzierbar von der Bogenlänge von C abhängen soll. $\mathfrak{n}$ steht senkrecht auf dem Tangentenvektor $\mathfrak{t}$ von C. Der Einheitsvektor

$$(88,1) \qquad \mathfrak{s} = \mathfrak{t} \times \mathfrak{n}$$

steht senkrecht auf C und liegt in der Tangentialebene der Fläche. Wir können ihn als den „*Seitenvektor*" der Kurve auf der Fläche im Kurvenpunkt P bezeichnen.

Das System $\Omega = (P; \mathfrak{t}, \mathfrak{n}, \mathfrak{s})$ bildet ein rechtshändiges System von paarweise senkrechten Einheitsvektoren, das durch die Lage der Kurve auf der Fläche bestimmt ist und mit dem Kurvenpunkt variiert (Abb. 93).

Wir nehmen nun wieder an, daß der Punkt P die Kurve C mit dem Geschwindigkeitsbetrag $\dot{s} = 1$ durchläuft, und betrachten die Bewegung von

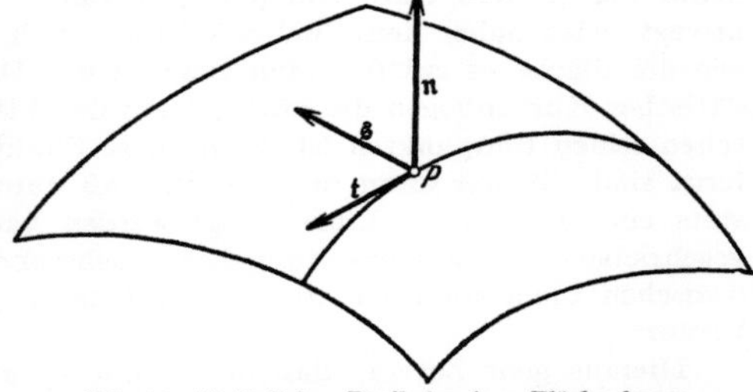

Abb. 93. Natürliches Dreibein einer Flächenkurve.

Ω in bezug auf ein festes System Σ, in dem Fläche und Kurve in Koordinaten- oder Ortsvektordarstellung gegeben seien. Es sei $\mathfrak{D}$ der Drehvektor der Bewegung von Ω bezüglich Σ. Wir denken ihn von P aus aufgetragen und in Ω durch

$$(88,2) \qquad \mathfrak{D} = \omega_g \mathfrak{t} + \varkappa_g \mathfrak{n} + \varkappa_n \mathfrak{s}$$

dargestellt. ω_g, $\varkappa_g$ und $\varkappa_n$ nennt man die *geodätische Windung* oder *Torsion*, die *geodätische Krümmung* bzw. die *Normalkrümmung* der Kurve in bezug auf die Fläche.

Neben Ω betrachten wir wieder das System $\overline{\Sigma} = (P; \mathfrak{t}, \mathfrak{h}, \mathfrak{p})$. Seine Bewegung in bezug auf Σ enthält den Drehvektor $\mathfrak{b}$ (**87**, 6), der gleichfalls von P aus aufgetragen sei. Bei der Bewegung von $\overline{\Sigma}$ relativ zu Ω haben diese Systeme P und $\mathfrak{t}$ gemeinsam. Also ist eine Gerade und ein auf ihr liegender Punkt des Systems $\overline{\Sigma}$ in Ω festgehalten, so daß die Bewegung von $\overline{\Sigma}$ in bezug auf Ω eine Rotation um die Tangente sein muß, die durch einen gewissen Drehvektor $\delta\mathfrak{t}$ gegeben ist, wo δ ein Skalar ist. Da nun die Bewegung von $\overline{\Sigma}$ in bezug auf Σ aus der relativen Bewegung in bezug auf Ω und der Führungsbewegung bei der Bewegung von Ω in bezug auf Σ zusammengesetzt werden kann, erhält man

$$(88,3) \qquad \mathfrak{b} = \mathfrak{D} + \delta\mathfrak{t},$$

also aus (**87**, 6) und (**88**, 2, 3)

$$(88,4) \qquad \omega = \omega_g + \delta,$$

$$(88,5) \qquad \varkappa\,\mathfrak{p} = \varkappa_g \mathfrak{n} + \varkappa_n \mathfrak{s},$$

$$(88,6) \qquad \varkappa^2 = \varkappa_g^2 + \varkappa_n^2.$$

(**88**, 3) zeigt, daß $\mathfrak{D}$ in der rektifizierenden Ebene der Kurve liegt, da dies für $\mathfrak{b}$ und $\mathfrak{t}$ zutrifft.

Wenn $\varkappa_g$ und $\varkappa_n$ festes Verhältnis längs C haben, und nur in diesem Fall, ist $\mathfrak{p}$ nach (**88**, 5) ein fester Vektor in der $\mathfrak{n}, \mathfrak{s}$-Ebene, also $\overline{\Sigma}$ fest in Ω, d. h. $\delta = 0$, $\mathfrak{b} = \mathfrak{D}$.

Das letztere findet insbesondere statt, wenn längs der ganzen Kurve $\varkappa_g = 0$ ist. In diesem Fall ergibt (**88**, 5)

$$(88,7) \qquad \varkappa\,\mathfrak{p} = \varkappa_n \mathfrak{s}.$$

Dann fallen auch $\mathfrak{h}$ und $\mathfrak{n}$ in dieselbe Gerade: Die Schmiegebene der Kurve enthält überall die Flächennormale. Eine solche Kurve nennt man eine *geodätische Linie* der Fläche. Weisen $\mathfrak{h}$ und $\mathfrak{n}$ in dieselbe Richtung, ist also die Flächennormale in der Umgebung von P nach der konkaven Seite der geodätischen Linie gerichtet, so gilt $\mathfrak{h} = \mathfrak{n}$, also auch $\mathfrak{z} = \mathfrak{p}$ und $\varkappa = \varkappa_n$. Da diese Bedingung im allgemeinen nicht längs der ganzen Kurve C erfüllbar ist, kann man generell nur $\varkappa = |\varkappa_n|$ schließen.

Die Bewegung von Ω längs einer geodätischen Linie hat die Eigentümlichkeit, daß keine Drehung um die Flächennormale stattfindet, da der zweite Summand der rechten Seite von (88, 2) fortfällt. Ein Beobachter, der sich mit Ω bewegt, wird daher den Eindruck haben, sich so genau geradeaus zu bewegen, wie die Fläche es zuläßt. Man zeigt in der Differentialgeometrie, daß ein geodätischer Kurvenbogen die kürzeste auf der Fläche verlaufende Verbindung zwischen seinen Endpunkten ist, wenn diese Punkte nicht zu weit voneinander entfernt sind. Weiter kann man zeigen, daß durch einen gegebenen Flächenpunkt stets eine geodätische Linie gelegt werden kann, die in dem Punkt eine vorgeschriebene Tangentenrichtung hat. Insbesondere kann man also von der geodätischen Linie sprechen, die eine willkürlich gegebene Kurve in einem Punkt berührt.

Hieraus geht hervor, daß der Skalar $\varkappa_g$ nicht nur vom Flächenpunkt und der Tangentenrichtung abhängt, da er für eine Kurve von Null verschieden und für eine berührende Kurve gleich Null sein kann. Anders jedoch $\varkappa_n$ und ω_g; diese hängen bei gegebener Fläche allein von P und $\mathfrak{t}$ ab. Denn für $\dfrac{d\mathfrak{n}}{ds}$ trifft dies zu; und da $\mathfrak{n}$ in Ω fest ist, gilt

$$(88,\ 8) \qquad \frac{d\mathfrak{n}}{ds} = \mathfrak{D} \times \mathfrak{n} = \omega_g \mathfrak{z} - \varkappa_n \mathfrak{t},$$

so daß auch ω_g und $\varkappa_n$ nur von P und $\mathfrak{t}$ abhängen. Bei gegebener Tangentenrichtung in P kann also nur die Komponente $\varkappa_g \mathfrak{n}$ von $\mathfrak{D}$ entsprechend den verschiedenen Flächenkurven durch P mit dieser Tangentenrichtung frei gewählt werden. Mit anderen Worten: Man kennt die Translationsgeschwindigkeit von P bei der Bewegung von Ω und weiß außerdem, daß $\mathfrak{n}$ in Ω fest ist. Dadurch ist der Drehvektor $\mathfrak{D}$ bis auf eine willkürliche Rotation um $\mathfrak{n}$ bestimmt.

Betrachtet man nun eine beliebige Flächenkurve C und die in P berührende geodätische Linie, so ist $\omega_g \mathfrak{t} + \varkappa_n \mathfrak{z}$ für die letztere zugleich $\mathfrak{h}$- und $\mathfrak{D}$-Vektor. Also hat man: *Die Normalkrümmung (absolut genommen) und die geodätische Torsion in einem Punkt einer willkürlichen Flächenkurve sind gleich Krümmung bzw. Torsion der im Punkt berührenden geodätischen Linie.*

Es sei nun weiter C' diejenige ebene Kurve auf der Fläche, die von der durch $\mathfrak{t}$ und $\mathfrak{n}$ bestimmten Ebene ausgeschnitten wird, also der „berührende Normalschnitt" in P. Für C' fallen in P die Vektoren $\mathfrak{n}$ und $\mathfrak{h}$ und zugleich $\mathfrak{p}$ und $\mathfrak{z}$ in je eine Gerade. Also ergibt (88, 5) die Beziehungen $\varkappa_g = 0$ und $\varkappa = |\varkappa_n|$ in P: *Die Normalkrümmung einer willkürlichen Flächenkurve ist gleich der Krümmung des berührenden Normalschnittes.*

Ist nun der Winkel φ von $\mathfrak{n}$ nach $\mathfrak{h}$ (positiv in der Richtung auf $\mathfrak{z}$ zu), so hat man nach (88, 5) (vgl. Abb. 94)

$$(88,\ 9) \qquad\qquad \varkappa_n = \varkappa \cos\varphi, \qquad \varkappa_g = -\varkappa \sin\varphi.$$

Führt man den Krümmungsradius ϱ, den Radius der Normalkrümmung ϱ_n und den der geodätischen Krümmung ϱ_g durch

$$(88,\ 10) \qquad\qquad \varkappa = \frac{1}{\varrho}, \qquad \varkappa_n = \frac{1}{\varrho_n}, \qquad \varkappa_g = \frac{1}{\varrho_g}$$

ein, so findet man (Abb. 95):

$$(88,\ 11) \qquad\qquad \varrho = \varrho_n \cos\varphi = -\varrho_g \sin\varphi,$$

und damit den Satz von MEUSNIER: *Die Krümmungsmittelpunkte aller Flächen-kurven in einem Punkt P, die dort dieselbe Tangente haben, liegen auf einem durch P gehenden Kreis, dessen Ebene auf der gemeinsamen Tangente senkrecht steht und der den Krümmungsradius des Normalschnittes durch die Tangente zum Durchmesser hat* (Abb. 95).

Die Krümmung von C in P ist gleich der Krümmung der Kurve C', in der die Fläche von der Schmiegebene von C in P geschnitten wird. Denn C und C' haben in P dieselbe Tangente und dieselbe Schmiegebene, also auch dieselben Einheits-vektoren $\mathfrak{z}$ und $\mathfrak{p}$. Ferner stimmen nach einer oben gemachten Bemerkung die

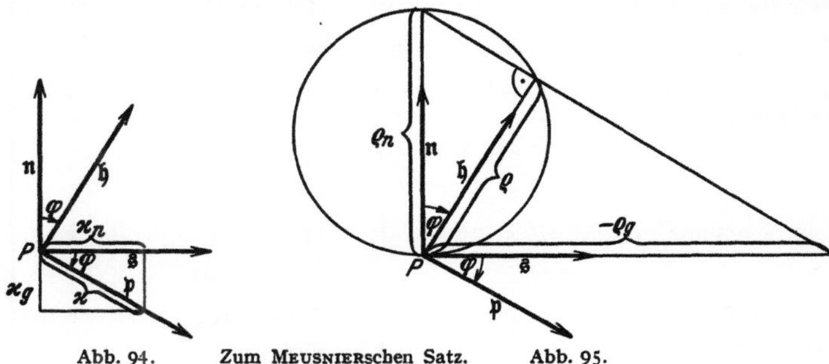

Abb. 94.   Zum MEUSNIERschen Satz.   Abb. 95.

Normalkrümmungen $\varkappa_n$ überein. Dann folgt aber aus (**88, 5**), daß die Ausdrücke $\varkappa\,\mathfrak{p} - \varkappa_g\,\mathfrak{n}$ für C und C' einander gleich sind. Wenn $\mathfrak{p}$ und $\mathfrak{n}$ linear unabhängig sind, ist dies nur möglich, wenn die Koeffizienten $\varkappa$ bzw. $\varkappa_g$ übereinstimmen. Dies ist aber, wie man leicht sieht, auch der Fall, wenn $\mathfrak{p}$ und $\mathfrak{n}$ linear abhängig, also, da beide Einheitsvektoren sind, $\mathfrak{p} = \pm\mathfrak{n}$ ist.

Hat C die Eigenschaft, daß $\varkappa_n$ längs C verschwindet, so ergibt (**88, 5**), daß $\mathfrak{p}$ und $\mathfrak{n}$, also auch $\mathfrak{h}$ und $\mathfrak{z}$, in je eine Gerade fallen: Die Schmiegebene der Kurve ist zugleich die Tangentialebene der Fläche. C nennt man in diesem Fall eine *Haupttangentenkurve* oder *Asymptotenlinie* der Fläche. $\overline{\mathfrak{z}}$ ist fest in $\varOmega$, $\mathfrak{b} = \mathfrak{D}$, $\omega = \omega_g$, $\varkappa = |\varkappa_g|$.

Hat C die Eigenschaft, daß ω_g längs C verschwindet, so erhält (**88, 8**) die besondere Gestalt

$$\frac{d\mathfrak{n}}{ds} = \mathfrak{D} \times \mathfrak{n} = \varkappa_n\,\mathfrak{z} \times \mathfrak{n} = -\varkappa_n\,\mathfrak{t}.$$

Die Flächennormale dreht sich also um den Seitenvektor (abgesehen natürlich von der Translation von P), ihr Änderungsvektor längs C hat die Richtung von $\mathfrak{t}$, konsekutive Flächennormalen längs C schneiden also einander. Die Flächen-normalen längs C bilden eine abwickelbare Fläche. C heißt in diesem Fall eine *Krümmungslinie* der Fläche.

Während man, wie erwähnt, durch einen Flächenpunkt P geodätische Linien mit willkürlicher Tangentenrichtung legen kann, da man dann noch über $\varkappa_g$ ver-fügen kann, gilt nichts Entsprechendes für Haupttangenten- oder Krümmungs-linien, da nach (**88, 8**) $\varkappa_n$ und ω_g bereits durch die gewählte Tangentenrichtung bestimmt sind. Man kann zeigen, daß jedem Flächenpunkt P im allgemeinen zwei reelle oder imaginäre Tangentenrichtungen, die *Haupttangenten* oder *Asym-ptotenrichtungen* in P, entsprechen, für die $\varkappa_n = 0$ ist. Sie sind die Richtungen der Tangenten an die Schnittkurve von Fläche und Tangentialebene in P. Ebenso entsprechen P zwei stets reelle und aufeinander senkrechte Tangentenrichtungen, die *Hauptkrümmungsrichtungen* in P, für die $\omega_g = 0$ ist.

Im obigen sind singuläre Verhältnisse nicht berücksichtigt, die vorliegen können, wenn mehrere der betrachteten Größen gleichzeitig verschwinden oder unbestimmt sind. Es war nur beabsichtigt, für einige fundamentale geometrische Begriffe bei hinreichend regulärem Verhalten der betrachteten Kurven und Flächen kinematische Erklärungen zu geben.

Übungsaufgaben zum 11. Kapitel.

1. Ein Kreis mit dem Mittelpunkt Q und dem Radius R werde in seiner Ebene mit der konstanten Geschwindigkeit $a\mathfrak{A}$ parallel verschoben, wo $\mathfrak{A}$ ein Einheitsvektor ist. Ein Punkt P durchlaufe den Kreis mit konstanter relativer Winkelgeschwindigkeit w. Man rechne t von einem Zeitpunkt, für welchen $\overrightarrow{QP} = R\mathfrak{A}$ ist. Dann ist $\mathfrak{v}_f = a\mathfrak{A}$ die Führungsgeschwindigkeit und $\mathfrak{v}_r = w\widehat{QP}$, wo $\widehat{QP}$ der Quervektor von $\overrightarrow{QP}$ ist, die Relativgeschwindigkeit von P; also ist seine absolute Geschwindigkeit

$$\mathfrak{v} = a\mathfrak{A} + w\widehat{QP},$$

$$v^2 = a^2 + w^2R^2 - 2awR\sin wt,$$

denn im Zeitpunkt t bilden $\overrightarrow{QP}$ und $\mathfrak{A}$ den Winkel wt. Folglich ist

$$\mathfrak{A} \cdot \widehat{QP} = -\widehat{\mathfrak{A}} \cdot \overrightarrow{QP} = -R\sin wt.$$

Da Führungsbeschleunigung und Coriolisbeschleunigung verschwinden, ist die absolute Beschleunigung gleich der relativen, also

$$\mathfrak{b} = -w^2\overrightarrow{QP}.$$

Wir ermitteln ihre Projektionen auf Bahntangente und Bahnnormale des Punktes P:

$$\frac{ds}{dt} = \frac{\mathfrak{b} \cdot \mathfrak{v}}{v} = -\frac{aw^2\mathfrak{A} \cdot \overrightarrow{QP}}{v} = \frac{-aw^2R\cos wt}{v},$$

$$\frac{v^2}{\varrho} = \frac{|\mathfrak{b} \cdot \widehat{\mathfrak{b}}|}{v} = \left| -aw^2\widehat{\mathfrak{A}} \cdot \overrightarrow{QP} + w^3\overrightarrow{QP^2} \right|\frac{1}{v} = \frac{w^2R}{v}\left| wR - a\sin wt \right|.$$

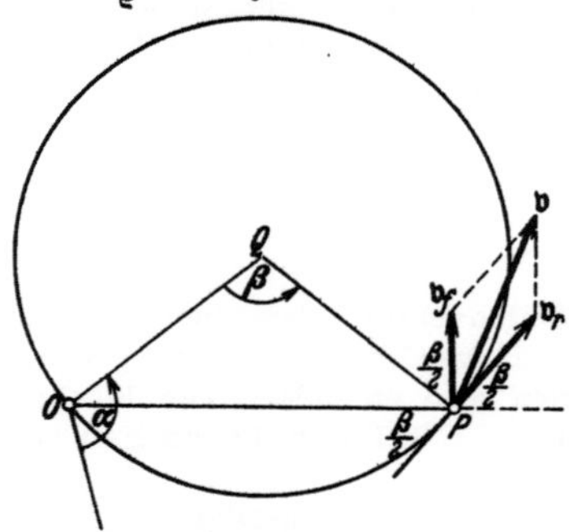
Abb. 96. Zu Aufgabe 2.

Für den Krümmungsradius ϱ der Bahnkurve für die Lage von P im Zeitpunkt t hat man daher

$$\varrho = \frac{(a^2 + w^2R^2 - 2awR\sin wt)^{\frac{3}{2}}}{w^2R\,|wR - a\sin wt|}.$$

Man bestätige diese Ergebnisse durch Berechnung in rechtwinkligen Koordinaten.

2. Ein Kreis mit dem Mittelpunkt Q dreht sich in seiner Ebene um einen festen Punkt O seiner Peripherie (Abb. 96). Der Winkel α, den OQ mit einer festen Richtung der Ebene bildet, sei als Funktion der Zeit bekannt. Auf dem Kreise bewegt sich ein Punkt P, wobei der Winkel $\beta = \sphericalangle OQP$ als Funktion der Zeit bekannt ist. Wie stellen sich die absolute Geschwindigkeit $\mathfrak{v}$ und absolute Beschleunigung $\mathfrak{b}$ dar?

Die Winkel α und β seien im positiven Umlaufssinn der Ebene gerechnet; siehe Abb. 96. Dann ist

$$\mathfrak{v}_f = \dot{\alpha}\widehat{OP}, \qquad \mathfrak{v}_r = \dot{\beta}\widehat{QP},$$

also

$$\mathfrak{v} = \dot{\alpha}\widehat{OP} + \dot{\beta}\widehat{QP}.$$

Ferner hat man

$$\mathfrak{b}_f = \ddot{\alpha}\widehat{OP} - \dot{\alpha}^2\overrightarrow{OP}, \qquad \mathfrak{b}_r = \ddot{\beta}\widehat{QP} - \dot{\beta}^2\overrightarrow{QP}, \qquad \mathfrak{C} = 2\dot{\alpha}\mathfrak{v}_r = -2\dot{\alpha}\dot{\beta}\overrightarrow{QP},$$

also

$$\mathfrak{b} = \ddot{\alpha}\,\widehat{OP} - \dot{\alpha}^2\overrightarrow{OP} + \ddot{\beta}\,\widehat{QP} - (\dot{\beta}^2 + 2\dot{\alpha}\dot{\beta})\,\overrightarrow{QP}.$$

Wir wollen diese Darstellungen so abändern, daß wir die Tangenten- und Normalenrichtung des Kreises als unabhängige Richtungen für die Darstellung verwenden. Es ist

$$OP = 2\,QP \sin\frac{\beta}{2}$$

und daher (siehe die Abbildung)

$$\overrightarrow{OP} = 2\sin^2\frac{\beta}{2}\,\overrightarrow{QP} + \sin\beta\,\widehat{QP},$$

also

$$\widehat{OP} = 2\sin^2\frac{\beta}{2}\,\widehat{QP} - \sin\beta\,\overrightarrow{QP},$$

$$\mathfrak{b} = \left(2\dot{\alpha}\sin^2\frac{\beta}{2} + \dot{\beta}\right)\widehat{QP} - \dot{\alpha}\sin\beta\,\overrightarrow{QP},$$

$$\mathfrak{b} = \left(2\ddot{\alpha}\sin^2\frac{\beta}{2} - \dot{\alpha}^2\sin\beta + \ddot{\beta}\right)\widehat{QP} - \left(\ddot{\alpha}\sin\beta + 2\dot{\alpha}^2\sin^2\frac{\beta}{2} + \dot{\beta}^2 + 2\dot{\alpha}\dot{\beta}\right)\overrightarrow{QP}.$$

Ist a der Radius des Kreises, so hat man als Komponentendarstellung in Richtung der im positiven Umlaufssinne genommenen Tangente und des gegen den Mittelpunkt gerichteten Radius für die Geschwindigkeit

$$a\left(2\dot{\alpha}\sin^2\frac{\beta}{2} + \dot{\beta}\right) \quad \text{und} \quad a\dot{\alpha}\sin\beta$$

und für die Beschleunigung

$$a\left(2\ddot{\alpha}\sin^2\frac{\beta}{2} - \dot{\alpha}^2\sin\beta + \ddot{\beta}\right) \quad \text{und} \quad a\left(\ddot{\alpha}\sin\beta + 2\dot{\alpha}^2\sin^2\frac{\beta}{2} + 2\dot{\alpha}\dot{\beta} + \dot{\beta}^2\right).$$

Der Betrag der Geschwindigkeit wird

$$v = a\sqrt{4\dot{\alpha}(\dot{\alpha} + \dot{\beta})\sin^2\frac{\beta}{2} + \dot{\beta}^2}.$$

3. Die ebene Bewegung eines Punktes läßt sich mittels relativer Bewegung z. B. dadurch beschreiben, daß der Punkt sich auf einer Geraden bewegt, die durch den Ursprung geht und sich um diesen dreht. Von dieser Auffassung aus bestätige man die in **64** gefundene Komponentenzerlegung der Beschleunigung.

4. Eine Gerade dreht sich in einer festen Ebene um einen ihrer Punkte O mit der konstanten Winkelgeschwindigkeit w. Auf der Geraden bewegt sich ein Punkt P mit konstanter Relativgeschwindigkeit vom Betrage a. Für $t = 0$ sei P in O, und φ sei der Winkel der Geraden mit ihrer zu $t = 0$ gehörigen Lage. Man bestimme die Bahnkurve, indem man ihre Gleichung in Polarkoordinaten aufstellt. Weiter bestimme man den Betrag der absoluten Geschwindigkeit und Beschleunigung und die Winkel ihrer Richtungen mit der Geraden, ferner die Komponenten der Beschleunigung in Richtung der Tangente und Normale der Bahnkurve, sowie deren Krümmung; alle diese Größen sind in Abhängigkeit vom Winkel φ auszudrücken.

5. In einer Ebene ε bewegen sich zwei starre Figuren F_1 und F_2. In einem Zeitpunkt t seien w_1 und P_1 die Winkelgeschwindigkeit und das Drehzentrum von F_1, analog w_2 und P_2 für F_2. Wie bewegt sich F_2 relativ zu F_1? — Relativ zu F_1 dreht sich ε um P_1 mit der Winkelgeschwindigkeit $-w_1$. Das ergibt für F_2 eine Führungsbewegung, die mit der Drehung w_2 um P_2 als „Relativbewegung" zusammenzusetzen ist. Man hat also zwei parallele Vektoren senkrecht zu ε durch P_1 und P_2 und mit den algebraischen Werten $-w_1$ und w_2 zusammenzusetzen. Das ergibt eine Resultante

$$w_{12} = w_2 - w_1$$

in demjenigen Punkt P_{12} auf $P_1 P_2$, für den

$$\frac{P_{12} P_1}{P_{12} P_2} = \frac{w_2}{w_1}$$

ist. Alle Winkelgeschwindigkeiten werden im gleichen Sinne positiv gerechnet.

Nun nehme man noch eine dritte starre Figur F_3 in ε hinzu, die sich im Zeitpunkt t mit der Winkelgeschwindigkeit w_3 um P_3 dreht, und bilde mit analogen Bezeichnungen die Relativbewegung von F_3 gegen F_2 und von F_1 gegen F_3. Durch zyklische Vertauschungen in den oben angeführten Ausdrücken erhält man

$$w_{12} + w_{23} + w_{31} = 0$$

und

$$\frac{P_{12} P_1}{P_{12} P_2} \cdot \frac{P_{23} P_2}{P_{23} P_3} \cdot \frac{P_{31} P_3}{P_{31} P_1} = 1 \, .$$

Also haben die drei relativen Winkelgeschwindigkeiten in zyklischer Folge die Summe Null, und die drei relativen Drehzentren liegen auf einer Geraden.

Zweiter Teil.

Dynamik.

12. Kapitel.

Grundbegriffe und Voraussetzungen der Dynamik.

89. Dynamik. Während die Gleichgewichtslehre schon im Altertum, insbesondere bei ARCHIMEDES, hoch entwickelt war, verdankt man die Lehre von der Bewegung der Körper unter der Einwirkung von Kräften, so wie sie im folgenden in ihren Grundzügen dargestellt werden soll, der neueren Zeit. Das ganze Mittelalter hindurch herrschte noch die in ARISTOTELES' Philosophie vertretene Auffassung, daß eine Kraft erforderlich sei, um die Geschwindigkeit eines bewegten Körpers aufrechtzuerhalten. Bei KOPERNIKUS begann die Vorstellung aufzukommen, daß ein Körper, der jeder Krafteinwirkung entzogen ist, seine Geschwindigkeit unverändert bewahrt (Trägheitsgesetz). Die Einwirkung einer Kraft muß sich demnach in einer Geschwindigkeitsänderung zu erkennen geben. Hieran knüpfte sich in den folgenden 150 Jahren eine glanzvolle Entwicklung, zu der namentlich GALILEI, KEPLER, HUYGHENS und andere beitrugen und die in NEWTONS fundamentalem Werk „Philosophiae naturalis principia mathematica" (1687) kulminierte. Dieses klassische Lehrgebäude wurde in den folgenden zwei Jahrhunderten in allen Einzelheiten ausgearbeitet, und seine Grundlagen waren Gegenstand eingehender Diskussion. Erst in den letzten

Jahrzehnten haben Anwendungen der Mechanik in gewissen extremen Fällen einschneidende Änderungen in den Grundvorstellungen notwendig gemacht (Relativitätstheorie, Quantenmechanik); dies berührt jedoch keineswegs die fundamentale Bedeutung von NEWTONS Theorie für mechanische Probleme von der in diesem Buch behandelten Art, insbesondere für ihre technischen Anwendungen.

In den folgenden Paragraphen werden die Voraussetzungen angegeben, auf denen NEWTONS Mechanik beruht. Dabei ist jedoch keine Zurückführung auf eine Mindestzahl von unabhängigen Axiomen beabsichtigt. Eine unmittelbare experimentelle Kontrolle für jede einzelne dieser Voraussetzungen kann man nicht erwarten. Man kann aber zur Rechtfertigung des ganzen Systems von Voraussetzungen anführen, daß sich die daraus hergeleitete Mechanik als in guter Übereinstimmung mit den beobachteten Verhältnissen erwiesen hat. Insbesondere gilt dies für die astronomischen Anwendungen, wo besonders reine mechanische Bedingungen vorliegen. Die von KEPLER gefundenen kinematischen Gesetze der Planetenbewegung bildeten daher auch für NEWTON einen wichtigen Ausgangspunkt bei der Aufstellung der Grundgesetze.

Weiter werden in diesem Abschnitt einige wichtige, aus den in den Voraussetzungen vorkommenden Grundbegriffen abgeleitete Begriffe eingeführt. Physikalische Begriffe, die in Rechnungen auftreten, müssen meßbare Größen sein und werden geradezu durch die für sie festgesetzten Meßmethoden definiert. Dies muß sowohl bei der Festsetzung von Grundbegriffen als auch bei der Einführung abgeleiteter Begriffe beachtet werden.

90. Kinematische Voraussetzungen. Kinematische Betrachtungen, wie sie in früheren Kapiteln dieses Buches durchgeführt wurden, haben zur Voraussetzung, daß man Längen und Zeiten messen und Ortsbestimmungen in bezug auf starre Bezugskörper durchführen kann.

Die *Längenmessung* beruht darauf, daß der Abstand zwischen zwei Marken auf einem hinreichend starren Körper, z. B. einer Metallstange, die unter konstanten physikalischen Bedingungen (Temperatur, Druck usw.) gehalten wird, definitionsgemäß als unveränderlich festgesetzt wird. Als Einheit wählt man ein bestimmtes Individuum dieser Art, z. B. das internationale Normalmeter oder $\frac{1}{100}$ davon, 1 cm. Nachdem so eine Längeneinheit festgelegt ist, können Maßstäbe aus starrem Material hergestellt werden, deren Länge unter konstanten physikalischen Bedingungen als unabhängig von ihren Lagen und Bewegungszuständen angenommen wird. Wie schon im vorigen Paragraphen erwähnt, kann die so postulierte Existenz unveränderlicher Maßstäbe als isolierte Voraussetzung nicht Gegenstand eines Beweises sein.

Auf Grund der Längenmessung kann man nun, wie in **84** beschrieben, Ortsbestimmungen eines Massenpunktes in einem mit einem starren Bezugskörper fest verbundenen Koordinatensystem vornehmen. Ändert der Massenpunkt seine Lage im Koordinatensystem, so nimmt man die Ortsbestimmung für den mit dem Koordinatensystem fest verbundenen Punkt vor, der mit der zu bestimmenden Lage des Massenpunktes zusammenfällt. Als geometrischen Ort der verschiedenen Lagen des Massenpunktes im Koordinatensystem erhält man dann eine Raumkurve, die Bahnkurve des Massenpunktes.

In **63** wurde die Zeit t nur als ein Parameter betrachtet, durch den man die einzelnen Punkte dieser Bahnkurve charakterisieren konnte. Nun wird eine physikalische Festlegung des Zeitbegriffes durch eine Meßmethode erforderlich.

Die *Zeitmessung* beruht darauf, daß ein bestimmter physikalischer Prozeß als „Uhr" ausgezeichnet wird. Man hat sich entschlossen, definitionsgemäß den Drehungswinkel der Erde gegenüber dem Fixsternhimmel als Maß der Zeit, also die Winkelgeschwindigkeit der Erde als unveränderlich festzusetzen. Als Einheit wählt man den mittleren Sonnentag oder $\frac{1}{86\,400}$ davon, 1 Sekunde. Man kann hiernach andere Uhren mit Hilfe physikalischer Prozesse herstellen, von denen man konstatiert, daß sie im Vergleich mit der gewählten Normaluhr gleichmäßig vor sich gehen (z. B. periodische Prozesse, kleine Pendelschwingungen). Die Zeit wird so zu einer physikalischen Rechengröße t, von der man annimmt, daß ihre Werte mit Hilfe von Uhren in eindeutiger Weise den verschiedenen Lagen eines Massenpunktes bei seiner Bewegung zugeordnet werden können. Man sagt, daß mehrere in Bewegung befindliche Massenpunkte gewisse Lagen gleichzeitig einnehmen, wenn diesen Lagen derselbe Wert der Rechengröße t zugeordnet ist.

Die Voraussetzung konstanter Winkelgeschwindigkeit der Erde ist für sich genommen nicht beweisbar.

91. Dynamische Voraussetzungen. Bei der Beschreibung der Bewegungen der Körper in **84** haben wir alle Koordinatensysteme als prinzipiell gleichberechtigt angesehen. Newtons dynamische Voraussetzungen zur Beschreibung der in Wirklichkeit stattfindenden Bewegungen heben diese Gleichberechtigung auf:

Voraussetzung 1 (*Trägheitsgesetz*): *In bezug auf ein Koordinatensystem, dessen Achsen nach unveränderlichen Punkten des Fixsternhimmels weisen, und dessen Ursprung in einem gewissen Punkt des Sonnensystems, seinem Massenmittelpunkt (näherungsweise der Mittelpunkt der Sonne) liegt, führt ein Massenpunkt, der jeder Wechselwirkung mit anderen Körpern entzogen ist, eine beschleunigungslose Bewegung aus, d. h. er befindet sich in Ruhe oder besitzt konstanten Geschwindigkeitsvektor.*

Da man keine Mittel hat, einen Massenpunkt jeder Wechselwirkung mit anderen Körpern zu entziehen, ist das Trägheitsgesetz für sich allein genommen keiner direkten experimentellen Kontrolle zugänglich.

Nach **85** ist die Beschleunigung eines Punktes in bezug auf zwei Koordinatensysteme, von denen das eine relativ zum anderen eine geradlinig gleichförmige Translation ausführt, die gleiche, da sowohl die Führungsbeschleunigung als auch der Drehvektor $\mathfrak{w}$ verschwinden. Ein vollkommen isolierter Massenpunkt hat daher auch konstanten Geschwindigkeitsvektor in jedem Koordinatensystem, das gegenüber dem in der Voraussetzung genannten eine geradlinig gleichförmige Translation ausführt. Wir wollen jedes solche System ein *Inertialsystem* nennen. Die Voraussetzung 1 legt die Menge der Inertialsysteme durch Angabe eines bestimmten Repräsentanten dieser Menge fest.

Wie schon erwähnt, kann man mit geringem Fehler den Ursprung eines Inertialsystems I im Mittelpunkt der Sonne annehmen. Betrachtet man nun ein Koordinatensystem Σ_0 mit dem Ursprung im Mittelpunkt der Erde und Achsenrichtungen nach bestimmten Fixsternen, so verschwindet der Drehvektor von Σ_0 in bezug auf I. Die Führungsbahn eines Punktes von Σ_0 in bezug auf I ist eine Erdbahnellipse mit 1 Jahr als Umlaufszeit. Dem entspricht nur eine sehr kleine Führungsbeschleunigung; denn die Bewegung von Σ_0 relativ zu I weicht in einem kurzen Zeitraum sehr wenig von einer geradlinig gleichförmigen Translation ab. Σ_0 ist daher noch mit guter Annäherung ein Inertialsystem. — Betrachtet man schließlich ein mit der Erde fest verbundenes Koordinatensystem Σ, so hat Σ in bezug auf Σ_0 einen Drehvektor $\mathfrak{w}$, der der kleinen Winkelgeschwindigkeit der Erde entspricht, und die Punkte in Σ, etwa auf der Erdoberfläche, haben noch eine verhältnismäßig kleine Führungsbeschleunigung in bezug auf Σ_0. Man darf daher bei vielen Anwendungen Σ als Inertialsystem ansehen; das gleiche gilt für jedes Koordinatensystem, das eine geradlinig gleichförmige Translation gegenüber der Erde ausführt. $\mathfrak{w}$ ist jedoch nicht ganz ohne Bedeutung, namentlich bei gewissen Bewegungen, die man längere Zeit hindurch verfolgt, ein Tatbestand, auf den wir — ebenso wie auf den Einfluß der Führungsbeschleunigung auf die Schwerkraft — später näher eingehen.

NEWTONS Voraussetzung läßt sich wohl am richtigsten folgendermaßen wiedergeben: Es existiert ein für das ganze Universum gemeinsames Koordinatensystem, in dem das Trägheitsgesetz (und die weiter unten genannten Voraussetzungen) gelten. Soll aber diese Annahme praktisch verwendbar sein, so muß hinzugefügt werden können, daß für Bewegungen im Sonnensystem, speziell auf der Erde, das in Voraussetzung 1 genannte Koordinatensystem als ein solches Inertialsystem gewählt werden kann.

Voraussetzung 2 (*Beschleunigungsgesetz*): *Zwei Massenpunkte, die miteinander in Wechselwirkung stehen, aber jeder Wechselwirkung mit anderen Körpern entzogen sind, führen in einem Inertialsystem Bewegungen mit Beschleunigungen aus, deren Richtungen in die Verbindungsgerade der Massenpunkte fallen und entgegengesetzt sind, und deren Größenverhältnis allein von den beiden Massenpunkten und nicht von ihren Geschwindigkeiten abhängt.*

Die beiden Massenpunkte seien P_1 und P_2 und $\mathfrak{b}_1$ und $\mathfrak{b}_2$ ihre Beschleunigungen in einem Inertialsystem (gleichgültig welchem!). Dann hat man

$$(91, 1) \qquad\qquad \mathfrak{b}_1 = -\mu\,\mathfrak{b}_2,$$

wo μ ein für das Massenpunktpaar charakteristischer positiver Skalar ist. Ferner ist $\mathfrak{b}_1 = \alpha\,\overrightarrow{P_1P_2}$, wo α ein positiver oder negativer Skalar ist.

Man kann sich nun einen fest gewählten Massenpunkt P_0 nacheinander in isolierte Wechselwirkung mit allen möglichen Massenpunkten P gebracht denken. Dadurch erhält man zu (91, 1) analoge Gleichungen

$$(91, 2) \qquad\qquad \mathfrak{b}_0 = -m\,\mathfrak{b},$$

wo $\mathfrak{b}_0$ und $\mathfrak{b}$ die Beschleunigungen von P_0 und P in einem Inertialsystem sind und der Skalar m für das Massenpunktepaar P_0, P oder, da ja P_0 ein fest gewählter Massenpunkt ist, für P selbst charakteristisch ist. Dieser Skalar wird als die *Masse* von P (genauer: Masse von P in bezug auf den „Normalmassenpunkt" P_0) bezeichnet. — Nun wird eine Voraussetzung eingeführt, die zur Folge hat, daß die Ersetzung von P_0 durch einen anderen Normalmassenpunkt nur bewirkt, daß dieser Skalar sich um einen für alle Massenpunkte gemeinsamen Proportionalitätsfaktor ändert:

Voraussetzung 3 (*Gesetz der Transitivität des Massenverhältnisses*): *Gilt für isolierte Wechselwirkung zwischen P_0 und P_1*

$$\mathfrak{b}_{01} = -m_1\,\mathfrak{b}_{10}$$

und für isolierte Wechselwirkung zwischen P_0 und P_2

$$\mathfrak{b}_{02} = -m_2\,\mathfrak{b}_{20},$$

so gilt für isolierte Wechselwirkung zwischen P_1 und P_2

$$\mathfrak{b}_{12} = -\frac{m_2}{m_1}\,\mathfrak{b}_{21}.$$

Hierbei bedeutet $\mathfrak{b}_{ik}$ die Beschleunigung von P_i bei der Bewegung unter isolierter Wechselwirkung mit P_k. Die Konstante μ in (91, 1) bedeutet also das Verhältnis zwischen den Massen von P_2 und P_1, und (91, 1) kann nun

$$(91, 3) \qquad\qquad m_1\,\mathfrak{b}_1 = -m_2\,\mathfrak{b}_2$$

geschrieben werden. Hierin kann nun einer der Massenpunkte auch der Normalmassenpunkt P_0 sein, dem man den Wert $m = 1$ zuzuschreiben hat.

Voraussetzung 4 (*Superpositionsgesetz*): *Befindet sich ein Massenpunkt mit mehreren anderen gleichzeitig in Wechselwirkung, so ist in einem Inertialsystem seine Beschleunigung gleich der Vektorsumme derjenigen Beschleunigungen, die er bei isolierter Wechselwirkung mit den einzelnen Massenpunkten erhalten würde.*

Betrachtet man nun drei Massenpunkte P_1, P_2 und P_3 in gegenseitiger Wechselwirkung, so hat man nach (**91**, 3) mit analogen Bezeichnungen wie in Voraussetzung 3

$$(\mathbf{91},\,4) \qquad\qquad m_2\,\mathfrak{b}_{21} = -m_1\,\mathfrak{b}_{12},$$

$$(\mathbf{91},\,5) \qquad\qquad m_3\,\mathfrak{b}_{31} = -m_1\,\mathfrak{b}_{13},$$

$$(\mathbf{91},\,6) \qquad\qquad m_2\,\mathfrak{b}_{23} = -m_3\,\mathfrak{b}_{32},$$

und nach Voraussetzung 4

$$(\mathbf{91},\,7) \qquad\qquad \mathfrak{b}_{1(2+3)} = \mathfrak{b}_{12} + \mathfrak{b}_{13}.$$

Wir wollen uns nun einen Massenpunkt P_{2+3} durch Vereinigung der Massenpunkte P_2 und P_3 zu einem einzigen gebildet denken. Es sei m_{2+3} seine Masse und $\mathfrak{b}_{(2+3)1}$ seine Beschleunigung bei isolierter Wechselwirkung mit P_1. Nach (**91**, 3) hat man dann

$$(\mathbf{91},\,8) \qquad\qquad m_{2+3}\,\mathfrak{b}_{(2+3)1} = -m_1\,\mathfrak{b}_{1(2+3)}.$$

Hier ist nun $\mathfrak{b}_{(2+3)1}$ zugleich Beschleunigung für P_2 und für P_3. Danach hat man also wegen Voraussetzung 4

$$(\mathbf{91},\,9) \qquad\qquad \mathfrak{b}_{(2+3)1} = \mathfrak{b}_{21} + \mathfrak{b}_{23},$$

$$(\mathbf{91},\,10) \qquad\qquad \mathfrak{b}_{(2+3)1} = \mathfrak{b}_{31} + \mathfrak{b}_{32}.$$

Multipliziert man (**91**, 9) mit m_2 und (**91**, 10) mit m_3 und addiert, so erhält man unter Verwendung von (**91**, 6, 4, 5, 7, 8)

$$(\mathbf{91},\,11) \qquad (m_2 + m_3)\,\mathfrak{b}_{(2+3)1} = m_2\,\mathfrak{b}_{21} + m_3\,\mathfrak{b}_{31} = -m_1\,(\mathfrak{b}_{12} + \mathfrak{b}_{13})$$
$$= -m_1\,\mathfrak{b}_{1(2+3)} = m_{2+3}\,\mathfrak{b}_{(2+3)1}.$$

Aus (**91**, 11) ergibt sich nun

$$(\mathbf{91},\,12) \qquad\qquad m_{2+3} = m_2 + m_3,$$

also folgender Satz, der die Additivität der Masse zum Ausdruck bringt: *Wenn ein Massenpunkt durch Zusammenfügung von zwei (oder mehr) anderen entsteht, so ist seine Masse gleich der Summe der Massen der einzelnen Massenpunkte.*

Als Einheit der Masse wird die Masse eines bestimmten Körpers gewählt, z. B. des internationalen Normalkilogramms oder $\frac{1}{1000}$ davon, 1 g (Grammasse).

Nimmt ein Körper das Volumen V ein, und ist m seine Masse, so bezeichnet man den Quotienten $\frac{m}{V}$ als seine *mittlere Massendichte*. Ist P ein Punkt eines ausgedehnten Körpers, V ein Teilvolumen, das P enthält, m die in V enthaltene Masse, und läßt man V sich auf P zusammenziehen, so nennt man

$$(\mathbf{91},\,13) \qquad\qquad \lim_{V\to 0} \frac{m}{V} = \mu$$

die *Dichte* des Körpers im Punkte P, falls dieser Grenzwert existiert. Ist μ unabhängig von P, so nennt man den Körper *homogen*. In allen

Fällen ist die Dichte ein Skalarfeld im Körper, und der Mittelpunkt dieses Skalarfeldes heißt der *Massenmittelpunkt* des Körpers (vgl. **32**, wo der Zusammenhang mit dem Schwerpunktsbegriff näher besprochen ist).

Definition: *Bewegt sich ein Massenpunkt der Masse m mit der Beschleunigung $\mathfrak{b}$ in einem Inertialsystem, so nennt man den Vektor m$\mathfrak{b}$ die auf den Massenpunkt wirkende Kraft.*

Für den so definierten dynamischen Kraftbegriff führen die hier eingeführten Voraussetzungen folgendes mit sich: Voraussetzung 1 bringt zum Ausdruck, daß sich ein Massenpunkt, auf den keine Kraft wirkt, in einem beliebigen Inertialsystem mit konstantem Geschwindigkeitsvektor bewegt. Die Voraussetzungen 2 und 3, insbesondere Gleichung (**91**, 3), bringen zum Ausdruck, daß zwei Massenpunkte aufeinander mit gleich großen und entgegengesetzten Kräften in Richtung ihrer Verbindungslinie wirken. Dieser Satz über „*Gleichheit von Aktion und Reaktion*" ist die dynamische Verallgemeinerung des in **41** besprochenen statischen Reaktionsprinzips. Schließlich enthält Voraussetzung 4 die geometrische Addition der Kräfte, d. h. also den Satz vom Kräfteparallelogramm für den dynamischen Fall.

In der obigen Definition tritt ·die Kraft als ein aus den Grundbegriffen Länge, Zeit und Masse abgeleiteter Begriff auf. In der Statik war dagegen die Kraft ein Grundbegriff und wurde z. B. durch das Gewicht (die Schwere) eines Kilogrammstücks als Einheit gemessen. Wir wollen uns diese Kraftmessung an einer bestimmten Stelle der Erdoberfläche durch ein Dynamometer ausgeführt denken. Ein Dynamometer besteht aus einer an einem Ende befestigten elastischen Spiralfeder und einem Maßstab, an dem man die Länge der Feder ablesen kann. Hängt man an die Feder nacheinander 1, 2, 3, ... Kilogrammgewichte und vermerkt die entsprechenden Verlängerungen der Feder, so erhält man eine Skala für statische Kraftmessung. Welche Beziehung besteht nun zwischen statischer und dynamischer Kraftmessung?

Läßt man an der gewählten Stelle der Erdoberfläche einen Massenpunkt P mit der Masse m frei im luftleeren Raum fallen, so kann man durch direkte Messung eine gewisse konstante Beschleunigung g cm sec^{-2} senkrecht nach unten (d. h. pro sec einen Geschwindigkeitszuwachs von g gleich etwa 981 cm pro sec) feststellen. Nach dynamischer Kraftmessung wirkt also auf P eine senkrecht nach unten gerichtete Kraft der Größe mg. Hängt man danach P am Dynamometer auf, so konstatiert man durch die Verlängerung der Feder ein gewisses Gewicht G, das von der Spannung der Feder aufgehoben wird. Nun kann man aber auch diesen letzten Fall dynamisch auffassen, da Ruhe ein Spezialfall von Bewegung ist. P steht dann in Wechselwirkung einerseits mit der Feder, andererseits mit der Erde, die das Schwerefeld bestimmt, und hat die gesamte Beschleunigung Null. Es ist natürlich anzunehmen, daß die Schwere in gleicher Weise auf den Massenpunkt wirkt, ob er von der Federkraft in Ruhe gehalten wird oder ob die Feder entfernt wird und er frei fällt. Wir formulieren dies als

Voraussetzung 5 (*Gesetz von der Unabhängigkeit der Kraftwirkungen*): *Die Wechselwirkung zwischen zwei Massenpunkten hängt nur von ihrer physikalischen Beschaffenheit, ihrer Lage und evtl. von ihrer Geschwindigkeit ab und wird durch die Wechselwirkung mit anderen Massenpunkten nicht beeinflußt.*

Im vorliegenden Fall, wo die Beschleunigung g nicht von der Geschwindigkeit abhängt, wirkt also die Schwere und daher auch die Feder auf P mit einer dynamischen Kraft mg. Diese beiden heben sich auf und ergeben die Beschleunigung Null. Wir werden also dazu geführt, eine Kraft als denselben Vektor aufzufassen, gleichgültig, ob sie statisch oder dynamisch wirkt, und setzen demnach

$$(91, 14) \qquad\qquad G = pmg,$$

wo p ein Proportionalitätsfaktor ist, der von den verwendeten Einheiten abhängt.

Nun zeigt eine fundamentale Erfahrung, daß verschiedene Körper an derselben Stelle der Erdoberfläche im luftleeren Raum stets mit der gleichen Beschleunigung g fallen. Gleichung (**91**, 14) zeigt also, daß Gewicht und Masse an derselben Stelle der Erde proportional sind, und gibt daher die Möglichkeit der *Massenmessung durch Wägen*. (Man pflegt auch zu sagen, daß Gleichheit zwischen „träger" und „schwerer" Masse besteht, wo die erste der oben definierte Massenbegriff ist und die zweite als diejenige Eigenschaft der Materie aufgefaßt wird, die die gegenseitige Anziehung der Körper, also auf der Erdoberfläche die Schwere der Körper, bedingt.) Man muß aber beachten, daß keine Proportionalität zwischen Schwere und Masse desselben Körpers an verschiedenen Stellen der Erdoberfläche besteht, da g mit dem Orte veränderlich ist.

Die durch obige Definition ausgedrückte Gleichung

$$(91, 15) \qquad\qquad Masse \times Beschleunigung = Kraft$$

dient ihrer ursprünglichen Bedeutung nach als Definitionsgleichung für dynamische Kraftmessung; aus ihr schließt man auf dasselbe Kraftgesetz, wenn ein Massenpunkt bei verschiedenen Bewegungen die gleiche Beschleunigung aufweist. Man schließt also von den beobachteten Bewegungen auf die Kraft durch einen Differentiationsprozeß. Die häufigste Anwendung der Gleichung (**91**, 15), insbesondere bei technischen Aufgaben, geht indessen in umgekehrter Richtung: Wenn auf eine Masse bekannter Größe eine Kraft bekannter Größe und Richtung wirkt, so findet man die Beschleunigung aus (**91**, 15) und sucht daraus durch einen Integrationsprozeß die entsprechenden Bewegungen zu finden. Die Bedeutung der obigen Betrachtungen liegt nun darin, daß sie uns gestatten, Massen durch Wägen und Kräfte durch statische Meßmethoden zu messen. Dadurch wird Gleichung (91, 15) aus einer Definition zur eigentlichen Grundgleichung der Dynamik. Zusammen mit dem allgemeinen Reaktionsprinzip bildet sie die Grundlage aller folgenden Betrachtungen.

92. Dimensionen und Einheiten. Nachdem man, wie oben geschehen, Meßmethoden und Einheiten für die Grundbegriffe Länge, Masse und Zeit festgesetzt hat, kann man alle übrigen in der Mechanik auftretenden Begriffe auf diese drei zurückführen. Man erhält so zugleich Einheiten für diese abgeleiteten Begriffe. Wir wollen ein solches Maßsystem mit den drei genannten Grundbegriffen ein *Länge-Masse-Zeit-System* nennen. Dasjenige Länge-Masse-Zeit-System, als dessen Grundeinheiten cm, g, sec gewählt sind, bezeichnet man als das *CGS-System*.

Hat man eine Länge durch eine Maßzahl mit cm als Einheit ausgedrückt, und geht man zu einer neuen Längeneinheit über, die wir gleich $\frac{1}{\lambda}$ cm setzen können, so entsteht die neue Maßzahl aus der alten durch Multiplikation mit λ. Entsprechendes gilt für die Maßzahlen von Massen oder Zeiten mit $\frac{1}{\mu}$ g und $\frac{1}{\tau}$ sec als neuen Einheiten. Die Maßzahl einer abgeleiteten Größe multipliziert sich bei diesem Übergang zu neuen Einheiten ebenfalls mit einem von λ, μ und τ abhängigen Faktor, und zwar mit einer Funktion der Form $\lambda^a \mu^b \tau^c$, wo die Zahlen a, b und c von der Art der betrachteten physikalischen Größe und der Wahl der drei Grundbegriffe, aber nicht von deren Einheiten abhängen. Man sagt dann, die betreffende Größe habe die *Dimension* $[L^a M^b T^c]$. Um den Dimensionsbegriff zu verdeutlichen, wollen wir für einige bisher aufgetretene Größen die Dimensionen und die Einheiten im CGS-System angeben.

Flächeninhalt und Volumen haben die Dimensionen $[L^2]$ und $[L^3]$ und die Einheiten cm² und cm³. Die Massendichte hat die Dimension $[L^{-3}M]$ und die Einheit $\frac{g}{cm^3}$, die sehr wenig von der Dichte destillierten Wassers bei 4° Celsius und normalem Luftdruck abweicht. Geschwindigkeit und Beschleunigung haben die Dimensionen $[LT^{-1}]$ bzw. $[LT^{-2}]$ und die Einheiten $\frac{cm}{sec}$ bzw. $\frac{cm}{sec^2}$. Winkel haben die Dimension $[L^0 M^0 T^0]$, d. h. sie sind reine Zahlen, da sie das Verhältnis zweier Längen, nämlich Bogenlänge und Radius, angeben. Winkelgeschwindigkeit und Winkelbeschleunigung haben daher die Dimensionen $[T^{-1}]$ bzw. $[T^{-2}]$ und die Einheiten sec⁻¹ bzw. sec⁻². Die Kraft wird auf Grund ihrer dynamischen Definition durch das Produkt von Masse und Beschleunigung gemessen, hat also die Dimension $[LMT^{-2}]$ und die Einheit $\frac{cm\,g}{sec^2}$, die man als 1 dyn bezeichnet.

1 dyn ist also die Kraft, die bei fortgesetzter konstanter Einwirkung einer Grammasse pro sec einen Geschwindigkeitszuwachs von 1 cm pro sec erteilt. Das **Kraftmoment** und die **Arbeit** haben die Dimension $[L^2 M T^{-2}]$.

Bei technischen Anwendungen benutzt man häufig Länge, Kraft und Zeit als Grundbegriffe. In einem solchen *Länge-Kraft-Zeit-System* ist die Masse ein abgeleiteter Begriff und hat nach (**91**, 15) die Dimension $[L^{-1} K T^2]$. Eine Größe mit der Dimension $[L^a M^b T^c]$ in einem Länge-Masse-Zeit-System hat daher in einem Länge-Kraft-Zeit-System die Dimension $[L^{a-b} K^b T^{2b+c}]$. Nur für $b = 0$ stimmen diese beiden überein.

Als Einheiten im Länge-Kraft-Zeit-System wählt man beispielsweise Meter, Kilogrammkraft und Sekunde, wobei unter Kilogrammkraft (kg) das Gewicht des internationalen Normalkilogrammstücks zu verstehen ist. Soll dies eine genaue Definition der Krafteinheit sein, so muß man jedoch, wie früher erwähnt, hinzufügen, an welcher Stelle der Erde die Bestimmung des Gewichts vorzunehmen ist. Sei dies etwa ein Ort, an dem die Schwerebeschleunigung $9{,}81 \frac{m}{sec^2}$ ist. Zur Bestimmung der Masseneinheit hat man nun (**91**, 14), wo man am einfachsten den Proportionalitätsfaktor $p = 1$ setzt. Dann wird die Masseneinheit diejenige Masse, der eine Kraft von 1 kg die Beschleunigung $1 \frac{m}{sec^2}$ erteilt. Da nun ein Kilogrammstück unter der Einwirkung seiner Schwere, also von 1 kg, die Beschleunigung $9{,}81 \frac{m}{sec^2}$ erhält, ist seine Masse $\frac{1}{9{,}81}$, d. h. die Masseneinheit ist gleich der Masse von 9,81 Kilogrammstücken.

Wenn man sich bei der Festsetzung der Kilogrammkraft nicht an einen bestimmten Ort bindet, variiert mit der Schwerebeschleunigung auch die Masseneinheit von Ort zu Ort. Bei vielen Anwendungen kann man aber von diesen geringen Änderungen absehen.

Da die Masseneinheit 9810mal und die Längeneinheit 100mal so groß wie im CGS-System und die Zeiteinheit beidemal dieselbe ist, wird die Krafteinheit 981000mal so groß, d. h. es ist

$$1 \text{ kg} = 981\,000 \text{ dyn}.$$

1 dyn ist also etwa gleich dem Gewicht eines Milligrammstücks.

Da die Gleichungen der Mechanik Zusammenhänge zum Ausdruck bringen, die unabhängig von der Wahl der Maßeinheiten sind, kann man nur gleichartige Größen addieren und vergleichen, d. h. die Summanden einer Summe und die beiden Seiten einer Gleichung müssen stets Größen derselben Dimension sein. Diese Bemerkung, so naheliegend sie ist, ermöglicht eine wesentliche Kontrolle bei mechanischen

Rechnungen. Endet eine Rechnung mit einem inhomogenen Resultat, so sucht man den Fehler dort, wo die Homogenität zum erstenmal gestört ist. Um diese Kontrolle richtig ausnützen zu können, fügt man bei der Einführung einer Maßzahl zweckmäßig einen Dimensionsfaktor $[L^a M^b T^c]$ hinzu. Am besten ist es, die Buchstabenbezeichnungen die ganze Rechnung hindurch beizubehalten und gegebene Zahlwerte erst in das Schlußresultat einzusetzen. Dies ist auch deshalb zu empfehlen, weil man nur dann die Abhängigkeit des Schlußresultats von den einzelnen gegebenen Größen übersehen kann. — In Ausdrücken wie $\sin x$, $\log x$, e^x usw. muß x selbstverständlich dimensionslos sein.

93. Der Projektionssatz. Wir betrachten nun einen Massenpunkt P der Masse m, auf den eine Kraft $\mathfrak{K}$ wirkt. (Wirken auf P mehrere Kräfte gleichzeitig, so soll $\mathfrak{K}$ die Vektorsumme dieser Kräfte, also, da sie ja gemeinsamen Angriffspunkt haben, ihre Resultante bedeuten.) Es seien $\mathfrak{v}$ und $\mathfrak{b}$ Geschwindigkeits- und Beschleunigungsvektor von P in einem Inertialsystem. Für die Bewegung des Massenpunktes gilt dann die dynamische Grundgleichung (**91**, 15)

$$(93, 1) \qquad\qquad m\,\mathfrak{b} = \mathfrak{K}.$$

Hier kann man auch das statische Gleichheitszeichen $=$ verwenden, da $\mathfrak{b}$ und $\mathfrak{K}$ auf derselben Geraden liegen. Bezeichnen x, y, z die Koordinaten von P und X, Y, Z die von $\mathfrak{K}$ in einem willkürlichen Grundsystem $(O; \mathfrak{x}, \mathfrak{y}, \mathfrak{z})$, sowie $\mathfrak{r}$ den Ortsvektor von P vom Ursprung O aus, so hat man die Gleichungen

$$(93, 2) \qquad\qquad \mathfrak{r} = x\,\mathfrak{x} + y\,\mathfrak{y} + z\,\mathfrak{z},$$

$$(93, 3) \qquad\qquad \frac{d\mathfrak{r}}{dt} = \dot{\mathfrak{r}} = \mathfrak{v} = \dot{x}\,\mathfrak{x} + \dot{y}\,\mathfrak{y} + \dot{z}\,\mathfrak{z},$$

$$(93, 4) \qquad\qquad \frac{d^2\mathfrak{r}}{dt} = \ddot{\mathfrak{r}} = \dot{\mathfrak{v}} = \mathfrak{b} = \ddot{x}\,\mathfrak{x} + \ddot{y}\,\mathfrak{y} + \ddot{z}\,\mathfrak{z},$$

$$(93, 5) \qquad\qquad \mathfrak{K} = X\,\mathfrak{x} + Y\,\mathfrak{y} + Z\,\mathfrak{z},$$

und (**93**, 1) ist dann gleichbedeutend mit den drei skalaren Gleichungen

$$(93, 6) \qquad\qquad m\,\ddot{x} = X,$$

$$(93, 7) \qquad\qquad m\,\ddot{y} = Y,$$

$$(93, 8) \qquad\qquad m\,\ddot{z} = Z.$$

Ist $(O; \mathfrak{x}, \mathfrak{y}, \mathfrak{z})$ speziell ein gewöhnliches rechtwinkliges Koordinatensystem $(O; \mathfrak{i}, \mathfrak{j}, \mathfrak{f})$ (was wir im allgemeinen annehmen), so ist $\ddot{x}$ die Projektion von $\mathfrak{b}$ und X die von $\mathfrak{K}$ auf die erste Koordinatenachse. Da aber diese eine vollständig willkürliche Gerade ist, hat man den folgenden

Projektionssatz (*erste Form*): *Das Produkt der Masse und der Projektion der Beschleunigung auf eine beliebige Gerade ist gleich der Projektion der Kraft auf diese Gerade.*

Umgekehrt folgt die Vektorgleichung (**93**, 1) aus dem Projektionssatz. Dazu braucht man nur seine Gültigkeit für drei Geraden heranzuziehen, die nicht derselben Ebene parallel sind. Bei der Anwendung des Satzes beachte man, daß die Projektion der Beschleunigung auf eine feste Gerade dasselbe ist wie die Beschleunigung der Projektion von P auf die Gerade.

Wir wollen nun eine Umformung von (**93**, 1) vornehmen. Der Vektor

$$(\textbf{93}, 9) \qquad\qquad \mathfrak{B} = m\mathfrak{v}$$

heiße der *Vektor der Bewegungsmenge*[1] oder kurz die *Bewegungsmenge* des Massenpunktes. Die Dimension der Bewegungsmenge ist $[LMT^{-1}]$. Der Vektor $\mathfrak{B}$ hat die Koordinaten

$$(\textbf{93}, 10) \qquad \begin{cases} B_x = m\dot{x}, \\ B_y = m\dot{y}, \\ B_z = m\dot{z}. \end{cases}$$

(**93**, 1) kann dann

$$(\textbf{93}, 11) \qquad\qquad \frac{d}{dt}(m\mathfrak{v}) = \dot{\mathfrak{B}} = \mathfrak{K}$$

geschrieben werden:

Die Kraft ist gleich der Ableitung des Vektors der Bewegungsmenge nach der Zeit.

Schreibt man (**93**,11) in Koordinatenform, so erhält man als Umformungen von (**93**, 6, 7, 8)

$$(\textbf{93}, 12) \qquad \begin{cases} \dfrac{d}{dt}(m\dot{x}) = \dot{B}_x = X, \\[4pt] \dfrac{d}{dt}(m\dot{y}) = \dot{B}_y = Y, \\[4pt] \dfrac{d}{dt}(m\dot{z}) = \dot{B}_z = Z. \end{cases}$$

Hiernach kann man den Projektionssatz auch folgendermaßen aussprechen:

Projektionssatz (*zweite Form*): *Die zeitliche Ableitung der Projektion der Bewegungsmenge auf eine feste Gerade ist gleich der Projektion der Kraft auf diese Gerade.*

Hierbei ist wesentlich, daß die verwendete Projektionsachse in dem zugrunde gelegten Inertialsystem fest ist. In **97** werden wir Projektionen auf bewegte Geraden betrachten.

Trägt man $\mathfrak{B}$ von einem festen Punkt, etwa dem Ursprung O aus auf, so durchläuft der Endpunkt im Laufe der Zeit eine gewisse Kurve, die dem Hodographen (**63**) ähnlich ist, da sie aus diesem durch Multi-

---

[1] In vielen Darstellungen wird er auch als Impulsvektor des Massenpunktes bezeichnet. Hier wird jedoch das Wort „Impuls" dem ursprünglichen Sinn dieses Wortes entsprechend in anderer Bedeutung verwendet.

plikation mit dem Skalar m von O aus hervorgeht. $\Re$ gibt dann die Geschwindigkeit des Endpunktes von $\mathfrak{B}$ an.

Schreibt man (**93**, 11)

$$d\mathfrak{B} = \Re\, dt,$$

so erhält man durch Integration über das Zeitintervall von t_1 bis t_2

(**93**, 13) $$\mathfrak{B}(t_2) - \mathfrak{B}(t_1) = \int_{t_1}^{t_2} \Re\, dt.$$

Hierbei wird sich $\Re$ im allgemeinen während der Integrationszeit ändern; man hat $\Re$ als diejenige Funktion von t aufzufassen, die angibt, wie die Kraft bei der Bewegung des Massenpunktes variiert.

Das Zeitintegral der Kraft wird als *Impuls* bezeichnet. Seine Dimension ist ebenso wie die der Bewegungsmenge $[LMT^{-1}]$. (**93**, 13) kann nun so formuliert werden:

Der Zuwachs der Bewegungsmenge in einem Zeitintervall ist gleich dem durch die wirkende Kraft im selben Zeitintervall bestimmten Impuls.

Hat die Kraft konstante Größe und Richtung, so wird der Impuls $(t_2 - t_1)\Re$; er wird also durch das Produkt des Kraftvektors mit der Länge des Zeitintervalls gemessen. Man kann daher sagen, daß die von einer Kraft bewirkte Änderung der Bewegungsmenge davon abhängt, wie lange die Kraft auf den Massenpunkt einwirkt.

Aus (**93**, 13) erhält man die skalare Gleichung

(**93**, 14) $$m[\dot{x}(t_2) - \dot{x}(t_1)] = \int_{t_1}^{t_2} X\, dt$$

und die entsprechenden für y und z. Hieraus entnimmt man: *Der Zuwachs der Bewegungsmenge in einer bestimmten Richtung ist gleich dem Impuls in dieser Richtung.* Insbesondere: Ist die wirkende Kraft stets einer festen Ebene parallel, so hat der Massenpunkt in Richtung der Ebenennormale konstante Bewegungsmenge, also konstante Geschwindigkeit. Hat die wirkende Kraft konstante Richtung, so ist die Projektion der Bewegungsmenge, also auch die der Geschwindigkeit, auf eine zur Kraftrichtung senkrechte Ebene konstant nach Größe und Richtung.

94. Der Momentsatz. Aus (**93**, 11) als statische Gleichung

(**94**, 1) $$\dot{\mathfrak{B}} = \Re$$

aufgefaßt, folgt

(**94**, 2) $$\mathfrak{r} \times \dot{\mathfrak{B}} = \mathfrak{r} \times \Re.$$

Wir führen nun den Momentvektor $\mathfrak{S}$ der Bewegungsmenge in O ein und nennen ihn das *Moment der Bewegungsmenge:*

(**94**, 3) $$\mathfrak{S} = \mathfrak{r} \times \mathfrak{B} = \mathfrak{r} \times m\mathfrak{v}.$$

$\mathfrak{B}$ und $\mathfrak{S}$ sind homogene Plückervektoren für die Bahntangente des Massenpunktes (vgl. **22**). Nach (**60**, 11) hat man nun

$$\dot{\mathfrak{S}} = \dot{\mathfrak{r}} \times \mathfrak{B} + \mathfrak{r} \times \dot{\mathfrak{B}} = \mathfrak{r} \times \dot{\mathfrak{B}},$$

da $\dot{\mathfrak{r}}$ ($= \mathfrak{v}$) und $\mathfrak{B}$ parallel sind. Bezeichnet man den Momentvektor der Kraft in O mit

(**94**, 4) $$\mathfrak{M} = \mathfrak{r} \times \mathfrak{K},$$

so kann man (**94**, 2) kurz

(**94**, 5) $$\dot{\mathfrak{S}} = \mathfrak{M}$$

schreiben. Da nun O ein beliebiger Punkt ist, hat man folgenden Satz:

Vektorieller Momentsatz: *Die zeitliche Ableitung des Moments der Bewegungsmenge in einem willkürlichen festen Punkt ist gleich dem Momentvektor der Kraft im selben Punkt.*

Trägt man $\mathfrak{S}$ für variables t vom Momentzentrum auf, so ist $\mathfrak{M}$ in jedem Zeitpunkt der Tangente an das Kurvenbild von $\mathfrak{S}$ parallel und gibt die Geschwindigkeit des Endpunktes von $\mathfrak{S}$ an. Zusammenfassend kann man sagen, daß die Plückervektoren $\mathfrak{K}$ und $\mathfrak{M}$ der Kraft die zeitlichen Ableitungen der Plückervektoren $\mathfrak{B}$ und $\mathfrak{S}$ der Bahntangente sind, und dies gilt bei beliebigem festem Ursprung. Das Momentfeld $\mathfrak{S}$ der Bewegungsmenge hat nach (**94**, 5) das Momentfeld $\mathfrak{M}$ der Kraft zur zeitlichen Ableitung. (**94**, 1) besagt, daß zwischen den Vektorinvarianten dieser Momentfelder dieselbe Relation besteht. (**94**, 1) folgt aus (**94**, 5), da man nach dem Obigen (**94**, 5) in

$$\mathfrak{r} \times (\dot{\mathfrak{B}} - \mathfrak{K}) = 0$$

umformen kann, woraus sich (**94**, 1) ergibt, weil O, also $\mathfrak{r}$, willkürlich ist.

Das *Moment der Bewegungsmenge des Massenpunktes um eine Gerade a* ist die Projektion des Feldvektors $\mathfrak{S}$ in einem Punkt von a auf a. Ist a eine feste Gerade, so ist die Ableitung der Projektion von $\mathfrak{S}$ auf a gleich der Projektion von $\dot{\mathfrak{S}}$ auf a. Aus (**94**, 5) ergibt sich daher eine skalare Form des Momentsatzes:

Skalarer Momentsatz: *Die zeitliche Ableitung des Moments der Bewegungsmenge um eine feste Gerade ist gleich dem Kraftmoment um diese Gerade.*

Wendet man diesen Satz auf die Koordinatenachsen an, so erhält man als skalaren Ausdruck für (**94**, 3, 4, 5)

(**94**, 6)
$$\begin{cases} \dfrac{d}{dt} m(y\,\dot{z} - z\dot{y}) = y\,Z - z\,Y\,, \\[2mm] \dfrac{d}{dt} m(z\,\dot{x} - x\,\dot{z}) = z\,X - x\,Z\,, \\[2mm] \dfrac{d}{dt} m(x\,\dot{y} - y\,\dot{x}) = x\,Y - y\,X\,. \end{cases}$$

Nun ist

$$(94, 7) \qquad \mathfrak{r} \times d\mathfrak{r} = \mathfrak{r} \times \mathfrak{v}\, dt$$

das Doppelte des Flächeninhalts desjenigen Sektors, den $\mathfrak{r}$ in der Zeit dt beschreibt, und $y\, dz - z\, dy$ die Projektion dieses doppelten Flächeninhalts auf die y, z-Ebene, also der doppelte Sektorflächeninhalt für die Projektion des Massenpunktes P auf die y, z-Ebene. Deshalb kann man

$$(94, 8) \qquad \tfrac{1}{2}(y\dot{z} - z\dot{y})$$

als die *Flächengeschwindigkeit* des Massenpunktes um die x-Achse bezeichnen. (**94**, 6) läßt sich dann so aussprechen:

Die zeitliche Ableitung des doppelten Produktes der Masse des Punktes und seiner Flächengeschwindigkeit um eine feste Gerade ist gleich dem Kraftmoment um diese Gerade. Insbesondere: Schneidet die Angriffslinie der Kraft während der ganzen Bewegung eine feste Gerade oder verläuft ihr parallel, so hat der Massenpunkt konstante Flächengeschwindigkeit um diese Gerade *(Flächensatz)*.

Unter festem Punkt oder fester Geraden haben wir hier überall einen Punkt oder eine Gerade verstanden, die in dem Koordinatensystem, auf das die Bewegung bezogen ist, also in einem Inertialsystem fest ist. In **98** wird von Momenten um bewegte Punkte oder Geraden die Rede sein.

Schreibt man (**94**, 5)

$$(94, 9) \qquad d\mathfrak{S} = \mathfrak{M}\, dt,$$

so erhält man durch Integration über das Zeitintervall von t_1 bis t_2

$$(94, 10) \qquad \mathfrak{S}(t_2) - \mathfrak{S}(t_1) = \int\limits_{t_1}^{t_2} \mathfrak{M}\, dt.$$

Das Integral auf der rechten Seite ist das Zeitintegral des Kraftmoments in O und wird als *Impulsmoment* der Kraft in O bezeichnet. Ganz entsprechend dem Satz in **93** über den Impuls der Kraft kann man hier dem Momentsatz die in (**94**, 10) enthaltene Form geben:

Der Zuwachs des Moments der Bewegungsmenge in einem festen Punkt ist gleich dem durch die wirkende Kraft im selben Zeitintervall bestimmten Impulsmoment in diesen Punkt.

95. Der Energiesatz. Multipliziert man (**93**, 1) skalar mit $\mathfrak{v}$, so erhält man

$$(95, 1) \qquad \mathfrak{K} \cdot \mathfrak{v} = m\mathfrak{v} \cdot \dot{\mathfrak{v}} = m\mathfrak{v} \cdot \dot{\mathfrak{v}} = \frac{d}{dt}\left(\frac{1}{2}m\mathfrak{v}^2\right) = \frac{d}{dt}\left(\frac{1}{2}mv^2\right),$$

wobei v den Geschwindigkeitsbetrag des Massenpunktes bedeutet. Den Skalar

$$(95, 2) \qquad T = \frac{1}{2}mv^2 = \frac{1}{2}\mathfrak{v} \cdot \mathfrak{B} = \frac{1}{2m}\mathfrak{B}^2$$

nennt man die *kinetische Energie*[1] (oder lebendige Kraft) des Massenpunktes. (**95**, 1) enthält den folgenden

Energiesatz: *Die zeitliche Ableitung der kinetischen Energie des Massenpunktes ist gleich dem Effekt der Kraft* (vgl. **76**):

Multipliziert man (**95**, 1) mit dt, so erhält man

$$(95, 3) \qquad d(\tfrac{1}{2} m v^2) = dT = \mathfrak{K} \cdot d\mathfrak{r} = dA \,,$$

wo dA die Arbeit der Kraft in dem Zeitelement ist, in dem T die Änderung dT erleidet.

Arbeit und kinetische Energie haben die gleiche Dimension $[L^2 M T^{-2}]$. T ist nach Definition niemals negativ; dagegen kann die Arbeit beiderlei Vorzeichen haben. Sie ist positiv oder negativ, je nachdem die Kraft einen spitzen oder stumpfen Winkel mit der Bewegungsrichtung des Massenpunktes bildet. Als Einheit der Energie (Arbeit und kinetische Energie) wählt man die Arbeit, die eine konstante Kraft der Größe 1 dyn leistet, wenn ihr Angriffspunkt um 1 cm in Richtung der Kraft verschoben wird:

$$1 \text{ dyn cm} = 1 \text{ erg} \,.$$

Als größere Einheit hat man das in **11** genannte Kilogrammeter, für das nach einer bestimmten Fixierung der Kilogrammkraft

$$1 \text{ kgm} = 981 \cdot 10^5 \text{ erg}$$

gilt.

Als Einheit des Effektes, dessen Dimension $[L^2 M T^{-3}]$ ist, hat man $1 \dfrac{\text{erg}}{\text{sec}}$ oder als größere Einheit

$$10^7 \frac{\text{erg}}{\text{sec}} = 1 \text{ Watt}$$

und ferner 1 Kilowatt (kW) = 1000 Watt. Man verwendet vielfach auch die Einheit 1 Pferdestärke (PS)

$$1 \text{ PS} = 75 \frac{\text{kgm}}{\text{sec}} = \text{ca } \frac{3}{4} \text{ kW} \,.$$

Umgekehrt ist das Produkt eines Effektes und seiner Wirkungszeit ein Energiemaß. So pflegt man eine Energie in Kilowattstunden (kWh)

$$1 \text{ kWh} = 36 \cdot 10^{12} \text{ erg}$$

zu messen.

Integriert man (**95**, 3) vom Zeitpunkt t_1, in dem P die Lage $\mathfrak{r}_1$ einnehmen und die Geschwindigkeit $\mathfrak{v}_1$ besitzen möge, zum Zeitpunkt t_2 (Lage $\mathfrak{r}_2$, Geschwindigkeit $\mathfrak{v}_2$), so erhält man

$$(95, 4) \qquad T(t_2) - T(t_1) = \tfrac{1}{2} m (\mathfrak{v}_2^2 - \mathfrak{v}_1^2) = \int_{\mathfrak{r}_1}^{\mathfrak{r}_2} \mathfrak{K} \cdot d\mathfrak{r} = A \,.$$

---

[1] Entsprechend der Bezeichnung „kinetische Energie" wäre es konsequent, die ebenfalls „massenkinematischen" Größen $\mathfrak{B}$ und $\mathfrak{S}$ als „kinetischen Vektor" und „kinetischen Momentvektor" zu bezeichnen.

*Der Unterschied der kinetischen Energie für zwei Lagen des Massen-
punktes ist gleich der Arbeit, die die wirkende Kraft bei der Bewegung
des Massenpunktes von der ersten Lage zur zweiten geleistet hat.*

Der Integralausdruck für A ist als Summe der infinitesimalen Skalare
$\Re \cdot d\mathfrak{r}$ zu verstehen, die den einzelnen Elementarverrückungen des
Massenpunktes im Verlauf der Bewegung entsprechen. (Vgl. die aus-
führlichere Darstellung im 14. Kapitel.) Hierbei wird $\Re$ während der
Bewegung im allgemeinen sowohl nach Größe als auch nach Richtung
variieren. Im Spezialfall, daß $\Re$ ein während der Bewegung konstanter
Vektor ist, kann man die Integration ausführen und erhält $A = \Re \cdot (\mathfrak{r}_2 - \mathfrak{r}_1)$.

Bei Anwendung rechtwinkliger Koordinaten hat man einerseits für T
den Ausdruck

$$(95, 5) \qquad T = \tfrac{1}{2} m (\dot{x}^2 + \dot{y}^2 + \dot{z}^2),$$

andererseits für die elementare Arbeit

$$(95, 6) \qquad dA = X\,dx + Y\,dy + Z\,dz.$$

Der Integralausdruck

$$(95, 7) \qquad A = \int (X\,dx + Y\,dy + Z\,dz)$$

ist als ein Kurvenintegral, genommen längs der Bahnkurve des Massenpunktes, zu verstehen. Hierbei hat man die Koordinaten des laufenden
Punktes, also auch deren Differentiale dx, dy, dz und die Koordinaten
der Kraft als Funktionen eines geeigneten Parameters auszudrücken,
durch den man die verschiedenen Lagen des Punktes auf der Bahnkurve charakterisieren kann.

Ein besonderer Fall, der wegen seiner Häufigkeit und Einfachheit
von großer Bedeutung ist, ist der, daß es eine *Kräftefunktion*, d. h.
eine skalare Punktfunktion $F(x, y, z)$ im Raume gibt, deren partielle
Ableitungen

$$\frac{\partial F}{\partial x}, \ \frac{\partial F}{\partial y}, \ \frac{\partial F}{\partial z}$$

als Funktionen von x, y, z die Koordinaten der Kraft angeben, die auf
den Massenpunkt in der Lage (x, y, z) wirkt. Unter dieser Voraussetzung ist (95, 6) ein vollständiges Differential

$$(95, 8) \qquad dA = dF(x, y, z),$$

und (95, 7) nimmt die Gestalt

$$(95, 9) \qquad A = F(x_2, y_2, z_2) - F(x_1, y_1, z_1)$$

an. A ist dann also nur von der Anfangslage $\mathfrak{r}_1$ und der Endlage $\mathfrak{r}_2$
des Massenpunktes abhängig und nicht von der speziellen Bahnkurve,
längs der der Übergang zwischen diesen zwei Lagen stattfindet. Wir
werden im Kap. 14 näher auf diesen Sachverhalt eingehen.

Wirkt eine Kraft konstanter Größe und Richtung auf einen sich in der Kraftrichtung geradlinig bewegenden Massenpunkt, so ist die Arbeit gleich dem Produkt aus der Größe der Kraft und dem zurückgelegten Weg. Der Zuwachs an kinetischer Energie bringt also zum Ausdruck, auf einem wie langen Weg die Kraft gewirkt hat, während der Zuwachs an Bewegungsmenge zum Ausdruck brachte, in welchem Zeitraum die Kraft gewirkt hat. Dementsprechend können wir kurz sagen, daß die Arbeit das Wegintegral und der Impuls das Zeitintegral der Kraft ist. Die Arbeit kann auch als das Zeitintegral des Effektes aufgefaßt werden:

$$A = \int \mathfrak{K} \cdot \mathfrak{v}\, dt.$$

Als Spezialfall sei erwähnt, daß T und daher auch v konstant ist, wenn die Kraft stets senkrecht zur Bewegungsrichtung wirkt. In diesem Fall verschwindet ja die Beschleunigung $\dfrac{dv}{dt}$ in Richtung der Bahntangente. Die Kraft ist dann in der Hauptnormalen der Bahnkurve auf das Krümmungszentrum zu gerichtet und hat den Betrag $\dfrac{m\,v^2}{\varrho}$, wo ϱ der Krümmungsradius der Bahnkurve ist.

96. Relative Bewegung. Wir wollen nun untersuchen, welche Form das dynamische Grundgesetz für die Bewegung eines Massenpunktes in einem Koordinatensystem annimmt, das sich in bezug auf ein Inertialsystem in beliebiger Weise bewegt. Das Inertialsystem $(O; \mathfrak{i}, \mathfrak{j}, \mathfrak{k})$ sei mit einem starren Bezugskörper $\boldsymbol{B}$ und das bewegte System $(\overline{O}; \mathfrak{i}, \mathfrak{j}, \mathfrak{k})$ mit einem starren Bezugskörper $\overline{\boldsymbol{B}}$ verbunden. Wir stützen uns auf **84** bis **86** und benützen die dort eingeführten Bezeichnungen. $\boldsymbol{B}$ vertritt den absoluten, $\overline{\boldsymbol{B}}$ den relativen Koordinatenraum. Für die Bewegung des Massenpunktes in $\boldsymbol{B}$ hat man dann die Grundgleichung

(**96**, 1) $$\qquad m\,\mathfrak{b}_a = \mathfrak{K}_a,$$

wo $\mathfrak{K}_a$ den auf P wirkenden *„absoluten Kraftvektor“* bezeichnet. Nun hat man die Gleichung [vgl. (**85**, 8, 9)]

(**96**, 2) $$\qquad \mathfrak{b}_a = \mathfrak{b}_r + \mathfrak{b}_f + \mathfrak{C},$$

wo die Führungsbeschleunigung $\mathfrak{b}_f$ die Beschleunigung $\mathfrak{b}_a(\overline{Q})$ in bezug auf $\boldsymbol{B}$ von demjenigen Punkt $\overline{Q}$ von $\overline{\boldsymbol{B}}$ bedeutet, der in dem betrachteten Zeitpunkt $t = t_0$ mit P zusammenfällt.

(**96**, 3) $$\qquad \mathfrak{C} = 2\,\mathfrak{w} \times \mathfrak{b}_r$$

ist die CORIOLISbeschleunigung, wobei $\mathfrak{w}$ den Drehvektor der Bewegung von $\overline{\boldsymbol{B}}$ relativ zu $\boldsymbol{B}$ und $\mathfrak{b}_r$ die relative Geschwindigkeit von P in bezug auf $\overline{\boldsymbol{B}}$ im Zeitpunkt $t = t_0$ bedeutet. Nach (**96**, 1, 2) kann man dann

(**96**, 4) $$\qquad m\,\mathfrak{b}_r = \mathfrak{K}_r$$

schreiben, wo der „*relative Kraftvektor*"

$$(\mathbf{96}, 5) \qquad\qquad \Re_r = \Re_a - m\,\mathfrak{b}_f - m\,\mathfrak{C}$$

ist. Man erhält so eine dynamische Grundgleichung (**96**, 4) für die Bewegung von P relativ zu $\overline{\boldsymbol{B}}$, die dieselbe Form wie Gleichung (**96**, 1) für die Bewegung von P relativ zu $\boldsymbol{B}$ besitzt, wenn man P unter der Einwirkung eines abgeänderten Kraftvektors $\Re_r$ auffaßt. Diesen erhält man, indem man zum gegebenen Kraftvektor $\Re_a$ zwei „*fiktive Kräfte*" hinzufügt, die wir nun näher beschreiben wollen.

Die erste fiktive Kraft oder *Führungskraft*

$$(\mathbf{96}, 6) \qquad\qquad -m\,\mathfrak{b}_f$$

findet man, indem man sich P für jeden Zeitpunkt t in der zu t gehörigen Lage mit $\overline{\boldsymbol{B}}$ fest verbunden denkt. Dadurch bestimmt sich für jeden Wert von t eine zu P gehörige Führungsbewegung und eine Führungsbeschleunigung $\mathfrak{b}_f$. Erteilt man dieser entgegengesetzte Richtung und versieht sie mit dem Faktor m, so erhält man die erste fiktive Kraft. — Oft verwendet man mit Vorteil eine Zerlegung von $\mathfrak{b}_f$ nach Tangente und Hauptnormale der Führungsbahn. Bezeichnet $\mathfrak{v}_f$ die Führungsgeschwindigkeit und v_f deren Betrag, so erhält man die Komponente $-m\dfrac{dv_f}{dt}$ in Richtung der durch $\mathfrak{v}_f$ orientierten Tangente und die Komponente $m\dfrac{v_f^2}{\varrho}$ in der dem Hauptnormalenvektor der Führungsbahn entgegengesetzten Richtung. Die zweite Komponente heißt die *Zentrifugalkraft*. Die erste Komponente verschwindet, wenn der Betrag der Führungsgeschwindigkeit für den betrachteten Zeitpunkt t einen stationären Wert hat, insbesondere also, wenn sie konstant ist. Die zweite Komponente verschwindet, wenn für den betrachteten Wert von t der Betrag der Führungsgeschwindigkeit oder die Krümmung der Führungsbahn Null wird, speziell wenn die Führungsbahn geradlinig ist.

Um die zweite fiktive Kraft

$$(\mathbf{96}, 7) \qquad\qquad -m\,\mathfrak{C} = -2\,m\,\mathfrak{w} \times \mathfrak{v}_r$$

zu finden, hat man die relative Geschwindigkeit $\mathfrak{v}_r$ von P und die in der Bewegung von $\overline{\boldsymbol{B}}$ relativ zu $\boldsymbol{B}$ enthaltene Drehung $\mathfrak{w}$ zu bestimmen. Das letzte kann dadurch geschehen, daß man die Bewegung von $\overline{\boldsymbol{B}}$ in eine Translation eines willkürlichen Punktes R von $\overline{\boldsymbol{B}}$ (Reduktionszentrum) mit der Geschwindigkeit $\mathfrak{v}_a(R)$ und eine Drehung um eine durch R gehende Achse mit der Winkelgeschwindigkeit $\mathfrak{w}$ zerlegt. Trägt man den Vektor $\mathfrak{v}_r$ von einem Punkt der Drehachse auf, so erhält sein Endpunkt bei der Drehung die Geschwindigkeit $\mathfrak{w} \times \mathfrak{v}_r$. Erteilt man dieser entgegengesetzte Richtung und versieht sie mit dem Faktor $2m$, so erhält man die zweite fiktive Kraft, die *Komplement-*

kraft oder CORIOLIS*kraft*. Wie in **85** S. 184 erwähnt, verschwindet sie, wenn entweder die momentane Bewegung von $\overline{B}$ rein translatorisch oder P in momentaner relativer Ruhe oder die momentane relative Geschwindigkeit von P der momentanen Schraub- oder Drehachse der Bewegung von $\overline{B}$ parallel ist.

97. Der Projektionssatz für eine bewegte Gerade. $\mathfrak{L}$ sei ein Einheitsvektor auf einer Geraden l, die durch $\mathfrak{L}$ orientiert sei. Aus (**93**, 1) erhält man dann die Gleichung

(**97**, 1)
$$m\mathfrak{b} \cdot \mathfrak{L} = \mathfrak{K} \cdot \mathfrak{L}$$

als Ausdruck für die erste Form des Projektionssatzes, angewandt auf die Gerade l. Dies gilt unabhängig davon, ob l in dem benutzten Inertialsystem fest ist oder nicht, da (**97**, 1) eine algebraische Relation zwischen Vektoren, so wie sie in einem bestimmten Augenblick vorliegen, darstellt. Mit anderen Worten: Es ist gleichbedeutend, ob man auf eine bewegte Gerade l oder auf eine feste Gerade, die im betrachteten Augenblick mit l zusammenfällt, projiziert. (Man darf aber nicht die Projektion der Beschleunigung auf eine bewegte Gerade der Beschleunigung der Projektion des Massenpunktes auf die Gerade gleichsetzen!)

Anders verhält es sich mit der zweiten Form des Projektionssatzes, da hierbei von einer Differentiation nach t die Rede ist. Wir wollen uns l mit einem starren Körper $\overline{B}$ verbunden denken, dessen Bewegung relativ zum verwendeten Inertialsystem B willkürlich sein kann und den Drehvektor $\mathfrak{w}$ enthalten möge. Dann folgert man aus (**93**, 11) die Gleichung

(**97**, 2)
$$\mathfrak{K} \cdot \mathfrak{L} = \dot{\mathfrak{B}} \cdot \mathfrak{L} = \frac{d}{dt}(\mathfrak{B} \cdot \mathfrak{L}) - \mathfrak{B} \cdot \dot{\mathfrak{L}}.$$

Da $\mathfrak{L}$ in $\overline{B}$ fest ist, hat man nach (**84**, 14)

(**97**, 3)
$$\dot{\mathfrak{L}} = \left(\frac{d\mathfrak{L}}{dt}\right)_{\boldsymbol{B}} = \mathfrak{w} \times \mathfrak{L},$$

$$\mathfrak{B} \cdot \dot{\mathfrak{L}} = \mathfrak{B} \cdot \mathfrak{w} \times \mathfrak{L} = -\mathfrak{w} \times \mathfrak{B} \cdot \mathfrak{L} = -|\mathfrak{w}\,\mathfrak{B}\,\mathfrak{L}|.$$

Setzt man dies in (**97**, 2) ein und beachtet (**93**, 9), so erhält man

(**97**, 4)
$$\frac{d}{dt}(m\mathfrak{b} \cdot \mathfrak{L}) = (\mathfrak{K} - \mathfrak{w} \times m\mathfrak{b}) \cdot \mathfrak{L}.$$

Projektionssatz (*dritte Form*): *Die zeitliche Ableitung der Projektion der Bewegungsmenge auf eine bewegte Gerade ist gleich der Projektion der Kraft auf diese Gerade, nachdem der Kraft eine Scheinkraft* $-\mathfrak{w} \times m\mathfrak{b}$ *hinzugefügt worden ist.*

Man sieht, daß der Beitrag der Scheinkraft fortfällt, wenn entweder die momentane Geschwindigkeit des Massenpunktes Null ist, oder die Gerade im Augenblick parallel verschoben wird, oder die Geschwindigkeit $\mathfrak{b}$ des Massenpunktes parallel $\mathfrak{w}$, oder schließlich die durch $\mathfrak{b}$ und $\mathfrak{w}$ bestimmte Ebene parallel l ist. Ist nur die Lage der Geraden l als Funktion der Zeit gegeben, so ist dadurch die Bewegung von $\overline{B}$ noch nicht vollständig bestimmt. Ist aber l außer in $\overline{B}$ noch in einem zweiten Bezugskörper $\overline{B}'$ festgehalten, so kann die gegenseitige Bewegung von $\overline{B}'$ und $\overline{B}$ nur eine Drehung oder Schraubung um l sein. Folglich ist $\mathfrak{w}$ bis auf eine willkürliche Komponente in der Richtung von l bestimmt, und eine solche ist ohne Einfluß auf

$$\mathfrak{w} \times \mathfrak{b} \cdot \mathfrak{L} = |\mathfrak{w}\,\mathfrak{b}\,\mathfrak{L}|.$$

98. Die Momentsätze für einen bewegten Punkt und eine bewegte Gerade. Um den vektoriellen Momentsatz für ein in dem verwendeten Inertialsystem bewegtes Momentzentrum $\overline{O}$ aufzustellen, führen wir wie in **84** S. 180 dessen Ortsvektor $\overrightarrow{OO} = \mathfrak{o}$ ein, so daß $\dot{\mathfrak{o}}$ die Geschwindigkeit von $\overline{O}$ ist. Der Massenpunkt P habe den Ortsvektor $\overrightarrow{OP} = \mathfrak{r}$. Dann ist $\overrightarrow{\overline{O}P} = \mathfrak{r} - \mathfrak{o}$, und das Moment $\overline{\mathfrak{S}}$ der Bewegungsmenge in $\overline{O}$ wird

$$(98, 1) \qquad \overline{\mathfrak{S}} = \overrightarrow{\overline{O}P} \times \mathfrak{B} = (\mathfrak{r} - \mathfrak{o}) \times \mathfrak{B},$$

während der Momentvektor $\overline{\mathfrak{M}}$ der Kraft in $\overline{O}$

$$(98, 2) \qquad \overline{\mathfrak{M}} = \overrightarrow{\overline{O}P} \times \mathfrak{K} = (\mathfrak{r} - \mathfrak{o}) \times \mathfrak{K}$$

ist. Man hat dann

$$\dot{\overline{\mathfrak{S}}} = (\mathfrak{r} - \mathfrak{o}) \times \dot{\mathfrak{B}} + \dot{\mathfrak{r}} \times \mathfrak{B} - \dot{\mathfrak{o}} \times \mathfrak{B},$$

also wegen $\dot{\mathfrak{B}} = \mathfrak{K}$ die (**94**, 5) entsprechende Gleichung

$$(98, 3) \qquad \dot{\overline{\mathfrak{S}}} = \overline{\mathfrak{M}} - \dot{\mathfrak{o}} \times m\mathfrak{v}.$$

Vektorieller Momentsatz (*zweite Form*): *Die zeitliche Ableitung des Moments der Bewegungsmenge in einem bewegten Punkt, dessen Geschwindigkeit $\dot{\mathfrak{o}}$ ist, ist gleich dem Kraftmoment in diesem Punkt, vermindert um $\dot{\mathfrak{o}} \times m\mathfrak{v}$.*

Das zusätzliche Moment verschwindet, wenn entweder das Momentzentrum oder der Massenpunkt in momentaner Ruhe sind, oder wenn diese beiden Punkte sich in dem betrachteten Zeitpunkt parallel bewegen, und nur in diesen Fällen.

In entsprechender Weise wollen wir nun den skalaren Momentsatz auf den Fall einer bewegten Achse erweitern. Wir betrachten die Gerade l aus **97** und einen bewegten Punkt $\overline{O}$, der für alle Werte von t auf l liegt. Das Moment S_l der Bewegungsmenge um l ist dann

$$(98, 4) \qquad S_l = \overline{\mathfrak{S}} \cdot \mathfrak{L}.$$

In die differenzierte Gleichung

$$\dot{S}_l = \dot{\overline{\mathfrak{S}}} \cdot \mathfrak{L} + \overline{\mathfrak{S}} \cdot \dot{\mathfrak{L}}$$

setze man die Werte von $\dot{\overline{\mathfrak{S}}}$ aus (**98**, 3) und $\dot{\mathfrak{L}}$ aus (**97**, 3) ein. Die Gleichung kann dann

$$(98, 5) \qquad \dot{S}_l = [\overline{\mathfrak{M}} - (\mathfrak{w} \times \overline{\mathfrak{S}} + \dot{\mathfrak{o}} \times m\mathfrak{v})] \cdot \mathfrak{L}$$

oder

$$(98, 6) \qquad \dot{S}_l = M_l - |\mathfrak{w}\,\overline{\mathfrak{S}}\,\mathfrak{L}| - m|\dot{\mathfrak{o}}\,\mathfrak{v}\,\mathfrak{L}|$$

geschrieben werden.

Skalarer Momentsatz (*zweite Form*): *Die zeitliche Ableitung des Moments der Bewegungsmenge um eine bewegte Gerade ist gleich dem Kraftmoment um diese Gerade, vermindert um die beiden in (**98**, 6) angegebenen skalaren Momente.*

Die Bewegung des Bezugskörpers $\overline{B}$, in dem l festgelegt ist, ist hier durch die Geschwindigkeit $\dot{\mathfrak{o}}$ seines Punktes $\overline{O}$ und den Drehvektor $\mathfrak{w}$ bestimmt. Ist nur die Lage der Geraden l als Funktion der Zeit gegeben, so ist die Bewegung von $\overline{B}$, wie in **97** erwähnt, nur bis auf eine Drehung oder Schraubung um l bestimmt. $\dot{\mathfrak{o}}$ und $\mathfrak{w}$ sind also bis auf willkürliche Komponenten in der Richtung von l festgelegt, und diese Komponenten sind ohne Einfluß auf die Raumprodukte in (**98**, 6).

99. Vektorielles Produkt und Produktfeld von Vektorsystemen. Die Gestalt des Zusatzmomentes, um das man das gegebene Kraftmoment in einem Punkt von l zu ändern hat, um den skalaren Momentsatz auf diese Gerade anwenden zu können, gibt Veranlassung zur Bildung des folgenden allgemeinen Begriffes:

Es seien S_1 und S_2 zwei beliebige Systeme von gebundenen Vektoren, $\mathfrak{B}_1$ und $\mathfrak{B}_2$ ihre Vektorinvarianten, σ_1 und σ_2 ihre Skalarinvarianten, $\mathfrak{M}_1(P)$ und $\mathfrak{M}_2(P)$ ihre Momentfelder, wobei P ein variabler Raumpunkt ist, schließlich ϱ_1 und ϱ_2 die Ränge dieser Felder. Man kann dann im ganzen Raume ein Vektorfeld $\mathfrak{M}(P)$ durch die Gleichung

$$(99, 1) \qquad \mathfrak{M}(P) = \mathfrak{B}_1 \times \mathfrak{M}_2(P) + \mathfrak{M}_1(P) \times \mathfrak{B}_2$$

definieren. Dieses Vektorfeld soll als das *Produktfeld* von S_1 und S_2 bezeichnet werden. Wird die Reihenfolge der Systeme vertauscht, so geht das Produktfeld $\mathfrak{M}(P)$ in das entgegengesetzte $-\mathfrak{M}(P)$ über. Aus der Definitionsgleichung des Produktfeldes geht unmittelbar hervor, daß es sich bei statischer Umformung der beiden gegebenen Vektorsysteme nicht ändert.

Um zu untersuchen, wie $\mathfrak{M}(P)$ mit P variiert, verwenden wir die Relation

$$(99, 2) \qquad \mathfrak{M}_1(P) = \mathfrak{M}_1(Q) + \overrightarrow{PQ} \times \mathfrak{B}_1,$$

die ja der Ausdruck dafür ist, daß S_1 durch ein Vektorpaar mit dem Momentvektor $\mathfrak{M}_1(Q)$ und einen Einzelvektor $\mathfrak{B}_1$ auf einer Angriffslinie durch Q dargestellt werden kann (vgl. 21). Setzt man (99, 2) und die entsprechende Relation für S_2 in (99, 1) ein, so erhält man unter Benutzung der Formel (5, 4)

$$(99, 3) \qquad \mathfrak{M}(P) = \mathfrak{M}(Q) + \mathfrak{B}_1 \times (\overrightarrow{PQ} \times \mathfrak{B}_2) + (\overrightarrow{PQ} \times \mathfrak{B}_1) \times \mathfrak{B}_2$$

$$= \mathfrak{M}(Q) + (\mathfrak{B}_1 \cdot \mathfrak{B}_2)\overrightarrow{PQ} - (\mathfrak{B}_1 \cdot \overrightarrow{PQ})\mathfrak{B}_2 + (\mathfrak{B}_2 \cdot \overrightarrow{PQ})\mathfrak{B}_1 - (\mathfrak{B}_1 \cdot \mathfrak{B}_2)\overrightarrow{PQ}$$

$$= \mathfrak{M}(Q) + \overrightarrow{PQ} \times (\mathfrak{B}_1 \times \mathfrak{B}_2).$$

Vergleicht man (99, 3) mit (99, 2), so erkennt man, daß das Produktfeld mit dem Momentfeld identisch ist, das durch den Feldvektor $\mathfrak{M}(Q)$ in Q und die Vektorinvariante

$$(99, 4) \qquad \mathfrak{B} = \mathfrak{B}_1 \times \mathfrak{B}_2$$

bestimmt ist.

Das Momentfeld $\mathfrak{M}(P)$ bestimmt ein Vektorsystem S bis auf statische Umformung. Wir bezeichnen S als das *vektorielle Produkt* von S_1 mit S_2 und schreiben

$$(99, 5) \qquad S = S_1 \times S_2 = -S_2 \times S_1.$$

Diese Produktbildung erfüllt das distributive Gesetz für statische Summen. Ist z. B. S_2 die statische Summe von zwei Vektorsystemen S_2' und S_2'', so hat man also

$$S_1 \times (S_2' + S_2'') = S_1 \times S_2' + S_1 \times S_2''.$$

Dies schließt man aus (99, 1), wenn man beachtet, daß

$$\mathfrak{B}_2 = \mathfrak{B}_2' + \mathfrak{B}_2''$$

und

$$\mathfrak{M}_2(P) = \mathfrak{M}_2'(P) + \mathfrak{M}_2''(P)$$

ist.

In **98** haben wir die Gerade l als fest in einem Bezugskörper $\overline{B}$ angesehen, dessen Bewegung relativ zum Inertialsystem B durch ein System S_1 von Drehvektoren bestimmt sei. $\mathfrak{w}$ ist die Vektorinvariante dieses Systems und $\dot{\mathfrak{o}}$ sein Moment in $\overline{O}$. Das System S_2 besteht aus der an die Bahntangente gebundenen Bewegungsmenge des Massenpunktes. $m\mathfrak{v}$ ist also die Vektorinvariante dieses Systems und $\overline{\mathfrak{S}}$ sein Momentvektor in $\overline{O}$. Das Zusatzmoment

$$\mathfrak{w} \times \overline{\mathfrak{S}} + \dot{\mathfrak{o}} \times m\mathfrak{v}$$

in (98, 5) ist dann nach (99, 1) der Produktfeldvektor in $\overline{O}$. Dieser ist bei der

Aufstellung der skalaren Momentgleichung für die bewegte Gerade l vom Kraftmoment in $\overline{O}$ abzuziehen.

100. Der Energiesatz bei relativer Bewegung. Die Bestimmung der relativen Bewegung eines Massenpunktes durch (**96**, 4) ist in jeder Hinsicht der Bestimmung seiner absoluten Bewegung durch (**96**, 1) analog. Insbesondere kann man eine (**95**, 1) entsprechende Energiegleichung

$$(100,\ 1) \qquad \dot{T}_r = \frac{d}{dt}\left(\frac{1}{2}\,mv_r^2\right) = \mathfrak{K}_r \cdot \mathfrak{v}_r$$

aufstellen. Hierbei kann man wieder mit Hilfe von (**96**, 5) die absolute Kraft $\mathfrak{K}_a$ einführen, die am häufigsten bekannt sein wird. Da die zweite fiktive Kraft nach (**96**, 7) senkrecht auf der relativen Geschwindigkeit steht, hat man

$$(100,\ 2) \qquad \dot{T}_r = (\mathfrak{K}_a - m\,\mathfrak{b}_f) \cdot \mathfrak{v}_f.$$

Mit den hier verwendeten Bezeichnungen kann Gleichung (**85**, 6)

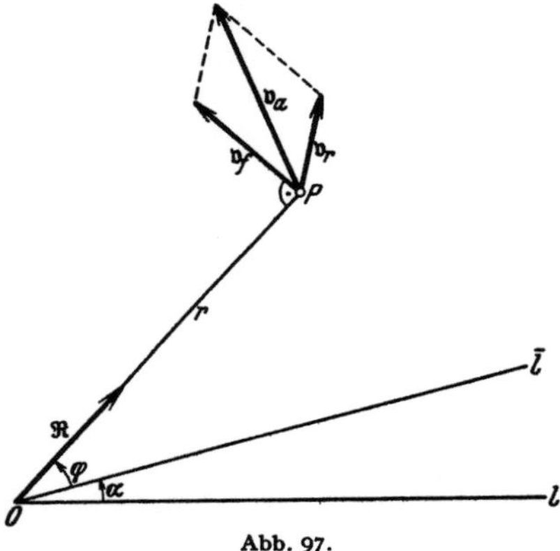

Abb. 97.

$$(100,\ 3) \qquad \dot{\mathfrak{v}}_f = \mathfrak{b}_f + \mathfrak{w} \times \mathfrak{v}_r$$

geschrieben werden. Wird dies in (**100**, 2) eingesetzt, so erhält man noch eine dritte Form der Energiegleichung bei relativer Bewegung:

$$(100,\ 4) \qquad \dot{T}_r = (\mathfrak{K}_a - m\,\dot{\mathfrak{v}}_f) \cdot \mathfrak{v}_r.$$

Diese kann mit Benutzung von (**84**, 15) auch direkt aus der Energiegleichung (**95**, 1) für absolute Bewegung

$$(100,\ 5) \qquad \dot{T}_a = \frac{d}{dt}\left(\frac{1}{2}\,mv_a^2\right) = \mathfrak{K}_a \cdot \mathfrak{v}_a$$

hergeleitet werden. Bezieht man nämlich die Differentiationen von Vektoren auf das absolute System, so erhält man

$$\dot{T}_a = \frac{d}{dt}\left[\frac{1}{2}\,m(\mathfrak{v}_r + \mathfrak{v}_f)^2\right] = \frac{d}{dt}\left[\frac{1}{2}\,m(\mathfrak{v}_r^2 + \mathfrak{v}_f^2 + 2\mathfrak{v}_r \cdot \mathfrak{v}_f)\right]$$

$$= \dot{T}_r + m\,\mathfrak{v}_f \cdot \dot{\mathfrak{v}}_f + m\,\dot{\mathfrak{v}}_r \cdot \mathfrak{v}_f + m\,\mathfrak{v}_r \cdot \dot{\mathfrak{v}}_f,$$

$$\mathfrak{K}_a \cdot \mathfrak{v}_a = \mathfrak{K}_a \cdot (\mathfrak{v}_r + \mathfrak{v}_f) = \mathfrak{K}_a \cdot \mathfrak{v}_r + m\,\dot{\mathfrak{v}}_a \cdot \mathfrak{v}_f$$

$$= \mathfrak{K}_a \cdot \mathfrak{v}_r + m\,(\dot{\mathfrak{v}}_r + \dot{\mathfrak{v}}_f) \cdot \mathfrak{v}_f.$$

Setzt man diese Ausdrücke in (**100**, 5) ein, so fallen vier Glieder fort, und man erhält (**100**, 4).

Wir wollen die Energiegleichung für relative Bewegung in dem Spezialfall umformen, daß die Bewegung von $\overline{B}$ eine Drehung um eine in B feste Achse ist. Die Ebene der Abb. 97 stellt eine Normalebene π dieser Achse dar, und O bedeutet den Schnittpunkt von π mit der Achse. Die Bewegung von $\overline{B}$ bestimmt sich durch den in π liegenden Winkel α, den eine in $\overline{B}$ feste Gerade $\bar{l}$ mit einer in B festen Geraden l bildet. Die Projektion von P auf π sei durch Polarkoordinaten r und φ festgelegt, wo r den Abstand von der Achse und φ den Polarwinkel, gerechnet von $\bar{l}$, bedeuten. In der Abbildung sind nur die Projektionen von P und von den Geschwindigkeiten auf π angedeutet. Mit den Bezeichnungen von **64** hat man dann

$$\mathfrak{v}_f = r\dot{\alpha}\,\widehat{\mathfrak{R}},$$

$$-m\,\mathfrak{b}_f = m\,r\,\dot{\alpha}^2\,\mathfrak{R} - m\,r\,\ddot{\alpha}\,\widehat{\mathfrak{R}}.$$

Die Projektion von $\mathfrak{v}_r$ auf π ist nach **(64, 1)**

$$\dot{r}\,\mathfrak{R} + r\,\dot{\varphi}\,\widehat{\mathfrak{R}} .$$

Also ergibt **(100, 2)**

$$\dot{T}_r = \mathfrak{R}_a \cdot \mathfrak{v}_r + m\,r\,\dot{r}\,\dot{\alpha}^2 - m\,r^2\,\dot{\varphi}\,\dot{\alpha}$$

$$= \mathfrak{R}_a \cdot \mathfrak{v}_r + \frac{d}{dt}\left(\frac{1}{2}\,m\,r^2\,\dot{\alpha}^2\right) - m\,r^2\,\dot{\alpha}\,(\dot{\alpha} + \dot{\varphi}) .$$

Der Koeffizient von $\dot{\alpha}$ im letzten Glied ist für die absolute Bewegung das Moment der Bewegungsmenge um die Drehachse. Dieses Glied fällt fort, wenn die Drehung von $\overline{B}$ mit konstanter Winkelgeschwindigkeit $\dot{\alpha}$ vor sich geht, und in diesem Fall erhält man

(100, 6)
$$\frac{d}{dt}\left[\frac{1}{2}\,m\,(v_r^2 - r^2\dot{\alpha}^2)\right] = \mathfrak{R}_a \cdot \mathfrak{v}_r ,$$

also, wenn I und II zwei Lagen im Verlauf der Bewegung andeuten,

(100, 7)
$$\left[\tfrac{1}{2}\,m\,(v_r^2 - v_f^2)\right]_I^{II} = \int_I^{II} \mathfrak{R}_a \cdot \mathfrak{v}_r\,dt .$$

Das Integral ist das Wegintegral der absoluten Kraft bei der relativen Bewegung.

Übungsaufgaben zum 12. Kapitel.

1. Ein Massenteilchen von der Masse m führt auf der x-Achse die durch

$$x = a \sin ht$$

dargestellte Bewegung aus. a und h sind Konstante. Wie hängt die kinetische Energie und die auf das Teilchen wirkende Kraft von der Lage des Teilchens ab?

2. Ein Massenteilchen von der Masse m beschreibt eine Parabel mit dem Parameter $2p$. Dabei hat die Projektion der Geschwindigkeit auf die Scheiteltangente den konstanten Wert c. Größe und Richtung der auf das Teilchen wirkenden Kraft sind zu ermitteln.

3. Ein Massenteilchen von der Masse m führt die in rechtwinkligen Koordinaten durch

$$x = a \cos ht, \quad y = a \sin ht, \quad z = bt$$

dargestellte Bewegung aus. a, b und h sind Konstante. Es ist nachzuweisen, daß die auf das Teilchen wirkende Kraft sich als vektorielles Produkt eines konstanten Vektors mit der Geschwindigkeit des Teilchens darstellen läßt. Man bestimme auch die Momente der Bewegungsmenge um die Koordinatenachsen.

4. Man kann die Gleichung **(97, 4)** auch so ableiten, daß man nach **(84, 14)**

$$\left(\frac{d\,m\mathfrak{v}}{dt}\right)_B = \left(\frac{d\,m\mathfrak{v}}{dt}\right)_{\overline{B}} + \mathfrak{w} \times m\mathfrak{v}$$

bildet, skalar mit $\mathfrak{L}$ multipliziert und **(97, 1)** verwendet:

$$\mathfrak{R} \cdot \mathfrak{L} = \left(\frac{d\,m\mathfrak{v}}{dt}\right)_{\overline{B}} \cdot \mathfrak{L} + \mathfrak{w} \times m\mathfrak{v} \cdot \mathfrak{L} .$$

Da $\mathfrak{L}$ in $\overline{B}$ fest ist, kann man das erste Glied rechts

$$\left(\frac{d\,m\mathfrak{v} \cdot \mathfrak{L}}{dt}\right)_{\overline{B}}$$

schreiben, und nun braucht man den Bezugskörper nicht mehr anzugeben, da es sich um die Differentiation eines Skalars handelt.

5. Ein Massenpunkt bewegt sich in einer festen Ebene unter der Einwirkung einer in dieser Ebene gelegenen Kraft. Man benutze Polarkoordinaten für die

Lage des Punktes und stelle unter Benutzung von (**97**, 4) den Projektionssatz für die Trägergerade des Radiusvektor und die dazu senkrechte Gerade auf. Das Ergebnis ist mittels der in **64** angegebenen Projektionen der Beschleunigung auf die beiden Geraden zu kontrollieren.

6. Es sei das Vektorsystem S das vektorielle Produkt der Vektorsysteme S_1 und S_2, und es mögen alle in **99** benutzten Bezeichnungen beibehalten werden. Man beweise die folgenden Sätze:

a) S ist äquivalent mit Null, wenn entweder $\varrho_1 = 0$, oder $\varrho_2 = 0$, oder $\varrho_1 = \varrho_2 = 1$, oder $\varrho_1 = 1$, $\varrho_2 > 1$ und die Zentralachse von S_2 dem Momentvektor von S_1 parallel ist, oder $\varrho_1 > 1$, $\varrho_2 = 1$ und die Zentralachse von S_1 den Momentvektor von S_2 parallel ist, oder $\varrho_1 > 1$, $\varrho_2 > 1$ und S_1 und S_2 dieselbe Zentralachse haben. In jedem anderen Fall ist S nicht äquivalent mit Null.

b) Für die Skalarinvariante σ von S ergibt sich die Gleichung

$$\sigma \mathfrak{B}^2 = (\sigma_1 + \sigma_2)\,\mathfrak{B}_1^2 \mathfrak{B}_2^2 - (\mathfrak{B}_1 \cdot \mathfrak{B}_2)(S_1 \bullet S_2)$$

oder auch

$$\sigma = \sigma_1 + \sigma_2 - \frac{\mathfrak{B}_1 \cdot \mathfrak{B}_2}{\mathfrak{B}^2}\,(\mathfrak{B}_1 \bullet \mathfrak{B}_2)\,.$$

Dabei ist das letzte gegenseitige Moment so zu verstehen, daß die Vektoren $\mathfrak{B}_1$ und $\mathfrak{B}_2$ an die zugehörigen Zentralachsen gebunden sind.

c) Falls S_1 und S_2 aus je einem Einzelvektor bestehen, so ist die gemeinsame Normale ihrer Angriffslinien die Zentralachse von S, und speziell wird S äquivalent einem Einzelvektor, wenn die Angriffslinien zueinander senkrecht, und einem Vektorpaar, wenn sie parallel sind.

13. Kapitel.

Geradlinige Bewegung.

101. Geradlinige Bewegung. Differentialgleichung und Kraftgesetz. Ein Massenpunkt P der Masse m beschreibe unter dem Einfluß der auf ihn wirkenden Kräfte in einem Inertialsystem eine geradlinige Bahn. Wir wählen die Bahnkurve zur Abszissenachse und behandeln Geschwindigkeit und Beschleunigung wie in **65** als skalare Größen mit Vorzeichen:

$$(\textbf{101}, 1) \qquad v = \dot{x}$$

$$(\textbf{101}, 2) \qquad b = \dot{v} = \ddot{x} = \frac{d\left(\tfrac{1}{2} v^2\right)}{dx}\,.$$

Die Resultante der auf P wirkenden Kräfte muß dann nach (**93**, 1) ein der Abszissenachse paralleler Vektor sein und kann daher ebenfalls durch einen mit Vorzeichen versehenen Skalar K angegeben werden. Die Bewegungsgleichung schreibt sich dann

$$(\textbf{101}, 3) \qquad m b = m \ddot{x} = K\,,$$

wo b und K in der positiven Richtung der x-Achse positiv zu zählen sind.

Hier muß in Betracht gezogen werden, daß die geradlinige Bewegung dadurch zustande kommen kann, daß der Massenpunkt an die

Gerade gebunden ist, z. B., daß er sich im Innern eines dünnen geradlinigen Rohrs befindet. Einer solchen Zwangsbindung schreibt man auch hier wie im speziellen statischen Fall eine Reaktionskraft zu, die man aus einer Normalreaktion und einer Tangentialreaktion (Reibungskraft) zusammengesetzt denkt. K ist dann die Resultante der Reaktion und der übrigen auf den Massenpunkt wirkenden Kräfte. Die Normalreaktion kompensiert die Normalkomponenten der übrigen Kräfte, und deren Tangentialkomponenten ergeben zusammen mit der eventuellen Reibungskraft die hier mit K bezeichnete Kraft.

Die Untersuchung dieses eindimensionalen Falles ist nicht nur für die Bewegungen wichtig, die wirklich auf einer Geraden vor sich gehen. Die Bewegungsgleichung (**93**, 1) ist nämlich mit den drei skalaren Gleichungen (**93**, 6, 7, 8) gleichwertig, und der Projektionssatz besagt, daß man die Untersuchung der beliebigen Bewegung eines Massenpunktes durch die Untersuchung der Bewegungen seiner Projektionen auf drei paarweise senkrechte Geraden ersetzen kann, wobei man die Projektionen als Massenpunkte aufzufassen hat, die die gleiche Masse wie der ursprüngliche besitzen und auf die die entsprechenden Projektionen der Kraft einwirken. Für diese projizierten Bewegungen sind daher die Betrachtungen dieses Abschnittes grundlegend.

Man verwendet die Grundgleichung (**101**, 3) je nach der Art der zu behandelnden Aufgaben auf verschiedene Weisen. Wir wollen auf zwei besonders wichtige Typen von dynamischen Problemen näher eingehen.

1. Kennt man die Bewegung des Massenpunktes auf der Geraden, also seine Lage in jedem Zeitpunkt:

(**101**, 4)
$$x = f(t),$$

so findet man aus (**101**, 3) die Kraft

(**101**, 5)
$$K = m\,\frac{d^2 f(t)}{dt^2},$$

die auf den Massenpunkt wirken muß, damit gerade diese Bewegung zustande kommen kann. Man erhält aus (**101**, 5) unmittelbar die Kraft in jedem Zeitpunkt, also K als Funktion der Zeit t. Durch Elimination von t aus (**101**, 4) und (**101**, 5) kann man aber auch die Kraft für jede Lage des Massenpunktes, also K als Funktion von x bestimmen. Man kann allgemein die Kraft als Funktion eines beliebigen Parameters darstellen, der geeignet ist, die einzelnen „Bewegungselemente" des Massenpunktes, d. h. die Tripel von zusammengehörigen Werten t, x, v festzulegen. Man kann ferner aus (**93**, 14) und (**95**, 4) den Impuls bzw. die Arbeit bestimmen, die die Kraft zwischen zwei willkürlichen Bewegungselementen geleistet hat, da man die linken Seiten dieser Gleichungen auf Grund von (**101**, 4) kennt. Wie man sieht, erhält man alle gewünschten Auskünfte über die Kraft durch Anwendung von Differentiationsprozessen auf die Funktion $f(t)$, die die Bewegung darstellt.

Die physikalische Bedeutung von Problemen dieser Art beruht nicht so sehr auf der Untersuchung einer einzelnen individuellen Bewegung, für die die Bestimmung der Kraft kein besonderes Interesse darbietet, sondern auf der Untersuchung ganzer Klassen von Bewegungen, für die man eine charakteristische gemeinsame Eigenschaft sucht.

Nehmen wir etwa an, daß man für die Bewegungen eines schweren Massenpunktes in einem glatten, dünnen, senkrechten, luftleeren Rohr durch Versuche gefunden hat, daß die Funktion $f(t)$ in (**101**, 4) stets ein Polynom zweiten Grades

$$(\textbf{101, } 6) \qquad\qquad x = \alpha t^2 + \beta t + \gamma$$

ist und daß zugleich der Koeffizient α für diese ganze Klasse von Bewegungen denselben Wert besitzt (den man mit $\dfrac{g}{2}$ zu bezeichnen pflegt), so erhalten wir aus (**101**, 5)

$$(\textbf{101, } 7) \qquad\qquad K = m \cdot 2\alpha = mg.$$

Alle diese Bewegungen gehen mit derselben konstanten Beschleunigung g, also unter der Einwirkung derselben konstanten Kraft mg vor sich. Man hat daher ein „Kraftgesetz" für diese Klasse von Bewegungen gefunden. Die einzelnen Bewegungen der Klasse unterscheiden sich durch die Parameter β und γ. Man entnimmt aus (**101**, 6), daß γ gleich dem Wert x_0 von x in dem mit $t = 0$ bezeichneten Zeitpunkt ist; und durch Differentiation von (**101**, 6) ergibt sich, daß β gleich dem Wert v_0 von v im selben Zeitpunkt ist. Mit diesen Bezeichnungen hat man daher folgende Gleichungen zur Beschreibung der Bewegung:

$$(\textbf{101, } 8) \qquad\qquad x = \tfrac{1}{2}g t^2 + v_0 t + x_0,$$

$$(\textbf{101, } 9) \qquad\qquad v = \dot{x} = g t + v_0,$$

$$(\textbf{101, } 10) \qquad\qquad b = \dot{v} = \ddot{x} = g.$$

Ferner ergeben (**93**, 14) und (**95**, 4)

$$(\textbf{101, } 11) \qquad\qquad m(v_2 - v_1) = mg(t_2 - t_1),$$

$$(\textbf{101, } 12) \qquad\qquad \tfrac{1}{2}m(v_2^2 - v_1^2) = mg(x_2 - x_1)$$

als Ausdrücke für Impuls und Arbeit der Kraft zwischen zwei Bewegungselementen.

2. Bei dem zweiten Typus von dynamischen Problemen sucht man umgekehrt die Klasse der Bewegungen zu bestimmen, die zu einem bekannten **Kraftgesetz** gehören. Hierbei denkt man sich K in (**101**, 3) in Abhängigkeit von den möglichen Bewegungselementen des Massenpunktes, also als Funktion des Zeitpunktes t, der Lage x und der Geschwindigkeit v in diesem Zeitpunkt gegeben[1]. Man hat dann

$$(\textbf{101, } 13) \qquad\qquad m\ddot{x} = K(t, x, \dot{x})$$

als Differentialgleichung für eine Klasse von Bewegungen. Diese Klasse umfaßt alle die Bewegungen $x = f(t)$, für die die Gleichung

$$(\textbf{101, } 14) \qquad\qquad m\,\frac{d^2 f(t)}{dt^2} = K\!\left(t, f(t), \frac{d f(t)}{d t}\right)$$

für alle Werte von t erfüllt ist. Nun besagt ein Hauptsatz der Theorie

---

[1] Dagegen treten in der Natur keine Kraftgesetze auf, bei denen K von höherer als der ersten Ableitung von x nach t abhängt.

der Differentialgleichungen, daß (**101**, 14) im allgemeinen[1] die Funktion $f(t)$ eindeutig in einem gewissen Zeitintervall bestimmt, wenn man $f(t_0) = x_0$ und $\left(\dfrac{\partial f}{\partial t}\right)_{t=t_0} = v_0$ für einen willkürlichen festen Wert t_0 vorgegeben hat. *Das Kraftgesetz bestimmt also die Bewegung, wenn für einen gegebenen Zeitpunkt Anfangslage und -geschwindigkeit gegeben sind.* Da diese beiden Vorgaben unabhängig voneinander sind, erkennt man, daß die Lösungen der Differentialgleichung von zwei freien Parametern abhängen, daß es also in der durch das Kraftgesetz bestimmten Klasse eine zweifach unendliche Mannigfaltigkeit von Bewegungen gibt. Bei der Integration der Differentialgleichung (**101**, 13) treten mithin **zwei willkürliche Integrationskonstanten** auf, und indem man über diese verfügt, greift man eine *partikuläre Bewegung* heraus, die z. B. vorgegebenen Werten x_0 und v_0 für $t = t_0$, also der Angabe eines Bewegungselementes entspricht.

Betrachtet man etwa das spezielle Kraftgesetz, wo K konstant, also von t, x und $\dot{x}$ unabhängig ist, so kann man $K = mg$ setzen, wo g dann die entsprechende konstante Beschleunigung ist. (Ist K das Gewicht des Massenpunktes, so ist g die Schwerebeschleunigung; die jetzige Überlegung gilt aber für jede geradlinige Bewegung mit konstanter Beschleunigung.) Man hat dann die Differentialgleichung (**101**, 10). Multipliziert man sie mit dt und integriert, so erhält man (**101**, 9), wodurch man die willkürliche Integrationskonstante v_0 eingeführt hat. Multipliziert man wieder mit dt und integriert noch einmal, so erhält man (**101**, 8) mit x_0 als neuer Integrationskonstante. Die Integrationskonstanten sind hier, wie früher erwähnt, die zum Zeitpunkt $t = 0$ gehörigen Werte von x und v. Will man die Bewegung bestimmen, für die im Zeitpunkt $t = t_1$

$$x = x_1, \qquad v = v_1$$

ist, so hat man zur Bestimmung der Integrationskonstanten die Gleichungen

$$x_1 = \tfrac{1}{2}g t_1^2 + v_0 t_1 + x_0,$$
$$v_1 = g t_1 + v_0.$$

Berechnet man hieraus x_0 und v_0 und setzt die gefundenen Werte in (**101**, 8) ein, so erhält man als die (**101**, 4) entsprechende Gleichung

(**101**, 15) $$x = \tfrac{1}{2}g(t - t_1)^2 + v_1(t - t_1) + x_1.$$

Diese würde man auch durch zweimalige Integration von (**101**, 10) über das Zeitintervall von t_1 nach t oder aus (**101**, 8) durch Verlegung des Nullpunktes der Zeit nach t_1 erhalten.

Wir haben gesehen, daß man beim zweiten Typus von dynamischen Problemen aus einem gegebenen Kraftgesetz eine Klasse von Bewegungen durch einen Integrationsprozeß zu bestimmen hat. Jede Funktion $x = f(t)$, die (**101**, 14) für alle Werte von t erfüllt, nennt man ein *partikuläres Integral* der Differentialgleichung (**101**, 13); sie stellt eine partikuläre Bewegung der betrachteten Klasse dar. Unter einem *voll-*

---

[1] Diese Einschränkung betreffend vgl. man den Schluß dieses Paragraphen.

ständigen Integral der Differentialgleichung (**101**, 13) versteht man eine Funktion

$$(\mathbf{101}, 16) \qquad\qquad x = F(t, c_1, c_2)$$

von t und zwei unabhängigen Parametern c_1 und c_2, die die Differentialgleichung für alle Werte von t, c_1 und c_2 erfüllt, und in der c_1 und c_2 eindeutig derart bestimmt werden können, daß für willkürlich vorgegebene zusammengehörige Werte t_0, x_0, v_0

$$(\mathbf{101}, 17) \qquad\qquad x_0 = F(t_0, c_1, c_2),$$

$$(\mathbf{101}, 18) \qquad\qquad v_0 = \left[\frac{\partial}{\partial t} F(t, c_1, c_2)\right]_{t=t_0}.$$

(Dies ist jedoch so zu verstehen, daß die mechanische Aufgabe Beschränkungen für das Intervall von t oder für die in Betracht kommenden Werte von x und v mit sich bringen kann.) (**101**, 16) stellt also die ganze Klasse von Bewegungen dar, und man greift partikuläre Integrale (**101**, 4) aus (**101**, 16) heraus, indem man den Parametern c_1 und c_2 bestimmte Werte erteilt.

Aus (**101**, 16) erhält man durch Differentiation nach t die (**101**, 18) entsprechende allgemeine Gleichung

$$(\mathbf{101}, 19) \qquad\qquad \dot{x} = \frac{\partial}{\partial t} \dot{F}(t, c_1, c_2),$$

und die oben eingeführte Voraussetzung besagt, daß sich (**101**, 16, 19) für willkürliche t, x und $\dot{x}$ nach c_1 und c_2 auflösen lassen. Man erhält dadurch etwa

$$(\mathbf{101}, 20) \qquad\qquad c_1 = \Phi_1(t, x, \dot{x}).$$

Eine solche Gleichung kann als erster Schritt auf dem Wege zur Integration der Differentialgleichung (**101**, 13) angesehen werden; während nämlich (**101**, 13) eine Differentialgleichung zweiter Ordnung ist, stellt (**101**, 20) für jedes c_1 eine Differentialgleichung erster Ordnung dar. Indem man sie für einen festen Wert von c_1 integriert, erhält man eine von einem Parameter abhängige Schar von Funktionen $x = f(t)$, die, wie sich zeigen wird, sämtlich Lösungen von (**101**, 13) sind. Man nennt (**101**, 20) ein Erstintegral von (**101**, 13). Die allgemeine Definition dieses Begriffes lautet folgendermaßen:

Es sei $\Phi(t, x, p)$ eine Funktion von drei Variablen. Setzt man für x eine Funktion $f(t)$ von t und für p ihre Ableitung $\dot{x} = \dfrac{df(t)}{dt}$ ein, so erhält man eine Funktion von t allein:

$$(\mathbf{101}, 21) \qquad\qquad \Phi\left(t, f(t), \frac{df(t)}{dt}\right) = \varphi(t).$$

Man bezeichnet nun $\Phi(t, x, p)$ als ein *Erstintegral* der Differentialgleichung (**101**, 13), wenn $\varphi(t)$ konstant, d. h. unabhängig von t wird, sobald man für $f(t)$ eine willkürliche Lösung der Differentialgleichung (**101**, 13) einsetzt, und wenn umgekehrt $f(t)$ eine Lösung von (**101**, 13) ist, sobald $\varphi(t)$ konstant ist.

Eine analytische Bedingung dafür, daß eine Funktion $\Phi(t, x, p)$ ein Erstintegral ist, erhalten wir folgendermaßen: Aus (**101**, 21) ergibt sich, wenn $x = f(t)$ die Gleichung (**101**, 14) befriedigt,

$$(\textbf{101}, 22) \quad \frac{d\varphi}{dt} = \frac{\partial\Phi}{\partial t} + \frac{\partial\Phi}{\partial x}\dot{x} + \frac{\partial\Phi}{\partial\dot{x}}\ddot{x} = \frac{\partial\Phi}{\partial t} + \frac{\partial\Phi}{\partial x}\dot{x} + \frac{\partial\Phi}{\partial\dot{x}}\frac{K(t, x, \dot{x})}{m},$$

Bei zufälliger Wahl der Funktion Φ wird die rechte Seite im allgemeinen eine Funktion derselben drei Argumente t, x und $\dot{x}$ sein. Damit Φ ein Erstintegral von (**101**, 13) darstellt, muß sie identisch in t, x und $\dot{x}$ verschwinden; denn ist t_0, x_0, p_0 ein beliebiges Wertetripel, so gibt es eine Lösung $x = f(t)$ von (**101**, 13), für welche $f(t_0) = x_0$ und $\left(\frac{df}{dt}\right)_{t=t_0} = p_0$ ist, und für diese Lösung muß φ konstant, also $\frac{d\varphi}{dt} = 0$ sein, so daß die rechte Seite von (**101**, 22) für die beliebigen $t = t_0$, $x = x_0$, $\dot{x} = p_0$ verschwindet. Ist umgekehrt für eine Funktion $\Phi(t, x, p)$

$$(\textbf{101}, 23) \quad \frac{\partial\Phi}{\partial t} + \frac{\partial\Phi}{\partial x}p + \frac{\partial\Phi}{\partial p}\frac{K(t, x, p)}{m} = 0$$

identisch in t, x, p, so ist sie ein Erstintegral von (**101**, 13). Dazu haben wir zweierlei zu zeigen. 1. Setzt man in (**101**, 23) für x eine Lösung $f(t)$ von (**101**, 13) und für p ihre Ableitung $\dot{x}$, so findet man wegen (**101**, 22) $\frac{d\varphi}{dt} = 0$, also $\varphi = \text{const}$. 2. Ist (**101**, 21) für eine Funktion $f(t)$ konstant, also

$$\frac{\partial\Phi}{\partial t} + \frac{\partial\Phi}{\partial x}\frac{df}{dt} + \frac{\partial\Phi}{\partial p}\frac{d^2f}{dt^2} = 0$$

für alle t, so folgt, da (**101**, 23) insbesondere für $x = f$, $p = \frac{df}{dt}$ gilt,

$$\frac{\partial\Phi}{\partial p}\frac{d^2f}{dt^2} = \frac{\partial\Phi}{\partial p}\frac{1}{m}K\left(t, f(t), \frac{df(t)}{dt}\right);$$

d. h. $f(t)$ genügt der Differentialgleichung (**101**, 14), falls nicht gerade $\frac{\partial\Phi}{\partial p}$ verschwindet, ein Ausnahmefall, von dem wir hier absehen wollen. Damit ist gezeigt, daß eine Funktion $\Phi(t, x, p)$ dann und nur dann Erstintegral ist, wenn sie die Gleichung (**101**, 23) für alle t, x, p befriedigt.

Auf Grund dieses Kriteriums ist nun sehr leicht einzusehen, daß der Ausdruck (**101**, 20), den wir mit Hilfe eines vollständigen Integrals gewonnen hatten und der den Ausgangspunkt der Betrachtung bildete, in der Tat ein Erstintegral ist. Da er nämlich durch Auflösen der Gleichungen (**101**, 16, 19) nach c_1 und c_2 entstanden ist, muß die Gleichung

$$c_1 = \Phi_1\left(t, F(t, c_1, c_2), \frac{\partial}{\partial t}F(t, c_1, c_2)\right),$$

die man durch Einsetzen von (**101**, 16, 19) in (**101**, 20) erhält, für alle

t, c_1, c_2 erfüllt sein, und durch Differentiation nach t ergibt sich, weil F Lösung von (**101**, 13) ist,

$$0 = \frac{\partial \Phi_1}{\partial t} + \frac{\partial \Phi_1}{\partial x}\frac{\partial F}{\partial t} + \frac{\partial \Phi_1}{\partial p}\frac{\partial^2 F}{\partial t^2} = \frac{\partial \Phi_1}{\partial t} + \frac{\partial \Phi_1}{\partial x}\frac{\partial F}{\partial t} + \frac{\partial \Phi_1}{\partial p}\frac{1}{m}K\left(t, F, \frac{\partial F}{\partial t}\right).$$

Da aber $F(t, c_1, c_2)$ ein vollständiges Integral war, lassen sich c_1 und c_2 bei willkürlichem t_0 so bestimmen, daß $F(t_0, c_1, c_2)$ und $\left[\frac{\partial}{\partial t}F(t, c_1, c_2)\right]_{t=t_0}$ willkürlich vorgeschriebene Werte x_0 bzw. p_0 annehmen, d. h. die Gleichung (**101**, 23) ist in der Tat für $\Phi = \Phi_1$ identisch erfüllt.

Zwei Erstintegrale, also zwei Funktionen $\Phi_1(t, x. p)$ und $\Phi_2(t, x, p)$, für die identisch in t, x und p

$$(\mathbf{101}, 24) \qquad \frac{\partial \Phi_1}{\partial t} + \frac{\partial \Phi_1}{\partial x}p + \frac{\partial \Phi_1}{\partial p}\frac{K(t, x, p)}{m} = 0,$$

$$(\mathbf{101}, 25) \qquad \frac{\partial \Phi_2}{\partial t} + \frac{\partial \Phi_2}{\partial x}p + \frac{\partial \Phi_2}{\partial p}\frac{K(t, x, p)}{m} = 0$$

ist, werden als *unabhängig* bezeichnet, wenn die Funktionaldeterminante

$$(\mathbf{101}, 26) \qquad \begin{vmatrix} \dfrac{\partial \Phi_1}{\partial x} & \dfrac{\partial \Phi_1}{\partial p} \\[2mm] \dfrac{\partial \Phi_2}{\partial x} & \dfrac{\partial \Phi_2}{\partial p} \end{vmatrix} \neq 0$$

ist für alle in Betracht kommenden t, x, p, wenn sich also die Gleichungen

$$(\mathbf{101}, 27) \qquad \Phi_1(t, x, p) = \gamma_1,$$

$$(\mathbf{101}, 28) \qquad \Phi_2(t, x, p) = \gamma_2$$

bei beliebigen t, γ_1, γ_2 eindeutig nach x und p auflösen lassen. Es seien

$$(\mathbf{101}, 29) \qquad x = F^*(t, \gamma_1, \gamma_2),$$

$$(\mathbf{101}, 30) \qquad p = G^*(t, \gamma_1, \gamma_2)$$

die Lösungen dieser Gleichungen. Wir behaupten, daß (**101**, 29) ein vollständiges Integral der Differentialgleichung (**101**, 13) mit den Parametern γ_1 und γ_2 ist. Zunächst ist klar, daß sich zu willkürlich vorgegebenem Bewegungselement t_0, x_0, v_0 Werte γ_1 und γ_2 bestimmen lassen. Man braucht ja in (**101**, 27, 28) nur t_0 für t, x_0 für x und v_0 für p einzusetzen. Setzt man (**101**, 29, 30) in (**101**, 27, 28) ein, so müssen die entstehenden Gleichungen identisch erfüllt sein; folglich ergibt Differentiation nach t

$$\frac{\partial \Phi_1}{\partial t} + \frac{\partial \Phi_1}{\partial x}\frac{\partial F^*}{\partial t} + \frac{\partial \Phi_1}{\partial p}\frac{\partial G^*}{\partial t} = 0,$$

$$\frac{\partial \Phi_2}{\partial t} + \frac{\partial \Phi_2}{\partial x}\frac{\partial F^*}{\partial t} + \frac{\partial \Phi_2}{\partial p}\frac{\partial G^*}{\partial t} = 0.$$

Da aber zugleich die Gleichungen (**101**, 24, 25) für beliebige t, x, p, insbesondere also für die Werte $(101, 29, 30)$ von x und p bestehen:

$$\frac{\partial \Phi_1}{\partial t} + \frac{\partial \Phi_1}{\partial x} G^* + \frac{\partial \Phi_1}{\partial p} \frac{1}{m} K(t, F^*, G^*) = 0,$$

$$\frac{\partial \Phi_2}{\partial t} + \frac{\partial \Phi_2}{\partial x} G^* + \frac{\partial \Phi_2}{\partial p} \frac{1}{m} K(t, F^*, G^*) = 0,$$

folgt wegen $(101, 26)$

$$\frac{\partial F^*}{\partial t} = G^*, \qquad \frac{\partial G^*}{\partial t} = \frac{1}{m} K(t, F^*, G^*),$$

$$m \frac{\partial^2 F^*}{\partial t^2} = K\left(t, F^*, \frac{\partial F^*}{\partial t}\right),$$

d. h. daß F^* bei beliebigen γ_1 und γ_2 eine Lösung von $(101, 13)$ ist, wie behauptet. Zur Integration der Differentialgleichung der Bewegung genügt es demnach, zwei unabhängige Erstintegrale aufzusuchen.

Für die oben als Beispiel benutzte Klasse der Bewegungen mit konstanter Beschleunigung $\ddot{x} = g$ sind

$$\Phi_1(t, x, \dot{x}) = \dot{x} - gt, \qquad \Phi_2(t, x, \dot{x}) = \dot{x}^2 - 2gx$$

unabhängige Erstintegrale. Die Größen

$$m \Phi_1 = mv - mgt, \qquad \tfrac{1}{2} m \Phi_2 = \tfrac{1}{2} mv^2 - mgx$$

sind bei jeder Bewegung der betrachteten Art konstant. Dies sind nur Umformungen der Gleichungen $(101, 11)$ und $(101, 12)$ für Impuls und Arbeit der Kraft. Bei Verwendung der oben eingeführten Parameter x_0 und v_0 hat man für die konstanten Werte dieser Erstintegrale

$$\Phi_1 = v_0, \qquad \Phi_2 = v_0^2 - 2gx_0.$$

Da diese Erstintegrale unabhängig sind, kann man hieraus ohne neue Integration ein vollständiges Integral finden:

$$\Phi_1 = \dot{x} - gt = \gamma_1, \qquad \Phi_2 = \dot{x}^2 - 2gx = \gamma_2$$

ergeben nach Elimination von $\dot{x}$

$$x = \frac{1}{2} g t^2 + \gamma_1 t + \frac{\gamma_1^2 - \gamma_2}{2g}.$$

Die eindeutige Bestimmtheit der Bewegung eines Massenpunktes durch das Kraftgesetz und ein Bewegungselement, d. h. Lage und Geschwindigkeit in einem gegebenen Zeitpunkt, ist an gewisse Regularitätsvoraussetzungen geknüpft. In der Differentialgleichungstheorie zeigt man, daß dafür z. B. hinreichend ist, daß in dem Bereich der in Betracht gezogenen Werte von t, x und $\dot{x}$ die Kraft $K(t, x, \dot{x})$ eine stetige Funktion ihrer drei Argumente ist und stetige partielle Ableitungen nach den beiden letzten besitzt. Wir werden in **105** durch ein Beispiel zeigen, daß die Bewegung durch ein Bewegungselement nicht eindeutig bestimmt zu sein braucht, wenn diese Regularitätsvoraussetzung nicht erfüllt ist.

102. Spezielle Typen von Kraftgesetzen. Die Ergebnisse des vorigen Paragraphen über die Differentialgleichung

$$(102, 1) \qquad m\ddot{x} = K(t, x, \dot{x})$$

mit gegebenem Kraftgesetz $K(t, x, \dot{x})$ lassen sich folgendermaßen zusammenfassen: Hat man ein Erstintegral $\Phi_1(t, x, \dot{x})$ gefunden, so genügt es, zur Bestimmung der Bewegungen die Differentialgleichung erster Ordnung

$$\Phi_1(t, x, \dot{x}) = c_1$$

für jede Konstante c_1 zu integrieren. Hat man zwei unabhängige Erstintegrale $\Phi_1(t, x, \dot{x})$ und $\Phi_2(t, x, \dot{x})$, so erhält man alle Bewegungen, indem man $\dot{x}$ aus den Gleichungen

$$\Phi_1(t, x, \dot{x}) = c_1, \qquad \Phi_2(t, x, \dot{x}) = c_2$$

eliminiert. Wir werden daher im folgenden für einige spezielle Typen von Kraftgesetzen Verfahren zur Gewinnung von Erstintegralen und teilweise auch der vollständigen Integrale angeben.

In **101** haben wir bereits den Spezialfall konstanter Kraft vollständig behandelt. Wir untersuchen nun zunächst die Typen, wo die Kraft nur von einer oder zwei der Variablen t, x, $\dot{x}$ abhängt. Dabei empfiehlt es sich häufig, die Geschwindigkeit v als selbständige Variable einzuführen.

1. *Die Kraft hängt nur von der Zeit ab.* Wenn man in der Differentialgleichung

(**102**, 2) $$m\ddot{x} = K(t)$$

v für $\dot{x}$ einführt, hat man in

(**102**, 3) $$m\dot{v} = K(t)$$

eine Differentialgleichung erster Ordnung, die unmittelbar integriert werden kann und auf das Erstintegral

(**102**, 4) $$m\dot{x} - \int K(t)\,dt = c_1$$

führt, aus dem man durch nochmalige Quadratur[1] sofort das vollständige Integral

(**102**, 5) $$mx = \int\left[\int K(t)\,dt + c_1\right]dt + c_2$$

mit den Integrationskonstanten c_1 und c_2 erhält.

(**102**, 4) kann auch wie (**93**, 14) geschrieben werden und zeigt, daß in diesem Fall das „Impulsintegral" als Erstintegral der gesuchten Bewegung auftritt. — Durch partielle Integration erhält man aus (**102**, 5)

(**102**, 6) $$mx = t\int K(t)\,dt - \int t\,K(t)\,dt + c_1 t + c_2.$$

2. *Die Kraft hängt nur von der Lage ab.* Wenn man in der Differentialgleichung

(**102**, 7) $$m\ddot{x} = K(x)$$

---

[1] Als Quadratur bezeichnet man die gewöhnliche Integration einer Funktion zum Unterschied von der „Integration" einer Differentialgleichung.

v für $\dot{x}$ einführt, und (**101**, 2) heranzieht, so hat man in

$$(\textbf{102, 8}) \qquad \frac{d\left(\frac{1}{2}mv^2\right)}{dx} = K(x)$$

eine Differentialgleichung erster Ordnung, die durch Integration beider Seiten nach x gelöst werden kann:

$$T = \tfrac{1}{2}mv^2 = \tfrac{1}{2}m\dot{x}^2 = \int K(x)\,dx + c_1.$$

Also ist

$$(\textbf{102, 9}) \qquad \tfrac{1}{2}m\dot{x}^2 - \int K(x)\,dx = c_1$$

ein Erstintegral.

Man sieht, daß hier das „Energieintegral" als Erstintegral der gesuchten Bewegung auftritt. Setzt man

$$(\textbf{102, 10}) \qquad \int K(x)\,dx = F(x),$$

so ist $F(x)$ die in **95** eingeführte Kräftefunktion. Analog (**95**, 4) und (**95**, 9) kann man dann (**102**, 9)

$$(\textbf{102, 11}) \qquad T - T_0 = \tfrac{1}{2}m(v^2 - v_0^2) = F(x) - F(x_0)$$

schreiben, wo T_0 und v_0 kinetische Energie und Geschwindigkeit in der Lage x_0 sind, die der Massenpunkt im Zeitpunkt t_0 einnimmt. Aus (**102**, 11) erhält man

$$(\textbf{102, 12}) \qquad v = \dot{x} = \frac{dx}{dt} = \sqrt{\frac{2}{m}\left[F(x) - F(x_0)\right] + v_0^2},$$

$$\frac{dt}{dx} = \frac{1}{\sqrt{\dfrac{2}{m}\left[F(x) - F(x_0)\right] + v_0^2}}$$

und daraus

$$(\textbf{102, 13}) \qquad t - t_0 = \int_{x_0}^{x} \frac{dx}{\sqrt{\dfrac{2}{m}\left[F(x) - F(x_0)\right] + v_0^2}}$$

als vollständiges Integral.

Die hierin auftretenden Konstanten t_0, x_0, v_0 repräsentieren nur zwei Parameter, von denen das vollständige Integral abhängt. Zur einzelnen partikulären Lösung gehören ja unendlich viele Wertetripel t, x, v. Man kann also von den drei Parametern t_0, x_0, v_0 einen willkürlich festsetzen und dann die beiden übrigen zur Festlegung partikulärer Bewegungen verwenden.

3. *Die Kraft hängt nur von der Geschwindigkeit ab.* Wenn man in der Differentialgleichung

$$(\textbf{102, 14}) \qquad m\ddot{x} = K(\dot{x})$$

v für $\dot{x}$ einführt, hat man in

$$m\dot{v} = K(v)$$

eine Differentialgleichung erster Ordnung für v, die sich

$$(102, 15) \qquad \frac{dt}{dv} = \frac{m}{K(v)}$$

schreiben, also wieder sofort integrieren läßt. Man erhält

$$(102, 16) \qquad t = \int \frac{m\,dv}{K(v)} + c_1.$$

Damit hat man das gesuchte Erstintegral, da die rechte Seite, wenn die Quadratur ausgeführt ist, eine die Integrationskonstante c_1 enthaltende Funktion von $\dot{x} = v$ darstellt.

Um hieraus das vollständige Integral zu finden, kann man versuchen, $(102, 16)$ nach $\dot{x}$ aufzulösen, wodurch man eine oder mehrere Differentialgleichungen vom Typus $\dot{x} = \chi(t, c_1)$ erhält. Häufig wird es einfacher sein, folgendermaßen vorzugehen: Nach $(102, 15)$ ist

$$\frac{dx}{dv} = \frac{dx}{dt} \cdot \frac{dt}{dv} = v\,\frac{m}{K(v)},$$

also

$$(102, 17) \qquad x = \int \frac{mv}{K(v)}\,dv + c_2.$$

Man erhält für die gesuchten Bewegungen t und x als Funktionen $(102, 16, 17)$ eines Parameters v und zweier Integrationskonstanten c_1 und c_2, also kurz eine Parameterdarstellung. Aus dieser kann man, falls man es wünscht, v eliminieren.

Das Erstintegral kann hier als Gegenstück des Impulsintegrals aufgefaßt werden, das ja aus $(98, 11)$ durch Integration nach t hervorgeht. Diese Gleichung ist hier in

$$dt = \frac{d(mv)}{K}$$

umgeformt und liefert integriert $(102, 16)$ oder

$$(102, 18) \qquad t - t_0 = \int\limits_{v_0}^{v} \frac{d(mv)}{K(v)}.$$

4. Die Kraft hängt von Zeit und Geschwindigkeit ab. Man hat dann die Differentialgleichung

$$(102, 19) \qquad m\ddot{x} = K(t, \dot{x}).$$

Die Typen 1 und 3 können als Spezialfälle hiervon betrachtet werden. Substituiert man wieder v, so erhält man

$$(102, 20) \qquad m\dot{v} = K(t, v)$$

als Differentialgleichung erster Ordnung zwischen v und t. Gelingt es, diese zu integrieren, so erhält man eine Gleichung der Gestalt

$$(102, 21) \qquad F(t, v) = F(t, \dot{x}) = c_1$$

als das gesuchte Erstintegral mit c_1 als Integrationskonstante.

Löst man (**102**, 21) nach $\dot{x}$ auf:

$$\textbf{(102, 22)} \qquad \dot{x} = \varphi(t, c_1),$$

so hat man eine Differentialgleichung, aus der sich die Bewegung durch Ausführung einer Quadratur ergibt, wobei eine neue Integrationskonstante c_2 auftritt.

Aus einem Paar zusammengehöriger Werte t_0 und v_0 bestimmt man die Konstante c_1 in (**102**, 21):

$$\textbf{(102, 23)} \qquad c_1 = F(t_0, v_0)$$

oder aus (**102**, 22) durch

$$\textbf{(102, 24)} \qquad v_0 = \varphi(t_0, c_1).$$

Subtrahiert man (**102**, 24) von (**102**, 22), so erhält man die rechte Seite der Gleichung

$$\textbf{(102, 25)} \qquad mv - mv_0 = m[\varphi(t, c_1) - \varphi(t_0, c_1)]$$

als Ausdruck für den von der Kraft im Zeitraum von t_0 bis t bestimmten Impuls. Diesen findet man also hier erst nach Lösung einer (möglicherweise komplizierten) Differentialgleichung erster Ordnung, während man ihn im einfacheren Falle 1 unmittelbar durch eine Quadratur erhalten kann.

5. *Die Kraft hängt von Lage und Geschwindigkeit ab.* Man hat dann die Differentialgleichung

$$\textbf{(102, 26)} \qquad m\ddot{x} = K(x, \dot{x}).$$

Die Typen 2 und 3 können als Spezialfälle hiervon angesehen werden. Führt man v durch (**101**, 2) ein, so erhält man

$$\textbf{(102, 27)} \qquad mv\frac{dv}{dx} = K(x, v)$$

als Differentialgleichung erster Ordnung zwischen v und x. Gelingt es, diese zu integrieren, so erhält man eine Gleichung

$$\textbf{(102, 28)} \qquad F(x, v) = F(x, \dot{x}) = c_1$$

als das gesuchte Erstintegral. Die Integrationskonstante c_1 bestimmt sich aus zusammengehörigen Werten x_0, v_0 durch

$$\textbf{(102, 29)} \qquad c_1 = F(x_0, v_0).$$

Löst man (**102**, 28) nach $\dot{x}$:

$$\textbf{(102, 30)} \qquad \dot{x} = \varphi(x, c_1),$$

so hat man eine Differentialgleichung, die sich $\dfrac{dt}{dx} = \dfrac{1}{\varphi(x, c_1)}$ schreiben läßt. Die Bewegung erhält man also durch eine Quadratur mit einer neuen Integrationskonstante c_2:

$$t = \int \frac{dx}{\varphi(x, c_1)} + c_2.$$

Bildet man aus (**102**, 30) den Zuwachs $T - T_0$ der kinetischen Energie:

(**102**, 31) $\tfrac{1}{2} m v^2 - \tfrac{1}{2} m v_0^2 = \tfrac{1}{2} m [\varphi(x, c_1)^2 - \varphi(x_0, c_1)^2]$,

so stellt die rechte Seite die von der Kraft auf dem Wege von der Lage x_0 zur Lage x geleistete Arbeit dar. Die Bestimmung der Arbeit, die sich in 2. als Differenz zwischen den Werten der Kräftefunktion in zwei Lagen, d. h. durch eine Quadratur ergab, erfordert also hier die Integration einer Differentialgleichung erster Ordnung.

In den fünf bisher betrachteten Fällen gelang es, durch Substitution von v zu einer Differentialgleichung erster Ordnung zur Bestimmung eines Erstintegrals zu gelangen. In den drei ersten Fällen konnte diese unmittelbar durch eine Quadratur gelöst werden; in den beiden übrigen Fällen konnten die Verhältnisse verwickelter sein. In allen fünf Fällen konnte die Bewegung durch eine weitere Quadratur bestimmt werden, nachdem das Erstintegral gefunden war.

In den Fällen, wo K von t und x oder von allen drei Variablen t, x und $\dot{x}$ abhängt, bringt die Substitution von v im allgemeinen keinen Vorteil. Wir wollen im folgenden nur den Fall behandeln, wo K in x und $\dot{x}$ linear ist.

6. *Die Kraft hängt von der Zeit und linear von Lage und Geschwindigkeit ab.* Die Funktion K in (**102**, 1) hat also die Form $\alpha \dot{x} + \beta x + \gamma$, wo α, β und γ von t abhängen können. Wir dividieren (**102**, 1) durch m und schreiben die Gleichung mit neuen Bezeichnungen

(**102**, 32) $\ddot{x} + R(t)\dot{x} + S(t)x = Q(t)$.

R, S und Q mögen in dem Zeitintervall, in dem die Bewegung untersucht werden soll, stetige Funktionen von t sein. Das Kraftgesetz erfüllt dann die Regularitätsvoraussetzungen, die am Schluß von **101** angegeben wurden.

(**102**, 32) ist eine lineare Differentialgleichung zweiter Ordnung und im Fall $Q(t) = 0$ eine homogene lineare Differentialgleichung. Wir wollen die Koeffizienten $R(t)$ und $S(t)$ den *Widerstand* oder die *Dämpfung* bzw. die *Steifheit* nennen. Über die Abhängigkeit der Lösungen von „der äußeren Einwirkung" $Q(t)$ gelten eine Reihe einfacher Sätze, an die wir im Rest dieses Paragraphen erinnern wollen und die man unmittelbar durch Einsetzen in (**102**, 32) bestätigt.

a) Ist $x(t)$ eine Lösung bei gegebener rechter Seite und c eine Konstante, so ist $c x(t)$ eine Lösung, wenn die rechte Seite durch $c Q(t)$ ersetzt wird.

b) Sind $x_1(t)$ und $x_2(t)$ Lösungen, wenn die rechte Seite $Q_1(t)$ bzw. $Q_2(t)$ ist, so ist $x_1(t) + x_2(t)$ eine Lösung für die rechte Seite $Q_1(t) + Q_2(t)$.

c) Aus den Eigenschaften a) und b) folgt: Wenn die Differentialgleichung (**102**, 32) für gewisse rechte Seiten $Q_1(t)$, $Q_2(t)$, ... bzw. die Lösungen $x_1(t)$, $x_2(t)$, ... hat, so ist

$$c_1 x_1(t) + c_2 x_2(t) + \cdots$$

eine Lösung für die rechte Seite

$$c_1 Q_1(t) + c_2 Q_2(t) + \cdots$$

d) Ein Spezialfall von c) ist der folgende: Ist sowohl $x_1(t)$ als auch $x_2(t)$ eine Lösung von (**102**, 32), so ist $x_2(t) - x_1(t)$ eine Lösung der entsprechenden homogenen Gleichung

(**102**, 33)
$$\ddot{x} + R(t)\dot{x} + S(t)x = 0.$$

Man erhält daher das vollständige Integral von (**102**, 32), indem man zum vollständigen Integral von (**102**, 33) ein beliebiges partikuläres Integral von (**102**, 32) hinzufügt.

e) Für die homogene Gleichung (**102**, 33) besagen die Sätze a) bis c), daß eine beliebige Linearkombination von Lösungen mit konstanten Koeffizienten wieder eine Lösung ist. Insbesondere ist das *„Nullintegral"* $x(t) = 0$ für alle t stets eine Lösung; jede andere Lösung heißt ein *eigentliches Integral*. Lösungen $x_1(t), x_2(t), \ldots, x_k(t)$ von (**102**, 33) nennt man *linear unabhängig*, wenn eine Linearkombination mit konstanten Koeffizienten

$$c_1 x_1(t) + c_2 x_2(t) + \cdots + c_k x_k(t)$$

nur dann für alle t Null werden kann, wenn alle Koeffizienten c_k Null sind, andernfalls *linear abhängig*. In einer Reihe von linear unabhängigen Lösungen kann das Nullintegral offenbar nicht vorkommen.

f) Die Maximalzahl der linear unabhängigen Integrale von (**102**, 33) ist 2. Es seien nämlich $x_1(t)$ und $x_2(t)$ zwei Integrale von (**102**, 33). $x_2(t)$ sei ein eigentliches Integral, und die Betrachtung werde auf ein t-Intervall beschränkt, in welchem $x_2(t) \neq 0$ ist. Man hat dann

$$\frac{d}{dt}\left(\frac{x_1(t)}{x_2(t)}\right) = \frac{x_2 \dot{x}_1 - x_1 \dot{x}_2}{x_2^2}.$$

Nun sind x_1 und x_2 dann und nur dann linear abhängig, wenn das Verhältnis $\frac{x_1}{x_2}$ konstant ist, wenn also

(**102**, 34)
$$\Delta(t) = x_1 \dot{x}_2 - x_2 \dot{x}_1$$

für alle t des betrachteten Intervalls verschwindet. Wir nehmen nun an, daß x_1 und x_2 linear unabhängig sind, und bezeichnen mit t_0 einen Zeitpunkt, für den $\Delta(t_0) \neq 0$ ist. In der von x_1 und x_2 abhängigen Lösung

(**102**, 35)
$$x = c_1 x_1 + c_2 x_2,$$

(**102**, 36)
$$\dot{x} = c_1 \dot{x}_1 + c_2 \dot{x}_2$$

kann man c_1 und c_2 wegen $\Delta(t_0) \neq 0$ so bestimmen, daß $t = t_0$ willkürlich vorgeschriebene Werte $x = x_0$, $\dot{x} = v_0$ entsprechen. Das bedeutet, daß (**102**, 35) das vollständige Integral von (**102**, 33) mit c_1 und c_2 als Parametern darstellt.

Daß die Maximalzahl der unabhängigen Integrale andererseits nicht kleiner als 2 sein kann, folgt daraus, daß man zwei partikuläre Integrale durch solche Werte von x und $\dot{x}$ für $t = t_0$ bestimmen kann, daß der Wert $\Delta(t_0)$ in (**102**, 34) von Null verschieden ausfällt.

Ferner sieht man, daß die Bedingung $\Delta(t) \neq 0$ für zwei linear unabhängige Lösungen x_1 und x_2 im ganzen Zeitintervall gelten muß, in dem die Differentialgleichung die Regularitätsvoraussetzung erfüllt. Hätte man nämlich $\Delta(t_0) = 0$ für einen bestimmten Wert t_0 von t im Regularitätsintervall, so besäßen die Gleichungen

$$c_1 x_1(t_0) + c_2 x_2(t_0) = 0,$$
$$c_1 \dot{x}_1(t_0) + c_2 \dot{x}_2(t_0) = 0$$

eine von $(0, 0)$ verschiedene Lösung (c_1, c_2), und das entsprechende Integral $c_1 x_1 + c_2 x_2$ müßte für alle Werte von t verschwinden, da es die Werte von x und $\dot{x}$

für $t = t_0$ mit dem Nullintegral gemeinsam hat. Dies würde der vorausgesetzten Unabhängigkeit von x_1 und x_2 widersprechen.

g) Ist $x_1(t)$ ein eigentliches Integral von (**102**, 33), so stellt in einem Zeitintervall, in dem $x_1(t)$ nicht verschwindet,

$$(\mathbf{102}, 37) \qquad x_2 = x_1 \int x_1^{-2} e^{-\int R(t)\,dt}\,dt$$

eine von x_1 linear unabhängige Lösung dar. Man kann dies durch Berechnung von $\dot x_2$ und $\ddot x_2$ und Einsetzen in (**102**, 33) bestätigen. Daß x_1 und x_2 linear unabhängig sind, folgt daraus, daß die Determinante $\Delta(t)$ den Wert

$$\Delta = e^{-\int R(t)\,dt} \neq 0$$

besitzt.

Es ist also hinreichend, nur ein eigentliches Integral von (**102**, 33) zu kennen, um das vollständige Integral $c_1 x_1 + c_2 x_2$ bilden zu können.

h) Hat (**102**, 33) konstante, d. h. von t unabhängige Koeffizienten R und S,

$$(\mathbf{102}, 38) \qquad \ddot x + R\dot x + Sx = 0,$$

so kann man stets ein eigentliches Integral von der Form

$$(\mathbf{102}, 39) \qquad x = e^{rt}$$

finden. Durch Einsetzen erhält man nämlich

$$\ddot x + R\dot x + Sx = e^{rt}[r^2 + Rr + S].$$

(**102**, 39) stellt daher für $-\infty < t < +\infty$ ein partikuläres Integral von (**102**, 38) dar, wenn für r eine Wurzel der „charakteristischen Gleichung"

$$(\mathbf{102}, 40) \qquad r^2 + Rr + S = 0$$

gewählt wird. Hat diese zwei verschiedene Wurzeln r_1 und r_2, so sind die entsprechenden partikulären Integrale linear unabhängig, und

$$(\mathbf{102}, 41) \qquad x = c_1 e^{r_1 t} + c_2 e^{r_2 t}$$

ist das vollständige Integral von (**102**, 38). Hat (**102**, 40) die Doppelwurzel r, so erhält man unmittelbar nur das eine partikuläre Integral $x = e^{rt}$; aber dann liefert (**102**, 37) das davon unabhängige partikuläre Integral te^{rt}, so daß man das vollständige Integral

$$(\mathbf{102}, 42) \qquad x = e^{rt}(c_1 + c_2 t)$$

erhält. Hat (**102**, 40) komplexe Wurzeln, so sind die entsprechenden partikulären Integrale konjugiert komplex. Man erhält dann reelle Lösungen, wenn man c_1 und c_2 in (**102**, 41) konjugiert komplex wählt.

Die homogene lineare Differentialgleichung zweiter Ordnung mit konstanten Koeffizienten gehört zum Typus 5 und kann daher auch nach den dort geschilderten Methoden behandelt werden.

i) Sind $x_1(t)$ und $x_2(t)$ zwei unabhängige partikuläre Integrale von (**102**, 33) und Δ die entsprechende Determinante (**102**, 34), so stellt

$$(\mathbf{102}, 43) \qquad x = x_2(t)\int \frac{x_1(t)\,Q(t)}{\Delta(t)}\,dt - x_1(t)\int \frac{x_2(t)\,Q(t)}{\Delta(t)}\,dt$$

ein Integral der inhomogenen Gleichung (**102**, 32) dar. Dies kann dadurch nachgewiesen werden, daß man $\dot x$ und $\ddot x$ bildet und in (**102**, 32) einsetzt. Hierbei ist es gleichgültig, welchen der Werte der beiden unbestimmten Integrale man fixiert. Eine Änderung um willkürliche additive Konstanten bewirkt ja nur eine Änderung von x um eine Linearkombination von x_1 und x_2, also um ein Integral der homogenen Gleichung [vgl. d)]. Man kann daher auch sagen, daß (**102**, 43) das vollständige Integral von (**102**, 32) darstellt, wenn man die Integrationskonstanten als in den unbestimmten Integralen enthalten annimmt.

j) Hat die inhomogene Gleichung (**102**, 32) konstante Koeffizienten R und S, so kann man nach h) und i) ihr vollständiges Integral durch zwei Quadraturen herstellen. Wenn $S \neq 0$ ist, kann die Rechenarbeit gelegentlich durch folgendes Verfahren erleichtert werden. Man sucht eine Lösung von (**102**, 32), indem man von ihrer formalen Darstellung durch eine Reihe

$$x = \alpha_0 Q(t) + \alpha_1 \dot{Q}(t) + \alpha_2 \ddot{Q}(t) + \cdots$$

mit konstanten Koeffizienten $\alpha_0, \alpha_1, \alpha_2, \ldots$ ausgeht. Bildet man dann $\dot{x}$ und $\ddot{x}$ und setzt in (**102**, 32) ein, so erhält man für die Koeffizienten

$$\alpha_0 = \frac{1}{S}, \quad \alpha_1 = -\frac{R}{S}$$

und für $i \geqq 2$ die Rekursionsformel

$$\alpha_i = -\frac{1}{S}(R\alpha_{i-1} + \alpha_{i-2}).$$

Ist $Q(t)$ ein Polynom in t, so bricht die Entwicklung nach endlich vielen Gliedern ab. In anderen Fällen kann sie auf konvergente Reihen führen.

Für $R = 0$ verschwinden die Koeffizienten mit ungeraden Indizes, und die Koeffizienten mit geraden Indizes bilden eine geometrische Folge mit dem Quotienten $-\frac{1}{S}$.

Ist Q konstant, so findet man $\frac{Q}{S}$ als partikuläres Integral der inhomogenen Gleichung.

k) Zum Schluß erwähnen wir noch als besonders einfachen Fall die Differentialgleichung (**102**, 38) mit $R = 0$, $S \neq 0$

$$(\textbf{102}, 44) \qquad \ddot{x} + Sx = 0.$$

Je nachdem S positiv oder negativ ist, setzen wir $S = h^2$ oder $S = -h^2$.

Wenn S positiv ist, führt

$$(\textbf{102}, 45) \qquad \ddot{x} + h^2 x = 0$$

auf komplexe Wurzeln der charakteristischen Gleichung (**102**, 40). Man kann jedoch auch, ohne die Rechnung durch komplexes Gebiet zu führen, sofort einsehen, daß (**102**, 45) die beiden unabhängigen reellen Lösungen $\cos ht$ und $\sin ht$ und daher das vollständige Integral

$$(\textbf{102}, 46) \qquad x = c_1 \cos ht + c_2 \sin ht$$

besitzt. Durch Einführung neuer Konstanten A, α bzw. B, β kann dies auch auf die Form

$$(\textbf{102}, 47) \qquad x = A\cos(ht + \alpha)$$

oder

$$(\textbf{102}, 48) \qquad x = B\sin(ht + \beta)$$

gebracht werden.

Ist S negativ, so führt

$$(\textbf{102}, 49) \qquad \ddot{x} - h^2 x = 0$$

auf die Wurzeln $r = \pm h$ von (**102**, 40), also auf das vollständige Integral

$$(\textbf{102}, 50) \qquad x = c_1 e^{ht} + c_2 e^{-ht}.$$

Man kann der Lösung durch Einführung des hyperbolischen Sinus und Kosinus eine (**102**, 46) entsprechende Gestalt geben. Wir erinnern an die Definition und einige Rechenregeln für diese oft verwendeten Funktionen:

$$(102, 51) \quad \begin{cases} \text{(a)} & \mathfrak{Cof}\, z = \tfrac{1}{2}(e^z + e^{-z}), \quad \mathfrak{Sin}\, z = \tfrac{1}{2}(e^z - e^{-z}), \\[4pt] \text{(b)} & \mathfrak{Cof}^2 z - \mathfrak{Sin}^2 z = 1, \\[4pt] \text{(c)} & \mathfrak{Cof}(-z) = \mathfrak{Cof}\, z, \quad \mathfrak{Sin}(-z) = -\mathfrak{Sin}\, z, \\[4pt] \text{(d)} & \begin{cases} \mathfrak{Cof}(y + z) = \mathfrak{Cof}\, y\, \mathfrak{Cof}\, z + \mathfrak{Sin}\, y\, \mathfrak{Sin}\, z, \\ \mathfrak{Sin}(y + z) = \mathfrak{Sin}\, y\, \mathfrak{Cof}\, z + \mathfrak{Cof}\, y\, \mathfrak{Sin}\, z, \end{cases} \\[8pt] \text{(e)} & \dfrac{d\,\mathfrak{Cof}\, z}{dz} = \mathfrak{Sin}\, z, \quad \dfrac{d\,\mathfrak{Sin}\, z}{dz} = \mathfrak{Cof}\, z. \end{cases}$$

Setzt man nun in (102, 50) $c_1 = c_2 = \tfrac{1}{2}$ bzw. $c_1 = -c_2 = \tfrac{1}{2}$, so erhält man $\mathfrak{Cof}\, h t$ und $\mathfrak{Sin}\, h t$ als zwei linear unabhängige partikuläre Integrale von (102, 49), und das vollständige Integral kann dann

$$(102, 52) \qquad x = c_1 \mathfrak{Cof}\, h t + c_2 \mathfrak{Sin}\, h t$$

geschrieben werden, wo c_1 und c_2 neue willkürliche Konstanten sind.

Daß $\mathfrak{Cof}\, h t$ und $\mathfrak{Sin}\, h t$ die Gleichung (102, 49) befriedigen, erkennt man auch direkt mit Hilfe der Rechenregeln (102, 51) (e).

103. Beispiele von Bewegungen mit konstanter Beschleunigung. Reaktionskräfte. Reibung. Wir betrachten in diesem Paragraphen verschiedene Beispiele geradliniger Bewegungen mit konstanter Beschleunigung. Die Integration der zugehörigen Differentialgleichung ist für diesen Fall schon in **101** durchgeführt. [Vgl. (**101**, 8—12).] Die Beispiele geben Veranlassung zur Behandlung von Reaktionskräften, insbesondere Reibungskräften im dynamischen Fall und zu dem Hinweis, daß eine Bewegung in ihren verschiedenen Stadien verschiedenen Differentialgleichungen genügen kann. Über die *Reibungskraft* wird angenommen, daß sie dem Normaldruck der aufeinander gleitenden Flächen proportional ist. Der Proportionalitätsfaktor μ wird der *dynamische Reibungskoeffizient* genannt. Durch Versuche kann festgestellt werden, daß er etwas kleiner als der entsprechende statische Reibungskoeffizient ist; doch sehen wir im allgemeinen von diesem Unterschied ab. Die Reibungskraft ist stets der Geschwindigkeit des von ihr angegriffenen Massenpunktes entgegengesetzt gerichtet.

1. *Gleitende Bewegung auf der Fallinie einer rauhen schiefen Ebene.* Wir legen die x-Achse nach unten gerichtet in eine Fallinie der schiefen Ebene und bezeichnen deren Neigungswinkel mit α. Der bewegte Massenpunkt, dessen Masse m sei, unterliege allein der Schwerkraft und der Reaktion der schiefen Ebene. Wir projizieren nun zunächst auf die Normale der schiefen Ebene. Da in dieser Richtung keine Beschleunigung stattfindet, müssen sich die Projektionen der Kräfte auf die Normale aufheben. Also erhält die auf den Massenpunkt wirkende Normalreaktion N die in der Abb. 98 angegebene Richtung und die

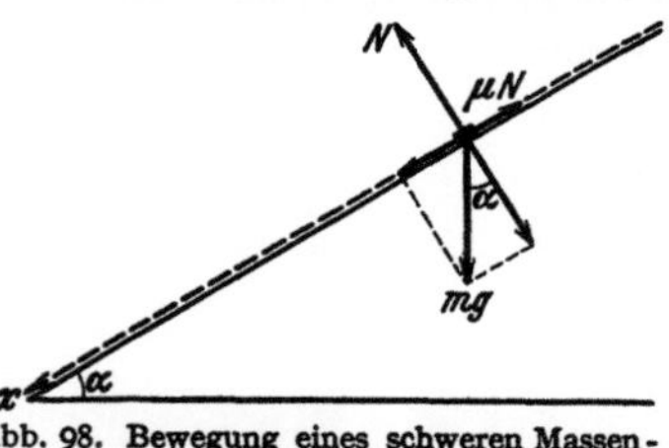

Abb. 98. Bewegung eines schweren Massenpunktes auf einer rauhen schiefen Ebene.

Größe $mg \cos \alpha$. Die Größe der Reibungskraft ist dann $\mu mg \cos \alpha$ und ihre Richtung der der Bewegung entgegengesetzt. Als Ausdruck der Kraft, die auf den Massenpunkt in Richtung seiner Bahn wirkt, erhält man daher

$$K = mg \sin \alpha \pm \mu\, mg \cos \alpha,$$

wo das obere Vorzeichen für aufwärts gerichtete, das untere für abwärts gerichtete Bewegung gilt. Die Differentialgleichung

$$\ddot{x} = g (\sin \alpha \pm \mu \cos \alpha)$$

der Bewegung lautet also verschieden für aufwärts und abwärts gerichtete Bewegung. Man hat aber in beiden Fällen konstante Beschleunigung.

Führt man den Reibungswinkel ε durch

$$\mu = \operatorname{tg}\varepsilon$$

ein, so erhält man

$$\ddot{x} = \frac{g}{\cos\varepsilon}\sin(\alpha \pm \varepsilon).$$

Für aufwärts gerichtete Bewegung ist diese Beschleunigung stets abwärts gerichtet, für abwärts gerichtete Bewegung abwärts gerichtet, falls $\alpha > \varepsilon$, jedoch aufwärts gerichtet, falls $\alpha < \varepsilon$ ist. Dies ist von Wichtigkeit für die Entscheidung, welche partikuläre Bewegung durch ein vorgegebenes Bewegungselement $(t_0,\ x_0,\ v_0)$ bestimmt wird. Für $v_0 < 0$ wird eine aufwärts gerichtete Bewegung eingeleitet, und diese wird im Laufe einer gewissen Zeit (welcher?) vollständig abgebremst, so daß sich der Massenpunkt in einem Zeitpunkt t_1 in momentaner Ruhe befindet. Im Falle $\alpha > \varepsilon$ beginnt danach eine abwärts gerichtete und abwärts beschleunigte Bewegung. Für $\alpha < \varepsilon$ verbleibt der Massenpunkt aber für $t > t_1$ in Ruhe, und die Differentialgleichung ist durch $\ddot{x} = 0$ zu ersetzen; dabei ist jetzt die Reibungskraft statisch zu bestimmen und fällt kleiner als $\mu g \cos\alpha$ aus. Im Falle $\alpha < \varepsilon$ kann man also eine abwärts gerichtete Bewegung nur dadurch erhalten, daß man sie durch ein $v_0 > 0$, also eine abwärts gerichtete Anfangsgeschwindigkeit einleitet. Die Beschleunigung ist dann nach obèn gerichtet, und die Bewegung wird allmählich bis zur Ruhe abgebremst.

Für $\alpha = \varepsilon$ geht eine abwärts gerichtete Bewegung mit konstanter Geschwindigkeit vor sich.

2. *Bewegung bei konstanter Anziehung von einem festen Punkt auf einer rauhen waagerechten Geraden.* Die Gerade werde zur x-Achse gewählt und das Anziehungszentrum O zum Ursprung. Ist m die Masse des Massenpunktes, also mg sein Gewicht, so ist die Normalreaktion der Geraden ebenfalls mg, da die senkrechten Kräfte einander aufheben müssen. Als Anfangselement werde $t = 0$, $x = a > 0$, $v = 0$ gewählt. Die Größe der Reibungskraft während der Bewegung ist $\mu\,mg$. Die konstante Anziehungskraft werde $\varrho\,mg$ gesetzt. Es muß $\varrho > \mu$ sein, damit eine Bewegung zustande kommen kann. Die Bewe-

Abb. 99. Bewegung eines Massenpunktes auf einer rauhen Geraden bei konstanter Anziehung.

gung ist auf O zugerichtet, und in ihrem ersten Stadium $x > 0$ haben die Kräfte die in Abb. 99 angegebenen Richtungen. Die Differentialgleichung der Bewegung ist in diesem Stadium

$$\ddot{x} = (\mu - \varrho)g.$$

Wir wollen nun zunächst das der Energiegleichung entsprechende Erstintegral Φ_2 (vgl. **101**, S. 223)

$$v^2 - 2(\mu - \varrho)g x = \text{const}$$

heranziehen. Wird dieses auf die Strecke von $x = a$ bis $x = 0$, wo die Geschwindigkeit v_1 sei, angewendet, so erhält man

$$v_1^2 = 2(\varrho - \mu)g a,$$
$$v_1 = -\sqrt{2(\varrho - \mu)g a}.$$

Auf der anderen Seite von O wirken beide Kräfte in der positiven Richtung der x-Achse, und man hat

$$\ddot{x} = (\mu + \varrho)g.$$

Wendet man das entsprechende Energieintegral von $x = 0$ bis zu dem Punkt

$x = b$ an, wo die Geschwindigkeit Null wird, so erhält man

$$v_1^2 = -2(\mu + \varrho)gb,$$

also

$$b = -\frac{v_1^2}{2(\mu + \varrho)g} = -\frac{\varrho - \mu}{\varrho + \mu}a.$$

Für die weitere Bewegung haben wir nun ganz entsprechende Anfangsbedingungen wie die, von denen wir ausgegangen sind, und wir können daher schließen, daß der Massenpunkt Schwingungen um O ausführt, wobei die Ausschläge wie die Glieder einer geometrischen Reihe mit dem Quotienten $\dfrac{\varrho - \mu}{\varrho + \mu} < 1$ abnehmen.

Bei dieser Anwendung des Energieintegrals hat die Zeit gar keine Rolle gespielt. Will man die Schwingungszeiten bestimmen, so muß man die Zeitpunkte t_1 und t_2 aufsuchen, in denen der Massenpunkt die Lagen $x = 0$ und $x = b$ passiert. Hierzu kann man das Impulsintegral Φ_1 (vgl. **101**, S. 223)

$$v - (\mu \mp \varrho)gt = \text{const}$$

heranziehen. Es ergibt sich dann für $t = 0$ und $t = t_1$

$$0 = v_1 - (\mu - \varrho)gt_1$$

und für $t = t_1$ und $t = t_2$

$$v_1 - (\mu + \varrho)gt_1 = -(\mu + \varrho)gt_2.$$

Aus diesen zwei Gleichungen findet man

$$t_2 = \frac{-2\varrho v_1}{(\varrho^2 - \mu^2)g} = \frac{2\varrho}{\varrho^2 - \mu^2}\sqrt{\frac{2(\varrho - \mu)a}{g}} = C\sqrt{a}.$$

Die Schwingungszeiten zwischen aufeinanderfolgenden maximalen Ausschlägen verhalten sich demnach wie die Quadratwurzeln der Ausschläge, mit denen die Schwingungen beginnen. Sie nehmen also ab, wie die Glieder einer geometrischen Reihe mit dem Quotienten $\sqrt{\dfrac{\varrho - \mu}{\varrho + \mu}}$.

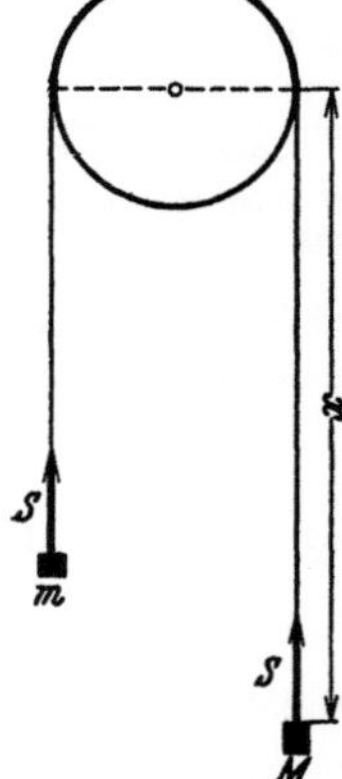

Abb 100. ATWOOD-sche Fallmaschine.

　　　3. *Die* ATWOOD*sche Fallmaschine.* Zwei Massen M und m, wo $M > m$ sei, sind an den Enden eines Fadens befestigt, der über eine Rolle läuft. Es ist die Differentialgleichung der Bewegung aufzustellen. Befindet sich ein gewichtsloser Faden, an dem eine Masse aufgehängt ist, im Gleichgewicht, so ist die Spannung des Fadens gleich dem Gewicht der Masse. Dies ist dagegen nicht der Fall, wenn die Masse eine beschleunigte Bewegung ausführt. Die Spannung muß dann aus der Bewegungsgleichung bestimmt werden. Wir nehmen hier den Faden und die Rolle als gewichtslos und die Achse der Rolle als reibungsfrei an. Unter diesen Voraussetzungen ist die Fadenspannung längs des ganzen Fadens konstant. Sie werde mit S bezeichnet. Sie wirkt auf die Massen an den beiden Fadenenden nach oben. Der in Abb. 100 angegebene Abstand x bestimmt die Lage des Systems. Die Masse M hat dann die Beschleunigung $\ddot{x}$, nach unten gerichtet positiv. Die andere Masse muß dieselbe, aber nach oben positiv gerechnete Beschleunigung haben, wenn der Faden gespannt bleiben soll. Die Bewegungsgleichungen für die geradlinigen Bewegungen der beiden angehängten Massen sind daher

$$M\ddot{x} = Mg - S,$$

$$m\ddot{x} = S - mg.$$

Hieraus erhält man

$$\ddot{x} = \frac{M - m}{M + m}\, g,$$

$$S = mg\left(1 + \frac{M - m}{M + m}\right) = Mg\left(1 - \frac{M - m}{M + m}\right).$$

Die Bewegung geht also mit einer konstanten Beschleunigung vor sich, die kleiner ist als beim freien Fall; und die Fadenspannung liegt dem Betrage nach zwischen den Gewichten der beiden Massen.

In **166** werden wir die gleiche Aufgabe mit Berücksichtigung der Massen von Rolle und Faden behandeln.

4. *Druck einer Last auf eine beschleunigte Unterlage.* Auf einer waagerechten Platte liege ein nur der Schwerkraft unterworfener Massenpunkt der Masse m. Sein Druck auf die Platte, nach unten positiv gerechnet, ist gleich dem nach oben positiv gerechneten Gegendruck N der Platte. Wenn nun die Platte mit dem darauf befindlichen Massenpunkt eine Bewegung in vertikaler Richtung mit der (nach unten positiv gerechneten) Beschleunigung G ausführt, so lautet die Bewegungsgleichung des Massenpunktes

$$m\ddot{x} = mG = mg - N.$$

Also erhält man

$$N = m(g - G).$$

Der Druck ist demnach nur dann gleich dem Gewicht des Massenpunktes, wenn sich die Platte in Ruhe befindet oder gleichförmig bewegt ist. Er ist größer als das Gewicht des Massenpunktes, falls die Platte nach oben beschleunigt, also $G < 0$ ist; sie ist kleiner als das Gewicht, falls die Platte nach unten beschleunigt und $0 < G < g$ ist. Der Druck ist Null für $g = G$, also z. B. wenn die Platte frei fällt. Für $G > g$ wird N negativ. Der Massenpunkt kann dann nur auf der Platte bleiben, wenn er an ihr befestigt ist, und wirkt in diesem Fall auf die Platte mit einem aufwärts gerichteten Zug.

Es spielt bei dieser Betrachtung keine Rolle, ob sich die Platte aufwärts oder abwärts bewegt; es kommt nur auf Richtung und Größe ihrer Beschleunigung an. Man denke etwa an den Druck einer Last auf den Fußboden eines Fahrstuhls während der verschiedenen Bewegungsstadien.

104. Bewegung im widerstehenden Mittel. Wir wollen die geradlinige Bewegung eines Massenpunktes der Masse m in einem umgebenden Mittel betrachten, das der Bewegung einen Widerstand entgegensetzt, der der n-ten Potenz der Geschwindigkeit proportional ist. Der Proportionalitätsfaktor werde mit $\varkappa m$ (> 0) bezeichnet. Seine Dimension hängt von n ab. Wirken auf den Massenpunkt im übrigen keine Kräfte, und bewegt er sich in Richtung der positiven x-Achse, so lautet die Bewegungsgleichung

(104, 1) $$m\ddot{x} = -\varkappa m v^n.$$

Sie fällt also unter den Typus 3 in **102** und läßt sich nach der dort angegebenen allgemeinen Methode integrieren. Man erhält

(104, 2) $$\begin{cases} \dot{v} = -\varkappa v^n, \\[2mm] \varkappa \dfrac{dt}{dv} = -v^{-n}, \end{cases}$$

also für $n \neq 1$

$$\varkappa t = -\frac{v^{1-n}}{1 - n} + c_1.$$

Wir fragen nun nach der partikulären Bewegung, die durch das Anfangselement $t = 0$, $x = 0$, $v = v_0 > 0$ bestimmt ist. Nach der vorigen Gleichung hat man

$$0 = -\frac{v_0^{1-n}}{1-n} + c_1,$$

also

(104, 3) $$\qquad v^{1-n} = v_0^{1-n} + (n-1)\,x\,t.$$

(104, 2) zeigt, daß die Geschwindigkeit mit wachsendem t monoton abnimmt, und (104, 3) lehrt, daß $v = 0$ für $t = \dfrac{v_0^{1-n}}{(1-n)\,x}$ im Falle $n < 1$, während im Fall $n > 1$ die Geschwindigkeit v für $t \to \infty$ gegen Null strebt.

Um x zu finden, forme man (104, 2) in

(104, 4) $$\qquad \begin{cases} v\dfrac{dv}{dx} = -xv^n, \\[2mm] x\dfrac{dx}{dv} = -v^{1-n} \end{cases}$$

um. Dann ergibt sich für $n \neq 2$

$$x\,x = -\frac{v^{2-n}}{2-n} + c_2,$$

also bei Benutzung des Anfangselementes

(104, 5) $$\qquad v^{2-n} = v_0^{2-n} + (n-2)\,x\,x.$$

(104, 4) zeigt, daß die Geschwindigkeit mit wachsendem x monoton abnimmt, und (104, 5), daß $v = 0$ für $x = \dfrac{v_0^{2-n}}{(2-n)\,x}$ im Falle $n < 2$, während $v \to 0$ für $x \to \infty$ im Falle $n > 2$.

(104, 3) und (104, 5) bilden eine Parameterdarstellung der Bewegung mit v als Parameter. Eliminiert man v, so findet man als explizite Darstellung der Bewegung

$$x = \frac{1}{x\,(n-2)}\left[\left(v_0^{1-n} + (n-1)\,x\,t\right)^{\frac{n-2}{n-1}} - v_0^{2-n}\right],$$

die gilt, sobald n keinen der Werte 1 oder 2 hat.

Man muß demnach bei der Diskussion der Bewegung zwischen drei Fällen unterscheiden:

a) Für $n > 2$ setzt sich die Bewegung unbegrenzt fort, wobei $v \to 0$, $x \to \infty$ für $t \to \infty$.

b) Für $1 < n < 2$ hat man $v \to 0$ für $t \to \infty$, während gleichzeitig $x \to \dfrac{v_0^{2-n}}{(2-n)\,x}$.

c) Für $n < 1$ endet die Bewegung ($v = 0$) in der Lage $\dfrac{v_0^{2-n}}{(2-n)\,x}$ zur Zeit $\dfrac{v_0^{1-n}}{(1-n)\,x}$.

Übung: Man führe die Integrationen in den Fällen $n = 1$ und $n = 2$ durch und zeige, daß die Bewegung für $n = 1$ wie für $1 < n < 2$ und für $n = 2$ wie für $n > 2$ verläuft.

105. Abstoßung, die einer Potenz des Abstandes proportional ist. Regularitätsbedingung. Ein Massenpunkt der Masse m sei an die x-Achse gebunden und werde vom Ursprung O mit einer Kraft der Größe $\alpha\,|x|^n$ abgestoßen, wo α ein Proportionalitätsfaktor ist. Für die Lagen $x > 0$ lautet dann die Differentialgleichung

(105, 1) $$\qquad m\ddot{x} = \alpha\,x^n.$$

Auch der Fall $\alpha < 0$ kann in Betracht gezogen werden; man hat es dann mit einer Anziehungskraft zu tun.

(105, 1) ist vom Typus 2 in **102** und wird wie dort angegeben integriert. Man bringt die Gleichung auf die Gestalt

$$\frac{d}{dx}\left(\frac{1}{2}\,m\,v^2\right) = \alpha\,x^n$$

und erhält, falls $n \neq -1$, durch Integration, wenn x_0 und v_0 zusammengehörige Werte bezeichnen,

$$\frac{m}{2}\,(v^2 - v_0^2) = \frac{\alpha}{n+1}\,(x^{n+1} - x_0^{n+1})$$

als das Erstintegral, das die Energiegleichung zum Ausdruck bringt. Hieraus berechnet man $v = \dfrac{dx}{dt}$ und formt in

(105, 2)
$$\frac{dt}{dx} = \left[\frac{2\alpha}{m(n+1)}\,(x^{n+1} - x_0^{n+1}) + v_0^2\right]^{-\frac{1}{2}}$$

um. Durch eine weitere Quadratur erhält man nun t als Funktion von x oder umgekehrt, und damit die Bewegung.

Wir wollen die Diskussion der verschiedenen möglichen Fälle nicht durchführen, sondern nur die partikuläre Bewegung mit dem Anfangselement

(105, 3)
$$t = 0, \quad x = 0, \quad v = 0$$

zu bestimmen suchen.

Wenn $x = 0$ zu den möglichen Lagen gehören soll, muß zunächst der Exponent n im Kraftgesetz positiv sein. Ferner beschränken wir uns auf $\alpha > 0$, $x \geqq 0$, was für $x_0 = v_0 = 0$ mit sich führt, daß die Klammer in **(105, 2)** nicht negativ wird. **(105, 2)** lautet nun

$$\frac{dt}{dx} = \sqrt{\frac{m(n+1)}{2\alpha}}\,x^{-\frac{n+1}{2}},$$

$$t = \sqrt{\frac{m(n+1)}{2\alpha}}\,x^{\frac{1-n}{2}}\,\frac{2}{1-n} + c.$$

Sollen nun $t = 0$ und $x = 0$ zusammengehören, so muß $c = 0$ und $n < 1$ sein. Unsere Voraussetzung über den Exponenten im Kraftgesetz ist also insgesamt $0 < n < 1$. Aus der letzten Gleichung findet man die Bewegung für $t \geqq 0$:

(105, 4)
$$x = \left[(1-n)\sqrt{\frac{\alpha}{2m(n+1)}}\,t\right]^{\frac{2}{1-n}}.$$

Bildet man umgekehrt hieraus $\dot{x}$ und $\ddot{x}$, so findet man $\dot{x} = 0$ für $t = 0$ und, daß **(105, 4)** die Differentialgleichung **(105, 1)** befriedigt.

Andererseits sieht man unmittelbar, daß die Funktion $x = 0$ für alle t ebenfalls die Differentialgleichung **(105, 1)** (für $n > 0$) befriedigt und das Element **(105, 3)** enthält. Es liegt also hier ein Fall vor, wo die Bewegung durch Kraftgesetz und Anfangselement nicht eindeutig bestimmt ist. Dies rührt daher, daß die am Schluß von **101** formulierte Regularitätsbedingung nicht erfüllt ist: Die partielle Ableitung der Kraft nach x

$$\frac{\partial\,(\alpha\,x^n)}{\partial x} = n\,\alpha\,x^{n-1}$$

existiert für $x = 0$ nicht, wenn n dem hier betrachteten Intervall $0 < n < 1$ angehört.

Die erste in der Gleichgewichtslehre eingeführte Annahme [vgl. **34**, I) S. 80] besagt, daß der Massenpunkt unter den angegebenen Bedingungen in der Ausgangslage in Ruhe verbleibt. Das Beispiel zeigt, daß diese Annahme ein selbständiges statisches Axiom ist und nicht unter allen Umständen aus unseren dynamischen Voraussetzungen folgt.

106. Harmonische Schwingungen. Wir wollen den Spezialfall $\alpha < 0$ und $n = 1$ von (**105**, 1) näher untersuchen. Der Massenpunkt werde also vom Punkt O mit einer Kraft angezogen, deren Größe dem Abstand von O proportional ist. Man hat ein Beispiel einer solchen Kraftwirkung, wenn der Massenpunkt in der Gleichgewichtslage O durch eine Feder oder elastische Fäden festgehalten wird, für die das HOOKEsche Gesetz (**15** S. 38) gilt, und wenn das Gleichgewicht dadurch gestört wird, daß der Massenpunkt etwas von O entfernt und darauf losgelassen wird. Allgemeiner kann man an eine Kraft $K(x)$ denken, die allein vom Abstand x von O abhängt und für die O eine Gleichgewichtslage, also $K(0) = 0$ ist. Ist $K(x)$ eine zweimal differenzierbare Funktion von x, so wird sie für kleine Werte von x mit großer Genauigkeit durch das lineare Glied ihrer Taylorentwicklung

$$K(x) = 0 + x\left(\frac{dK}{dx}\right)_{x=0} + \cdots$$

ersetzt werden können. Wenn hierin der Koeffizient von x negativ ist, haben $K(x)$ und x entgegengesetzte Vorzeichen, die Kraft wird also den Massenpunkt in die Gleichgewichtslage zurückzuführen suchen und für kleine Störungen des Gleichgewichtes gerade dem Abstand von O proportional sein. Man hat es hier also mit Bewegungsformen zu tun, die sehr allgemein bei Vibrationen um Gleichgewichtslagen, übrigens auch außerhalb der eigentlichen Mechanik vorkommen.

Die Differentialgleichung der Bewegung lautet

(**106**, 1) $$m\ddot{x} = -\alpha x$$

mit $\alpha > 0$; sie nimmt also nach Division mit m die Gestalt (**102**, 44) mit positiver Steifheit S oder (**102**, 45) an, wenn wir

(**106**, 2) $$S = \frac{\alpha}{m} = h^2$$

setzen. Das vollständige Integral kann auf jede der Formen (**102**, 46, 47, 48) gebracht werden, und die beiden Integrationskonstanten bestimmen sich durch Vorgabe eines Anfangselements. Wir wählen die Darstellung

(**106**, 3) $$x = B \sin(ht + \beta).$$

Eine solche Bewegung nennt man eine *harmonische* oder *Sinusschwingung*. B heißt die *Amplitude*, β die *Phase*, $\tau = \frac{2\pi}{h}$ die *Schwingungsdauer*, $\frac{1}{\tau} = \frac{h}{2\pi}$ die *Frequenz*.

Rechnet man die Zeit von einem Durchgang durch O mit einer Geschwindigkeit v_0 in der positiven Richtung der x-Achse, so wird die

Phase Null, und man erhält die Gleichungen

$$(106, 4) \qquad x = B \sin ht,$$

$$(106, 5) \qquad v = \dot{x} = Bh \cos ht = h \sqrt{B^2 - x^2},$$

$$(106, 6) \qquad v_0 = Bh.$$

Die Bewegung ist periodisch mit der Periode $\tau = \dfrac{2\pi}{h}$. Diese hängt also nur von der Steifheit und nicht von der Amplitude ab. Die Frequenz ist der Quadratwurzel der Steifheit proportional. Läßt man den Massenpunkt im Abstand B von O los, ohne ihm eine Anfangsgeschwindigkeit zu erteilen, so braucht er die Zeit $\dfrac{\tau}{4}$, um nach O zu gelangen, und diese Zeit ist also unabhängig davon, wie weit man den Massenpunkt von O entfernt hat.

Fügt man zur hier betrachteten Kraft noch eine konstante Kraft, so bewirkt dies eine Verschiebung der Gleichgewichtslage, und der Massenpunkt führt ebenso wie vorher harmonische Schwingungen, aber um die neue Gleichgewichtslage aus. Die Differentialgleichung kann nämlich

$$\ddot{x} + h^2 x + c = 0$$

geschrieben und mit Hilfe der Substitution $y = x + \dfrac{c}{h^2}$ in

$$\ddot{y} + h^2 y = 0$$

übergeführt werden.

Beispielsweise führt ein schwerer Massenpunkt, der an einer vertikalen Spiralfeder aufgehängt ist, eine harmonische Schwingung um seine Gleichgewichtslage, d. i. die Lage, in der er gerade von der Spannung der Feder getragen wird, aus.

Betrachtet man eine abstoßende an Stelle einer anziehenden Kraft, so erhält man die Differentialgleichung

$$m\ddot{x} = \alpha x$$

mit $\alpha > 0$. Diese kann auf die Form $(102, 49)$ gebracht werden. Die Bewegung wird also durch $(102, 50)$ oder $(102, 52)$ dargestellt.

107. Gedämpfte Schwingungen. Der im vorigen Paragraphen betrachtete Massenpunkt unterliege außer der „Steifheitskraft" $-\alpha x$ einer der Bewegung entgegen gerichteten Dämpfungskraft, deren Größe von der Geschwindigkeit abhängt. Wir wollen annehmen, daß diese Dämpfungskraft der Geschwindigkeit proportional ist, und sie $-\beta \dot{x}$ schreiben, wo $\beta > 0$ ist; damit ist ihre Richtung sowohl für $\dot{x} > 0$ als auch für $\dot{x} < 0$ richtig berücksichtigt. Bei Dämpfungskräften, die nicht genau der Geschwindigkeit proportional sind, aber doch Null werden, wenn die Geschwindigkeit Null ist, kann man sich — jedenfalls für kleine Geschwindigkeiten — auf das lineare Glied ihrer Taylorentwicklung beschränken. Daher ist die hier eingeführte Annahme recht allgemein brauchbar.

Die Differentialgleichung der Bewegung lautet

$$(107, 1) \qquad m\ddot{x} = -\alpha x - \beta \dot{x},$$

nimmt also nach Division durch m die Gestalt $(102, 38)$ an. Neben der Bezeichnung $(106, 2)$ für die Steifheit führen wir für die Dämpfung die Bezeichnung

$$(107, 2) \qquad R = \frac{\beta}{m} = 2k$$

ein. Beide Konstanten h und k sind positiv und haben die Dimension $[T^{-1}]$. Die Differentialgleichung schreibt sich nun

$$(107, 3) \qquad \ddot{x} + 2k\dot{x} + h^2 x = 0.$$

Sie läßt sich nach der unter $102, 6, h)$ S. 230 angegebenen Methode integrieren. Die charakteristische Gleichung

$$(107, 4) \qquad r^2 + 2kr + h^2 = 0$$

hat die Wurzeln

$$(107, 5) \qquad \begin{cases} r_1 = -k + \sqrt{k^2 - h^2}, \\ r_2 = -k - \sqrt{k^2 - h^2}, \end{cases}$$

und wenn diese verschieden sind, ist $(102, 41)$ das vollständige Integral. Die folgende Diskussion lehrt, daß die Bewegung für $k \geqq h$ einen ganz anderen Charakter hat als für $k < h$.

Zunächst nehmen wir $k > h$ an (starke Dämpfung). Die Wurzeln $(107, 5)$ sind dann reell und beide negativ. Wir wollen sie mit $-\lambda_1$ und $-\lambda_2$ bezeichnen, wo $\lambda_1 > 0$, $\lambda_2 > 0$, und etwa $\lambda_2 > \lambda_1$ ist. Man hat also

$$(107, 6) \qquad \begin{cases} \lambda_1 = k - \sqrt{k^2 - h^2}, \\ \lambda_2 = k + \sqrt{k^2 - h^2}. \end{cases}$$

Hiermit erhält man das vollständige Integral

$$(107, 7) \qquad x = c_1 e^{-\lambda_1 t} + c_2 e^{-\lambda_2 t},$$

$$(107, 8) \qquad v = \dot{x} = -\lambda_1 c_1 e^{-\lambda_1 t} - \lambda_2 c_2 e^{-\lambda_2 t}.$$

Man entnimmt aus $(107, 7)$, daß $x \to 0$ für $t \to \infty$ und aus $(107, 8)$, daß $v \to 0$ für $t \to \infty$. Der Massenpunkt strebt also im Laufe unendlich langer Zeit mit unbegrenzt abnehmendem Geschwindigkeitsbetrag gegen die Gleichgewichtslage. Im übrigen hat die Bewegung verschiedenen Charakter, je nachdem c_1 und c_2 gleiche oder verschiedene Vorzeichen haben.

Sind c_1 und c_2 von gleichem Vorzeichen, so entnimmt man aus $(107, 7)$, daß x dasselbe Vorzeichen, und aus $(107, 8)$, daß v das entgegengesetzte Vorzeichen für alle Werte von t hat. Weder x noch v nehmen den Wert Null an. Sind die Konstanten z. B. positiv, so läßt sich die Bewegung in einem x, t-Koordinatensystem für $-\infty < t < +\infty$

etwa durch Abb. 101 wiedergeben. Sind beide Konstanten negativ, so hat man die Kurve an der t-Achse zu spiegeln. Ist eine der Konstanten Null, so erhält man eine Bewegung derselben Art.

Haben c_1 und c_2 verschiedene Vorzeichen, so findet man

$$x = 0 \quad \text{für} \quad t = \frac{1}{\lambda_2 - \lambda_1} \log\left(-\frac{c_2}{c_1}\right) = t_1,$$

$$v = 0 \quad \text{für} \quad t = \frac{1}{\lambda_2 - \lambda_1} \log\left(-\frac{\lambda_2 c_2}{\lambda_1 c_1}\right) = t_2.$$

Hierbei ist $t_2 > t_1$. Nimmt man z. B. $c_1 > 0$ $c_2 < 0$ an, so läßt sich die Bewegung für $-\infty < t < +\infty$ durch Abb. 102 wiedergeben. Für $c_1 < 0$ und $c_2 > 0$ hat man die Kurve wieder an der t-Achse zu spiegeln.

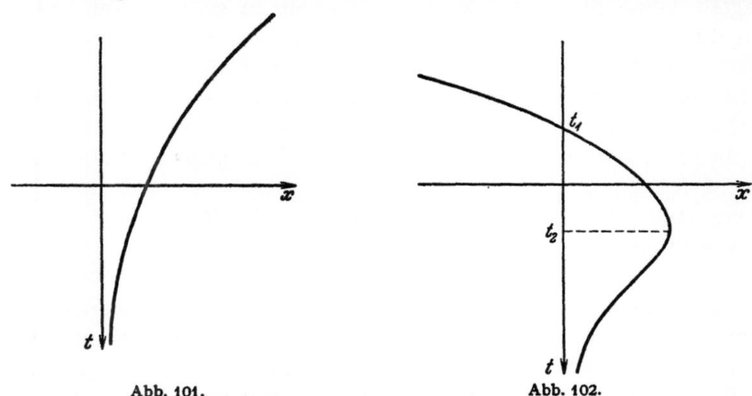

Abb. 101.　　　　　　　　　　Abb. 102.

Stark gedämpfte harmonische Schwingungen.

Will man eine partikuläre Bewegung durch ein Paar zusammengehöriger Werte $x = x_0$ und $v = v_0$ festlegen, so wählt man zweckmäßig den entsprechenden Zeitpunkt zum Nullpunkt $t = 0$. Man erhält dann aus (**107**, 7, 8)

$$x_0 = c_1 + c_2, \quad v_0 = -\lambda_1 c_1 - \lambda_2 c_2,$$

also

$$c_1 = \frac{\lambda_2 x_0 + v_0}{\lambda_2 - \lambda_1}, \quad c_2 = \frac{\lambda_1 x_0 + v_0}{\lambda_1 - \lambda_2}.$$

Die Vorzeichen dieser Konstanten sind dann entscheidend für den Charakter der Bewegung.

Wir nehmen nun $k < h$ an (schwache Dämpfung). Setzt man

(**107**, 9) $$k^2 - h^2 = -\gamma^2,$$

so erhält man aus (**107**, 5)

$$r_1 = -k + i\gamma, \quad r_2 = -k - i\gamma,$$

wobei $i = \sqrt{-1}$ ist, und das vollständige Integral (**102**, 41) nimmt die Gestalt

$$x = e^{-kt}(c_1 e^{i\gamma t} + c_2 e^{-i\gamma t}) = e^{-kt}[(c_1 + c_2)\cos\gamma t + (c_1 - c_2)i\sin\gamma t]$$

an. Die reellen Lösungen erhält man, wenn man mit reellen A und B

$$c_1 = \tfrac{1}{2}(A - Bi), \qquad c_2 = \tfrac{1}{2}(A + Bi)$$

setzt, in der Gestalt

(**107**, 10) $\qquad\qquad x = e^{-kt}[A \cos \gamma t + B \sin \gamma t].$

Durch Einführung von

$$A = a \cos\varphi, \qquad B = a \sin\varphi$$

kann man die Lösung noch auf die Form

(**107**, 11) $\qquad\qquad x = a e^{-kt} \cos(\gamma t - \varphi)$

bringen. Ohne durch das komplexe Gebiet zu gehen, kann man sich auch durch direktes Nachprüfen davon überzeugen, daß (**107**, 11) das vollständige Integral von (**107**, 3) ist, falls (**107**, 9) gilt.

In (**107**, 10) sind A und B und in (**107**, 11) a und φ die Integrationskonstanten. Diese können stets so bestimmt werden, daß die entsprechende partikuläre Lösung ein willkürlich gegebenes Bewegungselement (t_0, x_0, v_0) enthält.

Aus (**107**, 11) entnimmt man, daß x für alle Werte von t zwischen den Funktionen

$$y_1 = a e^{-kt} \quad \text{und} \quad y_2 = -a e^{-kt}$$

liegt und daß x abwechselnd diese Werte in denjenigen Zeitpunkten t erreicht, in denen $\cos(\gamma t - \varphi)$ gleich 1 oder -1 ist. Da nun $y_1 \to 0$ und $y_2 \to 0$ für $t \to \infty$, sieht man, daß die Bewegung des Massenpunktes eine Schwingung um die Gleichgewichtslage mit unbegrenzt abnehmenden Ausschlägen ist. Der Massenpunkt passiert die Gleichgewichtslage in den Zeitpunkten, in denen $\cos(\gamma t - \varphi) = 0$ ist. Diese folgen aufeinander mit konstantem Zwischenraum $\dfrac{\pi}{\gamma}$.

Die größten Ausschläge treten nicht ein, wenn x die Werte y_1 oder y_2 erreicht, sondern in den Zeitpunkten, in denen die Geschwindigkeit Null wird. Bildet man aus (**107**, 11)

(**107**, 12) $\quad v = \dot{x} = -a e^{-kt}[k \cos(\gamma t - \varphi) + \gamma \sin(\gamma t - \varphi)],$

so sieht man, daß $v = 0$ wird, wenn

(**107**, 13) $\qquad\qquad \operatorname{tg}(\gamma t - \varphi) = -\dfrac{k}{\gamma}$

ist. Die Werte von t, die diese Gleichung befriedigen, folgen ebenfalls aufeinander mit dem konstanten Zwischenraum

(**107**, 14) $\qquad \dfrac{1}{2}\tau = \dfrac{\pi}{\gamma} = \dfrac{\pi}{\sqrt{h^2 - k^2}} = \dfrac{\pi}{h}\dfrac{1}{\sqrt{1 - \dfrac{k^2}{h^2}}}.$

Gleichgültig, ob man nun die Durchgänge durch die Gleichgewichtslage oder die maximalen Ausschläge beobachtet, wird man also konstatieren, daß die Schwingungen gleiche Dauer haben, daß sie „*isochron*" sind, ebenso wie die ungedämpften Schwingungen. Vergleicht man (**107**, 14) mit der halben Schwingungsdauer $\frac{1}{2}\,\tau = \frac{\pi}{h}$ der ungedämpften harmonischen Schwingungen bei derselben Steifheit, so sieht man, daß die Dämpfung vergrößernd auf die Schwingungsdauer wirkt. Nähert sich k dem Wert h, so wächst τ in (**107**, 14) unbegrenzt. Es ergibt sich dann der Übergang zum sog. „aperiodischen Fall" $k \geqq h$, wo die Bewegung nicht mehr den Charakter einer Schwingung hat.

Eine eigentlich periodische Bewegung liegt jedoch auch für $k < h$ nicht vor, da die Bewegungszustände des Massenpunktes, d. h. die Wertepaare x, v, sich nicht wiederholen. Dagegen liest man aus (**107**, 11) ab, daß die Funktion $x = f(t)$ die Funktionalgleichung

$$(\mathbf{107}, 15) \qquad f\left(t + \frac{\pi}{\gamma}\right) = -\,e^{-\frac{k\pi}{\gamma}}\,f(t)$$

erfüllt.

Wendet man (**107**, 15) auf die maximalen Ausschläge an, so sieht man, daß diese, abgesehen davon, daß sie das Vorzeichen wechseln, die Glieder einer geometrischen Reihe mit dem Quotienten $e^{-\frac{k\pi}{\gamma}}$ bilden. Die Logarithmen der Ausschläge bilden also die Glieder einer arithmetischen Reihe mit der Differenz $\frac{k\pi}{\gamma}$, dem sog.

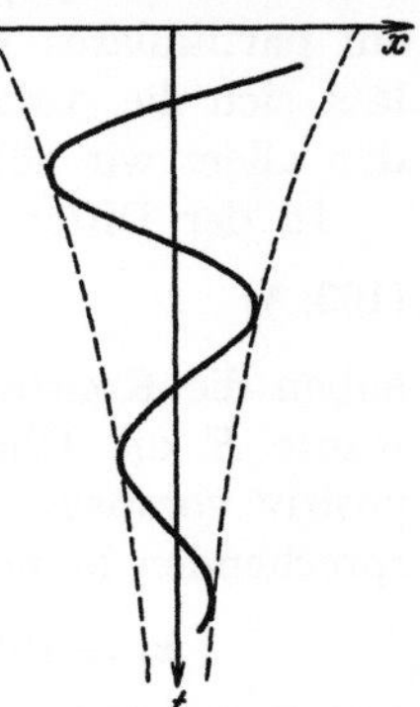
Abb. 103. Schwach gedämpfte harmonische Schwingungen.

logarithmischen Dekrement. Wenn man dieses experimentell beobachtet, kann man das Verhältnis zwischen Steifheit und Dämpfung beurteilen, da

$$\frac{\gamma}{k} = \sqrt{\frac{h^2}{k^2} - 1}$$

ist.

Die Bewegung läßt sich für $k < h$ etwa durch Abb. 103 wiedergeben.

108. Erzwungene Schwingungen. Wir wollen nun den Fall untersuchen, daß ein Massenpunkt außer einer dem Ausschlag proportionalen Steifheitskraft und einer der Geschwindigkeit proportionalen Dämpfungskraft der Einwirkung einer Kraft unterliegt, die periodisch von der Zeit abhängt. Man wird vermuten, daß eine solche Kraft schwingende Bewegungen im selben Rhythmus wie die Kraft hervorruft, und daß diese sich den früher betrachteten „*Eigenschwingungen*" des Massenpunktes überlagern. Der hier behandelte Fall kann als einfachstes Beispiel der mannigfachen „Mitschwingungsprobleme" dienen, die häufig bei physikalischen oder technischen Problemen auftreten.

Bezeichnet man die periodische Kraft mit $m\,Q(t)$, so erhält man nach Division durch m als Differentialgleichung der Bewegung

$$(\mathbf{108}, 1) \qquad \ddot{x} + 2k\dot{x} + h^2 x = Q(t).$$

Ist $\dfrac{2\pi}{p}$ die Periode von $Q(t)$, so lautet die Fourierentwicklung von $Q(t)$

$$(108, 2) \qquad Q(t) = a_0 + a_1 \cos pt + b_1 \sin pt + a_2 \cos 2pt + b_2 \sin 2pt + \cdots,$$

wo man bei praktischen Aufgaben oft nur eine kleine Anzahl Glieder mitzunehmen braucht, um eine hinreichend gute Approximation für $Q(t)$ zu erhalten. Ersetzt man nun in (**108**, 1) die rechte Seite nacheinander durch die einzelnen Summanden von (**108**, 2) und bestimmt zu jeder einzelnen dieser Differentialgleichungen ein partikuläres Integral, so ist die Summe dieser Integrale nach der unter **102**, 6, c) genannten Eigenschaft ein partikuläres Integral von (**108**, 1). Ersetzt man die rechte Seite von (**108**, 1) durch die Konstante a_0, so hat man in $x = a_0 h^{-2}$ ein partikuläres Integral. Für alle übrigen Summanden von (**108**, 2) läßt sich die Aufgabe sofort auf den folgenden Fall zurückführen, auf den allein wir näher eingehen.

In der Differentialgleichung

$$(108, 3) \qquad \ddot{x} + 2k\dot{x} + h^2 x = E \cos pt$$

haben die Konstanten k, h und p die Dimension $[T^{-1}]$ und die Konstante E die Dimension $[LT^{-2}]$. Alle diese Konstanten werden als positiv vorausgesetzt. Da zwei linear unabhängige Lösungen der entsprechenden homogen linearen Gleichung (**107**, 3), nämlich

$$x_1 = e^{r_1 t} = e^{(-k + \sqrt{k^2 - h^2})\, t}, \qquad x_2 = e^{r_2 t} = e^{(-k - \sqrt{k^2 - h^2})\, t}$$

schon aus **107** bekannt sind, gibt (**102**, 43) das vollständige Integral von (**108**, 3), wenn man für $Q(t)$ die Funktion $E \cos pt$ einsetzt. Für Δ ergibt sich nach (**102**, 34)

$$\Delta = -2\sqrt{k^2 - h^2}\, e^{-2kt}.$$

Man findet nach einiger Rechnung

$$(108, 4) \qquad x = \frac{E}{(h^2 - p^2)^2 + 4p^2 k^2}\left[(h^2 - p^2)\cos pt + 2pk \sin pt\right] + F(t),$$

wo

$$(108, 5) \qquad F(t) = c_1 e^{r_1 t} + c_2 e^{r_2 t}$$

das vollständige Integral der homogenen linearen Gleichung ist und von den willkürlichen Integrationskonstanten der in (**102**, 43) auftretenden unbestimmten Integrale herrührt.

Die Rechnung vereinfacht sich bei Verwendung des unter **102**, 6, j) angegebenen Verfahrens, das darauf ausgeht, sofort ein partikuläres Integral der Form

$$(108, 6) \qquad x = a \cos pt + b \sin pt$$

zu suchen. Bildet man hieraus $\dot{x}$ und $\ddot{x}$ und setzt in (**108**, 3) ein, so findet man

$$[(h^2 - p^2)a + 2pkb - E]\cos pt + [(h^2 - p^2)b - 2pka]\sin pt = 0.$$

Soll diese Gleichung für alle Werte von t erfüllt sein, so müssen die eckigen Klammern einzeln verschwinden. Bestimmt man hieraus a und b, setzt in (**108**, 6) ein und fügt das vollständige Integral $F(t)$ der homogen linearen Gleichung hinzu, so findet man die Lösung (**108**, 4) wieder.

Definiert man eine *Phase* q durch

$$(\mathbf{108},\, 7) \quad \sin q = \frac{2pk}{\sqrt{(h^2 - p^2)^2 + 4p^2 k^2}}, \qquad \cos q = \frac{h^2 - p^2}{\sqrt{(h^2 - p^2)^2 + 4p^2 k^2}},$$

so läßt sich (**108**, 4) auf die Gestalt

$$(\mathbf{108},\, 8) \qquad x = \frac{E}{\sqrt{(h^2 - p^2)^2 + 4p^2 k^2}} \cos(pt - q) + F(t)$$

bringen.

An diese Gleichung knüpfen wir nun die eingehendere Diskussion der Lösung. Man bemerkt zunächst, daß die Anpassung an ein gegebenes Bewegungselement nur den zweiten Summanden $F(t)$ beeinflußt, der allein die Integrationskonstanten c_1 und c_2 enthält [vgl. (**108**, 5)]. Der erste Summand

$$(\mathbf{108},\, 9) \qquad\qquad A \cos(pt - q),$$

wo die Amplitude

$$(\mathbf{108},\, 10) \qquad\qquad A = \frac{E}{\sqrt{(h^2 - p^2)^2 + 4p^2 k^2}}$$

die Zeit nicht enthält, ist eine harmonische Schwingung, $F(t)$ dagegen eine gedämpfte Schwingung. Nach **107** hat man daher $F(t) \to 0$ für $t \to \infty$, gleichgültig, ob $k \gtrless h$ ist, wenn nur überhaupt irgendeine Dämpfung vorhanden, also $k > 0$ ist. Nach Verlauf einer hinreichend langen Zeit wird daher die Bewegung (**108**, 8) im wesentlichen durch den Bestandteil (**108**, 9) wiedergegeben werden können. Die Eigenschwingung des Massenpunktes klingt ab, und die „erzwungene Schwingung" (**108**, 9) wird vorherrschend. Wir wollen deshalb etwas näher auf deren Eigenschaften eingehen.

Die erzwungene Schwingung (**108**, 9) ist „synchron" mit der Kraft, d. h. sie hat dieselbe Periode $\frac{2\pi}{p}$ wie die äußere Kraft $mE \cos pt$, die das Mitschwingen des Massenpunktes hervorruft. Die Amplitude der Schwingung ist dem Maximum der Kraft proportional. Die Schwingungen folgen aber dem Pulsieren der Kraft mit einer Phasenverschiebung, die durch die Phase q wiedergegeben wird. Diese kann nach (**108**, 7) stets im Intervall $0 < q < \pi$ gewählt werden. Es ist $q \gtrless \frac{\pi}{2}$, je nachdem $p \gtrless h$ ist. Bei langsamem Pulsieren der Kraft schwingt der Massenpunkt fast in gleicher Phase mit der Kraft, während die Phasenverschiebung bei sehr schnellem Pulsieren größtmöglich, nämlich beinahe π ist.

Besonderes Interesse knüpft sich an den Fall $p = h$, wo die Periode der Kraft mit der Periode der ungedämpften Schwingungen übereinstimmt. Man entnimmt dann aus (**108**, 7), daß $q = \dfrac{\pi}{2}$, und danach aus (**108**, 9, 10)

$$(108, 11) \qquad\qquad x = \frac{E}{2\,p\,k}\sin p\,t$$

als Darstellung der erzwungenen Schwingung in diesem „*Resonanzfall*". Es besteht hier eine Phasenverschiebung von $\dfrac{\pi}{2}$, so daß der Massenpunkt durch die Gleichgewichtslage geht, wenn die Kraft am größten ist. Ist k zugleich klein, so ist die Amplitude in (**108**, 11) groß; bei Resonanz und schwacher Dämpfung wird also ein starkes Mitschwingen hervorgerufen.

Bei schwacher Dämpfung, also kleinem k, zeigt (**108**, 7), daß $\sin q$ im allgemeinen in der Nähe von Null liegt. Für $p < h$ besteht also fast keine Phasenverschiebung, während sie für $p > h$ beinahe π ist. Nur wenn p sehr wenig von h verschieden ist, erreicht $\sin q$ die Nähe von 1. Es ist also nur ein kleines Intervall von p Werten, das ähnliche Verhältnisse wie die Resonanz ergibt. Bei schwacher Dämpfung hat man scharf ausgeprägte Resonanz.

Ähnliche Bemerkungen können bezüglich der Amplitude A gemacht werden. Wenn k klein ist, macht sich besonders stark geltend, wenn p den Wert h oder einen sehr wenig davon abweichenden Wert annimmt. Übrigens tritt das wirkliche Maximum von A bei konstanten h und k nicht für $p = h$, sondern für den Wert $p = \sqrt{h^2 - 2k^2}$ ein, der den Nenner in (**108**, 10) zum Minimum macht. Für kleine Werte von k ist jedoch der Unterschied unbedeutend. — Hält man dagegen k und p konstant und stimmt die erzwungene Schwingung durch Variieren der Steifheit, also von h ab, so tritt das Maximum der Amplitude genau im Resonanzfall $h = p$ ein.

Wirkt eine periodische Kraft $mE\cos p\,t$ auf einen keiner Dämpfung unterworfenen Massenpunkt, ist also $k = 0$, so findet man aus (**108**, 7) $q = 0$ für $p < h$ und $q = \pi$ für $p > h$ und aus (**108**, 10) $A = \dfrac{E}{h^2 - p^2}$. Ferner ist zu beachten, daß (**108**, 5) jetzt durch die gewöhnliche harmonische Schwingung des Massenpunktes zu ersetzen ist, also nicht mehr für große t zu vernachlässigen ist. Man erhält als vollständiges Integral

$$(108, 12) \qquad\qquad x = \frac{E}{h^2 - p^2}\cos p\,t + c_1\cos(h\,t - c_2)$$

mit willkürlichen Konstanten c_1 und c_2. Die Bewegung setzt sich also aus zwei harmonischen Schwingungen mit verschiedenen Perioden zusammen. Für gewisse Werte von t verstärken sich die Ausschläge, für andere heben sie sich ganz oder teilweise auf (*Interferenz*).

Läßt man hierbei p gegen h konvergieren, so geht die Amplitude der erzwungenen Schwingung gegen ∞. Im Resonanzfall $p = h$ kann man die obige Formel (**108**, 12) nicht verwenden. Man findet aber z. B. mit Hilfe von (**102**, 43) als eine Lösung der Differentialgleichung

$$\ddot{x} + h^2 x = E \cos ht$$

die Funktion

$$x = \frac{E}{2h}\, t \sin ht.$$

Man hat es also mit Schwingungen zu tun, deren Amplituden mit wachsendem t zunehmen. Zu diesen Schwingungen kommen noch die harmonischen Eigenschwingungen.

Wir wollen noch (nun wieder für $k > 0$) untersuchen, welche Arbeit die auf den Massenpunkt wirkenden Kräfte während einer vollständigen Schwingung leisten, wenn der Massenpunkt nur noch die erzwungene Schwingung (**108**, 9) ausführt, wenn also die Bewegung schon praktisch stationär geworden und die Eigenschwingung verschwunden ist. Die Bewegung ist also durch (**108**, 7, 9, 10) gegeben:

$$x = A \cos(pt - q), \qquad \dot{x} = -pA \sin(pt - q).$$

Die Steifheitskraft $-mh^2 x$ leistet die Arbeit

$$-mh^2 \int_{x_1}^{x_2} x\, dx = -\frac{mh^2}{2}\left(x_2^2 - x_1^2\right),$$

und diese wird für eine vollständige Schwingung Null, da dann $x_1 = x_2$ ist. — Für diese Kraft existiert eine Kräftefunktion, und die Arbeit wird dann Null, wenn der Massenpunkt in die Ausgangslage zurückkehrt.

Die Dämpfungskraft $-2mk\dot{x}$ leistet während einer vollständigen Schwingung die Arbeit

$$-2mk\int_{x_1}^{x_2} \dot{x}\, dx = -2mk\int_{t_1}^{t_1+\frac{2\pi}{p}} \dot{x}^2\, dt = -2mkp^2 A^2 \int_{t_1}^{t_1+\frac{2\pi}{p}} \sin^2(pt - q)\, dt$$

$$= -2\pi mkpA^2.$$

Denselben Betrag mit entgegengesetztem Vorzeichen erhält man für die Arbeit der periodischen Kraft

$$\int_{t_1}^{t_1+\frac{2\pi}{p}} \dot{x}\, mE \cos(pt)\, dt.$$

(Es sei dem Leser überlassen, die Ausrechnung durchzuführen.)

Die gesamte im Zeitintervall $\left[t_1,\, t_1 + \frac{2\pi}{p}\right]$ geleistete Arbeit ist also Null. Dies steht in Übereinstimmung damit, daß die Geschwindigkeit des Massenpunktes, also auch seine kinetische Energie zum Ausgangswert zurückkehrt. Wir können das Resultat folgendermaßen zusammenfassen:

Die periodische Kraft führt dem Massenpunkt während jeder vollständigen Schwingung, also in jedem Zeitintervall der Länge $\dfrac{2\pi}{p}$ die Energie

$$(108, 13) \qquad 2\pi m k p A^2 = \frac{2\pi m k p E^2}{(h^2 - p^2)^2 + 4 p^2 k^2}$$

zu, und dieser Energiebetrag wird im selben Zeitraum zur Überwindung der Dämpfung verbraucht.

Im Resonanzfall erhält man für die pro Schwingung umgesetzte Energie den einfachen Ausdruck $\dfrac{\pi m E^2}{2 p k}$.

Übungsaufgaben zum 13. Kapitel.

1. Zwei Massenteilchen mit den Massen m_1 und m_2 bewegen sich unter dem Einfluß der Schwere auf zwei schiefen Ebenen mit den Neigungswinkeln α_1 und α_2. Die Bewegung findet in einer Normalebene zur waagerechten Schnittkante der beiden Ebenen statt. Die Teilchen sind durch einen Faden verbunden, der über die Schnittkante hinwegläuft, und von dessen Gewicht man absieht. Die Beschleunigungen und die Spannung des Fadens sind zu ermitteln.

2. Eine schiefe Ebene mit dem Neigungswinkel α ist so rauh, daß ein Massenteilchen sich auf derselben gerade noch im Gleichgewicht hält. Wie weit bewegt sich das Massenteilchen längs der schiefen Ebene aufwärts, wenn man ihm die Anfangsgeschwindigkeit u erteilt?

3. An einem einfachen Flaschenzug (vgl. Abb. 154, S. 462), der aus einer festen und einer losen Rolle besteht, sei an der losen Rolle eine Last L und an dem freien Seilende ein Gewicht P aufgehängt. Man bestimme die Beschleunigungen und die Seilspannung, indem man von der Masse des Seiles und der Rollen absieht.

4. Eine waagerechte Platte führt eine harmonische Schwingung in senkrechter Richtung aus; dabei ist a die Amplitude und τ die Dauer einer vollen Schwingung. Wie groß muß τ mindestens sein, damit ein lose auf die Platte gelegtes Massenteilchen diese nicht verläßt?

5. Ein Massenteilchen gleitet auf einer schiefen Ebene mit dem Reibungswinkel ε abwärts. Welcher Wert des Neigungswinkels α hat den größten Wert der waagerechten Geschwindigkeitskomponente zur Folge?

6. Ein Gewichtsstück von 1 kg führt, an einer starken Spiralfeder aufgehängt, 10 Schwingungen pro Sekunde aus. Wie viele Schwingungen macht ein Gewichtsstück von $1\frac{1}{2}$ kg an derselben Spiralfeder? Wie groß ist im letzteren Falle die größte Geschwindigkeit, wenn der maximale Ausschlag 4 mm beträgt?

7. An einem Punkte O befestigt man einen gewichtslosen, elastischen Faden, dessen Länge in spannungslosem Zustande l ist, und an diesem einen schweren Massenpunkt von der Masse m. Wenn dieser im Abstande l senkrecht unter O ohne Anfangsgeschwindigkeit losgelassen wird, so führt er senkrechte Schwingungen aus, in deren Verlauf er sich bis zum Abstande $l + \lambda$ von O entfernt. Die Spannung des Fadens sei der Verlängerung proportional. Der Proportionalitätsfaktor ist unter Benutzung der Energiegleichung zu ermitteln. — Nun ersetze man das Massenteilchen durch ein anderes von der Masse M am gleichen Faden und lasse dieses von O aus frei fallen. Bis zu welchem Abstand wird es sich von O entfernen?

8. Für die in **107** behandelten gedämpften Schwingungen sind folgende Eigenschaften nachzuweisen:

a) Der Grenzfall $k = h$ führt zu einer Bewegung desselben aperiodischen Charakters wie der Fall $k > h$. Die Formel (**102**, 42). ist zu benutzen.

b) Im Falle $k < h$ gelangt der Massenpunkt in kürzerer Zeit von der Gleichgewichtslage zu einem maximalen Ausschlag als von diesem zur Gleichgewichtslage zurück.

c) Im Falle $k > h$ läßt sich die Lösung (**107**, 7) auf die zu (**107**, 10) analoge Form

$$x = e^{-kt}[A\,\mathfrak{Cof}\,\gamma t + B\,\mathfrak{Sin}\,\gamma t]$$

bringen, wenn man die in (**102**, 51) definierten hyperbolischen Funktionen verwendet.

14. Kapitel.

Das Potential.

109. Skalarfeld. Gradient. Man sagt, es liege ein *Skalarfeld* im Bereich Ω des Raumes (speziell im ganzen Raum) vor, wenn jedem Punkt von Ω ein Zahlwert zugeordnet ist. Wir legen einen Punkt durch seinen Ortsvektor oder durch gewöhnliche rechtwinklige Koordinaten fest:

$$\mathfrak{r} = x\mathfrak{i} + y\mathfrak{j} + z\mathfrak{k}.$$

Das Skalarfeld ist dann durch eine skalare Funktion $\varphi(x, y, z)$ der Koordinaten eines in Ω variablen Punktes gegeben. Von ihr wollen wir annehmen, daß sie in Ω stetig ist.

Man kann sich eine Vorstellung der Werteverteilung dieser skalaren Funktion in Ω dadurch verschaffen, daß man alle Punkte, denen derselbe Zahlwert zugeordnet ist, zu einem Ganzen zusammenfaßt. Der geometrische Ort der Punkte mit dem Zahlwert c hat die Gleichung

$$(\mathbf{109}, 1) \qquad \varphi(x, y, z) = c$$

und heißt eine *Niveaufläche* oder *Äquiskalarfläche* des gegebenen Skalarfeldes. Eine solche Fläche kann natürlich aus mehreren Stücken bestehen. Zwei Niveauflächen mit verschiedenen Skalarwerten können niemals Punkte gemein haben. Aus der Betrachtung der Niveauflächen für eine Folge von c-Werten mit konstanter Differenz kann man einiges über die Änderungsgeschwindigkeit von φ in Ω entnehmen: φ ändert sich dort am stärksten mit dem Ort, wo die Flächen am dichtesten zusammenliegen.

Wir wollen im folgenden das Skalarfeld als differenzierbar voraussetzen, so daß wir das Differential

$$(\mathbf{109}, 2) \qquad d\varphi = \frac{\partial \varphi}{\partial x}\,dx + \frac{\partial \varphi}{\partial y}\,dy + \frac{\partial \varphi}{\partial z}\,dz$$

bilden können.

Wir erinnern an die bekannte Bedeutung der Differentialformel (**109**, 2) in einer der vorliegenden Aufgabe angepaßten geometrischen Form: Hat der Feldskalar im Punkte P mit den Koordinaten x, y, z

den Wert φ und im Punkt P_1 mit den Koordinaten $x + \Delta x$, $y + \Delta y$, $z + \Delta z$ den Wert $\varphi + \Delta\varphi$, so besagt die Voraussetzung der Differenzierbarkeit in P, daß es drei Zahlen α, β und γ derart gibt, daß

$$(109, 3) \qquad \frac{\Delta\varphi - (\alpha\,\Delta x + \beta\,\Delta y + \gamma\,\Delta z)}{\sqrt{\Delta x^2 + \Delta y^2 + \Delta z^2}} \to 0,$$

wenn der Nenner dieses Ausdrucks gegen Null strebt, d. h. wenn gleichzeitig $\Delta x \to 0$, $\Delta y \to 0$, $\Delta z \to 0$, wenn also $P_1 \to P$. Wir lassen nun speziell P_1 auf einer festen durch P gehenden Geraden gegen P rücken. Wir können die Punkte dieser Geraden durch eine Abszisse s festlegen und bezeichnen sie demnach auch als s-Achse. Der Nenner in (**109**, 3) wird dann Δs. Auf der s-Achse kann man den Feldskalar φ als eine Funktion der einen Variablen s ansehen, und man hat dann

$$(109, 4) \qquad \frac{d\varphi}{ds} = \alpha\,\frac{dx}{ds} + \beta\,\frac{dy}{ds} + \gamma\,\frac{dz}{ds}.$$

Legt man die s-Achse in die Koordinatenrichtungen, so sieht man, daß α, β und γ die Werte der in (**109**, 2) auftretenden partiellen Ableitungen in P sind. Wir nennen (**109**, 4) den Differentialquotienten des Feldskalars in der s-Richtung.

Weiß man umgekehrt von einem Feldskalar φ, daß er in P auf jeder s-Achse durch P differenzierbar ist, so kann man daraus nicht schließen, daß er in P in dem durch (**109**, 3) wiedergegebenen engeren Sinne differenzierbar ist. Man kann aber beweisen, daß φ in diesem Sinne in einem Bereich differenzierbar ist, in welchem es in jedem Punkt in jeder Richtung differenzierbar ist und in welchem die Richtungsableitung $\frac{d\varphi}{ds}$ stetig von Punkt und Richtung abhängt. Diese Voraussetzung wollen wir im folgenden über das Skalarfeld φ machen. Sie ist erfüllt, wenn die partiellen Ableitungen $\frac{\partial\varphi}{\partial x}$, $\frac{\partial\varphi}{\partial y}$, $\frac{\partial\varphi}{\partial z}$ stetige Funktionen von x, y, z sind. Um volle Aufklärung darüber zu erhalten, wie sich φ von einem gegebenen Punkt aus ändert, ist es hinreichend, $\frac{d\varphi}{ds}$ für drei s-Achsen durch den Punkt zu bestimmen, die nicht derselben Ebene parallel sind, da man hieraus mit Hilfe von (**109**, 4) $\alpha = \frac{\partial\varphi}{\partial x}$, $\beta = \frac{\partial\varphi}{\partial y}$, $\gamma = \frac{\partial\varphi}{\partial z}$ berechnen kann.

Wir tragen nun vom betrachteten Punkt P aus den Vektor

$$(109, 5) \qquad \operatorname{grad}\varphi = \frac{\partial\varphi}{\partial x}\,\mathfrak{i} + \frac{\partial\varphi}{\partial y}\,\mathfrak{j} + \frac{\partial\varphi}{\partial z}\,\mathfrak{k},$$

den *Gradienten* des Skalarfeldes φ in P, ab. Die Gleichung

$$(109, 6) \qquad \frac{d\varphi}{ds} = \frac{\partial\varphi}{\partial x}\,\frac{dx}{ds} + \frac{\partial\varphi}{\partial y}\,\frac{dy}{ds} + \frac{\partial\varphi}{\partial z}\,\frac{dz}{ds}$$

zeigt nun, daß die Richtungsableitung in Richtung einer s-Achse durch P

gleich der Projektion des Gradienten auf diese Achse ist, da ja $\dfrac{dx}{ds}, \dfrac{dy}{ds}, \dfrac{dz}{ds}$ die Koordinaten eines Einheitsvektors auf der s-Achse sind. Trägt man auf jeder orientierten s-Achse $\dfrac{d\varphi}{ds}$ von P aus ab, so erfüllen die Endpunkte dieser Strecken eine Kugel durch P mit dem Gradienten als Durchmesser (Abb. 104). Diese Kugel muß die Niveaufläche durch P in P berühren, da $\dfrac{d\varphi}{ds}$ verschwindet, wenn die s-Achse die Niveaufläche $\varphi(x, y, z) = \varphi(P)$ berührt. Der Gradient steht also senkrecht auf der Niveaufläche und ist der Größe nach gleich der Richtungsableitung in der zur Niveaufläche senkrechten Richtung.

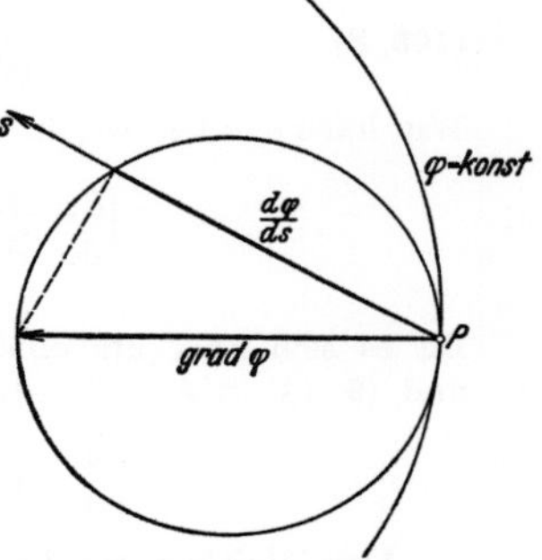

Abb. 104. Gradient.

Der Gradient wurde durch (**109**, 5) mit Hilfe seiner Koordinaten definiert; er ist aber vom Koordinatensystem unabhängig, da seine Größe und Richtung in P, wie eben gezeigt, direkt aus dem Skalarfeld bestimmt werden können.

Zur Übung wollen wir diese Invarianz des Gradienten durch Rechnung bestätigen. Da wir uns auf die Verwendung von gewöhnlichen rechtwinkligen Koordinaten beschränken, haben wir es mit orthogonalen Koordinatentransformationen zu tun. (Vgl. **10** S. 23.) Jede orthogonale Transformation kann aus einer Parallelverschiebung und einer orthogonalen Transformation, die den Ursprung fest läßt, zusammengesetzt werden.

Bei einer Parallelverschiebung bleiben die Grundvektoren $\mathfrak{i}$, $\mathfrak{j}$, $\mathfrak{k}$ erhalten, und die Koordinaten der Ortsvektoren vermehren sich um Konstante:

$$x' = x + a, \quad y' = y + b, \quad z' = z + c.$$

Man erhält dann

$$\varphi(x, y, z) = \varphi(x' - a, y' - b, z' - c),$$

also

$$\frac{\partial\varphi}{\partial x} = \frac{\partial\varphi}{\partial x'}, \quad \frac{\partial\varphi}{\partial y} = \frac{\partial\varphi}{\partial y'}, \quad \frac{\partial\varphi}{\partial z} = \frac{\partial\varphi}{\partial z'},$$

so daß der Ausdruck (**109**, 5) ungeändert bleibt.

Eine Koordinatentransformation, die den Ursprung fest läßt, bestimmt sich durch eine Transformation

$$(\mathbf{109}, 7) \qquad \begin{Bmatrix} \bar{\mathfrak{i}} \\ \bar{\mathfrak{j}} \\ \bar{\mathfrak{k}} \end{Bmatrix} = \mathsf{A} \begin{Bmatrix} \mathfrak{i} \\ \mathfrak{j} \\ \mathfrak{k} \end{Bmatrix}, \quad \mathsf{A} = \begin{Bmatrix} \alpha_{11} & \alpha_{12} & \alpha_{13} \\ \alpha_{21} & \alpha_{22} & \alpha_{23} \\ \alpha_{31} & \alpha_{32} & \alpha_{33} \end{Bmatrix}$$

der Grundvektoren. Nach **10** S. 22 erfahren dabei die Koordinaten eines Vektors, insbesondere also die des Ortsvektors die Transformation

$$\begin{Bmatrix} x \\ y \\ z \end{Bmatrix} = \mathsf{A}' \begin{Bmatrix} \bar{x} \\ \bar{y} \\ \bar{z} \end{Bmatrix}$$

oder ausführlich

$$x = \alpha_{11}\bar{x} + \alpha_{21}\bar{y} + \alpha_{31}\bar{z},$$
$$y = \alpha_{12}\bar{x} + \alpha_{22}\bar{y} + \alpha_{32}\bar{z},$$
$$z = \alpha_{13}\bar{x} + \alpha_{23}\bar{y} + \alpha_{33}\bar{z}.$$

Daraus ergibt sich

$$\frac{\partial \varphi}{\partial \bar{x}} = \frac{\partial \varphi}{\partial x}\frac{\partial x}{\partial \bar{x}} + \frac{\partial \varphi}{\partial y}\frac{\partial y}{\partial \bar{x}} + \frac{\partial \varphi}{\partial z}\frac{\partial z}{\partial \bar{x}} = \frac{\partial \varphi}{\partial x}\alpha_{11} + \frac{\partial \varphi}{\partial y}\alpha_{12} + \frac{\partial \varphi}{\partial z}\alpha_{13},$$

$$\frac{\partial \varphi}{\partial \bar{y}} = \frac{\partial \varphi}{\partial x}\frac{\partial x}{\partial \bar{y}} + \frac{\partial \varphi}{\partial y}\frac{\partial y}{\partial \bar{y}} + \frac{\partial \varphi}{\partial z}\frac{\partial z}{\partial \bar{y}} = \frac{\partial \varphi}{\partial x}\alpha_{21} + \frac{\partial \varphi}{\partial y}\alpha_{22} + \frac{\partial \varphi}{\partial z}\alpha_{23},$$

$$\frac{\partial \varphi}{\partial \bar{z}} = \frac{\partial \varphi}{\partial x}\frac{\partial x}{\partial \bar{z}} + \frac{\partial \varphi}{\partial y}\frac{\partial y}{\partial \bar{z}} + \frac{\partial \varphi}{\partial z}\frac{\partial z}{\partial \bar{z}} = \frac{\partial \varphi}{\partial x}\alpha_{31} + \frac{\partial \varphi}{\partial y}\alpha_{32} + \frac{\partial \varphi}{\partial z}\alpha_{33},$$

also in Matrizenschreibweise

$$(109, 8) \qquad \left\{\frac{\partial \varphi}{\partial \bar{x}}\ \frac{\partial \varphi}{\partial \bar{y}}\ \frac{\partial \varphi}{\partial \bar{z}}\right\} = \left\{\frac{\partial \varphi}{\partial x}\ \frac{\partial \varphi}{\partial y}\ \frac{\partial \varphi}{\partial z}\right\} \mathsf{A}'.$$

Wir haben daher wegen **(109, 7)**

$$\left\{\frac{\partial \varphi}{\partial \bar{x}}\ \frac{\partial \varphi}{\partial \bar{y}}\ \frac{\partial \varphi}{\partial \bar{z}}\right\}\left\{\begin{matrix}\bar{\mathfrak{i}}\\ \bar{\mathfrak{j}}\\ \bar{\mathfrak{k}}\end{matrix}\right\} = \left\{\frac{\partial \varphi}{\partial x}\ \frac{\partial \varphi}{\partial y}\ \frac{\partial \varphi}{\partial z}\right\} \mathsf{A}'\mathsf{A}\left\{\begin{matrix}\mathfrak{i}\\ \mathfrak{j}\\ \mathfrak{k}\end{matrix}\right\}.$$

Da es sich aber um eine orthogonale Transformation handelt, ist nach **(10, 9)** und **(8, 13)** $\mathsf{A}'\mathsf{A} = \mathsf{E}$, also in der Tat

$$\frac{\partial \varphi}{\partial x}\bar{\mathfrak{i}} + \frac{\partial \varphi}{\partial \bar{y}}\bar{\mathfrak{j}} + \frac{\partial \varphi}{\partial \bar{z}}\bar{\mathfrak{k}} = \frac{\partial \varphi}{\partial x}\mathfrak{i} + \frac{\partial \varphi}{\partial y}\mathfrak{j} + \frac{\partial \varphi}{\partial z}\mathfrak{k}.$$

Der Vektor $\operatorname{grad}\varphi$ variiert im allgemeinen mit dem Punkt P, in dem er gebildet ist, d. h. seine Koordinaten sind Funktionen von x, y, z. Der Gradient bildet also ein „Vektorfeld", das durch das gegebene Skalarfeld bestimmt ist.

Bezeichnet man mit

$$(109, 9) \qquad\qquad d\mathfrak{r} = \mathfrak{i}\, dx + \mathfrak{j}\, dy + \mathfrak{k}\, dz$$

eine infinitesimale Verrückung des Punktes P, so erhält man für die Differentialformel **(109,** 2) die einfachere Darstellung

$$(109, 10) \qquad\qquad d\varphi = \operatorname{grad}\varphi \cdot d\mathfrak{r}.$$

110. Vektorfelder. Differentialmatrix. Divergenz. Man sagt, es liege ein *Vektorfeld* im Bereich Ω des Raumes (speziell im ganzen Raum) vor, wenn jedem Punkt von Ω ein Vektor zugeordnet ist. Wir denken diesen Vektor von dem jeweiligen Punkt aus abgetragen. Ein Vektorfeld $\mathfrak{B}(P)$ ist gegeben, wenn die Koordinaten des Feldvektors als Funktionen der Koordinaten x, y, z von P gegeben sind:

$$(110, 1) \qquad \mathfrak{B}(P) = V_x(x, y, z)\mathfrak{i} + V_y(x, y, z)\mathfrak{j} + V_z(x, y, z)\mathfrak{k}.$$

Bezüglich eines Koordinatensystems bestimmt sich also ein Vektorfeld mit Hilfe von drei Skalarfeldern. Dies schließt nicht aus, daß sich spezielle Vektorfelder mit Hilfe von weniger als drei Skalarfeldern definieren lassen. So ist das Vektorfeld $\operatorname{grad}\varphi$ vollständig durch das eine Skalarfeld $\varphi(x, y, z)$ bestimmt. Man könnte daher das Gradientenfeld auch als einfach skalares Vektorfeld bezeichnen. Ist $\psi(x, y, z)$ ein zweites Skalarfeld, so stellt $\psi\operatorname{grad}\varphi$ dasjenige Vektorfeld dar, das man erhält, wenn man den Vektor gradφ in jedem Punkt mit dem Wert des Skalars ψ in diesem Punkt multipliziert. Dieses Feld könnte daher als doppelt skalares bezeichnet werden.

Wir wollen nun die Voraussetzung machen, daß die Skalarfelder V_x, V_y, V_z in (110, 1) stetige partielle Ableitungen besitzen. Wir können dann die Resultate von **109** anwenden. Dem Differential $d\mathfrak{r}$ des Ortsvektors entsprechen nach (**109**, 10) die Differentiale

(**110**, 2) $\quad dV_x = \operatorname{grad}V_x \cdot d\mathfrak{r}, \quad dV_y = \operatorname{grad}V_y \cdot d\mathfrak{r}, \quad dV_z = \operatorname{grad}V_z \cdot d\mathfrak{r}$

der Koordinaten von $\mathfrak{B}$ und das Vektordifferential

(**110**, 3) $\qquad\qquad d\mathfrak{B} = dV_x\mathfrak{i} + dV_y\mathfrak{j} + dV_z\mathfrak{k}$

von $\mathfrak{B}$ selbst.

Legt man (wie bei der Untersuchung eines Skalarfeldes) eine s-Achse durch den betrachteten Punkt P, so kann $\mathfrak{B}$ auf dieser als Funktion des Parameters s aufgefaßt werden. Man hat [vgl. (**60**, 6)]

(**110**, 4) $\qquad\qquad \dfrac{d\mathfrak{B}}{ds} = \dfrac{dV_x}{ds}\mathfrak{i} + \dfrac{dV_y}{ds}\mathfrak{j} + \dfrac{dV_z}{ds}\mathfrak{k}.$

Diese Größe bezeichnen wir als den Differentialquotienten des Feldvektors in der s-Richtung. Hier ist die Richtungsableitung also selbst ein Vektor.

Das Vektordifferential (**110**, 3) hängt von drei Gradienten, also von neun partiellen Ableitungen ab, die wir zu einer quadratischen Matrix

$$(\textbf{110}, 5) \qquad \boldsymbol{D} = \boldsymbol{D}(\mathfrak{B}) = \begin{Bmatrix} \dfrac{\partial V_x}{\partial x} & \dfrac{\partial V_y}{\partial x} & \dfrac{\partial V_z}{\partial x} \\[2mm] \dfrac{\partial V_x}{\partial y} & \dfrac{\partial V_y}{\partial y} & \dfrac{\partial V_z}{\partial y} \\[2mm] \dfrac{\partial V_x}{\partial z} & \dfrac{\partial V_y}{\partial z} & \dfrac{\partial V_z}{\partial z} \end{Bmatrix}$$

der *Differentialmatrix* des Feldvektors zusammenfassen. Diese spielt für die Differentialeigenschaften eines Vektorfeldes dieselbe Rolle wie der Gradient beim Skalarfeld. Mit Hilfe von $\boldsymbol{D}$ läßt sich das Vektordifferential

(**110**, 6) $\qquad\qquad \{dV_x\, dV_y\, dV_z\} = \{dx\, dy\, dz\}\,\boldsymbol{D},$

oder in transponierter Form

$$(\textbf{110}, 7) \qquad \begin{Bmatrix} dV_x \\ dV_y \\ dV_z \end{Bmatrix} = \boldsymbol{D}' \begin{Bmatrix} dx \\ dy \\ dz \end{Bmatrix}$$

schreiben.

Die Abhängigkeit zwischen $d\mathfrak{r}$ und dem entsprechenden $d\mathfrak{B}$ ist durch das Vektorfeld selbst gegeben, also vom Koordinatensystem unabhängig. Sie wird in bezug auf das gewählte Koordinatensystem durch die Matrix $\boldsymbol{D}$ charakterisiert. Wir kommen im 18. Kapitel auf diese Art von Abhängigkeit zwischen zwei Vektoren zurück. Hier wollen wir aus $\boldsymbol{D}$ einen Skalar bilden, der sich als unabhängig vom Koordinatensystem erweist. Seine Invarianz wird aus den in den folgenden Paragraphen hergeleiteten Eigenschaften hervorgehen und wird unten auch durch direkte Rechnung bestätigt.

Unter der *Spur einer quadratischen Matrix* versteht man die Summe der Elemente in der Hauptdiagonale (d. i. die von links oben nach rechts unten verlaufende). Die Spur von $\boldsymbol{D}(\mathfrak{B})$ bezeichnet man insbesondere als die *Divergenz* des Vektorfeldes $\mathfrak{B}$ in dem betrachteten Punkt und schreibt

$$(110, 8) \qquad \operatorname{div}\mathfrak{B} = \frac{\partial V_x}{\partial x} + \frac{\partial V_y}{\partial y} + \frac{\partial V_z}{\partial z}.$$

Durch diese Operation leitet man also aus dem gegebenen Vektorfeld ein Skalarfeld ab.

Ist $\varphi(x, y, z)$ ein zweimal differenzierbares Skalarfeld, so verwendet man für den Skalar $\operatorname{div}\operatorname{grad}\varphi$ die besondere Bezeichnung

$$(110, 9) \qquad \Delta\varphi = \operatorname{div}\operatorname{grad}\varphi = \frac{\partial^2\varphi}{\partial x^2} + \frac{\partial^2\varphi}{\partial y^2} + \frac{\partial^2\varphi}{\partial z^2}.$$

Die Invarianz der Divergenz gegenüber Koordinatentransformationen folgt so: Die Formel $(109, 8)$ besagt, daß die partiellen Ableitungen $\dfrac{\partial}{\partial x}$, $\dfrac{\partial}{\partial y}$, $\dfrac{\partial}{\partial z}$ nach der Regel

$$\left\{\frac{\partial}{\partial\bar{x}}\ \frac{\partial}{\partial\bar{y}}\ \frac{\partial}{\partial\bar{z}}\right\} = \left\{\frac{\partial}{\partial x}\ \frac{\partial}{\partial y}\ \frac{\partial}{\partial z}\right\}\mathsf{A'},$$

also wie die Grundvektoren transformiert werden [vgl. $(10, 3)$]. Daraus folgt mit Benutzung von $(10, 5, 6)$

$$\frac{\partial V_{\bar{x}}}{\partial\bar{x}} + \frac{\partial V_{\bar{y}}}{\partial\bar{y}} + \frac{\partial V_{\bar{z}}}{\partial\bar{z}} = \left\{\frac{\partial}{\partial\bar{x}}\ \frac{\partial}{\partial\bar{y}}\ \frac{\partial}{\partial\bar{z}}\right\}\begin{Bmatrix}V_{\bar{x}}\\ V_{\bar{y}}\\ V_{\bar{z}}\end{Bmatrix} = \left\{\frac{\partial}{\partial x}\ \frac{\partial}{\partial y}\ \frac{\partial}{\partial z}\right\}\mathsf{A'}\begin{Bmatrix}V_{\bar{x}}\\ V_{\bar{y}}\\ V_{\bar{z}}\end{Bmatrix}$$

$$= \left\{\frac{\partial}{\partial x}\ \frac{\partial}{\partial y}\ \frac{\partial}{\partial z}\right\}\mathsf{A'A'}^{-1}\begin{Bmatrix}V_x\\ V_y\\ V_z\end{Bmatrix} = \left\{\frac{\partial}{\partial x}\ \frac{\partial}{\partial y}\ \frac{\partial}{\partial z}\right\}\begin{Bmatrix}V_x\\ V_y\\ V_z\end{Bmatrix} = \frac{\partial V_x}{\partial x} + \frac{\partial V_y}{\partial y} + \frac{\partial V_z}{\partial z}.$$

111. Vektorintegrale. Wir betrachten eine differenzierbare Kurve L, deren Linienelement mit dl bezeichnet sei, eine differenzierbare Fläche Φ mit dem Flächenelement df und ein räumliches Gebiet Ω mit dem Volumenelement $d\omega$. Auf L bzw. Φ bzw. in Ω sei ein stetiges Skalarfeld φ definiert. Dann haben die Integrale

$$(111, 1) \qquad \int_L \varphi\, dl, \quad \int_\Phi \varphi\, df, \quad \int_\Omega \varphi\, d\omega$$

eine geläufige Bedeutung. Führt man auf L einen Parameter ein, so kann man das erste Integral in ein Integral mit diesem Parameter als Integrationsvariable umformen, wobei die Grenzen des Integrals die-

jenigen Werte des Parameters sind, die den Endpunkten des Kurvenbogens L entsprechen. In ähnlicher Weise kann man durch Einführung
von zwei Flächenparametern auf Φ das zweite Integral in ein Doppel-
integral verwandeln, dessen Integrationsgebiet in der Parameterebene
von derjenigen Kurve begrenzt wird, die der Randkurve des Flächenstückes Φ entspricht. Das dritte Integral ist ein dreifaches Integral,
wobei die Integrationsvariablen drei Parameter sind, durch die man
die Punkte von Ω festlegt, beispielsweise rechtwinklige Koordinaten.

Wenn das Skalarfeld φ den konstanten Wert 1 hat, bedeuten die
drei Integrale bzw. die Bogenlänge von L, den Flächeninhalt von Φ
und das Volumen von Ω.

Ist auf L, Φ bzw. in Ω ein stetiges Vektorfeld

$$(111, 2) \qquad \mathfrak{V} = V_x \mathfrak{i} + V_y \mathfrak{j} + V_z \mathfrak{k}$$

gegeben, so kann man nach **31** die Integrale

$$(111, 3) \qquad \int_L \mathfrak{V}\, dl, \quad \int_\Phi \mathfrak{V}\, df, \quad \int_\Omega \mathfrak{V}\, d\omega$$

bilden.

Oft ist es zweckmäßig, das Bogenelement als einen Vektor in der
Tangentialrichtung der Kurve und das Flächenelement als eine orientierte Plangröße aufzufassen, die ihrerseits durch einen Vektor in der
Normalrichtung der Fläche ersetzt werden kann. Wir setzen eine bestimmte Durchlaufungsrichtung von L fest, z. B. die, in der ein längs L
verteilter Parameter wächst, und haben dann in jedem Punkt von L
einen bestimmten Tangentenvektor $\mathfrak{t}$ der Länge 1 (vgl. **61**). Ebenso
wählen wir auf Φ eine bestimmte Orientierung (Umlaufsrichtung). (Die
Flächen, die im folgenden vorkommen, sind stets sog. „zweiseitige‟
Flächen, bei denen es möglich ist, eine solche Orientierung für die
ganze Fläche eindeutig festzusetzen.) Nach der in **4** S. 6 angegebenen
Regel haben wir damit zugleich die Flächennormale orientiert: Die
positive Richtung der Normalen soll zusammen mit der auf der Fläche
(also auch in ihrer Tangentialebene) festgesetzten Umlaufsrichtung eine
Rechtsschraube bestimmen. Den Vektor der Länge 1 in der positiven
Richtung der Normalen, den Normalenvektor der Fläche, bezeichnen
wir mit $\mathfrak{n}$; er variiert unter unseren Voraussetzungen stetig mit dem
Flächenpunkt.

Nach diesen Verabredungen führen wir die Bezeichnungen

$$(111, 4) \qquad d\mathfrak{l} = \mathfrak{t}\, dl,$$

$$(111, 5) \qquad d\mathfrak{f} = \mathfrak{n}\, df$$

ein. Dadurch wird auch die Bedeutung einer Reihe von Integral-
bildungen, denen man häufig in der Mechanik und der mathematischen
Physik begegnet, unmittelbar verständlich. Wir nennen im folgenden
einige und geben die Umschreibung an, durch die sie auf die schon

besprochenen Typen (**111**, 1) und (**111**, 3) zurückgeführt werden:

(**111**, 6)
$$\int_L \varphi \, d\mathfrak{l} = \int_L (\varphi \, \mathfrak{t}) \, dl,$$

(**111**, 7)
$$\int_\Phi \varphi \, d\mathfrak{f} = \int_\Phi (\varphi \, \mathfrak{n}) \, df,$$

(**111**, 8)
$$\int_L \mathfrak{B} \cdot d\mathfrak{l} = \int_L (\mathfrak{B} \cdot \mathfrak{t}) \, dl,$$

(**111**, 9)
$$\int_\Phi \mathfrak{B} \cdot d\mathfrak{f} = \int_\Phi (\mathfrak{B} \cdot \mathfrak{n}) \, df,$$

(**111**, 10)
$$\int_L \mathfrak{B} \times d\mathfrak{l} = \int_L (\mathfrak{B} \times \mathfrak{t}) \, dl,$$

(**111**, 11)
$$\int_\Phi \mathfrak{B} \times d\mathfrak{f} = \int_\Phi (\mathfrak{B} \times \mathfrak{n}) \, df.$$

Wenn man in (**111**, 6) dem Skalar φ den konstanten Wert 1 erteilt, so erhält man die Vektorsumme aller Bogenelemente von L, die „Vektorlänge"

(**111**, 12)
$$\int_L d\mathfrak{l} = \overrightarrow{P_0 P_1}$$

von L, wo P_0 und P_1 Anfangs- bzw. Endpunkt von L ist. Die Vektorlänge hängt also nur von den Endpunkten des Bogens ab und verschwindet für eine geschlossene Kurve.

In ähnlicher Weise erhält man aus (**111**, 7) für $\varphi = 1$ den „vektoriellen Flächeninhalt"

(**111**, 13)
$$\int_\Phi d\mathfrak{f} = \mathfrak{i} \int (df)_{yz} + \mathfrak{j} \int (df)_{zx} + \mathfrak{k} \int (df)_{xy}$$

von Φ. Hierin bedeutet z. B. $(df)_{yz}$ die Projektion des Flächenelementes $d\mathfrak{f}$ auf die y, z-Ebene mit positivem oder negativem Vorzeichen, je nachdem $\mathfrak{i}$ und $\mathfrak{n}$ einen spitzen oder stumpfen Winkel einschließen. Wie man sieht, sind die Koordinaten des vektoriellen Flächeninhalts diejenigen mit passenden Vorzeichen versehenen Flächeninhalte, die in den Koordinatenebenen von den Projektionen der Randkurve umschlossen werden. (Haben die Projektionen der Randkurve Doppelpunkte, so muß man die Teilflächeninhalte für sich mit richtigem Vorzeichen nehmen.) Der vektorielle Flächeninhalt hängt also nur von der Randkurve des Flächenstückes ab und ist Null für eine geschlossene Fläche. Die Projektion des Vektors (**111**, 13) auf eine beliebige Gerade ist gleich dem Flächeninhalt, der von der Projektion der Randkurve auf die Normalebene der Geraden umschlossen wird. Da das Integral (**111**, 13) nur von der Randkurve von Φ abhängt, kann man in eindeutiger Weise von dem vektoriellen Flächeninhalt einer geschlossenen Raumkurve sprechen.

Um ein Beispiel eines Integrals der Form (**111**, 10) zu nennen, betrachten wir eine geschlossene Kurve L und wählen für $\mathfrak{B}$ die Hälfte des Ortsvektors $\mathfrak{r}$ des betrachteten Kurvenpunktes, gerechnet von einem willkürlichen Ursprung. Der Integrand $\frac{1}{2}\mathfrak{r} \times d\mathfrak{l}$ ist dann der vektorielle Flächeninhalt des infinitesimalen Sektors, der durch $\mathfrak{r}$ und $d\mathfrak{l}$ bestimmt ist, und

$$(111, 14) \qquad \frac{1}{2}\int\limits_{L} \mathfrak{r} \times d\mathfrak{l}$$

ist der vektorielle Flächeninhalt des Kegels, der durch L und den Ursprung bestimmt ist. Dieses Integral ist also unabhängig von der Wahl des Ursprungs und gleich dem zu L gehörigen vektoriellen Flächeninhalt.

Von besonderer Bedeutung in den Anwendungen sind Integrale der Form (111, 8) und (111, 9). In (111, 8) wird das Bogenelement dl mit der Projektion des Feldvektors auf die orientierte Tangente der Kurve multipliziert und dieses Produkt längs der Kurve integriert. Das Resultat nennt man das *Linienintegral* des Feldvektors längs der Kurve, speziell wenn L eine geschlossene Kurve ist, seine *Zirkulation* längs der Kurve.

In (111, 9) wird das Flächenelement df mit der Projektion des Feldvektors auf die orientierte Normale der Fläche multipliziert und das Produkt über die Fläche integriert. Das Resultat kann mit einem von der Theorie der Flüssigkeitsbewegungen herrührenden Ausdruck als *Fluß* des Feldvektors durch die Fläche bezeichnet werden.

112. Der Gausssche Integralsatz. In diesem Paragraphen wollen wir eine Integralumformung durchführen, die gestattet, Integrale der verschiedenen unter (111, 1, 3) genannten Typen miteinander in Verbindung zu bringen.

Es sei φ ein stetig differenzierbares Skalarfeld und Ω ein Gebiet des Raumes, das von einer stetig differenzierbaren, geschlossenen Fläche Φ begrenzt wird. Ω und Φ mögen dem Definitionsbereich von φ angehören. Es soll nicht ausgeschlossen werden, daß Φ aus mehreren getrennten Teilen besteht, die zusammen die Begrenzung von Ω ausmachen. Wir setzen die Richtung nach außen, d. h. fort vom begrenzten Bereich Ω, als positive Richtung der Flächennormalen fest. Dadurch wird auch Φ orientiert.

Nun ist $\dfrac{\partial \varphi}{\partial x}$ ein stetiges Skalarfeld in Ω. Wir können daher dessen Raumintegral

$$\int\limits_{\Omega} \frac{\partial \varphi}{\partial x}\, d\omega$$

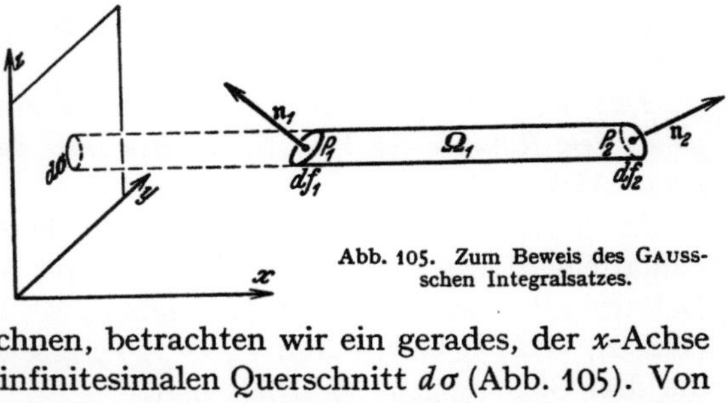

Abb. 105. Zum Beweis des Gaussschen Integralsatzes.

bilden. Um dies zu berechnen, betrachten wir ein gerades, der x-Achse paralleles Rohr mit dem infinitesimalen Querschnitt $d\sigma$ (Abb. 105). Von diesem Rohr betrachten wir ein zu Ω gehörendes Stück. Dieses werde von den zwei Flächenelementen df_1 und df_2 von Φ begrenzt, die beide die Projektion $d\sigma$ auf die y, z-Ebene haben. Der Beitrag dieses Teilvolumens Ω_1 zum Integral ist

$$\int\limits_{\Omega_1} \frac{\partial \varphi}{\partial x}\, dx\, d\sigma = d\sigma \int\limits_{P_1}^{P_2} \frac{\partial \varphi}{\partial x}\, dx = d\,\sigma\,(\varphi_2 - \varphi_1) = \varphi_2\,(d f_2)_{yz} + \varphi_1\,(d f_1)_{yz}.$$

Hierbei sind φ_1 und φ_2 die Werte des Feldskalars in den Endpunkten P_1 und P_2 des Rohres. Ferner ist hier bezüglich des Vorzeichens berücksichtigt, daß die Normale $\mathfrak{n}_2$ in P_2 einen spitzen und $\mathfrak{n}_1$ in P_1 einen stumpfen Winkel mit der x-Achse bildet, da die Normale überall von Ω fortweisen sollte. Dasselbe Rohr kann möglicherweise außer dem Stück $P_1 P_2$ noch weitere Stücke mit Ω gemeinsam haben, für die dann die Integralbeiträge entsprechend zu berechnen sind.

Nachdem so die Integration nach x überall in Ω ausgeführt ist, bleibt noch die Integration über die Projektion von Ω auf die y, z-Ebene:

$$(112, 1) \qquad\qquad \int\limits_{\Omega} \frac{\partial \varphi}{\partial x}\, d\omega = \int\limits_{\Phi} \varphi\,(df)_{yz}.$$

Ebenso erhält man

$$(112, 2) \qquad\qquad \int\limits_{\Omega} \frac{\partial \varphi}{\partial y}\, d\omega = \int\limits_{\Phi} \varphi\,(df)_{zx},$$

$$(112, 3) \qquad\qquad \int\limits_{\Omega} \frac{\partial \varphi}{\partial z}\, d\omega = \int\limits_{\Phi} \varphi\,(df)_{xy}.$$

Multipliziert man $(112, 1, 2, 3)$ mit $\mathfrak{i}$, $\mathfrak{j}$ bzw. $\mathfrak{k}$ und addiert, so erhält man

$$\int\limits_{\Omega} \left(\frac{\partial \varphi}{\partial x}\mathfrak{i} + \frac{\partial \varphi}{\partial y}\mathfrak{j} + \frac{\partial \varphi}{\partial z}\mathfrak{k}\right) d\omega = \int\limits_{\Phi} \varphi\,[(df)_{yz}\mathfrak{i} + (df)_{zx}\mathfrak{j} + (df)_{xy}\mathfrak{k}],$$

was nun kurz

$$(112, 4) \qquad\qquad \int\limits_{\Omega} \operatorname{grad}\varphi\, d\omega = \int\limits_{\Phi} \varphi\, d\mathfrak{f}$$

geschrieben werden kann. Die rechte Seite könnte man als das Vektorintegral des Skalars φ über die Fläche Φ bezeichnen. Man hat dann den Satz:

Das Vektorintegral eines Skalars über eine geschlossene Fläche ist gleich dem Raumintegral des Gradienten über das von der Fläche begrenzte Raumstück.

In jeder der Formeln $(112, 1, 2, 3)$ bezeichnet φ ein beliebiges Skalarfeld. Liegt nun ein differenzierbares Vektorfeld $\mathfrak{V}$ vor, dessen Definitionsbereich Ω und Φ angehören, so kann man φ in $(112, 1)$, $(112, 2)$, $(112, 3)$ bzw. durch V_x, V_y, V_z ersetzen. Addiert man darauf die drei Gleichungen, so erhält man

$$\int\limits_{\Omega} \left(\frac{\partial V_x}{\partial x} + \frac{\partial V_y}{\partial y} + \frac{\partial V_z}{\partial z}\right) d\omega = \int\limits_{\Phi} [V_x(df)_{yz} + V_y(df)_{zx} + V_z(df)_{xy}],$$

was sich auch kurz

$$(112, 5) \qquad \int_{\Omega} \operatorname{div} \mathfrak{B}\, d\omega = \int_{\Phi} \mathfrak{B} \cdot d\mathfrak{f}$$

schreiben läßt.

Diese Formel bringt den Satz von Gauss zum Ausdruck: *Der Fluß eines Vektors durch eine geschlossene Fläche ist gleich dem Raumintegral seiner Divergenz über das von der Fläche begrenzte Raumstück.*

Das Zeichen Ω möge nun zugleich das Volumen $\int_{\Omega} d\omega$ des bisher mit Ω bezeichneten Gebietes bedeuten. Wir dividieren $(112, 4, 5)$ durch Ω und wenden diese Gleichungen auf eine Folge Φ_ν von geschlossenen Flächen (z. B. Kugeln) an, die einen Punkt P des gegebenen Skalarfeldes φ oder Vektorfeldes $\mathfrak{B}$ im Innern enthalten und sich so auf ihn zusammenziehen, daß der größte Abstand zweier Punkte von Φ_ν für $\nu \to \infty$ gegen Null strebt. Ω_ν sei das von Φ_ν umschlossene Volumen. Durch einen Grenzübergang, zu dessen präziser Durchführung der Mittelwertsatz der Integralrechnung heranzuziehen ist, erhält man

$$(112, 6) \qquad \operatorname{grad} \varphi = \lim_{\nu \to \infty} \frac{1}{\Omega_\nu} \int_{\Phi_\nu} \varphi\, d\mathfrak{f},$$

$$(112, 7) \qquad \operatorname{div} \mathfrak{B} = \lim_{\nu \to \infty} \frac{1}{\Omega_\nu} \int_{\Phi_\nu} \mathfrak{B} \cdot d\mathfrak{f}.$$

Die rechten Seiten dieser Gleichungen sind offensichtlich vom Koordinatensystem unabhängig. Damit haben wir also die Invarianz von $\operatorname{grad} \varphi$ und $\operatorname{div} \mathfrak{B}$ bewiesen. Man kann $(112, 6, 7)$ auch als Definitionsgleichungen von $\operatorname{grad} \varphi$ und $\operatorname{div} \mathfrak{B}$ ansehen, muß dann aber beweisen, daß die Grenzwerte auf den rechten Seiten unter den über das Skalar- oder Vektorfeld gemachten Voraussetzungen existieren und von der gewählten Folge Φ_ν unabhängig sind.

113. Laplacesche Vektorfelder. Ein Vektorfeld $\mathfrak{B}$ heiße ein Laplacesches Feld, wenn es das Gradientfeld eines Skalarfeldes φ, wenn also

$$(113, 1) \qquad \mathfrak{B} = \operatorname{grad} \varphi$$

ist und wenn überdies seine Divergenz im ganzen Felde verschwindet, wenn also

$$(113, 2) \qquad \operatorname{div} \mathfrak{B} = \operatorname{div} \operatorname{grad} \varphi = \Delta \varphi = \frac{\partial^2 \varphi}{\partial x^2} + \frac{\partial^2 \varphi}{\partial y^2} + \frac{\partial^2 \varphi}{\partial z^2} = 0$$

ist.

Sind $\mathfrak{B}$ und $\mathfrak{W}$ zwei Laplacesche Vektorfelder, so ist das Vektorfeld $\mathfrak{B} + \mathfrak{W}$, das man erhält, wenn man in jedem Punkt die Vektorsumme der beiden gegebenen Feldvektoren in diesem Punkt bildet, gleichfalls ein Laplacesches Feld. Ist $\mathfrak{B} = \operatorname{grad} \varphi$ und $\mathfrak{W} = \operatorname{grad} \psi$, so findet man

$$\mathfrak{B} + \mathfrak{W} = \operatorname{grad}(\varphi + \psi).$$

Von dieser „Superposition" von LAPLACEschen Feldern werden wir später Gebrauch zu machen haben. Ferner ist $\lambda \mathfrak{W} = \lambda \operatorname{grad}\varphi = \operatorname{grad}(\lambda\varphi)$, wo λ ein konstanter Skalar ist, und dieses Feld ist ebenfalls ein LAPLACEsches. Zusammenfassend können wir sagen: Durch Linearkombination mit konstanten Koeffizienten von LAPLACEschen Feldern entsteht wieder ein LAPLACEsches Feld, und die zugehörigen Skalarfelder werden in derselben Weise linear kombiniert.

Zu einem besonders wichtigen Beispiel eines LAPLACEschen Feldes gelangt man in folgender Weise. Es sei O ein fester und P ein variabler Punkt im Raume. Die Länge des Ortsvektors

$$(113, 3) \qquad\qquad \mathfrak{r} = \overrightarrow{OP}$$

sei r. Wir betrachten das Skalarfeld

$$(113, 4) \qquad\qquad \varphi(P) = \frac{1}{r}.$$

Sein Definitionsbereich ist der ganze Raum mit Ausnahme des Punktes O. Führt man rechtwinklige Koordinaten mit dem Ursprung O ein, so hat man

$$r^2 = x^2 + y^2 + z^2, \qquad r\frac{\partial r}{\partial x} = x, \qquad r\frac{\partial r}{\partial y} = y, \qquad r\frac{\partial r}{\partial z} = z$$

und berechnet hieraus

$$(113, 5) \quad \frac{\partial \varphi}{\partial x} = \frac{\partial \varphi}{\partial r}\frac{\partial r}{\partial x} = -\frac{x}{r^3}, \quad \frac{\partial \varphi}{\partial y} = \frac{\partial \varphi}{\partial r}\frac{\partial r}{\partial y} = -\frac{y}{r^3}, \quad \frac{\partial \varphi}{\partial z} = \frac{\partial \varphi}{\partial r}\frac{\partial r}{\partial z} = -\frac{z}{r^3},$$

$$(113, 6) \quad \frac{\partial^2 \varphi}{\partial x^2} = \frac{3x^2 - r^2}{r^5}, \quad \frac{\partial^2 \varphi}{\partial y^2} = \frac{3y^2 - r^2}{r^5}, \quad \frac{\partial^2 \varphi}{\partial z^2} = \frac{3z^2 - r^2}{r^5}.$$

Addiert man die drei letzten Gleichungen, so findet man, daß φ die Gleichung (113, 2)

$$(113, 7) \qquad\qquad \Delta\varphi = \Delta\left(\frac{1}{r}\right) = 0$$

befriedigt. Also ist

$$(113, 8) \qquad \operatorname{grad}\varphi = \operatorname{grad}\frac{1}{r} = -\frac{1}{r^3}(x\,\mathfrak{i} + y\,\mathfrak{j} + z\,\mathfrak{k}) = -\frac{\mathfrak{r}}{r^3}$$

ein LAPLACEsches Vektorfeld. $-\dfrac{\mathfrak{r}}{r}$ ist der Einheitsvektor der Richtung von P nach O; also hat $\operatorname{grad}\varphi$ diese Richtung und den Betrag $\dfrac{1}{r^2}$. Dies bestätigt man auch ohne Koordinatenrechnung durch Betrachtung der Niveauflächen des Skalarfeldes $\varphi = \dfrac{1}{r}$.

114. Kräftefunktion und potentielle Energie. Wir betrachten ein Kraftfeld $\mathfrak{K}(x, y, z)$ und die Bewegung, die ein frei beweglicher Massenpunkt der Masse m unter dem Einfluß dieser Kraft ausführt. In **95** haben wir die Arbeit der Kraft als das Linienintegral des Kraftvektors längs der Bahnkurve des Massenpunktes definiert und gefunden, daß diese Arbeit gleich dem Zuwachs des Massenpunktes an kinetischer Energie ist [vgl. (**95**, 4)].

Wie in **95** S. 208 erwähnt, erhält man einen besonders einfachen Ausdruck für die Arbeit der Kraft, wenn eine Kräftefunktion $F(x, y, z)$ d. h. in der in diesem Abschnitt verwendeten Redeweise ein Skalarfeld F derart existiert, daß

$$(\textbf{114, 1}) \qquad \Re = \operatorname{grad} F$$

ist. Man erhält dann für die Arbeit der Kraft [vgl. (**95**, 8, 9)]

$$(\textbf{114, 2}) \quad A = \int_{\mathfrak{r}_1}^{\mathfrak{r}_2} \Re \cdot d\mathfrak{r} = \int_{\mathfrak{r}_1}^{\mathfrak{r}_2} \operatorname{grad} F \cdot d\mathfrak{r} = \int_{\mathfrak{r}_1}^{\mathfrak{r}_2} \left(\frac{\partial F}{\partial x} dx + \frac{\partial F}{\partial y} dy + \frac{\partial F}{\partial z} dz \right)$$
$$= F_2 - F_1.$$

Wir halten uns nun vorläufig an die Voraussetzung, daß das Skalarfeld F eindeutig ist. Dann ist die Arbeit A unabhängig vom Integrationswege und hängt ausschließlich von den Werten von F in den beiden Endpunkten $\mathfrak{r}_1$ und $\mathfrak{r}_2$ des betrachteten Teilbogens der Bahnkurve ab.

Verwendet man an Stelle der Kräftefunktion F das Skalarfeld

$$(\textbf{114, 3}) \qquad U(x, y, z) = -F(x, y, z),$$

dessen Wert in einem Punkt man als die *potentielle Energie* des Massenpunktes in der betreffenden Lage bezeichnet, so hat man

$$(\textbf{114, 4}) \qquad \Re = -\operatorname{grad} U,$$

$$(\textbf{114, 5}) \qquad A = U_1 - U_2,$$

also nach (**95**, 4)

$$(\textbf{114, 6}) \qquad T_2 + U_2 = T_1 + U_1.$$

Die Größe $T + U$ nennt man die *totale Energie* des Massenpunktes. Diese ist nur bis auf eine willkürliche additive Konstante bestimmt, weil F und damit auch U nur bis auf eine additive Konstante bestimmt sind. Da $T + U$ nach (**114**, 6) während der Bewegung ungeändert bleibt, nennt man ein Kraftfeld der hier betrachteten Art ein *konservatives Kraftfeld*. Wir können dann folgenden Satz formulieren:

In einem konservativen Kraftfeld ist die potentielle Energie eines Massenpunktes ein eindeutiges, nur bis auf eine additive Konstante bestimmtes Skalarfeld. Die Kraft ist dem Gradienten der potentiellen Energie entgegengesetzt gleich. Die Arbeit der Kraft in einem Zeitraum während der Bewegung des Massenpunktes ist gleich dem Verlust an potentieller Energie und hängt nur von den beiden Niveauflächen der potentiellen Energie ab, in denen sich der Massenpunkt am Anfang bzw. am Ende des betreffenden Zeitraumes befindet. Die Summe der kinetischen und der potentiellen Energie des Massenpunktes bleibt während der Bewegung ungeändert.

Als Folge hiervon werde hervorgehoben: Wenn ein Massenpunkt während seiner Bewegung dieselbe Niveaufläche von U mehrmals passiert, so geschieht dies stets mit dem gleichen Geschwindigkeitsbetrag. Insbesondere gilt dies, wenn der Massenpunkt einen Raumpunkt mehrmals passiert. Die Arbeit der Kraft längs eines geschlossenen Weges ist Null.

Man nennt einen Bereich einfach zusammenhängend, wenn jede in ihm verlaufende, geschlossene Kurve innerhalb des Bereichs stetig auf einen zum Bereich gehörigen Punkt zusammenziehbar ist, sonst mehrfach zusammenhängend (Beispiel: Das Innere einer Ringfläche). Bisher haben wir die Kräftefunktion als eindeutige Funktion im Definitionsbereich des Kraftfeldes vorausgesetzt. Wenn der Definitionsbereich mehrfach zusammenhängend ist, kann es vorkommen, daß zwar die Kraft der Gradient einer Kräftefunktion, jedoch einer mehrdeutigen ist. Man kann dann nur von der potentiellen Energie eines Massenpunktes sprechen, solange seine Bewegung in einem einfach zusammenhängenden Teilgebiet des Kraftfeldes vor sich geht. Die Arbeit der Kraft längs eines geschlossenen Weges im Kraftfeld braucht nicht zu verschwinden, wenn dieser Weg nicht innerhalb des Definitionsbereichs des Kraftfeldes auf einen Punkt zusammengezogen werden kann. Sobald in einem Kraftfeld geschlossene Wege existieren, längs denen die Arbeit der Kraft nicht Null ist, erfordert die Aufrechterhaltung des Kraftfeldes eine dauernde Energiezufuhr.

Ein Beispiel eines Kraftfeldes mit mehrdeutiger Kräftefunktion ist das magnetische Kraftfeld um einen geradlinigen stromdurchflossenen Leiter.

115. Gravitationsfeld und Potential. Auf Grund der Beobachtungen von TYCHO BRAHE stellte KEPLER für die Bewegungen der Planeten gewisse Gesetze auf, die wir später besprechen werden. Durch eine mathematische Untersuchung dieser Gesetze wurde NEWTON auf seine fundamentale Annahme über die universelle Massenanziehung oder *Gravitation* geführt: Zwischen irgend zwei Massenpunkten findet eine gegenseitige Anziehung in Richtung der Verbindungslinie der Massenpunkte statt. Diese Anziehung ist proportional dem Produkt der beiden Massen und umgekehrt proportional dem Quadrat ihres Abstandes.

Um dieses Anziehungsgesetz in einer Formel wiederzugeben, nehmen wir an, daß sich in einem Punkt O ein Massenpunkt der Masse m und in einem Punkt P ein Massenpunkt der Masse p befindet. Ferner führen wir den Ortsvektor $\overrightarrow{OP} = \mathfrak{r}$ der Länge r ein. Die Anziehungskraft zwischen den beiden Massenpunkten hat dann den Betrag

$$(115, 1) \qquad \varkappa \frac{m\,p}{r^2},$$

wo $\varkappa$, die *Gravitationskonstante*, ein Proportionalitätsfaktor der Dimension $[\mathrm{L}^3 \mathrm{M}^{-1} \mathrm{T}^{-2}]$ ist. Für seinen Zahlwert hat man

$$(115, 2) \qquad \varkappa = 6{,}67 \cdot 10^{-8}\,\frac{\mathrm{cm}^3}{\mathrm{g\,sec}^2}$$

gefunden. Die Anziehung zwischen zwei Massen der Größe 1 g im Abstand 1 cm ist demnach

$$\varkappa \frac{1 \cdot 1}{1^2} \frac{\text{g cm}}{\text{sec}^2} = 6{,}67 \cdot 10^{-8}\,\text{dyn}.$$

Für die Anziehungs- oder Abstoßungskräfte, die zwischen elektrischen Ladungen oder zwischen Magnetpolen auftreten, nimmt man ebenfalls Gesetze der Form (**115**, 1) an. Die folgenden Untersuchungen sind daher auch für andere Gebiete der Physik von Bedeutung.

Wir nehmen nun an, daß der Massenpunkt der Masse m unbeweglich in O festgehalten ist, während die Lage P des Massenpunktes der Masse p im Raume variiert, und wollen das Kraftfeld bestimmen, dem der zweite Massenpunkt auf Grund der Anziehung des ersten unterworfen ist. Da $-\dfrac{\mathfrak{r}}{r}$ ein Einheitsvektor der Richtung von P nach O ist, ist der Kraftvektor, der auf den Massenpunkt in P wirkt,

$$(\mathbf{115},\mathbf{3}) \qquad\qquad \mathfrak{K} = -\,\frac{\varkappa\,m\,p\,\mathfrak{r}}{r^3}.$$

Bis auf den konstanten Faktor $\varkappa m p$ ist (**115**, 3) dasselbe Vektorfeld wie (**113**, 8). Das Anziehungsfeld ist also ein LAPLACEsches Feld, dessen Definitionsbereich der ganze Raum mit Ausnahme des Punktes O ist. $\mathfrak{K}$ befriedigt in diesem Bereich die Gleichung

$$(\mathbf{115},\ \mathbf{4}) \qquad\qquad \operatorname{div}\mathfrak{K} = 0.$$

Der Vektor (**113**, 8) ist der Gradient des Skalarfeldes (**113**, 4), und (**115**, 3) ist daher der Gradient des Skalarfeldes, das man aus (**113**, 4) durch Hinzufügung des Faktors $\varkappa m p$ erhält. Damit hat man eine Kräftefunktion gefunden, von der wir durch Vorzeichenwechsel zur potentiellen Energie

$$U = -\,\frac{\varkappa\,m\,p}{r}$$

übergehen. Sie wird das *Gravitationspotential* oder kürzer *Potential* der Masse p in dem durch die Masse m bestimmten Anziehungsfeld genannt. Das Potential erfüllt nach (**113**, 7) die Gleichung

$$(\mathbf{115},\ \mathbf{5}) \qquad\qquad \Delta U = 0.$$

Hat man mehrere felderzeugende Massen, die eine Anziehung auf den betrachteten Massenpunkt der Masse p ausüben, so erhält man die resultierende Kraft $\mathfrak{K}$ als Vektorsumme der einzelnen Anziehungskräfte im Punkt P:

$$(\mathbf{115},\ \mathbf{6}) \qquad \mathfrak{K} = -\varkappa p\left(\frac{m_1\mathfrak{r}_1}{r_1^3} + \frac{m_2\mathfrak{r}_2}{r_2^3} + \cdots\right) = -\varkappa p \sum \frac{m_i\mathfrak{r}_i}{r_i^3};$$

hierbei sind m_i Massen, die sich in festen Punkten O_i befinden, $\mathfrak{r}_i = \overrightarrow{O_iP}$ und $r_i = |\mathfrak{r}_i|$ $(i = 1, 2, \ldots)$. Nach **113** hat man dann auch die zu den einzelnen felderzeugenden Massen gehörigen Potentiale zu addieren.

Dann ergibt sich für das gesamte Potential der Masse p in dem durch die gegebenen Massen m_i erzeugten Anziehungsfeld

$$(115, 7) \qquad U = -\varkappa p\left(\frac{m_1}{r_1} + \frac{m_2}{r_2} + \cdots\right) = -\varkappa p \sum \frac{m_i}{r_i}.$$

Hat man es mit felderzeugenden Massen zu tun, die in einem beschränkten Bereich Ω des Raumes enthalten und darin kontinuierlich mit der stetig variierenden Dichte μ verteilt sind, so sind (115, 6) durch

$$(115, 8) \qquad \mathfrak{K} = -\varkappa p \int\limits_{\Omega} \frac{\mu \mathfrak{r}\, d\omega}{r^3}$$

und (115, 7) durch

$$(115, 9) \qquad U = -\varkappa p \int\limits_{\Omega} \frac{\mu\, d\omega}{r}$$

zu ersetzen. Der Bereich, für den U hierdurch definiert ist, besteht aus dem Teil des Raumes außerhalb des abgeschlossenen Bereiches Ω. (In **116** werden wir den Definitionsbereich erweitern.)

Für diese Größen ist wieder grad $U = -\mathfrak{K}$ und $\Delta U = 0$. Bei endlich vielen Massenpunkten ist dies unmittelbar einleuchtend und folgt bei stetiger Massenverteilung daraus, daß in (115, 9) unter dem Integralzeichen differenziert werden darf, da der Nenner r für einen Punkt außerhalb Ω eine positive untere Schranke hat. Die willkürliche Konstante, über die man nach **114** noch bei der Festsetzung der potentiellen Energie verfügen kann, ist, wie man sieht, hier so gewählt, daß U gegen Null strebt, wenn sich P unbegrenzt von den felderzeugenden Massen entfernt.

Die Arbeit der Kraft bei einer Verrückung des angegriffenen Massenpunktes ist durch (**114**, 5) gegeben. Insbesondere sieht man, daß die Arbeit gleich $U(P)$ wird, wenn der Massenpunkt aus der Lage P in unendlich große Entfernung von den felderzeugenden Massen gebracht wird. Eine Veranschaulichung der Kraft im Felde erhält man durch die Niveauflächen des Potentials, die *Äquipotentialflächen*. Die orthogonalen Trajektorien dieser Flächen, d. h. die Kurven, die die Flächen senkrecht durchsetzen, sind die *Kraftlinien*. Bewegt sich der Massenpunkt unter der Einwirkung des Kraftfeldes, so bleibt die Summe $T + U$ von kinetischer und potentieller Energie konstant. Wir haben es mit einem speziellen konservativen Kraftfeld mit überall außerhalb der felderzeugenden Massen eindeutiger Kräftefunktion zu tun.

Das bisher betrachtete Kraftfeld $\mathfrak{K}$ ist von der Masse p des angezogenen Massenpunktes abhängig, und zwar ändert es sich proportional mit ihr. Will man die Abhängigkeit des Anziehungsfeldes von der Größe und Verteilung der felderzeugenden Massen untersuchen, so ist es natürlich, mit einem Massenpunkt von der Masse 1 zu operieren. Der Feldvektor $\mathfrak{K}$ erhält dann die Bedeutung einer „Anziehungskraft pro Masseneinheit" und der Feldskalar $U(P)$ die eines „Potentials pro Masseneinheit". Die entsprechenden Formeln erhält man, indem man in den obigen $p = 1$ setzt. In den Dimensionen dieser Formeln fällt dabei der Faktor [M] fort. Dies muß bei einer Dimensionskontrolle von Formeln beachtet werden. Wir behalten jedoch die kurzen Bezeichnungen „Kraft" und „Potential" bei. Man kann ja stets eine Masseneinheit als Faktor zugefügt denken.

Wir wollen noch einen Augenblick auf eine einzelne felderzeugende Masse m in O und das entsprechende LAPLACEsche Feld zurückkommen. Es sei Φ eine beliebige geschlossene Fläche, die nicht durch O geht und O nicht umschließt. Der Kraftvektor $\mathfrak{K}$ ist also überall auf der Fläche Φ und in ihrem Innern definiert, und man schließt dann aus (**115**, 4) und dem GAUSSschen Satz (**112**, 5), daß der Fluß des Kraftvektors durch Φ gleich Null ist:

$$(\textbf{115}, 10) \qquad \int\limits_{\Phi} \mathfrak{K} \cdot d\mathfrak{f} = 0.$$

Nun sei Φ eine beliebige geschlossene Fläche, die O umschließt. Dann legen wir um O eine Kugelfläche Φ_1, die ganz innerhalb Φ liegt und wenden den GAUSSschen Satz auf das Gebiet zwischen den beiden Flächen an:

$$(\textbf{115}, 11) \qquad \int\limits_{\Phi} \mathfrak{K} \cdot d\mathfrak{f} + \int\limits_{\Phi_1} \mathfrak{K} \cdot d\mathfrak{f} = 0.$$

Hierbei ist der Normalvektor $d\mathfrak{f}$ der Flächenelemente nach dem in **112** Verabredeten von dem abgegrenzten Gebiet fortgerichtet, d. h. er weist auf Φ nach außen und auf Φ_1 auf O zu. Nun läßt sich das zweite Integral in (**115**, 11) leicht berechnen. Die Projektion von $\mathfrak{K}$ auf die nach innen gerichtete Normale der Kugelfläche ist nämlich nach (**115**, 3) (für $p = 1$) gleich $\varkappa m r^{-2}$, also konstant auf der Kugel, und deren Oberfläche ist $4\pi r^2$. Man findet daher nach (**115**, 11)

$$(\textbf{115}, 12) \qquad \int\limits_{\Phi} \mathfrak{K} \cdot d\mathfrak{f} = -4\pi\varkappa m.$$

Wir betrachten nun wieder das Anziehungskraftfeld pro Masseneinheit von endlich vielen Massenpunkten. Der Fluß des Feldvektors durch eine beliebige geschlossene Fläche Φ, die ganz im Definitionsbereich von $\mathfrak{K}$ verläuft, d. h. durch keinen der Massenpunkte geht, ist gleich der Summe der Flüsse der Anziehungskräfte, die von den einzelnen Massen herrühren. Nun lehrt (**115**, 10), daß ein außerhalb Φ befindlicher Massenpunkt keinen Beitrag liefert. Der Beitrag eines Massenpunktes innerhalb Φ ist durch (**115**, 12) gegeben. Man erhält daher, wenn $\sum\limits_{\Phi} m$ die Summe der von Φ umschlossenen Massen bedeutet,

$$\int\limits_{\Phi} \mathfrak{K} \cdot d\mathfrak{f} = -4\pi\varkappa \sum\limits_{\Phi} m.$$

Umschließt Φ den Bereich Ω einer stetigen Massenverteilung der Dichte μ, so ergibt sich hieraus durch einen Grenzübergang

$$(\mathbf{115, 13}) \qquad \int_{\Phi} \mathfrak{K} \cdot d\mathfrak{f} = -\,4\,\pi\varkappa \int_{\Omega} \mu\, d\omega\,.$$

Wenn man in jedem Punkt einer geschlossenen Fläche, die in einem willkürlichen Gravitationsfeld verläuft, die Anziehungskraft pro Masseneinheit auf die nach außen gerichtete Flächennormale projiziert, mit dem Flächenelement multipliziert und über die ganze Fläche integriert, so erhält man die gesamte von der Fläche umschlossene Masse multipliziert mit $-4\pi\varkappa$, wo $\varkappa$ die Gravitationskonstante ist. Massen außerhalb der Fläche ergeben keinen Beitrag zu diesem „Fluß" des Feldvektors.

116. Das Potential innerhalb der felderzeugenden Massen. Wir betrachten nun den Fall näher, in dem die felderzeugenden Massen ein beschränktes (abgeschlossenes) Gebiet Ω mit einer beschränkten Dichte μ erfüllen, die ein stetiges oder wenigstens stückweise stetiges Skalarfeld in Ω bildet. Die gesamte Masse ist dann

$$(\mathbf{116, 1}) \qquad M = \int_{\Omega} \mu\, d\omega\,.$$

Bisher haben wir das Potential U und die Kraft $\mathfrak{K}$ nur in den nicht zu Ω gehörigen Punkten P des Raumes betrachtet.

Wir suchen nun die Definition des Potentials auf Punkte auszudehnen, die in Ω liegen. Es sei P ein solcher Punkt. Der Integrand $\dfrac{\mu}{r}$

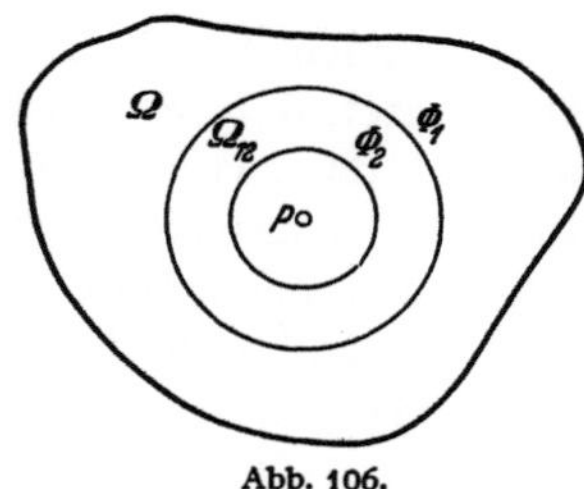

Abb. 106.

wächst dann bei Annäherung an P über alle Grenzen. Der Wert des Integrals muß daher durch einen Grenzübergang bestimmt werden, wenn man ihm überhaupt eine Bedeutung beilegen kann. r_1 sei eine positive Zahl, Φ_1 eine Kugelfläche mit dem Radius r_1 und dem Mittelpunkt P (Abb. 106). μ_1 bezeichne die obere Grenze von μ innerhalb und auf Φ_1. Ferner sei r_2 eine positive Zahl kleiner als r_1 und Φ_2 eine Kugelfläche mit dem Mittelpunkt P und dem Radius r_2. Wenn dann Ω_{12} das Gebiet zwischen Φ_2 und Φ_1 bezeichnet[1], so bestimmt die in dieser Kugelschale befindliche Masse in P das Potential

$$(\mathbf{116, 2}) \qquad -\varkappa \int_{\Omega_{12}} \frac{\mu\, d\omega}{r}$$

pro Masseneinheit, dessen absoluter Betrag kleiner oder gleich

$$(\mathbf{116, 3}) \qquad \varkappa\mu_1 \int_{\Omega_{12}} \frac{d\omega}{r} = \varkappa\mu_1 \int_{r_2}^{r_1} \frac{4\pi r^2\, dr}{r} = 2\pi\varkappa\mu_1\,(r_1^2 - r_2^2)$$

---

[1] Dieses Gebiet kann stets als zu Ω gehörig angenommen werden. Man kann nämlich nötigenfalls Ω um Gebiete erweitern, in denen man $\mu = 0$ setzt.

ist. Für alle Werte von r_2, also auch für $r_2 \to 0$, bleibt dieser Wert unterhalb

$$(116, 4) \qquad 2\pi\varkappa\mu_1 r_1^2,$$

und dies geht mit r_1 gegen Null.

Bezeichnet man mit U_1 das Potential in P, das von den Massen außerhalb Φ_1 herrührt, so schließt man aus dem Cauchyschen Konvergenzprinzip, daß U_1 gegen einen Grenzwert strebt, wenn r_1 gegen Null geht. Man setzt dann

$$(116, 5) \qquad U(P) = \lim_{r_1 \to 0} U_1(P)$$

und hat dann das Potential U im ganzen Raume definiert.

Als spezielles Ergebnis der vorstehenden Rechnung heben wir hervor, daß eine homogene Kugel mit dem Radius R und konstanter Dichte μ im Mittelpunkt ein Potential

$$(116, 6) \qquad -2\pi\varkappa\mu R^2$$

pro Masseneinheit besitzt. Da die Masse der Kugel $M = \frac{1}{3}\pi\mu R^3$ ist, kann man (116, 6) auch

$$(116, 7) \qquad -\varkappa\sqrt[3]{\frac{9\pi\mu M^2}{2}}$$

schreiben.

Es sei eine Masse vom Betrage M in einem Bereich Ω des Raumes kontinuierlich mit beschränkter Dichte, z. B. mit einer Dichte μ, die nirgends den Wert μ_1 übersteigt, verteilt. Dann kann man aus dem Obigen eine obere Schranke für den absoluten Betrag des Potentials entnehmen. Das Potential in einem Punkt erreicht nämlich den größtmöglichen absoluten Betrag, wenn die gegebene Masse mit größtmöglicher Dichte so nahe wie möglich um den Punkt verteilt ist. Dies ist der Fall für die Verteilung mit konstanter Dichte μ_1 in einer Kugel um den betreffenden Punkt. Man hat daher wegen (116, 7)

$$(116, 8) \qquad 0 > U(P) \geqq -\varkappa\sqrt[3]{\frac{9\pi\mu_1 M^2}{2}}$$

für alle Punkte P des Raumes; und das Gleichheitszeichen gilt nur, wenn die Masse mit der konstanten Dichte μ_1 in einer Kugel um P verteilt ist.

Um zu untersuchen, ob es auch einen Sinn hat, von der Anziehungskraft $\mathfrak{K}$ zu sprechen, die auf die Masseneinheit in einem beliebigen Punkt P wirkt, bilden wir zunächst die Komponente in der Richtung einer Geraden l für diejenige Anziehungskraft, die von dem oben betrachteten Gebiet Ω_{12} herrührt. Diese ist nach (115, 1)

$$(116, 9) \qquad \varkappa \int\limits_{\Omega_{12}} \frac{\mu\, d\omega\, \cos\alpha}{r^2},$$

wenn α den Winkel bedeutet, den die Richtung von P nach $d\omega$ mit l bildet. Da nun

$$-1 \leqq \cos\alpha \leqq 1$$

und die übrigen Faktoren in $(116, 9)$ positiv sind, ist der absolute Betrag von $(116, 9)$ kleiner oder gleich

$$(116, 10) \qquad \varkappa\mu_1 \int\limits_{\Omega_{12}} \frac{d\omega}{r^2} = \varkappa\mu_1 \int\limits_{r_2}^{r_1} \frac{4\pi r^2 \, dr}{r^2} = 4\pi\varkappa\mu_1(r_1 - r_2) < 4\pi\varkappa\mu_1 r_1.$$

Da diese Größe mit r_1 zugleich, sogar gleichmäßig für alle P gegen Null geht, erhält man in den zu $(116, 5)$ analogen Bezeichnungen für die Kraft pro Masseneinheit

$$(116, 11) \qquad\qquad \Re(P) = \lim_{r_1 \to 0} \Re_1(P).$$

Hierdurch ist auch das Kraftfeld überall im Raume definiert. $\Re(P)$ hängt wegen der erwähnten Gleichmäßigkeit der Konvergenz stetig von P ab. Das Entscheidende ist, wie man sieht, sowohl für U als auch für $\Re$, daß im Nenner nur r oder r^2 auftreten, während das Volumen einer Kugel um P wie r^3 gegen Null abnimmt.

Auch hier kann man die obige Rechnung zur Bestimmung einer oberen Schranke für die Anziehung pro Masseneinheit verwenden, die eine Masse von gegebenem Betrag und beschränkter Dichte ausüben kann. Ist M wieder die Masse, und übersteigt ihre Dichte μ nirgends den Wert μ_1, so kann man sie auf eine homogene Kugel mit der Dichte μ_1 und dem Radius

$$R = \sqrt[3]{\frac{3M}{4\pi\mu_1}}$$

verteilen. Bei dieser Anordnung der Masse wirken auf eine Masseneinheit im Mittelpunkt der Kugel von den einzelnen Massenteilen Anziehungskräfte, deren absolute Beträge nach der obigen Rechnung die Summe

$$(116, 12) \qquad\qquad 4\pi\varkappa\mu_1 R = \varkappa \sqrt[3]{48\pi^2\mu_1^2 M}$$

haben. Bei jeder anderen Anordnung der Massen relativ zur angezogenen Masseneinheit ist die Summe der absoluten Beträge und daher auch die wirkliche Anziehungskraft kleiner als $(116, 12)$.

Wir wollen nun zeigen, daß U auch innerhalb der felderzeugenden Massen ein differenzierbares Skalarfeld bildet, und daß

$$(116, 13) \qquad\qquad -\operatorname{grad} U = \Re$$

ist.

$(116, 13)$ ist richtig außerhalb der Massen. Betrachten wir zunächst die Massen, die außerhalb der früher eingeführten Kugelfläche Φ_1 vom Radius r_1 um P liegen. Diese haben innerhalb Φ_1 ein Potential U_1 und ergeben einen Kraftvektor $\Re_1$, und für diese gilt (insbesondere im Punkt P)

$$(116, 14) \qquad\qquad -\operatorname{grad} U_1 = \Re_1.$$

Nimmt man nun den Grenzübergang $r_1 \to 0$ vor, so erhält man für $\mathfrak{K}_1(P)$ und daher auch für $(-\operatorname{grad} U_1)_P$ wegen (**116**, 11) den Grenzwert $\mathfrak{K}(P)$. Der Beweis von (**116**, 13) ist somit darauf zurückgeführt, zu zeigen, daß in P

$$(\textbf{116, 15}) \qquad \lim_{r_1 \to 0} \operatorname{grad} U_1 = \operatorname{grad} U$$

gilt.

Den Beweis führen wir durch Untersuchung der Richtungsableitungen von U und U_1 bezüglich einer s-Achse durch P (vgl. **109**). Diese Differentialquotienten in der s-Richtung bestimmen wir direkt als Grenzwerte von Differenzenquotienten.

Um P hatten wir die Kugelfläche Φ_1 mit dem Radius r_1 gelegt. Potential und Kraftvektor der außerhalb Φ_1 befindlichen Massen sind U_1 und $\mathfrak{K}_1$. Auf der s-Achse tragen wir von P aus ein Stück 2ϱ bis zu einem Punkt Q ab (Abb. 107). Hierbei wählen wir $0 < 3\varrho < r_1$. Um P und Q legen wir Kugeln vom Radius ϱ. Je eine Hälfte dieser beiden Kugeln und der ihnen gemeinsam umschriebene Zylinder bilden zusammen eine geschlossene Fläche Φ innerhalb Φ_1, die das Volumen $\frac{10}{3}\pi\varrho^3$ umschließt. Die obere Grenze von μ innerhalb Φ_1 sei wie früher μ_1.

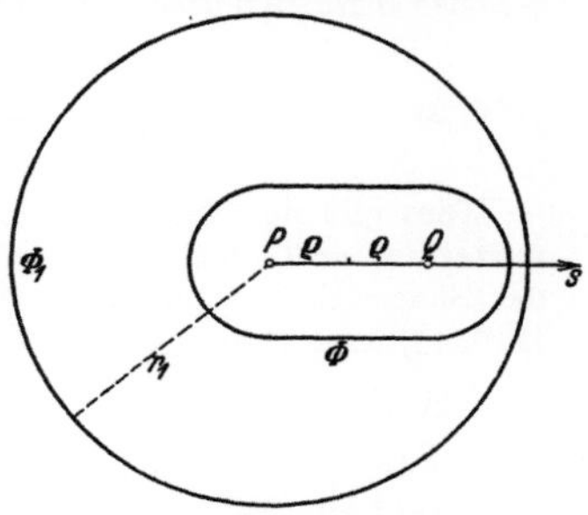

Wir bilden nun den Differenzenquotienten

Abb. 107.

$$(\textbf{116, 16}) \qquad \frac{U(Q) - U(P)}{2\varrho} = \frac{U_1(Q) - U_1(P)}{2\varrho} + \frac{U_2(Q) - U_2(P)}{2\varrho} + \frac{U_3(Q) - U_3(P)}{2\varrho}$$

von U in Q und P. Hierbei bedeuten U_1, U_2 und U_3 bzw. die Potentiale der Massen außerhalb Φ_1, zwischen Φ_1 und Φ und innerhalb Φ.

Die Masse innerhalb Φ ist $\leqq \frac{10}{3}\pi\mu_1\varrho^3$, da ihre Dichte überall kleiner oder gleich μ_1 ist. Ihr Potential ist daher nach (**116**, 8) dem Betrage nach $< c\varrho^2$, wo c eine positive Konstante ist, auf deren genauen Wert es hier nicht ankommt. Wir erhalten daher für das letzte Glied von (**116**, 16)

$$(\textbf{116, 17}) \qquad \left| \frac{U_3(Q) - U_3(P)}{2\varrho} \right| < c\varrho.$$

U_2 ist auf der Strecke PQ eine differenzierbare Funktion der Abszisse s. Ihre Ableitung $-\dfrac{dU_2}{ds}$ in einem Punkt von PQ gibt die Komponente K_{2s} derjenigen Kraft $\mathfrak{K}_2$ in der Richtung s an, die von den Massen zwischen Φ und Φ_1 herrührt. Nach dem Mittelwertsatz ist daher

$$(\textbf{116, 18}) \qquad \left| \frac{U_2(Q) - U_2(P)}{2\varrho} \right| = -K_{2s}(P'),$$

wo P' ein gewisser Zwischenpunkt auf PQ ist. Eine Kugel um P' mit dem Radius $r_1 + 2\varrho$ enthält Φ_1 vollständig, und für die Größe (**116**, 18) findet man daher auf Grund einer zu (**116**, 10) analogen Rechnung

$$(\textbf{116, 19}) \qquad \left| \frac{U_2(Q) - U_2(P)}{2\varrho} \right| < 4\pi\varkappa\mu_2(r_1 + 2\varrho),$$

wobei μ_2 die obere Grenze von μ innerhalb dieser Kugel bezeichnet.

Läßt man nun bei festem r_1 die Zahl ϱ gegen Null gehen, so entnimmt man aus (**116**, 17), daß das letzte Glied von (**116**, 16) gegen Null konvergiert. Das erste Glied der rechten Seite von (**116**, 16) geht gegen $\left(\dfrac{dU_1}{ds}\right)_P$, und das mittlere

Glied ist durch (116, 19) beschränkt. Jeder Häufungswert der Größe auf der linken Seite von (116, 16) weicht daher von $\left(\dfrac{d U_1}{d s}\right)_P$ um höchstens $4\,\pi\varkappa\,\mu_1 r_1$ ab.

Dies gilt für jeden Wert von r_1. Läßt man nun auch r_1 gegen Null gehen, so folgt zunächst aus (116, 14), daß

$$(116, 20) \qquad\qquad \lim_{r_1 \to 0}\left(\frac{d U_1}{d s}\right)_P$$

existiert. Man sieht dann, daß die linke Seite von (116, 16), die ja nicht von r_1 abhängt, nur den einen Häufungswert (116, 20) haben kann. Also ist U auf der s-Achse differenzierbar, und man hat in P

$$(116, 21) \qquad\qquad \frac{d U}{d s} = \lim_{r_1 \to 0}\frac{d U_1}{d s} = \lim_{r_1 \to 0} - K_{1_s} = - K_s.$$

Dies gilt natürlich für jede s-Achse durch P. Da man vom Kraftvektor $\mathfrak{K}$ weiterhin weiß, daß er stetig mit P variiert, ist hiermit die Differenzierbarkeit des Skalarfeldes U in der in **109** angegebenen Bedeutung gesichert und zugleich (116, 15) und (116, 13) bewiesen.

Da $\mathfrak{K}$ ein stetiges Vektorfeld im ganzen Raume ist, ist es sinnvoll, vom Fluß des Kraftvektors durch eine beliebige geschlossene Fläche Φ zu sprechen. Wir legen die beiden Parallelflächen[1] von Φ im Abstande ε; die innere sei Φ_1, die äußere Φ_2. Die Massen innerhalb Φ_1 seien M_1, und der durch M_1 hervorgerufene Kraftvektor pro Masseneinheit $\mathfrak{K}_1$. Entsprechend mögen die Indizes 2 und 12 auf das Gebiet außerhalb Φ_2 bzw. das zwischen Φ_1 und Φ_2 hinweisen. Man hat dann

$$(116, 22) \qquad \int\limits_{\Phi} \mathfrak{K} \cdot d\mathfrak{f} = \int\limits_{\Phi} \mathfrak{K}_1 \cdot d\mathfrak{f} + \int\limits_{\Phi} \mathfrak{K}_2 \cdot d\mathfrak{f} + \int\limits_{\Phi} \mathfrak{K}_{12} \cdot d\mathfrak{f}.$$

Nach (115, 13) hat der erste Summand auf der rechten Seite den Wert $-4\,\pi\varkappa M_1$ und der zweite verschwindet. Für den dritten Summanden findet man eine obere Schranke, indem man den Flächeninhalt der Fläche mit einer oberen Schranke von $|\mathfrak{K}_{12}|$ multipliziert. Eine solche Schranke erhält man aus (116, 12) in der Gestalt $c\sqrt[3]{M_{12}}$, wo c eine positive Konstante ist. Läßt man nun ε gegen Null gehen, so wird auch M_{12} gegen Null konvergieren, da ja vorausgesetzt war, daß die ganze Masse mit begrenzter Dichte verteilt ist; daher geht auch der dritte Summand gegen Null. Wir finden also auch unter den jetzigen Voraussetzungen, wo die Fläche durch die felderzeugenden Massen gehen kann, die Gleichung (115, 13) wieder, worin $\int\limits_{\Omega}\mu\,d\omega$ die gesamten von Φ umschlossenen Massen bezeichnet.

Ist Ω das Volumen, das von Φ begrenzt wird, so hat man

$$\int\limits_{\Omega}\mu\,d\omega = \Omega\bar\mu,$$

---

[1] Das sind diejenigen beiden Flächen, die entstehen, wenn man auf den Normalen von Φ nach beiden Seiten das feste Stück ε abträgt.

wenn $\bar{\mu}$ einen Mittelwert der Dichte innerhalb Φ bedeutet. Es ergibt sich dann aus **(115, 13)**

$$(116, 23) \qquad \frac{1}{\Omega}\int\limits_{\Phi} \mathfrak{K} \cdot d\mathfrak{f} = -4\pi\varkappa\bar{\mu}.$$

Wir betrachten nun eine Folge von geschlossenen Flächen Φ, die sich auf einen Punkt P innerhalb der felderzeugenden Massen zusammenziehen. Die Dichte der Massen war für die ganze Massenverteilung als stückweise stetig vorausgesetzt. Wir nehmen an, daß P einem Stetigkeitsbereich der Dichte angehört. Die rechte Seite von **(116, 23)** geht dann gegen $-4\pi\varkappa\mu$, wo $\mu = \mu(P)$ die Dichte in P ist. Folglich existiert auch der Grenzwert auf der linken Seite, und man erhält aus **(112, 7)** und **(116, 13)**

$$(116, 24) \qquad -4\pi\varkappa\mu = \lim_{\Omega \to 0}\frac{1}{\Omega}\int\limits_{\Phi} \mathfrak{K} \cdot d\mathfrak{f} = \operatorname{div}\mathfrak{K} = -\operatorname{div}\operatorname{grad} U,$$

also die POISSON*sche Gleichung*

$$(116, 25) \qquad \Delta U = 4\pi\varkappa\mu,$$

die für das Potential pro Masseneinheit in jedem Punkt innerhalb der felderzeugenden Massen gilt, in dem die Dichte stetig ist. Die LAPLACE*sche Gleichung* **(115, 5)** geht hieraus für $\mu = 0$ hervor.

Aus dieser Betrachtung entnimmt man, daß die Größe $\operatorname{div}\mathfrak{K}$, also auch ΔU, in der durch **(112, 7)** gegebenen invarianten Bedeutung in allen den Punkten innerhalb der felderzeugenden Massen existiert, wo die Dichte stetig ist. Dagegen kann man nicht schließen, daß $\operatorname{div}\mathfrak{K}$ im Sinne der ursprünglichen Definition **(110, 8)** existiert, da $\mathfrak{K}$ nicht differenzierbar zu sein braucht. Wir werden aber in **119** diese Betrachtung dadurch ergänzen, daß wir zeigen, daß $\mathfrak{K}$ ein stetig differenzierbares Vektorfeld ist, daß also für $\mathfrak{K}$ eine Differentialmatrix existiert, deren Elemente stetig mit P variieren, falls man noch die Voraussetzung hinzufügt, daß das Dichtefeld in der Umgebung von P einen beschränkten Differenzenquotienten hat.

117. Kugelsymmetrische Felder. Wir betrachten eine Massenverteilung mit beschränkter Dichte μ, deren Niveauflächen konzentrische Kugeln mit dem Mittelpunkt O sind. Bezeichnet r den Abstand eines Punktes von O, so soll μ eine stückweise stetige Funktion von r sein. Man sagt, die Massenverteilung weise Kugelsymmetrie um O auf. Wir nehmen an, daß die Dichte im Abstand $\geqq R$ von O verschwindet, daß also die ganze Masse in einer Kugel vom Radius R um O enthalten ist. Es ist dann klar, daß das Potential U in einem Punkt P nur vom Abstand r von P und O abhängen kann; wir schreiben demnach $U=U(r)$. Die Niveauflächen von U fallen mit den Niveauflächen von μ, das sind die Kugeln um O, zusammen. Die Angriffslinie der Kraft in P ist die Gerade PO. Wir bezeichnen mit K den Betrag der Kraft, versehen mit einem Vorzeichen, und zwar dem positiven, wenn die Kraft auf O zu gerichtet ist.

Wir wenden nun die Gleichung (**115**, 13), deren Gültigkeitsbereich ja im vorigen Paragraphen erweitert wurde, auf eine Kugelfläche Φ vom Radius r um O an. Man hat dann, wenn $d\mathfrak{f}$ ein Flächenelement der Kugel ist,

$$(\textbf{117}, 1) \qquad \int_{\Phi} \mathfrak{K} \cdot d\mathfrak{f} = -K \int_{\Phi} d\mathfrak{f} = -4\pi r^2 K = -4\pi \varkappa M(r),$$

$$(\textbf{117}, 2) \qquad K(r) = \frac{\varkappa M(r)}{r^2},$$

wobei $M(r)$ die gesamte Masse innerhalb Φ bedeutet, also

$$(\textbf{117}, 3) \qquad M(r) = \begin{cases} \int_0^r \mu(\varrho)\, 4\pi \varrho^2 d\varrho & \text{für} \quad r \leqq R, \\[2ex] \int_0^R \mu(\varrho)\, 4\pi \varrho^2 d\varrho & \text{für} \quad r \geqq R. \end{cases}$$

Man entnimmt aus (**117**, 2), daß K positiv, also $\mathfrak{K}$ überall auf O zu gerichtet ist, wenn überhaupt Massen innerhalb der Kugel vom Radius r um O vorkommen; ferner ergibt sich, daß die Kraft pro Masseneinheit in P im Abstand r von O ebenso groß ist, wie wenn die Masseneinheit in P von einem Massenpunkt der Masse $M(r)$ in O angezogen würde *Der Teil der felderzeugenden Massen, deren Abstand von O größer als der Abstand von P und O ist, ist folglich ohne Einfluß auf die Kraft in P. Liegt P außerhalb der Kugel vom Radius R, so ist die Kraft dieselbe, wie wenn die Masse der ganzen Kugel im Mittelpunkt O konzentriert wäre.*

Ist $\mu(r) = 0$ für $0 < r < R_1$, also die felderzeugende Masse in einer Kugelschale mit den Radien R_1 und R ($R_1 < R$) enthalten, so ist die Kraft im ganzen inneren Hohlraum gleich Null.

Aus der Formel (**117**, 2) für die Kraft findet man das Potential $U(r)$ durch Integration. Wegen (**116**, 13) ist $\frac{dU(r)}{dr}$ gleich der Projektion der Kraft auf die Richtung nach O, also gerade $K(r)$. Man erhält daher durch partielle Integration

$$(\textbf{117}, 4) \qquad U(r) = \int K(r)\, dr = \varkappa \int \frac{M(r)}{r^2}\, dr = -\frac{\varkappa M(r)}{r} + \varkappa \int \frac{1}{r}\, \frac{dM(r)}{dr}\, dr.$$

Für einen Wert $r > R$ hat man $\frac{dM(r)}{dr} = 0$. Daher ist das letzte Glied in (**117**, 4) für $r > R$ von r unabhängig, also

$$(\textbf{117}, 5) \qquad U(r) = -\frac{\varkappa M(r)}{r},$$

wenn die Integrationskonstante so bestimmt wird, daß U für $r \to \infty$ gegen Null geht. Man entnimmt hieraus, daß das Potential außerhalb der Kugel vom Radius R ebenso groß ist, wie wenn die ganze Masse im Kugelmittelpunkt konzentriert wäre.

Für einen Wert $r < R$ findet man $\dfrac{dM(r)}{dr}$ aus (**117**, 3) und erhält mit Rücksicht auf (**117**, 4)

$$(\textbf{117}, 6) \quad U(r) = -\frac{\varkappa M(r)}{r} + \varkappa \int_R^r \mu(\varrho)\, 4\pi\varrho\, d\varrho = -\frac{\varkappa M(r)}{r} - 4\pi\varkappa \int_r^R \mu(\varrho)\,\varrho\, d\varrho.$$

Die Integrationskonstante ist durch die Grenzen des Integrals so festgelegt, daß (**117**, 5) und (**117**, 6) denselben Wert für $r = R$ ergeben; U soll ja überall stetig sein.

Ist die Funktion $\mu(r)$ stückweise konstant, so können alle Integrationen ausgeführt werden. Wir nennen als Beispiel eine homogene Kugelschale mit dem inneren Radius R_1, dem äußeren Radius R und der konstanten Dichte μ. Man findet

	$M(r)$	$U(r)$	$K(r)$
$r < R_1$	0	$-2\pi\mu\varkappa(R^2 - R_1^2)$ (konstant)	0
$R_1 < r < R$	$\dfrac{4}{3}\pi\mu(r^3 - R_1^3)$	$-\dfrac{4}{3}\pi\mu\varkappa\dfrac{r^3 - R_1^3}{r} - 2\pi\mu\varkappa(R^2 - r^2)$	$\dfrac{4}{3}\pi\mu\varkappa\dfrac{r^3 - R_1^3}{r^2}$
$R < r$	$\dfrac{4}{3}\pi\mu(R^3 - R_1^3)$	$-\dfrac{4}{3}\pi\mu\varkappa\dfrac{R^3 - R_1^3}{r}$	$\dfrac{4}{3}\pi\mu\varkappa\dfrac{R^3 - R_1^3}{r^2}$

(**117**, 7)

Läßt man R_1 gegen R rücken und μ zugleich so wachsen, daß $\mu(R - R_1)$ gegen einen Grenzwert ν strebt oder auch konstant gleich ν bleibt, so erhält man als Grenzfall eine homogene Oberflächenbelegung der Kugelfläche vom Radius R mit der „Flächendichte" ν. Die obigen Formeln gehen dann in

	$U(r)$	$K(r)$
$r < R$	$-4\pi\varkappa\nu R = -\dfrac{\varkappa M}{R}$	0
$r > R$	$-4\pi\varkappa\nu\dfrac{R^2}{r} = -\dfrac{\varkappa M}{r}$	$4\pi\varkappa\nu\dfrac{R^2}{r^2} = \dfrac{\varkappa M}{r^2}$

(**117**, 8)

über, wo $M = 4\pi\nu R^2$ die gesamte Masse der Oberflächenbelegung ist.

Während das Potential beim Durchgang durch die Fläche stetig variiert, erleidet die Kraft einen Sprung. In allen Punkten, die nicht auf der Kugelfläche liegen, gilt $\dfrac{dU(r)}{dr} = K(r)$.

118. Zylinderfelder und Parallelfelder. Wir betrachten eine Massenverteilung innerhalb eines unendlich langen Kreiszylinders mit der Achse l und dem Radius R. Die Dichte μ sei eine stückweise stetige Funktion des Abstandes r von l. Die gesamte Masse ist unendlich. Man sieht aber leicht, daß die Anziehungskraft pro Masseneinheit in jedem Punkt einen endlichen Wert hat[1] und wegen der Zylindersymmetrie der Massenverteilung auf dem vom Angriffspunkt auf l gefällten Lot liegt. Wir nennen diese Kraft $K(r)$ und rechnen sie positiv, wenn sie auf l zu weist.

---

[1] Die Masseneinheit in einem Punkt P wird von einem Teilzylinder vom Radius R und der Höhe h, dessen Achsenmittelpunkt die Projektion von P auf l ist, mit einer zu l senkrechten Kraft angezogen, die für $h \to \infty$ gegen einen Grenzwert konvergiert.

Um die Funktion $K(r)$ zu bestimmen, wenden wir (**115**, 13) auf eine Zylinderfläche Φ vom Radius r mit der Achse l und der Höhe 1 an. Für die Masse $M(r)$ innerhalb Φ hat man

$$(\mathbf{118},\, 1) \qquad M(r) = \begin{cases} \displaystyle\int_0^r \mu(\varrho)\, 2\pi\varrho\, d\varrho & \text{für} \quad r \leqq R\,, \\[2em] \displaystyle\int_0^R \mu(\varrho)\, 2\pi\varrho\, d\varrho & \text{für} \quad r \geqq R\,. \end{cases}$$

Man erhält dann aus (**115**, 13), da die Endflächen des Zylinders keinen Beitrag zum Oberflächenintegral liefern,

$$(\mathbf{118},\, 2) \qquad \int_\Phi \Re \cdot d\mathfrak{f} = -K(r)\, 2\pi r = -4\pi\varkappa\, M(r)\,, \qquad K(r) = \frac{2\varkappa\, M(r)}{r}\,.$$

In einem Punkt P ist also K allein von den Massen abhängig, die der Achse näher als P liegen; die Kraft ist auf die Achse zu gerichtet. Im Innern eines unendlich langen hohlen Zylinders ist die Kraft Null. Im Abstand $r > R$ nimmt die Kraft umgekehrt proportional dem Abstand von der Achse ab.

Ist die Dichte konstant, so kann man die Integration in (**118**, 1) ausführen und erhält nach (**118**, 2)

$$(\mathbf{118},\, 3) \qquad K(r) = \begin{cases} 2\pi\mu\varkappa r & \text{für} \quad r \leqq R\,, \\[1.2em] 2\pi\mu\varkappa\,\dfrac{R^2}{r} & \text{für} \quad r \geqq R\,. \end{cases}$$

Wir betrachten eine Ebene ε und zwei dazu parallele Ebenen im Abstand R. Zwischen den beiden Parallelebenen, deren Abstand $2R$ ist, denken wir uns Masse mit einer Dichte $\mu(r)$ verteilt, die allein vom Abstand r von ε abhängt. Die Gesamtmasse ist also unendlich. Die Anziehungskraft $K(r)$ auf die Masseneinheit in einem Punkt P, dessen Abstand von ε gleich r ist, denken wir uns als Grenzwert für $a \to \infty$ derjenigen Anziehungskraft bestimmt, die ein aus der Masse ausgeschnittener Kreiszylinder mit der Achse durch P, der Höhe $2R$ und dem Radius a auf den Punkt P ausübt. Diese Kraft steht senkrecht auf ε und werde in der Richtung nach ε positiv gerechnet.

Um $K(r)$ zu bestimmen, legen wir einen Zylinder Φ vom Radius 1 mit einer zu ε senkrechten Achse, dessen Grundflächen im Abstand r von ε liegen. Φ umschließt die Masse

$$(\mathbf{118},\, 4) \qquad M(r) = \begin{cases} \displaystyle 2\pi\int_0^r \mu(\varrho)\, d\varrho & \text{für} \quad r \leqq R\,, \\[2em] \displaystyle 2\pi\int_0^R \mu(\varrho)\, d\varrho & \text{für} \quad r \geqq R\,. \end{cases}$$

Bei der Anwendung von (**115**, 13) ergeben nur die Endflächen Beiträge zum Oberflächenintegral, und man erhält

$$(\mathbf{118},\, 5) \qquad \int_\Phi \Re \cdot d\mathfrak{f} = -K(r)\, 2\pi = -4\pi\varkappa\, M(r)\,, \qquad K(r) = 2\varkappa M(r)\,.$$

Die Kraft in einem Punkt P hängt also nur von den Massen ab, die der Ebene ε näher als P liegen, und ist auf ε zu gerichtet. Außerhalb der Massen ist die Kraft konstant. Ist $\mu(r) = 0$ für $0 < r < R_1$, wo $R_1 < R$ ist, so ergibt sich speziell: Im Zwischenraum zwischen zwei unendlichen parallelen Platten mit symmetrisch variierender Dichte ist die Anziehungskraft Null.

Ist die Dichte konstant, so kann man die Integration in (**118**, 4) ausführen und erhält aus (**118**, 5)

$$(\mathbf{118},\, 6) \qquad K(r) = \begin{cases} 4\pi\mu\varkappa r & \text{für} \quad r \leqq R\,, \\[1.2em] 4\pi\mu\varkappa R & \text{für} \quad r \geqq R\,. \end{cases}$$

Durch einen Grenzübergang, der dem in **117** für eine Kugelschale analog ist, erhält man das Kraftfeld für eine unendlich lange Kreiszylinderfläche bzw. für eine Ebene, die mit Masse von konstanter Flächendichte belegt sind. Auch hier ändert sich die Kraft unstetig beim Durchgang durch eine dieser Flächen.

119. Die Ableitungen zweiter Ordnung des Potentials. In **116** haben wir Potential und Kraft innerhalb felderzeugender Massen untersucht, die mit beschränkter und stückweise stetiger Dichte verteilt sind. Wir fanden, daß das Potential in jeder Richtung einen stetigen Differentialquotienten hat, nämlich die Projektion der Kraft auf diese Richtung. Wir fanden ferner, daß die Divergenz des Kraftvektors im Sinne von (**112**, 7) existiert. In diesem Paragraphen wollen wir folgenden Satz beweisen:

Die Anziehungskraft bildet ein differenzierbares Vektorfeld in jedem Bereich, in dem die Dichte μ einen beschränkten Differenzenquotienten hat, d. h. wo bei einem festen positiven A die Ungleichung

$$(119, 1) \qquad \left| \frac{\mu(Q) - \mu(P)}{PQ} \right| < A$$

für je zwei Punkte P und Q des Bereiches besteht. In einem solchen Bereich hat folglich das Potential stetige Ableitungen zweiter Ordnung.

Es sei Ω wieder der von Masse erfüllte Bereich. Ω_0 bezeichne einen Teilbereich, in dem die Voraussetzung (**119**, 1) erfüllt ist, und P einen Punkt von Ω_0. Wir legen um P eine Kugelfläche Φ_1 vom Radius r_1. Der von Masse erfüllte Bereich außerhalb Φ_1 sei Ω_1. Mit U_1 und $\Re_1$ bezeichnen wir wie früher Potential bzw. Kraftvektor pro Masseneinheit, die von den Massen in Ω_1, d. h. außerhalb Φ_1 herrühren. Innerhalb Φ_1 ist U_1 beliebig oft differenzierbar. Jede Differentiation kann im Ausdruck (**115**, 9) für U_1 unter dem Integralzeichen ausgeführt werden.

Wir wollen die allgemeinen Formeln für die zweiten Ableitungen des Potentials außerhalb der Massen aufstellen. Es seien ξ, η, ζ die rechtwinkligen Koordinaten eines in Ω variablen Punktes und x, y, z die eines Punktes außerhalb Ω. Man hat dann bei Verwendung der Bezeichnung

$$(119, 2) \qquad r = \sqrt{(x - \xi)^2 + (y - \eta)^2 + (z - \zeta)^2}$$

nach (**115**, 9)

$$(119, 3) \qquad U(x, y, z) = -\varkappa \int\limits_{\Omega} \frac{\mu \, d\omega}{r}.$$

Hieraus ergeben sich

$$(119, 4) \qquad \frac{\partial U}{\partial x} = -K_x(x, y, z) = \varkappa \int\limits_{\Omega} \frac{\mu}{r^2} \frac{x - \xi}{r} \, d\omega,$$

$$(119, 5) \qquad \frac{\partial^2 U}{\partial x^2} = -\frac{\partial K_x}{\partial x} = -3\varkappa \int\limits_{\Omega} \frac{\mu}{r^3} \left(\frac{x - \xi}{r} \right)^2 d\omega + \varkappa \int\limits_{\Omega} \frac{\mu \, d\omega}{r^3},$$

$$(119, 6) \qquad \frac{\partial^2 U}{\partial x \, \partial y} = -\frac{\partial K_x}{\partial y} = -3\varkappa \int\limits_{\Omega} \frac{\mu}{r^3} \frac{x - \xi}{r} \frac{y - \eta}{r} \, d\omega$$

und die entsprechenden Ausdrücke für die übrigen partiellen Ableitungen erster und zweiter Ordnung.

Zunächst wollen wir untersuchen, ob die partiellen Ableitungen zweiter Ordnung von U_1 gegen einen Grenzwert konvergieren, wenn r_1 gegen Null strebt. Wir verwenden dazu das CAUCHYsche Konvergenzkriterium und bilden zu diesem Zweck die Ausdrücke (**119**, 5, 6) für den Bereich Ω_{12} zwischen Φ_1 und einer konzentrischen Kugel Φ_2 von kleinerem Radius r_2. Um diese Integrale abzuschätzen, schreiben wir $\mu_0 + (\mu - \mu_0)$ statt μ, wo μ_0 der Wert der Dichte in P ist. Die Integrale können danach in zwei Summanden gespalten werden, wobei im ersten μ_0 und im zweiten $\mu - \mu_0$ auftritt. Für konstante Dichte μ_0 verschwinden aber alle diese Integrale. Wir wissen nämlich nach **117**, daß die Kraft, also auch ihre Ableitungen in jeder Richtung im Hohlraum einer homogenen Kugelschale verschwinden. Bildet man die Integrale mit $\mu - \mu_0$ an Stelle von μ, so hat man für den absoluten Betrag beispielsweise von (**119**, 6)

$$(\mathbf{119},\,7) \qquad \left| 3\varkappa \int_{\Omega_{12}} \frac{\mu - \mu_0}{r}\,\frac{x - \xi}{r}\,\frac{y - \eta}{r}\,\frac{d\omega}{r^2} \right| < 3\varkappa A \int_{\Omega_{12}} \frac{d\omega}{r^2} < c\,r_1,$$

wo c eine positive Konstante ist, die nicht von r_1 abhängt. Hierbei ist auf den ersten Faktor unter dem Integralzeichen (**119**, 1) angewendet. Der zweite und der dritte Faktor sind dem Betrage nach kleiner oder gleich 1. Das übrigbleibende Integral ist mit Hilfe von (**116**, 10) abgeschätzt worden. Der Integralbeitrag von Ω_{12} geht also unabhängig von r_2 mit r_1 gegen Null. Da diese Betrachtung auf alle partiellen Ableitungen zweiter Ordnung angewendet werden kann, sieht man, daß die zweiten Ableitungen von U_1 für $r_1 \to 0$ gegen bestimmte Grenzwerte konvergieren.

Dies gilt auch, wenn man beispielsweise $\dfrac{\partial U_1}{\partial x}$ in der Richtung einer durch P gelegten s-Achse differenziert. Man hat ja, wenn (s, x), (s, y), (s, z) die Winkel zwischen s-Achse und x-Achse bzw. y- und z-Achse bezeichnen,

$$(\mathbf{119},\,8) \qquad \frac{\partial}{\partial s}\left(\frac{\partial U_1}{\partial x}\right) = \frac{\partial^2 U_1}{\partial x^2}\cos(s, x) + \frac{\partial^2 U_1}{\partial x\,\partial y}\cos(s, y) + \frac{\partial^2 U_1}{\partial x\,\partial z}\cos(s, z).$$

Daß die Grenzwerte der zweiten Ableitungen von U_1 für $r_1 \to 0$ stetig mit P variieren, folgt daraus, daß diese Ableitungen selbst stetig von P abhängen und eine Abschätzung wie (**119**, 7) gleichmäßig für alle P des betrachteten Bereichs Ω_0 gültig ist.

Wir gehen nun dazu über, zu untersuchen, ob die zweiten Ableitungen des Potentials U selbst existieren und, falls dies zutrifft, ihre Werte zu bestimmen. Wir betrachten also zwei Richtungen, die wir als x-Achse und s-Achse bezeichnen, und deren Winkel (s, x) beliebig sein kann. Wir wissen aus **116**, daß

$$(\mathbf{119},\,9) \qquad \frac{\partial U}{\partial x} = - K_x$$

existiert und fragen nun, ob auch

$$(\mathbf{119},\,10) \qquad \frac{\partial^2 U}{\partial x\,\partial s} = \frac{\partial}{\partial s}\left(\frac{\partial U}{\partial x}\right) = - \frac{\partial K_x}{\partial s}$$

existiert. Wir bilden hierzu den Differenzenquotienten von K_x für ein Intervall der Länge ϱ in der Richtung der s-Achse und lassen ϱ gegen Null gehen.

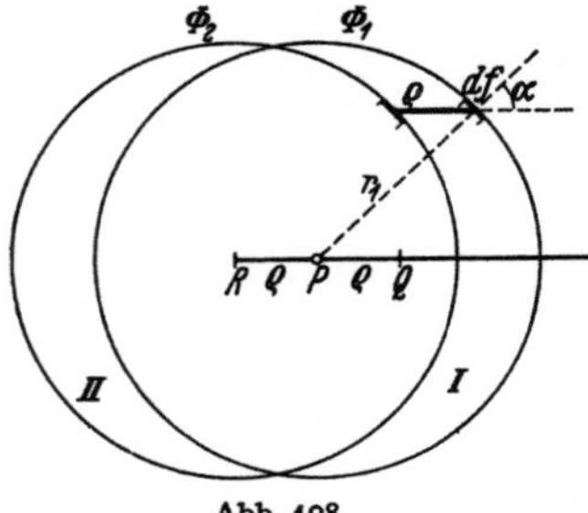

Abb. 108.

Wie früher legen wir um P eine Kugelfläche Φ_1 vom Radius r_1, tragen von P aus auf der s-Achse nach jeder Seite ein Stück der Länge ϱ mit den Endpunkten Q bzw. R ab und legen um R die Kugelfläche Φ vom Radius r_1. Hierbei wählen wir r_1 und ϱ so klein, daß diese ganze Figur innerhalb des Bereichs Ω_0 liegt, in dem (**119**, 1) gilt. Die Gebiete zwischen den Kugelflächen bezeichnen wir wie in Abb. 108 angegeben, mit I und II, das von Φ_1 umschlossene Gebiet mit Ω_2 und das von Φ umschlossene mit Ω_3. $\mathfrak{K}_1$ und $\mathfrak{K}_2$ seien die Anziehungskräfte, die von den Massen außerhalb bzw. innerhalb Φ_1 herrühren. r und r' mögen die Abstände eines Volumenelementes von P bzw. von Q bedeuten. Schließlich sei μ' das Skalarfeld, dessen Wert in einem beliebigen Punkt S gleich der Dichte in demjenigen Punkt ist, der aus S durch eine Verschiebung der Länge ϱ in Richtung der s-Achse hervorgeht. Mit anderen Worten: μ' ist das Skalarfeld, das man durch Verschiebung des Skalarfeldes μ um das Stück s in der negativen Richtung der s-Achse erhält.

Mit diesen Bezeichnungen hat man nun

$$(119, 11) \qquad \frac{K_x(Q) - K_x(P)}{\varrho} = \frac{K_{1x}(Q) - K_{1x}(P)}{\varrho} + \frac{K_{2x}(Q) - K_{2x}(P)}{\varrho}.$$

$$(119, 12) \qquad K_{2x}(P) = \varkappa \int\limits_{\Omega_2} \frac{\mu \cos(r, x)}{r^2} \, d\omega,$$

$$(119, 13) \qquad K_{2x}(Q) = \varkappa \int\limits_{\Omega_2} \frac{\mu \cos(r', x)}{r'^2} \, d\omega = \varkappa \int\limits_{\Omega_3} \frac{\mu' \cos(r, x)}{r^2} \, d\omega.$$

und hier kann Ω_3 durch $\Omega_2 - I + II$ ersetzt werden. Man erhält daher aus (119, 12, 13) für das letzte Glied von (119, 11)

$$(119, 14) \quad \left\{ \begin{aligned} &\frac{K_{2x}(Q) - K_{2x}(P)}{\varrho} \\ &= \varkappa \int\limits_{\Omega_2} \frac{\mu' - \mu}{\varrho} \cos(r, x) \frac{d\omega}{r^2} - \frac{\varkappa}{\varrho} \int\limits_I \frac{\mu' \cos(r, x)}{r^2} \, d\omega + \frac{\varkappa}{\varrho} \int\limits_{II} \frac{\mu' \cos(r, x)}{r^2} \, d\omega. \end{aligned} \right.$$

Der erste Summand der rechten Seite werde kurz mit B bezeichnet. Man kann seinen Betrag dadurch abschätzen, daß man benutzt, daß der erste Faktor unter dem Integralzeichen durch (119, 1) beschränkt ist, daß der zweite Faktor absolut genommen höchstens 1 ist und daß man das übrigbleibende Integral wieder nach (116, 10) abschätzen kann. Man erhält dann, wenn c eine gewisse von r_1 unabhängige positive Konstante bedeutet,

$$(119, 15) \qquad |B| = \left| \varkappa \int\limits_{\Omega_2} \frac{\mu' - \mu}{\varrho} \cos(r, x) \frac{d\omega}{r^2} \right| < c \, r_1.$$

Für die beiden letzten Integrale von (119, 14) führen wir die Integration über das Stück ϱ in Richtung der s-Achse durch. Wenn df ein Flächenelement der Kugel Φ_1 und α den Winkel, den deren nach außen gerichtete Normale mit der s-Richtung bildet, bedeuten, so wird $df \cos \alpha$ die Projektion von df auf eine Normalebene der s-Achse. Man hat daher

$$(119, 16) \quad \left\{ \begin{aligned} &-\frac{\varkappa}{\varrho} \int\limits_I \frac{\mu' \cos(r, x)}{r^2} \, d\omega + \frac{\varkappa}{\varrho} \int\limits_{II} \frac{\mu' \cos(r, x)}{r^2} \, d\omega \\ &= -\varkappa \int\limits_{\Phi_1} \left(\frac{\int \frac{\mu' \cos(r, x)}{r^2} \, ds}{\varrho} \right) \cos\alpha \, df = -\varkappa \int\limits_{\Phi_1} \left(\overline{\frac{\mu' \cos(r, x)}{r^2}} \right) \cos\alpha \, df \end{aligned} \right.$$

wobei der Querstrich im letzten Integral andeuten soll, daß ein Mittelwert von $\dfrac{\mu' \cos(r, x)}{r^2}$ im betreffenden Integrationsintervall der Länge ϱ zu nehmen ist. Der Integrand im letzten Integral hängt stetig von dem Ort auf der Kugelfläche Φ_1 ab. Für $\varrho \to 0$ geht dieses Integral gegen einen Grenzwert, nämlich gegen

$$(119, 17) \qquad C = -\frac{\varkappa}{r_1^2} \int\limits_{\Phi_1} \mu \cos(r, x) \cos(r, s) \, df.$$

Hierin bedeuten r die Richtung des Radius, der von P zum Flächenelement df führt, und (r, s) den bisher mit α bezeichneten Winkel. Ferner ist hierbei benutzt, daß $\mu' \to \mu$ für $\varrho \to 0$.

Addiert man nun (**119**, 11), (**119**, 14) und (**119**, 16), so erhält man bei Verwendung der oben eingeführten Bezeichnung B

$$(\mathbf{119}, 18) \qquad \frac{K_x(Q) - K_x(P)}{\varrho} = \frac{K_{1x}(Q) - K_{1x}(P)}{\varrho} + B - \varkappa \int_{\Phi_1} \left(\frac{\mu' \cos(r, x)}{r^2} \right) \cos \alpha \, df.$$

Für $\varrho \to 0$ konvergiert das letzte Glied gegen C und das erste Glied der rechten Seite gegen $\dfrac{\partial K_{1x}}{\partial s}$, da ja K_{1x} innerhalb Φ_1 in jeder Richtung differenzierbar ist. Von der Größe auf der linken Seite weiß man noch nicht, ob sie konvergiert; jeder ihrer Häufungswerte weicht aber von

$$(\mathbf{119}, 19) \qquad \frac{\partial K_{1x}}{\partial s} + C$$

nach (**119**, 15) um höchstens $c r_1$ ab.

Um C zu berechnen, setzen wir in (**119**, 17) $\mu = \mu_0 + (\mu - \mu_0)$ und zerlegen C in die Summe von zwei Integralen

$$(\mathbf{119}, 20) \qquad C_1 = -\varkappa \mu_0 \int_{\Phi_1} \cos(r, x) \cos(r, s) \frac{df}{r_1^2},$$

$$(\mathbf{119}, 21) \qquad C_2 = -\varkappa \int_{\Phi_1} (\mu - \mu_0) \cos(r, x) \cos(r, s) \frac{df}{r_1^2}.$$

Bezeichnet $|\mu - \mu_0|_{\text{Max}}$ das Maximum des absoluten Betrages von $\mu - \mu_0$ auf der Kugelfläche Φ_1, so hat man

$$(\mathbf{119}, 22) \qquad |C_2| < \varkappa \, |\mu - \mu_0|_{\text{Max}} \int_{\Phi_1} \frac{df}{r_1^2} = 4\pi\varkappa \, |\mu - \mu_0|_{\text{Max}}.$$

Man erhält daher $C_2 \to 0$ für $r_1 \to 0$, da μ im Bereich Ω_0, dem P angehört, stetig ist.

Wir gehen nun zur Berechnung von C_1 über. Das Integral in (**119**, 20) hängt nicht vom Radius der verwendeten Kugel ab, weil dies für $\dfrac{df}{r_1^2}$ gilt. Wir können daher dieses Integral für die Einheitskugel um den Ursprung berechnen. Wir bezeichnen die Richtungskosinus der Richtung s mit s_x, s_y, s_z und die Koordinaten des laufenden Punktes auf der Einheitskugel mit ξ, η, ζ. Es gilt dann

$$\cos(r, x) = \xi, \qquad \cos(r, s) = \xi s_x + \eta s_y + \zeta s_z,$$
$$\int \cos(r, x) \cos(r, s) \, df = s_x \int \xi^2 \, df + s_y \int \xi \eta \, df + s_z \int \xi \zeta \, df.$$

Hierin verschwinden die beiden letzten Integrale, da jedes in zwei dem Betrage nach gleiche Teile mit entgegengesetztem Vorzeichen zerlegt werden kann. Für das erste Integral ergibt sich

$$\int \xi^2 \, df = 2 \int_0^1 \xi^2 \, 2\pi \, d\xi = \tfrac{4}{3}\pi,$$

und da $s_x = \cos(s, x)$ ist, hat man insgesamt

$$(\mathbf{119}, 23) \qquad C_1 = -\tfrac{4}{3}\pi\varkappa\mu_0 \cos(s, x).$$

Ersetzt man nun C in (**119**, 19) durch $C_1 + C_2$, so findet man folgendes Resultat: Jeder Häufungswert des Differenzenquotienten (**119**, 11) für $\varrho \to 0$ weicht von der Größe

$$(\mathbf{119}, 24) \qquad \frac{\partial K_{1x}}{\partial s} - \frac{4}{3}\pi\varkappa\mu_0 \cos(s, x)$$

um weniger als jede obere Schranke der Summe der Beträge von B und C_2 ab. Eine solche obere Schranke können wir aus (**119**, 15) und (**119**, 22) entnehmen.

Wir lassen nun r_1 gegen Null streben. Der Differenzenquotient (**119**, 11) hat nichts mit der Wahl von r_1 zu tun, also auch nicht seine möglichen Häufungswerte für $\varrho \to 0$. In (**119**, 24) geht $\dfrac{\partial K_{1x}}{\partial s}$ für $r_1 \to 0$ gegen einen bestimmten Grenzwert. Dies wurde zu Beginn dieses Paragraphen bewiesen [vgl. (**119**, 8)]. Die oberen Schranken in (**119**, 15) und (**119**, 22) gehen mit r_1 gegen Null. Man schließt daraus, daß (**119**, 11) für $\varrho \to 0$ konvergiert und daß der Grenzwert gleich dem Grenzwert von (**119**, 24) für $r_1 \to 0$ ist. Damit haben wir die Formel

$$(\textbf{119}, 25) \qquad \frac{\partial K_x}{\partial s} = \lim_{r_1 \to 0} \frac{\partial K_{1x}}{\partial s} - \frac{4}{3}\,\pi \varkappa \mu_0 \cos(s, x)$$

oder, wenn wir wieder das Potential selbst einführen,

$$(\textbf{119}, 26) \qquad \frac{\partial}{\partial s}\left(\frac{\partial U}{\partial x}\right) = \lim_{r_1 \to 0} \frac{\partial}{\partial s}\left(\frac{\partial U_1}{\partial x}\right) + \frac{4}{3}\,\pi \varkappa \mu_0 \cos(s, x)$$

bewiesen.

Im Gegensatz zu den ersten Ableitungen des Potentials U [vgl. (**116**, 21)] sind die Ableitungen zweiter Ordnung im allgemeinen nicht mehr die Grenzwerte der entsprechenden Ableitungen von U_1. Man entnimmt aus (**119**, 26), daß dies nur dann der Fall ist, wenn entweder die Dichte in dem betrachteten Punkt verschwindet oder die beiden Differentiationsrichtungen aufeinander senkrecht stehen. Es gelten also z. B. in einem rechtwinkligen Koordinatensystem stets

$$(\textbf{119}, 27) \qquad \frac{\partial}{\partial y}\left(\frac{\partial U}{\partial x}\right) = \lim_{r_1 \to 0} \frac{\partial}{\partial y}\left(\frac{\partial U_1}{\partial x}\right)$$

und die beiden entsprechenden Gleichungen für die anderen Koordinatenpaare. Dagegen erhält man für den Fall, daß s- und x-Achse zusammenfallen,

$$(\textbf{119}, 28) \qquad \frac{\partial^2 U}{\partial x^2} = \lim_{r_1 \to 0} \frac{\partial^2 U_1}{\partial x^2} + \frac{4}{3}\,\pi \varkappa \mu_0.$$

Bildet man die (**119**, 28) entsprechenden Gleichungen für y und z und addiert, so findet man

$$\Delta U = \lim_{r_1 \to 0} \Delta U_1 + 4\,\pi \varkappa \mu_0$$

und, da $\Delta U_1 = 0$ für alle Werte von r_1 [die LAPLACEsche Gleichung (**115**, 5) gilt überall außerhalb der felderzeugenden Massen], haben wir auf direktem Wege die POISSONsche Gleichung (**116**, 25) wiedergefunden.

Die partiellen Ableitungen (**119**, 27, 28) variieren stetig mit P. Das Zusatzglied $\frac{4}{3}\pi \varkappa \mu$ ist nämlich stetig, da μ in einer Umgebung von P als stetig vorausgesetzt ist, und die Grenzwerte für $r_1 \to 0$ hängen stetig von P ab, da alle vorgenommenen Abschätzungen von Größen, die beim Grenzübergang verschwinden, gleichmäßig gelten, wenn P innerhalb des Ausgangsgebietes Ω_0 variiert. $\mathfrak{K}$ ist also ein differenzierbares Kraftfeld in jedem Bereich, in dem die Dichte die Bedingung (**119**, 1) erfüllt. In einem Bereich Ω_0', in dem die Dichte ein differenzierbares Skalarfeld bildet, gilt (**119**, 1) für jeden abgeschlossenen Teilbereich Ω_0 von Ω_0'. Die gefundenen Resultate gelten daher in jedem inneren Punkt von Ω_0'.

Die Formeln, die in (**119**, 25) enthalten sind, können kurz zusammengefaßt werden, wenn man die durch (**110**, 5) eingeführte Differentialmatrix des Kraftfeldes $\mathfrak{K}$ verwendet. Mit leicht verständlichen Bezeichnungen ist

$$\boldsymbol{D}(\mathfrak{K}) = \lim_{r_1 \to 0} \boldsymbol{D}(\mathfrak{K}_1) - \tfrac{4}{3}\pi \varkappa \mu \boldsymbol{E},$$

wo E die Einheitsmatrix bedeutet. $D(\mathfrak{K})$ ist eine symmetrische Matrix, d. h.
gleich ihrer transponierten. Infolge der eben besprochenen Stetigkeit der zweiten
Ableitungen des Potentials hat man ja z. B.

$$\frac{\partial K_x}{\partial y} = -\frac{\partial}{\partial y}\left(\frac{\partial U}{\partial x}\right) = -\frac{\partial}{\partial x}\left(\frac{\partial U}{\partial y}\right) = \frac{\partial K_y}{\partial x}.$$

Übungsaufgaben zum 14. Kapitel.

1. Welche Massenanziehung übt ein massiver Zylinder von der Dichte μ, dem
Radius R und der Höhe h auf ein Teilchen von der Masse m aus, das sich im
Mittelpunkt der Grundfläche befindet?
Welchem Grenzwert strebt die Anziehung
für $h \to \infty$ zu?

2. Welche Massenanziehung übt ein
massiver Kegel von der Dichte μ, dem
Grundflächenradius R und der Höhe h
auf ein Teilchen von der Masse m aus,
das sich in der Spitze des Kegels befindet?

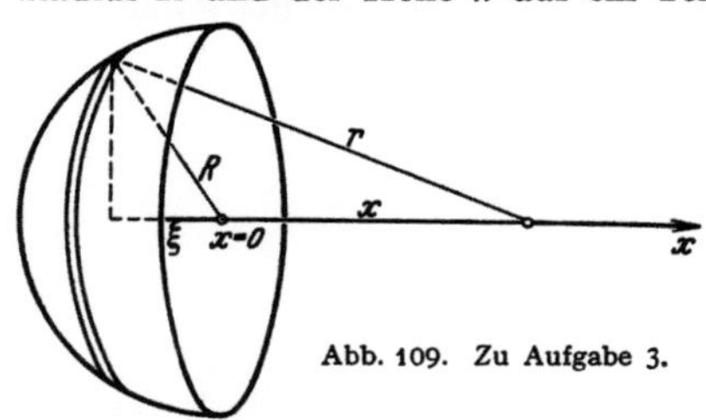

Abb. 109. Zu Aufgabe 3.

3. Eine Halbkugelfläche vom Radius
R sei gleichmäßig mit der Gesamtmasse
M belegt. Man soll das Gravitationspotential U und die Massenanziehung K
für eine Masseneinheit bestimmen, die sich auf der Symmetrieachse der Halbkugel befindet.

Die Dichte ist $\dfrac{M}{2\pi R^2}$. Falls man die Lage der Masseneinheit durch die Abszisse x kennzeichnet, hat man mit den Bezeichnungen der Abb. 109

$$r^2 = R^2 + x^2 + 2x\xi,$$

also

$$\frac{d\xi}{r} = \frac{dr}{x}.$$

Somit erhält man

$$U(x) = -x \cdot 1 \cdot \frac{M}{2\pi R^2}\int\limits_{\xi=0}^{R}\frac{2\pi R\,d\xi}{r} = -\frac{x\,M}{R\,x}\int\limits_{\xi=0}^{R}dr.$$

$\xi = 0$ entspricht $r = \sqrt{R^2 + x^2}$ für beliebiges x, und $\xi = R$ entspricht $r = R + x$
für $x > -R$ und $r = -R - x$ für $x < -R$. Also wird

$$U(x) = -\frac{M x}{R x}\left(R + x - \sqrt{R^2 + x^2}\right) \quad \text{für} \quad x > -R,$$

$$U(x) = \frac{M x}{R x}\left(R + x + \sqrt{R^2 + x^2}\right) \quad \text{für} \quad x < -R.$$

Man sieht, daß sich U beim Durchgang durch die Halbkugelfläche stetig ändert,
da beide Ausdrücke den Wert

$$U(-R) = -\frac{M x\sqrt{2}}{R}$$

ergeben. Weiter erhält man nun durch Differentiation nach x:

$$K(x) = -\frac{\partial U}{\partial x} = -\frac{M x}{x^2}\left(1 - \frac{R}{\sqrt{R^2 + x^2}}\right)$$

$$= -\frac{M x}{R^2 + x^2 + R\sqrt{R^2 + x^2}} < 0 \quad \text{für} \quad x > -R$$

und

$$K(x) = -\frac{\partial U}{\partial x} = \frac{M x}{x^2}\left(1 + \frac{R}{\sqrt{R^2 + x^2}}\right) > 0 \quad \text{für} \quad x < -R.$$

Wenn die Masseneinheit in Richtung der negativen x-Achse durch die Halbkugel-
fläche geht, springt die Anziehung vom Wert $-\dfrac{M\varkappa}{R^2}\left(1-\dfrac{1}{\sqrt{2}}\right)$ auf den Wert
$\dfrac{M\varkappa}{R^2}\left(1+\dfrac{1}{\sqrt{2}}\right)$.

4. Die eine Schleife einer Lemniskate, deren Gleichung in Polarkoordinaten r, φ

$$r^2 = a^2 \cos 2\varphi$$

lautet, dreht sich um die Achse des Polarkoordinatensystems. Der entstehende
Rotationskörper sei homogen mit der Dichte μ. Man berechne unter Verwendung
räumlicher Polarkoordinaten die Anziehung auf eine in der Spitze angebrachte
Masseneinheit.

5. Die Äquipotentialflächen für eine
homogen mit Masse belegte Strecke zu bestimmen.

In Abb. 110 sei AB die Strecke, P ein
beliebiger Punkt. Aus den Ausdrücken
$h\,ds = r^2 d\alpha$ für den Flächensektor folgt

$$\frac{d s}{r^2} = \frac{d\alpha}{h}.$$

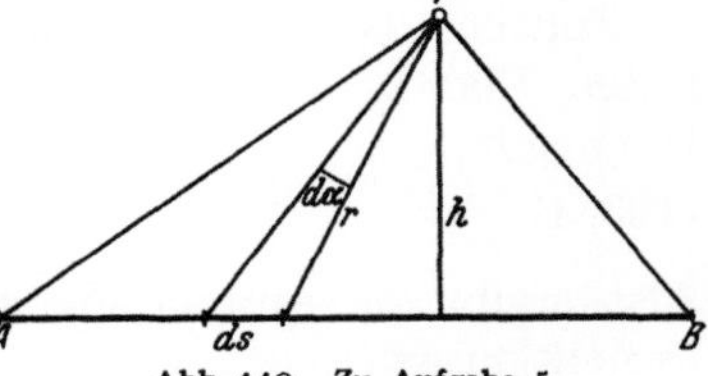

Abb. 110. Zu Aufgabe 5.

Die von einem Element ds der Strecke in P erzeugte Anziehungskraft hängt also
außer von der Lage von P nur von dem Öffnungswinkel $d\alpha$ ab, unter dem das
Element von P aus gesehen wird. Also sind die elementaren Anziehungskräfte
in P gleichmäßig über den Winkel APB verteilt, und ihre Resultante fällt in
die Richtung der Halbierenden dieses Winkels. Die durch P gehende Äquipotentialfläche steht also auf dieser Winkelhalbierenden senkrecht. Die gesuchten
Äquipotentialflächen sind somit Rotationsellipsoide mit den Endpunkten der
Strecke als Brennpunkten.

6. AB sei ein homogener Stab der Länge a und der Masse M. Der Endpunkt B
werde festgehalten, der Endpunkt A in einem glatten Führungsringe geführt.
C sei ein Massenpunkt mit der Masse m, so gelegen, daß $CB = c$ und $\sphericalangle CBA = \dfrac{\pi}{2}$,
und wirke auf den Stab AB nach dem Massenanziehungsgesetz. Man bestimme
die Reaktionen in A und B, ferner Druckspannung, Schubkraft und Biegungsmoment längs des Stabes. Wo wird das Biegungsmoment am größten?

7. Ein Segment eines Rotationsparaboloids wird durch eine zur Achse senk-
rechte Ebene begrenzt und bildet einen homogenen Körper. Wo hat man die
Schnittebene zu legen, damit ein im Brennpunkt angebrachtes Teilchen keine
Anziehung erfährt?

8. Man zeige, daß zwei homogene Körper gleicher Dichte auf einen Massenpunkt die gleiche Anziehung ausüben, wenn jeder von dem Punkt ausgehende
Strahl mit beiden Körpern Strecken gleicher Gesamtlänge gemeinsam hat.

15. Kapitel.

Bewegung eines Massenpunktes
in speziellen Kraftfeldern.

120. Ebene Kraftfelder. In diesem Kapitel untersuchen wir Bewegungen eines Massenpunktes, über deren Verlauf man aus speziellen
Annahmen über das wirkende Kraftfeld unmittelbar Schlüsse ziehen

kann. Wir gehen von den in **89—101** und **114** behandelten allgemeinen Gesetzen für die Bewegung eines freien Massenpunktes, insbesondere Projektions-, Moment- und Energiesatz (vgl. **93—95**) aus.

Da ein freier Massenpunkt den Freiheitsgrad 3 hat, sind zur Bestimmung seiner Bewegung drei unabhängige mechanische Gleichungen erforderlich. Die speziellen Annahmen, die in **120** und **122** über das Kraftfeld gemacht werden, ergeben eine, die in **121** und **122** dagegen zwei Gleichungen. In **120** und **121** folgen diese Gleichungen aus dem Projektionssatz, in **122** und **123** aus dem Momentsatz.

Zunächst behandeln wir den Fall, daß die Kraft $\mathfrak{K} = (X, Y, Z)$ einer festen Ebene parallel ist. Diese Ebene wählen wir zur x, y-Ebene. Dann gilt

$$(\mathbf{120}, 1) \qquad\qquad Z = 0.$$

Also ergibt die Anwendung des Projektionssatzes auf die z-Achse als Projektionsachse

$$(\mathbf{120}, 2) \qquad\qquad \dot{z} = \dot{z}_0,$$

$$(\mathbf{120}, 3) \qquad\qquad z = \dot{z}_0 t + z_0,$$

wenn eine partikuläre Bewegung durch das Bewegungselement $(t_0, x_0, y_0, z_0, \dot{x}_0, \dot{y}_0, \dot{z}_0)$ festgelegt wird. *Die Bewegungskomponente senkrecht zum „ebenen" Kraftfeld ist eine gleichförmige Translation.*

Man hat hiernach noch die Bewegung der Projektion des Massenpunktes auf die x, y-Ebene zu bestimmen. Die Kraft $\mathfrak{K}$, also auch die skalaren Größen X und Y sind im allgemeinen von Zeit, Lage und Geschwindigkeit, also von t, $\mathfrak{r}$ und $\dot{\mathfrak{r}}$, d. h. von den sieben Variablen t, x, y, z, $\dot{x}$, $\dot{y}$, $\dot{z}$ abhängig. Mit Hilfe von (**120**, 2, 3) kann man nun z und $\dot{z}$ eliminieren, so daß dann X und Y als Funktionen von t, x, y, $\dot{x}$, $\dot{y}$ erscheinen. Die Bewegung der Projektion des Massenpunktes auf die x, y-Ebene bestimmt sich also durch bekannte Differentialgleichungen mit nur zwei abhängigen Variablen. Man hat so eine Reduktion der Dimensionszahl des Problems erreicht.

121. Parallelfelder. Wenn die Kraft $\mathfrak{K}$ stets einer festen Geraden parallel ist, die als x-Achse des Koordinatensystems gewählt sei, hat man

$$(\mathbf{121}, 1) \qquad\qquad Y = Z = 0$$

und erhält durch Projektion auf die y-Achse und die z-Achse

$$(\mathbf{121}, 2) \qquad \begin{cases} \dot{y} = \dot{y}_0, & y = \dot{y}_0 t + y_0, \\ \dot{z} = \dot{z}_0, & z = \dot{z}_0 t + z_0. \end{cases}$$

Die Projektion des Massenpunktes auf die y, z-Ebene durchläuft also eine Gerade mit konstanter Geschwindigkeit. *Die Komponente der Bewegung senkrecht zum Parallelfeld ist eine gleichförmige Translation. Die Bahnkurve des Massenpunktes ist eben.*

Hiernach hat man nur noch die Bewegung der Projektion des Massenpunktes auf die x-Achse zu bestimmen. Führt man (**121**, 2) in das Kraftgesetz ein, so reduziert sich dieses auf

$$(\textbf{121}, 3) \qquad X = K(t, x, \dot{x})$$

und man hat eine Reduktion des Problems auf eine Dimension erreicht. Die geradlinige Bewegung unter dem Einfluß einer Kraft (**121**, 3) ist im 13. Kapitel ausführlich behandelt worden.

Hat das Kraftgesetz die einfache Gestalt

$$(\textbf{121}, 4) \qquad X = K(x), \quad Y = Z = 0,$$

so kann man die potentielle Energie (vgl. **114**)

$$(\textbf{121}, 5) \qquad U(x, y, z) = U(x) = -\int K(x)\, dx$$

bilden und hat dann in der Energiegleichung

$$(\textbf{121}, 6) \qquad T + U = T_0 + U_0$$

ein Erstintegral, also eine Differentialgleichung erster Ordnung.

Ein Beispiel eines Kraftfeldes dieser Art, speziell von der Form (**121**, 4), hat man, wenn der Massenpunkt von einer unendlichen Ebene mit homogener Massenbelegung oder von einer Massenverteilung zwischen zwei parallelen Ebenen, bei der die Dichte in jeder zu den Begrenzungsebenen parallelen Ebene konstant ist, nach dem Gravitationsgesetz angezogen wird. Befindet sich der Massenpunkt außerhalb der Massenverteilung, so ist nach **118** die Kraft konstant.

Wir wollen etwas näher auf die Bewegung eines Massenpunktes unter dem Einfluß einer konstanten Kraft eingehen. Die Bewegung eines schweren Massenpunktes im luftleeren Raum innerhalb eines passend beschränkten Bereiches erfüllt mit guter Annäherung diese Voraussetzung.

Wir nehmen die Ebene der Bahnkurve als x, y-Ebene, nennen die Masse des Punktes m und setzen

$$(\textbf{121}, 7) \qquad X = mg.$$

Den Ursprung wählen wir in der zur Zeit $t = 0$ eingenommenen Lage. Wir bestimmen die partikuläre Bewegung, die zum Element

$$(\textbf{121}, 8) \qquad t = 0, \quad x = 0, \quad y = 0, \quad \dot{x} = -u\sin\alpha, \quad \dot{y} = u\cos\alpha$$

gehört. Faßt man die Aufgabe als Bestimmung einer Wurfbahn im luftleeren Raum auf, so entspricht dies einem Wurf vom Ursprung aus unter dem Neigungswinkel α mit der Anfangsgeschwindigkeit u. Wir erhalten aus (**121**, 2)

$$(\textbf{121}, 9) \qquad z = 0, \quad y = t\,u\cos\alpha$$

und zur Bestimmung der Projektion der Bewegung auf die x-Achse die Gleichung (**101**, 10), die integriert (**101**, 9) und (**101**, 8), also mit den hier gewählten Bezeichnungen

$$(\textbf{121}, 10) \qquad x = \tfrac{1}{2} g t^2 - t\,u\sin\alpha$$

ergibt. (**121**, 9, 10) stellt mit t als Parameter eine Parabel dar. Für $\alpha = \pm \dfrac{\pi}{2}$ entartet sie in eine Gerade.

Ein freier Massenpunkt beschreibt in einem konstanten Kraftfeld eine Parabel, deren Achse der Kraftrichtung parallel ist, oder eine Gerade dieser Richtung.

In einem bewegten Koordinatensystem mit festen Achsenrichtungen, dessen x-Achse stets durch den Massenpunkt geht und dessen Ursprung in einer festen zur Kraftrichtung senkrechten Ebene liegt, reduziert sich die Aufgabe auf den freien Fall. Die fiktiven Kräfte sind dabei Null.

Ist $\mathfrak{r}$ der Ortsvektor des Massenpunktes von seiner zu $t = 0$ gehörigen Lage aus, $\mathfrak{u}$ die Anfangsgeschwindigkeit und $m\mathfrak{g}$ die konstante Kraft, so hat man

$$\frac{d^2\mathfrak{r}}{dt^2} = \mathfrak{g},$$

$$\frac{d\mathfrak{r}}{dt} = \mathfrak{g}t + \mathfrak{u},$$

$$\mathfrak{r} = \tfrac{1}{2}\mathfrak{g}t^2 + \mathfrak{u}t.$$

Damit hat man eine vektorielle Darstellung der Bewegung.

122. Axialfelder. Man kann sagen, daß die in **120** und **121** betrachteten Kraftfelder die Eigenschaft haben, daß die Angriffslinien der Kräfte stets durch eine bestimmte unendlich ferne Gerade bzw. durch einen bestimmten unendlich fernen Punkt gehen. In diesem und im folgenden Paragraphen untersuchen wir die Fälle, wo die Gerade oder der Punkt im Endlichen liegt. Man verwendet dann den Momentsatz an Stelle des Projektionssatzes.

Unter einem *Axialfeld* wollen wir ein Kraftfeld verstehen, bei dem die Kraft eine feste Gerade, die *Achse* des Feldes, schneidet oder ihr parallel ist. *Das Moment der Kraft um die Achse ist dann Null und daher nach* **94** *die Flächengeschwindigkeit um die Achse konstant.*

Ist die Achse die z-Achse des Koordinatensystems, so ist

(**122**, 1) $$x\dot{y} - y\dot{x} = x_0\dot{y}_0 - y_0\dot{x}_0$$

die Gleichung, die sich aus der speziellen Natur des Kraftfeldes ergibt. Führt man Polarkoordinaten r und φ in der x, y-Ebene ein, so nimmt diese Gleichung die Gestalt

(**122**, 2) $$r^2\dot{\varphi} = c$$

an, wo die Konstante c, die doppelte Flächengeschwindigkeit um die Achse, die rechte Seite von (**122**, 1), also gleich $r_0^2\dot{\varphi}_0$ ist. Sie ist gleich dem Moment der Geschwindigkeit um die Achse. Von den drei Geschwindigkeitskomponenten $r\dot{\varphi}$, $\dot{r}$ und $\dot{z}$ ergibt nur die erste ein Moment um die Achse.

Die Gleichung (**122**, 1) oder (**122**, 2) kann im Gegensatz zu (**120**, 2) nicht unmittelbar integriert werden. Man erhält aber aus (**122**, 2)

(**122**, 3) $$\varphi = \int_{t_0}^{t} \frac{c}{r^2}\, dt + \varphi_0,$$

woraus sich φ bestimmt, sobald man r als Funktion von t kennt. Durch Einsetzen der Werte von $\dot{\varphi}$ und φ aus (**122**, 2, 3) in das Kraftgesetz erhält man die Kraft in Abhängigkeit von $t, r, \dot{r}, z, \dot{z}$, also eine ähnliche Reduktion des Problems wie in **120**.

123. Zentralfelder. Wenn die Angriffslinie der Kraft $\mathfrak{K}$ durch einen festen Punkt O, das *Zentrum* des Kraftfeldes, geht, nennt man die

Bewegung des Massenpunktes eine *Zentralbewegung*. *Das Kraftmoment in O ist Null, also das Moment $\mathfrak{S}$ der Bewegungsmenge in O konstant.* (Vgl. **94**.) Nach Division durch die Masse m des Punktes hat man

$$(\textbf{123}, 1) \qquad \mathfrak{r} \times \mathfrak{v} = \mathfrak{c},$$

wo $\mathfrak{c}$ ein konstanter Vektor und $\mathfrak{r}$ der Ortsvektor des Massenpunktes von O aus sind, als die aus der Natur des Kraftfeldes folgende Gleichung. Wir werden sehen, daß man mit ihrer Hilfe ähnlich wie in **121** die Anzahl der abhängigen Variablen von drei auf eins herabsetzen kann.

Da der Momentvektor $\mathfrak{c}$ der Geschwindigkeit in O ein konstanter Vektor, also seine Normalebene durch O eine feste Ebene ist, und da ferner $\mathfrak{r}$ nach (**123**, 1) stets auf $\mathfrak{c}$ senkrecht steht und daher in dieser Ebene liegt, schließt man, daß die Bahnkurve eben ist. Führt man Polarkoordinaten r und φ in dieser Ebene mit O als Pol ein und bezeichnet mit c den mit einem der Umlaufsrichtung von φ entsprechenden Vorzeichen versehenen Betrag des Geschwindigkeitsmoments um O, so erhält man die Gleichung (**122**, 2) und damit die integrierte Gleichung (**122**, 3). (Dies folgt ja auch daraus, daß die Normale der Bahnebene in O eine Achse des Kraftfeldes ist; übrigens ist jede Gerade durch O eine solche Achse.)

Daß die Bahnkurve eben ist, hat zur Folge, daß man die Kraft nur als Funktion von $t, r, \dot{r}, \varphi, \dot{\varphi}$ zu betrachten hat. [Eliminiert man noch die beiden letzten Größen mit Hilfe von (**122**, 2, 3), so erhält man die oben erwähnte Reduktion auf eine unabhängige Variable. Es sei hier bemerkt, daß es vom Kraftgesetz abhängt, welche Elimination man zweckmäßigerweise vornimmt. Wenn etwa die Kraft allein von der Lage des Massenpunktes, d. h. von r und φ oder wenigstens nicht explizit von der Zeit abhängt, so ist es vorteilhaft, t zu eliminieren, wie unten näher ausgeführt wird.

Um die Bedeutung von (**122**, 2) voll zu verstehen, wollen wir untersuchen, welche Rolle die Flächengeschwindigkeit um den Pol bei einer beliebigen ebenen Bewegung spielt, die in Polarkoordinaten wie in **64** dargestellt ist. Man hat, falls $\dot{\varphi} \neq 0$ ist,

$$(\textbf{123}, 2) \qquad \dot{r} = \frac{dr}{d\varphi}\,\dot{\varphi} = -\frac{d\frac{1}{r}}{d\varphi}\,(r^2\dot{\varphi}),$$

also

$$(\textbf{123}, 3) \qquad \ddot{r} = -\frac{d^2\frac{1}{r}}{d\varphi^2}\,r^2\dot{\varphi}^2 - \frac{d\frac{1}{r}}{d\varphi}\,\frac{d(r^2\dot{\varphi})}{dt}.$$

Aus (**123**, 2) erhält man für die Geschwindigkeit

$$(\textbf{123}, 4) \qquad v^2 = \dot{r}^2 + r^2\dot{\varphi}^2 = (r^2\dot{\varphi})^2\left[\left(\frac{1}{r}\right)^2 + \left(\frac{d\frac{1}{r}}{d\varphi}\right)^2\right].$$

Durch Einsetzen von (**123**, 3) in den in **64** gefundenen Ausdruck für die Projektion der Beschleunigung auf den Radiusvektor erhält man

$$(\textbf{123}, 5) \qquad \ddot{r} - r\dot{\varphi}^2 = -\frac{(r^2\dot{\varphi})^2}{r^2}\left[\frac{1}{r} + \frac{d^2\frac{1}{r}}{d\varphi^2}\right] - \frac{d\frac{1}{r}}{d\varphi}\frac{d(r^2\dot{\varphi})}{dt},$$

während die dazu senkrechte Komponente den Wert (**64**, 5) hat. Man sieht, daß die Zeit in diese Größen nur in der Verbindung $r^2\dot{\varphi}$ oder deren Ableitung nach t eingeht.

Wendet man diese Formeln auf eine Zentralbewegung mit dem Zentrum im Pol an, so erhält man zunächst aus (**64**, 5) durch Projektion auf die Normale des Radiusvektor den *Flächensatz* (**122**, 2) und weiter aus (**123**, 4, 5)

$$(\textbf{123}, 6) \qquad v^2 = c^2\left[\left(\frac{1}{r}\right)^2 + \left(\frac{d\frac{1}{r}}{d\varphi}\right)^2\right],$$

$$(\textbf{123}, 7) \qquad \ddot{r} - r\dot{\varphi}^2 = -\frac{c^2}{r^2}\left[\frac{1}{r} + \frac{d^2\frac{1}{r}}{d\varphi^2}\right].$$

Der letzte Ausdruck gibt die Beschleunigung des Massenpunktes an, und zwar positiv vom Zentrum fort gerichtet. Da sie nach der konkaven Seite der Bahnkurve gerichtet ist, entnimmt man aus (**123**, 7) den bekannten Satz, daß eine ebene, in Polarkoordinaten dargestellte Kurve ihre konkave oder konvexe Seite dem Pol zuwendet, je nachdem die Größe in der Klammer von (**123**, 7) positiv oder negativ ist.

An Stelle des Ausdrucks (**123**, 7) hat man oft den Ausdruck

$$(\textbf{123}, 8) \qquad \ddot{r} - r\dot{\varphi}^2 = \ddot{r} - \frac{c^2}{r^3}$$

für die Beschleunigung des Massenpunktes zu verwenden. Man erhält ihn unmittelbar aus (**122**, 2). Er ist mit Hilfe von r und t gebildet, während die rechte Seite von (**123**, 7) aus r und φ gebildet ist.

Ist K die Größe der Kraft, wobei dieser Skalar positiv oder negativ gerechnet werden soll, je nachdem die Kraft den Massenpunkt auf das Zentrum zu oder von ihm fort zu ziehen sucht, so wird der Kraftvektor mit der Bezeichnung von **64**

$$(\textbf{123}, 9) \qquad \mathfrak{K} = -K\,\mathfrak{R},$$

und die Energiegleichung nimmt die Gestalt

$$(\textbf{123}, 10) \qquad \frac{d}{dt}\left(\frac{1}{2}m v^2\right) = -K\dot{r}$$

an.

Über die verschiedenen Integrationsverfahren, die man je nach der Form des Kraftgesetzes anwenden kann, bemerken wir folgendes:

1. Enthält das Kraftgesetz φ nicht explizit, d. h. hängt die Kraft höchstens von $t, r, \dot{r}, \dot{\varphi}$ ab, so kann man $\dot{\varphi}$ durch (**122**, 2) eliminieren

und (**123**, 8) heranziehen. Man erhält dann

(**123**, 11)
$$m\left(\frac{c^2}{r^3} - \ddot{r}\right) = K$$

als Differentialgleichung zwischen r und t. Ist r aus dieser als Funktion von t und zwei Integrationskonstanten gefunden, so ergibt sich φ aus (**122**, 3), wobei eine weitere Integrationskonstante eingeführt wird. Die erste Integrationskonstante ist das bereits eingeführte c, so daß man insgesamt vier hat.

2. Enthält das Kraftgesetz t nicht explizit, d. h. hängt die Kraft höchstens von r, $\dot{r}$, φ, $\dot{\varphi}$ ab, so kann man $\ddot{r}$ durch (**123**, 2) und danach $\dot{\varphi}$ durch (**122**, 2) eliminieren und (**123**, 7) heranziehen. Man erhält dann

(**123**, 12)
$$\frac{m\,c^2}{r^2}\left[\frac{1}{r} + \frac{d^2\frac{1}{r}}{d\varphi^2}\right] = K$$

als Differentialgleichung zwischen r und φ, also als Differentialgleichung der Bahnkurve in Polarkoordinaten. Die Zeit ist eliminiert, spielt aber eine Rolle bei der Bestimmung von c aus einem vorgegebenen Bewegungselement. Nachdem man (**123**, 12) integriert und dabei zwei Integrationskonstanten eingeführt hat, findet man t durch Integration von (**122**, 2) in der Gestalt

(**123**, 13)
$$ct = \int r^2\, d\varphi,$$

wobei noch eine Integrationskonstante eingeführt wird. Die Integrationskonstanten lassen sich aus einem vorgegebenen Bewegungselement bestimmen.

3. Einen besonders einfachen Fall hat man, wenn die Kraft nur vom Abstand vom Zentrum abhängt:

(**123**, 14)
$$K = K(r).$$

Er ist als Spezialfall sowohl in 1. als auch in 2. enthalten, und die dort angegebenen Verfahren sind also anwendbar. Aus (**123**, 11) bestimmt sich r als Funktion von t, und (**123**, 12) ist die Differentialgleichung der Bahnkurve in Polarkoordinaten.

In diesem Fall kann man die Aufgabe durch Quadraturen lösen. Man bildet die **potentielle Energie**, die mit Rücksicht auf das für K festgesetzte Vorzeichen

(**123**, 15)
$$U(r) = \int K(r)\, dr$$

wird. Die Niveauflächen der potentiellen Energie sind Kugeln um das Zentrum. (**123**, 10) ergibt

(**123**, 16)
$$\tfrac{1}{2}mv^2 + U(r) = E,$$

wodurch man die totale Energie E als Integrationskonstante eingeführt hat. Aus (**123**, 6) erhält man nun

$$(\textbf{123},17) \qquad \frac{1}{2}\,mc^2\left[\left(\frac{1}{r}\right)^2 + \left(\frac{d\frac{1}{r}}{d\varphi}\right)^2\right] + U(r) = E$$

als Differentialgleichung erster Ordnung für die Bahnkurve. Hierin kann man die Variablen trennen und erhält [stets unter der vor (**123**, 2) eingeführten Voraussetzung $\dot\varphi \neq 0$, d. h. $c \neq 0$]

$$(\textbf{123},18)\quad d\varphi = \pm\,\frac{d\frac{1}{r}}{\sqrt{\dfrac{2[E-U(r)]}{mc^2}-\dfrac{1}{r^2}}} = \mp\,\frac{dr}{r^2\sqrt{\dfrac{2[E-U(r)]}{mc^2}-\dfrac{1}{r^2}}}\,.$$

Durch das Ausziehen der Quadratwurzel ist in (**123**, 18) ein doppeltes Vorzeichen erschienen. Jedesmal, wenn dr das Vorzeichen wechselt, also jedesmal wenn der Abstand des Massenpunktes vom Zentrum ein Maximum oder Minimum wird, muß man in (**123**, 18) das Vorzeichen wechseln; $d\varphi$ hat nämlich nach (**122**, 2) ein festes Vorzeichen.

Aus (**123**, 18) bestimmt sich φ als Funktion von r durch eine Quadratur mit einer neuen Integrationskonstanten. Hiernach ergibt sich t aus (**122**, 2), also aus (**123**, 13), wobei die letzte Integrationskonstante eingeführt wird.

Legt man eine partikuläre Bewegung durch ein Bewegungselement fest, für das $\dot\varphi = 0$, also $c = 0$ ist, d. h. durch ein Anfangselement, bei dem die Bewegungsrichtung mit der Richtung des Radiusvektor (auf O zu oder von O fort) zusammenfällt, so gelten weder (**123**, 2) noch die daraus abgeleiteten Formeln. Insbesondere verlieren die Ausdrücke (**123**, 6, 7) ihren Sinn. In diesem Fall hat man aber konstantes φ. Der Massenpunkt führt also eine Bewegung auf einer Geraden durch das Zentrum aus, und die Bewegungsgleichung wird

$$(\textbf{123},19) \qquad\qquad m\ddot r = -K,$$

wo K höchstens eine Funktion von t, r und $\dot r$ sein kann. Die Bewegung fällt also unter den im 13. Kapitel behandelten Typus.

Man kann die Zentralbewegung eines Massenpunktes behandeln, indem man sie auf einen starren Körper bezieht, der sich um die Normale der Bahnebene in O mit der Winkelgeschwindigkeit $w = \dot\varphi$ dreht. In diesem Bezugskörper ist der Radiusvektor eine feste Gerade, die durch den Einheitsvektor $\mathfrak{R}$ festgelegt ist (vgl. **64**). Die Führungsbewegung ist eine Kreisbewegung mit der Beschleunigung

$$(\textbf{123},20) \qquad\qquad \mathfrak{b}_f = r\ddot\varphi\,\widehat{\mathfrak{R}} - r\dot\varphi^2\,\mathfrak{R}.$$

Die fiktive Kraft (**96**, 6) wird also

$$(\textbf{123},21) \qquad\qquad m\,r\dot\varphi^2\,\mathfrak{R} - m\,r\ddot\varphi\,\widehat{\mathfrak{R}}$$

und die fiktive Kraft (**96**, 7)

$$(\textbf{123},22) \qquad\qquad -2\,m\,\mathfrak{w} \times \dot r\,\mathfrak{R} = -2\,m\dot r\dot\varphi\,\widehat{\mathfrak{R}}.$$

Der Massenpunkt unterliegt also der Einwirkung der Kräfte (**123**, 9, 21, 22). Da der Massenpunkt bei der relativen Bewegung keine Beschleunigung in der Richtung $\widehat{\Re}$ hat, findet man durch Projektion auf diese Richtung, daß die Größe (**64**, 5) verschwindet, und hat damit die Gleichung (**122**, 2). Bildet man hierauf die Bewegungsgleichung durch Projektion auf die Richtung $\Re$, so erhält man

$$m\ddot{r} = -K + mr\dot{\varphi}^2,$$

was mit Berücksichtigung von (**122**, 2) in (**123**, 11) umgeformt werden kann.

124. Die KEPLERbewegung. Als Spezialfall von 3. in **123** nehmen wir die Kraft (**123**, 14) in der Form

$$(\textbf{124}, 1) \qquad\qquad K(r) = \frac{km}{r^2}$$

an, wo k eine positive Konstante ist. Dieser Fall kann physikalisch dadurch realisiert werden, daß im Zentrum O eine Masse der Größe $\dfrac{k}{\varkappa}$ angebracht wird, die auf den Massenpunkt der Masse m nach dem Gravitationsgesetz (**115**, 1) wirkt. So bestimmt man z. B. die Bewegung eines Planeten oder Kometen, wenn man von den durch die anderen Planeten hervorgerufenen Anziehungskräften absieht und die Sonne als in einem Inertialsystem ruhend auffaßt[1]. Daß man hierbei die Masse der Sonne in einem Punkt konzentriert denkt, ist nach **117** zulässig, wenn man voraussetzt, daß ihre Masse kugelsymmetrisch verteilt ist.

Man erhält nun aus (**123**, 15) das Potential

$$(\textbf{124}, 2) \qquad\qquad U(r) = -\frac{km}{r},$$

wobei dieses wie in **115** so bestimmt ist, daß U für $r \to \infty$ gegen Null geht. (**123**, 16) wird hier

$$(\textbf{124}, 3) \qquad\qquad \frac{1}{2}mv^2 - \frac{km}{r} = E,$$

und (**123**, 18) nimmt die Form

$$(\textbf{124}, 4) \qquad d\varphi = \pm \frac{d\frac{1}{r}}{\sqrt{\frac{2E}{mc^2} + \frac{2k}{rc^2} - \frac{1}{r^2}}} = d\arccos\frac{\frac{c^2}{kr} - 1}{e}$$

an, wo

$$(\textbf{124}, 5) \qquad\qquad e = \sqrt{1 + \frac{2Ec^2}{mk^2}}.$$

Aus (**124**, 4) erhält man nun

$$(\textbf{124}, 6) \qquad\qquad \frac{1}{r} = \frac{1 + e\cos(\varphi - \alpha)}{\frac{c^2}{k}},$$

wenn α eine Integrationskonstante bedeutet.

---

[1] Diese Annahme betreffend vgl. **143**, 1. d) S. 356.

$(\textbf{124}, 6)$ stellt einen Kegelschnitt dar, dessen einer Brennpunkt das Kraftzentrum, dessen Exzentrizität e und dessen Parameter[1]

$$(\textbf{124}, 7) \qquad\qquad 2p = \frac{2c^2}{k}$$

ist. Die Integrationskonstante α ist der Wert von φ für den dem Zentrum nächsten Scheitelpunkt. Der Kegelschnitt ist eine Ellipse, Parabel oder Hyperbel[2], je nachdem

$$(\textbf{124}, 8) \qquad\qquad e \gtreqless 1$$

oder wegen $(\textbf{124}, 5)$, je nachdem

$$(\textbf{124}, 9) \qquad\qquad E \gtreqless 0,$$

also wegen $(\textbf{124}, 3)$, je nachdem in einem willkürlichen Zeitpunkt

$$(\textbf{124}, 10) \qquad\qquad v^2 \gtreqless \frac{2k}{r}$$

ist. Man entnimmt auch aus $(\textbf{124}, 3)$, daß r nur für $E \geqq 0$ unbegrenzt große Werte annehmen kann.

Legt man eine partikuläre Bewegung durch ein Anfangselement

$$(\textbf{124}, 11) \qquad\qquad t_0, r_0, \varphi_0, \dot{r}_0, \dot{\varphi}_0$$

fest, so hat man für die Anfangsgeschwindigkeit $\mathfrak{v}_0$ (vgl. **64**)

$$(\textbf{124}, 12) \qquad\qquad \mathfrak{v}_0 = \dot{r}_0 \mathfrak{R} + r_0 \dot{\varphi}_0 \widehat{\mathfrak{R}},$$

und hieraus für deren Betrag

$$(\textbf{124}, 13) \qquad\qquad v_0 = \sqrt{\dot{r}_0^2 + r_0^2 \dot{\varphi}_0^2}.$$

Man entnimmt dann aus $(\textbf{124}, 10)$, daß es nur vom Abstand r_0 und vom Geschwindigkeitsbetrag v_0 abhängt, ob die Bahn eine Ellipse, Parabel oder Hyperbel ist; die Richtung der Geschwindigkeit ist ohne Einfluß hierauf (falls sie nur nicht durch das Zentrum geht). Dagegen ist die Richtung der Geschwindigkeit bestimmend für die Bahnebene und mitbestimmend für das Geschwindigkeitsmoment

$$c = r_0^2 \dot{\varphi}_0$$

um das Kraftzentrum und damit für den Parameter $(\textbf{124}, 7)$ des Kegelschnittes und für den Zahlwert der Exzentrizität $(\textbf{124}, 5)$ von Ellipse oder Hyperbel.

---

[1] Unter dem Parameter eines Kegelschnitts verstehen wir die Länge derjenigen durch einen Brennpunkt gehenden Sehne, die auf der Verbindungslinie der Brennpunkte (bei Ellipse und Hyperbel) bzw. auf der Achse (bei einer Parabel) senkrecht steht.

[2] Da stets $r > 0$ ist, kann die Bahn nur der Hyperbelzweig sein, der die konkave Seite dem Kraftzentrum zuwendet. Vgl. dazu auch Aufgabe 8 S. 302.

Für eine elliptische bzw. hyperbolische Bahn bestimmt sich die zur Brennpunktsachse gehörige Halbachse a durch die Gleichung

$$(124, 14) \qquad a = \pm \frac{p}{(1 - e^2)}.$$

Setzt man hierin die Werte $(124, 7)$ von p, $(124, 5)$ von e und $(124, 3)$ von E ein, so erhält man

$$(124, 15) \qquad a = \mp \frac{m k}{2 E} = \pm \frac{k}{\dfrac{2 k}{r} - v^2}$$

oder zum Vergleich mit $(124, 10)$

$$(124, 16) \qquad v^2 = k \left(\frac{2}{r} \mp \frac{1}{a} \right).$$

Die Zeit in Abhängigkeit von der Lage des Massenpunktes ergibt sich aus $(123, 13)$, also mit Verwendung des Anfangselementes $(124, 11)$ aus

$$(124, 17) \qquad c (t - t_0) = \int_{\varphi_0}^{\varphi} r^2 \, d\varphi.$$

Das Integral auf der rechten Seite ist das Doppelte des Sektorflächeninhalts, den der Ortsvektor des Massenpunktes zwischen den zu φ_0 und φ gehörigen Lagen beschreibt. Dieser Flächeninhalt wächst bei einer beliebigen Zentralbewegung proportional der Zeit.

Bei einer elliptischen Bahn wollen wir die für einen ganzen Umlauf erforderliche Zeit mit τ bezeichnen. Man erhält dann aus $(124, 17)$, dem bekannten Ausdruck für den Flächeninhalt einer Ellipse und aus $(124, 5)$

$$(124, 18) \qquad c \tau = 2 \pi a^2 \sqrt{1 - e^2} = \frac{2 \pi a^2 c}{k} \sqrt{- \frac{2 E}{m}},$$

also wegen $(124, 3)$

$$(124, 19) \qquad \tau = \frac{2 \pi a^2}{k} \sqrt{\frac{2 k}{r} - v^2}.$$

Man entnimmt aus $(124, 15)$ und $(124, 19)$, daß von den Größen $(124, 11, 12, 13)$ wieder nur r_0 und v_0 allein für die Halbachse und die Umlaufszeit τ bestimmend sind.

Bildet man mit Hilfe von $(124, 15)$ und $(124, 19)$ den Ausdruck $a \tau^2$, so wird man auf die für alle elliptischen Bahnen gültige Relation

$$(124, 20) \qquad \frac{a^3}{\tau^2} = \frac{k}{4 \pi^2}$$

geführt. Sie zeigt, daß das Verhältnis zwischen der dritten Potenz der großen Halbachse und dem Quadrat der Umlaufszeit für alle elliptischen Bahnen im selben zentralen Anziehungsfeld den gleichen Wert besitzt, nämlich gleich der Anziehungskraft auf die Masse 1 im Abstand 1 dividiert durch $4 \pi^2$ ist.

Bisher haben wir $c \neq 0$ angenommen. Gleichung $(124, 4)$ und die daraus hergeleiteten gelten nur unter dieser Voraussetzung. Sie ist erfüllt, wenn im Anfangselement (**124**, 11) $\dot{\varphi}_0 \neq 0$ ist. Hat man $\dot{\varphi}_0 = 0$, so erhält man $c = 0$, also $\dot{\varphi} = 0$ und

(**124**, 21)
$$\varphi = \varphi_0$$

für alle Werte von t. Der Massenpunkt bewegt sich also auf einer Geraden durch das Zentrum, wenn seine Anfangsgeschwindigkeit durch das Zentrum geht. In diesem Fall hat man $v^2 = \dot{r}^2$. Also ist (**124**, 3) ein Erstintegral für die geradlinige Bewegung:

(**124**, 22)
$$\dot{r}^2 = \frac{2E}{m} + \frac{2k}{r}.$$

Diese Differentialgleichung läßt sich mühelos elementar integrieren.

Ohne die Integration auszuführen, kann man leicht folgendes über die Bewegung feststellen: Die Differentialgleichung hat eine Singularität im Zentrum $r = 0$. Bewegt sich der Massenpunkt in einem Zeitpunkt auf das Zentrum zu, so wird er diese Bewegung mit ständig wachsender Geschwindigkeit fortsetzen, da $\dot{r} \to -\infty$ für $r \to 0$. Bewegt er sich in einem Zeitpunkt vom Zentrum fort, so wird er für $E \geqq 0$ diese Bewegung mit ständig abnehmender Geschwindigkeit fortsetzen, da $\dot{r} \to \sqrt{\dfrac{2E}{m}}$ für $r \to \infty$ (Grenzfall von parabolischen oder hyperbolischen Bewegungen), während er für $E < 0$ in dem durch $\dot{r} = 0$, also $r = -\dfrac{mk}{E}$ gegebenen Abstand umgekehrt (Grenzfall von elliptischen Bewegungen).

Für $E = 0$ hat man nach (**124**, 22) $\dot{r} \to 0$ für $r \to \infty$. Die auf das Zentrum zu gerichtete Bewegung kann für $E = 0$ als „freier Fall aus dem unendlich Fernen" (ohne Anfangsgeschwindigkeit und in unendlich großer Fallzeit) bezeichnet werden. Nach (**124**, 22) hat man hier

(**124**, 23)
$$\dot{r}^2 = \frac{2k}{r}.$$

Man kann daher den Inhalt von (**124**, 10) so beschreiben: Ein gegebenes Bewegungselement gehört zu einer elliptischen, parabolischen oder hyperbolischen Bahn, je nachdem der Geschwindigkeitsbetrag kleiner, gleich oder größer als derjenige ist, den der Massenpunkt bei freiem Fall aus dem Unendlichen an der betreffenden Stelle haben würde.

Bemerkungen: 1. Bei einer elliptischen Bewegung ist es offenbar zweckmäßig, t und φ von dem Scheitelpunkt A an zu rechnen, der dem Zentrum am nächsten liegt (*Perihel*). Der Sektor AOP hat dann nach (**124**, 16) den Flächeninhalt $\frac{1}{2}ct$. Wir denken nun die Ellipse durch Verkleinerung der Ordinaten der Punkte eines Kreises mit dem Mittelpunkt Q und dem Radius a im Verhältnis $\sqrt{1 - e^2} : 1$ erzeugt. Wir erhalten dann (vgl. Abb. 111)

$$\tfrac{1}{2}ct = AOP = \sqrt{1 - e^2} \cdot AOP_1 = \sqrt{1 - e^2}\,(AQP_1 - OQP_1)$$
$$= \sqrt{1 - e^2}\,(\tfrac{1}{2}a^2 u - \tfrac{1}{2}ae \cdot a \sin u),$$

also

(**124**, 24)
$$u - e \sin u = nt,$$

wobei mit Berücksichtigung von (**124**, 18, 20)

$$(\mathbf{124, 25}) \qquad n = \frac{c}{a^2\sqrt{1-e^2}} = \frac{2\pi}{\tau} = \sqrt{\frac{k}{a^3}}$$

ist. Die Gleichung (**124**, 24) nennt man die Keplersche *Gleichung*, den Winkel u die *exzentrische Anomalie*. Da u die Punkte der Ellipse festlegt, bestimmt (**124**, 24) den Ort in der Bahn als Funktion der Zeit. Zwischen u und der „*wahren Anomalie*" φ besteht die Beziehung

$$\operatorname{tg}\frac{\varphi}{2} = \sqrt{\frac{1+e}{1-e}}\,\operatorname{tg}\frac{u}{2}.$$

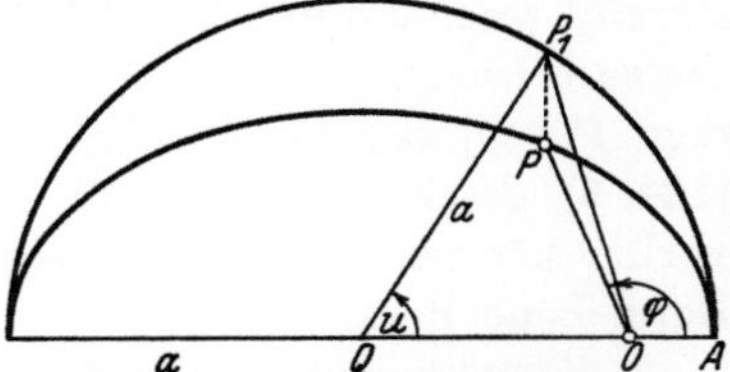

Abb. 111. Zur Keplerschen Gleichung.

2. Wir haben oben die Gleichung (**124**, 6) der Bahnkurve aus den in **123** aufgestellten allgemeinen Gesetzen der Zentralbewegung gefunden. Direkter kann man so vorgehen: Daß man es mit einer Zentralbewegung zu tun hat, bringt mit sich, daß die Bahn eben ist und daß (**122**, 2) gilt. Das spezielle Kraftgesetz (**124**, 1) der Keplerbewegung hat

$$(\mathbf{124, 26}) \qquad \dot{\mathfrak{v}} = -\frac{k}{r^2}\,\mathfrak{R}$$

zur Folge. Hierbei benutzen wir die Bezeichnungen von **64**. Aus (**64**, 1) ergibt sich

$$(\mathbf{124, 27}) \qquad \widehat{\mathfrak{v}} = \dot{r}\,\mathfrak{R} - r\dot{\varphi}\,\mathfrak{R}$$

und, da $\overset{\scriptscriptstyle\bullet}{\widehat{\mathfrak{v}}}$ der Quervektor von $\dot{\mathfrak{v}}$ ist, aus (**124**, 26)

$$(\mathbf{124, 28}) \qquad \dot{\widehat{\mathfrak{v}}} = -\frac{k}{r^2}\,\widehat{\mathfrak{R}}.$$

Man bildet nun den Vektor

$$(\mathbf{124, 29}) \qquad \mathfrak{e} = -\frac{c}{k}\,\widehat{\mathfrak{v}} - \mathfrak{R},$$

der wegen (**124**, 27) und (**122**, 2)

$$(\mathbf{124, 30}) \qquad \mathfrak{e} = -\frac{c\dot{r}}{k}\,\widehat{\mathfrak{R}} + \left(\frac{c^2}{kr} - 1\right)\mathfrak{R}$$

geschrieben werden kann. Aus (**124**, 28, 29) und (**64**, 2) folgt mit Rücksicht auf (**122**, 2)

$$\dot{\mathfrak{e}} = \frac{c}{r^2}\,\widehat{\mathfrak{R}} - \dot{\varphi}\,\widehat{\mathfrak{R}} = 0.$$

$\mathfrak{e}$ ist mithin ein konstanter Vektor. Wir bezeichnen mit e seine Länge und mit α den zugehörigen φ-Wert. Es gilt dann wegen (**124**, 30)

$$re\cos(\varphi - \alpha) = \mathfrak{r}\cdot\mathfrak{e} = \frac{c^2}{k} - r,$$

also die Gleichung (**124**, 6).

Man sieht, daß der konstante Vektor (**124**, 29) vom Kraftzentrum aus auf den nächsten Scheitelpunkt zu gerichtet ist, und daß seine Länge gleich der Exzentrizität ist.

Im obigen haben wir die ganze Klasse der Bewegungen bestimmt, die zum Kraftgesetz (**124**, 1) gehören. Die historische Entwicklung verlief so, daß Newton dieses Kraftgesetz als Resultat einer Analyse von beobachteten Bewegungen fand. Sie kann kurz folgendermaßen wiedergegeben werden:

Auf Grund von Tycho Brahes Beobachtungen formulierte Kepler drei empirische Gesetze der Planetenbewegungen. Wir geben diese wieder und ziehen daraus die angegebenen Folgerungen:

1. Keplersches Gesetz: In einem Koordinatensystem mit Achsenrichtungen nach bestimmten Fixsternen und dem Ursprung in der Sonne beschreibt jeder Planet eine Ellipse, in deren einem Brennpunkt sich die Sonne befindet. — Führen wir Polarkoordinaten in der Bahnebene mit dem Pol in der Sonne ein, so kann die Bahngleichung in der Form (**124**, 6) geschrieben werden. Über die Kraft, die auf den Planeten wirkt, können wir aus diesem Gesetz nur schließen, daß sie in der Bahnebene liegt.

2. Keplersches Gesetz: Der Radiusvektor von der Sonne zum Planeten beschreibt einen Sektor, dessen Flächeninhalt proportional der Zeit wächst. — Dies ergibt Gleichung (**122**, 2). Da demnach das Moment der Bewegungsmenge des Planeten um die Sonne konstant ist, muß das Kraftmoment um die Sonne Null sein, d. h. die Angriffslinie der Kraft muß durch die Sonne gehen. Der Planet führt also eine Zentralbewegung aus, und man kann die diesbezüglichen Gesetze anwenden. Setzt man (**124**, 6) in (**123**, 12) ein, so erhält man (**124**, 1). Dies ist jedoch nicht so zu verstehen, daß man ein Kraftfeld von der Form (**124**, 1) nachgewiesen hat; dies kann niemals mit Hilfe der Analyse einer partikulären Bewegung geschehen (vgl. **101**). (**124**, 1) besagt nur, daß die Kraft, die auf den einzelnen Planeten während seiner Bewegung wirkt, sich proportional mit r^{-2} ändert. Schreibt man den Proportionalitätsfaktor km, wo m die Masse des betreffenden Planeten bedeutet, so kann man selbstverständlich aus den bisher genannten beiden Gesetzen noch nicht schließen, daß k für die verschiedenen Planeten denselben Wert hat. Berechnet man aus dem bekannten Parameter $\frac{2c^2}{k}$ die Halbachse

$$a = \frac{c^2}{k\,(1 - e^2)}$$

und aus (**122**, 2) die Umlaufszeit

$$\tau = \frac{2\pi a^2 \sqrt{1 - e^2}}{c},$$

so findet man die Relation (**124**, 20).

3. Keplersches Gesetz: Das Verhältnis von a^3 und τ^2 ist für alle Planeten dasselbe. — Wendet man dies auf die eben erschlossene Gleichung (**124**, 20) an, so findet man, daß der Proportionalitätsfaktor k für alle Planeten denselben Wert hat. Die Kräfte, die auf die einzelnen Planeten während der von ihnen ausgeführten partikulären Bewegungen wirken, sind also dieselben wie bei einem Kraftfeld der Form (**124**, 1). Newton schloß daher, daß sich die Planeten so bewegen, wie wenn die Sonne sie nach diesem Gesetz anzöge.

In **143** S. 357 wird ausgeführt, wie sich diese Verhältnisse ändern, wenn man berücksichtigt, daß sich auch die Sonne wegen der Anziehung durch den Planeten bewegt.

Entsprechende Bemerkungen gelten für die Analyse anderer beobachteter Bewegungen. Beobachtet man z. B. eine Bewegung eines Massenpunktes, für deren z-Komponente (**120**, 3) gilt, so kann man schließen, daß (**120**, 1) für die entsprechende Kraft besteht; analog kann man aus (**121**, 2) auf (**121**, 1) oder aus (**122**, 1) darauf schließen, daß die Angriffslinie der Kraft die z-Achse schneidet oder ihr parallel ist. Diese Schlüsse betreffen aber natürlich nur die Kraft, so wie sie auf den Massenpunkt während der beobachteten Bewegung wirkt. Ob diese Kraft von einem Kraftfeld herrührt oder, wenn dies der Fall ist, ob das Feld allgemein Eigenschaften der erwähnten Art besitzt, kann mit Hilfe einer partikulären Bewegung nicht entschieden werden.

125. Elastische Kraft. Als anderen Spezialfall von 3. in **123** nehmen wir ein Kraftgesetz (**123**, 14) der Gestalt

$$(\mathbf{125}, 1) \qquad K(r) = h^2 m r,$$

wo h eine Konstante ist. Es liegt also eine Anziehung durch das Zentrum vor, die proportional dem Abstand von ihm ist. Eine solche Kraft nennt man *elastische Kraft* (vgl. **106**).

Die Lösung kann auch in diesem Fall nach dem in **123** angegebenen Verfahren gefunden werden. Man hat

$$(\mathbf{125}, 2) \qquad U = \tfrac{1}{2} h^2 m r^2,$$

$$(\mathbf{125}, 3) \qquad E = \tfrac{1}{2} m (v^2 + h^2 r^2),$$

und (**123**, 18) kann für $c \neq 0$

$$(\mathbf{125}, 4) \qquad d\varphi = d \arccos\left(\frac{a}{r} \sqrt{\frac{r^2 - b^2}{a^2 - b^2}} \right)$$

geschrieben werden, wenn man

$$(\mathbf{125}, 5) \qquad a^2 = \frac{1}{m h^2} \left(E + \sqrt{E^2 - m^2 h^2 c^2} \right), \qquad b^2 = \frac{1}{m h^2} \left(E - \sqrt{E^2 - m^2 h^2 c^2} \right)$$

setzt. Man findet so, daß die Bahnkurve eine Ellipse mit dem Mittelpunkt im Kraftzentrum und den Halbachsen a und b ist. Speziell ergibt sich dann und nur dann ein Kreis, wenn im Anfangselement $\dot{r}_0 = 0$, $\varphi_0 = \pm h$ ist.

Hier geht man jedoch einfacher vor, wenn man die Zeit in der Rechnung beibehält. Der Kraftvektor ist

$$(\mathbf{125}, 6) \qquad \mathfrak{K} = -h^2 m \mathfrak{r}$$

und die Differentialgleichung der Bewegung

$$(\mathbf{125}, 7) \qquad \ddot{\mathfrak{r}} + h^2 \mathfrak{r} = 0.$$

Führt man in der Bahnebene rechtwinklige Koordinaten x und y mit dem Ursprung im Kraftzentrum ein, so erhält man für beide Koordinaten Differentialgleichungen der Form (**102**, 45), deren Lösungen durch

(102, 46) gegeben sind. Noch einfacher kann man sagen, daß die Differentialgleichung (125, 7) die Form (102, 45) hat; daß die abhängige Variable ein Vektor ist, ist für die für (102, 45) angegebene Integrationsmethode belanglos. Aus (125, 7) findet man daher analog (102, 46)

$$(125, 8) \qquad \mathfrak{r} = \mathfrak{c}_1 \cos ht + \mathfrak{c}_2 \sin ht$$

mit den beiden willkürlichen Vektoren $\mathfrak{c}_1$ und $\mathfrak{c}_2$ als Integrationskonstanten. Man hat dann

$$(125, 9) \qquad \dot{\mathfrak{r}} = -h\,\mathfrak{c}_1 \sin ht + h\,\mathfrak{c}_2 \cos ht.$$

Legt man eine partikuläre Bewegung durch die zu $t = 0$ gehörigen Werte $\mathfrak{r}_0$ und $\mathfrak{v}_0$ fest, so findet man aus (125, 8) $\mathfrak{r}_0 = \mathfrak{c}_1$ und aus (125, 9) $\mathfrak{v}_0 = h\,\mathfrak{c}_2$, so daß man die Lösung in der Gestalt

$$(125, 10) \qquad \mathfrak{r} = \mathfrak{r}_0 \cos ht + \frac{\mathfrak{v}_0}{h}\sin ht,$$

$$(125, 11) \qquad \dot{\mathfrak{r}} = -h\,\mathfrak{r}_0 \sin ht + \mathfrak{v}_0 \cos ht$$

erhält.

Sind $\mathfrak{r}_0$ und $\mathfrak{v}_0$ parallel [also $c = 0$ in (122, 2)], so stellt (125, 10) eine geradlinige harmonische Schwingung (106) dar. In allen anderen Fällen ergibt (125, 10) eine Ellipse (vgl. 60 S. 132). Die Ellipse wird speziell ein Kreis, wenn die konstanten Vektoren $\mathfrak{c}_1$, $\mathfrak{c}_2$ aufeinander senkrecht stehen und gleich lang sind, wenn also $\mathfrak{v}_0 = \pm h\hat{\mathfrak{r}}_0$ ist, d. h., wie oben erwähnt, wenn in einem Bewegungselement $\dot{r} = 0$ und $\dot{\varphi} = \pm h$ ist. Die Umlaufszeit ist wie in 106 stets $\tau = \dfrac{2\pi}{h}$. Wir können die Bewegung als eine ebene harmonische Schwingung bezeichnen. Die Schwingungszeiten sind unabhängig von Form und Größe der Bahnkurven; sie hängen allein von der Steifheit ab [vgl. (106, 2)].

Bemerkungen: 1. Die potentielle Energie (125, 2) ist gleich der Arbeit, die die elastische Kraft leistet, wenn der Massenpunkt aus der Entfernung r in das Zentrum gebracht wird oder, was dasselbe ist, gleich der Arbeit, die man aufwenden muß, um den Massenpunkt vom Zentrum um den Abstand r zu entfernen (Deformationsarbeit).

2. Für einen gegebenen Wert der totalen Energie E hat man nach (125, 3) sofort eine obere Schranke für die möglichen Werte von r:

$$(125, 12) \qquad r = \sqrt{\frac{2E}{m\,h^2} - \frac{v^2}{h^2}} \leqq \sqrt{\frac{2E}{m\,h^2}}.$$

Die Bewegung geht also innerhalb einer Kugel vor sich, deren Radius die rechte Seite dieser Ungleichung ist. Nur bei geradliniger Bewegung erreicht der Massenpunkt die Kugelfläche, denn nur bei einer solchen kann v den Wert Null annehmen.

126. Bewegungen auf der Erdoberfläche. Ein Massenpunkt der Masse m auf der Erdoberfläche unterliegt, abgesehen von eventuellen anderen Kräften, den Anziehungskräften aller Massen des Sonnensystems. Diese Anziehungskräfte sind proportional m, rufen also in dem in 91, Voraussetzung 1, eingeführten Inertialsystem I eine von m

unabhängige Beschleunigung hervor. Wir wollen diese Beschleunigung mit $\mathfrak{b} + \mathfrak{b}'$ bezeichnen, wobei $\mathfrak{b}$ und $\mathfrak{b}'$ die von der Erde bzw. von den übrigen Massen des Sonnensystems herrührenden Beschleunigungen sind. Ferner sei $\mathfrak{b}''$ die Beschleunigung, mit der sich der Schwerpunkt G der Erde im Inertialsystem I unter dem Einfluß der übrigen Sonnensystemmassen bewegt. Diese bestimmt sich aus dem in **136** behandelten Schwerpunktssatz für die Bewegung von Körpern. Sie ist fast genau gleich der Beschleunigung, die ein Massenpunkt in G durch die Anziehung der übrigen Massen des Sonnensystems erfahren würde. Da nun das Gravitationsfeld, das von diesen Massen herrührt, innerhalb eines Bereichs von der Größe der Erde nur wenig variiert, unterscheiden sich $\mathfrak{b}'$ und $\mathfrak{b}''$ nur sehr wenig. Für die Erklärung gewisser Bewegungen auf der Erdoberfläche (Ebbe und Flut) muß man jedoch den Unterschied zwischen $\mathfrak{b}'$ und $\mathfrak{b}''$ berücksichtigen. Die Beiträge von Mond und Sonne machen sich dabei besonders geltend, der erste, weil der Mond der Erde verhältnismäßig nahe ist, der zweite, weil die Masse der Sonne groß ist. Wir wollen hier von diesem Unterschied absehen und $\mathfrak{b}'$ und $\mathfrak{b}''$ als denselben Vektor ansehen.

Es sei nun I' ein Koordinatensystem mit dem Ursprung in G und Achsenrichtungen nach bestimmten Fixsternen. Die Bewegung von I' relativ zu I enthält keine Drehung. Die Bewegung eines jeden mit I' fest verbundenen Punktes relativ zu I geschieht mit der Beschleunigung $\mathfrak{b}'' = \mathfrak{b}'$. Bezieht man also die Bewegung des betrachteten Massenpunktes auf I' statt auf I, so hat man nur die erste fiktive Kraft (**96**, 6), d. h. $-m\,\mathfrak{b}'$ hinzuzufügen. Die zweite fiktive Kraft (**96**, 7) ist Null. Die zugefügte Kraft wird von der Kraft $m\,\mathfrak{b}'$ aufgehoben, mit der der Massenpunkt von den außerhalb der Erde befindlichen Massen des Sonnensystems angezogen wird. Relativ zu I' unterliegt also der Massenpunkt nur der von der Erde herrührenden Anziehungskraft $m\,\mathfrak{b}$.

Es soll nun angenommen werden, daß die Erdmasse rotationssymmetrisch um die Verbindungsgerade l der Pole verteilt ist, daß also insbesondere G auf l liegt. Die Erdachse l ist eine in I' feste Gerade. Der Beschleunigungsvektor $\mathfrak{b}$ schneidet l für alle Lagen des Massenpunktes. Ferner soll angenommen werden, daß die Erde ein starrer Körper ist (was auch nur näherungsweise zutrifft). Wir wollen sie als Bezugskörper für die Bewegung verwenden, indem wir ein mit ihr fest verbundenes, im übrigen aber willkürliches Koordinatensystem Σ einführen. In bezug auf I' dreht sich die Erde um l mit einer Winkelgeschwindigkeit w, die infolge der in **90** eingeführten kinematischen Voraussetzungen als konstant anzusehen ist. Ihr Wert ist dadurch gegeben, daß sich die Erde im Laufe eines Sterntages um den Winkel 2π dreht. Die Bewegung von Σ relativ zu I' enthält dann den zu l parallelen Drehvektor $\mathfrak{w}$, dessen Betrag w ist und dessen Orientierung nach den in **4** getroffenen Festsetzungen vom Südpol zum Nordpol weist. Die Bewegung eines mit Σ fest verbundenen Punktes relativ zu I' ist eine gleichförmige Kreisbewegung um l. Um die Bewegung auf Σ zu beziehen, muß man dann nach **96** einerseits die zu l senkrechte und von l fort gerichtete Zentrifugalkraft

$$(126, 1) \qquad\qquad m\,\mathfrak{z}$$

vom Betrage

$$(126, 2) \qquad\qquad m\,|\mathfrak{z}| = m r w^2 ,$$

wobei r den Abstand des Massenpunktes von l bedeutet, andererseits die CORIOLIS kraft

$$(126, 3) \qquad\qquad -2\,m\,\mathfrak{w} \times \mathfrak{v}$$

hinzufügen, wo $\mathfrak{v}$ den Geschwindigkeitsvektor relativ zu Σ, also zur Erde bedeutet.

Ist der Massenpunkt an einem Faden aufgehängt und in Ruhe relativ zur Erde, so verschwindet (**126**, 3). Abgesehen von der Fadenspannung wirkt dann die Kraft

$$(126, 4) \qquad\qquad m\,\mathfrak{b} + m\,\mathfrak{z} = m\,\mathfrak{g}$$

auf den Massenpunkt. Sind keine anderen Kräfte als die hier genannten vorhanden, so muß der Vektor (**126**, 4) die Richtung des Fadens haben. (**126**, 4) ist somit derjenige Vektor, den man als „Schwere" des Massenpunktes beobachtet. Seine Richtung an einer beliebigen Stelle in der Nähe der Erdoberfläche ist die Richtung eines Lotes, sein Betrag ist

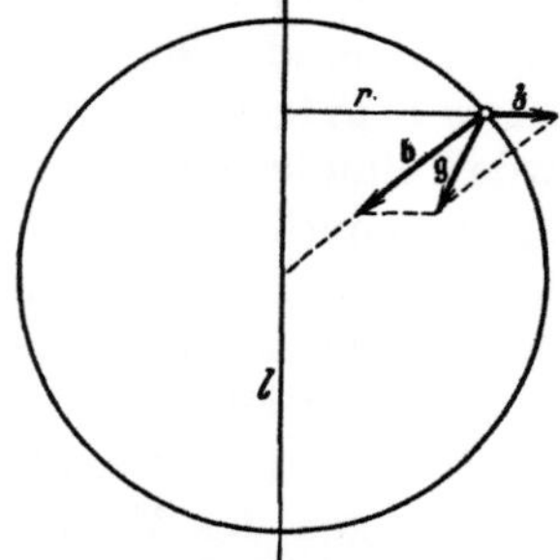

gleich dem durch ein Dynamometer meßbaren Zug des Massenpunktes an dem Faden. Den Vektor

$$(126, 5) \qquad\qquad \mathfrak{g} = \mathfrak{b} + \mathfrak{z}$$

nennt man die *Schwerebeschleunigung*.

Dem Betrage nach ist $g = |\mathfrak{g}|$ auf der Erdoberfläche variabel. Erstens ist nämlich $|\mathfrak{b}|$ veränderlich, es ist an den Polen etwas größer als am Äquator, da der Erddurchmesser von Pol zu Pol kleiner ist als der Durchmesser des Äquators. Zweitens ist $|\mathfrak{z}|$ veränderlich, da es nach (**126**, 2) vom Wert

Abb. 112. Zusammensetzung der Schwerebeschleunigung.

Null an den Polen zum Wert $R w^2$ am Äquator anwächst, wenn R der Radius des Äquators ist. Die geometrische Addition (**126**, 5) bewirkt einerseits, daß $\mathfrak{g}$ eine andere Richtung als $\mathfrak{b}$ hat, andererseits, daß $|\mathfrak{g}|$ kleiner als $|\mathfrak{b}|$ ist; der Winkel zwischen $\mathfrak{g}$ und $\mathfrak{z}$ ist nämlich überall stumpf (vgl. Abb. 112). Die Zusammensetzung aus $\mathfrak{b}$ und $\mathfrak{z}$ trägt also weiter dazu bei, daß g von den Polen zum Äquator abnimmt (ungefähr von 983 bis 978 cm sec^{-2}).

Der Vektor $\mathfrak{b}$ ist nach **115** der Gradient eines Skalarfeldes. Der Vektor $\mathfrak{z}$ ist nach (**126**, 1, 2) der Gradient des Skalarfeldes $\tfrac{1}{2} r^2 w^2$. Also ist auch $\mathfrak{g}$ ein Gradientfeld. Zu dessen Niveauflächen, das sind zugleich die Niveauflächen der der Kraft $m\,\mathfrak{g}$ entsprechenden potentiellen Energie, gehört im wesentlichen die Erdoberfläche (nämlich die Oberfläche der Wassermassen der Erde). Diese als *Geoid* bezeichnete Niveaufläche ist mit großer Annäherung ein sehr wenig abgeplattetes Rotationsellipsoid. Ihre Tangentialebene durch einen Punkt, also die auf dem zugehörigen Vektor $\mathfrak{g}$ senkrechte Ebene, nennt man den **Horizont** des betreffenden Ortes.

Wir gehen nun dazu über, die Bewegung eines Massenpunktes relativ zum System $\boldsymbol{\Sigma}$ zu untersuchen. Außer eventuellen anderen Kräften und der Kraft $m\,\mathfrak{g}$ wirkt auf den Massenpunkt die Kraft (126, 3). Diese ist senkrecht zu l, also von der in **120** betrachteten Art[1]. Da sie auf $\mathfrak{v}$, also auf der Bahn des Massenpunktes senkrecht steht, hat sie auf den Geschwindigkeitsbetrag keinen Einfluß. Sie spielt also bei der Anwendung des Energiesatzes keine Rolle. Wir wollen ihre

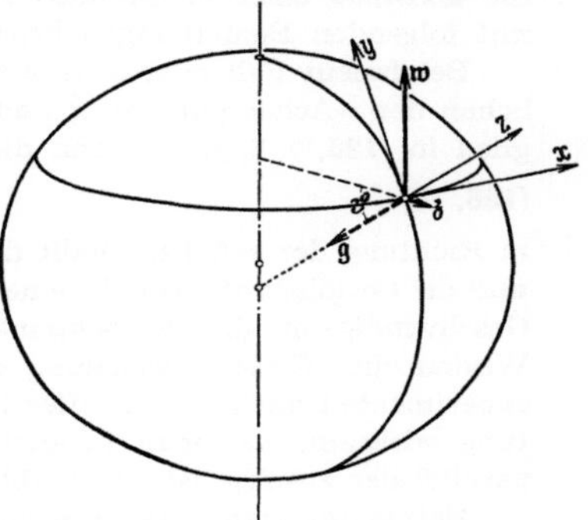

Abb. 113. Nach den Himmelsrichtungen und dem Zenith orientiertes Koordinatensystem für einen Punkt auf dem Geoid.

Koordinaten in einem passenden Koordinatensystem bestimmen, im übrigen uns aber darauf beschränken, ihren Einfluß qualitativ zu diskutieren.

Wir legen das Koordinatensystem $\boldsymbol{\Sigma}$ so, daß der Ursprung in einen Punkt O der Erdoberfläche fällt und die z-Achse dem Vektor $\mathfrak{g}$ in O entgegengesetzt, also nach dem **Zenith** des Ortes gerichtet ist (vgl. Abb. 113). Die x,y-Ebene ist dann der Horizont des Ortes O. Die x-Achse legen wir in die Tangente des Parallelkreises des Ortes, und zwar die positive Richtung nach Osten, die y-Achse in die Tangente des Ortsmeridians mit der positiven Richtung nach Norden. Mit ϑ bezeichnen wir den Winkel zwischen $\mathfrak{g}$ und $-\mathfrak{z}$, also zwischen der z-Achse und $\mathfrak{z}$, also zwischen der y-Achse und $\mathfrak{w}$ (geographische Breite des Ortes, positiv nördlich des Äquators). Die CORIOLISkraft wird dann

$$(126, 6) \qquad -2\,m\,\mathfrak{w}\times\mathfrak{v} = -2\,m\begin{vmatrix} \mathfrak{i} & \mathfrak{j} & \mathfrak{k} \\ 0 & w\cos\vartheta & w\sin\vartheta \\ \dot{x} & \dot{y} & \dot{z} \end{vmatrix}$$

Ihre Koordinaten sind

$$(126, 7) \qquad 2\,m\,w\,(\dot{y}\sin\vartheta - \dot{z}\cos\vartheta),$$

$$(126, 8) \qquad -2\,m\,w\,\dot{x}\sin\vartheta,$$

$$(126, 9) \qquad 2\,m\,w\,\dot{x}\cos\vartheta,$$

und diese Größen sind den Koordinaten der übrigen wirkenden Kräfte bei der Bestimmung der Bewegung eines Massenpunktes hinzuzufügen.

---

[1] Vgl. auch Übungsaufgabe 1 S. 301.

Wir diskutieren die Bewegung eines Massenpunktes, der außer der Wirkung der Corioliskraft nur der der Schwere $m\mathfrak{g}$ unterliegt. Beschränkt man sich auf ein so kleines Bewegungsgebiet, daß $\mathfrak{g}$ als konstant angesehen werden kann, so hat man zu (126, 9) nur die konstante Kraftkoordinate $-mg$ hinzuzufügen. Die Integration der Bewegungsgleichungen geschieht am besten dadurch, daß man die Koordinaten des Massenpunktes in Potenzreihen nach Potenzen von w entwickelt und die Koeffizienten sukzessive bestimmt. Man kann sich dabei auch die Existenz einer potentiellen Energie zunutze machen. Wir wollen uns hier mit folgenden Bemerkungen begnügen:

Bei freiem Fall oder senkrechtem Wurf ist die Geschwindigkeit im wesentlichen der z-Achse parallel, $\dot{x}$ und $\dot{y}$ sind klein im Vergleich mit $\dot{z}$. Das Hauptglied in (126, 7, 8, 9) ist dann die Kraft

$$(126,\ 10) \qquad\qquad -2\,m\,w\,\dot{z}\,\cos\vartheta$$

in Richtung der x-Achse. Fällt der Massenpunkt ($\dot{z} < 0$), so ist (126, 10) positiv, und die Corioliskraft bewirkt eine Ablenkung nach Osten. Bei aufwärtsgerichteter Geschwindigkeit des Massenpunktes tritt entsprechend eine Ablenkung nach Westen ein. Diese Abweichung von der Senkrechten bei freiem Fall kann man experimentell nachweisen. Hier ist die Komponente von $\mathfrak{w}$ in der Meridianrichtung wirksam, was man ja auch unmittelbar einsieht, da die Geschwindigkeit parallel der z-Achse ist. Die Ablenkung ist am Äquator am größten.

Betrachtet man eine Bewegung, die genau senkrecht ist, also die Bewegung eines Massenpunktes, der z. B. dadurch an die z-Achse gebunden ist, daß er sich in einem dünnen vertikalen Rohr befindet, so hat man $\dot{x} = \dot{y} = 0$, und (126, 10) ist dann die ganze Corioliskraft. Sie hat keinen Einfluß auf die Bewegung, ergibt aber einen Druck auf die Rohrwand in östlicher oder westlicher Richtung.

Bei einer genau horizontalen Bewegung eines Massenpunktes, der etwa an die x, y-Ebene gebunden ist, hat man $\dot{z} = 0$. Man sieht dann, daß die y-Komponente $w \cos\vartheta$ von $\mathfrak{w}$ die Kraft (126, 9) in der z-Richtung ergibt. Diese hat keinen direkten Einfluß auf die Bewegung; man muß sie aber bei der Bestimmung der Reaktion der Ebene berücksichtigen. Sie bewirkt einen Druck auf die Ebene nach oben oder unten, je nachdem ob die Bewegung eine östliche oder westliche Komponente hat. Dagegen beeinflußt die senkrechte Komponente $w \sin\vartheta$ von $\mathfrak{w}$ die Bewegung in der x, y-Ebene, da sie eine Corioliskraft ergibt, deren x- und y-Koordinaten

$$(126,\ 11) \qquad\qquad 2\,m\,w\,\dot{y}\,\sin\vartheta, \qquad -2\,m\,w\,\dot{x}\,\sin\vartheta$$

sind und die den Betrag

$$(126,\ 12) \qquad\qquad 2\,m\,w\,v\,\sin\vartheta$$

hat. Sie steht senkrecht auf der Geschwindigkeit, ändert also den Geschwindigkeitsbetrag nicht, wohl aber die Richtung der Geschwindigkeit. Auf der nördlichen Halbkugel hat $w \sin\vartheta$ die positive z-Richtung, weist also nach oben und bewirkt demnach eine Ablenkung nach rechts.

Nimmt man die Ebene als glatt an, so hat man die Möglichkeit, die Wirkung der Corioliskraft für sich allein zu studieren. Wir beschränken die Bewegung auf einen so kleinen Bereich, daß $\mathfrak{g}$ und ϑ als konstant angesehen werden können. Die Schwere $m\mathfrak{g}$ des Massenpunktes, vermehrt um die Corioliskraft (126, 9), wird von der Reaktion der Ebene aufgehoben. Die Bewegung bestimmt sich allein durch die zur Geschwindigkeit senkrechte Corioliskraft (126, 12). Sie ergibt konstanten Geschwindigkeitsbetrag v; und da deshalb auch die Größe der Kraft konstant ist, hat die Bahn konstanten Krümmungsradius, ist also ein Kreis. Den Radius ϱ des Kreises erhält man aus

$$2\,w\,v\,\sin\vartheta = \frac{v^2}{\varrho}.$$

Die Umlaufsdauer

$$\frac{2\pi\varrho}{v} = \frac{\pi}{w\sin\vartheta}$$

hängt nur von der geographischen Breite des Ortes ab.

Übungsaufgaben zum 15. Kapitel.

1. Ein Beispiel eines ebenen Kraftfeldes hat man, wenn die auf den Massenpunkt wirkende Kraft $\Re$ gleich dem Vektorprodukt eines Vektors $\mathfrak{H}$ fester Richtung und der Geschwindigkeit $\mathfrak{v}$ ist:

$$\Re = \mathfrak{H} \times \mathfrak{v}.$$

Physikalisch läßt sich dieser Fall durch die Bewegung eines elektrisch geladenen Teilchens in einem Magnetfeld konstanter Richtung realisieren. Auch die in **126** betrachtete Corioliskraft für Bewegung auf der Erdoberfläche hat diese Gestalt. — Wegen $\Re \cdot \mathfrak{H} = 0$ hat $\mathfrak{v}$ eine konstante Komponente in Richtung von $\mathfrak{H}$. Wegen $\Re \cdot \mathfrak{v} = 0$ ist v konstant. Also muß auch die Projektion von $\mathfrak{v}$ auf eine zu $\mathfrak{H}$ senkrechte Ebene einen konstanten Betrag v' haben. Ist ϱ' der Krümmungsradius der auf diese Ebene projizierten Bahn, so gilt daher

$$\frac{mv'^2}{\varrho'} = |\mathfrak{H} \times \mathfrak{v}|.$$

Wenn nun auch noch der Betrag von $\mathfrak{H}$ konstant ist (wie für ein elektrisch geladenes Teilchen in einem konstanten Magnetfeld), so folgt, daß ϱ' konstant, also die projizierte Bahn ein Kreis ist. Der Massenpunkt durchläuft also gleichmäßig eine Schraubenlinie.

Welche Sonderfälle der Bewegung erhält man, wenn die Anfangsgeschwindigkeit des Massenpunktes a) verschwindet, b) zu $\mathfrak{H}$ parallel, c) zu $\mathfrak{H}$ senkrecht ist?

2. Für die in **121** betrachtete Wurfbewegung sei u konstant, α veränderlich. Man bestimme das Maximum von Wurfhöhe, Wurfweite und Wurfzeit. Ferner zeige man, daß die zu allen Werten von α gehörigen Wurfparabeln eine gemeinsame Leitlinie haben und von der „Grenzparabel"

$$y^2 = \frac{2u^2}{g}\left(x + \frac{u^2}{2g}\right)$$

umhüllt werden. Für jeden Punkt innerhalb der Grenzparabel gibt es zwei Werte von α, für welche die zugehörige Wurfparabel durch den Punkt geht. Auf der einen wird der Punkt vor der Berührung mit der Grenzparabel passiert, auf der anderen nach der Berührung.

3. Zwei Geschosse werden im luftleeren Raum von einem Punkte O aus in derselben senkrechten Ebene mit gleicher Anfangsgeschwindigkeit, aber unter verschiedenen Erhebungswinkeln α und β abgeschossen. Die Flugzeiten bis zum Schnittpunkt der beiden Flugbahnen seien t_α und t_β, die Flugzeiten bis zum Aufschlag auf die waagerechte Ebene durch O seien T_α und T_β. Man zeige, daß die Größe $t_\alpha T_\alpha + t_\beta T_\beta$ von den Erhebungswinkeln unabhängig ist.

4. Von einem Punkt O im luftleeren Raum werden zur Zeit $t = 0$ Massenteilchen in einer senkrechten Ebene unter allen Erhebungswinkeln α fortgeschleudert, wobei die Anfangsgeschwindigkeit u für alle die gleiche ist. Man zeige, daß die gleichzeitigen Lagen der Teilchen Kreise erfüllen und daß das System dieser Kreise von derselben Parabel umhüllt wird wie das System der Bahnkurven (vgl. Aufgabe 2).

5. Ein Teilchen mit der Masse m steht unter dem Einfluß der Schwerkraft und einer Anziehung gegen eine feste senkrechte Gerade l; die letztere steht senkrecht auf l und ist durch eine Funktion $f(r)$ des Abstandes r von l gegeben. Welchen Bedingungen muß die Anfangsgeschwindigkeit in einer gegebenen Ausgangs-

stellung genügen, damit die Bahnkurve auf einem Rotationszylinder mit der Achse l liegt?

6. Mit welcher Geschwindigkeit würde ein Körper, der nur von der Erde angezogen wird und seine Bewegung ohne Anfangsgeschwindigkeit in sehr großer Entfernung von der Erde beginnt, an der Erdoberfläche eintreffen, wenn man vom Luftwiderstande absieht und die Erdmasse als kugelsymmetrisch betrachtet. Der Erdradius werde zu 6365 km und die Schwerebeschleunigung an der Erdoberfläche zu 981 cm sec^{-2} angenommen.

7. Die Bahnkurve für ein Massenteilchen P zu bestimmen, das von einem festen Punkt O mit einer der Entfernung OP proportionalen Kraft abgestoßen wird.

8. Die Bahnkurve für ein Massenteilchen P zu bestimmen, das von einem festen Punkt O mit einer Kraft abgestoßen wird, die dem Quadrat der Entfernung OP umgekehrt proportional ist.

9. In einer Zentralbewegung sei $r \cos 3\varphi$ längs der Bahnkurve konstant, wobei der Pol des Koordinatensystems im Zentrum liegt. m sei die Masse des bewegten Teilchens, und $t = 0$, $r = r_0$, $\varphi = 0$, $v = v_0$ seien zusammengehörige Werte. Man bestimme die Geschwindigkeit und die auf das Teilchen wirkende Kraft in Abhängigkeit von r. Zu welchem Zeitpunkt passiert das Teilchen die Lage $\varphi = \dfrac{\pi}{12}$?

10. Zu beweisen: In einer elliptischen Keplerbewegung läßt sich die Geschwindigkeit aus zwei Komponenten konstanten Betrages, die zur großen Achse bzw. zum Radiusvektor senkrecht sind, zusammensetzen; der Hodograph wird daher ein Kreis.

11. Ein schweres Teilchen von der Masse m wird mit der Anfangsgeschwindigkeit u unter dem Erhebungswinkel α gegen die waagerechte Ebene fortgeschleudert. Unter der Annahme eines der Geschwindigkeit entgegengesetzten und proportionalen Luftwiderstandes mkv ist die Lage des Teilchens in einem beliebigen Zeitpunkt zu bestimmen. Welche Zeit verstreicht, bis das Teilchen seinen höchsten Punkt erreicht?

12. In rechtwinkligen Koordinaten ist $y^2 = px + qx^2$ die Gleichung der Bahnkurve eines Massenteilchens. Die auf das Teilchen wirkende Kraft steht auf der x-Achse senkrecht. Wie hängt sie von y ab?

13. Die Bewegung eines in einer Ebene beweglichen Teilchens zu bestimmen, wenn dieses von einer festen Geraden der Ebene mit einer dem Abstand von der Geraden proportionalen Kraft abgestoßen wird.

14. Ein freies Teilchen durchläuft eine logarithmische Spirale $r = a e^{\mu\varphi}$ unter Einwirkung einer Kraft, die durch den Pol des Koordinatensystems geht. Geschwindigkeit und Kraft sind zu bestimmen. Zur Lage $\varphi = 0$ des Teilchens gehöre der Wert v_0 der Geschwindigkeit. Man bestimme die Verteilung des Zeitparameters in der Bahn.

15. In einer parabolischen Keplerbewegung sei $2p$ der Parameter der Parabel und u die Geschwindigkeit im Scheitelpunkt. Man berechne die Geschwindigkeit und die Anziehungskraft für die Masse 1, ferner die Verteilung des Zeitparameters in der Bahn.

16. Ein freies Teilchen der Masse m durchläuft eine gleichseitige Hyperbel unter dem Einfluß einer durch den Mittelpunkt der Hyperbel gehenden Kraft. Die Entfernung der Scheitelpunkte ist $2a$, und die Bewegung beginnt in einem Scheitelpunkt mit der Anfangsgeschwindigkeit u. Man bestimme die Geschwindigkeit, die Abstoßungskraft und die Verteilung des Zeitparameters in der Bahn.

17. Ein Teilchen beschreibt in einer Zentralbewegung einen durch das Zentrum gehenden Kreis. Man zeige, daß es mit einer Kraft angezogen wird, die der fünften Potenz des Abstandes umgekehrt proportional ist, und bestimme die Verteilung des Zeitparameters in der Bahn.

16. Kapitel.

Gebundene Bewegung eines Massenpunktes.

127. An eine Kurve gebundener Massenpunkt. In **12** sind verschiedenartige Beschränkungen der Bewegungsfreiheit eines Massenpunktes besprochen worden. Im vorigen Kapitel wurde der Massenpunkt als frei beweglich vorausgesetzt. Wir wollen nun die Bewegungsgesetze untersuchen, wenn der Freiheitsgrad auf zwei oder eins eingeschränkt ist.

Ist der Massenpunkt an eine Kurve C gebunden, so hängen seine möglichen Lagen von einem Parameter ab. Das geometrische Problem der Bestimmung der Bahnkurve ist hier von vornherein gelöst. Es bleibt dann nur die Aufgabe, die Bewegung auf der Kurve, d. h. die Verteilung des Zeitparameters t längs C, und die Reaktion der Kurve zu finden, wenn die wirkenden Kräfte gegeben sind, oder umgekehrt die wirkenden Kräfte, soweit sie bestimmt sind, zu berechnen, wenn die Bewegung gegeben ist. Die Methode besteht ebenso wie im statischen Fall darin, den geometrischen Zwang durch eine Kraft, die *Reaktion* der Kurve, zu ersetzen, und danach den Massenpunkt als frei zu behandeln. Die Reaktion wird wie in **12** in die *Normalreaktion* $\mathfrak{N}$ und die *Reibungskraft* $\mathfrak{F}$ zerlegt, und für diese gilt (**12**, 2). Es ist wichtig, die folgende Voraussetzung über die Wirkungsweise der Reibung hervorzuheben:

Wenn zwei Körper unter Reibung aneinander gleiten, so hat die Reibungskraft $\mathfrak{F}$ stets den Betrag $\mu\,|\mathfrak{N}|$ und wirkt auf jeden der Körper der Geschwindigkeit, mit der er am anderen gleitet, entgegengesetzt.

Zwangsflächen oder -kurven brauchen nicht materiell vorhanden zu sein; sie können durch Bindungen verschiedener Art erzeugt werden (vgl. **14**).

Wir setzen nun voraus, daß die betrachtete Kurve C glatt ist und in einem Inertialsystem ruht. Die Reaktion besteht dann nur aus einer Normalreaktion $\mathfrak{N}$, die in der Normalebene ν der Kurve liegt. Die auf den Massenpunkt wirkende Kraft, $\mathfrak{N}$ nicht mitgerechnet, sei $\mathfrak{K}$; ihre Projektionen auf die Tangente, die Hauptnormale und die Binormale der Kurve bezeichnen wir durch Anhängen eines Index t, $\mathfrak{h}$ bzw. $\mathfrak{p}$. Ihre Komponente in der Normalebene ν von C nennen wir $\mathfrak{K}_\nu$. Was die für die Kurve verwendeten Bezeichnungen und Sätze angeht, verweisen wir auf **61** bis **63**.

Die Bewegungsgleichung des Massenpunktes lautet

$$(\textbf{127}, 1) \qquad m\mathfrak{b} = m\left(\frac{dv}{dt}\,\mathfrak{t} + \frac{v^2}{\varrho}\,\mathfrak{h}\right) = \mathfrak{K} + \mathfrak{N}.$$

Durch skalare Multiplikation mit $\mathfrak{t}$, $\mathfrak{h}$ bzw. $\mathfrak{p}$ erhält man hieraus

$$(127, 2) \qquad m\frac{dv}{dt} = K_{\mathfrak{t}},$$

$$(127, 3) \qquad m\frac{v^2}{\varrho} = K_{\mathfrak{h}} + N_{\mathfrak{h}},$$

$$(127, 4) \qquad 0 = K_{\mathfrak{p}} + N_{\mathfrak{p}}.$$

Die beiden letzten Gleichungen können zu

$$(127, 5) \qquad m\frac{v^2}{\varrho}\,\mathfrak{h} = \mathfrak{K}_{\nu} + \mathfrak{N}$$

zusammengefaßt werden.

Ist eine partikuläre Bewegung z. B. durch die Bogenlänge s auf C als Funktion der Zeit t gegeben, so bestimmt sich aus (**127**, 2) für jeden Kurvenpunkt die tangentielle Kraftkomponente $K_{\mathfrak{t}}$, die auf den Massenpunkt beim Durchgang durch diesen Kurvenpunkt wirkt, und aus (**127**, 5) die gesamte Normalkraft $\mathfrak{K}_{\nu} + \mathfrak{N}$ in diesem Punkt. Man erhält aber keine Aufklärung darüber, welcher Anteil dieser Normalkraft von der äußeren Kraft und welcher von der Kurvenreaktion herrührt.

Bei der umgekehrten Aufgabe, die Bewegung bei gegebener Kraft $\mathfrak{K}$ zu bestimmen, muß die Kraft durch ein Kraftgesetz gegeben sein. Da nur Lagen des Punktes auf C in Betracht kommen, kann man in den Punkten von C die Kraft $\mathfrak{K}$ und daher auch $\mathfrak{K}_{\mathfrak{t}}$ im allgemeinsten Fall als Funktion von s, $\dot{s}$ und t darstellen. (**127**, 2) ergibt dann

$$(127, 6) \qquad m\ddot{s} = K_{\mathfrak{t}}(s, \dot{s}, t)$$

zur Bestimmung der Bewegung auf der Kurve. Dies ist eine Differentialgleichung zweiter Ordnung mit nur einer abhängigen Variablen, und für diese gilt alles, was im 13. Kapitel über solche Differentialgleichungen ausgeführt worden ist: die Bestimmung der Bewegung selbst ist mit der entsprechenden Aufgabe für geradlinige Bewegung identisch. Nachdem die Bewegung bestimmt ist, findet man $\mathfrak{N}$ aus (**127**, 5) oder, indem man die beiden aufeinander senkrechten Komponenten $N_{\mathfrak{h}}$ und $N_{\mathfrak{p}}$ aus (**127**, 3, 4) berechnet. Für den Betrag von $\mathfrak{N}$ hat man die skalare Gleichung

$$(127, 7) \qquad |\mathfrak{N}| = \sqrt{\left(K_{\mathfrak{h}} - \frac{mv^2}{\varrho}\right)^2 + K_{\mathfrak{p}}^2}.$$

Besonders einfache Verhältnisse liegen vor, wenn die Kraft nur von der Lage des Massenpunktes abhängt, so daß man auf C

$$(127, 8) \qquad \mathfrak{K} = \mathfrak{K}(s)$$

setzen kann und statt (**127**, 6)

$$(127, 9) \qquad m\ddot{s} = K_{\mathfrak{t}}(s)$$

erhält. Man kann dann die *potentielle Energie* (allerdings nicht immer im Sinne von **114**, da hier die Kraft nicht als Kraftfeld im Raume, sondern nur längs der Kurve C gegeben zu sein braucht) als die Arbeit einführen, die die Kraft bei Überführung des Massenpunktes längs C von einer beliebigen Lage s in eine willkürlich, aber fest gewählte Normallage s_0 leistet.   Man findet dafür

$$(\mathbf{127},\,10) \qquad\qquad U(s) = -\int_{s_0}^{s} K_t(s)\,ds,$$

da weder die Normalkomponente der Kraft noch die Reaktion Arbeit leisten. Dieser Ausdruck ist von der Art der Überführung in die Normallage unabhängig, was nicht der Fall sein würde, wenn die Kraft nicht nur von der Lage, sondern beispielsweise auch von der Geschwindigkeit abhinge. Mit Hilfe von $(\mathbf{127},\,10)$ erhält man nun die Energiegleichung

$$(\mathbf{127},\,11) \qquad\qquad \tfrac{1}{2}\,mv^2 + U(s) = E$$

als ein Erstintegral von $(\mathbf{127},\,9)$ mit der Energiekonstanten E als Integrationskonstante. Man bemerkt, daß man in diesem Fall $\mathfrak{N}$ bestimmen kann, ohne die Bewegungsgleichung vollständig zu integrieren. Aus $(\mathbf{127},\,11)$ erhält man nämlich v^2 als Funktion des Ortes auf der Kurve und, da man von vornherein ϱ, $K_{\mathfrak{h}}$ und $K_{\mathfrak{p}}$ in Abhängigkeit vom Ort auf C kennt, findet man $\mathfrak{N}$ aus $(\mathbf{127},\,3,\,4)$.

Die Bewegungsgleichung $(\mathbf{127},\,9)$ ist dieselbe für zwei Kurven C und zwei Kraftfelder $\mathfrak{K}(s)$, die in der Tangentialkomponente $K_t(s)$ übereinstimmen. So ist beispielsweise die Bewegung eines nur der Schwere unterworfenen Massenpunktes auf einer beliebigen glatten Böschungslinie (d. i. eine Raumkurve, deren Tangente einen konstanten Winkel mit einer horizontalen Ebene bildet) dieselbe wie die eines Massenpunktes auf einer glatten Geraden mit derselben Neigung. Wenn man die Bewegung eines schweren Massenpunktes auf einer in einer senkrechten Ebene liegenden glatten Kurve bestimmt hat, so hat man damit auch seine Bewegung auf denjenigen Raumkurven gefunden, die man durch Aufwickeln dieser Ebene auf beliebige Zylinderflächen mit senkrechter Erzeugendenrichtung erhält. Bei einer solchen Änderung der Kurve ändert sich jedoch die Reaktion.

Kennt man eine bestimmte Bewegung längs einer gegebenen Kurve, so findet man eine unter dem Einfluß derselben Kraft mögliche Bewegung desselben Massenpunktes längs derselben Kurve, indem man v^2 überall um einen willkürlichen konstanten Summanden ändert. Man erhält nämlich für die beiden Bewegungen denselben Wert von

$$\frac{d(v^2)}{ds} = 2v\,\frac{dv}{ds} = 2\,\frac{dv}{dt} = \frac{2}{m}\,K_t,$$

also von $\mathfrak{K}_t$, und man kann dann auch annehmen, von $\mathfrak{K}$. Die Reaktion $N_{\mathfrak{h}}$ wird hierbei jedoch geändert. Für Bewegungen mit dem Kraftgesetz $(\mathbf{127},\,8)$ bedeutet dies nur eine Änderung der Energiekonstanten in $(\mathbf{127},\,11)$.

128. Bewegung eines schweren Massenpunktes auf einer glatten Kurve.

Besteht die Kraft $\mathfrak{K}$ allein aus der Schwere des Massenpunktes, so hat man die potentielle Energie

$$(\mathbf{128},\,1) \qquad\qquad U = mgz.$$

Hierbei ist die Niveaufläche $U = 0$, also $z = 0$ eine beliebig gewählte horizontale Ebene und die z-Achse vertikal nach oben gerichtet. Die Koordinate z, die die Höhe (mit Vorzeichen) des Massenpunktes über der gewählten Ebene angibt, ist eine mit der Kurve C bekannte Funktion der Bogenlänge s von C. In der Energiegleichung
(**127**, 11) wollen wir E in der Form mgh schreiben. Dabei ist dann h
eine für die einzelne partikuläre Bewegung charakteristische Konstante.
(**127**, 11) nimmt dann die Gestalt

$$(\textbf{128}, 2) \qquad\qquad v^2 = 2\,g\,(h - z)$$

an.

Wie oben erwähnt, kann man hieraus die Reaktion der Kurve nach
(**127**, 5) bestimmen. Die Integration der Bewegungsgleichungen ist auf
eine Quadratur zurückgeführt, da man aus (**128**, 2)

$$(\textbf{128}, 3) \qquad\qquad dt = \pm \frac{ds}{\sqrt{2g\,(h - z)}}$$

erhält, wo z als Funktion von s durch die Vorgabe der Kurve C bekannt ist.

Es sei H die Ebene mit der Gleichung $z = h$. Sie ist, wie erwähnt,
für die einzelne partikuläre Bewegung charakteristisch. Wegen (**128**, 2)
kann der Massenpunkt nie oberhalb H gelangen, und v kann nur in H
verschwinden. An einem willkürlichen Ort ist v gleich dem Geschwindigkeitsbetrag, den der Massenpunkt bei freiem Fall vom Niveau H
an dem betreffenden Ort erhalten würde [vgl. (**101**, 12)]. Die Bewegung
des Massenpunktes hat verschiedenen Charakter, je nachdem C Punkte
mit H gemeinsam hat oder nicht.

Schneiden sich H und C nicht, so muß C ganz unterhalb H liegen.
v kann dann niemals verschwinden, und der Massenpunkt muß also
seine Bewegung auf C für alle Zeiten in der gleichen Durchlaufungsrichtung fortsetzen. Ist C eine geschlossene Kurve, so wird die Bewegung periodisch; (**128**, 3) ergibt nämlich eine endliche Umlaufsdauer,
und jeder Kurvenpunkt wird immer wieder mit derselben Geschwindigkeit passiert.

Haben H und C Punkte gemeinsam, so wird die Geschwindigkeit
Null, sobald der Massenpunkt die Ebene H erreicht. Bewegt sich der
Massenpunkt aufwärts auf einen Schnittpunkt von H und C zu, in
dem H die Kurve C nicht berührt, wo also die Tangente von C nicht
in H liegt, so erreicht er den Schnittpunkt in endlicher Zeit und kehrt
in diesem um. Man kann nämlich (**128**, 3) auch

$$(\textbf{128}, 4) \qquad\qquad dt = \pm \frac{ds}{dz}\,\frac{dz}{\sqrt{2g\,(h - z)}}$$

schreiben, und wenn der Massenpunkt sich dem Schnitt nähert, bleibt $\dfrac{ds}{dz}$
wegen der Voraussetzung über die Tangente, und

$$\int \frac{dz}{\sqrt{h - z}} = -2\,\sqrt{h - z}$$

für $z \to h$ beschränkt. In einem solchen Fall kann man eine Bewegung erhalten, bei der der Massenpunkt periodisch zwischen zwei Schnittpunkten mit H hin- und herschwingt.

Bewegt sich dagegen der Massenpunkt auf einen Berührungspunkt von H und C zu, so erreicht er möglicherweise diesen Punkt erst nach unendlich langer Zeit, da $\dfrac{ds}{dz}$ für $z \to h$ gegen unendlich strebt. Es kommt dann auf die Form der Kurve an, ob das Integral von (**128**, 4) für $z \to h$ beschränkt bleibt.

Ist C eine ebene Kurve in einer vertikalen Ebene, so hat man $\mathfrak{K}_\mathfrak{p} = 0$ in (**127**, 4), also auch $N_\mathfrak{p} = 0$. Die Reaktion liegt dann ebenfalls in der Kurvenebene und bestimmt sich aus (**127**, 3) und (**128**, 2) zu

$$(\mathbf{128}, 5) \qquad N = \frac{mv^2}{\varrho} - K_\mathfrak{h} = mg\left[\frac{2(h-z)}{\varrho} - \cos\gamma\right],$$

$N = N_\mathfrak{h}$ ist hierbei positiv, wenn die Reaktion auf das Krümmungszentrum zu gerichtet ist, und γ ist der Winkel, den diese Richtung mit der Richtung der Schwerkraft bildet.

129. Das mathematische Pendel. Es sei C speziell ein Kreis vom Radius l in einer vertikalen Ebene. Wir nehmen an, daß nur die Schwerkraft wirkt. Das Niveau $z = 0$ sei durch den Mittelpunkt des Kreises gelegt (Abb. 114).

Legt man die Punkte des Kreises durch den Winkel Θ fest, den der Radius mit der abwärts gerichteten Vertikalen bildet, so hat man

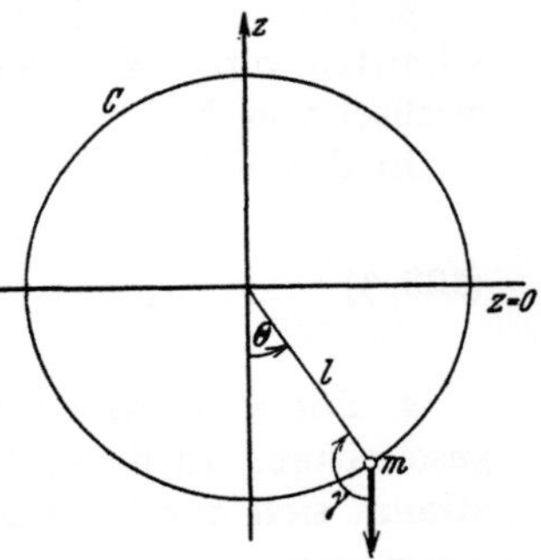

Abb. 114. Mathematisches Pendel.

$$ds = l\,d\Theta, \qquad z = -l\cos\Theta, \qquad \gamma = \pi - \Theta, \qquad \varrho = l.$$

Man erhält dann aus (**128**, 5), je nachdem man z oder Θ als Variable verwendet,

$$(\mathbf{129}, 1) \qquad N = mg\frac{2h - 3z}{l} = mg\left(\frac{2h}{l} + 3\cos\Theta\right)$$

und aus (**128**, 3, 4)

$$(\mathbf{129}, 2) \qquad dt = \pm\frac{l\,dz}{\sqrt{2g(h-z)(l^2 - z^2)}} = \pm\frac{l\,d\Theta}{\sqrt{2g(h + l\cos\Theta)}}.$$

Das Vorzeichen richtet sich danach, ob z und Θ wachsen oder abnehmen. dt ist ein sog. elliptisches Differential. Der Ort in der Bahn bestimmt sich also durch eine elliptische Funktion der Zeit. Die Bestimmung der Bewegung ist auf eine Quadratur zurückgeführt; diese kann aber nicht mit den elementaren Funktionszeichen ausgeführt werden. Mit Hilfe von Tafeln für elliptische Funktionen kann man die Bewegung durch numerische Rechnung verfolgen.

Aus (**129**, 1) findet man $N = 0$ für $z = \tfrac{2}{3}h$. Es sei H' die Ebene mit dieser Gleichung. Sowohl für $h > 0$ als auch für $h < 0$ liegt H'

dem Kreismittelpunkt näher als H. Passiert der Massenpunkt die Ebene H' von unten nach oben, so wechselt N von positiven zu negativen Werten. Ist der Massenpunkt dadurch an C gebunden, daß er durch einen unausdehnbaren Faden der Länge l mit dem Kreismittelpunkt verbunden ist, so kann diese einseitige Bindung nur bei positiven Werten von N bestehen, die hierbei als Fadenspannungen auftreten.

Durch diese Betrachtungen erhält man folgende Übersicht der Formen partikulärer Bewegungen, die den verschiedenen Werten der totalen Energie oder, was auf dasselbe hinausläuft, von h entsprechen.

1. Für $h > \frac{3}{2}l$ liegt nicht nur H, sondern auch H' oberhalb C. Man hat eine umlaufende periodische Bewegung mit $N > 0$.

2. Für $h = \frac{3}{2}l$ berührt H' den Kreis C im höchsten Punkt. Es tritt dann dieselbe Bewegung ein, nur daß man für einen Augenblick beim Durchgang durch den höchsten Punkt $N = 0$ hat.

3. Für $l < h < \frac{3}{2}l$ verläuft H oberhalb C, während H' von C geschnitten wird. Man hat eine umlaufende Bewegung mit Vorzeichenwechsel von N.

In den Fällen 1 bis 3 ist die Umlaufsdauer nach (**129**, 2)

$$(\textbf{129}, 3) \qquad \tau = \frac{l}{\sqrt{2g}} \int_0^{2\pi} \frac{d\Theta}{\sqrt{h + l\cos\Theta}}.$$

4. Für $h = l$ wird C von H berührt und von H' in der Höhe $z = \frac{2}{3}l$ geschnitten. In dieser Höhe wechselt N das Vorzeichen. Die Zeit bestimmt sich durch Umformung von (**129**, 2) wegen $h = l$ zu

$$(\textbf{129}, 4) \qquad t = \sqrt{\frac{l}{g}} \int \frac{d\frac{\Theta}{2}}{\cos\frac{\Theta}{2}} = \sqrt{\frac{l}{g}} \log \operatorname{tg}\left(\frac{\Theta + \pi}{4}\right) + c.$$

Man erhält daher $t \to \infty$ für $\Theta \to \pi$: Der Massenpunkt nähert sich asymptotisch dem höchsten Punkt des Kreises in unbegrenzt langer Zeit.

5. Für $0 < h < l$ wird C sowohl von H als auch von H' oberhalb des Mittelpunktes geschnitten. N wechselt das Vorzeichen in H'. Der Massenpunkt kehrt in der Ebene H um, die er in endlicher Zeit erreicht. Hier und in den folgenden Fällen hat man eine periodische Schwingung zwischen den beiden in der Höhe h gelegenen Punkten des Kreises. Die Schwingungsdauer erhält man durch Integration von (**129**, 2).

6. Für $h = 0$ fallen H und H' zusammen und gehen durch den Mittelpunkt. Man hat $N > 0$, abgesehen von den Umkehrpunkten, wo $N = 0$ ist.

7. Für $-l < h < 0$ kehrt der Massenpunkt in der Höhe h um, und man hat überall $N > 0$.

8. Für $h = -l$ bleibt der Massenpunkt im niedrigsten Punkt des Kreises in Ruhe.

In den Fällen 1 bis 2 und 6 bis 8 kann der Massenpunkt durch einen Faden der Länge l vom Mittelpunkt aus an C gebunden werden. In den Fällen 3 bis 5 ist dagegen diese einseitige Bindung unzureichend; hier muß der Faden etwa durch eine (starre und massenlose) Stange ersetzt werden. Verwendet man auch in diesen Fällen einen Faden, so verläßt der Massenpunkt nach dem Durchgang durch H' den Kreis und bewegt sich längs einer Wurfparabel innerhalb C weiter, bis der Faden wieder gespannt ist.

Der obengenannte Fall 7 ist der, den man gewöhnlich als Pendelbewegung bezeichnet. In diesem Fall kann man $h = -l\cos\alpha$ setzen. Die Extremwerte von Θ sind dann α und $-\alpha$. Für die Geschwindigkeit **(128, 2)** findet man

(129, 5) $$v^2 = 2\,gl(\cos\Theta - \cos\alpha).$$

Die Fadenspannung wird nach **(129, 1)**

(129, 6) $$N = mg(3\cos\Theta - 2\cos\alpha).$$

Für die Schwingungsdauer τ, worunter man die Zeit für eine vollständige Periode versteht, findet man aus **(129, 2)**

(129, 7) $$\tau = 4\sqrt{\frac{l}{2g}} \int_0^\alpha \frac{d\Theta}{\sqrt{\cos\Theta - \cos\alpha}}.$$

Zur numerischen Berechnung von τ kann man, wie schon erwähnt, Tafeln elliptischer Funktionen verwenden. Man kann τ aber auch durch eine Reihenentwicklung in folgender Weise finden: Setzt man

(129, 8) $$\sin\frac{\Theta}{2} = \sin\frac{\alpha}{2}\sin u,$$

so entspricht dem Intervall $0 \leqq \Theta \leqq \alpha$ das Intervall $0 \leqq u \leqq \frac{\pi}{2}$ und **(129, 7)** läßt sich

(129, 9) $$\tau = 4\sqrt{\frac{l}{g}} \int_0^{\frac{\pi}{2}} \frac{du}{\sqrt{1 - \sin^2\frac{\alpha}{2}\sin^2 u}}$$

schreiben. Wendet man die Taylorsche Formel mit Restglied auf die Funktion $f(x) = (1 - x)^{-\frac{1}{2}}$ an und setzt $x = \left(\sin\frac{\alpha}{2}\sin u\right)^2$ ein, so findet man

(129, 10)
$$\left[1 - \left(\sin\frac{\alpha}{2}\sin u\right)^2\right]^{-\frac{1}{2}} = 1 + \frac{1}{2}\left(\sin\frac{\alpha}{2}\sin u\right)^2$$
$$+ \frac{1\cdot 3}{2\cdot 4}\left(\sin\frac{\alpha}{2}\sin u\right)^4 + \cdots + \frac{1\cdot 3\cdots(2n-1)}{2\cdot 4\cdots 2n}\left(\sin\frac{\alpha}{2}\sin u\right)^{2n} + R,$$

(129, 11) $$R = \frac{1\cdot 3\cdots(2n+1)}{2\cdot 4\cdots(2n+2)}\left(\sin\frac{\alpha}{2}\sin u\right)^{2n+2}\left[1 - \left(\sin\frac{\alpha}{2}\sin\bar{u}\right)^2\right]^{-\frac{2n+3}{2}}.$$

Hierbei ist $\bar{u}$ ein nicht näher bekannter Wert zwischen 0 und u.

Man verwendet nun die für positive ganze n gültige Formel

$$(129, 12) \qquad \int_0^{\frac{\pi}{2}} \sin^{2n} u \, du = \frac{1 \cdot 3 \cdots (2n-1)}{2 \cdot 4 \cdots 2n} \cdot \frac{\pi}{2}.$$

Setzt man (**129**, 10) in (**129**, 9) ein, so kann man die Integration mit Hilfe von (**129**, 12) gliedweise durchführen und erhält

$$(129, 13) \qquad \tau = 2\pi \sqrt{\frac{l}{g}} \left[1 + \left(\frac{1}{2} \sin \frac{\alpha}{2} \right)^2 \right.$$
$$\left. + \left(\frac{1 \cdot 3}{2 \cdot 4} \sin^2 \frac{\alpha}{2} \right)^2 + \cdots + \left(\frac{1 \cdot 3 \cdots (2n-1)}{2 \cdot 4 \cdots 2n} \sin^n \frac{\alpha}{2} \right)^2 + R_1 \right]$$

und aus (**129**, 11) für den Rest R_1

$$R_1 = \frac{2}{\pi} \int_0^{\frac{\pi}{2}} R \, du = \frac{2}{\pi} \cdot \frac{1 \cdot 3 \cdots (2n+1)}{2 \cdot 4 \cdots (2n+2)} \sin^{2n+2} \frac{\alpha}{2} \int_0^{\frac{\pi}{2}} \frac{\sin^{2n+2} u \, du}{\left[1 - \left(\sin \frac{\alpha}{2} \sin \bar{u} \right)^2 \right]^{\frac{2n+3}{2}}}.$$

Hier läßt sich die Integration nicht explizit ausführen, da $\bar{u}$ als Funktion von u nicht bekannt ist. Man erhält aber, weil u und $\bar{u}$ zwischen 0 und $\frac{\pi}{2}$, also $\sin \bar{u}$ zwischen 0 und 1 variieren, obere und untere Schranken für R_1, indem man $\sin \bar{u}$ durch 1 bzw. 0 ersetzt. Verwendet man wieder (**129**, 12), so ergibt sich

$$(129, 14) \qquad 1 < \frac{R_1}{\left(\dfrac{1 \cdot 3 \cdots (2n+1)}{2 \cdot 4 \cdots (2n+2)} \sin^{n+1} \dfrac{\alpha}{2} \right)^2} < \frac{1}{\cos^{2n+3} \dfrac{\alpha}{2}}.$$

Man sieht, daß das Verhältnis von R_1 und dem nächsten Glied der Reihe (**129**, 13) zwischen 1 und $\cos^{-(2n+3)} \frac{\alpha}{2}$ liegt.

Entnimmt man aus (**129**, 14)

$$(129, 15) \qquad R_1 < \left(\frac{1 \cdot 3 \cdots (2n+1)}{2 \cdot 4 \cdots (2n+2)} \right)^2 \cdot \operatorname{tg}^{2n+2} \frac{\alpha}{2} \cdot \frac{1}{\cos \dfrac{\alpha}{2}}$$

und benutzt, daß $\operatorname{tg} \frac{\alpha}{2} < 1$ ist, so schließt man $R_1 \to 0$ für $n \to \infty$. Man kann also von (**129**, 13) zu einer konvergenten unendlichen Reihe übergehen. Für nicht zu große Werte von α konvergiert sie sogar sehr schnell.

Als ersten, $n = 0$ entsprechenden Näherungswert hat man nach (**129**, 13)

$$(129, 16) \qquad \tau \approx 2\pi \sqrt{\frac{l}{g}},$$

wobei der Fehler nach (**129**, 13, 14, 15) kleiner als

$$(129, 17) \qquad 2\pi \sqrt{\frac{l}{g}} \cdot \frac{1}{4} \operatorname{tg}^2 \frac{\alpha}{2} \cdot \frac{1}{\cos \dfrac{\alpha}{2}}$$

ist. Als nächsten, $n = 1$ entsprechenden Näherungswert erhält man

$$(129, 18) \qquad \tau \approx 2\pi \sqrt{\frac{l}{g}} \left[1 + \frac{1}{4} \sin^2 \frac{\alpha}{2} \right]$$

mit einem Fehler kleiner als

(129, 19)
$$2\pi \sqrt{\frac{l}{g}\frac{9}{64}}\,\mathrm{tg}^4\frac{\alpha}{2}\cdot\frac{1}{\cos\dfrac{\alpha}{2}}.$$

Wenn man nicht bei (129, 16) stehenbleiben will, erhält man für kleinere Ausschläge jedenfalls eine sehr gute Annäherung, indem man (129, 18) durch

(129, 20)
$$\tau \approx 2\pi \sqrt{\frac{l}{g}}\left(1+\frac{\alpha^2}{16}\right)$$

ersetzt.

Da (127, 2) für die Pendelbewegung die Form

(129, 21)
$$ml\ddot\Theta = -mg\sin\Theta$$

annimmt und dies für kleine Werte des maximalen Ausschlagswinkels α näherungsweise mit

(129, 22)
$$\ddot\Theta + \frac{g}{l}\,\Theta = 0$$

übereinstimmt, bestätigt man, daß die Schwingungsdauer für kleine Ausschläge als unabhängig von der Größe der Ausschläge angesehen werden kann, wie wir oben gefunden haben. **106** lehrt nämlich, daß (129, 22) harmonische Schwingungen mit der Schwingungsdauer (129, 16) darstellt.

Nimmt man bei Voraussetzung kleiner Ausschläge einen der Geschwindigkeit proportionalen Widerstand an, so erhält man gedämpfte Schwingungen von der in **107** behandelten Art.

130. Das Zykloidenpendel. Wenn ein Kreis auf einer Geraden rollt, beschreibt ein Punkt der Kreisperipherie eine *Zykloide.* Wir betrachten zwei Kreise vom Radius a, die einander im Punkt A berühren und die Gerade AB zur gemeinsamen Tangente haben (vgl. Abb. 115). Rollt der untere Kreis auf der Geraden AB und der obere auf der Geraden CD, so beschreibt ein Punkt, der in der Ausgangslage in A fällt, bei den beiden Bewegungen kongruente

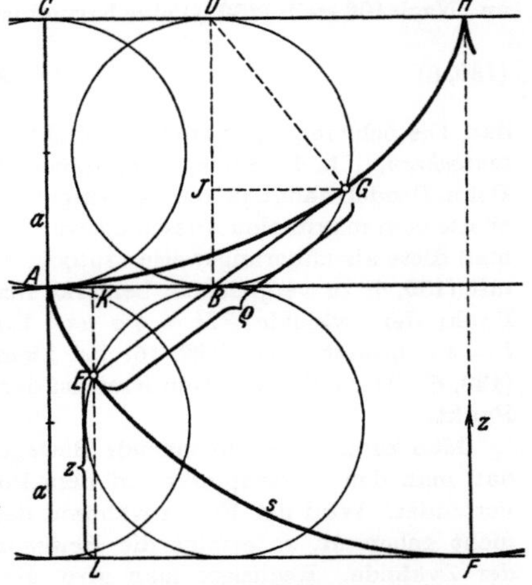

Abb. 115. Zum Zykloidenpendel.

Zykloiden. AEF und AGH sind die beiden Bögen, die der abgerollten Länge $CH=\pi a$ entsprechen. Rollen die beiden Kreise um das Stück $AB=CD$, so befindet sich der betrachtete Punkt des oberen Kreises in G und der des unteren Kreises in E, wobei die Länge von AB gleich den Bogenlängen $\overset{\frown}{BG}$ und $\overset{\frown}{BE}$ ist. Die Punkte E, B und G liegen daher auf einer Geraden, und es ist $EB=BG$. Der obere Kreis hat D, der untere B zum momentanen Drehzentrum. Die Gerade GBE ist also Tangente der oberen und Normale der unteren Zykloide. Die untere ist folglich eine Evolvente der oberen oder, was dasselbe besagt, die obere ist die Evolute der unteren. EG ist der Krümmungsradius der unteren und gleich der Länge des Bogens $\widehat{AG}$. Aus dem Dreieck BDG entnimmt man

$$(130, 1) \qquad 2a \cdot BI = BG^2 = \left(\frac{EG}{2}\right)^2 = \left(\frac{\widehat{AG}}{2}\right)^2.$$

Wir wollen nun Bezeichnungen für die untere Zykloide einführen. ϱ sei ihr Krümmungsradius, s ihre Bogenlänge, gerechnet von F, und z die Ordinate EL. Dann ist $BI = EK = 2a - z$. Man erhält daher aus $(130, 1)$

$$130, 2) \qquad \varrho^2 = 8a(2a - z)$$

und durch Anwendung der für den Bogen AG der oberen Zykloide abgeleiteten Relation $(130, 1)$ auf den Bogen EF der unteren

$$(130, 3) \qquad s^2 = 8az.$$

Hieraus folgt

$$(130, 4) \qquad s\,ds = 4a\,dz.$$

Legen wir nun die z-Achse von F aus senkrecht nach oben und betrachten die untere Zykloide als Bahnkurve eines nur der Schwere unterworfenen Massenpunktes, so nimmt $(127, 2)$ die Gestalt

$$m\ddot{s} = -mg\,\frac{dz}{ds},$$

also mit Berücksichtigung von $(130, 4)$

$$(130, 5) \qquad \ddot{s} + \frac{g}{4a}\,s = 0$$

an. Nach **106** stellt $(130, 5)$ eine harmonische Schwingung mit der Schwingungsdauer

$$(130, 6) \qquad \tau = 2\pi\sqrt{\frac{4a}{g}}$$

dar. Die Schwingungen sind also nicht nur isochron wie beim Pendel, sondern auch *tautochron*, d. h. die Schwingungsdauer ist unabhängig von der Größe der Ausschläge. Beim Pendel hängt ja die Schwingungsdauer in der durch $(129, 7, 13)$ gegebenen Weise vom maximalen Ausschlagswinkel α ab. Nur bei kleinen Schwingungen kann man diese als näherungsweise tautochron betrachten [vgl. $(129, 16)$]. Um $(129, 16)$ mit $(130, 6)$ zu vergleichen, bemerke man, daß der Krümmungsradius im tiefsten Punkt der Zykloide $FH = 4a$ ist. Ein mathematisches Pendel mit der Länge $l = 4a$ besitzt nach $(129, 16)$ bei kleinen Schwingungen die Schwingungsdauer $(130, 6)$. Der entsprechende Kreis ist der Krümmungskreis der Zykloide im tiefsten Punkt.

Man kann diese schwingende Bewegung auf einer Zykloide dadurch realisieren, daß man den Massenpunkt mit dem Punkt H durch einen Faden der Länge $4a$ verbindet. Wird der Faden während der Pendelschwingungen des Massenpunktes nicht gehemmt, so erfolgt die Bewegung auf dem genannten Krümmungskreis der Zykloide. Realisiert man aber die obere Zykloide als eine Führungskurve oder Zylinderfläche, an die sich der Faden während der Ausschläge anlegt, so folgt der Massenpunkt der unteren Zykloide. Wenn er sich beispielsweise in E befindet, verläuft der Faden von H längs des Zykloidenbogens nach G und von da geradlinig nach E. Diese Länge ist ja gerade $HF = 4a$.

In der Energiegleichung $(128, 2)$, die auch hier gilt, ist $2a$ der größte Wert, den h annehmen kann, wenn der Massenpunkt auf der Zykloide bleiben soll.

Für die Reaktion hat man die Gleichung $(128, 5)$, die hier

$$(130, 7) \qquad N = mg\,\frac{h + 2a - 2z}{\sqrt{2a(2a - z)}}$$

ergibt, wenn man (**130**, 2, 3, 4) und

$$\cos\gamma = -\sqrt{1 - \left(\frac{dz}{ds}\right)^2}$$

heranzieht. Für $h = 2a$ reduziert sich dies auf

(**130**, 8) $$N = 2mg\sqrt{1 - \frac{z}{2a}}.$$

Die Fadenspannung ist in diesem Fall in jeder Lage doppelt so groß, wie die Projektion der Schwere auf die Fadenrichtung. Der dynamische Beitrag zur Fadenspannung ist genau ebenso groß wie der statische.

Das Zykloidenpendel wurde besonders von Huyghens untersucht. Puiseux zeigte, daß die Zykloide die einzige ebene Bahnkurve in einer vertikalen Ebene ist, auf der ein schwerer Massenpunkt tautochrone Schwingungen ausführt. Man erhält übrigens zugleich alle Raumkurven dieser Art, indem man die Ebene der Zykloide auf eine beliebige Zylinderfläche mit senkrechter Erzeugendenrichtung aufwickelt. Auch das Problem der Brachistochrone, das darin besteht, die Kurve zu finden, längs der ein schwerer Massenpunkt von einem gegebenen Punkt zu einem zweiten tieferen in der kürzesten Zeit fällt, wird durch die Zykloide gelöst.

131. An eine Fläche gebundener Massenpunkt. Die möglichen Lagen eines an eine Fläche Φ gebundenen Massenpunktes hängen von zwei Parametern ab. Wir nehmen Φ als glatt und in einem Inertialsystem ruhend an. Die Reaktion der Fläche liegt dann stets in der Flächennormalen, hat also eine bekannte Richtung. Zum Vergleich mit **127** bemerken wir, daß hier zwei skalare Gleichungen zur Bestimmung der Bewegung, dafür aber nur eine skalare Gleichung zur Bestimmung der Reaktion erforderlich sind.

Wir legen ein rechtwinkliges Koordinatensystem zugrunde und nehmen die Flächengleichung in der Form

(**131**, 1) $$f(x, y, z) = 0$$

an. Die Richtung der Flächennormale ist dann durch $\operatorname{grad} f$ gegeben, und die Reaktion kann

(**131**, 2) $$\lambda \operatorname{grad} f$$

geschrieben werden, so daß es sich darum handelt, den Skalar λ zu bestimmen. Ist $\mathfrak{K} = (X, Y, Z)$ die auf den Massenpunkt wirkende Kraft, die Reaktion nicht mitgerechnet, so erhält man durch Projektion auf die Koordinatenachsen die Gleichungen

(**131**, 3) $$m\ddot{x} = X + \lambda \frac{\partial f}{\partial x},$$

(**131**, 4) $$m\ddot{y} = Y + \lambda \frac{\partial f}{\partial y},$$

(**131**, 5) $$m\ddot{z} = Z + \lambda \frac{\partial f}{\partial z},$$

die mit der Vektorgleichung

(**131**, 6) $$m\mathfrak{b} = \mathfrak{K} + \lambda \operatorname{grad} f$$

gleichbedeutend sind.

$\Re$ wird im allgemeinen von der Lage und Geschwindigkeit des Massenpunktes und von der Zeit abhängen. grad$f$ hängt jedoch nur von der Lage ab. In (**131**, 1, 3, 4, 5) hat man vier Gleichungen zur Bestimmung von x, y, z und λ als Funktionen von t. Über die verschiedenen Eliminationen, die man hiernach vornehmen kann, bemerken wir folgendes:

Eliminiert man λ auf zwei Weisen aus (**131**, 3, 4, 5), so erhält man zwei Differentialgleichungen, die zusammen mit (**131**, 1) x, y und z als Funktionen von t bestimmen. In besonderen Fällen kann man durch diese Elimination von λ sofort zu Erstintegralen, z. B. dem Energiesatz oder anderen unten besprochenen gelangen. Nachdem man die Bewegung bestimmt hat, kann man λ aus einer der Gleichungen (**131**, 3, 4, 5) berechnen.

Hängt $\Re$ nur von der Lage ab, und ist die bei Verschiebungen in der Fläche Φ geleistete Arbeit vom Wege unabhängig (was insbesondere der Fall ist, wenn $\Re$ als ein Kraftfeld im Raume gegeben ist, für welches eine Kräftefunktion existiert), so kann man wie in **127** die potentielle Energie einführen, da die Reaktion keine Arbeit leistet. In diesem Fall hat man in der Energiegleichung ein Erstintegral. — Die Energiegleichung in der differentiellen Form (**95**, 3) ist stets von λ unabhängig.

Schneiden die Flächennormalen eine feste Gerade, so ergibt der Momentsatz, auf diese angewandt, eine von λ unabhängige Gleichung. Dieser Fall tritt bei Rotationsflächen ein. Verschwindet zugleich das Moment von $\Re$ um diese Gerade, so erhält man den Flächensatz als Erstintegral.

Stehen die Flächennormalen senkrecht auf einer festen Geraden, wie bei Zylinderflächen, so ergibt die Projektion auf diese Gerade eine von λ unabhängige Gleichung. Steht $\Re$ zugleich senkrecht auf der Geraden, so erhält man ein Erstintegral.

Umgekehrt kann man mit der Bestimmung der Reaktion als Funktion von Lage, Geschwindigkeit und Zeit beginnen, indem man $\ddot{x}$, $\ddot{y}$ und $\ddot{z}$ eliminiert. Sind x, y und z die bei der wirklichen Bewegung auftretenden Funktionen der Zeit, so wird auch die damit gebildete Funktion $f(x, y, z)$ eine Funktion von t, und da diese den konstanten Wert Null haben muß, erhält man durch Differentiation nach t

$$(\textbf{131}, 7) \qquad \frac{\partial f}{\partial x}\dot{x} + \frac{\partial f}{\partial y}\dot{y} + \frac{\partial f}{\partial z}\dot{z} = \operatorname{grad} f \cdot \mathfrak{v} = 0$$

und durch nochmalige Differentiation

$$(\textbf{131}, 8) \quad \begin{cases} \dfrac{\partial f}{\partial x}\ddot{x} + \dfrac{\partial f}{\partial y}\ddot{y} + \dfrac{\partial f}{\partial z}\ddot{z} + \dfrac{\partial^2 f}{\partial x^2}\dot{x}^2 + \dfrac{\partial^2 f}{\partial y^2}\dot{y}^2 + \dfrac{\partial^2 f}{\partial z^2}\dot{z}^2 \\[2ex] \quad + 2\dfrac{\partial^2 f}{\partial x\,\partial y}\dot{x}\dot{y} + 2\dfrac{\partial^2 f}{\partial x\,\partial z}\dot{x}\dot{z} + 2\dfrac{\partial^2 f}{\partial y\,\partial z}\dot{y}\dot{z} = 0. \end{cases}$$

Setzt man nun die Werte von $\ddot{x}$, $\ddot{y}$ und $\ddot{z}$ aus (**131**, 3, 4, 5) in (**131**, 8) ein, so erhält man λ dargestellt als Funktion von x, y, z, $\dot{x}$, $\dot{y}$, $\dot{z}$, t. Kennt man also ein Bewegungselement, so hat man damit auch die zugehörige Reaktion. Wir kommen unten auf diese Bestimmung der Reaktion in einer vom Koordinatensystem unabhängigen Form zurück und diskutieren sie daher hier nicht weiter.

Man erhält die Bewegungsgleichungen des Massenpunktes in einer vom Koordinatensystem unabhängigen Form, indem man auf Richtungen projiziert, die in natürlicher Weise zur Lage der Bahnkurve auf der Fläche gehören. Als solche Richtungen wählen wir mit den Bezeichnungen von **88** den Tangentenvektor $\mathfrak{t}$, den Normalvektor $\mathfrak{n}$ der Fläche und den Seitenvektor $\mathfrak{s}$ der Bahnkurve auf der Fläche. Die Reaktion der Fläche kann dann $R\,\mathfrak{n}$ gesetzt werden, wo der Skalar R mit Vorzeichen gerechnet wird. Man hat dann die Bewegungsgleichung

$$(\textbf{131}, 9) \qquad m\mathfrak{b} = m\left(\frac{dv}{dt}\mathfrak{t} + \frac{v^2}{\varrho}\mathfrak{h}\right) = \mathfrak{K} + R\mathfrak{n}.$$

Multipliziert man (**131**, 9) skalar mit $\mathfrak{t}$, $\mathfrak{n}$ bzw. $\mathfrak{s}$ und verwendet die in **88** S. 187 eingeführten Bezeichnungen, so erhält man die Bewegungsgleichungen

$$(\textbf{131}, 10) \qquad m\frac{dv}{dt} = K_{\mathfrak{t}},$$

$$(\textbf{131}, 11) \qquad m\frac{v^2}{\varrho}\cos\varphi = \quad m\frac{v^2}{\varrho_n} = K_{\mathfrak{n}} + R,$$

$$(\textbf{131}, 12) \qquad m\frac{v^2}{\varrho}\sin\varphi = -\,m\frac{v^2}{\varrho_g} = K_{\mathfrak{s}}.$$

(**131**, 11) dient zur Bestimmung von R. Die obenerwähnte aus (**131**, 8) folgende Bestimmung der Reaktion ist hiermit auf invariante Weise durchgeführt. Durch ein gegebenes Bewegungselement sind $K_{\mathfrak{n}}$ und v bestimmt, und ϱ_n bedeutet nach **88** den Krümmungsradius des Normalschnittes von Φ in der durch das Bewegungselement gegebenen Lage und Richtung.

Die Bewegung bestimmt sich aus (**131**, 10, 12), wenn $\mathfrak{K}$ gegeben ist. (**131**, 10) bestimmt die Änderung des Geschwindigkeitsbetrages. $\varkappa_g = \dfrac{1}{\varrho_g}$ mißt die Abweichung der Bahnkurve von der berührenden geodätischen Linie. Daher gibt (**131**, 12) den Verlauf der Bahn auf der Fläche.

Ist ein Bewegungselement gegeben, so kann man für den entsprechenden Zeitpunkt Schmiegebene und Krümmung der Bahnkurve berechnen. Wie schon verwendet, kann man nämlich ϱ_n aus dem ·gegebenen Bewegungselement und ϱ_g aus (**131**, 12) bestimmen. Hiernach kann man aus (**88**, 9, 10) ϱ und φ finden.

Unterwirft man die Fläche Φ einer Verbiegung, bei der die Längen aller Kurven auf Φ erhalten bleiben, so gehen geodätische Linien in geodätische Linien über, und die geodätische Krümmung einer Kurve C bleibt ungeändert. Ändert man zugleich die Kraft derart ab, daß ihre Projektion auf die Tangentialebene der Fläche ungeändert bleibt, so ändert sich in (**131**, 10, 12) nichts, und daher ist C auch nach der Verbiegung die Bahnkurve des betrachteten Massenpunktes. Dagegen erfolgt wegen (**131**, 11) im allgemeinen eine Änderung von R. Diese Bemerkung kann dazu dienen, die Probleme der hier betrachteten Art in Klassen zusammenzufassen.

Ist eine partikuläre Bewegung auf Φ, also der Ort des Massenpunktes auf Φ als Funktion der Zeit gegeben, so kann man aus (**131**, 10) K_t und aus (**131**, 12) K_g bestimmen. Man kann also die Projektion der wirkenden Kraft auf die Tangentialebene der Fläche während der ganzen Bewegung finden. Ferner kann man die linke Seite von (**131**, 11) berechnen, erhält aber keine Aufklärung darüber, wie sich diese Größe auf die Normalkomponente der Kraft und die Flächenreaktion verteilt.

Als Beispiel betrachten wir die Bewegung eines Massenpunktes auf einer Fläche, wenn die Kraft stets Null ist. Der Massenpunkt unterliegt also nur der Wirkung der Reaktion. (**131**, 10) lehrt, daß der Geschwindigkeitsbetrag konstant ist; und (**131**, 12) zeigt, daß die geodätische Krümmung der Bahn verschwindet. Die Bahn ist also eine geodätische Linie. Die Flächenreaktion ist nach (**131**, 11) proportional der Krümmung der Bahnkurve. Eine geodätische Bahnkurve erhält man auch unter allgemeineren Bedingungen; es genügt, daß K_g verschwindet.

Ist umgekehrt eine geodätische Linie als Bahnkurve gegeben, so muß $K_g = 0$ sein, die Kraft also überall in der durch Flächennormale und Bewegungsrichtung bestimmten Ebene liegen. Ist außerdem der Geschwindigkeitsbetrag konstant, so muß die Kraft senkrecht zur Fläche stehen oder verschwinden.

132. Bewegung eines schweren Massenpunktes auf einer glatten Fläche. Besteht die Kraft $\Re$ allein aus der Schwere des Massenpunktes, so gelten ähnliche Betrachtungen wie in **128**. Insbesondere kann die Energiegleichung in der Form (**128**, 2) geschrieben werden. Die Ebene H spielt dann eine ähnliche Rolle wie in **128**. Schneidet H die Fläche Φ, so ist die Bewegung auf den Teil von Φ beschränkt, der unterhalb H liegt.

Es sei beispielsweise A ein Punkt der Fläche, in welchem diese eine horizontale Tangentialebene besitzt und konvex mit nach oben gewendeter Höhlung ist. z hat also in A ein Minimum. Die Lage A ist eine mögliche Gleichgewichtslage für den schweren Massenpunkt. Leitet man eine Bewegung dadurch ein, daß man ihm von A aus eine Anfangsgeschwindigkeit v_0 erteilt, so liegt die Ebene H für

diese Bewegung in der Höhe $\dfrac{v_0^2}{2g}$ über A. Für hinreichend kleine Werte von v_0 schneidet H einen kleinen schalenförmigen Teil von Φ ab. Diesen Teil kann der Massenpunkt niemals verlassen.

Wir wollen die Bewegung für einige spezielle Flächen eingehender untersuchen.

Es sei Φ eine Zylinderfläche mit vertikaler Erzeugendenrichtung. Wir wollen die Fläche Φ in eine ihrer Tangentialebenen abwickeln. An der Lage der Kraft relativ zu den Tangentialebenen der Fläche ändert sich hierbei nichts. Die Bahnkurven werden also in die Bahnkurven innerhalb der festen vertikalen Ebene, d. h. in Wurfparabeln abgewickelt (vgl. **131** S. 315—316). Man erhält daher alle möglichen Bahnkurven, indem man die Wurfparabeln so auf die Zylinderfläche aufwickelt, daß die Parabelachsen in Erzeugende übergehen. Die Reaktion der Zylinderfläche bestimmt sich danach aus (131, 11) oder durch Betrachtung der horizontalen Projektion der Bewegung.

Ist Φ eine Zylinderfläche mit horizontalen Erzeugenden, so hat der Massenpunkt konstante Geschwindigkeit in der Erzeugendenrichtung. Es genügt dann, die Projektion der Bewegung auf eine Normalebene der Erzeugenden zu betrachten. Diese projizierte Bewegung ist nun die früher behandelte eines schweren Massenpunktes auf einer glatten Kurve in einer vertikalen Ebene. Auch die Reaktion der Fläche bestimmt sich wie bei der projizierten Bewegung.

Ist Φ eine Rotationsfläche mit senkrechter Achse, so nehmen wir diese zur z-Achse und verwenden in einer dazu senkrechten Ebene Polarkoordinaten r und φ mit dem Pol in der z-Achse. Die Gleichung der Fläche kann dann

$$(132, 1) \qquad\qquad r^2 = 2\,f(z)$$

geschrieben werden. Da die Flächenreaktion die Achse schneidet und die Schwerkraft der Achse parallel ist, gilt der Flächensatz (122, 2). Diese Gleichung und (128, 2) bilden dann zwei Erstintegrale für die von zwei Parametern abhängige Bewegung. Die Aufgabe ist damit auf eine Differentialgleichung erster Ordnung zurückgeführt, in der überdies die Variablen getrennt werden können. Man hat nämlich

$$(132, 2) \qquad\qquad v^2 = \dot z^2 + \dot r^2 + r^2 \dot\varphi^2.$$

Eliminiert man hier $\dot\varphi$ mit Hilfe von (122, 2) und dann r und $\dot r$ mit Hilfe von (132, 1), so erhält man, wenn für $\dfrac{d f(z)}{dz}$ zur Abkürzung $f'(z)$ geschrieben wird,

$$(132, 3) \qquad\qquad v^2 = \frac{c^2 + \dot z^2 (f'^2 + 2f)}{2f}.$$

Setzt man (132, 3) in (128, 2) ein, so findet man

$$(132, 4) \qquad\qquad dt = \pm \sqrt{\frac{f'^2 + 2f}{4g(h - z)f - c^2}}\, dz.$$

(Das obere Vorzeichen gilt für aufwärts gerichtete, das untere für abwärts gerichtete Bewegung.) Hat man durch Ausführung dieser Quadratur z als Funktion von t gefunden, so ergibt sich r aus (132, 1) und danach φ durch Integration von (122, 2).

Die Integrationskonstanten, die man bei den Integrationen von (132, 4) und (122, 2) einführt, sind ohne besonderes Interesse, da sie nur davon abhängen, von welchen Nullpunkten man t und φ rechnet. Außer diesen haben wir die beiden durch die verwendeten Erstintegrale eingeführten Integrationskonstanten h und c. Insgesamt müssen ja vier willkürliche Konstanten auftreten, da die Bewegung von zwei Parametern abhängt. Eine partikuläre Bewegung möge durch ein An-

fangselement, das wir durch einen Index 0 kennzeichnen, festgelegt
sein. Man erhält dann aus (**128**, 2) und (**122**, 2)

$$(\textbf{132, 5}) \qquad\qquad h = \frac{v_0^2}{2g} + z_0,$$

$$(\textbf{132, 6}) \qquad\qquad c = r_0^2 \dot{\varphi}_0.$$

c ist das Geschwindigkeitsmoment um die Achse. Bildet die Geschwin-
digkeit den Winkel α mit der Tangente des Parallelkreises der Fläche,
wenn dieser in Richtung wachsender φ orientiert ist, so kann man die
Geschwindigkeit in eine Komponente nach der Meridiankurve, die kein
Moment um die Achse ergibt, und die Komponente $v \cos\alpha$ nach dem
Parallelkreis zerlegen, die das Moment

$$(\textbf{132, 7}) \qquad\qquad r^2 \dot{\varphi} = c = r\, v \cos\alpha$$

um die Achse ergibt. (**132**, 6) kann dann auch durch

$$(\textbf{132, 8}) \qquad\qquad c = r_0 v_0 \cos\alpha_0$$

ersetzt werden.

Aus (**132**, 7), (**128**, 2) und (**132**, 1) erhält man

$$(\textbf{132, 9}) \quad c^2 = r^2 v^2 \cos^2\alpha = 2\,g\,r^2 (h - z)\cos^2\alpha = 4\,g f(z)\,(h - z)\cos^2\alpha.$$

Die Funktion

$$(\textbf{132, 10}) \qquad\qquad \psi(z) = f(z)\,(h - z)$$

muß daher für alle z-Werte der Bahnkurve des Massenpunktes die
Ungleichung

$$(\textbf{132, 11}) \qquad\qquad \psi(z) \geqq \frac{c^2}{4g}$$

befriedigen, und das Gleichheitszeichen kann nur auf einem Parallelkreis eintreten, der von der Bahnkurve berührt wird, was den Werten 0
oder π von α entspricht.

Legt man nun eine partikuläre Bewegung durch ein Anfangselement
fest, so entspricht dem eine Bestimmung von h und c aus (**132**, 5) und
(**132**, 8), und mit diesen Werten von h und c ist (**132**, 11) für das Anfangselement erfüllt. Die Werte von z, für die (**132**, 11) mit diesen h
und c erfüllt ist, werden im allgemeinen gewisse Intervalle

$$(\textbf{132, 12}) \qquad\qquad z_1 \leqq z \leqq z_2$$

bilden, und diesen entsprechen Zonen zwischen zwei Parallelkreisen der
Rotationsfläche; ein solches Intervall kann sich jedoch auf einen Punkt,
also die Zone auf einen Parallelkreis zusammenziehen, oder z_1 kann
gleich $-\infty$ werden. Der Massenpunkt kann niemals diejenige Zone
(**132**, 12) verlassen, der das Anfangselement angehört, und nur für
$z = z_1$ und $z = z_2$ kann die Geschwindigkeit die Richtung des Parallelkreises haben. Der Massenpunkt nähert sich dann entweder asymptotisch einem Parallelkreis oder er bewegt sich in der Zone auf und ab,
wobei er die beiden begrenzenden Parallelkreise abwechselnd berührt.

Ähnlich wie in **123** kann man die Differentialgleichung der Bahnkurve aufstellen, indem man dt aus den Gleichungen (**122**, 2) und (**132**, 4) eliminiert. Man erhält dann eine Differentialgleichung erster Ordnung zwischen φ und z. Mit Hilfe von (**132**, 1) kann man diese in eine Differentialgleichung zwischen φ und r umformen, die dann die Differentialgleichung der Horizontalprojektion der Bahnkurve in Polarkoordinaten ist.

Wir wollen nun die Flächenreaktion bestimmen, die, wie oben gezeigt, nur vom augenblicklichen Bewegungselement abhängt. Dies kann nach dem in **131** angegebenen Verfahren geschehen. Man kann etwa zunächst (**132**, 1) zweimal nach t differenzieren und $\ddot{r}$ und $\ddot{z}$ mit Hilfe der Bewegungsgleichungen eliminieren, die man durch Projektion auf die r- und die z-Richtung erhält. Oder man kann (**131**, 11) anwenden, wozu man dann den Krümmungsradius ϱ_n eines Normalschnittes der Fläche, der den Winkel α mit dem Parallelkreis bildet, zu berechnen hat (vgl. Bemerkung 1 S. 320). Wir wollen hier in anderer Weise vorgehen, die weniger Rechnung erfordert und bei der die Verwendung der Formel für ϱ_n vermieden wird.

Wir betrachten eine relative Bewegung, indem wir die Bewegung des Massenpunktes auf die Meridianebene beziehen, die sich um die z-Achse mit der Winkelgeschwindigkeit $\mathfrak{w} = \dot{\varphi}\,\mathfrak{k}$ dreht. In dieser Ebene beschreibt der Massenpunkt die Meridiankurve M. Auf dieser rechnen wir die Bogenlänge s in der Umgebung des betrachteten Punktes wachsend in derjenigen Durchlaufungsrichtung, in der auch z wächst. Man hat dann mit der in Abb. 116 angegebenen Bedeutung des Winkels β

$$(132,13) \qquad \cos\beta = \frac{dz}{ds}, \qquad \sin\beta = \frac{dr}{ds}.$$

Zählt man den früher eingeführten Winkel α positiv, wenn $\dot{z} > 0$ ist, so erhält man die relative Geschwindigkeit

$$(132, 14) \qquad \dot{s} = v\sin\alpha.$$

Den Flächennormalvektor $\mathfrak{n}$ tragen wir in Richtung auf die Achse ab. Die Reaktion

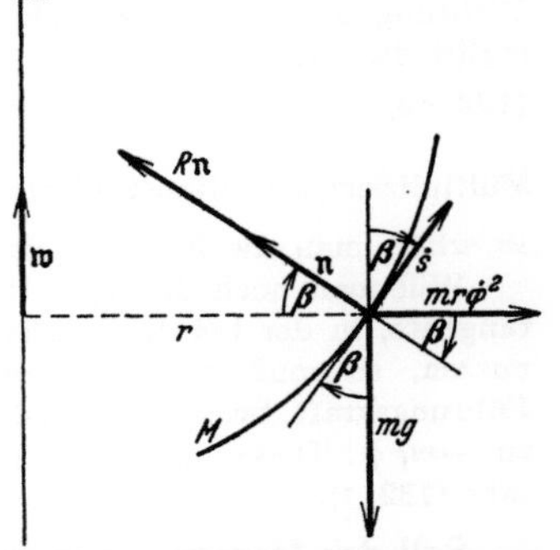

Abb. 116. Bewegung eines schweren Massenpunktes auf einer Rotationsfläche.

bezeichnen wir wieder mit $R\mathfrak{n}$, den Krümmungsradius von M mit ϱ, und zwar positiv gerechnet, wenn M die Höhlung der z-Achse zuwendet.

Man bestimmt nun R, indem man auf die Richtung von $\mathfrak{n}$ projiziert. Die CORIOLISkraft und die Tangentialkomponente der Führungskraft sind senkrecht zur Meridianebene und geben daher keinen Beitrag. Die Zentrifugalkraft hat die Größe $mr\dot{\varphi}^2$ und ist von der z-Achse fort gerichtet (vgl. Abb. 116). Man erhält dann die Projektionsgleichung

$$(132, 15) \qquad \frac{m\dot{s}^2}{\varrho} = R - mg\sin\beta - mr\dot{\varphi}^2\cos\beta$$

und mit Berücksichtigung von (**132**, 14, 7)

$$(132, 16) \qquad R = \frac{m(v \sin\alpha)^2}{\varrho} + mg \sin\beta + \frac{m(v \cos\alpha)^2}{r} \cos\beta.$$

Man sieht, daß R nur vom Ort des Massenpunktes auf der Fläche, seiner Geschwindigkeit und Bewegungsrichtung abhängt. Die Größen $\sin\beta$ und $\cos\beta$ können nach (**132**, 13) aus (**132**, 1) gewonnen werden. Durch Einführung der Funktion f aus (**132**, 1) und ihrer Ableitungen erster und zweiter Ordnung kann man R durch z und die beiden Integrationskonstanten h und c ausdrücken.

Bemerkungen: 1. Der Krümmungsradius des Parallelkreises ist r. Der Krümmungsradius ϱ_1 desjenigen Normalschnittes der Fläche, der auf der Meridiankurve im betrachteten Punkt senkrecht steht, ist dann nach dem Satz von MEUSNIER (**88**, 11)

$$(132, 17) \qquad \varrho_1 = \frac{r}{\cos\beta}.$$

Vergleicht man (**132**, 16) und (**131**, 11), so findet man für den Krümmungsradius ϱ_n desjenigen Normalschnittes, der durch die Bewegungsrichtung des Massenpunktes bestimmt ist, der also den Winkel α mit dem Parallelkreis einschließt, die Gleichung

$$(132, 18) \qquad \frac{1}{\varrho_n} = \frac{\sin^2\alpha}{\varrho} + \frac{\cos^2\alpha}{\varrho_1}.$$

Umgekehrt könnte man mit Hilfe dieser bekannten geometrischen Relation und (**132**, 17) sofort den Ausdruck (**132**, 16) für R herleiten.

2. Wir haben oben bei der Verwendung der relativen Bewegung nur auf die Richtung der Flächennormale projiziert. Projektion auf die Tangente von M ergibt die Gleichung

$$(132, 19) \qquad m\ddot{s} = -mg \cos\beta + mr\dot{\varphi}^2 \sin\beta.$$

Multipliziert man diese Gleichung mit $\dfrac{2\,ds}{m}$, integriert und beachtet (**132**, 13, 7, 2), so erhält man die Energiegleichung (**128**, 2).

Will man noch die dritte Projektionsrichtung, nämlich die der Parallelkreistangente, in der bei der relativen Bewegung keine Beschleunigung auftritt, ausnutzen, so muß man die Corioliskraft und die tangentielle Komponente der Führungskraft bestimmen. Die erstere ergibt sich zu $-2\,m\dot{\varphi}\dot{s} \sin\beta$, die zweite zu $-mr\ddot{\varphi}$. Diese müssen die Summe Null haben. Integration liefert den Flächensatz (**132**, 7).

Soll der Massenpunkt einen Parallelkreis der Fläche beschreiben, so muß (nach dem Flächen- oder Energiesatz) der Betrag v seiner Geschwindigkeit konstant sein. Die Beschleunigung ist auf die Achse zu gerichtet und hat den Betrag $\dfrac{v^2}{r}$. Reaktion und Schwerkraft müssen eine Resultante derselben Richtung haben. Dies ist offenbar dann und nur dann möglich, wenn an dem betrachteten Parallelkreis $\dfrac{dr}{dz} > 0$ ist, wenn sich also M (wie in Abb. 116) mit wachsendem z von der Achse entfernt. Man erhält dann

$$(132, 20) \qquad \frac{mv^2}{r} = mg \operatorname{cotg}\beta = R \cos\beta$$

und hieraus

(**132**, 21) $$v^2 = g\,r\,\mathrm{cotg}\,\beta,$$

(**132**, 22) $$R = \frac{mg}{\sin\beta}.$$

Die Umlaufsdauer wird

(**132**, 23) $$\tau = \frac{2\pi r}{v} = 2\pi\sqrt{\frac{r}{g}\,\mathrm{tg}\,\beta}.$$

133. Das sphärische Pendel. Ist die betrachtete Rotationsfläche speziell eine Kugel vom Radius l mit dem Mittelpunkt O, so wollen wir O zum Nullpunkt der z-Achse wählen. (**132**, 1) wird dann

(**133**, 1) $$r^2 = l^2 - z^2,$$

und für den Winkel β gilt

(**133**, 2) $$\cos\beta = \frac{r}{l}, \qquad \sin\beta = -\frac{z}{l}.$$

(**132**, 4) nimmt die Gestalt

(**133**, 3) $$dt = \pm \frac{l\,dz}{\sqrt{2g(h-z)(l^2-z^2)-c^2}}$$

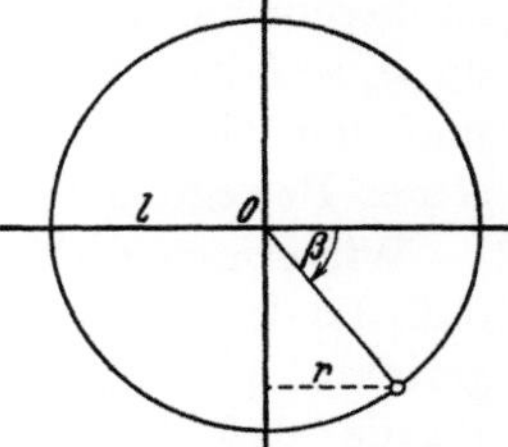
Abb. 117. Zum sphärischen Pendel.

an und ist also ein elliptisches Differential. Führt man β als Integrationsvariable ein, so geht dies in

(**133**, 4) $$dt = \mp \frac{l^2\cos\beta\,d\beta}{\sqrt{2g(h+l\sin\beta)\,l^2\cos^2\beta - c^2}}$$

über, wo das obere Vorzeichen zu aufwärts gerichteter Bewegung gehört. [Für $c = 0$ hat man eine Bewegung auf einem vertikalen Großkreis, und (**133**, 4) geht in (**129**, 2) über, da β der Komplementwinkel des dort verwendeten Winkels Θ ist.]

Die Funktion (**132**, 10) wird hier

(**133**, 5) $$\psi(z) = \tfrac{1}{2}(l^2 - z^2)(h - z).$$

Dieses Polynom dritten Grades verschwindet für $z = \pm l$ und $z = h$. Da nur Werte $h > -l$ für die Aufgabe von Bedeutung sind, besitzt $\psi(z)$ stets ein positives Maximum an einem gewissen Parallelkreis $z = z_m$ der Kugel. Man findet

$$z_m = \tfrac{1}{3}\left(h - \sqrt{h^2 + 3l^2}\right) < 0$$

und damit $z_m \to -l$ für $h \to -l$ und $z_m \to 0$ für $h \to \infty$. Die Ungleichung (**132**, 11), die hier in

(**133**, 6) $$2\psi(z) = (l^2 - z^2)(h - z) \geqq \frac{c^2}{2g}$$

übergeht, bestimmt für $c \neq 0$ stets eine Kugelzone (**132**, 12), in der die ganze Bewegung stattfindet. Das Intervall (**132**, 12) enthält z_m.

Man sieht, daß man h und c nicht ganz unabhängig voneinander wählen kann. Nachdem $h (> -l)$ gewählt ist, kann man das Maximum von $\psi(z)$ auf der Kugel berechnen und erhält danach aus (**133**, 6) eine obere Schranke für $|c|$. Eine entsprechende Bemerkung gilt übrigens auch für andere Rotationsflächen.

Die Reaktion findet man aus (**132** 16), indem man (**133**, 2) und (**128**, 2) verwendet und $\varrho = l$ setzt:

$$(\textbf{133}, 7) \qquad R = \frac{m}{l}\,(v^2 - gz) = \frac{m\,g}{l}\,(2h - 3z) = mg\Big(2\frac{h}{l} + 3\sin\beta\Big).$$

In diesem Fall erhält man dies Resultat auch unmittelbar aus (**131**, 12), da $\varrho_n = l$ ist. Man sieht, daß hier die Reaktion nur von der Höhe und vom Geschwindigkeitsbetrag des Massenpunktes, nicht aber von seiner Bewegungsrichtung abhängt.

Wir erinnern daran, daß das Vorzeichen von R so festgelegt war, daß die Reaktion positiv ist, wenn sie auf den Kugelmittelpunkt zu gerichtet ist. Kommt die Bindung an die Kugelfläche dadurch zustande, daß der Massenpunkt mit O durch einen Faden der Länge l verbunden ist, so bedeutet R die Fadenspannung und kann dann nur positive Werte annehmen. Man entnimmt aus (**133**, 7), daß der Massenpunkt nicht über die Ebene $z = \tfrac{2}{3}h$ gelangen darf, wenn diese Bindung hinreichend sein soll. Es ist dies dieselbe kritische Ebene H', die wir in **129** verwendet haben. Jedoch muß man hier bei einer vollständigen Diskussion der möglichen Fälle berücksichtigen, daß **129** dem Spezialfall $c = 0$ entspricht, während die Konstante c für das jetzt betrachtete allgemeine sphärische Pendel von Einfluß auf die Ungleichung (**132**, 12) ist, die Aufklärung darüber gibt, wie hoch der Massenpunkt gelangt. Es kommt also darauf an, ob $z = \tfrac{2}{3}h$ dem Intervall (**132**, 12) angehört. In dem Augenblick, in dem der Massenpunkt die Ebene H' passiert, ist die Schwere die einzige wirkende Kraft. Die Schmiegebene der Bahnkurve enthält dann die Schwererichtung und ist daher vertikal; die Horizontalprojektion der Bahnkurve erhält einen Wendepunkt.

Liegt die am Schluß von **132** behandelte Bewegung auf einem Parallelkreis vor, so kann man von einem *Kegelpendel* oder *konischen Pendel* sprechen. Diese spezielle Bewegung ist nur auf der unteren Halbkugel möglich. β ist die „geographische Breite" (nach unten positiv gerechnet) des betreffenden Parallelkreises. R ergibt sich aus (**132**, 22). Eliminiert man r mit Hilfe von (**133**, 2), so erhält man aus (**132**, 21, 23)

$$(\textbf{133}, 8) \qquad v^2 = gl\,\frac{\cos^2\beta}{\sin\beta},$$

$$(\textbf{133}, 9) \qquad \tau = 2\pi\sqrt{\frac{l}{g}\sin\beta}.$$

Der Ausschlagswinkel des Kegelpendels ist $\frac{\pi}{2} - \beta$. Für kleine Werte dieses Winkels unterscheidet sich $\sin\beta$ wenig von 1, und **(133,** 9) fällt daher beinahe mit der Schwingungsdauer des ebenen Pendels für kleine Schwingungen zusammen [vgl. **(129,** 16)]. Bei beliebigem β kann man sagen, daß die Schwingungsdauer **(133,** 9) die der kleinen Schwingungen eines ebenen Pendels der Länge $l \sin\beta = |z|$ ist.

Bemerkungen: 1. Projiziert man die Bewegung eines sphärischen Pendels auf eine horizontale Ebene, so erhält man eine Zentralbewegung. Die Kraft ist die Horizontalprojektion von R und kann als Funktion von r ausgedrückt werden. Man findet für sie nach **(133,** 1, 2, 7)

$$(133,\ 10) \qquad R\cos\beta = \frac{mgr}{l^2}\left(2h \mp 3\sqrt{l^2 - r^2}\right).$$

Das obere Vorzeichen gehört zu Lagen des Massenpunktes auf der oberen Halbkugel. Die Kraft bei dieser Zentralbewegung ist demnach eine Funktion von r allein, und man kann daher die Untersuchungen von **123** Fall 3 heranziehen. Die projizierte Bahn läßt sich durch Quadraturen bestimmen, und dasselbe gilt dann auch für die Bahn auf der Kugel selbst, die ja vollständig durch ihre Projektion bestimmt ist.

2. Geht die ganze Bewegung in der nächsten Umgebung des tiefsten Kugelpunktes vor sich, so ist z_2 in der Ungleichung **(132,** 12) nur wenig größer als $-l$. Dasselbe gilt dann für die oben verwendete Größe z_m, der ein Maximum von $\psi(z)$ entspricht. Da nun mit z_m auch h gegen $-l$ konvergiert, entnimmt man aus **(133,** 7), daß $R \to mg$ gilt. Für diese kleinen Bewegungen in der Nähe des tiefsten Punktes hat man daher an Stelle von **(133,** 10) den einfacheren Ausdruck

$$(133,\ 11) \qquad R\cos\beta \approx \frac{mg}{l} r$$

als gute Annäherung. Die Horizontalbewegung ist demnach für kleine Ausschläge des sphärischen Pendels von der in **125** untersuchten Art. Die Horizontalprojektion der Bewegung geht also für $c \neq 0$ (mit der der ganzen Überlegung zugrunde liegenden Annäherung) auf einer Ellipse vor sich. Für die Schwingungsdauer findet man, da hier die Konstante h^2 in **(125,** 1) den Wert $\frac{g}{l}$ hat,

$$(133,\ 12) \qquad \tau = 2\pi\sqrt{\frac{l}{g}}.$$

Dieser Wert steht gleichfalls in Übereinstimmung mit **(129,** 16). Er entspricht auch dem Wert **(133,** 9) für das Kegelpendel, das ja bei kleinem Ausschlagswinkel zu dem hier betrachteten Fall gehört.

134. Stabilität. Betrachtet man einen Massenpunkt, der an eine glatte Kurve C gebunden ist und auf den eine Kraft wirkt, die nur von seiner Lage abhängt, so kann man die Bogenlänge s von C als Parameter verwenden. Man schreibt also die Kraft in der Form **(127,** 8) und kann dann die potentielle Energie **(127,** 10) und die Energiegleichung **(127,** 11) aufstellen.

Ein Punkt O von C, in dem $U(s)$ einen stationären Wert hat, wo also

$$(134,\ 1) \qquad \frac{dU}{ds} = -K_t = 0$$

ist, ist nach dem Prinzip der virtuellen Arbeit eine Gleichgewichtslage des Massenpunktes. Durch Angabe einer Anfangslage s_0 und Anfangsgeschwindigkeit $\dot{s}_0$ sei eine partikuläre Bewegung des Massenpunktes auf C festgelegt. Man nennt die Gleichgewichtslage O *stabil*, wenn jede Bewegung, die durch eine hinreichend nahe bei O befindliche Anfangslage und hinreichend kleine Anfangsgeschwindigkeit bestimmt ist, während ihres ganzen Verlaufes in vorgegebener Nähe von O verbleibt.

Die Bogenlänge möge von O aus gerechnet und die Integrationskonstante in (**127**, 10) so gewählt werden, daß $U(0) = 0$ ist. Ist dieser stationäre Wert ein Minimum, so lassen sich für einen hinreichend kleinen Wert $U_1 > 0$ zwei Werte $s_1 < 0$ und $s_2 > 0$ so finden, daß

$$(\mathbf{134}, 2) \qquad\qquad U(s_1) = U(s_2) = U_1$$

und

$$(\mathbf{134}, 3) \qquad\qquad 0 \leqq U(s) < U_1$$

im ganzen Intervall

$$(\mathbf{134}, 4) \qquad\qquad s_1 < s < s_2$$

gilt.

Leitet man nun eine Bewegung von einer Anfangslage s_0 innerhalb dieses Intervalls mit einer solchen Anfangsgeschwindigkeit v_0 ein, daß $E < U_1$ [vgl. (**127**, 11)] wird, so bleibt der Massenpunkt während seiner ganzen Bewegung auf dem zum Intervall (**134**, 4) gehörigen Kurvenbogen um O. Es gilt nämlich

$$(\mathbf{134}, 5) \qquad\qquad U(s) = E - \tfrac{1}{2}mv^2 < U_1,$$

so daß $U(s)$ niemals den Wert (**134**, 2) erreichen kann. Zugleich ist der Betrag der Geschwindigkeit des Massenpunktes durch die Ungleichung

$$(\mathbf{134}, 6) \qquad\qquad v = \sqrt{\frac{2}{m}\,(E - U(s))} \leqq \sqrt{\frac{2E}{m}} < \sqrt{\frac{2U_1}{m}}$$

beschränkt. Für $U_1 \to 0$ geht diese obere Schranke für die Geschwindigkeit gegen Null, und man hat zugleich $s_1 \to 0$, $s_2 \to 0$. Es gilt daher folgender Satz:

Ein Minimum der potentiellen Energie entspricht einer stabilen Gleichgewichtslage.

Ist der stationäre Wert von U kein Minimum, so heißt die entsprechende Gleichgewichtslage *unstabil*. Ist die Funktion $U(s)$ in einem Intervall konstant, so bezeichnet man die entsprechenden Lagen des Massenpunktes als *indifferente* Gleichgewichtslagen.

Ist die wirkende Kraft allein die Schwere, so sind die Punkte der Kurve C, in denen sie eine horizontale Ebene berührt und in deren Umgebungen sie oberhalb dieser Ebene liegt, stabile Gleichgewichtslagen.

Man muß beachten, daß bei der Definition der Stabilität von j e d e r durch ein naheliegendes Anfangselement festgelegten Bewegung die

Rede ist. Bei der in **129** Fall 4 betrachteten Bewegung bestimmt ein geeignetes Bewegungselement in der Nähe des höchsten Kreispunktes eine Bewegung, die für alle Zeiten in der Nähe dieses Punktes bleibt; dieser Punkt ist jedoch eine unstabile Gleichgewichtslage.

Es ist bisher vorausgesetzt worden, daß die betrachtete Gleichgewichtslage nicht zu den Endpunkten des Parameterintervalls gehört, auf das die möglichen Lagen des Massenpunktes bezogen sind. In einem solchen Endpunkt sind nur einseitige Verschiebungen möglich. Die Bedingung für Stabilität ist auch hier, daß alle genügend kleinen, mit den Bindungen verträgliche Verschiebungen zu Stellen mit höherer potentieller Energie führen.

Für einen Massenpunkt mit dem Freiheitsgrad 2 oder 3, für den eine potentielle Energie gebildet werden kann, hängt diese von zwei bzw. drei Parametern ab. Ist der Massenpunkt z. B. an eine Fläche gebunden, so hat man eine Funktion $U(\alpha, \beta)$ als potentielle Energie, wenn α und β Parameter sind, durch die man die Flächenpunkte festlegt. Für einen frei beweglichen Massenpunkt hat man $U(\alpha, \beta, \gamma)$, z. B. $U(x, y, z)$ bei Verwendung gewöhnlicher Koordinaten. Auch in diesen Fällen zeigt man durch den obigen ganz analoge Betrachtungen, daß eine Gleichgewichtslage stabil ist, wenn der entsprechende stationäre Wert von U ein Minimum ist. Ein Beispiel ist in **132** S. 316 behandelt.

Als weiteres Beispiel kann man die in **125** behandelte elastische Kraft wählen. Das Kraftzentrum ist eine Gleichgewichtslage für den Massenpunkt, und (**125**, 2) lehrt, daß U dort ein Minimum besitzt. Es ist ja auch klar, daß man zu einer Bewegung gelangt, deren Bahnkurve eine kleine Ellipse um das Kraftzentrum ist, wenn man dem Massenpunkt eine kleine Geschwindigkeit in einem in der Nähe des Kraftzentrums gelegenen Anfangspunkt erteilt. Die Gleichgewichtslage ist also stabil. Hat man dagegen eine abstoßende Kraft, die beispielsweise wieder dem Abstand r vom Kraftzentrum proportional ist, so ist dieses zwar noch eine Gleichgewichtslage, aber eine unstabile.

Man spricht auch von Stabilität oder Unstabilität von periodischen Bewegungen. Man nennt eine periodische Bewegung stabil, wenn man durch eine hinreichend kleine, im übrigen aber beliebige Abänderung eines ihrer Bewegungselemente (wobei also sowohl Lage- als auch Geschwindigkeitsänderungen zugelassen sind) zu einer neuen Bewegung gelangt, die in ihrem ganzen Verlauf der ursprünglichen Bewegung beliebig nahe ist.

Als Beispiel mit dem Freiheitsgrad 2 sei die ebene harmonische Schwingung **125** erwähnt. Sie ist stabil, da sich die Bahnellipse (**125**, 10) stetig mit $\mathfrak{r}_0$ und $\mathfrak{v}_0$ ändert.

Als zweites Beispiel betrachten wir das konische Pendel. Die Höhe z, in der es schwingt (und die ja einem Parallelkreis der unteren Halbkugel entspricht), ist gerade der Wert z_m, für den die Funktion $\psi(z)$ ihr Maximum annimmt. Folglich gilt in (**133**, 6) das Gleichheitszeichen. Das Intervall (**132**, 12) schrumpft auf diesen einen z-Wert zusammen. Wählt man nun eine Anfangslage z_0 in der Nähe von z_m, einen Wert v_0^2 in der Nähe von (**133**, 8) und einen kleinen Wert des Winkels α_0, den die Anfangsgeschwindigkeit mit dem Parallelkreis durch die Ausgangslage bildet, so weichen h und c sehr wenig von den Werten ab, die sie bei der ursprünglichen Bewegung hatten. Das Maximum der neuen Funktion $\psi(z)$ wird daher sehr wenig gegenüber dem alten verschoben, und die durch (**133**, 6) bestimmte Kugelzone (**132**, 12) ist sehr schmal und befindet sich in unmittelbarer Nähe des ursprünglichen Parallelkreises. Dasselbe gilt dann auch für die ganze Bewegung, die durch das abgeänderte Bewegungselement eingeleitet wird. Das Kegelpendel führt also eine stabile periodische Bewegung aus.

Für die Bewegung auf einem Parallelkreis einer beliebigen Rotationsfläche gilt (**132**, 21). Außerdem hat man $c = vr$. Man schließt dann, daß in (**132**, 11) das Gleichheitszeichen gilt. Man erhält nämlich

$$\psi(z) = f(z)(h - z) = \frac{1}{2}r^2\frac{v^2}{2g} = \frac{c^2}{4g}.$$

Weiter findet man, daß der Parallelkreis einem stationären Wert von $\psi(z)$ entspricht, da

$$\frac{d\psi(z)}{dz} = (h - z)f' - f = -\frac{1}{2}r^2 + r\frac{dr}{dz}(h - z) = -\frac{1}{2}r^2 + r\,\mathrm{tg}\,\beta\,\frac{v^2}{2g}$$

nach Einsetzen von (**132**, 21) verschwindet.

Wenn nun der z-Wert des Parallelkreises zusammen mit dem entsprechenden Wert von h ein Maximum von $\psi(z)$ ergibt, so kann man genau wie beim Kegelpendel schließen, daß die periodische Bewegung stabil ist. Andernfalls ist sie stets unstabil.

Eine hinreichende Bedingung für Stabilität ist also

$$\frac{d^2\psi(z)}{dz^2} = (h - z)f'' - 2f' < 0.$$

Setzt man hierin den Wert von $h - z$ ein, den man aus der Gleichung $\psi'(z) = 0$ erhält, und verwendet die in **132** gefundene Bedingung $f' > 0$, so kann man die Stabilitätsbedingung auch

$$ff'' - 2f'^2 < 0$$

schreiben.

135. Veränderliche Zwangsbedingungen. In den bisher betrachteten Fällen dachten wir uns den Massenpunkt an eine in einem Inertialsystem ruhende, unveränderliche Kurve oder Fläche gebunden. Dementsprechend hatten wir zwei oder eine Gleichung zwischen den Koordinaten des Massenpunktes, so daß dessen Lage von einem oder zwei Parametern abhing. Man kann nun auch allgemeinere Zwangsbindungen in Betracht ziehen, die in einer Bedingungsgleichung

(**135**, 1) $$f(x, y, z, t) = 0$$

zwischen den Koordinaten des Massenpunktes in einem festen Koordinatensystem und der Zeit zum Ausdruck kommen. Es bedeutet dies, daß der Massenpunkt an eine mit der Zeit veränderliche Fläche gebunden ist. Entsprechend bedeuten zwei Gleichungen

$$(135, 2) \qquad f(x, y, z, t) = 0, \quad g(x, y, z, t) = 0,$$

daß der Massenpunkt an eine zeitlich veränderliche Kurve gebunden ist. Die Voraussetzung, daß die Fläche oder Kurve glatt ist, soll besagen, daß die Reaktion in jedem Zeitpunkt auf der dann vorliegenden Fläche oder Kurve senkrecht steht. Im Fall (135, 1) hat also die Reaktion die Richtung grad f, wo die Operation grad bei festem t zu bilden ist. Analoges gilt im Fall (135, 2). Ebenso wie in den früheren Fällen kann man auch hier die Reaktion in Abhängigkeit von einem Bewegungselement finden, indem man (135, 1) bzw. (135, 2) zweimal total nach t differenziert und $\ddot{x}$, $\ddot{y}$, $\ddot{z}$ mit Hilfe der Bewegungsgleichungen eliminiert.

Es sei besonders hervorgehoben, daß die Geschwindigkeit des Massenpunktes im allgemeinen nicht in der Tangentialebene der Fläche bzw. der Tangente der Kurve liegt.

Durch totale Differentiation von (135, 1) nach t erhält man die Gleichung

$$(135, 3) \qquad \frac{\partial f}{\partial x}\dot{x} + \frac{\partial f}{\partial y}\dot{y} + \frac{\partial f}{\partial z}\dot{z} + \frac{\partial f}{\partial t} = 0,$$

die während der ganzen Bewegung befriedigt sein muß. Schreibt man die Reaktion der Fläche λ grad f, so findet man hiernach als Ausdruck für ihren Effekt

$$(135, 4) \qquad \lambda\, \mathrm{grad}\, f \cdot \mathfrak{v} = -\lambda \frac{\partial f}{\partial t},$$

also für die von der Reaktion geleistete elementare Arbeit

$$(135, 5) \qquad \lambda\, \mathrm{grad}\, f \cdot d\mathfrak{r} = -\lambda \frac{\partial f}{\partial t} dt.$$

Die Reaktion geht somit in die Energiegleichung ein: Im allgemeinen nimmt der bewegliche Massenpunkt Energie von der veränderlichen Bindung auf oder gibt Energie an sie ab.

Bei einer veränderlichen glatten Zwangskurve (135, 2) kann man die Reaktion in der Form λ grad $f + \mu$ grad g ansetzen und findet für ihre Arbeit

$$(135, 6) \qquad (\lambda\, \mathrm{grad}\, f + \mu\, \mathrm{grad}\, g) \cdot d\mathfrak{r} = \left(-\lambda \frac{\partial f}{\partial t} - \mu \frac{\partial g}{\partial t}\right) dt.$$

Zwangsbindungen, die sich mit der Zeit verändern, nennt man *rheonom* im Gegensatz zu den in **127** bis **134** betrachteten, die man als *skleronom* bezeichnet.

Einen besonders einfachen Fall von rheonomen Bedingungen (135, 1) oder (135, 2) hat man, wenn die Zwangsfläche oder Zwangskurve geometrisch unveränderlich ist und sich in dem verwendeten Inertialsystem bewegt. In diesem Fall bestimmt man in der Regel die Bewegung am leichtesten, indem man sie auf ein bewegtes Koordinatensystem bezieht, in dem die Zwangsfläche oder -kurve fest ist, und die zu dieser relativen Bewegung gehörigen fiktiven Kräfte hinzufügt. Geht die Bewegung auf einer Zwangskurve vor sich, so hat die relative Geschwindigkeit die Richtung der Kurventangente. Die CORIOLISkraft ist dann senkrecht zur Kurve und hat, wenn die Kurve glatt ist, für die Bewegung selbst keine Bedeutung. Dagegen macht sie sich bei der Bestimmung der Reaktion geltend. Geht die Bewegung auf einer Zwangsfläche vor sich, so erhält die Projektion der CORIOLISkraft auf die Tangentialebene Einfluß auf die Gestalt der Bahnkurve, da sie in Gleichung (131, 13) eingeht, jedoch nicht auf den Betrag der Geschwindigkeit des Massenpunktes [vgl. (126, 11)].

Als Beispiel betrachten wir die Bewegung eines schweren Massenpunktes auf einer in einer Vertikalebene ε liegenden glatten Kurve M, wenn sich die Ebene ε um eine in ihr liegende vertikale Gerade dreht. Diese Gerade werde zur z-Achse gewählt. Es wird also der Winkel φ, den ε mit einer festen vertikalen Ebene bildet, als bekannte Funktion der Zeit angenommen. M beschreibt bei der Drehung eine Rotationsfläche, und da der Massenpunkt stets auf ihr bleibt, ist es naheliegend, diese Aufgabe mit der in 132 behandelten zu vergleichen. Die beiden Aufgaben sind jedoch nicht gleichbedeutend. Bezeichnet man wie in 132 mit r und z die Koordinaten in ε und schreibt die Gleichung von M in der Gestalt (132, 1), so besteht der Unterschied darin, daß man hier nicht den Flächensatz (122, 2) hat, da man die Richtung der Reaktion nicht im voraus kennt. Dagegen ist φ, also auch $\dot{\varphi}$ und $\ddot{\varphi}$, eine gegebene Funktion von t.

Wir haben schon in 132 eine relative Bewegung der hier besprochenen Art herangezogen und die fiktiven Kräfte bestimmt (vgl. Abb. 116). Bezeichnen R_ε und R_φ die Projektionen der Reaktion von M auf ε bzw. auf die Normale von ε, orientiert in Richtung wachsender φ, so erhält man durch Projektion auf die Tangente von M, orientiert in Richtung wachsender z, auf die Hauptnormale von M, auf die z-Achse zu orientiert, bzw. auf die Binormale von M, orientiert in Richtung wachsender φ

$$(135, 7) \qquad m\,\ddot{s} = -mg\cos\beta + mr\,\dot{\varphi}^2\sin\beta,$$

$$(135, 8) \qquad \frac{m\,\dot{s}^2}{\varrho} = R_\varepsilon - mg\sin\beta - mr\,\dot{\varphi}^2\cos\beta,$$

$$(135, 9) \qquad 0 = R_\varphi - mr\,\ddot{\varphi} - 2m\,\dot{\varphi}\,\dot{s}\sin\beta.$$

Da man aus (132, 1) r und β als Funktionen von s gewinnen kann und $\dot{\varphi}$ als Funktion von t bekannt ist, stellt (135, 7) eine Differentialgleichung dar, die zusammen mit einem Anfangselement s als Funktion der Zeit bestimmt. Diese Gleichung liefert also die Bewegung und (135, 8, 9) danach R_ε und R_φ. Man sieht, daß die Reaktion außer von Lage und Geschwindigkeit des Massenpunktes von Winkelgeschwindigkeit und Winkelbeschleunigung der Ebene abhängt.

Wir können dieses Beispiel zur Beleuchtung der Rolle des Energiesatzes bei relativer und absoluter Bewegung verwenden. Durch Multiplikation von (135, 7) mit $\dot{s}$ und Heranziehung von (132, 13) erhält man

$$(135, 10) \qquad \frac{d}{dt}\left(\frac{1}{2}\,m\,\dot{s}^2\right) = m\,\dot{s}\,\ddot{s} = -mg\,\dot{s}\cos\beta + mr\,\dot{\varphi}^2\,\dot{s}\sin\beta = -mg\,\dot{z} + m\,\dot{\varphi}^2 r\,\dot{r}.$$

Dies ist der Energiesatz (100, 1) für die relative Bewegung, da bei ihr die zu ε senkrechten Kräfte und R_ε keinen Effekt haben. Addiert man zu (135, 10) die Gleichung

$$(135, 11) \qquad \frac{d}{dt}\left(\frac{1}{2}\, m r^2\, \dot{\varphi}^2\right) = m r^2\, \dot{\varphi}\, \ddot{\varphi} + m\, \dot{\varphi}^2 r\, \dot{r},$$

so erhält man, wenn $\mathfrak{v}$ die absolute Geschwindigkeit des Massenpunktes bedeutet, die ja die Vektorsumme der relativen und der Führungsgeschwindigkeit ist,

$$(135, 12) \qquad \frac{d}{dt}\left(\frac{1}{2}\, m v^2\right) = \frac{d}{dt}\left[\frac{1}{2}\, m\, (\dot{s}^2 + r^2\, \dot{\varphi}^2)\right]$$

$$= -m g \dot{z} + (m r\, \ddot{\varphi} + 2 m\, \dot{\varphi}\, \dot{r})\, r\, \dot{\varphi} = -m g \dot{z} + R_\varphi r\, \dot{\varphi}.$$

Hierbei sind (135, 9) und (132, 13) benutzt. (135, 12) ist die Energiegleichung für die absolute Bewegung. Man sieht, in welcher Weise sich die Komponente der Reaktion senkrecht zur Ebene ε geltend macht.

Schließlich sei bemerkt, daß man im Fall $\ddot{\varphi} = 0$, wenn sich also ε mit konstanter Winkelgeschwindigkeit dreht, (135, 10) in

$$(135, 13) \qquad \left[\frac{1}{2}\, m\, (\dot{s}^2 - r^2\, \dot{\varphi}^2)\right]_I^{II} = m g (z_I - z_{II})$$

umformen kann. In dieser Gestalt erscheint hier die Gleichung (100, 7).

Bei den bisher betrachteten Bedingungen waren die für den Massenpunkt möglichen Lagen eingeschränkt, wobei diese Einschränkungen evtl. mit der Zeit variieren konnten. Bindungen dieser Art nennt man *holonom*. Es kommen jedoch auch allgemeinere Bedingungen vor, die Lage und Geschwindigkeit, also die Bewegungszustände des Massenpunktes einschränken. Solche können vorliegen, wenn der betrachtete Massenpunkt Glied eines zusammengesetzten Körpers ist. (135, 3) ist ein Beispiel einer Bedingungsgleichung, in die sowohl Lage als auch Geschwindigkeit eingehen, sie ist aber durch Differentiation der holonomen Bedingung (135, 1) entstanden und drückt daher nicht mehr aus als diese. (135, 3) führt durch Integration auf (135, 1) zurück, wenn man die Integrationskonstante festlegen kann.

Um den zuletzt genannten Tatbestand zu beleuchten, wollen wir die holonome und skleronome Gleichung

$$(135, 14) \qquad\qquad f(x, y, z) = 0$$

und die daraus abgeleitete

$$(135, 15) \qquad \frac{\partial f}{\partial x}\, \dot{x} + \frac{\partial f}{\partial y}\, \dot{y} + \frac{\partial f}{\partial z}\, \dot{z} = 0$$

betrachten. Durch (135, 14) wird der geometrische Freiheitsgrad (vgl. 74) auf zwei, durch (135, 15) der kinematische gleichfalls auf zwei beschränkt. Stellt man die möglichen Lagen des Massenpunktes durch möglichst wenig (hier zwei) Parameter dar, so erhält man alle für den Massenpunkt möglichen Geschwindigkeitszustände, indem man den Ableitungen der Parameter nach der Zeit willkürliche Werte erteilt. Eine Bedingungsgleichung zwischen Lage und Geschwindigkeit (evtl. auch der Zeit) braucht aber nicht „integrabel" zu sein, d. h.

sie braucht nicht mit einer holonomen Bedingung gleichbedeutend zu sein. Dann wird der kinematische Freiheitsgrad eingeschränkt, der geometrische gar nicht oder weniger. Man spricht von *nicht holonomen* Bedingungen, wenn der kinematische Freiheitsgrad kleiner als der geometrische ist.

Als Beispiel eines nicht holonomen Systems erwähnen wir eine starre Kugel, die auf einer horizontalen rauhen Ebene ε beliebig rollen kann, ohne jedoch zu gleiten. Wäre die Kugel ganz frei, so hätte sie als starren Körper den geometrischen Freiheitsgrad 6. Da aber ihr Mittelpunkt gezwungen ist, auf einer zu ε parallelen Ebene zu bleiben, besteht eine Relation zwischen den die Lagen charakterisierenden 6 Parametern. Andererseits ist klar, daß man die Kugel durch geeignetes Herumrollen auf ε in eine beliebige, mit dieser Bedingung verträgliche Lage bringen kann. Der geometrische Freiheitsgrad ist folglich 5. Zur Bestimmung des kinematischen Freiheitsgrades bemerken wir, daß das Geschwindigkeitsfeld der Kugel nach **66** in jedem Zeitpunkt ein Momentfeld ist und als solches durch drei Feldvektoren, die den in **24** S. 55—56 genannten Bedingungen genügen, eindeutig bestimmt ist. Es seien M der Mittelpunkt, P derjenige Punkt der Kugel, der sich im betrachteten Zeitpunkt im momentanen Berührungspunkt mit ε befindet, und Q ein beliebiger weiterer, nicht auf der Geraden PM gelegener Punkt der Kugel. Da die Kugel nicht gleiten kann, muß der Geschwindigkeitsvektor von P Null sein. Die Geschwindigkeit von M kann dann in der zu ε parallelen Ebene durch M beliebig vorgeschrieben werden. Dies entspricht der Wahl von zwei freien Parametern. Danach bleibt mit Rücksicht auf die in **24** S. 56 angegebenen Bedingungen nur noch die auf der Ebene MPQ senkrechte Komponente der Geschwindigkeit von Q verfügbar. Dies entspricht der Wahl eines weiteren freien Parameters. Der kinematische Freiheitsgrad ist somit gleich 3.

Wir wollen in diesem Buch nicht näher auf diese Dinge eingehen, sondern uns an holonome Bedingungen halten, bei denen die dynamischen Probleme eine sehr viel einfachere mathematische Behandlung zulassen.

Übungsaufgaben zum 16. Kapitel.

1. Ein schweres Teilchen mit der Masse m bewegt sich auf der glatten Parabel $x^2 = 2py$. Die x-Achse ist waagerecht, die y-Achse senkrecht nach unten gerichtet. Der Betrag der Geschwindigkeit im Scheitel sei c. Man bestimme den Betrag der Geschwindigkeit und die Reaktion der Kurve als Funktionen von y. Unter welcher Bedingung ist die Führungskurve entbehrlich?

2. Eine glatte Kreislinie vom Radius l dreht sich in ihrer Ebene um den Peripheriepunkt O mit konstanter Winkelgeschwindigkeit w. Ein Teilchen P von der Masse m sei auf der Kreislinie verschiebbar und keinen äußeren Kräften unterworfen. Um die Bewegung von P relativ zum Kreise zu bestimmen, füge man, wie in Abb. 118 angedeutet, Zusatzkräfte hinzu. Dabei bedeutet v die Relativgeschwindigkeit, und die Zentrifugalkraft $m r w^2$ ist durch ein dem Dreieck OPQ ähnliches Kräftedreieck in Komponenten zerlegt. Da die zum Kreise senkrechten Kräfte die Bewegung nicht beeinflussen und außer solchen nur eine

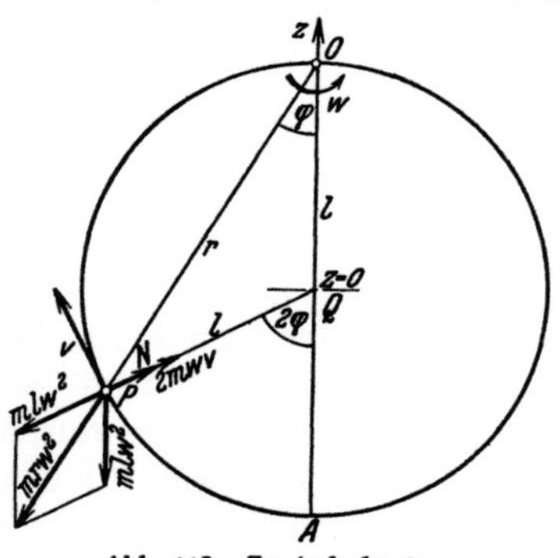

Abb. 118. Zu Aufgabe 2.

Kraft mlw^2 konstanter Größe und Richtung vorkommt, ist die Bewegung von P dieselbe wie unter Einwirkung einer „Schwerkraft" mit der Schwerebeschleunigung lw^2 und daher durch **129** erledigt. Insbesondere folgt

$$v^2 = 2\,lw^2(h - z)$$

aus (**128**, 2). Die Kreisreaktion N bestimmt man durch Projektion auf den Radius:

$$\frac{mv^2}{l} = N + 2mwv - mlw^2 - mlw^2\cos 2\varphi,$$

wobei

$$\cos 2\varphi = -\frac{z}{l}$$

ist, so daß man N bei gegebenem h als Funktion von z oder von φ erhält.

Beim Einsetzen der Drehung möge etwa P in dem O diametral gegenüberliegenden Punkte A in absoluter Ruhe sein. Dem entspricht der Wert $v = 2\,lw$ bei $z = -l$, also findet man $h = l$. In diesem Falle ergibt sich durch Einsetzen

$$N = 2\,mlw^2\cos\varphi\,(3\cos\varphi - 2),$$

so daß N für $\cos\varphi = \tfrac{2}{3}$ die Richtung wechselt. Es liegt hier der Fall 4 von **129** vor, und P bewegt sich asymptotisch gegen O.

3. Ein schweres Teilchen ist an eine glatte Rotationskegelfläche mit senkrechter Achse gebunden. In einem bestimmten Zeitpunkt befindet sich das Teilchen in der Höhe $z_0 > 0$ über einer waagerechten Ebene durch die Kegelspitze und hat eine waagerechte Geschwindigkeit von der Größe v_0. Man soll die Flächenzone bestimmen, in der die Bewegung des Teilchens stattfindet, und entscheiden, in welcher Weise es von den Werten z_0 und v_0 abhängt, ob diese Zone über oder unter dem durch z_0 bestimmten Niveau liegt.

4. Eine rauhe Parabel $x^2 = 2\,ay$ mit dem Reibungskoeffizienten μ dreht sich mit konstanter Winkelgeschwindigkeit w um ihre senkrecht nach oben gerichtete Achse. Wo ist ein an die Parabel gebundenes schweres Teilchen im relativen Gleichgewicht?

Da es auf die Masse des Teilchens nicht ankommt, setzen wir $m = 1$. Dann wirken auf das Teilchen die Schwerkraft g und die Zentrifugalkraft xw^2 mit den in Abb. 119 angegebenen Richtungen. Bei Projektion auf die

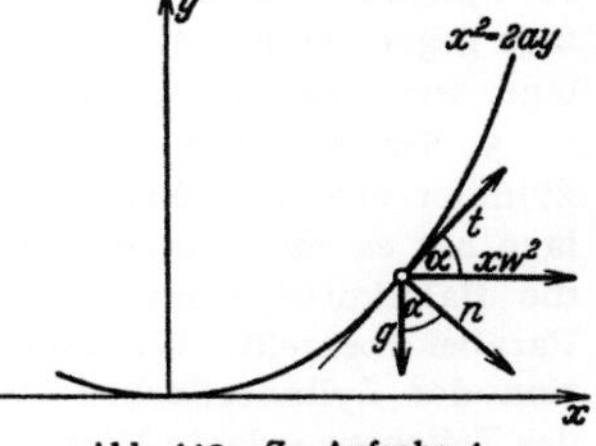

Abb. 119. Zu Aufgabe 4.

wie in der Abbildung orientierte Tangente und Normale ergeben sie die Projektionssummen

$$T = \frac{x\,(aw^2 - g)}{\sqrt{x^2 + a^2}}, \qquad N = \frac{x^2 w^2 + ag}{\sqrt{x^2 + a^2}}.$$

Gleichgewicht erfordert $|T| \leqq \mu N$, also

$$\mu w^2 x^2 - x\,|aw^2 - g| + \mu ag \geqq 0. \tag{α}$$

Die Diskriminante dieses Polynoms in x ist ein Polynom in w:

$$\Delta = (aw^2 - g)^2 - 4\mu^2 agw^2,$$

und sie verschwindet für

$$\left.\begin{array}{c} w_1 \\ w_2 \end{array}\right\} = \sqrt{\frac{g}{a}}\,(\sqrt{1 + \mu^2} \mp \mu).$$

I. Wenn nun $w_1 \leqq w \leqq w_2$, so ist $\Delta \leqq 0$, und die Bedingung (α) ist für alle x erfüllt. Das Teilchen ist dann in jeder Lage auf der Parabel im Gleichgewicht.

Zu diesem Intervall von w-Werten gehört der Wert $w = \sqrt{\dfrac{g}{a}}$, für welchen $T = 0$

ist, für den also auch dann überall auf der Parabel Gleichgewicht herrschen würde, wenn sie glatt wäre.

II. Wenn aber $w < w_1$ oder $w > w_2$ ist, so ist $\Delta > 0$, und (α) ist nur dann erfüllt, wenn x außerhalb des zugehörigen Wurzelintervalls liegt, das durch

$$x = \frac{|aw^2 - g| \pm \sqrt{\Delta}}{2\mu w^2} \qquad (\beta)$$

bestimmt ist. Wenn $w > w_2$ und

$$\frac{aw^2 - g - \sqrt{\Delta}}{2\mu w^2} < x < \frac{aw^2 - g + \sqrt{\Delta}}{2\mu w^2}$$

ist, so gleitet das Teilchen aufwärts, da $T > \mu N$ wird. Wenn $w < w_1$ und

$$\frac{g - aw^2 - \sqrt{\Delta}}{2\mu w^2} < x < \frac{g - aw^2 + \sqrt{\Delta}}{2\mu w^2}$$

ist, so gleitet das Teilchen abwärts, da $T < -\mu N$ wird.

III. Für $w = w_2$ nimmt (β) den Wert $x = \dfrac{a}{\sqrt{1 + \mu^2} + \mu}$ an. Von diesem Wert aus schieben sich für wachsendes w die Grenzlagen auseinander. Für $w \to \infty$ geht die untere Grenzlage gegen $x = 0$ und die obere gegen $x = \dfrac{a}{\mu}$. Für $w = w_1$ nimmt (β) den Wert $x = \dfrac{a}{\sqrt{1 + \mu^2} - \mu}$ an. Von diesem Wert aus schieben sich für abnehmendes w die Grenzlagen auseinander. Für $w \to 0$ geht die obere Grenzlage gegen ∞ und die untere gegen $x = \mu a$; die letztere ist in der Tat die Grenzlage, wenn die rauhe Parabel sich nicht dreht.

5. Ein schweres Teilchen mit der Masse m ist an einen glatten Rotationszylinder mit dem Radius a und senkrechter Achse gebunden. In der Anfangslage hat es eine waagerechte Geschwindigkeit von der Größe v_0. Man zeige, daß die Bahnkurve beim Abrollen des Zylinders auf eine Tangentialebene in eine Parabel übergeht. Wie groß ist der Parameter derselben? Wie groß ist die Reaktion der Zylinderfläche? Welche Winkel bildet die durch eine beliebige Lage des Teilchens gelegte Erzeugende mit der Geschwindigkeit und mit der resultierenden Kraft, und wie bestimmt sich daraus die Schmiegebene der Bahn? Man zeige, daß die Schmiegebene die Zylinderachse in einem Punkte schneidet, der um das konstante Stück $\dfrac{a^2 g}{v_0^2}$ tiefer liegt als der Kurvenpunkt.

6. Eine Ebene dreht sich mit konstanter Winkelgeschwindigkeit w um eine feste senkrechte Gerade, die der Ebene angehört. Ein schweres Teilchen von der Masse m ist an eine in der Ebene gelegene glatte Kurve gebunden und durchläuft diese mit einer Geschwindigkeit von konstantem Betrage v. Man zeige, daß diese Kurve eine Parabel sein muß, deren Achse in die Drehachse fällt. Ferner bestimme man die Reaktion der Kurve, indem man deren Komponenten in der Ebene und senkrecht zu derselben ermittelt.

7. Eine in einer senkrechten Ebene gelegene glatte Kurve so zu bestimmen, daß ein schweres Massenteilchen, welches von einem festen Punkt O der Kurve ohne Anfangsgeschwindigkeit längs derselben gleitet, einen beliebigen Punkt der Kurve in derselben Zeit erreicht, wie wenn es längs der zugehörigen Sehne gleitet.

Die Geraden durch O bilden triviale Lösungen, von denen wir absehen. r und φ seien Polarkoordinaten auf der Kurve, wobei φ von der Waagerechten an gezählt wird; siehe Abb. 120. Der Fall längs der Sehne erfordert die durch

$$r = \tfrac{1}{2} g t^2 \sin \varphi$$

bestimmte Zeit. Diese Relation zwischen r, φ und t muß daher auch für die Punkte der gesuchten Kurve bestehen. Hieraus folgt

$$\dot r = \tfrac{1}{2}g t^2 \cos\varphi\,\dot\varphi + g t \sin\varphi = r \cot\varphi\,\dot\varphi + \sqrt{2\,g\,r\,\sin\varphi}\,.$$

Die Energiegleichung für den Fall längs der Kurve lautet:

$$\dot r^2 + r^2\dot\varphi^2 = 2\,g\,r\,\sin\varphi\,.$$

Elimination von dt zwischen diesen beiden Gleichungen ergibt für $d\varphi \neq 0$ die Differentialgleichung

also
$$dr = r \cot 2\varphi\,d\varphi\,,$$
$$r^2 = a^2 \sin 2\varphi\,.$$

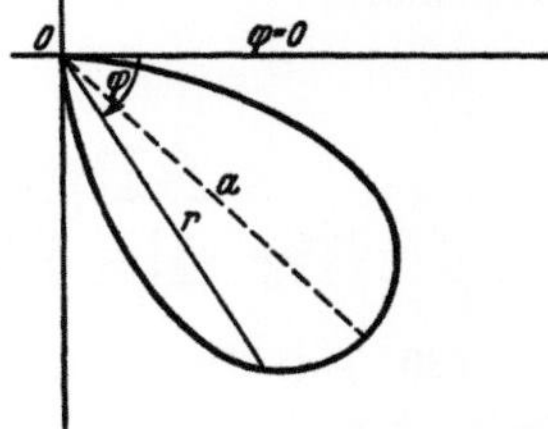

Abb. 120. Zu Aufgabe 7.

Die Kurve ist also eine Lemniskatenschleife. — Der von O längs des senkrechten Astes fallende Punkt geht für $t \to \infty$ asymptotisch gegen O.

8. Ein Massenteilchen ist an eine glatte Kreislinie gebunden und durchläuft diese unter der Einwirkung einer gegen einen festen Punkt der Kreislinie gerichteten Anziehungskraft. Wie muß diese vom Abstand abhängen, wenn die Kreislinie eine konstante Reaktion geben soll? — Man vergleiche die Aufgabe 17 des vorigen Kapitels.

9. Ein schweres Massenteilchen ist an eine glatte Rotationsfläche mit senkrechter Achse gebunden. Erteilt man dem Teilchen an beliebiger Stelle der Fläche eine waagerechte Geschwindigkeit von dem festen Betrage u, so beschreibt es einen Breitenkreis auf der Fläche. Welches ist die Meridiankurve der Fläche?

10. Ein schweres Teilchen gleitet längs einer rauhen Schraubenlinie mit senkrechter Achse abwärts. Man stelle eine Differentialgleichung zwischen Bogenlänge und Geschwindigkeit auf.

11. In einer senkrechten Ebene liege ein konvexes Kurvenstück mit nach oben gekehrter Hohlseite. Θ sei der Steigungswinkel der Tangente und s die Bogenlänge, gezählt von dem Punkte O, für welchen $\Theta = 0$ ist. Das Kurvenstück sei durch die Gleichung $s = f(\Theta)$ gegeben, wo $f(\Theta) > 0$ für $\Theta > 0$, $f(0) = 0$. Ein schweres Teilchen mit der Masse m, das an die Kurve gebunden ist, geht mit der Anfangsgeschwindigkeit v_0 von dem Punkte O aus. Der Reibungskoeffizient sei μ. Man stelle eine Differentialgleichung auf, welche das Quadrat der Geschwindigkeit v als Funktion von Θ bestimmt, und integriere diese für den Spezialfall, daß das Kurvenstück ein Kreisquadrant ist. Welches ist der größte Wert von v_0, für welchen das Teilchen nicht über den Endpunkt des Quadranten hinausgeht, und wie groß ist für diesen Wert von v_0 die Normalreaktion N des Kreises in dem zu dem Wert Θ gehörigen Punkt?

$$\left(N = \frac{3\,m\,g}{1 + 4\,\mu^2}\left[2\,\mu\left(e^{\mu\,(\pi - 2\,\Theta)} - \sin\Theta\right) + \cos\Theta\right]\right).$$

12. Wenn die in der Übungsaufgabe 10 des 10. Kapitels angegebene Ungleichung erfüllt ist (und zwar so, daß nicht der Grenzfall des Gleichheitszeichens eintritt), ergeben sich zwei Werte des Neigungswinkels α, also zwei Gleichgewichtslagen des Systems. Es soll nachgewiesen werden, daß der kleinere Wert von α zu einer stabilen, der größere zu einer unstabilen Gleichgewichtslage gehört.

13. In einer senkrechten Ebene liege eine glatte Ellipse mit waagerechter großer Achse. a sei die große, b die kleine Halbachse. Ein schwerer Massenpunkt von der Masse m sei an die Ellipse gebunden und werde von der kleinen Achse mit einer Kraft abgestoßen, die k mal dem Abstand von dieser Achse ist. Man bestimme die möglichen Gleichgewichtslagen und untersuche sie auf Stabilität.

Insbesondere zeige man, daß die Gleichgewichtslage des Teilchens im tiefsten Punkt der Ellipse nur für $k \leqq \dfrac{b\,m\,g}{a^2}$ stabil ist.

14. Die Bewegung eines schweren Teilchens zu bestimmen, wenn dasselbe an eine glatte Ebene gebunden ist, die sich um eine in der Ebene enthaltene vertikale Achse mit konstanter Winkelgeschwindigkeit dreht.

15. Die Bewegung eines schweren Teilchens auf einer glatten, gleichseitigen Hyperbel, deren eine Asymptote senkrecht ist, und die Reaktion der Kurve zu bestimmen.

17. Kapitel.

Allgemeine Prinzipien für die Bewegung der Körper.

136. Der Projektionssatz. Wir gehen nun dazu über, Körper zu betrachten, deren Bewegung nicht mehr hinreichend genau beschrieben werden kann, wenn man von ihrer Ausdehnung absieht, d. h. sie als Massenpunkte behandelt. Solche Körper wollen wir in der in **41** besprochenen Weise als Systeme von Massenpunkten ansehen. Es sei K ein Körper, also ein System von Massenpunkten. Auf den einzelnen Massenpunkt der Masse m_ν wirken einerseits Kräfte, die für K äußere Kräfte sind und deren Resultante $\mathfrak{K}_\nu^{(a)}$ sei, andererseits für K innere Kräfte, deren Resultante $\mathfrak{K}_\nu^{(i)}$ sei. Die Bewegungsgleichung des betrachteten Massenpunktes kann dann

$$(136, 1) \qquad\qquad m_\nu\,\mathfrak{b}_\nu = \mathfrak{K}_\nu^{(a)} + \mathfrak{K}_\nu^{(i)}$$

geschrieben werden, wo $\mathfrak{b}_\nu$ der Beschleunigungsvektor der Masse m_ν ist.

In dieser Gleichung haben wir das statische Gleichheitszeichen verwendet, das ja ausdrückt, daß die Vektoren nicht nur als freie Vektoren übereinstimmen, sondern auch dieselbe Angriffslinie haben. Diese Bemerkung ist bei der Behandlung von zusammengesetzten Körpern von Wichtigkeit. Da nämlich für jeden einzelnen der Massenpunkte des Körpers eine Gleichung (**136**, 1) gilt, erhält man durch Bildung der statischen Summe dieser Vektoren für alle Massenpunkte des Körpers: **Das System aller gebundenen Vektoren $m\,\mathfrak{b}_\nu$ ist dem System aller auf die Massenpunkte des Körpers wirkenden äußeren und inneren Kräfte äquivalent.** Nun setzen wir auch bei dynamischen Betrachtungen das allgemeine Reaktionsprinzip aus **41** S. 94 voraus, nach welchem das System der für K inneren Kräfte für sich betrachtet äquivalent Null ist. Für Systeme von getrennten Massenpunkten, die aufeinander wirken, ist dies eine Folge der in **91** eingeführten dynamischen Voraussetzungen. Wenn wir also durch ein fettes Summationszeichen eine statische Summation über alle Massenpunkte des Körpers andeuten, erhalten wir aus (**136**, 1) die statische Gleichung

$$(136, 2) \qquad\qquad \boldsymbol{\Sigma}\, m_\nu\,\mathfrak{b}_\nu = \boldsymbol{\Sigma}\, \mathfrak{K}_\nu^{(a)}.$$

Die beiden Vektorsysteme $\boldsymbol{\Sigma}\, m_\nu\, \mathfrak{b}_\nu$ und $\boldsymbol{\Sigma}\, \mathfrak{K}_\nu^{(a)}$ bestimmen nach (**136**, 2) das gleiche Momentfeld, ein Tatbestand, auf den wir im nächsten Paragraphen genauer eingehen. Hier wollen wir vorläufig nur verwenden, daß die beiden Vektorsysteme die gleiche Vektorinvariante besitzen, daß also

$$(136, 3) \qquad \sum \mathfrak{K}_\nu^{(a)} = \sum m_\nu\, \mathfrak{b}_\nu = \sum m_\nu\, \dot{\mathfrak{v}}_\nu = \sum m_\nu\, \ddot{\mathfrak{r}}_\nu$$

ist. Durch Projektion auf die Achsen eines festen Koordinatensystems erhält man hieraus

$$(136, 4) \qquad \sum m_\nu \ddot{x}_\nu = \sum X_\nu^{(a)}, \quad \sum m_\nu \ddot{y}_\nu = \sum Y_\nu^{(a)}, \quad \sum m_\nu \ddot{z}_\nu = \sum Z_\nu^{(a)}.$$

Man kann dies formulieren als:

Projektionssatz der Dynamik (*erste Form*): *Die Summe der Produkte der einzelnen Massen des Körpers und der Projektionen ihrer Beschleunigungen auf eine beliebige Gerade ist gleich der Summe der Projektionen der auf den Körper wirkenden äußeren Kräfte auf dieselbe Gerade.*

Führt man die *gesamte Bewegungsmenge des Körpers* durch die (**93**, 9) entsprechende Gleichung

$$(136, 5) \qquad \mathfrak{B} = \sum m_\nu\, \mathfrak{v}_\nu$$

ein, so kann man (**136**, 3)

$$(136, 6) \qquad \dot{\mathfrak{B}} = \frac{d}{dt}\left(\sum m_\nu\, \mathfrak{v}_\nu\right) = \sum \mathfrak{K}_\nu^{(a)}$$

und die skalaren Gleichungen (**136**, 4)

$$(136, 7) \quad \frac{d}{dt}\left(\sum m_\nu \dot{x}_\nu\right) = \sum X_\nu^{(a)}, \quad \frac{d}{dt}\left(\sum m_\nu \dot{y}_\nu\right) = \sum Y_\nu^{(a)}, \quad \frac{d}{dt}\left(\sum m_\nu \dot{z}_\nu\right) = \sum Z_\nu^{(a)}$$

schreiben.

Projektionssatz der Dynamik (*zweite Form*): *Die zeitliche Ableitung der Projektion der gesamten Bewegungsmenge eines Körpers auf eine feste Gerade ist gleich der Summe der Projektionen der auf den Körper wirkenden äußeren Kräfte auf diese Gerade.*

In dieser Form des Projektionssatzes ist es wesentlich, daß die verwendete Gerade in dem Koordinatensystem fest ist, auf das die Bewegung bezogen ist.

Ferner kann man den Schwerpunkt G des Körpers in die Betrachtung einbeziehen. Es sei $\mathfrak{r}_G$ sein Ortsvektor, x_G, y_G und z_G seine Koordinaten, sowie

$$(136, 8) \qquad m = \sum m_\nu$$

die gesamte Masse des Körpers. Man hat dann

$$(136, 9) \qquad m\,\mathfrak{r}_G = \sum m_\nu\, \mathfrak{r}_\nu$$

und erhält daher aus **(136, 3, 4)**

$$(136, 10) \qquad m\,\mathfrak{b}_G = m\,\ddot{\mathfrak{r}}_G = \frac{d}{dt}\,(m\,\dot{\mathfrak{r}}_G) = \sum \mathfrak{K}_\nu^{(a)},$$

$$(136, 11) \qquad \begin{cases} m\,\ddot{x}_G = \dfrac{d}{dt}\,(m\,\dot{x}_G) = \sum X_\nu^{(a)}, \\[2ex] m\,\ddot{y}_G = \dfrac{d}{dt}\,(m\,\dot{y}_G) = \sum Y_\nu^{(a)}, \\[2ex] m\,\ddot{z}_G = \dfrac{d}{dt}\,(m\,\dot{z}_G) = \sum Z_\nu^{(a)}. \end{cases}$$

Schwerpunktssatz der Dynamik: *Der Schwerpunkt eines Körpers bewegt sich wie ein Massenpunkt, dessen Masse gleich der gesamten Masse des Körpers ist und der von sämtlichen äußeren Kräften angegriffen wird.*

Die Gleichung **(136, 9)**, die ja den Schwerpunkt definiert, lehrt, daß man die Bewegungsmenge des Körpers bestimmen kann, indem man „die Massen im Schwerpunkt konzentriert":

$$(136, 12) \qquad \mathfrak{B} = \sum m_\nu\,\mathfrak{b}_\nu = m\,\mathfrak{b}_G .$$

Durch den Schwerpunktssatz erhalten die Ergebnisse der vorigen Kapitel über die Bewegung eines Massenpunktes eine größere Tragweite. Sie werden gebraucht, wenn man bei der Untersuchung der Bewegung eines beliebigen Körpers mit der Bestimmung der Bewegung seines Schwerpunktes beginnen will.

Bei gewissen Aufgaben kann der Schwerpunktssatz in speziellen Formen zur Anwendung gelangen. Wenn etwa die Vektorsumme der äußeren Kräfte a) stets Null, b) stets parallel einer festen Geraden, c) stets parallel einer festen Ebene ist, so hat der Schwerpunkt des Körpers a) konstante Geschwindigkeit (speziell Null) oder dies gilt für die Projektion des Schwerpunktes auf b) die Normalebene der festen Geraden, c) die Normale der festen Ebene.

Bildet man das Zeitintegral von **(136, 6)** über ein Zeitintervall, so erhält man ähnliche Sätze wie für einen Massenpunkt [vgl. **(93, 13, 14)**]: *Der vektorielle Zuwachs der Bewegungsmenge des Körpers ist gleich dem durch alle äußeren Kräfte im selben Zeitintervall bestimmten Impuls.* Durch Projektion auf eine Gerade oder Ebene kann man hieraus neue Formen des Projektionssatzes der Dynamik ableiten.

Für eine auf einer horizontalen Schienenstrecke fahrende Lokomotive ergibt der Schwerpunktssatz bei Projektion auf eine vertikal nach oben gerichtete z-Achse

$$m\,\ddot{z}_G = -mg + N,$$

wo N der nach oben positiv gerechnete Reaktionsdruck der Schienen ist.

$$N = m\,(\ddot{z}_G + g)$$

muß dann positiv sein und darf dem Wert Null nicht zu nahe kommen, damit die nötige Sicherheit dagegen vorhanden ist, daß die Lokomotive entgleist. z_G ändert sich während der Fahrt wegen der wechselnden Höhe der beweglichen Maschinenteile. $\ddot{z}_G$ ist daher abwechselnd positiv und negativ. Die letzte Gleichung zeigt, daß in den Perioden, wo der Schwerpunkt eine abwärts gerichtete Beschleunigung hat, die Gefahr besteht, daß N zu klein wird, nämlich falls $\ddot{z}_G$ in die Nähe des Wertes $-g$ gelangt. Man sucht daher Größe und Anordnung der beweglichen Teile (z. B. durch Anbringen von geeigneten Massen an den Rädern) so einzurichten, daß die Variation von z_G und damit auch der Betrag von $\ddot{z}_G$ klein bleibt.

Ähnliches gilt für stehende Maschinen, wo die Reaktionskraft zwischen der Maschine und ihrem Fundament nicht zu groß werden darf. Diese bestimmt sich wie oben aus der Bewegung des Schwerpunktes der Maschine.

137. Der Momentsatz. In **136** haben wir von der statischen Gleichung (**136**, 2) nur verwendet, daß die beiden Vektorsysteme die gleiche Vektorinvariante besitzen. Daß sie äquivalent sind, also das gleiche Momentfeld bestimmen, drückt sich durch

$$(\mathbf{137}, 1) \qquad \sum \mathfrak{r}_\nu \times m_\nu \mathfrak{b}_\nu = \sum \mathfrak{r}_\nu \times \mathfrak{K}_\nu^{(a)}$$

aus. Diese Gleichung gilt unabhängig von der Lage des Ursprungs O.

Um (**137**, 1) umzuformen, bilden wir das *Moment* $\mathfrak{S}$ der *Bewegungsmenge* des Körpers in O, d. h. die Summe der Momente der Bewegungsmengen der einzelnen Massenpunkte in bezug auf O (vgl. **94**), also

$$(\mathbf{137}, 2) \qquad \mathfrak{S} = \sum \mathfrak{r}_\nu \times m_\nu \mathfrak{b}_\nu .$$

Es ist wegen $\dot{\mathfrak{r}}_\nu \times \mathfrak{b}_\nu = 0$

$$(\mathbf{137}, 3) \qquad \dot{\mathfrak{S}} = \sum \mathfrak{r}_\nu \times m_\nu \dot{\mathfrak{b}}_\nu = \sum \mathfrak{r}_\nu \times m_\nu \mathfrak{b}_\nu .$$

Ist

$$(\mathbf{137}, 4) \qquad \mathfrak{M}^{(a)} = \sum \mathfrak{r}_\nu \times \mathfrak{K}_\nu^{(a)}$$

das Moment der äußeren Kräfte, so kann (**137**, 1) wie (**94**, 5) kurz

$$(\mathbf{137}, 5) \qquad \dot{\mathfrak{S}} = \mathfrak{M}^{(a)}$$

geschrieben werden.

Vektorieller Momentsatz: *Die zeitliche Ableitung des Moments der Bewegungsmenge des Körpers in einem beliebigen festen Punkt ist gleich der Summe der Momente der äußeren Kräfte in diesem Punkt.* — Kurz ausgedrückt: *Die zeitliche Ableitung des Momentfeldes der Bewegungsmengen des Körpers ist gleich dem Momentfeld der äußeren Kräfte.*

Ebenso wie in **94** folgert man hieraus den

Skalaren Momentsatz: *Die zeitliche Ableitung des Moments der Bewegungsmenge eines Körpers um eine feste Gerade ist gleich der Summe der Momente der äußeren Kräfte um diese Gerade.* Für die Koordinatenachsen ergibt dies

$$(\mathbf{137}, 6) \quad \begin{cases} \dfrac{d}{dt} \sum m_\nu (y_\nu \dot{z}_\nu - z_\nu \dot{y}_\nu) = \sum m_\nu (y_\nu \ddot{z}_\nu - z_\nu \ddot{y}_\nu) = \sum (y_\nu Z_\nu^{(a)} - z_\nu Y_\nu^{(a)}) , \\[2ex] \dfrac{d}{dt} \sum m_\nu (z_\nu \dot{x}_\nu - x_\nu \dot{z}_\nu) = \sum m_\nu (z_\nu \ddot{x}_\nu - x_\nu \ddot{z}_\nu) = \sum (z_\nu X_\nu^{(a)} - x_\nu Z_\nu^{(a)}) , \\[2ex] \dfrac{d}{dt} \sum m_\nu (x_\nu \dot{y}_\nu - y_\nu \dot{x}_\nu) = \sum m_\nu (x_\nu \ddot{y}_\nu - y_\nu \ddot{x}_\nu) = \sum (x_\nu Y_\nu^{(a)} - y_\nu X_\nu^{(a)}) . \end{cases}$$

Das Moment der Bewegungsmenge des Körpers um eine Gerade ist gleich der Summe der Produkte der einzelnen Massen und ihrer doppelten Flächengeschwindigkeiten um die Gerade [vgl. (94, 8)].

Trägt man für alle Werte von t die Vektoren $\mathfrak{B}$ und $\mathfrak{S}$ von O ab, so erfüllen ihre Endpunkte die Kurvenbilder von $\mathfrak{B}$ bzw. $\mathfrak{S}$ und durchlaufen diese mit den Geschwindigkeiten $\sum \mathfrak{R}_\nu^{(a)}$ bzw. $\mathfrak{M}^{(a)}$.

Unter festem Punkt und fester Geraden ist in **136** und **137** ein Punkt oder eine Gerade verstanden, die in dem Koordinatensystem fest ist, auf das die Bewegung des Körpers bezogen wird. Ist dies kein Inertialsystem, so müssen die zugehörigen fiktiven Kräfte für jeden einzelnen Massenpunkt zu den äußeren Kräften gezählt werden; sie sind also in der Resultante $\mathfrak{R}_\nu^{(a)}$ zu berücksichtigen. Ob der Punkt oder die Gerade in dem verwendeten Koordinatensystem fest ist, ist jedoch nur bei den Formen des Projektions- und Momentsatzes wesentlich, in denen Differentiationen nach der Zeit vorkommen. Man kann auch Projektions- und Momentsätze für Punkte oder Geraden aufstellen, die sich in dem verwendeten Koordinatensystem bewegen, falls man die in **97** und **98** angegebenen Korrektionen beachtet.

138. Der Energiesatz. Aus dem für jeden einzelnen Massenteil geltenden Energiesatz

$$(138, 1) \qquad \frac{d}{dt}\left(\frac{1}{2}\,m_\nu v_\nu^2\right) = \mathfrak{R}_\nu^{(a)} \cdot \mathfrak{v}_\nu + \mathfrak{R}_\nu^{(i)} \cdot \mathfrak{v}_\nu$$

erhält man durch Summation über alle Massenpunkte des Körpers einen Energiesatz für den Körper. Die *kinetische Energie* des Körpers wird durch

$$(138, 2) \qquad T = \tfrac{1}{2}\sum m_\nu v_\nu^2 = \tfrac{1}{2}\sum m_\nu\,(\dot{x}_\nu^2 + \dot{y}_\nu^2 + \dot{z}_\nu^2)$$

definiert. Alsdann ergibt sich

$$(138, 3) \qquad \begin{cases} \dot{T} = \sum \mathfrak{R}_\nu^{(a)} \cdot \mathfrak{v}_\nu + \sum \mathfrak{R}_\nu^{(i)} \cdot \mathfrak{v}_\nu \\[2mm] \quad = \sum (X_\nu^{(a)}\dot{x}_\nu + Y_\nu^{(a)}\dot{y}_\nu + Z_\nu^{(a)}\dot{z}_\nu + X_\nu^{(i)}\dot{x}_\nu + Y_\nu^{(i)}\dot{y}_\nu + Z_\nu^{(i)}\dot{z}_\nu). \end{cases}$$

Energiesatz (*erste Form*): *Die zeitliche Ableitung der kinetischen Energie eines Körpers ist gleich der Summe der Effekte aller äußeren und inneren Kräfte in dem betreffenden Zeitpunkt.*

Bildet man das Zeitintegral von (**138**, 3) über das Intervall $t_1 \leqq t \leqq t_2$, so erhält man [vgl. (**95**, 4)]

$$(138, 4) \qquad \begin{cases} T_2 - T_1 = \sum\displaystyle\int_{t_1}^{t_2}(\mathfrak{R}_\nu^{(a)} \cdot d\mathfrak{r}_\nu + \mathfrak{R}_\nu^{(i)} \cdot d\mathfrak{r}_\nu) \\[4mm] \quad = \sum\displaystyle\int_{t_1}^{t_2}(X_\nu^{(a)}dx_\nu + Y_\nu^{(a)}dy_\nu + Z_\nu^{(a)}dz_\nu + X_\nu^{(i)}dx_\nu + Y_\nu^{(i)}dy_\nu + Z_\nu^{(i)}dz_\nu). \end{cases}$$

Energiesatz (*zweite Form*): *Der Zuwachs eines Körpers an kinetischer Energie in einem Zeitintervall ist gleich der in diesem Zeitraum von allen äußeren und inneren Kräften geleisteten Arbeit.*

Bei der Berechnung des Effekts oder der Arbeit der inneren Kräfte erhält man einen einfachen Ausdruck, wenn man für die einzelne innere Kraft, die zwischen zwei Massenpunkten wirkt, ihren gesamten Effekt bei den Geschwindigkeiten beider Massenpunkte wie in **77** berechnet. Bedeutet $l_{\lambda\mu}$ $(= l_{\mu\lambda})$ den Abstand zwischen den betrachteten beiden Massenpunkten m_λ und m_μ und $K^{(i)}_{\lambda\mu}$ $(= K^{(i)}_{\mu\lambda})$ eine skalare Größe, deren Betrag gleich der zwischen den Punkten wirkenden Kraft ist, und die bei Anziehung positiv, bei Abstoßung negativ gerechnet sei, so wird der gesamte Effekt

$$(138, 5) \qquad \sum_\nu \mathfrak{K}^{(i)}_\nu \cdot \mathfrak{v}_\nu = -\sum_{\lambda < \mu} K^{(i)}_{\lambda\mu} \dot{l}_{\lambda\mu},$$

also die Arbeit der inneren Kräfte in einem Zeitintervall

$$(138, 6) \qquad \sum_\nu \int \mathfrak{K}^{(i)}_\nu \cdot d\mathfrak{r}_\nu = -\sum_{\lambda < \mu} \int K^{(i)}_{\lambda\mu} dl_{\lambda\mu}.$$

Man sieht, daß eine innere Kraft keinen Effekt hat, wenn sie zwischen zwei Massenpunkten wirkt, deren Abstand während der Bewegung ungeändert bleibt. Sind etwa zwei Punkte des Körpers durch einen unelastischen gespannten Faden verbunden, so liefert die Fadenspannung keinen Beitrag zum Effekt für den ganzen Körper. Dagegen trägt sie zum Effekt bei, wenn der Faden elastisch ist und der Abstand zwischen den verbundenen Punkten sich während der Bewegung des Körpers ändert. Vergleiche im übrigen die Betrachtungen in **81**, insbesondere im Hinblick auf die Effekte der Reaktionskräfte.

Wenn die innere Kraft $K^{(i)}_{\lambda\mu}$ zwischen zwei Massenpunkten nur von deren Abstand $l_{\lambda\mu}$ abhängt, so hängt die von ihr geleistete Arbeit

$$(138, 7) \qquad -\int K^{(i)}_{\lambda\mu} dl_{\lambda\mu}$$

nur von den Werten von $l_{\lambda\mu}$ in Anfangs- und Endlage ab. Ist dies bei allen inneren Kräften des Körpers der Fall, so hängt also die Arbeit (**138**, 6) der inneren Kräfte nur von Anfangs- und Endlage des Körpers ab. Man kann dann die *innere potentielle Energie* $U^{(i)}$ des Körpers in einer beliebigen Lage als die Arbeit definieren, die die inneren Kräfte leisten, wenn der Körper in beliebiger Weise aus dieser Lage in eine feste Normallage übergeführt wird. Die Normallage kann hierbei beliebig gewählt werden, da sich beim Übergang zu einer anderen die Funktion $U^{(i)}$ nur um eine additive Konstante ändert. Die Funktion $U^{(i)}$ hängt von den Parametern ab, durch die man die verschiedenen möglichen Lagen des Körpers festlegt. Die elementare Arbeit $\sum_\nu \mathfrak{K}^{(i)}_\nu \cdot d\mathfrak{r}_\nu$ des Körpers ist dann das totale Differential einer Funktion dieser Parameter oder einer Funktion der Koordinaten sämtlicher den Körper zusammensetzenden Massenpunkte.

Geht der Körper von einer Lage *I* in eine Lage *II* über, so erhält man die Arbeit der inneren Kräfte als Differenz der Arbeiten, die beim

Übergang von den betrachteten Lagen in die Normallage geleistet werden:

$$(138, 8) \qquad \sum_\nu \int_I^{II} \mathfrak{R}_\nu^{(i)} \cdot d\mathfrak{r}_\nu = U_I^{(i)} - U_{II}^{(i)}.$$

Man sieht, daß diese unabhängig von der Wahl der Normallage ist.

Die Arbeit der inneren Kräfte beim Übergang zwischen zwei Lagen ist gleich dem Verlust an innerer potentieller Energie.

Bezeichnet man die Summe der kinetischen und der inneren potentiellen Energie des Körpers

$$(138, 9) \qquad E^{(i)} = T + U^{(i)}$$

als seine *totale innere Energie*, so erhält man aus (**138**, 4) und (**138**, 8) für zwei Zeitpunkte t_1 und t_2 während der Bewegung des Körpers

$$(138, 10) \qquad E_2^{(i)} - E_1^{(i)} = \sum_\nu \int_{t_1}^{t_2} \mathfrak{R}_\nu^{(a)} \cdot d\dot{\mathfrak{r}}_\nu.$$

Der Zuwachs des Körpers an totaler innerer Energie ist gleich der von allen äußeren Kräften im selben Zeitraum geleisteten Arbeit.

Wenn auf den Körper keine äußeren Kräfte wirken oder wenn die äußeren Kräfte dem Körper keine Energie zuführen oder entziehen, bleibt seine totale innere Energie während der Bewegung ungeändert.

Es kann natürlich auch eintreten, daß die von den äußeren Kräften geleistete Arbeit nur von der Anfangs- und Endlage des Körpers abhängt und nicht von der speziellen Bewegung, die den Körper von der ersten in die zweite Lage überführt. Dann kann man entsprechend eine *äußere potentielle Energie* $U^{(a)}$ einführen und erhält analog zu (**138**, 8)

$$(138, 11) \qquad \sum_\nu \int_I^{II} \mathfrak{R}_\nu^{(a)} \cdot d\mathfrak{r}_\nu = U_I^{(a)} - U_{II}^{(a)}.$$

Trifft dies sowohl für die äußeren als auch für die inneren Kräfte zu, so bleibt die *totale Energie*

$$(138, 12) \qquad E = T + U^{(i)} + U^{(a)}$$

des Körpers während seiner Bewegung konstant. Da nur die Lagen und Geschwindigkeiten der einzelnen Massenpunkte in (**138**, 12) auftreten, bildet diese Gleichung ein Erstintegral für die Bestimmung der Bewegung des Körpers.

139. Koordinaten mit dem Ursprung im Schwerpunkt. Bisher haben wir zur Festlegung der Lage eines Massenpunktes P des Körpers den Ortsvektor

$$(139, 1) \qquad \overrightarrow{OP} = \mathfrak{r} = x\mathfrak{i} + y\mathfrak{j} + z\mathfrak{k}$$

vom Ursprung des zugrunde gelegten Koordinatensystems verwendet; für den Schwerpunkt G war insbesondere

$$(139, 2) \qquad \overrightarrow{OG} = \mathfrak{r}_G = x_G\mathfrak{i} + y_G\mathfrak{j} + z_G\mathfrak{k}.$$

Wir führen nun die Koordinaten der Massenpunkte bezüglich des Schwerpunktes, d. h. die Koordinatendifferenzen

$$(139, 3) \qquad x^* = x - x_G, \qquad y^* = y - y_G, \qquad z^* = z - z_G$$

ein, verwenden also den Ortsvektor

$$(139, 4) \qquad \mathfrak{r}^* = \mathfrak{r} - \mathfrak{r}_G = \overrightarrow{GP} = x^*\mathfrak{i} + y^*\mathfrak{j} + z^*\mathfrak{k}.$$

Dem liegt also ein x^*, y^*, z^*-Koordinatensystem mit dem Ursprung in G zugrunde, dessen Achsenrichtungen mit denen des x, y, z-Systems übereinstimmen. Falls sich G relativ zum x, y, z-System bewegt, hat man es mit einem bewegten System zu tun, dessen Bewegung in bezug auf das x, y, z-System translatorisch ist.

Die für das neue Koordinatensystem charakteristische Eigenschaft drückt sich durch die Gleichung

$$(139, 5) \qquad \sum m_\nu \mathfrak{r}_\nu^* = 0$$

aus. Da diese in jedem Zeitpunkt gelten soll, hat man auch

$$(139, 6) \qquad \sum m_\nu \dot{\mathfrak{r}}_\nu^* = \sum m_\nu \ddot{\mathfrak{r}}_\nu^* = \cdots = 0,$$

also die Koordinatengleichungen

$$(139, 7) \qquad \begin{cases} \sum m_\nu x_\nu^* = \sum m_\nu \dot{x}_\nu^* = \sum m_\nu \ddot{x}_\nu^* = \cdots = 0, \\ \sum m_\nu y_\nu^* = \sum m_\nu \dot{y}_\nu^* = \sum m_\nu \ddot{y}_\nu^* = \cdots = 0, \\ \sum m_\nu z_\nu^* = \sum m_\nu \dot{z}_\nu^* = \sum m_\nu \ddot{z}_\nu^* = \cdots = 0. \end{cases}$$

Wir betrachten nun irgendeinen quadratischen oder bilinearen Ausdruck in den Koordinaten eines Massenpunktes und deren Ableitungen, der mit der Masse des betreffenden Massenpunktes multipliziert und dann über alle Massenpunkte des Körpers summiert werden soll. Ein paar Beispiele zeigen, worauf es ankommt:

$$\sum m_\nu x_\nu^2 = \sum m_\nu (x_G + x_\nu^*)^2 = m x_G^2 + \sum m_\nu x_\nu^{*2} + \left[2 x_G \sum m_\nu x_\nu^*\right],$$

$$\sum m_\nu x_\nu \dot{y}_\nu = \sum m_\nu (x_G + x_\nu^*)(\dot{y}_G + \dot{y}_\nu^*)$$
$$= m x_G \dot{y}_G + \sum m_\nu x_\nu^* \dot{y}_\nu^* + \left[x_G \sum m_\nu \dot{y}_\nu^*\right] + \left[\dot{y}_G \sum m_\nu x_\nu^*\right],$$

$$\sum m_\nu \dot{z}_\nu^2 = \sum m_\nu (\dot{z}_G + \dot{z}_\nu^*)^2 = m \dot{z}_G^2 + \sum m_\nu \dot{z}_\nu^{*2} + \left[2 \dot{z}_G \sum m_\nu \dot{z}_\nu^*\right].$$

Hierbei ist wieder
$$m = \sum m_\nu$$
gesetzt.

In allen Fällen haben die Ausdrücke in eckigen Klammern nach (139, 7) den Wert Null. Da entsprechende Formeln gelten, wenn man an Stelle eines einzelnen quadratischen oder bilinearen Gliedes eine Linearkombination von solchen mit konstanten Koeffizienten hat, erkennt man die Richtigkeit des folgenden Satzes:

I) *Ist* $f(x_\nu, y_\nu, z_\nu, \dot{x}_\nu, \dot{y}_\nu, \dot{z}_\nu)$ *eine homogene quadratische Funktion der Koordinaten eines einzelnen Massenpunktes und ihrer Ableitungen, so gilt die Gleichung*

$$(\mathbf{139},\, 8) \quad \left\{ \begin{aligned} &\sum m_\nu f(x_\nu, y_\nu, z_\nu, \dot{x}_\nu, \dot{y}_\nu, \dot{z}_\nu) \\ &= m\, f(x_G, x_G, z_G, \dot{x}_G, \dot{y}_G, \dot{z}_G) + \sum m_\nu f(x_\nu^*, y_\nu^*, z_\nu^*, \dot{x}_\nu^*, \dot{y}_\nu^*, \dot{z}_\nu^*), \end{aligned} \right.$$

d. h. das Produkt einer Masse mit dem entsprechenden Funktionswert, summiert über alle Massenpunkte des Körpers ist gleich dem entsprechend gebildeten Wert für die Koordinaten bezüglich des Schwerpunktes, vermehrt um den Beitrag eines im Schwerpunkt angebrachten Massenpunktes, dessen Masse gleich der Gesamtmasse m des Körpers ist.

Wenn die Funktion f nur positive Werte annehmen kann, so ergibt das x^*, y^*, z^*-System unter allen Koordinatensystemen mit festen Achsenrichtungen den kleinsten Wert des betrachteten Ausdrucks. (Vgl. **30** als ein Beispiel.)

Der Satz behält auch seine Gültigkeit, wenn Ableitungen höherer Ordnung $\ddot{x}_\nu$ usw. als Argumente von f auftreten.

Die Bewegung des Körpers relativ zum x^*, y^*, z^*-System wollen wir seine *Bewegung um den Schwerpunkt* nennen. Die zu dieser Bewegung gehörige analog (**136**, 5) definierte gesamte Bewegungsmenge hat nach (**139**, 6) den Wert Null: *Das System der Bewegungsmengen aller Massenpunkte des Körpers für die Bewegung um den Schwerpunkt ist einem Vektorpaar äquivalent (und kann in speziellen Fällen äquivalent Null sein).* Der zu dieser Bewegung gehörige Momentvektor der Bewegungsmenge ist daher unabhängig von dem Punkt, in dem er gebildet wird. Wir bezeichnen ihn mit $\mathfrak{S}^*$ und erhalten analog (**137**, 2) den Ausdruck

$$(\mathbf{139},\, 9) \qquad\qquad \mathfrak{S}^* = \sum \mathfrak{r}_\nu^* \times m_\nu \dot{\mathfrak{r}}_\nu^*,$$

indem wir ihn in G bilden. Das Moment der Bewegungsmenge um eine Gerade für die Bewegung um den Schwerpunkt ergibt sich durch Projektion von $\mathfrak{S}^*$ auf die Gerade.

Der Ausdruck (**138**, 3) für den Effekt der Kräfte kann mit Verwendung von (**139**, 4) und $\sum \mathfrak{K}_\nu^{(i)} = 0$ folgendermaßen umgeformt werden:

$$(\mathbf{139},\, 10) \quad \sum (\mathfrak{K}_\nu^{(a)} + \mathfrak{K}_\nu^{(i)}) \cdot \dot{\mathfrak{r}}_\nu = \dot{\mathfrak{r}}_G \cdot \sum \mathfrak{K}_\nu^{(a)} + \sum \mathfrak{K}_\nu^{(a)} \cdot \dot{\mathfrak{r}}_\nu^* + \sum \mathfrak{K}_\nu^{(i)} \cdot \dot{\mathfrak{r}}_\nu^*.$$

Man sieht, daß der Effekt der inneren Kräfte nicht von der Bewegung des Schwerpunktes, sondern nur von der Bewegung um den Schwerpunkt abhängt.

Wenn auf die Massenpunkte des Körpers parallele Kräfte wirken, die den Massen proportional sind, also Kräfte $m_\nu \mathfrak{a}$, wo $\mathfrak{a}$ für alle Massenpunkte derselbe Vektor ist, so findet man für den Effekt dieser Kräfte bei der Bewegung des Körpers unter Berücksichtigung von (**139**, 4, 6)

$$(\mathbf{139},\, 11) \qquad \sum m_\nu \mathfrak{a} \cdot \dot{\mathfrak{r}}_\nu = \mathfrak{a} \cdot \sum m_\nu (\dot{\mathfrak{r}}_G + \dot{\mathfrak{r}}_\nu^*) = m\mathfrak{a} \cdot \dot{\mathfrak{r}}_G.$$

II) *Der Effekt von parallelen, den Massen proportionalen Kräften ist der gleiche wie bei einem im Schwerpunkt angebrachten Massenpunkt, dessen Masse gleich der des ganzen Körpers ist.*

Dieser Satz findet häufig Anwendung, da die Schwerkräfte von dieser Art sind. Für starre Körper ist er schon in **82d)** erwähnt.

140. Bewegung eines Körpers um seinen Schwerpunkt. In **96** wurde gezeigt, daß man die Bewegung eines Massenpunktes in bezug auf ein beliebiges Koordinatensystem durch eine Grundgleichung beschreiben kann, die stets von der gleichen Form (**96, 1**) oder (**96, 4**) ist. Wir haben bisher bei der Betrachtung der Bewegung des Körpers K das x, y, z-Koordinatensystem verwendet und angenommen, daß der ν-te Massenpunkt der Einwirkung einer Kraft

$$(140, 1) \qquad \mathfrak{K}_\nu = \mathfrak{K}_\nu^{(a)} + \mathfrak{K}_\nu^{(i)}$$

unterliegt.

Es macht keinen Unterschied, ob das x, y, z-System ein Inertialsystem ist oder nicht, wenn wir nur daran festhalten, daß $\mathfrak{K}_\nu$ die Kraft ist, für die

$$(140, 2) \qquad m_\nu \ddot{\mathfrak{r}}_\nu = \mathfrak{K}_\nu$$

im x, y, z-System gilt.

Geht man nun von diesem System zu einem anderen über, so hat man die zu den einzelnen Massenpunkten gehörigen fiktiven Kräfte hinzuzufügen. Diese spielen die Rolle von neu hinzukommenden äußeren Kräften, während die inneren Kräfte vom verwendeten System unabhängig sind.

Wir wollen nun die Verhältnisse beim Übergang vom x, y, z-System zu dem in **139** betrachteten x^*, y^*, z^*-System eingehender untersuchen. Da die Relativbewegung der beiden Systeme translatorisch ist, ist $\mathfrak{w}=0$, und es treten keine Corioliskräfte auf. Die Führungsbeschleunigung ist für alle Massenpunkte gleich $\mathfrak{b}_G$; für jeden Massenpunkt hat man also die fiktive Kraft $-m_\nu \mathfrak{b}_G$ hinzuzufügen. Diese fiktiven Kräfte bilden ein System von parallelen Kräften, die die einzelnen Massenteile angreifen und ihrer Masse proportional sind. Folglich ist G ihr Mittelpunkt (vgl. **30**) und ihr System ist der Kraft

$$(140, 3) \qquad m\,\mathfrak{b}_G$$

äquivalent, wenn diese in G angreift. Da sie kein Moment in G besitzt, sieht man, daß man den Momentsatz für den Punkt G, also für jede Gerade durch G mit fester Richtung anwenden kann, ohne die fiktiven Kräfte zu berücksichtigen. Da ferner der Schwerpunkt im x^*, y^*, z^*-System fest ist, entnimmt man aus **139** Satz II), daß die fiktiven Kräfte bei der Bewegung um den Schwerpunkt den gesamten Effekt Null haben:

I) *Bei der Bestimmung der Bewegung um den Schwerpunkt kann man den Energiesatz anwenden, ohne die fiktiven Kräfte zu berücksichtigen.*

II) *Bei der Bestimmung der Bewegung um den Schwerpunkt kann man den Momentsatz für den Schwerpunkt, also auch für beliebige durch ihn gehende Geraden mit festen Richtungen anwenden, ohne die fiktiven Kräfte zu berücksichtigen.*

Bei der Anwendung dieser Sätze muß darauf geachtet werden, daß die Bezeichnung „Bewegung um den Schwerpunkt" erst dann eine bestimmte Bedeutung hat, wenn festgesetzt ist, welche Achsenrichtungen als fest angesehen werden sollen. Es sind dies alle Richtungen, die in dem x, y, z-System fest sind, von dem man ausging, da dieses System für die Kräfte $\mathfrak{R}_\nu$ bestimmend war.

Die Bestimmung der Bewegung um den Schwerpunkt zusammen mit der des Schwerpunktes selbst nach dem Schwerpunktssatz gibt eine vollständige Bestimmung der Bewegung im x, y, z-System. Für die Bewegung bezüglich dieses Systems kann Satz II) so ausgesprochen werden:

II′) *Für die Bewegung eines Körpers bezüglich eines beliebigen Koordinatensystems gilt der Momentsatz für jede Gerade durch den Schwerpunkt mit einer im Koordinatensystem festen Richtung, selbst wenn sich der Schwerpunkt relativ zu diesem Koordinatensystem bewegt.*

Die Berechnung des Momentvektors $\mathfrak{S}$ der Bewegungsmenge in einem Punkt des x, y, z-Systems, z. B. in O, geschieht am einfachsten mit Hilfe von Satz I) in **139**. Dieser ist hier anwendbar, da $\mathfrak{r}_\nu \times \mathfrak{v}_\nu$ eine homogene quadratische Funktion in den Koordinaten des Massenpunktes und ihrer Ableitungen ist. Man findet so

$$(140, 4) \qquad\qquad \mathfrak{S} = \mathfrak{r}_G \times m\mathfrak{v}_G + \mathfrak{S}^*.$$

III) *Das Moment der Bewegungsmenge eines Körpers in einem gegebenen Punkt bzw. um eine gegebene Gerade erhält man dadurch, daß man sich die Masse des Körpers im Schwerpunkt konzentriert denkt und zu dem so gefundenen Beitrag das Moment der Bewegungsmenge des Körpers für seine Bewegung um den Schwerpunkt hinzufügt, und zwar gebildet in einem willkürlichen Punkt bzw. für eine willkürliche Gerade mit der Richtung der gegebenen.*

In einem Koordinatensystem, in dem der Schwerpunkt des Körpers ruht, ist das Moment der Bewegungsmenge in allen Punkten dasselbe und ebenso das Moment der Bewegungsmenge um alle Geraden mit gemeinsamer Richtung.

Aus (**137**, 5, 6) erhält man mit Benutzung von (**140**, 4) und (**139**, 4)

$$\mathfrak{r}_G \times m\mathfrak{v}_G + \dot{\mathfrak{S}}^* = \mathfrak{r}_G \times \sum \mathfrak{R}_\nu^{(a)} + \sum \mathfrak{r}_\nu^* \times \mathfrak{R}_\nu^{(a)}.$$

In dieser Gleichung spielt der Punkt O, der ja ganz beliebig ist, nur eine Rolle als Anfangspunkt des Ortsvektors $\mathfrak{r}_G$. Da dieser demnach ein beliebiger Vektor ist, folgt aus der letzten Gleichung einerseits

$$m\mathfrak{v}_G = \sum \mathfrak{R}_\nu^{(a)},$$

womit wir einen neuen Beweis für den Schwerpunktssatz gefunden haben, andererseits

$$\dot{\mathfrak{S}}^* = \sum \mathfrak{r}_\nu^* \times \mathfrak{R}_\nu^{'(a)},$$

womit wir auch einen neuen Beweis für den obigen Satz II) haben. Diese Sätze folgen also aus dem Momentsatz, wenn man noch den Satz **139**, I) heranzieht, der nur von der Massenverteilung und dem Bewegungszustand des Körpers handelt.

Bei der Berechnung der kinetischen Energie des Körpers im x, y, z-System kann man Satz **139**, I) heranziehen, da $\frac{1}{2} v_\nu^2$ quadratisch homogen in den Geschwindigkeitskoordinaten ist. Man erhält

$$\sum \tfrac{1}{2} m_\nu (\dot{x}_\nu^2 + \dot{y}_\nu^2 + \dot{z}_\nu^2) = \tfrac{1}{2} m (\dot{x}_G^2 + \dot{y}_G^2 + \dot{z}_G^2) + \sum \tfrac{1}{2} m_\nu (\dot{x}_\nu^{*2} + \dot{y}_\nu^{*2} + \dot{z}_\nu^{*2}),$$

also

$$(140, 5) \qquad\qquad T = \tfrac{1}{2} m v_G^2 + T^*,$$

wenn T^* die kinetische Energie bei der Bewegung um den Schwerpunkt ist. Wir haben also:

IV) *Die kinetische Energie des Körpers findet man, indem man sich seine Masse im Schwerpunkt konzentriert denkt und zu dem so gefundenen Beitrag die kinetische Energie bei der Bewegung um den Schwerpunkt hinzufügt.*

Aus (**138**, 3) und (**140**, 1) erhält man

$$\dot{T} = \sum \mathfrak{R}_\nu \cdot \mathfrak{v}_\nu.$$

Wegen (**140**, 5) und (**139**, 10) kann dies

$$\mathfrak{v}_G \cdot m \mathfrak{b}_G + \dot{T}^* = \mathfrak{v}_G \cdot \sum \mathfrak{R}_\nu^{(a)} + \sum \mathfrak{R}_\nu \cdot \dot{\mathfrak{r}}_\nu^*$$

geschrieben werden. Wenn man das x, y, z-System durch ein anderes ersetzt, das eine geradlinig gleichförmige Translation relativ zum ersten ausführt, so gehören zu diesem Übergang keine fiktiven Kräfte und die Bewegung um den Schwerpunkt wird nicht geändert. $\mathfrak{v}_G$ kann aber auf diese Weise in einen ganz beliebigen Vektor übergehen. Die letzte Gleichung liefert daher einerseits

$$m \mathfrak{b}_G = \sum \mathfrak{R}_\nu^{(a)},$$

also wiederum den Schwerpunktssatz, und andererseits

$$\dot{T}^* = \sum \mathfrak{R}_\nu \cdot \mathfrak{r}_\nu^*,$$

also einen neuen Beweis für Satz I).

141. Die LAGRANGEschen Gleichungen. Wir beginnen mit der Ableitung einer Identität, die uns instand setzen wird, die Bewegungsgleichungen für einen beliebigen Körper auf eine allgemeingültige und für viele Anwendungen zweckmäßige Form zu bringen.

Es sei t eine unabhängige Variable. Da sie später die Zeit bedeuten soll, deuten wir Differentiation nach ihr durch einen Punkt über der betreffenden Größe an. $q_1(t)$, $q_2(t)$, ..., $q_n(t)$ seien n Funktionen von t, die zweimal differenzierbar sind, und $f(q_1, q_2, ..., q_n)$ eine zweimal stetig differenzierbare Funktion dieser n Argumente. Zur Abkürzung setzen wir

$$(141, 1) \qquad \left\{ \begin{aligned} \frac{\partial f}{\partial q_\mu} &= f_\mu(q_1, q_2, ..., q_n) = f_\mu, \\[2mm] \frac{\partial^2 f}{\partial q_\mu \partial q_\nu} &= f_{\mu\nu}(q_1, q_2, ..., q_n) = f_{\mu\nu} = f_{\nu\mu}. \end{aligned} \right.$$

Da f durch Vermittlung seiner Argumente $q_1, q_2, \ldots, q_n$ von t abhängt, kann man

$$(141, 2) \qquad \dot{f} = \sum_\mu f_\mu \dot{q}_\mu,$$

$$(141, 3) \qquad \ddot{f} = \sum_\mu f_\mu \ddot{q}_\mu + \sum_{\mu, \nu} f_{\mu\nu} \dot{q}_\mu \dot{q}_\nu$$

bilden. Alle Summationen laufen hier und im folgenden über die Indizes von 1 bis n. Aus der Linearform (141, 2) in den $\dot{q}_\mu$ bilden wir weiter die quadratische Form

$$(141, 4) \qquad F = \tfrac{1}{2}\left(\sum_\mu f_\mu \dot{q}_\mu\right)^2 = \tfrac{1}{2}\sum_{\mu, \nu} f_\mu f_\nu \dot{q}_\mu \dot{q}_\nu,$$

wobei die Koeffizienten Funktionen von $q_1, q_2, \ldots, q_n$ sind. Die im folgenden auftretenden partiellen Ableitungen von F (und später auch von $\dot{F}$) nach einem q oder einem $\dot{q}$ sollen so verstanden werden, daß die q und $\dot{q}$ bei diesen Differentiationen als voneinander unabhängige Variable angesehen werden. Man erhält dann für jedes $\varrho = 1, 2, \ldots, n$ folgende Gleichungen, bei deren Ableitung berücksichtigt ist, daß die Form (141, 4) in den Indizes μ und ν symmetrisch ist und daß man natürlich stets die Bezeichnung eines Summationsbuchstaben ändern kann:

$$(141, 5) \qquad \frac{\partial F}{\partial q_\varrho} = \sum_{\mu, \nu} f_\mu f_{\nu\varrho} \dot{q}_\mu \dot{q}_\nu,$$

$$(141, 6) \qquad \frac{\partial F}{\partial \dot{q}_\varrho} = \sum_\mu f_\varrho f_\mu \dot{q}_\mu,$$

$$(141, 7) \qquad \frac{d}{dt}\left(\frac{\partial F}{\partial \dot{q}_\varrho}\right) = \sum_\mu f_\varrho f_\mu \ddot{q}_\mu + \sum_{\mu, \nu}(f_{\varrho\nu} f_\mu + f_\varrho f_{\mu\nu})\dot{q}_\mu \dot{q}_\nu,$$

$$(141, 8) \qquad \dot{F} = \sum_{\mu, \nu} f_\mu f_\nu \ddot{q}_\mu \dot{q}_\nu + \sum_{\lambda, \mu, \nu} f_\lambda f_{\mu\nu} \dot{q}_\lambda \dot{q}_\mu \dot{q}_\nu,$$

$$(141, 9) \qquad \frac{\partial \dot{F}}{\partial \dot{q}_\varrho} = \sum_\mu f_\varrho f_\mu \ddot{q}_\mu + \sum_{\mu, \nu}(f_\varrho f_{\mu\nu} + 2 f_\mu f_{\varrho\nu})\dot{q}_\mu \dot{q}_\nu.$$

Aus (141, 3, 5, 7, 9) entnimmt man nun folgende Identität

$$(141, 10) \qquad f_\varrho \ddot{f} = \frac{d}{dt}\left(\frac{\partial F}{\partial \dot{q}_\varrho}\right) - \frac{\partial F}{\partial q_\varrho} = \frac{\partial \dot{F}}{\partial \dot{q}_\varrho} - 2\frac{\partial F}{\partial q_\varrho}, \qquad \varrho = 1, 2, \ldots, n.$$

Man sieht, daß f nicht notwendig eine skalare Funktion sein muß. f kann auch ein Vektor $\mathfrak{f}$ sein, der von den q und dadurch von t abhängt, wenn man Ausdrücke wie $f_\mu f_\nu$ und ähnliche als skalare Produkte $\mathfrak{f}_\mu \cdot \mathfrak{f}_\nu$ auffaßt. Alle hier angewendeten Rechenregeln sind nämlich in diesem Fall erfüllt. Die q müssen aber jedenfalls skalare Funktionen von t sein.

Wir gehen nun dazu über, die Bewegung eines beliebigen Körpers $\boldsymbol{K}$ in einem x, y, z-Koordinatensystem zu betrachten. Wir denken uns $\boldsymbol{K}$ aus N Massenpunkten zusammengesetzt. Der α-te Massenpunkt habe die Masse m_α und den Ortsvektor $\mathfrak{r}_\alpha$; auf ihn wirke die Kraft $\mathfrak{K}_\alpha$, die wie in (**140**, 1) die Vektorsumme aller auf den Massenpunkt wirkenden äußeren und inneren Kräfte ist. Wir machen keine Voraussetzungen über diese Kräfte, abgesehen vom allgemeinen Reaktionsprinzip, und keinerlei Annahmen über die inneren oder äußeren Bindungen, die für die einzelnen Massenpunkte bestehen. Zwei der Massenpunkte können beispielsweise starr verbunden oder ganz unabhängig voneinander sein. Ein Massenpunkt kann frei beweglich oder an eine glatte oder rauhe Fläche oder Kurve gebunden sein. Zwei Teilsysteme von Massenpunkten können starre Teilkörper bilden, die z. B. gelenkig verbunden sind oder ähnliches.

Wir nehmen nun an, daß auf die eine oder andere Weise n Parameter $q_1, q_2, \ldots, q_n$ gewählt werden können, die im folgenden Sinne zur Bestimmung der möglichen Lagen von K dienen können. Jedem aus einem gewissen Wertebereich entnommenen Wertesystem $q_1, q_2, \ldots, q_n$ soll eine und nur eine Lage von K entsprechen. Insbesondere sind dann verschiedenen Lagen von K auch verschiedene Wertesysteme der Parameter zugeordnet. Umgekehrt soll jeder Lage wenigstens ein Wertesystem aus dem betrachteten Bereich entsprechen, und zwei verschiedenen Wertesystemen, die genügend wenig voneinander abweichen, sollen verschiedene Lagen von K zugeordnet sein. (Der Grund für die hervorgehobene Einschränkung ist folgender: Betrachten wir beispielsweise einen starren Körper K, von dem eine Gerade l und eine dazu senkrechte Ebene festgehalten sind, so daß K nur Drehungen um l ausführen kann, und wählen als Parameter q den Drehwinkel φ von K um l, so entspricht jedem Wert von φ eine wohlbestimmte Lage von K, und verschiedenen Lagen entsprechen verschiedene Werte von φ. Umgekehrt entspricht allen Werten $\varphi + 2k\pi$ ($k = 0, \pm 1, \pm 2, \ldots$) dieselbe Lage des Körpers. Wohl aber gehören zu zwei verschiedenen φ-Werten, die sich um weniger als 2π unterscheiden, verschiedene Lagen von K. Um solche ,,Winkelvariablen'' nicht auszuschließen, ist die obige Einschränkung gemacht worden.) Es wird hierbei nicht gefordert, daß n die kleinstmögliche Anzahl von Parametern dieser Art ist. Es können also bei den zu untersuchendeu Bewegungen des Körpers Relationen zwischen den q bestehen. (Wenn K z. B. aus einem einzelnen Massenpunkt besteht und dieser an eine Fläche oder Kurve gebunden ist, so ist zugelassen, für die q die Koordinaten des Massenpunktes zu wählen, obwohl diese durch eine oder zwei Bedingungsgleichungen verknüpft sind.) Ebensowenig machen wir vorläufig Voraussetzungen darüber, ob oder wie die Bewegungszustände von K durch Relationen zwischen den $\dot{q}$ beschränkt sind, die nicht aus den Relationen zwischen den q folgen; m. a. W. es spielt keine Rolle, ob das System holonom ist oder nicht.

Das einzige, was wir verwenden, ist, daß $q_1, q_2, \ldots, q_n$ während der Bewegung von K, die unter dem Einfluß der Kräfte wirklich stattfindet, bestimmte Funktionen der Zeit sind, und daß die Koordinaten oder Ortsvektoren der Massenpunkte als bestimmte Funktionen der q und dadurch von t ausgedrückt werden können. (Unter den hier zugrunde gelegten allgemeinen Voraussetzungen kann man stets vermeiden, daß die Koordinaten der Massenpunkte explizit von t abhängen. Liegen rheonome Bedingungsgleichungen wie in (**135**, 1, 2) vor, so kann man dies dadurch berücksichtigen, daß man für einen der verwendeten Parameter eine Größe nimmt, die der Zeit proportional variiert.)

Wir wollen nun die Identität (**141**, 10) auf den Vektor

$$(\mathbf{141}, 11) \qquad \mathfrak{f} = \sqrt{m_\alpha}\,\mathfrak{r}_\alpha$$

anwenden, der eine Funktion der q ist. Um Mißverständnisse zu vermeiden, wollen wir hierbei wieder partielle Differentiationen nach den q ausführlich schreiben, also die Abkürzung $\mathfrak{f}_\mu$ in (**141**, 1) durch den ursprünglichen Ausdruck

$$(\mathbf{141}, 12) \qquad \frac{\partial \mathfrak{f}}{\partial q_\mu} = \sqrt{m_\alpha}\,\frac{\partial \mathfrak{r}_\alpha}{\partial q_\mu}$$

ersetzen.

Die Form F, die wir jetzt F_α nennen wollen, da sie für den α-ten Massenpunkt gebildet ist, wird nach (**141**, 4, 11, 12)

$$(\mathbf{141}, 13) \qquad F_\alpha = \frac{1}{2}\, m_\alpha \left(\sum_\mu \frac{\partial \mathfrak{r}_\alpha}{\partial q_\mu}\, \dot{q}_\mu \right)^2 = \frac{1}{2}\, m_\alpha \sum_{\mu,\nu} \frac{\partial \mathfrak{r}_\alpha}{\partial q_\mu} \cdot \frac{\partial \mathfrak{r}_\alpha}{\partial q_\nu}\, \dot{q}_\mu \dot{q}_\nu.$$

Der erste Teil der Identität (**141**, 10) ergibt dann

$$(\mathbf{141}, 14) \qquad m_\alpha \frac{\partial \mathfrak{r}_\alpha}{\partial q_\varrho} \cdot \ddot{\mathfrak{r}}_\alpha = \frac{d}{dt}\left(\frac{\partial F_\alpha}{\partial \dot{q}_\varrho} \right) - \frac{\partial F_\alpha}{\partial q_\varrho}.$$

Wir geben nun dieser Identität einen dynamischen Inhalt, indem wir die Bewegungsgleichung

$$(\mathbf{141}, 15) \qquad m_\alpha \ddot{\mathfrak{r}}_\alpha = \mathfrak{K}_\alpha$$

des α-ten Massenpunktes heranziehen, und bilden die Summe der Gleichungen (**141**, 14) für alle Massenpunkte, also für $\alpha = 1, 2, \ldots, N$. Da auf der rechten Seite nur Differentiationen vorkommen, können wir hier die Addition ausführen, indem wir die Formen F_α addieren. Wir führen also die Form

$$(\mathbf{141}, 16) \qquad T = \sum_{\alpha=1}^{N} F_\alpha = \frac{1}{2} \sum_{\alpha=1}^{N} \sum_{\mu,\nu=1}^{n} m_\alpha \frac{\partial \mathfrak{r}_\alpha}{\partial q_\mu} \cdot \frac{\partial \mathfrak{r}_\alpha}{\partial q_\nu}\, \dot{q}_\mu \dot{q}_\nu$$

ein und erhalten

$$(\mathbf{141}, 17) \qquad \frac{d}{dt}\left(\frac{\partial T}{\partial \dot{q}_\varrho} \right) - \frac{\partial T}{\partial q_\varrho} = Q_\varrho, \qquad\qquad \varrho = 1, 2, \ldots, n$$

wobei wir

$$(\mathbf{141}, 18) \qquad Q_\varrho = \sum_{\alpha=1}^{N} \frac{\partial \mathfrak{r}_\alpha}{\partial q_\varrho} \cdot \mathfrak{K}_\alpha, \qquad\qquad \varrho = 1, 2, \ldots, n$$

gesetzt haben.

Es ist klar, daß wir bei Verwendung des zweiten Teils der Identität (141, 10) an Stelle von (141, 17) die Gleichungen

$$(141, 19) \qquad \frac{\partial \dot{T}}{\partial \dot{q}_\varrho} - 2\frac{\partial T}{\partial q_\varrho} = Q_\varrho, \qquad\qquad \varrho = 1, 2, \ldots, n$$

mit derselben Bedeutung von Q_ϱ erhalten.

Die Gleichungen (141, 17) nennt man die Lagrange*schen Gleichungen*. Es liegt die Frage nahe, welche dynamische Bedeutung den darin auftretenden Größen T und $Q_1, Q_2, \ldots, Q_\varrho$ zukommt. Die (141, 2) entsprechende Linearform ist offenbar die Geschwindigkeit

$$(141, 20) \qquad \dot{\mathfrak{r}}_\alpha = \sum_\mu \frac{\partial \mathfrak{r}_\alpha}{\partial q_\mu}\, \dot{q}_\mu$$

des α-ten Massenpunktes versehen mit dem Faktor $\sqrt{m_\alpha}$. F_α ist dann nach (141, 13) die kinetische Energie dieses Massenpunktes und T folglich nach (141, 16) die gesamte kinetische Energie des Körpers. Zur Untersuchung der Größen Q_ϱ bilden wir mit Benutzung von (141, 20)

$$(141, 21) \qquad \sum_{\varrho=1}^{n} Q_\varrho \dot{q}_\varrho = \sum_{\alpha=1}^{N} \mathfrak{R}_\alpha \cdot \left(\sum_{\mu=1}^{n} \frac{\partial \mathfrak{r}_\alpha}{\partial q_\mu}\, \dot{q}_\mu\right) = \sum_{\alpha=1}^{N} \mathfrak{R}_\alpha \cdot \dot{\mathfrak{r}}_\alpha.$$

Dieser Ausdruck ist der gesamte Effekt der Kräfte während der Bewegung des Körpers.

Solange man über die Parameter keine weiteren als die bisher eingeführten Voraussetzungen macht, braucht zunächst einmal der Ausdruck für die Ortsvektoren $\mathfrak{r}_\alpha$, also für die Koordinaten der Massenpunkte in Abhängigkeit von den Parametern nicht eindeutig bestimmt zu sein. Ferner werden eventuelle Relationen zwischen den Größen $\dot{q}_1, \dot{q}_2, \ldots, \dot{q}_n$, die für alle Bewegungszustände des Körpers erfüllt sind, zur Folge haben, daß man die kinetische Energie und den Effekt der Kräfte auf verschiedene Weisen als Funktionen der Parameter und ihrer zeitlichen Ableitungen ausdrücken kann. Bei der Anwendung der Gleichungen (141, 17) oder (141, 19) unter so allgemeinen Voraussetzungen ist es daher von größter Wichtigkeit, zu beachten, daß diese Gleichungen nur unter der Voraussetzung hergeleitet sind, daß man

1. die Ortsvektoren $\mathfrak{r}_\alpha$ als Funktionen der Parameter q auf eine ganz bestimmte ein für allemal gewählte Weise ausdrückt,

2. danach als Form T den ganz bestimmten durch (141, 16) gegebenen Ausdruck und

3. für die Größen Q_ϱ die durch (141, 18) gegebenen Ausdrücke verwendet.

Dies gilt sowohl für die Gestalt (141, 17) als auch für die Gestalt (141, 19) der Bewegungsgleichungen.

Wegen dieser Vorschriften, die unter den allgemeinen Voraussetzungen bei der Bildung der Lagrangeschen Gleichungen beachtet werden müssen, erweist sich erst der große Nutzen dieser Gleichungen, wenn man sich auf holonome Bedingungen für den Körper beschränkt (vgl. **135**, S. 329) und außerdem die kleinstmögliche Anzahl von Parametern verwendet, so daß n der geometrische und kinematische Freiheitsgrad ist. Wir beschränken uns hier der Kürze halber überdies auf den skleronomen Fall (vgl. **135**, 327), wo sich eventuelle Zwangsbindungen nicht mit der Zeit ändern. Unter diesen Annahmen bestehen weder Bedingungsgleichungen zwischen den q noch zwischen den $\dot{q}$. Es können evtl. gewisse Ungleichungen bestehen, die die Variationsmöglichkeiten für diese Variablen beschränken, aber ein beliebiges Wertsystem der q zusammen mit einem beliebigen Wertsystem der $\dot{q}$, so daß diese eventuellen Ungleichungen erfüllt sind, bestimmt einen möglichen Bewegungszustand des Körpers. Dadurch erreicht man, daß an Stelle der obengenannten Vorschriften folgendes tritt:

1. Die Ortsvektoren der Massenpunkte sind wohlbestimmte Funktionen der Parameter.

2. Die kinetische Energie T ist eine eindeutig bestimmte quadratische Form in den $\dot{q}$. Wir schreiben sie

$$(\textbf{141, 22}) \qquad T = \tfrac{1}{2}\sum_{\mu,\,\nu=1}^{n} T_{\mu\nu}\,\dot{q}_\mu\,\dot{q}_\nu,$$

wo die Koeffizienten

$$(\textbf{141, 23}) \qquad T_{\mu\nu} = T_{\nu\mu}$$

eindeutig bestimmte Funktionen der q sind. Für ein festes Wertsystem der Parameter, also eine bestimmte Lage des Körpers, soll nämlich (**141**, 22) die kinetische Energie für alle möglichen Bewegungszustände von dieser Lage aus, also für die $\dot{q}$ als unabhängige Variable, darstellen. Die Koeffizienten müssen dann eindeutig bestimmte Zahlwerte haben; und da dies für jedes Wertsystem der q gelten soll und diese gleichfalls unabhängig sind, müssen die Größen $T_{\mu\nu}$ in der Tat eindeutig bestimmte Funktionen der Parameter sein. Man kann dann diese $T_{\mu\nu}$ auf die für die einzelne Aufgabe zweckmäßigste Weise bestimmen.

3. Wenn die auf den Körper wirkenden Kräfte nur von der Lage des Körpers, also nur von den q abhängen, werden die Koeffizienten Q_ϱ im Ausdruck (**141**, 21) für den Effekt der Kräfte eindeutig bestimmte Funktionen der q, da die Gleichung für alle Bewegungszustände gelten muß. Man kann dann die Q_ϱ bestimmen, indem man den Effekt für ein Bewegungselement mit

$$(\textbf{141, 24}) \qquad \dot{q}_\varrho = 1, \quad \dot{q}_\mu = 0 \quad \text{für} \quad \mu \neq \varrho$$

berechnet. Hierbei kann man wieder das für die einzelne Aufgabe zweckmäßigste Verfahren anwenden, insbesondere sofort die Kräfte fortlassen, deren Effekt bei jeder zulässigen Bewegung Null ist.

Man erhält hiernach aus (**141**, 17) oder (**141**, 19) n Differentialgleichungen zweiter Ordnung zur Bestimmung von q_1, q_2, ..., q_n als Funktionen von t. Bei deren Integration sind $2n$ Integrationskonstanten einzuführen. Zur Festlegung einer partikulären Bewegung kann man ein Anfangselement verwenden, d. h. einen zu einem gegebenen Wert von t gehörigen Bewegungszustand, angegeben durch ein System von Werten der q und $\dot{q}$.

Die Energiegleichung (**138**, 3) wird nach (**141**, 21)

$$(\textbf{141}, 25) \qquad \dot{T} = \sum_{\varrho=1}^{n} Q_\varrho \dot{q}_\varrho.$$

Es ist besonders vorteilhaft, diese Gleichung zu benutzen, wenn eine potentielle Energie

$$U = U^{(a)} + U^{(i)}$$

für sämtliche auf den Körper wirkenden Kräfte, d. h. eine Funktion $U(q_1, q_2, \ldots, q_n)$ derart existiert, daß die rechte Seite von (**141**, 25) gleich $-\dot{U}$ wird. Alsdann hat man in der Energiegleichung (**138**, 12) ein Erstintegral für die Bestimmung von q_1, q_2, ..., q_n.

Die Größen $\dot{q}$ bezeichnet man gelegentlich als **verallgemeinerte Geschwindigkeiten**, die Größen Q_ϱ als **verallgemeinerte Kräfte**. Doch muß man beachten, daß diese Namen nicht immer den Dimensionen der Größen entsprechen, da die Dimensionen der Parameter nicht festgelegt sind. Allgemein kann man nur sagen, daß $Q_\varrho \dot{q}_\varrho$ stets die Dimension eines Effektes hat. Bedeutet der Parameter q_ϱ eine Länge, so ist $\dot{q}_\varrho$ wirklich eine Geschwindigkeit und Q_ϱ eine Kraft. Ein häufig vorkommender Fall ist der, daß man als einen der Parameter q_ϱ eine Winkelgröße wählt, so daß $\dot{q}_\varrho$ die Dimension einer Winkelgeschwindigkeit und Q_ϱ die eines Kraftmoments erhält.

Schreibt man die LAGRANGEschen Gleichungen ausführlich, wie dies im nächsten Paragraphen in (**142**, 4) geschieht, so sieht man, daß sie in den „verallgemeinerten Beschleunigungen" $\ddot{q}$ linear sind, wobei die Koeffizientendeterminante nicht verschwindet. Man kann daher $\ddot{q}_1$, $\ddot{q}_2$, ..., $\ddot{q}_n$ in Abhängigkeit von einem Bewegungselement und den zugehörigen Kräften berechnen.

Die Energiegleichung (**141**, 25) kann direkt aus den LAGRANGEschen Gleichungen ohne Verwendung von (**138**, 3) in folgender Weise hergeleitet werden: Aus (**141**, 17) ergibt sich

$$\sum_{\varrho=1}^{n} Q_\varrho \dot{q}_\varrho = \sum_{\mu=1}^{n} \dot{q}_\mu \left[\frac{d}{dt}\left(\frac{\partial T}{\partial \dot{q}_\mu}\right) - \frac{\partial T}{\partial q_\mu} \right]$$

$$= \sum_{\mu=1}^{n} \left[\frac{d}{dt}\left(\frac{\partial T}{\partial \dot{q}_\mu}\, \dot{q}_\mu\right) - \frac{\partial T}{\partial \dot{q}_\mu}\, \ddot{q}_\mu - \frac{\partial T}{\partial q_\mu}\, \dot{q}_\mu \right]$$

$$= \frac{d}{dt}\left(\sum_{\mu=1}^{n} \frac{\partial T}{\partial \dot{q}_\mu}\, \dot{q}_\mu \right) - \sum_{\mu=1}^{n} \left(\frac{\partial T}{\partial q_\mu}\, \dot{q}_\mu + \frac{\partial T}{\partial \dot{q}_\mu}\, \ddot{q}_\mu \right).$$

Hierin hat die erste Summe rechts den Wert $2T$, da T in den $\dot{q}$ homogen quadratisch ist, und die letzte Summe hat den Wert $\dot{T}$. Die rechte Seite wird also $2\,\dot{T} - \dot{T} = \dot{T}$.

142. Regel zur Aufstellung der Bewegungsgleichungen. Bei der Aufstellung der Bewegungsgleichungen für eine vorliegende Aufgabe ist es oft vorteilhaft, nach Formel (**141**, 19) statt (**141**, 17) zu rechnen, da in (**141**, 19) nur eine totale Differentiation nach t, nämlich der Größe T, erforderlich ist, und der gefundene Ausdruck bei der Bildung aller n Gleichungen zur Anwendung gelangt. Es sei jedoch bemerkt, daß es bei vielen Aufgaben nicht nötig ist, die Differentiation $\frac{d}{dt}$ im ersten Glied von (**141**, 17) auszuführen, z. B. wenn die übrigen Glieder verschwinden; in diesen Fällen ist (**141**, 17) vorzuziehen.

Für holonome Systeme mit dem Freiheitsgrad n gehen wir von (**141**, 22) aus und finden mit Berücksichtigung von (**141**, 23)

$$(\mathbf{142}, 1) \qquad \dot{T} = \sum_{\mu,\nu} T_{\mu\nu}\dot{q}_\mu\ddot{q}_\nu + \frac{1}{2}\sum_{\mu,\nu,\sigma}\frac{\partial T_{\mu\nu}}{\partial q_\sigma}\dot{q}_\mu\dot{q}_\nu\underline{\dot{q}_\sigma}.$$

Die Größen $\dot{q}$, die in $\dot{T}$ auftreten, rühren teils daher, daß sie schon in T selbst in (**141**, 22) auftreten, teils daher, daß sie durch Differentiation nach t eines von q_σ abhängigen Koeffizienten $T_{\mu\nu}$ hinzugekommen sind. Letzteres ist in (**142**, 1) durch Unterstreichen der betreffenden Größe $\dot{q}$ markiert.

Um die linke Seite von (**141**, 19) zu bilden, hat man

$$(\mathbf{142}, 2) \qquad 2\frac{\partial T}{\partial q_\varrho} = \sum_{\mu,\nu}\frac{\partial T_{\mu\nu}}{\partial q_\varrho}\dot{q}_\mu\dot{q}_\nu$$

von

$$(\mathbf{142}, 3) \qquad \frac{\partial \dot{T}}{\partial \dot{q}_\varrho} = \sum_{\mu} T_{\varrho\mu}\ddot{q}_\mu + \sum_{\mu,\nu}\left(\frac{\partial T_{\varrho\mu}}{\partial q_\nu} + \frac{1}{2}\frac{\partial T_{\mu\nu}}{\partial q_\varrho}\right)\dot{q}_\mu\dot{q}_\nu$$

zu subtrahieren. Wie man sieht, bewirkt dies, daß das letzte Glied in der Klammer von (**142**, 3) das Vorzeichen wechselt. Die Bewegungsgleichungen nehmen daher mit Rücksicht auf

$$\sum_{\mu,\nu}\frac{\partial T_{\varrho\mu}}{\partial q_\nu}\dot{q}_\mu\dot{q}_\nu = \sum_{\mu,\nu}\frac{\partial T_{\varrho\nu}}{\partial q_\mu}\dot{q}_\mu\dot{q}_\nu = \frac{1}{2}\sum_{\mu,\nu}\left(\frac{\partial T_{\varrho\mu}}{\partial q_\nu} + \frac{\partial T_{\varrho\nu}}{\partial q_\mu}\right)\dot{q}_\mu\dot{q}_\nu$$

die Form

$$(\mathbf{142}, 4) \qquad \sum_{\mu} T_{\varrho\mu}\ddot{q}_\mu + \sum_{\mu,\nu}\frac{1}{2}\left(\frac{\partial T_{\varrho\nu}}{\partial q_\mu} + \frac{\partial T_{\varrho\mu}}{\partial q_\nu} - \frac{\partial T_{\mu\nu}}{\partial q_\varrho}\right)\dot{q}_\mu\dot{q}_\nu = Q_\varrho$$

an. Wir wollen die linke Seite von (**141**, 17), (**141**, 19) oder (**142**, 4) die zum ϱ-ten Parameter gehörige LAGRANGEsche *Komponente* nennen.

Um die Entstehungsweise der LAGRANGEschen Komponente aus der Formel (**142**, 1) für $\dot{T}$ zu übersehen, bemerke man folgendes: $\frac{\partial \dot{T}}{\partial \dot{q}_\varrho}$ entsteht aus $\dot{T}$, wenn jedes Glied von $\dot{T}$ mit der Anzahl der in diesem Glied auftretenden Faktoren $\dot{q}_\varrho$ multipliziert und dann ein Faktor $\dot{q}_\varrho$ weggelassen wird. Multipliziert man ferner (**142**, 2) mit $\dot{q}_\varrho$, so erhält man gerade das Doppelte derjenigen Glieder von $\dot{T}$, die einen bei der Differentiation von T nach t hinzugekommenen Faktor $\dot{q}_\varrho$ enthalten. Hieraus geht die folgende einfache Anweisung zur Aufstellung der Bewegungsgleichungen eines mechanischen Systems hervor[1].

Man stelle den Ausdruck für die kinetische Energie T in einem beliebigen Bewegungszustand des Körpers auf und bilde ihre zeitliche Ableitung $\dot{T}$. Die zu einem beliebigen Parameter q_ϱ gehörige LAGRANGE*sche Gleichung erhält man dann folgendermaßen: Man versieht jedes Glied des Ausdrucks $\dot{T}$ mit einem ganzzahligen Faktor, und zwar so, daß ein Glied, das den Faktor $\dot{q}_\varrho$ genau k $(= 0, 1, 2, 3)$ mal enthält, mit k oder mit $k - 2$ multipliziert wird, je nachdem von den k Faktoren $\dot{q}_\varrho$ des Gliedes keiner oder einer bei der Bildung der Ableitung von T hinzugekommen ist. Läßt man nun in jedem Glied des so entstandenen Ausdrucks einen Faktor $\dot{q}_\varrho$ fort, so erhält man die zu q_ϱ gehörige* LAGRANGE*sche Komponente, und diese hat man dem Koeffizienten von $\dot{q}_\varrho$ im Ausdruck für den Effekt der Kräfte gleich zu setzen.*

Um Fehler während der Rechnung zu vermeiden, ist es praktisch, bei der Bildung von $\dot{T}$ die Größen $\dot{q}$ zu unterstreichen, die bei der Differentiation hinzukommen, so wie dies in (**142**, 1) geschehen ist. Dann läßt sich der Inhalt der Regel auch folgendermaßen wiedergeben:

Die Glieder des Teils von $\dot{T}$, der in den $\dot{q}$ linear ist, enthalten keine Unterstreichung und gehen daher mit ungeändertem Vorzeichen in die Komponenten ein.

Die Glieder desjenigen Teils von $\dot{T}$, der als Form dritten Grades in den $\dot{q}$ erscheint, enthalten je eine unterstrichene Größe $\dot{q}$. Bei der Bildung der ϱ-ten Komponente hat man dann folgende Fälle:

Kommt $\dot{q}_\varrho$ keinmal als Faktor vor, so liefert das Glied keinen Beitrag.

Kommt $\dot{q}_\varrho$ einmal als Faktor vor, so geht das Glied mit geändertem oder ungeändertem Vorzeichen ein, je nachdem $\dot{q}_\varrho$ unterstrichen ist oder nicht.

Kommt $\dot{q}_\varrho$ zweimal als Faktor vor, so geht das Glied mit dem Faktor $+2$ ein, wenn keines von diesen unterstrichen ist, während es gar keinen Beitrag liefert, wenn das eine $\dot{q}_\varrho$ unterstrichen ist.

Kommt $\dot{q}_\varrho$ dreimal als Faktor vor, so ist notwendig einer der drei Faktoren unterstrichen, und das Glied geht einmal mit ungeändertem Vorzeichen ein.

Bemerkungen: 1. Betrachtet man die freie Bewegung eines Massenpunktes in einer Ebene, so kann man als Paramater q_1 und q_2 Polarkoordinaten r und φ ver-

---

[1] Den Hinweis auf diese vielfach nützliche, in der Lehrbuchliteratur anscheinend nicht formulierte Regel verdanke ich E. B. SCHIELDROP (Oslo).

wenden. Man erhält dann

$$T = \tfrac{1}{2}m(\dot{r}^2 + r^2\dot{\varphi}^2),$$
$$\dot{T} = m(\dot{r}\ddot{r} + r^2\dot{\varphi}\ddot{\varphi} + r\dot{r}\dot{\varphi}^2)$$

mit einer Unterstreichung. Die zum Parameter r gehörige LAGRANGEsche Komponente ist daher

$$m(\ddot{r} - r\dot{\varphi}^2)$$

und die zu φ gehörige

$$m(r^2\ddot{\varphi} + 2r\dot{r}\dot{\varphi}).$$

Man erhält die Bewegungsgleichungen des Massenpunktes, indem man diese gleich Q_r bzw. Q_φ setzt, wo

$$Q_r\dot{r} + Q_\varphi\dot{\varphi}$$

der Effekt der wirkenden Kraft bei der Bewegung des Massenpunktes, wo also Q_r die Projektion der Kraft auf den Radiusvektor und Q_φ ihr Moment um den Pol ist.

2. Wenn man für einen gegebenen Körper die Parameterwahl so treffen kann, daß die Koeffizienten $T_{\mu\nu}$ in (**141**, 22) Konstante, d. h. unabhängig von den Parametern werden, so kommt nur die Linearform in den $\dot{q}$ im Ausdruck (**142**, 1) für $\dot{T}$ vor, während die Form dritten Grades fortfällt. Nach dem Energiesatz ist nun $\dot{T}$ gleich dem Effekt der Kräfte, der ebenfalls eine Linearform in den $\dot{q}$ ist, falls die Kräfte nur von der Lage des Körpers abhängen [vgl. (**141**, 21)]. Der Energiesatz drückt sich also durch die Gleichung

$$\sum_{\varrho=1}^{n}\dot{q}_\varrho\left(\sum_{\mu=1}^{n}T_{\varrho\mu}\ddot{q}_\mu - Q_\varrho\right) = 0$$

aus. Diese muß für einen beliebigen Bewegungszustand des Körpers, also bei beliebiger Wahl der Größen $\dot{q}_\varrho$ gelten. Da nun in diesem Fall die Größen in den Klammern nicht von den $\dot{q}_\varrho$ abhängen, kann man hieraus schließen, daß die Klammern einzeln verschwinden müssen. Man erhält so die n Gleichungen (**142**, 4) in der unserer Voraussetzung konstanter Koeffizienten $T_{\mu\nu}$ entsprechenden speziellen Form.

Man sieht, daß man in diesem Fall die LAGRANGEschen Gleichungen aus dem Energiesatz allein herleiten kann.

143. Beispiele. 1. Es soll die Bewegung von zwei Massenpunkten P_1 und P_2 mit den Massen m_1 und m_2 um ihren gemeinsamen Schwerpunkt bestimmt werden, wenn auf die Massenpunkte keine äußeren Kräfte oder wenn auf sie äußere Kräfte wirken, die in jedem Zeitpunkt parallel und proportional den Massen sind.

Bezeichnet man die äußeren Kräfte mit $m_1\mathfrak{a}$ und $m_2\mathfrak{a}$, so erhält man aus dem Schwerpunktssatz

(**143**, 1) $$(m_1 + m_2)\mathfrak{b}_G = m_1\mathfrak{a} + m_2\mathfrak{a},$$

also die Gleichung

(**143**, 2) $$\ddot{\mathfrak{r}}_G = \mathfrak{b}_G = \mathfrak{a}$$

zur Bestimmung der Bewegung des Schwerpunktes. Hierbei kann $\mathfrak{a}$ ein veränderlicher Vektor sein, und (**143**, 2) bestimmt die Bewegung des Schwerpunktes, wenn $\mathfrak{a}$ in Abhängigkeit von Lage und Geschwindigkeit des Schwerpunktes und im allgemeinsten Fall auch von der Zeit gegeben ist. Ist $\mathfrak{a}$ ein konstanter Vektor, wie dies beispielsweise der Fall ist, wenn die äußeren Kräfte die Schwerkräfte sind, so beschreibt G eine Parabel. Wirken keine äußeren Kräfte, so hat man $\mathfrak{a} = 0$, und G bewegt sich nach dem Trägheitsgesetz.

Wir bestimmen nun die Bewegung um den Schwerpunkt G, indem wir die Bewegung auf ein Koordinatensystem Σ mit festen Achsenrichtungen und dem Ursprung G beziehen. Vgl. **139** und **140**, von wo die Bezeichnungen übernommen werden. Hierbei hat man die fiktive Kraft $-m_1 \mathfrak{b}_G$ für P_1 hinzuzufügen, wodurch die äußere Kraft $m_1 \mathfrak{a}$ nach (**143**, 2) aufgehoben wird; das gleiche gilt für P_2. Bei der Bewegung um G wirken also auf die Massenpunkte nur eventuelle innere Kräfte des Systems. Da diese die Richtung der Verbindungsgeraden der Massenpunkte haben, also durch G gehen, führt jeder der Massenpunkte in Σ eine Zentralbewegung mit G als Zentrum, insbesondere also eine ebene Bewegung aus. Da man nach (**139**, 5) in jedem Zeitpunkt

$$(\mathbf{143}, 3) \qquad \mathfrak{r}_2^* = -\frac{m_1}{m_2}\, \mathfrak{r}_1^*$$

hat, fallen die Ebenen der beiden Zentralbewegungen zusammen, und die Bahnkurven sind ähnlich und ähnlich gelegen mit G als Ähnlichkeitspunkt.

Bezieht man die Bewegung von P_1 auf ein Koordinatensystem Σ_2 mit den gleichen Achsenrichtungen, dessen Ursprung aber im anderen Massenpunkt P_2 liegt, so wird der Ortsvektor von P_1

$$(\mathbf{143}, 4) \qquad -\mathfrak{r}_2^* + \mathfrak{r}_1^* = \frac{m_1 + m_2}{m_2}\, \mathfrak{r}_1^* \, .$$

Die Bahn des Punktes P_1 bezüglich Σ_2 ist also seiner Bahn bezüglich Σ ähnlich. Das Ähnlichkeitsverhältnis ist $(m_1 + m_2) : m_2$. Aus (**143**, 4) folgt, daß der Flächensatz auch für die auf Σ_2 bezogene Bewegung gelten muß. Dies entnimmt man auch daraus, daß beim Übergang von Σ zu Σ_2 die fiktive Kraft

$$(\mathbf{143}, 5) \qquad -m_1 \mathfrak{b}_2^* = -m_1 \ddot{\mathfrak{r}}_2^* = \frac{m_1^2}{m_2}\, \ddot{\mathfrak{r}}_1^*$$

für P_1 hinzugefügt werden muß. Auf P_1 wirkt also insgesamt eine Kraft

$$(\mathbf{143}, 6) \qquad m_1 \ddot{\mathfrak{r}}_1^* + \frac{m_1^2}{m_2}\, \ddot{\mathfrak{r}}_1^* = \frac{m_1 + m_2}{m_2}\, (m_1 \ddot{\mathfrak{r}}_1^*) \, ,$$

die die Richtung $P_1 P_2$ hat. P_1 führt also eine Zentralbewegung in bezug auf Σ_2 mit P_2 als Zentrum aus. Die Kraft ist hier bei $(m_1 + m_2) : m_2$-mal so groß wie bei der Bezugnahme auf Σ.

Analoge Betrachtungen gelten, wenn man die Bewegung von P_2 auf ein Koordinatensystem Σ_1 mit dem Ursprung P_1 bezieht.

Wir wollen nun einige spezielle Annahmen über die innere Kraft zwischen den Massenpunkten machen. Den Abstand zwischen den

Massenpunkten bezeichnen wir mit r, ihre Abstände von G mit r_1^* und r_2^*.

a) Wirken keine Kräfte zwischen den Massenpunkten, so sind ihre Bewegungen in bezug auf Σ geradlinig und gleichförmig.

b) Sind die Massenpunkte durch einen unausdehnbaren, als masselos angesehenen Faden der Länge r verbunden, so hat man, wenn der Faden gespannt ist, eine Kreisbewegung von P_1 um P_2 in Σ_2, also auch Kreisbewegungen von P_1 und P_2 in bezug auf Σ, und zwar mit den Radien

$$(143, 7) \qquad r_1^* = \frac{m_2}{m_1 + m_2}\, r, \qquad r_2^* = \frac{m_1}{m_1 + m_2}\, r.$$

Nach dem Flächensatz hat die Geschwindigkeit jeweils konstanten Betrag.

Die Fadenspannung bestimmt man am leichtesten aus der Bewegung bezüglich Σ, da die Spannung bei dieser Bewegung die einzige wirkende Kraft ist. Sie hat die Größe

$$(143, 8) \qquad m_1 \frac{\dot{\mathfrak{r}}_1^{*\,2}}{r_1^*} = m_1 r_1^* w^2 = m_2 r^* w^2 = \frac{m_1 m_2}{m_1 + m_2}\, r w^2,$$

wo w die Winkelgeschwindigkeit bedeutet, mit der sich die Verbindungsgerade der Massenpunkte dreht.

c) Wirkt zwischen den Massenpunkten eine elastische Kraft, also eine gegenseitige Anziehung der Größe kr, wo k eine positive Konstante ist, so bewegt sich P_1 in bezug auf Σ allein unter der Einwirkung der auf G zu gerichteten Kraft der Größe

$$(143, 9) \qquad kr = k\,\frac{m_1 + m_2}{m_2}\, r_1^*,$$

die proportional dem Abstand von G variiert. Die Bahn ist dann nach **125** eine Ellipse mit G als Mittelpunkt, speziell ein Kreis oder ein Geradenstück.

d) Ziehen die Massenpunkte einander nach dem Gravitationsgesetz **(115**, 1) an, so wirkt auf P_1 bei der Bewegung um G die nach G gerichtete Kraft

$$(143, 10) \qquad |m_1 \ddot{\mathfrak{r}}_1^*| = \varkappa\,\frac{m_1 m_2}{r^2},$$

also bei der Bewegung um P_2 nach **(143**, 6) die nach P_2 gerichtete Kraft

$$(143, 11) \qquad \varkappa\,\frac{m_1(m_1 + m_2)}{r^2}.$$

Die Bewegung von P_1 in bezug auf Σ_2 ist dann durch **124** bestimmt, wenn man der Konstanten k in **(124**, 1) den Wert

$$(143, 12) \qquad k = \varkappa(m_1 + m_2)$$

erteilt. Dies läßt sich kurz so ausdrücken: Man kann P_2 als fest ansehen, wenn man sich zugleich die Masse m_2 durch $m_1 + m_2$ ersetzt denkt.

In **124** war die Rede von der Bahn eines Planeten unter dem Einfluß einer nach der Sonne gerichteten Anziehungskraft, wobei die Sonne als ruhend behandelt wurde. Unsere jetzige Betrachtung lehrt, daß diese Annahme zulässig ist, wenn wir (außer der Vernachlässigung der Anziehung der übrigen Planeten) die Masse m_2 der Sonne durch $m_1 + m_2$ ersetzt denken, wo m_1 die Masse des betrachteten Planeten ist. Für das erste und zweite KEPLERsche Gesetz (vgl. **124** S. 294) ist dies ohne Bedeutung, für das dritte erfordert (**143**, 12) die Korrektur, daß k in (**124**, 20) und daher auch $\dfrac{a^3}{\tau^2}$ nicht mehr genau denselben Wert für alle Planeten besitzt. Jedoch ist der Unterschied nicht groß, weil die Sonnenmasse die übrigen Massen des Planetensystems weit überwiegt.

2. Es soll die Bewegung von zwei Massenpunkten P_1 und P_2 mit den Massen m_1 und m_2 bestimmt werden, wenn diese sich auf einer glatten horizontalen Ebene bewegen und durch einen unausdehnbaren, masselosen Faden der Länge l verbunden sind, der reibungslos durch einen festen Punkt O der Ebene geht (Abb. 121).

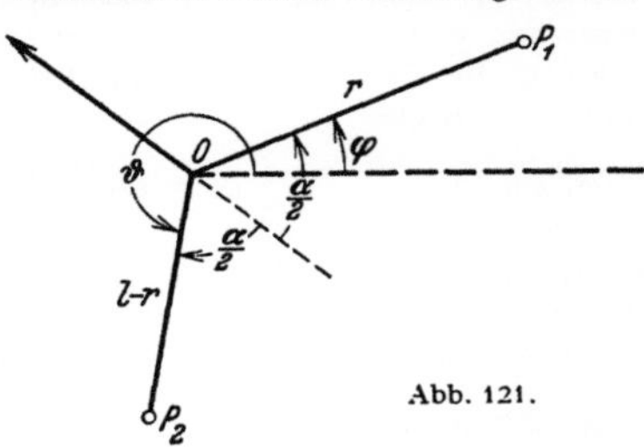

Abb. 121.

Wir verwenden Polarkoordinaten mit O als Pol, r und φ für P_1 und $l - r$ und ϑ für P_2. Hierbei ist vorausgesetzt, daß der Faden gespannt ist. Da r, φ und ϑ unabhängig voneinander sind, hat das System den Freiheitsgrad 3, und man hat drei voneinander unabhängige dynamische Gleichungen aufzustellen, ohne neue Unbekannte einzuführen.

Da die Schwere der Massenpunkte von der Reaktion der Ebene aufgehoben wird, unterliegt der einzelne Massenpunkt nur der Fadenspannung, führt also eine Zentralbewegung mit O als Zentrum aus. Man hat daher

$$(143, 13) \qquad r^2 \dot{\varphi} = c,$$

$$(143, 14) \qquad (l - r)^2 \dot{\vartheta} = d,$$

wo c und d die beiden ersten Integrationskonstanten sind. Jeder der beiden Massenpunkte umläuft daher den Punkt O stets im selben Sinne, abgesehen von dem Fall, daß er sich auf einer Geraden durch O bewegt, der für $c = 0$ bzw. $d = 0$ eintritt.

Da weder die Fadenspannung noch die Reaktion des festen Punktes während der Bewegung Arbeit leistet, hat man die Energiegleichung

$$(143, 15) \qquad \tfrac{1}{2} m_1 (\dot{r}^2 + r^2 \dot{\varphi}^2) + \tfrac{1}{2} m_2 [(-\dot{r})^2 + (l - r)^2 \dot{\vartheta}^2] = e,$$

wo e eine dritte Integrationskonstante ist. Damit haben wir die drei erforderlichen Gleichungen.

Eliminiert man $\dot{\varphi}$ und $\dot{\vartheta}$ aus (**143**, 13, 14, 15), so erhält man eine Differentialgleichung zur Bestimmung von r als Funktion von t:

$$(143, 16) \qquad \tfrac{1}{2}(m_1 + m_2)\dot{r}^2 + \tfrac{1}{2} m_1 \frac{c^2}{r^2} + \tfrac{1}{2} m_2 \frac{d^2}{(l - r)^2} = e.$$

Bei ihrer Integration tritt eine vierte Integrationskonstante auf. Danach bestimmen sich φ und ϑ als Funktionen von t aus (**143**, 13, 14), wobei die beiden letzten Integrationskonstanten einzuführen sind.

Die Fadenspannung N kann danach bestimmt werden, indem man z. B. für P_1 auf den Radiusvektor projiziert. Man erhält

$$(143, 17) \qquad N = -m_1 (\ddot{r} - r\dot{\varphi}^2).$$

Differentiation von (143, 16) nach t ergibt

$$(143, 18) \qquad \dot{r}\left[(m_1 + m_2)\ddot{r} - m_1 \frac{c^2}{r^3} + m_2 \frac{d^2}{(l-r)^3}\right] = 0.$$

Für $\dot{r} \neq 0$ kann man hieraus $\ddot{r}$ berechnen und erhält dann durch Einsetzen in (143, 17) und Verwendung von (143, 13)

$$(143, 19) \qquad N = \frac{m_1 m_2}{m_1 + m_2}\left(\frac{c^2}{r^3} + \frac{d^2}{(l-r)^3}\right).$$

Man sieht, daß man die Fadenspannung finden kann, ohne die Differentialgleichungen der Bewegung zu integrieren. Da N stetig variiert, muß der gefundene Wert von N auch in solchen Zeitpunkten richtig sein, wo $\dot{r}$ momentan den Wert Null hat. Man weist direkt nach, daß das Ergebnis auch richtig ist, wenn $\dot{r} = 0$ für alle t, wenn also beide Massenpunkte Kreisbewegungen um O ausführen, und zwar mit gleicher oder entgegengesetzter Umlaufsrichtung. In diesem Spezialfall müssen die Geschwindigkeiten beider Massenpunkte konstanten Betrag haben, und man findet

$$(143, 20) \qquad N = m_1 \frac{(r\dot{\varphi})^2}{r} = m_1 \frac{c^2}{r^3} = m_2 \frac{d^2}{(l-r)^3}.$$

(143, 20) stellt eine Bedingungsgleichung zwischen den Konstanten c und d dar, die in diesem Fall erfüllt sein muß.

Die Reaktion in dem festen Punkt O halbiert den Winkel α zwischen den Fadenstücken (Abb. 121) und hat die Größe $2N\cos\dfrac{\alpha}{2}$.

Die Differentialgleichung der Bahnkurve von P_1 erhält man, indem man dt aus (143, 13) und (143, 16) eliminiert oder, indem man (123, 12) verwendet, wobei man für K den Wert (143, 19) von N einzusetzen hat.

3. Es soll die Bewegung eines schweren, vollkommen biegsamen Fadens der Länge l und der Masse μ pro Längeneinheit bestimmt werden, wenn ein Teil des Fadens auf einem glatten horizontalen Tisch liegt und der übrige Teil vertikal über die scharfe Kante des Tisches herabhängt. Die Ebene, in der sich der Faden befindet, soll senkrecht zur Kante sein.

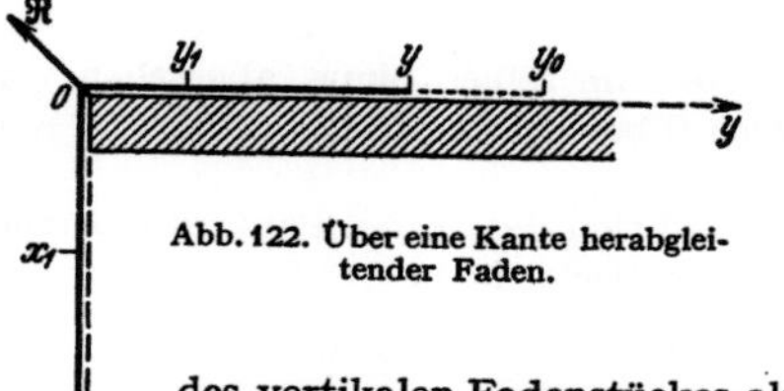

Abb. 122. Über eine Kante herabgleitender Faden.

Wir legen ein Koordinatensystem wie in der Abb. 122 angegeben und verwenden die Abszisse x des Endpunktes des vertikalen Fadenstückes als den Parameter, der die Lage des Systems bestimmt. Nennen wir die Ordinate des Endpunktes des horizontalen Fadenstückes y, so gilt

$$(143, 21) \qquad x + y = l.$$

Die Werte von x und y für $t = 0$ nennen wir x_0 und y_0 und nehmen den Faden in diesem Zeitpunkt als ruhend an. Beim Übergang von dieser Lage in die in der Abbildung angegebene bestimmt sich die Arbeit der Schwerkraft dadurch, daß das Fadenstück der Länge $x - x_0$ $(= y_0 - y)$ vom horizontalen Teil verschwunden ist und nun am Ende des vertikalen Teils auftritt, wo sein Schwerpunkt um $\tfrac{1}{2}(x + x_0)$ unterhalb O liegt. Da die Reibung nicht berücksichtigt werden soll und die Reaktion in O keine Arbeit leistet, ergibt der Energiesatz

$$\tfrac{1}{2}\,\mu l \dot{x}^2 = \mu g (x - x_0)\,\tfrac{1}{2}\,(x + x_0),$$

also

$$(143, 22) \qquad \dot{x}^2 = \frac{g}{l}\,(x^2 - x_0^2).$$

Hieraus erhält man durch Differentiation nach t

$$(143, 23) \qquad \ddot{x} = \frac{g}{l}\,x.$$

Die Integration dieser Differentialgleichung ist in (**102**, 49—52) ausgeführt. Mit Rücksicht auf das gegebene Anfangselement erhält man

$$(143, 24) \qquad x = x_0\,\mathfrak{Coj}\left(\sqrt{\frac{g}{l}}\,t\right).$$

Dadurch ist die Bewegung bestimmt, solange der Faden während der Bewegung die in der Abbildung angegebene Gestalt hat, ein Vorbehalt, auf den wir weiter unten zurückkommen.

Die Fadenspannung $S(y_1;\,x)$ im Punkt y_1 des horizontalen Stückes in dem Zeitpunkt, in dem das frei herabhängende Fadenstück die Länge x hat, ergibt sich daraus, daß sie in diesem Zeitpunkt dem durch y_1 abgeschnittenen Fadenstück die Beschleunigung $\ddot{x}$ erteilt. Man erhält mit Verwendung von (**143**, 23)

$$(143, 25) \qquad S(y_1;\,x) = \mu(y - y_1)\,\ddot{x} = \frac{\mu g}{l}\,(y - y_1)\,x.$$

Auf dem vertikalen Fadenstück findet man entsprechend

$$(143, 26) \qquad S'(x_1;\,x) = \mu g (x - x_1) - \mu(x - x_1)\,\ddot{x} = \frac{\mu g}{l}\,(x - x_1)\,(l - x).$$

Für $y_1 = 0$ und $x_1 = 0$ ergeben (**143**, 25) und (**143**, 26) denselben Wert, wenn man (**143**, 21) berücksichtigt; dieser Wert ist die Fadenspannung in O.

Für die Koordinaten des Schwerpunktes G des Fadens findet man

$$l x_G = \tfrac{1}{2} x^2, \qquad l y_G = \tfrac{1}{2} y^2 = \tfrac{1}{2}(l - x)^2.$$

Hieraus ergibt sich durch Differentiation und nach (**143**, 22, 23)

$$l \dot{x}_G = x\,\dot{x}, \qquad l \dot{y}_G = -(l - x)\,\dot{x},$$

$$(143, 27) \qquad l \ddot{x}_G = \dot{x}^2 + x\,\ddot{x} = \frac{g}{l}\,(2 x^2 - x_0^2),$$

$$(143, 28) \qquad l \ddot{y}_G = \dot{x}^2 - (l - x)\,\ddot{x} = \frac{g}{l}\,(2 x^2 - x_0^2 - l x).$$

Bezeichnet man mit R_x und R_y die Koordinaten der Reaktion $\mathfrak{R}$ in O und beachtet, daß das Gewicht des horizontalen Fadenstückes durch die vertikale Reaktion des glatten Tisches aufgehoben wird, so erhält man nach dem Schwerpunktssatz

$$(143, 29) \qquad \mu l \ddot{x}_G = \mu g x + R_x, \qquad \mu l \ddot{y}_G = R_y,$$

also mit Verwendung von (**143**, 27, 28)

$$(143, 30) \qquad R_x = R_y = \frac{\mu g}{l}\,(2 x^2 - x_0^2 - l x).$$

Diese Gleichung zeigt, daß die Reaktion den Winkel bei O halbiert. Für $x = x_0$ ergibt (**143**, 30) einen negativen Wert, da $l > x_0$ ist. Die Reaktion hat also die in Abb. 122 angegebene Richtung. Diese bleibt ungeändert, bis $\mathfrak{R} = 0$ wird, was nach (**143**, 30) für

$$(143, 31) \qquad x = \tfrac{1}{4}\big[l + \sqrt{l^2 + 8 x_0^2}\,\big]$$

eintritt. Dieser Wert von x ist kleiner als l; die entsprechende Lage tritt also ein, bevor der Faden ganz vom Tisch herabgeglitten ist. Von diesem Zeitpunkt an wirkt also keine Reaktion mehr in O, da R_x und R_y nach Art der gestellten Aufgabe nicht positiv sein können. Die horizontale Projektion des Schwerpunktes bewegt sich danach mit konstanter Geschwindigkeit; der Faden löst sich ganz von der Kante des Tisches und bildet eine ganz andere Figur während der Bewegung. (Es endet dies damit, daß sich das horizontale Fadenstück „überschlägt".) Die Gleichungen (**143**, 22, 23, 24) für die Bewegung gelten also nur, bis x den Wert (**143**, 31) erreicht hat.

Es ist nützlich, an Hand dieser Aufgabe darauf aufmerksam zu machen, daß eine zu weit getriebene mathematische Idealisierung die direkte Anwendung eines allgemeinen Satzes unmöglich machen kann: In **136** sind verschiedene Formen des Projektionssatzes aufgestellt worden. Von diesen haben wir in (**143**, 29) die als Schwerpunktssatz bezeichnete Formulierung angewendet. Benutzt man an seiner Stelle die in **136** als zweite Form bezeichnete des Projektionssatzes, so erhält man an Stelle von (**143**, 29) die Gleichungen

$$(\textbf{143},\ 32) \qquad \frac{d}{dt}\,(\mu x \dot{x}) = \mu g x + R_x, \qquad \frac{d}{dt}\,(\mu y \dot{y}) = R_y,$$

die sich als gleichbedeutend mit (**143**, 29) erweisen. Dagegen kann man nicht unmittelbar die erste Form des Projektionssatzes anwenden, da die Annahme, daß die Gestalt des Fadens einen scharfen Knick in O aufweist, eine unstetige Änderung der Geschwindigkeit des in O befindlichen Massenpunktes mit sich bringt. In ungenauer Formulierung: Der Fadenteil, der gerade in O um die Ecke kommt, hat eine unendlich kleine Masse, aber eine unendlich große Zentripetalbeschleunigung, so daß man von vornherein seinen Beitrag bei der Aufstellung des Projektionssatzes in der ersten Form nicht kennt. Diese Formulierung erhält eine exakte Bedeutung, und man wird zur Berechnung des fraglichen Beitrags geführt, wenn man sich zunächst die Kante des Tisches durch einen kleinen Kreisquadranten vom Radius r abgerundet denkt, die betreffenden Größen berechnet und dann den Grenzübergang $r \to 0$ vornimmt. Die so abgeänderte Aufgabe wird in **174** behandelt werden.

Der idealisierten Form der Aufgabe mit einem scharfen Knick des Fadens in O entspricht keine physikalische Realität, da jede wirklich vorkommende Geschwindigkeit sich stetig ändern muß. Jeder Faden hat auch eine gewisse Steifheit, die die Bildung eines scharfen Knickes verhindert. Trotzdem gibt die idealisierte Form der Aufgabe die Verhältnisse genügend richtig wieder, d. h. innerhalb der Genauigkeit, die durch die übrigen idealisierenden Annahmen (Glattheit usw.) bedingt wird. Man muß sich nur vor einer fehlerhaften Anwendung der ersten Form des Projektionssatzes hüten. Man wird auf die unendlich große Zentripetalbeschleunigung in O dadurch aufmerksam gemacht, daß die Reaktion $\Re$ die Spannungen der beiden Fadenstücke, die in O zusammenstoßen, nur zum Teil aufhebt.

4. Es sollen die Bewegungsgleichungen eines freien Massenpunktes bei Verwendung von räumlichen Polarkoordinaten aufgestellt werden.

Wir führen die Polarkoordinaten r, ϑ, φ in der in Abb. 123 angegebenen Weise ein. Zwischen ihnen und den rechtwinkligen Koordinaten bestehen die Beziehungen

$$(\textbf{143},\ 33) \qquad x = r \sin\vartheta \cos\varphi, \qquad y = r \sin\vartheta \sin\varphi, \qquad z = r \cos\vartheta.$$

Erteilt man den Polarkoordinaten einzeln Zuwüchse dr, $d\vartheta$ und $d\varphi$, so entsprechen diesen die aufeinander senkrechten Linienelemente dr, $r\,d\vartheta$, $r\sin\vartheta\,d\varphi$. Das allgemeine Linienelement wird daher

$$(143,34)\qquad ds^2 = dr^2 + r^2\,d\vartheta^2 + r^2\sin^2\vartheta\,d\varphi^2.$$

Der Effekt der wirkenden Kraft $\mathfrak{K}$, deren Projektionen auf die Parameterrichtungen K_r, K_ϑ und K_φ seien (Abb. 123), wird

$$(143,35)\qquad \begin{aligned}K_r\dot r + K_\vartheta r\dot\vartheta + K_\varphi r\sin\vartheta\,\dot\varphi\\ = Q_r\dot r + Q_\vartheta\dot\vartheta + Q_\varphi\dot\varphi.\end{aligned}$$

Man sieht, daß Q_r die Dimension einer Kraft und Q_ϑ und Q_φ die Dimension eines Kraftmoments haben.

Für die kinetische Energie erhält man nach (143, 34)

$$(143,36)\qquad \begin{aligned}T = \tfrac12 m\,(\dot r^2 + r^2\dot\vartheta^2\\ + r^2\sin^2\vartheta\,\dot\varphi^2).\end{aligned}$$

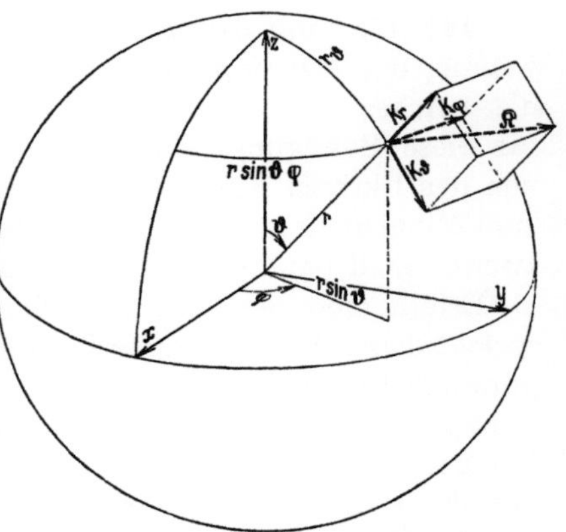

Abb. 123. Räumliche Polarkoordinaten und zugehörige Komponentenzerlegung der Kraft.

Wir wenden nun die LAGRANGEschen Gleichungen in der Form (141, 17) an, wobei r, ϑ, φ die Rollen der Parameter q übernehmen, und erhalten

$$(143,37)\qquad \frac{d}{dt}(m\dot r) - mr(\dot\vartheta^2 + \sin^2\vartheta\,\dot\varphi^2) = Q_r = K_r,$$

$$(143,38)\qquad \frac{d}{dt}(mr^2\dot\vartheta) - mr^2\sin\vartheta\cos\vartheta\,\dot\varphi^2 = Q_\vartheta = rK_\vartheta,$$

$$(143,39)\qquad \frac{d}{dt}(mr^2\sin^2\vartheta\,\dot\varphi) = Q_\varphi = r\sin\vartheta\,K_\varphi.$$

Wir wollen nun untersuchen, welche dynamischen Sätze diese Gleichungen zum Ausdruck bringen. Hierbei benutzen wir, daß

$$(143,40)\qquad r\sin\vartheta = p$$

gleich dem Abstand des Massenpunktes von der z-Achse ist (Abb. 123).

Man sieht unmittelbar, daß (143, 39) den skalaren Momentsatz, angewandt auf die z-Achse, die ja eine feste Gerade ist, darstellt. Ist insbesondere $K_\varphi = 0$, so erhält man den Flächensatz (122, 2), wobei der dort mit r bezeichnete Abstand hier p ist.

(143, 37) kann dadurch gedeutet werden, daß man die relative Bewegung des Massenpunktes auf der r-Achse betrachtet, die sich mit der durch

$$(143,41)\qquad w^2 = \dot\vartheta^2 + \sin^2\vartheta\,\dot\varphi^2$$

bestimmten Winkelgeschwindigkeit w um den Ursprung dreht. (143, 37) bringt dann den Projektionssatz für die r-Achse zum Ausdruck, wobei von den fiktiven Kräften nur die Zentrifugalkraft einen Beitrag liefert, und zwar ist diese das zweite Glied auf der linken Seite mit entgegengesetztem Vorzeichen (vgl. **96** S. 210; der Krümmungsradius ϱ der Führungsbahn ist hier gleich r).

(**143**, 38) kann dadurch gedeutet werden, daß man die relative Bewegung des Massenpunktes in der z, r-Ebene betrachtet, die sich um die z-Achse mit der Winkelgeschwindigkeit $\dot\varphi$ dreht. (**143**, 38) stellt für diese Bewegung den Momentsatz bezüglich des Poles dar, wobei von den fiktiven Kräften wieder nur die Zentrifugalkraft einen Beitrag zum Moment liefert, der (mit entgegengesetztem Vorzeichen) durch das zweite Glied der linken Seite wiedergegeben wird.

Erteilt man einer der Koordinaten einen konstanten Wert, so entspricht dieser Reduktion der Parameteranzahl eine Bindung des Massenpunktes: Für konstantes r kommt man auf die Bewegungsgleichungen des sphärischen Pendels, wenn $\Re$ die Schwere des Massenpunktes ist. Bei konstantem ϑ hat man eine Bewegung auf einem Rotationskegel mit der z-Achse als Rotationsachse. Bei konstantem φ kommt man auf die Bewegung eines Massenpunktes in einer Ebene bei Zugrundelegung von Polarkoordinaten zurück, die schon in **142** S. 353 behandelt worden ist. Die dem jeweils konstant gehaltenen Parameter entsprechende Gleichung kommt hierbei für die Bestimmung der Bewegung nicht in Betracht. Man kann sie aber nach Zufügung der von der Bindung herrührenden Reaktionskraft zur gegebenen Kraft $\Re$ dazu verwenden, die Reaktion zu bestimmen.

<h3 align="center">Übungsaufgaben zum 17. Kapitel.</h3>

1. Ein Keil mit der Masse M und dem Winkel α ist auf einer glatten, waagerechten Ebene verschiebbar. Ein Teilchen von der Masse m gleitet auf der glatten

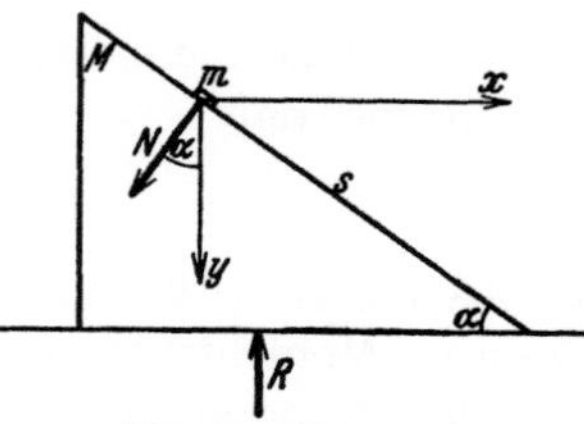

Abb. 124. Zu Aufgabe 1.

Schrägfläche in einer durch den Schwerpunkt des Keils gehenden senkrechten Ebene abwärts. Für $t = 0$ sei das System in Ruhe. Man bestimme die Bewegung und die Drücke N und R; siehe Abb. 124.

Anleitung: Man lege raumfeste Koordinatenachsen durch die Ausgangslage des Teilchens wie in der Abbildung. Zur Zeit t habe das Teilchen relativ zum Keil die Strecke s zurückgelegt, und (x, y) seien seine Koordinaten, x_1 die Abszisse des Keilschwerpunkts. Aus der Tatsache, daß der Schwerpunkt des gesamten Systems sich in derselben Senkrechten halten muß, leitet man die Beziehung

$$y = x \frac{M + m}{M} \operatorname{tg}\alpha$$

ab: Die absolute Bahn des Teilchens ist also eine Gerade, die steiler ist als die Keilebene. Man findet nun

$$\dot x = \frac{M\cos\alpha}{M + m}\dot s \qquad \dot y = \sin\alpha\, \dot s, \qquad \dot x_1 = -\frac{m\cos\alpha}{M + m}\dot s,$$

und daraus

$$\ddot{s} = \frac{(M+m)\,g\,\sin\alpha}{M+m\,\sin^2\alpha}.$$

z. B. mittels der Energiegleichung. Der Schwerpunktssatz für den Keil ergibt

$$N = \frac{M\,m\,g\,\cos\alpha}{M+m\,\sin^2\alpha}\,, \qquad R = Mg\,\frac{M+m}{M+m\,\sin^2\alpha}\,.$$

Man kontrolliere die Ergebnisse durch die Grenzübergänge $M \to \infty$ und $M \to 0$.

2. Ein dünner, rauher Ring von der Masse M und dem Radius a ist in einer senkrechten Ebene gelegen und in dieser Ebene reibungslos um seinen Mittelpunkt drehbar. Eine Maus von der Masse m läuft an dem Ringe empor, und zwar so, daß sie sich dauernd in demselben Raumpunkt hält, nämlich dem Endpunkt eines Radius, der mit der Senkrechten den Winkel α bildet. Wie groß ist die Winkelbeschleunigung des Ringes?

3. Ein Block von der Masse M ist auf einem rauhen waagerechten Tisch vom Reibungskoeffizienten μ verschiebbar. Eine an dem Block befestigte Schnur wird waagerecht über eine kleine Rolle geführt, und an ihrem frei herabhängenden Ende ist eine Masse m befestigt. Die Bewegung des Systems geht in einer senkrechten Ebene vor sich. Schnur und Rolle werden als gewichtslos betrachtet. Man bestimme die Beschleunigung und die Schnurspannung.

4. Wenn sich das Teilchen P_2 im Beispiel 2 von **143** S. 357 zu einem gewissen Zeitpunkt t_0 in augenblicklicher Ruhe befindet, zeige man, daß die Bahnkurve des Teilchens P_1 durch die Gleichung

$$r\cos\left(\sqrt{\frac{m_1}{m_1+m_2}}\,\varphi\right) = r_0$$

dargestellt wird. Dabei ist $r = r_0$ und $\varphi = 0$ für $t = t_0$ gesetzt.

5. Von einem Teilchen mit der Masse m_1, das auf einem glatten, waagerechten Tisch beweglich ist, verläuft ein undehnbarer Faden durch ein kleines Loch im Tische und trägt in seinem senkrecht herabhängenden Ende eine Masse m_2. Man bestimme die Bewegung des Systems, indem der Faden als gespannt angenommen wird, und drücke insbesondere die Fadenspannung als Funktion des Abstandes von m_1 zum Loche aus.

6. Man bestimme die Bewegung einer schweren homogenen Schnur, die über zwei glatte schiefe Ebenen mit den Neigungswinkeln α_1 und α_2 und gemeinsamer waagerechter Kante gelegt ist. Die Schnur hat die Länge a und die Masse μ pro Längeneinheit, und ihre Bewegung verläuft in einer zu der gemeinsamen Kante senkrechten Ebene. Für $t = 0$ sei die Geschwindigkeit Null, und a_1 sei die Länge des Schnurstücks auf der ersten Ebene.

7. Über zwei gewichtslose Rollen in gleicher Höhe und in gegenseitigem Abstand $2a$ sei eine lange, gewichtslose Schnur gelegt, die an ihren frei herabhängenden Enden zwei gleiche Massen m trägt. In der Mitte des waagerechten Stücks zwischen den Rollen wird eine dritte Masse m an der Schnur befestigt und ohne Anfangsgeschwindigkeit losgelassen. Ihre Geschwindigkeit ist aus der Energiegleichung als Funktion der durchlaufenen Strecke zu ermitteln. Wie tief sinkt sie? Beschleunigung und Schnurspannung sind als Funktionen der durchlaufenen Strecke auszudrücken.

8. Ein gewichtsloser Stab AB der Länge a verbindet zwei schwere Massenteilchen A und B, jedes von der Masse m, die auf einer glatten waagerechten bzw. senkrechten Geraden durch einen Punkt O verschiebbar sind; siehe Abb. 125. Der Winkel des Stabes mit der waagerechten Geraden sei mit ϑ bezeichnet, und für $t = 0$ sei $\vartheta = \alpha$, $\dot\vartheta = 0$. Man soll die Winkelgeschwindigkeit $\dot\vartheta$ und Span-

nung S des Stabes sowie die Reaktionen R_x und R_y der Führungsgeraden als Funktionen von ϑ bestimmen.

Anleitung: Waagerechte Projektion für das System ergibt

$$m \frac{d^2 (a \cos \vartheta)}{d t^2} = R_x.$$

Bezieht man nun die Bewegung auf ein bewegtes xy-System mit dem Ursprung A,

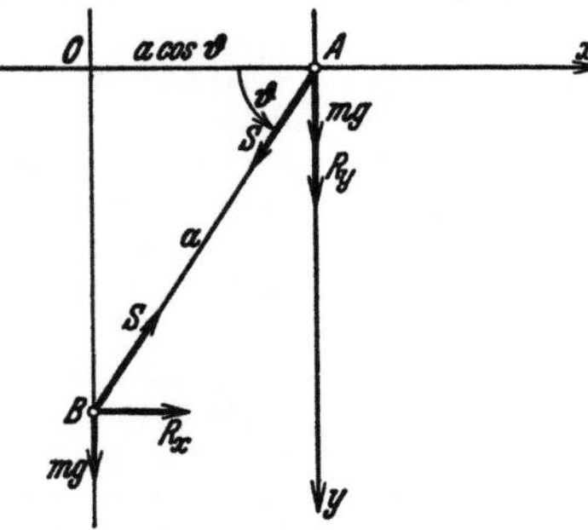

Abb. 125.   Zu Aufgabe 8.

so hat man in A und B je die waagerechte fiktive Kraft $-m \dfrac{d^2 (a \cos \vartheta)}{d t^2}$ hinzuzufügen. Demnach wirken auf B nur noch Schwere und Stabspannung, und B schwingt daher wie ein Pendel der Länge a. Man kann hiernach die Pendelgesetze benutzen und hat die Projektionsgleichungen für die Einzelteilchen A und B als Kontrollgleichungen verfügbar.

9. Man stelle die Bewegungsgleichungen des Beispiels 2 von **148** mittels (**141**, 17) auf und weise nach, daß die den Parametern φ und ϑ entsprechenden Gleichungen auf die Gleichungen (**148**, 13, 14) führen und daß die dem Parameter r entsprechende Gleichung zum Ausdruck bringt, daß N in den für beide Massenpunkte gebildeten, (**148**, 17) entsprechenden Gleichungen den gleichen Wert hat.

<h2 style="text-align:center">18. Kapitel.</h2>

Tensoren.

144. Lineare Vektorfunktionen. Einen Vektor $\mathfrak{U}$ bezeichnet man als eine Funktion eines variablen Vektors $\mathfrak{B}$

(**144**, 1) $\mathfrak{U} = \mathfrak{F}(\mathfrak{B})$,

wenn jedem Vektor $\mathfrak{B}$ einer Gesamtheit von Vektoren ein Vektor $\mathfrak{U}$ zugeordnet ist. Wenn nichts anderes gesagt ist, soll der Definitionsbereich der Funktion unbegrenzt angenommen sein, so daß man für den Argumentvektor $\mathfrak{B}$ jeden beliebigen Vektor des dreidimensionalen Raumes einsetzen kann. Unter dem *Rang* ϱ der Funktion verstehen wir die Maximalzahl von linear unabhängigen Vektoren $\mathfrak{U}$, wenn $\mathfrak{B}$ alle Vektoren durchläuft. Der Rang kann eine der Zahlen 3, 2, 1, 0 sein, 0 jedoch nur, wenn die Funktion identisch Null ist. Die Vektoren $\mathfrak{U}$ und $\mathfrak{B}$ sind hier stets als freie Vektoren aufzufassen.

Wir wollen uns nun mit linearen Funktionen beschäftigen, d. h. solchen Funktionen $\mathfrak{F}$, die die Linearitätsbedingungen

(**144**, 2) $\mathfrak{F}(\lambda \mathfrak{B}) = \lambda \mathfrak{F}(\mathfrak{B})$,

(**144**, 3) $\mathfrak{F}(\mathfrak{B}_1 + \mathfrak{B}_2) = \mathfrak{F}(\mathfrak{B}_1) + \mathfrak{F}(\mathfrak{B}_2)$

erfüllen, wo λ einen willkürlichen Skalar bedeutet. Man sieht dann, daß der Vektor $\lambda \mathfrak{U}$ unter den Funktionswerten vorkommt, sobald $\mathfrak{U}$

vorkommt, und daß $\mathfrak{U}_1 + \mathfrak{U}_2$ vorkommt, sobald $\mathfrak{U}_1$ und $\mathfrak{U}_2$ einzeln vorkommen. Für $\varrho = 3$ kommen demnach alle Vektoren des Raumes als Funktionswerte $\mathfrak{U}$ vor, für $\varrho = 2$ alle Vektoren, die einer bestimmten Ebene parallel sind, und für $\varrho = 1$ alle Vektoren, die einer bestimmten Geraden parallel sind. Sind $\mathfrak{B}_1$, $\mathfrak{B}_2$ und $\mathfrak{B}_3$ drei linear unabhängige Vektoren und $\mathfrak{U}_1$, $\mathfrak{U}_2$ und $\mathfrak{U}_3$ die entsprechenden Funktionswerte, so ist der Rang ϱ gleich der Anzahl der linear unabhängigen unter den drei zuletzt genannten Vektoren. Dies folgt daraus, daß dem Argumentvektor

$$(144, 4) \qquad \mathfrak{B} = \lambda_1 \mathfrak{B}_1 + \lambda_2 \mathfrak{B}_2 + \lambda_3 \mathfrak{B}_3$$

wegen der Linearitätsbedingungen der Vektor

$$(144, 5) \qquad \mathfrak{U} = \lambda_1 \mathfrak{U}_1 + \lambda_2 \mathfrak{U}_2 + \lambda_3 \mathfrak{U}_3$$

entspricht. Man sieht, daß eine lineare Funktion $\mathfrak{F}$ vollständig durch ihre Werte für drei linear unabhängige Argumentvektoren bestimmt ist und daß diese Funktionswerte willkürlich vorgeschrieben werden können.

Wenn der Rang 3 ist, so durchläuft $\mathfrak{U}$ in $(144, 5)$ sämtliche Vektoren des Raumes genau einmal, wenn dies $\mathfrak{B}$ in $(144, 4)$ tut. Die Beziehung zwischen den Vektoren $\mathfrak{U}$ und $\mathfrak{B}$ ist also eineindeutig und man kann von der (gleichfalls linearen) Umkehrfunktion von $\mathfrak{F}$

$$(144, 6) \qquad \mathfrak{B} = \mathfrak{G}(\mathfrak{U})$$

sprechen.

Wenn der Rang 2 ist, besteht eine Relation

$$(144, 7) \qquad \gamma_1 \mathfrak{U}_1 + \gamma_2 \mathfrak{U}_2 + \gamma_3 \mathfrak{U}_3 = 0,$$

wo die γ nicht alle Null sind, aber keine von $(144, 7)$ unabhängige lineare Relation zwischen diesen Vektoren. Alle Vektoren

$$(144, 8) \qquad \mathfrak{B} = (\lambda_1 + \mu\gamma_1) \mathfrak{B}_1 + (\lambda_2 + \mu\gamma_2) \mathfrak{B}_2 + (\lambda_3 + \mu\gamma_3) \mathfrak{B}_3,$$

wo λ_1, λ_2 und λ_3 fest gewählt sind und der Parameter μ alle Werte durchläuft, und nur diese führen dann zum selben Funktionswert $(144, 5)$. Man kann sagen, daß die Umkehrfunktion $\mathfrak{G}$ von $\mathfrak{F}$ bis auf ein willkürliches Multiplum des Vektors

$$(144, 9) \qquad \gamma_1 \mathfrak{B}_1 + \gamma_2 \mathfrak{B}_2 + \gamma_3 \mathfrak{B}_3$$

definiert ist, dem nach $(144, 7)$ der Wert $\mathfrak{U} = 0$ entspricht.

Wenn der Rang 1 ist, bestehen zwei voneinander unabhängige Relationen

$$(144, 10) \qquad \begin{cases} \gamma_1 \mathfrak{U}_1 + \gamma_2 \mathfrak{U}_2 + \gamma_3 \mathfrak{U}_3 = 0, \\ \delta_1 \mathfrak{U}_1 + \delta_2 \mathfrak{U}_2 + \delta_3 \mathfrak{U}_3 = 0, \end{cases}$$

und die Umkehrfunktion ist dann nur bis auf eine Linearkombination

$$(144, 11) \qquad \mu(\gamma_1 \mathfrak{B}_1 + \gamma_2 \mathfrak{B}_2 + \gamma_3 \mathfrak{B}_3) + \nu(\delta_1 \mathfrak{B}_1 + \delta_2 \mathfrak{B}_2 + \delta_3 \mathfrak{B}_3)$$

mit willkürlichen μ und ν bestimmt.

145. Affine Abbildung. Man kann sich ein geometrisches Bild der Vektorfunktion $\mathfrak{U} = \mathfrak{F}(\mathfrak{V})$ machen, indem man den Argumentvektor $\mathfrak{V}$ von einem festen Punkt O aus abträgt, so daß er Ortsvektor für die Punkte des Raumes wird, wenn er alle seine Werte durchläuft, und indem man weiter den Funktionswert $\mathfrak{U}$ von einem festen Punkt Q abträgt, den man von O verschieden oder gleich O wählen kann. Da hier nur von linearen Funktionen die Rede sein soll, durchläuft der Endpunkt des von Q abgetragenen Vektors $\mathfrak{U}$ für $\varrho = 3$ den ganzen Raum, für $\varrho = 2$ eine Ebene durch Q und für $\varrho = 1$ eine Gerade durch Q; für $\varrho = 0$ fällt er stets mit Q zusammen. Die Punkttransformation die man erhält, indem man dem Endpunkt von $\mathfrak{V}$ den Endpunkt des entsprechenden Vektors $\mathfrak{U}$ zuordnet, nennt man eine *affine Abbildung*.

Für $\varrho = 3$ bildet diese Transformation den ganzen Raum umkehrbar eindeutig so auf sich ab, daß Geraden stets wieder in Geraden, Ebenen in Ebenen und speziell parallele Geraden oder Ebenen wieder in parallele übergehen. Dies folgt unmittelbar aus den Linearitätsbedingungen (**144**, 2, 3). In diesem Fall kann man auch von der umgekehrten oder *inversen Abbildung* sprechen. Die Abbildung ist durch die Angabe der Bilder von vier Punkten, die nicht in derselben Ebene liegen, vollständig bestimmt. Hierbei sind die Bildpunkte an dieselbe Bedingung gebunden, können aber im übrigen willkürlich gewählt werden. Man sieht dies ein, indem man O und die Endpunkte der in **144** verwendeten Vektoren $\mathfrak{V}_1$, $\mathfrak{V}_2$, $\mathfrak{V}_3$ in diesen vier Punkten wählt.

Für $\varrho = 2$ und $\varrho = 1$ wird der ganze Raum auf eine Ebene bzw. eine Gerade durch Q abgebildet. Ein Bildpunkt hat dabei unendlich viele Originalpunkte, die eine Gerade bzw. eine Ebene erfüllen; dies folgt aus (**144**, 9) und (**144**, 11). Für $\varrho = 0$ wird der ganze Raum auf den Punkt Q abgebildet.

In allen Fällen bestimmt sich die Abbildung durch die Bilder von vier Punkten, die nicht in einer Ebene liegen.

Wir heben noch einen Spezialfall hervor: Es sei ein Einheitsvektor $\mathfrak{E}$, eine Ebene ε, die nicht parallel $\mathfrak{E}$ ist, und eine Zahl μ gegeben. Wir definieren dann eine Vektorfunktion $\mathfrak{F}(\mathfrak{V})$ dadurch, daß wir jedem Vektor $\mathfrak{V}$ denjenigen Vektor zuordnen, dessen zu ε parallele Komponente mit der von $\mathfrak{V}$ übereinstimmt und dessen zu $\mathfrak{E}$ parallele Komponente μ mal so groß ist wie die von $\mathfrak{V}$. Es ist sofort zu sehen, daß diese Vektorfunktion linear ist. Ihr Rang ist 3 oder 2, je nachdem $\mu \neq 0$ oder $\mu = 0$ ist. Läßt man die Anfangspunkte O und Q zusammenfallen und wählt sie in ε, so kann man die zugehörige affine Abbildung so beschreiben: Jeder Punkt des Raumes wird auf der durch ihn gehenden Parallelen zu $\mathfrak{E}$ so verschoben, daß sein auf dieser Parallelen gemessener Abstand von ε im Verhältnis $\mu : 1$ geändert wird. Steht speziell $\mathfrak{E}$ senkrecht auf ε, so sprechen wir von einer **rechtwinkligen Affinität** von der Ebene ε aus mit der **Streckungszahl** μ.

Man würde ein anderes geometrisches Bild erhalten, wenn man den Funktionswert $\mathfrak{U}$ vom Endpunkt des Argumentvektors $\mathfrak{B}$ auftrüge [vgl. **151** Satz I)]. Der Unterschied ist indessen nicht groß. Die letztgenannte Darstellung erhält man nämlich aus der ersten, wenn man Q mit O zusammenfallen läßt und statt der Funktion $\mathfrak{F}(\mathfrak{B})$ die Funktion

$$(145, 1) \qquad \mathfrak{F}_1(\mathfrak{B}) = \mathfrak{B} + \mathfrak{F}(\mathfrak{B})$$

betrachtet, die offenbar ebenfalls linear ist.

146. Das unbestimmte oder dyadische Produkt. Wir wollen ein erstes Beispiel einer linearen Vektorfunktion angeben, indem wir unter Verwendung von zwei Vektoren $\mathfrak{a}$ und $\mathfrak{b}$, die beide von Null verschieden sind,

$$(146, 1) \qquad \mathfrak{U} = \mathfrak{F}(\mathfrak{B}) = \mathfrak{a}(\mathfrak{b} \cdot \mathfrak{B})$$

setzen. Man sieht sofort, daß die Linearitätsbedingungen (**144**, 2, 3) erfüllt sind. Da $\mathfrak{U}$ parallel $\mathfrak{a}$ ist, hat man hier $\varrho = 1$. In der geometrischen Darstellung wird der ganze Raum auf eine Gerade durch Q abgebildet, da alle Punkte einer Ebene, die senkrecht zu $\mathfrak{b}$ ist, in denselben Punkt der Geraden abgebildet werden.

Verschwindet $\mathfrak{a}$ oder $\mathfrak{b}$, so erhält man $\varrho = 0$.

Im Ausdruck (**146**, 1) ist die Klammer überflüssig, da die Gleichung

$$(146, 2) \qquad \mathfrak{U} = \mathfrak{F}(\mathfrak{B}) = \mathfrak{a}\mathfrak{b} \cdot \mathfrak{B}$$

nur so verstanden werden kann, daß $\mathfrak{B}$ mit $\mathfrak{b}$ skalar zu multiplizieren ist und der entstandene Skalar als Faktor zu $\mathfrak{a}$ hinzuzufügen ist. Es ist dann naheliegend, in (**146**, 2) den Komplex $\mathfrak{a}\mathfrak{b}$ als Ausdruck für eine lineare Vektorfunktion aufzufassen. Man kann diese Auffassung dadurch unterstreichen, daß man die Zusammengehörigkeit von $\mathfrak{a}$ und $\mathfrak{b}$ durch eine Klammer zum Ausdruck bringt, also

$$(146, 3) \qquad \mathfrak{U} = \mathfrak{F}(\mathfrak{B}) = (\mathfrak{a}\mathfrak{b}) \cdot \mathfrak{B}$$

schreibt, wobei diese Schreibweise stets die durch (**146**, 1) angegebene Bedeutung haben und nur daran erinnern soll, daß der Komplex der beiden Vektoren $\mathfrak{a}$ und $\mathfrak{b}$ in dieser Reihenfolge für die lineare Vektorfunktion $\mathfrak{F}$ bestimmend ist.

Man nennt diesen Komplex $\mathfrak{a}\mathfrak{b}$ das *unbestimmte* oder auch *dyadische Produkt* der Vektoren $\mathfrak{a}$ und $\mathfrak{b}$. Dies tritt an die Seite der früher eingeführten Produktbildungen $\mathfrak{a} \cdot \mathfrak{b}$ und $\mathfrak{a} \times \mathfrak{b}$ von zwei freien Vektoren. Daß man auch hier die Bezeichnung „Produkt" verwendet, also von einer Multiplikation (unbestimmter oder dyadischer Multiplikation) spricht, hat seinen Grund in den Rechenregeln, die für diese Produktbildung gelten. Diese Regeln werden am Schluß dieses Paragraphen besprochen.

Zu allgemeineren linearen Vektorfunktionen gelangt man, wenn man Summen von dyadischen Produkten, sogenannte *Dyaden* bildet. Zunächst betrachten wir die Summe von zwei Funktionen des Typus (**146**, 1):

$$(146, 4) \qquad \mathfrak{U} = \mathfrak{F}(\mathfrak{B}) = \mathfrak{a}(\mathfrak{b} \cdot \mathfrak{B}) + \mathfrak{c}(\mathfrak{b} \cdot \mathfrak{B}),$$

die ja wieder linear ist. Wir können diese Funktion

$$(146, 5) \qquad \mathfrak{U} = \mathfrak{F}(\mathfrak{B}) = (\mathfrak{a}\mathfrak{b} + \mathfrak{c}\mathfrak{d}) \cdot \mathfrak{B}$$

schreiben. Hierbei tritt eine „Summe" von zwei dyadischen Produkten, die Dyade $\mathfrak{a}\mathfrak{b} + \mathfrak{c}\mathfrak{d}$, als Ausdruck für die lineare Funktion auf.

Was den Rang der Funktion (**146**, 4) anbetrifft, bemerken wir folgendes:

a) Wenn einer oder mehrere der Vektoren $\mathfrak{a}$, $\mathfrak{b}$, $\mathfrak{c}$ und $\mathfrak{d}$ Null ist, fällt das entsprechende Glied fort, und der Rang ist 1 oder 0, wie bei (**146**, 1).

b) Wenn $\mathfrak{a}$, $\mathfrak{b}$, $\mathfrak{c}$ und $\mathfrak{d}$ sämtlich von Null verschieden sind, aber die „Vorfaktoren" $\mathfrak{a}$ und $\mathfrak{c}$ linear abhängig sind, kann man $\mathfrak{c} = \lambda \mathfrak{a}$ setzen und erhält

$$(146, 6) \qquad \mathfrak{U} = \mathfrak{a}\mathfrak{b} \cdot \mathfrak{B} + \lambda \mathfrak{a}\mathfrak{d} \cdot \mathfrak{B} = \mathfrak{a}(\mathfrak{b} \cdot \mathfrak{B} + \lambda \mathfrak{d} \cdot \mathfrak{B}) = \mathfrak{a}(\mathfrak{b} + \lambda \mathfrak{d}) \cdot \mathfrak{B},$$

also eine Funktion der Gestalt (**146**, 1).

c) Sind die „Nachfaktoren" $\mathfrak{b}$ und $\mathfrak{d}$ linear abhängig, so erhält man entsprechend

$$(146, 7) \qquad \mathfrak{U} = \mathfrak{a}\mathfrak{b} \cdot \mathfrak{B} + \mathfrak{c}\mu\mathfrak{b} \cdot \mathfrak{B} = (\mathfrak{a} + \mu\mathfrak{c})\mathfrak{b} \cdot \mathfrak{B}.$$

Die Funktion ist also auch in diesem Fall von der Gestalt (**146**, 1), so daß $\varrho = 1$ oder $\varrho = 0$ ist.

d) Wenn schließlich $\mathfrak{a}$ und $\mathfrak{c}$ linear unabhängig sind und ebenso $\mathfrak{b}$ und $\mathfrak{d}$, so erhält man $\varrho = 2$. Die Skalare $\mathfrak{b} \cdot \mathfrak{B}$ und $\mathfrak{d} \cdot \mathfrak{B}$ durchlaufen nämlich alle Zahlenpaare, wenn $\mathfrak{B}$ alle seine Werte durchläuft, und $\mathfrak{U}$ durchläuft dann alle Linearkombinationen von $\mathfrak{a}$ und $\mathfrak{c}$, d. h. alle Vektoren, die der durch $\mathfrak{a}$ und $\mathfrak{c}$ bestimmten Ebenenstellung parallel sind. Bei der in **145** betrachteten Abbildung wird der Raum auf die zu $\mathfrak{a}$ und $\mathfrak{c}$ parallele Ebene durch Q abgebildet. Jede Gerade, die $\mathfrak{b} \times \mathfrak{d}$ parallel ist, wird in einen Punkt dieser Ebene abgebildet.

Geht man weiter zu einer Summe von drei linearen Funktionen vom Typus (**146**, 1)

$$(146, 8) \quad \mathfrak{U} = \mathfrak{F}(\mathfrak{B}) = \mathfrak{a}\mathfrak{b} \cdot \mathfrak{B} + \mathfrak{c}\mathfrak{d} \cdot \mathfrak{B} + \mathfrak{e}\mathfrak{f} \cdot \mathfrak{B} = (\mathfrak{a}\mathfrak{b} + \mathfrak{c}\mathfrak{d} + \mathfrak{e}\mathfrak{f}) \cdot \mathfrak{B}$$

über, so ist leicht zu sehen, daß diese Funktion auf eine Funktion vom Typus (**146**, 4) reduziert werden kann, wenn die Vorfaktoren oder die Nachfaktoren linear abhängig sind. Im ersten Fall ist nämlich einer der Vektoren $\mathfrak{a}$, $\mathfrak{c}$, $\mathfrak{e}$ eine Linearkombination der beiden anderen, und im zweiten Fall gilt dies für $\mathfrak{b}$, $\mathfrak{d}$, $\mathfrak{f}$. Beidemal läßt sich (**146**, 8) auf die Form (**146**, 4) bringen. Sind sowohl die Vorfaktoren $\mathfrak{a}$, $\mathfrak{c}$ und $\mathfrak{e}$ als auch die Nachfaktoren $\mathfrak{b}$, $\mathfrak{d}$ und $\mathfrak{f}$ linear unabhängig, so hat die Funktion (**146**, 8) den Rang 3, bewirkt also eine „nicht ausgeartete" affine Abbildung des ganzen Raumes. Die Skalare $\mathfrak{b} \cdot \mathfrak{B}$, $\mathfrak{d} \cdot \mathfrak{B}$ und $\mathfrak{f} \cdot \mathfrak{B}$ durchlaufen nämlich alle möglichen Tripel von reellen Zahlen, wenn $\mathfrak{B}$ alle seine Werte durchläuft, und $\mathfrak{a}$, $\mathfrak{c}$ und $\mathfrak{e}$ spannen ein allgemeines Koordinatensystem auf.

Addiert man noch mehr lineare Funktionen (**146**, 1), so gelangt man zu keinen neuen Typen von Funktionen. In einer Summe von mehr als drei unbestimmten Produkten sind nämlich die Vorfaktoren notwendig linear abhängig, und man kann daher stets eine Reduktion auf die Form (**146**, 8) erreichen; falls der Rang 2 oder 1 ist, kann man weiter auf eine der Formen (**146**, 4) oder (**146**, 1) reduzieren.

Andererseits kann jede lineare Funktion auf die Form (**146**, 8) gebracht, also durch eine Dyade dargestellt werden. Aus **144** wissen wir nämlich, daß eine beliebige lineare Vektorfunktion durch drei Funktionswerte

$$(\mathbf{146}, 9) \qquad \mathfrak{U}_1 = \mathfrak{F}(\mathfrak{B}_1), \quad \mathfrak{U}_2 = \mathfrak{F}(\mathfrak{B}_2), \quad \mathfrak{U}_3 = \mathfrak{F}(\mathfrak{B}_3),$$

die zu linear unabhängigen Argumenten $\mathfrak{B}_1$, $\mathfrak{B}_2$ und $\mathfrak{B}_3$ gehören, bestimmt ist. Verwendet man nun das reziproke System [vgl. (**5**, 9)] dieser drei Vektoren, also die drei Vektoren $\mathfrak{B}_1^{-1}$, $\mathfrak{B}_2^{-1}$ und $\mathfrak{B}_3^{-1}$, für die

$$(\mathbf{146}, 10) \qquad \mathfrak{B}_\alpha \cdot \mathfrak{B}_\beta^{-1} = \begin{cases} 1 & \text{für} \quad \alpha = \beta \\ 0 & \text{für} \quad \alpha \neq \beta \end{cases} \qquad (\alpha, \beta = 1, 2, 3)$$

ist, so kann man die lineare Funktion $\mathfrak{F}$, die durch (**146**, 9) eindeutig bestimmt ist, in der dyadischen Form

$$(\mathbf{146}, 11) \qquad \mathfrak{U} = \mathfrak{F}(\mathfrak{B}) = (\mathfrak{U}_1 \mathfrak{B}_1^{-1} + \mathfrak{U}_2 \mathfrak{B}_2^{-1} + \mathfrak{U}_3 \mathfrak{B}_3^{-1}) \cdot \mathfrak{B}$$

darstellen, da diese die richtigen Funktionswerte (**146**, 9) für die Argumente $\mathfrak{B}_1$, $\mathfrak{B}_2$ und $\mathfrak{B}_3$ ergibt. Ist $\varrho < 3$, sind also die Funktionswerte $\mathfrak{U}_1$, $\mathfrak{U}_2$, $\mathfrak{U}_3$ linear abhängig, so kann man diese Darstellung weiter auf eine der Formen (**146**, 4) oder (**146**, 1) bringen.

Aus den vorstehenden Betrachtungen gehen die Rechenregeln hervor, die man für die unbestimmte Multiplikation und für die Addition von unbestimmten Produkten aufstellen kann. Von den in **1** S. 1 genannten Regeln erkennt man I und II als gültig für die Addition von unbestimmten Produkten und V für die unbestimmte Multiplikation eines Vektors mit einer Vektorsumme. Auch VI gilt: $\mathfrak{a}\mathfrak{b}$ kann nur Null sein, d. h. die Funktion (**146**, 1) kann nur den Rang Null haben, wenn einer der Faktoren Null ist. Die Regel IV kommt erst in Betracht, wenn man von Dyaden zu unbestimmten Produkten mit mehr als zwei Faktoren übergeht. Dies kann auch geschehen; wir gehen darauf aber nicht ein, da diese Begriffsbildungen für unsere Zwecke nicht erforderlich sind. Für die Multiplikation von Dyaden mit Skalaren gilt IV; denn man hat

$$(\mathbf{146}, 12) \qquad \lambda(\mathfrak{a}\mathfrak{b}) = (\lambda \mathfrak{a})\mathfrak{b} = \mathfrak{a}(\lambda \mathfrak{b}) = (\mathfrak{a}\mathfrak{b})\lambda.$$

Regel III gilt nicht, da $\mathfrak{a}\mathfrak{b}$ und $\mathfrak{b}\mathfrak{a}$ im allgemeinen verschieden sind. Die erste Dyade bildet den Raum auf eine Gerade der Richtung $\mathfrak{a}$ ab, die zweite auf eine Gerade der Richtung $\mathfrak{b}$. Nur wenn $\mathfrak{a}$ und $\mathfrak{b}$ parallel sind, gilt das kommutative Gesetz. Es ist aber naheliegend, unbestimmte

Produkte auch als zweite Faktoren in Skalarprodukten mit einem Vektor zu verwenden. Man erhält

$$(146, 13) \qquad (\mathfrak{a}\mathfrak{b}) \cdot \mathfrak{B} = \mathfrak{a}(\mathfrak{b} \cdot \mathfrak{B}) = (\mathfrak{B} \cdot \mathfrak{b})\mathfrak{a} = \mathfrak{B} \cdot (\mathfrak{b}\mathfrak{a}).$$

$\mathfrak{b}\mathfrak{a}$ als zweiter Faktor bedeutet also dasselbe wie $\mathfrak{a}\mathfrak{b}$ als erster Faktor. Man hat das unbestimmte Produkt oder allgemeiner eine Summe von solchen, also eine Dyade als einen Operator aufzufassen, der durch „skalare Multiplikation" mit einem Vektor eine lineare Funktion dieses Vektors erzeugt. Hierbei können verschiedene Funktionen entstehen, je nachdem man die Dyade vor oder hinter den Vektor setzt.

Es seien $\mathfrak{x}$, $\mathfrak{y}$ und $\mathfrak{z}$ drei linear unabhängige Vektoren. Stellt man die Vektoren $\mathfrak{a}$ und $\mathfrak{b}$ in diesem Grundsystem dar und benutzt das distributive Gesetz, so erhält man

$$
\begin{aligned}
\mathfrak{a}\mathfrak{b} = {} & (a_x\mathfrak{x} + a_y\mathfrak{y} + a_z\mathfrak{z})(b_x\mathfrak{x} + b_y\mathfrak{y} + b_z\mathfrak{z}) \\
= {} & a_x b_x\,\mathfrak{x}\mathfrak{x} + a_x b_y\,\mathfrak{x}\mathfrak{y} + a_x b_z\,\mathfrak{x}\mathfrak{z} \\
& + a_y b_x\,\mathfrak{y}\mathfrak{x} + a_y b_y\,\mathfrak{y}\mathfrak{y} + a_y b_z\,\mathfrak{y}\mathfrak{z} \\
& + a_z b_x\,\mathfrak{z}\mathfrak{x} + a_z b_y\,\mathfrak{z}\mathfrak{y} + a_z b_z\,\mathfrak{z}\mathfrak{z}.
\end{aligned}
$$

$(146, 14)$

Die Koeffizientenmatrix ist hierbei die Matrix

$$(146, 15) \qquad \begin{Bmatrix} a_x \\ a_y \\ a_z \end{Bmatrix} \{b_x \ b_y \ b_z\}.$$

Durch Addition entsprechender Skalare kann man danach auch Summen von unbestimmten Produkten, also willkürliche Dyaden auf die Form (146, 14) bringen, d. h. sie als Linearkombinationen der aus den Grundvektoren gebildeten neun unbestimmten Produkte darstellen.

Wenn man eine lineare Vektorfunktion vom Rang 3 in der Form (146, 11) hat, so läßt sich die Umkehrfunktion (144, 6) durch

$$\mathfrak{B} = \mathfrak{G}(\mathfrak{U}) = (\mathfrak{B}_1 \mathfrak{U}_1^{-1} + \mathfrak{B}_2 \mathfrak{U}_2^{-1} + \mathfrak{B}_3 \mathfrak{U}_3^{-1}) \cdot \mathfrak{U}$$

darstellen.

147. Darstellung von Tensoren in Koordinatensystemen. Die Bezeichnung *Tensor* verwendet man im allgemeinen als Ausdruck für eine lineare Abhängigkeit zwischen variablen Größen, die von allgemeinerem Charakter als die hier behandelten linearen Vektorfunktionen sein kann. In diesem Buch können wir uns jedoch darauf beschränken, das Wort Tensor als Ausdruck einer linearen Abhängigkeit zwischen variablen Vektoren zu verwenden. (In der allgemeinen Tensoranalysis erscheinen diese als Tensoren zweiter Stufe im dreidimensionalen Raum.) Wir sagen also, daß ein *Tensor* vorliegt, wenn zwischen zwei variablen Vektoren $\mathfrak{U}$ und $\mathfrak{B}$, deren mathematische oder physikalische Bedeutung offengelassen wird, eine Abhängigkeit $\mathfrak{U} = \mathfrak{F}(\mathfrak{B})$ mit den Linearitätseigenschaften (144, 2, 3) besteht. Darin liegt keinerlei Bezugnahme auf ein Koordinatensystem. Wir haben in **146** eine Darstellungsform für einen Tensor mit Hilfe von Dyaden, also von Systemen von Vektoren gefunden, die in der Zusammenstellung, die wir unbestimmte Multiplikation genannt haben, zu gruppieren sind. Dabei können die verwendeten Vektoren noch auf mannigfache Weise gewählt werden, um denselben Tensor, also dieselbe affine Abbildung oder denselben gesetzmäßigen Zusammenhang zwischen den Vektoren $\mathfrak{U}$ und $\mathfrak{V}$ auszudrücken. Stellt man die verwendeten Vektoren wie in (**146**, 14, 15) in einem Grundsystem dar, so bedeutet dies bereits den Übergang zu einem Koordinatensystem. Wir wollen nun diesen Schritt vollständig tun und werden dann auf Matrizen als Koordinatenausdrücke für Tensoren geführt werden, was schon aus (**146**, 14, 15) hervorgeht. Man hat auch einen Kalkül mit Tensoren in invarianter Form entwickelt, wobei ein Tensor ebenso wie ein Vektor durch einen Buchstaben bezeichnet wird; den gleichen Vorteil erreichen wir aber gerade durch das in **6** behandelte Rechnen mit Matrizen. Auch die in **146** besprochene dyadische Darstellung ordnet sich natürlich in die Matrizenrechnung ein.

$\mathfrak{x}$, $\mathfrak{y}$, $\mathfrak{z}$ sei ein beliebiges Grundsystem, in dem wir die unabhängige Variable $\mathfrak{V}$ durch

$$(\textbf{147}, 1) \qquad \mathfrak{V} = V_x \mathfrak{x} + V_y \mathfrak{y} + V_z \mathfrak{z} = \{V_x\ V_y\ V_z\} \begin{Bmatrix} \mathfrak{x} \\ \mathfrak{y} \\ \mathfrak{z} \end{Bmatrix},$$

und $\mathfrak{X}$, $\mathfrak{Y}$, $\mathfrak{Z}$ ein Grundsystem, in dem wir die abhängige Variable $\mathfrak{U}$ durch

$$(\textbf{147}, 2) \qquad \mathfrak{U} = U_X \mathfrak{X} + U_Y \mathfrak{Y} + U_Z \mathfrak{Z} = \{U_X\ U_Y\ U_Z\} \begin{Bmatrix} \mathfrak{X} \\ \mathfrak{Y} \\ \mathfrak{Z} \end{Bmatrix}$$

darstellen. Für das Folgende ist es nützlich zuzulassen, daß diese Koordinatensysteme verschieden sind.

Die Funktion (**144**, 1) bestimmt sich durch Angabe der den Argumenten $\mathfrak{x}$, $\mathfrak{y}$ und $\mathfrak{z}$ entsprechenden Funktionswerte. Wir bezeichnen diese mit

$$(\textbf{147}, 3) \qquad \mathfrak{F}(\mathfrak{x}) = \gamma_{11} \mathfrak{X} + \gamma_{21} \mathfrak{Y} + \gamma_{31} \mathfrak{Z},$$

$$(\textbf{147}, 4) \qquad \mathfrak{F}(\mathfrak{y}) = \gamma_{12} \mathfrak{X} + \gamma_{22} \mathfrak{Y} + \gamma_{32} \mathfrak{Z},$$

$$(\textbf{147}, 5) \qquad \mathfrak{F}(\mathfrak{z}) = \gamma_{13} \mathfrak{X} + \gamma_{23} \mathfrak{Y} + \gamma_{33} \mathfrak{Z}.$$

Mit der Matrixbezeichnung

$$(\textbf{147}, 6) \qquad \Gamma = \{\gamma_{ik}\} = \begin{Bmatrix} \gamma_{11} & \gamma_{12} & \gamma_{13} \\ \gamma_{21} & \gamma_{22} & \gamma_{23} \\ \gamma_{31} & \gamma_{32} & \gamma_{33} \end{Bmatrix}$$

kann dies

$$(\textbf{147}, 7) \qquad \begin{Bmatrix} \mathfrak{F}(\mathfrak{x}) \\ \mathfrak{F}(\mathfrak{y}) \\ \mathfrak{F}(\mathfrak{z}) \end{Bmatrix} = \Gamma' \begin{Bmatrix} \mathfrak{X} \\ \mathfrak{Y} \\ \mathfrak{Z} \end{Bmatrix}$$

geschrieben werden, wo Γ' die Transponierte von Γ ist. Auf Grund der Linearität folgt nun

$$\mathfrak{U} = \mathfrak{F}(\mathfrak{V}) = V_x \mathfrak{F}(\mathfrak{x}) + V_y \mathfrak{F}(\mathfrak{y}) + V_z \mathfrak{F}(\mathfrak{z})$$

$$(147, 8) \qquad = \{V_x\, V_y\, V_z\} \begin{Bmatrix} \mathfrak{F}(\mathfrak{x}) \\ \mathfrak{F}(\mathfrak{y}) \\ \mathfrak{F}(\mathfrak{z}) \end{Bmatrix} = \{V_x\, V_y\, V_z\} \Gamma' \begin{Bmatrix} \mathfrak{x} \\ \mathfrak{y} \\ \mathfrak{z} \end{Bmatrix}.$$

Vergleicht man $(147, 8)$ mit $(147, 2)$, so findet man

$$(147, 9) \qquad \{U_X\, U_Y\, U_Z\} = \{V_x\, V_y\, V_z\}\, \Gamma'$$

oder in transponierter Form

$$(147, 10) \qquad \begin{Bmatrix} U_X \\ U_Y \\ U_Z \end{Bmatrix} = \Gamma \begin{Bmatrix} V_x \\ V_y \\ V_z \end{Bmatrix}.$$

Ausführlich geschrieben sind $(147, 9)$ und $(147, 10)$ die linearen Gleichungen

$$(147, 11) \qquad \begin{cases} U_X = \gamma_{11} V_x + \gamma_{12} V_y + \gamma_{13} V_z, \\ U_Y = \gamma_{21} V_x + \gamma_{22} V_y + \gamma_{23} V_z, \\ U_Z = \gamma_{31} V_x + \gamma_{32} V_y + \gamma_{33} V_z. \end{cases}$$

In bezug auf die beiden gewählten Koordinatensysteme wird der Tensor durch die Matrix Γ wiedergegeben, deren Elemente γ_{ik} man die *Komponenten des Tensors* in bezug auf diese Koordinatensysteme nennt. Der *Rang* des Tensors (d. h. der Rang der linearen Vektorfunktion) ist gleich dem in **6** S. 14 definierten Rang der Matrix Γ. Der Rang von Γ gibt nämlich gerade an, wie viele der Vektoren $(147, 3, 4, 5)$ linear unabhängig sind.

Wenn dies ohne Gefahr für Mißverständnisse geschehen kann, soll das Symbol $\mathfrak{V}$ für einen Vektor zugleich die Matrix seiner Koordinaten in dem für $\mathfrak{V}$ verwendeten Koordinatensystem bedeuten, wobei diese Matrix in Spaltenform geschrieben wird. Die einzeilige Matrix, die aus den Koordinaten von $\mathfrak{V}$ besteht, ist dann mit $\mathfrak{V}'$ zu bezeichnen $(147, 10, 11)$ kann hiernach kurz

$$(147, 12) \qquad\qquad \mathfrak{U} = \Gamma\, \mathfrak{V}$$

geschrieben werden, und $(147, 9)$ geht hieraus durch Transposition hervor:

$$(147, 13) \qquad\qquad \mathfrak{U}' = \mathfrak{V}'\, \Gamma'.$$

Man kann dann kurz vom Tensor Γ sprechen und $(147, 12)$ als invarianten Ausdruck für die lineare Vektorfunktion auffassen, da man auf eine Gleichung der Gestalt $(147, 12)$ geführt wird, welche Koordinatensysteme man auch verwendet. Man muß dabei nur beachten, daß man beim Übergang zu anderen Koordinatensystemen andere Koordinatenmatrizen für $\mathfrak{U}$ und $\mathfrak{B}$ und andere Elemente in der Matrix Γ erhält, die den Tensor darstellt. In Vektorgleichungen werden wir daher Größen $\Gamma\mathfrak{B}$ als Ausdrücke für Vektoren in einer vom Koordinatensystem unabhängigen Bedeutung verwenden.

Wie ändert sich nun die Matrix Γ bei Koordinatentransformation? Es seien

$$(\mathbf{147}, 14) \qquad \mathsf{M} = \{\mu_{ik}\},$$
$$(\mathbf{147}, 15) \qquad \mathsf{N} = \{\nu_{ik}\} \qquad i, k = 1, 2, 3$$

beliebige Matrizen mit von Null verschiedenen Determinanten. Geht man zu neuen Koordinatensystemen $\bar{\mathfrak{x}}\ \bar{\mathfrak{y}}\ \bar{\mathfrak{z}}$ bzw. $\bar{\mathfrak{X}}\ \bar{\mathfrak{Y}}\ \bar{\mathfrak{Z}}$ über, indem man

$$(\mathbf{147}, 16) \qquad \left\{\begin{matrix}\bar{\mathfrak{x}}\\\bar{\mathfrak{y}}\\\bar{\mathfrak{z}}\end{matrix}\right\} = \mathsf{M}\left\{\begin{matrix}\mathfrak{x}\\\mathfrak{y}\\\mathfrak{z}\end{matrix}\right\},$$

$$(\mathbf{147}, 17) \qquad \left\{\begin{matrix}\bar{\mathfrak{X}}\\\bar{\mathfrak{Y}}\\\bar{\mathfrak{Z}}\end{matrix}\right\} = \mathsf{N}\left\{\begin{matrix}\mathfrak{X}\\\mathfrak{Y}\\\mathfrak{Z}\end{matrix}\right\}$$

setzt [vgl. (**10**, 3)], so erhält man nach (**10**, 5) für die Koordinaten $V_{\bar{x}}$, $V_{\bar{y}}$, $V_{\bar{z}}$ bzw. $U_{\bar{X}}$, $U_{\bar{Y}}$, $U_{\bar{Z}}$ von $\mathfrak{B}$ bzw. $\mathfrak{U}$

$$(\mathbf{147}, 18) \qquad \left\{\begin{matrix}V_{\bar{x}}\\V_{\bar{y}}\\V_{\bar{z}}\end{matrix}\right\} = \mathsf{M}^{-1\prime}\left\{\begin{matrix}V_x\\V_y\\V_z\end{matrix}\right\},$$

$$(\mathbf{147}, 19) \qquad \left\{\begin{matrix}U_{\bar{X}}\\U_{\bar{Y}}\\U_{\bar{Z}}\end{matrix}\right\} = \mathsf{N}^{-1\prime}\left\{\begin{matrix}U_X\\U_Y\\U_Z\end{matrix}\right\}.$$

Setzt man (**147**, 10) in (**147**, 19) ein und verwendet (**147**, 18), so erhält man mit Berücksichtigung von (**10**, 6)

$$(\mathbf{147}, 20) \qquad \left\{\begin{matrix}U_{\bar{X}}\\U_{\bar{Y}}\\U_{\bar{Z}}\end{matrix}\right\} = \mathsf{N}'^{-1}\Gamma\,\mathsf{M}'\left\{\begin{matrix}V_x\\V_{\bar{y}}\\V_{\bar{z}}\end{matrix}\right\}.$$

Folglich ist

$$(\mathbf{147}, 21) \qquad \bar{\Gamma} = \mathsf{N}'^{-1}\Gamma\,\mathsf{M}'$$

die Matrix, die den Tensor in bezug auf die neuen Koordinatensysteme darstellt.

Wir gelangen damit zu folgender formalen Definition eines Tensors, die der in **10** S. 23 für einen Vektor analog ist: *Eine mathematische oder physikalische Größe hat Tensorcharakter, wenn sie in bezug auf zwei Koordinatensysteme durch eine Matrix von neun Zahlen, ihre Komponenten,* *angegeben werden kann, die sich nach* (**147**, 21) *transformiert, wenn die beiden Koordinatensysteme nach* (**147**, 16) *und* (**147**, 17) *transformiert werden.*

148. Das Verzerrungsellipsoid eines Tensors. Wir betrachten in diesem Paragraphen einen Tensor vom Range 3 und die durch ihn bewirkte affine Abbildung des ganzen Raumes auf sich. Dabei wollen wir uns auf die Verwendung von gewöhnlichen rechtwinkligen Koordinaten beschränken. Es sei also i, j, f ein rechtwinkliges System von Einheitsvektoren vom Punkt O aus und $\mathfrak{F}, \mathfrak{J}, \mathfrak{K}$ ein rechtwinkliges System vom Punkt Q aus. $\mathfrak{V}$ sei der Ortsvektor eines beliebigen Punktes P von O aus, V_x, V_y, V_z die Koordinaten dieses Punktes im ersten System. $\mathfrak{U}$ sei der Ortsvektor bezüglich Q des dem Punkt P bei der Abbildung entsprechenden Punktes $\mathfrak{F}(P)$ und U_X, U_Y, U_Z die Koordinaten dieses Punktes im zweiten System. Zwischen diesen Koordinatentripeln bestehen die linearen Gleichungen (**147**, 11), wobei die Koeffizientendeterminante $|\Gamma|$ von Null verschieden ist, da $\mathfrak{F}$ nach Voraussetzung den Rang 3 haben soll.

Daß die Koordinaten von $\mathfrak{F}(P)$ homogene lineare Funktionen der Koordinaten von P sind, hat zur Folge, daß eine Fläche zweiter Ordnung wieder in eine Fläche zweiter Ordnung übergeht, eine Kugel insbesondere in ein Ellipsoid, da das Bild ganz im Endlichen liegen muß. Die Tangentialebene in einem Punkt P geht dabei in die Tangentialebene im Bildpunkt $\mathfrak{F}(P)$ über, da wegen der Eineindeutigkeit der Abbildung die Anzahl der gemeinsamen Punkte von Ebene und Fläche beidemal dieselbe sein muß. Drei aufeinander senkrechte Durchmesser der Kugel müssen dann in ein Tripel konjugierter Durchmesser des Ellipsoids übergehen: Die Tangentialebene im Endpunkt eines der Durchmesser ist der durch die beiden anderen bestimmten Ebene parallel, und diese Eigenschaft bleibt bei der Abbildung erhalten.

Wir betrachten nun dasjenige Ellipsoid mit dem Mittelpunkt Q, in welches die Einheitskugel um P übergeht, und nehmen zunächst an, daß es kein Rotationsellipsoid ist. Es seien α, β, γ die Längen der zu seinen Hauptrichtungen gehörigen Halbachsen; diese drei Zahlen sind also positiv und voneinander verschieden. Die Hauptachsen des Ellipsoids sind konjugiert, also Bilder von drei aufeinander senkrechten Durchmessern der Kugel um P. *Bei einer beliebigen nicht ausgearteten affinen Abbildung gibt es also drei paarweise senkrechte Richtungen, die wieder in drei paarweise senkrechte Richtungen übergehen;* und wenn keine Besonderheiten eintreten, sind diese drei Richtungen eindeutig bestimmt.

Wählt man nun die verwendeten Koordinatensysteme in der besonderen Weise, daß die Einheitsvektoren $\mathfrak{F}, \mathfrak{J}$ und $\mathfrak{K}$ die Hauptrichtungen des Ellipsoids haben, daß also $\alpha\mathfrak{F}, \beta\mathfrak{J}, \gamma\mathfrak{K}$ die Ortsvektoren von drei Scheitelpunkten des Ellipsoids sind, und daß i, j und f die

Radien der Einheitskugel um P sind, die bei der Abbildung in $\alpha\,\mathfrak{F}$, $\beta\,\mathfrak{J}$ und $\gamma\,\mathfrak{K}$ übergehen, so entnimmt man aus (147, 3, 4, 5), daß Γ eine „Diagonalmatrix"

$$(148, 1) \qquad \begin{Bmatrix} \alpha & 0 & 0 \\ 0 & \beta & 0 \\ 0 & 0 & \gamma \end{Bmatrix}$$

wird und daß die Gleichungen (147, 11) die einfache Gestalt

$$(148, 2) \qquad \begin{cases} U_X = \alpha V_x\,, \\ U_Y = \beta V_y\,, \\ U_Z = \gamma V_z \end{cases}$$

annehmen.

Man sieht nun, daß man die affine Abbildung des Raumes dadurch erzeugen kann, daß man die folgenden Transformationen nacheinander ausführt: a) Eine Parallelverschiebung, die O in Q überführt. b) Eine Drehung um Q, die die Einheitsvektoren $\mathfrak{i}$ und $\mathfrak{j}$ von ihrer neuen Lage aus in $\mathfrak{F}$ bzw. $\mathfrak{J}$ überführt. Danach fällt $\mathfrak{k}$ entweder mit $\mathfrak{K}$ oder mit $-\mathfrak{K}$ zusammen, je nachdem die beiden Tripel von Einheitsvektoren von derselben Art sind oder das eine ein Rechts- und das andere ein Linkssystem darstellt, d. h. je nachdem die Orientierung des Raumes bei der Abbildung erhalten bleibt oder nicht. c) Hiernach drei rechtwinklige Affinitäten von den Koordinatenebenen des $\mathfrak{F}$, $\mathfrak{J}$, $\mathfrak{K}$-Systems aus mit den Streckungszahlen α, β bzw. γ. d) Falls die Abbildung die Orientierung umkehrt, kommt noch eine Spiegelung an der $\mathfrak{F}$, $\mathfrak{J}$-Ebene hinzu. Dann ist jeder Punkt P in seinen Bildpunkt $\mathfrak{F}(P)$ übergeführt.

In dem besonderen Fall, wo das Ellipsoid ein Rotationsellipsoid, speziell eine Kugel ist, sind zwei bzw. alle drei der Zahlen α, β, γ einander gleich, und es tritt größere Freiheit in der Wahl der drei aufeinander senkrechten Richtungen ein, die in drei neue derselben Art übergeführt werden. Wenn das Ellipsoid eine Kugel ist, kann man die Diagonalmatrix (148, 1) in der Form $\alpha\,\mathsf{E}$ schreiben, wo E die Einheitsmatrix bedeutet. Die Abbildung ist in diesem Fall eine Ähnlichkeitstransformation, speziell für $\alpha = 1$ eine kongruente oder symmetrische Abbildung.

In allen Fällen kann man die Gleichung des Ellipsoids

$$(148, 3) \qquad \frac{\xi^2}{\alpha^2} + \frac{\eta^2}{\beta^2} + \frac{\zeta^2}{\gamma^2} = 1$$

schreiben, wenn ξ, η, ζ die Koordinaten eines variablen Punktes im $\mathfrak{F}$, $\mathfrak{J}$, $\mathfrak{K}$-System bedeuten.

Wegen der Linearität der Funktion $\mathfrak{F}$ hängt das Verhältnis

$$(148, 4) \qquad \frac{|\mathfrak{F}(\lambda\mathfrak{B})|}{|\lambda\mathfrak{B}|} = \frac{|\lambda|\,|\mathfrak{F}(\mathfrak{B})|}{|\lambda|\,|\mathfrak{B}|} = \frac{|\mathfrak{F}(\mathfrak{B})|}{|\mathfrak{B}|}$$

nur von der **Richtung** von $\mathfrak{B}$ ab. Auf allen Geraden mit einer bestimmten **Richtung** wird daher der Abstand von zwei Punkten durch
die Abbildung in einem bestimmten Verhältnis geändert, das durch
(**148**, 4) gegeben ist, wenn $\mathfrak{B}$ die Richtung der Geraden hat. (**148**, 4)
ist gleich der Länge desjenigen Halbmessers des Ellipsoids (**148**, 3), der
bei der Abbildung aus dem zu $\mathfrak{B}$ parallelen Radius der Einheitskugel
um P hervorgeht. Aus diesem Grund wollen wir das Ellipsoid (**148**, 3)
das *Verzerrungsellipsoid* des Tensors nennen.

Als erstes Beispiel besprechen wir eine in der Statik der Fachwerke auftretende
lineare Vektorfunktion. Von einem mechanisch bestimmten Fachwerk (vgl. **54**
S. 120) seien drei nicht auf einer Geraden gelegene Knotenpunkte festgehalten,
so daß es keine Bewegungen als starrer Körper ausführen kann. P_1 und P_2 seien
zwei der nicht festgehaltenen Knotenpunkte und $\mathfrak{r}_1$ und $\mathfrak{r}_2$ ihre Ortsvektoren von
einem beliebigen Ursprung aus. Wirkt auf das Fachwerk eine Kraft $\mathfrak{K}_1$ in P_1,
so bildet diese zusammen mit den in den festgehaltenen Knotenpunkten hervorgerufenen Reaktionen ein mit Null äquivalentes Kräftesystem. In den Stäben des
Fachwerks herrschen dann gewisse eindeutig bestimmte Spannungen T_ϱ. Entsprechend gehört zu einer Kraft $\mathfrak{K}_2'$ in P_2 ein Spannungssystem T_ϱ'. Für die Verschiebung $\delta\mathfrak{r}_2$, die P_2 wegen der Elastizität der Stäbe erleidet, wenn man $\mathfrak{K}_1$ in P_1
anbringt, hat man nach (**80**, 4)

$$(148, 5) \qquad\qquad \mathfrak{K}_2' \cdot \delta\mathfrak{r}_2 = \sum \frac{T_\varrho\, T_\varrho'\, l_\varrho}{E_\varrho F_\varrho},$$

wo die Summation über alle Stäbe zu erstrecken ist. $\delta\mathfrak{r}_2$ ist durch (**148**, 5) vollständig bestimmt, da man $\mathfrak{K}_2'$ beliebig wählen kann.

Ersetzt man $\mathfrak{K}_1$ durch $\lambda\,\mathfrak{K}_1$, so erhält man statt der Spannungen T_ϱ in den
Stäben die Spannungen λT_ϱ und daher nach (**148**, 5) statt $\delta\mathfrak{r}_2$ die Verschiebung
$\lambda\delta\mathfrak{r}_2$. Ergeben sich zu zwei in P_1 angreifenden Kräften $\mathfrak{K}_1$ und $\overline{\mathfrak{K}}_1$ die Stabspannungen T_ϱ bzw. $\overline{T}_\varrho$ und dann aus (**148**, 5) die Verschiebungen $\delta\mathfrak{r}_2$ bzw. $\overline{\delta\mathfrak{r}}_2$ von P_2,
so ruft die Kraft $\mathfrak{K}_1 + \overline{\mathfrak{K}}_1$ nach dem Superpositionsgesetz (vgl. **54** S. 120) die
Spannungen $T_\varrho + \overline{T}_\varrho$ in den Stäben, also nach (**148**, 5) die Verschiebung $\delta\mathfrak{r}_2 + \overline{\delta\mathfrak{r}}_2$
von P_2 hervor. **Diese beiden Eigenschaften besagen nach (144, 2, 3),
daß die Verschiebung** $\delta\mathfrak{r}_2$ **eine lineare Vektorfunktion der Kraft** $\mathfrak{K}_1$
ist. In den in diesem Abschnitt angewandten Bezeichnungen entsprechen $\mathfrak{K}_1$
dem Argumentvektor $\mathfrak{B}$, $\delta\mathfrak{r}_2$ dem Bildvektor $\mathfrak{U}$, P_1 und P_2 den Ursprüngen O
und Q.

Je nach dem Rang des Tensors sind die allen möglichen $\mathfrak{K}_1$ entsprechenden Verschiebungen $\delta\mathfrak{r}_2$ entweder alle Null (also die Lage von P_2 unbeeinflußbar durch
Kräfte in P_1) oder sie gehen auf einer Geraden oder Ebene durch P_2 vor sich oder
können schließlich alle Richtungen von P_2 aus annehmen. Im letzten Fall, wenn
also der Tensor den Rang 3 hat, gibt es stets drei von P_1 ausgehende Richtungen,
die als Kraftrichtungen zu drei aufeinander senkrechten Verschiebungsrichtungen
von P_2 aus führen.

Erteilt man $\mathfrak{K}_1$ konstanten Betrag, etwa 1, aber alle möglichen Richtungen,
so kann man von einer „Kraftkugel" um P_1 sprechen. Dieser entspricht dann
ein „Verschiebungsellipsoid" mit P_2 als Mittelpunkt, das Verzerrungsellipsoid
des Tensors. (Erniedrigt sich der Rang auf 2 oder 1, so artet das Ellipsoid in eine
elliptische Scheibe oder eine Strecke aus.)

Analog entspricht einer Kraftkugel $\mathfrak{K}_2'$ vom Radius 1 um P_2 ein Verschiebungsellipsoid $\delta\mathfrak{r}_1'$ mit P_1 als Mittelpunkt.

Wir wollen nun den Zusammenhang zwischen diesen beiden Verschiebungsellipsoiden um P_1 und P_2 untersuchen. Dazu verwenden wir den Satz von Maxwell (80, 6). Dieser besagt hier, daß zwischen zwei Kraftvektoren $\mathfrak{K}_1$ in P_1 und $\mathfrak{K}_2'$ in P_2 und den entsprechenden Verschiebungen $\delta \mathfrak{r}_2$ und $\delta \mathfrak{r}_1'$ der Zusammenhang

$$(148, 6) \qquad \mathfrak{K}_2' \cdot \delta \mathfrak{r}_2 = \mathfrak{K}_1 \cdot \delta \mathfrak{r}_1'$$

besteht.

Wir wählen nun ein $\mathfrak{K}_1$ vom Betrage 1 und bestimmen den entsprechenden Wert $\delta \mathfrak{r}_2$. Dann erhalten wir den größtmöglichen Wert der linken Seite von (148, 6), wenn wir $\mathfrak{K}_2'$ (vom Betrage 1) in der Richtung von $\delta \mathfrak{r}_2$ wählen. Das diesem $\mathfrak{K}_2'$ entsprechende $\delta \mathfrak{r}_1'$ muß dann auch der rechten Seite von (148, 6) den größtmöglichen Wert erteilen, also die größtmögliche Projektion auf $\mathfrak{K}_1$ haben, d. h. der Endpunkt von $\delta \mathfrak{r}_1'$ muß derjenige Punkt des Verschiebungsellipsoids um P_1 sein, in welchem die Tangentialebene senkrecht zu $\mathfrak{K}_1$ ist: Die Richtung von $\delta \mathfrak{r}_1'$ ist konjugiert zur Normalebene von $\mathfrak{K}_1$. Hat $\mathfrak{K}_1$ insbesondere die Richtung einer der Hauptachsen des Ellipsoids um P_1, so muß demnach $\delta \mathfrak{r}_1'$ dieselbe Richtung haben. Da man dann umgekehrt die Konstruktion mit $\mathfrak{K}_2'$ beginnen kann, muß auch $\mathfrak{K}_2'$ die Richtung einer der Hauptachsen des Ellipsoids um P_2 haben. Da weiter $|\mathfrak{K}_1| = |\mathfrak{K}_2'|$ ($= 1$) ist, folgt aus (148, 6) auch $|\delta \mathfrak{r}_1'| = |\delta \mathfrak{r}_2|$. Man erhält so den folgenden Satz:

Gleich großen Kraftkugeln um zwei Knotenpunkte P_1 und P_2 entsprechen Verschiebungsellipsoide von P_1 bzw. P_2 mit folgender Eigenschaft: Eine Kraft im einen Punkt, welche die Richtung einer Hauptachse des Verschiebungsellipsoids dieses Punktes hat, ruft im anderen Punkt eine Verschiebung in Richtung einer Hauptachse des Verschiebungsellipsoids dieses anderen Punktes hervor, und die auf diese Weise einander entsprechenden Hauptachsen sind gleich lang; die Ellipsoide sind also kongruent.

149. Bilinearformen und quadratische Formen. Es sei die lineare Vektorfunktion $\mathfrak{U} = \mathfrak{F}(\mathfrak{V})$ und ein willkürlicher Vektor $\mathfrak{W}$ des Raumes gegeben. Wir betrachten den von $\mathfrak{V}$ und $\mathfrak{W}$ abhängigen Skalar

$$(149, 1) \qquad \sigma = \sigma(\mathfrak{W}, \mathfrak{V}) = \mathfrak{W} \cdot \mathfrak{U} = \mathfrak{W} \cdot \mathfrak{F}(\mathfrak{V}).$$

Man hat es hier mit einer skalaren Funktion der beiden Vektorargumente $\mathfrak{V}$ und $\mathfrak{W}$ zu tun, die *bilinear* ist, d. h. die Linearitätsbedingungen (144, 2, 3) für jedes ihrer Argumente erfüllt:

$$(149, 2) \quad \left\{ \begin{array}{l} \sigma(\lambda \mathfrak{W}, \mathfrak{V}) = \lambda \sigma(\mathfrak{W}, \mathfrak{V}), \qquad \sigma(\mathfrak{W}, \lambda \mathfrak{V}) = \lambda \sigma(\mathfrak{W}, \mathfrak{V}), \\[4pt] \sigma(\mathfrak{W}_1 + \mathfrak{W}_2, \mathfrak{V}) = \sigma(\mathfrak{W}_1, \mathfrak{V}) + \sigma(\mathfrak{W}_2, \mathfrak{V}), \\[4pt] \sigma(\mathfrak{W}, \mathfrak{V}_1 + \mathfrak{V}_2) = \sigma(\mathfrak{W}, \mathfrak{V}_1) + \sigma(\mathfrak{W}, \mathfrak{V}_2). \end{array} \right.$$

Statt zu sagen, ein Tensor stelle eine lineare Vektorfunktion einer unabhängigen Vektorvariablen dar, kann man auch sagen, ein Tensor sei der Ausdruck für eine Skalarfunktion von zwei unabhängigen Vektorvariablen, welche die Linearitätsbedingungen (149, 2) erfüllt. Es ist nämlich klar, daß man aus (149, 1) die Vektorfunktion $\mathfrak{F}$ für alle Werte von $\mathfrak{V}$ bestimmen kann, wenn man die Skalarfunktion σ für alle Wertepaare von $\mathfrak{W}$ und $\mathfrak{V}$ kennt. Denn ist $\mathfrak{V}$ ein beliebiger Vektor, und setzt man in (149, 1) für $\mathfrak{W}$ nacheinander die Grundvektoren eines gewöhnlichen rechtwinkligen Koordinatensystems, so sind die drei zugehörigen Werte von σ die Koordinaten von $\mathfrak{F}(\mathfrak{V})$ in diesem Koordinatensystem.

In der Definitionsgleichung (**149**, 1) für σ hängt diese skalare Funktion von der Reihenfolge der beiden Variablen ab. Hier sind nun zwei wichtige Sonderfälle anzuführen:

Der betrachtete Tensor heißt *symmetrisch*, wenn man die Variablen in der bilinearen skalaren Funktion vertauschen kann, ohne ihren Wert zu ändern, wenn also bei beliebigen $\mathfrak{B}$ und $\mathfrak{W}$

(**149**, 3) $\sigma(\mathfrak{W}, \mathfrak{B}) = \mathfrak{W} \cdot \mathfrak{F}(\mathfrak{B}) = \mathfrak{B} \cdot \mathfrak{F}(\mathfrak{W}) = \sigma(\mathfrak{B}, \mathfrak{W})$

ist. Ein Tensor heißt *schiefsymmetrisch* oder *antisymmetrisch*, wenn Vertauschen der beiden Variablen nur einen Vorzeichenwechsel bewirkt, wenn also

(**149**, 4) $\sigma(\mathfrak{W}, \mathfrak{B}) = \mathfrak{W} \cdot \mathfrak{F}(\mathfrak{B}) = - \mathfrak{B} \cdot \mathfrak{F}(\mathfrak{W}) = -\sigma(\mathfrak{B}, \mathfrak{W})$

ist. Die Bedeutung dieser besonderen Typen beruht darauf, daß man einen beliebigen Tensor aus einem symmetrischen und einem schiefsymmetrischen additiv zusammensetzen kann. Durch Addition von zwei bilinearen skalaren Funktionen derselben beiden Vektorvariablen erhält man ja wieder eine skalare Funktion dieser Variablen mit denselben Linearitätseigenschaften (**149**, 2). Setzt man nun für eine beliebige bilineare Funktion (**149**, 1)

(**149**, 5) $\sigma_1(\mathfrak{W}, \mathfrak{B}) = \tfrac{1}{2}[\sigma(\mathfrak{W}, \mathfrak{B}) + \sigma(\mathfrak{B}, \mathfrak{W})],$

(**149**, 6) $\sigma_2(\mathfrak{W}, \mathfrak{B}) = \tfrac{1}{2}[\sigma(\mathfrak{W}, \mathfrak{B}) - \sigma(\mathfrak{B}, \mathfrak{W})],$

so hat man

(**149**, 7) $\sigma(\mathfrak{W}, \mathfrak{B}) = \sigma_1(\mathfrak{W}, \mathfrak{B}) + \sigma_2(\mathfrak{W}, \mathfrak{B}),$

und hierbei ist σ_1 symmetrisch und σ_2 schiefsymmetrisch. Hat man umgekehrt eine Zerlegung (**149**, 7) von σ, wo σ_1 symmetrisch und σ_2 schiefsymmetrisch ist, so schließt man, daß σ_1 und σ_2 die Werte (**149**, 5, 6) haben müssen, so daß die Zerlegung eindeutig ist.

Ein Tensor ist dann und nur dann schiefsymmetrisch, wenn jeder Vektor auf dem ihm zugeordneten senkrecht steht. Für $\mathfrak{W} = \mathfrak{B}$ folgt nämlich aus (**149**, 4)

$$\mathfrak{B} \cdot \mathfrak{F}(\mathfrak{B}) = 0.$$

Ist umgekehrt diese Gleichung für jeden Vektor $\mathfrak{B}$ erfüllt, so ergibt sich wegen der Linearitätseigenschaften

$$(\mathfrak{B} + \mathfrak{W}) \cdot \mathfrak{F}(\mathfrak{B} + \mathfrak{W})$$
$$= \mathfrak{B} \cdot \mathfrak{F}(\mathfrak{B}) + \mathfrak{B} \cdot \mathfrak{F}(\mathfrak{W}) + \mathfrak{W} \cdot \mathfrak{F}(\mathfrak{B}) + \mathfrak{W} \cdot \mathfrak{F}(\mathfrak{W})$$
$$= \mathfrak{B} \cdot \mathfrak{F}(\mathfrak{W}) + \mathfrak{W} \cdot \mathfrak{F}(\mathfrak{B}) = 0,$$

also (**149**, 4).

Wir gehen nun dazu über, den Ausdruck für eine bilineare Funktion σ mit Hilfe von Koordinaten aufzustellen. Da in (**149**, 1) skalare

Multiplikation auftritt, wollen wir, um möglichst einfache Formeln zu erhalten, alle auftretenden Vektoren $\mathfrak{V}$, $\mathfrak{W}$ und $\mathfrak{U}$ auf dasselbe rechtwinklige Einheitsgrundsystem $\mathfrak{i}$, $\mathfrak{j}$, $\mathfrak{k}$ beziehen. Dabei nehmen wir die lineare Vektorfunktion $\mathfrak{F}$ in der Gestalt (**147**, 11) an, wobei nun die Koordinatensysteme $\mathfrak{x}$, $\mathfrak{y}$, $\mathfrak{z}$ und $\mathfrak{X}$, $\mathfrak{Y}$, $\mathfrak{Z}$ mit $\mathfrak{i}$, $\mathfrak{j}$, $\mathfrak{k}$ zusammenfallen. Wir erhalten dann unter Verwendung der in **147** S. 372 verabredeten Matrizenschreibweise [vgl. (**147**, 12, 13)]

$$\sigma(\mathfrak{W}, \mathfrak{V}) = \mathfrak{W}'\,\mathfrak{U} = \mathfrak{W}'\,\Gamma\,\mathfrak{V}$$

(149, 8)
$$\begin{aligned}
&= \gamma_{11}W_x V_x + \gamma_{12}W_x V_y + \gamma_{13}W_x V_z \\
&+ \gamma_{21}W_y V_x + \gamma_{22}W_y V_y + \gamma_{23}W_y V_z \\
&+ \gamma_{31}W_z V_x + \gamma_{32}W_z V_y + \gamma_{33}W_z V_z\,.
\end{aligned}$$

Die bilineare Funktion σ erscheint also als eine *Bilinearform* in den rechtwinkligen Koordinaten ihrer Argumente.

Man kann σ wegen (**6**, 10) auch

(149, 9)
$$\sigma = (\mathfrak{W}'\,\Gamma\,\mathfrak{V})' = \mathfrak{V}'\,\Gamma'\,\mathfrak{W}$$

schreiben, da die Transponierte eines Skalars der Skalar selbst ist.

Der Tensor ist dann und nur dann symmetrisch, wenn er in bezug auf ein rechtwinkliges Koordinatensystem durch eine symmetrische Matrix dargestellt wird, wenn also

(149, 10)
$$\Gamma' = \Gamma,$$

und dann und nur dann schiefsymmetrisch, wenn

(149, 11)
$$\Gamma' = -\Gamma.$$

Im zweiten Fall haben alle Elemente der Hauptdiagonale von Γ den Wert Null, und der Rang des Tensors ist ≤ 2. Man hat nämlich einerseits die Gleichung $|\Gamma'| = |\Gamma|$, die nach (**8**, 1) für jede quadratische Matrix gilt, andererseits wegen (**149**, 11) $|\Gamma'| = |-\Gamma| = -|\Gamma|$, da Γ eine ungerade Anzahl, nämlich drei Zeilen und Spalten besitzt. Folglich ist in der Tat $|\Gamma| = 0$.

Setzt man einen beliebigen Tensor nach (**149**, 5, 6, 7) aus einem symmetrischen und einem schiefsymmetrischen zusammen, so erhält man für die betreffenden Matrizen

(149, 12)
$$\Gamma_1 = \tfrac{1}{2}(\Gamma + \Gamma'),$$

(149, 13)
$$\Gamma_2 = \tfrac{1}{2}(\Gamma - \Gamma')$$

und

(149, 14)
$$\Gamma = \Gamma_1 + \Gamma_2.$$

Bei einer Koordinatentransformation (**147**, 16) muß jetzt die Transformationsmatrix M orthogonal, d. h.

$$\mathsf{M}' = \mathsf{M}^{-1}$$

sein, weil wir uns auf gewöhnliche rechtwinklige Koordinaten beschränkt haben. Da ferner N in $(\mathbf{147}, 17)$ jetzt mit M identisch ist — wir verwenden ja nur ein Koordinatensystem —, ergibt sich aus $(\mathbf{147}, 21)$

$$(\mathbf{149}, 15) \qquad \overline{\Gamma} = M\,\Gamma\,M' = M\,\Gamma\,M^{-1}.$$

Bei einer orthogonalen Koordinatentransformation, deren Matrix M sei, wird die einen Tensor darstellende Matrix Γ in der in $(\mathbf{149}, 15)$ angegebenen Weise „mit der orthogonalen Matrix M transformiert".

Eigenschaften des Tensors selbst sind unabhängig vom Koordinatensystem und müssen sich daher in solchen Eigenschaften der Matrix Γ äußern, die gegenüber Transformationen von Γ mit einer orthogonalen Matrix invariant sind.

Eine solche Eigenschaft des Tensors selbst ist z. B. der symmetrische oder schiefsymmetrische Charakter. Die Eigenschaft einer quadratischen Matrix, symmetrisch $(\mathbf{149}, 10)$ oder schiefsymmetrisch $(\mathbf{149}, 11)$ zu sein, ist daher gegenüber Transformationen mit einer orthogonalen Matrix invariant. Wenn man $(\mathbf{149}, 14)$ in $(\mathbf{149}, 15)$ einsetzt, so muß der symmetrische Teil Γ_1 von Γ in den symmetrischen Teil $\overline{\Gamma}_1$ von $\overline{\Gamma}$ transformiert werden und entsprechend der schiefsymmetrische. Auf andere Invarianten von Γ bezüglich Transformationen mit einer orthogonalen Matrix werden wir in $\mathbf{150}$ geführt werden. Daß die Determinante der Matrix invariant ist, folgt direkt aus $(\mathbf{149}, 15)$ durch Anwendung des Multiplikationssatzes für Determinanten:

$$(\mathbf{149}, 16) \quad |\overline{\Gamma}| = |M\,\Gamma\,M^{-1}| = |M|\,|\Gamma|\,|M^{-1}| = |M|\,|\Gamma|\,|M|^{-1} = |\Gamma|.$$

Aus der bilinearen Funktion $(\mathbf{149}, 1)$ von zwei Vektorvariablen kann man eine **quadratische** Funktion einer Vektorvariablen

$$(\mathbf{149}, 17) \qquad \varkappa = \varkappa(\mathfrak{B}) = \sigma(\mathfrak{B}, \mathfrak{B}) = \mathfrak{B} \cdot \mathfrak{F}(\mathfrak{B})$$

ableiten. Als Ausdruck des Skalars $\varkappa$ in Koordinaten erhält man aus $(\mathbf{149}, 8, 9)$

$$\varkappa = \varkappa(\mathfrak{B}) = \mathfrak{B}'\,\Gamma\,\mathfrak{B} = \mathfrak{B}'\,\Gamma'\,\mathfrak{B} = \mathfrak{B}'\,\frac{\Gamma + \Gamma'}{2}\,\mathfrak{B}$$

$$(\mathbf{149}, 18) \qquad = \gamma_{11}V_x^2 + \gamma_{22}V_y^2 + \gamma_{33}V_z^2$$
$$+ (\gamma_{12} + \gamma_{21})\,V_x V_y + (\gamma_{13} + \gamma_{31})\,V_x V_z + (\gamma_{23} + \gamma_{32})\,V_y V_z.$$

Zu jedem Tensor gehört auf diese Weise eine homogene quadratische Funktion, kurz eine *quadratische Form* in den Koordinaten eines Vektors. Diese verschwindet für einen schiefsymmetrischen Tensor identisch und hängt für einen beliebigen Tensor nur von seinem symmetrischen Bestandteil ab. Umgekehrt ist der symmetrische Bestandteil eines Tensors eindeutig durch die zugehörige quadratische Form $\varkappa$ bestimmt.

Der durch das unbestimmte oder dyadische Produkt $\mathfrak{a}\mathfrak{b}$ gegebene Tensor wird in gewöhnlichen rechtwinkligen Koordinaten durch die

Matrix $\mathfrak{a}\mathfrak{b}'$ dargestellt [vgl. **(146,** 14, 15)]. Die entsprechende bilineare Funktion **(149,** 1, 8) ist

$$\sigma = \mathfrak{W} \cdot \mathfrak{a}\mathfrak{b} \cdot \mathfrak{W}$$

in gewöhnlicher Vektorbezeichnung, also in Matrixform

$$\sigma = \mathfrak{W}'\,\mathfrak{a}\mathfrak{b}'\,\mathfrak{W}.$$

Diese Bemerkung soll verständlicher machen, daß auch die unbestimmte Multiplikation eine Art Zusammenfassung der beiden Vektoren ist: In der zuletzt genannten Matrixgleichung ist es auf Grund des assoziativen Gesetzes für die Matrizenmultiplikation gleichgültig, mit welcher Multiplikation man (natürlich unter Wahrung der Reihenfolge der Faktoren) beginnt. Man hat die Möglichkeit, mit dem Matrizenprodukt $\mathfrak{a}\mathfrak{b}'$, also dem dyadischen Produkt der beiden Vektoren zu beginnen.

Das vektorielle Produkt eines festen Vektors $\mathfrak{a}$ und eines variablen Vektors $\mathfrak{W}$ ist eine lineare Vektorfunktion vom Rang 2, die durch eine schiefsymmetrische Matrix dargestellt wird; man hat nämlich

$$(149, 19) \qquad \begin{Bmatrix} (\mathfrak{a} \times \mathfrak{W})_x \\ (\mathfrak{a} \times \mathfrak{W})_y \\ (\mathfrak{a} \times \mathfrak{W})_z \end{Bmatrix} = \begin{Bmatrix} 0 & -a_z & a_y \\ a_z & 0 & -a_x \\ -a_y & a_x & 0 \end{Bmatrix} \begin{Bmatrix} V_x \\ V_y \\ V_z \end{Bmatrix}.$$

Umgekehrt kann ein schiefsymmetrischer Tensor stets durch vektorielle Multiplikation mit einem festen Vektor ersetzt werden.

Diese Zuordnung zwischen Vektoren und schiefsymmetrischen Tensoren enthält aber eine Willkür, die von der beliebigen Festsetzung eines Schraubungssinnes bei der Definition des Vektorprodukts in **4** herrührt. Hätten wir eine Linksschraubung statt einer Rechtsschraubung zugrunde gelegt, so wechselte das Vektorprodukt und damit der schiefsymmetrische Tensor das Vorzeichen. Wenn also kein Schraubungssinn gewählt wird, entsprechen einem Vektor zwei entgegengesetzt gleiche schiefsymmetrische Tensoren, ebenso wie einer Plangröße zwei Vektoren. Dagegen läßt sich ohne Wahl eines Schraubungssinnes zwischen Plangrößen und schiefsymmetrischen Tensoren eine umkehrbar eindeutige Beziehung herstellen, so daß es sachgemäßer gewesen wäre mit schiefsymmetrischen Tensoren statt mit den vom Schraubungssinn abhängigen axialen Vektoren zu operieren.

Um diese Zuordnung herzustellen, wollen wir jedoch der Kürze halber von axialen Vektoren Gebrauch machen. Wir wählen also einen Schraubungssinn und stellen mit seiner Hilfe eine willkürlich gegebene Plangröße (wie in **4**) durch einen Vektor $\mathfrak{a}$ dar. Diesem entspricht nach der obigen Bemerkung die lineare Vektorfunktion $\mathfrak{U} = \mathfrak{a} \times \mathfrak{W}$. Diese ist aber von der Wahl des Schraubungssinnes unabhängig; denn gehen wir zum anderen über, so haben wir den axialen Vektor $\mathfrak{a}$ durch $-\mathfrak{a}$ zu ersetzen und außerdem das Vorzeichen des Vektorprodukts umzukehren, so daß die Zuordnung $\mathfrak{W} \to \mathfrak{U}$, also die Vektorfunktion dieselbe bleibt.

Ohne von einem Schraubungssinn Gebrauch zu machen, kann man diese einer Plangröße zugeordnete lineare Vektorfunktion folgendermaßen beschreiten: Um den einem Vektor $\mathfrak{W}$ entsprechenden Vektor $\mathfrak{U}$ zu finden, hat man $\mathfrak{W}$ auf die Ebene ε der Plangröße zu projizieren, den projizierten Vektor in ε im Umlaufssinn der Plangröße um einen rechten Winkel zu drehen und den so gewonnenen Vektor mit dem Flächeninhalt der Plangröße zu multiplizieren. Daß dies eine lineare Vektorfunktion ist, ist mühelos einzusehen; daß sie schiefsymmetrisch ist, folgt nach einer früheren Bemerkung (S. 378) daraus, daß $\mathfrak{B}$ stets auf dem zugeordneten Vektor $\mathfrak{U}$ senkrecht steht.

Ist die Plangröße als das von zwei linear unabhängigen Vektoren $\mathfrak{a}$ und $\mathfrak{b}$ aufgespannte Parallelogramm gegeben, so läßt sich die entsprechende lineare Vektorfunktion mit Rücksicht auf (5, 4)

$$(149, 20) \qquad \mathfrak{U} = (\mathfrak{a} \times \mathfrak{b}) \times \mathfrak{B} = \mathfrak{b}\,(\mathfrak{a} \cdot \mathfrak{B}) - \mathfrak{a}\,(\mathfrak{b} \cdot \mathfrak{B})$$

schreiben. (Der rechten Seite sieht man übrigens sofort an, daß sie von der Wahl eines Schraubungssinnes unabhängig ist.) Wir haben es also mit der Dyade $\mathfrak{b}\mathfrak{a} - \mathfrak{a}\mathfrak{b}$ zu tun. Als Matrixgleichung geschrieben lautet (149, 20)

$$\mathfrak{U} = (\mathfrak{b}\mathfrak{a}' - \mathfrak{a}\mathfrak{b}')\,\mathfrak{B} = \left\{ \begin{array}{ccc} 0 & b_x a_y - b_y a_x & b_x a_z - b_z a_x \\ b_y a_x - b_x a_y & 0 & b_y a_z - b_z a_y \\ b_z a_x - b_x a_z & b_z a_y - b_y a_z & 0 \end{array} \right\} \left\{ \begin{array}{c} V_x \\ V_y \\ V_z \end{array} \right\}.$$

Dieser schiefsymmetrische Tensor ist also der sachgemäße formale Ausdruck für das Vektorprodukt $\mathfrak{a} \times \mathfrak{b}$.

150. Eigenwerte und Eigenvektoren. Den Skalar λ nennt man einen *Eigenwert* des durch die lineare Funktion $\mathfrak{F}$ gegebenen Tensors, wenn es einen Vektor $\mathfrak{B} \neq 0$ gibt, für den

$$(150, 1) \qquad \mathfrak{F}(\mathfrak{B}) = \lambda\,\mathfrak{B}$$

ist. $\mathfrak{B}$ nennt man dann einen zum Eigenwert λ gehörigen *Eigenvektor*.

Ist $\mathfrak{B}$ Eigenvektor zum Eigenwert λ, so ist nach (**144**, 2) offenbar auch $\alpha\,\mathfrak{B}$, wo α ein beliebiger Skalar ist, Eigenvektor zu λ (wir wollen hierbei den Wert Null für α nicht ausschließen, also den Nullvektor zu den Eigenvektoren zählen; er gehört zu einem beliebigen Eigenwert). Wenn $\mathfrak{B}_1$ und $\mathfrak{B}_2$ Eigenvektoren zum selben Eigenwert λ sind, so ist auch $\mathfrak{B}_1 + \mathfrak{B}_2$ Eigenvektor zu diesem Eigenwert. Aus diesen zwei Eigenschaften folgt: Wenn zwei linear unabhängige Vektoren Eigenvektoren zu λ sind, so ist jeder Vektor, welcher der durch die beiden Vektoren bestimmten Ebenenstellung parallel ist, ebenfalls Eigenvektor zu λ. Wenn drei linear unabhängige Vektoren Eigenvektoren zu λ sind, so sind alle Vektoren Eigenvektoren zu λ, und die lineare Vektorfunktion wird in diesem Fall für alle $\mathfrak{B}$ durch (**150**, 1) dargestellt.

Um die Eigenwerte eines Tensors zu bestimmen, verwenden wir dasselbe rechtwinklige Koordinatensystem wie in **149**. Es gelten dann die Matrixgleichungen

$$(150, 2) \qquad \mathfrak{F}(\mathfrak{B}) = \Gamma\,\mathfrak{B},$$

$$(150, 3) \qquad \mathfrak{B} = \mathsf{E}\,\mathfrak{B},$$

wo E die Einheitsmatrix ist. (**150**, 1) kann daher als Matrixgleichung

$$(150, 4) \qquad (\Gamma - \lambda\mathsf{E})\,\mathfrak{B} = 0$$

geschrieben werden. Wenn das lineare homogene Gleichungssystem (**150**, 4) für die Koordinaten von $\mathfrak{B}$ eine Lösung $\mathfrak{B} \neq 0$ haben soll, muß die Matrix $\Gamma - \lambda E$ einen Rang ≤ 2 haben. Die „*Säkulardeterminante*"

$$(150, 5) \qquad |\Gamma - \lambda E| = \begin{vmatrix} \gamma_{11} - \lambda & \gamma_{12} & \gamma_{13} \\ \gamma_{21} & \gamma_{22} - \lambda & \gamma_{23} \\ \gamma_{31} & \gamma_{32} & \gamma_{33} - \lambda \end{vmatrix}$$

muß also den Wert Null haben.

Da $(150, 5)$ ein Polynom dritten Grades in λ (das *charakteristische Polynom*) ist, kann ein Tensor höchstens drei Eigenwerte haben. Unter der *Vielfachheit* eines Eigenwertes λ versteht man die Zahl, die angibt, wie oft λ Wurzel des Polynoms $(150, 5)$ ist.

Die Eigenwerte des Tensors sind unabhängig vom Koordinatensystem definiert worden. Die Wurzeln von $(150, 5)$ sind also invariant gegenüber orthogonaler Koordinatentransformation. Sind die Wurzeln verschieden, so kann man hieraus schließen, daß das Polynom $(150, 5)$ selbst eine Invariante ist. Daß dies allgemein zutrifft, zeigt man durch direktes Nachrechnen folgendermaßen: Da eine beliebige Matrix durch Multiplikation mit E nicht geändert wird, hat man die Matrixgleichung [vgl. $(149, 15)$]

$$(150, 6) \qquad M \Gamma M^{-1} - \lambda E = M \Gamma M^{-1} - \lambda M E M^{-1} = M (\Gamma - \lambda E) M^{-1},$$

und hieraus folgt wie in $(149, 16)$

$$(150, 7) \qquad |M \Gamma M^{-1} - \lambda E| = |\Gamma - \lambda E|,$$

was genau die Invarianz von $(150, 5)$ besagt. Hierbei ist von der quadratischen Matrix M nur benutzt, daß sie eine von Null verschiedene Determinante besitzt.

Das Polynom $(150, 5)$ oder

$$(150, 8) \qquad |\Gamma - \lambda E| = -\lambda^3 + s(\Gamma)\lambda^2 - c(\Gamma)\lambda + |\Gamma|$$

hat demnach Koeffizienten, die nicht vom verwendeten Koordinatensystem abhängen. Für das konstante Glied ist dies bereits durch $(149, 16)$ bewiesen. Der Koeffizient $c(\Gamma)$ ist eine Summe von Unterdeterminanten zweiter Ordnung. Den Koeffizienten

$$(150, 9) \qquad s(\Gamma) = \gamma_{11} + \gamma_{22} + \gamma_{33}$$

nennt man die *Spur* von Γ (vgl. **110** S. 254, wo die Invarianz der Spur für die dort eingeführte Differentialmatrix D bewiesen wurde).

Das Polynom $(150, 8)$ hat reelle Koeffizienten und daher als Polynom ungeraden Grades wenigstens eine reelle Wurzel. Ist λ eine reelle Wurzel, so hat man in der Matrixgleichung $(150, 4)$ drei lineare homogene Gleichungen mit verschwindender Determinante zur Bestimmung der Koordinaten eines Eigenvektors $\mathfrak{V} \neq 0$.

Bezeichnet man die Wurzeln von $(150, 8)$ mit λ_1, λ_2 und λ_3 (gleichgültig, ob sie reell oder komplex, gleich oder verschieden sind), so erhält man

$$(150, 10) \qquad |\Gamma - \lambda E| = -(\lambda - \lambda_1)(\lambda - \lambda_2)(\lambda - \lambda_3),$$

also, wenn man mit **(150,** 8) vergleicht

$$(\mathbf{150},\,11) \qquad\qquad s(\Gamma) = \lambda_1 + \lambda_2 + \lambda_3\,,$$

$$(\mathbf{150},\,12) \qquad\qquad c(\Gamma) = \lambda_1\lambda_2 + \lambda_1\lambda_3 + \lambda_2\lambda_3\,,$$

$$(\mathbf{150},\,13) \qquad\qquad |\Gamma| = \lambda_1\lambda_2\lambda_3\,.$$

Bei einem Tensor vom Rang $\varrho = 3$ verschwindet kein λ, da $|\Gamma| \neq 0$ ist. Für $\varrho < 3$ ist $|\Gamma| = 0$, also wenigstens ein $\lambda = 0$; für $\varrho = 1$ oder 0 ist außerdem $c = 0$ bzw. $c = s = 0$, und $\lambda = 0$ tritt wenigstens als zweifache bzw. als dreifache Wurzel von **(150,** 8, 10) auf.

Beispiele: 1. Bei einer Drehung des Raumes um den Ursprung O wird ein Vektor $\mathfrak{V}$, der etwa von O aus abgetragen sei, in einen Vektor $\mathfrak{F}(\mathfrak{V})$ übergeführt, wo $\mathfrak{F}$ eine gewisse lineare Vektorfunktion ist. Die Drehung kann nach **70** S. 152 durch eine Drehung um eine Gerade durch O bewirkt werden. Wird diese Gerade zur x-Achse gewählt und der Drehwinkel mit φ bezeichnet, so wird die lineare Vektorfunktion durch die orthogonale Matrix

$$\Gamma = \begin{Bmatrix} 1 & 0 & 0 \\ 0 & \cos\varphi & -\sin\varphi \\ 0 & \sin\varphi & \cos\varphi \end{Bmatrix}$$

mit der Determinante 1 und dem charakteristischen Polynom

$$|\Gamma - \lambda E| = (1 - \lambda)(\lambda^2 - 2\lambda\cos\varphi + 1)$$

dargestellt. Man hat hier den Eigenwert 1 mit den der x-Achse parallelen Vektoren als zugehörigen Eigenvektoren. Die beiden anderen Eigenwerte sind komplex, falls nicht gerade $\cos^2\varphi = 1$, also $\varphi = 0$ oder $\varphi = \pi$ ist. Für $\varphi = 0$ erhält man die identische Abbildung mit dem dreifachen Eigenwert $\lambda = 1$. Für $\varphi = \pi$ hat man eine Halbdrehung um die x-Achse mit dem einfachen Eigenwert $\lambda = 1$ und dem zweifachen Eigenwert $\lambda = -1$, zu dem sämtliche Vektoren in der y, z-Ebene als Eigenvektoren gehören.

2. Eine beliebige orthogonale Matrix ist der Ausdruck für eine Transformation, die O fest und alle Längen ungeändert läßt. Ihre reellen Eigenwerte können dann nur $+1$ oder -1 sein. Da es wenigstens einen reellen Eigenwert gibt, existiert stets eine Gerade durch O, die in sich selbst übergeht. Wählt man diese zur x-Achse, so geht auch die y, z-Ebene in sich über, und die Matrix nimmt in diesem Koordinatensystem die Gestalt

$$\Gamma = \begin{Bmatrix} \lambda_1 & 0 & 0 \\ 0 & \cos\varphi & \mp\sin\varphi \\ 0 & \sin\varphi & \pm\cos\varphi \end{Bmatrix}$$

an; hierbei hat man zu beachten, daß die Zeilen die Koordinaten von aufeinander senkrechten Einheitsvektoren enthalten müssen. λ_1 ist entweder $+1$ oder -1, und in der letzten Spalte hat man entweder die beiden oberen oder die beiden unteren Vorzeichen zu verwenden. Den beiden letztgenannten Möglichkeiten entsprechend erhält man als charakteristisches Polynom

$$|\Gamma - \lambda E| = (\lambda_1 - \lambda)(\lambda^2 - 2\lambda\cos\varphi + 1)$$

oder

$$|\Gamma - \lambda E| = (\lambda_1 - \lambda)(\lambda^2 - 1)\,.$$

Im letzten Fall hat man drei reelle Eigenwerte, unter denen sowohl $+1$ als auch

—1 vorkommt. Durch passende Wahl der Koordinatenachsen kann man dann stets zur Matrix

$$\begin{Bmatrix} 1 & 0 & 0 \\ 0 & \pm 1 & 0 \\ 0 & 0 & -1 \end{Bmatrix}$$

gelangen. Hierdurch wird entweder eine Spiegelung an der x, y-Ebene oder eine Halbdrehung um die x-Achse dargestellt. Im ersten Fall verläuft die Diskussion wie oben in 1., wobei jedoch für $\lambda_1 = -1$ eine Spiegelung an der y, z-Ebene hinzukommt.

3. Die schiefsymmetrische Matrix in (**149**, 19) führt auf das charakteristische Polynom

$$\begin{vmatrix} -\lambda & -a_z & a_y \\ a_z & -\lambda & -a_x \\ -a_y & a_x & -\lambda \end{vmatrix} = -\lambda\,(\lambda^2 + \mathfrak{a}^2).$$

Für $\mathfrak{a} \neq 0$ hat man nur den einen reellen Eigenwert Null, und die zugehörigen Eigenvektoren sind parallel $\mathfrak{a}$. Der Tensor hat den Rang 2. Für $\mathfrak{a} = 0$ ist der Rang 0, und $\lambda = 0$ dreifache Wurzel.

Wir gehen nun dazu über, die Eigenwerte und Eigenvektoren eines **symmetrischen** Tensors zu untersuchen, da wir gerade diesen Fall im folgenden anzuwenden haben.

Es seien λ_1 und λ_2 zwei verschiedene Eigenwerte, $\mathfrak{B}_1$ und $\mathfrak{B}_2$ zwei zugehörige, von Null verschiedene Eigenvektoren. Man hat dann

$$\mathfrak{F}(\mathfrak{B}_1) = \lambda_1 \mathfrak{B}_1, \qquad \mathfrak{F}(\mathfrak{B}_2) = \lambda_2 \mathfrak{B}_2.$$

Wegen der Symmetrie des Tensors ist also [vgl. (**149**, 3)]

$$\lambda_1 \mathfrak{B}_1 \cdot \mathfrak{B}_2 = \mathfrak{F}(\mathfrak{B}_1) \cdot \mathfrak{B}_2 = \mathfrak{B}_1 \cdot \mathfrak{F}(\mathfrak{B}_2) = \lambda_2 \mathfrak{B}_1 \cdot \mathfrak{B}_2.$$

Da $\lambda_1 \neq \lambda_2$ ist, schließt man hieraus $\mathfrak{B}_1 \cdot \mathfrak{B}_2 = 0$, also:

I) *Zwei zu verschiedenen Eigenwerten gehörige Eigenvektoren eines symmetrischen Tensors stehen stets aufeinander senkrecht.*

Wie schon bemerkt, hat das charakteristische Polynom eines Tensors als Polynom dritten Grades mit reellen Koeffizienten wenigstens eine reelle Wurzel λ_1. Legen wir die x-Achse in die Richtung eines zu λ_1 gehörigen Eigenvektors, so nimmt die den Tensor darstellende Matrix die Form

$$\Gamma = \begin{Bmatrix} \lambda_1 & 0 & 0 \\ \gamma_{21} & \gamma_{22} & \gamma_{23} \\ \gamma_{31} & \gamma_{32} & \gamma_{33} \end{Bmatrix}$$

an. Ist der Tensor, wie wir jetzt voraussetzen, symmetrisch, so muß außerdem $\gamma_{21} = \gamma_{31} = 0$ und $\gamma_{23} = \gamma_{32}$, also

$$(\mathbf{150},\ 14) \qquad \Gamma = \begin{Bmatrix} \lambda_1 & 0 & 0 \\ 0 & \gamma_{22} & \gamma_{23} \\ 0 & \gamma_{23} & \gamma_{33} \end{Bmatrix}$$

sein. Das charakteristische Polynom ist dann

$$|\Gamma - \lambda E| = \begin{vmatrix} \lambda_1 - \lambda & 0 & 0 \\ 0 & \gamma_{22} - \lambda & \gamma_{23} \\ 0 & \gamma_{23} & \gamma_{33} - \lambda \end{vmatrix} = (\lambda_1 - \lambda)[\lambda^2 - (\gamma_{22} + \gamma_{33})\lambda + \gamma_{22}\gamma_{33} - \gamma_{23}^2].$$

Nun hat die quadratische Gleichung

$$(150, 15) \qquad \lambda^2 - (\gamma_{22} + \gamma_{33})\lambda + \gamma_{22}\gamma_{33} - \gamma_{23}^2 = 0$$

zwei (gleiche oder verschiedene) reelle Wurzeln, da ihre Diskriminante

$$(150, 16) \qquad (\gamma_{22} + \gamma_{33})^2 - 4(\gamma_{22}\gamma_{33} - \gamma_{23}^2) = (\gamma_{22} - \gamma_{33})^2 + 4\gamma_{23}^2$$

stets größer oder gleich Null ist. Damit haben wir:

II) *Das charakteristische Polynom eines symmetrischen Tensors hat stets drei reelle Wurzeln. Ein symmetrischer Tensor hat also drei Eigenwerte, wenn jeder mit seiner Vielfachheit gezählt wird.*

Hierfür wollen wir noch einen zweiten Beweis angeben, der sich im Gegensatz zum obigen unmittelbar auf n-reihige symmetrische Matrizen übertragen läßt. λ sei ein Eigenwert, also eine Wurzel des Polynoms (150, 8), wobei wir für den Augenblick auch die Möglichkeit eines komplexen λ in Betracht ziehen. $\mathfrak{V}$ sei ein zugehöriger Eigenvektor, also eine von der Nullösung verschiedene evtl. komplexe Lösung V_x, V_y, V_z von (150, 4). Mit λ ist auch notwendig die konjugiert komplexe Zahl $\bar{\lambda}$ Wurzel des charakteristischen Polynoms, da dieses reelle Koeffizienten hat. Das zu V_x, V_y, V_z konjugiert komplexe Zahlentripel $\bar{V}_x$, $\bar{V}_y$, $\bar{V}_z$, das wir kurz mit $\overline{\mathfrak{V}}$ bezeichnen, ist dann eine zu $\bar{\lambda}$ statt λ gehörige Lösung von (150, 4). Wegen (150, 4) ist nun

$$\overline{\mathfrak{V}}'(\Gamma - \lambda E)\mathfrak{V} = 0,$$

also

$$(150, 17) \qquad \lambda = \frac{\overline{\mathfrak{V}}'\Gamma\mathfrak{V}}{\overline{\mathfrak{V}}'\mathfrak{V}}.$$

Hierbei ist $\mathfrak{V} \neq 0$, also

$$\overline{\mathfrak{V}}'\mathfrak{V} = V_x\bar{V}_x + V_y\bar{V}_y + V_z\bar{V}_z = |V_x|^2 + |V_y|^2 + |V_z|^2 \neq 0$$

benutzt. Entsprechend ergibt sich für den konjugiert komplexen Eigenwert

$$(150, 18) \qquad \bar{\lambda} = \frac{\mathfrak{V}'\Gamma\overline{\mathfrak{V}}}{\mathfrak{V}'\overline{\mathfrak{V}}},$$

was man auch direkt aus (150, 17) erhält, indem man überall zu den konjugiert komplexen Zahlen übergeht. Die rechte Seite von (150, 18) stimmt aber mit der von (150, 17) überein; denn es ist nur eine Transposition in Zähler und Nenner vorzunehmen, wobei die Symmetriegleichung $\Gamma' = \Gamma$ zu verwenden ist, und diese Transposition ist ohne Einfluß, da Zähler und Nenner Skalare sind. Man hat daher die Gleichung $\lambda = \bar{\lambda}$, und diese bedeutet, daß λ reell ist.

Die drei Eigenwerte λ_1, λ_2, λ_3 eines symmetrischen Tensors brauchen jedoch nicht voneinander verschieden zu sein. Sind sie es, so bestimmen nach Satz I) die zugehörigen Eigenvektoren drei paarweise senkrechte Richtungen. Legt man die Koordinatenachsen in diese Richtungen, so wird der Tensor durch die Diagonalmatrix

$$(\mathbf{150},\,19) \qquad \begin{bmatrix} \lambda_1 & 0 & 0 \\ 0 & \lambda_2 & 0 \\ 0 & 0 & \lambda_3 \end{bmatrix}$$

dargestellt.

Zum selben Ergebnis gelangen wir jedoch auch, wenn mehrfache Wurzeln auftreten, nämlich so: Wir bezeichnen mit λ_1 die einfache Wurzel, falls eine solche und eine davon verschiedene Doppelwurzel vorhanden ist, andernfalls die dreifache. Legen wir nun die x-Achse in die Richtung eines zu λ_1 gehörigen Eigenvektors — es gibt wenigstens eine solche Richtung —, so wird der Tensor durch eine Matrix der Gestalt (**150**, 14) dargestellt. Der Faktor (**150**, 15) des zugehörigen charakteristischen Polynoms muß die beiden anderen Wurzeln bestimmen, und diese sind unter den genannten Voraussetzungen einander gleich (verschieden von λ_1 oder gleich λ_1). Die Diskriminante (**150**, 16) muß also verschwinden, d. h. es ist $\gamma_{22} = \gamma_{33}$ und $\gamma_{23} = 0$, und (**150**, 14) ist hier von selbst eine Diagonalmatrix (**150**, 19).

III) *Zu jedem symmetrischen Tensor gibt es wenigstens ein rechtwinkliges Koordinatensystem, in dem er durch eine Diagonalmatrix dargestellt wird.*

Aus (**150**, 19) entnimmt man die folgenden Eigenschaften eines symmetrischen Tensors: Der Rang ist $3 - m$, wenn m die Vielfachheit des Eigenwertes 0 bedeutet; diese kann 0, 1, 2 oder 3 sein. Die lineare Abbildung (**144**, 1), (**147**, 10, 11, 12) wird in dem der Matrixdarstellung (**150**, 16) zugrunde liegenden Koordinatensystem durch

$$(\mathbf{150},\,20) \qquad \begin{cases} U_x = \lambda_1 V_x, \\ U_y = \lambda_2 V_y, \\ U_z = \lambda_3 V_z \end{cases}$$

gegeben.

Wenn der Rang 3 ist, also keiner der Eigenwerte verschwindet, setzt sich die Abbildung aus drei rechtwinkligen Affinitäten von den Koordinatenebenen aus mit den Streckungszahlen λ_1, λ_2, λ_3 zusammen. Diese Zahlen sind also die Längen α, β, γ der Halbachsen des Verzerrungsellipsoids (**148**, 3) Die inverse Abbildung hat die reziproken Verzerrungszahlen, also die inverse Matrix die reziproken Eigenwerte. Allgemein entnimmt man aus der Diagonaldarstellung (**150**, 19) den folgenden Satz:

IV) *Wenn die Matrix* Γ *die Eigenwerte* λ_1, λ_2, λ_3 *hat, so hat* Γ^n *die Eigenwerte* λ_1^n, λ_2^n, λ_3^n. *Hierbei darf n eine beliebige ganze Zahl sein, wenn* $|\Gamma| \neq 0$ *ist, sonst eine positive ganze Zahl.*

151. Die Tensorflächen. Wir betrachten die Gesamtheit der Argumentvektoren $\mathfrak{B}$, für welche der durch (**149**, 17, 18) definierte Skalar $\varkappa$

einen konstanten Wert hat. Da $\varkappa$ für einen schiefsymmetrischen Tensor nur den Wert Null haben kann und für einen beliebigen Tensor nur von seinem symmetrischen Teil abhängt, können wir uns im folgenden auf die Betrachtung symmetrischer Tensoren beschränken. (**149**, 18) lehrt, daß wir eine homogene quadratische Funktion der Koordinaten des Vektors $\mathfrak{V}$ konstant zu setzen haben. Trägt man die Vektoren $\mathfrak{V}$ vom Ursprung O auf, so erfüllen also ihre Endpunkte eine Fläche zweiter Ordnung mit dem Mittelpunkt O. Deren Gleichung lautet

$$(\textbf{151, 1}) \qquad \mathfrak{V} \cdot \mathfrak{F}(\mathfrak{V}) = \mathfrak{V}' \Gamma \mathfrak{V} = \varkappa = \text{const.}$$

Bezeichnet man jetzt die Koordinaten des laufenden Punktes mit x, y und z, so erhält man

$$(\textbf{151, 2}) \qquad \gamma_{11}x^2 + \gamma_{22}y^2 + \gamma_{33}z^2 + 2\gamma_{12}xy + 2\gamma_{23}yz + 2\gamma_{31}zx = \varkappa.$$

Diese Fläche zweiter Ordnung heiße eine zum betrachteten Tensor gehörige *Tensorfläche*. Für verschiedene Werte von $\varkappa$ mit demselben Vorzeichen erhält man ähnliche Tensorflächen. Die Werte der quadratischen Form $\varkappa$ bilden ein Skalarfeld im Raume, dessen Niveauflächen die Tensorflächen sind.

Um den Gradienten dieses Skalarfeldes zu bestimmen, erteilen wir $\mathfrak{V}$ in (**151**, 1) den Zuwachs $\Delta \mathfrak{V}$ und erhalten

$$\varkappa + \Delta\varkappa = (\mathfrak{V} + \Delta\mathfrak{V}) \cdot \mathfrak{F}(\mathfrak{V} + \Delta\mathfrak{V})$$

und hieraus durch Subtraktion von (**151**, 1) und Verwendung der Linearität und der Symmetrierelation (**149**, 3)

$$\Delta\varkappa = \Delta\mathfrak{V}\cdot\mathfrak{F}(\mathfrak{V}) + \mathfrak{V}\cdot\mathfrak{F}(\Delta\mathfrak{V}) + \Delta\mathfrak{V}\cdot\mathfrak{F}(\Delta\mathfrak{V}) = 2\mathfrak{F}(\mathfrak{V})\cdot\Delta\mathfrak{V} + \Delta\mathfrak{V}\cdot\mathfrak{F}(\Delta\mathfrak{V}).$$

Da das letzte Glied auch nach Division durch $|\Delta\mathfrak{V}|$ mit $\Delta\mathfrak{V}$ gegen Null geht, erhält man hieraus

$$(\textbf{151, 3}) \qquad d\varkappa = 2\mathfrak{F}(\mathfrak{V}) \cdot d\mathfrak{V}.$$

Vergleich mit (**109**, 10) zeigt, daß

$$(\textbf{151, 4}) \qquad \text{grad}\,\varkappa = 2\mathfrak{F}(\mathfrak{V})$$

ist. Dasselbe Resultat erhält man auch leicht aus der Koordinatendarstellung (**151**, 2).

I) *Trägt man den Argumentvektor $\mathfrak{V}$ vom Ursprung und danach die Vektorfunktion*
$$\mathfrak{U} = \mathfrak{F}(\mathfrak{V}) = \Gamma\mathfrak{V}$$

von seinem Endpunkt ab, so bilden die Vektoren $\mathfrak{U}$ ein Gradientfeld. $\mathfrak{U}$ steht in jedem Punkt senkrecht auf der durch diesen Punkt gehenden Tensorfläche. Die Normalebene von $\mathfrak{U}$ ist bezüglich der Tensorfläche konjugiert zur Richtung von $\mathfrak{V}$.

(**151**, 1) kann demnach folgendermaßen ausgesprochen werden:

II) *Auf einer festen Tensorfläche ist die Vektorfunktion $\mathfrak{U} = \mathfrak{F}(\mathfrak{V})$ dem Betrage nach der Projektion des Radiusvektor $\mathfrak{V}$ auf die Flächen-*

*normale in seinem Endpunkt, also dem Abstand des Flächenmittelpunktes
von der Tangentialebene der Fläche in diesem Punkt umgekehrt proportional.*

In dem in **150**, III) eingeführten Koordinatensystem reduziert sich
die Gleichung der Tensorfläche (**151**, 2) auf

$$(151, 5) \qquad \lambda_1 x^2 + \lambda_2 y^2 + \lambda_3 z^2 = \varkappa.$$

Man erhält daher folgende Übersicht über die Gestalt der Tensorflächen:

a) Für Tensoren vom Rang 0 entfällt der Begriff der Tensorfläche.

b) Für Tensoren vom Rang 1 besteht jede Tensorfläche aus einem
Paar paralleler Ebenen.

c) Für Tensoren vom Rang 2 sind die Tensorflächen Zylinderflächen,
und zwar elliptische oder hyperbolische Zylinder, je nachdem die beiden
nicht verschwindenden Eigenwerte gleiche oder entgegengesetzte Vorzeichen haben.

d) Für Tensoren vom Rang 3 sind die Tensorflächen Ellipsoide,
wenn alle drei Eigenwerte dasselbe Vorzeichen haben, und Hyperboloide,
wenn sowohl positive als auch negative Eigenwerte vorkommen.

Bei Tensoren vom Rang 3 kann man vom *„reziproken Tensor"*
sprechen, der durch die inverse lineare Vektorfunktion (**144**, 6) und
im selben Koordinatensystem durch die reziproke Matrix Γ^{-1} dargestellt wird, also nach **150**, IV) die reziproken Eigenwerte hat.

Allgemeiner kann man die durch Γ^n dargestellte n-te Potenz eines
Tensors einführen und ihre Eigenwerte nach **150**, IV) bestimmen; ihre
Tensorflächen sind
$$\lambda_1^n x^2 + \lambda_2^n y^2 + \lambda_3^n z^2 = \varkappa.$$

Bei geradem n sind die Tensorflächen stets Ellipsoide. Durch Vergleich mit (**148**, 3) erkennt man, daß das Verzerrungsellipsoid eines
symmetrischen Tensors Γ eine der Tensorflächen von Γ^{-2} ist.

152. Massenmomente zweiter Ordnung. Wir betrachten einen Körper $\boldsymbol{K}$, also ein willkürliches System von Massenpunkten in einer bestimmten Lage im Raume. Es ist für die Betrachtungen dieses Abschnittes gleichgültig, ob der Körper $\boldsymbol{K}$ starr ist oder nicht, sich bewegt
oder ruht; es handelt sich nur um die geometrische Untersuchung
seiner Massenverteilung, so wie sie in einem bestimmten Zeitpunkt
vorliegt.

Wir bezeichnen die Masse des einzelnen Massenpunktes mit m_ν,
seinen Ortsvektor von O aus mit $\mathfrak{r}_\nu$ und seine Koordinaten in einem
rechtwinkligen Koordinatensystem mit dem Ursprung O mit x_ν, y_ν, z_ν.
Durch ein $\sum$ soll eine Summation über sämtliche Massenpunkte von $\boldsymbol{K}$
angedeutet werden. $m = \sum m_\nu$ sei die Gesamtmasse des Körpers. Betrachtet man kontinuierlich verteilte Massen, so hat man im folgenden
die Summen in naheliegender Weise durch Integrale zu ersetzen. Wir
stellen nun folgende Definitionen auf:

I) Unter dem *quadratischen Moment von K in bezug auf einen Punkt O* versteht man die Summe der Produkte der einzelnen Massen mit dem Quadrat ihres Abstandes von O, also

(**152**, 1) $$\sum m_\nu \, \mathfrak{r}_\nu^2 = \sum m_\nu \, (x_\nu^2 + y_\nu^2 + z_\nu^2).$$

II) Unter dem *quadratischen Moment von K in bezug auf eine Gerade l* oder dem *Trägheitsmoment von K um l* versteht man die Summe der Produkte der einzelnen Massen mit dem Quadrat ihres Abstandes von l. So ist beispielsweise das Trägheitsmoment um die x-Achse

(**152**, 2) $$\sum m_\nu \, (y_\nu^2 + z_\nu^2).$$

III) Unter dem *quadratischen Moment von K in bezug auf eine Ebene ε* versteht man die Summe der Produkte der einzelnen Massen mit dem Quadrat ihres Abstandes von ε. So erhält man für das quadratische Moment in bezug auf die y, z-Ebene

(**152**, 3) $$\sum m_\nu \, x_\nu^2.$$

IV) Unter dem *bilinearen Moment, Zentrifugalmoment* oder *Deviationsmoment von K in bezug auf zwei zueinander senkrechte Ebenen ε_1* und ε_2 versteht man die Summe der Produkte der einzelnen Massen mit ihren Abständen von ε_1 und ε_2; diese Abstände sind hierbei mit Vorzeichen zu rechnen. Für das Deviationsmoment bezüglich der x, z- und y, z-Ebene hat man z. B.

(**152**, 4) $$\sum m_\nu \, x_\nu \, y_\nu.$$

Bilineare Momente können je nach der Verteilung der Masse relativ zu den beiden verwendeten Ebenen positiv, negativ oder Null sein. Quadratische Momente sind dagegen stets nicht negativ.

Das bilineare Moment einer Massenverteilung in bezug auf zwei zueinander senkrechte Ebenen, von denen die eine eine Symmetrieebene der Massenverteilung ist, hat den Wert Null, da sich die Beiträge von zwei symmetrisch gelegenen Massenteilen aufheben.

Aus den Definitionen I), II), III) entnimmt man mit Hilfe der Identität

$$\begin{aligned}
\sum m_\nu \, (x_\nu^2 + y_\nu^2 + z_\nu^2) &= \sum m_\nu \, x_\nu^2 + \sum m_\nu \, y_\nu^2 + \sum m_\nu \, z_\nu^2 \\
&= \sum m_\nu \, x_\nu^2 + \sum m_\nu \, (y_\nu^2 + z_\nu^2) \\
&= \tfrac{1}{2} \left[\sum m_\nu \, (x_\nu^2 + y_\nu^2) + \sum m_\nu \, (y_\nu^2 + z_\nu^2) + \sum m_\nu \, (x_\nu^2 + z_\nu^2) \right]
\end{aligned}$$

den folgenden Satz:

V) Das quadratische Moment bezüglich eines Punktes ist gleich der Summe der quadratischen Momente bezüglich dreier zueinander senkrechter Ebenen durch den Punkt, ferner gleich der Summe des quadratischen Moments bezüglich einer Ebene durch den Punkt und des Trägheitsmoments um die Normale dieser Ebene in dem Punkt und schließlich gleich der halben Summe der Trägheitsmomente um drei paarweise senkrechte Geraden durch den Punkt. — Das Trägheitsmoment um eine Gerade ist gleich der Summe der quadratischen Momente bezüglich zweier aufeinander senkrechter Ebenen durch die Gerade.

Führt man Koordinaten in bezug auf den Schwerpunkt von K ein und verwendet die Bezeichnungen von **139**, so kann man Satz **139**, I) auf die hier definierten quadratischen und bilinearen Momente anwenden. Beispielsweise erhält man durch Anwendung von (**139**, 8) auf das Moment (**152, 1**)

$$\sum m_\nu \, (x_\nu^2 + y_\nu^2 + z_\nu^2) = m \, (x_G^2 + y_G^2 + z_G^2) + \sum m_\nu \, (x_\nu^{*2} + y_\nu^{*2} + z_\nu^{*2})$$

und entsprechend für (**152, 2, 3, 4**):

VI) Man berechnet das quadratische Moment von K in bezug auf einen Punkt, eine Gerade oder eine Ebene oder das bilineare Moment von K in bezug auf zwei zueinander senkrechte Ebenen, indem man zu dem Beitrag, den man erhält, wenn man sich die gesamte Masse des Körpers im Schwerpunkt konzentriert denkt, die entsprechende Größe addiert, die man erhält, indem man den Punkt durch den Schwerpunkt, die Gerade oder Ebene durch eine parallele Gerade bzw. Ebene durch den Schwerpunkt oder die beiden Ebenen durch parallele Ebenen durch den Schwerpunkt ersetzt.

Der Schwerpunkt ist derjenige Punkt, in bezug auf den K das kleinste quadratische Moment hat [vgl. (**30**, 2)]. Unter allen Geraden gegebener Richtung entspricht der durch den Schwerpunkt gehenden das kleinste Trägheitsmoment. Unter den Ebenen einer Parallelschar entspricht der durch den Schwerpunkt gehenden das kleinste quadratische Moment.

Das Trägheitsmoment eines Körpers um eine Gerade schreibt man häufig in der Form mk^2, wo m die gesamte Masse ist. k nennt man den *Trägheitsradius* oder auch *Trägheitsarm* des Körpers. Man kann sagen, daß k denjenigen Abstand von der Geraden angibt, in dem man sich bei der Berechnung des Trägheitsmomentes um die Gerade die ganze Masse konzentriert denken kann. Es ist klar, daß k nicht kleiner als der Abstand des Schwerpunktes von der Geraden sein kann.

Die hier betrachteten Massenmomente zweiter Ordnung haben die Dimension [ML^2]. Der Trägheitsradius k ist eine Länge. Hat man es mit einer homogenen Massenverteilung in einem Raumstück, auf einem Flächenstück oder Kurvenstück zu tun, so sind die Momente proportional der Dichte. Oft läßt man in diesen Fällen die Dichte als Faktor fort und spricht dann von geometrischen Momenten zweiter Ordnung. Deren Dimensionen sind [L^5], [L^4] bzw. [L^3], je nachdem, ob es sich um Raum-, Flächen- oder Kurvenstücke handelt.

Beispiele: Im folgenden berechnen wir einige häufig verwendete Momente. Dabei wird die gesamte Masse des jeweiligen Körpers mit m bezeichnet.

1. **Ein homogener Stab der Länge l und der Masse m hat die Liniendichte $\dfrac{m}{l}$.**

Bezeichnet x eine Abszisse der Punkte des Stabes, so findet man für das quadratische Moment des Stabes in bezug auf die Normalebene durch seinen einen Endpunkt (Abb. 126)

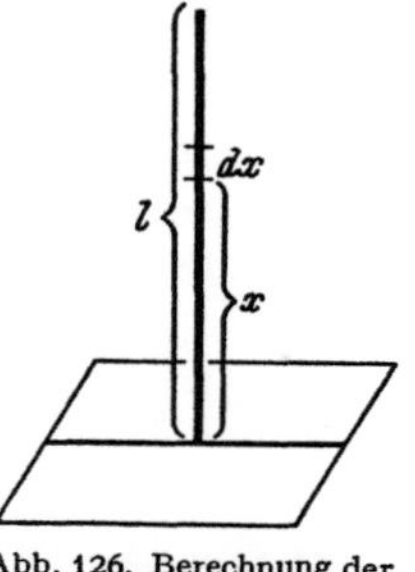

Abb. 126. Berechnung der quadratischen Momente eines Stabes.

$$(152, 5) \qquad \int_0^l \frac{m}{l}\, x^2\, dx = \frac{1}{3}\, m l^2 = m \left(\frac{l}{\sqrt{3}}\right)^2.$$

Man würde dasselbe quadratische Moment erhalten, wenn die ganze Masse im Abstand $\dfrac{l}{\sqrt{3}}$ von der Ebene konzentriert wäre. Diese Bemerkung gilt somit auch für das quadratische Moment eines **homogenen geraden Prismas** der Höhe l in bezug auf die Ebene der einen Grundfläche.

(152, 5) ist zugleich das Trägheitsmoment des Stabes um eine Gerade senkrecht zum Stabe durch seinen einen Endpunkt. Der entsprechende Trägheitsradius ist $k = \dfrac{l}{\sqrt{3}}$. Für jede andere Normale zum Stabe berechnet sich das Trägheitsmoment in derselben Weise für jeden Teil für sich. Für eine Normale durch den Mittelpunkt des Stabes erhält man z. B. $\dfrac{1}{3}\, m \left(\dfrac{l}{2}\right)^2$.

2. **Ein homogenes rechtwinkliges Parallelepiped** mit den Kantenlängen a, b und c hat nach 1. bezüglich der Seitenebenen, die sich in einer Kante der Länge a schneiden, die quadratischen Momente $\tfrac{1}{3}mb^2$ und $\tfrac{1}{3}mc^2$. Nach V) hat der Körper das Trägheitsmoment $\tfrac{1}{3}m(b^2 + c^2)$ um diese Kante. Der Trägheitsradius ist also

$$(152, 6) \qquad k = \sqrt{\frac{b^2 + c^2}{3}}.$$

Für eine zu dieser Kante parallele Gerade durch den Mittelpunkt des Körpers hat man den Trägheitsradius

$$(152, 7) \qquad \frac{1}{2}\sqrt{\frac{b^2 + c^2}{3}}.$$

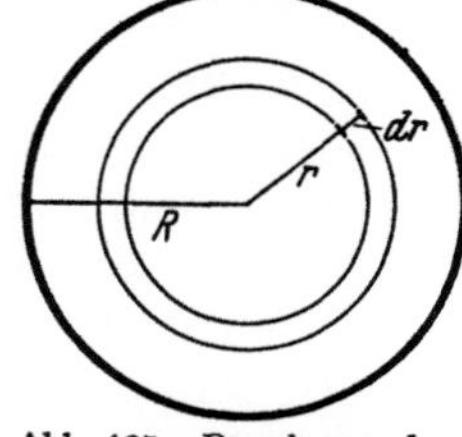

Abb. 127. Berechnung der quadratischen Momente einer Kreisscheibe.

Das quadratische Moment des Körpers in bezug auf einen Eckpunkt ist

$$\tfrac{1}{3}m(a^2 + b^2 + c^2),$$

und in bezug auf den Mittelpunkt $\tfrac{1}{4}$ davon.

Das Deviationsmoment bezüglich der beiden zuerst genannten Ebenen ist $\tfrac{1}{4}mbc$, wenn die Abstände von den Ebenen nach der Seite, wo sich der Körper befindet, positiv gezählt werden. Dies folgt aus VI), wenn man beachtet, daß das Deviationsmoment in bezug auf die zu diesen Ebenen parallelen Ebenen durch den Mittelpunkt des Körpers Null ist, da die letzteren Ebenen Symmetrieebenen sind.

3. **Eine homogene kreisförmige Scheibe** mit dem Radius R hat in bezug auf ihren Mittelpunkt das quadratische Moment (vgl. Abb. 127)

$$(152, 8) \qquad \int_0^R r^2 \cdot \frac{m}{\pi R^2} \cdot 2\pi r\, dr = \frac{1}{2}\, m R^2 = m \left(\frac{R}{\sqrt{2}}\right)^2.$$

Dieses ist zugleich das Trägheitsmoment der Scheibe um eine zur Scheibe senkrechte Achse durch den Mittelpunkt. Der zugehörige Trägheitsradius ist also

$$(152, 9) \qquad k = \frac{R}{\sqrt{2}}.$$

Denselben Wert hat dann auch der Trägheitsradius eines homogenen Kreiszylinders in bezug auf seine Achse.

Das quadratische Moment bezüglich einer zur Scheibe senkrechten Ebene durch den Mittelpunkt ist nach V) die Hälfte von (152, 8), da es für zwei aufeinander senkrechte derartige Ebenen denselben Wert haben muß. Es ist zugleich das Trägheitsmoment um einen Durchmesser der Scheibe. Zu einem solchen Durchmesser gehört also der Trägheitsradius

$$(152, 10) \qquad k = \frac{R}{2}.$$

4. Eine homogene Kugel vom Radius R hat in bezug auf ihren Mittelpunkt das quadratische Moment

$$(152, 11) \qquad \int\limits_0^R r^2 \cdot \frac{m}{\frac{4}{3}\pi R^3} \cdot 4\pi r^2 \, dr = \frac{3}{5} m R^2 = m \left(\sqrt{\frac{3}{5}} R \right)^2.$$

Nach V) hat sie daher das quadratische Moment

$$(152, 12) \qquad \tfrac{1}{5} m R^2$$

bezüglich einer Ebene durch den Mittelpunkt und das Trägheitsmoment

$$(152, 13) \qquad \frac{2}{5} m R^2 = m \left(\sqrt{\frac{2}{5}} R \right)^2$$

um einen Durchmesser.

5. Eine homogene Kreislinie (dünner Ring) mit dem Radius R hat in bezug auf ihren Mittelpunkt das quadratische Moment $m R^2$. Dies ist zugleich ihr Trägheitsmoment um die Normale der Ebene des Kreises durch seinen Mittelpunkt. Um einen ihrer Durchmesser hat sie daher das Trägheitsmoment $\tfrac{1}{2} m R^2$.

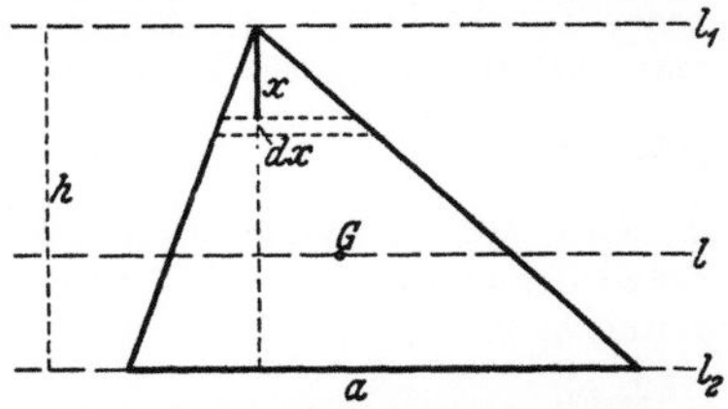

6. Das quadratische Moment einer homogenen Kugelfläche mit dem Radius R ist in bezug auf den Mittelpunkt $m R^2$, also in bezug auf eine Ebene durch den Mittelpunkt $\tfrac{1}{3} m R^2$ und in bezug auf einen Durchmesser $\tfrac{2}{3} m R^2$.

Abb. 128. Berechnung der quadratischen Momente eines Dreiecks.

7. Das Trägheitsmoment eines homogenen Dreiecks um eine Gerade l_1, die durch eine Ecke geht und der gegenüberliegenden Seite parallel ist, wird (vgl. Abb. 128)

$$(152, 14) \qquad \int\limits_0^h x^2 \cdot \frac{2m}{ah} \cdot \frac{x}{h} \, a \, dx = \frac{1}{2} m h^2.$$

Für die dazu parallele Gerade l durch den Schwerpunkt findet man mit Berücksichtigung von VI)

$$(152, 15) \qquad \tfrac{1}{2} m h^2 - m \left(\tfrac{2}{3} h \right)^2 = \tfrac{1}{18} m h^2.$$

Für die Dreiecksseite l_2 selbst erhält man danach

$$(152, 16) \qquad \tfrac{1}{18} m h^2 + m \left(\tfrac{1}{3} h \right)^2 = \tfrac{1}{6} m h^2.$$

8. Das Deviationsmoment eines homogenen rechtwinkligen Dreiecks in bezug auf die Katheten a und b (d. h. in bezug auf die beiden zur Dreiecksebene senkrechten Ebenen durch die Katheten) ist (vgl. Abb. 129)

$$(152, 17) \quad \iint \frac{2m}{ab} xy\, dx\, dy = \int\limits_0^a \left[\frac{2m}{ab} x \int\limits_0^{\frac{a-x}{a}b} y\, dy\right] dx = \int\limits_0^a \frac{2m}{ab} x \frac{1}{2}\left(\frac{a-x}{a} b\right)^2 dx = \frac{1}{12} mab,$$

wo das erste Integral über die Dreiecksfläche zu erstrecken ist.

9. Wenn zwei Massenverteilungen so beschaffen sind, daß die Lage eines Massenpunktes in der zweiten Figur aus der Lage eines entsprechenden Massen-

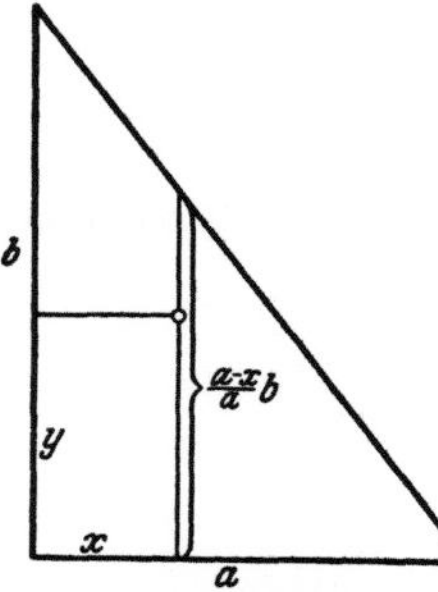

Abb. 129. Berechnung des Deviationsmoments eines rechtwinkligen Dreiecks.

punktes in der ersten Figur durch eine rechtwinklige Affinität von einer Ebene ε aus mit der Streckungszahl α hervorgeht, und daß entsprechende Massen ein festes Verhältnis α' haben, so geht das quadratische Moment bezüglich ε der zweiten Massenverteilung aus dem der ersten durch Multiplikation mit $\alpha^2\alpha'$ hervor. Die gesamten Massen der beiden Massenverteilungen haben ebenfalls das Verhältnis α'. Für zwei homogene Massenverteilungen mit derselben Dichte ist $\alpha = \alpha'$.

Eine Kugel vom Radius a kann durch zwei rechtwinklige Affinitäten in ein Ellipsoid mit den Halbachsen a, $b = \beta a$, $c = \gamma a$ übergeführt werden. Mit Hilfe dieser Bemerkung kann man die quadratischen Momente eines homogenen Ellipsoids bezüglich seiner Symmetrieebenen berechnen. Bei der ersten Affinität von der ac-Ebene aus mit der Streckungszahl β ändert sich das quadratische Moment in bezug auf diese Ebene um den Faktor β^2 und evtl. noch um einen durch die Massenänderung bedingten Faktor. Die beiden anderen quadratischen Momente werden nur geändert, insofern die Masse sich ändert. Entsprechendes gilt für die zweite Affinität. Da nun das quadratische Moment einer Kugel in bezug auf eine Ebene durch den Mittelpunkt durch (152, 12) gegeben ist, erhält man für ein homogenes Ellipsoid mit der Masse M die quadratischen Momente

$$(152, 18) \qquad \tfrac{1}{5} ma^2, \quad \tfrac{1}{5} mb^2, \quad \tfrac{1}{5} mc^2$$

in bezug auf die Symmetrieebenen. Aus diesen Momenten erhält man dann die Trägheitsmomente um die Hauptachsen. Beispielsweise hat man für das Trägheitsmoment um die Achse a

$$(152, 19) \qquad \tfrac{1}{5} m(b^2 + c^2).$$

Das quadratische Moment bezüglich des Mittelpunktes des Ellipsoids wird

$$(152, 20) \qquad \tfrac{1}{5} m(a^2 + b^2 + c^2).$$

Eine homogene elliptische Scheibe behandelt man analog, indem man von einer Kreisscheibe ausgeht.

153. Der Trägheitstensor. Wir wollen nun untersuchen, welches Trägheitsmoment I_l man für die in **152** betrachtete Massenverteilung K bezüglich einer beliebigen Geraden l durch den Punkt O erhält, und wie I_l mit der Richtung von l variiert. Dabei legen wir die Richtung von l durch einen Einheitsvektor $\mathfrak{L}$ fest.

Ein beliebiger Massenpunkt von K habe die Masse m_ν und den Ortsvektor $\mathfrak{r}_\nu$. Die Projektion des Ortsvektors auf l ist dann $\mathfrak{r}_\nu \cdot \mathfrak{L}$.

Der Abstand des Massenpunktes von l hat also das Quadrat $r_\nu^2 - (\mathfrak{r}_\nu \cdot \mathfrak{L})^2$, $r_\nu = |\mathfrak{r}_\nu|$. Hiernach erhält man (vgl. **146**)

$$\begin{aligned}
I_l &= \sum m_\nu [r_\nu^2 - (\mathfrak{r}_\nu \cdot \mathfrak{L})^2] = \sum m_\nu r_\nu^2 - \sum m_\nu (\mathfrak{r}_\nu \cdot \mathfrak{L})^2 \\
&= \sum m_\nu r_\nu^2 - \mathfrak{L} \cdot \sum m_\nu \mathfrak{r}_\nu (\mathfrak{r}_\nu \cdot \mathfrak{L}) = \sum m_\nu r_\nu^2 - \mathfrak{L} \cdot \left(\sum m_\nu \mathfrak{r}_\nu \mathfrak{r}_\nu\right) \cdot \mathfrak{L}.
\end{aligned}$$

(153, 1)

Das erste Glied im letzten Ausdruck ist das quadratische Moment in bezug auf O und unabhängig von l. Im zweiten Glied ist der mittlere Faktor eine Linearkombination von dyadischen Produkten, stellt also einen Tensor dar, und das zweite Glied ist die quadratische Funktion (**149**, 18) dieses Tensors mit dem Argument $\mathfrak{L}$. Die zugehörige Matrix in einem rechtwinkligen Koordinatensystem mit dem Ursprung O ist (vgl. **146**, S. 370)

$$\Xi = \sum m_\nu \mathfrak{r}_\nu \mathfrak{r}_\nu' = \sum m_\nu \begin{Bmatrix} x_\nu \\ y_\nu \\ z_\nu \end{Bmatrix} \{x_\nu\ y_\nu\ z_\nu\}$$

(153, 2)

$$= \begin{Bmatrix} \sum m_\nu x_\nu^2 & \sum m_\nu x_\nu y_\nu & \sum m_\nu x_\nu z_\nu \\ \sum m_\nu y_\nu x_\nu & \sum m_\nu y_\nu^2 & \sum m_\nu y_\nu z_\nu \\ \sum m_\nu z_\nu x_\nu & \sum m_\nu z_\nu y_\nu & \sum m_\nu z_\nu^2 \end{Bmatrix}.$$

Das letzte Glied von (**153**, 1) ist demnach eine quadratische Form in den Koordinaten von $\mathfrak{L}$, also in den Richtungskosinus von l, mit Ξ als Koeffizientenmatrix. Nun läßt sich auch das erste Glied der rechten Seite von (**153**, 1) wegen $\mathfrak{L}^2 = L_x^2 + L_y^2 + L_z^2 = 1$ als quadratische Form

(153, 3) $\quad \sum m_\nu r_\nu^2 = \left(\sum m_\nu r_\nu^2\right)(L_x^2 + L_y^2 + L_z^2) = \mathfrak{L}'\left(\sum m_\nu r_\nu^2 \mathsf{E}\right)\mathfrak{L}$

auffassen, wo E die Einheitsmatrix ist. Man führt nun die Matrix

$$\mathsf{I} = \sum m_\nu r_\nu^2 \mathsf{E} - \Xi = \sum m_\nu (r_\nu^2 \mathsf{E} - \mathfrak{r}_\nu \mathfrak{r}_\nu')$$

$$= \begin{Bmatrix} \sum m_\nu (y_\nu^2 + z_\nu^2) & -\sum m_\nu x_\nu y_\nu & -\sum m_\nu x_\nu z_\nu \\ -\sum m_\nu x_\nu y_\nu & \sum m_\nu (z_\nu^2 + x_\nu^2) & -\sum m_\nu y_\nu z_\nu \\ -\sum m_\nu x_\nu z_\nu & -\sum m_\nu y_\nu z_\nu & \sum m_\nu (x_\nu^2 + y_\nu^2) \end{Bmatrix}$$

(153, 4)

$$= \begin{Bmatrix} I_x & -D_{xy} & -D_{xz} \\ -D_{xy} & I_y & -D_{yz} \\ -D_{xz} & -D_{yz} & I_z \end{Bmatrix}$$

ein. Hierbei sind I_x, I_y, I_z die Trägheitsmomente um die Koordinatenachsen und D_{xy}, D_{xz}, D_{yz} die Deviationsmomente in bezug auf die Paare von Koordinatenebenen. Mit Verwendung der Matrix I erhält man für (**153**, 1)

(153, 5) $$\qquad\qquad I_l = \mathfrak{L}'\mathsf{I}\mathfrak{L}.$$

Bildet l die Winkel α, β und γ mit den Koordinatenachsen, so sind die Koordinaten von $\mathfrak{L}$ die Kosinus dieser Winkel, und (**153**, 5) lautet ausführlich

$$(\mathbf{153}, 6) \qquad \begin{aligned} I_l = {}& I_x \cos^2\alpha + I_y \cos^2\beta + I_z \cos^2\gamma \\ & - 2D_{xy}\cos\alpha\cos\beta - 2D_{xz}\cos\alpha\cos\gamma - 2D_{yz}\cos\beta\cos\gamma. \end{aligned}$$

Wegen der Wichtigkeit dieser Beziehung wollen wir sie noch einmal direkt aus der Definition des Trägheitsmoments herleiten. Nach (**5**, 7) ist

$$\mathfrak{r}_\nu^2 - (\mathfrak{r}_\nu \cdot \mathfrak{L})^2 = \mathfrak{r}_\nu^2 \mathfrak{L}^2 - (\mathfrak{r}_\nu \cdot \mathfrak{L})^2 = (\mathfrak{r}_\nu \times \mathfrak{L})^2.$$

Wir erhalten also, wenn wir Koordinaten einführen,

$$\begin{aligned} I_l = {}& \sum m_\nu (\mathfrak{r}_\nu \times \mathfrak{L})^2 \\ = {}& \sum m_\nu [(y_\nu\cos\gamma - z_\nu\cos\beta)^2 + (z_\nu\cos\alpha - x_\nu\cos\gamma)^2 + (x_\nu\cos\beta - y_\nu\cos\alpha)^2] \\ = {}& \cos^2\alpha \sum m_\nu(y_\nu^2 + z_\nu^2) + \cos^2\beta \sum m_\nu(z_\nu^2 + x_\nu^2) + \cos^2\gamma \sum m_\nu(x_\nu^2 + y_\nu^2) \\ & - 2\cos\alpha\cos\beta \sum m_\nu x_\nu y_\nu - 2\cos\alpha\cos\gamma \sum m_\nu x_\nu z_\nu - 2\cos\beta\cos\gamma \sum m_\nu y_\nu z_\nu \end{aligned}$$

in Übereinstimmung mit (**153**, 6).

Den Tensor I nennt man den *Trägheitstensor* der Massenverteilung für den Punkt O. Auf die Bedeutung der zugehörigen linearen Vektorfunktion werden wir im nächsten Kapitel ausführlich einzugehen haben.

Da I ein symmetrischer Tensor ist, ist er durch die zugehörige quadratische Funktion (**149**, 18) bestimmt. Ist $\mathfrak{B}$ ein beliebiger Vektor, $\mathfrak{L}$ der Einheitsvektor der Richtung von $\mathfrak{B}$ und $V = |\mathfrak{B}|$, so gilt

$$(\mathbf{153}, 7) \qquad \begin{aligned} \varkappa = {}& \mathfrak{B}'\,\mathrm{I}\,\mathfrak{B} = I_x V_x^2 + I_y V_y^2 + \cdots - 2D_{yz}V_y V_z \\ = {}& V^2\mathfrak{L}'\,\mathrm{I}\,\mathfrak{L} = V^2 I_\mathfrak{B}. \end{aligned}$$

Hierbei ist $I_\mathfrak{B}$ statt I_l für das Trägheitsmoment um die Gerade durch O mit der Richtung $\mathfrak{B}$ geschrieben.

Sieht man $\mathfrak{B}$ als Ortsvektor eines variablen Punktes an und erteilt dem Skalar $\varkappa$ einen konstanten Wert, so hat man nach **151** in (**153**, 7) die Gleichung einer zum Trägheitstensor gehörigen Tensorfläche. Hierbei sind V_x, V_y, V_z die Koordinaten des laufenden Flächenpunktes. Der Abstand des Punktes $\mathfrak{B}$ der Fläche von ihrem Mittelpunkt O ist

$$(\mathbf{153}, 8) \qquad V = \sqrt{\frac{\varkappa}{I_\mathfrak{B}}} = \frac{1}{k_\mathfrak{B}}\sqrt{\frac{\varkappa}{m}},$$

wo $k_\mathfrak{B}$ den zur Geraden von $\mathfrak{B}$ gehörigen Trägheitsradius bezeichnet. Dieser kann nur verschwinden, wenn sich alle Massenpunkte von K auf einer Geraden durch O, nämlich der Geraden von $\mathfrak{B}$ befinden. Sieht man von diesem Fall ab, so ist der Wert von V in (**153**, 8) bei gegebenem $\varkappa$ beschränkt. Die Tensorfläche muß daher ein Ellipsoid sein, das man als *Trägheitsellipsoid* bezeichnet. Nur positive Werte von $\varkappa$ in (**153**, 7) führen auf reelle Ellipsoide, und die zu zwei Werten von $\varkappa$ gehörigen Ellipsoide sind ähnlich und ähnlich gelegen bezüglich O. Der

Ellipsoidhalbmesser ist nach (**153**, 8) dem zur Geraden des Halbmessers gehörigen Trägheitsradius umgekehrt proportional.

Die Eigenwerte des Trägheitstensors (in **150** mit λ_1, λ_2, λ_3 bezeichnet) nennt man die zum Punkt O gehörigen *Hauptträgheitsmomente*; sie sollen hier mit I_1, I_2, I_3 bezeichnet werden. Die Richtungen der entsprechenden Eigenvektoren nennt man die zu O gehörigen *Hauptrichtungen* und die Geraden dieser Richtungen durch O die *Hauptachsen für* O. Wählt man wie in **150**, III) drei solche zu Koordinatenachsen, so wird der Trägheitstensor durch die Diagonalmatrix

$$(\textbf{153}, 9) \qquad \mathsf{I} = \begin{Bmatrix} I_1 & 0 & 0 \\ 0 & I_2 & 0 \\ 0 & 0 & I_3 \end{Bmatrix}$$

dargestellt, und die Gleichung des Trägheitsellipsoids wird

$$(\textbf{153}, 10) \qquad I_1 x^2 + I_2 y^2 + I_3 z^2 = \varkappa .$$

Wenn die Massenverteilung nur aus einem in O befindlichen Massenpunkt besteht, hat die Matrix (**153**, 9) den Rang 0. Wenn die Massen auf einer Geraden durch O verteilt sind und diese zur z-Achse gewählt ist, so hat man in (**153**, 9, 10) $I_3 = 0$, $I_1 = I_2 \neq 0$, so daß der Rang 2 und die Tensorfläche ein Kreiszylinder ist.

Sieht man von den eben genannten Fällen ab, die bei praktischen Aufgaben nur die Bedeutung von theoretischen Grenzfällen haben, so hat man stets den Rang 3. Wenn alle Hauptträgheitsmomente einander gleich sind, ist das Trägheitsellipsoid eine Kugel und jede Richtung Hauptrichtung. Wenn zwei Hauptträgheitsmomente einander gleich sind, etwa $I_1 = I_2 \neq I_3$, so ist das Trägheitsellipsoid ein Rotationsellipsoid mit der z-Achse als Rotationsachse, und alle Richtungen in der x, y-Ebene sind Hauptrichtungen. Wenn die drei Hauptträgheitsmomente voneinander verschieden sind, gibt es genau drei Hauptachsen für O, und diese bilden die Hauptachsen (im gewöhnlichen Sinne) des zu O gehörigen Trägheitsellipsoids (bei beliebiger Wahl von $\varkappa$).

Legt man die x-Achse in eine zum Eigenwert I_1 gehörige Hauptrichtung, spezialisiert jedoch die Richtungen von y- und z-Achse nicht, so erhält man

$$(\textbf{153}, 11) \qquad \mathsf{I} = \begin{Bmatrix} I_1 & 0 & 0 \\ 0 & I_y & -D_{yz} \\ 0 & -D_{yz} & I_z \end{Bmatrix} ,$$

und die Gleichung des Trägheitsellipsoids wird

$$(\textbf{153}, 12) \qquad I_1 x^2 + I_y y^2 + I_z z^2 - 2 D_{yz} yz = \varkappa .$$

Die Bedingung dafür, daß die x-Achse eine Hauptachse für O ist, lautet also

$$(\textbf{153}, 13) \qquad D_{xy} = \sum m_\nu x_\nu y_\nu = 0, \qquad D_{xz} = \sum m_\nu x_\nu z_\nu = 0.$$

Sind α und β zwei Zahlen mit der Quadratsumme 1, so bedeutet $\alpha y_0 + \beta z_0$ den Abstand des Punktes mit den Koordinaten x_0, y_0, z_0 von derjenigen Ebene durch die x-Achse, deren Gleichung $\alpha y + \beta z = 0$ ist. Das Deviationsmoment in bezug auf diese Ebene und die y, z-Ebene ist dann

$$(\textbf{153}, 14) \qquad \sum m_\nu x_\nu (\alpha y_\nu + \beta z_\nu) = \alpha \sum m_\nu x_\nu y_\nu + \beta \sum m_\nu x_\nu z_\nu$$

und dies verschwindet nach (**153**, 13). — Weiß man umgekehrt, daß das Deviationsmoment bezüglich der y, z-Ebene und zwei verschiedenen Ebenen durch die x-Achse verschwindet, also

$$\alpha \sum m_\nu x_\nu y_\nu + \beta \sum m_\nu x_\nu z_\nu = 0,$$
$$\alpha_1 \sum m_\nu x_\nu y_\nu + \beta_1 \sum m_\nu x_\nu z_\nu = 0, \qquad \alpha \beta_1 - \alpha_1 \beta \neq 0,$$

so folgt (**153**, 13), d. h. daß die x-Achse Hauptachse für O ist:

Eine Gerade l ist dann und nur dann für einen ihrer Punkte O Hauptachse, wenn das Deviationsmoment bezüglich der Normalebene von l durch O und jeder Ebene durch l verschwindet. Hierbei ist es hinreichend, dies für zwei Ebenen durch l nachzuweisen.

Eine Ebene durch O, deren Normale in O Hauptachse für O ist, nennt man eine zu O gehörige *Hauptebene*. Eine Ebene durch O ist dann und nur dann Hauptebene, wenn sie zusammen mit jeder ihrer Normalebenen durch O das Deviationsmoment Null ergibt.

Über die Trägheitsmomente I_x, I_y und I_z um drei zueinander senkrechte Geraden durch O gilt, daß jedes kleiner oder gleich der Summe der beiden anderen ist. Dies folgt sofort aus (**152**, 2) und den entsprechenden Ausdrücken für die Trägheitsmomente um y- und z-Achse. Hierbei kann Gleichheit nur eintreten, wenn die ganze Masse in einer der drei durch die Geraden bestimmten Ebenen enthalten ist. Insbesondere gilt eine solche Ungleichung für die Hauptträgheitsmomente.

154. Das Trägheitstensorfeld. Bisher war nur vom Trägheitstensor für einen fest gewählten Punkt O die Rede. Dieser wurde in einem x, y, z-Koordinatensystem mit dem Ursprung O durch die Matrix (**153**, 4) dargestellt, die wir jetzt mit I_O bezeichnen wollen. Da nun zu jedem Punkt des Raumes ein Trägheitstensor gehört, haben wir es mit einem „Tensorfeld" zu tun. In diesem Paragraphen wollen wir den Zusammenhang zwischen den Trägheitstensoren in verschiedenen Punkten für dieselbe Massenverteilung $\boldsymbol{K}$ besprechen.

Es sei P ein willkürlicher Punkt, x_P, y_P, z_P seine Koordinaten in dem bisher verwendeten Koordinatensystem mit dem Ursprung O. Ferner seien $\bar{x}$, $\bar{y}$, $\bar{z}$ Koordinaten in einem Koordinatensystem mit dem Ursprung P und Achsenrichtungen, die denen des ursprünglichen parallel sind, so daß man

$$(\textbf{154}, 1) \qquad \bar{x} = x - x_P \qquad \bar{y} = y - y_P \qquad \bar{z} = z - z_P$$

hat. Wir wollen nun die Matrix berechnen, die in diesem Koordinatensystem zu P gehört, und dabei die Matrix (**153**, 4) für den Punkt O als bekannt ansehen. Nach (**154**, 1) ergeben sich

$$(\mathbf{154},2)\quad I_{\bar{x}}=\sum m_\nu(\bar{y}_\nu^2+\bar{z}_\nu^2)=I_x+m(y_P^2+z_P^2)-2y_P\sum m_\nu y_\nu-2z_P\sum m_\nu z_\nu,$$

$$(\mathbf{154},3)\quad D_{\bar{x}\bar{y}}=\sum m_\nu \bar{x}_\nu \bar{y}_\nu = D_{xy}+mx_Py_P-x_P\sum m_\nu y_\nu-y_P\sum m_\nu x_\nu,$$

$$(\mathbf{154},4)\quad D_{\bar{x}\bar{z}}=\sum m_\nu \bar{x}_\nu \bar{z}_\nu = D_{xz}+mx_Pz_P-x_P\sum m_\nu z_\nu-z_P\sum m_\nu x_\nu$$

und entsprechende Ausdrücke für $I_{\bar{y}}$, $I_{\bar{z}}$, $D_{\bar{y}\bar{z}}$. An diesen Ausdrücken kann man einige allgemeine Eigenschaften des Trägheitstensorfeldes ablesen:

Wir lassen P zunächst in der y,z-Ebene variieren, wählen also $x_P=0$, y_P und z_P willkürlich. Wenn $\sum m_\nu x_\nu \neq 0$ ist, wenn also die y,z-Ebene nicht durch den Schwerpunkt G von $\boldsymbol{K}$ geht, entnimmt man aus (**154**, 3, 4), daß es in der y,z-Ebene genau einen Punkt P gibt, für den diese Ebene eine Hauptebene ist, für den also $D_{\bar{x}\bar{y}}=0$, $D_{\bar{x}\bar{z}}=0$ ist, nämlich

$$(\mathbf{154},5)\qquad x_P=0,\qquad y_P=\frac{D_{xy}}{\sum m_\nu x_\nu},\qquad z_P=\frac{D_{xz}}{\sum m_\nu x_\nu}.$$

Ist dagegen $\sum m_\nu x_\nu=0$, so werden die betrachteten Deviationsmomente überhaupt nicht geändert, wenn P in der y,z-Ebene variiert:

I) *In einer beliebigen Ebene, die nicht durch den Schwerpunkt der Massenverteilung geht, gibt es genau einen Punkt, für den die Ebene Hauptebene ist. Eine Ebene durch den Schwerpunkt ist entweder für alle ihre Punkte oder für keinen einzigen Hauptebene.*

Als Spezialfall, der schon im Anschluß an **152**, IV) besprochen ist, werde erwähnt: Hat die Massenverteilung eine Symmetrieebene, so ist diese für alle ihre Punkte Hauptebene.

Nun lassen wir P auf der x-Achse variieren, wählen also x_P willkürlich, $y_P=z_P=0$. Wir fragen nun, ob es auf der x-Achse einen Punkt gibt, für den sie Hauptachse ist. (**154**, 3, 4) ergeben hierfür die Gleichungen

$$(\mathbf{154},6)\qquad D_{xy}-x_P\sum m_\nu y_\nu=0,\qquad D_{xz}-x_P\sum m_\nu z_\nu=0$$

zur Bestimmung von x_P. Wenn nun die x-Achse durch G geht, also die statischen Momente in (**154**, 6) verschwinden, kann (**154**, 6) nur für $D_{xy}=D_{xz}=0$ bestehen, und in diesem Fall sind die Gleichungen für alle Werte von x_P erfüllt. Geht die x-Achse dagegen nicht durch G, so gibt es nur dann einen Wert von x_P, der (**154**, 6) befriedigt, falls die Determinante

$$(\mathbf{154},7)\quad \sum m_\nu y_\nu D_{xz}-\sum m_\nu z_\nu D_{xy}=\sum m_\nu y_\nu \sum m_\nu x_\nu z_\nu-\sum m_\nu z_\nu \sum m_\nu x_\nu y_\nu$$

verschwindet:

II) *Auf einer beliebigen Geraden, die nicht durch den Schwerpunkt der Massenverteilung geht, gibt es entweder einen oder keinen Punkt, für den die Gerade Hauptachse ist, je nachdem der Ausdruck (**154**, 7), be-*

rechnet in einem rechtwinkligen Koordinatensystem, in dem die Gerade x-Achse ist, den Wert Null hat oder nicht. Eine Gerade durch den Schwerpunkt ist entweder Hauptachse für alle oder für keinen ihrer Punkte.

Es möge noch der Spezialfall erwähnt werden, daß die Massenverteilung eine Symmetriegerade hat, d. h. daß die Massenteile so zu Paaren zusammengefaßt werden können, daß die Massen in jedem Paar gleich groß sind und eine Verbindungsstrecke haben, die auf der Geraden senkrecht steht und von ihr halbiert wird. Die Gerade ist dann Hauptachse für alle ihre Punkte, denn sie geht durch G, und in den Summen D_{xy} und D_{xz} heben sich die Glieder paarweise auf.

Den klarsten Überblick über das Trägheitstensorfeld, also über die Abhängigkeit des Trägheitstensors von P, erhält man, wenn man von dem zum Schwerpunkt G gehörigen Trägheitstensor I^* ausgeht. Das zu I^* gehörige Trägheitsellipsoid (für einen beliebigen Wert des Skalars $\varkappa$) nennt man das *Zentralellipsoid*. Identifiziert man in der obigen Rechnung O mit dem Schwerpunkt G, so sind x_P, y_P, z_P die Koordinaten x_P^*, y_P^*, z_P^* von P in bezug auf den Schwerpunkt, und es gilt für die Koordinaten $x_\nu^*, y_\nu^*, z_\nu^*$ der Massenpunkte in bezug auf den Schwerpunkt

$$\sum m_\nu x_\nu^* = \sum m_\nu y_\nu^* = \sum m_\nu z_\nu^* = 0.$$

Man entnimmt dann aus (**154**, 2, 3, 4) und den analogen

$$(\mathbf{154},\,8)\qquad \mathsf{I}_P = \mathsf{I}^* + m \left\{ \begin{matrix} y_P^{*2} + z_P^{*2} & -x_P^* y_P^* & -x_P^* z_P \\ -x_P^* y_P^* & z_P^{*2} + x_P^{*2} & -y_P^* z_P^* \\ -x_P^* z_P^* & -y_P^* z_P^* & x_P^{*2} + y_P^{*2} \end{matrix} \right\}.$$

Die Matrixgleichung (**154**, 8) beschreibt das Tensorfeld, wobei der Trägheitstensor I_P für einen beliebigen Punkt P auf ein Koordinatensystem mit diesem Punkt als Ursprung und mit Achsenrichtungen, die für das ganze Feld gemeinsam sind, zu beziehen ist. In (**154**, 8) darf man x_P^*, y_P^*, z_P^* durch die Koordinaten $\bar{x}_G, \bar{y}_G, \bar{z}_G$ des Schwerpunktes G in bezug auf das Koordinatensystem mit dem Ursprung P ersetzen; denn es ist ja $x_P^* = -\bar{x}_G, y_P^* = -\bar{y}_G, z_P^* = -\bar{z}_G$. Wir haben also:

III) *Den Trägheitstensor für einen beliebigen Punkt P erhält man, indem man den Trägheitstensor für den Schwerpunkt zu demjenigen Trägheitstensor addiert, den man in P erhalten würde, wenn die ganze Masse im Schwerpunkt konzentriert wäre. Der zweite Beitrag ist auch gleich dem Trägheitstensor, den man im Schwerpunkt erhalten würde, wenn die gesamte Masse in P konzentriert wäre.*

Satz III) faßt die Anwendung von Satz **139**, I) auf die Massenmomente zweiter Ordnung zusammen.

155. Ebene Massenverteilungen. In diesem Paragraphen betrachten wir den speziellen Fall, daß die ganze Massenverteilung $\boldsymbol{K}$ in einer Ebene ε enthalten ist, wobei wir jedoch den noch spezielleren Fall, daß $\boldsymbol{K}$ ganz auf einer Geraden in ε liegt, ausschließen. Dann liegt also in jedem Punkt des Raumes ein Trägheitsellipsoid vor; der Trägheitstensor hat ja unter dieser Annahme den Rang 3.

Wir wählen ε zur x, y-Ebene des Koordinatensystems. Man sieht sofort, daß ε Hauptebene für alle in ε liegenden Punkte ist. Jede Normale von ε ist Hauptachse für ihren Schnittpunkt mit ε. Eine beliebige Gerade in ε sei zur x-Achse gewählt. Die zweite Gleichung (**154**, 6) ist dann für jeden Wert von x_P erfüllt, da $D_{xz} = 0$ und $\sum m_\nu z_\nu = 0$ ist. Geht die als x-Achse gewählte Gerade nicht durch G, so kann man x_P derart bestimmen, daß die erste Gleichung (**154**, 6) erfüllt ist:

I) *In bezug auf eine ebene Massenverteilung ist jede Gerade, die in der Ebene der Massenverteilung liegt und nicht durch den Schwerpunkt geht, Hauptachse für einen und nur einen ihrer Punkte.*

Wir betrachten nun das Trägheitsellipsoid (**153**, 7) für einen beliebigen Punkt in ε, den wir zum Ursprung O wählen. Da die z-Achse Hauptachse für O ist, erhält man analog zu (**153**, 12) die Gleichung

$$(155, 1) \qquad I_x x^2 + I_y y^2 + I_z z^2 - 2 D_{xy} xy = \varkappa.$$

I_x und I_y können als die quadratischen Momente in bezug auf die x, z-Ebene bzw. die y, z-Ebene aufgefaßt werden. Daher tritt nach **152**, V) an Stelle der am Schluß von **153** erwähnten Ungleichung die Gleichung

$$(155, 2) \qquad I_z = I_x + I_y.$$

II) *Das Trägheitsellipsoid (**155**, 1), das zu einem Punkt in der Ebene der Massenverteilung gehört, ist wegen (**155**, 2) vollständig durch die Ellipse*

$$(155, 3) \qquad I_x x^2 + I_y y^2 - 2 D_{xy} xy = \varkappa$$

bestimmt, in der es von der Ebene $z = 0$ der Massenverteilung geschnitten wird[1].

Die Ellipse (**155**, 3) nennt man die *Trägheitsellipse* der Massenverteilung für den Punkt O. Dieser Begriff wird nur bei ebenen Massenverteilungen und nur für Punkte in deren Ebene eingeführt. Unter diesen Umständen ist er aber hinreichend zur Beschreibung des Trägheitstensors im Punkte.

Die Trägheitsellipse für den Schwerpunkt der Massenverteilung nennt man die *Zentralellipse*.

Sind die x-Achse und die y-Achse Hauptachsen für O, so erhält man statt (**155**, 3)

$$(155, 4) \qquad I_1 x^2 + I_2 y^2 = \varkappa,$$

wobei I_1 und I_2 die beiden kleinsten Hauptträgheitsmomente für O sind. Das größte ist dann nach (**155**, 2) durch

$$(155, 5) \qquad I_3 = I_1 + I_2$$

gegeben und gehört zur Normalen der Ebene in O.

---

[1] Falls die gesamte Masse von **K** auf einer Geraden in ε und auch O auf dieser liegt, artet die Ellipse in zwei parallele Geraden aus.

Wir betrachten nun eine Gerade l in ε durch O, bezeichnen mit $m\,k^2$ das Trägheitsmoment um l, mit r den auf l liegenden Halbmesser der Trägheitsellipse in O und mit p den Abstand der zu l parallelen Ellipsentangente von l (Abb. 130). Man hat dann einerseits nach (**153**, 8)

$$(\textbf{155},\,6) \qquad\qquad k r = \sqrt{\frac{\varkappa}{m}}\,,$$

andererseits ist einer bekannten Eigenschaft der Ellipse zufolge $p r$ konstant, also gleich dem Produkt der beiden Halbachsen der Ellipse (**155**, 4), d. h.

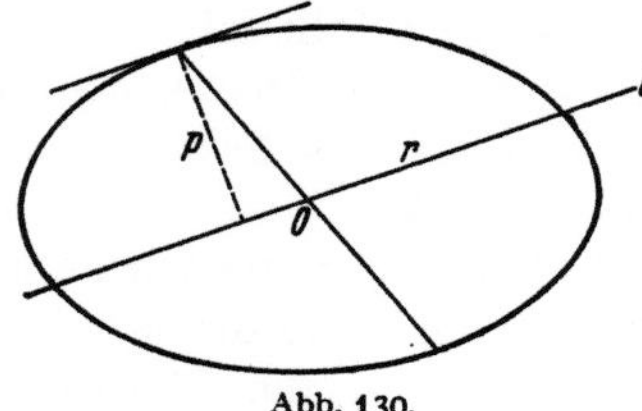
Abb. 130.

$$(\textbf{155},\,7) \qquad p r = \frac{\varkappa}{\sqrt{I_1 I_2}} = \frac{\varkappa}{m\,k_1\,k_2}\,,$$

wobei

$$(\textbf{155},\,8) \qquad k_1 = \sqrt{\frac{I_1}{m}}\,, \qquad k_2 = \sqrt{\frac{I_2}{m}}$$

die zu den Achsen der Ellipse gehörigen Trägheitsradien sind. Aus (**155**; 6, 7) folgt nun

$$(\textbf{155},\,9) \qquad\qquad \frac{k}{p} = \frac{\sqrt{m}\,k_1\,k_2}{\sqrt{\varkappa}}\,.$$

III) *Das Verhältnis der Längen k und p ist von der Richtung von l unabhängig.*

Man kann nun über die Konstante $\varkappa$ und damit über die Größe der Ellipse so verfügen, daß $k = p$ wird. Dazu hat man nach (**155**, 9)

$$(\textbf{155},\,10) \qquad\qquad \varkappa = m\,k_1^2 k_2^2$$

zu setzen. Die Trägheitsellipse für diesen Wert von $\varkappa$ heißt die *normierte Trägheitsellipse*.

IV) *Das Trägheitsmoment um eine durch den Punkt O gehende Gerade in der Ebene der Massenverteilung ist gleich demjenigen Trägheitsmoment um diese Gerade, das entsteht, wenn die gesamte Masse in einem Endpunkt des zur Geraden konjugierten Durchmessers der normierten Trägheitsellipse von O konzentriert wird.*

In Verbindung mit **152**, VI) erhält man hieraus für den Schwerpunkt:

V) *Die normierte Zentralellipse wird von allen den Geraden eingehüllt, in bezug auf die das Trägheitsmoment doppelt so groß ist wie in bezug auf die dazu parallelen Geraden durch den Schwerpunkt.*

Ein in einer Ebene ε liegendes Flächenstück F gehe durch Parallelprojektion in das Flächenstück F' in einer Ebene ε' über. Entsprechende Flächeninhalte in ε und ε' haben dann ein konstantes Verhältnis, das nur von den Lagen der beiden Ebenen zur Projektionsrichtung abhängt. Denkt man sich die beiden Flächenstücke mit Masse der konstanten

Dichten μ bzw. μ' belegt, so besteht auch ein konstantes Verhältnis
zwischen den Teilmassen, die sich bei der Projektion entsprechen. Die
Entfernung von einem Punkt P in ε zu einer Geraden l in ε und die
Entfernung des entsprechenden Punktes P' in ε' zur entsprechenden
Geraden l' in ε' haben ein Verhältnis, das unabhängig von P ist und
sich nicht ändert, wenn l in ε parallel zu sich verschoben wird. Das
Verhältnis der Trägheitsmomente von F um l und von F' um l' hängt
daher nur von der Richtung von l ab. Die Verhältnisse zwischen den
Trägheitsmomenten um zwei parallele Geraden in ε und zwischen den
Trägheitsmomenten um die entsprechenden parallelen Geraden in ε'
sind daher gleich. Da ferner nach **33** der Schwerpunkt von F in den
Schwerpunkt von F' projiziert wird, schließt man aus V):

Die normierte Zentralellipse eines ebenen Flächenstückes geht bei be-
liebiger Parallelprojektion in die normierte Zentralellipse des projizierten
Flächenstückes über.

Durch den Schwerpunkt eines homogen mit Masse belegten gleichseitigen
Dreiecks gehen drei Symmetriegeraden der Massenverteilung. Folglich muß die
Zentralellipse ein Kreis sein. Nach (**152**, 15) hat man daher für alle Geraden
durch den Schwerpunkt den Trägheitsradius $\dfrac{h}{\sqrt{18}}$, wenn h die Höhe des Dreiecks ist,
und dies ist somit der Radius des Kreises, der die normierte Zentralellipse darstellt. Er ist das $\dfrac{1}{\sqrt{2}}$-fache des Radius des dem Dreieck eingeschriebenen Kreises.

Ein beliebig vorgelegtes Dreieck kann durch Parallelprojektion aus einem
gleichseitigen erzeugt werden. Der dem gleichseitigen Dreieck eingeschriebene
Kreis geht dabei in eine Ellipse über, die die Seiten des gegebenen Dreiecks in
ihren Mittelpunkten berührt. Diese ist eine Zentralellipse des gegebenen Dreiecks und geht durch ähnliche Verkleinerung im Verhältnis $1 : \sqrt{2}$ in die normierte
über.

Aus (**155**, 3) erhält man durch Differentiation

$$(\mathbf{155}, 11) \qquad (I_x x - D_{xy} y)\, dx + (I_y y - D_{xy} x)\, dy = 0.$$

Im Endpunkt x', y' des zur x-Achse konjugierten Durchmessers ist die Tangente
der Trägheitsellipse der x-Achse parallel
(Abb. 131); für $dy = 0$, $dx \neq 0$ ergibt
sich daher aus (**155**, 11)

$$(\mathbf{155}, 12) \qquad D_{xy} = I_x \frac{x'}{y'} = I_x \,\mathrm{tg}\,\alpha,$$

wenn α den Winkel bedeutet, den die
zur x-Achse konjugierte Richtung mit
der y-Achse bildet.

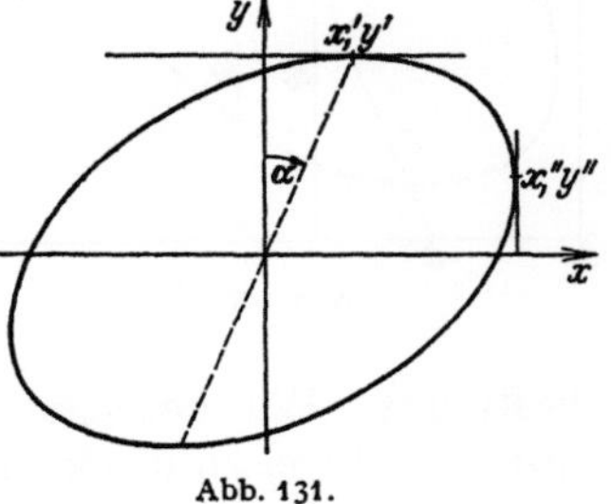

Abb. 131.

Verwendet man die normierte Trägheitsellipse, so erhält man aus IV)
und (**155**, 12)

$$(\mathbf{155}, 13) \qquad \begin{cases} I_x = m y'^2 \\ D_{xy} = m x' y' = m x'' y'', \end{cases}$$

wenn x'', y'' die Koordinaten eines Endpunktes des zur y-Achse konjugierten Durchmessers bedeuten. Insgesamt hat man den folgenden IV) entsprechenden Satz:

VI) *Mit Hilfe der normierten Trägheitsellipse findet man das Deviationsmoment, das zu zwei beliebigen aufeinander senkrechten Durchmessern gehört, indem man sich die Masse in einem Endpunkt des zu einem der gegebenen Durchmesser konjugierten Durchmessers konzentriert denkt.*

Trägheitsmomente und Deviationsmomente einer ebenen Massenverteilung in bezug auf Geraden in der Ebene der Massenverteilung können als statische Momente eines Skalarfeldes in folgender Weise aufgefaßt werden: Der Massenpunkt m_ν hat das statische Moment $m_\nu y_\nu$ in bezug auf die x-Achse. Indem wir diesen Skalar $m_\nu y_\nu$ dem Punkt der Ebene zuordnen, in dem sich der Massenpunkt befindet, definieren wir ein Skalarsystem in ε oder, wenn man die Masse als kontinuierlich verteilt annimmt, ein Skalarfeld. Die statischen Momente dieses Skalarfeldes in bezug auf die Koordinatenachsen sind gerade

$$(155, 14) \qquad \sum m_\nu y_\nu \cdot y_\nu = I_x,$$

$$(155, 15) \qquad \sum m_\nu y_\nu \cdot x_\nu = D_{xy}.$$

Wenn nun die x-Achse nicht durch den Schwerpunkt G der gegebenen Massenverteilung geht, ist die Skalarsumme

$$(155, 16) \qquad \sum m_\nu y_\nu = m y_G \neq 0.$$

Nach **30** hat dann das Skalarfeld einen Mittelpunkt, den wir hier mit A bezeichnen wollen. Definitionsgemäß bestimmen sich die Koordinaten x_A, y_A des Mittelpunktes aus (**155**, 14—16) durch

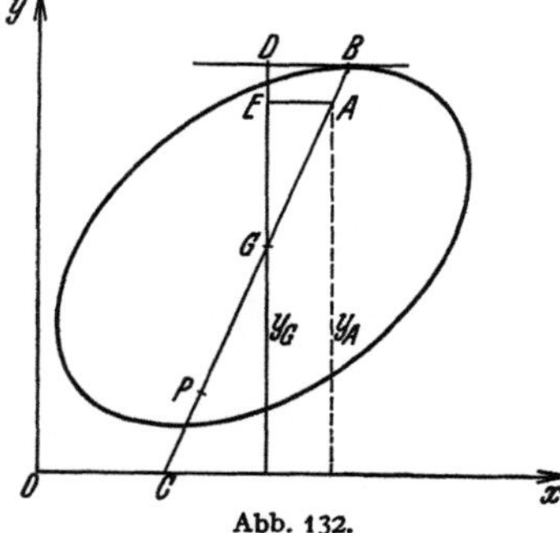

Abb. 132.

$$(155, 17) \qquad m y_G y_A = I_x,$$

$$(155, 18) \qquad m y_G x_A = D_{xy}.$$

Wir wollen nun zeigen, daß A und der Pol P der x-Achse in bezug auf die normierte Zentralellipse symmetrisch in bezug auf den Punkt G liegen (vgl. Abb. 132). P liegt auf dem der x-Achse konjugierten Durchmesser und ist durch

$$GB^2 = GP \cdot GC$$

bestimmt. Wir bezeichnen den Spiegelpunkt von P in bezug auf G mit A und weisen direkt die Gleichungen (**155**, 17, 18) für diesen Punkt nach. Damit wird gezeigt sein, daß er mit dem oben mit A bezeichneten Punkt übereinstimmt. Nach der letzten Gleichung hat man

$$GB^2 = GA \cdot GC$$

und daher auch

$$(155, 19) \qquad GD^2 = GE \cdot y_G.$$

Mit Berücksichtigung von **152**, VI), **155**, IV), VI) und (**155**, 19) erhält man nun

$$I_x = m y_G^2 + m\,(GD)^2 = m y_G [y_G + GE] = m y_G y_A,$$

$$D_{xy} = m x_G y_G + m \cdot GD \cdot DB = m y_G \left[x_G + GE\,\frac{DB}{GD}\right]$$

$$= m y_G [x_G + EA] = m y_G x_A,$$

womit der Beweis geführt ist.

Daß der Ausdruck (**155**, 18) für D_{xy} keine Symmetrie in bezug auf die beiden Achsen aufweist, liegt daran, daß der Punkt A mit Hilfe der x-Achse definiert worden ist. Man würde daher einen entsprechenden Ausdruck durch Vertauschen der Rollen der beiden Achsen erhalten.

Über die Lage der y-Achse ist keinerlei Voraussetzung gemacht worden. Verschiebt man sie so parallel zu sich, daß sie durch A geht, so sieht man, daß die Projektion von A auf die x-Achse gerade der Punkt ist, für den die x-Achse Hauptachse ist.

A nennt man den *Antipol* der x-Achse in bezug auf die normierte Zentralellipse oder auch in bezug auf die gegebene Massenverteilung. Man kann dann das Ergebnis als den folgenden Satz von CULMAN formulieren:

VII) *Das Trägheitsmoment einer ebenen Massenverteilung in bezug auf eine Gerade in ihrer Ebene ist das Produkt der gesamten Masse, des Abstandes der Geraden vom Schwerpunkt und ihres Abstandes von ihrem Antipol.*

Das Deviationsmoment einer ebenen Massenverteilung in bezug auf zwei zueinander senkrechte Geraden in der Ebene der Massenverteilung ist das Produkt der Gesamtmasse, des Abstandes der einen Geraden vom Schwerpunkt und des Abstandes der anderen vom Antipol der ersten.

Hierbei darf die Gerade, deren Antipol verwendet wird, nicht durch den Schwerpunkt gehen. Die Projektion des Antipols auf die Gerade ist der Punkt, für den die Gerade Hauptachse ist.

Übungsaufgaben zum **18**. Kapitel.

1. Das Zentralellipsoid einer Massenverteilung sei ein abgeflachtes Rotationsellipsoid. Man zeige, daß es zwei Punkte gibt, deren Trägheitsellipsoide Kugeln sind, und bestimme diese Punkte.

2. Ein homogener Kreiskegel hat die Höhe h, den Grundflächenradius r und die Masse m. Man berechne das Trägheitsmoment 1) in bezug auf die Achse, 2) in bezug auf eine Senkrechte zur Achse durch die Kegelspitze, 3) in bezug auf eine Senkrechte zur Achse durch den Schwerpunkt. Man stelle die Gleichung des Zentralellipsoids auf und zeige, daß es für $h = 2r$ eine Kugel wird.

3. Ein ebenes Flächenstück hat eine Symmetrielinie und in bezug auf diese den Trägheitshalbmesser k. Das Flächenstück dreht sich um eine in seiner Ebene parallel zur Symmetrielinie im Abstand d gelegene Achse, wodurch ein ringförmiger Körper entsteht. Man zeige, daß dieser in bezug auf die Drehachse den Trägheitshalbmesser $\sqrt{d^2 + 3 k^2}$ hat.

4. Die zum Mittelpunkt gehörigen Hauptträgheitsmomente und das Zentralellipsoid für ein homogenes, reguläres n-Eck zu bestimmen, das einem Kreise vom Radius R einbeschrieben ist.

5. Zwei Massen m_1 und m_2 haben Trägheitsmomente I_1 und I_2 um zwei parallele Achsen durch ihre Schwerpunkte. Dabei sei a der Abstand dieser beiden Achsen. Wie groß ist das Trägheitsmoment der Gesamtmasse in bezug auf eine Achse durch den Gesamtschwerpunkt, die zu den zwei benutzten Achsen parallel ist?

6. Zu beweisen: Ein homogenes Dreieck mit den Seiten a, b, c und der Masse m hat in bezug auf eine zur Dreiecksebene senkrechte Achse durch die a gegenüberliegende Ecke das Trägheitsmoment $\frac{m}{12}\,(3b^2 + 3c^2 - a^2)$ und in bezug auf eine zur Dreiecksebene senkrechte Achse durch den Schwerpunkt das Trägheitsmoment $\frac{m}{36}\,(a^2 + b^2 + c^2)$.

7. Für eine ebene Massenverteilung seien die Hauptträgheitsmomente im Schwerpunkt ungleich groß. Man zeige, daß es in der Ebene genau zwei Punkte gibt, für die die Trägheitsellipse ein Kreis wird, und daß die Hauptachsen in einem beliebigen Punkt der Ebene die Winkel zwischen den nach diesen beiden Punkten führenden Geraden halbieren.

8. Zu beweisen: Ein homogenes Dreieck von der Masse m erzeugt dasselbe Trägheitstensorfeld wie drei in den Seitenmitten angebrachte Massen $\frac{m}{3}$, und ebenfalls wie drei in den Eckpunkten angebrachte Massen $\frac{m}{12}$ mit einer im Schwerpunkt angebrachten Masse $\frac{3}{4}m$. — Anleitung: Die drei angegebenen Massenverteilungen haben denselben Schwerpunkt und dieselbe Gesamtmasse m. Nach (154, 8) braucht man dann nur noch zu zeigen, daß sie dasselbe I* haben, und hierzu genügt es zu zeigen, daß sie übereinstimmende Trägheitsmomente in bezug auf die Mittellinien des Dreiecks ergeben.

9. Zu beweisen: Ein homogenes Tetraeder von der Masse m erzeugt dasselbe Trägheitstensorfeld wie vier in den Eckpunkten angebrachte Massen $\frac{m}{20}$ zusammen mit einer im Schwerpunkt angebrachten Masse $\frac{4}{5}m$. — Auf Grund dieses Satzes läßt sich jede Berechnung von Massenmomenten zweiter Ordnung für homogene Polyeder auf die entsprechende Berechnung für endlich viele Massenpunkte zurückführen.

10. Zu beweisen: Zu einer beliebigen Massenverteilung im Raum, die nicht einer Ebene angehört, läßt sich ein homogenes Ellipsoid so bestimmen, daß zu beiden Massenverteilungen dasselbe Trägheitstensorfeld gehört.

11. Zu beweisen: Der Antipol eines homogenen Dreiecks in bezug auf eine Dreiecksseite ist der Mittelpunkt der zugehörigen Mittellinie.

19. Kapitel.

Bewegung starrer Körper.

156. Bewegung mit festgehaltenem Punkt. Wir wollen nun die in Kap. 17 aufgestellten allgemeinen Prinzipien auf die Bewegung eines starren Körpers K anwenden. Dabei werden wir das im Kap. 18 behandelte Trägheitstensorfeld von K zu verwenden haben. Die Matrix (153, 4), die den Trägheitstensor für einen Punkt von K darstellt, ändert sich bei der Bewegung von K nicht, wenn man ein Koordinatensystem verwendet, das mit K fest verbunden ist; denn da der Körper K starr ist, bestimmt er in einem solchen Koordinatensystem eine unveränderliche Massenverteilung. Dagegen hängt die Matrix (**153**, 4) von der Zeit ab, wenn man ein Koordinatensystem verwendet, in bezug auf das sich **K** bewegt. Alsdann kann man sie nach der Formel (**149**, 15) durch Umrechnen von einem in **K** festen Koordinatensystem finden.

Wir beginnen mit der Untersuchung des Falles, daß ein Punkt O von **K** reibungsfrei festgehalten ist, und beziehen die Bewegung von **K** auf ein rechtwinkliges x, y, z-Koordinatensystem **S** mit dem Ursprung O. Wenn **S** in **K** fest ist, so ist **K** in **S** im Gleichgewicht; diesen Fall haben wir in **35** behandelt. Wenn **S** nicht in **K** fest ist, so ist die Bewegung von **K** relativ zu **S** nach **69**, 5. S. 151 in jedem Zeitpunkt eine Drehung um eine Achse durch O, die momentane Drehachse. Die momentane Bewegung von **K** wird dann durch den Drehvektor $\mathfrak{w}$ beschrieben, der von O aufgetragen werden möge. Ein Massenpunkt von **K** mit der Masse m_ν, dem Ortsvektor $\mathfrak{r}_\nu$ und den Koordinaten x_ν, y_ν, z_ν in **S** hat nach (**68**, 1) die Geschwindigkeit

$$(156, 1) \qquad\qquad \mathfrak{v}_\nu = \mathfrak{w} \times \mathfrak{r}_\nu.$$

Zum Moment $\mathfrak{S}$ der Bewegungsmenge von **K** in O, das durch (**137**, 2) gegeben ist, liefert der Massenpunkt nach (**5**, 4) den Beitrag

$$(156, 2) \quad \mathfrak{r}_\nu \times m_\nu \mathfrak{v}_\nu = m_\nu \mathfrak{r}_\nu \times (\mathfrak{w} \times \mathfrak{r}_\nu) = m_\nu r_\nu^2 \mathfrak{w} - m_\nu \mathfrak{r}_\nu (\mathfrak{r}_\nu \cdot \mathfrak{w}),$$

so daß man mit Verwendung der Dyadenschreibweise (vgl. **146**)

$$(156, 3) \quad \mathfrak{S} = \sum (\mathfrak{r}_\nu \times m_\nu \mathfrak{v}_\nu) = \left(\sum m_\nu r_\nu^2\right) \mathfrak{w} - \left(\sum m_\nu \mathfrak{r}_\nu \mathfrak{r}_\nu\right) \cdot \mathfrak{w}$$

findet. Schreibt man (**156**, 3) als Matrixgleichung und vergleicht mit (**153**, 1—4), so erhält man

$$\mathfrak{S} = \left(\sum m_\nu r_\nu^2 \mathsf{E} - \sum m_\nu \mathfrak{r}_\nu \mathfrak{r}_\nu'\right) \mathfrak{w}$$

oder

$$(156, 4) \qquad\qquad \mathfrak{S} = \mathsf{I}\,\mathfrak{w},$$

also ausführlich

$$(156, 5) \quad \begin{cases} S_x = I_x w_x - D_{xy} w_y - D_{xz} w_z, \\ S_y = -D_{xy} w_x + I_y w_y - D_{yz} w_z, \\ S_z = -D_{xz} w_x - D_{yz} w_y + I_z w_z. \end{cases}$$

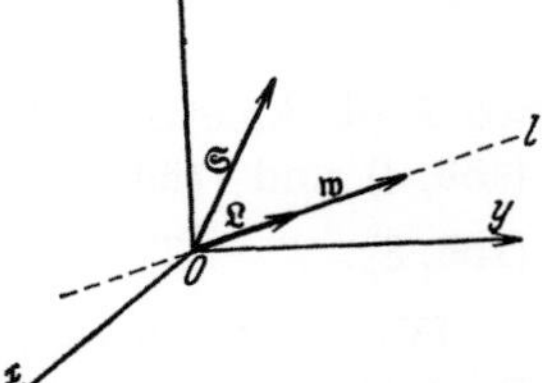

Abb. 133. Momentaner Drehvektor und Moment der Bewegungsmenge.

Damit haben wir die Bedeutung der zum Trägheitstensor gehörigen linearen Vektorfunktion gefunden:

I) *Das Moment der Bewegungsmenge eines starren Körpers in einem Punkt seiner momentanen Drehachse ist eine lineare Vektorfunktion des Drehvektors; diese lineare Vektorfunktion ist durch den Trägheitstensor des Körpers für den betreffenden Punkt gegeben.*

Das Moment der Bewegungsmenge um die momentane Drehachse l ist die Projektion von $\mathfrak{S}$ auf diese, also $\mathfrak{S} \cdot \mathfrak{L}$, wenn $\mathfrak{L}$ ein Einheitsvektor auf l ist. Man kann dann $\mathfrak{w} = w\,\mathfrak{L}$ setzen, wo w die Winkelgeschwindigkeit bedeutet, und erhält aus **(156, 4)** und **(153, 5)** in Matrizenschreibweise

$$\textbf{(156, 6)} \qquad\qquad S_l = \mathfrak{L}'\,\mathfrak{S} = \mathfrak{L}'\,|\,\mathfrak{L} w = I_l w\,.$$

II) *Das Moment der Bewegungsmenge eines starren Körpers um die momentane Drehachse ist das Produkt der Winkelgeschwindigkeit mit dem Trägheitsmoment um diese Achse.*

Wegen der großen Bedeutung dieses Satzes wollen wir ihn direkt durch folgende einfache Betrachtung herleiten: Ein Massenpunkt der Masse m_ν und dem Abstand ϱ_ν von l hat die Geschwindigkeit $w\varrho_\nu$, also die Bewegungsmenge $m_\nu w\varrho_\nu$. Diese steht senkrecht auf l und wirkt am Arm ϱ_ν. Ihr Beitrag zum Moment der Bewegungsmenge um l ist daher $m_\nu\varrho_\nu^2 w$. Nun ist w für alle Massenpunkte gemeinsam, und man erhält **(156, 6)** durch Addition der Beiträge aller Massenpunkte des Körpers: $w\sum m_\nu\varrho_\nu^2$.

Man kann **(156, 6)** auch aus der ersten Gleichung **(156, 5)** ablesen, wenn man sich die x-Achse, die ja beliebig ist, in die Drehachse gelegt denkt, so daß man $w_y = w_z = 0$, also $S_x = I_x w_x$ erhält. Außer dieser Komponente hat $\mathfrak{S}$ in einem solchen Koordinatensystem die zur Drehachse senkrechten Komponenten $S_y = -D_{xy}w_x$ und $S_z = -D_{xz}w_x$. Diese verschwinden nur, falls die x-Achse Hauptachse für O ist:

III) *Das Moment der Bewegungsmenge in einem Punkt der momentanen Drehachse hat dann und nur dann die Richtung der Drehachse, wenn diese eine Hauptachse für den betrachteten Punkt ist.*

Mit Berücksichtigung von **(156, 3)** und **(156, 1)** findet man

$$\textbf{(156, 7)} \qquad \begin{aligned} \mathfrak{w}\cdot\mathfrak{S} &= \mathfrak{w}\cdot\sum(\mathfrak{r}_\nu\times m_\nu\mathfrak{v}_\nu) = \sum m_\nu(\mathfrak{w}\cdot\mathfrak{r}_\nu\times\mathfrak{v}_\nu)\\ &= \sum m_\nu(\mathfrak{w}\times\mathfrak{r}_\nu\cdot\mathfrak{v}_\nu) = \sum m_\nu\mathfrak{v}_\nu^2 = 2\,T, \end{aligned}$$

wo T die kinetische Energie **(138, 2)** von $\boldsymbol{K}$ ist. Man erhält dann aus **(156, 4)** und **(153, 5)** oder **(156, 6)** in Matrizenschreibweise

$$\textbf{(156, 8)} \qquad T = \tfrac{1}{2}\mathfrak{w}'\,\mathfrak{S} = \tfrac{1}{2}\mathfrak{w}'\,|\,\mathfrak{w} = \tfrac{1}{2}w^2\,\mathfrak{L}'\,|\,\mathfrak{L} = \tfrac{1}{2}w^2 I_l\,.$$

IV) *Die kinetische Energie eines starren Körpers ist gleich dem halben Produkt des Quadrats der Winkelgeschwindigkeit mit dem Trägheitsmoment um die momentane Drehachse.*

Auch diesen wichtigen Satz kann man direkt aus

$$\textbf{(156, 9)} \qquad\qquad T = \sum\tfrac{1}{2}m_\nu(w\varrho_\nu)^2 = \tfrac{1}{2}w^2\sum m_\nu\varrho_\nu^2$$

herleiten.

Man entnimmt aus II) und IV), daß die Größen $I_l w$ und $\tfrac{1}{2}I_l w^2$ eine ähnliche Rolle für die Drehung eines starren Körpers um eine Achse spielen wie die Größen mv und $\tfrac{1}{2}mv^2$ für die Bewegung eines Massenpunktes. Der Masse m entspricht das Trägheitsmoment I_l, der Geschwindigkeit v die Winkelgeschwindigkeit w, der Bewegungsmenge mv das Moment $I_l w$ der Bewegungsmenge um die Drehachse. — In diesem Zusammenhang werde noch erwähnt, daß der später in **160** bewiesene Satz I) der Bewegungsgleichung eines Massenpunktes entspricht.

(**156**, 8) ergibt ausführlich geschrieben

(**156**, 10) $2T = I_x w_x^2 + I_y w_y^2 + I_z w_z^2 - 2D_{xy} w_x w_y - 2D_{xz} w_x w_z - 2D_{yz} w_y w_z.$

Für einen konstanten Wert von T ist dies wie (**153**, 7) die Gleichung einer Tensorfläche (vgl. **151**), also eines Trägheitsellipsoids für O mit $\mathfrak{w}$ als variablem Ortsvektor. Die Konstante $\varkappa$ in (**151**, 1) oder (**153**, 7) bedeutet hier das Doppelte der kinetischen Energie

(**156**, 11) $\varkappa = 2T$,

wenn der dortige Vektor $\mathfrak{V}$ mit $\mathfrak{w}$ identifiziert wird. Die Sätze I), II) in **151** führen dann auf folgenden Satz:

V) *Allen Drehvektoren* $\mathfrak{w}$, *deren Endpunkte auf einem bestimmten Trägheitsellipsoid für O liegen, entspricht dieselbe kinetische Energie des*

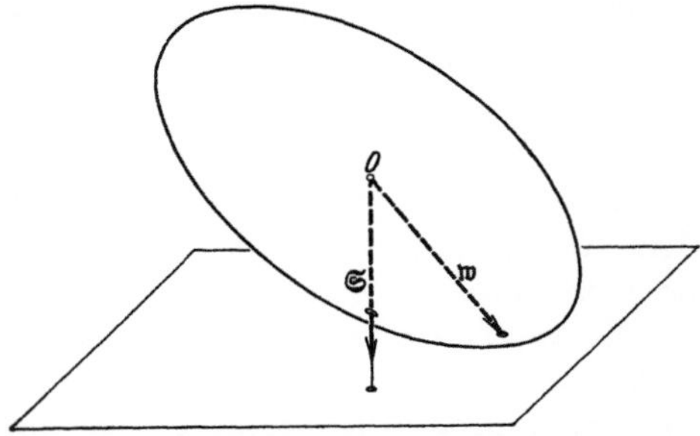

Abb. 134.   Trägheitsellipsoid, Drehvektor und Moment der Bewegungsmenge.

Körpers. Das einem bestimmten $\mathfrak{w}$ *entsprechende Moment* $\mathfrak{S}$ *der Bewegungsmenge steht senkrecht auf der Tangentialebene des Trägheitsellipsoids im Endpunkt von* $\mathfrak{w}$, *und sein Betrag ist dem Abstand dieser Ebene von O umgekehrt proportional* (Abb. 134).

Das Koordinatensystem S hat bisher eine zweifache Rolle gespielt. Einerseits vertrat S den Bezugskörper, relativ zu dem die Bewegung von K stattfindet, andererseits wurden die Koordinaten der Vektoren $\mathfrak{w}$ und $\mathfrak{S}$ in bezug auf S bestimmt. Man kann diese beiden Dinge sehr wohl trennen, und dies ist am bequemsten jetzt durchzuführen, wo wir die nötigen Formeln zur Verfügung haben. Damit man überhaupt von einer Bewegung von K sprechen kann, muß ein Bezugskörper gewählt sein, den wir nun mit B bezeichnen. Bei den Anwendungen wird dies im allgemeinen die Erde sein, man kann aber natürlich zu einem beliebigen anderen Bezugskörper übergehen, wenn man die Regeln für relative Bewegung beachtet. Das einzige, worauf es hier ankommt, ist, daß B ein für allemal gewählt ist und daß der Punkt O von K in B festgehalten ist. Dann sind $\mathfrak{w}$ und $\mathfrak{S}$ wohlbestimmte Vektoren, T ein wohlbestimmter Skalar, und es gelten die Sätze I) bis V). Der Zusammenhang zwischen $\mathfrak{w}$, $\mathfrak{S}$ und T ist durch (**156**, 7), also $2T = \mathfrak{w} \cdot \mathfrak{S}$ gegeben. Ferner muß $\mathfrak{S}$ die durch den Trägheitstensor gegebene lineare Vektorfunktion von $\mathfrak{w}$ sein. Dadurch ist der Inhalt des obigen ohne Verwendung eines Koordinatensystems ausgedrückt.

Will man nun Koordinaten verwenden, so kann man ein rechtwinkliges x, y, z-Koordinatensystem S mit dem Ursprung O und im übrigen ganz willkürlicher Lage zu K und B einführen. In diesem haben die Vektoren $\mathfrak{w}$ und $\mathfrak{S}$ bestimmte Koordinaten und der Trägheitstensor I eine bestimmte Komponentenmatrix. Der Zusammenhang zwischen $\mathfrak{w}$ und $\mathfrak{S}$ wird nun durch die Matrixgleichung (**156**, 4), also durch die Gleichungen (**156**, 5) dargestellt, und T drückt sich in Abhängigkeit von $\mathfrak{w}$ durch (**156**, 10) aus. Diese Gleichungen betreffen die Verhältnisse in einem einzelnen Zeitpunkt.

Wenn die Zeit variiert, kann man das verwendete Koordinatensystem S beliebig relativ zu K und zu B bewegt annehmen. (**156**, 4, 5, 10) geben stets die Verhältnisse für jeden einzelnen Zeitpunkt richtig wieder. Ursprünglich gingen wir von der Vorstellung aus, daß S fest mit B verbunden ist. Es kann aber vielfach praktisch sein, S fest mit dem Körper K zu verbinden, da man dadurch erreicht, daß die Komponenten des Trägheitstensors von der Zeit unabhängig werden. Insbesondere kann man als Koordinatenachsen Hauptachsen für O wählen (entweder für alle Zeiten oder in einem bestimmten Zeitpunkt). Der Trägheitstensor wird dann durch die Diagonalmatrix (**153**, 9) dargestellt. Wenn man bei einer solchen Wahl des Koordinatensystems die Koordinaten durch Anhängung der Indizes 1, 2, 3 bezeichnet, nehmen (**156**, 5) und (**156**, 10) die einfachere Gestalt

$$(\textbf{156}, 12) \qquad S_1 = I_1 w_1, \quad S_2 = I_2 w_2, \quad S_3 = I_3 w_3,$$

$$(\textbf{156}, 13) \qquad 2T = I_1 w_1^2 + I_2 w_2^2 + I_3 w_3^2 = \frac{S_1^2}{I_1} + \frac{S_2^2}{I_2} + \frac{S_3^2}{I_3}$$

an.

Gleichung (**156**, 13) lehrt, daß die kinetische Energie des Körpers bei Drehung um eine beliebige Achse gleich der Summe der kinetischen Energien der drei „Partialdrehungen" ist, die man erhält, wenn man $\mathfrak{w}$ nach den Hauptachsen in Komponenten zerlegt. Gleichung (**156**, 10) zeigt, daß ein solcher Satz bei Auflösung von $\mathfrak{w}$ nach beliebigen Achsen im allgemeinen nicht gilt, auch dann nicht, wenn diese ein rechtwinkliges System bilden.

Bemerkungen: 1. Wenn man für eine gegebene Lage des Körpers den Drehvektor $\mathfrak{w}$ zu bestimmen sucht, der einen gegebenen Momentvektor $\mathfrak{S}$ hervorruft, hat man bei Zugrundelegung eines beliebigen Koordinatensystems S die linearen inhomogenen Gleichungen (**156**, 5) nach w_x, w_y, w_z aufzulösen, also die reziproke Matrix I^{-1} zu berechnen. Bei Zugrundelegung eines Hauptachsensystems hat man die einfachen Gleichungen (**156**, 12). Die Richtung von $\mathfrak{w}$ ist in bezug auf das Trägheitsellipsoid konjugiert zur Normalebene von $\mathfrak{S}$.

2. Die Vektoren $\mathfrak{w}$ und $\mathfrak{S}$ sind axiale Vektoren, stellen also eigentlich Plangrößen dar (vgl. **4** S. 6). In systematischer Hinsicht wäre es konsequent, Größen dieser Art durch schiefsymmetrische Matrizen statt durch einspaltige Matrizen darzustellen. Wir haben diesen Gesichtspunkt bereits in **149** S. 381 hervorgehoben. Setzt man dementsprechend

$$(\textbf{156}, 14) \qquad \Omega = \left\{ \begin{array}{ccc} 0 & -w_z & w_y \\ w_z & 0 & -w_x \\ -w_y & w_x & 0 \end{array} \right\}, \quad \Sigma = \left\{ \begin{array}{ccc} 0 & -S_z & S_y \\ S_z & 0 & -S_x \\ -S_y & S_x & 0 \end{array} \right\},$$

so kann man mit Verwendung der Matrix (153, 2) eine Matrix Γ durch

$$(156, 15) \qquad\qquad \Gamma = \Xi\,\Omega$$

definieren und findet dann (156, 4) in der Form

$$(156, 16) \qquad\qquad \Sigma = \Gamma - \Gamma' = \Xi\,\Omega + \Omega\,\Xi,$$

indem man (156, 5) in (156, 14) einsetzt.

Diese Bemerkung zeigt, daß man sich statt des Trägheitstensors (153, 4) mit dem Tensor (153, 2) begnügen könnte, der einfacher gebaut ist und trotzdem die dynamischen Eigenschaften der gegebenen Massenverteilung vollständig beschreibt.

157. Poinsot-Bewegungen. Wir gehen nun dazu über, die Bewegung von K relativ zu B unter dem Einfluß der auf K wirkenden Kräfte zu bestimmen. Unter diesen haben wir zunächst die Reaktion $\Re$ in dem reibungsfrei festgehaltenen Punkt O, eine Kraft also, die K in O angreift. Von den übrigen auf K wirkenden Kräften wollen wir in diesem Paragraphen annehmen, daß sie zu einer Einzelkraft $\Re$ zusammengesetzt werden können, deren Angriffslinie durch O geht. Da K ein starrer Körper ist, können wir annehmen, daß $\Re$ in O angreift. Hierbei soll der Fall einbegriffen sein, daß $\Re = 0$ ist.

Insgesamt wirkt auf K während der ganzen Bewegung eine Einzelkraft $\Re + \Re$, die K in O angreift, also das Moment Null in O und keinen Effekt bei der Bewegung von K hat. Man schließt daraus, daß das Moment $\Im$ der Bewegungsmenge in O und die kinetische Energie T konstant sind. Satz **156**, V) liefert dann eine vollständige Beschreibung der Bewegung: Die Drehvektoren $\mathfrak{w}$ von K relativ zu B, die in den verschiedenen Zeitpunkten vorliegen, müssen alle zu Punkten desselben Trägheitsellipsoids für O führen, nämlich zu dem zum konstanten Wert T, also zum Wert (156, 11) von $\varkappa$ gehörigen; die Tangentialebene des Ellipsoids im Endpunkt von $\mathfrak{w}$ ist eine in B feste Ebene; sie steht nämlich auf dem konstanten Vektor $\Im$ senkrecht und hat konstanten Abstand von O, da dieser Abstand dem (konstanten) Betrage von $\Im$ umgekehrt proportional sein muß (vgl. Abb. 134). Der im momentanen Berührungspunkt des Ellipsoids mit dieser Ebene befindliche Punkt von K hat als Punkt der momentanen Drehachse die Geschwindigkeit Null relativ zu B; folglich kann das Ellipsoid, das ja in K fest ist, auf der in B festen Ebene nicht gleiten.

Will man sich nicht gerade auf das zum Wert T gehörige Trägheitsellipsoid für O festlegen, so braucht man nur zu berücksichtigen, daß jedes andere Trägheitsellipsoid für O dem ersten ähnlich und bezüglich O ähnlich gelegen ist. Man kann dann das Resultat in der folgenden geometrischen Form aussprechen, in der es von Poinsot gefunden worden ist:

I) *Wenn ein starrer Körper reibungsfrei in einem Punkt O festgehalten ist und der Einwirkung von Kräften unterliegt, die in jedem Zeitpunkt einer Einzelkraft durch O äquivalent sind, so bewegt er sich derart, daß ein Trägheitsellipsoid für O ohne zu gleiten auf einer festen Ebene rollt.*

Der Halbmesser des Ellipsoids, der zum momentanen Berührungspunkt führt, liegt auf der momentanen Drehachse des Körpers und ist der momentanen Winkelgeschwindigkeit proportional.

POINSOT nennt den geometrischen Ort der Schnittpunkte des Ellipsoids mit der momentanen Drehachse die *Polhodie* und den geometrischen Ort der Schnittpunkte der festen Ebene mit der momentanen Drehachse die *Herpolhodie*. Nach **69**, 5. kann die Bewegung von K als Abrollen eines in K festen Kegels R auf einem in B festen Kegel F aufgefaßt werden. Die Polhodie ist dann die Schnittkurve des Trägheitsellipsoids mit R und die Herpolhodie die Schnittkurve der festen Ebene mit F.

Geht die Drehung in einem Zeitpunkt um die größte Hauptachse des Trägheitsellipsoids vor sich, so ist diese Achse für alle Zeiten Drehachse; der Abstand der festen Ebene von O hat dann nämlich den größtmöglichen Wert, und die große Halbachse ist der einzige Halbmesser, der bis zu dieser Ebene reicht. Stört man eine solche Bewegung ein wenig, so daß die Drehung in einem Zeitpunkt um eine Achse vor sich geht, die der größten Hauptachse sehr nahe liegt, so muß die Drehachse stets in der Nähe dieser Hauptachse bleiben, da der Abstand der festen Ebene von O seinem Maximum nahe ist. Man sieht, daß ein entsprechender Satz auch für die kleinste Hauptachse des Ellipsoids gilt. Hier hat der Abstand von der festen Ebene den minimalen Wert. Auch um die mittlere Hauptachse kann die Drehung dauernd vor sich gehen; die Drehachse kann sich aber bei der kleinsten Störung von ihr entfernen:

II) *Die Hauptachsen für O sind permanente Drehachsen. Die Bewegung ist jedoch nur um die beiden Hauptachsen stabil, die zum größten und zum kleinsten Hauptträgheitsmoment gehören.*

Die Kurven auf dem Trägheitsellipsoid, die als Polhodien auftreten können, lassen sich geometrisch als die Örter der Ellipsoidpunkte charakterisieren, in denen die Tangentialebenen festen Abstand vom Mittelpunkt des Ellipsoids haben. Wir wollen diese Kurven bestimmen und legen dabei das Hauptachsensystem und das zu $\varkappa = 2\,T$ gehörige Trägheitsellipsoid zugrunde. Wir haben dann (**156**, 12, 13) und

$$(\mathbf{157},\,1) \qquad \mathfrak{S}^2 = S^2 = S_1^2 + S_2^2 + S_3^2 = I_1^2 w_1^2 + I_2^2 w_2^2 + I_3^2 w_3^2$$

für die Koordinaten $w_1,\, w_2,\, w_3$ der Kurvenpunkte. Multiplizieren wir (**157**, 1) mit $-2T$ und (**156**, 13) mit S^2 und addieren, so erhalten wir

$$(\mathbf{157},\,2) \quad I_1(S^2 - 2T I_1)\,w_1^2 + I_2(S^2 - 2T I_2)\,w_2^2 + I_3(S^2 - 2T I_3)\,w_3^2 = 0.$$

Die Koeffizienten in dieser Gleichung sind bei der Bewegung des Körpers konstant, da $I_1,\, I_2,\, I_3,\, S$ und T konstant sind. (**157**, 2) zeigt, daß der Endpunkt von $\mathfrak{w}$ auf einem Kegel zweiten Grades liegt. (**157**, 2) oder (**157**, 1) zusammen mit (**156**, 13) sind die Gleichungen der Polhodie im Hauptachsensystem.

III) *Bei einer* Poinsot-*Bewegung ist der rollende Polkegel ein Kegel zweiten Grades.*

$\mathfrak{S}$ ist ein konstanter Vektor in $\boldsymbol{B}$; seine Länge ist also, wie bereits verwendet, bei der Bewegung konstant. Die Koordinaten S_1, S_2, S_3 von $\mathfrak{S}$ im Hauptachsensystem sind dagegen bei der Bewegung variabel, da sich das Hauptachsensystem relativ zu $\boldsymbol{B}$ bewegt. Man kann eine partikuläre Bewegung vollständig durch Angabe der Werte $S_1^{(0)}$, $S_2^{(0)}$, $S_3^{(0)}$ von S_1, S_2, S_3 für die zu einem Zeitpunkt t_0 gehörige Lage des Körpers festlegen. Drückt man nun T mit Hilfe von $(\mathbf{156}, 13)$ aus, so kann man $(\mathbf{157}, 2)$ in

$$\begin{aligned}
(\mathbf{157}, 3) \quad & I_1^2 \left[S_2^{(0)2} I_3 (I_2 - I_1) + S_3^{(0)2} I_2 (I_3 - I_1) \right] w_1^2 \\
& + I_2^2 \left[S_3^{(0)2} I_1 (I_3 - I_2) + S_1^{(0)2} I_3 (I_1 - I_2) \right] w_2^2 \\
& + I_3^2 \left[S_1^{(0)2} I_2 (I_1 - I_3) + S_2^{(0)2} I_1 (I_2 - I_3) \right] w_3^2 = 0
\end{aligned}$$

umformen.

Sind die drei Hauptträgheitsmomente voneinander verschieden, und wählt man die Bezeichnungen so, daß

$$(\mathbf{157}, 4) \qquad I_1 < I_2 < I_3,$$

daß also I_1 zur größten und I_3 zur kleinsten Halbachse des Trägheitsellipsoids gehört, so ist der Koeffizient von w_1^2 in $(\mathbf{157}, 3)$ stets positiv und der Koeffizient von w_3^2 negativ, wogegen das Vorzeichen des Koeffizienten von w_2^2 von $S_1^{(0)}$ und $S_3^{(0)}$ abhängt. Hierdurch findet man die obengenannten Sätze in analytischer Form wieder: Wählt man $S_1^{(0)} \neq 0$, $S_2^{(0)} = S_3^{(0)} = 0$, so hat $(\mathbf{157}, 3)$ nur die eine reelle Lösung $w_2 = w_3 = 0$. Die Drehung geht also dauernd um die erste Hauptachse als permanenter Drehachse vor sich. Wählt man $S_2^{(0)}$ und $S_3^{(0)}$ hinreichend klein im Vergleich zu $S_1^{(0)}$, so stellt $(\mathbf{157}, 3)$ einen elliptischen Kegel um die erste Hauptachse dar, und $\mathfrak{w}$ bleibt daher in der Nähe dieser Achse. Entsprechendes gilt für Drehungen um die dritte Hauptachse. Wählt man dagegen $S_2^{(0)} \neq 0$, $S_1^{(0)} = S_3^{(0)} = 0$, so zerfällt $(\mathbf{157}, 3)$ in die Gleichungen für zwei einander schneidende Ebenen:

$$(\mathbf{157}, 5) \qquad \sqrt{I_1 (I_2 - I_1)}\, w_1 \pm \sqrt{I_3 (I_3 - I_2)}\, w_3 = 0.$$

Besonders einfache Verhältnisse liegen vor, wenn das Trägheitsellipsoid ein Rotationsellipsoid ist. Wenn dieses bei festgehaltenem Mittelpunkt eine feste Ebene berühren soll, müssen die Halbmesser, die in den verschiedenen Zeitpunkten zum Berührungspunkt führen, gleich lang sein:

IV) *Eine* Poinsot-*Bewegung eines starren Körpers, dessen Trägheitsellipsoid für den festgehaltenen Punkt ein Rotationsellipsoid ist, geht mit konstanter Winkelgeschwindigkeit vor sich. Die Polhodie und die Herpolhodie sind Kreise, die Polkegel Kreiskegel.*

Ist etwa $I_1 = I_2 < I_3$, so reduziert sich (**157**, 3) auf die Gleichung

(**157**, 6) $\qquad I_1^2 S_3^{(0)2}(w_1^2 + w_2^2) - I_3^2(S_1^{(0)2} + S_2^{(0)2})w_3^2 = 0,$

die einen Kreiskegel um die dritte Hauptachse, d. h. um die Rotationsachse des Ellipsoids darstellt.

Die Reaktion $\Re$ in O bestimmt sich aus dem Schwerpunktssatz. Wird die gesamte Masse des Körpers mit m und der Beschleunigungsvektor des Schwerpunktes relativ zu B mit $\mathfrak{b}_G$ bezeichnet, so hat man

(**157**, 7) $\qquad\qquad\qquad m\,\mathfrak{b}_G = \Re + \Re,$

woraus sich $\Re$ ergibt, wenn die Bewegung bekannt und $\Re$ in Abhängigkeit von der Lage und dem Bewegungszustand des Körpers gegeben ist.

Geht die Rotationsachse dauernd durch G, was z. B. stattfindet, wenn G mit dem festgehaltenen Punkt O identisch ist, so hat man $\mathfrak{b}_G = 0$ und findet dann aus (**157**, 7) $\Re = -\Re$.

158. Die Eulerschen Gleichungen. Wir gehen nun zur allgemeinen Aufgabe über, die Bewegung von K relativ zu B zu bestimmen, wenn auf K außer der Reaktion $\Re$ des festgehaltenen Punktes O gewisse Kräfte $\Re_1, \Re_2, \ldots$ wirken, von denen nun nicht mehr wie in **157** vorausgesetzt wird, daß sie zu einer Einzelkraft durch O zusammengesetzt werden können. Es seien $\Re$ die Vektorinvariante und $\mathfrak{M}$ das Moment dieses Kräftesystems in O.

Der Schwerpunktssatz (**136**, 10)

(**158**, 1) $\qquad\qquad\qquad m\,\mathfrak{b}_G = \Re + \Re$

gestattet die Bestimmung von $\Re$, wenn man auf anderem Wege die Bewegung bereits bestimmt hat, und mehr kann er auch nicht leisten. Die Bewegung selbst ergibt sich aus dem Momentsatz (**137**, 5), also aus

(**158**, 2) $\qquad\qquad\qquad \dot{\mathfrak{S}} = \mathfrak{M}.$

Hierbei werde daran erinnert, daß $\mathfrak{S}$ das Moment der Bewegungsmenge in O für die Bewegung von K relativ zu B ist, und daß die linke Seite von (**158**, 2) demnach

(**158**, 3) $\qquad\qquad\qquad \dot{\mathfrak{S}} = \left(\dfrac{d\,\mathfrak{S}}{dt}\right)_{\!B}$

bedeutet, wenn wir wie in **84** bei zeitlicher Ableitung eines Vektors den Bezugskörper angeben. Verwendet man wie in **156** ein x, y, z-Koordinatensystem S mit dem Ursprung O, das sich willkürlich in bezug auf B und K bewegen kann, so erhält man nach (**84**, 14)

(**158**, 4) $\qquad\qquad \left(\dfrac{d\,\mathfrak{S}}{dt}\right)_{\!B} = \left(\dfrac{d\,\mathfrak{S}}{dt}\right)_{\!S} + \mathfrak{W} \times \mathfrak{S},$

wenn $\mathfrak{W}$ den Drehvektor der Bewegung von S relativ zu B bezeichnet. Die Bewegungsgleichung (**158**, 2) nimmt dann die Gestalt

(**158**, 5) $\qquad\qquad \left(\dfrac{d\,\mathfrak{S}}{dt}\right)_{\!S} + \mathfrak{W} \times \mathfrak{S} = \mathfrak{M}$

an und kann durch drei Koordinatengleichungen in S ersetzt werden:

$$(\mathbf{158}, 6) \qquad \begin{cases} \dot{S}_x + W_y S_z - W_z S_y = M_x, \\ \dot{S}_y + W_z S_x - W_x S_z = M_y, \\ \dot{S}_z + W_x S_y - W_y S_x = M_z. \end{cases}$$

Hierbei sind die Koordinaten von $\mathfrak{S}$ durch $(\mathbf{156}, 5)$ gegeben, wo $\mathfrak{w}$ den Drehvektor von K relativ zu B bedeutet.

Wählt man S fest in K, so werden $\mathfrak{W}$ und $\mathfrak{w}$ identisch und I konstant in S. $(\mathbf{158}, 5)$ nimmt dann wegen $(\mathbf{156}, 4)$ die Gestalt

$$(\mathbf{158}, 7) \qquad \left(\frac{d\,\mathfrak{S}}{d\,t}\right)_K + \mathfrak{w} \times \mathfrak{S} = \mathsf{I}\left(\frac{d\,\mathfrak{w}}{d\,t}\right)_K + \mathfrak{w} \times \mathsf{I}\mathfrak{w} = \mathfrak{M}$$

an, und für $(\mathbf{158}, 6)$ erhält man

$$(\mathbf{158}, 8) \qquad \begin{cases} \dot{S}_x + w_y S_z - w_z S_y = M_x, \\ \dot{S}_y + w_z S_x - w_x S_z = M_y, \\ \dot{S}_z + w_x S_y - w_y S_x = M_z, \end{cases}$$

also mit Verwendung von $(\mathbf{156}, 5)$ ausführlich geschrieben

$$(\mathbf{158}, 9) \quad \begin{cases} I_x \dot{w}_x - D_{xy}\dot{w}_y - D_{xz}\dot{w}_z - D_{xz}w_x w_y + D_{xy}w_x w_z + D_{yz}(w_z^2 - w_y^2) \\ \qquad\qquad\qquad + (I_z - I_y)\,w_y w_z = M_x, \\ -D_{xy}\dot{w}_x + I_y \dot{w}_y - D_{yz}\dot{w}_z - D_{xy}w_y w_z + D_{yz}w_x w_y + D_{xz}(w_x^2 - w_z^2) \\ \qquad\qquad\qquad + (I_x - I_z)\,w_x w_z = M_y, \\ -D_{xz}\dot{w}_x - D_{yz}\dot{w}_y + I_z \dot{w}_z - D_{yz}w_x w_z + D_{xz}w_y w_z + D_{xy}(w_y^2 - w_x^2) \\ \qquad\qquad\qquad + (I_y - I_x)\,w_x w_y = M_z. \end{cases}$$

Aus diesen drei Gleichungen kann man $\dot{w}_x$, $\dot{w}_y$, $\dot{w}_z$ durch w_x, w_y, w_z, M_x, M_y, M_z mit bekannten konstanten Koeffizienten ausdrücken.

Da S jetzt fest in K ist, liegt es nahe, Vorteil daraus zu ziehen, daß die Deviationsmomente verschwinden, wenn man die Koordinatenachsen in die Hauptachsen für O verlegt. Man erhält dann an Stelle von $(\mathbf{158}, 9)$, wenn man wieder das so gewählte Koordinatensystem durch die Indizes 1, 2, 3 andeutet

$$(\mathbf{158}, 10) \qquad \begin{cases} I_1 \dot{w}_1 + (I_3 - I_2)\,w_2 w_3 = M_1, \\ I_2 \dot{w}_2 + (I_1 - I_3)\,w_3 w_1 = M_2, \\ I_3 \dot{w}_3 + (I_2 - I_1)\,w_1 w_2 = M_3. \end{cases}$$

Diese Gleichungen für die Bewegung eines starren Körpers um einen Punkt sind von Euler gefunden worden.

Bemerkungen: 1. Setzt man $(\mathbf{156}, 5)$ in $(\mathbf{158}, 6)$, also $(\mathbf{156}, 4)$ in $(\mathbf{158}, 5)$ ein, so gehen bei Verwendung eines in bezug auf K bewegten Koordinatensystems S die zeitlichen Ableitungen der Elemente der Trägheitsmatrix I in die Rechnung ein. Dies kann man vermeiden, indem man von (**158**, 7) ausgeht und mit Hilfe von (**84**, 14)

$$\left(\frac{d\,\mathfrak{S}}{d\,t}\right)_{K}=\left(\frac{d\,|\,\mathfrak{w}}{d\,t}\right)_{K}=\mathsf{I}\left(\frac{d\,\mathfrak{w}}{d\,t}\right)_{K}=\mathsf{I}\left[\left(\frac{d\,\mathfrak{w}}{d\,t}\right)_{S}+\mathfrak{W}\times\mathfrak{w}\right]$$

schreibt. **S** hat in bezug auf **K** den Drehvektor $\mathfrak{W}-\mathfrak{w}$, und dieser ergibt mit $\mathfrak{w}$ das Vektorprodukt $\mathfrak{W}\times\mathfrak{w}$. Setzt man dies in (**158**, 7) ein, so erhält man

$$\mathsf{I}\left[\left(\frac{d\,\mathfrak{w}}{d\,t}\right)_{S}+\mathfrak{W}\times\mathfrak{w}\right]+\mathfrak{w}\times\mathsf{I}\,\mathfrak{w}=\mathfrak{M}.$$

Hierbei ist das Koordinatensystem **S** vollständig willkürlich, und es macht keinen Unterschied, ob man unter $\mathfrak{W}$ den Drehvektor von **S** in bezug auf **B** oder in bezug auf **K** versteht.

Wenn $\mathfrak{W}$ und $\mathfrak{w}$ auf einer Geraden liegen, gelten die Gleichungen (**158**, 9) auch in **S**, selbst wenn **S** nicht in **K** fest ist.

2. Multipliziert man (**158**, 5) skalar mit $\mathfrak{S}$, so erhält man

(**158**, 11)
$$\mathfrak{M}\cdot\mathfrak{S}=\mathfrak{S}\cdot\left(\frac{d\,\mathfrak{S}}{d\,t}\right)_{S}=\left(\frac{d\,\tfrac{1}{2}\,\mathfrak{S}^{2}}{d\,t}\right)_{S}=\frac{1}{2}\,\frac{d\,S^{2}}{d\,t}\,.$$

Es ist gleichgültig, welchen Bezugskörper man bei dieser Rechnung verwendet; S^{2} ist ein Skalar; seine zeitliche Ableitung hängt daher nicht vom Bezugskörper ab.

Bei der Berechnung von $\mathfrak{M}\cdot\mathfrak{w}$ ist es am bequemsten, (**158**, 7) zugrunde zu legen. Man erhält

(**158**, 12)
$$\mathfrak{M}\cdot\mathfrak{w}=\mathfrak{w}\cdot\left(\frac{d\,\mathfrak{S}}{d\,t}\right)_{K}.$$

Setzt man hierin $\mathfrak{S}$ aus der Matrixgleichung (**156**, 4) ein und verwendet, daß die Trägheitsmatrix symmetrisch und konstant in **K** ist, so erhält man für die rechte Seite von (**158**, 12) in Matrizenschreibweise

(**158**, 13)
$$\mathfrak{w}'\left(\frac{d\,|\,\mathfrak{w}}{d\,t}\right)_{K}=\mathfrak{w}'\mathsf{I}\left(\frac{d\,\mathfrak{w}}{d\,t}\right)_{K}=\frac{d}{d\,t}\left(\frac{1}{2}\,\mathfrak{w}'\mathsf{I}\,\mathfrak{w}\right).$$

Hierbei ist **K** im letzten Ausdruck fortgelassen, da dort ein Skalar, nämlich T, in der Klammer steht [vgl. (**156**, 8)]. (**158**, 12, 13) ergeben daher

(**158**, 14)
$$\mathfrak{M}\cdot\mathfrak{w}=\dot{T},$$

und diese Gleichung bringt den Energiesatz zum Ausdruck. Wir wissen nämlich nach **82**, daß die linke Seite von (**158**, 14) im vorliegenden Fall den Effekt der Kräfte bei der Bewegung des Körpers darstellt [vgl. **82** b)].

Zu (**158**, 13) werde noch bemerkt, daß

(**158**, 15)
$$\left(\frac{d\,\mathfrak{w}}{d\,t}\right)_{K}=\left(\frac{d\,\mathfrak{w}}{d\,t}\right)_{B}$$

ist. Diese Gleichung folgt aus (**84**, 14), da $\mathfrak{w}\times\mathfrak{w}=0$ ist. Sie enthält, daß der Vektor $\mathfrak{w}$ in **B** fest ist, wenn er in **K** fest ist, und umgekehrt.

Ist $\mathfrak{M}=0$ für alle Werte von t, so besagen (**158**, 11, 14), daß S^{2} und T bei der Bewegung konstant sind, was wir in **157** benutzt haben.

Wir führen die Diskussion der Bewegungsgleichungen für ein in **K** festes Koordinatensystem durch, knüpfen also an (**158**, 9) oder (**158**, 10) an. Das Kraftmoment $\mathfrak{M}$ in O hängt im allgemeinen von Lage und Geschwindigkeitszustand des Körpers, evtl. auch explizit von der Zeit ab. Die Lage des Körpers wird dadurch beschrieben, daß man die Lage des hier verwendeten Koordinatensystems **S** in bezug auf ein „absolutes" Koordinatensystem, das den Bezugskörper **B** repräsentiert, angibt.

Dies kann mit Hilfe einer orthogonalen Matrix geschehen, zwischen deren neun Koeffizienten also sechs Relationen bestehen, in Übereinstimmung damit, daß die Lage des Körpers von drei Parametern abhängt, wenn einer seiner Punkte festgehalten ist. Die Verhältnisse lassen sich am besten überblicken, wenn man drei voneinander unabhängige Parameter zur Bestimmung der Lage des Körpers einführt. EULER verwendet hierzu die im folgenden mit ϑ, φ und ψ bezeichneten Winkel.

Wir wählen ein in $\boldsymbol{B}$ festes Rechtssystem $\boldsymbol{\Sigma}(\xi, \eta, \zeta)$ und ein in $\boldsymbol{K}$ festes Rechtssystem $\boldsymbol{S}(x, y, z)$, beide mit dem Ursprung O. Winkel in Koordinatenebenen sollen stets in der für die betreffende Koordinatenebene positive Umlaufsrichtung gemessen werden. Die Schnittgerade k der x, y-Ebene und der ξ, η-Ebene nennt man die *Knotenlinie*; sie werde beliebig orientiert. Dadurch wird dann auch ihre Normalebene orientiert; in dieser werde nun

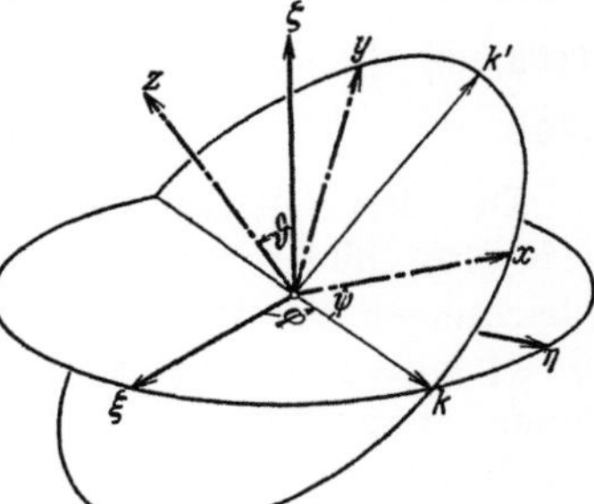

$$(\textbf{158, 16}) \qquad \sphericalangle\,(\zeta, z) = \vartheta,$$

sowie in der ξ, η-Ebene bzw. der x, y-Ebene

$$(\textbf{158, 17}) \qquad \sphericalangle\,(\xi, k) = \varphi,$$

$$(\textbf{158, 18}) \qquad \sphericalangle\,(k, x) = \psi$$

Abb. 135. Die EULERschen Winkel.

gesetzt (vgl. Abb. 135). Ferner ist in der x, y-Ebene eine Gerade k' derart eingezeichnet, daß $\sphericalangle\,(k, k') = \dfrac{\pi}{2}$ ist. Man sieht nun, daß zu jeder beliebigen Wahl von φ, ψ, ϑ eine bestimmte Lage des Körpers gehört, und umgekehrt entsprechen jeder Lage des Körpers während der Bewegung wohlbestimmte Werte von φ, ψ und ϑ, die stetig variieren, wenn die Orientierung der Knotenlinie stets so gewählt wird, daß sich die orientierte Knotenlinie stetig bei der Bewegung des Körpers ändert.

Man kann die EULERschen Winkel auch mit den Lageänderungen des Körpers in Beziehung setzen. Nimmt man als Ausgangslage von $\boldsymbol{K}$ diejenige, in der die in $\boldsymbol{K}$ festen Achsen x, y, z mit ξ, η bzw. ζ zusammenfallen, so kann man $\boldsymbol{K}$ von dieser Lage aus in eine willkürliche Lage (etwa die in Abb. 135 angegebene) bringen, indem man $\boldsymbol{K}$ zunächst um ζ durch den Winkel φ dreht, wodurch x in die Lage k gelangt, dann um k durch den Winkel ϑ, wodurch z in die richtige Lage kommt, und schließlich um diese Lage von z durch den Winkel ψ, wobei x und y die richtige Lage erhalten. Diese drei Drehungen entsprechen genau den Drehungen um die drei Achsen einer CARDANIschen Aufhängung.

Nielsen, Mechanik.

Der Bewegungszustand von K in einer gegebenen Lage wird durch den Drehvektor $\mathfrak{w}$ beschrieben. Dieser kann nach den drei unabhängigen Richtungen k, ζ und z zerlegt werden. (Wir sehen von dem Fall ab, daß z und ζ zusammenfallen, in welchem k unbestimmt wird.) Partialdrehungen um diese Richtungen ändern die EULERschen Winkel (**158**, 16, 17, 18) einzeln. Man hat die Winkelgeschwindigkeiten $\dot{\vartheta}$ um k, $\dot{\varphi}$ um ζ und $\dot{\psi}$ um z. Die Komponente $\dot{\vartheta}$ ist die Projektion von $\mathfrak{w}$ auf k. Die Komponenten $\dot{\varphi}$ und $\dot{\psi}$ haben die Projektion von $\mathfrak{w}$ auf die Normalebene von k zur Vektorsumme. Wir ersetzen nun noch die Komponente $\dot{\varphi}$ durch die Partialdrehungen $\dot{\varphi}\cos\vartheta$ um z und $\dot{\varphi}\sin\vartheta$ um k'. Projiziert man dann auf x, y, z, so erhält man

$$(\mathbf{158},\ 19) \qquad w_x = \dot{\vartheta}\cos\psi + \dot{\varphi}\sin\vartheta\sin\psi,$$

$$(\mathbf{158},\ 20) \qquad w_y = -\dot{\vartheta}\sin\psi + \dot{\varphi}\sin\vartheta\cos\psi,$$

$$(\mathbf{158},\ 21) \qquad w_z = \dot{\psi} + \dot{\varphi}\cos\vartheta.$$

Die drei Gleichungen (**158**, 9) [oder für das Hauptachsensystem (**158**, 10)] bilden nun zusammen mit (**158**, 19, 20, 21) die Differentialgleichungen der Bewegung und gestatten die sechs Größen w_x, w_y, w_z, ϑ, φ, ψ als Funktionen von t zu bestimmen. Man kann $\mathfrak{w}$ eliminieren, indem man (**158**, 19, 20, 21) und die Koordinaten von $\dot{\mathfrak{w}}$, die man durch Differentiation dieser Gleichungen nach t erhält, in (**158**, 9) [oder für das Hauptachsensystem in (**158**, 10)] einsetzt. Man erhält auf diese Weise drei Differentialgleichungen zweiter Ordnung mit t als unabhängiger und ϑ, φ, ψ als abhängigen Variablen. Die Koordinaten von $\mathfrak{M}$ hängen ja im allgemeinsten Fall von einem Bewegungselement des Körpers, d. h. von einem Wertesystem

$$(\mathbf{158},\ 22) \qquad \vartheta,\ \varphi,\ \psi,\ \dot{\vartheta},\ \dot{\varphi},\ \dot{\psi},\ t$$

ab.

Ein Massenpunkt von K mit dem Ortsvektor $\mathfrak{r}$ hat bei der Bewegung relativ zu B die Beschleunigung

$$(\mathbf{158},\ 23) \quad \left\{ \begin{aligned} \mathfrak{b} = \dot{\mathfrak{v}} &= \left(\frac{d(\mathfrak{w}\times\mathfrak{r})}{dt}\right)_B = \dot{\mathfrak{w}}\times\mathfrak{r} + \mathfrak{w}\times\mathfrak{v} = \dot{\mathfrak{w}}\times\mathfrak{r} + \mathfrak{w}\times(\mathfrak{w}\times\mathfrak{r}) \\ &= \dot{\mathfrak{w}}\times\mathfrak{r} - w^2\left[\mathfrak{r} - \frac{\mathfrak{w}\cdot\mathfrak{r}}{w^2}\mathfrak{w}\right] = \dot{\mathfrak{w}}\times\mathfrak{r} - w^2\mathfrak{r}', \end{aligned} \right.$$

wenn $\mathfrak{r}'$ den Vektor bedeutet, der senkrecht zur momentanen Drehachse von dieser zum Massenpunkt führt.

Wendet man dies auf die Beschleunigung des Schwerpunktes an, so geht (**158**, 1) in

$$(\mathbf{158},\ 24) \qquad m\left[\dot{\mathfrak{w}}\times\mathfrak{r}_G - w^2\mathfrak{r}_G'\right] = \mathfrak{R} + \mathfrak{K}$$

über. Hierin bedeutet $\dot{\mathfrak{w}}$ die Größe $\left(\dfrac{d\mathfrak{w}}{dt}\right)_B$; diese Gleichung gilt daher ungeändert in jedem Koordinatensystem S, in dem $\left(\dfrac{d\mathfrak{w}}{dt}\right)_S = \left(\dfrac{d\mathfrak{w}}{dt}\right)_B$ ist,

insbesondere also in einem in K festen Koordinatensystem [vgl. (158, 15)].
Berechnet man $\dot{\mathfrak{w}}$ aus (158, 9) und setzt in (158, 24) ein, so sieht man:

Die Reaktion in einem Zeitpunkt t ist durch das zu t gehörige Bewegungselement (158, 22) *des Körpers bestimmt.* Denn $\Re$, $\mathfrak{r}_G$, $\mathfrak{r}_G'$ und $\mathfrak{w}$ hängen allein von diesen Größen ab, und dasselbe findet man für $\dot{\mathfrak{w}}$ durch Auflösen von (158, 9) oder (158, 10). Man sieht wieder, daß man die Reaktion bei gegebenem Bewegungszustand finden kann, ohne die Integration der Bewegungsgleichungen durchführen zu müssen.

Ist der festgehaltene Punkt speziell der Schwerpunkt des Körpers, so hat man $\mathfrak{r}_G = \mathfrak{r}_G' = 0$, und man erhält dieselbe Reaktion, wie wenn sich der Körper in Ruhe befindet, da (158, 24) mit (35, 1) identisch wird. In diesem Fall gibt es also keinen „dynamischen" Beitrag zur Reaktion des festgehaltenen Punktes.

Bemerkungen: 3. Man kann die Bewegung von K relativ zu B dadurch bestimmen, daß man zum Ausdruck bringt, daß sich K in einem in K festen Koordinatensystem S im Gleichgewicht befindet. Dies ist im Grunde nur eine Umschreibung der früheren Betrachtungen, wir wollen sie aber als Übung in der Anwendung der relativen Bewegung durchführen.

Man hat die zum Übergang vom Bezugskörper B zu K gehörigen, auf die einzelnen Massenpunkte von K wirkenden fiktiven Kräfte hinzuzufügen. Von diesen verschwindet die Corioliskraft (96, 7), da jeder Massenpunkt relativ zu K in Ruhe ist. Um die Führungskraft (96, 6) zu bestimmen, bemerke man, daß Führungsgeschwindigkeit $\mathfrak{v}_f$ und Führungsbeschleunigung $\mathfrak{b}_f$ für jeden Massenpunkt mit der absoluten Geschwindigkeit $\mathfrak{v}$ bzw. der absoluten Beschleunigung $\mathfrak{b}$ übereinstimmen. Für die einem Massenpunkt mit der Masse m_ν und dem Ortsvektor $\mathfrak{r}_\nu$ entsprechende Führungskraft ergibt sich daher

$$(158, 25) \qquad -m_\nu \mathfrak{b}_\nu = -m_\nu (\dot{\mathfrak{w}} \times \mathfrak{r}_\nu + \mathfrak{w} \times \mathfrak{v}_\nu).$$

Die Vektorinvariante des Systems dieser fiktiven Kräfte ist also

$$(158, 26) \qquad -\sum m_\nu \mathfrak{b}_\nu = -\dot{\mathfrak{w}} \times \sum m_\nu \mathfrak{r}_\nu - \mathfrak{w} \times \sum m_\nu \mathfrak{v}_\nu = -\dot{\mathfrak{w}} \times m\mathfrak{r}_G - \mathfrak{w} \times m\mathfrak{v}_G,$$

also dieselbe, wie wenn die ganze Masse im Schwerpunkt konzentriert wäre. Der Momentvektor der fiktiven Kräfte in O wird

$$(158, 27) \qquad -\sum \mathfrak{r}_\nu \times m_\nu \mathfrak{b}_\nu = -\sum m_\nu \mathfrak{r}_\nu \times (\dot{\mathfrak{w}} \times \mathfrak{r}_\nu) - \sum m_\nu \mathfrak{r}_\nu \times (\mathfrak{w} \times \mathfrak{v}_\nu).$$

Ein Vergleich mit (156, 2, 3, 4) zeigt, daß die erste Summe auf der rechten Seite gleich

$$(158, 28) \qquad \mathfrak{I}\dot{\mathfrak{w}} = \left(\frac{d\mathfrak{S}}{dt}\right)_K$$

ist. Die zweite Summe kann man mit Hilfe der Gleichung

$$\mathfrak{r}_\nu \times (\mathfrak{w} \times \mathfrak{v}_\nu) = \mathfrak{r}_\nu \times [\mathfrak{w} \times (\mathfrak{w} \times \mathfrak{r}_\nu)] = -(\mathfrak{w} \cdot \mathfrak{r}_\nu)(\mathfrak{w} \times \mathfrak{r}_\nu)$$
$$= \mathfrak{w} \times [\mathfrak{r}_\nu \times (\mathfrak{w} \times \mathfrak{r}_\nu)] = \mathfrak{w} \times (\mathfrak{r}_\nu \times \mathfrak{v}_\nu)$$

umformen [vgl. (5, 4)]. Man erhält dann nach (156, 3)

$$(158, 29) \qquad \mathfrak{w} \times \left[\sum m_\nu \mathfrak{r}_\nu \times \mathfrak{v}_\nu\right] = \mathfrak{w} \times \mathfrak{S}.$$

Die fiktiven Kräfte haben also in O den Momentvektor

$$(158, 30) \qquad -\left[\left(\frac{d\mathfrak{S}}{dt}\right)_K + \mathfrak{w} \times \mathfrak{S}\right].$$

Daß der starre Körper K sich in S im Gleichgewicht befindet, wird nun nach **34** vollständig dadurch zum Ausdruck gebracht, daß einerseits $\mathfrak{R} + \mathfrak{K}$ zusammen mit (**158**, 26) die Summe Null haben soll, was auf (**158**, 24) führt, andererseits daß der Momentvektor $\mathfrak{M}$ der gegebenen Kräfte in O zusammen mit (**158**, 30) die Summe Null ergeben soll, was auf (**158**, 7) führt. Damit haben wir die Gleichungen zur Bestimmung der Bewegung des Körpers in bezug auf B und der Reaktion wiedergefunden.

4. Die zur Führungsbahn (also zu $\mathfrak{v}_{\nu}$) senkrechte Komponente von (**158**, 25) haben wir in **96** als Zentrifugalkraft bezeichnet. Zu dieser liefert das Glied mit $\dot{\mathfrak{w}}$ nur einen Beitrag, falls $\dot{\mathfrak{w}}$ eine Komponente in der Richtung von $\mathfrak{v}_{\nu}$ (also senkrecht zu der durch $\mathfrak{w}$ und $\mathfrak{r}_{\nu}$ bestimmten Ebene) hat. Das Glied mit $\mathfrak{w}$ trägt zur Zentrifugalkraft in vollem Umfange bei. — Wenn die Drehachse fest ist, wenn also $\dot{\mathfrak{w}}$ dieselbe Richtung wie $\mathfrak{w}$ hat, so hat das Glied mit $\dot{\mathfrak{w}}$ in (**158**, 25) dieselbe Richtung wie $\mathfrak{v}_{\nu}$, welchen Massenpunkt man auch betrachtet; es liefert also keinen Beitrag zur Zentrifugalkraft:

Wenn sich ein starrer Körper um eine feste Achse dreht, so haben die Zentrifugalkräfte das Moment $-\mathfrak{w} \times \mathfrak{S}$ in einem Punkt der Drehachse, wo $\mathfrak{S}$ das Moment der Bewegungsmenge in diesem Punkt ist.

5. Gleichung (**158**, 2) kann

(**158**, 31) $$d\,\mathfrak{S} = \mathfrak{M}\,dt$$

geschrieben werden. Ist $d\alpha$ der Winkel zwischen $\mathfrak{S}$ und $\mathfrak{S} + d\,\mathfrak{S}$, so hat man

(**158**, 32) $$\begin{cases} |d\mathfrak{S}|^2 = (d\,|\mathfrak{S}|)^2 + |\mathfrak{S}|^2\,d\alpha^2 \\ |\mathfrak{S}|\,d\alpha \leqq |d\mathfrak{S}|. \end{cases}$$

Man erhält also aus (**158**, 31)

(**158**, 33) $$\dot{\alpha} \leqq \frac{|\mathfrak{M}|}{|\mathfrak{S}|}.$$

Da nun $|\mathfrak{S}|$ für eine gegebene momentane Drehachse proportional w ist, entnimmt man aus (**158**, 33), daß die Winkelgeschwindigkeit des Moments $\mathfrak{S}$ der Bewegungsmenge für eine gegebene Lage des Körpers, für eine gegebene momentane Drehachse und für gegebenes Moment der wirkenden Kräfte desto kleiner ist, je größer die Winkelgeschwindigkeit w des Körpers ist.

(**158**, 31) ergibt integriert die Gleichung (**94**, 10):

Der Zuwachs des Moments der Bewegungsmenge im festgehaltenen Punkt während eines Zeitintervalls ist gleich dem von den wirkenden Kräften im selben Zeitintervall bestimmten Impulsmoment im festgehaltenen Punkt.

Hat $\mathfrak{M}$ feste Richtung und wächst das Impulsmoment unbegrenzt mit der Zeit, so nähert sich die Richtung von $\mathfrak{S}$ der von $\mathfrak{M}$.

159. Der Kreisel. Wir wollen nun die in **158** besprochenen Bewegungen näher untersuchen, wenn die folgenden speziellen Bedingungen erfüllt sind:

1. Zwei der Hauptträgheitsmomente für den festgehaltenen Punkt O sind gleich groß; das Trägheitsellipsoid für O ist also ein Rotationsellipsoid; seine Rotationsachse heiße die *Figurenachse*.

2. Der Schwerpunkt G des Körpers liegt auf der Figurenachse, aber nicht in O.

3. Abgesehen von den Schwerkräften haben alle auf den Körper wirkenden Kräfte zusammengenommen das Moment Null um O. Das Moment $\mathfrak{M}$ in **158** besteht also allein aus dem Moment der Schwerkräfte in O.

Diese Bedingungen sind bei einem homogenen Rotationskörper erfüllt, der in einen Punkt der Rotationsachse festgehalten wird und auf den nur die Schwere wirkt. Ein Beispiel hat man in einem rotierenden Kreisel, dessen Spitze auf eine rauhe Fläche gestützt ist, auf der sie nicht gleiten kann. — Im folgenden machen wir aber außer den drei oben angeführten keinerlei Annahmen über die Gestalt des Körpers.

Indem wir die Bezeichnungen von **158** beibehalten, legen wir die ζ-Achse vertikal nach oben, die z-Achse in die Figurenachse, auf G zu orientiert, und setzen

$$(159, 1) \qquad\qquad OG = s > 0.$$

Die Achsen des x, y, z-Systems sind dann Hauptachsen, und es ist

$$(159, 2) \qquad\qquad I_1 = I_2 \gtreqless I_3.$$

Der Momentvektor der Schwere in O steht senkrecht auf der z-Achse; also ist $M_3 = 0$. Aus (**159**, 2) und der dritten EULERschen Gleichung (**158**, 10) kann man dann schließen, daß w_3 konstant ist. Der Drehvektor $\mathfrak{w}$ des Körpers hat eine konstante Projektion auf die Figurenachse. Mit Verwendung von (**158**, 21) kann man dann eine erste Integrationskonstante α durch

$$(159, 3) \qquad\qquad \frac{I_3}{I_1} w_3 = \frac{I_3}{I_1} (\dot{\psi} + \dot{\varphi}\cos\vartheta) = \alpha$$

einführen. Der Faktor I_3/I_1 ist zur Vereinfachung der folgenden Rechnungen hinzugefügt.

Will man die EULERschen Gleichungen nicht heranziehen, so kann man sich an (**158**, 7) halten. Da auf die Figurenachse projiziert werden soll, braucht man bei der Bildung von $\mathfrak{w} \times \mathfrak{S}$ nur diejenigen Komponenten von $\mathfrak{w}$ und $\mathfrak{S}$ mitzunehmen, die zur Figurenachse senkrecht sind; die Komponenten in Richtung der Figurenachse ergeben ja im Vektorprodukt Beiträge, die senkrecht zur Figurenachse sind. Die zur Figurenachse senkrechten Komponenten von $\mathfrak{w}$ und S sind aber gleich gerichtet, da jede Normale zur Figurenachse in O Hauptachse ist; sie haben daher das Vektorprodukt Null. Da demnach sowohl $\mathfrak{w} \times \mathfrak{S}$ als auch $\mathfrak{M}$ senkrecht auf der Figurenachse stehen, gilt nach (**158**, 7) dasselbe von $\left(\dfrac{d\mathfrak{S}}{dt}\right)_{\boldsymbol{K}}$. Daher hat $\mathfrak{S}$ eine konstante Projektion auf die Figurenachse, und $I_3 w_3$ ist konstant, was wir durch (**159**, 3) zum Ausdruck gebracht haben. — Vgl. auch (**98**, 6).

Der Momentvektor der Schwere in O steht auch senkrecht auf ζ, und da ζ in **B** fest ist, folgt aus (**158**, 2), daß $\mathfrak{S}$ eine konstante Projektion auf ζ hat. Diese findet man, indem man (wie in **158**) den Vektor $\mathfrak{w}$ nach den Richtungen z, k und k' zerlegt. Da diese Richtungen Hauptrichtungen sind, hat $\mathfrak{S}$ die Projektionen $I_3 w_3 = I_1\alpha$, $I_1\dot{\vartheta}$ und $I_1\dot{\varphi}\sin\vartheta$ auf diese Richtungen. Die Projektion von $\mathfrak{S}$ auf ζ wird daher $I_1(\alpha\cos\vartheta + \dot{\varphi}\sin^2\vartheta)$. Dividiert man noch durch I_1, so kann man eine neue Integrationskonstante β durch

$$(159, 4) \qquad\qquad \alpha\cos\vartheta + \dot{\varphi}\sin^2\vartheta = \beta$$

einführen.

Die Höhe des Schwerpunktes über der horizontalen Ebene durch O ist $s \cos\vartheta$. Ist P das Gewicht des Körpers, so hat man $Ps \cos\vartheta$ als Ausdruck seiner potentiellen Energie. Die Drehung um z trägt zur kinetischen Energie mit $\frac{1}{2}I_3 w_3^2$ und die Drehungen um k und k' zusammen mit $\frac{1}{2}I_1(\dot\vartheta^2 + \dot\varphi^2 \sin^2\vartheta)$ bei. [Vgl. die Bemerkungen zu (**156**, 13).] Nach dem Energiesatz hat man dann

$$\tfrac{1}{2}I_3 w_3^2 + \tfrac{1}{2}I_1(\dot\vartheta^2 + \dot\varphi^2 \sin^2\vartheta) + Ps \cos\vartheta = \text{const.}$$

Hierin ist das erste Glied für sich konstant. Wir multiplizieren noch mit $\dfrac{2}{I_1}$ und führen eine dritte Integrationskonstante γ ein, indem wir die letzte Gleichung

(**159**, 5) $$\dot\vartheta^2 + \dot\varphi^2 \sin^2\vartheta + a \cos\vartheta = \gamma$$

schreiben. Hierbei haben wir zur Abkürzung die nur vom Körper abhängige Konstante

(**159**, 6) $$a = \frac{2Ps}{I_1} > 0$$

eingeführt.

Die Gleichungen (**159**, 3, 4, 5) bilden für die Bestimmung von ϑ, φ und ψ als Funktionen von t drei Erstintegrale, die wir uns mit Hilfe des Momentsatzes für eine variable und eine feste Achse, um welche die Schwerkräfte die Momente Null haben, und mit Hilfe des Energiesatzes verschafft haben. Die durch diese Erstintegrale eingeführten Integrationskonstanten α, β und γ kann man aus dem zu einem Zeitpunkt $t = t_0$ gehörigen Bewegungselement, also aus einem System von zusammengehörigen Werten

(**159**, 7) $$\vartheta_0,\ \varphi_0,\ \psi_0,\ \dot\vartheta_0,\ \dot\varphi_0,\ \dot\psi_0,\ t_0$$

bestimmen. Man findet

(**159**, 8) $$\alpha = \frac{I_3}{I_1}(\dot\psi_0 + \dot\varphi_0 \cos\vartheta_0),$$

(**159**, 9) $$\beta = \alpha \cos\vartheta_0 + \dot\varphi_0 \sin^2\vartheta_0,$$

(**159**, 10) $$\gamma = \dot\vartheta_0^2 + \dot\varphi_0^2 \sin^2\vartheta_0 + a \cos\vartheta_0.$$

Wie man sieht, hängen α, β, γ von der „Neigung" ϑ_0 der Figurenachse und dem Bewegungszustand in der Ausgangslage, aber nicht von t_0, φ_0, ψ_0 ab. Das letzte ist klar, da die Achsen ξ und x, von denen aus φ und ψ gemessen werden, unter unseren jetzigen Voraussetzungen beliebige Geraden durch O in der horizontalen Ebene bzw. in der Normalebene der Figurenachse sind.

α und β haben die Dimension $[\mathrm{T}^{-1}]$, γ und a die Dimension $[\mathrm{T}^{-2}]$. Die Konstante a hängt nur von dem Trägheitsradius k_n des Körpers für eine Normale zur Figurenachse durch O und vom Abstand $OG = s$ ab. Es ist nämlich

(**159**, 11) $$a = \frac{2gs}{k_n^2}.$$

Die Bestimmung der Bewegung aus den Differentialgleichungen **(159, 3, 4, 5)** geht nun in der Weise vor sich, daß man zunächst $\dot{\varphi}$ aus **(159, 4)** und **(159, 5)** eliminiert, wodurch man eine Gleichung für ϑ allein erhält:

$$\sin^2\vartheta\,\dot{\vartheta}^2 + (\beta - \alpha\cos\vartheta)^2 + (a\cos\vartheta - \gamma)\sin^2\vartheta = 0.$$

Führt man u durch

(159, 12) $$\cos\vartheta = u, \quad -\sin\vartheta\,\dot{\vartheta} = \dot{u}$$

ein, so nimmt diese Gleichung die Gestalt

(159, 13) $$\dot{u}^2 = (\gamma - au)(1 - u^2) - (\beta - \alpha u)^2 = f(u)$$

an, wo $f(u)$ ein Polynom dritten Grades

(159, 14) $$f(u) = au^3 - (\gamma + \alpha^2)u^2 + (2\alpha\beta - a)u + \gamma - \beta^2$$

ist.

Aus **(159, 13)** bestimmt sich t als Funktion von u, also von ϑ durch die Quadratur

(159, 15) $$t = \int \frac{\pm\,du}{\sqrt{f(u)}}.$$

Dies ist ein elliptisches Integral, folglich $u = \cos\vartheta$ eine elliptische Funktion der Zeit. Bei dieser Integration wird der Wert ϑ_0 von ϑ für $t = t_0$ (oder $u_0 = \cos\vartheta_0$) als vierte Integrationskonstante eingeführt. Schreibt man hiernach **(159, 4)**

(159, 16) $$\dot{\varphi} = \frac{\beta - \alpha\cos\vartheta}{\sin^2\vartheta} = \frac{\beta - \alpha u}{1 - u^2},$$

so ergibt sich φ nach Einsetzen des gefundenen $u(t)$ durch eine weitere Quadratur als Funktion von t. Hierbei wird φ_0 als fünfte Integrationskonstante eingeführt. Schließlich erhält man aus **(159, 3)**

(159, 17) $$\dot{\psi} = \frac{I_1}{I_3}\alpha - \frac{(\beta - \alpha u)u}{1 - u^2},$$

woraus man ψ als Funktion von t findet und ψ_0 als sechste und letzte Integrationskonstante einführt.

Durch die Quadraturen **(159, 15, 16, 17)** ist das Bewegungsproblem gelöst. Wir wollen im folgenden einige Eigenschaften dieser Bewegung diskutieren, ohne Kenntnisse über elliptische Funktionen vorauszusetzen.

Wir betrachten das Polynom $f(u)$ **(159, 14)** mit u als unbeschränkter Variablen, obwohl nur Werte $-1 \leqq u = \cos\vartheta \leqq 1$ für die Bewegung in Betracht kommen. Für große Werte von u ist $f(u) > 0$, da $a > 0$ ist. Ferner ist nach **(159, 13)**

$$f(1) = -(\beta - \alpha)^2, \quad f(-1) = -(\beta + \alpha)^2.$$

Wir nehmen zunächst

(159, 18) $$\beta \neq \pm\alpha$$

an, wodurch wir zwei spezielle Bewegungsformen ausschließen, die nachträglich (S. 429) besprochen werden. Dann ist $f(-1) < 0$ und $f(1) < 0$. Ferner sehen wir vorläufig von der Möglichkeit ab, daß die Figurenachse während der ganzen Bewegung dieselbe Neigung hat; dieser Fall wird ebenfalls später (S. 428) besprochen. Wir setzen mit anderen Worten voraus, daß $\dot{u}$ während der Bewegung von Null verschiedene Werte annimmt. Dies ist gewiß der Fall, wenn im Anfangselement (**159**, 7) $\dot{\vartheta}_0 \neq 0$ ist. Es gibt dann Werte von u zwischen -1

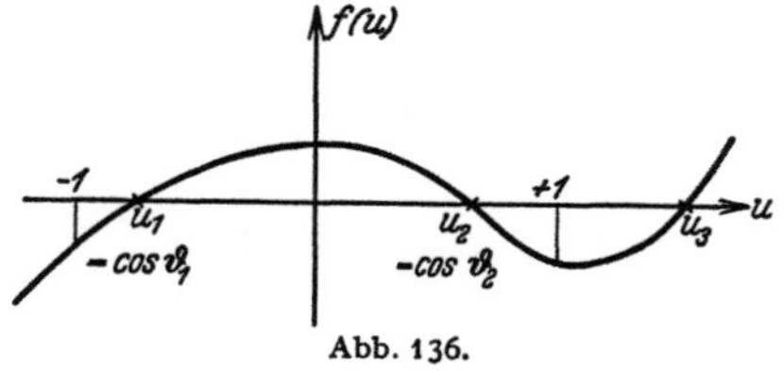

Abb. 136.

und $+1$, für die nach (**159**, 13) $f(u) > 0$ ist. $f(u)$ hat demnach drei reelle Wurzeln

$$(\mathbf{159}, 19) \qquad -1 < u_1 < u_2 < 1 < u_3$$

und kann etwa durch Abb. 136 dargestellt werden.

Die Werte von $u = \cos\vartheta$, die bei der Bewegung vorkommen, müssen zwischen -1 und $+1$ liegen und nach (**159**, 13) der Funktion $f(u) = \dot{u}^2$ nichtnegative Werte erteilen. Dadurch ist u an das Intervall $u_1 \leqq u \leqq u_2$ gebunden. Da $\dot{u}^2$ eine eindeutige Funktion von u ist, wird u eine periodische Funktion von t. Der Winkel ϑ schwankt also periodisch zwischen dem u_1 entsprechenden Wert ϑ_1, für den die Figurenachse den größten Winkel mit der Vertikalen bildet, und dem u_2 entsprechenden Wert ϑ_2, wo die Figurenachse der Vertikalen am nächsten ist. Bei aufwärts gehender Bewegung der Figurenachse hat man in (**159**, 15) das positive, bei abwärts gehender das negative Zeichen zu verwenden. In dem Zeitraum, der z. B. zwischen zwei aufeinanderfolgenden Lagen $\vartheta = \vartheta_1$ verstreicht, nehmen φ und ψ nach (**159**, 16) und (**159**, 17) um konstante Beträge zu oder ab, da u dieselben Werte durchläuft.

Während $\dot{\vartheta}$ die Winkelgeschwindigkeit der auf- und abwärts gehenden Bewegung der Figurenachse ist, stellt $\dot{\varphi}$ die Winkelgeschwindigkeit der *Präzession* dar, d. h. der Bewegung der Horizontalprojektion der Figurenachse. φ ist nämlich nach **158** die Winkelgeschwindigkeit, mit der sich die Knotenlinie k dreht, und daher auch die Winkelgeschwindigkeit der Normalebene von k, und das ist die Vertikalebene durch die Figurenachse.

(**159**, 16) zeigt, daß $\dot{\varphi}$ festes Vorzeichen hat, daß also der Winkel φ monoton variiert, falls die Zahl $\dfrac{\beta}{\alpha}$ nicht dem Intervall von u_1 bis u_2 angehört. Dagegen wechselt $\dot{\varphi}$ das Vorzeichen, wenn u bei der Bewegung den Wert $\dfrac{\beta}{\alpha}$ passiert; φ nimmt dann während der Bewegung abwechselnd zu und ab. $|\beta| > |\alpha|$ ist eine hinreichende, aber keineswegs notwendige Bedingung dafür, daß φ monoton variiert. Für

$|\beta| < |\alpha|$ [das Gleichheitszeichen haben wir durch die Annahme (**159**, 18) ausgeschlossen] kann $\dot\varphi$ nur verschwinden, falls $f\left(\dfrac{\beta}{\alpha}\right) \geqq 0$, also nach (**159**, 13), falls

$$(\mathbf{159}, 20) \qquad \gamma - a\,\frac{\beta}{\alpha} \geqq 0.$$

Als notwendige und hinreichende Bedingung dafür, daß $\dot\varphi$ den Wert Null bei der Bewegung annimmt, erhält man so, daß die Ungleichungen

$$(\mathbf{159}, 21) \qquad \left|\frac{\beta}{\alpha}\right| < 1, \qquad \frac{\beta}{\alpha} \leqq \frac{\gamma}{a}$$

gleichzeitig gelten. Mit Hilfe von (**159**, 8, 9, 10) kann man (**159**, 21) in Bedingungsungleichungen für ϑ_0, $\dot\vartheta_0$, $\dot\varphi_0$, $\dot\psi_0$ umformen.

Man entnimmt aus (**159**, 16), daß $\dot\varphi$ dasselbe oder das entgegengesetzte Vorzeichen wie α hat, je nachdem $u < \dfrac{\beta}{\alpha}$ oder $u > \dfrac{\beta}{\alpha}$ ist.

Aus (**159**, 13) folgt, daß die Ungleichung

$$(\mathbf{159}, 22) \qquad \gamma - au = \frac{\dot u^2 + (\beta - \alpha u)^2}{1 - u^2} \geqq 0$$

während der ganzen Bewegung besteht. Das Gleichheitszeichen kann nur für $u = \dfrac{\beta}{\alpha}$ eintreten, wenn zugleich $\dot u = 0$ ist, d. h. wenn $\dot\varphi = 0$ und $\dot u = 0$ gleichzeitig eintreten. Man entnimmt aus (**159**, 22), daß dies nur für die größere Wurzel u_2 der Fall sein kann, d. h. für die Lagen des Körpers, wo die Figurenachse der Vertikalen am nächsten ist; denn $\gamma - au$ erhält seinen kleinsten Wert für den größten Wert von u, da $a > 0$ ist. Die Bedingung dafür, daß dieser spezielle Fall eintritt, ist, daß das Gleichheitszeichen in (**159**, 20) gilt, daß also die für die Bewegung charakteristischen Konstanten α, β und γ die Gleichung

$$(\mathbf{159}, 23) \qquad \alpha\gamma = a\beta$$

erfüllen. Man hat dann während der ganzen Bewegung nach (**159**, 4, 5)

$$(\mathbf{159}, 24) \qquad \alpha\,(\dot\vartheta^2 + \dot\varphi^2 \sin^2\vartheta) = a\dot\varphi \sin^2\vartheta.$$

Dies tritt z. B. ein, wenn man die Figurenachse in einer nicht vertikalen Stellung festhält, dem Körper eine Winkelgeschwindigkeit um die Figurenachse erteilt, sie hierauf losläßt und den Körper der Einwirkung der Schwere überläßt. Man hat dann eine Ausgangslage ϑ_0, für die $\cos\vartheta_0 \neq \pm 1$ ist, und die Anfangswerte $\dot\vartheta_0 = \dot\varphi_0 = 0$. Aus (**159**, 9, 10) folgt dann

$$-1 < \frac{\beta}{\alpha} = \frac{\gamma}{a} = \cos\vartheta_0 < 1,$$

so daß (**159**, 21) und (**159**, 23) erfüllt sind. (**159**, 24) zeigt dann, daß $\dot\varphi$ bei der ganzen Bewegung dasselbe Vorzeichen wie α hat (nur $\dot\varphi = 0$ kann momentan für $\vartheta = \vartheta_0$ eintreten). Je nachdem, ob man dem Körper eine Rechtsdrehung oder eine Linksdrehung um die auf den Schwerpunkt zu orientierte Figurenachse erteilt hat, führt die Vertikalebene durch die Figurenachse eine Rechtsdrehung bzw. eine Linksdrehung um die aufwärts orientierte Vertikale aus. Diese Regel bestimmt die Richtung der Präzessionsbewegung.

Man kann die Bewegung der Figurenachse anschaulich durch die Bahnkurve beschreiben, die ihr Schnittpunkt mit der Einheitskugel um O durchläuft. u ist die Höhe dieses Punktes über der Horizontalebene durch O. Die Bahnkurve liegt ganz innerhalb der Kugelzone zwischen den Parallelkreisen $\vartheta = \vartheta_1$ und $\vartheta = \vartheta_2$. Sie berührt stets den unteren Parallelkreis und, den (**159**, 23) entsprechenden Spezialfall ausgenommen, auch den oberen. Man hat nämlich

$$(\mathbf{159}, 25) \qquad\qquad \frac{du}{d\varphi} = \frac{\dot{u}}{\dot{\varphi}} \,,$$

und dies verschwindet auf den zu $\dot{u} = 0$ gehörigen begrenzenden Parallelkreisen, ausgenommen wenn zugleich $\dot{\varphi} = 0$ ist. Von (**159**, 13) und (**159**, 16) kann man durch Elimination von dt zu einer Differentialgleichung der Kurve mit u und φ als Variablen gelangen:

$$(\mathbf{159}, 26) \qquad\qquad \frac{d\varphi}{du} = \frac{\beta - \alpha u}{(1 - u^2)\,\sqrt{f(u)}} \,.$$

Die Bestimmung der Kurve ist hiermit auf eine Quadratur zurückgeführt.

Wenn (**159**, 21) nicht erfüllt ist, hat die Kurve das in Abb. 137a dargestellte Aussehen. Ist (**159**, 21), aber nicht (**159**, 23) erfüllt, so hat

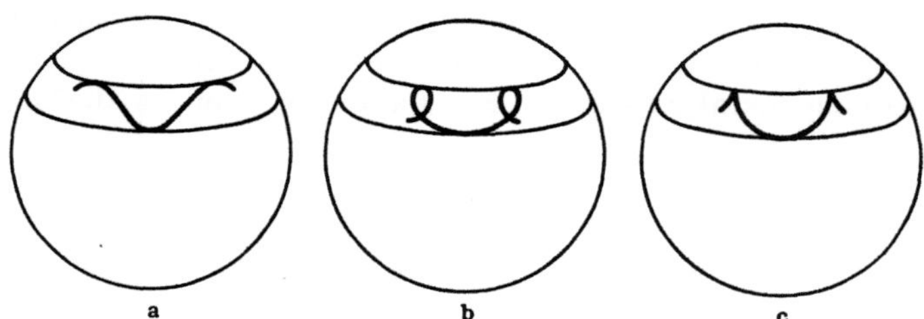

Abb. 137. Bewegung der Figurenachse.

die Kurve das in Abb. 137b wiedergegebene Aussehen, wobei der $\cos\vartheta = \dfrac{\beta}{\alpha}$ entsprechende Parallelkreis, auf dem $\dot{\varphi} = 0$ ist, die Kurve unter rechtem Winkel schneidet. Der (**159**, 23) entsprechende Spezialfall bildet den Übergang zwischen diesen beiden Fällen und führt zu der in Abb. 137c wiedergegebenen Kurvenform, die Spitzen an dem oberen Parallelkreis besitzt. Man hat nämlich in diesem Fall $u_2 = \dfrac{\beta}{\alpha}$, so daß der Zähler in (**159**, 16) $\alpha(u_2 - u)$ geschrieben werden kann. Da nun

$$f(u) = a\,(u - u_1)\,(u - u_2)\,(u - u_3)$$

ist, erhält man in **(159, 26)**

$$\frac{d\varphi}{du} = \frac{\alpha}{1 - u^2} \sqrt{\frac{u - u_2}{a(u - u_1)(u - u_3)}},$$

und dies konvergiert für $u \to u_2$ gegen Null.

Stört man diese Bewegung, indem man der Figurenachse in der Lage ϑ_2, wo $\dot{\varphi}$ ursprünglich Null war, eine kleine Winkelgeschwindigkeit $\dot{\varphi} = \varepsilon$ erteilt, so ändern sich die Konstanten der Bewegung nach **(159, 4, 5)** derart, daß

$$\frac{\beta}{\alpha} = \cos\vartheta_2 + \frac{\varepsilon}{\alpha}\sin^2\vartheta_2, \qquad \frac{\gamma}{a} = \cos\vartheta_2 + \frac{\varepsilon^2}{a}\sin^2\vartheta_2$$

wird. Für kleine Werte von ε wird dann noch die erste Ungleichung **(159, 21)** erfüllt sein; da man aber gleichzeitig $\left|\dfrac{\varepsilon}{\alpha}\right| > \dfrac{\varepsilon^2}{a}$ für kleine ε hat, kann die zweite Ungleichung **(159, 21)** nur für $\dfrac{\varepsilon}{\alpha} < 0$ erfüllt sein. Die Bewegung geht also in eine durch Abb. 137a oder Abb. 137b angedeutete über, je nachdem ε dasselbe oder das entgegengesetzte Vorzeichen wie α hat.

$\frac{1}{2}\tau$ sei die Zeit, die verstreicht, während u von u_1 bis u_2 zunimmt, in der also ϑ von seinem größten zu seinem kleinsten Wert abnimmt. τ ist dann die vollständige Schwingungsdauer, die Periode der Funktion $u(t)$. Man erhält eine obere und eine untere Schranke für τ, indem man in der Formel [vgl. **(159, 15)**]

$$\frac{\tau}{2} = \int\limits_{u_1}^{u_2} \frac{du}{\sqrt{a(u - u_1)(u - u_2)(u - u_3)}}$$

$u - u_3$ durch $u_2 - u_3$ bzw. $u_1 - u_3$ ersetzt. Da nun

$$\int\limits_{u_1}^{u_2} \frac{du}{\sqrt{(u - u_1)(u_2 - u)}} = \int\limits_{u_1}^{u_2} \frac{-d(u_1 + u_2 - 2u)}{\sqrt{(u_2 - u_1)^2 - (u_1 + u_2 - 2u)^2}} = \left[\arccos\frac{u_1 + u_2 - 2u}{u_2 - u_1}\right]_{u_1}^{u_2} = \pi$$

ist, erhält man

(159, 27)
$$\frac{2\pi}{\sqrt{a(u_3 - u_1)}} < \tau < \frac{2\pi}{\sqrt{a(u_3 - u_2)}}.$$

Man sieht, daß $\tau \to 0$ für $u_3 \to \infty$.

In dem **(159, 23)** entsprechenden Übergangsfall, der in Abb. 137c dargestellt ist, hat man

$$\gamma = au_2, \qquad \beta = \alpha u_2$$

und findet daher aus **(159, 13)**

$$f(u) = (u_2 - u)[a(1 - u^2) - \alpha^2(u_2 - u)].$$

Wegen $f(u_1) = 0$ ergibt sich

$$u_2 - u_1 = \frac{a(1 - u_1^2)}{\alpha^2} < \frac{a}{\alpha^2},$$

und wegen $f(u_3) = 0$.

$$\frac{\alpha^2}{a} = \frac{u_3^2 - 1}{u_3 - u_2} < \frac{u_3^2 - 1}{u_3 - 1} = u_3 + 1.$$

Für $|\alpha| \to \infty$ erhält man $u_2 - u_1 \to 0$ und $u_3 \to \infty$, daher aus (**159**, 27) $\tau \to 0$ und aus (**159**, 16)

$$|\dot{\varphi}| = |\alpha| \frac{u_2 - u}{1 - u^2} < |\alpha| \frac{u_2 - u_1}{1 - u_m^2} = \frac{a(1 - u_1^2)}{|\alpha|(1 - u_m^2)} \to 0.$$

u_m bedeutet dabei denjenigen der beiden Werte u_1 und u_2, der den größeren absoluten Betrag hat. Hieraus ergibt sich: Wenn die Winkelgeschwindigkeit des Körpers um die Figurenachse sehr groß ist, ändert sich in dem der Abb. 137 c entsprechenden Fall die Neigung der Figurenachse sehr wenig, und die Präzessionsbewegung geht sehr langsam vor sich. Die Parallelkreise in Abb. 137 c liegen sehr nahe beieinander, und die Richtungskurve der Figurenachse besteht aus sehr kleinen zykloidenartigen Bögen, die in sehr kurzer Zeit durchlaufen werden. Diese Eigenschaften bleiben erhalten, wenn man durch eine hinreichend kleine Änderung der Bewegungskonstanten zu einer der durch die Abb. 137 a und b dargestellten Bewegungen übergeht.

Wir haben bisher die Bewegung unter der Voraussetzung diskutiert, daß ϑ nicht konstant ist. Eine Bewegung mit konstantem ϑ, eine „reine Präzessionsbewegung", ist bei passender Wahl der Konstanten ebenfalls möglich. (**159**, 4) oder (**159**, 5) zeigen, daß ein konstanter Wert von ϑ einen konstanten Wert von $\dot{\varphi}$ erfordert; die reine Präzessionsbewegung kann also nur mit konstanter Winkelgeschwindigkeit der Vertikalebene durch die Figurenachse vor sich gehen. Es seien etwa ein Wert von ϑ (verschieden von 0 und π) und ein Wert α gegeben; wir wollen diejenigen konstanten Werte von $\dot{\varphi}$ bestimmen, die reiner Präzessionsbewegung entsprechen.

Konstantes ϑ erfordert Zusammenfallen der Wurzeln u_1 und u_2 von $f(u)$. Es muß dann für $u = \cos\vartheta$ außer $f(u) = 0$ auch

$$\frac{df(u)}{du} = -a(1 - u^2) - 2u(\gamma - au) + 2\alpha(\beta - \alpha u) = 0$$

gelten. Setzt man den sich hieraus ergebenden Wert von $\gamma - au$ in $f(u) = 0$ ein und verwendet (**159**, 16), so findet man

$$2\dot{\varphi}^2 u - 2\dot{\varphi}\alpha + a = 0,$$

also

$$\dot{\varphi} = \frac{\alpha \pm \sqrt{\alpha^2 - 2a\cos\vartheta}}{2\cos\vartheta} = \frac{a}{\alpha \mp \sqrt{\alpha^2 - 2a\cos\vartheta}}.$$

Es existieren demnach zwei Werte der Präzessionsgeschwindigkeit, die auf eine reine Präzessionsbewegung führen; für $\vartheta = \dfrac{\pi}{2}$ hat man jedoch nur den einen Wert $\dfrac{a}{2\alpha}$. Bei spitzem Winkel ϑ hat man als notwendige Bedingung, daß α und damit die Winkelgeschwindigkeit w_3 des Körpers um die Figurenachse hinreichend groß ist. Bei spitzem Winkel ϑ haben die beiden Werte von $\dot{\varphi}$ dasselbe Vorzeichen wie α. Bei stumpfem Winkel ϑ hat nur das dem Betrage nach kleinere $\dot{\varphi}$ dasselbe

Vorzeichen wie α. In allen Fällen geht die langsamere der beiden möglichen Präzessionsgeschwindigkeiten gegen Null und die schnellere gegen Unendlich, wenn $|\alpha|$ über alle Grenzen wächst.

Wir untersuchen nun den oben durch (**159**, 18) ausgeschlossenen Fall $\beta = \pm\alpha$ und nehmen zunächst an, daß diese Größe nicht verschwindet. Für

$$\beta = \alpha \neq 0$$

hat $f(u)$ die Wurzel 1. Man hat dann zunächst die Lösung $u = 1$ für alle t; der Körper dreht sich um die vertikal nach oben gerichtete Figurenachse mit konstanter Winkelgeschwindigkeit. Das Moment der Kräfte um O verschwindet bei dieser Bewegung, die eine spezielle Poinsot-Bewegung um eine permanente Rotationsachse ist. Diese Lösung ist dadurch charakterisiert, daß man außer $\beta = \alpha$ auch $\gamma = a$ hat. Bei jeder anderen zu $\beta = \alpha \neq 0$ gehörigen Bewegung hat man eine kleinste Wurzel $u_1 > -1$ von $f(u)$, also einen gewissen Parallelkreis, der die Bewegung der Figurenachse nach unten beschränkt. Auch wenn man nun in einem Zeitpunkt $\dot{u} < 0$ hat, muß u in endlicher Zeit den Wert u_1 erreichen; danach wird $\dot{u} > 0$, bis u den Wert 1 erreicht; dies geschieht nach (**159**, 15) in endlicher Zeit, da $u = 1$ einfache Wurzel von $f(u)$ ist. Die Figurenachse geht also einmal durch die vertikale Lage $u = 1$. Nehmen wir diese als Ausgangslage, so erhalten wir die Bewegung charakterisiert durch die Winkelgeschwindigkeit $\dot{\vartheta}_0$ der Figurenachse in der vertikalen Lage $\vartheta_0 = 0$. Man erhält daher für die Konstanten

$$\alpha = \beta \neq 0, \qquad \gamma = a + \dot{\vartheta}_0^2,$$

und $f(u)$ kann

$$f(u) = \dot{u}^2 = (u - 1)\,[a\,u^2 - (\alpha^2 + \dot{\vartheta}_0^2)\,u + \alpha^2 - a - \dot{\vartheta}_0^2]$$

geschrieben werden. Die eckige Klammer hat die Wurzel u_1, $-1 < u_1 < 1$, und eine Wurzel $u_3 > 1$. Bei der Bewegung hat $\dot{\varphi}$ konstantes Vorzeichen, nämlich dasselbe wie α, da sich aus (**159**, 16)

$$\dot{\varphi} = \frac{\alpha\,(1 - u)}{1 - u^2} = \frac{\alpha}{1 + u}$$

ergibt. Die Figurenachse geht in konstanten Zeitintervallen τ durch die Vertikallage, und ihre Bahn berührt $\dfrac{\tau}{2}$ später den nach unten begrenzenden Parallelkreis.

Der Fall $\beta = -\alpha \neq 0$ wird ganz analog behandelt. Hier hat man eine permanente Drehung um die vertikal nach unten gerichtete Figurenachse als spezielle Lösung, und bei jeder anderen Lösung einen nach oben begrenzenden Parallelkreis.

Im Fall $\beta = \alpha = 0$ hat man nach (**159**, 16) für alle t den Wert $\dot{\varphi} = 0$. In (**159**, 13) fällt $(\beta - \alpha u)^2$ fort, und die restliche Differentialgleichung geht in (**129**, 2) über, wenn man u durch $\dfrac{z}{l}$, γ durch $\dfrac{2gh}{l^2}$ und a durch $\dfrac{2g}{l}$ ersetzt. Die Figurenachse schwingt also wie ein mathematisches Pendel.

Zum Vergleich sei erwähnt, daß man im Fall $\alpha = 0$, $\beta \neq 0$ bis auf die Bezeichnungen die Differentialgleichung (**188**, 3) zur Bestimmung der Neigung der Figurenachse erhält, und daß (**159**, 16) die dem Flächensatz entsprechende Gleichung ist. Die Figurenachse schwingt also in diesem Fall wie ein sphärisches Pendel. Bei dem oben betrachteten Fall eines konstanten ϑ erhält man für $\alpha = 0$, $\vartheta > \dfrac{\pi}{2}$ bis auf die Bezeichnungen die Gleichung des konischen Pendels.

Die Differentialgleichungen (**159**, 13, 16, 17) der Bewegung bleiben ungeändert, wenn man

$$\alpha = \lambda\,\alpha', \qquad \beta = \lambda\,\beta', \qquad \gamma = \lambda^2\,\gamma', \qquad a = \lambda^2\,a', \qquad t = \lambda^{-1}\,t'$$

setzt, wo λ eine willkürliche von Null verschiedene Konstante ist. Man kann nämlich in (**159**, 13) durch λ^2 und in (**159**, 16, 17) durch λ dividieren und erhält so dieselben Gleichungen wieder mit α', β', γ', a', t' statt α, β, γ, a, t. Hat man nun außer dem bisher betrachteten Körper K einen Körper K', der sich unter denselben zu Beginn dieses Paragraphen genannten Bedingungen bewegt, und hat die (**159**, 6, 11) entsprechende Konstante für K den Wert a', so kann man eine Zahl λ durch die Gleichung $a = \lambda^2 a'$ bestimmen und sie in der obigen Betrachtung anwenden. Man sieht dann, daß jeder zu bestimmten Werten α, β, γ gehörigen Bewegung von K eine Bewegung von K' mit den charakteristischen Konstanten α', β', γ' entspricht. Die Figurenachse von K' beschreibt also denselben Kegel wie die Figurenachse von K; und auch die Lagen der Körper bei der Drehung um die Figurenachse entsprechen einander bei korrespondierenden Lagen der Figurenachsen. Der Zeitparameter ist jedoch bei den beiden Bewegungen nicht in derselben Weise verteilt, und entsprechende Winkelgeschwindigkeiten stehen im festen Verhältnis λ. Man kann dies so aussprechen: Die möglichen geometrischen Bewegungsformen (ohne Rücksicht auf die Zeitverteilung) hängen für alle möglichen Kreisel nur von drei Parametern ab. Als solche kann man

$$\frac{\alpha}{\sqrt{a}}, \ \frac{\beta}{\sqrt{a}}, \ \frac{\gamma}{a} \ \text{wählen.}$$

Setzt man in dieser Betrachtung $\lambda = -1$, so bleiben γ und a ungeändert, α und β wechseln das Vorzeichen. Man kann dies so aussprechen: Wenn man in einem bestimmten Zeitpunkt bei einer gegebenen Bewegung von K den Drehvektor $\mathfrak{w}$ durch $-\mathfrak{w}$ ersetzt denkt, so erhält man dieselbe Bewegung mit derselben Geschwindigkeitsverteilung, jedoch entgegengesetzt durchlaufen. Bei dem obigen Vergleich von zwei Körpern K und K' kann man daher auch das Vorzeichen von λ willkürlich wählen.

160. Bewegung mit festgehaltener Geraden. Wir betrachten nun den Fall, daß eine Gerade l von K reibungsfrei in B festgehalten ist. Wir wollen außerdem annehmen, daß K nicht längs l verschoben werden kann, daß also eine auf l senkrechte Ebene von K ebenfalls in B festgehalten ist. Der starre Körper K kann sich also nur um eine in B feste Achse drehen. Er hat dann den Freiheitsgrad 1; seine Lagen können durch einen Parameter, z. B. durch den Winkel φ festgelegt werden, den eine in K feste Ebene durch l mit einer in B festen Ebene durch l einschließt.

Die Bewegung ist demnach ein Spezialfall einer Bewegung mit einem festgehaltenen Punkt. Als diesen Punkt wählen wir einen beliebigen Punkt O von l. Man kann dann die Resultate von **156** und **158** anwenden. Die Reaktionen der Achse werden im allgemeinen nicht auf eine Einzelkraft durch O reduziert werden können. Wir bezeichnen mit $\mathfrak{R}$ die Vektorsumme aller auf K längs l wirkenden Reaktionskräfte und mit $\mathfrak{U}$ den Momentvektor dieser Reaktionskräfte in O. $\mathfrak{U}$ muß senkrecht zu l sein, da alle Reaktionskräfte l schneiden, also kein Moment um l haben. Mit diesen Festsetzungen gelten (**158**, 1) und (**158**, 24) ungeändert, und in (**158**, 2) und den daraus hergeleiteten Gleichungen hat man nur den Momentvektor $\mathfrak{M}$ der Kräfte in O überall durch $\mathfrak{M} + \mathfrak{U}$ zu ersetzen. Man erhält so aus (**158**, 24) und (**158**, 7) folgende zwei Vektorgleichungen für die Bewegung:

$$(160, 1) \qquad m[\dot{w} \times \mathfrak{r}_G - w^2 \mathfrak{r}_G'] = \mathfrak{K} + \mathfrak{R},$$

$$(160, 2) \qquad \mathsf{I}\,\dot{w} + w \times \mathsf{I}\,w = \mathfrak{M} + \mathfrak{U}.$$

In diesen Gleichungen bedeutet $\dot{w}$ die Größe $(158, 15)$. Man hat dann zugleich $\dot{w} = \left(\dfrac{d\,w}{d\,t}\right)_S$ in jedem Koordinatensystem S, in dem l eine feste Gerade ist; denn dessen Drehvektor in bezug auf K oder B liegt ja auf l, ist also w parallel [vgl. $(84, 14)$ und 158 S. 416].

Wir verwenden im folgenden ein x, y, z-Koordinatensystem S, dessen z-Achse in l liegt. Den Drehwinkel von K relativ zu B um die orientierte z-Achse nennen wir φ, die Winkelgeschwindigkeit $\dot{\varphi} = w$, die Winkelbeschleunigung $\ddot{\varphi} = \dot{w}$. Der Drehvektor w hat also die Koordinaten $0, 0, w$ und $\dot{w}$ die Koordinaten $0, 0, \dot{w}$. $(160, 1, 2)$ ergeben dann die sechs Koordinatengleichungen

$$(160, 3) \qquad -\dot{w}m y_G - w^2 m x_G = X \; + R_x,$$

$$(160, 4) \qquad \dot{w}m x_G - w^2 m y_G = Y \; + R_y,$$

$$(160, 5) \qquad \qquad \qquad 0 = Z \; + R_z,$$

$$(160, 6) \qquad -\dot{w}D_{xz} + w^2 D_{yz} = M_x + U_x,$$

$$(160, 7) \qquad -\dot{w}D_{yz} - w^2 D_{xz} = M_y + U_y,$$

$$(160, 8) \qquad \qquad \dot{w} I_z = M_z.$$

Diese Gleichungen gelten in jedem Koordinatensystem S mit dem Ursprung O und der z-Achse l. Man kann beispielsweise S in B fest wählen, was vorteilhaft ist, wenn die wirkenden Kräfte $\mathfrak{K}$ in bezug auf B gegeben sind. Man kann aber auch S in K fest wählen, was den Vorteil mit sich bringt, daß die statischen und Deviationsmomente, die in $(160, 3, 4, 6, 7)$ auftreten, während der Bewegung konstant sind. Schließlich kann man auch S sich in geeigneter Weise um l relativ zu K und B drehen lassen, wenn man damit Vereinfachungen erzielen kann.

$(160, 8)$ bestimmt die Bewegung des Körpers. I_z ist das Trägheitsmoment des Körpers um l, also eine Konstante. M_z ist das Moment der wirkenden Kräfte um l, also im allgemeinsten Fall von φ, $\dot{\varphi} = w$ und t abhängig. $(160, 8)$ stellt dann eine Differentialgleichung zweiter Ordnung

$$(160, 9) \qquad \ddot{\varphi} = f(\varphi, \dot{\varphi}, t)$$

zur Bestimmung von φ als Funktion von t dar. $(160, 8)$ ist die besondere Form, die der skalare Momentsatz bei Anwendung auf eine feste Drehachse eines starren Körpers erhält:

I) *Die Winkelbeschleunigung ist gleich dem Moment der wirkenden Kräfte um die Drehachse, dividiert durch das Trägheitsmoment.*

Nachdem man $(160, 9)$ integriert hat, sind alle in $(160, 3—7)$ auftretenden Größen mit Ausnahme der Reaktionskräfte in jedem Zeitpunkt bekannt. Diese Gleichungen bestimmen daher $\Re$ und $\mathfrak{U}$, da man von vornherein $U_z = 0$ hat. Man kann auch $\Re$ und $\mathfrak{U}$ in Abhängigkeit vom Bewegungszustand des Körpers in einem Zeitpunkt und von den in diesem Zeitpunkt wirkenden Kräften bestimmen, indem man den sich aus (**160**, 8) ergebenden Wert von $\dot{w}$ in (**160**, 3—7) einsetzt. Dies läßt sich ohne die Integration von (**160**, 9) durchführen.

Man erhält so das System der Reaktionskräfte längs l bis auf statische Umformungen (ebenso wie in dem in **36** behandelten Gleichgewichtsfall, der hierin für $w = \dot{w} = 0$ enthalten ist). Die Frage nach der genaueren Verteilung der Reaktionskräfte längs l führt auf das in **36** behandelte statische Problem. Man kann z. B. die auf l senkrechten Reaktionskomponenten einzeln bestimmen, wenn l nur durch zwei Achsenlager festgehalten ist, von deren Ausdehnung man absehen kann.

Wenn G auf l liegt, und l Hauptachse für G und damit für alle Punkte von l ist, wird (**160**, 3—7) gleichbedeutend mit (**36**, 3, 4, 9, 5, 6). In diesem Fall bestimmt sich also das Reaktionssystem, wie wenn der Körper unter der Einwirkung der Kräfte im Gleichgewicht wäre. Zu den Reaktionen der Achse kommt dann kein dynamischer Beitrag.

Wenn das Moment der wirkenden Kräfte um l Null ist, hat man konstantes w, und die Glieder mit $\dot{w}$ in (**160**, 3, 4, 6, 7) fallen fort. In diesem Fall haben die Reaktionskräfte einen Momentvektor im Punkt $0, 0, h$, dessen z-Komponente verschwindet und dessen x- und y-Komponenten

$$(\textbf{160}, 10) \quad \begin{cases} U_x + hR_y = w^2[\ \ D_{yz} - hmy_G] - [M_x + hY], \\ U_y - hR_x = w^2[-D_{xz} + hmx_G] - [M_y - hX] \end{cases}$$

sind. Wenn man nun h so bestimmen kann, daß die aus den eckigen Klammern gebildete Determinante verschwindet, so kann man zu diesem Wert von h die Größe w^2 so bestimmen, daß die beiden angegebenen Momentkomponenten verschwinden. Die Reaktionskräfte sind in diesem Fall mit einer Einzelkraft durch $0, 0, h$ äquivalent. Die Drehung kann also dauernd um dieselbe Achse mit dem gefundenen Wert von w als konstanter Winkelgeschwindigkeit vor sich gehen, selbst wenn die Achse nur in dem einen Punkt $0, 0, h$ festgehalten wird.

Sind das Kraftsystem und der gegebene Körper so beschaffen, daß die vier eckigen Klammern in (**160**, 10) für denselben Wert von h verschwinden, so gilt das soeben gefundene Resultat für beliebiges w. Unter der genannten Bedingung sind die wirkenden Kräfte einer Einzelkraft durch $0, 0, h$ äquivalent, und l ist Hauptachse für diesen Punkt, da man

$$D_{yz} - hmy_G = \sum m_\nu y_\nu z_\nu - h\sum m_\nu y_\nu = \sum m_\nu y_\nu (z_\nu - h)$$

und das entsprechende in der zweiten Gleichung hat. In diesem Fall ist die Drehung um die unveränderliche Achse, von der nur der Punkt $0, 0, h$ festgehalten ist, eine POINSOT-Bewegung um eine Hauptachse des Trägheitsellipsoids.

Wenn der Körper außer den Drehungen um l auch Verschiebungen längs l ausführen kann, sind alle Reaktionskräfte senkrecht zu l. Die Gleichung (**160**, 5) ist dann durch

$$R_z = 0$$

und die Gleichung

$$m \ddot{z}_G = Z$$

zu ersetzen, die durch Projektion auf l erhalten wird. Diese Gleichung zusammen mit der Gleichung (**160**, 8), die unverändert gilt, da Translationen längs l nicht zum Moment der Bewegungsmenge um l beitragen, dient zur Bestimmung von z_G und φ als Funktionen von t. Bei der Bestimmung der Achsenreaktionen kann man danach ein Koordinatensystem verwenden, das l zur z-Achse hat und dessen Ursprung O an der Verschiebung längs l teilnimmt.

161. Zentrifugalkräfte bei Drehung um eine Achse. Man kann die Gleichungen (**160**, 1—8) aufstellen, indem man zum Ausdruck bringt, daß sich K in bezug auf ein in K festes Koordinatensystem im Gleichgewicht befindet. Diese Betrachtung haben wir in größerer Allgemeinheit in **158**, Bemerkung 3 durchgeführt und brauchen sie nicht zu wiederholen. Hier sind die Verhältnisse insofern spezieller, als die momentane Drehachse von K relativ zu B eine feste Gerade l ist. Die Beiträge der Zentrifugalkräfte werden, wie sich zeigen wird, in (**160**, 3, 4, 6, 7) durch diejenigen Glieder dargestellt, die den Faktor w^2 enthalten, und zwar mit entgegengesetztem Vorzeichen. Es sei $\mathfrak{c}$ die Vektorinvariante und $\mathfrak{Q}$ der Momentvektor in O des von den Zentrifugalkräften gebildeten Systems. Man hat dann nach (**160**, 1, 2)

$$(\textbf{161}, 1) \qquad \mathfrak{c} = w^2 m \mathfrak{r}'_G ,$$

$$(\textbf{161}, 2) \qquad \mathfrak{Q} = -\mathfrak{w} \times \mathfrak{l}\mathfrak{w} .$$

$\mathfrak{c}$ ist also gleich der Zentrifugalkraft, die man erhalten würde, wenn man in G einen Massenpunkt der Masse m anbrächte [vgl. (**158**, 26)]. Diese Einzelkraft hat aber im allgemeinen nicht das Moment $\mathfrak{Q}$ in O.

Als Koordinatenausdrücke für $\mathfrak{c}$ und $\mathfrak{Q}$ erhält man nach (**160**, 3—8)

$$(\textbf{161}, 3) \qquad \begin{cases} c_x = w^2 m x_G = w^2 \sum m_\nu x_\nu , \\ c_y = w^2 m y_G = w^2 \sum m_\nu y_\nu , \\ c_z = 0 , \end{cases}$$

$$(\textbf{161}, 4) \qquad \begin{cases} Q_x = -w^2 D_{yz} = -w^2 \sum m_\nu y_\nu z_\nu , \\ Q_y = w^2 D_{xz} = w^2 \sum m_\nu x_\nu z_\nu , \\ Q_z = 0 . \end{cases}$$

Diese Ausdrücke findet man leicht direkt, indem man die Koordinaten der auf den einzelnen Massenpunkt wirkenden Zentrifugalkraft aufschreibt und die Projektions- und Momentensummen dieser Kräfte für die Koordinatenachsen bildet.

Wir wollen nun das von den Zentrifugalkräften gebildete System näher untersuchen und unterscheiden dazu die folgenden, den möglichen Rängen des Momentfeldes der Zentrifugalkräfte entsprechenden vier Fälle:

1. Die Zentrifugalkräfte bilden ein mit Null äquivalentes System, wenn $\mathfrak{c} = 0$, $\mathfrak{Q} = 0$, wenn also der Schwerpunkt G auf der Drehachse l liegt, und l Hauptachse für G und damit für alle Punkte von l ist. Die Zentrifugalkräfte sind in diesem Fall ohne Einfluß auf die Reaktionen der Achse. (Sie spielen aber auch in diesem Fall eine Rolle für die im starren Körper auftretenden inneren Spannungen.)

2. Das System der Zentrifugalkräfte ist äquivalent einem Kräftepaar, wenn $\mathfrak{c} = 0$, $\mathfrak{Q} \neq 0$, wenn also G auf l liegt, und l nicht Hauptachse für G, also auch für keinen anderen Punkt von l Hauptachse ist. Der Momentvektor des Kräftepaares hat eine in bezug auf den Körper feste Richtung senkrecht zu l.

3. Das System der Zentrifugalkräfte ist einer Einzelkraft äquivalent, wenn $\mathfrak{c} \neq 0$, $\mathfrak{c} \cdot \mathfrak{Q} = 0$ ist. Die Einzelkraft muß l schneiden, da $Q_z = 0$ ist. Wählt man O in diesem Schnittpunkt, so hat man $Q_x = Q_y = 0$. Dieser Fall tritt ein, wenn G nicht auf l liegt und die Gerade l für einen ihrer Punkte Hauptachse ist. Die resultierende Einzelkraft liegt in der durch l und G bestimmten Ebene, der Schwerpunktsebene, schneidet l unter rechtem Winkel in dem Punkt, für den l Hauptachse ist, und ist als freier Vektor betrachtet gleich der Zentrifugalkraft, die man erhalten würde, wenn die gesamte Masse im Schwerpunkt konzentriert wäre.

4. Das System der Zentrifugalkräfte ist einer Kraftschraube äquivalent, wenn $\mathfrak{c} \cdot \mathfrak{Q} \neq 0$ ist. Die Zentralachse hat die Richtung von $\mathfrak{c}$, steht also senkrecht auf l und muß daher l schneiden, weil l Nullinie ist. Wählt man O im Schnittpunkt, so liegen $\mathfrak{Q}$ und $\mathfrak{c}$ auf einer Geraden, und Q_x und Q_y werden proportional c_x und c_y. Legt man ferner die x-Achse in die Schwerpunktsebene, so hat man $c_y = 0$ und daher auch $Q_y = 0$. Man sieht: Dieser allgemeinste Fall tritt ein, wenn G nicht auf l liegt und die Gerade l für keinen ihrer Punkte Hauptachse ist. Die Zentralachse der resultierenden Kraftschraube liegt in der Schwerpunktsebene und schneidet l unter rechtem Winkel in demjenigen Punkt, in dem das Deviationsmoment in bezug auf die Normalebene von l und eine zur Schwerpunktsebene senkrechte Ebene durch l verschwindet.

Aus diesen Ergebnissen lassen sich noch die folgenden beiden speziellen Sätze entnehmen:

Wenn die Drehachse für die Projektion des Schwerpunktes auf sie Hauptachse ist, und nur in diesem Fall, ist das System der auf den Körper wirkenden Zentrifugalkräfte derjenigen Einzelzentrifugalkraft äquivalent, die man erhalten würde, wenn die ganze Masse im Schwerpunkt konzentriert wäre.

Wenn sich eine starre, ebene Figur um eine Achse dreht, die in ihrer Ebene liegt und nicht durch den Schwerpunkt geht, so können die Zentrifugalkräfte zu einer Einzelkraft durch den Antipol der Achse zusammengesetzt werden.

Denn nach **155** VII) S. 405 ist die Projektion des Antipols auf die Drehachse gerade derjenige Punkt, für den die Drehachse Hauptachse ist.

162. Das physische Pendel. Ein starrer Körper, der sich unter Einwirkung der Schwere um eine feste Achse drehen kann, die nicht durch den Schwerpunkt geht, heißt ein *physisches Pendel*.

Wir nehmen die Drehachse, die als z-Achse gewählt sei, horizontal an. (In Abb. 138 ist sie senkrecht zur Zeichenebene und vom Leser fort orientiert gedacht.) Der Drehwinkel φ wird von der Vertikalebene durch die Achse zur Schwerpunktshalbebene gerechnet. Den Abstand der Achse vom Schwerpunkt bezeichnen wir mit a und den Trägheitsradius des Körpers in bezug auf die Parallele zur Achse durch G mit k. Dann haben wir

$$I_z = m\,(a^2 + k^2), \qquad M_z = -mga \sin\varphi,$$

also nach dem Momentsatz (**160**, 8)

(**162**, 1)
$$\ddot{\varphi} = -\frac{g}{l} \sin\varphi,$$

wo

(**162**, 2)
$$l = \frac{I_z}{ma} = a + \frac{k^2}{a}$$

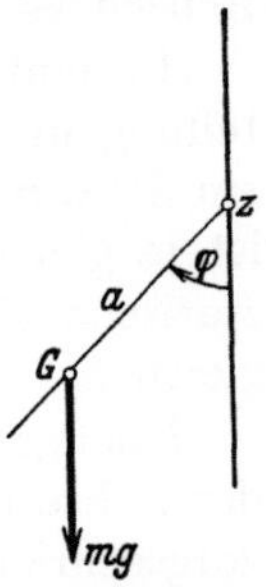

Abb. 138.   Zum physischen Pendel.

ist. Ein Vergleich mit (**129**, 21) lehrt, daß die Schwerpunktshalbebene wie ein mathematisches Pendel der Länge l schwingt. Was die Diskussion der möglichen charakteristischen Formen der Bewegung und die Bestimmung der Schwingungsdauer betrifft, können wir daher auf **129** verweisen. l nennt man die *reduzierte Pendellänge* des physischen Pendels.

Die Reaktionen der Achse bestimmen sich wie in **160**. Aus (**160**, 5) erhält man $R_z = 0$, da $Z = 0$ ist. Hierauf setzt man in (**160**, 3, 4, 6, 7) den Wert von $\dot{w} = \ddot{\varphi}$ aus (**162**, 1) und von $w^2 = \dot{\varphi}^2$ aus der einmal integrierten Gleichung ein, d. h. also aus der (**129**, 2) entsprechenden Gleichung

(**162**, 3)
$$w^2 = \dot{\varphi}^2 = \frac{2g}{l^2}\,(h + l \cos\varphi),$$

die den Energiesatz zum Ausdruck bringt. Hierbei ist h eine Integrationskonstante. Man erhält so $\Re$ und $\mathfrak{U}$ als Funktionen des Bewegungszustandes des Körpers, nämlich als Funktionen von φ, das die Lage des Körpers angibt, und von h, das eine für die Bewegung charakteristische Konstante ist. (Vgl. **129**, 1. bis 8.)

Bei Verwendung von Koordinaten ist es bequem, O in der Projektion von G auf die Drehachse und die x-Achse und die y-Achse entweder vertikal und horizontal oder fest im Körper, beispielsweise in der Schwerpunktsebene und senkrecht dazu zu wählen.

Der Körper schwingt, als ob die ganze Masse auf einer Geraden in der Schwerpunktshalbebene im Abstand l von der Drehachse konzentriert wäre. Die Punkte dieser Geraden nennt man *Schwingungsmittelpunkte*. Macht man diese Gerade zur Drehachse, so hat man a durch $\frac{k^2}{a}$ zu ersetzen, wodurch l nach (**162**, 2) nicht geändert wird.

Dies kann zu einer experimentellen Bestimmung von l verwendet werden: Man sucht eine der ursprünglichen Achse parallele Gerade in der Schwerpunktshalbebene, jedoch auf der anderen Seite von G und in einem anderen Abstand von G (falls man nicht gerade $a = k$ hat), so daß man mit dieser Geraden als Achse bei kleinen Schwingungen dieselbe Schwingungsdauer erhält. Der Abstand zwischen den beiden Achsen ist dann l (*Reversionspendel*).

Besteht der Körper aus einer unveränderlichen ebenen Massenverteilung in einer Ebene durch die Achse, so ist der Antipol der Achse ein Schwingungsmittelpunkt. Der Abstand des Antipols von der Achse ist ja gleich dem Trägheitsmoment um die Achse dividiert durch das statische Moment in bezug auf die Achse, also nach (**162**, 2) gerade gleich l.

l hängt vom Trägheitstensor des Körpers für G und von der Lage der Achse in bezug auf den Körper ab. Wenn die Richtung der Achse vorgeschrieben ist, so hat man ein bestimmtes k, das zu einer Geraden p durch G mit dieser Richtung gehört. Zu allen Geraden, die Erzeugende von zwei Kreiszylindern mit der Achse p und mit den Radien a und $\frac{k^2}{a}$ sind, gehört derselbe Wert von l, und keine anderen Geraden dieser Richtung ergeben diesen Wert von l. Für $a = k$ nimmt l sein Minimum $2k$ an. Bei einem gegebenen Körper tritt daher das absolute Minimum von l für diejenigen Achsen ein, die der größten Achse des Trägheitsellipsoids für den Schwerpunkt parallel sind und deren Abstand von G gleich dem zu dieser Achse gehörigen Trägheitsradius ist. Das Doppelte dieses Trägheitsradius ist der kleinstmögliche Wert von l.

163. Allgemeine Bewegung eines starren Körpers. Es geht aus Kap. 17 hervor, daß man die Bewegung eines beliebigen Körpers bestimmen kann, indem man den Schwerpunktssatz auf die Bewegung des Schwerpunktes und die Betrachtungen von **140** auf die Bewegung um den Schwerpunkt anwendet. Wir führen dies nun für einen starren Körper K näher aus.

Auf K mögen bei der Bewegung relativ zu einem Bezugskörper B die Kräfte $\mathfrak{K}_1, \mathfrak{K}_2, \ldots$ wirken, zu denen wir in diesem Paragraphen auch eventuelle Reaktionen von Bindungen, denen K unterworfen ist, rechnen wollen. $\mathfrak{K}$ sei die Vektorinvariante dieser Kräfte. Für die Bewegung des Schwerpunktes G von K hat man dann

$$(163, 1) \qquad m\,\mathfrak{b}_G = \mathfrak{K}.$$

Die Bewegung um G werde auf ein x^*, y^*, z^*-Koordinatensystem mit dem Ursprung G und in B festen Achsenrichtungen bezogen. Dieses Koordinatensystem vertritt einen Bezugskörper B^*. Bei der Bewegung von K relativ zu B^* ist G ein fester Punkt, und wir können die in den vorigen Paragraphen durchgeführten Betrachtungen anwenden, durch die die Bewegung des Körpers allein mit Hilfe des Momentsatzes für den festen Punkt bestimmt wurde. Nach **140**, II) kann man nun bei der Bestimmung der Bewegung von K um G den Momentsatz für G anwenden, ohne fiktive Kräfte zu berücksichtigen. Man hat also auch bezüglich B^* nur die Kräfte $\mathfrak{K}_1, \mathfrak{K}_2, \ldots$ in Betracht zu ziehen. Den Momentvektor dieser Kräfte in G bezeichnen wir wie früher mit $\mathfrak{M}$. Man hat dann zur Bestimmung der Bewegung um G die (**158**, 2, 3) entsprechende Gleichung

$$(163, 2) \qquad \dot{\mathfrak{S}}^* = \left(\frac{d\,\mathfrak{S}^*}{d\,t}\right)_{B^*} = \mathfrak{M}.$$

Dabei bedeutet $\dot{\mathfrak{S}}^*$ die Änderungsgeschwindigkeit des wie in (**139**, 9) gebildeten Moments der Bewegungsmenge relativ zum x^*, y^*, z^*-System. Von diesem kann man aber, wie in **158** beschrieben, zu einem beliebigen, beispielsweise einem in K festen x, y, z-Koordinatensystem S mit dem Ursprung G übergehen. Wählt man für S insbesondere das Hauptachsensystem für G, so kann man die EULERschen Gleichungen in der einfachen Form (**158**, 10) anwenden. Haben die Kräfte $\mathfrak{K}_\nu$ kein Moment in G, so ist die Bewegung um G eine POINSOT-Bewegung.

Im allgemeinen lassen sich die Bewegungsgleichungen (**163**, 1) und (**163**, 2) nicht unabhängig voneinander integrieren; denn die auf den Körper wirkenden Kräfte $\mathfrak{K}_\nu$ können von Lage und Bewegungszustand (möglicherweise außerdem von der Zeit), also sowohl von Lage und Geschwindigkeit von G als auch von Lage und Geschwindigkeitszustand von K bei der Bewegung um G abhängen. Die Lage von K in bezug auf B hängt von sechs Parametern ab; als solche kann man z. B. die drei Koordinaten von G in einem in B festen Koordinatensystem und die drei Eulerschen Winkel ϑ, φ, ψ wählen, die die Lage von K in bezug auf B^* angeben. Die Kräfte hängen dann im allgemeinen von diesen sechs Parametern, evtl. auch von deren Ableitungen und der Zeit ab. Die beiden Vektorgleichungen (**163**, 1, 2) stellen dann sechs Differentialgleichungen zur Bestimmung dieser sechs Parameter als Funktionen der Zeit t dar.

Wenn die Vektorsumme $\mathfrak{K}$ der Kräfte nicht von der Bewegung um G abhängt, kann man (**163**, 1) als Bewegungsgleichung eines Massenpunktes für sich integrieren und danach die Bewegung um G aus (**163**, 2) bestimmen.

Der zuletzt genannte Fall liegt beispielsweise vor, wenn ein schwerer starrer Körper K eine Wurfbewegung im Schwerefeld ohne Luftwiderstand ausführt. Die auf K wirkenden Schwerkräfte können zu einer Resultante durch G zusammengesetzt werden. G bewegt sich auf einer Wurfparabel, und die Bewegung um G ist eine POINSOT-Bewegung, wenn sie auf von G ausgehende Achsen bezogen wird, deren Richtungen relativ zur Erde fest sind.

164. Bewegung mit festgehaltener Ebene. Wir betrachten nun den Fall, daß eine Ebene ε von K reibungsfrei in einem Bezugskörper B festgehalten ist, so daß wir den Freiheitsgrad 3 haben. Mit $\mathfrak{K}_1$, $\mathfrak{K}_2$, ... bezeichnen wir wieder die Kräfte, die auf K bei der Bewegung relativ zu B wirken, wobei jetzt aber die Reaktionskräfte von ε nicht mitgerechnet seien; $\mathfrak{K} = (X, Y, Z)$ sei die Vektorinvariante und $\mathfrak{M}$ der Momentvektor dieser Kräfte in G. Wir verwenden zur Bestimmung der Schwerpunktsbewegung ein in B festes ξ, η, ζ-Koordinatensystem $\mathbf{\Sigma}$, dessen ζ-Achse senkrecht zu ε ist. ε wirkt auf K mit einem System von Reaktionskräften, die senkrecht auf ε stehen. Wir bezeichnen mit R die Projektionssumme dieser Reaktionskräfte auf die ζ-Achse und mit $\mathfrak{U}$ ihren Momentvektor in O. $\mathfrak{U}$ ist parallel ε.

Der Schwerpunkt kann sich nur parallel zu ε bewegen. Aus dem Schwerpunktssatz erhält man demnach die Gleichungen

(**164**, 1) $$m\ddot{\xi}_G = X,$$

(**164**, 2) $$m\ddot{\eta}_G = Y,$$

(**164**, 3) $$0 = Z + R.$$

Die Bewegung um den Schwerpunkt beziehen wir auf ein x^*, y^*, z^*-Koordinatensystem $\mathbf{S}^*$ mit dem Ursprung G, dessen Achsenrichtungen denen von $\mathbf{\Sigma}$ parallel sind. Die z^*-Achse fällt also in die Normale zu ε durch G, die Schwerpunktsnormale. Bei der Bewegung von K relativ zu $\mathbf{S}^*$ ist dies eine feste Gerade l, und da K auch nicht längs l gleiten kann, können wir die Resultate von **160** anwenden. Wir verwenden ebenso wie dort ein x, y, z-Koordinatensystem $\mathbf{S}$, dessen z-Achse in die Schwerpunktsnormale l fällt und dessen Ursprung hier in G gelegt werde. Im übrigen kann sich $\mathbf{S}$ beliebig bewegen. Für die Bewegung um G gelten nun in $\mathbf{S}$ die Gleichungen (**160**, 6, 7, 8). Dabei bedeutet w die Winkelgeschwindigkeit von K relativ zu $\mathbf{S}^*$; dies ist zugleich die Winkelgeschwindigkeit von K relativ zum ursprünglichen Bezugskörper B.

Die Bewegung um den Schwerpunkt bestimmt sich aus (**160**, 8), wobei I_z eine Konstante ist, aber M_z variabel sein kann. Die Bewegung des Schwerpunktes bestimmt sich aus (**164**, 1, 2). Wie in **163** bemerkt wurde, können (**160**, 8) und (**164**, 1, 2) im allgemeinen nicht unabhängig voneinander integriert werden; zusammen bilden sie aber die drei von den unbekannten Reaktionskräften unabhängigen Differentialgleichungen für die drei Parameter, durch die man die Lagen des Körpers festlegt. Als solche Parameter kann man hier ξ_G, η_G und den Drehwinkel φ von $\boldsymbol{K}$ in bezug auf $\boldsymbol{S^*}$ wählen.

Zur Bestimmung der Reaktionskräfte hat man die Gleichung (**164**, 3), die ihre Projektionssumme auf die Normale von ε, also ihre algebraische Summe liefert, und die Gleichungen (**160**, 6, 7), die ihren Momentvektor in G liefern; dieser ist gleich ihrem Momentvektor in der Projektion von G auf ε, da eine Verschiebung des Momentzentrums in Richtung der (parallelen) Kräfte das Moment nicht ändert. Nach Einsetzen des Wertes von $\dot{w}$ aus (**160**, 8) in (**160**, 6, 7) sieht man wieder, daß man das Reaktionssystem bis auf statische Umformung bestimmen kann, wenn man Lage und Bewegungszustand des Körpers, sowie die wirkenden Kräfte kennt, ohne daß man die Differentialgleichungen der Bewegung zu integrieren braucht.

Wenn $Z \neq 0$ ist, so ist das Reaktionssystem einer Einzelkraft, wenn $Z = 0$ ist, einem Kräftepaar oder Null äquivalent.

Über die Verteilung der Reaktionskräfte auf die einzelnen Stützpunkte, die $\boldsymbol{K}$ in ε hat, gelten dieselben Betrachtungen wie im statischen Fall (vgl. **37**).

Wenn die Schwerpunktsnormale Hauptachse für G und damit für alle ihre Punkte ist, verschwinden die linken Seiten von (**160**, 6, 7), und (**164**, 3), (**160**, 6, 7) gehen in die Gleichungen (**37**, 4—6) über. Die Reaktionen bestimmen sich in diesem Fall wie in der Statik, ohne daß ein dynamischer Beitrag hinzukommt.

Einen wichtigen Spezialfall hat man, wenn die wirkenden Kräfte $\mathfrak{K}_\nu$ eine zu ε parallele oder verschwindende Vektorsumme $\mathfrak{K}$ und eine zu ε senkrechte oder verschwindende Momentvektorsumme $\mathfrak{M}$ in G haben, so daß

$$(\textbf{164}, 4) \qquad\qquad Z = M_x = M_y = 0$$

gilt. Die Reaktionskräfte sind dann einem Kräftepaar äquivalent. Wenn aber außerdem die Schwerpunktsnormale Hauptachse des Körpers ist, so ist das Reaktionssystem äquivalent Null. Der Körper führt dann dieselbe Bewegung aus, auch wenn ε nicht festgehalten wird.

Dieser Fall tritt beispielsweise bei einem homogenen starren Körper mit einer Symmetrieebene ein, wenn die auf den Körper wirkenden Kräfte mit einem in der Symmetrieebene liegenden Kräftesystem äquivalent sind und die festgehaltene Ebene der Symmetrieebene parallel ist. Wenn der Körper seine Bewegung von einer Anfangslage aus so beginnt, daß die Symmetrieebene in sich bewegt wird, so ist dies dauernd der Fall, auch wenn man es nicht dadurch erzwingt, daß man eine Ebene festhält. Diese Bedingungen sind vielfach bei einfacheren mechanischen Aufgaben erfüllt, die dann als ebene Bewegungen mit dem Freiheitsgrad 3 behandelt werden können.

Wenn man neben (**164**, 4) auch $M_z = 0$, also konstantes w hat, so bleibt der Momentvektor des Reaktionskräftepaares im Körper fest, und zwar parallel ε. Man entnimmt dies aus (**160**, 6, 7), indem man sich S in K fest denkt. $\mathfrak{U}$ ist nicht Null, falls nicht entweder $w = 0$ oder die Schwerpunktsnormale Hauptachse ist. Dieser Fall tritt z. B. ein, wenn keine Kräfte $\mathfrak{R}_\nu$ auf den Körper wirken.

Ist ε nicht reibungsfrei festgehalten, so hängen die Reibungskräfte, die man im allgemeinen nicht von vornherein kennt, von den Normalreaktionen ab und gehen in die drei Gleichungen (**164**, 1, 2) und (**160**, 8) ein, durch die wir die Bewegung bestimmt haben. Man sieht dann, daß man in diesem Fall nicht die einfache Einteilung der sechs Bewegungsgleichungen in drei, die die Bewegung bestimmen, und drei, die das Reaktionssystem bis auf statische Umformungen bestimmen, vornehmen kann; es müssen vielmehr alle sechs Gleichungen gemeinsam, evtl. zusammen mit kinematischen Nebenbedingungen und unter Berücksichtigung der früher formulierten Annahmen über die Reibungskräfte behandelt werden.

Eine wirkliche Vereinfachung des dynamischen Problems, die Bewegung eines freien Körpers zu bestimmen, hat man dagegen, wenn die ebene Bewegung durch Bindungen zustande gebracht ist, die als reibungsfrei angesehen werden können, insbesondere in den Fällen, wo man von einem Körper auf Grund von Symmetrieeigenschaften von vornherein weiß, daß er eine ebene Bewegung ausführen muß. Es ist auch nützlich, zu beachten, daß die Reaktionskräfte einer reibungsfrei festgehaltenen Ebene bei der Bewegung des Körpers keinen Effekt

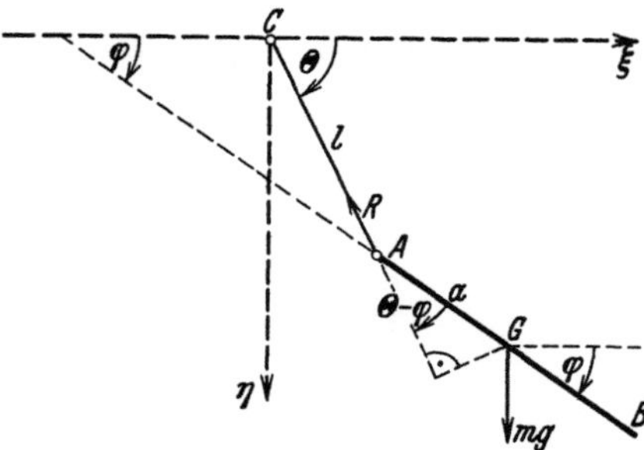

Abb. 139. Ebene Bewegung eines an einem Faden aufgehängten Stabes.

haben und daher nicht in der Energiegleichung auftreten, die man oft mit Vorteil als die eine der drei Gleichungen für die ebene Bewegung verwenden kann. Die ebene Bewegung kann auch durch kinematische Bedingungen mit oder ohne Reibung noch weiter eingeschränkt sein, wodurch der Freiheitsgrad des Körpers von 3 auf 2 oder 1 herabgesetzt wird.

Als Beispiel betrachten wir einen dünnen homogenen Stab $A B$ von der Länge $2a$ und der Masse m, dessen einer Endpunkt A mit einem festen Punkt C durch einen masselosen unelastischen Faden der Länge l verbunden ist und der im übrigen nur der Einwirkung der Schwere unterliegt. Wenn in einem Zeitpunkt der Stab und die Geschwindigkeiten seiner Punkte in einer Vertikalebene durch C liegen, so verbleibt er während der ganzen Bewegung in dieser Ebene. Wir untersuchen die so entstehende ebene Bewegung und verwenden die in Abb. 139 angegebenen Bezeichnungen. R bedeute die Fadenspannung.

Wir wollen uns auf Bewegungen beschränken, bei denen der Faden gespannt ist. Dann hängen die Lagen des Körpers nur von zwei Parametern, z. B. den Winkeln Θ und φ (Abb. 139) ab. Man hat

$$\xi_G = l \cos\Theta + a \cos\varphi,$$
$$\eta_G = l \sin\Theta + a \sin\varphi.$$

Daraus findet man die (164, 1, 2) entsprechenden Gleichungen

$$m\ddot{\xi}_G = m\left[-l\cos\Theta\,\dot{\Theta}^2 - a\cos\varphi\,\dot{\varphi}^2 - l\sin\Theta\,\ddot{\Theta} - a\sin\varphi\,\ddot{\varphi}\right] = -R\cos\Theta,$$
$$m\ddot{\eta}_G = m\left[-l\sin\Theta\,\dot{\Theta}^2 - a\sin\varphi\,\dot{\varphi}^2 + l\cos\Theta\,\ddot{\Theta} + a\cos\varphi\,\ddot{\varphi}\right] = -R\sin\Theta + mg$$

und als die (160, 8) entsprechende Gleichung (Momentsatz für G)

$$\tfrac{1}{3}\,a^2 m\ddot{\varphi} = R\,a\,\sin(\Theta - \varphi).$$

Eliminiert man R aus diesen drei Gleichungen, so erhält man zwei Differentialgleichungen zur Bestimmung von Θ und φ als Funktionen von t. Eliminiert man $\ddot{\Theta}$ und $\ddot{\varphi}$, so erhält man eine Gleichung, aus der R als Funktion von Θ, φ, $\dot{\Theta}$ und $\dot{\varphi}$ gefunden werden kann.

165. Rollen und Gleiten. Wir betrachten eine ebene Bewegung eines starren Körpers K und bezeichnen mit ε diejenige durch den Schwerpunkt G von K gelegte Ebene, die bei der Bewegung ungeändert bleibt. (In den Abb. 140 bis 144 ist sie in der Zeichenebene gedacht.) Wir berücksichtigen nur die zu ε parallelen Komponenten der wirkenden Kräfte und lassen diese in Punkten von ε angreifen. Wir sehen also von eventuellen zu ε senkrechten Komponenten der wirkenden Kräfte ab und verschieben die Angriffspunkte der Kräfte senkrecht zu ε, bis sie in ε fallen. Dadurch werden weder die Projektionen der Kräfte auf ε noch ihre Momente um die Normalen von ε geändert. Mit anderen Worten: Wir sehen von denjenigen Eigenschaften der wirkenden Kräfte ab, die nur für die Bestimmung der Reaktionen der Einrichtungen von Bedeutung sind, durch die ε festgehalten wird. Die damit zusammenhängenden Fragen haben wir bereits in **164** behandelt.

Die Untersuchungen dieses Paragraphen handeln von den Einschränkungen der möglichen Bewegungen von K, die dadurch zustande kommen, daß eine in K feste Zylinderfläche C dauernd

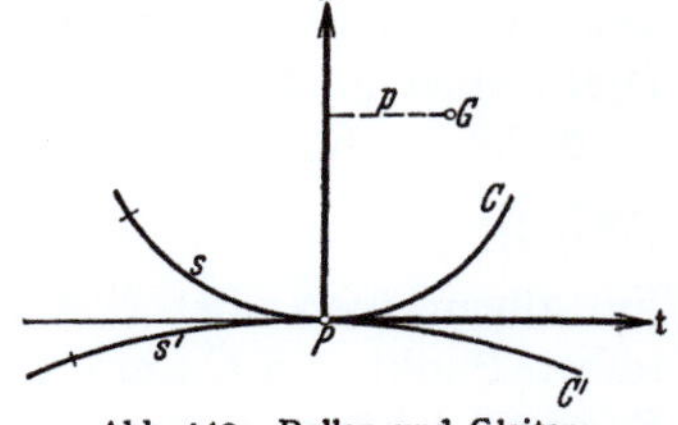

Abb. 140. Rollen und Gleiten.

eine im Bezugskörper B feste Zylinderfläche C' berühren soll. Beide Zylinderflächen sind senkrecht zu ε (in Abb. 140 durch die Kurven C und C' wiedergegeben, in denen sie ε schneiden; wir können uns damit begnügen, von diesen Kurven zu sprechen).

Den Berührungspunkt (Stützpunkt) der beiden Kurven nennen wir P. Seine Lage auf C und C' kann durch die Bogenlängen s und s' gemessen von fest gewählten Ausgangspunkten auf C und C' angegeben werden. Auf der gemeinsamen Tangente und der gemeinsamen Normalen in P tragen wir die Einheitsvektoren t bzw. n auf. Die Stützreaktion, die auf K in P wirkt, kann dann in die Normalreaktion $N\,n$ und die Tangentialreaktion $F\,t$ (die Reibungskraft) zerlegt werden. Ist μ der Reibungskoeffizient, so hat man stets

$$(165, 1) \qquad\qquad |F| \leqq \mu\,|N|.$$

Die Reibungskraft ist der *Gleitgeschwindigkeit* entgegengesetzt gerichtet, das ist die Geschwindigkeit desjenigen Massenpunktes des Körpers, der in dem betreffenden Zeitpunkt in P fällt, falls diese Geschwindigkeit nicht gerade Null ist (vgl. Beispiel 1 S. 445).

Die geometrische Bedingung hat zur Folge, daß die Lagen des Körpers K im allgemeinen nur von zwei Parametern abhängen (während eine beliebige ebene Bewegung von drei Parametern abhängt). Als Parameter, die die Lagen von K festlegen, kann man offenbar s und s' oder irgend zwei andere Größen wählen, die umkehrbar eindeutig durch diese bestimmt sind. Der Bewegungszustand des Körpers in einer Lage (s, s') ist durch die Größen $\dot{s}$ und $\dot{s}'$ gegeben. Insbesondere ist die Winkelgeschwindigkeit $w = \dot{\varphi}$, mit der sich K in bezug auf den Bezugskörper B dreht, durch $s, s', \dot{s}, \dot{s}'$ bestimmt. Wir unterscheiden nun zwischen drei Bewegungsformen:

1. Wenn für alle Werte von t

$$(165, 2) \qquad\qquad \dot{s} = \dot{s}'$$

ist, so nehmen s und s' in gleichen Zeiträumen um gleich große Bögen zu oder ab. Man spricht dann von *reinem Rollen*. Dieser Fall wurde in **71** untersucht; (**71**, 2) stellt w in Abhängigkeit von s und den Krümmungsradien der Kurven dar. C und C' sind in diesem Fall die Polkurven der Bewegung und P das momentane Drehzentrum. Die Bewegung hängt nur von einem Parameter, z. B. s oder s' oder dem Drehwinkel φ ab.

2. Wenn für alle Werte von t

$$(165, 3) \qquad\qquad \dot{s} = 0$$

(im allgemeinen aber $\dot{s}' \neq 0$) ist, so stützt sich K dauernd mit demselben Punkt von C auf C'. Man spricht dann von *reinem Gleiten*. Die Bewegung hängt nur von einem Parameter, z. B. s' oder dem Drehwinkel φ ab. Wenn überdies C' eine Gerade ist, so wird die Bewegung eine Translation. Wenn C' gekrümmt ist, dreht sich K mit derselben Winkelgeschwindigkeit wie die Normale von C' in P. — Will man den Fall mitnehmen, daß C in einen einzigen Punkt entartet, daß K sich also mit dem Punkt C auf C' stützt und sich um diesen Punkt drehen kann, so hat man wieder eine Bewegung mit zwei Parametern, da der Drehwinkel φ unabhängig von s' wird (dagegen hängt φ von s' ab, wenn C eine Kurve ist, die C' in einem ihrer Punkte berührt).

Man kann auch von reinem Gleiten sprechen, wenn $\dot{s}' = 0$, $\dot{s} \neq 0$, wenn sich also $\boldsymbol{K}$ mit C so auf C' stützt, daß C' von C in einem festen Punkt von C' berührt wird.

3. Wenn $\dot{s}$ und $\dot{s}'$ von Null und voneinander verschieden sind, sagt man, daß $\boldsymbol{K}$ mit der Kurve C auf der Stützkurve C' *zugleich rollt und gleitet*. In diesem Fall hängt die Bewegung von zwei Parametern ab. Die Bewegungsformen 1. und 2. sind spezielle, kinematisch einfachere Fälle. Wegen der kinematischen Nebenbedingungen **(165, 2)** bzw. **(165, 3)** nehmen sie auch dynamisch eine Sonderstellung ein.

Über die Reibungskraft machen wir, wie früher erwähnt, folgende Voraussetzung: Für die Bewegungsformen 2. und 3. gilt das Gleichheitszeichen in **(165, 1)**, für die Bewegungsform 1. im allgemeinen das Kleinerzeichen. Bei 2. und 3. ist die Reibungskraft der Gleitgeschwindigkeit entgegengesetzt gerichtet.

Aus dem Schwerpunktssatz und dem Momentsatz für den Schwerpunkt erhält man nun in allen Fällen [**(164,** 1, 2) und **(160,** 8) entsprechend]

$$(165, 4) \qquad m\mathfrak{b}_G = \mathfrak{K} + N\mathfrak{n} + F\mathfrak{t},$$

$$(165, 5) \qquad I_G\ddot{\varphi} = I_G\dot{w} = M_{\mathfrak{K}} + M_N + M_F,$$

wo I_G das Trägheitsmoment von $\boldsymbol{K}$ und $M_{\mathfrak{K}}$, M_N, M_F die Momente der Kräfte $\mathfrak{K}$, $N\mathfrak{n}$ bzw. $F\mathfrak{t}$ um G, d. h. um die Schwerpunktsnormale bezeichnen. Wir wollen **(165, 4)** in die beiden skalaren Gleichungen

$$(165, 6) \qquad m(b_G)_\mathfrak{t} = K_\mathfrak{t} + F,$$

$$(165, 7) \qquad m(b_G)_\mathfrak{n} = K_\mathfrak{n} + N$$

nach den Richtungen von $\mathfrak{t}$ und $\mathfrak{n}$ aufspalten.

In den drei skalaren Gleichungen **(165,** 5, 6, 7) hat man w und $\mathfrak{b}_G$ durch die Parameter der Bewegung und deren zeitliche Ableitungen von erster und zweiter Ordnung auszudrücken. Die Kräfte und Momente sind von den Parametern (und evtl. von deren Ableitungen erster Ordnung und der Zeit) und den unbekannten Skalaren F und N abhängig. Man erhält dann die folgende den verschiedenen Bewegungsformen entsprechende Diskussion:

1. Wenn reines Rollen vorliegt, erhält man durch Einsetzen von F und N aus **(165,** 6, 7) in **(165,** 5) eine Differentialgleichung zur Bestimmung der Bewegung, die ja in diesem Fall nur von einem Parameter abhängt. Danach bestimmen sich F und N aus **(165,** 6, 7). Die gefundenen Werte müssen die Ungleichung **(165,** 1) befriedigen, wenn diese Bewegungsform möglich sein soll.

Man kann die drei Gleichungen auch in der Weise verwenden, daß man $\dot{s}'$ eliminiert und so zwei Gleichungen zwischen F, N, $\dot{s}'$, $\dot{s}$ erhält.

Aus diesen kann man die Reaktion in Abhängigkeit vom Bewegungszustand finden.

2. Reines Gleiten kann nur vorkommen, wenn eine Bedingungsgleichung (nicht wie beim Rollen eine Ungleichung) erfüllt ist: Zwischen dem Parameter, von dem die Bewegung abhängt, und F und N hat man nämlich vier Gleichungen, da ja in (165, 1) das Gleichheitszeichen stehen muß. Diese Bewegungsform stellt also einen Ausnahmefall dar, der nur unter ganz besonderen Umständen auftreten kann.

3. Wenn der Körper zugleich rollt und gleitet, so hat man zwei Parameter, und das Gleichheitszeichen gilt in (165, 1). Durch Elimination von F und N erhält man zwei Differentialgleichungen für die beiden Parameter. Durch Elimination der Ableitungen zweiter Ordnung der beiden Parameter kann man F und N in Abhängigkeit vom Bewegungszustand erhalten.

Man kann natürlich auch von anderen dynamischen Gleichungen als (165, 4, 5) ausgehen:

In allen drei Fällen gelangt man zu einer weder N noch F enthaltenden Gleichung, indem man das Moment um die durch P gehende Normale l von ε berechnet. Dabei muß man aber berücksichtigen, daß sich diese Gerade im allgemeinen bewegt. Man erhält die Momentgleichung aus (98, 6). Hierbei fällt das erste Zusatzmoment auf der rechten Seite (als Raumprodukt von drei linear abhängigen Vektoren) fort, da die Gerade l stets dem momentanen Drehvektor $\mathfrak{w}$ parallel ist. Um das zweite Zusatzmoment zu bestimmen, orientieren wir l durch $\mathfrak{L} = \mathfrak{n} \times \mathfrak{t}$ und rechnen die Winkelgeschwindigkeit w des Körpers positiv von $\mathfrak{n}$ nach $\mathfrak{t}$. Die Größe $\dot{\mathfrak{v}}$ in (98, 6) wird $\dot{s}'\mathfrak{t}$. Die Größe $m\,\mathfrak{v}$ ist hier über den ganzen Körper zu summieren und ergibt $m\,\mathfrak{v}_G$. Von dieser Größe braucht man nur die Komponente in der Richtung $\mathfrak{n}$, und diese ist $-mwp\mathfrak{n}$, wenn p der Abstand von G und der Stütznormalen, d. h. der gemeinsamen Normalen von C und C' bedeutet (vgl. Abb. 140). (98, 6) nimmt dadurch die Gestalt

$$(165, 8) \qquad\qquad \dot{S}_l = M_l - m\dot{s}'pw$$

an. Dies ist die gesuchte Momentgleichung. Die linke Seite stellt die zeitliche Ableitung des Moments der Bewegungsmenge des Körpers um die Normale von ε in P dar. Wir heben den Spezialfall hervor, daß G auf der Stütznormalen liegt:

Falls der Schwerpunkt des Körpers auf der Stütznormalen, d. h. der gemeinsamen Normalen von C und C' liegt, kann man den Momentsatz auf den Stützpunkt anwenden, als ob dieser fest wäre.

Im Fall der reinen Rollbewegung läßt sich $\dot{s}'$ im Zusatzmoment in (165, 8) mit Hilfe von (71, 2) durch w ausdrücken.

Oft ist es vorteilhaft, den Energiesatz heranzuziehen. Bei der Berechnung des Krafteffektes ist zu beachten, daß die Angriffspunkte der Kräfte Massenpunkte von K sind und daß man diejenigen Geschwindigkeiten benutzen muß, die diese bei der Bewegung relativ zu B haben. Wenn es sich um reine Rollbewegung handelt, ist P das momentane Drehzentrum von K bezüglich B, also als Punkt von K in momentaner Ruhe relativ zu B (obwohl sich P als Berührungspunkt mit einer von Null verschiedenen Geschwindigkeit auf C' verschiebt!). Daher haben F und N in diesem Fall keinen Effekt. Bei reinem Rollen ergibt folglich der Energiesatz ein Erstintegral, wenn eine Kräftefunktion existiert. Dies Erstintegral ist zur Bestimmung der nur von einem Parameter abhängigen Bewegung hinreichend. Wenn eine Gleitbewegung vorliegt, hat F einen Effekt, dagegen N keinen. Der in P befindliche Massenpunkt bewegt sich nämlich in der Richtung $\mathfrak{t}$ mit der Geschwindigkeit, die wir als Gleitgeschwindigkeit bezeichnet haben.

Beispiele: 1. C' sei eine Gerade mit dem Neigungswinkel α gegen die Horizontale, C ein Kreis mit dem Mittelpunkt G und dem Radius r. Es wirke nur die Schwerkraft. Beispiel: Ein homogener Rotationskörper auf einer schiefen Ebene.

$\mathfrak{t}$ und $\mathfrak{n}$ seien wie in Abb. 141 gewählt. Man hat $(\mathfrak{b}_G)_{\mathfrak{t}} = \ddot{s}'$, $(\mathfrak{b}_G)_{\mathfrak{n}} = 0$. Folglich ergibt (**165**, 7)

$$(\textbf{165, 9}) \qquad N = mg\cos\alpha$$

und (**165**, 6)

$$(\textbf{165, 10}) \qquad m\ddot{s}' = mg\sin\alpha + F.$$

Ist k der Trägheitsradius für G, so erhält man aus (**165**, 5)

$$(\textbf{165, 11}) \qquad mk^2\ddot{\varphi} = mk^2\dot{w} = -Fr.$$

Der Drehwinkel des Körpers ist hierbei positiv von $\mathfrak{n}$ nach $\mathfrak{t}$ gerechnet (wie in der Abbildung angedeutet).

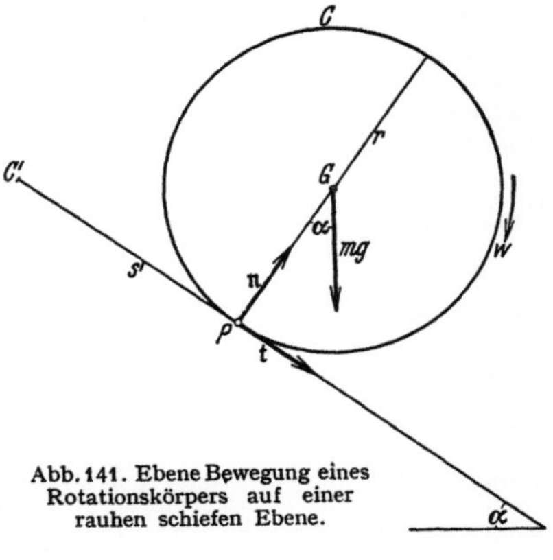

Abb. 141. Ebene Bewegung eines Rotationskörpers auf einer rauhen schiefen Ebene.

(**165**, 9) zeigt, daß die Normalreaktion nur vom Gewicht des Körpers und der Neigung der schiefen Ebene, jedoch nicht von der Bewegung abhängt.

Der Massenpunkt von K, der sich im betrachteten Augenblick in P befindet, hat die Geschwindigkeit $\dot{s}' - rw$, abwärts positiv gerechnet. Diese Geschwindigkeit haben wir als Gleitgeschwindigkeit bezeichnet; sie darf nicht mit der Verschiebungsgeschwindigkeit $\dot{s}'$ des Stützpunktes verwechselt werden. Die Gleitgeschwindigkeit ist Null, wenn das momentane Drehzentrum in P fällt; bei reiner Rollbewegung ist sie also dauernd Null. Für die Gleitbeschleunigung findet man aus (**165**, 10, 11)

$$(\textbf{165, 12}) \qquad \ddot{s}' - r\ddot{\varphi} = \frac{d}{dt}(\dot{s}' - rw) = g\sin\alpha + \frac{F}{m}\frac{k^2 + r^2}{k^2}.$$

Die Gleichungen (**165**, 9—12) sind für alle Bewegungsformen gültig. Wir untersuchen nun, welche von diesen Formen in einem gegebenen Fall eintritt.

Reines Gleiten in einem Zeitintervall erfordert konstantes φ, also nach (**165**, 11) $F = 0$. Da zugleich in (**165**, 1) das Gleichheitszeichen stehen und (**165**, 9) gelten soll, erhält man $\mu = 0 \left(\text{für } \alpha \neq \dfrac{\pi}{2}\right)$. Diese Bewegung ist also nur möglich, wenn die schiefe Ebene vollständig glatt ist. — Geht man umgekehrt davon aus, daß die schiefe Ebene glatt ist, so hat man $\mu = 0$, also $F = 0$, also nach (**165**, 11) $\dot{w} = 0$ und nach (**165**, 10) $\ddot{s}' = g \sin\alpha$. In diesem Fall bewegt sich also G mit derselben konstanten, abwärts gerichteten Beschleunigung wie ein Massenpunkt auf einer glatten, schiefen Ebene; gleichzeitig dreht sich der Körper mit konstanter Winkelgeschwindigkeit, die speziell Null sein kann (reines Gleiten). Reines Rollen kann höchstens in einem einzelnen Zeitpunkt, nicht in einem Zeitintervall, vorkommen, da nach (**165**, 12) die Gleitbeschleunigung konstant gleich $g \sin\alpha$ ist. Im folgenden können wir nunmehr von der Voraussetzung $\mu > 0$ ausgehen.

Reine Rollbewegung in einem Zeitintervall erfordert, daß die Gleitgeschwindigkeit — und daher auch die Gleitbeschleunigung — Null ist. Aus (**165**, 12) findet man dann

(**165**, 13)
$$F = -mg \sin\alpha \, \frac{k^2}{k^2 + r^2}.$$

Die Reibungskraft ist in diesem Fall stets aufwärts gerichtet, wobei $\ddot{s}' \gtreqless 0$ sein kann. Mit Berücksichtigung von (**165**, 1, 9) erhält man als notwendige Bedingung für reines Rollen

(**165**, 14)
$$\operatorname{tg}\alpha \leqq \mu \, \frac{k^2 + r^2}{k^2} = \operatorname{tg}\alpha_0.$$

Nur wenn der Neigungswinkel α der schiefen Ebene kleiner als der durch (**165**, 14) definierte Winkel α_0 ist, ist reine Rollbewegung möglich. Geht man umgekehrt davon aus, daß $\alpha < \alpha_0$ ist, so tritt reines Rollen ein, wenn die Anfangsgeschwindigkeit die Bedingung $\dot{s}' = rw$ erfüllt; dies ist speziell bei momentaner Ruhe der Fall. Die Beschleunigung von G bei reiner Rollbewegung ist nach (**165**, 10, 13)

(**165**, 15)
$$\ddot{s}' = g \sin\alpha \, \frac{r^2}{k^2 + r^2}.$$

Wenn der Körper zugleich rollt und gleitet, hat man in (**165**, 1) das Gleichheitszeichen und erhält aus (**165**, 9)

(**165**, 16)
$$F = \pm \mu mg \cos\alpha.$$

Durch Einsetzen in (**165**, 10) ergibt sich

(**165**, 17)
$$\ddot{s}' = g(\sin\alpha \pm \mu \cos\alpha),$$

also aus (**165**, 12) mit Verwendung der durch (**165**, 14) definierten Größe α_0

(**165**, 18)
$$\frac{d}{dt}(\dot{s}' - rw) = g \cos\alpha \,(\operatorname{tg}\alpha \pm \operatorname{tg}\alpha_0).$$

Das Vorzeichen in (**165**, 16) und damit in (**165**, 17, 18) bestimmt sich nach der obengenannten Regel: Wenn die Gleitgeschwindigkeit nicht Null ist, ist die Reibungskraft ihr stets entgegengesetzt gerichtet. Wenn der Massenpunkt des Körpers, der sich in P befindet, abwärts gerichtete Geschwindigkeit hat, ist die Reibungskraft nach oben gerichtet und umgekehrt; dies gilt unabhängig vom Vorzeichen von $\dot{s}'$. Man erhält hiernach folgende Bestimmung der Bewegung: Wenn in einem Zeitpunkt, der als Anfangspunkt gewählt werde, die Gleitgeschwindigkeit aufwärts gerichtet, also mit Rücksicht auf die für diese Größen festgesetzten Vorzeichenregeln $\dot{s}' - rw < 0$ ist (G kann sich dabei aufwärts oder abwärts bewegen!), so hat man $F > 0$, also abwärts gerichtete Reibungskraft und einen positiven konstanten Differentialquotienten der Gleitgeschwindigkeit. Der Betrag der Gleitgeschwindigkeit nimmt also ab, bis er den Wert Null erreicht. Der Zeitpunkt, in dem dies eintritt, kann aus (**165**, 18) gefunden werden. In diesem Zeitpunkt hat man ein Bewegungselement einer reinen Rollbewegung. Falls $\alpha < \alpha_0$ ist, setzt sich die Bewegung als reine Rollbewegung nach den Formeln (**165**, 13, 15) fort. Falls dagegen $\alpha > \alpha_0$ ist, wird die Gleitgeschwindigkeit nach dem genannten Zeitpunkt positiv und wächst mit konstantem positiven Differentialquotienten; jetzt gilt jedoch das untere Vorzeichen in (**165**, 18), weil F negativ geworden ist.

Wenn man im Anfangselement $\dot{s}' - rw > 0$, also $F < 0$ hat, geht die Bewegung für $\alpha > \alpha_0$ weiter nach den Formeln (**165**, 16, 17, 18) mit dem negativen Zeichen vor sich. Für $\alpha < \alpha_0$ nimmt dagegen die Gleitgeschwindigkeit nach (**165**, 18) bis zu Null ab, und die Bewegung geht dann in eine reine Rollbewegung über. Aus (**165**, 18) kann man die Zeit berechnen, die verläuft, bis reines Rollen eintritt.

Man bemerke, daß sich F und $\ddot{s}'$ unstetig ändern, wenn die Bewegung des Körpers in reine Rollbewegung umschlägt oder wenn auch nur die Gleitgeschwindigkeit den Wert Null passiert. Dabei kann zugleich das Vorzeichen wechseln. Jedoch kann $\ddot{s}' < 0$ nur eintreten, wenn $\operatorname{tg}\alpha < \mu$ ist, was mehr als (**165**, 14) erfordert. Ein solcher Bewegungszustand, bei dem G nach oben beschleunigt ist, kann nur bestehen, bis die Bewegung in reines Rollen umschlägt.

Die Bewegung von G ist in allen Fällen leicht zu bestimmen. G hat nämlich konstante Beschleunigung, solange eine bestimmte Bewegungsform anhält. Diese Beschleunigung ist durch (**165**, 15) oder (**165**, 17) gegeben.

Beim Umschlagen in reines Rollen springt F vom Wert (**165**, 16) zum Wert (**165**, 13). Der Betrag von F wird dabei mit $\dfrac{\operatorname{tg}\alpha}{\operatorname{tg}\alpha_0}$ multipliziert. Man kann somit sagen, daß die Bewegung des Körpers nur dann in reine Rollbewegung übergeht, falls dies eine Verminderung der Reibungskraft zur Folge hat.

2. C' sei ein Kreis mit dem Radius R; C sei ein Kreis mit dem Mittelpunkt G und dem Radius $r < R$ und berühre C' von innen. Es wirke nur die Schwerkraft.

Beispiel: Ein homogener Rotationskörper in einem hohlen Kreiszylinder

Wir verwenden die in Abb. 142 angegebenen Bezeichnungen und beschränken uns auf den Fall einer reinen Rollbewegung. Anfangsbedingung sei, daß sich der Körper in der dem Wert Θ_0 von Θ entsprechenden Lage in momentaner Ruhe befindet.

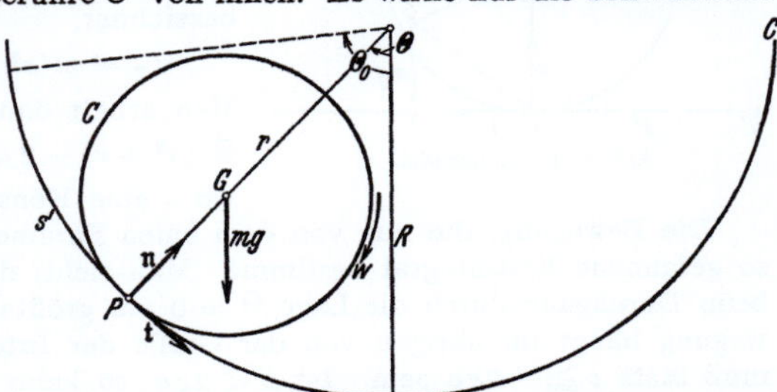

Abb. 142. Ebene Bewegung eines Rotationskörpers in einem festen Hohlzylinder.

Für die Winkelgeschwindigkeit w des Körpers mit der in der Abbildung angegebenen Drehrichtung findet man nach (**71**, 2)

$$w = -\frac{R - r}{r}\,\dot{\Theta}.$$

Wenn k den Trägheitsradius des Körpers für G bezeichnet, hat man nach dem Energiesatz

$$\dot{\Theta}^2 = \frac{2g\,(\cos\Theta - \cos\Theta_0)\,r^2}{(R - r)\,(r^2 + k^2)},$$

$$\ddot{\Theta} = -\frac{g\sin\Theta}{l},$$

wo

$$l = (R - r)\,\frac{r^2 + k^2}{r^2}$$

ist. Ein Vergleich mit (**129**, 21) zeigt, daß die Gerade GP wie ein Pendel der Länge l schwingt. Damit ist die Bewegung bestimmt.

Die Stützreaktion findet man aus (**165**, 6, 7). Man hat hier

$$(b_G)_t = -(R - r)\,\ddot{\Theta}, \qquad (b_G)_n = (R - r)\,\dot{\Theta}^2.$$

Mit den gefundenen Werten von $\dot{\Theta}$ und $\ddot{\Theta}$ erhält man den Wert (**165**, 13) für F indem man Θ für α und

$$N = mg\left[\frac{2\,(\cos\Theta - \cos\Theta_0)\,r^2}{r^2 + k^2} + \cos\Theta\right]$$

für die Normalreaktion setzt. Diese Größe ist während der Bewegung positiv. Für $\Theta = \Theta_0$ stimmt sie mit (**165**, 9) überein. Für $k \to 0$ geht sie in den früher gefundenen Wert der Fadenspannung beim mathematischen Pendel über [vgl. (**129**, 6)].

Für $\Theta = \Theta_0$ erreicht $|F|$ seinen größten und N seinen kleinsten Wert. Die Ungleichung (**165**, 1), die die Bedingung für reines Rollen darstellt, ist also während der ganzen Bewegung erfüllt, wenn sie für $\Theta = \Theta_0$ erfüllt ist. Dies führt auf die Bedingung $\Theta_0 \leqq \alpha_0$, wo α_0 die Bedeutung (**165**, 14) hat.

3. C' sei eine horizontale Gerade, C ein Kreis vom Radius r, dessen Mittelpunkt im Abstand a von G liegt. Wir nehmen wieder an, daß nur die Schwerkraft wirkt, und beschränken uns auf die Untersuchung einer reinen Rollbewegung (*Rollpendel*).

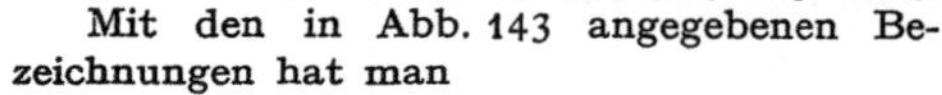

Abb. 143. Rollpendel.

Mit den in Abb. 143 angegebenen Bezeichnungen hat man

$$PG^2 = a^2 + r^2 - 2\,ar\cos\Theta.$$

Das Trägheitsmoment I_P des Körpers um P ist daher, wenn k den Trägheitsradius für G bezeichnet,

$$I_P = m\,(a^2 + r^2 - 2\,ar\cos\Theta + k^2).$$

Man erhält dann aus dem Energiesatz

$$\dot{\Theta}^2\,(a^2 + r^2 - 2\,ar\cos\Theta + k^2) = 2\,ga\cos\Theta + c,$$

wo c eine Konstante ist.

Die Bewegung, die nur von dem einen Parameter Θ abhängt, ist durch das so gefundene Erstintegral bestimmt. Man sieht, daß die Winkelgeschwindigkeit beim Durchgang durch die Lage $\Theta = 0$ am größten ist. Der Charakter der Bewegung hängt im übrigen von der Größe der Integrationskonstanten c ab. Es muß stets $c \geqq -2ga$ sein. Ist $c < 2ga$, so kann man $c = -2ga\cos\Theta_0$ setzen und findet, daß die Winkelgeschwindigkeit in den $\Theta = \pm\Theta_0$ entsprechenden Lagen verschwindet. Der Körper schwingt dann zwischen zwei Extremlagen hin und her. Ist $c > 2ga$, so bleibt das Vorzeichen von $\dot{\Theta}$ ungeändert. Die Winkelgeschwindigkeit ist in diesem Fall am kleinsten beim Durchgang durch die $\Theta = \pi$ entsprechende Lage. Für $c = 2ga$ nähert sich der Körper asymptotisch der Lage $\Theta = \pi$ in unendlich langer Zeit.

Nachdem man so $\dot{\Theta}$ und damit auch $\ddot{\Theta}$ als Funktion von Θ kennt, findet man leicht die Stützreaktion und die Bedingung für reines Rollen aus (**165**, 6, 7, 1).

Bei dieser Aufgabe kann man auch den Momentsatz (**165**, 8) für P zur Bestimmung der Bewegung heranziehen. Man hat $\dot{s}' = r\dot{\Theta}$, $w = \dot{\Theta}$, $p = -a\sin\Theta$. Wenn man alle Momente in der Drehungsrichtung von $\mathfrak{n}$ nach $\mathfrak{t}$ positiv rechnet, erhält man aus (**165**, 8)

$$\frac{d}{dt}\,(I_P\dot{\Theta}) = -mga\sin\Theta + mar\dot{\Theta}^2\sin\Theta.$$

Bei der Ausführung der Differentiation muß beachtet werden, daß I_P von Θ ab-

hängt. Diese Gleichung erhält man auch durch Differentiation der obigen Energiegleichung nach t, nämlich in der Gestalt

$$\ddot{\Theta}(a^2 + r^2 - 2ar\cos\Theta + k^2) + ar\dot{\Theta}^2 \sin\Theta = -ga\sin\Theta.$$

Wenn Θ während der ganzen Bewegung so klein ist, daß man die Größe $\dot{\Theta}^2\sin\Theta$
vernachlässigen und $\cos\Theta$ durch 1 ersetzen kann, so schwingt das Rollpendel wie
ein mathematisches Pendel der Länge $\dfrac{PG^2 + k^2}{a}$, wo PG als konstant anzusehen ist.

4. C' sei eine horizontale Gerade, C ein Stützpunkt, um den sich der Körper
drehen kann. Der Abstand von G und $C = P$ sei a und der Trägheitsradius für G
gleich k.

Mit den Bezeichnungen von Abb. 144 hat man

$$x_G = s' + a\sin\varphi, \qquad y_G = a\cos\varphi,$$

$$\dot{x}_G = \dot{s}' + a\cos\varphi\,\dot{\varphi}, \qquad \dot{y}_G = -a\sin\varphi\,\dot{\varphi},$$

$$(165, 19) \qquad (b_G)_t = \ddot{x}_G = \ddot{s}' + a\cos\varphi\,\ddot{\varphi} - a\sin\varphi\,\dot{\varphi}^2 = \frac{F}{m},$$

$$(165, 20) \qquad (b_G)_n = \ddot{y}_G = -a\sin\varphi\,\ddot{\varphi} - a\cos\varphi\,\dot{\varphi}^2 = -g + \frac{N}{m},$$

$$(165, 21) \qquad m\,k^2\,\ddot{\varphi} = N\,a\sin\varphi - F\,a\cos\varphi.$$

Elimination von F und N aus den letzten drei Gleichungen ergibt

$$(165, 22) \qquad (a^2 + k^2)\,\ddot{\varphi} = g\,a\sin\varphi - \ddot{s}'\,a\cos\varphi.$$

Die Gleichung (165, 22) kann man
auch direkt erhalten, indem man
den Momentsatz für die Normale l
in P in der Form (165, 8) heranzieht.
Das Moment S_l der Bewegungsmenge
setzt sich aus zwei Beiträgen zusammen. Der erste rührt von der
Translationsbewegung des Körpers
mit der Geschwindigkeit $\dot{s}'t$ (der
Gleitgeschwindigkeit), der andere von
der Drehung um P mit der Winkelgeschwindigkeit $\dot{\varphi}$ her. Im Zusatz-

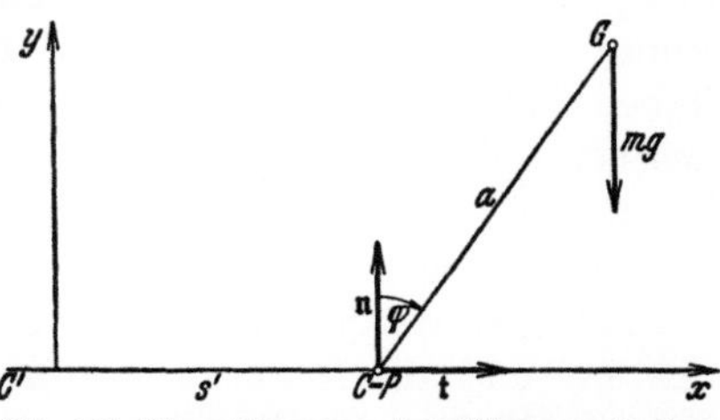

Abb. 144. Ebene Bewegung eines Körpers mit einem
Stützpunkt auf einer rauhen Ebene.

moment in (165, 8) hat man $w = \dot{\varphi}$ und $p = a\sin\varphi$. Man erhält so aus (165, 8)

$$\frac{d}{dt}\left[m\,\dot{s}'\,a\cos\varphi + m(a^2 + k^2)\,\dot{\varphi}\right] = mga\sin\varphi - m\,\dot{s}'\,\dot{\varphi}\,a\sin\varphi,$$

was auf (165, 22) führt.

Ist die Gerade C' vollkommen glatt, so hat man $F = 0$. Durch Elimination
von $\ddot{s}'$ aus (165, 19, 22) erhält man in diesem Fall eine Differentialgleichung für φ;
hierauf bestimmt sich N aus (165, 20). s' ergibt sich aus der Gleichung (165, 19),
die für $F = 0$ besagt, daß $\dot{s}' + a\cos\varphi\,\dot{\varphi} = \dot{x}_G$ konstant ist, so daß man ein Erstintegral hat. Man kann N auch als Funktion des Bewegungszustandes des Körpers
bestimmen, indem man $\ddot{\varphi}$ und $\ddot{s}'$ aus (165, 19, 20, 22) eliminiert.

Falls die Gerade C' so rauh ist, daß der Stützpunkt nicht gleitet, hat man
$\dot{s}' = \ddot{s}' = 0$. In diesem Fall ist (165, 22) eine Differentialgleichung für φ allein,
die aus 162 bekannt ist; der Körper bewegt sich wie ein physisches Pendel.
F und N findet man aus (165, 19, 20), und aus (165, 1) ergibt sich der Minimal-
wert von μ, für den diese Bewegungsform möglich ist. Setzt man den durch
(165, 22) bestimmten Wert von $\ddot{\varphi}$ in (165, 19, 20) ein, so findet man F und N
in Abhängigkeit vom Bewegungszustand des Körpers.

Falls die Gerade C' rauh ist und der Stützpunkt gleitet, hat man (**165**, 1) mit dem Gleichheitszeichen als vierte Gleichung. Das Vorzeichen von F ist dann dem von $\dot{s}'$ entgegengesetzt. Man muß daher die Fälle $\dot{s}' > 0$ und $\dot{s}' < 0$ gesondert behandeln. Ersetzt man F durch $\pm\mu N$ und eliminiert N und $\dot{s}'$ aus (**165**, 19, 20, 22), so erhält man eine Differentialgleichung für φ. Danach bestimmt sich N und damit auch F aus (**165**, 20), und man findet $\dot{s}'$ als Funktion der Zeit z. B. aus (**165**, 22). Durch Elimination von $\ddot{s}'$ und $\ddot{\varphi}$ aus (**165**, 19, 20, 22) und Verwendung der Gleichung $F = \pm\mu\,N$ kann man die Reaktion auch in Abhängigkeit vom Bewegungszustand finden.

Wenn der betrachtete Körper je einen Stützpunkt auf zwei gegebenen Kurven hat, so hängen seine Lagen im allgemeinen nur von einem Parameter ab. Eine Bewegung wird dann nur dadurch zustande kommen können, daß beide Stützpunkte gleiten, so daß in (**165**, 1) für beide Stützpunkte das Gleichheitszeichen gilt. Als Unbekannte hat man dann die beiden Normalreaktionen in den Stützpunkten und den Parameter, durch den man die Lagen des Körpers festlegt. Zur Bestimmung dieser drei Größen erhält man zwei Gleichungen aus dem Schwerpunktssatz und eine aus dem Momentsatz für den Schwerpunkt.

Bei den Betrachtungen dieses Paragraphen und den behandelten Beispielen war vorausgesetzt, daß die Kurven C und C' nur einen Punkt (also die Zylinder C und C' nur eine Erzeugende) gemeinsam haben. Diesen Punkt haben wir als Angriffspunkt der Reaktion angesehen. Man muß aber erwarten, daß eine so weit getriebene Idealisierung der Starrheit der Körper nicht in allen Fällen die Beobachtungen richtig wiedergibt. Wenn zwei Körper einander unter Druck berühren, so werden sie sich unter dem Einfluß der Druckkräfte deformieren, und die Reaktionskräfte werden über größere oder kleinere Flächenstücke verteilt sein.

Beispielsweise sei erwähnt, daß der in Beispiel 1 betrachtete homogene Rotationskörper unter den hier gemachten Voraussetzungen auf einer rauhen, schiefen Ebene nicht dauernd in Ruhe bleiben könnte, wie schwach deren Neigung auch ist. Ferner müßte unter unseren Voraussetzungen ein homogener Rotationskörper, der ohne zu gleiten auf einer rauhen horizontalen Ebene rollt, seine Bewegung mit konstanter Geschwindigkeit fortsetzen, da die wirkenden Kräfte während der Bewegung keinen Effekt haben und die kinetische Energie demnach konstant ist.

Da diese beiden Ergebnisse der Erfahrung widersprechen, sucht man eine bessere Übereinstimmung dadurch zustande zu bringen, daß man einen besonderen Widerstand gegen Rollen annimmt, z. B. indem man ein Kräftepaar hinzufügt, das der Drehung des Körpers entgegenwirkt. Den Ursprung dieser Wirkung sucht man, wie erwähnt, in den Formänderungen, die die einander berührenden Flächen unter dem gegenseitigen Druck erleiden. Wir gehen jedoch nicht näher auf die Annahmen ein, die man über diesen „Rollwiderstand" macht, da sein Einfluß im Vergleich mit den Wirkungen der übrigen Kräfte im allgemeinen zu vernachlässigen ist.

166. Zusammengesetzte Körper. In diesem Kapitel haben wir bisher nur die Bewegung eines einzelnen starren Körpers behandelt. Wir betrachten nun einen Körper K, der aus einer endlichen Zahl starrer Teilkörper $K_1, K_2, \ldots, K_n$ zusammengesetzt ist. Was die möglichen Verbindungen zwischen diesen Teilkörpern und die für K inneren Kräfte anbetrifft, die zwischen den Teilkörpern wirken, verweisen wir auf **39—41**. Daß die dort genannten Annahmen, insbesondere das allgemeine Reaktionsprinzip, auch im dynamischen Fall aufrechterhalten werden, haben wir bereits in Kap. 17 bei der Aufstellung der allgemeinen Prinzipien der Dynamik benutzt.

Man geht nun so vor, daß man die Bewegung des einzelnen starren Teilkörpers K_ν betrachtet. Indem man z. B. die Sätze über die Bewegung des Schwerpunktes und die Bewegung um den Schwerpunkt heranzieht, erhält man für K_ν sechs skalare Gleichungen. In diese gehen außer den für K äußeren Kräften, deren Angriffspunkte zu K_ν gehören, auch die für K inneren, aber für K_ν äußeren Kräfte ein, mit denen die anderen Teilkörper K_ϱ auf K_ν wirken. Es sind dies Normaldrucke oder Reibungskräfte in den Berührungspunkten zwischen K_ν und K_ϱ, Spannungen in unelastischen Fäden, die K_ν mit K_ϱ verbinden, und ähnliche für K innere Reaktionskräfte, die nicht von vornherein bekannt sind. Bei einfacheren Aufgaben kann man sich oft darauf beschränken, einen Teil der sechs Gleichungen für K_ν zu verwenden, beispielsweise wenn bekannt ist, daß K_ν eine ebene oder Translationsbewegung ausführt oder ähnliches.

Um die Bewegung von K zu bestimmen, muß man von diesen Gleichungen, deren Anzahl höchstens $6n$ ist, durch Elimination der unbekannten Reaktionskräfte zu sovielen von den Reaktionskräften freien Gleichungen zu gelangen suchen, wie der Freiheitsgrad von K beträgt. Bei den in diesem Kapitel behandelten Aufgaben für einen einzelnen starren Körper haben wir gesehen, daß man gerade soviele von den Reaktionskräften unabhängige „reine Bewegungsgleichungen" erhält, wie die Anzahl der unabhängigen Parameter der Bewegung erfordert. Wenn die Reaktionskräfte bei der Bewegung keinen Effekt haben, geht dies auch aus den LAGRANGEschen Gleichungen (vgl. **141**) hervor, deren Anzahl ja gleich dem Freiheitsgrad ist.

Statt die Bewegungsgleichungen für jeden einzelnen Teilkörper für sich aufzustellen, wird man sich oft Gleichungen verschaffen können, die von allen oder einigen inneren Kräften unabhängig sind, indem man die allgemeinen Prinzipien der Dynamik auf Teilsysteme der starren Teilkörper oder auf den ganzen Körper K anwendet. So ergeben der Projektionssatz und der Momentsatz, auf K angewandt, Gleichungen, die keine für K inneren Kräfte enthalten. Das gleiche gilt vom Energiesatz für K, falls die inneren Kräfte bei der Bewegung keinen Effekt haben.

Wenn die Bewegung von K nur von einem Parameter abhängt und keine der unbekannten Kräfte während der Bewegung Arbeit leistet, ist der Energiesatz für K hinreichend zur Bestimmung der Bewegung. Existiert eine potentielle Energie, so erhält man aus ihm sofort ein Erstintegral.

Hängt die Bewegung von K von zwei Parametern ab, so wird man oft eine passend gewählte Projektions- oder Momentgleichung für K zusammen mit der Energiegleichung nehmen können, ohne unbekannte Kräfte hereinzubekommen. In besonderen Fällen kann eine solche Gleichung auch ein Erstintegral liefern. Ein Weg zum Aufsuchen derartiger Gleichungen ist auch der, die LAGRANGEschen Gleichungen für die Parameter der Bewegung aufzustellen.

Wenn man die Parameter so wählen kann, daß die Koeffizienten des Ausdruckes für die kinetische Energie konstant sind, so kann man aus der Energiegleichung allein die notwendige Anzahl reiner Bewegungsgleichungen erhalten. Dieser Fall ist in **142** Bemerkung 2 besprochen worden.

Beispiele: 1. Die ATWOODsche Fallmaschine (vgl. **103** S. 234). Über eine Rolle vom Radius r, deren Schwerpunkt in der Achse O liegt und deren Trägheitsmoment um O gleich I ist, ist ein unausdehnbarer Faden gelegt, an dessen Endpunkten zwei Massenpunkte mit den Massen M und m befestigt sind. Der Faden soll auf der Rolle nicht gleiten können. Wir sehen von der Reibung an der Achse der Rolle und vom Gewicht des Fadens ab. Die Bewegung geht in einer Vertikalebene vor sich, und die Fadenstücke werden als vertikal angenommen. Es wirke nur die Schwerkraft.

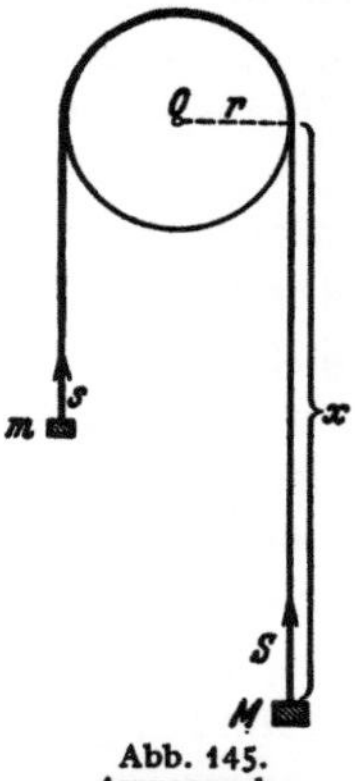

Die Bewegung hängt von einem Parameter ab, für den wir den Abstand x des Massenpunktes M von einer Horizontalebene durch O wählen. Der Abstand y des Massenpunktes m von derselben Ebene bestimmt sich dadurch, daß $x + y$ konstant ist, da der Faden unveränderliche Länge hat. Man hat daher $\dot{y} = -\dot{x}$, $\ddot{y} = -\ddot{x}$. Die Winkelgeschwindigkeit der Rolle ist $\dfrac{\dot{x}}{r}$. Die Energiegleichung ergibt also

$$\frac{d}{dt}\left(\frac{1}{2}M\dot{x}^2 + \frac{1}{2}m\dot{x}^2 + \frac{1}{2}I\frac{\dot{x}^2}{r^2}\right) = Mg\dot{x} - mg\dot{x},$$

(**166**, 1)

$$\ddot{x} = \frac{M - m}{M + m + \dfrac{I}{r^2}}\,g.$$

Abb. 145.
ATWOODsche
Fallmaschine.

Dadurch ist die Bewegung bestimmt. Wenn $M > m$ ist, ist $\ddot{x} > 0$, und der Massenpunkt M bewegt sich mit einer konstanten, abwärts gerichteten Beschleunigung $< g$. — Man erhält die Bewegungsgleichung ebenso leicht, indem man den Momentsatz für O auf das ganze System anwendet.

Wir wollen dieselbe Aufgabe lösen, indem wir die drei starren Teilkörper für sich betrachten. Die Fadenspannungen, die sich längs der einzelnen vertikalen Fadenstücke nicht ändern, nennen wir s und S. Da sich die Massenpunkte geradlinig bewegen, hat man für jeden nur eine skalare Gleichung. Für die Bewegung der Rolle verwenden wir nur den Momentsatz für die Achse:

$$M\ddot{x} = Mg - S,$$
$$-m\ddot{x} = mg - s,$$
$$I\frac{\ddot{x}}{r} = (S - s)r.$$

Hieraus erhält man (**166**, 1) und

$$S = Mg\left(1 - \frac{M - m}{M + m + \dfrac{I}{r^2}}\right),$$

$$s = mg\left(1 + \frac{M - m}{M + m + \dfrac{I}{r^2}}\right).$$

Man sieht, daß $S < Mg$ und $s > mg$ ist. Wenn man von der Masse der Rolle absieht ($I = 0$), so erhält man dieselbe Spannung in den beiden Fadenstücken (vgl. **103** S. 235).

Da der Schwerpunkt der Rolle in Ruhe bleibt, muß die Reaktion der Achse der Rolle vertikal nach oben gerichtet und gleich $S + s + m'g$ sein, wo m' die Masse der Rolle bedeutet. Dies erhält man auch, indem man den Projektionssatz für die Vertikalrichtung auf das ganze System anwendet.

2. Wir behandeln nun dieselbe Aufgabe unter der Annahme, daß der Faden die Masse μ pro Längeneinheit besitzt. Die Länge des Fadens sei l. Der Momentsatz für O ergibt

$$\frac{d}{dt}\left(Mr\dot{x} + mr\dot{x} + \mu l r\dot{x} + I\frac{\dot{x}}{r}\right) = Mgr - mgr + \mu xgr - \mu(l - x - \pi r)gr,$$

$$(166, 2) \qquad \left(M + m + \mu l + \frac{I}{r^2}\right)\ddot{x} - 2\mu gx = [M - m - \mu(l - \pi r)]g.$$

Die Koeffizienten in dieser inhomogenen linearen Differentialgleichung zweiter Ordnung sind konstant, sie wird daher auf die in **102**, h) bis j) S. 230—231 angegebene Weise integriert.

Die Spannung variiert längs des Fadens. In einem Punkt des rechten Fadenstückes im Abstand z von M bestimmt sich die Spannung S aus

$$(M + \mu z)\ddot{x} = (M + \mu z)g - S.$$

Setzt man hierin $\ddot{x}$ aus (**166**, 2) ein, so findet man S als Funktion von z und x.

Wir wollen noch die Reaktion an der Rollenachse bestimmen, indem wir ihre vertikale und horizontale Komponente R_v (positiv nach oben) bzw. R_h (positiv nach rechts) berechnen. Die Vektorsumme der Bewegungsmenge der Rolle ist Null, da ihr Schwerpunkt ruht. Für das auf der Rolle befindliche Fadenstück ist die vertikale Projektion der Bewegungsmenge wegen der Symmetrie gleich Null. Mit B_v und B_h werde die vertikale bzw. horizontale Projektionssumme der Bewegungsmenge des ganzen Systems bezeichnet. Man hat dann, wenn B_v nach unten positiv gerechnet wird,

$$B_v = M\dot{x} - m\dot{x} + \mu x\dot{x} - \mu(l - x - \pi r)\dot{x}$$

und erhält aus dem Projektionssatz

$$\frac{dB_v}{dt} = \ddot{x}[M - m + 2\mu x - \mu(l - \pi r)] + 2\mu\dot{x}^2 = (M + m + \mu l + m')g - R_v.$$

Setzt man hierin $\ddot{x}$ aus (166, 2) ein, so findet man R_v als Funktion von x und $\dot{x}$. Zu B_k, das nach rechts positiv gerechnet sei, trägt nur das Fadenstück auf der Rolle bei:

$$B_k = \int_0^\pi \ddot{x}\,\sin\varphi\cdot\mu r\,d\varphi = 2\mu r \ddot{x}.$$

Man erhält daher

$$\frac{dB_k}{dt} = 2\mu r \ddot{x} = R_k.$$

3. **Ein hohler Kreiszylinder der Masse M und dem inneren Radius R sei reibungsfrei um seine feste horizontale Achse drehbar. Der Schwerpunkt des Zylinders liege auf der Achse, und sein Trägheitsradius in bezug auf die Achse sei K. Innerhalb des Zylinders möge ein Rotationskörper mit der Masse m und** dem Trägheitsradius k in bezug auf seine Rotationsachse rollen. Sein Schwerpunkt liege auf der Rotationsachse. Die Bewegung sei eben und der Radius des rollenden Kreises r. Die Berührungsflächen werden als so rauh angenommen, daß Gleiten ausgeschlossen ist.

Die Bezeichnungen sind in Abb. 146 angegeben. Die Reaktionskräfte F und N, die auf den Rotationskörper wirken, werden in den angegebenen Richtungen positiv gerechnet. Als Parameter verwenden wir den Winkel φ, den die Verbindungslinie OQ der Mittelpunkte mit einer Vertikalen einschließt, sowie den Winkel ψ, den ein bestimmter Radius des Hohlzylinders mit der Vertikalen einschließt. Erteilt man φ den Zuwachs $\Delta\varphi$ und ψ den Zuwachs $\Delta\psi$, so kann man

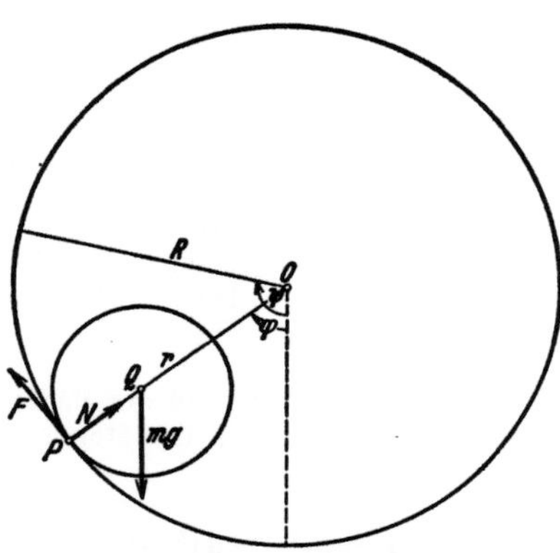

Abb. 146. **In einem drehbaren Hohlzylinder rollender Rotationskörper.**

das System auf folgende Weise in die neue Lage bringen: Man dreht zunächst das ganze System durch den Winkel $\Delta\varphi$ um O und dann den Hohlzylinder durch den Winkel $\Delta\psi - \Delta\varphi$ ebenfalls um O; wegen der Rollbedingung bringt dies eine Drehung des Rotationskörpers durch den Winkel $(\Delta\psi - \Delta\varphi)\dfrac{R}{r}$ mit sich. Dessen Winkelgeschwindigkeit wird daher

$$(166,3) \qquad \dot{\varphi} + (\dot{\psi} - \dot{\varphi})\frac{R}{r} = \frac{R}{r}\dot{\psi} - \frac{R-r}{r}\dot{\varphi},$$

und zwar ebenso wie φ und ψ und deren Ableitungen rechts herum positiv gerechnet.

Die Reaktion $\mathfrak{R}$ in O hat keinen Effekt. Dasselbe gilt für die für den ganzen Körper inneren Kräfte F und N zwischen den beiden starren Teilkörpern, da P dieselbe Geschwindigkeit hat, welchem der beiden starren Teilkörper dieser Punkt auch zugezählt wird. Die Schwerkraft hat den Effekt

$$m g \frac{d}{dt}\left[(R - r)\cos\varphi\right] = -mg(R - r)\sin\varphi\,\dot{\varphi}.$$

Der Energiesatz ergibt daher

$$(166,4) \qquad \dot{T} = \frac{d}{dt}\left[\frac{1}{2}MK^2\dot{\psi}^2 + \frac{1}{2}m(R-r)^2\dot{\varphi}^2 + \frac{1}{2}mk^2\left(\frac{R}{r}\dot{\psi} - \frac{R-r}{r}\dot{\varphi}\right)^2\right]$$
$$= -mg(R - r)\sin\varphi\,\dot{\varphi},$$

und dies kann

$$\frac{m(R-r)\dot{\varphi}}{r^2}\left[(R-r)(k^2+r^2)\ddot{\varphi}-k^2R\ddot{\psi}+gr^2\sin\varphi\right]$$
$$+\frac{\dot{\psi}}{r^2}\left[(MK^2r^2+mk^2R^2)\ddot{\psi}-mk^2R(R-r)\ddot{\varphi}\right]=0$$

geschrieben werden.

Da diese Gleichung für beliebige Bewegungszustände, also für beliebige Werte von $\dot{\varphi}$ und $\dot{\psi}$ gelten muß und die eckigen Klammern $\dot{\varphi}$ und $\dot{\psi}$ nicht enthalten, müssen diese Klammern einzeln verschwinden, so daß man

(166, 5) $$(MK^2r^2+mk^2R^2)\ddot{\psi}=mk^2R(R-r)\ddot{\varphi},$$

(166, 6) $$k^2R\ddot{\psi}=gr^2\sin\varphi+(R-r)(k^2+r^2)\ddot{\varphi}$$

erhält. Damit hat man zwei reine Bewegungsgleichungen zur Bestimmung der beiden Parameter φ und ψ. Es sind dies die zu diesen Parametern gehörigen LAGRANGEschen Gleichungen, die wir auch direkt nach der Regel in **142** aufstellen könnten. Man hat in dieser Aufgabe ein Beispiel des in **142** S. 354 besprochenen besonders einfachen Falles, daß die Koeffizienten der quadratischen Form T konstant sind. Die Gleichung (**166**, 5) ist die Lagrangesche Gleichung

$$\frac{d}{dt}\left(\frac{\partial T}{\partial\dot{\psi}}\right)=0$$

für den Parameter ψ und führt sofort auf ein Erstintegral.

Elimination von $\ddot{\psi}$ aus (**166**, 5, 6) ergibt

(166, 7) $$\ddot{\varphi}=-\frac{g\sin\varphi}{l},$$

wo

(166, 8) $$l=(R-r)\left(1+\frac{MK^2k^2}{MK^2r^2+mk^2R^2}\right).$$

Man sieht, daß die Verbindungsgerade der Mittelpunkte wie ein mathematisches Pendel der Länge l schwingt. — Hierauf findet man ψ aus (**166**, 5), womit die Bewegung des Systems bestimmt ist.

Die Normalreaktion N des Zylinders gegen den Rotationskörper ergibt sich aus dem Projektionssatz, angewandt auf die Verbindung der Mittelpunkte, und zwar für den Rotationskörper allein:

$$m(R-r)\dot{\varphi}^2=N-mg\cos\varphi.$$

Die Reibungskraft F findet man, indem man entweder das Moment um Q für den Rotationskörper allein

(166, 9) $$\frac{d}{dt}\left[mk^2\left(\frac{R}{r}\dot{\psi}-\frac{R-r}{r}\dot{\varphi}\right)\right]=Fr,$$

oder das Moment um O für den Zylinder allein

(166, 10) $$\frac{d}{dt}[MK^2\dot{\psi}]=-FR$$

nimmt. Man findet

(166, 11) $$F=\frac{Mmk^2K^2g\sin\varphi}{mk^2R^2+MK^2(k^2+r^2)}.$$

Die Vertikalreaktion R_v (positiv nach oben) und die horizontale R_h (positiv nach rechts) in O bestimmen sich, da der Schwerpunkt des Hohlzylinders ruht, durch

$$R_v=Mg+F\sin\varphi+N\cos\varphi,$$
$$R_h=N\sin\varphi-F\cos\varphi.$$

Man kann auch die Lösung der Aufgabe damit beginnen, daß man die Moment-gleichungen (**166**, 9) und (**166**, 10) für die beiden Teilkörper aufstellt und dann durch Elimination von F zu einer reinen Bewegungsgleichung übergeht. Auf diese Weise erhält man (**166**, 5). Diese zusammen mit der Energiegleichung (**166**, 4) für das ganze System ist dann wieder zur Bestimmung der Bewegung geeignet.

Will man den Energiesatz für einen der Teilkörper allein anwenden, so muß man beachten, daß F einen Effekt hat. Dieser ist z. B. für die Bewegung des Hohlzylinders $-FR\dot\psi$.

167. Innere Spannungen. Wir betrachten nun ebenso wie in **40** eine Unterteilung eines starren Körpers K in zwei starre Teilkörper K_1 und K_2 durch eine Schnittfläche Φ. Auf K_1 wirkt einerseits das Teil-system S_1 der für K äußeren Kräfte S, deren Angriffspunkte zu K_1 gehören, andererseits das System R_1 der Reaktionskräfte, mit denen K_2 auf K_1 in Φ einwirkt.

Wenn die Bewegung von K unter der Einwirkung des Kräfte-systems S bestimmt ist, kennt man auch die Bewegung von K_1; diese geht unter Einwirkung der für K_1 äußeren Kräftesysteme S_1 und R_1 vor sich. Nach (**136**, 2) hat man daher die statische Gleichung

$$(\textbf{167}, 1) \qquad \sum_{K_1} m_\nu \mathfrak{b}_\nu = S_1 + R_1,$$

wo m_ν die Masse eines Massenpunktes von K_1 und $\mathfrak{b}_\nu$ dessen Beschleu-nigung bedeutet und die Summation über alle Massenpunkte von K_1 zu erstrecken ist.

Aus (**167**, 1) bestimmt sich das System R_1 der Schnittkräfte bis auf statische Umformungen. Was die Verteilung der Schnittkräfte auf Φ anbetrifft, gelten dieselben Betrachtungen wie im statischen Fall. Man kann geradezu diese Aufgabe, die Schnittkräfte zu bestimmen, als eine Gleichgewichtsaufgabe formulieren (dies gilt übrigens für jede Bestim-mung unbekannter Reaktionskräfte bei bekannten Bewegungen): Das System R_1 muß das System $S_1 - \sum m_\nu \mathfrak{b}_\nu$ im Gleichgewicht halten. In diesem Zusammenhang bezeichnet man die Größe $-m_\nu \mathfrak{b}_\nu$ als die auf den ν-ten Massenpunkt wirkende *Trägheitskraft*.

Wenn der Körper K ein Balken ist, kann man Zug, Schubkraft, Biegungsmoment und Torsionsmoment aus dem System R_1 herleiten, wie dies in **42** durchgeführt ist. Diese Größen sind hier nicht den entsprechenden Größen für S_1, sondern für $S_1 - \sum m_\nu \mathfrak{b}_\nu$ entgegengesetzt gleich.

Beispiel: Ein dünner homogener Stab, dessen Masse pro Längeneinheit μ sei, drehe sich um eine feste Achse, die den Stab unter rechtem Winkel in einem seiner Endpunkte O schneidet.

Mit den in Abb. 147 angegebenen Bezeichnungen wird die Trägheitskraft für ein Massenelement im Abstand r von O nach (**64**, 4)

$$(\textbf{167}, 2) \qquad -\mu\,dr\left(-r\dot\varphi^2\mathfrak{R} + r\ddot\varphi\hat{\mathfrak{R}}\right) = \mu\left(\dot\varphi^2\mathfrak{R} - \ddot\varphi\hat{\mathfrak{R}}\right) r\,dr,$$

da $\dot r = 0$ ist. Der freie Endpunkt E des Stabes habe den Abstand l von O. Wir betrachten das Stück des Stabes, das sich von dem $r = z$ entsprechenden Punkt Q bis E erstreckt. Seine Masse ist

$$m_z = \mu(l - z).$$

Die Trägheitskräfte für dieses Stück QE haben die Vektorsumme

$$(167, 3) \qquad \mu(\ddot{\varphi}^2\mathfrak{R} - \ddot{\varphi}\,\hat{\mathfrak{R}})\int_z^l r\,dr = m_z\,\frac{l+z}{2}\,(\ddot{\varphi}^2\mathfrak{R} - \ddot{\varphi}\,\hat{\mathfrak{R}})$$

und das Moment

$$(167, 4) \qquad M_z = -\mu\ddot{\varphi}\int_z^l (r-z)\,r\,dr = -\frac{m_z\ddot{\varphi}}{6}\,(2\,l^2 - zl - z^2)$$

um Q, positiv in der festgesetzten Umlaufsrichtung von $\mathfrak{R}$ nach $\hat{\mathfrak{R}}$ gerechnet. Die Trägheitskräfte rufen also in Q hervor:

$$(167, 5) \qquad \text{eine Zugspannung } m_z\frac{l+z}{2}\,\dot{\varphi}^2,$$

$$(167, 6) \qquad \text{eine Schubkraft } m_z\frac{l+z}{2}\,\ddot{\varphi}^2,$$

$$(167, 7) \qquad \text{ein Biegungsmoment } \frac{m_z\ddot{\varphi}}{6}\,(2\,l^2 - zl - z^2).$$

Hierzu müssen die Beiträge von den äußeren Kräften gerechnet werden, die auf das Stabstück QE während der Bewegung wirken.

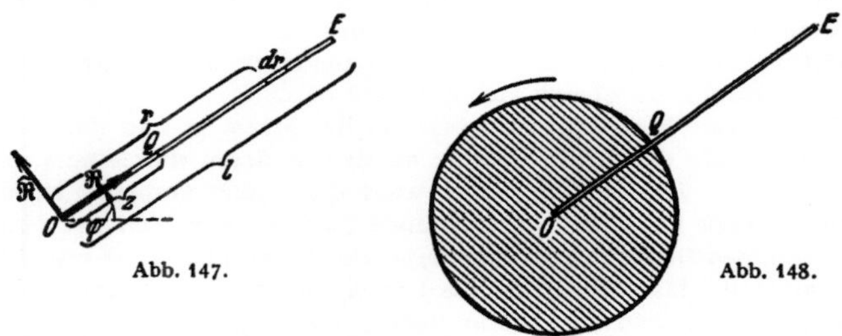

Abb. 147.   Abb. 148.

Abb. 147 und 148.   Zur Berechnung der inneren Spannungen eines rotierenden Stabes.

Wenn der Stab bis zum Punkt Q in eine um O rotierende Welle eingespannt ist (Abb. 148), gibt (167, 5) die Zentrifugalwirkung auf die Welle an, (167, 6) die Einspannungsschubkraft und (167, 7) das Einspannungsmoment, das von der erzwungenen Bewegung des Stabes herrührt.

Wir betrachten nun den Fall, daß sich der Stab nur unter Einwirkung der Schwerkraft reibungsfrei um O dreht. Aus dem Momentsatz für O findet man

$$(167, 8) \qquad \ddot{\varphi} = -\frac{3g}{2l}\cos\varphi$$

[vgl. auch (165, 22) oder 162]. Für die Schubkraft in Q ergibt sich nun aus (167, 6, 8) und dem Beitrag der Schwerkraft

$$(167, 9) \qquad \frac{m_z g\cos\varphi}{4\,l}\,(l - 3z).$$

Auch das Biegungsmoment findet man leicht; dies hat nach **53** ein Maximum dort, wo die Schubkraft verschwindet, also für $z = \tfrac{1}{3}l$. In diesem Abstand von O ist also der Stab der Knickgefahr am meisten ausgesetzt. In der Tat kann man beim Umstürzen höher Schornsteine beobachten, daß sie während des Falles ungefähr in $\tfrac{1}{3}$ ihrer Höhe bersten.

Übungsaufgaben zum 19. Kapitel.

1. Zwei homogene schwere Stangen von der Masse m und der Länge l sind in ihrem gemeinsamen Mittelpunkt durch ein reibungsfreies Gelenk verbunden. In einer senkrechten Ebene wird dies Stangenkreuz symmetrisch auf zwei glatte Zapfen gesetzt, die in gleicher Höhe liegen und den Abstand $a < l/\sqrt{2}$ haben, und zwar so, daß die Stangen aufeinander senkrecht sind. Das System wird dann ohne Anfangsgeschwindigkeit der Wirkung der Schwere überlassen. Mit welcher Geschwindigkeit trifft der Gelenkpunkt in der Verbindungslinie der Zapfen ein?

2. O sei der Aufhängungspunkt, G der Schwerpunkt eines physischen Pendels ($OG = a$), ferner sei M die Masse desselben und ϱ der zur Aufhängungsachse gehörige Trägheitsradius. Wo hat man ein Massenteilchen mit gegebener Masse m auf der Geraden OG an dem Pendel zu befestigen, um ein Minimum der Schwingungsdauer zu erzielen? Man zeige noch, daß der Abstand von O bis m gleich der halben reduzierten Pendellänge des Pendels wird, wenn man m als klein gegen M annimmt.

3. Ein homogener schwerer Würfel wird so gehalten, daß zwei Seitenflächen waagerecht sind; er ist um eine der unteren waagerechten Kanten reibungsfrei drehbar und wird ohne Anfangsgeschwindigkeit losgelassen. Man bestimme die reduzierte Pendellänge und den Druck auf die Drehachse.

4. Ein homogenes, schweres, rechtwinkliges Parallelepipedum von der Masse m und den Kantenlängen $2a$, $2b$, $2c$ dreht sich um die Kante $2c$, welche senkrecht ist und deren Endpunkte die Achsenlager bilden. Für welche Winkelgeschwindigkeit erleidet das untere Achsenlager keinen Seitendruck, und wie groß ist in diesem Fall der Seitendruck im oberen Achsenlager?

5. Zwei schwere homogene Stangen von der Masse m und der Länge a sind an dem einen Ende durch ein Gelenk, an dem anderen durch eine undehnbare Schnur verbunden. Das System bildet, wenn die Schnur gespannt ist, ein gleichschenkliges Dreieck mit dem Scheitelwinkel 2α; es dreht sich um eine mit der Symmetrielinie des Dreiecks zusammenfallende senkrechte Achse mit der Winkelgeschwindigkeit w. Man bestimme die Spannung der Schnur und den kleinsten Wert von w, für welchen die Schnur noch geradlinig ist.

6. Eine homogene schwere Stange von der Masse m und der Länge $2l$ stützt sich mit ihren Endpunkten gegen eine glatte waagerechte und eine glatte senkrechte Ebene; ihre Bewegung findet in einer auf beiden Ebenen senkrechten Ebene statt. In der Ausgangsstellung bildet die Stange den Winkel φ_0 mit der waagerechten Ebene und hat keine Anfangsgeschwindigkeit. Man bestimme die Bewegung und den Druck auf die beiden Stützebenen. In welcher Stellung hört die Berührung mit der senkrechten Ebene auf, und wie ist der Verlauf der Bewegung nach diesem Zeitpunkt?

7. Ein dünner Hohlzylinder von der Masse m und dem Radius R ruht auf einer glatten, waagerechten Ebene. Ein dünner Stab ebenfalls von der Masse m wird längs einer Erzeugenden in der Höhe der Zylinderachse befestigt und das System ohne Anfangsgeschwindigkeit der Einwirkung der Schwere überlassen. Man zeige, daß der Stab einen elliptischen Zylinder beschreibt und ermittle die Verteilung des Zeitparameters längs desselben.

8. Eine Gartentrommel von der Masse m, dem Radius R und dem Trägheitsradius k wird durch eine Kraft von gegebener Größe P auf waagerechtem Boden vorwärts gezogen oder geschoben. Dabei bildet diese Kraft den Winkel α mit einer waagerechten Ebene, und sie greift in der Achse der Trommel an. Welches ist für jede der beiden Antriebsarten der kleinste Wert des Reibungskoeffizienten, der reines Rollen ermöglicht?

9. In einer senkrechten Ebene liegt eine glatte Kreislinie. Ein schwerer, homogener Stab pendelt als Sehne im Kreise. Für welche Länge des Stabes ist

die Schwingungsdauer die gleiche wie für ein einzelnes an den Kreis gebundenes Massenteilchen?

10. In einem starren Körper mit der Masse m seien L und L_1 zwei parallele Geraden im gegenseitigen Abstand b. Von dem Schwerpunkt des Körpers ist nur bekannt, daß er in der durch L und L_1 bestimmten Ebene, und zwar im Streifen zwischen diesen Geraden liegt. Indem man den Körper um L bzw. L_1 als waagerechte Drehachsen kleine Pendelschwingungen ausführen läßt, mißt man die Schwingungsdauer τ bzw. τ_1. Die Schwerebeschleunigung g wird als bekannt angesehen. Wie groß ist das Trägheitsmoment des Körpers um L?

11. Man zeige, daß die linken Seiten der Gleichungen (160, 6) bzw. (160, 7) gleich $-\ddot{D}_{yz}$ bzw. $\ddot{D}_{zz}$ sind, wenn das benutzte Koordinatensystem im Bezugskörper fest ist.

12. Ein homogenes, gleichschenkliges Dreieck mit der Basis a, den Schenkeln b und der Masse m dreht sich mit der Winkelgeschwindigkeit w um die zu einem Schenkel gehörige Mittellinie. Man zeige, daß das Moment des von den Zentrifugalkräften gebildeten Kräftepaares den Wert

$$\frac{m\,w^2\,a\,(b^2 - a^2)\,\sqrt{4\,b^2 - a^2}}{24\,(2\,a^2 + b^2)}$$

hat. — Bei der Berechnung kann man den in der Aufgabe 11 des 18. Kapitels ausgesprochenen Satz heranziehen.

13. Eine homogene Kreisscheibe von der Masse M und dem Radius r rollt ohne zu gleiten in einer senkrechten Ebene auf einer waagerechten, rauhen Geraden. Die Bewegung kommt dadurch zustande, daß ein gewichtsloser Faden mehrere Male um die Scheibe geschlungen ist, dann waagerecht über eine kleine Rolle geführt wird und an dem frei herabhängenden Ende mit einem Gewichtsstück von der Masse m beschwert ist. Man bestimme die Beschleunigungen der Teile des Systems, die Fadenspannung und die Reibungskraft.

14. In einer senkrechten Ebene sei O der Ursprung und die y-Achse senkrecht nach oben gerichtet. Eine schwere, homogene Kreisscheibe mit dem Mittelpunkt A, der Masse m und dem Radius R rollt ohne zu gleiten auf der Geraden $y = a$, $a > 0$. In A wirkt eine gegen O gerichtete Kraft $k\overrightarrow{AO}$, wobei k ein gegebener Proportionalitätsfaktor ist. Für $t = 0$ habe A die Abszisse b, und die Scheibe sei in Ruhe. Man bestimme die Abszisse x von A als Funktion der Zeit, sowie den kleinsten Wert des Reibungskoeffizienten μ der Stützgeraden, für welchen reines Rollen stattfinden kann.

15. Eine dünne, homogene Platte von der Masse m hat die Form eines Kreisquadranten vom Radius R. Der Mittelpunkt des Kreises heiße A, der Endpunkt eines der begrenzenden Radien B. Die Platte ist um die senkrechte Gerade AB reibungsfrei drehbar, wobei B über A liegt, und wird von einem konstanten Kräftepaar mit senkrechtem Momentvektor der Größe M angegriffen. Für $t = 0$ sei die Platte in Ruhe. Man bestimme die Stellung der Platte und die Reaktionen in A und B als Funktionen der Zeit t und zeige insbesondere, daß die in der Ebene der Platte liegende, waagerechte Reaktionskomponente in A zur Zeit $t = \dfrac{m\,R}{M}\sqrt{\dfrac{g\,R}{10}}$ verschwindet.

16. Zwei waagerechte, rauhe Kreisscheiben mit den Radien r bzw. R sind an senkrechten Achsen l und L befestigt und berühren einander unter einem gegebenen Normaldruck N. Die Achsen sind reibungsfrei in je zwei Lagern drehbar, deren Abstände von den Scheiben a und b für l bzw. A und B für L sind; siehe Abb. 149. Auf die Achsen wirken Kräftepaare von gegebener Momentgröße m bzw. M.

a) Man stelle die Gleichgewichtsbedingung auf und bestimme für den Gleichgewichtsfall die Reaktionen in den vier Achsenlagern ohne Rücksicht auf das Gewicht des Systems.

b) Nun sei die Gleichgewichtsbedingung nicht erfüllt. Die Achse l mit der aufgesetzten Scheibe habe das Trägheitsmoment i um l; entsprechend I für L. Man ermittle die Winkelbeschleunigungen um die beiden Achsen.

c) Unter a) und b) wird angenommen, daß die beiden Scheiben nicht aufeinander gleiten. Man zeige, daß diese Annahme in beiden Fällen den Mindestwert $\dfrac{m\,r\,I + M\,R\,i}{(R^2 i + r^2 I)\,N}$ des Reibungskoeffizienten erfordert.

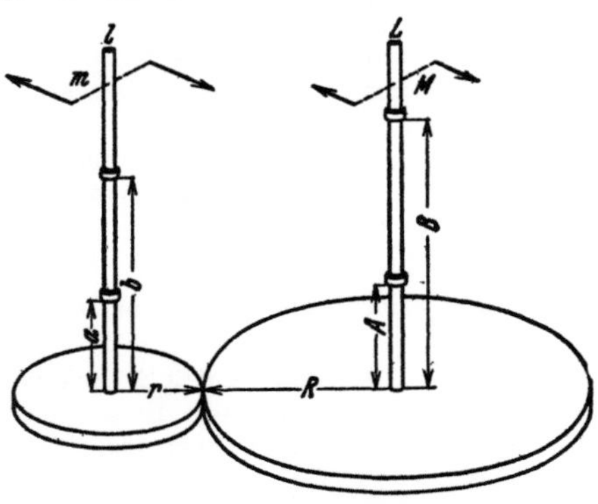

Abb. 149. Zu Aufgabe 16.

17. Eine homogene, schwere, rechteckige Platte dreht sich um eine ihrer Seiten als feste waagerechte Drehachse. Sie beginnt ihre Bewegung in waagerechter Lage ohne Anfangsgeschwindigkeit. Man zeige, daß das Reaktionssystem in der Achse einer Einzelkraft äquivalent ist und daß diese in eine senkrecht nach oben gerichtete Komponente gleich $\frac{1}{4}$ des Plattengewichts und eine in der Ebene der Platte gelegene Komponente gleich $\frac{3}{4}$ der Projektion des Plattengewichts auf die Ebene der Platte zerlegt werden kann.

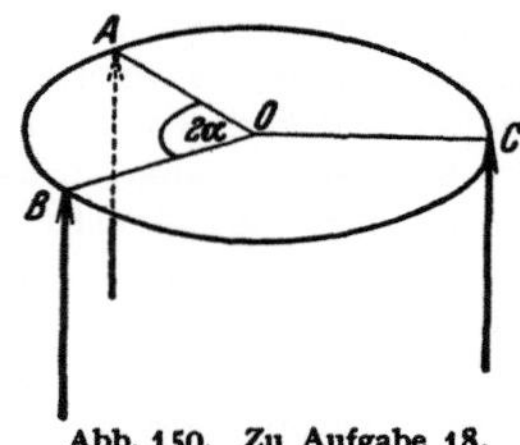

Abb. 150. Zu Aufgabe 18.

18. Eine schwere, homogene Kreisscheibe mit dem Mittelpunkt O, dem Radius a und der Masse m ruht waagerecht auf drei senkrechten Stützen, die in den Punkten A, B und C der Peripherie angebracht sind. Dabei ist $\sphericalangle AOB = 2\alpha < \pi$ und $\sphericalangle AOC = \sphericalangle BOC = \pi - \alpha$. Siehe Abb. 150. Es soll die durch Fortschlagen der Stütze C bewirkte plötzliche Änderung der Stützdrücke in A und B ermittelt werden. Für welchen Wert von α ändern sich diese Stützdrücke stetig?

19. Eine homogene, schwere Stange der Länge a und der Masse m ist um den festgehaltenen Endpunkt O drehbar und schiebt einen Block von der gleichen Masse m auf einer waagerechten Ebene vor sich her. Siehe Abb. 151, wobei die Zeichenebene Symmetrieebene ist. Alle Berührungen werden als reibungsfrei betrachtet. In der Ausgangslage habe Θ den Wert α, und das System sei in Ruhe. Man zeige, daß sich Stange und Block trennen, wenn Θ der Gleichung

$$3 \sin\Theta \,(1 + \sin^2\Theta) = 2 \sin\alpha$$

genügt.

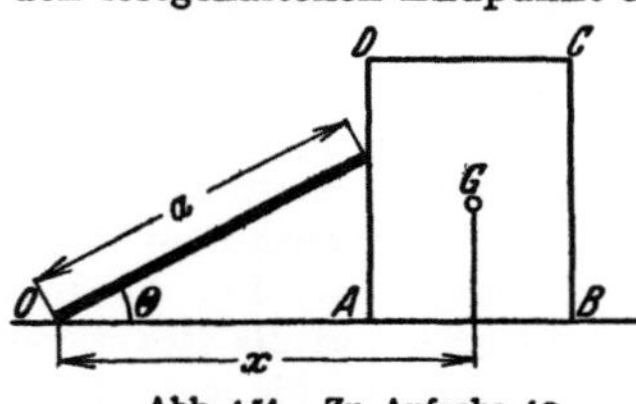

Abb. 151. Zu Aufgabe 19.

20. In einer senkrechten Ebene rollt eine schwere, homogene Kreisscheibe auf der Außenseite eines festen Kreises. Mit φ werde der Winkel zwischen der Vertikalen und der Verbindungslinie der Kreismittelpunkte bezeichnet, und in der Ausgangsstellung $\varphi = \varphi_0$ sei die Scheibe in Ruhe. Der Reibungskoeffizient μ sei so groß, daß die Bewegung der Scheibe als reines Rollen beginnt. Man zeige, daß Gleiten eintritt, sobald φ der Gleichung

$$7\mu \cos\varphi - \sin\varphi = 4\mu \cos\varphi_0$$

genügt.

21. Eine schwere, homogene Stange stützt sich mit dem unteren Endpunkt auf eine rauhe, waagerechte Ebene und bildet mit dieser den Winkel α. In dieser Stellung wird die Stange ohne Anfangsgeschwindigkeit losgelassen. Man zeige: Damit die Stange sich zu Anfang ihrer Bewegung um den Stützpunkt dreht, ohne zu gleiten, muß der Reibungskoeffizient mindestens die Größe $\dfrac{3\sin\alpha\cos\alpha}{1 + 3\sin^2\alpha}$ haben.

22. Ein dünner, homogener Stab der Länge $2a$ und der Masse M ist reibungsfrei um eine waagerechte Achse durch den Mittelpunkt O drehbar. Ein kleiner Ring von der Masse m ist reibungsfrei auf dem Stab verschiebbar. Θ sei der Winkel des Stabes gegen eine waagerechte Ebene, r der Abstand des Ringes von O. Siehe Abb. 152. Man bestimme $\ddot{r}$, $\ddot{\Theta}$ und den Druck N

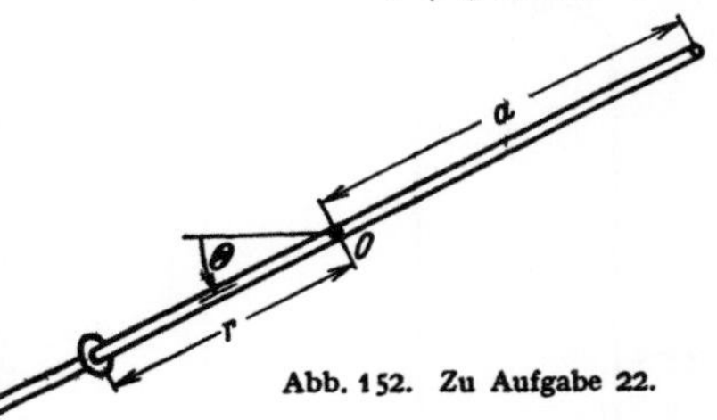

Abb. 152. Zu Aufgabe 22.

zwischen Stab und Ring als Funktionen des augenblicklichen Bewegungszustandes. — Insbesondere führe man die Rechnung nach der Regel von 142 durch.

23. Der Schlitten m_3 der Abb. 153 ist auf einer waagerechten, rauhen Ebene (Reibungskoeffizient μ) verschiebbar und Träger einer waagerechten Achse, um welche ein homogener Rotationszylinder von der Masse m_2 und dem Radius r reibungsfrei drehbar ist. Eine um diesen gewickelte Schnur verläuft waagerecht über eine Rolle, von deren Masse man absieht, und trägt ein Gewichtsstück von

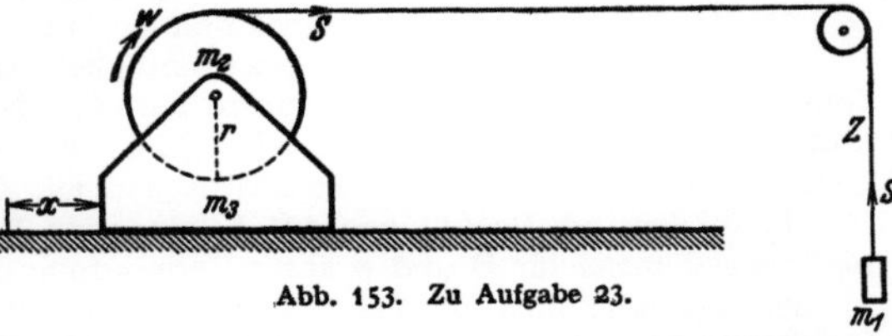

Abb. 153. Zu Aufgabe 23.

der Masse m_1. Die Zeichenebene ist Symmetrieebene. Man soll die Bewegung und die Schnurspannung bestimmen.

Anleitung: Angenommen, der Schlitten verschiebt sich nach rechts. Dann lautet die Energiegleichung mit den Bezeichnungen der Abbildung:

$$m_1 g \dot{z} - \mu(m_2 + m_3)g\dot{x} = \frac{d}{dt}\left[\frac{1}{2}m_1\dot{z}^2 + \frac{1}{4}m_2 r^2 w^2 + \frac{1}{2}(m_2 + m_3)\dot{x}^2\right].$$

Als kinematische Bedingung hat man

$$\dot{z} = \dot{x} + rw.$$

Durch Elinmiation von w erhält man daraus

$$\dot{z}[(m_1 + \tfrac{1}{2}m_2)\ddot{z} - \tfrac{1}{2}m_2\ddot{x} - m_1 g] + \dot{x}[-\tfrac{1}{2}m_2\ddot{z} + (\tfrac{3}{2}m_2 + m_3)\ddot{x} + \mu(m_2 + m_3)g] = 0.$$

Da die Klammern die Geschwindigkeiten nicht enthalten, müssen entsprechend dem Freiheitsgrad 2 des Systems die beiden eckigen Klammern einzeln verschwinden. Daraus erhält man $\ddot{z}$ und $\ddot{x}$ und daraus weiter $\dot{w} = \dfrac{\ddot{z} - \ddot{x}}{r}$. Die Spannung S der Schnur ergibt sich nun aus

$$m_1\ddot{z} = m_1 g - S.$$

Wenn $\ddot{x} < 0$ ist, nimmt die Geschwindigkeit des Schlittens bis zum Werte Null ab, danach bleibt der Schlitten stehen, und das System hat nur noch den Freiheitsgrad 1. Für welchen Wertbereich des Reibungskoeffizienten μ tritt dieser Fall ein? Man kontrolliere die Lösung der Aufgabe durch Aufstellung der Bewegungsgleichungen für die drei einzelnen starren Körper, aus denen das System besteht.

24. Für die beiden in Abb. 154 und Abb. 155 schematisch skizzierten Flaschenzugformen nehme man die Belastungen und die Massen und Trägheitsmomente der Rollen als bekannt an. Von der Reibung in den Achsenlagern und dem Eigengewicht der Seile werde abgesehen und angenommen, daß die Seile nicht auf den Rollen gleiten. Man bestimme die Beschleunigungen der Systeme und die Spannungen in den einzelnen senkrechten Teilen der Seile.

25. Man leite die Erstintegrale (**159**, 3, 4, 5) der Kreiselbewegung aus den Lagrangeschen Gleichungen für die Parameter ϑ, φ und ψ ab.

26. Für die Bewegung eines gegebenen Kreisels seien die Konstanten α, β und γ bekannt. Man bestimme die senkrechte Projektion der Reaktion des festgehaltenen Punktes als Funktion des Winkels, den die Figurenachse mit der Vertikalen bildet.

27. Ein homogener Stab PQ von der Länge $2a$ und der Masse m ist mit dem einen Endpunkt P an eine glatte senkrechte Gerade L, mit dem anderen Q an eine glatte waagerechte Gerade gebunden, die von L den Abstand $2l$ hat und sich um L mit der konstanten Winkelgeschwindigkeit w dreht. Man zeige, daß die Zentrifugalkräfte sich zu einer in einem Punkt R des Stabes angreifenden Einzelkraft zusammensetzen, wobei $PR = \tfrac{2}{3}\,PQ$ ist, und ermittle für jede der möglichen relativen Gleichgewichtslagen des Stabes den mit L gebildeten Winkel.

28. In dem am Schluß von **164** behandelten Beispiel bilde man zwei Differentialgleichungen für Θ und φ unter Verwendung der in **142** angegebenen Regel.

29. Man bestimme die Vektorinvariante $\mathfrak{R}$ und das Moment $\mathfrak{U}$ im Ursprung für die Reaktionskräfte in der Drehachse des physischen Pendels und zeige, daß die waagerechte Komponente von $\mathfrak{R}$ verschwindet, wenn der Schwerpunkt die durch die Drehachse gelegte senkrechte Ebene passiert. Ferner lasse man den zum Schwerpunkt gehörigen Trägheitsradius k gegen Null gehen und zeige, daß damit auch die zur Schwerpunktsebene senkrechte Komponente von $\mathfrak{R}$ gegen Null geht und daß die in die Schwerpunktsebene fallende Komponente von $\mathfrak{R}$ gegen den der Fadenspannung des mathematischen Pendels entsprechenden Wert konvergiert.

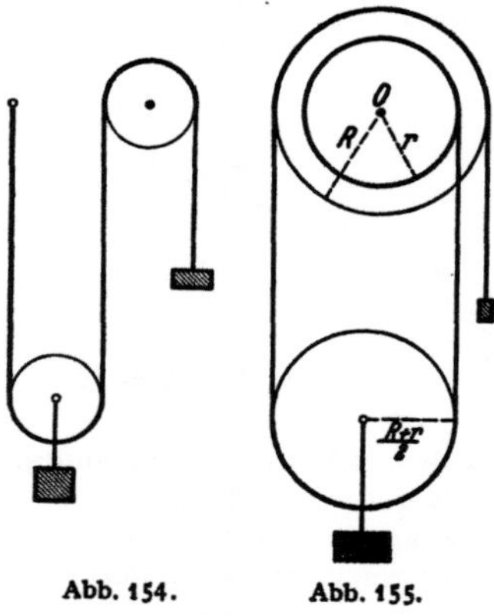

Abb. 154.   Abb. 155.

Zu Aufgabe 24.

20. Kapitel.

Stoß.

168. Impuls und Impulsmoment beim Stoß. Ein Massenpunkt P der Masse m bewege sich unter dem Einfluß einer Kraft $\mathfrak{K}$. Der von der Kraft in einem Zeitintervall bestimmte Impuls ist dann durch (**93**, 13) definiert und gleich dem vektoriellen Zuwachs der Bewegungsmenge des Massenpunktes. Das Impulsmoment der Kraft in einen Punkt O für das Zeitintervall ist durch (**94**, 10) definiert und gleich dem vektoriellen Zuwachs des Moments der Bewegungsmenge in O. Aus diesen Vektorgleichungen leitet man skalare Gleichungen ab, indem man auf feste Geraden projiziert. Man erhält so (**93**, 14) für die Impulskomponente in der x-Richtung. Durch Projektion auf eine feste Gerade a erhält man entsprechend, daß das Impulsmoment der Kraft um a gleich dem Zuwachs des Moments der Bewegungsmenge um a im selben Zeitintervall ist.

Wirken auf den Massenpunkt mehrere Kräfte $\Re_1$, $\Re_2$, ..., so bedeute $\Re$ deren Resultante

$$\Re = \Re_1 + \Re_2 + \cdots.$$

In diesem Kapitel behandeln wir den Fall, daß unter diesen Kräften eine, etwa $\Re_1$, vorkommt, die auf den Massenpunkt in einem sehr kurzen Zeitintervall von t_1 bis t_2 wirkt, dafür aber in dieser kurzen Wirkungszeit sehr groß ist, so daß sie einen merklichen Impuls bestimmt, während die übrigen Kräfte in dem kurzen Zeitintervall nur einen im Verhältnis zum Beitrag von $\Re_1$ verschwindenden Impuls bestimmen. Man sagt dann, daß P einen *Stoß* erleidet. $\Re_1$ heißt die *Stoßkraft*, das Intervall von t_1 bis t_2 die *Stoßzeit* und

(168, 1)
$$\Im = \int\limits_{t_1}^{t_2} \Re_1 \, dt$$

der *Stoßimpuls*. Der vektorielle Zuwachs der Bewegungsmenge des Massenpunktes während der Stoßzeit bestimmt sich dann im wesentlichen durch den Beitrag des Stoßimpulses.

Bei Kräften dieser Art, die als gegenseitige Druckkräfte beim Zusammenstoß von Körpern auftreten, ist es im allgemeinen unmöglich, genauere Aussagen über ihre Änderung während der kurzen Stoßzeit zu machen. Man kann den Einfluß der Stoßkraft dadurch berücksichtigen, daß man ihre gesamte Einwirkung auf den Massenpunkt darin sieht, daß sie dem Massenpunkt den Impuls $\Im$ in einer so kurzen Zeit zuführt, daß er sich dabei nicht merklich bewegt und der Einfluß der übrigen Kräfte ohne Bedeutung ist. Wenn man die Länge der Stoßzeit kennt, kann man den Mittelwert der Stoßkraft bestimmen, indem man $\Im$ durch $t_2 - t_1$ dividiert. Im allgemeinen kennt man aber auch die Stoßzeit nicht und ist daher darauf angewiesen, mit der Größe $\Im$ zu rechnen.

Hieraus geht hervor, daß die mathematische Behandlung von Stoßphänomenen darauf hinausläuft, daß man die Stoßzeit als verschwindend, den Stoß also als momentan behandelt. In den früheren Kapiteln waren die Geschwindigkeiten von Massenpunkten stets kontinuierlich variierende Größen (während die Beschleunigungen Unstetigkeiten während der Bewegung aufweisen konnten). Die idealisierte Form der Behandlung des Stoßes bringt Unstetigkeiten der Geschwindigkeit mit sich, so daß nur die Lage stetig variiert. Dadurch wird es unmöglich gemacht, von Beschleunigung und Kraft im Augenblick des Stoßes zu sprechen. Man hat hier die Aufgabe, plötzliche Änderungen von mechanischen Größen zu bestimmen.

Den Wert einer mechanischen Größe unmittelbar nach dem Stoß wollen wir durch Zufügung eines Striches kennzeichnen. Für den betrachteten Massenpunkt nimmt dann die (93, 13) entsprechende Gleichung die Gestalt

$$(168, 2) \qquad \mathfrak{B}' - \mathfrak{B} = m\mathfrak{v}' - m\mathfrak{v} = \mathfrak{J}$$

an.

Um den Momentsatz für den Stoß aufzustellen, gehen wir von der Gleichung

$$\dot{\mathfrak{S}} = \frac{d}{dt}(\mathfrak{r} \times \mathfrak{B}) = \mathfrak{r} \times \mathfrak{K}$$

aus. Durch Integration über die Stoßzeit erhält man hieraus

$$\mathfrak{S}(t_2) - \mathfrak{S}(t_1) = [\mathfrak{r} \times \mathfrak{B}]_{t_1}^{t_2} = \int_{t_1}^{t_2} (\mathfrak{r} \times \mathfrak{K})\, dt.$$

Im letzten Integral liefert nur die Stoßkraft $\mathfrak{K}_1$ einen wesentlichen Beitrag. Bezeichnet $\bar{\mathfrak{r}}$ einen Wert von $\mathfrak{r}$ während der Stoßzeit, so ist dieses Integral, wenn sofort die übrigen Kräfte vernachlässigt werden, gleich

$$\bar{\mathfrak{r}} \times \int_{t_1}^{t_2} \mathfrak{K}_1\, dt$$

bis auf einen Fehler, dessen Betrag

$$\left| \int_{t_1}^{t_2} (\mathfrak{r} - \bar{\mathfrak{r}}) \times \mathfrak{K}_1\, dt \right| \leqq \operatorname{Max} |\mathfrak{r} - \bar{\mathfrak{r}}| \int_{t_1}^{t_2} |\mathfrak{K}_1|\, dt$$

ist. Setzen wir voraus, daß das letzte Integral beschränkt bleibt, so erhalten wir durch Grenzübergang zu momentanem Stoß

$$(168, 3) \qquad \mathfrak{S}' - \mathfrak{S} = \mathfrak{r} \times \mathfrak{J}.$$

Man hat damit den Momentsatz für den Stoß in der vektoriellen Form gefunden: *Der Zuwachs des Moments der Bewegungsmenge des Massenpunktes in einem festen Punkt während des Stoßes ist gleich dem Moment des Stoßimpulses in diesem Punkt.* Durch Projektion auf eine feste Gerade gelangt man zu einer skalaren Form des Momentsatzes für den Stoß.

Für einen Körper leitet man hieraus Sätze über den Stoß in ähnlicher Weise ab wie beim Aufstellen der Bewegungsgleichungen im Kap. 17. Man hat nur den Grenzübergang zu verschwindender Stoßzeit in den dort aufgestellten Sätzen vorzunehmen. Dabei ist zwischen *äußeren* und *inneren Stößen* zu unterscheiden; diese Unterscheidung hängt natürlich von der Abgrenzung des Körpers ab. Ein Stoß ist ein innerer Stoß für den Körper, wenn er zwischen zwei der Massenpunkte des Körpers stattfindet. Diese wirken dabei aufeinander mit entgegengesetzt gleichen Stoßimpulsen. Dies folgt aus der Definitionsgleichung (168, 1) des Stoßimpulses, wenn man beachtet, daß das allgemeine Reaktionsprinzip für die Stoßkräfte während der ganzen Stoßzeit gültig ist. Die inneren Stoßimpulse bilden also ein mit Null äquivalentes System von gebundenen Vektoren.

Über die Wirkung von Stößen, die auf den betrachteten Körper in einem bestimmten Zeitpunkt wirken, kann man hiernach folgende Sätze formulieren:

I) *Der Zuwachs eines Körpers an Bewegungsmenge in einem bestimmten Zeitpunkt ist gleich der Vektorsumme der in diesem Zeitpunkt auf den Körper wirkenden äußeren Stoßimpulse.* Entsprechendes gilt für die Projektionen auf eine feste Gerade.

Wir geben diesen Satz in folgender Formel wieder, in der G den Schwerpunkt und m die Gesamtmasse des Körpers sowie $\mathfrak{S}_\nu^{(a)}$ den auf den ν-ten Massenpunkt wirkenden äußeren Stoßimpuls bedeuten:

$$(168, 4) \qquad \sum m_\nu \mathfrak{v}'_\nu - \sum m_\nu \mathfrak{v}_\nu = m\,\mathfrak{v}'_G - m\,\mathfrak{v}_G = \sum \mathfrak{S}_\nu^{(a)}.$$

G ändert also im Augenblick des Stoßes seine Geschwindigkeit so, als ob G ein Massenpunkt der Masse m wäre, auf den alle für den Körper äußeren Stoßimpulse wirken (*Schwerpunktssatz für den Stoß*). Wenn nur innere Stöße stattfinden, tritt keine Unstetigkeit der Geschwindigkeit des Schwerpunktes ein.

II) *Der Zuwachs des Moments der Bewegungsmenge eines Körpers in einem festen Punkt oder um eine feste Gerade ist gleich der Summe der Momente der in dem betreffenden Zeitpunkt auf den Körper wirkenden äußeren Stoßimpulse in diesem Punkt oder um diese Gerade:*

$$(168, 5) \qquad \mathfrak{S}' - \mathfrak{S} = \sum m_\nu \mathfrak{r}_\nu \times (\mathfrak{v}'_\nu - \mathfrak{v}_\nu) = \sum \mathfrak{r}_\nu \times \mathfrak{S}_\nu^{(a)}.$$

III) *Bei der Bestimmung der Bewegung des Körpers um den Schwerpunkt kann man den Momentsatz II) für den Stoß auf eine durch den Schwerpunkt gehende Gerade fester Richtung anwenden, auch wenn sich der Schwerpunkt bewegt.*

Satz III) folgt aus den Betrachtungen von **140** durch Grenzübergang zu momentanem Stoß. Da sich die Bewegung des Schwerpunktes im Augenblick des Stoßes im allgemeinen unstetig ändert, wendet man hier den Momentsatz für den Stoß auf eine Gerade an, deren Verschiebungsgeschwindigkeit sich unstetig ändert.

169. Gerader und zentraler Stoß. Stoßen zwei starre Körper zusammen, so bezeichnet man die Normale ihrer gemeinsamen Tangentialebene an der Berührungsstelle als die *Stoßnormale*. Falls sich beide Körper im Augenblick des Stoßes translatorisch in der Richtung der Stoßnormalen bewegen, nennt man den Stoß *gerade*. Geht die Stoßnormale durch die Schwerpunkte beider Körper, so nennt man den Stoß *zentral*. Wir betrachten einen geraden und zentralen Stoß zwischen zwei starren Körpern K_1 und K_2 mit den Massen m_1 und m_2; dies ist die einfachste den Stoß betreffende Aufgabe.

K_1 und K_2 wirken aufeinander mit Stoßimpulsen, die entgegengesetzt gleich sind und von denen man annehmen kann, daß sie auf der Stoßnormalen liegen. Da der Stoßimpuls $\mathfrak{J}$ auf $\boldsymbol{K}_1$ durch den Schwerpunkt G_1 von $\boldsymbol{K}_1$ geht, entsteht nach III) durch den Stoß keine Bewegung von $\boldsymbol{K}_1$ um G_1. $\boldsymbol{K}_1$ bewegt sich also auch nach dem Stoß translatorisch, und zwar nach I) wieder mit einer der Stoßnormalen parallelen Geschwindigkeit. Dasselbe gilt für $\boldsymbol{K}_2$. Man kann dann die Translationsgeschwindigkeiten der Körper durch mit Vorzeichen versehene Skalare v_1 und v_2 auf der orientierten Stoßnormalen wiedergeben. Nach **(168, 4)** hat man dann

$$(169, 1) \quad (m_1 + m_2)\, v'_G = m_1 v'_1 + m_2 v'_2 = m_1 v_1 + m_2 v_2 = (m_1 + m_2)\, v_G.$$

Die Geschwindigkeit des Gesamtschwerpunktes G der beiden Körper wird durch den Stoß nicht geändert.

Wenn man die Geschwindigkeiten v_1 und v_2 der Körper vor dem Stoß kennt und wünscht, die Geschwindigkeiten v'_1 und v'_2 nach dem Stoß zu bestimmen, so hat man dazu aus den bisherigen Annahmen nur die eine Beziehung **(169, 1)**. Man muß daher, um diese Aufgabe lösen zu können, aus einer physikalischen Erfahrung noch zu einer zweiten Annahme über den gesetzmäßigen Zusammenhang zwischen den Geschwindigkeiten zu gelangen suchen. Wir werden im folgenden sehen, durch welchen Gedankengang man dazu geführt werden kann. Wir müssen dabei vorläufig wieder die idealisierte Vorstellung des momentanen Stoßes verlassen und die Geschwindigkeiten während der Stoßzeit als stetig veränderlich ansehen. Weiterhin müssen wir die Annahme der vollständigen Starrheit der Körper während der Stoßzeit zunächst aufgeben.

Damit überhaupt ein Zusammenstoß eintreten kann, müssen die Körper im Berührungsaugenblick t_1 verschiedene Geschwindigkeiten haben. Wir können $v_1(t_1) > v_2(t_1)$ annehmen. Nach der Stoßzeit müssen die Körper entweder in Berührung bleiben oder wieder voneinander getrennt werden, d. h. es muß $v_1(t_2) \leqq v_2(t_2)$ sein. Da die Geschwindigkeiten stetig variieren sollen, gibt es einen Zeitpunkt t_0 mit $t_1 < t_0 \leqq t_2$, in dem die beiden Körper die gleiche Geschwindigkeit haben, und diese muß dann zugleich die Geschwindigkeit des gemeinsamen Schwerpunktes sein:

$$v_1(t_0) = v_2(t_0) = v_G.$$

Im Stadium des Zusammendrückens, d. h. im Zeitintervall $t_1 < t < t_0$, nähern sich die Schwerpunkte der beiden Körper einander, und man hat, da die gegenseitigen Stoßkräfte den Körpern entgegengesetzt gleiche Impulse zuführen,

$$m_1 v_G - m_1 v_1(t_1) = J_1 = m_2 v_2(t_1) - m_2 v_G.$$

Im Stadium des Auseinandergehens, also im Zeitintervall $t_0 < t < t_2$, entfernen sich die Schwerpunkte voneinander, und man hat

$$m_1 v_1(t_2) - m_1 v_G = J_2 = m_2 v_G - m_2 v_2(t_2).$$

Aus diesen beiden Gleichungen bildet man den Quotienten

$$(169, 2) \qquad e = \frac{J_2}{J_1} = \frac{v_1(t_2) - v_G}{v_G - v_1(t_1)} = \frac{v_G - v_2(t_2)}{v_2(t_1) - v_G} = \frac{v_1(t_2) - v_2(t_2)}{v_2(t_1) - v_1(t_1)}.$$

Die oben erwähnte Annahme, die sich auf physikalische Erfahrungen stützt, ist nun die, daß die Verhältniszahl e, der *Restitutionskoeffizient*, allein von der physikalischen Beschaffenheit der Körper und nicht von den Geschwindigkeiten abhängt. e wird außerdem kleiner oder gleich 1 angenommen, da die Körper während des Entfernens, das von ihrer Elastizität herrührt, einander jedenfalls keine größeren Impulse zuführen als beim Zusammendrücken.

Durch Übergang zum momentanen Stoß ergibt sich aus **(169**, 2)

$$(169, 3) \qquad v_1' - v_2' = -e(v_1 - v_2),$$

was zusammen mit **(169**, 1) die Geschwindigkeiten v_1' und v_2' zu finden gestattet, wenn e bekannt ist. Man erhält

$$(169, 4) \quad \begin{cases} v_1' = v_G - e\,\dfrac{m_2}{m_1 + m_2}\,(v_1 - v_2) = \dfrac{(m_1 - e\,m_2)\,v_1 + (1 + e)\,m_2 v_2}{m_1 + m_2}, \\[2ex] v_2' = v_G + e\,\dfrac{m_1}{m_1 + m_2}\,(v_1 - v_2) = \dfrac{(1 + e)\,m_1 v_1 + (m_2 - e\,m_1)\,v_2}{m_1 + m_2}. \end{cases}$$

Die Änderung der kinetischen Energie T des Systems beim Stoß ist gleich der Änderung der kinetischen Energie T^* für die Bewegung des Systems um den Schwerpunkt G, da die Geschwindigkeit

$$(169, 5) \qquad v_G = \frac{m_1 v_1 + m_2 v_2}{m_1 + m_2}$$

von G nach **(169**, 1) beim Stoß nicht geändert wird. Nun hat man vor dem Stoß

$$(169, 6) \quad T^* = \frac{1}{2}\,m_1(v_1 - v_G)^2 + \frac{1}{2}\,m_2(v_2 - v_G)^2 = \frac{1}{2}\,\frac{m_1 m_2}{m_1 + m_2}\,(v_1 - v_2)^2.$$

Ferner erhält man aus **(169**, 2) durch Übergang zum momentanen Stoß

$$(169, 7) \qquad v_1' - v_G = -e(v_1 - v_G), \qquad v_2' - v_G = -e(v_2 - v_G)$$

und damit

$$T^{*'} = \tfrac{1}{2}\,m_1(v_1' - v_G)^2 + \tfrac{1}{2}\,m_2(v_2' - v_G)^2 = e^2\,T^*.$$

Beim Stoß erfolgt also ein Verlust an kinetischer Energie vom Betrage

$$(169, 8) \quad T - T' = T^* - T^{*'} = (1 - e^2)\,T^* = \frac{1 - e^2}{2}\,\frac{m_1 m_2}{m_1 + m_2}\,(v_1 - v_2)^2.$$

Diese Energie wird beim Stoß in Wärmeenergie umgewandelt und kann dauernde Formänderungen der Körper bewirken.

Der Ausdruck für den Energieverlust kann in folgender Weise umgeformt werden: Man findet aus **(169**, 7)

$$v_1 - v_1' = v_1 - v_G - (v_1' - v_G) = (1 + e)(v_1 - v_G).$$

Setzt man den hieraus sich ergebenden Ausdruck für $v_1 - v_G$ und den analogen für $v_2 - v_G$ in (**169**, 6) und dann den so umgeformten Ausdruck für T^* in (**169**, 8) ein, so findet man

(**169**, 9) $$T - T' = \frac{1 - e}{1 + e}\,\overline{T},$$

wo $\overline{T}$ die Bedeutung

(**169**, 10) $$\overline{T} = \tfrac{1}{2}\,m_1(v_1 - v_1')^2 + \tfrac{1}{2}\,m_2(v_2 - v_2')^2$$

hat. Man kann $v_1 - v_1'$ bzw. $v_2 - v_2'$ als die Geschwindigkeit bezeichnen, die der erste bzw. zweite Körper beim Stoß verliert. Man hat dann den Satz:

Der Verlust an kinetischer Energie ist gleich dem $\frac{1 - e}{1 + e}$-fachen derjenigen kinetischen Energie, die man erhalten würde, wenn jeder der Körper seine beim Stoß verlorene Geschwindigkeit hätte.

Wir haben bisher mit der Annahme $0 < e < 1$ gerechnet, die allen Erfahrungen entspricht. Wenn e nahe bei 1 oder bei 0 liegt, kann man Näherungsresultate in besonders einfacher Form erhalten, indem man e durch 1 bzw. 0 ersetzt. Man bezeichnet diese theoretischen Grenzfälle als *vollkommen elastischen Stoß* bzw. *vollkommen unelastischen Stoß*.

Beim vollkommen elastischen Stoß findet man die Geschwindigkeiten nach dem Stoß, indem man den Wert $e = 1$ in die Ausdrücke (**169**, 4) einführt. In dem besonderen Fall, daß die Körper gleich große Massen haben, sieht man, daß sie die Geschwindigkeiten im Augenblick des Stoßes austauschen. In allen Fällen wechseln die Geschwindigkeiten der Körper in bezug aufeinander die Vorzeichen, bewahren aber ihre absoluten Beträge, wie (**169**, 3) zeigt. Nach (**169**, 8) bleibt die kinetische Energie beim Stoß ungeändert. Dies erklärt sich daraus, daß das Zusammendrücken und das Ausdehnen bei vollkommen elastischen Körpern symmetrisch verläuft. Die kinetische Energie, die beim Zusammendrücken verlorengeht, wird dann bei der Ausdehnung vollständig wiedergewonnen.

Bei vollkommen unelastischem Stoß findet man durch Einsetzen des Wertes $e = 0$ in (**169**, 4), daß die Geschwindigkeiten nach dem Stoß einander gleich, und zwar gleich der Schwerpunktsgeschwindigkeit (**169**, 5) sind. Der Verlust an kinetischer Energie ist gleich der Energie der Bewegung um den Schwerpunkt vor dem Stoß. Aus (**169**, 9) entnimmt man, daß der Verlust an kinetischer Energie hier den ganzen durch (**169**, 10) wiedergegebenen Betrag ausmacht.

Wenn $v_2 = 0$ ist, findet man aus (**169**, 8) für den vollkommen unelastischen Stoß einen Energieverlust vom Betrage $T - T' = T\,\dfrac{m_2}{m_1 + m_2}$, da $T = T_1 = \dfrac{1}{2}m_1 v_1^2$ die ganze kinetische Energie vor dem Stoß ist. Es gilt dann $T' = T\,\dfrac{m_1}{m_1 + m_2}$, also

$$\frac{T - T'}{T'} = \frac{m_2}{m_1}.$$

Wenn man z. B. mit einem schweren Hammer der Masse m_1 auf einen leichten Nagel der Masse m_2 schlägt, so bleibt beinahe die ganze kinetische Energie des Hammerschlages als kinetische Energie von Hammer und Nagel nach dem Schlag erhalten, und dies ist für das Eindringen des Nagels in einen widerstehenden Gegenstand günstig. Schlägt man dagegen mit einem leichten Hammer der Masse m_1 auf eine verhältnismäßig schwere Niete der Masse m_2, so verschwindet ein großer Teil der kinetischen Energie beim Stoß und wird in eine Deformation der Niete umgesetzt. Um diese Wirkung zu verstärken, kann man die Masse m_2 durch Gegenhalten eines schweren Gegenstandes vergrößern.

170. Änderung der Bewegung eines starren Körpers beim Stoß.

Wir nehmen nun an, daß auf einen starren Körper K in einem Zeitpunkt t_0 äußere Stoßimpulse von bekannten Beträgen und Angriffslinien einwirken, und wollen die plötzliche Änderung des Bewegungszustandes von K bestimmen, die für $t = t_0$ eintritt.

Bezeichnet m die Masse von K und $\mathfrak{J}$ die Vektorsumme der äußeren Stoßimpulse, so erhält man aus dem Schwerpunktssatz für den Stoß

$$(170, 1) \qquad\qquad m(\mathfrak{v}'_G - \mathfrak{v}_G) = \mathfrak{J},$$

woraus sich die Geschwindigkeit von G unmittelbar nach dem Stoß bestimmt.

Für das Moment $\mathfrak{S}^*$ der Bewegungsmenge von K bei der Bewegung um G [vgl. (139, 9)] findet man, wenn $\mathfrak{D}_G$ das gesamte Moment der Stoßimpulse in G bedeutet, nach 168, II, III) den Zuwachs

$$(170, 2) \qquad\qquad \mathfrak{S}^{*'} - \mathfrak{S}^* = \mathfrak{D}_G.$$

Hieraus findet man $\mathfrak{S}^{*'}$ und kennt damit auch den Drehvektor $\mathfrak{w}'$ bei der Bewegung des Körpers unmittelbar nach dem Stoß: Nach (156, 4) muß nämlich

$$(170, 3) \qquad\qquad \mathfrak{S}^{*'} = |^* \mathfrak{w}'$$

gelten, wenn $|^*$ den zu G gehörigen Trägheitstensor bezeichnet. $\mathfrak{w}'$ ergibt sich also mit Hilfe des reziproken Tensors, d. h. durch Auflösung der (156, 5) oder (156, 12) entsprechenden linearen Gleichungen. $\mathfrak{w}'$ ist in bezug auf das Trägheitsellipsoid für G konjugiert zur Normalebene von $\mathfrak{S}^{*'}$ [vgl. (156, V)].

Man kann die Änderung der Bewegung von K so beschreiben: G erhält die durch (170, 1) bestimmte Zusatzgeschwindigkeit $\mathfrak{u}_G = \mathfrak{v}'_G - \mathfrak{v}_G$ und K die durch

$$(170, 4) \qquad |^* \mathfrak{d} = |^* (\mathfrak{w}' - \mathfrak{w}) = \mathfrak{S}^{*'} - \mathfrak{S}^* = \mathfrak{D}_G$$

bestimmte Zusatzdrehung $\mathfrak{d} = \mathfrak{w}' - \mathfrak{w}$.

Falls der Körper vor dem Stoß in Ruhe ist, hat man den Größen $\mathfrak{v}_G$, $\mathfrak{S}^*$ und $\mathfrak{w}$ den Wert Null beizulegen. In diesem Fall bedeutet $\mathfrak{u}_G$ die Geschwindigkeit des Schwerpunktes und $\mathfrak{d}$ den Drehvektor des Körpers unmittelbar nach dem Stoß. Jedenfalls kommt es nur darauf an, $\mathfrak{u}_G$ und $\mathfrak{d}$ zu bestimmen. Der Bewegungszustand des Körpers im Augenblick des Stoßes spielt keine Rolle.

Bemerkungen: 1. Der Körper K der Masse m habe eine Symmetrieebene ε und werde von einem Stoßimpuls $\mathfrak{J}$ angegriffen, dessen Angriffslinie L in ε liegt. Es soll die Bewegung des Körpers unmittelbar nach dem Stoß bestimmt werden, wenn er vorher in Ruhe ist.

Die Geschwindigkeit des Schwerpunktes wird nach (**168**, 1) parallel $\mathfrak{J}$ und vom Betrage $\dfrac{|\mathfrak{J}|}{m}$. Es sei h der Abstand des Punktes G von L und k der Trägheitsradius des Körpers um die auf ε senkrechte Achse durch G, die ja Hauptachse für G ist. Der Momentsatz für den Stoß, angewandt auf diese Achse, ergibt

$$m k^2 |\mathfrak{d}| = h |\mathfrak{J}|,$$

woraus sich die Winkelgeschwindigkeit $\mathfrak{w}' = \mathfrak{d}$ des Körpers bestimmt. Hiermit ist die Bewegung gefunden. Man sieht, daß ein Punkt O in ε, dessen Verbindungsgerade mit G senkrecht auf L steht und dessen Abstand von L gleich $h + \dfrac{k^2}{h}$ ist, die Geschwindigkeit Null erhält. Die auf ε senkrechte Gerade l durch diesen Punkt O ist die momentane Drehachse nach dem Stoß.

2. Die Bedingung dafür, daß die durch den Stoß bewirkte zusätzliche Bewegung eine Drehung um eine gewisse momentane Drehachse ist, besteht darin, daß $\mathfrak{u}_G$ senkrecht auf $\mathfrak{d}$ ist, daß also $\mathfrak{J}$ senkrecht auf der Richtung steht, die in bezug auf das Trägheitsellipsoid für G zur Normalebene von $\mathfrak{Q}_G$ konjugiert ist.

3. Wenn man die plötzliche Änderung der Bewegung eines starren Körpers kennt, die in einem Zeitpunkt $t = t_0$ eintritt, kann man $\mathfrak{u}_G$ und $\mathfrak{d}$ bestimmen und darauf $\mathfrak{J}$ aus (**170**, 1) und $\mathfrak{Q}_G$ aus (**170**, 4) berechnen. Dadurch hat man das System der Stoßimpulse, die auf den Körper im Zeitpunkt t_0 wirken, bis auf statische Umformung.

Bisher haben wir den Körper K frei beweglich angenommen. Wenn K in seiner Bewegung Bindungen unterliegt, werden die äußeren Stoßimpulse im allgemeinen *Reaktionsstoßimpulse* der Zwangsbindungen hervorrufen. Wenn diese mit zu den für K äußeren Stoßimpulsen gezählt werden, kann K als frei behandelt werden, und die obigen Formeln sind anwendbar.

Wenn ein Punkt O von K reibungsfrei festgehalten ist, ergibt der Reaktionsstoßimpuls $\mathfrak{R}$ in O kein Moment in O. Bezeichnet $\mathfrak{S}$ das Moment der Bewegungsmenge in O und $\mathfrak{Q}$ das Moment der äußeren Stoßimpulse in O, so erhält man nach dem Momentsatz für den Stoß, angewandt auf O:

$$(\textbf{170, 5}) \qquad \mathfrak{Q} = \mathfrak{S}' - \mathfrak{S} = \mathfrak{l}_O(\mathfrak{w}' - \mathfrak{w}) = \mathfrak{l}_O \mathfrak{d},$$

woraus sich die Zusatzdrehung $\mathfrak{d} = \mathfrak{w}' - \mathfrak{w}$ ergibt (vgl. **156** Bemerkung 1). Aus

$$(\textbf{170, 6}) \qquad \mathfrak{R} + \mathfrak{J} = m(\mathfrak{v}'_G - \mathfrak{v}_G) = m\,\mathfrak{u}_G = m\,\mathfrak{d} \times \overrightarrow{OG}$$

ergibt sich hierauf der Reaktionsstoßimpuls $\mathfrak{R}$ in O. Die Bindung erhält den Stoß $-\mathfrak{R}$ in O.

Bemerkung 4. Wenn der festgehaltene Punkt keinen Stoß erleiden soll, muß die Änderung der Bewegung von K, die man für K als frei beweglichen Körper erhält, die in Bemerkung 2 gefundene Bedingung erfüllen, und die Achse der momentanen Zusatzdrehung muß durch O gehen.

Wenn eine Gerade l von $\boldsymbol{K}$ reibungsfrei festgehalten ist, haben die Reaktionsstoßimpulse längs l kein Moment um l. Die Zusatzwinkelgeschwindigkeit $\mathfrak{z}$ um l bestimmt sich dann aus dem Momentsatz für den Stoß, angewandt auf l. Wir nehmen an, daß A nicht längs l gleiten kann, bezeichnen mit O einen Punkt von l, mit I_O den Trägheitstensor des Körpers für O, mit $\mathfrak{D}$ und $\mathfrak{N}$ die Momente der äußeren bzw. der Reaktionsstoßimpulse in O und mit $\mathfrak{R}$ die Vektorsumme der Reaktionsstoßimpulse. Es ist dann

$$(170, 7) \qquad\qquad \mathfrak{R} + \mathfrak{J} = m\mathfrak{v} \times \overrightarrow{OG},$$

$$(170, 8) \qquad\qquad \mathfrak{R} + \mathfrak{D} = \mathsf{I}\mathfrak{v}.$$

In einem Koordinatensystem mit der z-Achse l und dem Ursprung O erhält man, indem man $\mathfrak{v} = d\mathfrak{k}^1$ setzt, zunächst die Gleichung

$$(170, 9) \qquad\qquad Q_z = I_z d$$

zur Bestimmung von d und dann zur Bestimmung des Systems der Reaktionsstoßimpulse längs l

$$(170, 10) \qquad R_x = -my_G d - J_x = -\frac{m}{I_z} Q_z y_G - J_x,$$

$$(170, 11) \qquad R_y = mx_G d - J_y = \frac{m}{I_z} Q_z x_G - J_y,$$

$$(170, 12) \qquad R_z = - J_z,$$

$$(170, 13) \qquad N_x = -D_{xz} d - Q_x = -\frac{D_{xz} Q_z}{I_z} - Q_x,$$

$$(170, 14) \qquad N_y = -D_{yz} d - Q_y = -\frac{D_{yz} Q_z}{I_z} - Q_y,$$

$$(170, 15) \qquad N_z = 0.$$

Wenn die Lage des Körpers im Augenblick des Stoßes und die äußeren Stoßimpulse bekannt sind, kennt man alle Größen auf den rechten Seiten dieser Gleichungen. Das System der Reaktionsstoßimpulse längs l ist dann bis auf statische Umformungen bestimmt. Was deren wirkliche Verteilung auf l anbetrifft, verweisen wir auf die Ausführungen in **36**. Speziell sind die Stoßimpulse senkrecht zur Achse eindeutig bestimmt, sofern die Achse nur in zwei Achsenlagern festgehalten ist.

Die Bedingung dafür, daß kein dynamischer Beitrag im System der Reaktionsstoßimpulse auftritt, ist, wie man sieht, daß entweder die gegebenen Stoßimpulse zusammen das Moment Null um l haben ($Q_z = 0$), in welchem Fall keine Unstetigkeit in der Bewegung des Körpers eintritt, oder daß l eine der Hauptachsen für den Schwerpunkt

---

[1] $\mathfrak{k}$ ist Einheitsvektor der z-Achse und d ein Skalar.

ist ($x_G = y_G = D_{xz} = D_{yz} = 0$). In diesem Fall hebt $\Re$ nur die Vektorsumme der gegebenen Stoßimpulse und $\Re$ deren Momente um Querachsen zu l auf.

Wir wollen einige Fälle angeben, in denen die Achse keinen Stoß erleidet; damit ist nur gemeint, daß das System der Reaktionsstoßimpulse längs der Achse äquivalent Null ist, daß also $\Re = 0$, $\Re = 0$. Dies tritt erstens ein, wenn die gegebenen Stoßimpulse ein mit Null äquivalentes System bilden. Indem wir von diesem Fall absehen, wollen wir die beiden Fälle betrachten, daß das System der Stoßimpulse einem Stoßimpulspaar oder einem Einzelimpuls äquivalent ist.

Wenn auf **K** ein Stoßimpulspaar wirkt, hat man $\Im = 0$, $\Omega \neq 0$. Wäre Ω senkrecht zu l, so hätte man nach (**170**, 9) $d = 0$, und (**170**, 8) zeigt, daß dann nicht gleichzeitig $\Re = 0$ sein könnte. Also muß $\mathfrak{b} \neq 0$ sein, und man entnimmt nun aus (**170**, 7) für $\Re = 0$, $\Im = 0$, daß G auf l liegen muß. (**170**, 8) ergibt für $\Re = 0$, daß Ω dieselbe Richtung haben muß wie das zu einer Drehung um l gehörige Moment der Bewegungsmenge in einem Punkt von l. Wir können das Resultat so formulieren:

Ein starrer Körper sei um eine Achse drehbar und unterliege der Einwirkung eines Stoßimpulspaares. Soll hierbei die Achse keinen Stoß erleiden, so muß die Achse durch den Schwerpunkt gehen und in bezug auf das Trägheitsellipsoid für den Schwerpunkt konjugiert zur Ebene des Stoßimpulspaares sein.

Dies sieht man auch leicht direkt ein, indem man annimmt, daß der Körper frei beweglich ist und der Einwirkung des Stoßimpulspaares unterliegt.

Wenn auf **K** ein Einzelimpuls $\Im$ wirkt und $\Re$ verschwinden soll, muß die rechte Seite von (**170**, 7), also $\mathfrak{b}$ von Null verschieden sein und G kann nicht auf l liegen. $\Im$ steht dann nach (**170**, 7) senkrecht auf der durch l und G bestimmten Ebene, der Schwerpunktsebene. Es sei P derjenige Punkt dieser Ebene, in der sie von der Angriffslinie von $\Im$ geschnitten wird. Wir wählen nun die Projektion von P auf l als denjenigen Punkt O, für den die Momentgleichung (**170**, 8) gebildet ist. Ω hat dann ebenso wie $\mathfrak{b}$ die Richtung von l. Wenn nun $\Re$ verschwinden soll, muß $\mathfrak{l}\mathfrak{b}$ dieselbe Richtung wie Ω, also wie $\mathfrak{b}$ haben, d. h. l muß Hauptachse für O sein. Wenn G und P die Abstände a bzw. b von l haben, erhält man aus (**170**, 7, 8) die skalaren Gleichungen

$$J = mad,$$
$$bJ = I_z d$$

und hieraus durch Division

(**170**, 16)
$$b = \frac{I_z}{ma}$$

unabhängig von der Größe J des Stoßimpulses. Das Resultat läßt sich so zusammenfassen:

*Wenn ein starrer Körper, der um eine Achse drehbar ist, der Ein-
wirkung eines Einzelimpulses unterliegt, und wenn die Achse keinen Stoß
erleiden soll, so muß sie für einen und nur einen ihrer Punkte Hauptachse sein. Ferner muß der Stoßimpuls auf der durch die Achse und den
Schwerpunkt bestimmten Ebene senkrecht stehen, und seine Angriffslinie
muß diese Ebene in einem Punkt schneiden, dessen Abstand von der Achse
durch (**170**, 16) gegeben ist und dessen Projektion auf die Achse der Punkt
ist, für den die Achse Hauptachse ist. Der Betrag des Stoßimpulses ist
beliebig.*

Den Punkt P bezeichnet man als das *Stoßzentrum* für die Achse.
Er existiert nur, wenn die Achse für einen und nur einen ihrer Punkte
Hauptachse ist. Vergleicht man (**170**, 16) mit (**162**, 2), so sieht man,
daß der Abstand b gleich der zur Achse gehörigen reduzierten Pendellänge ist. Das Stoßzentrum ist also ein zur Achse gehöriger Schwingungsmittelpunkt. In der obigen Bemerkung 1 ist die Projektion von
G auf L das Stoßzentrum für l.

Wenn der Körper K speziell aus einer unveränderlichen ebenen
Massenverteilung, z. B. einer Platte besteht, und die Achse in dieser
Ebene liegt, aber nicht durch G geht, so gibt es stets einen Punkt auf
der Achse, für den sie Hauptachse ist. Das Stoßzentrum ist dann der
Antipol der Achse in bezug auf die Zentralellipse.

Unstetigkeiten in der Bewegung eines starren Körpers können auch
dadurch entstehen, daß während der Bewegung plötzlich Bindungen
auftreten, die vorher nicht bestanden haben. Diese Bindungen wirken
dann auf den Körper im ersten Augenblick als Stoß. Man muß dann
versuchen, die Bewegung des Körpers nach dem Stoß mit Hilfe von
solchen Gleichungen zu finden, in die die unbekannten, von den Bindungen herrührenden Stoßimpulse nicht eingehen. Nachdem man auf
diese Weise den Bewegungszustand des Körpers unmittelbar nach dem
Stoß gefunden hat, kann man das System der von den Bindungen herrührenden Stoßimpulse bis auf statische Umformung bestimmen. (Vgl.
Bemerkung 3.)

Bemerkung 5. Wenn man die Bewegung eines starren Körpers K in einem
Zeitpunkt $t = t_0$ kennt und eine Gerade l in diesem Zeitpunkt plötzlich festgehalten wird, so berechnet man das Moment S_l der Bewegungsmenge von K um l
unmittelbar vor dem Stoß. Dies ändert sich beim Stoß nicht, da die Stoßimpulse
in l kein Moment um l ergeben. Der Körper dreht sich also unmittelbar nach
dem Stoß um l mit einer Winkelgeschwindigkeit, die durch

$$I_l w = S_l$$

bestimmt ist, wo I_l das Trägheitsmoment von K um l bedeutet.

171. Zusammenstoß zwischen starren Körpern. Wenn zwei starre
Körper K_1 und K_2 zusammenstoßen, wirken sie aufeinander mit einem
Stoßimpuls im Berührungspunkt, dem *Stoßpunkt*. Dabei ist der Stoß-

impuls auf K_1 dem Stoßimpuls auf K_2 entgegengesetzt gleich. In **170** haben wir die Bewegungsänderung des einzelnen Körpers untersucht, wenn der Stoßimpuls bekannt ist. In dem hier betrachteten Fall wird man den Stoßimpuls aus den für beide Körper geltenden Gleichungen zu eliminieren suchen. Wir wollen uns dabei an die Voraussetzung halten, daß die Körper glatt sind, was zur Folge hat, daß der Stoßimpuls in der Stoßnormalen liegt, also auf der gemeinsamen Tangentialebene der Körper im Stoßpunkt senkrecht steht.

Wir betrachten zunächst den Fall, daß die beiden Körper frei beweglich sind. Dann sind insgesamt zwölf skalare Gleichungen zur Bestimmung der Bewegungsänderung des Systems erforderlich, da die Bewegung jedes einzelnen Körpers von sechs Parametern abhängt.

Das Moment der Bewegungsmenge des Körpers K_1 im Stoßpunkt wird beim Stoß nicht geändert, da der Stoßimpuls in diesem Punkt angreift. Damit hat man eine Vektorgleichung, d. h. drei skalare Gleichungen. Ferner wird die auf der Stoßnormalen senkrechte Geschwindigkeitskomponente des Schwerpunktes G_1 von K_1 durch den Stoß nicht beeinflußt. Dies liefert zwei skalare Gleichungen. Da man in derselben Weise fünf Gleichungen für den Körper K_2 erhält, fehlen noch zwei skalare Gleichungen. Wenn man nicht den unbekannten Stoßimpuls explizit einführen will, muß man diese beiden Gleichungen durch Betrachtung des von K_1 und K_2 gebildeten Systems erhalten. Die erste dieser beiden Gleichungen ergibt sich durch Projektion auf die Stoßnormale. Man kann sie auf die Form (**169**, 1) bringen, wenn m_1 und m_2 die Massen der Körper v_1, v_2, v_G die Komponenten der Geschwindigkeiten ihrer Schwerpunkte bzw. des Gesamtschwerpunktes in Richtung der orientierten Stoßnormalen bedeuten. Zur zweiten Gleichung kann man ebenso wie in dem in **169** betrachteten Spezialfall nur durch eine physikalische Erfahrung über die Natur des Stoßes gelangen. Durch eine Verallgemeinerung der in **169** angestellten Betrachtung gelangt man auch hier zu einer Formulierung dieser physikalischen Annahme durch die Gleichung (**169**, 3), wenn man in dieser unter v_1 und v_2 die Geschwindigkeitskomponenten in der Stoßnormalenrichtung derjenigen Massenpunkte von K_1 und K_2 versteht, die sich im Augenblick des Stoßes im Stoßpunkt befinden. In dem in **169** betrachteten Spezialfall waren diese Größen mit den Geschwindigkeiten der Schwerpunkte identisch, so daß die Bezeichnungen in (**169**, 1) und (**169**, 3) übereinstimmen. Im allgemeinen Fall muß man alle Geschwindigkeiten durch die Parameter ausdrücken, durch die man die Lagen der beiden Körper festlegt. Man hat nun die erforderliche Anzahl von Gleichungen zur Bestimmung der Änderung des Bewegungszustandes der Körper, wenn der Restitutionskoeffizient bekannt ist. — Danach kann man die Größe des Stoßimpulses finden, indem man den Schwerpunktssatz für den Stoß auf einen der Körper anwendet (vgl. **170**, Bemerkung 3).

Oft kann es vorteilhaft sein, andere als die obengenannten Gleichungen aufzustellen. Wenn etwa der Schwerpunkt G_1 von $\boldsymbol{K}_1$ auf der Stoßnormalen liegt („wenn der Stoß für $\boldsymbol{K}_1$ zentral ist"), so erhält man durch Anwendung des Momentsatzes auf G_1, daß die Bewegung von $\boldsymbol{K}_1$ um G_1 beim Stoß nicht geändert wird.

Beispiele : 1. Als erstes Beispiel betrachten wir einen Zusammenstoß zwischen zwei glatten homogenen Kugeln $\boldsymbol{K}_1$ und $\boldsymbol{K}_2$ mit dem Restitutionskoeffizienten e. In Abb. 156 ist diejenige gemeinsame Diametralebene der Kugeln im Augenblick des Stoßes gezeichnet, die die Geschwindigkeit des Mittelpunktes von $\boldsymbol{K}_1$ vor dem Stoß enthält.

Die Drehungen der Kugeln werden im Stoßaugenblick nicht geändert, da die Stoßnormale durch die Mittelpunkte G_1 und G_2 geht. Die Geschwindigkeiten der Mittelpunkte senkrecht zur Zeichenebene bleiben gleichfalls ungeändert. Für $\boldsymbol{K}_1$ bleibt also diese Geschwindigkeitskomponente Null, und für $\boldsymbol{K}_2$ behält sie ihren Wert bei. Es sei v_2 die Projektion der Geschwindigkeit von G_2 auf die Zeichenebene. Man erhält dann mit den in der Abbildung angegebenen Bezeichnungen durch Projektion auf die gemeinsame Tangente der Kreise

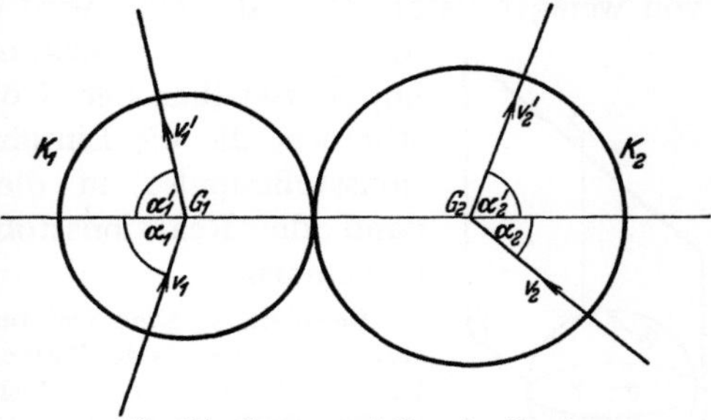

Abb. 156. Zusammenstoß zweier Kugeln.

$$v_1 \sin\alpha_1 = v_1' \sin\alpha_1', \qquad v_2 \sin\alpha_2 = v_2' \sin\alpha_2'.$$

Durch diese Betrachtungen haben wir zehn Gleichungen zwischen den zwölf Parametern ausgenutzt, von denen die Bewegungen der beiden Kugeln abhängen. Als eigentliche Aufgabe bleibt hiernach, die Geschwindigkeitskomponenten der Mittelpunkte in Richtung der Stoßnormalen nach dem Stoß zu bestimmen. Mit den Bezeichnungen der Abbildung wird die (**169**, 1) entsprechende Gleichung

$$m_1 v_1' \cos\alpha_1' - m_2 v_2' \cos\alpha_2' = m_1 v_1 \cos\alpha_1 - m_2 v_2 \cos\alpha_2.$$

Um die (**169**, 3) entsprechende Gleichung aufzustellen, hat man nur zu bemerken, daß die Massenpunkte, die sich im Stoßpunkt befinden, in Richtung der Stoßnormalen dieselben Geschwindigkeiten wie die entsprechenden Kugelmittelpunkte haben. Man erhält so

$$v_1' \cos\alpha_1' + v_2' \cos\alpha_2' = e\,(v_1 \cos\alpha_1 + v_2 \cos\alpha_2).$$

Aus den vier angegebenen Gleichungen findet man v_1', v_2', α_1', α_2'.

Wie man sieht, läßt sich die Lösung der Aufgabe kurz folgendermaßen formulieren: Man verwende die Gesetze für geraden und zentralen Stoß für die Bewegung der Kugeln in Richtung der Stoßnormalen und ändere im übrigen nichts an den Bewegungen. Auch bei der Berechnung des Energieverlustes spielt nur die Bewegung in Richtung der Stoßnormalen eine Rolle.

2. Das Verhalten einer homogenen Kugel beim Stoß gegen eine glatte unbewegliche Fläche kann man aus dem Vorstehenden dadurch entnehmen, daß man m_2 unendlich und v_2 Null werden läßt. Man erhält so

$$v_1' \sin\alpha_1' = v_1 \sin\alpha_1, \qquad v_1' \cos\alpha_1' = e v_1 \cos\alpha_1,$$

also

$$\operatorname{tg}\alpha_1' = \frac{1}{e}\operatorname{tg}\alpha_1, \qquad v_1' = v_1\sqrt{\sin^2\alpha_1 + e^2\cos^2\alpha_1}.$$

Wie man sieht, erhält man $\alpha_1' = \alpha_1$ und $v_1' = v_1$ im Falle vollkommen elastischen Stoßes, während bei vollkommen unelastischen Stoß nur die Bewegung der Kugel senkrecht zur Stoßnormalen erhalten bleibt.

Bisher haben wir vorausgesetzt, daß K_1 und K_2 frei beweglich sind. Ist einer der Körper oder beide bei der Bewegung Bindungen unterworfen, so werden im allgemeinen beim Zusammenstoß Reaktionsstoßimpulse in den Bindungen entstehen. Dadurch gehen neue Unbekannte in die Rechnung ein; dafür hängen aber die Bewegungen der Körper von weniger Parametern ab. Man wird dann zunächst versuchen, die Änderungen der Bewegungen der Körper und den Stoßimpuls zwischen den Körpern auf eine Weise zu bestimmen, die die Einführung der unbekannten Reaktionsstoßimpulse in die Rechnung vermeidet, und dann die Reaktionsstoßimpulse ebenso wie in **170** bestimmen.

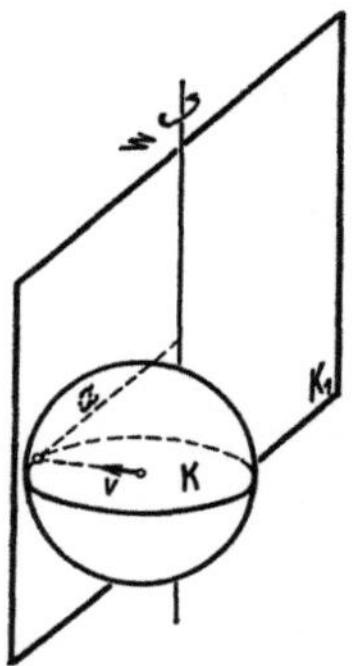

Abb. 157. Stoß einer Kugel gegen eine rotierende Platte.

Beispiel: 3. Eine frei bewegliche Kugel K der Masse m stoße auf eine glatte Platte K_1, die sich um eine in ihrer Ebene gelegene Achse l dreht.

Die Drehung der Kugel und die Bewegung ihres Mittelpunktes parallel zur Platte werden beim Stoß nicht geändert. v sei die Komponente der Geschwindigkeit des Kugelmittelpunktes in Richtung der Stoßnormalen, positiv auf die Platte zu gerechnet. v ist zugleich die Geschwindigkeitskomponente des Massenpunktes im Stoßpunkt in Richtung der Stoßnormalen. w sei die Winkelgeschwindigkeit der Platte, positiv auf die Kugel zu gerechnet, I das Trägheitsmoment der Platte um l und a der Abstand des Stoßpunktes von l (Abb. 157). Man hat dann im Stoßpunkt $v_1 = wa$, also nach (**169,** 3)

$$v_1' + v' = w'a + v' = -e\,(wa + v).$$

Ferner wollen wir auf das ganze System den Momentsatz für den Stoß bezüglich der Achse l anwenden. Dadurch vermeidet man sowohl den unbekannten Stoßimpuls zwischen K_1 und K als auch die unbekannten Reaktionsstoßimpulse in l. Was die Kugel anbetrifft, braucht man dabei nur die Translation in Richtung der Stoßnormalen zu berücksichtigen, da sich der übrige Beitrag der Kugel zum Moment der Bewegungsmenge um l nicht ändert. Man erhält so

$$I w' - m v' a = I w - m v a.$$

Aus diesen zwei Gleichungen ergibt sich dann

$$w' = \frac{w(I - m e a^2) - m v a (1 + e)}{I + m a^2},$$

$$v' = \frac{v(m a^2 - e I) - I w a (1 + e)}{I + m a^2}.$$

Danach kann man den Stoßimpuls J zwischen den beiden Körpern berechnen, indem man die Kugel für sich betrachtet:

$$J = m(v - v') = \frac{m I (1 + e)(w a + v)}{I + m a^2}.$$

Es wirkt also im Stoßpunkt ein Stoßimpuls dieser Größe senkrecht auf die Platte zu. Man kann daher das in **170** besprochene Verfahren zur Bestimmung der Reaktionsstoßimpulse in der Achse l anwenden.

172. Energieverlust beim Stoß. In **169** haben wir untersucht, welcher Teil der kinetischen Energie bei geradem zentralen Stoß in Wärme umgesetzt wird. Wir stellen nun dieselbe Betrachtung für einen beliebigen Zusammenstoß von starren, glatten Körpern an, wobei wir jedoch die Voraussetzung machen, daß wir überall mit demselben Wert des Restitutionskoeffizienten e rechnen können. Der Vollständigkeit halber ziehen wir auch die Möglichkeit in Betracht, daß das System im betreffenden Augenblick außerdem der Einwirkung äußerer Stoßimpulse unterliegt.

Ein Stoß auf einen starren Körper pflanzt sich durch den ganzen Körper fort, so daß auf jeden einzelnen Massenpunkt Stoßimpulse von den Nachbarmassenpunkten wirken. Wir betrachten einen Massenpunkt der Masse m_ν, bezeichnen mit $\mathfrak{v}_\nu$ und $\mathfrak{v}'_\nu$ seine Geschwindigkeit unmittelbar vor bzw. nach dem Stoß, mit $\overline{\mathfrak{J}}_\nu^{(i)}$ den gesamten Stoßimpuls, den er von den Nachbarmassenpunkten des starren Körpers erhält, zu dem er gehört, mit $\mathfrak{J}_\nu^{(i)}$ den Stoßimpuls, den er evtl. von anderen starren Teilkörpern des betrachteten Systems und mit $\mathfrak{J}_\nu^{(a)}$ den äußeren Stoßimpuls, den er evtl. von der Umgebung des Systems empfängt. Man hat dann die Gleichung

$$(172, 1) \qquad m_\nu (\mathfrak{v}'_\nu - \mathfrak{v}_\nu) = \overline{\mathfrak{J}}_\nu^{(i)} + \mathfrak{J}_\nu^{(i)} + \mathfrak{J}_\nu^{(a)}.$$

Beide Seiten dieser Gleichung multiplizieren wir nun skalar mit $\mathfrak{v}'_\nu + e\,\mathfrak{v}_\nu$ und addieren danach die Gleichungen für alle Massenpunkte des betrachteten Systems, was wir wieder durch ein $\sum$ ohne Angabe des Summationsbuchstabens andeuten. Wir erhalten dann

$$(172, 2) \qquad \begin{aligned} &\sum m_\nu (\mathfrak{v}'_\nu - \mathfrak{v}_\nu) \cdot (\mathfrak{v}'_\nu + e\,\mathfrak{v}_\nu) \\ &= \sum \overline{\mathfrak{J}}_\nu^{(i)} \cdot (\mathfrak{v}'_\nu + e\,\mathfrak{v}_\nu) + \sum \mathfrak{J}_\nu^{(i)} \cdot (\mathfrak{v}'_\nu + e\,\mathfrak{v}_\nu) + \sum \mathfrak{J}_\nu^{(a)} \cdot (\mathfrak{v}'_\nu + e\,\mathfrak{v}_\nu). \end{aligned}$$

Wir betrachten zunächst einen starren Teilkörper. $\mathfrak{v}_\nu$ gibt das Geschwindigkeitsfeld seiner Massenpunkte vor dem Stoß an. Die Stoßimpulse $\overline{\mathfrak{J}}_\nu^{(i)}$ können zu Paaren von entgegengesetzt gleichen zusammengefaßt werden, die zwischen zwei der Massenpunkte des Körpers wirken. Ebenso wie in **81** für den gesamten Effekt der inneren Kräfte bei der Bewegung eines starren Körpers kann man nun hier schließen, daß die „Arbeitssumme" $\sum \overline{\mathfrak{J}}_\nu^{(i)} \cdot \mathfrak{v}_\nu$ der inneren Stoßimpulse jedes starren Teilkörpers gleich Null ist. Derselbe Schluß kann auf das Geschwindigkeitsfeld $\mathfrak{v}'_\nu$ nach dem Stoß angewendet werden. Man sieht also, daß die erste Summe auf der rechten Seite von (**172**, 2) verschwindet.

Die zweite Summe ist über alle Stoßpunkte zwischen verschiedenen starren Teilkörpern zu erstrecken. Da die Körper als glatt vorausgesetzt sind, haben die Stoßimpulse $\mathfrak{J}_\nu^{(i)}$ die Richtungen der Stoßnormalen. Man braucht daher nur die Komponente von $\mathfrak{v}'_\nu + e\,\mathfrak{v}_\nu$ in Richtung der Stoßnormalen zu berücksichtigen. Diese Komponenten sind für die beiden im Stoßpunkt befindlichen Massenpunkte von zwei zusammenstoßenden Körpern gleich groß; dies ist gerade der Inhalt der Gleichung (**169**, 3) in der allgemeinen Bedeutung, die wir ihr in **171** beigelegt haben. Andererseits sind die beiden entsprechenden Stoßimpulse entgegengesetzt gleich. Man schließt daher, daß auch die zweite Summe auf der rechten Seite von (**172**, 2) verschwindet.

Die linke Seite von (**172**, 2) kann auf die Form

$$- \frac{1+e}{2} \left[\sum m_\nu v_\nu^2 - \sum m_\nu v_\nu'^2 - \frac{1-e}{1+e} \sum m_\nu (\mathfrak{v}_\nu - \mathfrak{v}_\nu')^2 \right]$$

gebracht werden. Bezeichnet T die gesamte kinetische Energie des Systems, so ist der Verlust an kinetischer Energie im Augenblick des Stoßes

$$(\mathbf{172}, 3) \qquad T - T' = \frac{1-e}{1+e} \sum \frac{1}{2} m_\nu (\mathfrak{v}_\nu - \mathfrak{v}_\nu')^2 - \frac{1}{1+e} \sum \mathfrak{J}_\nu^{(a)} \cdot (\mathfrak{v}_\nu' + e\mathfrak{v}_\nu).$$

Die Gleichung (**172**, 3) ist besonders nützlich, wenn das letzte Glied der rechten Seite verschwindet. Dies tritt gewiß ein, wenn auf das betrachtete System keine äußeren Stoßimpulse wirken. Ein häufiger Fall ist auch der, daß die äußeren Stoßimpulse in Punkten angreifen, deren Geschwindigkeit in Richtung der Stoßimpulse sowohl vor als auch nach dem Stoß Null ist. Dies gilt z. B. für Reaktionsstoßimpulse von reibungslosen Bindungen. In solchen Fällen findet man Gleichung (**169**, 9) wieder, wobei T diejenige kinetische Energie bedeutet, die das ganze System haben würde, wenn die Geschwindigkeit jedes einzelnen Massenpunktes durch seine verlorene Geschwindigkeit ersetzt wird.

Hat man außerdem $e = 0$, so erhält man die einfache Beziehung

$$(\mathbf{172}, 4) \qquad T - T' = T,$$

die als Satz von CARNOT bezeichnet wird. In **169** wurde gezeigt, daß er für vollkommen unelastischen, geraden und zentralen Stoß gilt. Aus (**172**, 3) kann man entnehmen, daß er stets dann gilt, wenn sowohl die Bindungen, die vor dem Stoß bestanden haben, als auch die Bindungen, die beim Stoß hinzukommen, nach dem Stoß bestehen bleiben. Oberflächen, die beim Stoß zur Berührung gelangen, sollen also unmittelbar nach dem Stoß keine Geschwindigkeitskomponente in Richtung der Stoßnormalen relativ zueinander haben, was der Annahme $e = 0$ entspricht. — Bei plötzlichem Festhalten einer Achse in einem Körper entstehen äußere Stoßimpulse $\mathfrak{J}^{(a)}$, die von der Achse auf den Körper wirken. Wenn die Bindung nach dem Stoß bestehen, also die Achse fest bleiben soll, müssen die Angriffspunkte der Stoßimpulse nach dem Stoß die Geschwindigkeiten $\mathfrak{v}' = 0$ haben. Da man außerdem mit $e = 0$ zu rechnen hat, verschwindet tatsächlich das vom Achsenstoß herrührende letzte Glied in (**172**, 3).

Es können auch Stoßimpulse zwischen zwei voneinander entfernten starren Körpern auftreten, z. B. wenn ein Punkt des einen Körpers mit einem des anderen durch einen undehnbaren Faden verbunden ist, der ursprünglich nicht gespannt ist. Wenn der Faden während der Bewegung der Körper gespannt wird, wirken die beiden Massenpunkte aufeinander im allgemeinen mit einem Stoßimpuls in der Fadenrichtung. Der allgemeine Fall wird nun der sein, daß der Faden unmittelbar nach dem Stoß wieder schlaff wird und daß die relative Geschwindigkeitskomponente der beiden Angriffspunkte in der Fadenrichtung nach dem Stoß das $-e$-fache derselben Komponente vor dem Stoß ist. Die Bedingung für die Anwendbarkeit des Satzes von CARNOT ist nun, daß die durch den Stoß geschaffene Bindung bestehen bleibt, daß also der Faden nach dem Stoß gespannt bleibt, und dies ist in Übereinstimmung mit $e = 0$. Ist diese Bedingung nicht erfüllt, so muß man mit der allgemeineren Formel (172, 3) rechnen.

Schließlich sei erwähnt, daß man ähnliche Betrachtungen in Fällen anwenden kann, wo bestehende Bindungen plötzlich aufgehoben werden, z. B. wenn ein gespannter Faden, der zwei Körper verbindet, plötzlich reißt oder eine Achse, um die sich der Körper dreht, plötzlich frei wird oder ein starrer Körper plötzlich durch innere Kräfte auseinander gesprengt wird (Explosion) oder ähnliches. In solchen Fällen tritt eine Erhöhung der kinetischen Energie ein, und die gewonnene Energie kann dadurch berechnet werden, daß man im Ausdruck für die kinetische Energie die Geschwindigkeit jedes Massenpunktes durch seine gewonnene Geschwindigkeit $\mathfrak{v}' - \mathfrak{v}$ oder, was auf dasselbe hinausläuft, durch seine verlorene Geschwindigkeit $\mathfrak{v} - \mathfrak{v}'$ ersetzt.

Übungsaufgaben zum 20. Kapitel.

1. Eine Kugel mit der Masse m_1 wird mit gegebener Geschwindigkeit gerade gegen eine ruhende zweite Kugel mit der Masse m_2 geworfen. Dadurch gerät diese in Bewegung und stößt gerade gegen eine ruhende dritte Kugel mit der Masse m_3. Man zeige, daß deren Geschwindigkeit bei gegebenen m_1 und m_3 ein Maximum wird, falls $m_2^2 = m_1 m_3$ ist.

2. Eine glatte Kugel mit der Masse m_1 hängt in Ruhe an einem vollkommen unelastischen Faden. Eine andere glatte Kugel mit der Masse m_2 stößt mit der Geschwindigkeit v_2 gerade auf die erste. Die Verbindungslinie der Kugelmittelpunkte bildet mit dem vertikalen Faden den spitzen Winkel α (die Kugel m_2 kommt also schräg von oben). Der Restitutionskoeffizient sei e. Man bestimme die Geschwindigkeiten der Kugeln nach dem Stoß, den Stoßimpuls zwischen ihnen und den Reaktionsstoßimpuls im Faden. Die Fälle $\alpha \to 0$ und $\alpha \to \dfrac{\pi}{2}$ dienen zur Kontrolle.

3. Zwei Massenpunkte A und B je mit der Masse m sind durch eine gewichtslose starre Stange verbunden und in Ruhe. Ein dritter Massenpunkt C ebenfalls mit der Masse m ist durch einen völlig unelastischen Faden mit einem Punkt P der Stange verbunden, wobei $PA = a$, $PB = b$ ist. Nun wird C mit der zu AB senkrechten Geschwindigkeit v_C fortgeschleudert. In dem Augenblick, wo der Faden stramm wird, ist PC zu AB senkrecht. Welche Bewegung hat das System unmittelbar nach dem Stoß?

Mit den Bezeichnungen der Abb. 158 erhält man durch Projektion für das ganze System

$$mv_C = mv_C' + 2mv_G'$$

und für den Massenpunkt C allein

$$J = m(v_C - v'_C),$$

ferner, wenn w' die Winkelgeschwindigkeit der Stange unmittelbar nach dem Stoß ist, durch Bildung des Moments um G

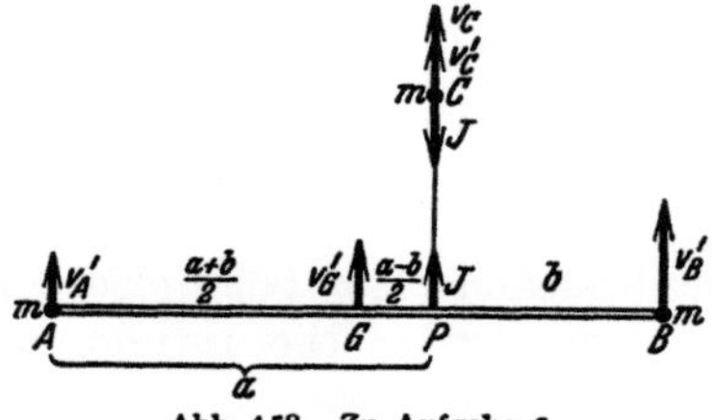

$$2m\left(\frac{a+b}{2}\right)^2 w' = J\frac{a-b}{2}.$$

Da der Faden vollkommen unelastisch ist, haben P und C unmittelbar nach dem Stoß gleiche Geschwindigkeit (entsprechend $e = 0$):

$$v'_C = v'_P = v'_G + w'\frac{a-b}{2}.$$

Abb. 158. Zu Aufgabe 3.

Aus diesen Gleichungen kann man v'_C, J, v'_G, w' und weiter v'_A und v'_B berechnen. Als Kontrolle verwende man die beiden Spezialfälle $b = a$ und $b = 0$.

4. Zwei Massen M und m sind durch einen vollkommen unelastischen Faden verbunden, der über eine Rolle läuft. Es ist $M > m$. Während M unterstützt ist, läßt man m frei fallen, und m durchläuft die Strecke a, bis der Faden stramm wird und M zu steigen beginnt. Wie hoch steigt M?

5. Ein homogener Rotationszylinder liegt auf einem glatten, waagerechten Tisch. Wie muß ein waagerechter Stoß den Zylinder angreifen, damit er rollt, ohne zu gleiten?

6. Ein homogenes, gleichschenkliges Dreieck ABC mit der Masse M und der Höhe h ist um die waagerechte Grundlinie AB reibungsfrei drehbar. Während es mit der Spitze C nach unten in Ruhe hängt, trifft eine Kugel mit der Masse m und der Geschwindigkeit v im Mittelpunkt der Höhe senkrecht auf die Ebene des Dreiecks. Der Stoß wird als unelastisch betrachtet, und die Kugel haftet nicht am Dreieck. Wie groß muß v mindestens sein, wenn das Dreieck eine volle Umdrehung um AB machen soll?

7. Ein (nicht notwendig homogener) Stab liegt auf einem glatten, waagerechten Tisch. Ein waagerechter Stoß trifft den Stab in einem Punkte A unter rechtem Winkel; dadurch erhält ein Punkt B des Stabes eine gewisse Geschwindigkeit. Man zeige, daß A die gleiche Geschwindigkeit erhalten würde, wenn der gleiche Stoß den Stab in B träfe.

8. Eine homogene Kreisscheibe vom Radius R und der Masse m rollt mit der Winkelgeschwindigkeit w auf einer waagerechten Ebene und stößt gegen eine in der Höhe $h < R$ über der Ebene angebrachte waagerechte Barriere. Der Stoß wird als unelastisch vorausgesetzt, und es wird angenommen, daß der Scheibenrand nicht auf der Barriere gleitet. Für welchen Wertbereich von w kommt die Scheibe über die Barriere hinweg?

9. Zwei in einer Ebene gelegene homogene Kreisscheiben mit den Radien r_1 und r_2 und den Massen m_1 und m_2 drehen sich um feste Achsen durch ihre Mittelpunkte mit den Winkelgeschwindigkeiten w_1 und w_2. Eine über beide Scheiben gelegte unelastische Schnur wird plötzlich stramm; bei der weiteren Bewegung bleibt die Schnur stramm und gleitet nicht auf den Scheiben. Man ermittle die Winkelgeschwindigkeiten nach dem Stoß, den Stoßimpuls in der Schnur und die Reaktionsstoßimpulse in den Achsen.

10. Ein Ball fällt ohne Anfangsgeschwindigkeit aus der Höhe h auf eine waagerechte Ebene und springt bis zur Höhe h_1 zurück. Wie groß ist der Restitutionskoeffizient? (Vom Luftwiderstand wird abgesehen.)

21. Kapitel.

Gleichgewicht und Bewegung biegsamer Fäden und Seile.

173. Gleichgewicht eines Fadens. In diesem Kapitel betrachten wir kurz Gleichgewicht und Bewegung von Fäden, Seilen, Ketten und ähnlichem, wobei wir deren Masse berücksichtigen. Wir wollen uns dabei auf Aufgaben beschränken, die mit hinreichender Genauigkeit unter den folgenden beiden idealisierenden Annahmen behandelt werden können:

1. Der Faden soll unausdehnbar sein.
2. Man kann von der Dicke des Fadens absehen.

Wir denken also den Faden durch eine Kurve C ersetzt, längs der Masse mit einer gewissen Dichte μ verteilt ist, die etwa als Funktion $\mu(s)$ der Bogenlänge s von C gegeben sei. Wir nehmen an, daß auf die einzelnen Massenteile des Fadens Kräfte wirken, die wir in der Weise bezeichnen, daß $\mathfrak{K}$ die Kraft „pro Masseneinheit", also $\mathfrak{K}\mu$ die Kraft „pro Längeneinheit" des Fadens und $\mathfrak{K}\mu\,ds$ die infinitesimale Kraft bedeutet, die auf das Bogenelement ds wirkt. Bei gegebener Lage des Fadens wird auch $\mathfrak{K}$ im allgemeinen eine Funktion $\mathfrak{K}(s)$ der Bogenlänge sein.

Die Gleichgewichtsaufgabe behandeln wir mit Hilfe des Erstarrungsprinzips. Wir betrachten einen Bogen AB des Fadens in der Gleichgewichtslage und rechnen die Bogenlänge s von A aus. Dem Punkt B entspricht ein gewisser Wert $s > 0$. Alle auf das Fadenstück AB wirkenden Kräfte müssen ein System im Gleichgewicht bilden; dabei sind eine Einzelkraft $\mathfrak{T}_0$ in A und eine Einzelkraft $\mathfrak{T} = \mathfrak{T}(s)$ in B mitzuzählen, die von den angrenzenden Fadenteilen auf das Stück AB wirken.

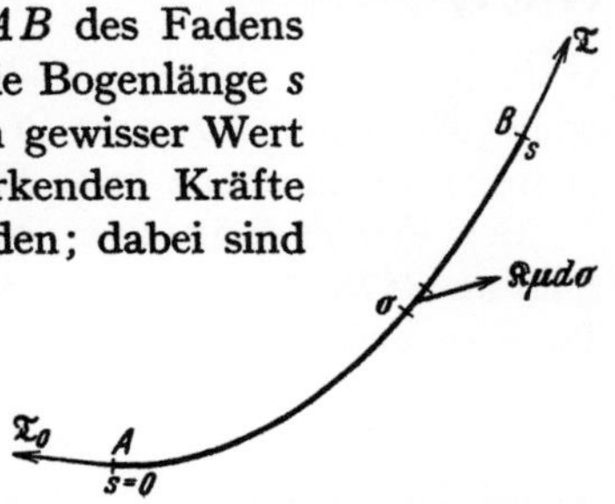

Wir bringen zum Ausdruck, daß die auf AB wirkenden Kräfte das gesamte

Abb. 159. Gleichgewicht eines Fadens.

Moment Null in einem beliebigen Raumpunkt O haben müssen. Ist $\mathfrak{r}(\sigma)$ der Ortsvektor des Kurvenpunktes σ von O aus, so ergibt sich nach **31** S. 71—72 für das Gesamtmoment in O

$$\mathfrak{r}(0) \times \mathfrak{T}_0 + \int\limits_0^s \mathfrak{r}(\sigma) \times \mathfrak{K}(\sigma)\mu(\sigma)\,d\sigma + \mathfrak{r}(s) \times \mathfrak{T}(s) = 0.$$

Da dies für jeden Wert von s gilt, verschwindet auch die Ableitung der linken Seite nach s. Wir erhalten also

$$\mathfrak{r}(s) \times \mathfrak{K}(s)\mu(s) + \mathfrak{r}(s) \times \frac{d\mathfrak{T}(s)}{ds} + \frac{d\mathfrak{r}(s)}{ds} \times \mathfrak{T}(s) = 0;$$

hierin ist $\dfrac{d\mathfrak{r}(s)}{ds} = \mathfrak{t}(s)$ der Tangentenvektor des Fadens im Punkt s und $\mathfrak{r}(s) = \mathfrak{r}$ ein völlig willkürlicher Vektor, da ja der Ursprung O beliebig war. Für jeden Vektor $\mathfrak{r} = \mathfrak{r}(s)$ kann diese Gleichung aber nur bestehen, wenn

$$(173, 1) \qquad \mathfrak{t}(s) \times \mathfrak{T}(s) = 0 \, ,$$

$$(173, 2) \qquad \frac{d\mathfrak{T}(s)}{ds} + \mathfrak{K}(s)\,\mu(s) = 0$$

ist[1]. Dies sind die Gleichgewichtsbedingungen.

(173, 1) besagt, daß die Spannung $\mathfrak{T}$ stets die Richtung der Tangente $\mathfrak{t}$ des Fadens hat. Wir setzen dementsprechend

$$(173, 3) \qquad \mathfrak{T} = T\,\mathfrak{t} \, ,$$

wo T eine skalare Funktion der Bogenlänge ist. T kann bei einem Faden nur positive Werte annehmen; negatives T würde nämlich bedeuten, daß das an B angrenzende Fadenstück auf das Stück AB einen Druck ausübt, was wegen der Biegsamkeit des Fadens offenbar ausgeschlossen ist. Mit Berücksichtigung von (61, 11) nimmt (173, 2) die Gestalt

$$(173, 4) \qquad \frac{dT}{ds}\,\mathfrak{t} + \frac{T}{\varrho}\,\mathfrak{h} + \mu\mathfrak{K} = 0$$

an. Durch skalare Multiplikation mit $\mathfrak{t}$, $\mathfrak{h}$ bzw. $\mathfrak{p}$ erhält man hieraus die drei skalaren Gleichungen

$$(173, 5) \qquad \frac{dT}{ds} + \mu K_{\mathfrak{t}} = 0 \, ,$$

$$(173, 6) \qquad \frac{T}{\varrho} + \mu K_{\mathfrak{h}} = 0 \, ,$$

$$(173, 7) \qquad K_{\mathfrak{p}} = 0 \, ,$$

wobei $K_{\mathfrak{t}}$, $K_{\mathfrak{h}}$ und $K_{\mathfrak{p}}$ die Projektionen von $\mathfrak{K}$ auf die orientierte Tangente, Hauptnormale bzw. Binormale von C bezeichnen.

Bei Verwendung eines rechtwinkligen Koordinatensystems erhält man aus (173, 2, 3), wenn x, y, z die Koordinaten eines auf C laufenden Punktes und X, Y, Z die von $\mathfrak{K}$ sind,

$$(173, 8) \qquad
\begin{cases}
\dfrac{d\left(T\dfrac{dx}{ds}\right)}{ds} + \mu X = 0 \, , \\[3ex]
\dfrac{d\left(T\dfrac{dy}{ds}\right)}{ds} + \mu Y = 0 \, , \\[3ex]
\dfrac{d\left(T\dfrac{dz}{ds}\right)}{ds} + \mu Z = 0 \, .
\end{cases}$$

---

[1] (173, 2) erhält man auch, indem man die Gleichung

$$\mathfrak{T}_0 + \int_0^s \mathfrak{K}\mu\,d\sigma + \mathfrak{T} = 0 \, ,$$

die das Verschwinden der Vektorsumme aller auf das Fadenstück AB wirkenden Kräfte zum Ausdruck bringt, nach s differenziert.

Außerdem hat man die Gleichung

$$(\mathbf{173}, 9) \qquad \left(\frac{dx}{ds}\right)^2 + \left(\frac{dy}{ds}\right)^2 + \left(\frac{dz}{ds}\right)^2 = 1 \,,$$

die zum Ausdruck bringt, daß s die Bogenlänge ist. Wenn die Kraft pro Masseneinheit als ein Kraftfeld, wenn also X, Y, Z als Funktionen von x, y, z gegeben sind und μ als Funktion von s bekannt ist, hat man in $(\mathbf{173}, 8)$ und $(\mathbf{173}, 9)$ vier Differentialgleichungen zur Bestimmung von x, y, z, T als Funktionen von s.

Ohne Verwendung eines Koordinatensystems kann man viele das Gleichgewicht des Fadens betreffende Aufgaben mit Hilfe der Gleichungen $(\mathbf{173}, 5, 6, 7)$ lösen, die aus der Vektorgleichung $(\mathbf{173}, 4)$ durch Projektion auf die mit der Kurve in natürlicher Weise verknüpften Richtungen hervorgehen. $(\mathbf{173}, 7)$ zeigt, daß $\mathfrak{K}$ stets in der Schmiegebene von C liegt. $(\mathbf{173}, 6)$ besagt, daß $\mathfrak{K}$ überall nach der konvexen Seite von C, d. h. vom Krümmungsmittelpunkt fort gerichtet ist und daß die zu C senkrechte Komponente der Kraft pro Längeneinheit gleich dem Produkt von Spannung und Krümmung ist. Nach Multiplikation mit ds besagt $(\mathbf{173}, 5)$, daß sich der Spannungszuwachs längs eines Kurvenelements und die Projektion der infinitesimalen Kraft auf das Bogenelement gegenseitig aufheben.

Führt man das Bogenelement $d\mathfrak{s}$ als Vektor ein (vgl. $\mathbf{111}$), so kann $(\mathbf{173}, 5)$

$$(\mathbf{173}, 10) \qquad dT = -\mu\,\mathfrak{K}\cdot d\mathfrak{s}$$

geschrieben werden. Man sieht, daß man ein besonders einfaches Resultat erhält, wenn $\mathfrak{K}$ wie in $(\mathbf{114}, 4)$ aus einem Potential U pro Masseneinheit hergeleitet werden kann und μ außerdem konstant ist. Man hat dann

$$-\mathfrak{K}\cdot d\mathfrak{s} = dU,$$

und $(\mathbf{173}, 10)$ kann in

$$(\mathbf{173}, 11) \qquad T - \mu U = \text{const}$$

umgeformt werden.

Wenn $\mathfrak{K}$ einer festen Ebene parallel ist, findet man aus $(\mathbf{173}, 2)$ durch Projektion auf eine Normale dieser Ebene, daß die Projektion der Spannung auf diese Normale konstant ist.

Wenn $\mathfrak{K}$ eine feste Richtung hat, so ergibt sich aus $(\mathbf{173}, 2)$ durch Projektion auf eine Normalebene dieser Richtung, daß die zu dieser Ebene parallele Komponente des Spannungsvektors $(\mathbf{173}, 3)$ konstant ist. Folglich muß die Gleichgewichtsfigur eine ebene Kurve sein, deren Ebene die Kraftrichtung enthält, und die Projektion der Spannung auf eine Normale zur Kraftrichtung muß konstant sein.

Im letztgenannten Fall, der beispielsweise realisiert ist, wenn die Schwere die einzige wirkende Kraft ist, wollen wir die Ebene der Kurve zur xy-Ebene, die x-Achse senkrecht zur Kraft (horizontal) und die

y-Achse parallel der Kraft (vertikal nach oben) wählen. Bezeichnet man die Kraft pro Masseneinheit, positiv in Richtung der y-Achse, mit K, so erhält man aus (**173**, 8)

$$(\textbf{173},\,12) \qquad T\frac{dx}{ds} = T_x = \text{const}$$

$$(\textbf{173},\,13) \qquad \frac{d\left(T\dfrac{dy}{ds}\right)}{ds} = \frac{dT_y}{ds} = -\mu K.$$

Durch Elimination von T ergibt sich hieraus

$$(\textbf{173},\,14) \qquad d\left(T_x\frac{dy}{dx}\right) = -\mu K\,ds.$$

Man kann die Abszisse x der Kurvenpunkte als den Parameter einführen, durch den man alle Größen ausdrückt. $\mu K\dfrac{ds}{dx}$ wird dann eine gewisse Funktion $\varphi(x)$ von x und die rechte Seite von (**173**, 14) $-\varphi(x)\,dx$, so daß diese Gleichung

$$(\textbf{173},\,15) \qquad T_x\frac{d^2 y}{dx^2} = -\varphi(x)$$

geschrieben werden kann.

Beispiele: 1. Wenn die wirkende Kraft vertikal abwärts gerichtet und der Horizontalprojektion des angegriffenen Bogenelements proportional ist, hat man

$$\mu K\,ds = -c\,dx, \qquad\qquad c > 0,$$

so daß (**173**, 15) die Gestalt

$$(\textbf{173},\,16) \qquad \frac{d^2 y}{dx^2} = \frac{c}{T_x} = \text{const}$$

annimmt. Die Gleichgewichtsfigur („Hängebrückenkurve") ist dann eine Parabel mit dem Parameter $2p = \dfrac{2T_x}{c}$ und vertikal aufwärts gerichteter Achse. Dieser Fall entspricht dem in **46**, 5. behandelten für ein Stabpolygon und entsteht aus diesem, wenn man die Anzahl der Polygonseiten unbegrenzt wachsen und ihre Längen unbegrenzt abnehmen läßt. Die Horizontalprojektion T_x der Spannung wurde dort mit h bezeichnet (Polabstand). Die Belastung c pro Einheit der Horizontalprojektion entspricht der Größe $\dfrac{K}{a}$ in **46**, und man sieht, daß $2p$ mit dem Ausdruck (**46**, 3) für den Parameter der Parabel übereinstimmt.

2. Wenn die wirkende Kraft vertikal abwärts gerichtet und der Länge des angegriffenen Bogenelements proportional ist, wird man auf die *Kettenlinie*, die Gleichgewichtsfigur eines homogenen schweren Seiles, geführt. Dieser Fall liegt vor, wenn μ konstant ist und allein die Schwere wirkt. Man kann für die potentielle Energie pro Masseneinheit

$$(\textbf{173},\,17) \qquad\qquad U = gy$$

setzen und findet aus (**173**, 11) den Ausdruck

$$(\textbf{173},\,18) \qquad\qquad T = \mu g y$$

für die Spannung. Dabei ist die horizontale x-Achse in eine solche Höhe gelegt, daß die Konstante in (**173**, 11) verschwindet.

Zur Abkürzung führen wir eine Konstante a durch

$$(\textbf{173},\,19) \qquad\qquad T_x = \mu g a.$$

ein. Falls die Gleichgewichtsfigur einen Punkt mit horizontaler Tangente (Scheitelpunkt) enthält, ist a, wie man aus (**173**, 18) entnimmt, dessen Ordinate.

Die Gleichungen (**173**, 12, 13) nehmen nun die Gestalt

$$(\textbf{173}, 20) \qquad y\,dx = a\,ds,$$

$$(\textbf{173}, 21) \qquad \frac{d}{ds}\left(y\,\frac{dy}{ds}\right) = \frac{1}{2}\,\frac{d^2y^2}{ds^2} = 1$$

an. Durch Elimination von ds erhält man hieraus

$$(\textbf{173}, 22) \qquad \frac{d^2y}{dx^2} = \frac{y}{a^2}.$$

Diese Differentialgleichung gehört zum Typus (**102**, 49) und hat daher nach (**102**, 52) das vollständige Integral

$$(\textbf{173}, 23) \qquad y = c_1\,\mathfrak{Cof}\,\frac{x}{a} + c_2\,\mathfrak{Sin}\,\frac{x}{a},$$

$$(\textbf{173}, 24) \qquad \frac{dy}{dx} = \frac{c_1}{a}\,\mathfrak{Sin}\,\frac{x}{a} + \frac{c_2}{a}\,\mathfrak{Cof}\,\frac{x}{a}.$$

Hierbei ist über die Lage der y-Achse noch nicht verfügt. Legt man sie durch den Scheitelpunkt, so sind $x = 0$, $y = a$, $\dfrac{dy}{dx} = 0$ zusammengehörige Werte. Man findet dann $c_2 = 0$ (aus **173**, 24) und $c_1 = a$ aus (**173**, 23). Also ist

$$(\textbf{173}, 25) \qquad y = a\,\mathfrak{Cof}\,\frac{x}{a}, \qquad \frac{dy}{dx} = \mathfrak{Sin}\,\frac{x}{a}$$

die gesuchte Gleichgewichtsfigur.

Rechnet man die Bogenlänge vom Scheitelpunkt aus, so sind $x = 0$, $y = a$, $\dfrac{dy}{ds} = 0$, $s = 0$ zusammengehörige Werte, und man erhält durch Integration von (**173**, 20) oder (**173**, 21)

$$(\textbf{173}, 26) \quad s = a\,\mathfrak{Sin}\,\frac{x}{a} = a\,\frac{dy}{dx},$$

$$(\textbf{173}, 27) \quad s^2 = y^2 - a^2.$$

Nennt man den Neigungswinkel der Kurventangente Θ (Abb. 160), so hat man nach (**173**, 25, 26, 27)

$$(\textbf{173}, 28) \quad s = a\,\mathrm{tg}\,\Theta,$$

$$(\textbf{173}, 29) \quad \sin\Theta = \frac{s}{y}, \qquad \cos\Theta = \frac{a}{y}.$$

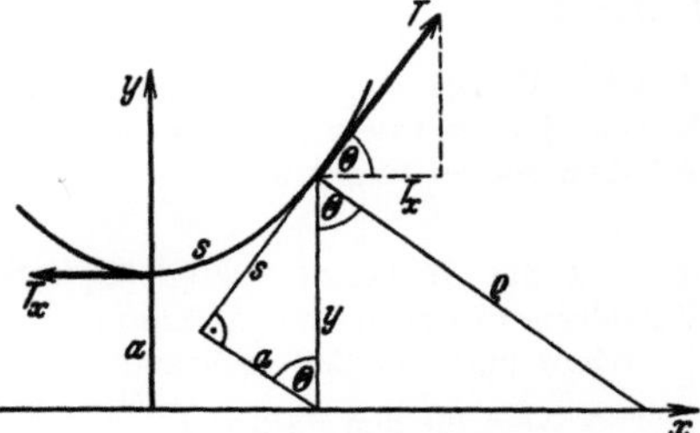

Abb. 160. Kettenlinie.

(**173**, 28) ist die natürliche Gleichung der Kettenlinie. Man erhält sie ohne Verwendung von (**173**, 11), indem man das unbekannte T aus (**173**, 12, 13) eliminiert, die Definitionsgleichung (**173**, 19) für a heranzieht und $s = 0$, $\Theta = 0$ als zusammengehörige Werte festsetzt.

Den Krümmungsradius ϱ der Kurve findet man aus (**173**, 6) zu

$$(\textbf{173}, 30) \qquad \varrho = \frac{T}{-\mu K_{\mathfrak{h}}} = \frac{T}{\mu g\cos\Theta} = \frac{y}{\cos\Theta} = \frac{y^2}{a}.$$

ϱ ist also gleich der Kurvennormalen gemessen vom Kurvenpunkt zur x-Achse (vgl. Abb. 160).

3. Wenn ein Faden, auf den keine äußeren Kräfte $\mathfrak{K}$ wirken, über eine glatte Fläche gespannt ist, so tritt die Reaktion der Fläche, deren Betrag pro Längeneinheit des Fadens mit N bezeichnet sei, in den obigen Formeln an die Stelle der

dort mit $\mu\,\mathfrak{K}$ bezeichneten Kraft. Aus (**173**, 7) folgt dann, daß die Flächennormale überall in der Schmiegebene der Kurve liegt, daß also die Gleichgewichtsfigur eine geodätische Linie der Fläche ist (vgl. **88** S. 188). Gleichung (**173**, 5) zeigt, daß die Spannung T längs des Fadens konstant ist. Aus (**173**, 6) findet man die Größe

$N = \dfrac{T}{\varrho}$ der Flächenreaktion, wobei zu beachten ist, daß die Reaktion nach der konvexen Seite der Kurve gerichtet ist.

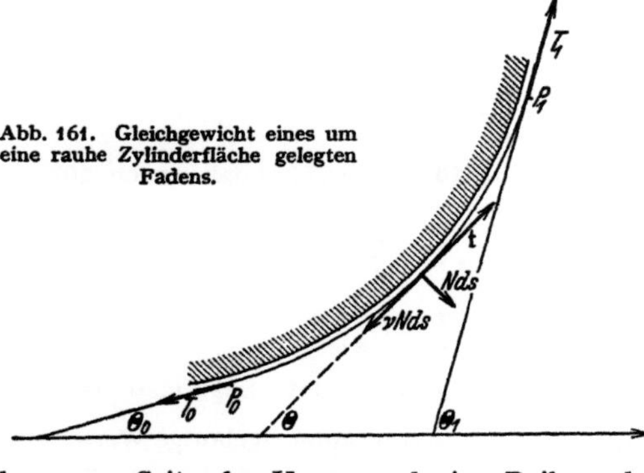

Abb. 161. Gleichgewicht eines um eine rauhe Zylinderfläche gelegten Fadens.

4. Ein Faden, der als masselos behandelt werden kann, sei über eine rauhe Zylinderfläche gelegt, und die Gleichgewichtsfigur liege in einer Normalebene zur Zylinderachse (Abb. 161). Θ sei der Winkel, den der Tangentenvektor t der Kurve mit einer festen orientierten Geraden l einschließt. Auf das Bogenelement der Länge $ds = \varrho\,d\Theta$ wirkt ein Normaldruck $N\,ds$ nach der konvexen Seite der Kurve und eine Reibungskraft. Wir nehmen an, daß sich der Faden gerade noch im Gleichgewicht befindet. Ist ν der Reibungskoeffizient, so wirkt auf das Bogenelement die Reibungskraft $\nu N\,ds$ etwa in der Richtung $-t$. Die Gleichungen (**173**, 5, 6) werden also

$$dT = \nu N \varrho\,d\Theta, \qquad \frac{T}{\varrho} = N,$$

so daß man durch Elimination von N

(**173**, 31) $$\frac{dT}{T} = \nu\,d\Theta$$

findet. Hierbei wachsen T und Θ in der positiven Durchlaufungsrichtung der Kurve. Durch Integration von einem Punkt P_0 bis zu einem zweiten Punkt P_1 auf dem Faden findet man

$$T_1 = T_0 e^{\nu(\Theta_1 - \Theta_0)}.$$

Also ist die „Totalkrümmung" $\Theta_1 - \Theta_0$ des Fadenstückes bestimmend für das Verhältnis zwischen den Spannungen in seinen Endpunkten.

Wenn man ein Seil mehrmals um einen Pfahl herumlegt, erhält man einen großen Wert für den Faktor $e^{\nu(\Theta_1 - \Theta_0)}$, der das Verhältnis zwischen den Spannungen in den freien Teilen des Seiles angibt, wenn das Seil gerade noch im Gleichgewicht ist.

Wenn sich ein freier Massenpunkt der Masse m unter dem Einfluß einer Kraft $\mathfrak{P}$ bewegt, hat man die Bewegungsgleichung

(**173**, 32) $$m\frac{dv}{dt}t + m\frac{v^2}{\varrho}\mathfrak{h} = \mathfrak{P},$$

die auch

(**173**, 33) $$\frac{d(mv)}{ds}t + \frac{(mv)}{\varrho}\mathfrak{h} - \frac{\mathfrak{P}}{v} = 0$$

geschrieben werden kann. Ist α eine beliebige Konstante, so läßt sich (**173**, 4) auf die Gestalt

(**173**, 34) $$\frac{d(\alpha T)}{ds}t + \frac{(\alpha T)}{\varrho}\mathfrak{h} + \alpha\mu\mathfrak{K} = 0$$

bringen. Diese Gleichungen gehen ineinander über, wenn man

(**173**, 35)
$$mv = \alpha\, T,$$

(**173**, 36)
$$-\frac{\mathfrak{P}}{v} = \alpha\, \mu\, \mathfrak{K}$$

setzt. Man sieht, daß die Konstante α die Dimension einer Zeit haben muß.

Wenn man die Bewegung eines Massenpunktes unter dem Einfluß einer bekannten Kraft $\mathfrak{P}$ bestimmt hat, kann man die Kraft bestimmen, unter deren Einwirkung ein Seil die Bahnkurve des Massenpunktes als Gleichgewichtsfigur besitzt. Entsprechend kann man umgekehrt aus einer bekannten Gleichgewichtsfigur auf die Bewegung eines Massenpunktes schließen. Der mathematische Charakter der beiden Aufgaben ist derselbe, und man kann die Resultate einer Aufgabe der einen Art auf die entsprechende Aufgabe der anderen Art überführen, wobei man noch über den Wert der Konstanten α verfügen kann.

174. Bewegung eines Fadens. Wir betrachten einen in Bewegung befindlichen Faden, der mit hinreichender Genauigkeit die zu Beginn von **173** eingeführten idealisierenden Voraussetzungen erfüllt. Über die auf den Faden wirkenden Kräfte machen wir dieselben Annahmen wie in **173**, nur haben wir jetzt die Möglichkeit zu berücksichtigen, daß sie, ebenso wie die Spannungen, außer vom Ort auf dem Faden auch von der Zeit t abhängen können. Ferner setzen wir voraus, daß jedes Fadenelement eine wohlbestimmte Beschleunigung $\mathfrak{b} = \mathfrak{b}\,(s, t)$ besitzt (so daß scharfe Knicke wie bei der in **143** S. 358 behandelten Aufgabe 3 ausgeschlossen sind). Wir übernehmen im übrigen alle Bezeichnungen von **173** und wenden auf einen beliebigen Teil $A\,B$ des Fadens (vgl. Abb. 159) den vektoriellen Momentsatz aus **137** an, nach welchem die zeitliche Ableitung des Momentfeldes der Bewegungsmengen gleich dem Momentfeld der Kräfte ist. Nach (**137**, 3) erhalten wir hier für die zeitliche Ableitung des Moments der Bewegungsmengen in einem willkürlichen Punkt O zur Zeit t

$$\dot{\mathfrak{S}}(t) = \int_0^s \mathfrak{r}(\sigma, t) \times \mathfrak{b}(\sigma, t)\mu(\sigma)\,d\sigma,$$

wenn $\mathfrak{r}(\sigma, t)$ den Ortsvektor des Fadenpunktes σ von O aus zur Zeit t bedeutet. Da sich für das Moment der Kräfte derselbe Ausdruck wie in **173** ergibt, besagt also der Momentsatz

$$\int_0^s \mathfrak{r}(\sigma, t) \times \mathfrak{b}(\sigma, t)\mu(\sigma)\,d\sigma$$
$$= \mathfrak{r}(0, t) \times \mathfrak{T}_0(t) + \int_0^s \mathfrak{r}(\sigma, t) \times \mathfrak{K}(\sigma, t)\mu(\sigma)\,d\sigma + \mathfrak{r}(s, t) \times \mathfrak{T}(s, t).$$

Durch Ableiten dieser Gleichung nach s und Ausnutzen der Willkür bei der Wahl von O ergibt sich ebenso wie in **173** erstens, daß auch beim bewegten

Faden die Spannung stets die Richtung der Fadentangente hat, und zweitens die Bewegungsgleichung

$$(174, 1) \qquad \mathfrak{b}(s, t)\,\mu(s) = \frac{\partial \mathfrak{X}(s, t)}{\partial s} + \mathfrak{K}(s, t)\,\mu(s),$$

die, von der Zeitabhängigkeit abgesehen, aus (173, 1) einfach dadurch hervorgeht, daß man $\mathfrak{K}$ durch $\mathfrak{K} - \mathfrak{b}$ ersetzt.

An Stelle von (173, 4) erhält man hier

$$(174, 2) \qquad \mu\mathfrak{b} = \frac{\partial T}{\partial s}\,\mathfrak{t} + \frac{T}{\varrho}\,\mathfrak{h} + \mu\mathfrak{K}.$$

Diese Vektorgleichung kann man durch Projektion auf drei unabhängige Richtungen, z. B. die Achsen eines x, y, z-Systems, in drei skalare Gleichungen zerlegen. Als vierte Gleichung kommt eine Gleichung hinzu, die zum Ausdruck bringt, daß der Faden undehnbar ist. Aus diesen Differentialgleichungen hat man die Koordinaten des zu einer beliebigen Bogenlänge s gehörigen Fadenpunktes und die Spannung in diesem Punkt als Funktionen der Zeit zu bestimmen. Wenn man t in den Funktionen $x(s, t)$, $y(s, t)$, $z(s, t)$ einen konstanten Wert erteilt, so erhält man für laufendes s eine Darstellung der vom Faden im Zeitpunkt t gebildeten Figur. Erteilt man s einen konstanten Wert, so erhält man für laufendes t die Bahnkurve des zur Bogenlänge s gehörigen Massenpunktes des Fadens.

Wir beschränken uns nun auf den Fall, daß der Faden für alle Werte von t dieselbe Figur bildet oder daß jedenfalls ein gewisser Ausschnitt der Fadenfigur, auf den unsere Betrachtungen angewendet werden, sich mit der Zeit nicht ändert. Diese Figur ist dann zugleich die Bahnkurve der Fadenpunkte. Die Geschwindigkeit v kann dann höchstens von t, aber nicht von s abhängen, da der Faden undehnbar ist. Dagegen kann die Fadenspannung $T(s, t)$ von beiden Argumenten abhängen. Es ist in diesem Fall naheliegend, die (173, 5, 6, 7) entsprechenden Gleichungen aus (174, 2) herzuleiten, da $\mathfrak{t}$, $\mathfrak{h}$ und $\mathfrak{p}$ für die Fadenfigur zugleich zur Bahnkurve der Massenpunkte gehören. Man erhält für einen bestimmten Zeitpunkt

$$(174, 3) \qquad \mu\frac{dv}{dt} = \frac{\partial T}{\partial s} + \mu K_{\mathfrak{t}},$$

$$(174, 4) \qquad \mu\frac{v^2}{\varrho} = \frac{T}{\varrho} + \mu K_{\mathfrak{h}},$$

$$(174, 5) \qquad 0 = K_{\mathfrak{p}}.$$

Als Beispiel einer Bewegung dieser Art verwenden wir die in **143** S. 358 behandelte Aufgabe 3, jedoch mit der Abänderung, daß die Kante des Tisches durch einen glatten Kreisquadranten vom Radius r abgerundet ist. Im wesentlichen verwenden wir dieselben Bezeichnungen. (173, 21) ist durch die Gleichung

$$(174, 6) \qquad l = x + y - 2r + \frac{\pi}{2}\,r$$

zu ersetzen. Die Gleichungen (**173**, 22—26) behalten ihre Gültigkeit. Den Ort auf dem Viertelkreis legen wir durch den variablen Winkel φ fest (vgl. Abb. 162). Die Fadenspannung in diesem Stück ist in dem Zeitpunkt, in dem das frei herabhängende Fadenende die Abszisse x hat, eine Funktion $T = T(\varphi; x)$. Entsprechend ist die Reaktion des Viertelkreises pro Längeneinheit $N = N(\varphi; x)$ eine Funktion derselben Argumente. Dabei wird N nach der konvexen Seite des Quadranten positiv gerechnet. Für dieses Fadenstück findet man nun nach (**174**, 3, 4) und unter Berücksichtigung von (**173**, 22, 23) die Bewegungsgleichungen

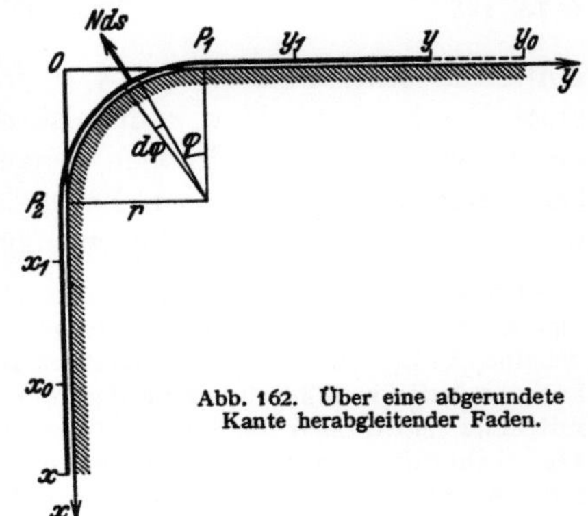

Abb. 162. Über eine abgerundete Kante herabgleitender Faden.

$$(\textbf{174}, 7) \quad \mu \ddot{x} = \frac{\mu g x}{l} = \frac{1}{r}\frac{\partial T}{\partial \varphi} + \mu g \sin\varphi,$$

$$(\textbf{174}, 8) \quad \mu \frac{\dot{x}^2}{r} = \frac{\mu g}{l r}(x^2 - x_0^2)$$
$$= \frac{T}{r} + \mu g \cos\varphi - N.$$

Aus (**174**, 7) erhält man durch Integration

$$(\textbf{174}, 9) \quad T(\varphi; x) = \frac{\mu g}{l}\left[x l - x^2 + x r\left(1 + \varphi - \frac{\pi}{2}\right) + l r (\cos\varphi - 1)\right].$$

Die Integrationskonstante ist hierbei so festgelegt, daß die Spannung $T(0; x)$ in P_1 mit dem aus (**143**, 25) berechneten Ausdruck $S(r; x)$ übereinstimmt, wenn man (**174**, 6) berücksichtigt. Dabei erweist sich die Spannung $T\left(\dfrac{\pi}{2}; x\right)$ in P_2 in Übereinstimmung mit dem aus (**143**, 26) berechneten Ausdruck $S'(r; x)$, wie verlangt werden muß. Setzt man den Wert (**174**, 9) von T in (**174**, 8) ein, so findet man

$$(\textbf{174}, 10) \quad N(\varphi; x) = \frac{\mu g}{l r}\left[x l - 2 x^2 + x_0^2 + x r\left(1 + \varphi - \frac{\pi}{2}\right) + l r (2\cos\varphi - 1)\right].$$

Bei gegebenem Wert von x erreicht N das Maximum für $\sin\varphi = \dfrac{x}{2 l}$. Die Spannung in P_2 ist kleiner als in P_1; denn $N\left(\dfrac{\pi}{2}; x\right) < N(0; x)$ wegen $\dfrac{\pi x}{2} < 2 l$. Auf dem Kreisquadranten ist also N in jedem Zeitpunkt am kleinsten im Punkt P_2. Da N nach der Natur der Aufgabe nicht negativ werden kann, verläuft die Bewegung nach den hier aufgestellten Formeln nur so lange, bis x einen Wert erreicht hat, für den $N\left(\dfrac{\pi}{2}; x\right) = 0$ ist. Dies tritt für

$$x = \tfrac{1}{4}\left[l + r + \sqrt{(l + r)^2 - 8 l r + 8 x_0^2}\right]$$

ein. Für $r = 0$ geht dieser in den Wert (**143**, 31) über. Wenn die Bewegung dieses Stadium erreicht hat, beginnt sich der Faden vom Kreisquadranten im Punkt P_2 abzulösen.

Wie in **148** erwähnt, kann man durch den Grenzübergang $r \to 0$ aus dieser Aufgabe die Resultate der in **143** behandelten Aufgabe herleiten und dadurch volle Klarheit über die dort besprochenen singulären Verhältnisse gewinnen.

Unter einer stationären Bewegung eines Fadens versteht man eine Bewegung, bei der nicht nur die vom Faden gebildete Figur ungeändert bleibt, so daß (**174**, 3, 4, 5) gelten, sondern auch v im Laufe der Zeit konstant bleibt. Dann verschwindet die linke Seite von (174, 3). Da man von vornherein weiß, daß v von s unabhängig ist, kann man eine Größe

$$(174, 11) \qquad\qquad T' = T - \mu v^2$$

einführen und dann (174, 3, 4, 5) in der Gestalt (173, 5, 6, 7) mit T' statt T schreiben. Man kann also die stationäre Bewegung mit Hilfe der Gleichgewichtsgleichungen behandeln; dabei ist aber die wirkliche Spannung längs des ganzen Fadens um μv^2 größer als die Spannung, mit der man in den Gleichgewichtsgleichungen rechnet.

Dieses Resultat kann beispielsweise auf die stationäre Bewegung eines Treibriemens angewendet werden. Diejenigen seiner Teile, die nicht mit den Riemenscheiben in Berührung sind, bilden dann Bögen von Kettenlinien. Jede von diesen kann nach den in 173 Beispiel 2 aufgestellten Formeln behandelt werden, wobei man mit einer „statischen Spannung" T' rechnet, die längs des Treibriemens variiert. Das Verhältnis zwischen den Werten von T' in den Endpunkten eines der Riemenscheibe anliegenden Stückes liegt unterhalb der in 173 Beispiel 4 bestimmten Schranke und bestimmt sich im übrigen aus der Größe des Momentes, das von einer Riemenscheibe auf die andere überführt wird. Um die wirkliche Spannungsverteilung längs des Treibriemens zu erhalten, muß man den dynamischen Beitrag μv^2 zu T' hinzufügen.

Ohne die Kurve, die vom Faden bei der stationären Bewegung gebildet wird, und die auf den Faden wirkenden äußeren Kräfte zu ändern, kann man die Geschwindigkeit beliebig erhöhen, wenn man zugleich die Spannung T derart erhöht, daß die Größe (174, 11) ungeändert bleibt. Man kann auch T', also T in den statischen Gleichungen (173, 5, 6, 7), um einen längs des ganzen Fadens konstanten Betrag (z. B. durch Änderung von v) abändern, wenn man die äußere Normalkraft in entsprechender Weise abändert, die Tangentialkraft aber beibehält. Dabei ändert sich nämlich $\dfrac{dT}{ds}$ in (173, 5) nicht. Diese Bemerkung ist der am Schluß von 127 gemachten über die Bewegung eines Massenpunktes auf einer Kurve analog. Die Analogie beruht auf der Verwandtschaft zwischen den Gleichungen (127, 2, 3, 4) und (173, 5, 6, 7).

Übungsaufgaben zum 21. Kapitel.

1. Die Gleichgewichtsfigur eines schweren Seiles sei eine Zykloide mit senkrechter Symmetrieachse. Wie variieren Dichte und Spannung längs des Seiles?

2. Ein schweres, homogenes Seil mit der Masse μ pro Längeneinheit ist über zwei parallele, dünne, glatte, waagerechte Zapfen gelegt, die sich in gleicher Höhe und im gegenseitigen Abstand b befinden. Die Kettenlinie zwischen den Zapfen hat die gleiche Länge wie jedes der frei herabhängenden Enden. Wie lang ist das Seil und wie groß ist der Druck auf die Zapfen? (Lösung: Die Seillänge ist $\dfrac{4\sqrt{3}\,b}{\log\mathrm{nat}\,3}$ und der Druck auf jeden der Zapfen $\dfrac{4\mu b}{\log\mathrm{nat}\,3}$.)

3. Ein Seil sei im Gleichgewicht unter der Einwirkung einer senkrecht abwärts gerichteten Kraft, die für jedes Bogenstück mit der waagerechten Projektion

dieses Bogenstücks proportional ist. Sei nun $y = f(x)$ in Abb. 163 die Gleichgewichtsfigur. Die Resultante der auf das Bogenstück mit den Endpunktabszissen a und x wirkenden Kräfte hat dann die Abszisse $\dfrac{a + x}{2}$, und die Angriffslinien der Spannungen in den Endpunkten müssen sich daher in einem Punkte mit dieser Abszisse schneiden. Diese Angriffslinien sind die Tangenten der Kurve, haben also die Gleichungen

$$\eta - f(x) = f'(x)\,(\xi - x),$$

$$\eta - f(a) = f'(a)\,(\xi - a).$$

Eliminiert man η durch Subtraktion und ersetzt ξ durch $\dfrac{a + x}{2}$, so erhält man

$$f(x) - f(a) = \frac{x - a}{2}\,(f'(x) + f'(a)).$$

Differenziert man diese Gleichung zweimal nach x, so bekommt man die Bedingung $f'''(x) = 0$, also ist $y = f(x)$ eine Parabel in Übereinstimmung mit **173** Beispiel 1.

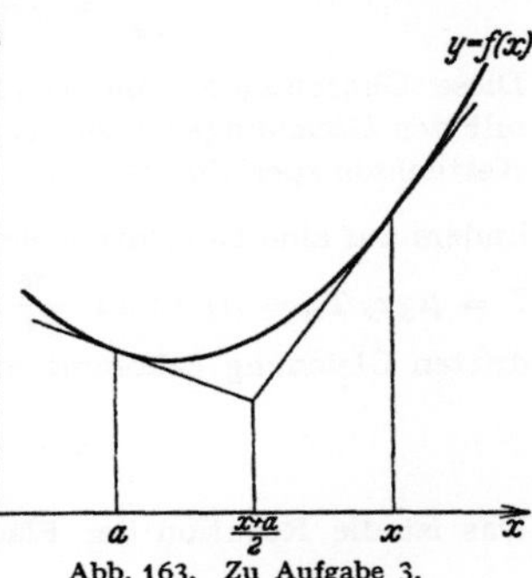

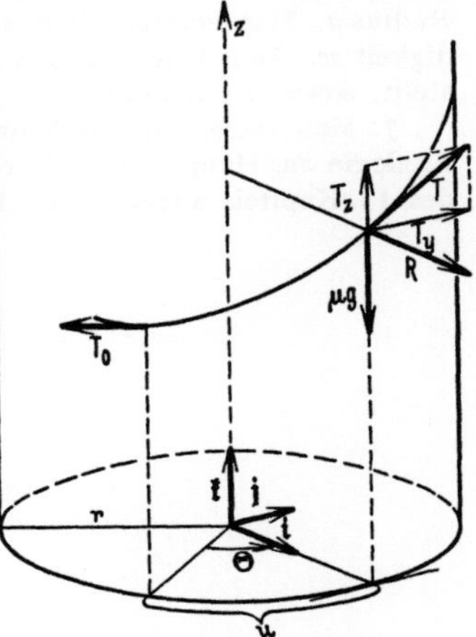

Abb. 163.   Zu Aufgabe 3.

Die Rechnung vereinfacht sich, wenn man den festen Endpunkt in dem tiefsten Punkt der Kurve wählt und als Ursprung nimmt.

4. Man bestimme die Koordinaten des Schwerpunkts eines beliebigen Bogens der Kettenlinie und bestätige durch direkte Ausrechnung die aus dem Gleichgewicht folgende Beziehung, daß der Schnittpunkt der in den Endpunkten des Bogens an die Kettenlinie gelegten Tangenten und der Schwerpunkt auf derselben Vertikalen liegen.

5. Die Gleichgewichtsfigur eines schweren, homogenen Seiles auf einem glatten, senkrechten Rotationszylinder zu suchen. μ sei die Masse pro Längeneinheit des Seiles, r der Radius des Zylinders. — Mit den aus der Abb. 164 ersichtlichen Bezeichnungen hat man den Spannungsvektor

$$T\mathfrak{t} = T_y\mathfrak{j} + T_z\mathfrak{k}.$$

Die Gleichung (**173**, 2) nimmt hier also die Gestalt

$$\frac{dT_y}{ds}\mathfrak{j} + T_y\frac{d\mathfrak{j}}{ds} + \frac{dT_z}{ds}\mathfrak{k} + T_z\frac{d\mathfrak{k}}{ds} + R\mathfrak{i} - \mu g\mathfrak{k} = 0$$

an. Berücksichtigt man, daß $\mathfrak{k}$ fest, also $\dfrac{d\mathfrak{k}}{ds} = 0$ und

$$\frac{d\mathfrak{j}}{ds} = \frac{d\mathfrak{j}}{d\Theta}\frac{d\Theta}{ds} = -\mathfrak{i}\frac{d\Theta}{ds}$$

Abb. 164.   Zu Aufgabe 5.

ist, führt ferner im ersten Glied statt s die Variable $u = r\Theta$ ein und schreibt dementsprechend T_u für T_y, so erhält man

$$r\frac{dT_u}{du}\frac{d\Theta}{ds}\mathfrak{j} - T_u\frac{d\Theta}{ds}\mathfrak{i} + \frac{dT_z}{ds}\mathfrak{k} + R\mathfrak{i} - \mu g\mathfrak{k} = 0.$$

Diese Vektorgleichung ist mit den drei skalaren Gleichungen, die man durch

Nullsetzen der Koeffizienten von $\mathfrak{i}$, $\mathfrak{j}$ und $\mathfrak{k}$ erhält, gleichbedeutend. Für $\mathfrak{j}$ und $\mathfrak{k}$ liefert dies

$$\frac{dT_u}{du} = 0, \qquad T_u = T\frac{du}{ds} = \text{const}\,,$$

$$\frac{dT_z}{ds} = \frac{d\left(T\dfrac{dz}{ds}\right)}{ds} = \mu g\,.$$

Diese Gleichungen stimmen bis auf die Bezeichnungen (u statt x, z statt y) mit den Gleichungen (**173**, 12, 13) überein, wenn man diese für die gewöhnliche Kettenlinie spezialisiert. Also geht die Gleichgewichtsfigur durch Abrollen des Zylinders auf eine Tangentialebene in eine Kettenlinie $z = a\,\mathfrak{Cof}\left(\dfrac{u}{a}\right)$ über, und es ist $T = \mu g z$, $T_u = \mu g a$ und $\dfrac{du}{ds} = \dfrac{a}{z}$ zu setzen. Aus der oben noch verfügbaren dritten Gleichung bekommt man nun

$$R = T_u\frac{d\Theta}{ds} = \frac{\mu g a}{r}\frac{du}{ds} = \frac{\mu g a^2}{r z}\,.$$

Das ist die Reaktion der Fläche pro Längeneinheit der Kurve. Das Verhältnis

$$\frac{R}{\mu g} = \frac{a^2}{r z}$$

ist der Tangens des Winkels, den die in der Meridianebene des Zylinders gelegene resultierende Kraft mit der Lotrichtung bildet. Die so bestimmte Gerade ist die Spur der Schmiegebene in der Meridianebene, so daß sich eine einfache Konstruktion der Schmiegebene ergibt.

6. Eine dünne, homogene, kreisförmige, elastische Schnur hat die Masse m, den Querschnitt F, den Elastizitätsmodul E und in spannungslosem Zustand den Radius a. Man versetzt sie in stationäre Rotation in sich mit der Winkelgeschwindigkeit w. Man berechne den Radius r des Kreises, in den sich die Schnur einstellt, sowie die Spannung.

7. Man zeige, daß die Wurfparabel in der am Schluß von **173** besprochenen Analogie der Hängebrückenkurve und die Bahnkurve der in der Übungsaufgabe 13 des 15. Kapitels angegebenen Bewegung der Kettenlinie entspricht.

Namen- und Sachverzeichnis.

Abhängigkeit siehe lineare Abhängigkeit und Unabhängigkeit.
absolute Beschleunigung 184.
— Bewegung 182.
— Geschwindigkeit 182.
absoluter Kraftvektor 209.
Addition von Matrizen 13.
— von Vektoren 2.
—, statische, von Vektorsystemen 42.
Additivität der Masse 197.
affine Abbildung 366.
affines Koordinatensystem 4.
Affinität, rechtwinklige 366.
Amplitude 238.
Angriffslinie 25.
Anomalie, exzentrische 293.
—, wahre 293.
Antipol 405.
antisymmetrische Matrix 379.
antisymmetrischer Tensor 378, 381.
Äquipotentialfläche 264.
Äquiskalarfläche 249.
Äquivalenz von Vektorfeldern 72.
— von Vektorsystemen 41.
—, astatische 67.
Arbeit 26.
—, virtuelle 27, 163, 171.
Arbeitsgleichung 163, 171.
ARCHIMEDES 192.
ARISTOTELES 192.
Arm eines Vektorpaars 47.
assoziatives Gesetz 1.
astatische Äquivalenz 67.
Asymptotenlinie 189.
Asymptotenrichtung 189.
ATWOODsche Fallmaschine 234, 452.
Auflösungspunkt 104.
Ausnahmefachwerk 159.
äußere Kräfte 92.
— potentielle Energie 340.
äußerer Stoß 464.
äußerlich statisch bestimmt 80.

axialer Vektor 6.
Axialfeld 284.

Bahnkurve 139.
Balken 94, 96.
begleitendes Dreibein 135.
Belastungsdichte 112.
Belastungskurve 113.
Bereich, einfach zusammenhängender 262.
—, konvexer 68.
—, mehrfach zusammenhängender 262.
berührende Bewegung 146.
berührender Normalschnitt 188.
Beschleunigung 140.
—, absolute 184.
—, relative 184.
—, zusammengesetzte 184.
Beschleunigungen, verallgemeinerte 351.
Beschleunigungsbetrag 140.
Beschleunigungsgesetz 195.
Beschleunigungsvektor 140.
Bewegung, absolute 182.
—, berührende 146.
—, partikuläre 219.
—, relative 182, 209.
—, stabile 325.
—, translatorische 146.
—, unstabile 325.
— um den Schwerpunkt 342.
Bewegungselement 217.
Bewegungsmenge 203, 335.
Bezugskörper 178.
Biegungsmoment 95.
bilineare Funktion zweier Vektoren 377.
bilineares Moment 390.
Bilinearform 379.
Bindungen, holonome 329.
—, nicht holonome 330.
—, rheonome 327.
—, skleronome 327.
Binormalenvektor 135.
Böschungslinie 305.

Brachistochrone 313.
Breite, geographische 299.

CARDANISche Aufhängung 417.
CARNOT, Satz von 478.
charakteristische Gerade 59.
— Gleichung einer linearen Differentialgleichung 230.
charakteristisches Polynom eines Tensors 383.
CGS-System 200.
CHASLES, Satz von 58.
CORIOLISbeschleunigung 184.
CORIOLISkraft 211.
CRAMERsche Formel 19.
CULMAN, Satz von 405.

Dämpfung 228.
DARBOUXscher Vektor 185.
DEHN 160.
Dekrement, logarithmisches 243.
Determinante 16.
Determinantenmultiplikationssatz 17.
Deviationsmoment 390.
Diagonalmatrix 375.
Diagrammethode 127.
Dichte 75, 197.
Differentialgleichung 218.
—, lineare 228.
Differentialmatrix 253.
Dimension 200.
distributives Gesetz 1.
Divergenz 254.
Drehachse, momentane 146.
Drehvektor 147.
Drehzentrum, momentanes 149.
Dreibein, begleitendes 135.
Dreieckskette 123.
Dreieckspolyeder 160.
Druck 95.
Druckspannung 36, 95.
Durchschnitt von Punktmengen 68.
Dyade 367.
dyadisches Produkt 367.
Dyn 200.

Ebene harmonische Schwingung 296.
ebenes Fachwerk 122.
— Kraftfeld 281.
Effekt 162.
—, virtueller 163.
Eigenschwingung 243.
eigentliches Integral 229.
Eigenvektor 382.

Eigenwert 382.
einfach zusammenhängender Bereich 262.
Einheiten 200, 207.
Einheitsmatrix 18.
Einheitssystem, orthogonales 5.
Einheitsvektor 2.
Einspannungskraft 96.
Einspannungsmoment 96.
elastische Kraft 295.
elastischer Stoß 468.
Elastizitätsmodul 38.
Energie, äußere potentielle 340.
—, innere potentielle 339.
—, kinetische 207, 338.
—, potentielle 261, 287, 304.
—, totale 261, 340.
—, totale innere 340.
Energieintegral 225.
Energiesatz 207, 338.
— bei relativer Bewegung 214.
Entwicklung einer Determinante 17.
Erg 207.
Erstarrungsprinzip 37, 79.
Erstintegral 220.
Erstintegrale, unabhängige 222.
erzwungene Schwingung 243.
EULERsche Gleichungen 415.
— Polyederformel 160.
— Winkel 417.
exzentrische Anomalie 293.

Fachwerk 96.
—, ebenes 122.
—, kinematisch bestimmtes 157.
—, mechanisch bestimmtes 120.
—, statisch unbestimmtes 119, 160.
Fallmaschine, ATWOODsche 234, 452.
feste Polkurve 150.
fester Polkegel 151.
Figurenachse 420.
fiktive Kraft 210.
Flächendichte 273.
Flächengeschwindigkeit 206.
Flächeninhalt, vektorieller 256.
Flächennormale 32, 187.
Flächensatz 206, 284, 286.
flachgängige Schraube 87.
Flaschenzug 462.
Fluß 257.
Form, bilineare 379.
—, quadratische 380.
freier Vektor 1.
Freiheitsgrad 28, 158, 173.

Freiheitsgrad, geometrischer 158.
—, kinematischer 158.
FRENETsche Formeln 186.
Frequenz 238.
Friktionskraft 30.
Führungsbeschleunigung 184.
Führungsbewegung 182.
Führungsgeschwindigkeit 182.
Führungskraft 210.

GALILEI 192.
GAUSS, Satz von 259.
gebundener Vektor 1.
gedämpfte Schwingung 239.
Gegenkraft 29.
gegenseitiges Moment 45, 46.
geodätische Krümmung 187.
— Linie 188.
— Torsion 187.
— Windung 187.
geographische Breite 299.
Geoid 299.
geometrischer Freiheitsgrad 158.
— Schwerpunkt 74.
Gerade, charakteristische 59.
Geraden, konjugierte 57, 59.
gerader Stoß 465.
geradlinig gleichförmige Translation 146.
Geschwindigkeit 140.
—, absolute 182.
—, relative 182.
Geschwindigkeiten, verallgemeinerte 351.
Geschwindigkeitsbetrag 140.
Geschwindigkeitsdiagramm 150.
Geschwindigkeitsfeld 144.
Geschwindigkeitsvektor 140.
Gesetz der Transitivität des Massenverhältnisses 196.
— von der Unabhängigkeit der Kraftwirkungen 199.
Gesetze, KEPLERsche 294, 357.
Gewicht, spezifisches 74.
glatte Fläche oder Kurve 30.
Gleichgewicht 79.
—, indifferentes 324.
—, stabiles 324.
—, unstabiles 324.
Gleichheit, statische 41, 72.
Gleichung, KEPLERsche 293.
—, LAPLACEsche 271.
—, POISSONsche 271.
Gleichungen, EULERsche 415.
—, LAGRANGEsche 349.

Gleichungssystem, homogenes 15.
—, inhomogenes 15.
—, lineares 15.
Gleiten 442.
Gleitgeschwindigkeit 442.
Gradient 32, 250.
Grammasse 197.
Gravitationsfeld 262.
Gravitationsgesetz 262.
Gravitationskonstante 262.
Gravitationspotential 263.
Grundvektoren 4.
GULDINsche Regel 76.

Hängebrückenkurve 484.
harmonische Schwingung 238.
— —, ebene 296.
Hauptachse 397.
Hauptdiagonale einer Matrix 254.
Hauptebene 398.
Hauptkrümmungsrichtung 189.
Hauptnormale 135.
Hauptnormalenvektor 135.
Hauptrichtung 397.
Haupttangente 189.
Haupttangentenkurve 189.
Hauptträgheitsmoment 397.
Herpolhodie 412.
HESSEsche Normalform 6.
Hodograph 140.
holonome Bindungen 329
homogene lineare Differentialgleichung 228.
— PLÜCKERvektoren 52.
homogener Körper 74.
homogenes Gleichungssystem 15.
HOOKEsches Gesetz 38.
Horizont 299.
Hülle, konvexe 68.
HUYGHENS 192, 313.

Impuls 204.
Impulsintegral 224.
Impulsmoment 206.
Indifferenz einer Gleichgewichtslage 324.
Inertialsystem 195.
inhomogenes Gleichungssystem 15.
innere Energie, potentielle 339.
— —, totale 340.
innere Kräfte 92, 94.
innerer Stoß 464.
Integral, eigentliches 229.
—, partikuläres 219.
—, vollständiges 220.

Interferenz 246.
inverse Matrix 18.
Inversor 155.
inwendig statisch bestimmt 93.
— — unbestimmt 160.
isochrone Schwingungen 243.

Kegelpendel 322.
KEPLER 192, 262, 294.
KEPLERbewegung 289.
KEPLERsche Gesetze 294, 357.
— Gleichung 293.
Kettenlinie 484.
Kilogrammeter 26, 207.
Kilogrammkraft 201.
Kilowatt 207.
Kilowattstunde 207.
kinematisch bestimmtes Fachwerk 157.
kinematischer Freiheitsgrad 158.
kinetische Energie 207, 338.
Knotenlinie 417.
Knotenpunkt 96.
kommutatives Gesetz 1.
Komplementkraft 210.
Komplex, linearer 60.
Komponente eines Vektors in einer
    Richtung 5.
—, LAGRANGEsche 352.
Komponenten eines Tensors 372.
— eines Vektors 4.
konisches Pendel 322.
konjugierte Geraden 57, 59.
konservatives Kraftfeld 261.
kontragrediente Matrix 23.
kontravariante Matrix 23.
konvexe Hülle 68.
konvexer Bereich 68.
Koordinaten eines Vektors 4.
Koordinatensystem, affines 4.
—, gewöhnliches rechtwinkliges 5.
Koordinatentransformation 21.
—, orthogonale 23.
KOPERNIKUS 192.
Körper, homogener 74.
—, starrer 39.
Kraft 25, 198.
—, elastische 295.
—, fiktive 210.
Kräfte, äußere 92.
—, innere 92, 94.
—, verallgemeinerte 351.
Kräftediagramm 99, 128.
Kräftefunktion 208.
Kräfteparallelogramm 26.

Kräftepolygon 26.
Kraftfeld, ebenes 281.
—, konservatives 261.
Kraftgesetz 218.
Kraftlinie 264.
Kraftmessung 198.
Kraftvektor, absoluter 209.
—, relativer 210.
Kreisel 420.
Krümmung 136.
—, geodätische 187.
Krümmungskreis 136.
Krümmungslinie 189.
Krümmungsmittelpunkt 136.
Krümmungsradius 136.
Kurvenbild 132.

LAGRANGE 34.
LAGRANGEsche Gleichungen 349.
— Komponente 352.
Länge-Kraft-Zeit-System 201.
Länge-Masse-Zeit-System 200.
Längenmessung 193.
LAPLACEsche Gleichung 271.
LAPLACEsches Vektorfeld 259.
Leistung 162.
lineare Abhängigkeit und Unabhängig-
    keit von Lösungen einer linearen
    Differentialgleichung 229.
— — — — von Lösungen eines li-
    nearen Gleichungssystems 15, 20.
— — — — von Nullsystemen 60.
— — — — von Spalten 14.
— — — — von Vektoren 2.
— — — — von Vektorsystemen 42.
lineare Differentialgleichung 228.
— Transformation 12.
— Vektorfunktion 364.
linearer Komplex 60.
lineares Gleichungssystem 15.
Linearkombination von LAPLACEschen
    Vektorfeldern 260.
— von Vektoren 2.
— von Vektorsystemen 42.
Linie, geodätische 188.
Linienintegral 257.
Linkssystem 9.
logarithmisches Dekrement 243.

Masse 196.
—, Additivität der 197.
Massendichte 75, 197.
Massenmessung 199.
Massenmittelpunkt 75.

Massenmomente zweiter Ordnung 389.
Massenpunkt 25.
mathematisches Pendel 307.
Matrix 12.
—, antisymmetrische 379.
—, inverse 18.
—, kontragrediente 23.
—, kontravariante 23.
—, orthogonale 23.
—, quadratische 16.
—, reziproke 18.
—, schiefsymmetrische 379.
—, symmetrische 379.
—, transponierte 13.
Matrizenprodukt 12.
MAXWELL, Satz von 169.
mechanisch bestimmtes Fachwerk 120.
mehrfach zusammenhängender Bereich 262.
MEUSNIER, Satz von 189.
Mittelpunkt eines Skalarfeldes 72.
— eines Skalarsystems 68.
— eines Systems paralleler Vektoren 65.
Moment in einem Punkt 42, 70.
— um eine Gerade 43.
— um einen Punkt 45.
— der Bewegungsmenge 204, 337.
—, bilineares 390.
—, gegenseitiges 45, 46.
—, quadratisches 390
—, statisches 66.
Momentachse 47.
momentane Drehachse 146.
— Ruhe 146.
— Schraubachse 147.
— Winkelgeschwindigkeit 146.
momentanes Drehzentrum 149.
Momentebene 63.
Momentfeld 43, 71.
Momentfläche 111.
Momenthöhe 111.
Momentkurve 113.
Momentsatz für den Stoß 464.
—, skalarer 205, 337.
— —, für eine bewegte Gerade 212.
—, vektorieller 205, 337.
— —, für einen bewegten Punkt 212.
Multiplikation, dyadische 367.
—, skalare 4.
—, unbestimmte 367.
—, vektorielle, von Vektoren 7.
— —, von Vektorsystemen 213.
— von Matrizen 12.

Nachfaktor 368.
NEWTON 192, 262, 293.
nicht holonome Bindungen 330.
Niveaufläche 249.
Normalebene 33, 135.
Normalenvektor 187.
Normalform, HESSESche 6.
Normalkilogramm 197, 201.
Normalkrümmung 187.
Normalmeter 193.
Normalreaktion 29, 30, 303.
Normalschnitt, berührender 188.
normierte PLÜCKERvektoren 52.
— Trägheitsellipse 402.
Nullebene 58.
Nullgerade 44.
Nullinie 44.
Nullintegral 229.
Nullpunkt 58.
Nullsystem 60.
Nullvektor 2.

Oberflächenbelegung 273.
orthogonale Koordinatentransformation 23.
— Matrix 23.
orthogonales Einheitssystem 5.
Ortsvektor 1.

Pantograph 155.
PAPPUSsche Regel 76.
Parallelfeld 282.
Parameter eines Kegelschnitts 290.
Parameterdarstellung einer Ebene 4.
— einer Geraden 4.
partikuläre Bewegung 219.
partikuläres Integral 219.
Pendel, konisches 322.
—, mathematisches 307.
—, physisches 435.
—, sphärisches 321.
Pendellänge, reduzierte 435.
Perihel 292.
Pfeilhöhe 101.
Pferdestärke 207.
Phase 238, 245.
physisches Pendel 435.
Planetenbewegung 294, 357.
Plangröße 6, 381.
PLÜCKERkoordinaten 54.
PLÜCKERvektoren 52.
POINSOT 411.
POINSOTbewegung 411.
POISSONsche Gleichung 271.

Pol eines Kräftediagramms 99, 103.
Polabstand 100.
Polarachse 105.
polarer Vektor 6.
Polhodie 412.
Polkegel 151.
Polkurven 150.
Polstrahl 99, 103.
Polyederformel, EULERsche 160.
Polynom, charakteristisches 383.
Potential 263.
potentielle Energie 261, 287, 304.
— —, äußere 340.
— —, innere 339.
Präzession 424.
—, reine 428.
Prinzip der virtuellen Arbeit 27, 32, 163, 171.
— der virtuellen Geschwindigkeiten 163, 171.
Produkt, dyadisches 367.
—, skalares 4.
—, unbestimmtes 367.
— von Matrizen 12.
—, vektorielles, von Vektoren 7, 382.
— —, von Vektorsystemen 213.
Produktfeld 213.
Projektion eines Vektors 5.
Projektionssatz 202, 203, 335.
— für eine bewegte Gerade 211.
PUISEUX 313.

Quadratische Form 380.
— Funktion eines Vektors 380.
— Matrix 16.
quadratisches Moment 390.
Quadratur 224.
Quervektor 10.

Rang einer Matrix 14, 19.
— einer Vektorfunktion 364.
— eines Geschwindigkeitsfeldes 146.
— eines Momentfeldes 51.
— eines Tensors 372.
rauhe Fläche oder Kurve 30.
Raumprodukt 10.
Reaktion 29, 81, 217, 303.
Reaktionsprinzip 91, 94, 198.
Reaktionsstoßimpuls 470.
Rechtssystem 9.
rechtwinklige Affinität 366.
Reduktionszentrum 49.
reduzierte Pendellänge 435.
Reibung 29, 30, 86, 232, 303.

Reibungskegel 30.
Reibungskoeffizient 29, 30, 232.
Reibungswinkel 29, 30.
rektifizierende Ebene 135.
relative Beschleunigung 184.
— Bewegung 182, 209.
— Geschwindigkeit 182.
relativer Kraftvektor 210.
Resonanz 246.
Restitutionskoeffizient 467.
Resultante 26, 52.
Reversionspendel 436.
reziproke Matrix 18.
— Vektoren 12.
reziproker Tensor 389.
rheonome Bindungen 327.
Rollbewegung 152, 442.
rollende Polkurve 150.
rollender Polkegel 151.
Rollpendel 448.
Rollwiderstand 451.
Rotation 146.
Ruhe, momentane 146.

Säkulardeterminante 383.
Satz von CARNOT 478.
— von CHASLES 58.
— von CULMAN 405.
— von GAUSS 259.
— von MAXWELL 169.
— von MEUSNIER 189.
— vom Kräfteparallelogramm 26.
Scherkraft 95.
schiefsymmetrische Matrix 379.
schiefsymmetrischer Tensor 378, 381.
SCHIELDROP 353.
Schmiegebene 135.
Schnittkräfte 93.
Schnittmethode 125.
Schraubachse, momentane 147.
Schraubbewegung 147.
Schraube (Vektorsystem) 49.
—, flachgängige 87.
—, selbstsperrende 91.
Schraubungssinn 6.
Schubkraft 95.
Schubkraftkurve 113.
Schubspannung 95.
Schwerebeschleunigung 298.
Schwerpunkt 73.
—, geometrischer 74.
Schwerpunktsebene 434.
Schwerpunktssatz 336.
— für den Stoß 465.

Schwingung, ebene harmonische 296.
—, erzwungene 243.
—, gedämpfte 239.
—, harmonische 238.
Schwingungen, isochrone 243.
—, tautochrone 312.
Schwingungsdauer 238.
Schwingungsmittelpunkt 436.
Seilpolygon 103.
Seitenvektor einer Flächenkurve 187.
selbstsperrende Schraube 91.
Sinusschwingung 238.
Skalar 1.
skalarer Momentsatz 205, 337.
— — für eine bewegte Gerade 212.
skalares Produkt 4.
Skalarfeld 72, 249.
Skalarinvariante 49.
skleronome Bindungen 327.
Spalte 14.
— einer Matrix 12.
Spannung 36, 93, 456.
spezifisches Gewicht 74.
sphärisches Pendel 321.
Spur einer Matrix 254, 383.
Stab 96.
Stabilität einer Gleichgewichtslage 324.
— einer periodischen Bewegung 325.
Stabkette 98.
Stabpolygon 98.
Stabvertauschung 129.
starrer Körper 39.
statisch bestimmt 80, 93.
— unbestimmt 83, 119, 160.
statische Gleichheit 41, 72.
— Summe von Vektorsystemen 42.
— Umformungen 41.
statisches Moment 66.
Steifheit 228.
Stoß 463.
—, äußerer 464.
—, elastischer 468.
—, gerader 465.
—, innerer 464.
—, unelastischer 468.
—, zentraler 465.
Stoßimpuls 463.
Stoßkraft 463.
Stoßnormale 465.
Stoßpunkt 473.
Stoßzeit 463.
Stoßzentrum 473.
Streckungsgeschwindigkeit 163.
Streckungszahl 366.

Stützgerade 111.
Stütznormale 444.
Superpositionsgesetz 196.
Superpositionsprinzip für Fachwerkspannungen 120.
symmetrische Matrix 379.
symmetrischer Tensor 378.
synchron 245.

Tangente 33, 133.
Tangentenbild 134.
Tangentenvektor 134.
Tangentialbeschleunigung 141.
Tangentialebene 32.
Tangentialreaktion 29, 30.
tautochrone Schwingungen 312.
Tensor 370, 373.
—, antisymmetrischer 378, 381.
—, reziproker 389.
—, schiefsymmetrischer 378, 381.
—, symmetrischer 378.
Tensorfläche 388.
Tetraederkette 124.
Torsion einer Raumkurve 186.
—, geodätische 187.
Torsionsmoment 95.
Torsionsradius 186.
totale Energie 261, 340.
— —, innere 340.
Trägheitsarm 391.
Trägheitsellipse 401.
—, normierte 402.
Trägheitsellipsoid 396.
Trägheitsgesetz 194.
Trägheitskraft 456.
Trägheitsmoment 390.
Trägheitsradius 391.
Trägheitstensor 396.
Trägheitstensorfeld 398.
Transformation, lineare 12.
Transitivität des Massenverhältnisses 196.
Translation 146.
—, geradlinig gleichförmige 146.
translatorische Bewegung 146.
transponierte Matrix 13.
TYCHO BRAHE 262, 294.

Umformungen, statische 41.
unabhängige Erstintegrale 222.
Unabhängigkeit der Kraftwirkungen 199.
— siehe auch lineare Abhängigkeit und Unabhängigkeit.

unbestimmtes Produkt 367.
unelastischer Stoß 468.
Unstabilität einer Gleichgewichtslage 324.
— einer periodischen Bewegung 325.
Unterdeterminante 19.

Vektor 1, 23.
—, axialer 6.
—, DARBOUXscher 185.
— der Bewegungsmenge 203.
—, freier 1.
—, gebundener 1.
—, polarer 6.
Vektoren, reziproke 12.
Vektorfeld 70, 252.
—, LAPLACEsches 259.
Vektorfunktion, lineare 364.
vektorieller Flächeninhalt 256.
— Momentsatz 205, 337.
— — für einen bewegten Punkt 212.
vektorielles Produkt von Vektoren 7, 382.
— — von Vektorsystemen 213.
Vektorintegrale 254.
Vektorinvariante 49, 70.
Vektorlänge 256.
Vektorpaar 47.
Vektorprodukt 7, 382.
Vektorsystem 41.
verallgemeinerte Beschleunigungen 351.
— Geschwindigkeiten 351.
— Kräfte 351.
Verlagerung 151.
Verzerrungsellipsoid 374, 376.
Vielfachheit eines Eigenwerts 383.
virtuelle Arbeit 27, 163, 171.

virtueller Effekt 163.
vollständiges Integral 220.
Vorfaktor 368.

Wahre Anomalie 293.
Watt 207.
Widerstand 228.
Windung 186.
—, geodätische 187.
Winkel, EULERsche 417.
Winkelbeschleunigung 142.
Winkelgeschwindigkeit 142.
—, momentane 146.
Winkelgeschwindigkeitsvektor 147.

Zeile einer Matrix 12.
Zeitmessung 194.
Zenith 299.
Zentralachse 49.
Zentralbewegung 285.
Zentralellipse 401
Zentralellipsoid 400.
zentraler Stoß 465.
Zentralfeld 284.
Zentrifugalkraft 210.
Zentrifugalmoment 390.
Zentripetalbeschleunigung 141.
Zentrum eines Kraftfeldes 284.
Zirkulation 257.
Zug 95.
Zugspannung 36, 95.
zusammengesetzte Beschleunigung 184.
Zusammensetzung von Bewegungen 147, 182.
Zwangskraft 29.
Zykloide 311.
Zykloidenpendel 311.

F. Klein

Vorlesungen über die Entwicklung der Mathematik im 19. Jahrhundert

Teile 1 und 2
Reprint der Erstauflage Berlin 1926 und 1927 –
in einem Band

1979. 55 Abbildungen. (4) XV, 385 und IX, 208 Seiten
DM 42,–
ISBN 3-540-09235-8
(Erstauflagen erschienen als Grundlehren der mathematischen Wissenschaften, Band 24 und 25)

Inhaltsübersicht: Teil 1: Gauß. Frankreich und die École Polytechbique in den ersten Jahrzehnten des 19. Jahrhunderts. Die Gründung des Crelleschen Journals und das Aufblühen der einen Mathematik in Deutschland. Die Entwicklung der algebraischen Geometrie über Moebius, Plücker und Steiner hinaus. Mechanik und mathematische Physik in Deutschland und England bis etwa 1880. Die allgemeine Funktionentheorie komplexer Veränderlicher bei Riemann und Weierstraß. Vertiefte Einsicht in das Wesen der algebraischen Gebilde. Gruppentheorie und Funktionentheorie, insbesondere automorphe Funktionen. – Teil 2: Elementares über die Grundbegriffe der linearen Invariantentheorie. Die spezielle Relativitätstheorie in Mechanik und mathematischer Physik. Gruppen analytischer Punkttransformationen bei Zugrundelegung einer quadratischen Differentialform.

Das klassische, zweibändige Werk von Felix Klein aus Vorlesungen entstanden, die Klein während des 1. Weltkrieges im kleinen Kreis gehalten hat und die dann von einigen seiner Schüler, insbesondere Courant und Neugebauer, ausgebarbeitet wurden. Die beiden Bände erschienen kurz nach Klein's Tod.
Klein versucht in seinem Werk nicht, eine abgerundete „unpersönliche" Darstellung zu geben; vielmehr beschreibt er, wie sich die Mathematik im 19. Jahrhundert von einer verhältnismäßig isolierten akademischen Wissenschaft in eine breite Forschungsaktivität verwandelte. Dabei schildert Klein nicht mur innermathematische Entwicklungen, sondern berücksichtigt auch soziale und soziologische Faktoren. Ein gewisser Schwerpubnkt liegt auf den Gebieten, auf denen Klein selbst arbeitete oder an denen er aktiv interessiert war; so ist insbesondere der 2. Band größtenteils dem Verhältnis zwischen Erlanger Programm und Relativitätstheorie gewidmet.
Die beiden Bände, die erstmals auch als einbändige Studienausgabe vorliegen, können als eine Art Memoiren eines der größten und wichtigsten Mathematiker der 2. Hälfte des 19. Jahrhunderts bezeichnet werden; sie sind von Wert als Quellenmaterial, aber auch als Einführung in eine zeit der stürmischen Entwicklung mathematischen Denkens.

Springer-Verlag
Berlin
Heidelberg
New York
Tokyo